滞欧日記

1955~1957

萬年　甫

中山人間科学振興財団／中山書店

装画　野見山暁治

ヴェトナム号の航海

出発の日に
自宅前で家族・親戚と。
左から父・母・叔母・
妻直子と長女節子・甫

横浜港から出帆。
見送りの人たちに手を振る甫
(矢印は本人が書き込み)

「船友」たちと香港に上陸。
左から大久保輝臣氏、
横田フサ女史(マルセイユ
上陸時に留学生仲間の
二宮敬氏と結婚)、甫

サイゴン(ベトナム)で下船。
庭園を見学

エジプトで一日観光。
ギザのピラミッドの前で
ラクダに乗る甫。
5日後にパリ着の予定

パリでの日々

留学中に通ったサルペトリエール病院

滞仏中の住まいとなった日本館の前で。
甫の部屋は2階の角部屋

サルペトリエール病院・シャルコー研究室にて。
同僚のジラール氏と

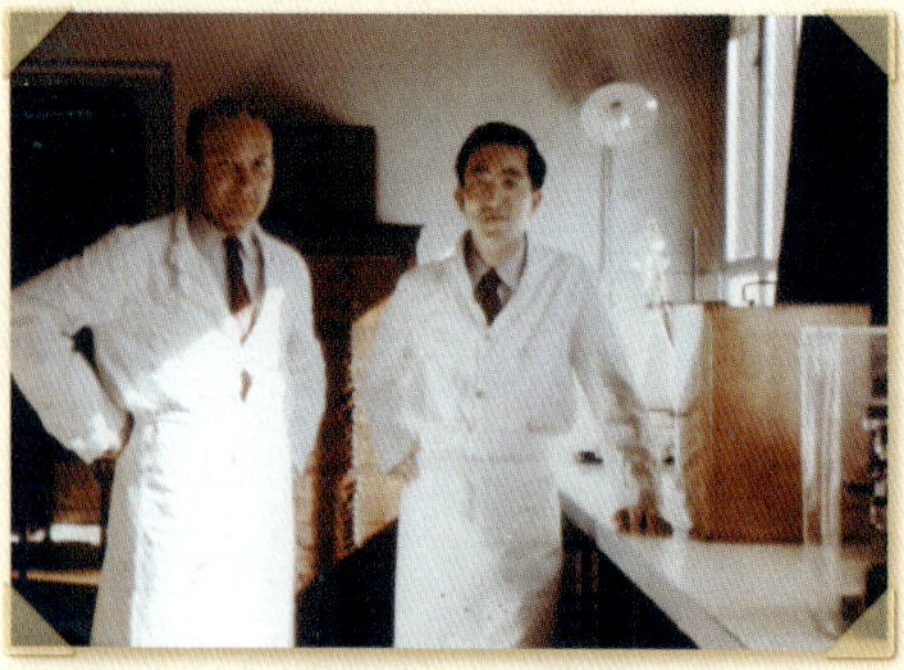

サルペトリエール病院門前広場のピネル像前にて。右端が甫。
他はスペインとアルゼンチンからの留学生

日本館の植村館長と。
後方にはヴェルサイユの入口が見える

サルペトリエール病院構内で
東大総長の矢内原氏と遭遇

冬陽の射すノートルダムの塔からパリの町並みを撮る

セーヌ川ポン・ヌフはお気に入りの場所

パンを買いに行くのは朝の日課

森有正氏と。
森氏とは
パリ市内の写真を
撮り歩いたが
甫の手元には
下の1枚しか
残らなかった

コレージュ・ド・フランス中庭の
シャンポリオン像の前に立つ甫

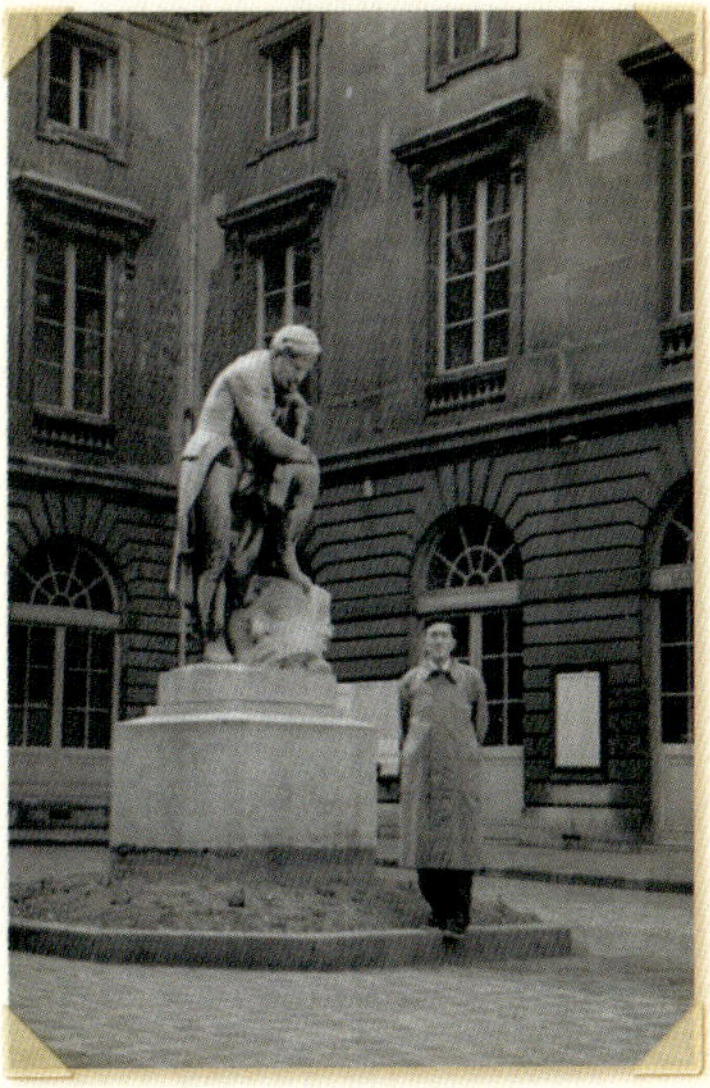

パリ陸軍病院

スペインの旅

マドリッド（スペイン）のカハール研究所

トレド（スペイン）。グレコの家のヴェランダにて

北欧・オランダ・ベルギーの旅

ストックホルム（スウェーデン）の
カロリンスカ研究所と
ヘックヴィスト教授

ウプサラ大学（スウェーデン）・
解剖学教室のレキセード教授と

オスロ大学（ノルウェー）・解剖学教室にて。
甫の左がブロダール教授。右がヤンセン教授

トロンヘイム（ノルウェー）のフィヨルドを背景に。
そこに居合わせた一家に昼食をごちそうになる

アムステルダム（オランダ）の町並み

ライデン大学（オランダ）・解剖学教室の人々。
左から2人目が甫

ドイツ・スイス・オーストリア・イタリアの旅

ボン（西ドイツ）の神経病理研究所に
ペーテルス教授を訪ねる
（左から2人目がペーテルス教授）

ギーセン（西ドイツ）のマックス・プランク研究所。スパッツ教授、ハラーフォルデン教授に面会

スパッツ教授

ハラーフォルデン教授

ノイシュタット（西ドイツ）の脳研究所。フォークト教授夫妻を訪問

ミュンヘン（西ドイツ）郊外のシュタルンベルガー湖。
ルードヴィッヒ二世とグッデンの水死場所といわれ、
左方の水中に喪章をつけた花輪が見える

スイス、オーストリア、イタリアの
美しい風景に心を奪われる

ヴェローナ(イタリア)、サン・ゼーノ・マジョーレ教会

ユングフラウ登山鉄道の車窓から(スイス)

ヴェネツィア(イタリア)、サン・マルコ寺院のモザイク

ヴェッターホルンと村の紅葉(スイス)

ラヴェンナ(イタリア)郊外、秋の田園

チューリヒ(スイス)の黄葉

パリから日本へ

ベルトラン教授

ガルサン教授

香港の夜景とラオス号

サルペトリエール病院に別れをつげる

横浜着。出迎えの家族・友人らと

帰路の船上では「赤道祭」が行われた

滞欧日記

1955~1957

萬年甫

序
『滞欧日記 1955-1957』刊行にあたって

本年は中山人間科学振興財団（発足当時は「中山科学振興財団」）が発足して二十五周年を迎えます。医学書専門の中山書店の創業者である中山三郎平氏の志によって生まれた本財団は、中山初代理事長、第二代理事長小林登先生の献身的なお働きと中山書店のご支援によって、現在は健全な公益法人として地道な、しかし、確固たる足取りで成長し、創設二十五周年を祝うことができるまでになりました。その記念事業の一環として企画されたのが、本書の刊行であります。

本書の著者 萬年甫（一九二三〜二〇一一）先生は、戦後も比較的初期に、脳解剖学という、現在隆盛を極めている脳科学の基礎にも当たる領域におけるパイオニアの一人として、優れた足跡を残された方ですが、昭和三十（一九五五）年という早い時期に、フランスへ留学されました。その際、往路のスエズ運河を回る船旅から、約一年半の滞欧時代の医学に関わることがらばかりでなく、日常生活のこまごまとした出来事、あるいは赴かれた音楽会の様子などなど、そして喜望峰回りの帰路まで、日本のご家族に宛てて、克明な書簡類を残されました。戦前も多くの知識人や医師のこうした記録が出版されていますが、一ドルが三六〇円の戦後の苦しい時期に、これだけの生々しい記録が、完全な形で存在すること自体が、大変貴重なことである、という認識に立って、ご遺族の熱心なご協力もあり、今回日記の形に復元して、刊行の運びとなりました。その間、無論日記も付けておられたに違いないでしょうが、家族への報告のために、船の食事の一回ごとのメニューに至るまで、保存すべく溜めておかれた、というご本人の几帳面さには頭が下がる思いがします。さらには、ご家族が、すべての書簡を大切に整理・保存しておられたことにも、敬意を表したいと思います。

大戦後という困難な時期であってなお、ヨーロッパの歴史と伝統が、豊かな文化的な資源を残している有様、そのなかで、研究者たちが、どのように思索し行動していたか、そうした面に直に触れられるだけでも、重要な歴史の証言となるわけですし、それればかりではなく、とかく卑屈になりがちであった戦後日本の若き学徒として、しかし、矜持を保ちながら、学ぶべきは学び、伝えるべきは伝えるという、気骨ある姿勢を示す著者の生き方には、今に生きる私たちにも、大切なメッセージを多く含んでいるように思われます。

私事になりますが、私は著者の萬年甫先生には直接お目にかかる機会を得られませんでしたが、御実弟であり、神経内科学者の徹先生とは、ご面識を戴いています。御父上は陸軍軍医で依託学生であったよし伺いましたが、私の父も病理学専攻で海軍軍医となり、依託学生で学位を得た経験があり、どこかで近親感を覚えたものでした。

現在華やかにもてはやされるのは脳科学ですが、その発展を支える地道な基礎医学が、今後益々重要になると思われます。しかし医学生たちの動向は、必ずしも楽観を許さないようです。本書が、基礎医学の振興にも、なんらかの刺激となってくれれば、という思いもございます。

また、萬年先生に所縁の方々が、本書にそれぞれの熱い思いを寄せて下さったことにも、心から感謝の言葉を記して、刊行にあたっての御挨拶といたします。

二〇一六年 春

公益財団法人中山人間科学振興財団

代表理事 村上陽一郎

目次

序 『滞欧日記1955-1957』刊行にあたって 村上陽一郎 2
渡航 スエズ運河ルート——一九五五年十月～十一月 10
観察 パリ——一九五五年十一月～十二月 30
発見 パリ——一九五六年一月～三月 118
啓示 スペイン——一九五六年三月～四月 227
探究 パリ——一九五六年四月～七月 262
見聞 北欧・オランダ・ベルギー——一九五六年八月～九月 395

構築 パリ——一九五六年九月 482
検証 ドイツ・スイス・オーストリア・イタリア——一九五六年九月〜十一月 518
収穫 パリ——一九五六年十一月〜十二月 658
帰還 喜望峰ルート——一九五七年一月〜二月 686

萬年甫 滞欧503日間の足跡 708
往復の航路図 738
パリの地図 740
フランス国外の旅 742

萬年甫小伝　岩田　誠　743

追想　763

二宮フサ　鈴木道彦　大塚正徳
野見山暁治　田中元治　渡辺悌吉
大島重夫　淺見一羊　森岡恭彦
岩田　誠　生田房弘　和氣健二郎
平山廉三　清野三千子　佐藤二美
塚本哲也　平田　宏　萬年　徹

あとがきにかえて　萬年直子　805

あとがき　刊行にあたり　平田　直　812

滞欧日記

1955~1957

編集部註

本書は、著者がフランス政府給費留学生として日本を離れていた一九五五年十月から一九五七年二月までの十七か月間に、留守宅の家族宛に綴った書簡をもとに日記の形に編集したものである。

往路のスエズ運河ルートの船旅、主滞在先のパリでの日々およびフランス各地からヨーロッパ各国への旅、復路の喜望峰ルートの船旅を含めた五〇三日間に家族宛に送られた書簡は一一九通に及ぶ。書簡は絵葉書、航空書簡、航空便などが用いられたが、ほぼ毎日書き溜めたものが一週間ごとにまとめて規則的に投函された。当時の留守宅には両親のほか、弟・徹、妻・直子、長女・節子がおり、書簡を順番に読んだあとは、一葉たりとも散逸することがないよう日付順に自製のスクラップブックに貼り付けて保管していた。

著者は、この膨大な書簡集を書籍化することを念頭におき少しずつ整理を進めていたが、二〇一一年十二月の急逝により完遂することはかなわず、作業は家族に引き継がれた。

今回の刊行に際し、文中の明らかな誤りと思われる箇所についてはご家族の意向に添って原文の意図を損なわない範囲で一部編集したが、それ以外はできるだけ原文を忠実に再現することを心がけている。戦後まだ十年のことで、現在では不適切な表現と思われるものや欧語のカタカナ表記が現在使われているのとは異なるものなどがあるが、当時の空気感を尊重してそのままの記載とした。

本文中の図や航路図・パリの地図などはすべて著者の手によるものである。

甫は一九五五年の春、フランス留学生試験に合格し、その年の十月一日フランス船ヴェトナム号で横浜埠頭から勇躍渡欧の壮途についた。

折からの台風シーズン、出帆前日まで風雨が続いておつたが、当日になつてまさに天運、午前中すでに小雨となり午後はもうすつかり快晴となり横浜湾内そよ吹く風もなく実に恵まれた絶好の鹿島立ちとなつた。しかし西日本には既に台風来たるを伝えられたために、午後一時の出帆予定が三時となりついに薄暮に迫る五時になつてしまつた。船がいよいよテープを切つて静かに滑り出した頃は雲間に月がかかり、まことに印象的なものがあつた。

船影夕闇にかすむ迄手を振つて別れを惜しみ且つ一路平安を祈つた。翌日からはまた荒天となつてしまつた。こうして出帆した甫からは神戸からのを第一信として次から次と日記を送つて来た。そのために遠くはるけきパリの空の下、一人異国にすごす甫の四六時中の一挙一動、観察、感想、信念をむしろ身近に起居を共にしている時よりもはつきりと知る事が出来て留守宅のものにとつてどんなに喜びと、安心と、頼母しさを感じさせたか知れない。因つて日記の一紙一葉も散逸することなくやがて後日の思い出や語り草の素にもせばやと不手際な自製のスクラップブックに張り続ける事にして斯くは。

父

渡航　スエズ運河ルート

一九五五年十月〜十一月

十月三日(月)　神戸にて

見送りの混雑で疲れられたのではないかと案じています。出港が遅れたためとんださわぎでした。横浜を出港すると間もなく夕食、二宮敬君、横田フサさん、土井健治君、大久保輝臣君ら留学生と、香港へ帰るという支那の若い商人の六人で食卓を囲んでいます。食堂は冷房がききすぎて肌寒い位。給仕は陽気な男でシャンソンなど歌いながら食物を運んできます。葡萄酒は甘味は全然ないが口あたりはよく食事の後半は良い気持になりとても廻りが早い。今の所出るのは赤だけ。食後のコーヒーは例のビールの乾杯をしたデッキで飲みます。食後のコーヒーのみは只で、黒人ボーイがサービスします。九時頃、伊豆諸島と半島の間を通りましたが、月明の海に浮かぶ島影は黒々として白いヴェトナム号の船体と強いコントラストをなし実に印象的でした。十時頃床に入りましたが、船が大分ローリング、ピッチングをやり、しかもきしんで、気分は何ともないのですが安眠とまでは行きませんでした。カトリックの神父さんと知り合いになりましたが、神戸（この船の終点は横浜ではなくて神戸なのです）で降りると聞き一寸がっかりしました。とても感じのよい青年でした。二日の昼食にはオリーヴの実の塩漬けが出ましたが、延髄のオリーヴにそっくりです（尤も脳のそれの二、三倍の大きさはある）。梅干のような物で決してうまくはないです。十二時に神戸着。

十月四日(火)　神戸　明石にて

新聞によると台風のため神戸港にいた大型船はすべて港外に退避し、ヴェトナム号もどこへ行ったか姿を消しております。この分では荷役も出来ず、四日の出発はおぼつかないかもしれません。いずれ又。

十月五日(水)　兵庫県東二見にて

神戸にいる内、集中的に映画を見ましたが、日米仏のそれぞれを比較して中々興味がありました。日本の物は誠にすぐれているのがあります。世界にも十分出せます。食物は天丼、うな丼など食べましたが、量が多すぎるような気がします。その点たしかに西洋食の方が合理的。早く船の食事を食べたいと感じています。とにかく台風にはたたられました。今日はこれから三宮に出て丸善で買い物をし、船に帰ります。

香港に近づきつつ

十月八日(土)朝

今日は香港入港の日です。既に中国大陸の一部が右舷に見え、ジャンクの姿も散見出来ます。十月五日の神戸出帆は予定通り午後二時。横浜に比べると桟橋も大きくなく、少々ものさびしい見送り風景でした。私費留学するという真宗大谷派一族の一人が乗り込み、法主が見送りに来ていました。出港後すぐ、溜まった洗濯物の始末。かなり要領よく行き、部屋の中に来ている通風口のそばに置くと大変乾きが早く、ナイロンの物等はすっと乾いてしまい、大変に都合がよろしい。

翌六日は朝からかなり動揺はげしく、朝食はよかったのですが、昼食前に胃の調子悪く薬を飲んで横になり、食堂には行きませんでした。すると、ボーイ長と女給仕がパンとハムとリンゴを持って模様を見に来、機嫌をとって行きました。一寝入りしたらすっかり調子がよくなり、夕食からは普通にもどり、その夜の映画も最後迄見ました。七日即ち昨日は昼頃台湾海峡に入りましたが波高く、船は相当なローリング、食堂の机にも皿やビンが動かないようにするシケ用の装置がつきました。しかしもうすっかり慣れた故か、全く平気で、食事中皿の上のパンがころころころげる程傾斜しても平気です。食事も僕の腹には丁度よい量で、他の同卓の人々が残すのがおかしい位です。特にうまいのはハム、したびらめのバタ焼き、青菜です。塩加減がとてもよい。チーズには色々あって現在まで四種出ましたが、カマンベールというのが最も口に合います。メニューは食事の度に持って来てとってあります。帰りに荷がさにならなければ土産になりましょう。裏にデッサンなどするのも一興です。

午前は日記をつけたり、専門書を読んで過ごし、昼食後二、三時間昼寝。夕食をはさんで雑読です。夕食後、星空を眺めながら上甲板を十回位歩きまわるのもよい気持です。「風景撮影の実技」、バーナード・リーチ「日本絵日記」を既に読み終えました。後者は外人、その中でも日本に長く住んで日本を心から愛する人の書いた物として特に教えられる事が多いと思います。船にサイゴンまで行くという何国人か分からないが、かなり教養のありそうな若い婦人が女中を連れて、一歳になる女の子と乗っています。乳母車に乗せて甲板に連れて来ますが、なかなか可愛い。まだしゃべることは出来ず、バアバアだけ。本当に四つん這いで歩きます。膝はつかず、猫や犬と同じよう、いや亀の子に似ているという方が適切です。母親と時々話しますが、飛行機はというと空の上の方を指すと一寸得意そうに言います。親馬鹿チャンリンはどこも同じです。昨日僕のシャープペンシルをおもちゃに渡したらなかなか離さず、無理に取り上げると泣くので弱りました。結局お菓子とすりかえで返してくれました。

船には本当に色々な人種が乗っております。西欧系の連中は彼等だけでかたまる傾向があり、唯アメリカ人だけが、陽気に誰とでもつき合います。我々も東洋人に親しみを感じないではありませんが、商人が多く、肌ざわりがどうもよくない。しかし夕食後サロンで、仏人の女が弾くショパンのエチュードなどを皆で聴いている時は、音楽は世界共通の言葉だなと心から感じ入ります。

今日、明日と香港に居り、見物するつもりですから、又、珍しいことでもお知らせしましょう。

香港に八日午後一時上陸、外国に第一歩を印しました。尤も香港とは言っても、船がつくのは九龍（クーロンと読みます）側でそこでアメリカドルを香港ドルに両替した後、連絡船で香港島に渡ったのです。建物の大部分は英国風で、その間に所々にかたまって中国人の住宅がはさまっているわけです。銀行や商社の並んだとりすました街を抜けて、繁華街を歩きましたが、土曜日の午後の事とて大変な賑わい。品物は何でもありますが、船中で知り合った中国人の話では、今日はプレジデント・ウイルソン号やアメリカの軍艦が入っているから物価が上がっているとのこと。更に余り清潔でない露店街も歩いて見ましたが、やはりこうした場所では多くの視線が我々を追っているのに気付きます。

天気なのを幸い、ドイツへ行く留学生二人と一緒にヴィクトリアパークの中腹迄ケーブルカーであがって見ました。かなり長いケーブルで、しかも相当早く、耳がガンガンしました。ヴェトナム号は香港島と九龍半島との間に進入し、桟橋に停泊しております。街では車夫や苦力《クーリー》がはだしで歩きまわる間を眼もさめるような支那服の若い女が軽快に歩きわけて行きます。洋服を着ている婦人よりも支那服のそれの方がずっとずっと綺麗です。それと同じ事は日本婦人についても言えるのではないでしょうか。夜景は東洋のダイヤモンドと言われるだけあり、たしかに綺麗ですが、熱海と同じようなものです。しかし規模は確かに大きい。

十月十一日(火)　マニラより

昨夜半より時計を一時間遅らせ、大分西へやって来た感じがします。今朝六時半マニラ岸壁に横づけになりましたが、我々はヴィザがないので下船する事が出来ず、船からマニラ湾を眺めるだけです。官憲は感じが悪く、こんな所には上陸したくないよと皆で話しています。フランスの船員もマニラなんかで見る所はないよと言っています。相当に蒸し暑く、陽もまぶしく黒眼鏡が必要です。湾内には多くの沈没船が認められ、日本のサルヴェージが働いています。香港の第二日目は、午前中、たった一人でバスに乗って九龍の街を見て歩きました。初めは一寸勇気が要りましたが、段々平気になって、かえって楽しくなりました。バスはどこまで行っても二十毫（二十銭にあたる）。二階に乗っていると、大変良い観光になります。九龍の住宅街は殆ど英国風で、通りの名前も英王子街などの如くです。英国は本当にここに根をはって居り、中共あたりの一寸やそっとの圧力で彼等がここを他に渡すことなど考えられません。その道路建設や建物を見ただけで、その決意は十分わかるような気がします。尤も街の中に岩石がごろごろしているくらいですから地盤は固く、又、地震はなく、更に木を手に入れようとしても禿山ばかりのこの地では木より石の方が安くつくなどのこともあり、石の建物のみとなるのでしょうが、木造の家のみ見ている我々には特にそれが圧倒的な印象を与えるのかもしれません。

それにしても九龍といい香港といい、住宅街が尽きればすぐ岩山で、全く耕地等はなく、産業といえば砂糖の加工位のところで、他の生産は行われず、純消費地です。全く不思議な場所です。午後は香港島に渡り、バスで香港大学、筲箕湾（貧民の多いところ）、浅水湾（香港島の裏で英人の別荘のある所）等を見て歩きました。

船に帰って夕食がすんで寛いでいたら、この船に乗ってマニラに沈没船を引上げに行く岡田組のサルヴェージの長が来て、工員の一人が腹痛で医務室にいるから通訳していただけまいかというので行ってみました。船医は腹に触っていきなり虫垂炎だ、病院送りだと言います。僕が診たがデファンス（筋性防御）なく首をかしげていると、また診て、今度はそうでない、左腹が張っている。ともかく病院に送ろうと言う。結局は厄介ばらいしたいらしいのです。言うようにしてセントポール病院へ送る事になりました。長の朝田という若い人に日本領事館と連絡をとるように注意し、救急車迄患者を送って行ってやりました。出港三十分前のあわただしい出来事です。

こうやって手紙を書いているとフィリピンの荷役が来て立ち働いていますが、我々にコーヒーを配る黒人水夫と喧嘩をはじめ、あわやと思う所迄行きましたが、荷役の頭が間に入って止めました。とにかく比国人は上等な国民でありません。劣等意識が人に対するとかえって好戦的になるのでしょう。かわいそうなものです。我が身を振り返り、日本人ももっと悠々とする必要がある。

健康状態は大変良く、食堂で残さないのは僕だけです。

船がとまると一寸変な気持がする位。少し揺れていた方が食欲が出る位です。ボーイに聞くとこれからは海はずっと静かだそうです。

皆元気ですか。節子はどうしていますか。香港から、二歳になるというフランス人の子供が母親と乗り、人形を抱いて遊んでいます。香港でゴジラの映画をやっていましたが、その広告に曰く。恐竜之子。日本東宝影片公司。全部広東語対白。緊張！　恐怖！　刺激！

ではサイゴンより又。　十月十一日午後一時。

十月十三日(木)

午後一時サイゴンに着きました。メコン河の河口に着いたのは九時頃だったのですが、それからが大変で四時間もかかってウネウネした河を百マイルも溯るのです。両岸は密林地帯。所々その中に掘立小屋が建ち並ぶ程度で、殆ど無人境。岸にはワニがいるそうで僕は見なかったが、見た人もおります。河口からサイゴンまでの間に、戦争で沈んだままの船の残骸が沢山ある由で、マストが水の上に出ているのもあれば、沈んだ場所に標識としてブイの立っているのが認められます。これもマニラ湾と同じく日本のサルヴェージの働きを待っているのです。サイゴンに近付くにつれ両岸には家が増え、密林地帯は肥沃な水田に変っていきます。南方を象徴するヤシ類の植物をとり去れば日本の田園風景そっくりです。水田の水位は河のそれと殆ど同じで、僅かな畔で隔てられているだけ。洪水でも起きれば一ぺんで水びたしとなることでしょう。もっともこの辺は九月で雨季が終ったばかりだから増水しているのかも知れません。サイゴンで降りる仏人に聞けば、見掛けは平和でも政情は混沌としていて、五つの勢力が入り乱れており、サイゴンを押さえているのはゴ・ディン・ジェム、河口からサイゴンまでの間の連中はビインシェムの由。そういえば河岸の集落の大きいものは周りに鉄条網を構え望楼を建て番人が立っています。途中でアメリカの大きな汽船と擦れ違いましたが、そんな事が出来る程大きな河で、しかも相当深いらしい。もっとも揚子江等に比べればものの数でないのかもしれません。港は相当活況を呈し、大型船がかなり繋がれており、フランスの空母も入っています。船が岸壁に着くや人夫がわーっと上って来ますが、フィリピン人よりは顔付きが険しくありません。しかし仏人船員は極度に警戒して戸を閉めるようううるさく言います。植民地を失った腹いせもあるのでしょう。仏人は今年一杯で大体ここからの引き揚げを終える由。そしたらこの船など何と名を変える事でしょう。興味深い事です。

香港、マニラ、サイゴンと来て、それぞれの土地の差異に目を見張ります。それにしても日本軍はよくぞこんな所迄兵を進めたものと思います。客船に乗ってのんびりと旅をするならまだしも、敵襲を受けながら軍用船に乗せられてここまでやって来たであろう我々の同年配の人々の事を考え誠に感深いものがあります。マニラ湾を去りつつ、コレヒドール島、バターン半島などを指さしながら香港から乗った英人とかたことの英語で話したのですが、彼によると、比島人は実に怠惰だ。これだけの肥沃な土地が眠っている。もし日本の農夫が耕せばきっとすばらしい生産が出来よう。日本の人口問題は本当に切実であり、それの解決にもなろうと言います。彼等にそんな事を言われなくても分かっているのですが、比島と言い、このヴェトナムと言い、まだまだ広大な土地を持っています。本当に移民が出来たらと思います。もっとも移民される人の離郷の念も考える必要がありましょうが……。

我々はvisaがないのですぐ上陸出来ず、Transit visaが配付されるのを待っています。そのひまに手紙を書いているわけですが、日本を離れるにつれて手紙の代金が馬鹿にならなくなります。ここの金はピアストル。十フランが一ピアストルで、さしあたり千フラン即ち百ピアストルだけ両替し、上陸したら早速郵便局に行ってカラーフィルム二本を出します。仏人は、ヴェトナム人は信用できない、この前大事な手紙十一通が届かなかった。シンガポールで出せと言いますが、それは仏人に対する悪感情もあるのかもしれません。ともかく送ります。マニラを出た翌日、暑気あたりと少々果物の食べ過ぎで下痢して寝てしまいましたが、今はすっかり元気です。蒸し暑く丁度日本の六〜七月の気候です。十六日サイゴン発の予定。　十三日午後三時　サイゴンにて。

十月十六日(日)

サイゴンの第二日目に第一便を受け取り大変うれしく拝見しました。皆元気でなによりです。もう十六日。家でも僕の留守には慣れた頃でしょう。今日は三回目の結婚記念日ですが、サイゴンの空の下で迎えようとは思いませんでした。節子の写真は時々送って下さい。勿論—家中のもあれば大いによろしい。とりとめもなくなるといけませんので以下箇条書

＊仏印の建物は黄色系統一の色で塗った家が多い。傘をかぶり、仏印特有の服装の女が歩いている。道路は大体整っている。

＊前便でサイゴンから送ると書きましたが、ここからの郵便料金は高くてとても出せずシンガポールから出すことにしました。仏人の言うように成程信用の出来ぬ国民です。同じ絵葉書を出すにも（勿論日本へ）三人が三人とも値段が違うのです。もっとも人によると、書いてある

文字の量で判断するのではないかと言いますがその点は確かでありません。
＊サイゴンの印象。サイゴンは本当に蒸し暑い所です。官庁でも店でも十二時から三時迄すっかり閉めてしまいますが、昼飯後、横にでもならなければ暮らしていけないのでしょう。二、三日の滞在ですが、その必要性はいくらか分かるような気がします。見物は郵便局の往復にのぞいただけですが、これが植民地文化というものかという気がひしひしとします。ともかくこの地特有という建築物など何もありません（もっともっと広く歩けばあるのかも知れないが）。あるのはパリ紛いの建物と支那人家屋だけです。小パリと言われるカチナ街を除けば、歩いている内にどこからかえも言われぬ臭気が湧いてきます。労働者の多くや子供は裸足です。二度目に郵便局に行った帰りに公園に寄って綺麗な夕空等眺めている内に日が暮れてしまい、支那人街をかきわけるようにして帰りましたが、仏人からは灯がついたら歩いていてはいけない、必ずタキシーで帰って来いと言われていたのですが、金が全く無いのでやむなく歩いたのですが、気味が悪く、船の灯を見た時はほっとしました。もっとも仏人と違い、顔立ちや顔色等同じなので、それほど怖がらなくてもよいのでしょうが、何となく不気味で、多くの視線を感じます。もっとも横断歩道でストップになって立って待っていると、自転車に乗った仏印人が、アリガトウと言って前を通りました。仏印進駐の名残でしょう。来週バオダイとゴ・ディン・ジェムのどちらを選ぶかの人民投票のため、何となく物々しい感じです。総体的に言って感じのよい街でなく、写真も撮る気になりません。
＊今度は明るい話。この船に日本の明石市で半年間マッチ製造法を勉強してきたセイロン人と、もう一人、連れのセイロン人が居ます（印度人とは違います）。それが日本で実に親切にされ、日本人は正直だというわけで、大いに親日的になり、サイゴンに親しい友人がいるのを幸い、日本の留学生を招待してお米をご馳走しようというのです。我々の目から見ると少々大ぶろしきの男なので、何べんも断りましたが、是非と言うので行って見ました。場所はカチナ街、その友人というのは、宝石商。叔父、甥の二人でやっているのですが、サイゴンに来て二十三年にもなる由。実に物柔らかな、慎み深い人々で、カレーライスをご馳走してくれました。彼等が右手だけで食べるのも初めて見ました。食後に最上等のバナナ（小さいが、ものすごく太く、きめがこまかで、節子に食べさせたいようだ）、パパイヤ、蜜柑、柿を出してくれました。パパイヤは、西瓜とメロンを合わせたような物。まだ親しめません。蜜柑は日本のより大きいが、大味です。それから色々な宝石類を見せて貰いましたが、三カラットの

税を含まない値が四百五十万円のダイヤモンドには驚きました。それと同じ大きさのガラス製の偽物と比べるとまるで品が違います。この辺の人間は政情不安のため、現金が溜まると宝石にして家にしまっておくのだそうです。ともかく、今後十年二十年後には貴方がたは日本を指導する人になるのだからと大歓迎でした。はじめはブーブー言って出かけた我々も満足して帰って来ました。人民投票等についても、我々異国人には投票権は無いとすましており、この前の市街戦の時は、と聞くと、店を閉めていただけですと、あっさりしたもの。唯々商売に徹し切っているという感じ。その点感心しました。

＊毎朝食堂で一緒になる老アメリカ人がいます。ものすごく大きくて、ゆっくり話します。オレンジジュースが無いと、ブーブー言っています。聞けばカリフォルニアから来たのだそうですが、何をしている男なのか分かりませんが、毎朝、アシカの話やオレンジの話等してコーヒーを飲んでいます。ともかく色々な人間がおります。

今日午後一時半出帆、シンガポールに向かいますが、サイゴンから多くの下士官が乗り込み船は満船の予定。これから出帆までの残された時間を土井君と植物園に行く予定です。では又、シンガポールから。

十六日午前九時

十月十七日(月)

現在午後十一時半。船は静かな星空の海を快速でシンガポールに向けて進んでいます。さきほどまで左舷に灯台の灯が見えましたが、恐らくアナンバス諸島だろうと思います。即ちこのあたりは戦艦プリンス・オブ・ウェールズ及びレパルス撃沈の古戦場のわけです。皆で甲板に出てそんな事を話し合って居ります。明朝六時半にシンガポールに着くのですが、visaを予めとっていないので上陸出来るかどうか分かりません。このマライ連邦は中々うるさいらしいのです。香港から乗った英商人が、ドクター、私がギャランティしてあげるから何とかなりますよと申しますが、どうなりますか。もし上陸出来ねば彼に手紙を預けて出してもらうつもりです。この男は中国婦人と結婚し、その間に出来た六歳になる女の子を英国で教育するために香港から乗ったのです。その子はパトリシアといって、人おじしない可愛い子で、朝等おやじが起きないと、サッサと一人で食堂に来て、大人の間に入って一人前にやっています。それでいて生意気な所がなく、良い子です。節子も六つ位になったらあのようにしたいな、等考えています。朝ピアノの稽古をしますが、我々が聴きに行くと、恥ずかしいのかすぐ止めて、父親にもたれかかったりする所は矢張り女の子です。

サイゴンからツーリストクラスには下士官が乗り込んで本当に一杯になりました。他の乗客は小さくなっている様です。その中のインテリそうなのと話しましたが、彼は仏印に二年居て、引き揚げる所。パリから自動車で二時間の所に家がある由。日本に寄りたかったのだがと残念がっています。仏印在任中、兵隊の病気の五十二%はアメーバ赤痢で、その治療薬たるエメチンは心臓に悪いとこぼしていました。しかし大方は余り柄がよくない。サイゴンの最終日は、植物園に行き、中にある美術館を見ましたが、クメール文化の石像をかなり見ました。予備知識があって見たら面白かったと思います。帰国後美術全集を繰って見ましょう。仏人に言わせると、フランスが統治していた間はきれいだったのに、ヴェトナムになってからはきたなくなったと言って肩をすぼめます。丁度建軍記念日か何かの行列をやっていましたが、バオダイを象った人形に民衆がつぶてをぶつけていました。選挙ではアメリカが後押しをしているゴ・ディン・ジェムが勝つらしいです。サイゴンの見送り風景もあっさりしたもの。見送りよりも乗客の方がずっと多く、船が動き出すとさっさと帰る者もある位。テープ投げは横浜、神戸の、即ち日本独特のものかなと首を捻っています。

家からの手紙はaerogrammeでなく封書にして下さい。aerogrammeは安いだけあって、読みにくい。もっともこちらからはもっぱらaerogrammeにしようと思いますが。洗濯は一日おき。風呂も入りたい時に入れますが、今の所二日おき位に入っています。シャワーの方が簡単で気持が良いようです。食事は英人に言わせるとサービスが悪いと言っていますが、確かに同じような物の反復です。しかし僕自身にとってはパンと魚がおいしい。ジャガイモひとつ出すにも何だかだ土地の名をつけたり、イタリア風だとか言って、結局楽しんで食おうと言うらしいのです。ギャルソンはともかく女性に親切で、我々の卓でも横田さんには誠にサービスがよく、アイスクリーム等二つもつけてくれます。Oh! Oh! と文句を言うと時々おこぼれにこっちにも追加してくれます。チーズに色々あるのには少々驚きます。昼食の時に出るのですが、一回に二種類。どちらかを貰うのですが、僕は前にも書いたようにカマンベールが好きです。医者としては、現在まで、ジンマシンを出したドイツ留学生の田丸君というのにネオレスタミン注射、オランダに行く若いカトリックのシスターがお腹をこわしたのに健胃酸とビオフェルミンをやり、それぞれ一日で治りました。

映画は一週に二度くらいありますが、欠かさず見てはいますが、シャクにさわる位分からない。もっとも仏文の連中も分からないのだからやむを得ないと諦めています。映画を分かるようになるには二、三年か四、五年居らねば駄目だそうです。

シンガポールで降りる中国人の若いラジオの技師が名残を惜しんで、「蛍の光」を歌っています。気のよい男で、弟が日本留学を希望しているが、どうしたらよいか等聞いています。シンガポールでは人種的差別があり、中国人だと上の地位に就けぬ由。学問をしたい者は金があればすべてロンドンへ行くが、それ程無い者は日本を狙っている由。彼自身日本に好感を持っており、大分親しくなったので、榮太樓の黒飴を一缶餞別に進呈しました。船員の中にも日本に憧れている者が居り、わざわざ我々の所に来て、日本は良い、鎌倉は素晴らしい所だ等お世辞を言って行きます。しかし彼等の憧れるのは日本の古い文化で、現在はアメリカ化されてよくないと言うのが大方の意見です。彼等の保守的（よい意味の）な面がよく出ています。現在までモンラッド・クローンの臨床神経学書は九十頁まで。リーチ「日本絵日記」、「小林秀雄対話録」、「新しいパリ新しいフランス」、写真の本三冊を読み上げました。今後海が静かならばもっと読めるでしょう。もう十二時過ぎました。眠くなりました。今度はコロンボからお便りします。皆様の健康を祈ります。

十月十八日(火)

今朝シンガポールに着きました。着いた時は晴れていたのですが、間もなく雨が降りだし、かなりの勢いで降っています。船はハシケで約十分の沖に碇泊しています。午前中、一度上陸し、カラーフィルムを送りました。航空便ではとても高いので、船便で保険付で送りました。二週間かかる由。昼食は船に帰り、とりました。現在六時、船へ帰るハシケを待ちながら埠頭でこの手紙を書いています。午後から雨が上がりましたので、地図を買って、それを頼りに植物園とラッフルズ博物館に行ってきました。前者はそれほど大したものでないが、よく整備はされています。野生の猿がいて、人の近くまで来て餌を貰うのが珍しかった。ラッフルズ博物館ではマライのあらゆる生物、鉱物、風俗に関する物が集めてあり、大分勉強になりました。特に鳥、猿、魚などについて。港にはすでに灯がつきはじめました。

十月二十二日(土)

シンガポールは寝ている内に出港し、翌朝起きた時には既にスマトラ海峡に入っていました。これを二日かかって抜けたわけですが、その間に海の静かなこと。フランス語ではそうした海をmer d’huile（油の海）と言います。雲のたたずまいと言い、海の色と言い、誠に熱帯の海らしく、快適でした。ところがベンガル湾に入ってからは空は曇り、風も募り、ローリング、ピッチングで揺られ通しの二日間で、食堂に出る人数も少々減りました。二宮君は大分やられて、一日半食堂にも出ず寝通し。今朝コロンボに着いた途端元気が出て食堂に駆け付けました。僕とても決して気持は良くなく、同僚も皆そうなのですが、食堂には欠かさずに出ています。

シンガポール以来、毎日午前中に泳ぐ事にし、又、デッキテニス（ドーナツの親分のようなゴム製の輪をバレーの時の網越しに投げ合う物）にも親しんで努めて運動をやるようにして居り、そのため食事時間が待ちきれぬ程腹が減ります。二宮君から太ったと言われています。間食は煎餅。家を出る時は果たして必要かどうか疑っていたのですが、お母さんと直子に言われて持ってきてよかった。少しも湿気らず実に楽しめます。曇っている故かベンガル湾はそれ程暑くありませんが、コロンボを出てアラビア湾、紅海はすごいぞとおどかされています。我々の舷側べりの船客には冷風を送って来る装置はありますが、それほど効果はないので、相当な暑さになることでしょう。それにひきかえ、船の内部の方の船室は我々のより船賃は安いのに、ずっと冷たい風が送られて来て、甲板に居るよりずっと涼しく（丁度東京のデパートの冷房位）、読書に書物に快適です。もっとも夜はかえって寒い位で、風邪を引く人もあるらしい。

では皆の健康を祈る（時計は一時間ずつ四回遅らせた）。

十月二十四日(月)

この前の便りで、節子が「インドヨウ」などと言うようになった由知りましたが、昨夜の内に印度洋を通過、今朝アデン湾に入りました。印度洋は一寸荒れるだろう。特に、コロンボからジブチまでは何時でも相当だと聞いていましたが、案に相違して全く波静か。特に昨日等の海の静かなこと。隅田川を走っているようなもの。油絵具のウルトラマリンそっくりの海の色に、やや赤味をおびた白雲が白く映えながら静かに流れて行きます。空の色も水平線に近いあたりはセルリアンブルーを薄めたような色が、頭の上ではコバルトブルーとなり、実に性格がはっきりしています。気温はそれ程高くなく、熱帯の海がこんなに過ごしよいとは思いませんでした。日向に出ればそれは強い陽射しで、眼鏡無しでは居られませんが、日陰に入れば汗をかくようなことはありません。汗もかいているのでしょうが、すぐ乾いてしまうのでしょう。夜は合の背広を着ても暑くない位の気温になります。

ともかくこれでいわゆる東亜諸国とは別れたわけですが、香港、サイゴン、シンガポール、コロンボと見て、色々なことを考えさせられます。コロンボでは、いわゆる親日家というAllyという男に案内してもらったわけですが、実をいえば、これとても日本語をしゃべるという事を看板にコロンボに来る日本人を見物に連れて歩いては金をとり、あわよくば宝石を売ろうという商売ずくなのです。初めの約束では一人一ドルで市内案内をし、Mt. Laviniaなどにも行くということでしたが、市内見物のみで終り、それに彼の昼飯もこっち持ちで、結局四ドルなにがしを消費しました。しかし、まあ考えて見れば、東京でもタキシーを半日乗り回して、昼食（ビールを含む）を食べれば千五百円位はかかりましょうから、それほど暴利とは申せません。それに日本語で説明をしたから、それでよしとしましょう。他の連中は街でタキシーを拾って案内させて、平均五ドルは取られているから、我々はまだよい方かも知れません。もっと被害のあったのは仏下士官で、一人は一万五千フランを知らぬ間にすり取られ、他の一人は公園を一人で歩いていて、四人の暴漢に襲われ三千フラン取られたそうです。平均してコロンボの印象はよくないようです。貿易上、日本とセイロンには最恵国待遇をし合っているそうですが、それほど上等な国ではないようです。もっとも、ドイツに行く留学生（北大講師、ドイツ文学、僕より三つ若い。丸子という人）が、コロンボ迄同室したセイロン人（日本で半年マッチ製造を勉強した男）の家に招かれて行き、厚遇されたようですが、その家庭は実にしっかりしていて、大いに見るべき所があったと語って居り、我々は、日本で言えば、街のガイド屋という余り上等でない連中にのみ接したのかも知れず、僅か一日の滞在の表面だけの接触では軽々しい判断を下さぬ方がよさそうです。来日外人あたりの日本印象等も、我々と同じような経験で、悪くもなり、良くもなるのだと思います。丸子君を招いたセイロン人は降りる時、僕にも帰りには寄ってくれと言っていましたから、寄れたら寄って色々な経験をして見ようと思っています。

町の商品は雑貨や衣料はかなり日本品が入っているようでした。衣料は鐘紡が主の由。しかし自動車だとか、電車、機械、器具等は総てヨーロッパ、アメリカから来るのであり、雑貨や衣料等の貿易額等よりはずっと割がよいのではないかと想像されました。貿易をやる場合、手先を売物にした日本独特の商品を表看板にするのもよいでしょうが、もっと高度の技術の物でも、基礎工業技術を振興して、欧米と競るようにならぬとジリ貧になりはせぬかという心配が湧いて来ました。素人の貿易観ですが、第一印象というものも大切故書いて見ました。それにAllyの話では日本の薬品や医師、歯科医を非常に求めている由。もしdoctor、貴方が来られるなら、お金はものすごく儲かるですよ。来てくれませんかとしきりに繰返していました。セイロンの住民は宗教の関係で欧米人とは腹の底からは親しめぬらしいです。動物園は猿類、魚（熱帯魚）、爬虫類（蛇！）、熱帯の鳥、それに場所がら象は小さいのから大きいの迄よく揃っていました。死んだらどうするかと聞いたら、言下に埋めますとの事。簡単明瞭、毒気を抜かれました。又、通路を一メートル位もあるトカゲやカメレオンがすっと横切って行くのには驚かされました。これは見世物でなく、園の外から入って来るものだそうで、さすが熱帯だわいと驚き入りました。公園では野生のリスが喜々と遊んでいて、ベンチに座っているセイロンの若い男女のそば迄来て、秘言を聞きでもするかのように、後脚で立って、尾をピンピン振っている姿は本当に可愛いと思いました。日本でも上野、日比谷公園あたりで、こうした風景が見られればよいのですが。微笑ましい風景でセイロンの項はこの辺で終り。

十月二十六日(水)

朝のコーヒーの後、デッキで、ポーカーなどして遊んでいたら、陸が見えるの声に左舷に出て見てびっくりしました。北アフリカの東端がぐっと目の前に迫っているのです。オークルジョーヌ(黄土色)一色の世界です。船から僅か二から三丁(実際はもっとあるのでしょう)の所に、狭い砂浜があり(それもオークルジョーヌ)、その後はいきなり絶壁で切り立ち、その上は台地になって奥までずっと砂漠として続くのです。海の青、船体の白とはっきりしたコントラストをなして、実に強烈な印象でした。本当にはるけくも来たるものかなの感慨に打たれました。この風景に接して昨日カイロでの観光に申込んで三十ドル取られ、少々高いなと思っていた気持もすっかり飛び、エジプトはいかにと今から大きな期待に満ち溢れています。この絶壁をうしろに、プール際で写真を撮りましたが、どんなに撮れているでしょう。地図で見ると、これはイタリア信託委任統治領のソマリランド、グアルダフィ岬という所らしい。こう書いている現在も船はやや陸から遠のきながらも、水平線の彼方にイギリス領ソマリランドを見ながら滑るように走っています。時々土人が二、三人乗った漁船が手を振って擦れ違いますが、どこから出て来る連中でしょうか。望遠鏡で見たのではとても集落などは見られません。しかし地図で見ると、アルラとかベンテルジアダとかの町の印が書いてあるから、きっとそんな所を拠点にしているのでしょう。所々岸辺が白く見えるのは塩の山でもあるのでしょうか。

昨日は先陣を承って床屋に行きました。刈り上げだけで二百フラン、乱暴です。英国人は実によくないとブーブー言っている所を見ると誰にでもそうらしい。ただ速いのが取得。あとからあとから来て、待っている間はグラフなど読んで居り、日本の床屋風景と変わる所はありません。

目下、H・G・ウェルズの「世界文化小史」を読んでいますが、ヨーロッパ航路を辿りながら読むと大分為になります。今朝一寸右舷に垣間見たソコトラ島など、既に氷河期からアフリカ大陸から離れていたことなどもこの本から知りました。

　一昨日アーノルド・トインビー「世界と西欧」(吉田健一訳)を読了しましたが、これは徹など一読の価値がある。出来れば「歴史の研究」等も揃えて読みたい。もっとも原書では駄目だから権威ある訳書でもあれば欲しい。しかしまだそうした権威ある物が出ていねば、今無理する必要はない。直子も暇があったら読書すること。

　皆様の健康を祈ります。もう間もなく夕食。明日朝ジブチに入ります。


あと、航海も数日で終りです。印度洋あたりでは早くマルセイユに着けばよいなど話し合っていたのに、去るとなると今度は妙に名残惜しくなって、もう暫く乗っていたいような気持です。

　ジブチの街は寄港地の中では最も小さく、且つ索漠たるものでした。余り多くを語る要はなく、あとは写真で見ていただきましょう。ただここからアジスアベバ行の汽車が出るということで、印象付けられた街です。紅海は両岸は全く見えず「青い大陸」の舞台になった島々も、コーヒー「モカ」の名の発祥地(?)イエメンのモカなども全く見られませんでした。しかし幅が狭いため船との出会いは多く、殊に夜間はイルミネーションの様でまことに綺麗でした。海は全く静かで湖を渡るようなものでしたが、砂漠から吹いて来る風のためか暑さは相当なものでじっとしていても汗が出、しかもそれが乾かず、僅か二日間とはいえ、かなり凌ぎにくいものでした。恐らくこの航海中暑さでは最高だったと思います。プールにもしばしば入り、大部焦げました。二日目の朝は南十字星と日の出を見ようと三時(とはいっても、東京より五時間位遅れていて、今ごろ家では朝食かなと思いました)に起きて甲板に頑張りました。夜番の船員に聞いても南十字星ははっきりせず、これは諦めましたが、考えて見ればそのためには、少々緯度が高過ぎたようです。その代り三時十分の月の入りと六時の日の出は素晴らしいものでした。月はまるで熟柿のような色をして海に落ちて行き、たった一人で甲板に立って見ているとまるで不気味でした。ところで「たった一人」と言うのは正確でないのです。というのはこの船にスウェーデンの母子が乗っていて(母親は四十過ぎ、息子は二十歳位)北国の人間には船室が暑過ぎるのか毎晩甲板の長いベンチで寝るからです。もっとも彼等はグーグー寝ていました。

　ついでにこの母子の連れている犬について書きましょう。船のどこかに置いてあるらしく、買物袋に入れては甲板に連れて来て、球拾いをさせています。丁度サモエド(別名シベリアン・スピッツ)を茶色にしたような奴で、こまちゃくれた顔をし、人にはなつかず、球を取ろうとすると、小さいくせにウーと人をおどします。この他にも大きな犬が乗せられているらしく、時々太い声でワンワンほえています。シェパードらしい。船員の飼っている真黒い猫は雌で二匹の仔猫の母親ですが、実におっとりしていて誰にでも抱かれ、紐を出すとすぐじゃれついて来ます。栄養がよくつやつやしています。

余談はさておき、アラビアの彼方から昇る日の出もきれいでした。日の出の前には、丁度日の出るあたりが紅になり、次第にそれが薄れて空全体が黄色に明るく変わり、次いで日の出る前後に再び橙紅色になるのを経験しました。どなにも日の出を見るのは初めてではありませんが、人類文明発祥の地たるチグリス・ユーフラテス川や、エジプトの近くに来て見ると印象はまた別です。荘厳といいましょうか、太古の人が太陽を崇拝し、これに額づく気持になったのもむべなるかなと思いました。

十月三十日(日)

朝五時起床。六時半には朝食をすませて、七時半にはランチ便乗という忙しい動きでエジプト観光に出発しました(エジプト観光中に船は進み、スエズ運河北端のポートサイドで我々は船に戻る)。これに参加したのは日本人では僕と大久保君(学習院講師)、土井君の三人だけ。皆、金が足りないとの理由で、他の人々は船に残りました。ともかく全体の印象として、この航海はエジプトの地を見るためにやって来たようなものと言えます。全く圧倒されてしまい、皆さんにも是非見せたいという思いで一杯です。今までの寄港地の総てはヨーロッパの出店にすぎませんが、ここには全く独自のものがあります(少なくも過去には)。

香港といい、シンガポールといい、その印象は今では実にはかないものです。日記を書くにも、見たものが多く、又、印象強烈ですぐには筆をとる気がしません。思いつくままに、新鮮な感じの失せない内に、以下書き連ねて、この手紙で日記の代用にしたいと思います。

スエズの波止場に上陸。トーマス・クック社の用意した高級車に乗り込みました。同車は上記の二人とヘデイと言うスイスに行くという娘、それにカイロまで同行するエジプトの巡査です。日曜日の朝とて人通りの殆どない、しかもこぢんまりしたスエズの街を抜けるともう砂漠です。左手にそう高くない水成岩台地が続いている他は砂丘の大小の起伏を除き平坦なオークルジョーヌの砂また砂の中をアスファルト舗装の黒い道がどこまでも続きます。自動車は時速八十キロメートルから百キロメートル。平均九十キロメートルのスピードで飛ばします。東京では想像も出来ない速さ。かなり往来の激しい、石油を運ぶ大型トラックとすれ違う時はビューンという音がしてはっとします。こうして走り続けて正味二時間、忽然として地平の彼方にカイロが現れるまで、小さな軍隊の駐留所とガソリンスタンドの他には民家というものは全く見ませんでした。今まで想像していた砂漠はあくまで二次元の絵葉書的な世界でしたが、前後左右から砂漠に囲まれ、しかもそれに時間という要素も加え、四次元のものとして感じたその印象は全く強烈です。地中海側の空はその他の場所と違い、地平線との接触部が暗い灰色になり、空と地との境がはっきりせず、無限の彼方で両者がくっついているというような感じで一寸凄味がありました。道の両側には白ちゃけた草の塊が、僅かに緑を止めてまるでころがされたような姿で続いています。それも道から百メートル（正確ではありません）も離れると極まばらとなりその先には殆ど認められません。この事からして恐らく道に沿って乏しいながら水脈があるのでしょう。一箇所で黒と白の山羊とそれの混り合ったと思われる黒白斑の山羊に遇いました。山羊たちは草をはむのに懸命でしたが、それを守るのは頭から黒衣を纏った一人のアラビア人の女で、じっと地面にうずくまって居りました。この場面だけを切り取ればさながら太古のままです。それにしても旧約聖書にあるヘブライとエジプトとの交流などは一体どういう規模で行われたのでしょうか。疑問は次々に湧いて来ます。又、この砂漠よりもっと大きいサハラ砂漠の中で、ロンメル麾下の独軍と英軍が戦ったわけですが、彼等はどんな思いで戦ったのでしょうか。こんな大きな自然の中で同じ人間が敵味方に分かれて殺し合うなどは一寸滑稽な感じです。しかし現実には、エジプト軍が祖国を守るために、砂漠の中で訓練を続けているのが見られ、カイロ近くで自動車からそう遠くない所で撃つ砲兵の大砲の音に驚かされました。

カイロに着いたのが九時四十五分、街の東南から入ったのですが、このあたりは新開地らしく新しい住宅がどんどん建てられています。巡査に聞くと殆どが個人住宅だそうで、石造りのどっしりした住宅ばかりです。アラビア人の女は黒衣で顔を隠していますが、エジプトの女は近代的な服装をし、実に整った顔をしています。巡査もどうだ見てくれというように語っていました。女学生なども実に潑剌としています。新興国家らしく好感が持てました。

パレスホテルという一級ホテルでお茶とお菓子で小憩。主だった役は総て外人ですが、下役のボーイなどはすべてエジプト人、アラビア人などが使われ、すべて紅のトルコ帽と白いずんべらぼうのパジャマのようなエジプト服を制服にして働いています。資本はすべて外国が握っているのでしょう。昼食ならびに夕食をとったホテルでも同様でした。

そこからナイルの右岸、街のほぼ中央にあるカイロ博物館にまいりました。それこそ待望の場所です。中に入ってからは興奮してただ唸ってばかりいました。先ず入口の所でラムセス二世のよく美術書で見る有名な立像がありますが、その大きさと石の美しさに打たれました（ガイドが事務的に説明して先ばかり急ぐのでゆっくり見るひまがなく本当に無念でした）。次いですぐ二階に連れて行かれたのですが、ここここそかのツタンカーメンの墓からの発掘品の総てが並べられている所。総てに魅せられましたが、やはり圧巻はツタンカーメンのミイラを入れてあった七重の棺。ミイラを直接入れてあった第一の棺は人間の形より一寸大きい位ですが、純金で二百十キログラムある由。それに彩色が施されてあるのですが、昨日塗ったと言われても不思議でないような鮮やかさです。印象派の絵などが僅か百年位で色がさめはじめたとか、いやさめないとか言われているのに、この色は四千年の年月に耐えてなお人の網膜に焼き付きます。これより遥かに小さいが内臓だけを入れたと言う器物も同じ形、同じ彩色で断然光っています。これらの特に貴重の品のある部屋は警官が見張って居り、どれだけ大事にしているか分かります。外人観光客が押し合いへし合いで、口々にexcellent! magnifique! splendid! など連発しながら眺めています。僕も全く夢心地で心臓をドキドキさせながら見ました。このツタンカーメンの墓が発掘されはじめたのが一九二二年、終了したのが一九二九年。エジプトの王の墓の中で今世紀迄誰の眼にも触れずに四千年の間眠り続けていた唯一のものです。これを発見して掘り返したのがハワード・カーターを頭にする多くの学者たちですが、発掘が終わると僅かな年月の間にこれらの人々が次々に死んで、当時ツタンカーメンの祟りといわれたそうですが、僕は今、これらの品々を見て別の感じを持ちました。即ち真黒な坑道をくぐり抜け懐中電灯の光を頼りに石室に入って四千年のほこりにまみれながらこれらの品々を眺めた時の驚き、七重もある棺（一番外側のは日本家屋の三、四畳の部屋の大きさ）を次々に開いて黄金の冠をかぶったミイラに接した時の心臓の激しい搏動、そしてこれらの品々を多くの盗人たちから守ってカイロ迄運ぶ際の心労。これらのことで極く短い間に一生を生きるエネルギーを全部消費してしまい、次々に死んでしまったのだと思います。今、白日のもとにさらされてこれ程人を打つのですから、これを暗闇の中で僅かな光のもとに眺めた時はもっともっと神秘がこもっていたと想像されます。

ここ迄で昼になってしまい、あとは走るようにして他の時代のものを見ました。世界美術全集に出ている物の殆ど全部がここにあります。今までどの位の大きさなのかということがいつも疑問だったのですが、それも大体分かりました。予想に反して大きいもの、逆に小さかったもの等色々ですが、特に桁はずれて大きいのは、アメノフィス王夫婦像です。鎌倉の大仏位ありましょうか。次に昼食前にバザーという土産物市に行き節子にエジプトの記念にしなやかな革の袋、小さいものだが、オハジキかお手玉でも入れて遊ぶのによいでしょう。それから紅のトルコ帽。これはフランス人のベレーのようなもので貧富の差なくかぶっています。僕には大変似合うようです（?・）。しめて二ドル弱の買物。昼食はセミラミスホテルというナイル河岸の一級ホテルで。セミラミスというのは王の名前で、ロッシーニがこれを主題に「セミラーミデ」という歌劇を書きました。その序曲には前から親しんでいたので、その名を冠するホテルで食事をとったのは楽しい思い出です。ちなみに料理はすべて洋風。ここの売店でツタンカーメンの三十枚一組の写真を買いました。五十ピアストル（一ドルは三十三ピアストル）。小さいながら綺麗なものです。

三時にここを出発。すっかり近代化されたナイルの河岸をかすめて町の東南の台地の上にある城塞に行きその中心に聳えるモハメッド・アリ・モスクを見ました。十九世紀のはじめに建てられたものですが、豪壮なものでした。この前庭から見下ろした眺めはなかなか雄大、カイロの全景は勿論、砂漠の向こうにギゼーのピラミッドが二つ逆光を受けて黒々と浮かんでいました。このモスクについては岩波の写真文庫「近東の旅」によい写真が載っていますから買って眺めて下さい。息つく間もなく自動車はナイルを渡り、ギゼーの町を抜けて、そのはずれのラクダや馬、ロバの集まっている所に着きます。そこでラクダにまたがってかなり急な坂を登るとギゼーの大ピラミッドの足元に着きます。内部はあとから見ることにして先ず、スフィンクスのある窪地に下って行きます。スフィンクスは前には身体の中半まで埋まっていたそうですが、最近米人の手で底迄掘り返された由で、全体を見ることが出来ます。折しもスフィンクスの向こうに満月がかかり、若し撮れていればなかなか面白い写真になると思いますが……。その隣の神殿はアスワンというナイルの上流の地方から持って来た巨大な花崗岩から作られて居り、ここからも沢山のものが掘り返された由。今は、からです。しかしこれだけの石をどうして運んで来たのかとびっくりします。もっとも同じことは大阪城あたりの城壁にも言えることですが。次いで再びラクダに乗ってピラミッドの前に到着。これから中に入ります。途中で砂漠の向こうからバッタが沢山飛んで来て、我々の頭上を越えて行きました。一寸「大地」の中の一場面を思い出しました。丁度頂上まで人が上っているのを見ましたが、小指の先程にしか見えません。百四十五メートルあるそうですから当然かもしれません。入口から真暗の中を足元を探りながら二十メートルも行くと十から二十燭光位の裸電球のともったA（図）に達します。ここでピラミッドの底部の空所Eに下る洞穴がありますが、ここは通行禁止。A迄は立って歩けますが、AからB迄は坑道の上

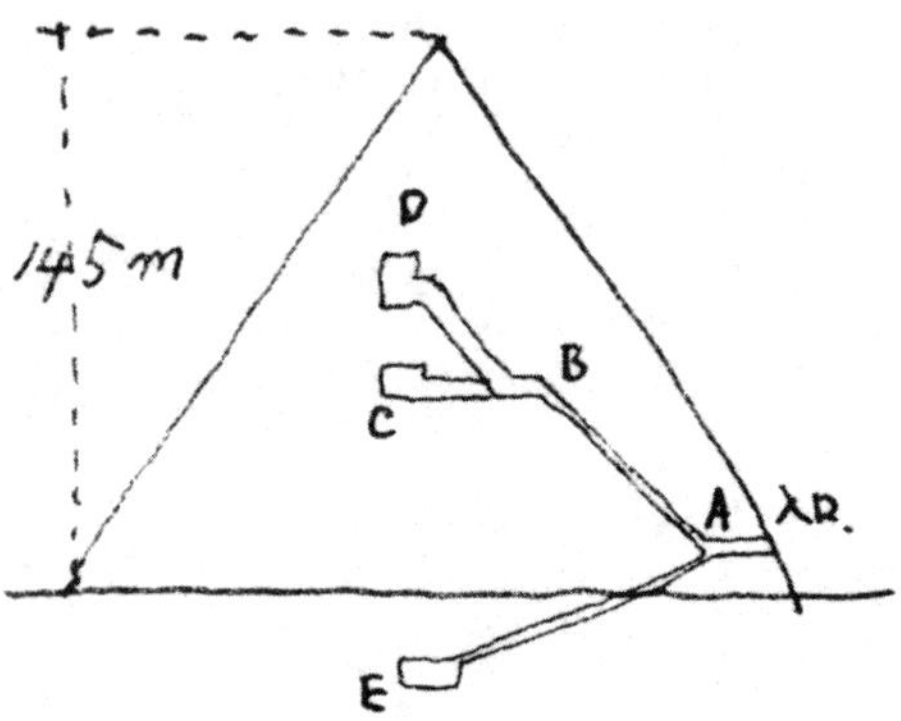

下径が小さくなって頭を下げ中腰で上がらねばなりません。木と針金で作った粗末な梯子を上るのですが、人が二人並んでは通れないので、上から人が下りて来る時には壁にへばりついて道を譲らねばなりません。Bに達すると再び坑道は広くなり、奥の方に王妃の墓所があります。それを見過ごして再び急な梯子をグングンのぼるとDに出ます。王の墓所です。中にはうす暗い電灯が二個、ボッとともっているだけ。物音は何も聞こえず、説明人の声が、うつろに響くだけで壁に吸い取られて行きます。ここが上下左右から見てほぼピラミッドの中心。じっと立っていると三百三十万個（このピラミッドを形造っている石の数）の石の圧力をひしひしと感じます。全く生を拒む世界という気がします。ともかく、この中にたった一人で一晩置かれたら精神に異常を来すと思います。こうした馬鹿でかい物を造ろうとした古代人の迫力、それを実現する為に流された血と汗が、いまだにここに籠って数千年後の我々に迫って来るのでしょう。なんだか不気味になり一分でも早く出たいという気になり、あたふたと階段を下りました。外に出たら、すでに薄暮。ピラミッドの近くに据えられたマイクロフォンがアラビアの歌を流していました。

　近くのホテルで紅茶を飲みつつ小憩。次いで満月のカイロの街をドライブ、クルッサルというレストランに向かいました。丁度日曜日のこととて、ナイルの河畔にはエジプト人やアラビア人の家族連れやアベックの姿が目立ちました。昼間見ると茶色に濁ったナイルも月光のもとでは金波銀波となってとても綺麗でした。カイロ市内は歩いている人間をのぞけば東京のそれと殆ど変りありません。映画館はアメリカ物を多く上映しているようでした。

　フランス人経営と思われるクルッサルでの夕食を九時半に終え、四十分には早くもカイロを出発、月の夜道を往路と同じスピードでぶっとばしました。カイロの町はずれでは車内にも聞える程虫の音が繁く、秋を思わせました。カイロをはずれると農村風景ですが、ナイルはカイロより下流でデルタに分かれ、ぐっと細くなり、そこから水を引いて田畑を潤しているのです。スエズからカイロ迄と違って民家が所々にかたまり、家々には仕事を終えて寛いで話し合ったり酒を飲んだりしている農民の姿が見られ、いかにも母なるナイルにいだかれていると言った風景。日本でいえば丁度上越線の長岡近傍のような風景です。丁度満月。星の光も薄れる程なので実によい眺めでした。しかしそれもポートサイド迄の道程の半分も行くと砂漠になってしまいましたが、満月に照らされた砂漠の眺めは一寸表現出来ないような情景です。神秘的と言いましょうか、詩的と言いましょうか、窓に顔をくっつけて見ほれるばかりでした。ところが丁度折悪しく（いや幸運だったかもしれません）タイヤがパンクして、それのつけかえに十五分程停車しましたので、車外に出て砂漠の真中にたたずみました。「月の砂漠を、はるばると……」の歌が自然に口から出て来ました。遥か地平線に一塊の灯が見えるきり、あとはどっちを見ても砂ばかり。物音一つ聞こえません。実に又とない経験といえましょう。走りに走り、十二時一寸前にスエズ運河沿いの道に出ましたが、運河の一番狭い所の由で、大型船がへさきにライトをこうこうと点して静々と二、三百メートルの間隔でスエズに向かって進んで行きます。急速に動くと岸を傷める危険があるからでしょう。日本船と思われるのも一隻まじっていました。ポートサイドに着いたのが一時四十分。実に四時間走り通したわけです。

ヴェトナム号に戻ってシャワーを浴び、砂漠の砂をすっかり洗い落とし、ゆっくりとベッドに足をのばしましたが、今日の出来事が次々に眼に浮かび、中々寝付かれませんでしたが、いつか眠ってしまい、目覚めた時はすでに船は地中海を大分深く入って、クレタ島沖に近づいていました。

以上でエジプト便りを終ります（あまり長くなると郵便代で破産ですから）。この手紙を読む時は世界美術全集「エジプト」を前に置き、徹から「神・墓・学者」の本の話を聞きながらにして下さると、一層よく分かるでしょう。乱筆多謝。

十一月三日(木)

午前九時、マルセイユに無事到着しました。税関事務もとどこおりなく終え、十一時にはパリへの荷の発送も終りほっとしました。昼食後、遊覧バスに乗ってマルセイユの街を三時間ほどで駆けまわり、いま駅前のカフェでサラミソーセージのサンドウィッチを肴にビールを飲みながらこの便りを書いております。マルセイユではオーバーを着ている人は稀にしか見ませんが、我々はオーバーでもべつに暑いとは思いません。つい四、五日前まで開襟シャツでいたのが嘘のようです。堂々たる並木が黄葉しはじめ、菊が広場の泉のほとりを飾っています。今晩十時四十四分の急行でパリに直行します。明日八時過ぎにはパリの人になります。僕は大元気。皆様の健康を祈る。たそがれるマルセイユにて。

観察　パリ

一九五五年十一月〜十二月

十一月四日(金)

パリの一寸前で夜が明けそめましたが、このあたりは大分マルセイユとは異なり、黄葉も濃く、早いものは大部分葉を散らしておりました。夜が明けるにつれ、まわりの風景に色が着いて来る様子は黒白映画が天然色映画に変って行くようで誠に綺麗でした。小さな村の家々でも石組でつくられていたのか非常にがっしりした感じで、しかも色の配色がよく、これでは絵の題材には困らぬわけだわいと思いました。パリに入ってからは荻須高徳氏の絵にある通りの建物ばかり、極めて立派に見えて日本の家屋と比べると段違いの感じで、こん畜生という気がしましたが、心の底ではこうしたがっしりしたものを建てたフランス人に敬意を表さずにはいられませんでした。やはり世界の宝と言うべきでしょう。

リヨン停車場（「巴里の空の下セーヌは流れる」の中で直子は見た筈）に着いたのが八時一寸前、かなりの霧でどんよりしていました。コミテ・ダカイユ（留学生受入局）から一人のフランス人が出迎えに来て、タキシーに乗せてシテ・ユニヴェルシテール（パリ国際大学都市・大学街）迄送ってくれました。オステルリッツの橋を渡りイタリア広場に出る途中で、サルペトリエール病院のドームをちらりと見ることが出来ました。

大学街の中にはベルギー館とかアメリカ館とかスイス館とか多くの国々の建物が沢山かたまって居り、皆それぞれに粋をこらして居ります。日本館は日本の城のような形の洋館で六階建。館長は東工大名誉教授植村琢氏。実際の事務はフランス人のマダム。掃除のおばさん等は総てフランス人です。一部の人々がまだ到着していないので、部屋の割当が決定する前に仮の部屋として五階の一室に入れられました。フランス人と一緒。彼は農業専攻とか。むっつりした男。余り話はしません。船賃が十五万円と聞いて驚いていました。マダムから居住証明書を貰い、これでこの大学街の中の最大の建物、メゾン・アンテルナシオナルの食堂で食事が出来ることになり、昼食をとりました。七十五フラン。大きな木のお盆にナイフとフォークをのせたものをあてがわれ、それを横ばいに台の上をすべらせながら、次々に差し出される食物を受取って行く仕組。第一日は大きなアジのフライ、セロリのサラダ、トマトケチャップ御飯（御飯の炊き方はうまくない）、それに林檎。パンは食べ放題。ただし葡萄酒はつかず、飲みたい人は買うこと。といったようなわけで、贅沢を言わねばカロリーは十分です。食堂は東大の第二食堂を二つ合わせた位の広さのが二つあり、実に清潔です。但し食器の扱いはどこでも同じく乱暴です。

午後はコミテ・ダカイユに行き、身分証明書を貰いましたが混雑のため三時間も待たされました。ともかく各国の人間が出入し、まことに壮観です。寄港地とは違い、ここでは殆ど人の視線を感じません。やはり大人なのでしょう。しかし官僚独善はいずれものこと、何でもかでも書類が要り、且つ頭ごなしです。我々はスムースに行きましたが、ああでもないこうでもないとこづきまわされている連中もいました。それでいて人種差別は表面だけは全くありません。腹の底はどうだか知りませんが。その日は少々疲れて早めに寝ましたが、一ヶ月ぶりに動かない床にありついたわけで、ぐっすり休みました。

ここで一応航海中の会計をお知らせしましょう。

バーの払い（チップを含み）五百五十フラン

船へのチップ（ボーイ長にまとめて）二千フラン

船中で払ったのはそれだけ。各港での買物、手紙代、それにマルセイユからパリ迄の汽車賃、荷物運送料含めて、結局交通公社から受けた九十五ドル以内で間に合い、ドルは買い求めた二百五十ドルがまるまる残りました。先ず節約成功といえましょう。航海中洗濯は一度も頼まなかったので、僕は払いがなかったのですが、多い連中は一万二千フラン位払っていました。一日乃至二日おきに洗濯をして汗臭いようなことは一切ありませんでしたからご安心下さい。ナイロンはまことに重宝。開襟シャツは寝る前に洗って、送風口のそばにおくと二十分位で乾いてしまい、あれ一枚を着通しましたが、全然傷みません。それに有難かったのは餞別に貰った魔法ビン。冷たい水の出る場所を見つけ、日本人の連中が代わる代わる行っては汲んで来て喉を潤しました。

十一月五日(土)

七時半起床。八時半までにポルト・ドルレアンで遊覧バスに便乗。ブルシエ（給費留学生）のための遠足です。同車は二十数人。説明するのはどこかの文学の先生とのこと。この催しは各国留学生の親善をはかるとともに、フランスをよりよく知ってもらうためであると前おきし、冗談まじりに話して行きます。あちこちと実物を見ながらの説明なので、かなり分かりがよろしい。

先ずパリの東側を通って、ル・ブルジェ飛行場のそばをかすめ、パリ郊外に出ます。霧が深く視界は狭いのですが、馬鈴薯の収穫も大体終り、牧場には牛が草をはんでいて、北海道のような風景。道が実によく、動揺が少ないのでちっとも疲労しません。

ドイツのボン大学卒業の法学生が話しかけてきて、日本と朝鮮の間の政治情勢はどうかとか、船の中でフランス料理はどうだったかとか聞きます。朝鮮人は悪い事ばかりしている、フランス料理より日本料理の方がずっと高級だと答えておいて、今度はこちらから茸のことを質問してやりました。自分は出発前にKaiserpilz（皇帝菌類）、Steinpilz（ヤマドリタケ）を採ったが、ドイツにはたくさんあるだろうと言ったら、前者については知らぬとの答。そんな風にして話していても、向こうにとってもフランス語は第三国語、こちらとて同じですのであくまで対等で中々面白い。ドイツの学生の中でフランスに来たがっている者は多いかと聞いたら、北国人が南方の国に接したがるのは歴史の必然であるてなことを申しました。ともかく彼等には窓外の風景は見なれているのか一向に関心を示さず話し込んでばかりいます。アメリカの女子学生が一人いて、大変素直な感じでしたが、彼女に向かって多くの学生が何国人たるを問わず入れ代わり立ち代わり話しに行って中々積極的、はたで見ているとまことに興味が深いです。南米やメキシコから来た余り面相のよくない女子学生にはその反対に人の寄りが少なく、その点まことに正直です。

十時頃、サンリスに到着。ここはカペー王朝の始祖ユーグ・カペーが都して昔は栄えたところだそうですが、今はすっかりさびれてしまっています。パリのノートルダムより二十年前に建てられたというノートルダム寺院の前の石だたみの上に立って霧がかすめる尖塔を仰ぎながら、配給されたクロワッサンと熱いココアで遅い朝食。実においしいと思いました。古い石だたみを踏んで小さな街を一周、すっかりこの街が好きになりました。霧が深いので、写真を思うように撮れず残念なことでした。途中で足の悪いじいさんが声をかけてきて、どうだ、この寺院は綺麗だろう、よく見て行ってくれ、それにここの葡萄酒もうまいよと言います。本当に自分の土地を愛しているという表情です。

それに驚いたことは、こんな田舎でも店でも住居でも中は実によく整頓されて居り、ショーウィンドウなどはパリ並みです。一応皆の生活が確立し、豊かな農村（農民は日本と違い総じて金持ちなのです）に囲まれて、楽しんで商売をしているという感じ。並木は黄葉が既に過ぎ、大部分は道に散り敷いて、それが周りの渋い壁の色と調和して本当に得も言われぬ風情です。そこを出発、一路コンピエーニュに向かいました。途中、いくつかの森を抜けましたが、印象派の連中の絵によく出て来る場面に至る所でぶつかります。その中を縦横に走る小道、バスを降りて落葉を踏みながら歩きたいようでした。

コンピエーニュの手前で、オワーズの谷を眺めましたが、東京でいえば東横線の大倉山と綱島との間のような眺め。ただ家々が様々な色の壁を巡らし色が豊富な点が大分違う。

コンピエーニュの宮殿はブルボン王朝、更に下ってナポレオン一世、三世が好んだところの由。建物や調度は全く感心出来ず、かえって宮殿の方が我々には親しめました。ドイツの例の男が、どうかと聞くから、面白くなかったと答えると、同感と笑みをもらしました。日本を見に来ないかというと、行きたいが実現不可能でしょうとの答。日本の芸術のスタイルは全く独自である。この宮殿などは広いことと飾り立ててあるだけで、何も大したことはないと一寸国粋的な気分になりました。

次いで第一、第二次大戦の講和降伏調印の行われた、かの有名な場所にまいりました。調印の行われた汽車は戦時中に焼けてしまったとかで、礎石だけがあります。その上に「ドイツが自由なるフランスに敗れた」と白い石で刻んであるのを見て、ドイツ人達がいやな顔をして、フランス人は実にsensitif（鋭敏）すぎる、ドイツではどこに行ったってこんな激しい文句は見られないと訴えました。気持も分からないではないので、自分の知っているフランスの医者（ジュヴェ君のこと。名優ルイ・ジュヴェの甥。睡眠学研究者。留学前からの友人）は戦時中ドイツ人のやった行為を考えるとドイツ人の書いた文献は読む気がしないと言っているが、そういうことはあまり感心したことではないと慰めの意味で言ってやりました。

一時過ぎソワソンというパリから九十キロメートル離れた谷あいの小村に到着。そこの小ぎれいなレストランで昼食です。船の食事に劣らない位の分量。ここで初めて白葡萄酒を飲みましたが、実に口当たりがよかった。この土地の自慢の青豆も大分賞味しました。食事中、僕の右隣は名大の数学助手森本君、左はドイツのフライブルクの法学生、前はコミテ・ダカイユの我々の係のパリジェンヌ、メキシコの産婦人科医、ブラジルの経済生。葡萄酒の飲み方だとか、今はやっているシャンソンだとか、とりとめもないことをしゃべりながら、賑やかに食事です。我々以外の客は、こちらの方を珍しそうに時々ちらちら見ながら、静かに酒を味わい、料理をうまそうに食べては、いつの間にか帰って行きます。ギャルソンやマダムも朗らかで全体が実に豊かな感じです。段々話がはずんで、僕が鰻の脳のことや、アシカの脳の話などをしていつか話題の中心になってしまい、メキシコの医者は神経はむずかしいのによくやるなど感心顔。パリジェンヌに名前をきかれたので、僕の姓はフランス語でdix mille ans（萬年）といい、名は、はじめle début 即ち萬年のはじまり、又は永遠のはじまりということだというと、彼女は杯をあげてブラボーと言い、皆に紹介しました。そこで僕が立ってもう一度名の意味を話しましたら、説明役の先生が、ああ貴方が女性であったならと言ったので、どっと哄笑。それ以来ドクター・ディミルアンと名がつきました。デザートコースに入ると、各国人がそれぞれの国の民謡などを歌うのがしきたり。日本が真っ先。森本君と二人で「荒城の月」を歌いました。ドイツは六人で「野ばら」、メキシコ、ブラジルあたりは踊りまじりで賑やかなものです。アメリカの女子学生は満場の拍手にもかかわらず遂に立たず、皆がっかり。

　三時迄こんなことで大さわぎをして、髪の薄い先生などは頭のてっぺん迄赤くなり、一杯機嫌で再びバスへ。この頃から霧どころか雲すらなくなって、陽が一杯に照りだしました。並木のプラタナスが道に落ちてはカサカサとなり晩秋の気が身にしみました。この村には古いアベイ（僧院）と、カテドラルがあり、次々に訪ねました。特にカテドラルで見たステンドグラスの美しさはいまだに眼にしみております。ほの暗い本堂の中から仰ぎ見ると実に美しく、キリスト教徒ならぬ身にも何か神々しさを感じます。ここを出て、車内で、パリジェンヌに、今まで日本でルオーの絵を見たが、親しみを感ずることが出来なかった。今日ここでステンドグラスを見て、初めてその雰囲気が分かるような気がしたと話しました。

　このソワソンという村は、ベルギーやオランダに行く時も通るところの由で、帰ってから誰に聞いてもあそこはよい、何べんでも行きたいと言っているところをみると、よほど親しまれている村なのでしょう。僕自身も何べんでも行って見たく、バスの窓から遠ざかって行く村の家々やカテドラルの尖塔を見失う迄見ていました。

　陽も傾いた五時頃、ピエルフォンの城に到着。例の絵葉書の城です。これが小さな村の真中にでんと建っているのです。まるでお伽の国のようです。十二、三世紀のものとて、あとで改築したとか。城内に入った時はすでにうす暗く、現代からすぐに中世に連れてこられたような気がしました。いつか直子と読んだ「青髯の七人の妻」の舞台になったああした城、地下室や調度品なども全くそっくりだ。説明人が居て（ちゃんとした高級船員のような服を着ている）、立板に水の説明をするのですが、これはなまりがあって一寸も分かりませんでした。室に帰ってから、ギド・ミシュランで読んで委細を知りました。とっぷりと暮れた六時に城を出て一路パリに御帰還。これからの一時間半は寝るなり、話すなり、瞑想するなり御勝手にということで、車内の電灯をパッと消してしまいます。その暗い中で各国の学生は実によくしゃべること。のべつまくなしです。僕は今日見た色々のものを頭に浮かべながら、奈良の仏達の姿と比較して瞑想に耽りました。たしかに石また石、印象は圧倒的ではありますが、よく造り、よく保存されてるとは思いますが、不思議に、他の人のよく口にする劣等意識は湧いてきません。たしかに日本の彫像、絵画は独特のスタイルを持っております。彼等（ヨーロッパの人間）に木と紙を持たせたら、どんなものを作ることでしょう。我々は過去の日本人の業績を大いに誇ってもよいと思います。

八時に大学都市に着き、遅い夕食を食べ、シャワーを浴びて、ぐっすり休みました。シャワー（熱いの）は水、土の二日出ます。僕は船でもそうでしたがシャワーが大変好きになりました。勢いを強くするとマッサージの役もしてくれます。

十一月六日(日)

クロワッサンとココアの朝食。しばらくはこれで続けます。クロワッサンは実においしい。しめて五十五フラン。午前中手紙を書いたりして過ごし、早昼して一人で街に出ました。先ずリュクサンブールで地下鉄を降り、地上へ出るとすぐ公園の入口。世界文化地理大系「フランス」で見られるように、木々は既に黄葉も過ぎ、道は落葉で埋まっています。その間に配置されている椅子には、手紙を書いたり、昼寝をしたり、新聞を読んだり、編物をしたり、日曜の昼下がりをパリジャン、パリジェンヌたちが老若相混って日向を楽しんでいます。宮殿の前庭の噴水を囲み菊がまっさかり、何枚か写真を撮りました。菊を背にした僕を、通りかかったスイス人にシャッターを押してもらって撮ったりもしました。公園には子供が大勢遊んでいますが、どれも個性のある服装を着せられています。節子位のが親の手を離れ、活発に一人歩きをしているのが微笑ましいです。公園を出てセーヌの河岸に出てポン・ヌフの秋を写真におさめ、河岸の釣人たちを眺めながらイル・ド・ラ・シテの好日を楽しみました。

休んでいたら僕に道を聞く女学生があるので大いに心強くなりました。セーヌを上り下りする船はないかとの質問。聞けば英国から来たとか。僕もパリに着いて、この辺は初めてというとニヤニヤして行ってしまいました。なるほどパリは国際都市、僕など旅慣れて見えるのかなあとあとで一人で微苦笑しました。次いでルーヴルに向かいましたが、途中で二宮君や鈴木道彦君（東大仏文鈴木信太郎教授の息、前から知り合い）等に会いましたので、入るのをやめ、一緒にチュイルリー公園迄散歩。疲れたので、シャンゼリゼのカフェでビールを飲んで一時間程休みました。道は日曜日とて雑踏していますが、老若ともに男だけで歩いているのなどは極く稀。いやはやどうもと皆で顔を見合わせて大笑い。そこから誘われるままに、ノートルダムに引返し、正面を眺めてから中に入り、堂内を一周しました。人口に膾炙されすぎており、大したことあるまいと思っていたのですが、実際に見るとやはりそれだけのことはあり、建物そのものに気品が備わっています。すっかり好きになりました。ステンドグラスも素晴らしく、特に斜陽を浴びてえも言われぬ程の美しさです。ソワソンのそれに勝るとも劣らないと思います。しかし鈴木君に言わせるとシャルトルはもっとすごいと言います。今から楽しみです。塔に登れるのは四時迄故、あきらめ、セーヌの河岸でマロン（焼栗、これが又、実に甘い）を食べながら、その側面を眺めました。

燕通りという詩的な名の通りにある大久保君の下宿で一休み。名は風流ながら薄暗い、じめじめしたパリの下町の小路にすぎません。その下宿も「巴里祭」や「北ホテル」等によく出てくる小さな下宿で、五階迄グルグルとまわり階段をのぼって部屋に入ると、部屋全体が歪んで床と天井が平行でないのでびっくりしました。地震がないからこれでもよいのでしょう。一週で三千フランの由。メゾンよりはるかに高い。七時頃、レストランを探しましたが、どこも満員。鈴木君のよく行くというギリシア料理屋でやっと席を見つけ、ライスカレーに似た、なんとかいう料理にありつきました。客に黒人が多いのが珍しいと思いました。色白のパリジェンヌが黒光りする黒人と睦まじげに食事をしています。そういうのを見るとああ外国にいるんだなという気が痛切にします。満腹して皆に別れ、一人でパンテオンの前通りの、東京でいえば神田ともいうべきサン・ミシェルの雑踏をのんびりと腹ごなしに歩き、リュクサンブールで地下鉄に乗り室へ帰りました。

パリに着いて二日、こうして一人でのんびりした気分で歩けるなど、考えてみると不思議です。東京で大体有名な場所の相互関係を頭に入れ、写真等も多く見ていたので、何だか自分の町のような気分で歩いています。カフェには人が溢れ、何するとなく通りを見ています。その服装も整い、豊かな感じですが、しかし何となく疲れというようなものを直感します。一年生活した鈴木君が、フランスはやはり滅びる国だな、フランス文学なんかやっていると食いはぐれるぞと冗談を言っていましたが、カフェなどを見るとそんな気もします。しかし学生たちは力一杯溌剌としているのを見ると、実情はそんなでもないのでしょう。それに社会を動かしているのはやはり一部の人。そうした人々、選ばれた人々がどんなであるかは今後少しずつ分かってくることでしょう。ともかく、まだ勉強が始まらないので、あくまで、今はツーリストであるにすぎません。むずかしい話は止めにしましょう。

夜、床に入ったら同室のフランス人が、ラジオをかけていいかと言います。どうぞと言うと音楽は好きかと聞いてから、色々な国の放送を受信して聞かせてくれました。ドイツからの「パストラル」（ベートーヴェンの田園交響曲）を聞きながら何時の間にか眠ってしまいました。

十一月七日（月）

今日から一人部屋に引越しです。二階の十五号室。宿料は七千八百フランとか。六、七畳はありましょうか。中々気持がよく、ここなら良く学び、よく寛げそうです。あとは荷が届けば、万事O.K.です。午前、初めて奨学金を貰いました。煙草をのまぬので少し浮かせようと思っています。昼前に警察で、滞在手帳を貰えたらと出かけましたが、一杯なのであきらめ、ノートルダムの裏側を眺めに行きました。枯木の枝の間から見る裏姿、セーヌの河越しに見るシルエットは実にすっきりしています。陽は灰色の雲の間から出たり入ったり、気温はかなり高く、オーバーは要りません。パリ人に言わせると十八年ぶりの暖かさの由。午後は二時過ぎ迄、訪ねて来た大久保君等と交歓。別れて一人で大使館へ。

トロカデロで降りた所にシャイヨー宮があり、目の前にエッフェル塔が建っていました。シャイヨー宮で、ジェラール・フィリップ一座の「マクベス」の切符（十三日午後二時）を二百フラン（百から五百フラン迄五等に分かれていて、百フランの席はすでに売り切れ）、ルービンシュタインが、コンセルヴァトワールとベートーヴェンのピアノコンツェルトを連続演奏をしているので、好きな三番を弾く日のを買いました。ベートーヴェンの三番とショパンの二番、サン・サーンス、ラフマニノフと、四つのコンツェルトを一晩でやります。これは三百、五百、七百、九百、千百、千三百、千五百、千八百フランの席があり、七百迄は売り切れ故、九百フランのを一枚買いました。ともかく、色々なものを色々な所でやっていて目移りがしますので、ぐっと範囲をしめ、オペラと音楽を主に見聞することにしました。

大使館に行く頃は灰色の雲から雨が降り出しました。大使館はすぐ見つかりましたが、ここはいまだに菊の御紋です。尤も旅券にもついているのだから別に不思議はありませんが。吉岡愛智郎さんから紹介状をいただいた澄田智書記官（補足：のちに日銀総裁）にお会いしましたが、何か不自由があったら何なりと言ってくれとのこと。又、領事に会うべく応接室で待っていたら、かつてアテネ・フランセで同クラスだった桐山さんという人が居て、それが一等書記官。向こうから声を掛けて来ました。澄田さんにお会いしたと告げ、吉岡さんの名を出すと、ああ吉岡は一高で一緒でした。今私がここに居ると言ったら驚くでしょうとの話。そこで太中弘さんの事も話したらよく知っていました。まことに世間は狭いものです。桐山さんの事は森岡恭彦君も知っている筈。柴崎領事に会って、色々の注意を受け、外国へ旅行に出る時の事についても、一週間前位に言ってくれればヴィザをとってあげる等、いとも親切でした（ヨーロッパの領事の中で一番親切の由。植村館長談）。

そこを出て夕暮のシャイヨー宮を抜け、エッフェル塔の下をくぐり、その下でまたマロンを買って食べながら歩き、六時頃シテに帰りました。

夜はサルペトリエール病院のベルトラン、ガルサン両教授にランデヴーの手紙を書きました。こちらではいつどこで会うか決めることをランデヴーといいます。日本では男女の待ち合わせのみに限って言っているようですが、本来はもっと広い意味です。やっと一人部屋に入り、のんびりと休みました。

十一月八日(火)

朝から雨。相当な降りですが、町を行く人の半分位は傘さ さずです（もっとも女の人は殆どが持っていますが）。午前中日記を書くため机に向かっていると、パリの町は雨にけぶり、窓のすぐそばの黄葉は一枚一枚と散り、どんどん冬支度を急いでいます。スチームが入ってワイシャツで居ても心地好い暖かさです。十時、シテ・ユニヴェルシテールのノルウェー館にいる京大精神科の萩野氏を訪問。彼はカトリック関係の金で来て、二年間、サンタンヌ病院で勉強し、今月中旬ヴェトナム号で日本へ帰ります。彼もパリで絵を習ったのでその話をしたり、一寸ばかり勉強の話をして別れました。おかげでノルウェー館の中を見ることが出来ましたが、新しい故か、日本館よりは少しきれいです。しかし部屋は同じ一人部屋でも僕の方が広々している。日本人がノルウェー館に入るには、ノルウェー人で日本館に入りたい者がいた時に交換になるのだそうです。

午後、少し雨が止みかけたので、オペラに出かけ、九日（水）のリセット・ダルソンヴァール・セルジュ・リファール一座のシューベルトの曲に取材した「ウィーンの春」というバレエと十一日（金）の歌劇「アイーダ」の切符を買いました。ともかく病院が始まると、切符を買いに出るのもむずかしくなるので、今の暇な内に一応見物に値するものを見て、大体の見当をつけておこうというわけです。

モーターバイクが新品で三万五千フランの由ですので来年の旅行迄に買おうかと、毎月五千フランずつ残そうと思ったのですが、今月はどうもくい込みそうです。雨が晴れ陽が射して来たのを幸い、コミテ・ダカイユに寄って医学部に籍を置く手続を依頼しました。図書館等を利用するためです。二日後に又来いという返事。コンピエーニュに行って知り合った係りのマドモワゼルに頼みました。いとも簡単です。

夜八時頃、遅ればせに日本館の植村館長にお目にかかりに行きました。この先生は話が長いので有名。覚悟してノックしました。それから延々三時間半、僕より遅れて来た田中（化学）、松平（生化学）二君と共に講話拝聴です。館長は、府立の同級生の松浦君の親戚になる方で、実によい人です。長いことは長いが、中々面白い話をうかがえました。

＊フランス人のアメリカ人嫌いについて。植村館長がヴェルサイユの料理人の夫婦（夫は安南、妻はフランス人）の所に行ったら、いきなり、森永の粉ミルク事件の事を話しかけてきた（ヒ素入りミルク事件。フランスの新聞に出た由）。あの毒を入れたのは誰だか知っているのかとおかみさんが聞くので、工場長だろうと言うと、いいや、わたしゃそう思わない。あれはアメリカ人だ。日本人は人がいいからそんな風に信じているんだ、私は確信していると真顔でいうのには驚かれた由。その料理店にアメリカ人が来ると定価の二倍を申し受けるのだそうで、彼等は金を持っているのだからそれだけ貰っていいんだというのがその理屈。そうしたことが料理屋のおやじ、おかみだけでなく、このメゾンの事務を一手に切り回している大学教授未亡人のような教養ある人々でも同様で、メゾンにアメリカ人を泊める事を極端に嫌い、もし泊まるようなことがあると、受付と示し合わせ、五割から七割高くとるそうです。植村館長は息子さんがフルブライト資金でアメリカで勉強していたので、その話も聞き、自分もアメリカ人に接してアメリカの良い点は知っているつもりなので、その点をフランス人に分からせようとしても、ああ言えばこう言うで全く信用しない由。又、アメリカ人にも悪い点はあるらしい。パリに来ても決して自分達の生活はくずさず、コカコーラを出せとか、ジュースを出せとか言うらしい。アメリカ人の料理はワシントンのビフテキもロスアンゼルスのビフテキも、形、大きさ皆同じと言われる位に徹底したカンヅメ生活。パリに来てもパリ料理に親しもうとしない。そのためにもフランス人はこころよしとしない。フランスではそれぞれの料理屋で、うちはポタージュが自慢、うちは魚が得意として人を喜ばせるようにしているのに、それには見向きもしない。

ところで日本人に対しては良過ぎて気味が悪い位の由。日本はフランスと戦争したよと言っても、あんなのは戦争じゃないと言って、てんで問題にしない。ところがオランダは感じが悪く、シテの中でもオランダ館に泊まっていた日本の女性が昨年いびり出された由。その点はイギリスも同じで、どうもアングロサクソンは気持が悪いよとの話。

＊フランス人の余裕について。自分がこの間、郵便局に切手を買いに行ったら、窓口にそれこそずらり行列してい

るのでうんざりしたが、仕方ないので行列の尻にくっついた（フランスでは行列をつくることをfaire la queueシッポを作ると言います）。日本だったら皆いらいらして窓口はどうしたとか早くしろとか言うにきまっているのに、皆口々に冗談を言い合ったり、新聞を読んだりしている。自分の番になったので、五十フラン切手を十五枚くれというと、二、三人あとにいるのが、一寸々々、そんなに切手買ってどうするんですと言うから、いや手紙をたくさん書いたから買うんだと言うと、手を広げ肩をすくめてpas possible（それは無理だ、そんなことは不可能だという意味）とおどけた顔をしてひっこんだ由。ともかく人種的偏見はなく、いつでも余裕があり実に愉快な由。

＊又、クリスマスに旅行した時、混んで混んで閉口したが、そんな時でも文句一つ言わず、お互いの荷を廊下に並べて椅子のようにし、誰の荷物だか分からない上に腰を下ろして話し合って居り、混んでつらくないかと聞くと、クリスマスに旅行しようというんだから混む位仕方ないよとすましているとのこと。

＊フランス人と日本映画について。この五月七日にシテで日仏親善日というのをやり、講演、スシの立食、日本映画をやった。二百人も来るかと思っていたら三百人もやって来て、スシなど大好評の由。それよりも大変なのは映画で「おかあさん」（補足：一九五二年公開。田中絹代、香川京子出演）というのをやったら、文字通りスシヅメになり、しかも皆感激し、植村館長の隣に居た夫婦など、二人共シクシク泣き通しだった由。そしてフランス人に会うと、あの場面のあの人物はこういう物を持っていたが何をするものかというように詳しい事まで聞かれるので、それを知る為に植村館長は前後三回見た由。メゾンの事務担当の、さきにも書いた教授未亡人が、植村館長が奥さんを置いて来ているということについてしきりに質問し、気持が分からないとよく頭を傾げていたが、その映画を見てから日本婦人の家庭における役割をよく納得して全く質問しなくなった由。ともかく日本映画はもてるらしい。僕はその「おかあさん」というのを見ていないので残念でした。

十一月九日(水)

雲が多いが、ともかく陽はさしています。七時といってもまだまだ暗く、八時でやっと窓が明るくなります。こちらの朝八時は東京では午後四時頃でしょうか。朝食後、僕の箱（玄関脇）に手紙があるので家からと思って喜んで開けたらマルセイユの荷物屋からで一寸がっかり。八日にやっと船から荷が上った由。この分ではパリに着くのは十日過ぎでしょう。皆困っています。

午前中、学生食堂の登録をするために、カルチェ・ラタンのパンテオンの前通りの事務所に行き、色々質問している内にサルペトリエールの中の食堂で食べられる事が分かり、そこに登録するように頼みました。ところがそれでは済まず、明日区役所に行き、そこで書類を書き、またここへ戻って来るようとの話。中々繁雑です。しかし我々は外国人なので割によいが、フランスの学生は長い長い行列をつくって、皆あくびをしたり新聞を読んだりして順を待っています。こういうのを見ていると段々気が長くなって行くのが分かるようです。シテに戻って昼食。コンコルド広場の片隅にあるオランジュリーという小さな美術館でやっている、英国のコートールド美術館の後期印象派展覧会を見に行きました。来年一月迄英国から借りているのです。相当な混雑で人気の集まっていることが分かります。学生証を見せると半額の百フラン、ロートレック三点、ゴッホ六点、セザンヌ十三点、ルノワール六点、スーラ十一点、ゴーギャン三点、マネ五点、モネ四点等々見ごたえがあります。美術全集で見慣れたものも相当にありました。特に打たれたのはやはりゴッホで、特にその風景画一点と、例の椅子の上にパイプの乗った作品は長い間立ち尽くして眺めました。そのタッチはえぐるようで、いかに激しい気持で描いたか分かるようです。有名なひまわりはそれに比べると、描いた時期が違うのでしょう、端麗です。複製というものはいかに本物と遠いか、つくづく思いました。ロートレック、ルノワール、それぞれすばらしい。ドガの小品、コローの三号位の小さい風景、モネの五号大の画面一杯に描いた花（コスモス?）等々。とても去りがたくて椅子にかけては休み、休んでは見て三時間位居ました。何時まで居てもきりがないので、その内も一度くることにして思い切って出ました。そこの正面に聳えるコンコルド広場のオベリスクが、つくづく見ると少し右にかしいでいるんじゃないかな等、何遍も振り返りながら、時雨模様のチュイルリー公園を抜け、ルーヴルを左に見て、サン・ミシェルからメトロで帰りました。かくの如く、パリの地下鉄（メトロ）の乗り方をすっかりのみ込み、もっぱらこれのみでやっています。

早目に夕食をとってオペラ座（セルジュ・リファール・バレエ団）に行きました。八時半からの開演に少し早く着いたので、建物の内部を歩き回って見ました。中々豪華なもので歴史を感じます。婦人連も皆それぞれの装いをこらしてそぞろ歩きしています。噂に違わずパリの女は本当に個性を生かした服装をしています。顔立の美しい美しくないを問わず、皆身分相応にピシッと身体に合ったものを着、色の配色がうまい。店の売子にしてからがそうです。僕の席は四階のロジュという側面の席。四人一組で仕切られています。あとの三人がカルチェ・ラタンの女子学生らしく、しゃべることしゃべること。そして踊りを見ては嘆息を漏らしており、どこの女の子も同じです。シューベルトの第二交響曲に取材したとかいう短い一幕もの。次がジャック・イベール作曲のLe chevalier errantとかいう物語のついた二幕四場、最後が、黒と白という古典バレエを近代風にしたもの。最後のものが最も綺麗で粋でした。舞台は黒一色、そこに真白の衣装の男女がバレエを舞うわけです。女の子ならずともため息が出ます。身体が大きいので実に立派です。歌舞伎、能などとは全く違う世界ですが、これはこれなりに楽しめます。アンコールなどは一寸でも拍手があれば、簡単に幕を上げ、むしろ機械的な感じ。望遠鏡で見ていると踊子の荒い息遣いまで分かり、大変楽しめます。いつか帝劇、日比谷でバレエを見た時、床がきしるのが気になったが、オペラ座でも同様の事でした。はねたのが十一時半、シテに帰り、シャワーを浴びて床に入ったのが一時。

十一月十日(木)

朝食を終えて帰ってきたら、ベルトラン教授からの手紙で月曜日の十時に来るようにとの事。午前中に、ギド・ミシュランでパリの地図と歴史を少しばかり勉強。適度の暖房と陽射しで快適です。早昼してリュクサンブールの裏の区役所に行き、レストランの登録カルトを貰い、リュクサンブールのそばの事務局に再び出頭して食券（十回分で七百五十フランと手数料十五フラン）を買い、これで食堂の件終了。ぶらぶら冬陽射しのサン・ミシェルをセーヌの方に下り、ノートルダムの塔にのぼりました。のぼり賃百フラン。グルグル回りの階段を息を切らしてのぼって百フランですからかないません。しかしここからのパリ市全体の眺めは壮観です。塔の一部を修理中で全体を見る事は出来ませんが、大要は分かります。有名な怪物の向こうにサルペトリエールのドームが見え、嬉しくなって写真を撮りました。うまく撮れていれば記念になるが。来年若葉の頃にのぼって、ここから方々を撮るつもりです。今は霧がかかってよくない。帰りにコミテ・ダカイユに行って医学部に登録して、これで手続きはすべて完了。

ぶらぶら歩いている内に小さなマーケットを見つけて入ってみました。シテのあたりよりずっと物価安く、今後買物はこういう所か市場で一括して買うつもりです。ここで朝のコーヒー茶碗（モーニングカップ）五十フラン、葡萄酒一瓶八十五フラン、葡萄酒カップ三十五フランを買いました。葡萄酒八十五フランは一番安いやつ。シテの食堂で小瓶で二十フランとられて飲むより、買っておいて、食堂に行く前に一杯ひっかけてから行く方が割安です。バターは半ポンド百十フラン（大体日本と同じ）。ジャム一瓶百フラン。その内買うつもり。ともかく荷がまだ届かないので大弱りです。僕などワイシャツをナイロンでやっているからいいが、そうでない連中はうす汚れたのを着通しでくさっています。明日あたりは着くものと心待ちしています。

　手紙は一週に一ぺん又は十日に一ぺんずつ出します。そちらも、日記風にしてでも家の事、日本の色々な動き等簡単に知らせていただけると有難いです。それよりも旅行資金の方に積立てていただいた方が有難いです。

　ベルトラン教授、ガルサン教授にお会いしてから小川教授に便りを出すつもりですので、何か聞かれたらそう答えておいて欲しい。実際、通信費というものは馬鹿にならないものです。

　食事は、例として今晩食べてきた物を図示します。

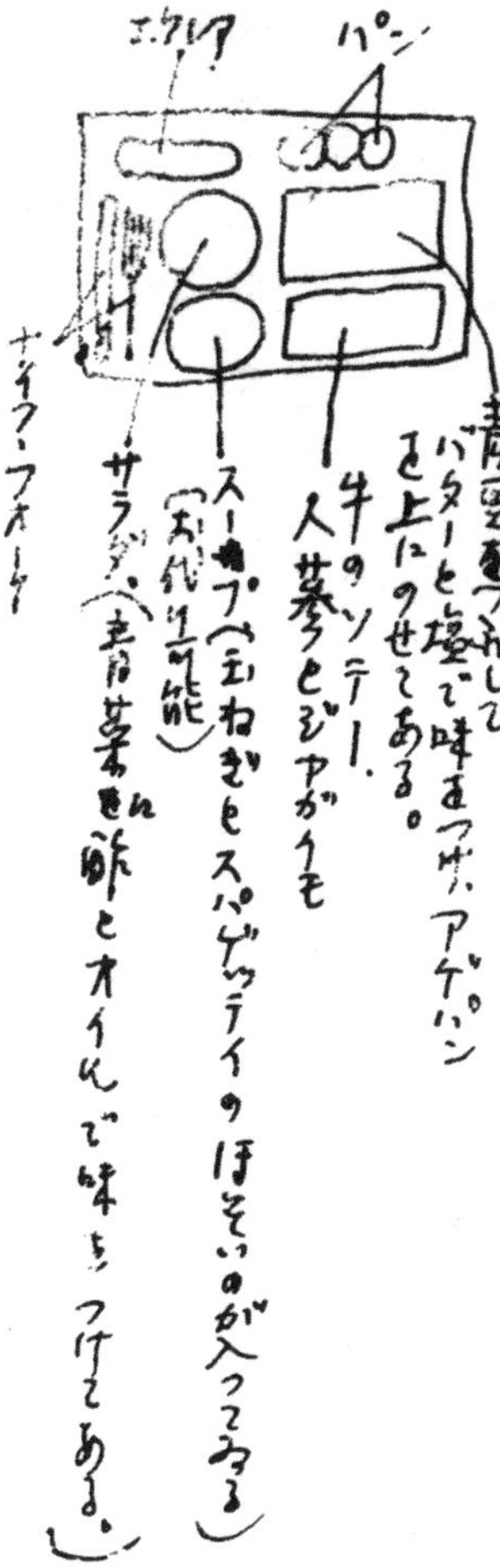

　これでパンを六個（写真でよく見る長いパン、といってもそれ程細くないのを五センチメートル位の幅に輪切りにしたもの）に、スープをお代りして食べて腹一杯です。こちらに着いてから特に腹の調子がよく、今後も食事はこの度を越さずに続けるつもりです。東京で昼飯をそば一杯で過ごしたりするのに比べるとずっとずっと栄養をとっているわけです。チーズが昼によく出ますが、その大きさは雪印の三角の形のもの一個位にあたり、僕等には相当の量です。

　洗濯は、水・土曜日の湯の出る時にします。噂に違わず水はひどく、石鹸は全く泡が立たない。飲めばたちまち下痢をすることでしょう。

　ともかく持てる力を十分に発揮し、取るものは取り、捨てるものは捨てて、出来るだけ収穫を得て行きたいと思う念で張切って生活しています。本当によい時期に来たと思います。周囲の環境について行けぬ程頭は固くなっていないし、又、まわりの勢いにやすやすと流されないだけの批判力はついているつもり。専門の領域では、言葉に慣れれば他にひけはとらぬだけの事は出来る自信あり。どうぞその点は御安心下さい。

　手紙もずいぶん下らない事を書い

ているかもしれぬので、適当に感想を聞かせて下さい。自分としては新鮮な印象を書きつづっておくと、あとで何かの参考になろうかと思うので書いているのです。ともかく自分の眼で見、心に感じた事を信じる以外に道はありませんから。

大学や研究室の事も徹の仕事にさしつかえぬ範囲で知らせてくれると有難い。

現在十日午後九時。それほど寒くなく、風もなく、遠くにネオンの灯が見え、なかなかよい夜の気です。所々に星も見えます。明日はオペラ「アイーダ」楽しみです。皆さんの健康を祈る。ではおやすみ。

十一月十一日(金)

朝、食堂へ行ったらやっていないのでやむなくオレンジを食べてすませ、十時頃ヴァンセンヌの森の動物園を見に行きました。ヴァンセンヌはパリの東南の隅にある大きな森で、ここに王宮があります。パリ人の憩いの場所です。公園の入口にフランス植民地博物館がありますが、ここに掲げられている三色旗はノートルダムなどのそれより色が褪せていて、現在のフランスの苦境を現している様でした(勿論偶然のことでしょうが)。殆ど落葉した木立に朝の日が照り、落葉かきの終った芝生が朝霧に濡れ、まるで緑のビロードのようでした。

動物園にはかなり早朝というのに、父や母に連れられた子供が大分来ていました。入場料は五十フラン、カメラを持って入るには更に十フランとられます。広さは上野とほぼ同じ位か。ただ違う点は檻が全く無い事(鳥類の大部分も檻がなく、小鳥類だけが檻に入っています)。実に親しみがあります。猿が島があり、上野のよりかなり大きい。堀を持っているのは似ているが、脱走に備えて電線を通じてあります。驚いたのはライオンを置いてある場所。その真中に大きな岩山(人工セメント山)が聳えていて、その上迄エレベーターで登れます。頂上は七十メートルです。ここからすっかり黄葉したヴァンセンヌの森、パリの東南部の家々、足元の動物園などを眺める事が出来ます。この岩山を六本目のフジカラーで撮りましたから写真で見て下さい(手前に象のいる写真)。種類は上野の方が多いが、設備とか雰囲気はこちらの方が大分勝る。死んだ動物をどうするか受付のじいさんに聞いたら、ウィークデーには獣医が居るからその人に聞きなさいと言う。今日は金曜日だと言うと、ウィークデーには違いないが、今日は祭日だから誰も居ないんですとの答。それで今日食堂が休みだった事、ベッドや部屋の掃除に来ない事等のみこめました。丁度悪い日に行ったものです。そこを出て自動車道路を離れ、落葉やどんぐりを踏みながら森の中をしばらく散歩しました。誰にも会わず落葉の微かに匂う道を歩いているとまるで武蔵野にいるようです。野趣満々です。来春若葉の頃もう一度訪ねることにし、帰りがけに王宮の正面を一寸のぞいて帰りました。地下鉄でオデオンに出てChez Marthe（シェ・マルト）という小さな店で昼食。二時過ぎでした。大きなウインナーソーセージ二本、ジャガイモを棒のように切って空揚げしたのが山盛、それに塩味のついた食パン、ビール一杯で百五十五フラン。朝、果物だけだったので腹に沁みました。

地下鉄の中で小さな女の子が僕の前にやって来て座りましたが、子供がよくやるように窓の方を見るため靴のまま座席に膝立ちしました。その時一寸僕のオーバーに靴が触れたら、親が強くたしなめ、きちっと座り直させました。又、動物園で僕がカメラを構えて動物を狙っているそばを親子連れの一群が通りましたが、親が、今ムッシュが写真を撮っているから後ろを通りなさいと注意を与えていました。大人でもそうした時は、必ずパルドン（ごめんなさい）と言って会釈して急いで通り抜けてくれます。非常によい感じです。それが一寸もわざとらしくないのは子供の頃から訓練されているためでしょう。親の、子に対する態度はむしろきつい位です。

ヴァンセンヌの森の中には泉があるのだろう。せせらぎがあって音もなくスースーと流れている。印象派の連中が好んで描きそうな所だ。と言っても描いている暇はありません。ともかく絵の題材には絶対に困らない所だ。

夜は「アイーダ」を観てきました。なかなか豪華であり歌手も大変声が通り楽しめましたが、シネラマで見たミラノ・スカラ座のものには劣るようだ。観ていて思った事は、日本のオペラも舞台も小さく歌手の身体つきなどもずっと小さいのに総体的に見てよくやっているわいということでした。少なくも表面的に見て、パリで行われている種々の催し物は規模は小さいながら総て東京で行われています。世界の諸民族の中でも日本程活発に他国のものを取り入れ消化しようとしている国民は例がないのではないでしょうか。ただその取り入れ方が問題です。オペラに来ている人間を見ても、日本では主として若い階層なのに、ここでは殆どが中年以上です。即ち社会を実際に動かしている実力ある連中が、こうした催し物に興味を持ち、よいものを楽しみながら育てて行く原動力になっているのです。社会の成立ち、生活態度が大分違っているのだと思います。こうした点から問題を見て行かないといつ迄経っても表面だけの真似に終り、社会に地盤をおろした本当のものが育っていかないと思います。

むずかしいことはさておき、凱旋の場には二百五十人近くの人物が登場し中々盛んでした。その幕が終わると、王様役の歌手が顔を出し、今日は第一次世界大戦の終った日であり、戦争で死んだ人々への感謝を捧げると一場の挨拶です。衣装や舞台は装置はさすがエジプト学の開祖の国だけあって、エジプト芸術に忠実な表現でした。日本でやった時のアイーダの最終場面はどんなのか知らないが、今日見たのは舞台を上下に分けて、上の方にアムネリスや家来、下の地下牢にアイーダとラダメスが入るようになっていました。中々よく出来ていると思った。終了十一時四十分。正面口を出て振り返ると、オペラ座の前の広場の右側にある建物の屋上からオペラ座に向けてライトを照らしている。一方からの照明なので奥行が出てまことに効果的なやり方だと思いました。こうして見せられると印象は実に圧倒的です。大分寒さが募り、白い息を吐きながら部屋へ帰りました。

十一月十二日(土)　晴

九時にポルト・ドルレアンからバスで出発。留学生のためのバスツアー。今日はイル・ド・フランスの南部、とくにフォンテーヌブローへの観光です。オルリー飛行場のそばを通って時速七十から八十キロメートルでどんどん南下、霧がセーヌの谷間を埋めて雑木林越しに見ると趣があります。畑は大農式に耕しているため、畔というようなものがなく、小道も見えず、びょうびょうと広がっているのが、日本と大分違った印象を与えます。

フォンテーヌブローの近くでバルビゾンという小村に寄りました。ここはコローが腰を据え、のちにミレーやルソーが移り住んでバルビゾン派を興した、絵描きにとっては忘れ難い場所です。降りてゆっくり見たいのに時間がなく、コローのアトリエやミレーたちが集まって話をしたというカフェなどの前を徐行しただけで通過です。ほんの小村ですが、綺麗なレストランがあって、テーブルは客がいつ来てもよいようにきちんとナイフ、フォーク、ナフキン、スープ皿等揃えて置いてあります。誰がお客になるのだろうと不思議な気がしました。そこを抜け、フォンテーヌブローの森の一部をなす岩石地帯で例のようにクロワッサンとココアで立ちながら朝食。大きな岩石が欅や杉、松などの間にごろごろ転がり、場所によっては大きな山をなしています。大昔の火山の跡ででもありましょうか。まるで富士山麓、青木ヶ原のようでした。フォンテーヌブローの王宮はフランソワ一世やルイ王朝の諸王、ナポレオンが好んで住んだ所で、ナポレオンの帽子、浴室、マリー・アントワネットの居室など見ました。歴代の王の好みで、それぞれの部分が異なった様式で建てられていますが、内部はいずれもごてごて飾り立てられ、コンピエーニュの時と同様に感心しませんでした。しかし外景や庭園は同じく人工ながら、中々よく作られていて好感が持てました。写真に撮りましたからあとで見て下さい。ここも来年若葉の頃にもう一度来ようと思います。そこを十二時に出発。西に向かい、エタンプに着いたのが一時過ぎ。ここで昼食。

周囲は朝鮮人でフランス文学専攻の男、カナダ人の国際法専攻の男女、アメリカの社会学勉強の女性等々。日本映画の話が出ましたが、彼等は正直なところ大いに褒めていました。動作が極めてゆっくりしていて、それが好ましいとも言っていました。我々にはスローモーに感ぜられ、欧米人のテンポには合わないのではないかと懸念していたのですが、こんな見方をする人間もいると面白く思いました。カナダ人の一人はカナダは土地が広いのだから、日本人の移民を許すべきだ。しかし日本人は自分の土地を離れたがらないというが本当かと言うから、それは誰でも本能的にそうだろう、しかし人によって差があろう、いずれにせよ、広い土地を持ちながら耕さないのは惜しいと言ってやりました。食後、コティ大統領夫人が亡くなったので追悼の意を表したのち、例の通り、各国の歌の紹介。スペインのあと、僕が「さくらさくら」を歌いました。今日は日本人は僕だけ。日本、日本と声がかかるので仕方無くやりました。拍手喝采。アメリカ人は四人も居ながらこういう席ではこそこそして小さい声で不揃いに歌う。ヨーロッパでは小さくなっているのでしょうか。もっとも人にもよろうが。デンマークから来て物理療法を勉強するという女子学生（医者ではない）等は一人で立ってよい声で歌い、大変感じがよかった。

レストランを出てエタンプの町を散歩。フィリップ・オーギュストが、その王后を十二年間も閉じ込めておいたという城跡のある台地にのぼり、エタンプの町や、セーヌ川支流のジュイヌ川の谷の眺望を楽しみました。すっかり初冬です。ジュヴェ君を案内した時、彼がよくフランスにも同じような所があると言いましたが、いざこちらに来て見ると彼の言葉も納得できます。日本によく似ています。帰りしなにランブイエの古城に寄りました。もう日が沈んでしまってから、薄暗がりに見る城も趣の深いものです。

朝鮮の人が、日本語で話しかけて来たので、一寸茶目っ気を出して、朝鮮は独立国だ、パリではひとつ、互いに第三国語で話しませんかと言うと彼は感激したらしく、さかんに握手して来ました。フランスへの来がけに東京にも暫く寄った由。空襲でやられたのによく復興しましたね等言っていました。

そこからパリ迄の一時間半程、スペインの画家と隣り合いましたが、このフランス語には悩まされました。彼は自分ではフランス語のつもりらしいが、おっそろしいしろものので、動詞の変化など滅茶苦茶。しかし日本の絵には大分興味があるらしく、今パリでやっている北斎のデッサン展の事等しきりに話していました。僕は北斎もよいが、宗達、光琳はもっとすばらしいと言って、ノートにその名前を書いてやりました。僕もお返しに、先年日本でゴヤ展があったが、大したものだったと褒めておきました。彼は長良川の鵜飼を映画で見ていて、一度是非実物を見たいとも言っていました。

七時、とっぷり暮れたパリに着いて解散。シャワーを浴びてゆっくり休みました。

十一月十三日(日)

目覚めたのが十時。朝食は抜いて、十一時の食堂開きと共に飛び込んで満腹。すぐルーヴルへ出かけました。二時から「マクベス」を観るので、その前にギリシアの部だけ見ようとの予定。ところが、地下鉄に一番近い口から入ったらそこはエジプトの部屋。四十分程でエジプトの部だけ見ました。よく集まっていますが、やはりカイロに比べれば劣る。何と言ってもカイロが本拠です。しかし時代順に整然と並べられ大変勉強になります。この次もう一ぺんゆっくり見ることにして再び地下鉄でシャイヨー宮に駆け付けました。TNP(国立民衆劇場、革新的な劇場で、有名なジェラール・フィリップがいます。チップを取らない点も他と異なる)の観客は半分は若い階層、しかし年寄りもかなり目につきました。「マクベス」は前にラムの「シェイクスピア物語」で読んだが筋を忘れてしまい、殆ど台詞は分からなかったが、出て来る妖怪変化はいずれもマクベスの強迫観念、恐らく分裂病の症候なのだろう等と思いながら見ていました。マクベスは実に熱演と思いました。マクベスの妻は「天井桟敷の人々」「パルムの僧院」のマリア・カザレス。

終ったのが五時。シャイヨー宮をセーヌの河岸に下り、日曜で人出の多いエッフェル塔の下を、焼栗の匂いを嗅ぎながら抜けて、地下鉄でダンフェール・ロシュローというシテ・ユニヴェルシテールに一番近い駅で降り、シテ迄ぶらぶら散歩しながら帰りました。気温は昨日よりも更に下り、冬の到来を感じます。落葉を踏みながら三十分かかって部屋に帰りました。たった一駅でこれなら、七つ八つも駅のあるサルペトリエールへはとても歩いては通えないと思いました。

明日はベルトラン教授と会う日。ガルサン教授からも月曜か火曜に来るよう通知がありました。

十一月十四日(月)

噂に聞いていた鉄灰色の空。今日からマフラーと手袋をつけました。朝十時迄にサルペトリエールに行かねばならぬので、九時に部屋を出ようとすると植村館長から呼ばれました。ドイツに居る秋元教授からの紹介で北海道のお医者さんが来てサルペトリエールを見たいと言うので貴方の都合はどうかと言われます。名刺を見ると札幌の開業医で医師会代議員と書いてある。まあ旅先の事ではあるし、世話はすべきだと思いましたが、なにせこちらも今日が最初故、もう二、三日お待ちを願いたいと言ってその場を引き取りました。精神病患者を初めて鎖から解放した記念すべき場所故見たいと言うのですから心掛けは甚だよろしいのですが、突然飛び込んで来られるのは些か困りものです。

地下鉄のサン・マルセルで下車。地上へ出た所がオピタル・ピチエ（慈善病院と訳すべきか）、サルペトリエールはその隣です。門を入ると有名なドームが聳えて居り、それを中心に色々な建物が並んでいて、恐ろしく広い所です。ベルトラン教授から指定された場所はシャルコー研究所、何遍も人に聞いてやっと分かりました。中の模様は追々分かるでしょうからその内詳しく書くとして、実に清潔なのに一寸びっくりしました。脳研や東大研究室などはその点及ばないと思います。昨年小川教授がヨーロッパから帰ってきて、整頓を口にするようになったのもむべなるかなと思いました。

ベルトラン教授は誠に教授らしい温和な人で、丁寧に迎えてくれました。どこで勉強したかとか、どういうことをやったかと聞いた後、どういうことをやりたいかと問うから、出来得れば午前はガルサン教授の診察を見、午後からこちらに来て何か一つ研究したいと言いますと、それでは病理組織学に親しむために今年一杯は色々な症例の標本を見るようにとの事。

午後からまた来ることを約して次にガルサン教授の所に行きました。教授が丁度回診を終えて出てきた所で出会いましたが、ああ、ムッシュ・マネンと呼び掛け、こちらに何も話させないで、よく来たと言って医局員に次々に紹介です。主にインターン（フランスのインターンは日本の助手、講師級）に紹介したらしい。色々な名が出るので誰が誰かさっぱり分かりません。今日は忙しくて世話出来ぬが、キッペル君の後について診察を見なさい、明日は九時から回診ですと言って握手して別れました。エネルギーの塊みたいな人で、とても小柄です。横綱の玉錦の目玉をぎょろりとさせたような人と思えばよいでしょう。白衣を借りて昼までキッペルと言う講師級の人の回診につきました。フリードライヒ病の疑い、アルコール中毒による多発性神経炎を見ました。昼飯はサルペトリエールの中で食べられると思い食堂に行ったら、まだ名が登録されてないから駄目だとのことで、シテに帰って昼飯。日本館に寄ったらやっとこさ荷が着いていてほっと安心しました。

午後三時、シャルコー研究所に引き返しましたが、見るように出されたのが一九三三年にベルトランとフェリックス・スミスが発表した小脳の交叉性萎縮症。出発前見ていたのとよく似た例なので、興味深く思いました。標本は小脳に脳幹がくっついたままセロイジンで封埋、ニッスル染色とワイゲルト染色で大体十枚おきくらいの連続標本で、よく切れています。ニッスルの方はもう大分さめ、緑色がかり、ワイゲルトの方はカルミンで後染色してなく、脳研の方がずっときれいです。現在ここでは12から15μで切ると言っているが、渡されたものは時代が古いためか少し厚いようです。研究室にはラボランティン（女性の実験助手）が一人に、病院からの看護婦と思われる中年の女性が二人、それにじいさんが一人いるだけで、あとは誰もいません。四時頃に医者が一人来ましたが、これは午前は開業し、午後研究したくてここに来る由。モルモットに塩化リチウムを注射し、中枢に障害を起こそうとしています。僕が脳研究所員だと言うと、それだけで生活できるだけの金が貰えるかと聞くから、いや苦しいがやっているのだと言うと、研究が出来ればそれもよい、フランスの研究組織は余りよくないと少々不服気味でした。確かに、病理組織学の重要な一中心たるここが午後になると研究者が僕一人だけになるとは少々驚き入ったもので、お国柄の違いを感じます。ドイツ・アメリカあたりが勤勉にやっている話を聞くにつけ、人ごとながらこれでよいのかと一寸気になりますが、発表している論文はかなり独自の面をもっているから、これでも見るものは見ているのでしょう。やはり伝統の力か。ともかく面白い所へやって来たものです。五時になり少し暗くなったので、電灯をつけてもう一覗きしようかと思ったら、マドモワゼルが、もうお終いですと言うので、おやおやと思って引上げました。まことにはっきりしています。研究即生活でなく、研究は研究、生活は生活というのでしょう。

夕食後に聞いた話。東大教養学部の助教授が、ある教授の世話でマルセイユ大学にやって来たが、来る前の手紙のやりとりで、マルセイユの方で奨学金を出すということだと旅券がおりやすいからそうした手紙をくれと教授の方から言ってやったのに対して、四万フランを出す予定という事を書き込んだ返答があり、それを当てに日本船で乗り込んで来たところが、いやそんな筈じゃなかったと断られ、今更帰るに帰れないからなんとかしてくれと、パリの日本館に泣きこんで来た由。人ごとながら大変な話。どこに責任があるのかで植村館長もご機嫌が悪いらしい。

今日の帰りに小さいデパートに寄って飴とビスケットを買いましたが、飴の売場で僕が待っていると、右と左にフランスの奥さん風のがやって来て、僕と同じのを買うらしい。売子がやって来て包みを僕に差し出すと、横合いから一人の奥さんが急いで手をだし、急ぐから先によこせと言ったらしい。ところが売子がすごいけんまくで、いやこのムッシュは貴方より先に来ていたんだから、順序を守らなければいけないと言います。するとマダムもおとなしくなり、僕の方を見て照れ隠しに笑いました。その間の空気は全く日本に居ての同じ場面と全然変らない。こっちもマダムとか何とか言っていればあとはケロリです。

十一月十五日(火)

ガルサン教授が九時に来いと言うので行きましたが、現れたのが十時。ボンジュール・ムッシュとか言って疾風のようにやって来ました。早速クルーゾン（恐らくサルペトリエールの医者の名を記念しての命名）の病室（女部屋）の回診。四人部屋を七つ程午後一時迄かかって診ました。新しく入った患者が二人居ましたが、それぞれに三十分位かけて丁寧に診ます。ものすごい勢いで話すので殆ど分からない。しかし診察の仕方から推察して今大体何を言っているかを想像をたくましくして嗅ぎ出すわけです。その内分かるようになるからと思い、別にあわても悲観もしません。レントゲン・フィルムを見たり、珍しい反射があるとマネン、来て見なさいと言い、親切で恐縮します。診察の仕方はその内見慣れたら系統的に書いて徹の参考に供するつもり。見ていて感ずることは、患者、看護婦、インターン、エクスターン等に対する態度です。実に柔らかい。例えば看護婦がタオルを差し出すと、メルシー・マドモワゼルと言って受け取り、返す時も同様。エクスターンがプロトコールを読む時でも、そこにはこう書き加えたまえとか、ここはこういう但し書きをつけたまえという風。インターンの肩を抱えるようにして治療の事を相談している時などは全く友達のようです。診察する時の目は、鷹の眼のよう、それでいていかにも楽しそう。口は一分も黙って居らず、殆どしゃべり続け。全く凄いファイトです。威厳をつけようなどというところは一つもなく、ただあるものは生き生きとした探求心と溢れるような自信、周囲に対する思いやりです。これを見ているだけでも大いに得る所があります。もっともっと勉強せねばと思います。

昼食はエクスターンの食堂で食べられるとよいと思い、係に話に行き、明日返事を貰う事にして、今日はサルペトリエールの前のカフェでサンドウィッチとビールで済ませ、二時迄植物園（ジャルダン・デ・プラント）に行き、入口にあるラマルクの像を見て来ました。二時から五時迄、昨日の小脳萎縮症の小脳核の組織像をつっこんで見ました。帰りは、昨日初めて会った塩化リチウム君が、自分の自転車でイタリア広場の地下鉄口迄送ってくれました。彼はヴァンセンヌの裏の方で精神科を開業している由。

帰ったら、手紙箱に日本大使館の桐山一等書記官から、十七日の夕食においで下さいとの招待状。早速返事を書きました。それにしても家から便りが無く、何か病人でも出たのではないかと気になります。

夕食後、北海道の大田という医者が来て、サルペトリエールを案内してくれと言います。僕も始まったばかりで、自由がきかないので困るのですが、明日ガルサン教授の診察日だから、それを一緒に見て、病室を覗く位でしたらと答えておきました。フランス語は全くしゃべれず、こうした人は何のために外遊してくるのでしょう。揚句の果ては、ガルサン教授のサインを貰えるでしょうかと言います。ともかく北大で内村教授の弟子だと言うし、そうおろそかにも出来ず、まあ適当にやってのけるつもりです。この人の話によると、来年二月クレペリンの百年祭に内村教授がミュンヘンに来るらしい。どうせパリにも寄るでしょうから、その時こそは少し案内せねばならぬでしょう。

十一月十六日(水)　曇り時々晴

八時、大田氏とメゾンを出ました。今朝から自室で牛乳入りコーヒーを作り、例の長いパンの四分の一を折ってバターをつけて朝食です。結局五十フラン位かかりますが、食堂に行くより手軽にすみます。

ガルサン教授の診察は内科の大部屋を二つくっつけた位の所で行われます。患者を前にエクスターンと思われるのが簡単にアナムネーゼ(既往症)などしゃべると、教授が患者を診ながら聞いています。しかし日本のように質問することはなく、一人でどんどん診察を進め、殆どしゃべり続けです。看護婦は患者待合室で着物を脱がせ、ベッド迄連れて来るだけで、あとの世話はせず、ハンマーを机から取ったり、氷の入った試験管(冷感を調べる)を取ったりは全て教授自身でやる。子供など来ると、どんどん自分で抱えてベッドにのせてしまいます。見ていて気持がよい程まめに動きます。日本の教授のように、そんなことは俺のする事じゃないというようなことは全くない(他の人は知らず、少なくもガルサン教授に関する限り)。患者が入って来ると必ずボンジュール・ムッシュとか、ボンジュール・マダムとか、又はボンジュール・ベベなどと言ってから診察を始めます。午前中(といっても今日は十二時過ぎ迄かかり)に十二人診て、その内の興味のある例を午後二時半頃から五時頃迄かかって同じ部屋で臨床講義のようにして話をします。

今日からエクスターンの食堂で食べられるようになり大助かり。フランス語の飛び交う中で食べます。内容はシテのものと大差なく十分です。食前の葡萄酒又はビールの券を、今日は買えなかったので、明日からは買って飲むつもり。今日はサイゴンから十九歳の時に来て、フランスで医者教育を受けているという男と話しましたが、よくしゃべること。原子マグロはまだあるかなどと言っている。

ガルサン教授の講義は昨日よりは分かる部分も少しは出て来ました。毎日少しずつ進むでしょうから大いに希望を持ってやっています。今日のでは、小脳症状のデモが面白かった。講義のあと論文を進呈しました。朝から一日中フランス語ばかり、帰りの電車では少々ぐったりしましたが、これ位揉まれ続ければ二ヶ月も経てば何とかなりましょう。

日本館に帰ったら館長から呼び出され、行ってみたら、二十一日に小宮悦造という人が来る、飛行場迄出迎え頼むと言って来ているが、これはどういう人かと問うので、血液学の方では偉い人だと答えました。それにパストゥール研究所と医学部の二人の教授に会いたいので、その時誰か通訳をつけてくれとも頼んで来ています。植村館長はフランス語の分からぬ人はパリに寄ってもらわなくてもよいのだとご機嫌斜めです。それには僕も全く同感で、異郷にやって来て心細いのは分かりますが、飛行場がどの位パリから離れているかも知らず、出迎えろとは全くもってけしからん話で、誰か通訳をつけてくれと言っても、我々はそんな人々の通訳のために勉強に来ているのではないので、実に迷惑な話です。フランス人の、自分は人に迷惑をかけぬから、人からも迷惑を受けたくないとの徹底した態度を見るにつけ、つくづく見習うべきことと思います。ガルサン教授を見るにつけ、つくづく日本の教授の特権意識が鼻につくような気がします。こうした態度こそ大いに学んでいき、一生失わないでいたいと深く肝に銘じています。

それだからといって、フランス人は電車の中や町で見る範囲で、人に全く無関心ではありません。例えば初めてサルペトリエールに行く日の朝、地下鉄がダンフェール・ロシュローの駅に入ってくると一人のじいさんが、自分より若い男の頭を一生懸命で抱え、そのそばにいた男が大声で駅員を呼んでいます。見ると癲癇のグランマル（大発作）です。すると今乗り込んだばかりのマダムや中年男達が、皆で患者を抱えて車外に運び、ベンチに寝かせました。患者の頭を抱えていたじいさんは身内かと思ったら全く他人で、男をベンチに寝かせると電車に乗り込んで来て、静かに新聞を読み始めました。その間ずっと無言です。又、子供を抱えた婦人が入って来たら、年寄りが学生を立たせ、子供を抱いたマダムが入って来たから譲ってやんなさいと諭しています。こうした点が、実に大人な感じを与えます（日本でも時々は見る風景だが、パリでは始終目につきます）。

今日、小川教授の自宅へ、パリ到着を報ずる手紙を出しました。聞く所によると（と言うのはこっちに来てから面倒なので新聞を読んでいない）フランスの飛行場従業員がストをやり、飛行機の発着が不能の由。エールフランスなどはローマから発着している由。家から手紙が来ないのはそのためかなとも考えるようになりました。

コティ大統領夫人の葬儀で、メゾンでもフランス・日本の両国旗に喪章をつけています。

十一月十七日(木)

午前中病棟をガルサン教授の回診。大部屋で、ベッドが二十位ずつ両側に並んでいます。脳梅毒で大部朗らかなのや、ハンチントン舞踏病やミアステニーなどが一緒に枕を並べています。シャルコー病も一例見ました。診終わると、よく診たい患者は午前中いつでもよいから来てごらんなさいと教授が声を掛けてくれました。

昼食は今日からビールと葡萄酒の券を買い、先ずビールを飲んでみましたがそれ程うまくない。もっとも日本の瓶より一寸小さい位で一本九フラン。食後に茹で栗が出ました。日本のと同じような味です。

午後、小脳萎縮症を見終わりました。自分で所見をとった後、ベルトラン、フェリックス共著の論文を読み合わせて見ると、どういう点をどう扱い、どこに重点を置いているか分かって大変ためになるように思います。こうした機会に恵まれる人間はそうはおらぬわけですから、多くの標本を見て、その纏め方、思考過程を十分に学んでいこうと思います。この例などはそう特異なものではないと思うのですが、大きな変化だけをとらえて、巧みに纏めてあり、その点よい勉強になりました。

午後六時過ぎ、大阪市立大教授(東大東洋史卒、植物学科卒の変り者、花粉の研究でフランスから科学研究費を貰っている人、中々面白い人です)上野氏と一緒に桐山氏宅へ。セーヌの河岸のパッシーで地下鉄を降り、十分程の所。途中右手に回転サーチライトを点したエッフェル塔を初めて見ました。中々綺麗でした。桐山夫妻は娘さん(十一歳)と一緒に来ているのですが、娘さんはフランスのカトリックの女子校に入れ、寄宿舎に居るので夫婦だけ。権利金八万、家賃五万の由。出る時にカーテンが汚れたのはムッシュが煙草を吸い過ぎるからだとか、壁が少し崩れたのはマダムが何かぶつけただろうとか言って難癖をつけられるから、権利金は大体戻らぬ覚悟の由。どんなフランス好きの人でもこれを経験すると五割方嫌いになる由。しかし家具はすべて付き、暖房も完璧で住み心地はよさそうでした。

食前酒としてシェリー、ポルト、チンザーノが出て、どれも味わいましたが、後の二者が特によく、病み付きになりそうですが、値段を聞くと少々高いので、かえって幸い。全部日本食を馳走してくれました。いろいろ話す内に奥さんというのは僕と同年齢で、府立(旧制府立高)の尋常科で僕と同クラスの山村君と小学校が同窓。その弟は同じく府立で僕より二、三年後輩の近江谷君と言い、最近ドイツ留学を終え、九大の助教授になったというようなことが分かりました。どうも世間は狭いものです。

桐山さんに聞いたのですが、フランスの飛行場技術員のストは今の所解決の見込みがない由。政府では、ここで下手に出ると、他の組合が勢に乗ってまたストをやるので、強気に出ているのだそうで、新聞は政府に誠意がないと責める一方、組合に対して国際信用の上から、事を重大化せぬよう戒めている由です。というのは各国の飛行機はヨーロッパではパリを中心にしているのに、ここがしばしばストをやり、今度も外国機だけは軍隊が出動して発着出来るよう取り計らっているそうですが、それも思うに任せず、パリに来る客は多くは外国で降ろし汽車でパリに運ぶが、その費用がすべて航空会社持ち。その額だけでも莫大で、ネをあげているとの事。折も折、ドイツはデュッセルドルフ飛行場を拡充して、パリを凌ぐ勢いで、各国の航空機を皆誘致しようと大運動中の由。本当にこう政変に次ぐ政変、ストライキに次ぐストライキでは知らぬ間に国力も衰え、逞しい国にどんどん食われてしまうのではないでしょうか。とは言うものの、ひとごとでなく日本にとっては他山の石。気をつけないといけないと思います。

十一月十八日(金)　晴

昨夜食べ過ぎたためか、朝少々お腹が痛んで二、三度下痢。大事とって休みました。そうしたら久留米大医学部長とか言う人から電話で、国際学会がイスタンブールであり、そのついでにパリに来たが、貴方がサルペトリエールに居る事を大使館で聞いたので、一つ案内してくれとのこと。これ幸いと今日は腹が痛くて寝ているからと断りました。何が幸いするか分かりません。案内してもいいのですが、ともかく人の都合も考えず、俺は教授だからそれぐらいのことはしてもよかろうという空気が濃厚なのです。ひがみ根性みたいなものはパリに来てからはすっかり消えたのですが、人の時間を平気で邪魔されるのは本当にたまりません。

一日中静かに寝て、昨夜貰って来た「文藝春秋」や「婦人公論」などに読み耽り、よい休養になりました。ところで腹をやられているのは僕だけでなく、入江、田中、両君もやられ、入江君等は相当ホームシック気味の由。

夕方下痢も収まり、腹が減ってきたが、食堂の飯はまだ早いだろうと、クロワッサンを買いに下におりて行ったら、家からの第一信ですっかり嬉しくなりました。誰か病気しているどころでなく、皆元気に活躍している様子に大いに安心しました。大分お金の事で心配をかけているようですが、大体の所を報告しましょう。今月の今迄の大口の臨時支出はマルセイユからパリ迄の荷物の追加料金が三千四百フラン程。それに植村館長が持っている大変面白いパリの地図（名所や建物などが緻密な絵で立体的に描かれている。帰ってから皆に説明するのによいと思い買いました）が千四百フラン。バス観光が千三百フラン。音楽会、オペラ等三千フラン等で、あとは食費、交通費などの経常費。食費は朝は外ですると五十五フラン（ココア・クロワッサン一個）ですが、これをやめて長いパン、バターを買い、あとは家から持ってきたネスカフェでやっています。昼と夜は七十五フランずつ。これでお腹は十分。もっとも夜腹が空くと、つまみ物や、ネーブル、ビスケット等を食べます。お腹は大体決まってしまいましたので、昨晩みたいに臨時な物が入ると狂うのかもしれません。ともかく、オペラ、音楽会を一週一度ずつ見たとしても、この調子で行けば月五千フランは残していけそうです（今月は残らない）。幾らかでも土産を買うのに回すとか、旅行の費用について家に負担をかけたくないと思って五千フランはむずかしくとも三千フランは確保する決心です。旅行費用については差し迫らない内に人に聞いて目安を立て、大体分かったらお知らせします。左に物価を参考までに。

牛乳二合（?）三十フラン、バター四分の一ポンド百八フラン、バナナ五百グラム（中太六本）七十五フラン、オレンジ大六個百二十フラン（これは九十八フランの所もある。下りつつあるか?）、チーズ（雪印の三角形の一倍半大のもの）五十フラン、パン一メートル位の長さ、太さは人の前腕位で二十八フラン、クロワッサン十七から二十フラン。

十一月十九日(土)　曇り、夕方小雨

調子よく、出掛けました。昨夜初めて作った味噌汁と、家からの便りで勇気百倍といったところ。午前はベルトラン教授に僕の例の論文を進呈。今週ノートした分を見せたら、そのようにして続け、多くの例を見るように、質問があればその内受けましょうとの事。次いでガルサン教授の回診。時々分かる部分が出て来ました。ひと月も毎日この調子でやられたら何とかなるでしょう。午後は小脳萎縮症の違った型を見る事になりました。午前中ベルトラン教授と同じ自動車に乗って帰って行く女性がいるのでラボランティンに聞いたらギランの娘の由。この姉がガルサン教授の妻だそうです。何でもギランには娘が七人いるとのことです。研究室に来るのはジャクリーヌ・ギランと言い、ベルトラン教授の片腕だそうです。研究室は土曜日は午後はないかと思ったら、マドモワゼル等五時迄きちんと仕事するので驚きました。まあこれで一週間経ち大体の様子も分かったわけです。

夜は食堂に駆け付けたところ、大好きなソーセージと馬鈴薯を揚げたのが出て、大いに満足しました。シャワーを浴び、第一例の論文を読み返し、脳研に第一信を書いて、

土曜の夜をゆっくりした気分で寛ぎました。

十一月二十日(日)　曇り

十時起床。今朝は直子が荷に入れてくれた固形スープとネスカフェと長いパンとバターで朝食。固形スープは中々よい。丁度昼時になると思ったが、東京でフランス語を教わったシスターに頼まれた物を早く先方に届けた方がよいと思い、地図を頼りに出掛けました。桐山さんの近くで、パッシーで降り、わりに簡単に分かりましたが、部屋が分からず、他の人の戸を叩いて、嫌な顔をされたりして困りました。色々聞いたら今出掛けて居ないことが分かり、門番の夫婦に預けて来ました。その内何とか言って来るでしょう。そこを出て、地図を見ると、凱旋門が近いことが分かり、まだ見ていないので散歩によいとブラブラ、アヴニュ・クレベールを北に抜けました。並木はすっかり葉を落し、空もすっかり灰色です。寒さはそれ程でなく、今日はマフラー無しで平気。

凱旋門は石の地は白なのに、風雨のためか適当に黒くなり陰影が出て品のある建造物です。門の上には人間が上って行けるようになっている。春になったら写真を撮るために上ろうと思います。女学生がグループでシスターに案内されて見に来ている。恐らくパリ見物の地方の学生か。門を背にシャンゼリゼをチュイルリーの方に下り、色々の店を見ました。衣装の店には五、六万のイヴニング等ふんだんに並べられてあり、女の人がたかって見ています。皆、高嶺の花というような顔。面白いのは相当な人だかりの通りに夥しい数の鳩が舞いおりて餌を食べ、人が来ても自動車が来ても悠々たるもの。見ていると人の方がよけることがある位。丸々と肥ってとても可愛い。日ごとにフランス人のよい点、悪い点が段々分かって来るが動物を可愛がる事は何といっても良いと思う事の一つです。

大久保君と昼飯でも食べようと思い彼の下宿に行ったら、飯を炊いているところで、福神漬と海苔と梅干で馳走になりました。米は一キロで百二十フラン位の由。馳走にばかりなっておられないので、僕の持米を少々進呈するつもりです。彼がニコンで撮った写真の中から僕の居るものを貰いました。もう一、二枚僕の入ったのがあるので、その内ネガを借りて焼増しします。でも出来は何にせよよい記念です。

ついでセーヌ河岸の古本屋をのぞきながらポン・ヌフを渡り、ルーヴルに行きました。この前エジプトを見たので、今度は近東の古代文明。チグリス・ユーフラテスの沿岸の文化。政治的にも考古学的にもバビロン、アッシリア、イラクあたりの、最近世界の注目を浴びている所。エジプトとの交渉もあったわけで、相互間に類似の見られる点が多いが、やはりエジプトの方が性格が断然強い。しかしバビロン、アッシリアあたりの文化に対し眼を開かれたのは収穫でした。次はギリシア彫刻。これを時代順に見ましたが、これも今迄美術全集で見慣れた物の原物が見られて勉強になりました。大理石はここで見ると実に暖かい感じのものです。エジプト、古代近東等を見て来て、ギリシアに来ると俄然様相が変ってきます。合理的精神に貫かれた写実と、豊富な動感。まさに絢爛たるものです。それだけに見ていて少しく息苦しさを感じます。近代美術がこうした空気に反発してギリシア以前の粗野な物から新しい物を見出して行こうとする気持が幾らかでも飲み込めたような気がします。たしかにギリシア以前には空とぼけたような人間の夢というもの、叙情感というものが漂っています。五時迄一杯見て来ました。

　セーヌの水際迄下りて町のオッサン達の釣りぶりをのぞきながらポン・ヌフ迄ブラブラ散歩。橋を渡ってオデオンに出て、それから先は知らない町の名を古い壁の上に探しながらリュクサンブール迄辿り、部屋に帰りました。食後、僕の部屋に塩瀬、田中、大塚君が白葡萄酒をぶら下げて遊びに来たので、うに豆を振舞い、ルーヴルの話、ツタンカーメンの話をして十時過ぎ迄愉快に過ごしました。他の人々は今迄勉強の事ばかりやっていたのか、あまりそういう方に趣味がなく、ルーヴルあたりも、まあパリに来たから見ようというような気持。僕の方は逆に、現在に至るまで雑学ばかりやってきたので、ここに来て出来るだけ多く実物に接して、今迄の雑然たる知識を体系付けようとしているので、一寸こちらの方に一日の長があります。

　とにかくパリは漠然と見たのでは収穫は少ないように思います。ルーヴル一つだけでも相当な勉強が出来るものです。

　少なくとも今の所は特に求めて日本の物を食べたいという気はなく、すっかりこちらの食物に順応しております。チーズを買い、葡萄酒を買って来て、机に向かって仕事をしながら、チビリチビリやるのも中々よいものです。

＊衣類について。こっちに来て分かったことは厚手のシャツは反って困りものだという事。合いの長袖のシャツ位の物が丁度よいです。暖房は徹底しており、外に出る時にオーバー、マフラーで十分体を包めば決して寒くありません。

＊節子が色々しゃべるらしいが、一寸想像出来ない。町を歩いても、もっとも目につくのが子供の服装。時々ああ節子に着せたらなというように気のきいたのがある。ともかく洋服は本場だから皆相当なものだ。子供でも毛皮を着せられているのもある。もっともパリでは宝くじ売りのオバサンが、銀座あたりで着たら振り返られるような毛皮のオーバーを着ているからちっとも不思議ではな

いが。

＊この日記通信も色々忙しくなると段々途絶えるかもしれませんが、しかし、これは僕にとってひとつの重要な記録になると思うので出来るだけ絶やさずに書き続けるつもりです。ただ、字がきたなく且つ細かいのは辛抱願います。差支えない範囲では誰に読んでいただいても結構ですが、適当な判断にお任せします。

＊徹へ。入局のこと、他に鼻息の荒い人等あっても些かも気にする要なし。自信を確立することが大切だ。着々と自分で疑問を発し、自分でそれを解いていけばそれで良いよ。

十一月二十一日(月)　小春日和

朝から青空が綺麗だ。寝坊して研究室に入ったら、ベルトラン教授とグリュネール（助教授格）とジャクリーヌ・ギランが病的材料について相談していました。挨拶してすぐガルサン教授回診へ。真先に脊髄癆のきれいな一例が見られました。すこしずつ分かればよいことにして無理して多くを耳に入れぬようにするつもりです。回診が終って廊下でグリュネールと挨拶。

昼食は鶏、葡萄酒とよくうつります。陶然としたし、時間は一寸早いしで、植物園の見学に行きました。ビュフォン並木の突き当たりにある動物園の正面には色々の学者の名と肖像が刻まれていますが、中央近くにヴィック・ダジールが見られました。その内に写真を撮るつもりです。

入場料五十フランを学生証を見せて半額にして貰って動物園に入りました。ここはヴァンセンヌと違い、総て檻に入っていますし、象とかアシカとかは居ないが、分類や種類は多いので楽しめました。暖房がよいので爬虫類館では大蛇など盛んに動いているのですぐ逃げ出し、ライオンと猿館、特にチンパンジー、ゴリラ、オランウータン、バブーン（ヒヒ）をよく見ました。ゴリラの実物を見るのは初めて。二匹が隣り合った檻に入れられており、両方が網を隔てて同じような動作をやり合い、まるで鏡に映っている自分の真似をしている様でまことに面白いと思いました。見ていて全然飽きません。大きさは節子位か。両足でスックと立ちます。オランウータン、チンパンジーは余り動かずその点あまり面白くなかった。これから何遍も行くつもりです。

午後二時から五時半迄小脳萎縮症の標本を見ました。画家の脳で小脳症状がひどかった例。鉛中毒、アルコール、ニコチン中毒の三者が作用して小脳萎縮を起したものらしいです。

十一月二十二日（火）　曇り

朝、館長から呼ばれ、今日十二時四十五分に北停車場にデュッセルドルフから来る特急で小宮教授が来るから、できたら出迎えてくれというので引き受けました。午前中ガルサン教授の回診についていると、久留米大医学部長（精神神経科）王丸という人が来て、今日三時頃ベルトラン教授研究室を訪ねるから、そこで少しゆっくりして後、夕食を共にしようという話。少々忙しいが折角言ってくれるからと、これも引き受けました。

回診がうまい具合に十二時に終ったのでメトロで北停車場に行きました。列車は定時に到着。改札口で待っていると、東京医大の形態学談話会の席上で見覚えのある小宮教授が降りて来ました。型通りの挨拶の後、タキシーでメゾンへ。氏はフライブルクでの欧州血液学会に東大の三好氏と出席、日本血液学会の会長として各地で歓迎され、特にハイルマイヤーからは日本での厚遇のお礼だと色々もてなされた後、イタリアに行き、次いでオランダ、ベルギーと訪ねて後パリに来た由。ドイツには三十年前と十八年前に行ってドイツ語は不自由ないが、イタリアでは全く言葉が通ぜず、全くいやになり、早く帰りたくなり、これからイギリス、アメリカと寄るがいずれにせよ、出来るだけ早く切り上げて帰るよと言っています。もっとも六十八歳だから無理もないが元気はとてもよいです。小宮教授の末の息子の正文君と僕は医学部同期、フライブルクでは同じく同期の島峰徹郎君、それからロンドンではやはり同学年の山田致知君（小川教授の弟子、岡山大解剖助教授）に世話になるので、全く不思議な縁だと言っていました。

小宮教授をメゾンに送り届け、シテの食堂で昼食の後研究室へ。顕微鏡を覗いていると三時の約束が四時半になって王丸教授がやって来ました。外来の設備など見たいと言うので、婦長に頼んで見せてもらった後、サルペトリエールの前にあるピネルの銅像の前で写真を撮ってあげました。ピネルは当時（十九世紀前半）迄は鎖に繋がれていた精神病患者を、この人々は哀れまれるべきではあれ、罪人扱いすべきでないと鎖から放ち、初めて病める人間として扱った最初の人で、精神科医にとっては忘れることの出来ぬ人なのです。夕闇にすっかり包まれましたので、オステルリッツの橋を渡り、氏の宿屋に寄って小憩の後、オペラ座の前通り迄行き、先ずカフェでアペリチフ（チンザーノに氷の小片を入れたもの）をちびりちびりやり、氏も既に見てきたエジプトの話に花を咲かせました。アペリチフで食欲があおられたので、近くのレストランに行き食事です。メニューの選択を任せられ、青豆のポタージュにセロリを散らしたものと、ビーフを頼みました。これにブルゴーニュの赤葡萄酒、サラダ、パン、西洋梨、リプトン紅茶をつけて二千フランでした。

ヨーロッパを歴訪しての印象では特に強く感じたのはドイツの復興で、あと十年後には世界の最強国の一つになること間違いなしと確信して来たとのこと。またベルリンでは東西とも行って見たが、東ドイツの印象は暗く、ソ連の政策は失敗し、公平に選挙をやれば明らかに敗れるだろうと言っておられました。九時から「夜のパリ」の遊覧バスに乗るというので別れて雨の町をシテに帰りました。

十一月二十三日(水)　曇り

小宮教授を朝食に連れて行く内に遅くなって、サルペトリエールに駆け付け、ガルサン教授の外来に出席。幸い教授も遅れて来ました。王丸教授も昼まで見て行きました。今日は診断のはっきりつかないのばかり。昼食はサルペトリエールの食堂がストで、やむなくシテに帰って食事。よくストをやる国民です。研究室に帰り、一時間程顕微鏡を見てから臨床講義に出ました。新学期で新しい学生に見せるためか、典型的な症例を見せています。五時に終了。ベイルートから来ている若い男が自動車を持っており、それにギリシアとカナダから来ている男と四人で乗り、途中迄送ってもらいました。ベイルートでは官立ではよい病院は無く、医者も質が低い由。よい医者に診てもらうなら開業しているか、私立の病院を開いている医者の所に行かねばならぬ由で、その点フランスや日本とは大分違うらしい。概してカナダとか英国あたりの白人はつんとすましておりますが、こうしたベイルートとかギリシア、スペインあたりから来ている男は人懐っこいです。

夕食は福島大の細菌学教室の藤沢という人と小宮教授から奢られました。夜は小宮教授がお茶を飲みたいと言うので、部屋に連れて来て日本茶を淹れました。ドイツでは余程歓迎されたらしく、印象は大変よいらしい。ところでこの春、日本で原子病の国際会議があった時、日本にやって来たフランスの血液学者のことを徹などは覚えていると思うが、白い髭のある人で写真にも出たし、加藤周一氏がその通訳をしたので僕も覚えていました。その会議は左翼がかった連中が牛耳り、ソ連、ポーランドあたりから学者が来たかわりに、欧米の諸国は敬遠して余り人が来ませんでした。ところがこのフランスのシュヴァリエ教授はそんな事と知らずに日本にやって来て、大使館に行ってみて初めて、この会議が決して世界的なものでないことを知ってがっかりしてしまった由。そんなわけで日本政府や学会は冷淡で招宴などもなく、結局、日本血液学会会頭として小宮教授が慰めの意味で色々もてなしたのだそうです。小宮教授のパリに来た目的はこの人に会うためだそうで、今朝都合を聞いたら明日午前十時半迄に会いに来てくれと言うので、君一つ通訳をしてくれと頼まれました。ほかに適当な人がないのでやむなく引き受けました。聞けばシュヴァリエ教授はパリ大学の古参教授で七十一歳の由で、現在ヨーロッパ血液学会会頭、世界血液学会理事という大御所だそうで、現在それ程仕事はしていないが、仁徳で現在も会頭の地位に引き止められている由です。

十一月二十四日(木)　曇り

朝食を一緒にとり、小宮教授と一緒に出掛けました。行先はパリの西南のディド通り九十六番地。十八年前に来た時は自宅によばれたそうですが、場所を忘れてしまい、今日行く所が自宅か病院か分からぬという話。歩きながらの雑談によるとハイルマイヤーというのは、やり手なので有名な由ですが、人物としてはフランクフルトのホッフが実によく、仕事も手堅い。またフライブルクの病理学者のビュヒナーも温厚な人物で、近年中に日本に来る筈とのこと。ヨーロッパの血液学を支えているのは殆どが六十歳以上の人々で、話し合ってみると、若い連中というのは実物を見ずに机の上ばかりで仕事をしており、総てがある一線で止まってしまってそれより上には出られない。又、近年色々な物理化学的な方法として、例えばクロマトグラフ等が幅を利かせていて形態学が軽んぜられているが、これは一時の流行に過ぎぬということを異口同音に言うそうです。小宮教授もこれには大賛成らしい。少々極論かもしれないが、耳を傾けるべき言葉だと思いました。

ディド通り九十六番地に着いてみたら、それはブルッセイ病院というパリ大学付属の大きな病院で、小宮教授はまだ見たことがなかった由。その中にシュヴァリエ教室があるわけで、病棟の一つの廊下をあちこちしていると看護婦が寄ってきて、お待ちしておりました、教授はただ今回診中故どうぞこちらへと病室に連れて行かれました。教授は教室員、エクスターンを大勢引き連れてベッドの間をぬっていました。入って行くとにこやかに迎えて握手攻め。小宮教授も、七十一歳にもなってまさか研究など活発にはやっていまいと、たかをくくっていたのに、元気に回診するのを見せられてびっくりすると共に大喜びでした。血液病の患者が主として集められており、ゆっくりした口調で僕に向けて言うのを小宮教授に伝えるわけですが、術語の慣れないのが出て来るので弱りましたが、大体の所をかいつまんで切り抜けました。シュヴァリエ教授は長い白い顎鬚をはやし、背は僕よりずっと低いのですが、悠々として中々風格があります。病室回りがすむと、研究室を一つ一つ自分で案内しました。自分の居室では別室にしつらえたベッドを見せ、自分はミオカルド（心筋）を痛めているので時々ここに寝るのだと言います。意気盛んなものです。

その内、シュヴァリエ氏の奥さんがやって来て挨拶の交換。弱るのは小宮教授という人が口数が多くないのと、中々複雑なことを言うので訳すのが一苦労。ついで奥さんも一緒に今度は婦人病室を回診。レプラ（ハンセン氏病）の患者の所では奥さんも平気で入って握手したのには感心しました。患者は実に嬉しそうです。

教室の人の運転する自動車で、モンパルナスの有名なレストラン（名は忘れた）に食事に行きました。モンパルナスは現在、モンマルトルに代って画家の集まる所で、このレストランの壁の一つは絵でうずまっていました。奥さんは小柄な地味な人で、美人では決してないが品のある人です（先にも書いたようにこちらでは特に上層階級の結婚は器量は二の次で財産が先に立つので、学者の奥さんにはあまり美人はいないようです）。僕の名をフランス語で説明すると意味が分かって大変面白がり（僕はフランス人に名を説明する時は、萬年の始まりで大変めでたい名であり、不死の人という意味だと言います。大抵一度で覚えてしまう）、大分会話を強いられました。僕の年が三十二と聞いて、貴方は十八か二十かと思ったと言ってびっくりしていました。自分の長男も医者で現在チュニスに居るとのこと。その間両教授は互いに言葉が分からないので黙って食べており、時々旦那さんが奥さんと早口で話をするだけ。小宮教授はつんぼ桟敷。従って通訳たる者座を持たせるために何かしゃべらねばならず、大奮闘です。

料理は先ず名物の生牡蠣、これにレモンの汁をかけ、白葡萄酒を飲みながら食べました。食べたいと思っていた矢先なので実においしかった。次いで、赤葡萄酒で小鳥の丸焼にジャガイモの揚げたのとパセリ。次いでチーズとコーヒー。チーズは船の上で味を覚えた青カビが所々に散らばっているのを選んだら、シュヴァリエ教授が、これはバターと一緒に食べるのが普通だと、食べ方を教えてくれました。パンをちぎってバターを付け、これにチーズをこんもり盛って食べるのですが塩味が利いて実にうまい。四人でモンパルナスの通りをリュクサンブール公園の入口まで散歩。途中でカンドウ神父さん（渡仏前、日仏学院で講義を聴き、また著書から大きな影響を受けた）が、ごく近しいことが分かり、その死を知らせるとびっくりしていました。歩きながら教授はここのカフェは十九世紀の詩人誰々がよく来た所、ここは画家の誰々が来た所と教えてくれ、中々造詣が深い。

リュクサンブールでタキシーに乗り、パリ大学医学部に乗り付けました。中庭を囲んだロの字型の古い建物で、中庭にビシャ（組織学の開拓者）の像が建っています。廊下には色々な学者の石像が建ち、東大医学部本館三階と同じようです。図書館は壁に沿って棚が並び、ぎっしり本がつまって五、六十メートルはあろうか、もっと長いかもしれない。次いで、ある室で教授が大きな扉を開け中に入って、早く早くと呼ぶので入って行きましたら、そこが学位審査をやっている所。

七徳堂（東大の武道場）より一寸狭い位の部屋で、壁には大きな古典的な絵がかかり、厚い絨毯が敷いてあり歩いても音がしません。けばけばしい色は全然なく、日本でもよくやるように机の上には緑の覆いが掛けられてあります。大きな暖炉を背にして教授が五人並び、皆、赤裏のガウンを着て威儀を正し、その前に机を隔てて学位を申請した男がかしこまって質問を受けています。他の二方の壁側には陪席者がいっぱい並んでいるという寸法。儀式好きの国民故、殊更に威儀を正してやるのでしょう。しかし普通ならば見られないのでしょうが、小宮教授のお供で見られたわけでよい機会でした。教授の中にガルサン氏がいたので一寸びっくりしました。向こうから見つけて微笑みましたので礼をしておきました。

シュヴァリエ教授は古参格なので、どこにでも乗り込んで行くので、その点大変我々には好都合。学部長の部屋にもどんどん入って行きました。壁にはルネッサンス期以後の様々の絵がかかっており、右の脳を傷つけると左の半身に障害の出ることを見つけた十七世紀のフランスの生理学者プルフール・デュ・プチの肖像がかかっているのが面白かったです。秘書からルネ・ヴァレリー・ラドの医学部の歴史を書いた本を貰いました。こうした時代がかった雰囲気におれば、歴史を尊重するようになり、軽々しく新しい物を追いかけ回すことなく、自分を歴史の中の一こまと考えて、物を深く思いつめる気持にもなるだろうと感じました。

次いで学部長に会い握手。今日は評議員会でゆっくりお話出来ぬのが残念、明日、新しい医学部を御覧になってはと自ら紹介状を書きました。その会に出るというシュヴァリエ教授と別れ、夫人と三人で又タキシーを拾ってパストゥール研究所へ。そこの血清の方をやっているエイカムという人に会うためです。エイカム夫人は東京生まれとか。エイカム氏はシュヴァリエ教授に目をかけられている人らしく、その夫人が行ったので、大変力を入れて案内しました。エイカム氏の訪問帳に小宮教授と共に名を連ねて後、所内を一巡しました。研究所は細い通りを隔てて二部に分かれ、それぞれにいくつかの建物があります。一番古い建物の地下にパストゥールの墓があり、そこにも入って見ました。話によると普通では見せないとか。ビザンチン風のかなりきらびやかなものです。絵葉書を貰いましたので、帰ったらそれによって説明しましょう。次いで昨年完成したという新しい建物で、組織培養だとか、ヴィールスの培養等を見せられました。電子顕微鏡はジーメンスのが二台入っていました。かなり自慢そうに見せたので、この建物が最も設備がよいと考えられます。専門が違うので分かりませんが、ともかく清潔なのには感心します。動物室には猿が三百匹にチンパンジーが五匹いるとか。結核部の一部は建築中で、ここではツベルクリンを一年に十トン造る由。世界で一番いいのだと自慢していました。聞き違いかもしれぬが、この研究所は国立でなく私立の由で、世界中、フランスの各所に支部を持っており、このパリの施設には千人の人が働いているとの事でした。

夕闇が迫り、雨のちらつく中、シュヴァリエ夫人を家迄送ったところ、引き止められてそのアパートに招じ入れられ、シャンパンを馳走になりました。コンコルド広場の近くで、セーヌの左岸、サン・ジェルマン通りの二百四十一番地で、五階です。夫婦で五室を占めていて、総て見せて貰いました。仏像だの古典画だの、ゴブランの大壁掛だので飾り立ててあります。キスリングの描いた教授の若い時の肖像画が面白かった。教授は学生の試験等で疲れたので、今日田舎の別荘に出かけ月曜迄帰らぬ由。四歳になる女の子（孫）が出て来たが、これは実に可愛かった。我々と一緒にシャンパンを少し貰って飲むのには少々驚いた。はじめ出てきた時、はにかんで節子がやったようにすっかり下を向いてしまったが、やがて慣れて、少しずつ話すようになりました。シャンパンは初めてだが、良質の物らしく実に旨かった。腰を取られやすいと聞いていましたが、三杯飲んでも平気でした。しかしすっかり気分はよくなり礼を言って七時に辞しました。タキシーでシテの近く迄帰り、モンスリ公園の近くのレストランで夕食。

ともかく色々の珍しい事を経験して小宮教授も僕も満足し、部屋でお茶を飲みながらよかったよかったを連発しました。こちらの時間を犠牲にしたとはいえ今日は収穫の多い日でした。

十一月二十五日（金）　晴

朝食に行くついでに郵便箱を見たら、家からの第二信ですっかり嬉しくなりました。床屋に行って待っている間に二度読み返しました。

今日は小宮教授とパリ大学の新しい医学部を見に行く日。十時半迄にシュヴァリエ教授宅に行く筈が、タキシーが拾えずに遅れて十一時に到着、悪いことをしました。大分待ち兼ねていたらしくすぐ出発。

三年前に完成したという七階建の正面に自動車を乗り付けました。ここには解剖、生理、生化学等が含まれています。一九三六年に着工したのだそうですから相当年月かかって出来上ったわけです。大講堂は千人入る由で、暗くしてもノートをとる手元のみはランプが各机にあって照らされるようになっており、教授が机のそばにあるガラスの上に字を書くとそれがすぐ映写幕に映るようになっていて中々よく出来ていました。次いでエレベーターで七階にのぼり解剖から見はじめました。解剖室は湿度温度を一定にし、換気をよくして殆ど臭わないようになっているのには一寸感心しました。死体は近年入手難となっている由ですが、屍室は零度に保ち、湿度は八十七%とかで、死体は棚に並べられていて、これもそれ程臭わなかった。五百体並んでおり壮観でしたが、行き倒れが多いのか、日本のよりもずっとやせ衰え、汚いのが多いと思いました。屍室に入る前、奥さんは外で待たれるかと聞くと、私も医者ですとの答えに、今迄の色々な話が筋道立ちました。他の実験室等はそれ程珍しくないが、動物室が暖房換気設備十分なのには羨ましくなりました。廊下の掃除のみで毎朝五十人の掃除婦がかかりきりの由。十二時に辞し、シテに帰りました。

午後からは研究室へ。小脳萎縮症を見終え、次に出されたのが脳のコレステリン症。グリュネール氏に聞くと世界で八例目という珍しい物の由ですが、それ程興味はない。しかし今に日本でも見つかるかもしれぬから見るつもりです。三時からアラジュアニーヌ教授以下教室員が集まって定例の剖検例をめぐるコンフェランス。ベルトラン教授のいる、このシャルコー研究室でやるのです。アラジュアニーヌ教授は小さい小太りの人。始終煙草をくわえています。先ず教室員が臨床経過と診断を言うと、グリュネール氏がどんどん脳刀で脳を切って行き、結果を言います。八例やった内三例程当たっていたが、やはりその時は喜びます。アラジュアニーヌは失語症をよくやっている人だが、ヴェルニッケ失語症の一例で思った場所に障害のあったのが一例あった。見ていて感ずることは、小さい事は余り問題にせず、臨床症状でも剖検でもはっきりした大きな変化のみを深く論じていくようで、その点大いに勉強になります。重箱の隅をつっつくようなことは余りやらぬようです。

夜、小宮教授がまたお茶を飲みに来て雑談。東独の話が出ましたが、自分の印象では選挙をやれば東が負けるねと言っていました。九時より十二時迄、下のホールで新来者歓迎お茶の会。お菓子、サンドウィッチ、葡萄酒。隠し芸ということになって、フランス人の方は盛んにやるが、言葉が不自由の故もあるかもしれぬが、日本人の方は余りやらず、どうも歯痒いようです。もっともフランス人の中にも臆病ではにかみ屋なのも随分いるにはいるが、愉快にやる時は大いにやるという習慣をつけた方がいいように思いました。

酒が利いて気分がよいままに、田中君の部屋で入江君と三人で一時半迄パリ生活の印象を語り合いました。自分自身をしっかり持してフランスのよい点だけ持って帰ろうというのが結論です。

十一月二十六日(土)　曇り

ガルサン教授は何かの試験とかで回診には待ちぼうけを食いました。二歳になる女の子が近頃歩けなくなり、眼が見えなくなったらしいということで入院しましたが、脳腫瘍の疑い。若い両親が付き添って嘆いています。とても可愛い子で気の毒です。

二日前に手紙が来て、シスターの親類筋（この前の日曜、荷を届けた人）から昼によばれたので行きました。シテのノルウェー館にいる法律専攻の学生と、シスターの叔父（?）の人が同席。四人で昼食。フランスの家庭に招かれたのはこれが最初。シスターはカトリックの宣伝をしたくて、ここの夫人に僕を招くように言ってよこしているらしい。これを機会にフランスの家庭を見るのもよいことでしょう。物静かな人々で好感が持てます。若い法律の学生は、リールに居る母が貴方を家におよびしたいと言うが都合はどうかと言います。リールはシスターが日本に来る迄長く居た僧院のある町で、フランスの北の方にあります。その内行って見るつもりです。この若い男はチュトワイエ（親称）をつかい、親愛感を現しています。

昼食は花キャベツを卵とまぶしたもの、牛肉のソテーに人参をあしらったものに、ミルクとジャガイモを潰したものの混合物。それに白と赤の葡萄酒。食後は蜜柑（大ぶりで三宝柑みたい）と梨。次いでコーヒー。二時半迄。日本では何を食べるかとか、物価はどうかとか、汽車賃はとか、箸はどうして使うなどの質問で雑談。僕の発音は全くアクセントがなく、非常によいとどこでも言われます（フランス語はアクセントのないのがよい）。

そこを辞してオデオンに出て医学書店をのぞきましたが、欲しいのが四、五冊出て来ました。帰る迄には買いたいものです。

五時半部屋に帰り、溜った洗濯物を一時間で片付けました。小宮教授の接待で溜ってしまった日記を書いていたら、見物から帰った小宮教授が今日パリに着いたという名大の放射線の教授とお茶を飲みに来て、しばらく雑談。それが帰ってシャワーを浴び、十二時過ぎ迄日記。

十一月二十七日(日)　うす曇り、時々陽が射す

寝坊して九時に小宮教授に起されました。少々風邪気味だと言うので外食をやめ、卵やパンを買って来て僕の部屋で朝食を共にしました。目玉焼きを初めて作って供したら、うまいうまいと言って食べました。旅行し続けで疲れたのでしょう。食後、国際学会への学者派遣選考事情等聞いて中々参考になりました。ともかく代議士等の外遊は出来るだけ抑え、学者をしげく送り出す必要のある事を強調して

いました。それと同時に、年とった相当の人物を送らねば駄目で、若手が行ったのでは全然問題にされず、派遣した価値がなくなってしまうそうで、理想を言えば老若混ぜて二人行けばよい由。昨日のうちに名大から放射線の教授（パリは四、五日、アメリカに一年留学する）と生化学の助教授が到着。いずれも医者なわけで、皆小宮教授に敬意を表しに来ました。あとの方の人は八木國夫といい、府立で僕の先輩、文科出身の人で、前に禿頭とビタミンのことで話題をまいた事があり、今度はパリ大学で自分と同じテーマの人から招かれた由。府立時代に見たことがあります。中々才人故、今に派手にやり出すでしょう。

十二時十分迄に小宮教授が飛行場行きのバスの発着所に行かねばならぬので、皆で送って行きました。場所はセーヌの左岸で、ナポレオンの墓のあるアンヴァリッドの広場。飛行場は二つ共パリ郊外にあるので、乗客はここに集められてバスで連れて行かれる仕組。建物は一寸した大停車場です。他の人々は約束があるとかで先に別れて行きましたが、小宮教授が、発つ迄頼みますよと言うので、一時半迄付き合いました。フランス語、英語が分からないので僕が手続一切をやってバスに乗せました。何から何迄世話になったと喜んで発たれました。ロンドンでは同学年の山田君が世話する筈。大分時間を取られ、気苦労もありましたが、大御所だけに中々面白いところがあり、話も含蓄があってそれだけのことはありました。僕も気が長くなって段々福徳円満になりつつあるようです。

人通りの殆どないセーヌの岸に沿い、次いでチュイルリー公園を抜けて二時にルーヴルに入りました。今日は絵画の部。中世の宗教画からルネッサンス、十七、十八世紀と重苦しい絵の連続で、これでもかこれでもかと長い長い回廊に並んでいます。宗教画と言っても極めて血なまぐさいものもあり、我々のさびの文化などと全く異質のものであることを痛感します。それが十九世紀に入り、クールベ、ドラクロワ以後になると俄然画題も一変すると共に、表現も自由自在となり、強い個性の絵が所狭しと並び、コロー、マネ、モネ、シスレー、セザンヌ、ルノワール、ロートレック、ゴーギャン、遂にゴッホとなって花咲きます。実に壮観です。今日だけでゴッホの原物を七点見ました。気持が豊かになってくると同時に自分も描きたくなって弱ります。これでルーヴルに三回通って大体見終わりあとは極く一部を残すのみとなりました。日曜日が無料というのは親切です。

感心するのはいつも父母に連れられた子供等の姿を多く見ることで、衣服の粗末な子も豊かな家の子も等しく熱心に見ています。こうした面がフランスの健全な事を示す一つの指標になると思います。我々も節子には物心ついたら知らず知らずの内に、自分の国の文化に対する知識を深めさせ、日本の真にオリジナルな物に目を開かせなければならぬと痛感します。ルーヴルの中から窓越しに見ると、その中庭、さてはチュイルリーの公園には午後になって人出が増し、色とりどりの服装の人々が枯木の間を縫って行き来し、まことにきれいな眺めです。その中に芝生だけがさ緑に広がっています。彼方にオベリスクの向こうにエトワルの凱旋門が見えますが、相当に霧があるのでしょう、ぼうっと霞んでいます。写真には余り適しない。棒になった足をカフェでココアを飲みながら休めました。帰りしなにある店の前に大勢人が集まっているので見たら、ショーウィンドウの中にたくさん竜の落とし子が飼ってあり、生態が実に面白い。脳の中のヒポカムプスを思い出し、隣で見ていた男にフランス語で何と言うかと聞いたら、イポカムプと答えました。彼は脳の中にその名のある事を知っているかどうか。

夕食後、ワイシャツにアイロンを掛け、使用時間十五分でアイロン借り賃十フラン。靴下から色が落ちて少々赤みがついているようです。

＊この手紙は日記風に、よい気になって書いていますが、細かい字ではあるし、そちらで迷惑でないですか。この次の便で感想を聞かせて下さい。日記と手紙の二本立ては手間がかかるので便宜上こうしているのですが。

＊徹の入局は今頃もう決まった筈。ともかく物事をはっきり捕えて、はっきり表現する習慣をつけ、自分のやる事に自信を持つ事。古典的な本にとりつき、それを丁寧に読むとよい。また外国語はどれか一つ、たとえば今やっているドイツ語を切らさずに絶えず親しんでものにすることが不可欠だ。

直子もこれから我々の学問も国際的になれば、外国から人が来た時、夫婦でもてなさないといけないし、又、そうすると実に親しみが増すので、片言でもよい、フランス語位知っていないといけないと思う。節子が大きくなるにつれ、リンガフォンで一緒にやるとよい。これも不可欠だ。先の長い話ではあるが、日本の学問を世界的にするには皆の力が合わさらないと駄目だ。何としてでも日本人のやった成果を少しずつでも認めさせなければならない。小宮教授によると、皆が努力するのも必要だが、日本の学者自身、もう少し良心的にならぬと駄目だというが、これも心に残る言葉だ。ともかくこちらの人間、特に学者は平均してやる事ががっちりしているようだ。

米は食べたいと思わず、味噌汁も今の所この前下痢した日に作っただけ。腹の空いた時は、直子の入れてくれたつまみ物をつまんだり、パンにバターをつけて葡萄酒を飲みながら食べることにしています。オレンジは少しずつ安くなって来ており、時々食べますが、汁が多くて旨いです。日本の蜜柑のような物もあるが、これはオレンジより少々高く、日本と逆。ただ柿だけは全く食べられず、来年迄お預けです。ハム、ソーセージなどは中々高い。この間この紙の半分より少し小さい一切れを買ってみたら五十五フランでした。塩気が薄く、高い割に旨くありませんでした。

お互いに元気でやりましょう。ともかくこちらは吸収する物が多く、大いに張り切っています。全く疲労というものを感じません。東京より気候が合うのでしょうか。又皆の元気な便りを待っています。

十一月二十八日(月)

朝出掛けに受付の箱を見たら、思いもかけず手紙が入っていて、びっくりすると共に大変嬉しくなりました。今日はかなり霧があり、屋根には霜がおりています。電車の窓から見える精神病院サンタンヌの各病棟がぼおっと霧に浮かんで中々印象的です。乗り換えの二度あるメトロの中で手紙を読み上げました。節子の写真は大変楽しめます。実に大人っぽくなり、直子の文と合わせて見ると一寸想像出来兼ねる程の成長ぶりです。パリとかシンガポールなどと言うとはとても考えられません。物覚えは悪くないようで安心しています。人形も玩具屋がある度にのぞくが、滅法に高く、しかも余りよくない。その内、暇があったらデパートをのぞいて見ることにします。

午前中ガルサン教授は医師試験とかで来ず、ゴドウスキーという医局長級の回診。若いのがやっても出ないババンスキーをこの人がやると出る。そんな時でも若い方も恥ずかしがらないし、出した方も何という事はなく、二人して一生懸命に考え合っており、周囲の者も全然笑ったりしません。こうして回診についてみると、診断のはっきりつくのは中々少ないものであることが分かります。実にむずかしいものです。ここではレントゲン、化学的検査、眼科的の検査等、皆分業です。しかし眼底だけは各自が見ております。

昼は食堂が当分ストの由。シテに帰って食べました。面倒ではあるが、午後の仕事が気分一新されてよろしいです。午後コレステリン症の小脳の観察、見ている内に段々興味が出てきて張り切って見ています。脳研に居た時と同じく大学ノートにどんどん所見を書いて行きます。出来るだけフランス語で書いています。サルペトリエールの中央にある礼拝堂の塔の鐘が五時を告げると仕事を終りにします。この頃は五時というと大分暗くなります。朝の内は霧が深いのに夕方から夜にかけては晴れ上るのが普通です。

直子の便りにデッサンはやらないのかとあったが、今日丁度行く予定にしていた所。八時から十時迄で、土日を除いて毎日やっているモンパルナスのグランド・ショーミエールという塾です。今日は初めてなので府立の後輩で絵描きの岡本君というのに案内して貰いました。血清実習室の一倍半位の広さで、夜の部は幸い空いている由。先生も誰も居ず勝手に描けばよいのでまことに気楽です。二時間で八十フラン。今日は九枚程描いたが、大変楽しめました。週一回ずつ続けるつもりです。終ってモンパルナスのカフェでビールを一杯楽しんで十一時に部屋に帰りました。月が中天にかかり、実によい夜の気です。

十一月二十九日(火)

今日も出がけに徹からと吉倉さんの便りが入っており、大喜びです。

徹の入局の事はもう決まっている頃でしょうが、うまくいったろうか。桃井君がよい助言をしてくれたらしく大いに嬉しい。万事同君と安藝先生の話を十分に参考にすれば間違いはないと思います。冲中教授との問答は中々面白かった。僕も八年前の事を思い出しています。その時その時で最善を尽くして、悠々たる気分でやれば道は何とでも開けるさ。兄弟、道を違えて、互いに刺激し合って行くのも大いに面白いのではなかろうか。

午前、今日からガルサン教授が出て来て回診。教授が出て来ると俄然締まることはどこでも同じです。今日は又、ムッシュ・マネン見なさいを二、三べんやられました。ここに入院して、初めて頸椎の奇形である事が分かったのを見ましたが、これはガルサン教授得意の場所。大分まくし立てられました。回診といっても全部を丁寧に見るのではなく、半分位は「マダム」と言って握手して舌を出させる位で終りです。あとはインターンに任せておくのです。進行性麻痺ですっかりおめでたくなって、ガルサン教授の手を握って、何とか引き止めておこうとするマダムも居れば、そのそばにはこの前書いた三歳に満たない、脳腫瘍で歩行も視力も失った子供が置かれているといった具合に病院風景は何処も変りありません。ただ、清潔な事は驚くばかりで、その点は実に敬服します。サルペトリエールの建物は外から見ればそれこそ十七世紀あたりの古めかしい建物なのですが、中はすっかり改装されていて輝くばかり。もっともそれは病室の話で、食堂、事務室等はそれ程でありませんが、病院の中心は何と言っても病室。これが綺麗なことは本当に気持が良い。

もう一つ良いと思う事は医者も看護婦も、教授の回診だからといって日本のそれのように改まらない点です。教授に思いやりがあるからでもありましょうが、自分の平常の務めは完全にやっているから、誰にも咎められる気遣いはないという自信も感ぜられます。これは良い事と思います。

看護婦の一人が診断用の圧舌子や口蓋反射を見る時のこよりを入れた試験管にゴムひもを巻き付けているので、何をするためかと聞くと、雑音が出ると患者に気の毒だからこうすると言います。これなどもデリカシーとして学んでよいでしょう。もっとも、デリカシー、デリカシーと強調し過ぎると心が萎縮しがちですが、決してそんな風はなく、むしろ温かさが感じられる点はそうした事が生活に深く根ざしているためなのでしょう。

午後はコレステリン脳症の標本を観察。自分で所見をとったあとで、ベルトラン、ギランの書いた論文を読みますと、自分に気付かなかった事を氏等が見ていたり、又、氏等が触れていないで僕に興味のある事もあります。このやり方はたしかに勉強になります。所見の記載は実に簡潔で明瞭な点は大いに学ばなければなりません。ドイツの論文では詳しい事を生命と考えて、だらだらと必要性の少ないと思われる事を並べた物が多い傾向がありますが、その点フランスの物は大分違います。我々の場合も詳しく長い物を尊重しがちですが、これは改める必要があります。パリにいる間にこの簡潔な表現法と、大きな物の見方を出来るだけ身につけて行くつもりです。論文を小器用に纏めたりする事よりも、こうしたことの方がより本質的な事と思います。カンドウ神父さんが講義の時に、ドイツ人は分析のみに終始し、それだけで終ってしまう嫌いがある。フランスでは分析のあとで必ず総合をやるという事を強調していましたが、今になり思い当たる所があります。

グリュネール氏に僕の論文を進呈しました。実に気の早い男で、歩く時も飛ぶように歩き、喋るのも早口で閉口です。

八時に部屋を出、メトロでトロカデロに出て、シャイヨー宮に行きました。アルトゥール・ルービンシュタインのピアノを聴くためです。少し早く着いたので、シャイヨー宮の上からエッフェル塔の回転灯を眺めました。シャイヨー宮は「巴里の空の下セーヌは流れる」でファッションショーをやっていた所。エッフェル塔を眺めるとああパリに居るんだなと改めて旅情が湧きます。昼もよいが、夜景の方がずっと素晴らしい。

席は二階の正面近くのほぼ中央。日比谷だと二階の前から十五列位の所。補助椅子なので一寸座り心地は悪かったが、聴くには実によい所です。まわりは着飾った婦人連で大賑わい。社交場とはこんなものかと眺めていました。黒ずんだ服が多い。金髪に黒いイヴニングを着て真珠の首飾りをした若夫婦が居たが、これは実にシックでした。オペラの時もそうだが、半分以上は年配の連中です。ルービンシュタインが入って来るとブラボーと掛声をかけたりします。

最初がベートーヴェンピアノ協奏曲第三番、第一楽章のカデンツァ等は誠に歯切れのよい演奏、実によかったです。特にこの曲が好きなので大満足でした。弾き終るとアンコールでルービンシュタインは五回舞台にひっぱり出されました。指揮はジャン・フルネ。僕の聴いた所では管弦楽は日響とよい勝負だと思います。しかしこのようにすぐ日本と比べてみなければ気が済まないというのは、インフェリオリティー・コンプレックスなのだろうか。

二曲目はショパンの第二番。前に座っているお婆さん二人は望遠鏡で代わる代わるにルービンシュタインの弾くのを見ながらため息をついています。僕も例の望遠鏡で楽しみました。何遍も映画等に出たりして芝居気もあるのかもしれないが、そうしたことを除いても、指先に一生をかけて生きて来た人の風格がレンズ一杯に溢れて感動しました。三番目はリスト、四番目はラフマニノフ。最後のは初めて聴いたのですが、大変メロディに富んだ曲で好きになりました。

終ったのが十一時四十五分。少数の人はメトロがなくなるので先に出て行き、僕も出ようと思いましたが、きっとアンコールがあると思い、メトロがなくなったらタキシーで帰ろうと覚悟してねばりました。熱狂は大変なもので僕の後にいる婆さんはブラボーと叫んで立ちっぱなしで拍手。とうとうアンコールになり、ワルツ（ショパン）を弾きました。家にレコードがある曲です。それを弾き終っても立つ者がなく、何遍も舞台に呼び戻しましたので、またアンコール。ここで映画「カーネギー・ホール」でも弾いたファリャの「火祭りの踊り」。皆ため息をついて聴いています。弾き終ったらパッと電灯がつき、ルービンシュタインも汗を拭き拭き引っ込み、管弦楽団も引っ込み始めましたので、皆もあきらめて席を立ちました。時に十二時十五分。メトロに間に合って部屋に帰ったら一時でした。

音楽会での観客の作法は日本の方がずっとよい。演奏はじまりの時も、遅れた入場者でざわついているし、もっと遅れて来た者は第二楽章のはじめにざわざわ入ってきて、ルービンシュタインもフルネも一寸いやな顔をして、やり直しをしました。演奏中にも咳など何処かで絶えずといってよい程聞こえるし、曲が終ると堰を切ったように咳払いや鼻をかむ音が湧き立ちます。休み時間中はプログラム売りやアイスクリーム売り等が大きな声で客席の間を歩き回ります。又、席迄案内する女性には必ずチップをやらねばならず、中々煩わしいものです。英国等ではこうしたチップ制は殆どないそうです。ジュヴェ君が日本はチップの必要がなくて実によいと言っていたのが理解出来ました。

十一月三十日(水)　曇り

昨夜遅いので眠くてしようがないが八時半なので起きました。それでも外は霧がかかり、まだ大分薄暗い感じです。小宮教授からロンドンより礼状が来ました。大変喜んでおられました。ロンドンではこれまた僕の同級の山田致知君並びに整形の津山直一君の世話になっている由。風邪気もとれた由で安心しました。

午前ガルサン教授外来。ヘミコレアの典型的なのが来ました。又、ヘミバリスムスらしいのも来て勉強になりました。昼飯にシテに帰ったら、アグファから現像ができて届いていました。大いに期待して開いたのですが、出来映えは思ったほどでなくちょっとがっかり。三十六枚のうち、二十四枚ぐらいしかよいのがなく、そのうち気に入ったのは五枚。いずれも紫のトーンが強い。この次のはもう少し露出を多い目にしてやってみるつもりです。

午後は臨床講義。今朝のヘミバリスムス、ヘミコレアは帰ってしまったそうで教授もがっかりです。しかしガルサン教授の話は今日は冗談まじりが多く、僕にはさっぱり分かりませんでした。実に言葉は厄介です。

今日は湯が出るので食後すぐ入浴、さっぱりしました。そのあとで皮膚科の肥田野信君、大阪市大の教授の上野氏、化学の田中君が僕の部屋にやって来、日本館にあるプロジェクターで各自の写真を見せ合いました。大きくすると感じはまた別で、特にサクレ・クールのやピエルフォンのは一層良いです。肥田野君のはこの夏地中海に行った時の物だが、コダクロームで実に派手な色でした。もってきた「のしいか」等をかじりながら十二時迄快談。肥田野君はイギリス、オランダ、ベルギーに三週間行ってきた由ですが、オランダ、イギリスの物価がパリに比して安いのに驚いていました。男物を買うなら絶対にイギリスの由です。

十二月一日(木)　曇り

午前はガルサン教授が来ないので、シャルコー研究室で顕微鏡を覗いて過ごしました。今迄観察した諸例をもとに発表されている論文は総て書き取り、所見をフランス語でとり、考案をフランス語で書くための練習に利用しています。これからは論文を出す時は辛くても外国語で出さねば駄目だと痛感しているので、こちらに居る間に一ふんばりして少しでもより億劫なく書けるようにして行きたいからです。自己所見と論文の写しで既にノートは二冊目に入りました。滞在中に「サルペトリエール留学」ノートとして何冊になることでしょう。

顕微鏡を覗いていたら掃除のおばさんがムッシュは紅茶は好きですかと聞いて、砂糖を入れて持って来てくれました。いつもこうするのですかと聞いたら、規則的ではない時々やりますとのこと。このおばさんは感じが良く、ガラス器具や室の整頓等で良く働きます。

今日から食堂のストは解けたそうですが、腰掛けづめだったので、散歩と思いシテに帰って食堂に。米をバターで炒めたのとソーセージ、青豆を擂り潰してバターと混ぜた物。それにレタスを酢でまぶしたものにオレンジ。好きなものばかりで満腹。雨のぱらつく街を又シャルコー研究室へ。昼休みの往復はバスでシテの前から乗り、病院通りのサン・マルセル・ジャンヌ・ダルクという、ジャンヌ・ダルクの銅像の前で降りるのです（ジャンヌ・ダルクの銅像は方々にあり、その一つに過ぎません）。五時迄また顕微鏡。この頃は着いた頃よりぐんぐん日が短くなり、五時では相当暗いです。グリュネール氏と、前にも書いた自宅開業の精神科医が電気をつけて顕微鏡をのぞいて頑張っています。帰る時は必ず全員と握手です。実際握手の好きな国民です。

夜は九時から十一時頃迄、岡本半三君（府立の後輩、文学部を出てから絵描きになり、在仏三年目）の部屋に行って絵を見せてもらいました。同君は近い内に二度目のスペイン行を企て、来年四月頃迄行ってくる由。性格の強い中々良い絵です。僕も月々絵具を二、三本ずつ買い溜め、春になったらお土産に少し描いて行くつもりです。

今日十一月分の部屋代を払いました。僕の部屋は一日二百五十フランの由ですが今月は一時二人部屋に居り、それからここに移ったので、六千八百七十フラン。それに保証金千フランで、合わせて七千八百七十フランとられました。今後は三十日の月は七千五百フラン。三十一日の月は七千七百五十フランとられるわけです。はじめ九千フランの予定でしたからそれだけ浮くわけです。肥田野君等は給費が二万五千フランだったのですが、一番節した月は一万八千フランであがった由。そうして浮かした金に三ヶ月に百ドルの送金、翻訳のアルバイト等を合わせて旅行費に当てているわけ。僕も月々五千フランは残したいと思っていますが、出来るかどうか。十二月分の支給は五日ですが、十一月分からは五百フラン残りそうです。二百五十ドルには一切、手はついていません。

十二月二日(金)

朝から霧っぽい日です。朝食は近頃はネスカフェとパンとバター。時に果物。パンは一メートルくらいあるバゲットというのの半分を十四フランで買って来て食べます。相当な量ですが全部平らげます。パンは本当においしく、皆に食べさせたいです。表側は相当に堅いのですが、ここが少し塩気があり、香ばしくてよく、人によるとここだけを食べて中の白い所を捨てるそうです。そしてパンはこの白い所がなければよいとか言うのだそうです。面白い台詞です。

午前ガルサン教授外来。一人目の患者が終った所に入って行ったら、ああこれは聴神経腫瘍の典型的な例だ。ムッシュ・マネンにレントゲンを見せなさいとエクスターンに言い付けるので恐縮。少し分かりかけて来たフランス語がここ二、三日また聞き分けられなくなりましたが、段々こうして迷いながら少しずつ上達して行くのでしょう。気長に構えています。

今日はストが解けて初めて院内食堂で。小麦粉にまぶした肉を炒めたのと、魚のフライとほうれん草の潰したのとバナナ。ほうれん草の潰したのはまるでメジロのすり餌みたいで好きになれませんが、野菜不足になってもと薬と思って食べています。ほうれん草に関する限り、日本のお浸しの方が勝ちです。

午後は五時迄コレステリン脳症の標本と睨めっこ。今週で見終えようと思ったがまだかかりそうです。

ここで一寸楽しいニュース。実はルービンシュタイン演奏会の帰りに余り暑いので、地下鉄の中で襟巻をはずして手に持っていたのですが、降りて見たら無く、電車は出てしまいました。駅員に話して次々と電話してくれたが遂に分からずにしまいました。少々諦めきれぬので、翌朝駅員にどう探したものか聞いたら、モリヨン街三十六番地に遺失物係があるからそこへ行けとの話。それで水曜日夕方、病院の帰りに行って届けを出しましたら、金曜日の夕方にまた来なさいとの返事。病院の看護婦に聞いても、メトロの中でなくしたら望みは無いでしょうとの事で、半ば諦め、買わねばならぬかなと思いつつ、今日行ったら、係りのマダムが色は何色かとか、どこかに文字があるかとか聞いた後、沢山のカードの中から一枚を取り出し、それを僕に渡し、別の窓口に行けと言います。望みは無いと知りつつ窓口に行って列に連なって待っていたら、二、三人で僕の番になり、呼ばれて行って見たら、嬉しいことに僕の襟巻を係りが手に持っています。そして貴方のに間違いなければ一番の窓口に行けと言います。そこに行ったらマダムがいて、あってよかったですねと笑いかけ、日本の医者ならパスポートを見せて下さいと言い、何やら書類に書き入れていました。そこで僕は、拾ってくれた人にお礼をしたいが名前と住所は分からないだろうかと言うと、それは分からないが、品物の価格相応に寄付をして下されば結構と言います。僕ははじめ届けた時に価格は二千フランと書いておいたのですが、マダムが何時買いましたと問うから三年前と言うと、それじゃここは五百フランに直しておくわというわけで、僕は百フランを置きました。ともかく大変親切にしてくれたわけで、諦めた品物が出てきた事を合わせて誠にほのぼのと明るい感じがしました。別れしなにフランス人は実に正直だと言ってマダムと固く握手してきました。そうした意味で今日はとても良い日でした。

次いで、大使公邸で留学生の招宴があるので、六時半迄に出掛けました。エトワルで降りて一寸歩きます。霧の中に仰ぐ凱旋門は大変趣が深く忘れ難い姿です。この門を中心に四方に十二本の通りが出ているので交通が激しく、目的地に行くのにちょっと苦労します。

通りに面した堂々たる建物の二階が大使公邸。入口には礼装に白手袋のフランス人の係りがいて応接室に案内します。大使をはじめ館員の主だった連中が夫人同伴で来、それに最近パリに来た日本人が総て招かれたわけで、三、四十人も居ましたろうか。桐山さん夫妻、澄田さん等と挨拶。その内に別室に用意が整えられていて、そこでシャンパンで乾杯後、大使の挨拶。今度来られた方々は理科系が多く、文科系の方々も学問専攻の人々が多くて何より嬉しいと述べ、何だか正体の分からない連中が今迄は多くて困ったということを暗にほのめかしているようでした。寿司、サンドウィッチ、シュウマイ、フランス菓子（エクレアや高級生菓子）を立食で賞味。寿司はまぐろはありませんが、こはだのようなのや、あなご、海苔巻きもあり、飛ぶように売れて何遍もお代わりがありました。壁は総て日本画で飾られ、天井は菊の模様ですので、一寸帰国したような感じ。これで奥さん方が着物なれば一層感じが出るのですが一人もいませんでした。シャンパン、ウィスキーソーダが飲み放題。大分よい気持になりました。

領事の柴崎さんが、吉倉さんから貴方の事をよろしく頼むと言ってこられたが、と言って話しに来られたので大分長いこと話しました。パリ在住三年、フランス人気質について色々の事を話してくれましたが、ここの人は初めは親しみにくいが一旦親しんだら、信頼し信頼され合う仲になり、日本人とは実にうまの合う人々だとの話。自分らが伝統を尊ぶ故に、日本人も伝統的な文化を持つ国民として一目おいているそうで、それだけにこちらもそのつもりで自信を持って付き合う事が必要だとも言っていました。柴崎さんからも澄田さんからもその内来るように言われました。

帰りは館長と一緒に帰りましたが、日曜にモラという、日本に永く居て一時パリに帰って来、来年また神戸へ行くカトリックの神父と食事を共にするが、貴方の事を名指しで一緒においで下さいと言っているが都合はどうかと言うので、承諾しました。きっとシスターが僕がパリに来た事を伝えたのでしょう。植村館長の話では、表面だってカトリックの宣伝等はせず、日本人と付き合い日本人を知る事に興味を持っている人で、日本に帰りたくて仕様のない人の由。植村館長もカトリックでないが親交がある由で、日本語が実にうまいそうですから大いに話してくるつもりです。

帰って田中君、大塚、松平君などと雑談しましたが、田中君は二十九歳でもあり、来年二月にパパになる人だから落ち着いていますが、あとの二人は少し留学には年齢が早過ぎたという感じ。人の事はどうでもよいようなものの、末梢的な事のみ追っていて決してよい結果は上がらないような気がします。

十二月三日(土)

午前中は霧がありながら陽が射してよい天気。サルペトリエールの構内も中々きれいで写真を撮りたいが、禁止されているので残念。来年帰る迄には何とか撮るつもりですが。午前回診でお婆さんのヘミバリスムスの大分烈しいのを見ました。それから十九の少女で、右半身に小脳前庭障害の明らかに出ているのが一例。

昼飯後、散歩に出てセーヌの河岸を散歩、植物園に入ってラマルクの銅像の下でのんびり日向ぼっこ。二時に研究室に帰り、今日から新しく「ヘミバリスムスの一例報告」(一九三三年、ベルトラン、ガルサン共著)の標本を見ることになりました。今朝同じような症例を見たあとなのでとても勉強になります。こんな事があると八ヶ月では足りなくなり、もっと居たくなります。ノートも二冊目が半ばを過ぎ、体の調子は素晴らしく良く、家で皆が元気でさえあれば安心して大いに勉強が出来ます。

夕方より雨が降り出し、少し寒気が緩みました。夜、入船堂の煎餅の封を切り味わいました。久し振りに食べましたがやはり美味い。大事にしてチビリチビリ楽しむつもりです。今夕肥田野君が、翻訳(和文仏訳)を頼まれたが、僕は忙しくてできぬから萬年さんいかがですかと持って来ました。彼は時々やっていたので実績があり、仕事が舞い込むのです。彼はベルギー政府に頼み込んで白領コンゴの癩の病院に一月から一年位行くらしく、その準備があるので忙しい由(しかしこれはまだ本当には決まっていないらしいです)。日本の眼科の雑誌の中の論文の一部を訳すわけですが、四頁程。この位なら四千フランはとれるでしょうとのことに、論文を書く練習にもなるしと引き受ける事にしました。

十二月四日(日)

陽が射して暖かいよい日和。しかし霧はつきもの。十時迄寝坊。コーヒーとオレンジの大きい奴とパンで朝食。植村館長と十一時の約束があるのでハンカチを洗濯したりした後、館長室のベルを押すとまだ早いからと室に入れられ、三十分程雑談。冬休みがあるとしたらどこか適当な所へ行きたいがと言うと、スキーが出来るならアルプス、でなければプロヴァンスがよい由。プロヴァンスなら知り合いの医者の家に泊れるよう話してあげると言います。植村館長も昨年行き、その人の家で、ショパンの泊ったことのある部屋の隣の室に寝せられた由。そんな事を聞くと急に行きたくなりました。

植村館長の後に付いてメトロでモンパルナスの近くのリュ・サン・ジャン・バティスト・ド・ラ・サルという長い名の通りにある尼僧院に行きました。と言っても普通の家とそう変わりない。月の第一日曜にカトリック信者で、日本人と話し合いたい連中が集まって食事をするのです。そしてそのあとでパリの中や周辺等の珍しい場所を訪ねるのです。今日よばれたのは、今年京都の学会にフランス代表で来たブザンソン教授の息子（これも日本に来たらしい）が僕に会いたいからだそうですが、何かの都合で今日はミサだけで帰ってしまい、食事には来られなかったとモラ神父が残念がっていました。二、三日中に日本館に電話をよこすそうです。出来るだけ多くの人に会っておきましょう。ともかく何だかだと忙しいことです。食事は二百フランですが、大変豊富で満腹しました。栗を甘く煮て潰し、それにクリームをかけたのはきんとんを思い出し結構でした。酒は白葡萄酒。食後歌の勉強に来ている植村とかいう女性が日本民謡を二つ歌いました。日本館から出たのは植村館長、上野氏と僕。ヴァイオリニストの豊田耕児氏なども来ていました。席上、植村館長から松井公使に紹介されました。外交官では名門の由。この人はカトリックらしい。

二時半頃からぶらぶら出掛け、メトロのエチエンヌ・マルセルで下車。フランスの古文書保存所と資料編纂所を訪ねました。説明はこのカトリックグループの仲間のフランス女性。これを通訳するのは赤松氏という物理学者。フランスで生まれ（父は日本の画家、母がフランス人）日本で物理学校を出、その後フランスに行って今七年目の由で、知り合いになり、春になったら彼の郊外の家に行くことを約しました。この古文書保存所にはフランス歴史博物館があり、七、八世紀の印刷術発見より前の文書や印、ゴチック建築の解説、ルイ十六世の日記（殺される一年前のもので、パリから逃げ出す所等も書いてある）等を見ました。ともかく歴史、歴史、歴史です。この建物にしてからが、一番古い部分が十二世紀に建てられたもので、それに十八世紀にどことどこを建て増したと詳しいこと詳しいこと。もっとも十二世紀といって驚くにはあたらず、日本では鎌倉幕府の頃に当たりましょうか（これは一寸正確ではないが）、ともかく既に立派な文化を持って居り、ただこちらのは総て石なので残るわけです。しかしこの頃はアメリカはまだ発見されておらず、こうしたものを見せられるとアメリカ人は少しく劣等意識を感ずるらしいです。既に暗くなった五時過ぎ、古びた門の前で解散。何でもこのあたりはパリでも古い町の一つだそうで、建物などすっかり煤けてまことに古めかしいです。

食後、物理の寺田君（昨年の留学生、今年は延長した）が遊びに来て、煎餅をかじりながら話しました。彼も三度目に受かった組で、試験の時からの顔馴染。彼からプロヴァンスの話を聞きました。彼は自動車で殆ど回った由（自分のではなく、大使館員と共に）。こちらの汽車賃の高いのは全くあきれるばかり、そんな手があるとぐっと安くなるらしい。

今月は今日二百五十フラン（食事二百フラン、見物料五十フラン）を使い、結局四百フランなにがしを残しました。これで大体の調子が分かりました。大体書いてみますと、

食費　六千二百四十三フラン
交通費　千六百二十五フラン
通信費　千八百五十七フラン
娯楽費　四千三十フラン
雑費　千九十五フラン
部屋代　七千八百七十フラン

これに臨時費として

荷物　三千三百七十六フラン
地図　千四百フラン

着いた時、フランが足りなくなり、ドルを崩したくないので人から借りた千フラン

これで支出の総てです。

初めの月なので色々の事の調子が分からず、まあ実験のようなものです。大体調子が分かりましたのでこれからは月々まだまだ残せそうです。仕事は前にも書きましたように、前から興味を持っていた色々の論文の基礎資料になった多数の標本を直に見られるので実に勉強になります。こうした機会を持ち得るような人はそう居るものではないと思いますので、その点全く恵まれているといわねばなりません。ガルサン教授の方のは、言葉さえもっと分かればもっともっと収穫があると信じますが、こちらの方はそう急に達者になれるものではなく、植村館長などもまだまだ講義が分かる迄には大変だよと言います。歯がゆいが仕方ありますまい。今の段階では第六感に頼り、教授のファイトと親切さを見習うのに一杯といったところ。今ではもう一年居られたらというような気も起っています（直子は怒るかも知れぬが）。

専門書をもう少し纏まって読みたくなりましたので、家への日記は続けますが、方々への便りは少しずつ疎かになると思います。

こちらに来てからは、どうも僕あたりが一番勤勉らしく、八時半か九時に部屋を出て五時半か六時に帰り、食事をすると部屋に籠って日記を書いたり書物を読んだりで、新聞など読みませんので、世間の事情に疎く、昨日はじめてサロンで十一月四日迄の朝日新聞を読んで日本の事情など知りました。西村大使じゃないが、文科とか演芸とかの連中は全く呑気な生活で、この人達の使う金と時間を少々こちらに回してくれないかと思います。

外国に着くとよく不眠症にかかり、眠れなくてとても苦

しむという人があるが、僕の場合こちらに来てからは全然そんな事はなく、一寸活躍したなと思った日は寝際に葡萄酒を一杯飲んで寝るとグウグウ寝てしまいます。十一月中に大型瓶（ビール瓶の大きさ）を四本空けましたが、これは本当に水代りですから、酒が強くなった等と心配しないで下さい。

十二月五日(月)　濃霧

十二月分の奨学金を貰いました。実に深い霧で百メートル先は全然見えません。街灯がぼーっと黄色くその中に浮かんでいます。サルペトリエールの門を潜って仰いでも、例のドームは全く見ることが出来ません。昼頃には少し薄らぎましたが、それでもかなりの深さです。

ガルサン教授回診。今日は左右の小脳症状、水平眼振、頸髄以下の脊髄空洞症様知覚障害、ババンスキー（＋）という誠に症状に富んだ例があり、教授も大分首をひねっていましたが、頭蓋後窩に何か新生物があるのではなかろうかという疑いを持ったようです。病的反射の内ではババンスキー反射に重きを置き、メンデルだのベヒテレフだのロッソリモなどは殆どやりません。そして足の冷たい患者などはバケツに湯を入れて運んで来て暖めてからやります。冷たいと出にくい。

午後はヘミバリスムスの一例報告の標本を見始めました。確かに症状と反対側のZONA・INCERTAとルイ氏体に変化があるのですが、ぼーっと褐色がかった細かい斑点が散らばっているに過ぎません。この斑点は最初大脳脚節系の髄鞘に乏しい繊維の集まりかとも思ったのですが、比べて見ると明らかに違い、むしろ線条体の中の髄鞘に乏しい繊維に似ています。これをベルトラン教授はルイ氏体の繊維のfragilité（もろさ）と名付けていますが、たしかにそんな感じがします。標本を眺め、スケッチに懸命になっていたら何時の間にか五時になり、霧の中を帰途につきました。この頃は部屋に帰ると真っ暗です。

午後二時頃、ギリシアの医者で（まだ若い男）、ガルサン教室に見学に来て居るがらがらした面白い男が、脳の構造を知りたいがどうしたらよいか相談に来ました。この男のフランス語は大分ひどく、聞くのに一苦労です。連続標本を見るのが一番いいと、マドモワゼルに頼んで正常脳の標本を出してもらいました。しばらく見ていましたが、これはいくら見ても駄目だから丸のままの脳をまず自分で切って肉眼的に見たいと言います。それにはグリュネール氏に相談するのがよかろうと言ってやりました。彼は、貴方は日本でいくら貰っている、日本の医者の収入はどれ位かと中々熱心に聞いてきます。平均十万円位で、これより多いのも沢山いると言ってやりました。僕の書いたアトラスや論文を見せると一寸びっくりしたらしく、更に日本にもこここにあるのと同じような標本がいくらもあると言うと更に感心したような顔をして、日本は極東ではどこよりもよくやっている国だし、これからも貴方のような人がいるから科学も大きく進歩するだろうてな事を申しました。オリーヴ核といい、黒質といい、乳頭体といい脳の中には分からぬことだらけではないか、もっともっと勉強しないといけないと思うと言って別れました。

夕食後、三年前に来た建築の飯田君というのが来てしばらく話して行きました。新婚二ヶ月目で奥さんを置いて出掛けて来、一年間をブルシエ（給費留学生）、二年目からこちらで文化財保護委員会の手伝いに潜り込んで働いている男です。建築の方でも歴史を無視しようというような先走った奴がいて困ると言っていました。フランス人の間で働き、三年も居ると、フランス人の悪い面のみ目につき、もうそろそろ帰りたくなりましたと言っています。ともかく人づかいが荒く、我が強く、思いやりがなく、従って生活力が強く、こういう手合いとやり合うには食物から改善してかからないといけないともらしていました。フランス人の中にも日本人とよく似て人前に出るのを嫌うようなのが大分居るには居るが、そういうのはどんどん脱落して行くのだそうです。まあどこでも同じ様な現象でしょうが。

翻訳を始めてみましたが、日本語の表現がいかに曖昧であるかよく分かります。人のふり見て我がふり直せで、自分で書く時も大いに気をつけねばならぬと思います。

十時頃、大久保君がメゾンに用事で来て、訪ねて来ました。そこで振る舞いに味噌汁を作って馳走しました。大久保君は不眠症にかかり、こちらで買った睡眠薬は寝付きが悪く、それでいて一旦眠ると中々覚めぬそうで、明方三、四時に寝て、起きるのが午後一、二時の由。この人はフランス文学と演劇を見に来たのだからそれでもよいが、船の時よりやつれて気の毒です。おまけに宿が、二宮新婚氏（二宮君と横田さんはフランスで結婚した）の隣の部屋だから被害は一層甚大です。話している内に元気が出て喜んで帰って行きました。

十二月六日(火)

昨日のようなことはないがどんよりした天気。しかし極く一部に青空がのぞいています。午前中ガルサン教授は一時間程で用事で帰りましたが、帰った後、半身不随と小脳症状、それと反対側のⅥ、Ⅶ脳神経麻痺の患者の障害の局在についてインターンとエクスターンが長いこと議論していました。とにかく我が強いです。この点少し僕も見習って行きましょう。余り歓迎されないかもしれぬが。

今日昼に上野氏と桐山さんの所によばれているので、

十二時にサルペトリエールを出て、一時過ぎパッシーの同氏アパートに着きました。アペリチフにマルチニを飲んだ後、花キャベツのグラタン、赤かぶらの酢の物、豚の蒸焼き、ハンペン、飯に海苔の佃煮というご馳走でした。この人は内務官僚の出で、警察畑の人、帰れば相当な位置に就くことでしょう。官僚臭が強いですが、良い人です。スイスで買った九ミリ手のシネ撮影機（アメリカ製フィルム）で撮った天然色のフィルムを見せて貰いましたがとても綺麗です。スイスでの値段が機械と革のケースとフィルムが二巻付いて六十五ドルの由。一寸欲しくなりました。ともかくスイスかドイツで物を買う方が得らしい。ベルン名物の熊の人形も見せて貰いましたが、これは節子に良いかも知れぬ。ベルンに寄ることがあったら心掛けましょう。

大使館に帰る自動車でトロカデロ迄送ってもらい、またサルペトリエールに帰り、四時半から三十分程標本を見て帰りました。

塩瀬君の同室のフランスの法科生が熱を出したので、診てやってアスピリンを処方しました。

十二月七日（水）　どんよりした天気。時々霧雨

今日から練乳のカンヅメを買って来て、コーヒーに入れる事にしました。こちらではネッスルのが百二十フラン、日本より高いのではないでしょうか。午前中外来。

食事は全く慣れて何にも苦痛はないが、実によく肉を出しますので時々活きのよい魚だけは食べたくなります。聞くところによると、例のほうれん草の潰した奴、あれはフランスの子供たちも大方は大嫌いだそうです。しかしあれを食べないとデザートを親がくれないので、いやいやながら食べるのだそうです。全くフランスの子供に同情しています。

一時から二時半迄ヘミバリスムスの標本を見ました。ベルトラン教授が記載しているよりも広範囲に変化が認められ、その一部は中脳中心灰白層にも認められるので、それをどう考えるかその内に聞いてみるつもりです。

三時から五時迄、患者供覧。パリ中のエクスターンや医者たちの内、神経に興味のあるのがやってくるので室は満員。前の方の席を取るのに苦労します。

今朝来たアテトーゼ、生れた時からの顔面神経半側麻痺、聴神経腫、特殊労働による一側の手筋の圧迫性筋萎縮（筋萎縮性側索硬化症の手に似ている）等。二時間殆どしゃべり続け。全くよくしゃべります。終ると学生や医者が拍手するのも日本と一寸異る風景。

腹が空いた時に食べようと思ってウインナーソーセージ（日本のより一寸大きい）六本買ったら百六十フラン。ウォーターマン・インク六十フラン。日本よりも一般に物価は

ずっと高いようです。

昨夜診察したフランス人が熱が下がり、腹が減ったから食堂に行くと、礼を言いながら報告に来ました。マダガスカルあたりの役人になる希望があり、今夏チュニスに見学に行って蚊に刺されたからマラリアの可能性もあるかも知れぬと言っていました。単なる風邪にすぎないから安心しなさいと励ましておきました。

岩波写真文庫に「フランス古寺巡礼」が出たらしいが買っておいて下さい。

十二月八日(木)

午前曇り、午後から久し振りに雲が切れて陽が射しました。

ガルサン教授がどこに居るかと病室を次々のぞいて行ったら、或る部屋でインターン一人を相手に患者を診ていました。「ボンジュール、マネン、丁度よい、小脳症状でpassivitéのはっきりしている例です」と、色々説明してくれました。もっとよく分かれば質問も出来るのにと歯痒い思いでした。十時半から昼迄剖検示説。八例程ありましたが、教授が臨床経過と診断を簡単にしゃべると、グリュネール氏がバッサバッサと切って行きます。思わぬ所に出血があったり、腫瘍があったりすると「オーララ」などと言っています。こう材料が豊富だと必然的に一例、二例を細かにつつくより、大きなはっきりした変化のみを問題にするようになるのだと思います。ここでは形態学を古臭いものとして斥ける等という風潮は、少なくも今迄の観察では全くありません。ただそれが臨床と連絡を持っていないと余り関心を持ちませんが。しかし一面ここにフランスの良い面も悪い面も代表されているわけで、基礎的に積み重ねて行く学問というものは余り発達出来ないのです。

午後はヘミバリスムスの一例を見終わったので、少々早目に研究室を出て、植村館長から聞いてあったマドレーヌのトーマス・クック案内所に行って見ました。僕自身にとっては、コンコルドより北に行ったのはこれが初めて。アヴィニヨン迄は往復が三等で九千三百フランの由。実際汽車賃が無茶苦茶に高いのにはあきれます。そこを出てクリスマス前の売出しの高級店のショーウィンドウをのぞきながらコンコルド広場へ。婦人物等、女の人が見たら欲しくなる物ばかりでしょう。革の手袋は千五百フラン出すとよいのがあります。これは買って行くつもりだから、お母さんと直子の手のサイズを書いてよこして下さい(もっともお金があったらの話、ともかくサイズだけは聞いておきましょう)。

コンコルド広場を右に見てチュイルリー公園に沿った有名なリヴォリ街をルーヴルの近く迄歩きましたが、盲目のアコーディオン弾きが二人で寄り添ってシャンソンを流して居ります。それとてものんびりしていて一寸も貧乏くさくないのには嬉しくなります。御婦人方は、シャンはあまり見掛けぬが、配色と着こなしは全くうまいです。

ヴァンドーム広場を左手に一寸のぞいて、チュイルリー公園とルーヴルの間を抜けて、橋のらんかんに灯の点ったセーヌを渡り、オデオンを目指しましたが、知らない通りを入ったので中々オデオンに出ず、その内大きな塔のある教会の前に出ました。これが有名なサン・ジェルマン・デ・プレだということは後で分かりました。しかし夕闇の中に黒々と立つその姿は重々しく、建築も豪壮で、しばらく立ち尽くして見て居りました。春になったら是非写真に撮りたいものです。

ぶらぶらと荻須高徳さんの絵にある通りの街角を幾つか曲ってオデオンに出ましたが、のぞき見る諸物価は実に高くてびっくりします。しかしテレヴィジョンなどは八、九万フランの物が多く、これは日本と同じ位か。オデオンで医学書屋を二、三のぞきましたが高くて嫌になります。悪い紙で印刷はそう良くもないのに千五百フランもするのがあってびっくりします。しかし年代の古いものは良質の物でも比較的安く、お金が余った時に買おうと印をつけています。リュクサンブール迄歩いて帰途に。

今夜は大使館員の加賀美氏（神経科の菅又君の一高の時の友人、菅又君から紹介状を貰ってあった）から、メゾンに居る電気の鶴見氏（僕より二、三歳年上で東北出の人）、二、三日前に着いた増井氏（東大物理教室助教授か？）と三人でよばれているので七時に出ました。場所はモンマルトルの近くのラマルクという町。モンマルトルへ行くのは初めてで、駅を降りるとそこはもう大分高い所で、パリの灯が下の方に見えます。映画のバックとしてよく使われるような所です。三人でお金を出し合って五百十フランのチョコレートパイを進物にしました。

アパートは五階にあり、居間、応接間、寝室、浴室、台所、便所が完備しています。上りはエレベーター（自分で乗って自分がボタンを押して上ります。下りる時は使えない）。五月生れの男の子がいますが、フランス式に殆ど抱かぬ由。我々が着いた時は加賀美氏はまだ帰らず、アペリチフにマルチニを飲みながら話している内に、慶應出で社会学を二年程勉強に来たという女の人を連れて帰って来ました。彼はフォルクスワーゲンを乗り回しています。刺身、トロロ昆布の汁、すぶた（筍等入っている）、ひじきの煮付け、カニの酢の物に御飯で、その後で汁粉。落語の話とか、動物園のゴリラの話等々で賑やかに話している内に何時の間にか十二時。ともかく外交官の奥さんたちはパリから帰りたがらないようで、桐山さんでも、何とかもう二年は居たいと言っていたし、加賀美氏の所ではあと余すところ一年半になってしまいましたとかで悲しそうな顔をしています。

慶應出の女の子等は飛行機でこちらに乗り込んで来たのはよいが、着いてふた月にもなるのに、夜は眠れないし、フランス語は通じないしで自信を失っているようでした。全く考えてみてもよく女の人一人でやって来るものです。見上げたものです。しかし桐山さんの奥さんの話では、この間の大使館の招宴の時、女子学生に日本食が食べたかったらいらっしゃいと慰めのつもりで言ったら、全然食べたくありませんと撥ねつけられて嫌になりましたわと言っていました。我々から見るとこの奥さんも大分モダンな方なのですが、この人をして、近頃の娘さんはすごいですねと言わせるのですから相当なものです。節子が大きくなっても一人ではとても外国へは出したくありません。食後に飲んだコニャックですっかり良い気持になって、十二時過ぎに辞し、女の人を三人でカルチェ・ラタンの宿迄送り、メトロに乗ろうとしたら終電が出たあと。仕方なくタキシーで人通りの絶えた霧の町をシテに帰りました。街灯が霧に煙りまことに幻想的。

十二月九日(金)

さすがに今日は寝坊して起きたのが九時前。それでもミルク入りココアとソーセージをバターで炒めてパンに挟んだのを作って出勤。出掛けに家からの便りでした。十二月四日付。

それに横江先生から先生作の銅像、東京駅前広場の「愛」の写真入りの手紙をいただきました(補足：横江嘉純先生はブールデルの直弟子。萬年医院の患者さん)。サルペトリエールに着いたら十時半、既に診察が始まっており、そっと入って後の席に居たら、教授がムッシュ・マネン前に来なさい、外国からの人はいつも最前列と声が掛かり、一番前に座る事になりました。全く親切、反って一寸有難迷惑みたいなものです。

午後は三時迄ヘミバリスムスのもう一例。これはきれいに一側のルイ氏体と黒質の一部に線状出血があります。三時から五時迄シャルコー研究室での定例のアラジュアニーヌ教室の剖検示説。グリュネール氏から教授に紹介されました。レルミットの息子がその教室に居て、教授のそばについています。まだ若いようだが、おやじの関係でひきもあるのでしょう、一番派手に振舞っています。大きなグリオーム、第三脳室底のチステなどがありました。

ガルサン教室に来ているベルギー人の医者と知り合いになりましたが、彼は軍医で、来年六月迄居る由。ベルギーに行ったら寄ると言いましたら、喜んでということです。大いに付き合って来年泊めてもらうようにでもしましょう。

ここ迄書いたら、今春日本に来たブザンソン教授の息子から電話で（勿論フランス語！）来週木曜夜八時に食事におよびしたいとのこと。喜んで行くことにしました。

節子の成長振りは、羽根をついたり、輪投げをしたりと、相当なものらしく嬉しく読みました。本当に一番可愛い時期かも知れません。誕生日にはこちらでも葡萄酒でも飲んで心祝いをしましょう。

徹の入局も決まった由。一安心です。出る釘は打たれるなどということは考えずに大いに勉強して闊達に振舞いなさい。ともかく世界は大きく動いていて、こちょこちょした事を考えていても始まったものではない。物事の核心に迫ってぐいぐいやる他は、あとの諸々の事は忘れた方がよろしい。こうした気持は今だけのものでなく、日本に帰っても持ち続け、サルペトリエールでガルサン教授、アラジュアニーヌ教授が自分の弟子や諸外国から来た医者に囲まれて爛々とした眼を輝かして、自信満々で対象を追い掛けているその姿を忘れまいと思う。しかしただそうした雰囲気にだけ酔っていたのでは本物でなく、自分自身も世界のどこかで、自信に満ちて対象に迫る努力をし続けなければならない。一生そのファイトを自分の中に燃やし続けられるようでありたいと思います。

小包みはお金がかかると思うからあまり無理して送らないで下さい。送るとしたら飴類はこちらの方が洒落ているので甘味ならば羊羹類など日本的なもの、ネスカフェ、ココアなど。もっともネスカフェなどはこちらでは二百五十フラン位で、日本よりずっと安いようですから面倒なら要りません。しかしたとえ二百五十フランでも浮かして節子に何か買えたらなどと考えるのです。親馬鹿ですかね。

腹の空いた時はウインナーソーセージをバターで炒めて、長いパンを適当に切ったのに挟めて、ココアかコーヒーをいれて飲むと実にうまい。これに限ります。今晩も今十一時。お湯を沸かし準備中です。

十二月十日(土)　朝雨、午後から晴

こちらの雨は本当に長降りせず、傘をさす人は本当に少ない。午前ガルサン教授外来。黒人の脊髄内脂肪腫。一度摘出して働けたのに、又、下肢にパラプレギーが出て来たという例。脊髄の自働作用というのだろうか、オートマティズムがよく見られました。

午後はヘミバリスムスの二例目を見終わり、オリーヴ、小脳萎縮症に入りました。一九三〇年代の終り頃になると、ガルサン教授は盛んに一例報告を出しているのが分かりました。「ルヴュー・ニューロロジック」で見ると、実際フランス人の臨床観察とその後の剖検はよい所を狙っていると思います。アラジュアニーヌ教室、ガルサン教室での剖検示説に使った脳はシャルコー研究室の地下室に十年前後、

特に興味のあるのは二十年位とっておく由。今日入って見ましたが、思った程多くはないが、それでもきちんと整理されレッテルも明瞭に書いてあり、これは大いに学ぶ必要があります。

ベルトラン教授はどうするのかと思ったら、示説が終った後、纏めて月曜日に見るそうですが、これが十分位、その中から興味のあるのだけ自分で調べる由です。一寸見るだけなので、ラボランティンのマドモワゼルは、これをベルトラン教授が「祝福」（フランス語ではベネディクシオン）を与える（日本の神社のお祓い）のだと言っています。

白衣がちょっと汚れたので、病院の中で洗えるかと聞いたら、私物は駄目とのこと、その代り病院のを貸すから私物は大事にしまっておきなさいと言われ、以後そうすることにしました。こちらでは白衣（といっても洗い放しでアイロンもノリもつけないで大ざっぱなもの）を着て、腰から下は前掛けをかけます。その内着た所を写真に撮りましょう。

四時頃サルペトリエールを出て、オペラに出、交通案内所を二、三訪ねてプロヴァンスへの汽車賃など調べましたが、年末には割引がなく往復で一万フランかかるので一寸考えています。

帰りにオペラの前通りをルーヴルの方に抜け、パレ・ロワイヤルのそばを通り、そこに立っているアルフレッド・ド・ミュッセの像に一寸立ち止まり、次いで近くのルーヴル、ならびにサマリテーヌという百貨店に入って見ました。デパートは初めてです。クリスマス前の売出しで大賑わい。一応物価を見て回りましたが高いの何の。ノートにしても鉛筆にしても日本よりずっと高いです。あきれて出ました。次いでリヴォリの通りで、或るカバン屋で女の子の可愛いカバンがショーウィンドウに出ているので出させて見たら、革でなくビニールなのでやめました。値は六百九十フラン、節子にと思ったが、こんなのなら日本にもいくらもあります。

ポン・ヌフからメトロに乗り、イタリア広場で乗り換え、グラシエール（氷屋の意）で降り、肉屋に入ってウインナーソーセージを買いました。一本幾らかと聞いたら売子がムッシュ、これは二本で一対だから一本では売れないと笑い出しました。よしよしそれじゃ三対くれと言って百四十二フラン払いました。ソーセージは気に入ったのでしばらく続けます。

節子が「すばらしい雨」とか「ハイカラね」とか言う由。全くすばらしくハイカラだね。一寸びっくりしています。どんな顔して言うのかと色々想像して楽しんでいます。

日記を書くのが大変で疲労せぬかと心配しておられますが、出版などするつもりはないが、自分自身のその時その時の新鮮な印象を残し、渡欧日記として纏めておきたいために書いているので、これも勉強の一つなのです。まあ当分続けてみましょう。

　夜は翻訳。四分の三程やりました。

十二月十一日(日)　時雨模様

　十時起床。昨日十分シャワーで暖まって寝たのでぐっすり寝ました。例の朝食を食べ、少し翻訳等している内に昼になりました。窓の下を日曜日のミサの帰りの家族連れが通ります。まことに健全な風景です。こんなのを見ると、帰って節子の相手を早くしてみたいなと思ったりします。

　一時頃部屋を出て、今日はアンヴァリッド（ナポレオンの墓所）の近くにあるロダン美術館を目指しました。メトロをサン・フランソワ・ザビエルで降りるとすぐの、物静かな街角にあります。入場料二十フラン。建物は二つあり、門を入ってすぐ右手の建物には有名なバルザックの像、「カレーの市民」、お花等々が置かれてあります。バルザックの像を作るために作った夥しい（と言っても二、三十位か）小さなひな型が、その苦心の跡を止めています。もう一つの門から正面にある主要建物の方にはブロンズの像が主力を占めて居り、壁にはロダンのデッサン、クロッキーが貼ってあります。かなりの数の作品で、写真で見慣れた物もかなり見ました。ともかくブロンズの美しさに一番打たれました。磨くのかどうか知りませんが、実に素晴らしい感じです。今迄見た彫刻でこれ程ブロンズが綺麗だと思ったことはありませんでした。色々な人の顔を作ったのはともかく、ギリシア神話から取材した作品は思い切った幻想的な構図で興味深く見ました。二階の一室の壁にゴッホの「タンギー爺さん」（画商、日本の浮世絵を愛し、ゴッホにも影響を与えた人で、画のバックには浮世絵がかかっています）と、「麦の収穫」の二点が掛けてあり、非常に楽しめました。雨のパラつく庭を散歩。立木の中や泉にはロダンの彫刻が立てられており、その足元は落葉が深く埋めています。庭から見るとすぐ目の上にアンヴァリッドの大ドーム、そのずっと向こうには尖端が雨雲に霞んでしまっているエッフェル塔が見え、パリ気分横溢です。庭のそこここには雨の中を、ママや祖母さん達が子供を乳母車に乗せて来て子守をして日曜日の午後を静かに過ごしています。入口近くの庭の隅には右に「考える人」、左に「地獄の門」、それに「カレーの市民」のブロンズが立てられています。この「地獄の門」は大きな物で、彼の作った小品は総てこの門の制作のためのエチュードともいえる程で、「考える人」もその上縁中央に据えられています。見ているとその意欲的なのに圧せられます。

　三時過ぎここを出て、ブルゴーニュ通りを通って（この通りにはガルサン教授が住んでいます）衆議院の前に出、ここでメトロに乗ってピガールへ行きました。モンマルトルの下にあり、日本でいえば新宿のような盛り場。日曜の午後で大変な賑わい。これを避けて左の方へ相当急な坂を上り、通りを二つ三つ抜けましたら何時の間にかサクレ・クール寺院の真下に出ました。石段が高いので、腹拵えをしてからとレストランでシュークルート・ガルニを食べてから上りました。その頂上からの眺めは天気ならば素晴らしいと想像されますが、今日は雨にけぶりノートルダムすら見えません。ここの寺院はトルコ風で一寸変った型。中はまた来ることにして、帰りはその裏の方に出て、足の向くままに石畳の道を下りました。このあたりがよくユトリロなどの絵に描かれた所で、家々の間にあざみの生い茂った空地があったり、廃屋があったり、家並は古びて実に趣のある所です。全く絵の題材には困らない所という感じ。来春には何処を撮ろうかと、少し下見のつもりでぶらつきました。五時になったのでピガールのサーカスに駆け付けましたら、日曜とて大混雑なので、その前からシテ迄直行のバスで帰途に。この路線はパリの北から南へ抜けるもので、全行程三十分程ですが、六十フランです。途中、オペラ前通り、ルーヴルとチュイルリーの間、イル・ド・ラ・シテ（ノートルダムのある中の島）、植物園裏等を通り、一寸した観光バスです。

部屋で今日は気が向いたので初めて飯を炊いてみました。大久保君によく蒸らす事と聞いていましたので、その通りやったらよく出来ました。福神漬を開けて、しかと味わいました。

大使館の桐山さんの夫人が前から腰を痛がっており、その原因が引越しの時、荷物を持ち上げた時にぎくっとなったことにあると言っているので、なるべく痛みが去る迄寝るように話してあったのですが、言うことを聞かず動き回っていました。案の定、また痛みが強まったからどうしたらよいか聞いて来ましたので、レントゲンを撮るよう勧めました。オルリー飛行場の近くに日本人に親切なレントゲン専門の医者がいる由で、そこに連れて行くことになりそうです。

今日から府立の後輩の岡本君に同君の描いた絵を借りて来て部屋に彩りを添えることにしました。性格の強い絵で、スペイン、ドイツのケルンの風景。

＊何から何迄、自分の事は自分でせねばならず、自分の行動を決するにも頼むのは自分のみ。齢三十を過ぎて初めてそうした環境に置かれたわけですが、実に勉強になります。これを機会に大いに自分を鍛えましょう。野沢の義母さんの一番終りの歌はそうした意味で、誠に味わい深いです。「幾万里旅をし行かば真実の我と寂しさをそこに見るべし千代の」

十二月十二日(月)　曇り。寒さ少し募る

午前は回診。

午後は仮性延髄麻痺を伴ったオリボ・ポント・セレベラール・アトロフィの標本を見始めました。一九三〇年代にギラン・ベルトランが発表したものです。恐らく僕の持っている「ギラン業績集」に出ているると思います。

朝夕の行き帰りに見る風景ですが、ピネルの銅像のまわりには多数の鳩が遊んでいます。それにパンを持ってきて砕いては撒いてやるお婆さんが二、三人いて、まるで鳩とは友達のよう。お婆さん達の周りをびしっと取り巻いて歩けないようにしてしまいます。とてもよい眺めです。それとは反対に門の左手のガード下には浮浪者が四、五人いて、寒さ凌ぎに何やらかにやら燃やすので異様な臭いが漂っています。時には酒に酔ってでしょう、奇声を発したりして皆の耳をそばだたせます。社会保障もこういう連中に迄は手が回らないのでしょうか(二、三日したら姿を消し、跡はきれいになりました)。

今日は寒さも募り、体もこれに馴染ませるようにするため、出来るだけ疲労を少なくし、且つ浪費を避けるため外出を抑えています。クリスマス過ぎに一度オペラ・コミック座でオペラを見るつもりですが、どうやら今月は一万フラン近く残りそうです。いや残す積りと言った方がよいでしょう。翻訳を続けていますが、手こずりはするものの言葉に親しむには非常によい勉強です。

ベッドの足元の壁に岡本君の三十号のスペイン風景を掛けて、寝ながら眺めていますがとても楽しめます。絵は本当によいものです。

十二月十三日(火)　曇り時々霧雨

目が覚めたら九時過ぎなので、今日は少しさぼり心を起し、午前中部屋に籠って翻訳を続けました。掃除婦が来ている間、サロンに避難したら、日本館に居るフランスの医学生が居たので一部だけ読んで貰い、直して貰いました。ボルドーから最近やって来てパリで勉強を続けている男です。全部出来たら最後迄見てくれるよう頼みました。拠り所が出来て訳すのにも張り合いが出て来ました。昼食をとって、シャルコー研究所に出掛けました。

二時から四時一寸前迄に延髄を見終えました。モナコフ核を残し、オリーヴ核、側索核、弓状核等はすっかり細胞が消えています。それ以外の構造は全く健全です。殆ど染まっていないオリーヴ核のそばを通る舌下神経根は黒々と残り、見れば見る程不思議です。

四時に桐山夫妻とサルペトリエールの前で待合わせてあるので、早目に研究室を出ました。もう来ていて早速同乗、

イタリア広場経由でオルリー飛行場への道を南下、ショワジー・ル・ロワというパリから十五キロメートルほどある町にあるマニション博士の家に参りました。この人は日本人に親切にするという人で、聞けば週一回漢字を習っている由。ガルサン、ベルトラン教授とも知り合いで、週四回サンルイ病院のレントゲン科に出、あとは自宅開業。なぜ漢字を習うかと聞くと、英語は発音がむずかしく嫌い、ドイツ語はいや、東洋が好きで将来どうしても行きたいし、それに漢字の発音は大変やさしいと言います。僕の名を漢字で書いたらどうやら読めました。変り者とみえます。奥さんは大変綺麗な人で二十五の子供があると言いますが、全然そんな風に見えません。待合室には四、五人患者が居り、大分はやっているらしい。そう広くはない家ですが、フランスではこうした独立家屋を持つのは財産のある印とのことですから、もうすっかり財は積んでいるのでしょう。しかし看護婦は居ないらしく、奥さんが旦那さんの診察、撮影の手伝いをします。

写真の結果は椎間板がひらべったくなり、脊椎体の間がL5とS1の間で狭くなっている由で、一、二度これを引き離す治療をしたらよいと言われていました。今はまだ大したことはないが、早期治療をするに限るとのこと。

シテの前迄自動車で送って貰い、一緒に近くのカフェに参り、アペリチフを奢られました。桐山さんは昨年耳下腺の混合腫瘍を摘出しましたが、その執刀者がフランスで一番の外科医、手術料が七万フラン、入院料が十万フランだったそうです。日本ではどんなでしょうか。

先月中旬世話した札幌の医者の大田氏から礼状が来ました。ヨーロッパ中でパリ程懐かしい所はなく、ルーヴル等また行きたいと書いてよこしました。まあ喜んで何よりでした。

夕食は固形スープ、福神漬にかつを味噌（と言っても八丁味噌に砂糖を入れたもの）、御飯は期せずしてお粥の一寸固い位に炊き上って（?）大変お腹によいような出来方。何から何迄神技を発揮してやっています。日本に帰ったら絶対に公開しませんからそのつもりで。

今日はミラベルのジャムを買ってきました。日本のよりちょっと大きいくらいの瓶詰で百四十フランに瓶代が十五フラン。

十二月十四日（水）　曇り時々霧雨

午前の教授外来は教授が会議のため、患者を一人診るか診ないかで行ってしまい、インターンの筆頭が診察を続けましたが、声も低いし、散漫だしで、すっかりだれてしまいました。それにギリシアの医者のピサリデス君がベルトラン教授に脳の肉眼観察を頼んでくれと言うので、途中で抜け出してシャルコー研究室へ。気持よくやらせてくれることになりました。ピサリデス君のフランス語は発音がものすごくてよく分からないのですが、聞く所によるとギリシアの軍医で、そっちの方から金が出て奥さんとパリにやって来て居る由。二、三年フランスに居て、次いでアメリカに渡るそうで、実にのんびりしたものです。午後三時からの臨床講義は相変らず満員。

今日で仏訳を終えるべく、更にフランス人の医学生が八時に来て一緒に直してくれることになっているので早く帰りました。都合のよいことに、シテのチュニス館に居るフランス人のエクスターンがルノーを持っていて、乗りませんかと言うので便乗、十分余りで帰れました。むっつりしているが中々よい男。今ガルサン教室のエクスターンの最中。

八時過ぎに約束通り三号室の医学生がやって来ました。日本茶や煎餅などを馳走しながらやりましたが、結局十二時一寸前迄かかりました。彼もまだ学生だから大して医学知識はあるわけでないが、少しも臆するところなくやってくれました。一緒にやっていてつくづく思うのですが、彼等の文章に対する態度は理詰めです。小さい時から仕込まれているからでもありましょうが、大変いい勉強になりました。大学ノートにして十三頁程だからかなりの量です。まあ骨も折れますがフランス語に親しむにはよい方法です。

十二月十五日(木)

午前はかなりの雨。午後は打って変わってカラリ晴れましたが、夕方からもとの様にまた霧雨。午前の教授外来は、ユーゴから来ていてこちらで発病したミアステニーの女性。これが胸腺が小さいながら腫れており、これを取るか取らぬかで大分揉めていましたが結局取らないで帰すことになりました。次はスペインから来ている脳下垂体腫瘍を今日か明日手術するとかで外科の連中との相談で時を費やし、ざわざわしているうちに終わってしまいました。

午後はオリーヴ、橋、小脳萎縮症の所見をとり終え、論文読みにかかりました。一致する所もあり、そうでない所もあります。それだからなお一層面白いです。僕が大事だなと思う所などあっさりしか書いてないとしめしめと思います。

日本に帰ったら動物で人工的にトロムボーゼ又はエムボリーを脳に起させて、色々な現象や、それがどこに起こりやすいか等を詳しく調べたら面白かろうなど考えています。

夕食はご飯にしました。加減が分かり、もう大丈夫です。他の連中はすき焼きを食べたがり、近い内に四、五人ですき焼き会をやる予定。問題は醬油ですが、これもパンテオンの裏通りやマドレーヌの近くで売っていることが分かりました。それ程高くない由です。

昨日ブザンソン氏から至急報が来て、奥さんが三人目の子を妊娠して日曜日から寝付いたから、この度の招待は断念する由言ってきましたので、今日は行かないことになりました。

今日は節子の誕生日の筈。小宮教授が残して行ってくれたウィスキーで祝い酒です。

夜は翻訳のタイプを始めました。一字四フランとすると八、九千フラン又は一万フラン位になりそうです。

十二月十六日(金)　晴、夕方より雨模様、寒さ薄らぐ

午前中、少し鼻水が出るので警戒して休み、部屋でタイプを打ちました。珍しく日が照り非常に暖かです。掃除婦もタイプの音が聞えるので入って来ず、昼迄ゆっくりと打ちました。

午後からシャルコー研究室へ。出掛けに少し陽があるので、日本館を背景に一枚、サルペトリエールの門を背景に一枚とそれぞれカラーを撮ってみましたが自信はありません。今日からギリシアの医者のピサリデス君がやって来ましたが、何の準備もして来ずにいきなり始めましたが、その散漫な事。彼と仲のよいカナダの若い医者が誘われて一緒に来ましたが、この方はまだまし。ピサリデスのやる事にOh! Brutal!とか何とか言って抗議しますが、ピサ君少しも騒がず、ずんずん壊していきます。物に対する態度を見るとその人の大体の考え方や学問的内容も分かるものですが、このピサ君などはまさに大ざっぱ。ギリシア政府から金を貰って来ているからにはギリシアでは優秀な方なのでしょうが、これで大方ギリシアの水準が分かります。彼といいカナダの医者といい、臨床医として財をなす素地を作る為にフランスに来ているのでしょう。僕等の考えとは大分隔たりがあります。しかし何と言っても歯痒いのは語学。これさえ自由にべらべらになれば絶対に彼等などの追従を許さない自信がありますが、その点日本語は国際語でないという感がつくづくします。彼等に日本人の業績を認めさせるには、残念だが我々が彼等の言葉を自由に操るようにしなければ駄目です(少なくもここ当分は)。二人共奥さん同伴で来ていて、僕が妻子を日本に残して来ていると言うと、大分驚いて、それはどういうわけかと根掘り葉掘りです。彼等の場合、距離的に近く、それ程金がかからないということもありましょうが、置いて行くと言ったら奥さんの方が承知しないらしいです。カナダの男はルノーを持っていて、ピサ君を乗せて、いつも一緒に仲良くやっています。彼は一月からは別の病院に行って見学する由。脳を切っている間は、何かというとムッシュ・マネンと呼ばれて質問されるので、ゆっくり自分の仕事が出来ませんでしたが、四時頃彼等は帰ってしまったので、五時過ぎ迄集中

してやりました。ノートは三冊目も半ばを過ぎました。

夕食はシテの食堂に一番乗りで食べ、帰ってタイプの続き。文章の方だけは打ち終えました。全部で六枚。これに表がつきます。七、八千フラン要求しようと思っています。

八時半から日本館主催の交歓の夕べ。日本紹介の映画と、「絹の出来る迄」という短編と二本の天然色映画上映。次が芹沢光治良の娘さんの歌。声学の勉強に来ているとのこと。それが終ってお茶の会。今日は東洋語学校の学生が大分来ていましたが、その中に一人医者が居てそれと話しましたが、彼はブローニュの森の近くの病院に勤めている由で、週一度日本語を習っているとの事。眼科専門医、ブーリエ君。彼の話によると、フランスでは医者が都会に集中し、反対に田舎には良い医者は無く、患者の多くはわざわざパリ迄出て来て良い医者にかかろうとする由で、彼はこの事を大いに嘆いていました。又、フランスではパリとリヨン、モンペリエ等々各都市の学部間の争いが激しく、これが研究を大分阻害しているのだそうです。サルペトリエールの方に話をもって行くと、ガルサン教授は大変思いやりのある人で患者や若い医者に対する態度が極めて良い。これに対しアラジュアニーヌは大御所で親しみがなく、貴方の場合アラジュアニーヌの所に行くより、ガルサン教授にずっとついていた方がよいですとのこと。これは僕も大体第一印象で感じていたことですが、ブーリエ君から同じようなことを聞いて力を得ました。確かにガルサンという人は教授の中では珍しく愛想のよい人らしい。それに教授になったばかりだから一層そうなのでしょう。

アンドレ・デルマス教授に小川教授の本を持って行かねばならぬと言うと、あの人は脳をやっているから貴方の参考になるでしょう。しかし冷静な人ですと言ってあまり褒めませんでした。もう一人の解剖の教授、ガストン・コルディエ氏の方は大変良い人だと褒めていました。僕は前にこの人の教授就任演説を、緒方教授から頼まれて訳したことがあり、その時の印象で、大変温かみのある人だなと考えていたので、我が意を得たりでした。

ブーリエ君は日本の芸術に大変関心を持っているので、部屋に連れて来て、岩波写真文庫の一冊をどれでもよいから取れと言いましたら大変喜んで、「京都案内」というのを取りました。僕が日本字でサインしたら、萬年という字を読みました。彼の住所を聞いたので、春になったら行ってみようかなと考えています。

サロンにある岩波の「少年美術館」の東洋編を大変に珍しがるので、これが一冊三百円だと言うと驚いていました。岩波は良い本を出したものだと思います。こうしたものを仏語訳をつけてフランス向に出せば更に売れると同時に日仏文化交換になるでしょうに。

会が十一時を過ぎると、ダンスとなり、大変賑やかでした。ともかく活発に踊るものです。一時過ぎ迄やっていたでしょう。こちらは明日の仕事があるので早目に引上げて寝ました。

十二月十七日(土)

今日みたいのを気違い天気というのでしょう。朝は九時に綺麗な日の出。三十分もしたかと思うと空は雲でびっしり占領されてしまい、今にも雨が降りそうな気配。それが再び三十分の間に晴れて小春日和になり、午後一時頃迄続きました。昼の食事がすんで外に出たら小雨、間もなくやんで青空がのぞき、時々陽が射すようになり、やれやれと思っていると帰る頃にはざあざあ降り。それがこの手紙を書いている今は空一杯の星です。

朝、十三日付けの手紙落手。そちらを出すのが一日遅れた由ですが、なるほど一日遅れて着きました。皆元気で何よりです。

＊パリは本当に狭いです。その内折があったら送りますが、カラーフィルムで見ていただいても分かりますが、イル・ド・ラ・シテのノートルダムの上(即ちほぼパリの真中)から撮った写真で、パリの北の外れ(正確には外れより一寸南寄り)のサクレ・クール寺院がすぐ近くに見えるのですから。それだけに住宅難は中々のものらしい。住宅という概念が日本と一寸違うのですが、それについては帰ってからゆっくりお話しましょう。

ところで今日の外来は多発性硬化症、スパスティッシュ・パラプレギー、スパスティッシュ・ヘミプレギー、アテトーゼなど来て、多彩でした。多発性硬化症にはコロイド銀で治療する由。初めて聞きましたが、日本でもやっているかしら。

午後はミオトニー・シンクローヌ・リトミック・ヴェロ・パラト・ラリンゴ・ファリンゴディアフラグマティックという症例の標本を見始めました。これで七例目に入ったわけです。僕がスケッチしているとラボランティンのマドモワゼルが、綺麗ですねと言って覗いて行きます。この症例はオリーヴ核がやられており、症例と照らし合わせて見ると興味があります。ニッスル標本が十年以上経っても褪めてないのには感心します(少なくもこの例では)。

ピサ君は今日も来て、バサバサバサと切り刻み、ああこれがレンズ核かとか、内包かとか言っておしまい。もういいそうです。そのあとで、日本語の話を聞きたいと一時間程話しましたが、結論は日本語の、特に漢字は厄介だ、何とかローマ字で読み書き出来るように出来ないかということです。僕は、これは伝統だし、漢字はそれ自身一つの芸術だと言って頑張りましたが、彼の言うことにも一理はあり、彼自身も、貴方の立派な研究を読んだりするために日本語を習ってみたいということになったとしても、字がこんなじゃとてもやる気がしないと言いますが、無理もありません。一方には昨夜のフランスの医者、ブーリエ君のように他国の伝統はそれなりに認めて、素直に漢字を習うという人もいるわけですから、ピサ君のような人ばかりではないのですが、確かに日本字は不合理な点があるようです。

研究に来ているフランス人にデジェリーヌは入手出来るかと聞いたら、とてもむずかしいという話。自分も(1)だけ買ったが五千フランとられたと言っていました。一寸がっかりです。

教室の掃除をするおばさんに節子の着物の写真を見せたら可愛い可愛いと言い、貴方は結婚しておられるのですかとびっくりしていました。幾つ位に見えますかと聞いたら二十五歳位ですかと言います。これにも一寸がっかりしました。このおばさんには二十五歳の息子がいる由。私には孫が男一人女一人います。これは孫のために編んでいますと白い靴下を見せ、孫は可愛い可愛いと何遍も繰り返しました。人情はどこでも同じです。更に、自分は再婚で、初めの夫は第一次世界大戦で死に、その後息子を育て、再婚すまいと思ったのに、現在の夫がやさしい人で自分を救ってくれたと、少々のろけ気味。この位のおばさんののろけ話は誠に愛嬌があってよいです。

夜はタイプで表を作りました。

一寸分からない所があって、入江君の部屋に質問に行ったら田中、大塚君等が居て、今夜聞いてきた音楽会の話等しているのに首をつっこんだら話が長くなって、とうとう三時迄かかりました。今迄のフランス人との接触で感じたこと等、それぞれの部門で色々の差があり面白いと思いました。主宰する教授により教室の雰囲気はがらり違い、張切ったのもあれば、ぐうたらのもあるらしい。しかしいずれの場合も共通した感じは、基礎的な知識ががっちりしているという事です。これは大いに学ぶ要がありましょう。

十二月十八日(日)　曇り、寒くなる

目覚めたら十時半。十一時に田中君と一緒に食事してから近代美術館に行くことになっているので、田中君をたたき起こしました。彼の部屋で「サンデー毎日」の十一月中旬頃の号を見せてもらったら、映画紹介に「ピラミッド」の物語があり、近く上映とあるので羨ましくなりました。こちらではやっていません。

トロカデロでメトロを降り、近代美術館へ入ったのが一時過ぎ。日曜は無料。ここは印象派以後の絵画彫刻の集められている所。解説書が五千フランとは一寸打撃。入ってすぐの広い室にはマイヨールの彫刻がかなり沢山飾られています。三十以上の部屋があり、それぞれの部屋が、一人

乃至数人の作品で占められて居り、ルーヴルとは一寸違っています。ポール・シニャックとかエドモン・クロッス等の点描派の作品も系統的に並べられてあると、かなり親しみ深いものとなり、その方法の必然性も分かるような気がします。又十九世紀のヨーロッパの画家たちにとって日本の浮世絵がよく研究されていることも理解出来ます。一日ではとても全部は見切れないので、今日はエドゥアール・ヴュイヤール、モーリス・ドニ、ピエール・ボナール、モーリス・ユトリロ、ユトリロの母のシュザンヌ・ヴァラドン及びヴラマンクだけ見てやめました。総て興味深く見ましたが、ユトリロとかボナールとかの日本でよく知られている人々の作品よりも、むしろそれ程知られていない（少なくも僕には）ヴュイヤールとかヴァラドン等に親しみを持ちました。ヴュイヤールは主として室内に居る人物を描いた人らしいが、実に渋く、それでいて色に張りがあり、長い間眺め尽くしました。ヴァラドンはユトリロの母、彼女自身ルノワールのモデルになったりしている内、絵の道に入り、初めて描いた自分の肖像画（パステル）がきっかけで、ルノワール、ゴーギャン等に励まされ絵描きになったらしい。今日見た総ての作品が良いのではないが、その内の二点がデッサンのしっかりした大変良い物で打たれました。ルノワール、ゴーギャンに励まされた年にユトリロを産んでいて、これも胎教かなと面白く思いました。ユトリロのモンマルトルの絵には黒リボンが掛けてありました。ヴラマンクは野獣派に属しますが、ここで色々なものを時代順に見ると、野獣派だとか未来派だとかが生れて来る必然性がよく分かります。ヴラマンクの初期の作は明るく色にも張りがあって実に良いです。

四時半に入江君と、オテル・ド・ヴィル（市役所）のそばのサン・ジェルヴェ教会でクリスマスのための音楽会があるのを聴くことになっているので、名残惜しくも美術館を出ました。メトロでオテル・ド・ヴィルに着いたら早過ぎるので、田中君とカフェに入り、チンザーノを賞味。アコーディオンのとてもよいレコードを賑やかにかけています。隣の席には葡萄酒の小ビン一本を何時間かかって平らげる積りなのでしょうか、髭のジイさんがそれこそちびりちびりと嘗めています。ともかくのんびりした雰囲気です。

教会は一四九四年に建ったというかなり古いもので、ゴチック建築の大きな物。入場料は百フラン、はじめに五曲。パイプオルガン（クープランのオルガンと書いてある）。高い天井に共鳴して実によい音を出します。観客は椅子席は一杯で立っている人も少々居ます。次いで白衣を着た少年合唱団が祭壇の前でルネッサンス期のクリスマスの歌十曲程を歌いました。こうした古めかしい雰囲気で聴くと中々よいものでした。合唱団の少年一人一人が胸を張って精一杯歌っている様は気持よく、我々も総てに自信を持って堂々とやらねばならないとつくづく思います。合唱後、再びオルガン数曲。ミサが始まるので、また長いこと立ったり跪いたりは御免と退散しました。

とっぷり暮れたセーヌの川風は冷たさを増し、急いで部屋に帰りました。御飯を炊き、コンビーフを開けて夕食。寛いでいたら田中君が話に来て、九時過ぎ迄今日の印象を語り合いました。その後、翻訳の原稿をすっかり整理。風邪は九千フラン要求する事にしました。午前一時就寝。風邪はすっかり抜けたようです。

十二月十九日(月)　快晴

午前回診。radiculo-arachnoiditisの患者のあと、知覚障害がないのに、下肢の伸筋群に萎縮が来、それでいて腱反射は保持されている例があり、ガルサン教授は何だろうと首を傾げていました。それから、橋被蓋に何か分からないが、進行性病変があると思われる例があり、これももっと検査するようにとのこと。言葉も少しずつですが聞き分けられる部分が多くなりました。

スイスから来ている若いドクター、ハンス・ルドルフ・ミュラー君と知り合いましたが、バーゼル出身の男。来年旅行する時には手紙をくれれば大学を案内するとのこと。

午後は土曜日の例を鏡検。

いつも月曜日朝に手紙を出すのが、今週は出せず一日遅れです。十九日現在まだお金は受取っておりません。今週中には着くだろうと思います。

翻訳も終って少々ゆっくりしましたし、今週末から冬季休暇らしいのでのんびり過ごそうと考えて居ります。

二宮君あたりの話だと、来年延長になるのは横田さん(既に二宮夫人)と大塚君の二人で、もう一人延長なるとすれば僕だというのですが(ジャン・ムージャンから聞いた由)、今の所では僕は延長するに及ぶまいと考えています。というのは大体の雰囲気とスケールは半年位でのみ込めるし、僕としても日本でやらねばならぬ仕事が一杯あるし、延長も一年半位ならよいが二年では長過ぎると思いますから。それに小川教授は常々、特に研究上の必要がない限り、留学は一年位でよいよと言っていますし、脳研としても二年は一寸困るでしょう。

家からくる手紙は実に嬉しいが、いつも三百円以上では大変でしょう。大丈夫ですか。この手紙の着く頃は東京では新年を迎える準備に忙しいことでしょう。パリでは元日、午前十一時半と午後一時半の二回、大使館公邸で新年の集まりがある由。

今、コンビーフをバターで炒めたやつと、福神漬と味噌汁で御飯を食べ腹一杯になり、食後のオレンジをかじりながらこの手紙を書いています。今夜あたりは表はピリピリ刺すような寒さです。そうした時には決まって晴れます。

節子に少し大きめの靴を買って行こうかと考えています。さすがおしゃれの国。子供の靴も中々よいデザインのがあります。但し千から千五百フラン位。女物のハンドバッグは三千フラン出すとよいのが買えます。上はきりなし。人形はどうも気に入ったのが無く弱っています。男の革手袋は裏に毛がついて千から千五百フラン位。革がとても柔らかい。また書きましょう。健康を祈ります。

十二月十九日(月)

夜手紙を書き終えたら、この間の日本館の会の時に知り合ったフランスの眼科医ブーリエ君がやって来ました。この前の晩、僕の論文を一寸貸してくれと持って行って、今日返しに来たわけ。お茶と煎餅を供して十一時頃迄話しました。話によると南仏コート・ダジュールはカンヌの生れ、アンティーブという所で育ち、医学教育を受けるためパリに出て来て住み着いて六年とか。物静かな男で中々感じが良いです。二つになる女の子がある由。

ルーヴルの話等から始まりましたが、彼はまだ一回しか行っていないそうで、パリに居ると明日明日と言っていて中々行く機会が無いそうです。我々が不動様を知らないのと同じ。近代美術館で、ヴュイヤールが良いと思ったと言うと、私は余り興味を持たぬ、私はユトリロが好きですとはっきりしています。パリの中で自分の好きな場所としてサン・ジェルマン・デ・プレのすぐそばの一つの通りの名と、ヴォージュ広場を挙げました。人の出盛るそばにありながら実にひっそりと静寂で良いですと言うところからしても、思索型であることが分かります。僕が柳宗悦「南無阿弥陀仏」を見せますと、これは何宗の物ですかとすぐ聞いて来、更に、これは諦めの言葉なのか、或いは神への要求の言葉なのかと大変に鋭い。そこで僕が仏教にはいわゆるキリスト教でいう神という概念は無い、キリスト教では神と人とは対立し、人は神になれないが、仏教では祈りによって仏と同じ価値の存在になり得るのだと言うとよく承知しているとのこと。何歳位なのか知りませんが、とにかく相手にとって不足はないので今後付き合うことにします。会話にも大変勉強になるし、通り一遍でなく、真に理解し合える友を得るということがこの留学の一つの目的であるわけですから。彼は冬休み中に一遍ブローニュの森を歩きましょうと言うので快諾しました。春になったらナポレオンの家のあったマルメゾンにも参りましょうと言います。彼の妻はナポレオン崇拝の由で、フランスにはまだまだナポレオンを敬愛する人が大勢いますと言っていました。

病院では気忙しい雰囲気で友人など出来そうにありませんが、こうした人と心から話し合い、乏しい言葉を操りながら本質的な事について互いに理解し合うのは良いことです。彼は自然を眺めることが好きだと言うので、僕が自分で気付いたこととして、フォンテーヌブローやコンピエーニュに行った時、殆どの人々が外の景色を眺めることをせず話ばかりしていたのに少々驚いたと言うと、誠にそうです、特にラテン系の人間はそうなのです。彼等は自然を眺めるより、人間的なことにのみ興味を持って居ります。そうした意味ではゲルマン系は東洋人に、より近いでしょうとのこと。大変面白いことと思います。

彼はこの前の会で岩波の「少年美術館」を大変興味深く見ていたから、帰ったら送ってあげようか等考えています。

十二月二十日(火)　霧。小雨。昨日とは打って変わったひどい霧

午前はガルサン教授が忙しくて中々回診にやって来ず、スイスのバーゼルのミュラー君と僕のやっていた研究等について話し合いました。彼は綺麗なドイツ語を話し、フランス語よりずっと達者。彼に聞くと、ガルサン教室の講師格のキッペルという人はスイス人の由。インターンやエクスターンを見ていると、そそっかしい奴も居れば、気の小さいのもあり、又傲然と構えたのもおれば、極めて落着いて貫禄のあるのもありで、中々面白いです。どこでも同じです。フランス語は昨日はとても分かりがよかったが、今日は殆ど聞き取れませんでした。こんな具合にしてでも少しずつ進んで行くのでしょう。

こちらの患者は腰椎穿刺をとても嫌がり、教授も言い宥めるのにてこずる場合があり、今日は、どこでも同じかと、僕をも混えて各国人に聞きただしました。これは世界共通らしい。

二十二日はガルサン教授の息子の結婚式。ギラン、ガルサン夫妻の名で教室に公表してありました。エクスターンに聞くと、ガルサン教授は六十歳の由。それにしては実に若い感じです。息子は医者でないとのこと。ガルサン教授は来年六月カナダに旅行する由。カナダの学者達が招いたらしい。日本でも将来呼んで、日本の実情を見せて理解させ、交流の度を深めるようにしたいなと考えています。ともかくじかに見せなければ駄目です。

この頃一寸嫌になる事はフランス人の論文には殆ど自分の国の文献しか引用していないこと、です。我々の目から見るとドイツあたりで既に以前に詳しくやっているのも知らずに得々と遅ればせに発表している。自信満々と言えばそれ切りだが、伝統に縋った安易な態度とも言えると思います。現在の僕にはどうも鼻について嫌です。これは田中君も同意見です。午後はこの前からの例を殆ど見終えました。少しオリーヴ核に傷のある物を集中して見ようかな等考えています。

十二月二十一日(水) 曇り

午前、教授外来。午後は息子の結婚式のためガルサン教授は居らず、シャルコー研究室で過ごしました。今日から七例目に入り、上小脳動脈栓塞による症状群としてギラン・ベルトランが一九二八年に発表したもの。症状が傷局在によりきれいに説明されます。これもギランの「エチュード・ニューロロジック」に出ている例。

夕食にまた桐山氏宅に招かれているので、五時に研究室を出、パッシーの同氏アパートに着いたのが六時過ぎ。絵描きが数人、メゾンに居る物理、化学の連中、肥田野君等で十名程よばれていました。着いて三十分ほどしたら大使館員の奥さんが来て、夫が発熱しているので病状を説明するから聞いてくれとのこと。肥田野君と二人で聞くと、どうも肛門周囲膿瘍らしく、ともかく行ってみようと、奥さんと三人でタキシーでブローニュの森のはずれのアパートまで。たしかに肛門周囲膿瘍。フランス人医師は摂護腺炎と言った由ですが、そうではないと思われます。肥田野君は泌尿器科専門なので、任せました。ところが、その他に睾丸水腫がひどく、また副睾丸炎の症状が出ています。聞けば日本を出る時、一応注意を受けてきたのが、こちらに来て仕事で疲労し、この夏も原因不明の熱を出したりしているとのこと。肥田野君がもう一件往診するとかで注射器の用意があったので、注射しました。

また桐山氏宅に引き返し、食事。矢内原伊作氏(哲学者。東大総長矢内原忠雄氏長男)等も来て賑やかに十二時過ぎ迄。しかし、ご馳走になって言うのは悪いが、我々とは一寸遠い雰囲気。だけど、こちらに来てからは何でも毛嫌いしないで、鷹揚に構える事にしています。でんぶ、五目寿司等をご馳走になりました。昔の流行歌や小学唱歌等歌い、賑やかに過ごしました。十二時を過ぎてもエッフェル塔の回転灯は綺麗に回っています。

一時過ぎシャワーを浴びて就寝。

十二月二十二日(木) 曇り

午前、ガルサン教授が来ないので、いきなりシャルコー研究室。午後迄かかって上小脳動脈トロムボーゼによる症候群を見終えました。

ところで、外国から来ているいわゆるアシスタン・エトランジェ一同で花を整えてガルサン教授の息子の結婚祝に行くことになりました。というのは外来のアシスタン(助手)控室に、今日の五時から八時迄、祝福を受けるという名刺が貼り出してあるのを見て、ベルギーから来ている男が発案したのです。スペインの男と五時にメゾン・ド・ジャポンのサロンで待ち合わせて行くことになりましたが、困ったのは服。黒っぽい三揃いが最上というのですが、例の紺の服にはチョッキは無く、やむなく厚ぼったい茶色のを着込んで出掛けました。場所はトロカデロで降りて、シャイヨー宮の南端のリュ・ル・タッス、五番地。大変な人で、殆どが黒い服で一寸気がひけましたが、ベルトラン教授も茶系統の服なので安心しました。それにしても徹が外国へ出る時は黒っぽい三揃いを作った方がよいでしょう。

新郎新婦はまだ若々しく、一つの部屋に立っていて、皆の挨拶を受けます。ガルサン教授が我々外国人を一人ずつご両人に紹介。次いで教授自身で別室の食物のある所に連れて行って世話をやいてくれます。皆大喜びでした。オレンジ・ジュースとチョコレートアイスクリームとお菓子を二つつまんで立食。教授に日本の習慣に従い、日本から土産を持って来てあるから、その内差し上げたいと告げ、間もなく退散しました。新郎新婦も教授夫妻も精一杯やっていましたが、疲れが目立つようでした。ガルサンの娘は紹介され握手したが、一寸つんとしていて、それ程美人でもなく感心しませんでした。しかしいずれにしても結婚式気分は悪いものでなく、中々美人のマドモワゼルも居て目を楽しませてくれました（直子は怒るかもしれぬ）。

雨の中をすぐメゾンに引き返しましたが、七時前後はラッシュアワーでメトロは大変な混雑。朝夕の東横線と変わりありません。一寸した喧嘩もあります。

田中、大塚、入江君と四人ですき焼き会。飯係りは僕と大塚君。八時から炊きはじめ九時半迄かかり、アペリチフを飲んですき焼きを食べ始めたのが十時。腹ぺこでした。醤油は牛乳びん（日本の物の話）一瓶位で百二十フラン。「やまさ」です。長葱もあります。ただ牛肉が物凄く厚く、まるでビフテキみたいです。これでも田中君が薄く薄くと何遍も言って切らせて来た物。しかしまあ気分は出ました。たらふく食べて、ビールを飲んでこれで四百フラン、月一度ずつやることにしました。ビールは生ビールの瓶詰が、日本のより大分大きいのが一本四十四フラン、瓶代が三十五フラン、誠に中身は安いです。一時解散。

今夕お金が届きました。とはいっても現金を貰うのは銀行で。三万五千フランが、手数料を取られ三万四千フランなにがしになる由です。

十二月二十三日(金)　曇り

今朝脳研より二通航空便。皆の細かい記事を行きのバスの中で嬉しく読みました。

午前午後共シャルコー研究室。第八例に入りました。一九三八年にギラン・ベルトランが発表した赤核に限局性の傷のある症例。ノートも四冊目に入りました。

ギランの娘で、ゴデ・ギラン夫人という人と、「ルヴュー・ニューロロジック」のセクレタリーのモラーレ教授夫人という人が、僕と机を並べています。今特に強く感じていることは、これから発表する論文はどんなことがあっても絶対に欧文で書かねばならぬという事。そうしなければ、どんなに苦心し、どんなに年月をかけた研究でも必ず埋もれてしまいます。僕は帰国したら、発表は英語かフランス語、又はドイツ語のどれかで書くことに決心しました。その点徹も肝に銘じて欲しい。出来るだけ達者に書けるように黙々として努力して欲しい。外国語に時間をかけつつ、更に基礎的な知識を十分に身につけるのは実に努力がいるが、これだけの伝統の力に挑むにはやむを得ないと思う。実際彼等は自信があるのか、伝統の力に縋っているのか知らないが、絶対に他国語のものは読まぬらしい（もっとも田中君に聞くと、化学畑ではフランス人も英語で書くように努力しているらしいが）。今後、剖検例等の報告は「ルヴュー・ニューロロジック」に、純理的な物は英文か独文の雑誌に送るようにしたい。ルヴューの方は中々出してくれまいが、ベルトラン、ガルサン教授がそれぞれエディターだから、何回か出している内に一つ位は採るだろう。帰る前にはそうしたことも話して行く決心です。

十二月二十四日(土)　曇り

今日から冬休みということです。しかし月曜から二十九日迄は午後シャルコー研究室にだけは行く予定。今日は十時近く迄寝坊。

手紙がちゃんと箱に納っていて大満足。アメリカ館地下の食堂でクロワッサンをほおばりながら待ちきれず封を切りました。先ず叔父上のから読み始めましたが、エジプト紀行が早、鶴岡の新聞で活字になった由。びっくりしました。若し発表するにしても、あのままでは文章もなっていないし、散漫でもあろうし、もっともっと手を加えるつもりだったのですが、しかし、皆さんに好評なそうで、故郷の人との親睦の一助になれば幸いです。エジプト紀行に比べればパリからの便りの方は対象もずっと広くなるし、おまけに、勤務の事の記事等も多くなり、発表には適さないのではないかと考えています。しかし、自分としては発表するしないは全然予想等せず、出来るだけ見たまま感じたままを書き連ねるよう努力します。ともかく文章を書くことは自分を晒すことだから中々容易ではありません。

午後、七面鳥のついた食堂の特別献立を食べた後、田中君と街に散歩に出ました。三十一日に年越しに植村館長が理科系の者だけ集まって会食をやり、その後何か催物を一緒に見ようと提案され、その催物としてオペラ・コミック座の「カルメン」が選ばれ、我々二人がその切符を買いに行く役を引受けたので、先ずオペラ・コミックに行きました。四百十フランのところを買いましたが、年越しの夜のためか普通より高く、これでも三階の上の方です。僕としても「カルメン」は是非見たいと思っていたので大いに満足です。

オペラの方に下って行く道で本屋に入り、前から読みたいと思っていたルコント・デュ・ヌイの「人間の運命」という本を買いました。この人は「人間この未知なるもの」を書いた生理学者アレキシス・カレルの弟子ですが、人間と科学との関係について深い洞察を示した本としてヴァイニング夫人など世紀の書とまで褒めていた物です。日本でも近い内に訳が出る筈です。フランスに居る間にじっくり読んでみようと思い買った次第。五百五十フラン。スキラから「エジプト絵画」という素晴らしい印刷の本が出て、これが七千フラン。涎が出かかったので逃げ出しました。

クリスマスでどんなに賑やかかと思っていたのですが、そういつもと変っているわけでなく、空騒ぎの所は全く見られません。日本の銀座辺りの様子と一寸違います。オペラ前で写真を撮っていたら、我々を旅行者と思ったのでしょう、一ドル四百フランと寄って来ました。その上カメラを売らないか等言います。社会鍋が出、その側で救世軍の連中が大きな声で賛美歌を歌っています。

四時を一寸回ったというのに雲が低くこめて大変暗い通りにショーウィンドウが美しく映えて綺麗なので、田中君と、奥さんたちのハンドバッグ、手袋、アクセサリーの値段等を見ながらマドレーヌに出ました。近頃は田中君と二人で独身者連中を子供と称し、我々二人で歩くことが多いのです。ショーウィンドウに並んでいる婦人服の色の渋さには一寸男の僕でも感心します。コンコルド広場を斜めに通ってマリニー劇場に出て、一月三日の席を百五十フランで買いました。これはマドレーヌ・ルノーとジャン・ルイ・バローが出ている劇場で、二つの出し物の内、一つでジャン・ルイ・バローがパントマイムをやるので是非見たいと思ってです。矢内原氏も良いと褒めていたもの。

セーヌの岸に出、アルベール一世（ベルギー国王）の像を仰いで、アレキサンドル三世橋を渡り、アナトール・フランス河岸に出る頃雨になりました。濡れながらサン・ミシェル迄歩いて、カフェで雨宿り。アペリチフを飲んでいる我々の隣では海軍士官のようなのが若い娘をかき抱いて口説いています。これとても人前で何だと悪口を言えばきりがないが、周囲では誰一人そちらに視線を向けるでなし、ご両人も周囲を一顧だにしないし、精一杯に自分を主張しているわけで、こうしたことが日常のこととして行われることは、人間の生活態度の最も基本の所に根差していることと思われます。古い倫理観に囚われることなく、自由な立場から、もう一度そうした生活態度の因って来る所に目を向けたいと思います。萎縮し過ぎている我々には一寸異質のもののように思われますが、新しい道徳観念を持つためには、こうした小さいことにも気を配って行く必要があると思われます。

小降りになったサン・ミシェルの、人も自動車も通らない古い古い家並の間を、二人でこつこつ靴の音を響かせながら、来年はどこでクリスマスかな等話しながらオデオンに抜けました。そこで未だ開いていた医学書屋で、ギランの書いたシャルコーの伝記、千四百フランを思い切って買いました。一通り読んで、医学書院の原稿の拠り所にしたい考えです。サルペトリエールといえばシャルコー、シャルコーといえばサルペトリエールという程有名ですし、今しも自分がそこに留学しているのですから、その歴史を知る事は大変必要なことでもあります。

シェ・マルトという学生向のレストランで、ストラスブール風のソーセージを夕食にビールを飲み、街に出たら、雨があらかたやんでいました。九時十五分から例のカトリック関係のセルクル・サン・ジャン・バティストという東洋関係の団体が催すクリスマスの夕べが、トロカデロの近くのヴィクトル・ユーゴー街百二十番地であるので、それ迄時間を過すため、サン・ミシェル、サン・ジェルマン通りからモンパルナス迄散歩、約束の時間迄に行きました。

フランスのクリスマスは家庭中心ということを聞いていましたし、カトリックの牙城フランスに来て、クリスマスの晩はそれにふさわしい雰囲気に浸ってやれということで、田中君と二人、植村館長に勧められるままに出掛けたのです。ヴィクトル・ユーゴー街というのはエトワルの凱旋門から放射する十二本の大通りの内の一本で、通りの端に祝日とて照明を浴びた凱旋門がぽっかりと浮び、実に綺麗です。

会する者三十人余り、世話するのはそのサークルのマドモワゼル達。日本人、朝鮮人、インドシナ人、セイロン人、モロッコ人等々が相会し、先ずクリスマスの詩の朗読、次に部屋を暗くし、カトリック詩人で前に日本大使をやったポール・クローデルの短い劇をやりました。これはマドモワゼルが二人でやるのですが、三十分位かかるもの。あらすじは分かりますが、細かい所はよく分からない。何でも姉妹の内の姉が不義の子を宿したのを、信心深い妹がそれを育てていくといった体のもの。それにしても表情たっぷり、素人なのに実に感じを出すものです。この国の人間は芝居が本当に好きなのでしょう。大喝采です。

それがすむと正午前零時に始まるミサに出るため、うち揃ってシャイヨー宮の近くにある中学のシャペル迄、月の道を出掛けました。田中君とははじめノートルダムの真夜中のミサでも出ようかと話していたのですが、この会合に最後迄居るため中止にしました。シャペルは満員。ノートルダムなどと異なり、蛍光灯を使った全く近代的なものです。白髪のじいさんから五つか六つの子供まで、粛々と待つ内、正零時に、司教の平和を祈る説教から始まりました。老いも若きも、富めるも貧しきも等しく今日の良き日に平和を祈らんというようなことを述べ、次いで長々とした儀式。白衣に身を包んだ少年聖歌隊が、その間、我々も聞き慣れた「聖しこの夜」等の賛美歌を歌い、時に会衆もこれに和します。約一時間半、最後に一人一人が聖油（？）と思しき物を口に注がれてミサは終りました。ミサの間にはカゴが回って来て、皆がこれに布施を入れます。ミサそのものは仏教の法要と同じく長々とした退屈なものですが、真夜中にそれぞれの教区のシャペルを埋めて祈りを捧げるというようなことは、やはりフランスの健全な面を示すものと考えてよいと思います。この国の華美な面は随分紹介されてはいますが、こうした地味な日々の日常の生活を律している平凡ともいうべき面はとかく見逃されているように思います。

二時頃また元の場所に引き返し、ブイヨン、安南風の米の料理、パン、冷やした葡萄酒、紅茶、英国風プディング（黒パンに乾葡萄を入れたようなものにアルコールをかけて火をつけ、温めて食べる）、チョコレートなどを次々に食べながら会話。

僕は今夜ロンドンから休暇でパリにやって来た植村館長の息子さん（銀行勤務）から主に英国の話を聞きました。若い世代の見た英国として大変面白いと思いました。彼は英国がすっかり嫌いになり、フランスを賛美しています。甲斐甲斐しく色々の給仕をしてくれるマドモワゼル等を見て、フランスの女性は実にまめまめしいと褒めています。

四時頃各国の歌の交歓があって、五時地下鉄の始発の始まる頃解散しました。五時といってもなお暗く、星もちらほら見え、一晩中ついているエッフェル塔の灯が綺麗でした。肉屋等はもう店を開き始めていました。あちこちに夜明しをして家路につく人々の姿を見ます。

メトロの中で、若者数人の殴り合いの喧嘩、恋のさやあてと見えます。腕に自信のありそうなのが中に割って入って仲裁。派手なことです。就寝六時半。

十二月二十五日（日）　快晴

十一時起床。珍しい晴天。写真を撮るには絶好と、昼食を食べて、出掛けようと門迄行ったら植村館長父子に会い、今朝ルーアンへ発つつもりだったが汽車がなく、午後五時迄時間が空いているので、若し散歩されるなら一緒に連れて行って欲しいとの話。快諾して一緒にバスでリュクサンブールへ出、メディシスの泉などを写真に撮ってから英国の話を聞きながらサン・ミシェルの坂をセーヌへ下り、ノートルダムの前を通り、マリー・アントワネットが幽閉されたことのあるサント・シャペルの河岸をポン・ヌフへ抜け、ルーヴルの裏でカフェに入って四時半頃迄話をしました。おやじさんと同じく話好き。彼の言によると、日本人の英国観は小泉信三、池田潔による随筆によるところ大であるが、自分の見た範囲では事実からそれていると強調していました。英国人一人ひとりは実に愚劣であるくせに、中華思想の権化の如く、何でも英国の物でなければ済まされない。外国人は総て自分より下等であると見下し、他を容れない。英国では常に人を見下すような視線を感ずる。決して笑顔は見せず、常に苦虫を噛み潰したような顔をしている。小泉信三さんあたりは皇太子に付いて来て一流のホテルに泊り、昔から日本に親しみを持つ連中とのみ話して帰ってしまうから、本当の国民感情等は分かりはしない。本当の所は実に排日的であり、容易なことではこれを覆すことは出来ない。ユーモアとは言っても、冬の長い彼等の生活で、炉端で話す会話の中に捻りに捻って吐かれる言葉であって、決して素直なものでなく、全くひねた国民で、伝統というものが余りに強く、人を歪めてしまっているというようなことでした。昔の人が英国英国と騒いだのは、こちこちの儒教思想で固まった連中が、この苦虫を噛み潰したような一見威厳のある顔を見、伝統を重んずる所に惚れ込んでしまったためでしょうとも言っていました。しかし政治だけは実に大人で、一人よりは二人、二人よりは三人集めると英国人は立派になるのだそうです。この点はちょっと類がなかろうとのこと。来年ロンドンに来る時は何でもお世話すると約してくれました。

五時にサン・ラザール駅に送り、別れてバスで直接メゾンに帰りました。途中オペラ、パレ・ロワイヤル、ルーヴル、サント・シャペル、ノートルダムそして遥かにパンテオン、エッフェル塔を眺め、家々の渋い壁を眺めながらやってまいりますと、もう何度も眺めた景ながら、よくもこれだけの物を守り続けて来たと、しみじみとしたものを感じます。ルーヴルの重厚、ノートルダムの清浄等々、日本人たることの意識を離れ、一個の人間として限り無い愛着を感じます。それと共に、これらを打ち立てた人々のあったことを思い、その人々の建立への壮大な欲望、はっきりした狙いに強く強く打たれます。わびさび等の虚空の中に実体を認めよう等という努力とは全く異なり、でんとそこにそうしたはっきりした物を打ち立てねば止まない強大な意思の現れです。吉倉さんではないが、こういうのを眺めているとパリは良いなと思い、ここに留学出来たことを幸せに思っています。

*年内に送る便りはこれでお終いでしょう。皆元気でよい正月を迎えて下さい。近所の皆さんにもよろしく。

十二月二十六日(月)

曇り、時々雨

十時半迄寝坊。二十九日迄研究室に行くという殊勝な心掛けだったのが、休暇の声をきき、シテ・ユニヴェルシテールの住人もがらっと少なくなり、休み位のんびりしようという気になって一月三日迄完全に休むことにしました。午後田中君等と美術館巡りをする予定でしたが、昼食を済ませた頃、横殴りの雨となり中止。それぞれベッドに寝転がったりして「サンデー毎日」や「週刊朝日」等読んで寛ぎました。僕は窓から見える景色をスケッチしましたが、腕が鈍っていて一寸嫌になりました。もっとも余り纏まりのよい景ではないが。

夕食後、紅茶を飲んでいたら、大久保、塩瀬の演芸二人男が舞い込み、それに田中、大塚君も加わって、十二時頃迄話に花が咲きました。大久保君は一月になったら引っ越す由。早くそうしなさいと大いに励ましておきました。さすが芝居屋、今月になっては二日に一度は見るらしい。僕が三日に見に行くマリニー劇場（シャンゼリゼ）のマドレーヌ・ルノーとジャン・ルイ・バローの芝居は大変褒めていました。又、TNPの「マリー・チュードル」（ヴィクトル・ユーゴー作）も是非見ろと勧められました。

独身者連が勝手な熱を吹いて帰った後、田中君が残って二時頃迄話して行きました。彼の場合、今の教授からもう一年残ったらと言われているが、ブルシエで三万フランで残るのでは承服したくないし、しかも奥さんには早く会いたいしで、ここ二、三日大分ホームシックらしい。彼は東大卒後、名大に行き、教室のことでも色々苦労して居り、僕と年も近いし、近くパパになるしで、大変話が合うのです。ともかく仕事の内容次第で延長を希望するかしないかを決心すべきでしょうと言っておきました。

二時から四時迄、一昨日買ったルコント・デュ・ヌイの「人間の運命」を読み始めました。扱っていることが、今の僕の考えていることと同じなので大変興味があります。科学の限界、宗教との関係を科学者の立場から深く突っ込んでいるらしい。僕はフランスに居る間にこうした問題について自分なりの意見を確立するようにしていきたいと考えています。やたらに新しいこと新しいことを追い回さず、物を見る基本的な態度、自分の思考の拠り所を得て行くつもりです。

東京に居る時と異なり、有難いことは、雑用というものが無く、全く一つのことに没頭出来ることです。もうあと僅か六ヶ月ですが、出来るだけ活用し、豊かな自分を作りたいものです。

十二月二十七日(火)　曇り、小雨

九時半起床。パン屋に行って長いパンを買い（十四フラン）それをかじりながら御帰館。ココアで朝食。サロンで新聞等読んでいる内に昼になって了いました。火曜日は、こちらの美術館、劇場、サーカス、寺院等殆どが休みなので、やむなく部屋にとどまりました。こちらに居ると一日外出しないと何だか損をしたように思うのですが、たまには昼寝をして体力を養うのも必要と、五時過ぎ迄熟睡。

夕食後田中君が、子供が生まれた時の名を相談に来ました。男の子なら仁（ひとし）か文夫（あやお）、女の子なら洋子はどうだろうと言います。参考にもなろうと、下村湖人「論語物語」を貸してあげました。八時から十二時まで「人間の運命」を十頁。湯川秀樹さんがかつて「極微の世界」のなかで扱っていたようなテーマの章です。

田中君が切手のコレクションをやっていて、フランスの切手は世界でも綺麗な方だと言っているので、現行の物だけでも節子に集めていきます。今迄の手紙でもかなり努力して異なるのを貼るようにしているのですが、もうそろそろ種類も出尽くしたようです。僕の好きなのは次の三種。既に届いていると思います（十二フラン、十八フラン、十二フラン紫）。一種類で何枚もあるのがあったら脳研あたりの希望者に剰して上げてもよろしい。こちらからは新品を買って行くから。日本の切手は交換会でも好評な由。そちらでも毎回違うのを貼ってくれていますから、その内に田中君と交換会に出て、珍しいのと換えてみようかと考えています。

十二月二十八日(水)　曇り時々晴

十時半起床。とても暖かい日で、パリでは珍しい由。今日は田中、大塚君と近代美術館に出掛けました。オーバーは重いし必要ないのでレインコートをひっ掛けて外出。それ程暖かいわけです。日和がよいのでパッシーで降りて、エッフェル塔を仰ぎながら、パッシーの河岸を写真を撮りながら歩いて近代美術館に向かいました。この河岸は家並の遥か彼方にサクレ・クール寺院が冬霞に包まれながらも姿を見せ、その白さが冬木立や灰色にくすんだ家々の壁等とはっきりしたコントラストをなして何か清々した感じを与えます。河岸にはデブッチョのおっさん等が二、三人釣糸を垂れています。パリに来てから今迄に魚の掛ったのを見たことがありませんが、どんな日でも河岸には釣人の影を認めます。しかし時々小さい魚が水面にはねていますから、釣れることもあるのでしょう。

美術館は今日は日曜日ではないので、学生料金二十五フランを取られます。この前の続きで、ルオーから見始めました。確かにステンドグラスの感覚を油絵に持ち込んだものであることは分かるのですが、その主題も旧約聖書あたりから得たものが多く、更に、手法も極めて独特で、絵具の盛り上げがものすごく、そんなことに気を奪われて、その画境に踏み入ることは、今の僕にはむずかしい。古代から現代迄の色々な作品を見ても、こんな表現をやっている人はいないのですから、確かにユニークな人ではありましょうが、実に難解です。ドランの数点の内、森の絵（彼の得意な画材）と風景を長いこと眺めました。この人の人物画は親しめません。風景は実に格調正しく、僕は好きです。

次がフォーヴィスムの人々。フォーヴ（野獣派）とは言っても、ここに飾られているのは風景といい、静物といい、色も明るく、デフォルメ（変形）も適度で見ていて誠に楽しい物ばかり。ヴラマンクは一時フォーヴィスムに参加していたと思いますが（間違いかもしれぬ？）この人といい、この室のフォーヴの人といい、セザンヌの影響が実に大きいことがありありと分かります。

次いでアルベール・マルケ。今日一番打たれたのはマルケです。夜のポン・ヌフ、雪のポン・ヌフをはじめ、人物、静物等、日本で複製で見たことのないのばかり。僕は前からマルケが好きで、複製も出来るだけ見ていたのですが、この美術館にあるのは一つも知りませんでした。風景は素晴らしいことは分かっていましたが、静物、人物でも実に良いです。特にコーヒー沸しと瀬戸物茶碗を描いた物と、裸婦二点は一寸去り難い思いでした。参考品として並べてあるその写真を見ても、好人物らしい風貌です。

マチス、ピカソ、デュフィあたりはマルケよりも広い部屋が与えられてありますが、いずれも興味が無い。デュフィには一寸がっかりしました。日本に紹介されている物の中には実に良いのがあるのですが、ここに並べられてあるのはどうも親しめません。立体派、未来派等いずれも然り。

地下には彫刻があります。彫刻で良かったのはフランソワ・ポンポン、アントワーヌ・ブールデル、並びにシャルル・デスピオです。ポンポンはブリヂストン美術館で二、三点、鳥の作品を見てはいましたが、今日は鳥のみでなく、他の動物のも合わせて小品十数点に、白熊とトナカイの二つの大きな作品を見得て堪能しました。白熊は確か小泉丹さんの「生物学巡礼」（現在パリに持って来てある）の外函に写真が載っていた物と思いますが、僕はこの本を古本で買ったので外函が無く確認出来ません。しかし、小泉さんの解説によると、この熊はパリのリュクサンブールのミュゼにあると書いてあるが、小泉さんの外遊は大分前だから、その後ここに移されたのではあるまいかと考えました。書中で小泉さんも激賞しているが、僕も実に打たれました。

あらゆる余分な物を捨てて、物の本質だけをずばと見抜いて作られ、実におおらかです。と同時にこれだけ迫真の物を作るには動物に対する深い愛情の裏づけと、徹底的な観察がなければならぬわけで、温かさと同時に厳しさを感じます。トナカイも誠に立派です。大きさは熊は全長二メートル、高さ一メートル位。トナカイは角の最高の所は二メートル、全長もほぼ同じ堂々たる物です。僕は今日ブールデルを見て、以前に横江先生が、私はロダンは嫌いです、ブールデルの方が遥かに良いと言って居られたのを自分で体験しました。素人なりの感じですが、ロダンの作品には思わせぶりで、派手な面がとても目立ち、且つ粗製乱造と思われる節があるが、ブールデルの作品は格調正しく生真面目で、とても真摯な感じを受けました。デスピオからも同じ感じを受けました。何か折があったら横江先生に話してみて下さい。何を生意気なと言われるかも知れないが、実感ですので書き連ねました。

　諸派の作品の中に藤田嗣治のが二点並んでいましたが、実に細かい線を使った作品で、これが買われたのだと思いました。確かにユニークです。

　三時過ぎになり、大分疲れもし、ほぼ見終えましたので外へ出ましたが、僕がかねてより見たいと思っていたサーカス行きを提案しますと、二人共賛成しましたので、急いでメトロに乗って四時の開演に間に合うように出掛けました。パリにはサーカスの常設館が二つあり、その他に今、パッシーの近くのパレ・デ・スポール（体育館）で臨時が一つやって居り、いずれも大入とのこと。今日行ったのは常設館の中でも大きい方のシルク・ディヴェール（冬のサーカスの意）。入場料は百フランから六百フラン迄。三人共懐はあまり暖かくないので百フランの立見席に入りました。それ程きれいではないが、気分は中々良いです。冬休みのことで子供が多く、半分以上は子供。馬の行進、道化師の掛合い、綱渡り、ブランコ、うなじを使ったり、逆さになって高所で輪に足を掛けて歩いたりする女曲芸師、虎五頭を使う猛獣使い、象五頭の曲芸、自転車乗り等々、二時間半を飽かず楽しませます。一つ芸が済む毎に拍手喝采で、やる方と観客が一体になっている雰囲気が誠に気持ち良いです。どうもすっかり気に入って毎月見たくなりました。節子等にも見せたいです。どんなに喜ぶことでしょうに。

　一週間ぶりで洗濯。ゆっくり入浴。十時より十二時まで「人間の運命」を十頁程。

十二月二十九日(木) 午前暖かい陽射し。午後曇り、寒くなる

九時起床。暖かい陽射しなので、食後日本館をバックに写真を撮ったり、サロンで新聞を読んだり。例の翻訳の代金が九千フラン、今日届きました。一寸豊かな気分です。

内二千フランを小遣いにし、七千フランは取っておくつもりです。

昼食後、三十日夜のフランクフルト合唱団のバッハのカンタータの切符を買いにリュクサンブールの学生課に行きましたら、売切れ。サン・ミシェルの本屋でツェーラムの「神・墓・学者」の仏訳を見つけましたが、これは邦訳より写真も綺麗で、しかもバビロニアの塔の発掘のことも含んでいる。値は千二百フランです。しかしその内、後者の邦訳も出ることだからと思いとどまりました。

サン・ミシェルの坂をセーヌに下るこの通りはサント・シャペルの尖塔の眺めが心地良く、僕の好きな通りの一つです。サン・ミシェルからメトロに乗り、オスマン通りの銀行へ行って金を受け取りました。手数料を取られて、三万四千七百六十五フラン。この内三千四百フランを貯蓄します。ここではパスポートの提示が必要です。その通りで写真屋を見付け、アグファのポジ・カラーフィルム三十五ミリ三十六枚撮りの値を聞いたら千九百二十フラン。マルセイユのと余りに違うので驚いています。恐らくマルセイユのは現像代を含まなかったのでもありましょうが、大きな差です。これならばシテ・ユニヴェルシテールでコダックを纏めて買うと千七百フランだから、コダックの方が得ということになります。

次いでオペラ座に行って明日の「ローエングリン」の切符を入手。羨ましがらせるわけではないが、「ミニヨン」「ラ・トラヴィアータ」「セヴィリアの理髪師」「パリアッチ」「オベロン」等々、次々に毎日（火曜は休み）やっているのですからたまったものではありません。一月には十二月よりはしげく足を運び、堪能するつもりです。

トロカデロに出て、人類博物館に入りました。四時過ぎに入りましたので五時の閉館迄駆足で見ましたが、類人猿から人間迄の骨格を並べ、次にクロマニヨンだとか北京人だとかの原人の骨の模型、又は原物を並べて、その差異を要約してあります。その傍らには石器や、古代人の住居の壁に認められる絵等が陳列されてあります。次いで、アフリカ、ヨーロッパ、アジア、極地、アメリカ圏のそれぞれの種族の衣食住諸般にわたる品々を丹念に集めて並べてあります。アフリカ土人の彫刻もあれば、エスキモーの皮で作った服、デンマーク人の煙草入れ、ドイツのビール用の容器、日本の茶器、お雛様、さてはペルーのミイラといった具合にそれぞれの国別に莫大な資料です。全くよくも集めたものと感心しました。青年がアフリカ土人の首飾りの模様を黙々と丹念に写生しているのを見ましたが、何にするのかは知らないが、熱心さに打たれました。日本人の顔としては芸者の写真を飾ってあり奇異な感を受けました。平面的な所が特徴というのでしょうか。帰りにエドガー・キネで降り、モンパルナスに出て、絵の材料のコンテと消しゴムを買い求めました。この辺りはモンマルトルから移って来た画家の巣なので、こうした物を買うのによいのです。ヴァヴァンの通りで、自動車や人の行来の激しい交叉点に面してロダンの例の有名なバルザック像が立っているのを見付けました。すっかり葉を落したマロニエの並木のはじっこに、夕闇に包まれて反っくり返っていました。ロダン美術館で見た時とはまた別の感じで、ずっと親しみが持てるような気がしました。

夕食後、植村館長から前橋医大解剖助手の瀬野という人がオランダに行く途中、数日泊まると知らせて来ました。二十九日ラオス号でマルセイユに着くというから、三十日朝あたりにやって来るのでしょう。少しは案内せねばなりますまい。お年寄りじゃないからその点気は楽です。

十時頃迄、今日ルーヴルに初めて行って来た田中、大塚君と紅茶やサンザーノ（チンザーノのフランス読み）を飲みながら芸術談。二人は僕の教えてあげた計画の通りに見始めたのです。以後二時まで「人間の運命」、クローンのレントゲンの項を読んで寝ました。「人間の運命」は二元論の立場から唯物論者の科学万能に挑んだものでオパーリン等と真向からの対決です。

十二月三十日(金)　曇り、午後雨はげし。夜は美しい月夜

午前、横浜出港時の写真を送ってくれた山川さんと、フライブルクから葉書をくれた北大文学部の、船で一緒だった丸子君に返事を書く。ビュヒナー教授の講義を一度のぞいた由ですが（島峰君が惚れ込んでいる教授）、その人柄や話し振りに魅せられたそうです。来年僕がフライブルクへ行く迄、島峰君や丸子君が居てくれればよいと思っています。

午後雨が激しく降って来ましたが、部屋でくすぶっているのは惜しいので、一人でトロカデロのシャイヨー宮の中にあるミュゼ・デ・モニュマン・フランセと言う美術館に行きました。ここは昨日見た人類博物館と対照的な位置にあります。内容は三世紀頃から十八世紀迄のフランス彫刻の複製と、ロマネスク・ゴチック様式の壁画の模写です。特に彫刻に力を入れて見ましたが、方々の教会の代表的な彫刻や門、柱などを総て石膏模型にし、色も現物そのままにしてあり、配列は総て歴史順、全部で二十九室あります。ロマネスク様式とゴチック様式（フランスが元祖）の区別、ゴチック様式が十三世紀を過ぎるとずっと洗練されて来ること、ルネッサンスになり、彫刻の対象が宗教以外の物にも取材されて来始めること等が分かります。そして十八世紀に入ると美術全集などで我々にも親しいジャン・アントワーヌ・ウードンだとか、フランソワ・ルード等が出て、

それぞれ胸像や、記念碑等に腕を奮っています。入り口で買った解説書片手にゆっくりと一部屋一部屋見て回りましたが、日本でも、奈良あたりの優れた彫刻を複製にし、一か所に集める必要のあることを痛感します。天平や白鳳の素晴らしい塑像にしても、あのまま置いていいものだろうかと実に心配になります。法隆寺がいい例です。ここで見た壁画等は法隆寺のそれに比べれば問題にならないような物が多いのですが、無念や、それは既に灰になってしまいました。同じ貧乏国とは言っても、日本とはその度が違い、又、金を使うにしても捨て所を知っているこの国が、こんな時にはつくづく羨ましくなります。それに目立つのが親に連れられた子供の姿。小学生上級から中学初年級でしょうか、親の説明に耳を傾け、ロマネスク様式がどうの、ゴチックはどうのと質問して居ります。身なりもそう富んでいると思えない親子ですが、そばで聞いていると親の説明も中々詳しく、微細に亘り、何世紀の誰の時代に云々と蘊蓄を傾けています。非常に好ましい情景です。閉館のベルに追われる迄、ゆっくり楽しみました。

夜はオペラ座に「ローエングリン」を観に行きました。今日は文字通り天井桟敷。しかし音が集まって来て、音響効果は大変よろしいです。四人一ますの所にフランスのマドモワゼルと二人。大きな女で前を塞がれてしまって少々邪魔でした。「ローエングリン」は前にお母さんと歌舞伎座で藤原歌劇団がやったのを聴いたことがあり、これが二度目。舞台装置等は大して変わりありませんが、奥行きが深く、衣装の色合い等に渋味があるのは歴史のなせる技か。特にエルザ姫が声も良く容姿も美しく大いに楽しめました。プログラムを買ってみましたが、広告ばかり多くて殆ど見る所が無く、それで百五十フラン。東京の音楽会のプログラム等が広告で埋っているのと同じです。

オペラ座を出ると、こうこうたる月夜。寒さはそれ程でなく、僕は襟巻無しのレインコート姿です。オーバーは重くて肩が凝り、一寸の外出にはレインコートに限ります。師走とは言っても殆ど平常と変りなく、ただそこここのショーウィンドウに飾り残されたクリスマスツリーが十二月の気分を漂わせているだけです。ネオンサインは白と柔らかい赤等が主で、少しもどぎつくないのは感心。

帰って、サン・トゥスタッシュでフランクフルトの少年合唱団を聴いて来た田中、大塚君と、田中君の部屋でココアの熱いのを馳走になりながら話をしましたが、寺院の天井が高く、音が散って余りよくなかった由。自分の室に帰り、床の中で読書。二時就寝。

十二月三十一日(土)　一日晴、時々曇り、夜も月夜

午前手紙を受け取りました。

＊コロンボからの手紙が今頃着いた由。僕は航空便で出したつもりでいたのに、少々けしからんと思います。それでも着いてよかった。
＊節子は恥ずかしがることを覚えると同時に、キーキー言ったりするらしいが、必要以上に恥ずかしがるのは余り可愛くないものだから気をつけるように。又、神経質にならないように注意してくれ。
＊横江先生から新年の挨拶をいただきました。パリ人は尻の穴が大きいと繰り返されますが、先生にしたって僕にしたって結局は傍観者としてパリに居るわけ。そこで労働して生活の資を得るわけではないのです。もしそういう事情であれば、気苦労は世界中同じだと思います。
午前札幌のさる病院の院長という、まだ若そうな医者が来て、サルペトリエールで一週間位見学したいから取り計らってくれと言います。大塚君に聞くと（大塚君は札幌の医者の息）札幌では大きい病院で金持ちの由。飛行機でやって来て、フランスに一週間、出来れば一ヶ月、次いでドイツに十日位滞在して見学して行く由。また例の如くフランス語はしゃべれないときています。ともかく一月三日にガルサン教室の医局長格の人に聞いてみると返事しておきました。

午後、田中、大塚君を引っぱってパリ市の歴史を扱ったミュゼ・カルナヴァレへ行きました。途中（メトロが地上に出る部分で）サルペトリエールの門の前のすぐ上を通った時、これが僕の来ている所だと言うと、二人共、大きいとてびっくりしていました。バスティーユ駅でメトロを降り、地上に出ると、そこがバスティーユ監獄のあった場所、バスティーユ広場です。壮大な美しい記念塔が立っています。マロニエの萌え出る頃も綺麗でしょうが、冬木立の上に聳えるその姿も中々美しいと思います。広場の片隅に遊園地があり、多摩川園のそれと同じような物が、狭い場所にかたまっています。電気自動車をわざわざバンバンぶつけ合うのがあり、見ていてとても面白いが、不思議なことに乗っている方も見ている方もニコリともしないでやっている。それでいて十分楽しんでいるらしい。我々が少しニヤニヤし過ぎるのかもしれない。

ミュゼへの途中で、ヴォージュ広場という所を通りましたが、これはパリでも最も古い一角に属し、一つの四角の広場の周囲が、総て一連の建物で囲まれています。そして中央にルイ十三世の馬に乗った彫刻が立っています。建物の色が美しく、閑静でとても気持のよい所でした。若い母親や婆さんたちが乳母車に乳飲み子を乗せて来て、ベンチに座って編物をしながらお守をしています。子供が実に可愛い。この広場の一角にヴィクトル・ユーゴーの家があります。ミュゼもこれに劣らず古びた建物。パリの古い昔の建物の模型、色々の看板、衣類の歴史、フランス大革命の時の品々（ギロチンの模型、マリー・アントワネットに関する品々等）、パリ市の風俗に関する彫刻、ジャン・ジャック・ルソーをはじめ文士の遺品等々、細々と集めてあります。一六〇〇年代のサルペトリエールの絵があり、興味深く眺めました。五時半から忘年会なので、全部見終わらずに急いで帰館。

準備の最中に、前橋医大の瀬野君が大谷君（船で一緒だった）の名刺を持ってやって来て、暫く話しました。この人はほっておいても一人歩き出来るらしいので安心。二日の午後一緒に歩くことにしました。六時から七時半迄、植村館長の部屋でスキヤキで会食。植村館長から葡萄酒十本の寄付があり大分飲めました。肉に赤はよく合います。

八時半からのオペラ・コミック座に間に合うように勢揃いして出掛けました。着いたら前奏曲が始まった所。ここはオペラ座に比べるとオーケストラも舞台の広さも三分の一位。それだけにこぢんまりして、歌手の声も朗々と響き、大変感じが良いです。カルメン、ドン・ホセ、ミカエラ等々すべて良く、特に二幕目は圧巻でした。帰る前迄にもう一度「カルメン」は見たいものです。最後のアンコールは十回位もやりました。観衆は大入、目立つのは年寄の多いこと。カルメン等は歌舞伎でいえば皆に親しまれている十八番位の物に当たるのでしょう。大変よくて気持よかったし、喉も渇いたしで、オペラ前のカフェに田中君と二人で入り、正十二時をそこで迎えました。その間暫く電気が消えます。前からよく、この時には誰にキスしてもよいということを聞いていましたが、少なくも我々の周囲ではそういうことは起りませんでした。それはきっとキャバレー等のどんちゃん騒ぎをする所でのことなのでしょう。十二時を過ぎても夜店は店を開き、人々は三々五々連れ立って静かに話しながら歩いています。

終電近いメトロでモンパルナスに出ました。電車の中に酔っ払いが一人。皆笑いながら見ています。道の片隅に吐物があるところを見ると、へべれけになる連中もいるらしい。モンパルナスではキャバレー、バー等は札止めで、中では賑わしくやっているようでした。アメリカ兵が酒に酔って大勢かたまって英語の歌を大声で喚きながらのし歩いています。カフェはどこも夜明かしの予約客で一杯。フリの客は入れない模様。田中君と東京はもう朝の雑煮を祝い終えたかな等話しながら月の夜道を人通りの絶えたモンパルナスの墓地のそばをかすめて、メゾンへ帰りました。時に二時半。

発見　パリ

一九五六年一月〜三月

一九五六年一月一日(日)　雨

十時半大塚君に起こされ、急いで用意して十一時半からの大使館の新年宴会に出掛けました。相当な人数で百人も居りましたろうか。大使は出張で留守で、館員も寛いでいるらしい。吉岡さんの知り合いの澄田さんでは奥さんが二月にお産とか。パリの大使館は他の国に居る大使館よりもずっと出産率が高い由。

シャンパンを五、六杯飲み、五目寿司を食べ、満腹しました。

席上、荻須高徳さんに会いました。萬年先生のご子息さんですか、そんな大きい方が居るとは知りませんでした。ともかくお懐かしいですね、との挨拶（補足：荻須画伯は日本でご近所にお住まい。萬年医院の患者さん）。奥さんとラオス号出航の時お会いしましたと告げ、過日奥さんが家に来られた由伝えましたら、おやじが死んで困ったものですから、家内を帰しました。しかし早く帰って来てくれぬと弱りますと言っておられました。家内が帰ったら一度お遊びにどうぞとも言われました。

某医大の産婦人科のKという教授が来て、席上で挨拶しましたが、三日からは仕事でお世話出来ぬが、二日でしたら空いていますと初めからはっきり言い、二日午前、宿に行って、何かと打ち合わせることだけを約しました。

二時過ぎ、良い気持のまま、田中、大塚、松平、高野君等と公邸を出、すぐ近くのモンソー公園を抜け、メトロでモンマルトルへ出ました。連中はまだ一度も行ったことがないので、僕が案内役。雨にけぶるサクレ・クールへのぼり、その裏手の、この前僕が見てよかった通りや風物を紹介しました。皆「ユトリロの町だ！」を連発し、春になったらカラーを乱写すると張切っていました。

浅草の瓢箪池のあたりの風景とよく似たピガールの広場を抜け、バスでシテ・ユニヴェルシテール迄一直線に。このバスは前にも書いたように一寸した観光バスで、有名な場所を次々に通るので皆大喜びです。何度通っても、建物の一つ一つにこくがあり、今年の夏か秋にはこれらとも別れねばならぬと思うと、何ともいえぬ去りがたい気になります。一つ一つを網膜の奥底に焼き付けたい衝動に駆られると共に、皆に一目でもよいから見せたいと痛切に思います。

休みももうそろそろ終りですが、初めの計画のプロヴァンス行きは諦めたとは言え、美術館巡りでかなり有効に時間を使ったというべきでしょう。それにしてもやはりパリに来てよかったと思います。ヨーロッパの中でも他の都市に行ったのでは、これ程多くの勉強は出来ないのではないでしょうか。こちらに準備さえあればパリはいくらでも多くのことを語ってくれます。僕の場合、平常の雑学のおかげで他の人々よりは何倍も多くの興味を持って方々を見て歩いており、収穫も多いように思います。しかし最もこわいのは消化不良。見聞した事をじっくりと嚙み砕いて、どれだけ自分を肥やすかが今後の課題です。

外はさーっと激しく雨が来たかと思うとたちまち晴といった具合に、急激な変り様です。三日の夜はマリニーにジャン・ルイ・バロー一座の芝居。

四日の夜はモンパルナスに居る絵描きの辻村さんを訪問。

五日は田中君と切手交換会。

六日はブールギニヨン君訪問。と予定はぎっしり。方々への手紙も思うに任せません。

現在二時。もうそろそろ休みます。休み中夜更かしを覚えたので、また元へ戻すのに一苦労です。当方至極元気。

皆さんの健康を祈ります。

一月二日(月)　曇り

某医大のKという産婦人科の教授を案内するため、起きるとすぐに、アナトール・フランス河岸のホテルに行きました。小川教授より二期あととか。八月に日本を出て、米、英、スカンジナヴィア、独を経てフランスにやって来た所。会いたいという教授に出すランデヴーの手紙を書いてあげている内に昼になり、サン・ミシェルのあたりのそう高くないと思われるレストランを二、三軒教え、別れようとしたら、一緒に食べましょうというわけで、そこで昼食。アメリカの食事は量もあり美味かったですなというところをみると、味覚がどの程度か分かろうというもの。フランスのパンは如何ですと言うと、こう固いのはアメリカでは一番安い奴ですなというわけで少々話の通じがよくない。観光に来たわけだからまともに世話する必要はないと認めたので、オペラ座近くのスイス航空に用があるというので、メトロの乗り方を教えて別れました。午後は前橋医大の瀬野君と約束があったので、随分待たせたと思って急いで帰館しましたが、既に三時、彼は外出した後でした。これ幸いと、ゆっくり休息。

夜、田中、大塚君と休暇の最後の夕をお茶をすすりながら、奈良京都の古寺巡りの話に花を咲かせました。本当にあのあたりの風物を考えると日本も大したものだなあと改めて思います。話の最後はいつでも奥さん、又はフィアンセを呼べたらなという夢物語。田中君は奥さんのお産が近づいてそわそわし始めています。二月が予定日だそうですが、遠く離れているので不安でたまらないのでしょう。まだ慌てるのは早いよと慰めています。大塚君は大阪にいるフィアンセに出す手紙のために下書きをしたためてから清書する純情さ。一つ僕に代筆させなさいとからかっています。

九時過ぎ瀬野君が来て、一時頃迄話して行きました。二年前に前橋医大を出て、滝沢という解剖の教授の下に居る人。中々才人らしく、パリもどんどん歩いているので、案内の要なし。こういう人は楽でよろしい。ユトレヒトで行われる発生学のチームワーク（九人でやる）に日本から二人選ばれた内の一人。もう一人は女性の由。

一月三日(火)　快晴

朝、松浦兄から奥さんと連名で丁寧な年始状。本当にあの人には頭が下がります。実に心のやさしい人だと思います。朝からシャルコー研究室へ。午前は赤核に限局性の傷のある例の標本を眺め、午後から文献のコピー。今迄のことをベルトラン教授に報告しようと都合を聞いたら金曜日の十時からにしようとのこと。準備が出来て好都合。明日朝瀬野君がユトレヒトに発つが、パリで芝居を見たいと言うので、僕はいつでも見られるからと、今日の夜のマリニー劇場の切符を譲ってたので、夜は読書。明日北停車場へ朝早く送って行くことにしたので、十時就寝。

一月四日(水)　晴

六時半に、借りてきた目覚ましが鳴った直後に、瀬野君にも起され、汽車時間を三十分程間違えていたので少し早く行かねばならぬと言うので、そのつもりでメトロの駅迄出掛けました。まだ真っ暗ですが、勤め人はもう続々家を出ています。ところが瀬野君は連日駆け回り、昨日はヴェルサイユに行って来たとかで力がなくなって、トランクを三十メートルと持って歩けない始末です。タキシーはここらあたりでは中々つかまらないので困っていた所、丁度よく目の前で、タキシーが客を降ろし、それに乗りました。運賃がまた大変。フランは五百フランしかないというので、北停車場で、足りぬ分をこちらで補ってやり、乗る汽車を見付けて押し込みました。ところがもうドルしかないとのことに、食事もしないで出掛けるのも大変だろうと、カフェ・オ・レとクロワッサンを馳走し、ハムサンドウィッチを買ってポケットに押し込んでやりました。オランダにおいでになった時お礼すると感謝していました。

一旦メゾンに帰り、こちらに来て初めて買った新聞を広げたら、昨朝エッフェル塔に火事があった由。東京でももういち早く知っているだろうな等考えながら読みました。フランスの総選挙は共産系が人数は増したが、得票数は減じ、その他の政党はその逆になったそうです。僕の研究室ではマドモワゼルばかりだから何も言いませんが、他の人の話では研究室等でも大分話題になっている由。しかし、こちらに来ていて受ける感じは、人間総てが大人っぽいためか、日本の共産系の運動の如きものが行われても、小児病的に民衆が騒ぎ出すということはなかろうという気がします。

午前ガルサン教授外来。新年の挨拶を述べておきました。今日は午後の臨床講義は無い由で、シャルコー研究室に行くのをやめ、早目に帰ってゆっくりシャワーを浴び、昼寝をした後「人間の運命」を読み進みました。生物学者の書いたもの故、湯川さんあたりと同じ問題を扱っていながら我々に身近な例を引いて説明してあるので大変分かりがよいです。

夜、元日に大使館で辻村という画家のアパートへ遊びに行く約束をしてあったので、出掛けました。場所はモンパルナスのヴァヴァン。デッサンの勉強に行くグランド・ショーミエールの筋向かいのオテル・リベリアの六階。さっぱりした気性の人で、話していて気持がよく、絵もまたおとなしい空気です。この十六日にラオス号で日本に帰るので、M・M（補足：フランスの郵船会社　メッサジュリー・マリティーム）の船の事情を話して喜ばれました。

九時半に植村館長から呼び出しがかかっているので、それ迄に帰りました。行ってみたら、おいしいお菓子があるから君にとっておいたというわけで、ご馳走になりながら一時間程話して来ました。一月上旬に京都府立大の病理の荒木という人が来るから、場合によったら又お願いするかもしれませんとの話。まあともかく色々な人が来るものです。今朝の瀬野君の話をしたら、昨夜、植村館長にオランダの金のことで両替を頼んだり、日本館の払いのこと等でも中々しっかりした人だよと言っていました。達者な人のようです。

その後、入江君がドイツに居る兄さん夫婦の所に行って来て、ドイツの地酒やカマボコの缶詰や「ウニ」を貰って来たので一緒に食べようというので彼の部屋で、田中、大塚君と馳走になりました。ウニの旨かったこと。ドイツの地酒は、香料の入った焼酎と思えばよいでしょう。一寸親しみにくいものでした。フライブルクの丸子君からは、船中でフランス料理に悩まされた自分には、ドイツの実質的な料理が心地好いと書いて来ましたが、入江君の話ではシテの食堂のメシの方がうまいとのこと。これによっても印象というのはいかに人によって違うか分かろうというもの。

一月五日(木)　晴

午前、ガルサン教授を待っていても来ないので、聞いてみると、月の第一木曜日は神経学の例会の由。来月は行ってみるつもりです。やむなくシャルコー研究室に行き、今迄見た所を読み返してみました。午後三時からシャルコー講堂でアラジュアニーヌ教室のコンフェランスがあるというので出て見ました。これは月に二度程ある剖検材料の肉眼観察によるコンフェランスで、問題になった例の内、標本が出来上ったものについて行うものらしく、顕微鏡標本をスクリーンに投射して論じ合います。先ず臨床経過を述べ、次いでグリュネールが説明し、後でアラジュアニーヌが簡単に総括します。オリボ・ポント・セレベラール・アトロフィを含む八例。このオリーヴ、橋、小脳萎縮症等はしょっちゅうあることとて、騒ぐようなことはありません。小講堂より一寸大きい位の部屋で正面には壁一杯に壁画が描かれています。ピネルが病人を鎖から解放する所をあらわした物らしい。

帰ったら、いつか書いたフランス人の眼科医ブーリエ氏から荷が届いています。開けて見ると、パリの写真集。所々に天然色のも入って綺麗な本です。僕が岩波の写真文庫をあげたお礼のつもりでしょうが、有難い贈り物です。帰る時の良い御土産が出来ました。

一月六日(金)　曇り

出掛けに家からの二日発送の手紙と、昨日、本を送ってくれたブーリエ君からの手紙。新年の挨拶と荷の送り状と、八日の日曜によかったら散歩しようとの三つを兼ねた便り。待っていました。

朝十時にベルトラン教授と会う約束で九時半迄に行っていうつもりなのですが、言葉が中々思うように出ず閉口です。今迄のノートはフランス人らしく、誇大な形容詞を使って褒め、更に、多発性硬化症やシルダー氏病の標本なども見るようにとのこと。その他に他教室から来て居る症例で興味のあるのがあったら見て報告しなさいとも言われました。ぼつぼつ探してみることにしましょう。

ギランの娘、今はゴデ夫人と言葉を交しました。貴方のお父さんの書かれたシャルコーの本を買いましたよと言うと喜んでいました。それに、終戦後、最初に買った外国書は、ギラン教授の「エチュード・ニューロロジック」だと言うと、貴方がたは図書室に行かないで、自分で本を買うのですかと聞いて来ました。本を買う金（特に医学等の専門書）があったら生活にまわすとか、趣味の本でも買うというのでしょう。日本も図書館を整備して早くそうなればよいと思います。

今晩は、昨年四月日本に来たブールギニヨン君の家に、大塚、松平君とよばれている日。七時半にリュクサンブールの駅で待ち合わせて出掛けました。寒気の厳しい晩で、革の手袋越しに寒さがびんびん伝わって来ます。リュ・ボナパルト八十二番地がその住居。リュクサンブール公園の北に当たります。夜になって人の全く絶えたリュクサンブール公園の鉄格子に沿って行くと、メディシスの泉の水の音がさらさらと寒林に音を響かせていて、中々情緒があります。古めかしい町並みの角を幾つか曲ると、大きな教会にぶつかりました。地図を按ずると、これがサン・シュルピス教会であることが分かりました。ガイド・ブックによると、建立は大分古いらしく、十七世紀に大改造があった由。中にはドラクロワの壁画等あるらしい。高さは三十メートル程。重く垂れ下がった夜空にぐっと聳えて、迫力があります。しかしスタイルは、僕はあまり好きではありません。その前に広場があり、中央にヴィスコンティ作の噴水があります。春になり若葉の萌える頃は、石の白さと緑が映えてきっと綺麗だろう等考えながらこれを横切りました。家はすぐ見付かりましたが、指定の八時十五分にはまだ間があるので、角のカフェで熱いコーヒーを啜りながら、狭霧の中に行き交う人を眺めて時を過ごしました。映画等では絶えず見る風景なのですが、今眼に飛び込んで来ているのが、実際のパリなのだと思うと、ふっと夢じゃなかろうかという気になります。

八時十五分きっちりにドアを叩くと、迎えたのが若い奥さん。中背で細身の物静かな人。青の毛糸のセーターに黒いスカートで質素な身なりです。夫君と一緒に日本に来た由で、壁には大阪で買ったという、牡丹とセキレイを描いた色紙等掛けてありました。垣間見たところによると、子供部屋、応接間、居間兼食堂、寝室、書斎、台所と、この年齢の人にしては堂々たる住居と見受けました。一わたり挨拶が済んで、アペリチフを飲んでいると、ブールギニヨン君が、寝間着姿の長女と長男を連れて出て来ました。子供等は寝ていたのだが、日本のムッシュと握手したいと言うので連れて来たとのこと。恥ずかしそうに握手し、ボンソワールと言ってまた寝に連れて行かれました。その内に、ブールギニヨン君の奥さんの兄夫婦、ブザンソン君夫婦が到着しました。前に僕を招いてくれたが、奥さんがおめでたで寝込んで中止になった人々。なるほどお腹が大きい。この二人も昨年春に日本に行ったのです。このブザンソン君の父親も、ブールギニヨン君の父親もパリ大学の教授で、ともかくこの一家は名門。パリでも有識階級の一つに属することは明らかです。そうした意味で、この人々の家庭を見られる事は中々有意義なわけです。資産の上から言っても大したものであることは、ブザンソン教授にくっついてこの二組の若夫婦が日本に旅して行ったことでも明らかであろうと思います。

僅か八人でも、中々面倒臭いテーブルの配置も決まって食事になりましたが、出たのは、パイの中に肉を入れた、前菜と思われる一皿、次いでハムと、ハムと卵をゼラチンの中に封じたのと、酢漬けの野菜の一皿、それにチーズ三種と白葡萄酒。最後のデザートはパイとマンダリンと林檎のクリーム煮。パイは、一月六日には恒例として、その中に瀬戸で作った小さな人形を隠し入れ、これの入っている部分の当たった人が、紙で作った王冠を貰って王様になる由。ガチッと噛んで歯を壊さないように注意々々というわけで、そろそろ食べましたが、ブザンソン君の奥さんのに入っていることが分かりました。一寸したご愛嬌みたいなものです。こういう風にして少しでも生活を楽しもうという余裕の現れなのでしょう。

食事中の話題は日本の料理のこと、パリの印象、フランスの医学制度のこと等。彼等が宮島だとか、広島だとか我々の見ていない所を知っている代わりに、パリでは彼等の知らない所を我々が知っていたりで大笑いです。ルーヴル等も彼等は余り行かないらしい。日本の料理では天麩羅の味が忘れられず、又、魚が新鮮で豊富なことを異口同音に語っていました。

フランスの医学制度については何遍聞いてもぴんと来ない所がありますが、ともかく教育の極く初期から病院実習のある点は他国と違う点であるということは分かりました。ブザンソン君の話では少しく解剖学的な方面が多過ぎ、生理生化学的な面が軽視されていると不満気でした。十二月に小宮教授のお供をしてシュヴァリエ教授の所へ行った話をすると、ああ、あれは少々変っています。一種の気狂いですと笑っていました。確かにシュヴァリエという人は中々独特な人のように思いましたが、気狂いという人もあるのかと一寸滑稽になりました。ずばりと言う所が面白いです。

次いでコーヒーを飲みながら雑談。パリの中の教会の建築の話。映画の話。演劇の話。何を話題にしてもそれぞれはっきりと自分の意見を言うので中々面白い。ブールギニヨン君が、ロダン美術館に行ったかと聞くから、行ったが僕はロダンよりブールデルが好きだと言うと、ブールギニヨン君は自分は逆だと答えます。ブザンソン君が側から各人それぞれの趣味の差だ、ロダンは一寸病的、ブールデルはノーマルだと言ったので、ブールギニヨン君がおどけた格好をして皆大笑い。話に花が咲いている間も、ブールギニヨン君の奥さんは殆ど話に加わって来ず、初めは疲れているのか、話が面白くないのかと一寸気になりましたが、どうも元来こうした人らしい。それでいてコーヒーを入れて来たり、お菓子を配ったり、煙草のことに気を遣ったりして、まめに動きます。フランスの女性は大概おしゃべりで、こうした席では主人公が色々世話すると聞いていましたが、今夜は少なくもそうでなく逆です。やはり色々な人が居り、このように控え目で物静か、それでいて細かく気を遣うという女性の居ることを知りました。いわば非常に日本的なのです。

ブザンソン君の奥さんが、日本の女性は結婚する時は全く自分の意思のみで決めるかと聞いて来ましたので、必ずしもそうではないと言うと、フランスでは一世紀も前から全く自由になりましたと言います。しかし僕はこれを信じる気になりません。というのは、フランス人の家柄を重んじ、資産の有る無しで、結婚の左右されることは非常なものであることを屢々聞かされているからです。今日のこの人々の場合でも、縁組の時にそうしたことが問題になっただろうことは明らかであり、十中八九までは親同士の話し合いで決まっただろうことが考えられます。そんな人の縁組のことに気を回しても仕様のないことではありますが、フランスは自由な国と言いつつも、その実体は階級制度が根強くはびこっている所であることを忘れてはならないようです。その点日本の方が、戦後はずっと自由度が大きいのではないでしょうか。これだけ歴史々々という人々が家柄を重んじない筈はありません。

最後に日本の琴のレコード（さくらさくら）を聞きました。彼等のみならず、フランス人には琴が大変受けるようです。十二月に東歌舞伎が来た時も拍手が激しかったのは琴だけとのこと。洋楽器をいじるだけでなく、日本古来の物も大いに尊重して、外国に堂々と紹介する要があるようです。帰りがけに玄関の所に、壁際の壺に黄色い馬酔木の花のようなのが挿してあるので聞いたら、ミモザの花との答。これがミモザかとしみじみ眺めました。そう綺麗なものではないが、花がそう豊富でないフランスでは貴重がられるのでしょう。辞したのが十二時近く。松平君の話では、彼の教授の家の奥さんも、物静かな感じで、口数が少なく、それでいて細かく気が届き、本当に日本的な雰囲気との話。その点、ブールギニヨン君の奥さんと似ていて感じが良い由。これらのことでフランスの家庭婦人全般を推することは出来ないが、少なくもこうした人々のいることは確かです。忘れてならないことでしょう。それでいて話せば、どんな話題にも一見識を示す点、中々隅に置けない。これが教養と言うものでしょうか。何よりも古典をよく読んでいる点が羨ましい。

一月七日(土)　雨

起きたら少し喉が痛いし、又、今感冒が流行っている由で無理はよそうと休むことにし、休養に当てました。午前中「人間の運命」に読み耽りました。ルコント・デュ・ヌイはフランスで研究した後アメリカに渡り、アメリカ婦人と結婚し、ロックフェラー研究所で仕事を続け一九四七年にニューヨークで死んだ人だそうですが、中々頭の鋭い人とみえます。興味深く読み続けています。午後は昼寝。「人間の運命」と平行して、日本から持ってきた矢崎美盛著「アヴェマリア」を読み始めましたが、これを読んでみるとこちらの宗教芸術を見るには、仏教芸術を見ると同様に色々の基礎知識の要ることが分かりました。これは当然のことなのですが今迄、それ程知識があるわけでなく、又雑然としているので、その整理に大変良く、この本を持ってきてよいことをしました。マリアの着ている衣の色、立っているか座っているかに、総て由来があり、色々な制約のあることが分かりました。引いてある実例がイタリアの物が多く、この夏イタリア旅行に大いに役立つと思います。

夕食は田中、入江君と料理。カツと天麩羅は田中君の役。僕は米の係。田中君の腕には感心しました。ビールで景気をつけて延々八時半から三時まで、大いに気勢をあげました。

一月八日(日)　雨。夜雪

寝際に表を見たら真白。初雪です。目覚めたのが十一時。雪はやんで雨になり寒気が厳しくなりました。昼にはまた三人集まって米で腹を作り、今日は雨だし休養に当てようと、それぞれ部屋に帰って床に潜り込みました。こちらに来て日曜外出しないのはこれが最初。喉の痛いのもすっかり治りました。夜は溜った日記書き。

＊皆元気で正月を迎えられた由、安心しました。一年一年ますます皆張り切って成果をあげましょう。小さいことに気を奪われることなく、どんどん進みたいと思います。

＊銀座のキャバレーのパリ祭の話。滑稽至極。そんなことはパリの一面、極く小さい一面に過ぎません。ブールギニヨン君も、ムーラン・ルージュだ、カジノ、フォリーだのには我々パリ人は一切行かない。あれは観光客相手のものだ、パリで働く我々にはパリは厳しい所だと言っていました。そしてパリは足で歩いて観賞すべき所で、遊覧バス等で見る所ではないとも付け加えていました。ともかく文科系の連中や画家等が、フランスの知識階級や健全な家庭に接することなく、享楽面のみを見て、それをパリとして東京に持ち込んでいるのは排すべきこと

です。

＊節子の様子は一々面白く読んでいます。こざかしくなく育っているのを大いに有難いことに考えています。今迄通り時々写真を見せて下さい。直子も徹に聞いて写真の腕を上げるように。段々うまくなっている。僕のニコンより上達が早そうだ。

＊全く一、二ヶ月でもよいから将来のため、直子も外地を見られるとよいが……。まあ夢だね。

＊現職のまま来ているので余りわがままもできず、大きな声では言えないが、延期はしないとして、出来るだけ金の続く限りこちらで物を見て、今年の十二月か来年の一月の船で帰国と考えていますが、どんなものでしょう。

一月九日(月)　曇り時々晴

十分寝たので気分爽快。外は雀の三里まで位の雪。バスの中でアルゼンチンからガルサン教室に来ている男に会ったら、自分は生れて初めて雪を見て大変満足しました。昨夜は友人とシテ・ユニヴェルシテールの庭で雪合戦をしましたと言っていました。なんでもブエノスアイレスで一九二〇年だかに降った雪が最後の由。

午前は頭頂葉症状たるゲルストマン症候群をはじめ、血管障害による多くのヘミプレギーを見ました。ともかく大勢の患者が来るものです。それを急行列車のような勢いで診ていくのですから昼近くになるとこちらも相当に疲労を感じます。速いフランス語に何とかついて行こうと一心になっているのですから尚更です。

午後は症例を探すのに費やしました。中々こちらの考えるような、お誂え向きの所に傷のあるような例はないものです。これからの六ヶ月（正確にはもう五ヶ月一寸）の間、どのように勉強するか目下思案中です。よい例がなければ、むしろ一歩下がって病理の初歩を多くの典型的な症例を見ながら学んでいくのも大いに意義のあることと思います。

植村館長の話によると、今度来た大使館の文化アタッシェ（日仏文化交流に携わる使命あり）は実にひどい由。先任の人はフランス語が達者だが、今度来た男はフランス語をこちらに来てから習い出し、今日は僕のレッスン、明日は家内のレッスン等と言い、あとの日は自動車をアベックで乗り回している由。それも公務が十分に果せてならよいが、文化アタッシェは言葉が生命、それが右のようなざまではと、大分植村館長も憤慨しているらしい。実際日本政府ももう少し気を付けないと困ると思います。それでいて月三十万フラン貰っているのですから一寸いやになります。なんでも某省から左遷のような形でやってきたらしいです。

今晩は小川教授に手紙を書きました。余り仕事のこと等詳しくは書かないであっさりした書きぶりにしました。のんびりやって来るよう言われたのですから、それでよいでしょう。ここに来たのも仕事するために来たのではなく、見識を広め、今後に資するためなのですから。

一月十日(火)　雪降ったりやんだり

風も中々強く寒気はぐんと募りました。雪を被ったパリの石畳を踏んで出勤です。

ガルサン教授の回診の間も窓ガラスにはりはりと雪の吹きなぐりですが、彼は表になど一顧もくれず、馬車馬のようにベッドからベッドへ移り行きます。間欠性歩行の内、痛みを伴わないのが脊髄性、有痛性のは動脈性の由。アダム・ストーリス症状を呈している患者も一人見ました。今日は診断のはっきりしないのが多い日でした。

昼食に行こうとしたら教授室の前でガルサン教授に会い、教授がムッシュ・マネン、貴方の細胞の論文を見ましたが、素晴らしい、てな事を言って大仰な身振りをしましたので、あれに五年かかりましたと言うと、誠にあれはモニュマン(こちらではよい意味)だとお世辞を言ってくれました。横殴りの雪の中に出ても、例えお世辞にしても、論文を忘れないで声を掛けてくれた好意に心温まる思いでした。午後はシャルコー研究室。マドモワゼルと雪の話をすると一九四〇年、四一年のドイツ侵入の年もこんなでした。石炭は無く凍りそうでしたとのこと。我々も炭は無く、空襲に悩まされミゼラブルだったと言って大いに共感しました。

ベルトラン教授に勧められたロイコエンセファリティス(白質性脳炎)を見始めました。臨床的に多発性硬化症か腫瘍かと診断のつかなかった例らしい。病理学的にも多発性硬化症とシルダー氏病とは区別がむずかしいらしく、その点この例は興味のあるものらしい。見ているとグリュネールが来たので話し掛けると、これは大変よい例ですが、ドイツのハラーフォルデンとこれで議論になっているのです。しかし自分等は彼等の意見を認めませんと言うようなことを言っていました。この男は性急で吃りながら話すので大変分かりにくい。脊髄は全く多発性硬化症の像、ポカッポカッと脱髄し、全く不思議な病気です。

ベルトラン教授がどんなことに興味を持っているかを知るにもよいと思い、若しよい例を持っているならそれを調べさせてもらおうと考えをきめて、教室の世話やきのマドモワゼルにベルトラン教授に明日聞いてもらうよう頼みました。

夕方帰る頃は雪はやみましたが、雪解け風は実に厳しいです。夕食後九時まで「人間の運命」を読み、九時から十一時半迄、ホールで行われた「日本音楽の夕べ」を聴きました。マダム・モリタという日本人の奥さんになっている人の日本音楽の紹介。レコードを使って解説しましたが、やはり琴が圧倒的に良い。自分の教室に日本人の留学生を受入れているためか、パリ大学のクルトワ・ゴーチェ教授等も見え中々の盛会。

次いで植村女史の「てんてん手毬」「浜辺の歌」「子守歌」等。声も大変良いと思いました。アンコールにガブリエル・フォーレを一曲。

最後が、コンセルヴァトワールで、ピアノとヴァイオリンそれぞれ一位の柳川守君と豊田耕児君の合奏で、日本人の作曲したソナタ。アンコールにベートーヴェンのソナタ第七番の第三楽章。両曲共、明日両人で初めて行う演奏会に弾く曲の由ですが、実に綺麗で、誇らしくなりました。又、久しぶりによい実演に接し、甚だ愉快です。改めて思うのですが、長い伝統のある西欧文明に接し、これを受入れることに決してから僅か八十年。この短い年月の間に少なくも形式だけは総てこれをものにし、芸術にしても科学にしても技術にしても総て自国で制作し、駆使しているような国民が他にあるでしょうか。受入れ方の可否は別としてこれだけ活潑勤勉な国民は他に類を見ないのではないでしょうか。その点は絶大な自信を持ってよいと思います。

楽器をいじれるということはよいことです。琴が陳列され人気を呼びましたが、こんな時直子でも居て「六段」等弾けば絶賛を博したのにと、その点残念。節子にも是非何か一つ身につけさせたいです。

一月十一日(水)

昨日と打って変わった快晴。昼頃、寒冷前線の通過か、一天俄かに曇り雨が降り出しましたが、間もなくやみ、穏やかな日和になりました。午前は外来。午後は臨床講義。今日は全体を通じては分からない部分が多いが、要点は外さずに聞き取れ愉快でした。これでも気付かない内に上達しているのでしょう。こうなって来ると、少しでも長く居ると身に付く事が多くなるように思います。

終わって帰ろうとすると、アルゼンチンの男から、先週からコレージュ・ド・フランスでフェッサールという教授の神経生理学の講義があるから行かぬかと誘われ、コレージュ・ド・フランスは初めてなので行くことにしました。このコレージュはかつてはクロード・ベルナールが声望を一身に集めて講義をしたパリの最高といってもよい学術機関です。入口にはクロード・ベルナールの実物大の大理石像が立っています。黒ずんだ石の建物に古い伝統を感じます。しかし中は近代的の講堂になっています。講義は五時半から一時間。三分の一位分かったきりですが、神経生理について概要を得ればよいと思うのでこれからしばらく出て見ることにしました。大概は学生と思われる若い男女ですが、中には老人も居り、皆一心にノートしています。

帰りは通り雨の未だ乾かないソルボンヌのそばの広から

ぬ坂道を、建物の間から見える星空を仰ぎながらリュクサンブールへ出ました。この辺はいわば学生街。カフェにしても玉突き場にしても学生で一杯です。建物は古びて白い石が灰色に化し、しっとりと落着いています。坂を上りながら振り返ると、彼方にサン・ジェルマン通りのネオンが白光とうすい赤を主にした上品な光を放っています。

アルゼンチンの男の話によると、シテの食堂の食事は悪いとこぼすので何故かと聞くと、アルゼンチンでは毎食大きなビフテキを食うのに、ここのは小さくて薄いと言います。我々は毎日の肉攻めで閉口することもあるのに、国柄が違うとこうも違うものかとおかしくなりました。

シャワーを浴び、ゆっくり休息。耳の陰もよく洗っているからご心配は無用。「人間の運命」とランボーに読み耽って十二時半就寝。

一月十二日(木)　どんよりした日和

午前はガルサン教室の剖検示説。腫瘍、出血、筋萎縮性側索硬化症等。ともかく十例もあると、小さな変化等にこだわってはいられないのがよく分かります。我々も日本でやろうと思えば出来るのだからどんどんやりたいと思います。ともかく多くの材料を扱わねば駄目です。

午後シャルコー研究室ではペンフィールドのグリヤ染色をやりました。固定条件が悪いため結果は良くない。器具は清潔でよく揃っており、その点は羨ましいと思います。染色する時には既にきれいに洗った容器入れから要るだけシャーレを持って来て並べて、液を次々とついで染め出せばよいので実に能率的。帰国したら是非そのようにしたいと思います。

学生によい音楽を安く聞かせるJMFというのに会費六百フランを払って入会し、早速日曜の三時からのパスキエ三重奏団とフルートのピエール・ランパルのやるモーツァルトのフルート四重奏曲全曲演奏の切符を買いました。二百フランです。二十八日にピアニストのヴィルヘルム・ケンプがコンセルヴァトワールとモーツァルトを弾くのでそれも買いましたがこれは三百フラン。二月四、五日はカラヤンが来てモーツァルトをやるらしいので目下待機中。ともかく徹でも直子でも誰でもよい、連れて来たい念で一杯です。

田中君が夕方から足がガクガクすると言うので、診てあげたが何もなく、疲労が見えるので、ブロバリンを服ませて早く寝させました。彼には週二回か三回手紙が来るのですが、少し来すぎるので奥さんが恋しくなるのでしょう。彼はフランスの科学奨励金（月五万フラン）を貰い、奥さんを呼ぼうと計画中です。

一月十三日(金)　午前陽が射し良い日和

予定通り十日付けの手紙が来ました。四日間で来たわけ。節子の写真はどれも良いが、しゃがんで笑っているのが一番自然で可愛いです。デニムのズボン姿もよく、本当に大きくなったものです。賢しくせずに、それでいて押し所は押すように育てたいものです。直子が運転を習う由。何でもよい。やってみなさい。全く自動車は便利なものたることをこちらに来て思い知りました。

午前はガルサン教授が風邪で喉を痛めて休み。キッペル氏がやりましたが、声が低いので見学者一同大欠伸。ガルサン教授が居ないと、まるでここは火が消えたようです。

午後は昨日と同じ染色を続けました。大体様子が分かりました。脳研で関君等が慎重にやれば、もっともっとうまくいくでしょう。ここではマドモワゼルが、本に書いてある通りを忠実にやるだけ。出なければそれでお終い。もっとも出にくい材料を何とか出そうと苦心するにしては、ここは材料が多すぎるのかもしれず、ルーチンワークにひっかかって来ないのは問題にせぬようです。

夜は気が向いたので、八時から十時迄グランド・ショーミエールにデッサンをやりに行きました。自分でも調子がぐっと柔らかく描けるのが分かります。大いに腕をあげて行きましょう。風が無いためか外はそれほど寒くなく、その代り深い霧です。モンパルナスの有名なカフェのクーポールの赤いネオンがボーッと霧を照らして、いつもなら遠くからはっきり分かるのに今夜は辛うじて読める程度。情緒が深いです。

田中君の所にタイプを借りに来た二宮夫妻と暫く話したが、大変ご円満。但し旦那さんはすっかり押さえられているらしい。もっとも今円満でなければ、円満である時はないかもしれません。

一月十四日(土)　どんより曇った日

今日はパスポートを大使館に持って行ってヴィザの期限延長の手続きをするため、病院を休みました。十時過ぎ、ゆっくり起床。コーヒーを飲むとすぐ出掛けました。トロカデロで降りて一寸歩いたグルーズ街の例の菊のご紋章のついた所。柴崎領事に会って手渡しして来ました。木曜日にもう一度来るようにとのこと。そこを出たのが十二時一寸過ぎで、一時半のシテの食堂の門限迄一寸間があるので、ミュゼ・ド・ラ・マリーンに入って見ました。ここはシャイヨー宮の一翼で、冬休みに訪れた人類博物館の下にある部分です。ここも時代順に部屋分けがしてあり、各時代の船の模型、海や舟や漁に関する美術品、地図、計測具等が細々とよく整理されています。軍艦の室等もあり、かつての海軍館の事等も思い出しました。

一番感心したのは、一九五二年十月から十二月にかけてアラン・ボンバールというフランス人の若い医師が、難破した時に生き残り得る可能性を実験するために、小さなゴムのボートに乗って六十五日かかってカナリア諸島からアンティル諸島迄、大西洋を横断したのですが、その時に使ったヘレティックというゴムボートをそっくりそのまま陳列してある事。それに、彼がその時舟に積み込んだ品々もすっかり保存されてあり、その中に潮にまみれて表紙がぼろぼろに朽ちてしまった書物が含まれていますが、海洋学の本に混ってラブレーとモンテーニュが見られます。まかり間違えば死ぬかもしれぬ舟の中で、波に揉まれる木の葉のような舟で、彼がそうした古典を肌身離さず持っていたということが妙に心に残りました。かつて第二次世界大戦の時、我々の学徒兵が万葉を携えて弾丸の下を潜ったのと同じ心境なのかも知れません。どんな時にも古典に接していようという気持は尊いものだと思います。僅か三十分位しかなくて、駆け足見物ですが、これが何よりの収穫でした。

食後、演芸の勉強に来ている塩瀬君を誘って、ブールデル美術館に行きました。最近若い頃のデッサン展をやっていると広告が出ているからです。場所はギャール・ド・モンパルナスの近くのリュ・アントワーヌ・ブールデル。六階建の家並の中に、粗末な板塀の一軒がうちまじっているのがそれで、ロダン美術館が豪壮なのとよい対照。ブールデルのアトリエをそのままパリ市が買い受けて美術館にしてあるのです。図の①から見はじめましたが、ここは回廊のような部分で天井も低く、その一部には雨漏りの跡があり、少々ものさびています。この部屋には彼が生前いくつも作ったベートーヴェンの像が八つ程並んでいます。余程ベートーヴェンが好きだったのでしょう。十九世紀の末から今世紀の前半迄の各時期に亘って色々のポーズで作っています。すべて荒削りの男性的なタッチで貫かれています。②、③、④は元のアトリエ。②には有名なサフォと、アナトール・フランス像と共に、部屋の中央にでんと「弓を引くヘラクレス」の石膏像が据えられています。これは何遍見ても心地好い作です。③には大きなストーブが置かれ、ブールデルありし日を偲ばせます。③、

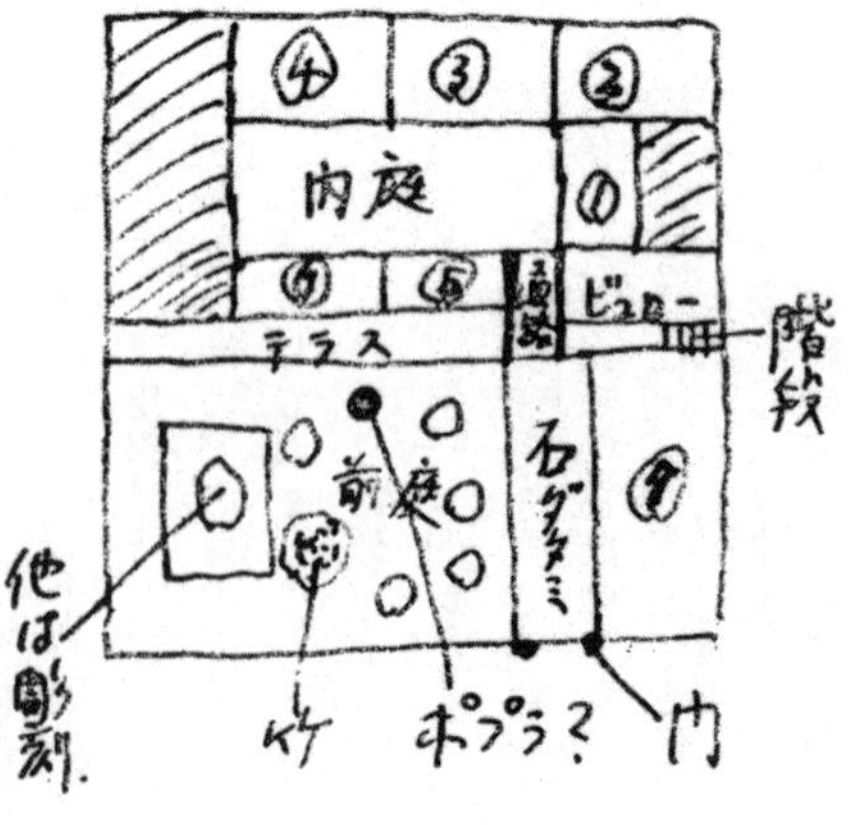

④には彼が方々から頼まれて作った大きな彫刻の細部やエチュードが並べられてありますが、北村西望氏等の行き方の大もとはブールデルにあるのではないかという気がしました。中庭には芝生の真中に「弓を引くヘラクレス」のブロンズ像が小さな像に囲まれて頑張って居り、三、四本枯木が屋根をしのいで立っています。春になって葉をつけたら、木洩れ陽がこれらの像に散って、きっと又別の雰囲気を出すと思います。⑥、⑦は倉庫のような薄暗い中に大小の石膏又はブロンズ像が立っていて、じっと見ていると皆話しかけてくるような錯覚に陥ります。階段を昇って二階に上ると、テラスの上の部分は吹き曝しの中に石膏のエチュードが並んでおります。中で「手」と「夜」というのに足を止めました。「手」は指を開いた掌を、前腕をつけて作った物ですが、ロダンのすべすべした感じの「手」とは違い、実にごつごつしたタッチですが、生命感が漲っています。「夜」は目をぎょろつかせて両手の間から何物かを見つめている人間の胸像。他に類を見ない構図で劇的な雰囲気です。⑤、⑥の上が若い頃のデッサンと彫刻。昨夜デッサンをやったばかりなので、非常にためになり、また描きたくなってしまいました。

再び二階の露台に立って見ます。ブールデル美術館の周囲は北を除いて周囲には六階建の家が建ちこめているので、ここは一寸した谷底。この前庭にはポプラ？（番人はポプラと言いましたが確かでない）の太いのが一本高々と立ち枝を四方に延べ、その内のいくつかは露台の中にも入り込んで居ります。枝の先にはいずれも大きな冬芽をつけ、うぶ毛のような暖かそうな毛に包まれています。その下枝は大方枝垂れて前庭に並べられたブロンズ像を庇うよう伸びて居り、この木も一個の芸術品のような感じです。ブールデルもこの木の下を往来し、時には冬芽を見上げたこともあったろう等考えながら、静かなこの露台を去りがたい思いでした。

最後に⑦は主として油絵。ここの片隅にはブールデル自身の手の石膏がケースに入っていましたが、こうした荒々しいタッチの物を生み出したとは思われぬ、思ったより小さい物でした。前庭に竹の一むらがあるので番人に日本のかと聞くと、知らないと言います。フランスには竹は無いのだから、きっと誰か東洋人、恐らくは日本人がもたらした物と思いますが、残念ながら不明。しかしここで竹を見たのは一寸懐かしい思いでした。

帰りしなに番人に写真を撮ることは出来ぬかと聞きますと、それにはマダム・ブールデルに許可を得ねばならず、月曜日の十時に来なさいと言います。そんなことを話していると番人が、ああマダムが帰られたと言うので振り向くと、門から石畳の上を小さな質素な黒衣の婦人が買物籠を提げてやって来ます。それがブールデル夫人でした。目の大きい物静かな感じの人で、番人から話を聞いて、何時来て撮ってもよいと承知してくれ、握手をしてさよならと言うと、さっさと通路を通って内庭に消えて行きました。うしろから真っ黒な丸々と太った猫があとを追って行きます。まさかブールデル夫人と握手しようとは思わなかったので、今日第一の収穫と、塩瀬君と喜び合いました。若葉の頃にもう一度来ることにし、門を出たあと、堀越しにポプラと露台をもう一度振り返ってから満足感に浸ってモンパルナスのブールバールへ出ました。

今日は直子の誕生日記念にハンドバッグを買うことにし、田中君について行って貰うことにして、四時四十五分にリュクサンブールの駅で会うことになっているので、時間はまだあるしと、歩いてリュクサンブールへ出ました。途中、この前、ブールギニヨン君の家に行く時に夜目に見たサン・シュルピスの教会を明るい内に見ようとその前を通ることにしました。スタイルは余り好きでないとこの前書きましたが、今日も同じ感じ。しかし、白い石の所々が長い年月に黒ずんでいる風情は捨てがたいものがあります。交通公社のガイドブックにもあるように、この周辺は本願寺の周りと同様に、宗教関係の本屋や日本で言えば仏具屋に当たるキリスト教の品々を売る店が軒を並べているのが特異な風景です。

田中君と約束の時間で会って、土曜のサン・ミシェルの雑踏をセーヌの方に下り、目指す店に行きました。ハンドバッグを買うのにどこが良いか、田中君の教室に居るマドモワゼル（教養ある技術家の娘）に質問しておいてもらったのです。店を見つけて入りましたが、色々出されると何が何だかさっぱり分からず、結局直子が言って来たようにバックスキンの細長い角型の、最もクラシックという奴を求めました。鹿革の由。良いのはきりがないが、今の身分に相応しいのを買ったつもり。留守居のご褒美のつもりで少々気張った。約束の品を買ったと意気揚揚とシテに帰りました。

今日、東京で僕にフランス語を教えてくれたシスターのフランス時代の生徒で、ブールギニヨン君及びブザンソン君の奥さんの友達というフランソワ・ジャカン夫妻より月曜日の夕食に招待されましたので電話で返事しました。近頃は心臓強く電話をかけます。家庭によぶというようなことは中々のことらしく大いに有難いと思っています。風呂敷でも持って行くつもりです。風呂敷といえば、帰りしなにブールギニヨン君、ブザンソン君に何か小さい物で良い記念の物があれば贈りたいが（決して高価である必要はない。竹製品で丈夫な物等よいと思うが）送ってもらえないでしょうか。贈り物としては日本紙の絵の書いてある綺麗な便箋等も喜ばれるようです。贈り物はこちらでは一寸した金のかからない物でも、気持さえ届けばそれでいいらしい。クリスマスカードがそのよい例。送っていただけるならそのつもりでやって下さい。決して無駄に金を使わぬように。又、一法として九重織のネクタイなども良いのではないでしょうか。買った物よりも、家内が作ったと言って贈れば向こうも喜ぶと思う。これが一番良いかもしれぬ。

一月十五日(日)　暖かい良い天気

オーバーでは一寸重過ぎる位。十時に起き、早昼をするとすぐ街に出ました。先ず、アンヴァリッドで降りて、前の広場をセーヌの方につっきってグラン・パレの中にあるパレ・ド・ラ・デクヴェルト（科学技術博物館）に向かいました。シャンゼリゼとセーヌの間の木立の中にあります。グラン・パレはその向かい側のプチ・パレと共に一九〇〇年のパリ万国博覧会の会場として作られた物ですが、建物としては価値の少ないものとガイドブックには述べてあります。現在はグラン・パレにはパレ・ド・ラ・デクヴェルトとプラネタリウムがあります。ところが期待して行ったのに十二時から二時迄は休みとのことに、やむなく向かいのプチ・パレにあるミュゼ・デ・ボザール・ド・ラ・ヴィル・ド・パリ（パリ市立美術館）に入りました。今カルポー展とジラルダン・コレクションをやっています。入口でカメラを預かるのですが、その係りの男がカメラ、ジャポネ？と問い、コンタックスそっくりだと言うので、それには違いないが、レンズは世界一だと答えてやりました。彼はポケットにツァイスのカタログを入れていて、能書を並べはじめました。癪に障るから、日本には現在1・0又は1・1のフジノンというレンズがあると言ったら一寸驚きの表情を示しました。フランスでは絞りのことをディアフラグム（横隔膜）というらしく大変面白いと思いました。

ジャン・バティスト・カルポーというのはオプセルヴァトワール（天文台）にある、四人の女性が天球儀を差し上げて踊っている有名な彫刻を作った男で、その一生の内の主な彫刻、油、デッサンを特別展覧しているわけ。デッサンを特に楽しく眺めました。こちらに来ての率直の感じとして、横江先生の彫刻はどこに出しても一級だという感じです。特にお若い頃パリで作られたものなど、世に出されて皆に示される必要があると強く感じています。どうぞそうお伝え下さい。

次いで、一八五〇年から一九五〇年迄のフランス絵画の発展を示す幾つかの部屋を見ました。クールベ、ドーミエあたりから始まって、シスレー、ピサロ、マネ、シニャック、セザンヌ、ルノワール、ゴーギャン、ボナール、ヴュイヤール、ルドン等の印象派以前、印象派の各作家からマルケ、デュフィ、マチス、ピカソ、ヴラマンク、又は更に近代迄の絵がずらり並んでいます。圧巻と言えましょう。

特に良かったのはセザンヌの静物一点、ボナールの「浴室」の一点、シスレーの教会を描いた三十号大の一点、マルケの雪のノートルダムとセーヌの青葉の頃の風景、それにマチスの風景等。ボナールの浴室等を見ていると、絵というのは写すものでなく、創り出すものだという感がつくづくします。セザンヌの籠から溢れ出るような果物の絵も忘れられない物の一つ。

ジラルダンのコレクションでは多くのユトリロ、ルオー、モジリアーニやデュフィその他近代の画家の物が数多く見られました。ルオーのたくさんのデッサンを見ると、この人の画境が少しく分かるような気がしました。ルオーと深く交際している福島慶子の本を読むと、ルオーという人は子供のように無邪気な人で、描くにしてもしゃべるにしても行く所迄行かないと承知しないとのこと。そうした人柄をも考慮して作を眺める必要があるのでしょう。その宗教心も含めて。

三時からのガヴォーで始まる音楽会に行かねばならぬので、終いの方は駆け足。内庭の幾つかの彫刻の中にフランソワ・ポンポンのほぼ等身大の牛を見つけましたが、これも実に好きです。

シャンゼリゼを横切って道を聞き聞きガヴォーへ。この音楽堂はそう大きくないが、音楽専門の会場で、正面には大きなパイプオルガンがでんと座って居り、舞台は相当前迄張り出し、客席に入り込んだようになっています。舞台は白く、客席は濃紅で、大変落着いた良い雰囲気です。客席はほぼ一杯の入り。

パスキエ・トリオは兄弟なのでしょうが、皆額の禿げ上がったよい年。ランパルはこれに比べてやや若く、体軀大で身のこなしがとても柔らかい感じ。フルート四重奏曲四つの間に、一つ喜遊曲が入り、それにアンコールに皇帝に捧げたフルートとトリオのための小曲。フルートだけでなく、こうした室内楽を聴くのはこれが初めて。フルートが素晴らしいのもさることながら、トリオの落着きはらった精妙なアンサンブルには唯々打たれるばかりでした。こうしてみるとやはり音楽は耳だけでなく、目で見、身体全体で聴くものだとの感が深くします。

感激の覚めやらぬ身体を、次いでコンセール・ラムルーを聴くために高野君とプレイエル公会堂へ。ガヴォーといい、ここといい、JMF（ジュネス・ミュジカル・フランセーズ）を介して切符を買ってあるので二百フランで千フラン位の一階の良い席に入れます。プレイエルは日比谷の一倍半位はありましょうか。席は日比谷でいえば一階前方の右の端の方。曲はプラーグ・セレナーデ（弦楽合奏）、K.238のピアノ協奏曲（ピアノはイングリッド・ヘブラーとかいう若い女性）、それに三十九番交響曲。指揮はレーデル（ドイツ系の人らしい）。これだけの曲を殆ど休みなしにたっぷり二時間近く聴かせます。今日はモーツァルトばかり聴いたわけですが、ここ当分モーツァルトで持ち切りなので、中毒する位聴くことにしましょう。ともかくモーツァルトの二百年祭の年にヨーロッパに来たというのも何かの縁でしょうから。

明るさに溢れるその曲を聴いていると、その生きた時代からしてあくまで宮廷音楽家として人を楽しませるような曲を作るようにせねばならなかったのでしょうが、そうした意味で、三十九番、四十番、四十一番交響曲は束縛を離れて自分自身の音楽として作ったのではないだろうかというような気がしました。これは全く素人の感じに過ぎないのだけれど。

駆け込みで八時半の食堂の門限に間に合ってやれやれ。

部屋で、これから手紙を書こうと張り切っていたら、徳永という、慶應出身で、林髞、植村教室に居たという中年の医者が館長に連れられてやって来て、今日東京からやって来たが、こちらで精神神経科を見たいからよろしく頼むとのこと。フランスにこの夏迄、次いでドイツに行き、一年か一年半ヨーロッパで勉強するとのこと。べらべら喋る人で、十一時近く迄相手。全く何処から金を出すのだか感心してしまいます。

一月十六日(月)　曇り

午前回診。今日は別に新しく入った患者もなく、経過を見て歩くだけ。

午後は前から見ている大脳白質炎の検鏡続行。中々面白い像です。

五時にサルペトリエールを出て、コレージュ・ド・フランスのフェッサール教授の神経生理学の講義。月曜は水曜とはテーマが違い、シナプシスについて。SALL3で。水曜と違い聴講者が少なく、しかも年寄りのみ。まだ序説。我々が平常考えていることをフランス語で言うわけですが、考えることは皆同じ。一寸も差等あるものではありません。

七時に部屋に帰ると、小憩して七時半にバスに乗って植物園の次の「ジュシュウ」で降りムッシュ・ジャカン宅訪問。小さな坂の途中に建ち並ぶ、今にも壁が崩れ落ちんばかりに傾いた一軒の家の潜りを入ると中庭があり、その奥には又、幾つかの住居が建って居る複雑な場所。しかし実に静かな所。今晩は夕方から深い霧で、窓から漏れる灯に霧の動きがはっきりと感じられます。予想に反して大変若い人々。男の子が一人あるとか。法科出でルノーの会社に勤めている由。奥さんが、僕が東京でフランス語を習ったシスターにリールで二年程教わったのだそうで、ここ五年程は会っていないと言っていました。

アペリチフを飲みながらの話に、日本は国産の自動車より高いルノーをなぜ買うかとの質問。これには困りました。分からないと答えるのみ。又、フランスの医療器械は進歩が遅れているというが本当かと言いますので、そんなこともあるかもしれぬが、神経学に関する限り、非常に特殊の発達をしていると答えておきました。食卓に着くと奥さんが、家はブールギニヨンさんのようにお金持ではありませんので悪しからずと断りを述べました。確かに中流の家庭でありましょう。料理も本当の家庭料理。しかし腹が減っているので大層おいしかった。姪という人が来ていたが、自分には中国文化と日本文化の区別がつかないとか、共産党の話が出た時、日曜日には必ず教会のミサに行くが、心のよからぬカトリック信者より、善意の共産党の方が好きだとか中々活潑に意見を言うので面白かった。映画の話では日本映画はどこでも大受けです。ジュラ産のディジェスチフを飲みながら、LPでベートーヴェン・ピアノ・ソナタ四番を聴き、十一時半頃辞しました。濃霧です。

一月十七日(火)

午前脊髄膜の癒着が、ミエログラフィで剝がれて後索症状が軽快したのを見ました。先週に比べるとずっと良くなっています。その他は特に珍しい例は目につきませんでした。

十二月にガルサン教授を中心にサルペトリエールの礼拝堂の前で撮った写真が出来ましたが、写真術発明の国にも拘らず、出来は良くありません。そのくせ実に高く、一枚四百円。AB二組あり、記念にはなるので両方求めました。各組にガルサン教授の肖像が入っており、これは中々よろしい。その内送りましょう。

午後からシャルコー研究室に行って、写真をラボランティンのマドモワゼルに見せますと、ああムッシュ・ガルサンも老けましたと感慨深そうに眺めていました。この人は前にガルサン教室の看護婦だったので移り行きが分かるのでしょう。

今日からは、ベルトラン教授が一九三六年に発表した小脳虫部の全くなかった犬の脳標本を見始めました。僕が、前に猫の小脳萎縮症を見たと言ったら、私にもこうした例があると出してくれたもの。ニッスル標本が鮮やかな紫をおびた青い色調に染まって、いまだに昨日染め上ったように保たれているのは一寸感心しました。見ていたらグリュネールが来たので、今これを見ていると言うと、自分も猫の小脳萎縮症を三例持っている、よろしかったら見ませんかと彼の部屋に誘うので、帰り支度をしてガルサン教授診察室向かいの彼の部屋に行きました。六畳位の小さな部屋ですが、脳研の標本棚のようなのを二つと、双眼顕微鏡二台を持って材料に囲まれて仕事をしています。問題の猫の標本は僕が脳研でやったような完全な連続でなく、あまり綺麗な物でない。ただニッスルをやったり銀をやったりしてはいるが。僕の例と像は同じようです。残念なのは欧文で発表してあれば、彼の発表論文等は圧倒していたのにと言うことです。ただ彼は例を多く持っているから、脳腫瘍やグリヤの標本を、これからは折のある毎に見せて貰うことにします。我々は沢山の標本を東京に持っているからよかったらおいで下さいと言ったら、笑っていました。名前や顔付きから考えて、彼はユダヤではなかろうかと考えています。まだまだベルトラン教授の跡継ぎには程遠いという感じです。

五時半から七時半迄、シテの中のメゾン・アンテルナシオナルのお茶の会に招かれているのでまいりました。各国のブルシエが二十名程来て、ドクター・スービルーという人を囲んで雑談をするわけ。医者だが、後に文筆家になり評判をあげている人とか。男女同権の話とか、サルトル、コレット、ヴァレリーの話等が話題になり、英国、フランス、安南あたりのフランス語をべらべら喋る奴等だけが活躍していました。こちらはサルトル等知ったものかと、お菓子をむしゃむしゃ食べて帰って来ました。

夜はランボーを、必要な所を拾い読み。

将来、どのようなテーマをどのように扱うかについて色々想を練っています。西欧の人間が我々を見る場合、やはり後進国と見るのは（特に科学の場合）当然なので、これを突き破るには彼等と同じことをやっていたのでは絶対に駄目。この夏にはフランスだけではなく、広くヨーロッパ諸国を見て自分の行き方を決めるつもりですが、小川教授もヨーロッパから帰って言っていたように、脳研の行き方を推し進めるのも一法でしょう。

一月十八日(水)　曇り、午後雨、夜星空

朝バスの中で、ベルギーとスペインの男に会い、話しながら行きました。ベルギーの男は軍医だそうで、年を聞くと僕と同じ三十二歳。五歳を頭に三人の子持ちの由。土曜日毎にブリュッセルに帰って家族の顔を見るとのこと。ブリュッセル迄は四時間だから日本とは問題にならぬわけ。髪が栗毛（?）、顎鬚を大分立てて、活潑なよい男です。スペインの方は二十七歳。僕よりずっと老けた感じ。これは独身で、フランスのマドモワゼルをアミに持っています。スペインの男が十月にベルギーに行ったとかで、ブリュッセルのことをしきりに褒めていました。彼の話ではマドリッドのプラド美術館にはルーベンスの絵が一杯あるのに、ブリュッセルのルーベンスの家に行ったら殆ど無いとのこと。ベルギーの男の答ではルーベンスはスペイン大使に

なってマドリッドに行ったから、きっとそうなったので、ゴヤの絵がアメリカにうんと渡っているようなものさと言っていました。

外来では、中々見応えのあった日。

今日はシテで食事をすることにし、スペインの男と帰りました。彼によると、フランスは十九世紀の国。学問的にも道徳的にもレベルが落ちてしまっている。それに、病院でフランス人は自分等だけかたまってしまっていて、外国人を相手にしないと不平たらたら。僕から見れば、スペインはさらに下って十六世紀、いや十五世紀の国。内心おかしかった。しかし人の国のことは笑っていられない、我々もうんとやらぬといけません。

三時から四時半迄臨床講義。

だんだん言葉が分かるようになるにつけ面白くなって、この秋の十一、十二、一月位迄残れたらというようなことも考えてみています。しかし先立つものはお金。余り無理して後に障ってもいけないので程々にしましょう。いずれにせよまだまだ先の話だ。

夜はシャワーにゆっくりと寛ぎ、床の中で「人間の運命」を読み進みました。

一月十九日(木) 晴、暖かし。夜は星空。右弦の月。寒くなる

今朝は大使館に行かねばならぬので病院は休み。朝寝坊して、身体を休めました。十一時過ぎ、霜の降りた石畳を踏んで大使館へ。エッフェル塔が霧に霞みつつも朝陽を受けて、真っ白いシャイヨー宮の向こうに黒々と聳え、よいコントラスト。カメラを持って出ないのを悔しく思いました。大使館の通りに入ったら、向こうから乳母車に二児を連れて来る母親があり、子供が可愛いので笑い掛けながら通り過ぎようとしたら、母親が「イマナンジデスカ」と日本語で問い掛けて来ました。一寸びっくりして時計をみせたら「ジュウイチジデスネ」と言うので又びっくり。こちらはフランス語で、日本語がうまいですね、東京に居たことがあるのですかと言うと、五年居ました。主人が技術家ですのでとのこと。パリに来て、フランス人から日本語で話し掛けられたのはこれが初めて。

大使館ではすぐ必要書類を貰えて、すぐまたシテに引き返しました。そしたら意外にも家からの便り。思いがけなかったので、大変嬉しく読みました。十五日付けのもの。

*やはりお父さんは例年の通りの風邪だった由。呉々も大事にして下さい。だからといって余り年にこだわらずに元気にやって下さい。

*「少年美術館」をもう送ってくれた由。先ず三冊で十分。

一冊はブーリエ君に贈るとして、あとの二冊は十分狙いを定めて、これぞと思う人に贈るつもり。

＊送ってもらいたい本は、小林秀雄「モオツァルト」、岩波文庫「ギリシア・ローマ神話（上巻）」、和辻哲郎「イタリア古寺巡礼」。出来れば、アウトウールワイル「神経病理組織学」。最後のは重いからもしお金がかかるようならやめて下さい。いずれもこの次荷を送る時でよろしい。

＊こちらはパリの見物のことばかり書いて、診察のこと等書かないので、勉強していないように思われるかもしれませんが、まあ自分なりに見ることは見ているつもりです。その内に纏めて書きましょう。診察法等は別に日本と違っているわけではありません。ただこちらでは症状がきれいに出るし、又、きれいに出すのです。

＊節子のこましゃくれには一寸驚いています。だっこ、だっこと言うのが遺伝だというが僕はそういうことを言った覚えは全くない。全然ぬれぎぬだ。

＊節子のことをいくら書いて下さってもホームシック等は起しません。それこそ精一杯活躍していて、本当に時間が足りない位なのです。だからといって健康だけは絶対に気を付けていますから御安心の程を。

勉強は帰ってからいくらでも出来るから、こちらでなければ吸収出来ぬものをうんと仕入れて行きます。

午後はシャルコー研究室で、犬の小脳虫部完全欠損の例を検鏡。モナコフ核、側索核に大きな変化があるのに、全く論文中に触れていないのは自明のこととしているのか、或いは見落としているのか。全部見終わった後で、ベルトラン教授に話してみるつもりです。しかしこの一例は僕には大変興味のある例です。

夜はルコント・デュ・ヌイ「人間の運命」。

一月二十日(金)　曇り

午前の外来はパルキンソニスムの二例が珍しかっただけで、あとは再来ばかりで殆ど見るべきものなし。

十二時半に植村館長によばれているので、終わるとすぐ、スペインの男とシテへ帰りました。一寸時間があるので、日本館の目の前のスペイン館のその男の部屋に行って、スペインのどこを見ればよいかを紙に書いてもらいました。汽車賃も入れて半月の旅が三から四万フラン。フランスの旅に比べれば大変割安です。毎月の節約分だけでも行けるわけですので、これは是非実行する予定。彼によるとフランス等よりずっと快適だし人も親切だと褒めること褒めること。

十二時半から植村館長の部屋で、京都府医大荒木教授と、名大医化学八木助教授と三人で招かれました。赤葡萄酒、生牡蠣、シュークルート・ガルニ（ハム、ソーセージ、キャベツのバター煮）、パン、梨の砂糖漬。中々のご馳走で楽しくいただきました。その後、警視庁へ行って一年間の滞在許可証をもらう積りでしたが、日本館の事務をやっているマダムが今日は休みで必要書類をもらえないので今日はやめ、荒木教授と街を散歩することにしました。

先ず、荒木さんがオペラの切符を買いたいと言うのでメトロでオペラ座に行き、次いで、オペラ前を南へ下がってコメディ・フランセーズのそばをかすめ、ルーヴル、サマリテーヌ、ベル・ジャルディニエール等のデパートを歴訪。コメディ・フランセーズの前にあるアルフレッド・ド・ミュッセの白い石像の足元には誰が供えたか黄色いミモザの小さな花束が置かれ、情緒のある眺めでした。又、途中で、勲章を売っている店を見つけましたが、色々値がついていて愉快です。同じ階級の物でも宝石の善し悪しで値が違うのだそうです。シャトレ広場近くの植木や種物、小鳥等を商う店のある通りを歩度を落して見物。橋を渡ってシテに入り、オテル・デューの前の広場の花物の市を抜けました。色とりどりの温室物（？）で誠に綺麗です。パリの中に住む人々は自分の家に庭を持つことがないので、こうした鉢物を買って僅かに自然に親しむ以外に道はないのでしょう。こうした物に大変関心が深いようです。

夕闇が迫り、戸を閉ざしたノートルダムのそばを通って裏側に出、初めてサン・ルイ島に渡りました。カフェで小憩の後、この島の古い細い町並みを、夕食の支度に行き交う主婦達の買い物籠にぶつかりながら通り抜け、ポン・マリを渡ってヴォージュ広場に向かいました。この途中の一角はパリでも特に古い部分で、家々の壁は通りの方に「く」の字型に突き出して、今にも崩れんばかり。それでも中にはひっそりと灯が点り人の気配がします。地震の多い日本等ではとても考えられないことです。そうかと思うと、中世のお城の造りの様にがっちりした構えの家も所々にあって、嫌でも応でも歴史を考えさせられる一角です。ヴォージュ広場に着いた時はもうとっぷり暮れ、この広場を巡る家々の壁の色が仄かに点るガス灯の光に微かに感ぜられるばかり。広場の中央の公園もとうに柵を閉ざして、中央にあるルイ十三世の白い像を格子越しに辛うじて認めながら歩きましたが、恐らく、年中陽等射さないのではないかと思われるように湿っぽく、煤けた通りも幾つか抜けました。荒木氏も、自分一人ではこうした趣のある所は一切味わえなかったろうと大変喜びました。荒木氏は一旦日本に帰り、今年末から半年間ロックフェラーのフェローで奥さん同伴アメリカに渡り、その帰りに二人でヨーロッパを回る由。子供がないのでそういうことも出来るのでしょう。恵まれた身分です。親戚の者に土産を買いたいというので、直子にハンドバッグを買った店を教えるため、サン・ミシェルに出用事を済ませてからパンテオンの角のカフェでアペリチフを飲んだ後、帰室。

夜はお茶を飲みに荒木、大塚、松平、八木氏等が僕の室に来て話をしましたが、議論白熱し、一時頃迄かかりました。色々な人がいるので色々な意見が出るものです。

一月二十一日(土)　曇り

午前、警察の居住証明をもらうために、このメゾンに住んでいるという証明を先ずもらう必要があるので、田中君と一緒に事務担当のマダムの来るのを待ち構えていて貰いました。序でに宿料を払いましたが、今月から二百フラン上って七千七百フランになりました。

午後はシャルコー研究室に行って、昨日の分も取り返すべく五時半迄頑張りました。

夜はシャワーを浴びて、洗濯。一時間！

ついで「アヴェマリア」を十時過ぎ迄かかって読了。確かにこれは名著です。少なくもこれを読む迄に見た中世の絵画は殆ど何も理解すること無しに見ていたと言えます。ラファエロの絵にしても改めて見直して見る必要がありますす。イタリアの絵や彫刻を見る前にこの本に接することが出来たのは大きな収穫でした。次いで横浜出発の時、中村君（東大医学部油絵同好会、踏朱会で一緒の人）からもらったヤスパースの「現代の精神的課題」を読み始めたが、その中に「ヨーロッパ、それは聖書であり、ギリシア・ローマ文明である」と書いてあり、僕がこちらに来てからかねがね感じていることであるので、はたと膝を打ちました。絵画の画材にしても建物のデコレーションにしてもキリスト教とギリシア・ローマ神話に取材した物で埋まっていると言ってもよいからです。

一月二十二日(日)　曇り時々晴

八時半に起床（近頃稀な早起き）。九時半に荒木教授と植村館長の部屋で勢揃いして出発。曇りですが空の一角に青空がのぞき希望が持てます。バスでポルト・ド・ヴァンヴに出、モンパルナス・ヴェルサイユ線をルエスト・サンチュールというモンパルナスの次の小駅で摑まえて乗ったのが十時二十四分。広軌のジュラルミン車で三等ながら実に立派な電車です。快速で飛ばし、三十分でヴェルサイユです。途中はセーヌの湾曲部の南部に広がる丘陵地帯の高台を走るので眺めが実に良く、右の窓からはパリ郊外の住宅地の橙色の瓦屋根越しにパリ市の遠望が楽しめます。エッフェル塔及びパンテオンが更に遠く霞むサクレ・クール寺院と共にパリの象徴であることが実によく分かります。木々はすっかり葉を落して、その数多い梢は遠目には薄紫に見え、色とりどりの（と言っても主としてネイプルスイエローやオークルジョーヌを用いている）壁や橙色の瓦と良く調和して心地好い眺め。ピサロ、シスレー等の絵によくその感じが捉えられています。途中で降りられないのが残念。

ヴェルサイユに着いた頃は時々雲の切れ目から陽がのぞくようになりました。パリのように高い家の少ない、落ち着いた感じの少々田舎めいた通りを一本抜けると、ヴェルサイユ宮殿の正面大通りにぶつかります。この通りに出た途端、彼方に宮殿がでんと構えたのにぶつかるわけ。丁度宮殿に陽が射し実に印象的でした。金色に最近塗り替えたらしい鉄格子を入ると、宮殿前の広場は爪先よりに、その中央に据えられたルイ十四世の乗馬像迄、ゆるい傾斜になっています。逆に言えば乗馬像の位置に立つと、ヴェルサイユの街が一望のもとになるわけ。ここに十回も来た植村館長の話では、来る度にどこかここか直していると言いますが、成るほど一部修理中、まこと、一六二四年にルイ十三世がここに狩小屋を建てて以来、一七八九年十月六日、ルイ十六世がマリー・アントワネットとここを去る迄、ブルボン王朝の栄華を誇った所で、既に三百年以上も経っているわけです。中に入って説明付きで、教会（ルイ十六世とマリー・アントワネットの結婚した所）、アポロンの間、ディアーヌの間等々を見た後、例の有名な鏡の間を通りました。西園寺公が第一次世界大戦の講和調印をやった所。

天井といい欄間といい、これでもかこれでもかというように飾り立ててあり、中央の一部に"Le Roi gouverne par lui-même"と書かれてあり、太陽王（Roi-Soleil）と言われたルイ十四世の面目を示しています。ここから見たヴェルサイユの庭の眺めは度々写真で見て知っているものの、現実のこの眼で見得て誠に満足であります。この部屋の陰にはルイ十四世の寝室兼、王が六十数年の治世の末に死んだ室。さらには居室等が連なっています。王の寝室は宮殿のほぼ中央にあり、ここからはヴェルサイユの庭が一望の元、広場の両側にあって往時二千頭の馬を入れたという大小の馬小屋、とはいっても三階建ての堂々たる建物が左右対称に並んで美しい眺めです。最後は戦争の間というフランス軍の勝利を現した壁画がずらり並んだ大きな回廊。若い番人に由来を聞くと、一々これは誰々将軍がイギリスを破った所、これはナポレオンがオーストリアをやっつけた所と、熱を帯びて得意です。過去の栄光が懐かしいという表情。

見終わって出たのが十二時過ぎ。鉄格子を潜り、宮殿の北側の翼に沿って一寸下がったリュ・カルノーにある植村館長行きつけのレストランで支那料理で昼食。というのはこの主人が安南、かみさんはブルターニュ生れのフランス人。二人共大の日本贔屓で、この九月にはこの店を売り払って日本に行き、フランス料理店を開く由。壁には浮世絵等を多く見かけます。料理そのものは大して美味くないが、久し振りに箸で食事。面白かったのはここで飼っている犬。二頭いて一頭は年寄りのブル、他は熊と犬の合いのこと称するエスキモー犬のような堂々たる奴（後でわかったがチャウチャウ）。年を当てろと言うので三つかと言うと、いや十ヶ月と言う。とにかく立派な犬で、それでいて可愛くてたまりません。この二頭も日本に連れて行く由。マダムが日本に来たら家中で行くと言ったら大喜びで、僕をドクタードクターと呼んで、大変サービスしてくれました。

　犬をかまっていて予定より遅れて二時前にここを出、再び王宮の庭に入りました。この頃は空は曇ってしまいました。植村館長によると夏はこの庭など英語を話す奴等で一杯なのに、今日あたりは空いていて実によい。ヴェルサイユ通でなければ、こんな時は来ないよと大得意。確かに人もまばらで、閑静の気が漲り、本当によい気分です。

　先ずトリアノンに向かいました。亭々たる木々の落した枯葉は片付け切れずに柵沿いに続いており、シジュウカラが澄んだ声でその上を飛び交っていて、まるで日本で武蔵野を歩いているような気分。特にプチ・トリアノンの前庭などは、本当に日本そっくりで、荒木氏が「まるで奈良やなー」と嘆声を漏らしましたが、実によく似ています。まるで浅茅ヶ原です。プチ・トリアノンはルイ十六世がマリー・アントワネットの住居として与えた建物で、白とネープルスイエローのちんまりとした二階建。これも写真では親しんでいた物ですが、実物はずっと美しい。門の前に昔風の馬車が居て一層風情を添えました。これを右に巻いて英国風の庭園を抜け、有名な水車小屋の方に向かいました。途中に「愛の殿堂」という東屋があり、これがプチ・トリアノンのアントワネットの居室から梢越しに眺められる所に建てられているのです。こんな風に色々数奇を凝らしてはいますが、これらを眺めながら、僕自身は昨年春に見た南禅寺の障子の簡素な美しさを思い出しました。水車小屋にしてもコテイジにしても栄華の極みに息抜きを求めるために田園風な雰囲気に浸ろうとして造らせたものでしょうが、それも無理からぬと思います。王宮にしても宮殿にしても数十年かかってこれだけの物を造らせた末に思い付いたのが、こうした閑静な境地だったのでしょう。理屈は抜きにしてこの水車小屋のあたりは松や柳等が植えられ前にも増して日本風のたたずまいです。若芽の頃はどんなに良いことでしょう。

　次のグラン・トリアノンはプチ・トリアノンに比べたらずっと平凡。大した趣はありません。午後ともなれば人もかなり出て来ました。次いで、林間の道を抜けて、王宮の前から長々と続く大運河の横に出て、その縁に沿い王宮を正面に見ながら、だらだら坂を上ります。両側の林の縁には二、三メートルおき毎に石の彫刻が並べられ、ことごとくがギリシア神話に取材した彫刻。運河と王宮との傾斜、即ち今上りつつある坂の中央には有名な緑の絨毯（タピ・ヴェール）が冬ながら美しい緑を広げています。春ともなれば丈余の水を吹き上げるという泉もすっかり静まり返り、庭園も観光季節に備え修理中です。

最後に、昔はオレンジを栽培したオランジュリーを見て、今日の日程を終えました。ここもルーヴルと同じく、二回か三回来なければ全貌はとても摑めません。

四時二十分の電車でパリへ。一日の行楽に疲れて寝てしまった子供を抱き余す夫婦の姿は世界共通か。

ルエスト・サンチュールで降り、メトロに乗り換えてシャトレへ出ました。五時四十五分からのコンセール・コロンヌを聴くため。指揮者のすぐ後ろの最前列。曲はモーツァルトの「プラハ交響曲」、シューマンの「ピアノ協奏曲」とベートーヴェンの「田園」。ピアノはリリー・クラウス。堂々たる体軀。若い時の写真の姿とは全く違っていました。三つ共アンサンブルより熱演でした。音楽は見る物たりの感を益々深くしています。

夜は荒木氏がお茶を飲みに来て、研究の事で一時近く迄話して行きました。文部省から昨年度は四百万円も補助金を貰い末梢神経を研究しているらしいが、こんなに外国を歩いていて教室員はどうしているか一寸気になります。しかし人は人。そんなことに気を回すのはこちらがまだ悟り切らぬためと思うべし。

一月二十三日(月)　曇り

居住証明をもらうため十時半に警視庁へ行きました。内部は恐らく昔の目黒警察等よりなお古びていて、壁には鉄道省の広告がぴらぴら数枚貼ってあるのが、飾りといえば飾り。ベンチは固く、人は不親切で、どこでも官庁は同じ。不親切とは言っても日本のよりは一寸ましかもしれませんが。丁度昼にかかってしまって、二時にまた来いとのこと。仕方無くサン・ミシェルにある大久保君の下宿で過ごさせてもらうことにしました。昼とて米を炊いて、トマトと茸のオムレツを作り、サーディンの缶を開けてもてなしてくれました。不眠症もだんだん良くなっているようです。二時に行ったらまた大分待って三時に完了。三百フランとられました。七月中旬迄の証明です。

時間が一寸あるのでシャンゼリゼに出て、グラン・パレのパレ・ド・ラ・デクヴェルト（科学技術博物館）を走り見し、五時から同講堂で映画を見ました。観客三人きり。「ヨーロッパの鰻の生態」「日食」の二編。鰻の脳下垂体を取ると色が白くなり、そのエキスをさすとまた黒くなるのを初めて知りました。博物館は上野の科学博物館のようなもの。

今夜、植村館長の所に巡査が来て、メゾンに居る物理（立大）の原という人が交通事故で一寸怪我をしてオピタル・コシャンに入院したと知らせて来ました。明日僕が見舞に行ってくれるように頼まれました。全く交通には気を付けねばなりません。
皆さんの健康を祈る。

一月二十四日(火)　曇り時々晴

午前は昨夜植村館長に頼まれてあった原君の見舞に行きました。医学のこととなると何でも僕に相談。一寸有難迷惑ですが、色々世話にもなるからと、目下の所、素直に頼まれたことを果たすことにしています。

コシャン病院はダンフェール・ロシュローの次のポール・ロワイヤルで降りてすぐ。受付で、昨夜事故でここに入院した日本人に会いたいと言うと、面会は一時半からと言います。僕は医者だと言うと、出て来て案内してくれました。外来だけが三階建で、病室は平屋で幾棟にも分かれており、それぞれにパストゥール病棟だとか、ブイリイ病棟だとか名が付いています。どこも東大病院よりは綺麗なようです。病人は大変元気で、腹が空いてたまらないとこぼす程で、全くの軽傷らしいので安心しました。左側から来た自動車に背中を打たれ、裂けて数針縫合したのみで骨にも内臓にも異常は無く、又、四肢にも異常ありません。二、三日入院すればよいとのこと。しかし社会保障に入っていない由なので、払いがどうなりますか。母一人子一人の由。帰って植村館長に報告。

午後はシャルコー研究室。犬の脳の続き。スケッチに終始。ノートも五冊目がもう終ります。東京に居ると同じ生活で、ここはまるで脳研の出張所みたいなものです。今日はアストロチトームの綺麗な標本を見ました。空は綺麗に晴れて、夕映えの空にサルペトリエールの八角のドームが黒々と建つ内庭を抜けて帰りました。滞在もそろそろ半ばに近く、時々もう少し居たいなという気が湧いてきます。

帰ったら、塩瀬君とさる画家の甥が来て、一寸友達の事で質問があるのですがと言います。聞くと、メゾンに居る男ではないが、物理数学関係で来ている男がフランスの娘との間に子供をつくってしまったが、中絶するとしたらどうしたらよいかとの問い。結婚するつもりだが、まだ経済的に不十分なので中絶したいが、相手の娘は宗教関係もあってその意思なく、それに日本の父親からはフランス娘と結婚するなら俺の目の黒いうちは帰ってくるなとの手紙が来て、悩みぬいており、友達が見るに見かねて策を講じようとしているわけ。聞いてみると将来の見通しも甘く、少々だらしないことなので、医学的に中絶に適するのは三ないし四ヶ月迄であり、フランスでは特に取締りがうるさく、闇でやる場合にはお金もかかるし危険もあると話し、要はその男の人生観と結婚に対する根本態度ですと答えておきました。結局の所、恋愛遊戯の産物に過ぎず、無責任な話です。ともかく色々な話が持ち込まれるものです。

夜は高野君が遊びに来、これから週二回、ルコント・デュ・ヌイの本と、文芸書を輪講することにしました。

一月二十五日(水)　晴

午前の外来。今日は少々生彩を欠いていて、ただ、この前見たことのある小脳症状のはっきりした八歳の男の子が興味ある例でした。ガルサン教授がグリュネールに、君が前に見た猫の小脳萎縮症に似ていないかと言いましたが、あとで、グリュネールが今度は僕に、自分はあの例は顆粒層の形成不全でなく、むしろ小脳のもっと中の変化だと思うと言うので、顆粒層形成不全の時は今迄の報告ではイディオティーと合併しているものが多い故、僕自身もそれには賛成だと答えておきました。

昼に、明日スペインの男が帰国するので、二、三人とサルペトリエールの前で記念写真。午後の臨床講義は、パルキンソニスム、ミオパチー(きれいな登攀起立が見られる)、頸部の奇形により起った上肢の麻痺、内頸動脈閉塞による失語症を伴うヘミプレギー。失行症としても色々な症状があり、「軍隊式の敬礼をしなさい」と書いた紙を読むことは出来ても、それを実行することは出来ないのに、マッチ六本使って家の形を作り、それと同じ物を作らせると立派に作ったりする。中々複雑なものです。

夜はシテのベルギー館で、アンドレ・モロワの「人間の脳と電気脳」と題する講演。八時四十分より約一時間。最近電気計算機だとかオートメーションだとか騒がれているが、そうした風潮に対して、いくらこうしたことが発達してもpenser, deviner et prévoir(考え、推測し、予測すること)が出来るのは人間のみであることを、色々例を挙げて強調し、エスプリの至上性を説いたものでした。モロワはフランス・アカデミー会員。いかにも「文化人」らしい洗練された身のこなし、風貌に接し、中々よかった。「フランス敗れたり」以来親しんだ人はこの人かとしみじみ眺めてきました。直子も岩波新書にあるモロワの「結婚・友情・幸福」というのを徹に出してもらって読んでごらん。そう長くないから、すぐ読める筈。世界に名の売れている作家なので講堂は超満員でした。

終って入江、田中君に誘われてモロッコ館前の街角のカフェでビール一杯。十時過ぎというのに入れ替り立ち代わり客の出入。映画でよく見る風景そっくり。「ポルトガルの洗濯女」というシャンソンがしきりに聞こえます。

帰って熱いシャワーを浴びた後、十一時というのに床に入り稀なる早寝をしました。

一月二十六日(木)

昨夜月に大きな暈がかかっていると思ったら、今日は霧雨。寝坊して起きたのが十時近く。これ幸いと午前は床屋に行ってさっぱりしました。今週はガルサン教授の所をこれで三日もさぼってしまったわけ。来週からは張り切って皆勤するつもり。精一杯やっているのですが、色々の用事で邪魔されるものです。

植村館長の所に「パロチン」の宣伝文を訳してくれるように言って来たとかで、それが僕に廻って来ました。そう長くないので一、二晩で出来るでしょう。これで千五百フラン。シャルトル行きの費用は出るでしょうと植村館長の弁。

午後シャルコー研究室で、犬の脳を見終わりました。所見を整理して、来週にでもベルトラン教授に報告するつもり。

夕食前に翻訳終了。今日八時四十五分からメゾン・アンテルナシオナルで「天井桟敷の人々」をやるとかで、田中君等が皆出掛けたので急に行きたくなり、雨の中を駆けて行きましたが、一足違いで満員。諦め切れず、暫く大勢に混って入口にねばっていましたが、らちが明かぬので引き返しました。中の一人、映画に出て来る盗賊の親分とそっくり(髭までそっくり)のが、係員を一生懸命口説いているのが大変面白かった。

メゾンに帰ったらサロンに、前に翻訳を直してもらったフランスの医学生が居るので、また頼んでみましたら、快く引き受けてくれたので、僕の部屋で見てもらい、一時間程で済んでしまいました。こんな楽なのなら月三、四回位ないかなと考えています。

滞在のことについて色々考えましたが、ブルシエとしての延期、又は他の手段による延長はやめ、自分の費用で、出来るだけ居られるだけ(出来れば来年一月か二月頃迄)居て勉強したいと考えていますが、どうでしょう。ブルシエの間は外国旅行は二週間しか許されず、かなり制約があるのです。旅行もスカンジナヴィア、ドイツあたりを主にし、オスロやストックホルム、又はドイツのスパッツ教授の居るギーセンの研究室等では一週間位通い詰めて標本等見せてもらいたいと考えています。ともかく若い今の時期に出来るだけ多くの物を取り入れ消化し、今後に資したいと思うのです。フランスに居て短い間に論文を纏めることはせず、又、無意味に滞在を二年三年と延ばしても、それ程価値のあることではないと思われるし、更に我々にとっては仕事の場はあくまで日本なのですから、メゾンに居る多くの人々のように、日本が煩わしいからと何時迄もフランスに留まろうと腐心するのは僕の取らぬところ。

荒木教授の話を聞くと、スカンジナヴィアとドイツは勉強の上から言って大変見る物がありそう。殊にドイツは日本人はヴィザ無しで入れるのだから大変便利。二度位行って十分見て来たいと考えています。ところで今日東大物理の遠藤君という、もう三年目の人に聞いたのですが、昨年十月イタリアを一ヶ月かかって十分に見学し、パリからの汽車賃も全部含めて八万フラン余りの経費だった由。いずれにせよ、フランスが一番物が高いらしいです。

新聞で見ましたが、加藤周一の外国印象記（題は忘れた）を読みたいと考えています。序での時に送って下さい。出来れば阿部知二の「ヨーロッパ紀行」も。

一月二十七日(金)

昨夜のざあざあ降りは何処へやら、午前は陽が射しました。小児科のカプランという人の連れてきた七歳の女児のウィルソン病らしい錐体外路性症状は今日の見ものでした。震顫と不随意運動をよく見分けるよう強調していました。

午後は初めてサルペトリエールのインターンの図書室に行ってみました。ドイツの「アルヒーフ・フュール・ノイロロギイ」を探しに行ったのですが、ドイツ語のものは殆どここには無いことが分かりました。医学部の図書室に行かねば無いらしい。デジェリーヌの症候学があったので、夕方迄あちこち目を通し、ノートをとりました。この本はよい本です。欲しいが中々無いらしい。

帰ったら家からの手紙が届いていました。小川教授からもいただきました。ともかく皆元気で何よりです。

＊小川教授から講師の件は無理に押さないで模様を見るというように言って来ました。ともかく早く役につくと勉強が妨げられるから、今のままの方がどれだけ良いか分かりません。只々勉強したい気持で一杯です。あとの事は小川教授に任せておきます。

＊岩波文庫の「ローマ史」（正確な題は忘れた）、写真文庫で、イタリアかスペイン辺りのがあれば欲しいです。

食後、高野君がお茶を飲みに来ての話に、今日がモーツァルトの誕生日の由。ザルツブルクあたりはさぞ大変なことでしょう。左派の「フランス・オプセルヴァトゥル」という新聞に、フランスの科学の現状を憂える記事が載っていて、ここ二十数年来、フランス人でノーベル賞を貰った者が無い由。その原因の一つは優秀な者が理科に行かぬからという。事実、田中君等の話や僕の見聞からしても、フランス人が過去の栄光の上にあぐらをかいて、唯我独尊という態度を改めぬ限り、今後共状態は同じと思う。我々の領域でも日本人の勤勉さを正しく行使し、着実に仕事を進めれば、フランス等は必ず将来において追い抜けると思います。それと同時に伝統というものはつくづく根強いものだとしみじみ思います。そうしたもののみを僕は学んで行くつもりです。

この頃になって、帰り際にでもドイツの、これぞという研究室に一ヶ月か二ヶ月通い詰めてみたいと強く思っています。夏に旅行したら又感じは違うかもしれませんが、これは大変大事な事のように思います。ドイツは生活費がフランスよりは安く、二百ドルあると二ヶ月は楽と思いますので、今の所本気に考えています。

夜田中君達とピンポン。

一月二十八日(土)　曇り

午前回診。ギラン・バレ症候群。口蓋ニスタグムス等が興味ある例。患者の一人が真性癲癇を起したのを初めから終り迄見る機会を得ました。職業的慣れからの、こうした患者に対する医者の態度の冷たいことは洋の東西を問わず同じ。もっとも痙攣を起している間は誠にどうしようもないのは当然でしょうが……。

午後は植村館長に頼まれた原稿をタイプせねばならぬので早く帰り、打ち始めたらたちまち四時半になり、五時四十五分からのテアトル・デ・シャンゼリゼでのヴィルヘルム・ケンプの演奏会に遅れてはと急いで出掛けました。折から小雨。

このテアトルは初めて。サル・ガヴォー等よりずっと大きいです。今日はJMFの会員のみを対象にする演奏会で若い連中ばかりです。指揮はジャン・フルネ。演奏はコンセルヴァトワール、ピアノはケンプ。演奏曲目はモーツァルトばかりで、はじめにK.450ピアノ協奏曲。次いでハフナー交響曲。終りがK.467ピアノ協奏曲。ケンプは地味に、従容とした演奏で大変良いと思いました。この所モーツァルトばかり聴いているわけですが、本当に良いです。自分で何か一つ楽器をいじれたらもっともっとよく理解出来るでしょうに、その点残念です。モーツァルトの伝記に親しみたいと思うのですが、手始めに小林秀雄の著を読みたく、序での時にお願いします。モーツァルト二百年祭にヨーロッパに来られたのは本当に幸せでした。

八時半の食堂に間に合い、ほっと一息。食後十時過ぎ迄タイプ打ち。明日は七時起きなので、シャワーを浴びてすぐ休みました。床の中で「人間の運命」。九十頁を越えました。

一月二十九日(日)　雨

七時に起きたが外は真っ暗。入江、田中、大塚君等と僕の部屋で朝食。その内に東の地平線がほんのり朝焼け。雲も切れそめて、所々に青空も見えて、これは幸先よしと植村館長の案内で八人連れでギャール・ド・モンパルナスへ。

九時五分発のシャルトル行きに乗車。女学校初年級の女の子達が三々五々リュックをかついで（ガールスカウトか？）、本当に溌剌と郊外に出掛けて行きます。実に美しく健康そうです。植村館長の話ではこちらでは少女は皆綺麗だが、年が進むにつれ太ったり、にきびが出たりして醜くなる由。恐らく食物の関係で過栄養になるのだろうとのこと。そんなこともあるかもしれません。確かに女性の年寄りは日本の方がずっとずっと上品です。

汽車は三等ながら上等で、暖房は暑過ぎる位。南へ下るにつれて何時しか雨となってしまいました。

ヴェルサイユ迄はこの前書いた通りの風景。それから先は今日が初めて。白樺をも交えた雑木林と、広々としたなだらかな丘陵の耕作地との交錯ですが、その間に色彩に富んだ家並が所々にかたまり、美しい眺めです。満々と水をたたえた野川も所々に見え、そのほとりには柳でしょうか、猫柳でしょうか、冬芽を伸べています。又、水車小屋の周りに牛が放牧されていたりで、印象派の画家達の画材に好んで描かれた風物がごろごろしています。フランスに来る迄はこれらの画家の色彩が心憎い迄に渋く、それでいて澄んでいるのに感心すると同時に、恐らく意識的に色をそのように作って配色するのだろうと考えていましたが、来て見て分かったことはむしろ逆。自然そのもの建物そのものがそうした色をしているのです。画家は忠実に写実しているといってよろしい。「白い道」等という小題の絵を見て、日本では実感に乏しかったが、このあたりでは地質が石灰質で本当に白いのです。牧場等の緑は冬でもカドミウムグリーンの冴えた色をしています。色の美しさには車窓に釘付けになって眺め明かすのみです。

耕作地には畔は無く、広々として大農式。同じ農業国と言いながら、そのあり方の大きな違い、更にはそれから来る農村の経済的地位の差にはいつもながら考えさせられます。

景色に眺め入っている内に、左手に大きな尖塔が見えて来ました。これこそシャルトルの大伽藍。汽車からこんな近々と見られようとは思わなかったので、意外であると同時に、いつの日か仰ぐと憧れていたものに接し、すっかり嬉しくなりました。停車場を出ると街の家々の屋根越しに二本の尖塔が、中程より上を霧雨にけぶらせながら聳えています。皆晴れることのみ念じていますが、僕はこのような形でシャルトルの塔を仰ぐのも、かえって趣があると一人で喜びました。広場を一つ横切り、細い小路を抜けると、そこがカテドラルの正面です。小路を通っている間は視界から一時隠されるわけですが、ここを抜けた途端、目の前にぐぐっと聳え立つその姿は、停車場あたりからの遠望とは又違った圧倒的な印象です。

阿部知二の「ヨーロッパ紀行」の中にあった言葉と思い

ますが、誰が何時建てた等という事は問題にしないでぼーっとただ眺めろと人に勧められたという意味のことが書かれてあったのを覚えていますが、それも一つの態度でしょう。しかし僕は別の印象でした。確かに、何時、誰が建ててもよろしいが、これを建てようとした人間の居たこと、これを設計し、それを実行した人の居たことを考えると、様式がどうの、素材がどうのと言う前に、この建物が人間の意思の塊のような感じがし、まるでガツンとぶつかって来るような錯覚を感じました。とかく感傷的なものの見方をしようとする僕に、がんと一発食わせるような強い強い意思の力というようなものを、ひしひしと感じました。法隆寺の五重塔や金堂を仰いだ時、唐招提寺の伽藍に面した時もほぼ同じような印象ではありましたが、ヨーロッパの真ん中に来て受ける印象は、より峻烈です。しかもそれが我々にとっては異教徒の物であり、異文化圏の物であるからには尚更の事です。

このカテドラルは正式の名は、カテドラル・ド・ラ・ノートルダム・ド・シャルトル。教会の中ではカテドラルは最も格が高く、ここに祭られてあるノートルダムは特に崇められている由。案内書によると、ここに初めて教会が建てられたのが四世紀、日本の飛鳥朝より前のことになりましょう。その後何回か火事に遭って、現在の建物が建てられたのが十二世紀（日本の鎌倉幕府の頃）。パリのノートルダムより三十一年後、ランスのそれより十七年早いとか。正面から見ると左右に二つの尖塔があり、左が百十五メートルでゴチック様式、右が百六メートルでロマネスク。左の方が断然気品があります。様式と同時に快いのは石の色。パリのノートルダムと石質は同じらしいが、パリのそれが煤煙のため黒く煤けているのに、ここのは田園の中にあるためか遥かに清浄で、所々うっすら緑がかっているのは苔のためでしょうか。飛行機の発達や人工衛星が問題になっている現在の我々には百十五メートルの高さはものの数ではありませんが、実際に塔の下に来て打ち仰いだ感じは、そうした数字等は越えた、直接天に通ずるような高さを感じさせられます。恐らく中世の人間にとっては、それこそ高いものに感じられ、ここに来て祈る時は畏敬の念に打たれて、自から天にまします神に跪いたことと思います。この殿堂を造るに当たっては貴族達は金を、資力無き者は労力を捧げたと書いてありますが、宗教が君臨していた中世期では、教会がその威厳を示すためにもこういうものが必要だったのでしょう。そうしたことも手伝ってか人権が高揚され、平等の叫ばれたフランス革命の時にはこの教会は、蜂起した民衆の襲う所となって、彫刻の多くはその鼻をたたき壊されたということです。雨のため人通りの乏しい石畳の上を行ったり来たりしながら、霧に包まれた塔を飽かず仰ぎ、建物の細部より何よりもその全体から受ける圧倒的な印象に浸りました。

もっとも、べたぼれしているわけではありません。日本にも奈良の大仏を建てたスケールの大きな人物が居たことを思い起し、夢殿の美しさ、薬師寺の塔の気高さも決して忘れません。ただ、我々の現代生活の大きな部分を占めている西欧文明の屋台骨の一つのキリスト教が、こうした雰囲気の内に培われているということを、幾分なりとも理解することが大事だと思うのです。

塔には多数の鳩や烏が住んでいるらしく、しきりに出入りします。西本願寺や東本願寺でも同じこと。洋の東西を問わず、寺と烏、鳩は付き物かなとほほ笑ましくなりました。

昼前に、シャルトルの町の美術館を見ようと言う植村館長の声に呼び集められて、カテドラルの後ろのミュゼに入りました。ここは方々から寄付された物を集めた性格の無いもので、シャヴァンヌ一点、プリュードン一点（マリー・ジョゼフを描いた物）だけが見ものでした。ここを出たすぐ横は一寸した広場で、高台になっており、後ろはカテドラルの背面が聳え立ち、前は開けて、古いシャルトルの町越しに広々と地平迄続く野面が眺められます。春の芽吹き時は実に素晴らしい風景だと思います。その頃には弁当持ちで是非来ようと田中君と固く約束。

昼になったので、カテドラルの南正面の広場から出る細い小路を入った小さな料理屋に飛び込みました。何時建てたのか、家全体が左に傾き、外側から支え棒がしてあります。屋号はその名も〝古巣《ヴュー・コワン》〟。パン、葡萄酒、シャルトル名物のパテ、赤カブの酢漬け、肉、ジャガイモ、グラタン、チーズで三百五十フラン。僧衣を纏ったカトリックの神父さんが葡萄酒に顔を赤らめ、陶然としながら片隅で飯を食べているのも田舎町らしい親しめる風景です。こうした田舎に来ても、日本人がどやどや八人も乗り込んでも殆どの人の視線を感じないのは見上げたものです。もっともここは観光客が多いから客擦れしていると言ってしまえばそれ迄ですが。

二時頃ここを出てカテドラル内部へ。自由に出入り出来ます。大きな木の戸をぎーっと押して中に入ると、ぷーんとかび臭い匂いがします。雨のためもあって、ただでさえ薄暗いのが一層暗く、一足毎の靴の音が三十七メートルあるという天井に微かにこだまして、誠に現代離れした雰囲気です。所で見物はステンドグラス。恐らくフランスでも最も良く揃い、最も美しいと言われている物の由。噂には聞いていましたが確かに素晴らしい物です。戦争や災害で破損した一部を除き、殆どの窓が色ガラスで埋められており、これのみを仰ぎ見ながら堂を一周しましたが、僕の一番気に入ったのが東正面の物。陽が射していたら効果は更に倍加すると思います。一転してカテドラル中央の「心臓」クールと言われる部分へ。ここの周囲はキリストの事蹟を語る夥しい彫刻が飾られています。その台座には方々に名前だとか、年月だとかが走り書きしてあり、参観人達のいたずら書きと思います。こうしたことは何処でも同じです。と同時に、しか程左様に作ってある石が柔らかいわけで、大変細工しやすいものと考えられます。

ひとわたり内部を見てから、塔上りは敬遠すると言う年寄りと別れて我々四人で塔へ。ぐるぐると石の回り段を数限り無く上ると北正面の屋根の端へ出ます。ここから屋根の側の一寸した突き出しを渡って、例の百十五メートルある塔の中腹に達し、また回り段を上って百メートル位の所にある鐘の所迄上るわけです。ここからの眺めも格別。説明等いくら書いたって僕の筆ではとても現せない故、春になったらまた来て、カラー写真を撮ってお目に掛けることにします。折から雨が一段と激しくなったのでやむなく降りました。

カテドラルの前の土産物屋で植村館長等と一緒になり、そこで節子にシャルトルの町の紋章をブローチ代りに買いました。百六十フラン。今に真っ白いブラウスでも着るようになったらきっと色が映るだろうと思って。

シャルトルではカテドラルと同時に、ウール川に沿う古い町が見もの。やみそうもない雨の中を川の方に下って行きましたが、かなりの降りに川べりの古びたカフェに逃げ込んで、雨の弱るのを待ちました。少し小降りになったのが四時半。六時の汽車迄もう一巡りと、ルネッサンスの廃墟の跡の多いというリュ・サン・ピエールを下って、エグリーズ・サン・ピエールへ。これも十二、三、四世紀に亘って建てられた物。ステンドグラスは貧弱、「クール」も小さく、カテドラルとは比べものになりませんが、古い雰囲気をたたえています。再び川に沿い、半ば崩れかけたような壁の家の混る古い町を抜けました。家の切れ目から川越しに時々カテドラルが丘の上に姿を見せ、楽しい眺めです。川と言ってもどぶ川で、川というより、むしろ「堰」と言う方が正しいでしょう。

停車場への道は坂になり、何遍も途中で振り返りながら、眺めを愛でながら、再びカテドラルの正面に出て、も一度ゆっくり仰ぎました。堂の前の広場の土はブリリアント・イエローに黄土色を混ぜたような暖色で、これがカテドラルの石の色と良く調和します。皮肉な事に停車場に着いたら雨はやみ、西の方からからっと晴れ上りました。車中、印象を纏めようと頭を巡らせましたが、未だ混沌として果さず（今日、三十日（月）になっても御覧のようにとりとめもないものです。やむを得ず見たままを並べました）。

夜は田中君等と印象を語り合いました。

念願のものを見得て、満足してぐっすり寝ました。

一月三十日(月)

皮肉なことに今日は柔らかい陽射し。ガルサン教授は二月九日から二十日頃迄マルチニック(フランスの海外県でカリブ海に浮かぶ西インド諸島の中の島)に旅するとかで、その準備のため今日明日は休みとか。マルチニックはガルサンの生国の由。骨休みの帰国かもしれません。

ベルギーの男とインターンの回診に付いて回りました。腰椎穿刺を一例やっていましたが、手を洗うでなし、ヨードチンキで皮膚を清めただけで刺します。すっと一度で入ったが、少しく血性。相棒が、ミスじゃないかと言ったので、長いこと論じていましたが、それじゃ高い所で刺そうと、患者が気分が悪いから止めてくれと言うのに、又もう一度。患者は脳貧血を起しましたが、それでもクエッケンステットをやったり、圧を計ったり、少々患者がかわいそうな位。この位当たり前と言えば言えるかもしれず、そんなことに同情しているのは、こちらが甘いのかもしれません。ともかくこちらでは医者は権力絶大。それだけにルンバール(腰椎穿刺)をやるというと患者は必死に断るのかもしれません。

午後は、明日ベルトラン教授に犬の所見を報ずるので、その準備をしようとシテに帰って過ごすことにしました。ところが、部屋に帰ると少し気がゆるんで眠くなり、三時から五時半迄昼寝。しかしかえって頭がさっぱりして後の能率がずっと上りました。

九時からのコメディ・デ・シャンゼリゼでのパスキエ三重奏団の演奏会に行くために高野君と出掛けました。ここはこの前ケンプを聴いた所の隣で、平常はピエール・ブラッスール(「青髯の七人の妻」の俳優)が芝居を打っている所。こぢんまりとして、日劇のニュース劇場を一寸広げたような感じの所です。演ずるのはパスキエ・トリオと共に、ジャクリーヌ・ボノーという女性ピアニスト。これもモーツァルトばかり。二つのピアノ四重奏曲と、ピアノ奇想曲一つに、ヴァイオリンとヴィオラの二重奏。今迄に聴いたことのないものばかりで珍しかった。こうしたものを聴いていると音楽には技術もさることながら、それだけで終ることなく、深い感情の裏付けがなければ本当でないという気がします。そういう意味で、今日の演奏等は実に深みがあるように感じました。

催し物に行く度に感じることですが、何処へ行っても常に八分以上の入り、全く不思議な所です。日曜等五時四十五分からコンセルヴァトワール、コンセール・ラムルー、コンセール・パドゥルー、及びコンセール・コロンヌがそれぞれの劇場で演ずるのに、どこもほぼ満員。しかも年配の人々が多く、聴いた後は互いに感想を述べて論じ合っています。高野君等もそのことを感心していました。

しかし考えてみれば、こうした音楽のスタイルはヨーロッパで培われたもの、日本だって日本古来の能や歌舞伎には年配者も大勢行き、又、鑑賞眼も肥え、それぞれの意見を持っているのですからそんなに驚くべきことではないとも考えられます。

帰ったのが十二時過ぎ。シテのメトロの駅を出ると、こんな遅いのに何時も大きなオレンジを売っており、今日は腹が減っているので百フラン買いました。四つ来ます。部屋に帰り、田中君を誘ってココアを入れながらオレンジをかじり、音楽会の話です。くだらんことかもしれませんが、少しでもこちらの生活を知らせるため書いているわけで悪しからず。

＊直子の自動車教習のこと。やれる時に何でもやるがよい。自動車を持つことはそれ程遠い夢ではあるまいと、田中君と話し合っています。

一月三十一日(火)　曇り

九時半にシャルコー研究室に行き、ベルトラン教授の来るのを待って、今月観察した新生物性白質炎の例と、犬の小脳虫部欠損の例の所見を報告しました。前者については、多発性硬化症の像を見たのは初めてですと言うとびっくりしたような顔をするので、日本ではその存否が論じられており、昨年春の学会ではそれが主題の一つになったが、その際も適当な標本が無いので、アメリカ等から送ってもらったのですと話し、日本に少ないのは食物の故ではないでしょうかと述べました。

それから食物の話になり、日本では魚が新鮮で美味いので、肉より多く食べる傾向がありますと言うと、ヨーロッパではむしろ肉の方をよく食べる。しかしイギリス人は魚もかなり食べるようだ。しかしイギリスの料理は実にmédiocreだと言われました。これは平凡とか可もなく不可もないという意で、決して褒めた言葉ではありません。そして、貴方はロンドンに行きましたかと言うので、まだですと言うと、イギリスの料理はどうもというようなことをぼそぼそ言っておられました。

次いで本論に戻り、ともかくこの例の大脳白質の変化は特異で、まるでこの机の如く固かったと、机をこんこん叩きました。どうも話の調子から、なお中々興味をつないでいる例らしい。次が犬の報告。これに就いては昨夜遅く迄かかって所見を紙に書き並べ、ノートのスケッチを指で指しながら読んでいきました。終ったら、大変良くやっている、これで何か発表したらよいでしょう。一九三六年に発表した時は雑誌が「ルヴュー・ニューロロジック」で、プラクティシャンを対象にしたものだから、自然、扱い方も限られたものになったが、貴方のはもっと広い立場から眺め、今迄の観察例も併せて何か結論を出して書いたらよい。金曜日迄に貴方の計画を纏めてごらんなさいと言います。いやこれは勉強のためで、発表するためではないと言うと、いやよく勉強してあるからお始めなさいというわけ。

立ち際に、明後日はソシエテ・ド・ニューロロジィ・ド・パリがあるからいらっしゃい、貴方には特に興味があるでしょうとのこと。お邪魔しましたと部屋を出たら、教授が後から来て、貴方のデッサンをゴデ夫人にも見せて下さいと言い、次いで隣部屋に居たモラーレ教授夫人に知らせたらしく、すばらしいデッサンを見せて下さいとやって来ました。僕としてはそう大したことでなく、いつもの通りなのですのに、むしろ大仰な位に褒めるので大弱りです。これを描くのにどれ位かかりましたかとか、一日ここで何時間位勉強されますかとか細かく聞いてきます。僕は日本の研究室にはこうしたメモのノートを既に百二十冊以上残していますと言うと一寸びっくりした顔をしました。又、今弟と動物の脳の図譜を用意していると言うと、欧州では某(名は聞き取れぬ)のがあるからお目に掛けましょうとモラーレ夫人。参考のため見せてもらうことにしました(後記。家に見当たらぬ由。大した物ではあるまいと思います)。

結局、教授が自分でテーマをよこさずに、僕の所見を基に何か書けと言うことは、僕の所見を認めたことになるわけで、その意味では満足です。精々努力して見ましょう。発表するとなればベルトラン教授と共著になるわけです。しかし多数の例を勉強するには一寸差し障りが出来たことになります。何故なら何遍も図書館に通わねばならぬからです。もっとも別の面からすれば、書いたものをベルトラン教授に見せて、色々討議を受ければ、教授の考え方も分かるわけで、決して無駄にはならぬでしょうが。

午後は帰って夕方迄手紙(三十一日付)を書き上げました。近頃は自分の文章がたどたどしいので少々嫌気がさしているのですが、そちらで読んでみてどうですか。文章を書くということは結局自分を全部さらけ出すということだから中々容易ではありません。もっとも自分の見た事感じた事を正直に書き連ねているのだから、そうした意味ではオリジナルな仕事になるので努力して続けております。今迄の所で、皆で公平に見て、人に見せても恥ずかしくないと感ぜられるようでしたら、私事に亘らない所だけを原稿用紙に書き写して頂けたら嬉しいと思いますがどうでしょう。「見聞記」として保存しておくためにも。今日夕方「千五百円世界一周記」を受理。一寸目を通しただけですが、折角送ってもらってすぐ批評するのもどうかと思いますが、僕の目からは単なるガイド・ブック位の値しかないように思われます。人のふり見て我がふり直せというが、僕自身はもっと密度のあるものを書きたい。

二月一日(水)

早いものでもう二月。昨夜から風が出て、温度がぐんぐん下がり、とうとう今日は零下十二度。ストラスブールでは十五度になった由。朝寝坊し、目覚めたのが十時で、外来に間に合わぬので、さぼって昼迄床に潜って骨休め。仕事の計画に耽りました。建物の中では寒さは感じないが、表に出ると相当なものです。

午後の臨床講義はバジェット氏病、ギラン・バレ症候群、及びフリードライヒ病。中々ヴァラエティに富んでいます。

昨日の気温より一遍に十五度低下した由で、こんな時に体を壊してはと、夜はシャワーを浴びて早目に床に入りました。

今ヤスパースの「現代の精神的課題」を読んでいますが、訳がまずいのか、本文が分かりにくいのか知らないが難解。しかしヨーロッパ以外に精神史的に東洋の価値の大きさを忘れず、そうした意味では好感の持てる本です。科学と哲学の関係についても多くの示唆を与えてくれます。

二月二日(木) 晴

今日も零下十五度。安藝さんから長文の手紙。まことに心に触れる文章で、感激しながら読みました。本当によい先輩を持つことはありがたいことだと思います。僕が出発の日、上諏訪で、僕と連名で発表した小脳萎縮症の学会での有様や、同じ演題で文部省科学研究班の会の席上話した時の結果について知らせてくれたものです。ともかく資料(特に臨床的)の乏しい材料でよく勉強されたものと、僕自身安藝さんの努力に敬服していたのですが、それだけ力が入っていて学会でも大いに反響があったのでしょう。喜ばしいことに思います。今度ひょっとすると東一(東京第一病院)に行かれるかもしれず、その進退について小川教授にも伺いをたててみたが、場合によったら脳研のメンバーの一人として籍を置いて東一で仕事をしたらよいとまで言われたとかで喜んでいました。全く学問というものは制度も大事ですが、何よりも人、戦後十年もするとごまかしではきかない誠実な人の活躍する場になると言うことが分かります。もっとも油断しているとすぐ逆戻りになる危険はありますが。

今日は寒いというより痛いと言った方が適当。相当なものです。それでも張り切ってパリ神経学会(ソシエテ・ド・ニューロロジィ・ド・パリ)に出掛けました。オデオンで降りて凍て切った道を辿ってリュ・ド・セーヌのセーヌ河に一番近い所の、誰も気付かないような内庭の中に会場があります。誠に古めかしい雰囲気で一寸意外でした。薄暗い所で、窓を除いた以外の壁には大勢の学者の大小の肖

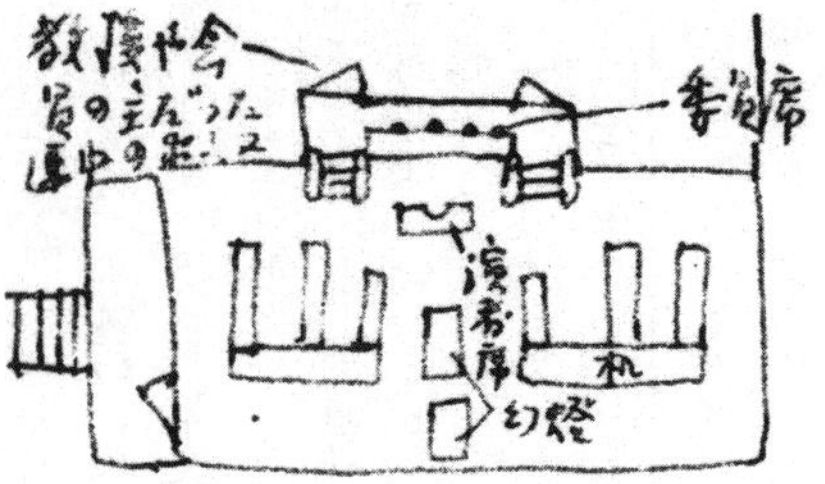

像が貼り巡らされています。外の壁にはソシエテ・ド・シリュルジィと書いてあるところを見ると、元来は外科の本営かもしれない。場内は上図の如くで、広さは東大の南講堂より一寸大きい位の物。演説は遺憾ながら殆ど分からない。だから雰囲気しかお伝え出来ないのですが、演者がしゃべり始める時は静かですが、それが自分に興味がないと分かると、あちらでもこちらでもおしゃべりが始まり、ひどい時にはまるで蜂の巣をつついたように（一寸形容が大きいが）会場が賑やかになり、演者等そっちのけになります。しゃべり終ると議長が「ムッシュ・何々の興味ある演説に、どなたか質問はありませんか」と言うと、大体一人か二人手を挙げ、ある時は質問、ある時は付議、追加をやりますが、自分はこう思う、自分はこうだったと、自分の言いたい放題を並べるとすっと座ってしまう。誠にあっさりしたもので、感情の起伏などありません。演説中でも人の出入りが多く、慣れない目には誠にざわざわした空気なのですが、結構質疑応答があるのですから、聞く人間は聞いているのでしょう。学会と言うより一種の社交場と言う一面を持っているのだと思います。いる間、月の第一木曜にはここに来て空気を味わって行くつもりです。終ったのが十二時半。陽射しで少しゆるんだ寒さの中をリュクサンブール迄出てシテに帰り昼食。

午後は仕事の計画を練りましたが、すべてフランス語でやることとて難渋。これもよい修行です。

七時迄に大使館に来いということで、寒い中を出掛けました。加賀美氏が二月九日に帰国する鶴見という人と僕を招いてくれたのです。大使館で落ち合って加賀美氏の自動車で、モンマルトル中腹の氏のアパートへ。何でもこの寒さで、今朝はパリでは十万台の自動車がエンコした由です。モンマルトルの店のショーウィンドウのガラスはどれも綺麗な氷の花を咲かせています。何でもこの寒さは近年稀なものらしく、暖かい冬だ等言っていた矢先なので皆たまげています。こんなのがひと月も続かれたらやり切れないでしょうが、有難いことにそう長くは続かぬという新聞のご託宣です。

今日はすき焼きを馳走になり、食後カラースライドを眺めながらブランデーをチビリチビリ。おまけに加賀美夫婦の睦まじいのに当てられて、少々ふらふらしながら十二時過ぎおいとま。モンパルナスでメトロの終車になって、タキシーを拾ってメゾンに帰ったのが一時過ぎです。

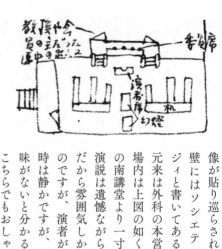

二月三日(金)　曇り

寒いとはいいながら、昨日よりは緩みました。

午前、ベルトラン教授に会うべく出掛けましたが、中々忙しいのと、こちらの計画をもう少し十分にしたいのとで、マドモワゼルに月曜にしてもらうように頼んで、図書館に行くことにしました。一旦シテに帰って昼食。ソルボンヌの近くの医学部内の図書室迄出直しです。医学部に籍を置かないと図書室を利用出来ないので、事務でそれを済ませてから入りました。ブールバール・サン・ジェルマンに面する二階のことゆえ、自動車がかなりうるさい。図書の出し入れは比較的簡単だが、係員の態度は概ねつっけんどんで、フランス人でも怒鳴られているのがいます。特に女性の係員は不親切なようです。ともかくここは女性の気の強い国です。家庭内のことは知らないが。

先ず安藝さんに頼まれたババンスキーの原著を書き写しました。「コント・ランデュ・ド・ラ・ソシエテ・ド・ビオロジィ」に載ったもので、二十八行の極短いもの。これが現在迄の六十年の間、最も大きな発見とされる現象の報告なのかとしばし感慨に耽りました。

次いでブロダールのオリーヴ核に関するドイツ語の論文を読み、次いで橋核に就いての英語の物を借りようとしたら貸出中とかで駄目。五時にもなったしで引上げました。七時迄開いているとかで、余り空席が見当らない程の入りで、皆懸命に試験勉強らしい。自分で本を買わずに主として図書館を利用するので混むのでしょう。文献目録で見ると、日本では見られない雑誌が総て整っていて、その点誠に羨ましいです。

ビシャの像の立つ内庭を抜け、サン・ミシェルの雑踏に出ました。

九時からテアトル・デ・シャンゼリゼでのカラヤンの演奏会に行くので、田中、大塚、高野君と八時にメゾンを出ました。星空です。かなり寒いので、シテの前のカフェでアペリチフをひっかけて暖まってから出掛けました。席は安かろう悪かろうで、五階の天井桟敷。しかも脇の方なのでオーケストラは半分位しか見えず、カラヤンもピアニストも辛うじて見えるだけという不利な所。カラヤンの人気のためでしょうか満員です。曲は最初が喜遊曲十三番、次がクララ・ハスキルのピアノでピアノ協奏曲K.466。最後が「ジュピター」。演奏はロンドン・フィルハーモニー。休憩中に矢内原氏に会って聞いた所によると、先日のザルツブルクの記念演奏に、この同じ顔ぶれで演じた由。

カラヤンは相変らずの伊達姿、派手な指揮ぶり。東京で二度聴いたが、このパリの地で再び聴こうとは思ってもいなかったので誠に嬉しかった。演奏はパリの今迄聴いた楽団のどれよりも良いように思いました。カラヤンの威力でしょうか。「ジュピター」等、壁からも天井からも湧き出して来るように、体中を音で包むように素晴らしい効果でした。歯切れのよい、それでいて表情に富んだ素晴らしい演奏だと思いました。

それにも増して驚嘆したのはクララ・ハスキルのピアノ。この人は六十歳になる白髪のお婆さん。歩く時もうつむき加減で、どちらかといえばよぼよぼ。ピアノに向かうと背中が丸くなり、これで弾けるのかと危ぶむ位ですが、一旦弾き始めると、実に驚くべきもの。全堂を圧して鳴り響きます。弱い音でもしみ通ります。それでいて実に内面的。誠に音楽性が溢れています。演奏も実に地味で、何の変哲もない、それでいて僕ごとき音痴をもシュンとさせる深い深い表現をするのです。政治家だとか教授等のようにごまかしや年の功で、その職を維持して行ける世界とはこと違い、全くごまかしの利かないこの芸術の世界で、この年になる迄一線を持して行くというのは尋常一様のことではありますまい。一旦ピアノから離れると又よぼよぼのお婆さんになるこの人の細腕の何処にこんな力があるのかと唯々打たれるばかり。しかし年寄りなるが故に、背中が丸い故に、好奇の目を持って見つつ聴くのでは視覚に幻惑されると思い、目を閉じて聴き進みましたが、何とも素晴らしい。終った時はそれこそ万雷の拍手、ブラボーブラボーの声が降るようです。カラヤンと共に何遍となく舞台に呼び戻されましたが、笑顔を作るで無し、手を振るで無し、低く頭を下げるだけ。それが又神秘性を増すのでしょうか。拍手は一層激しくなるばかりです。ルービンシュタインを聴き、ケンプを聴き、リリー・クラウスを聴き、今ここにハスキルを聴いたわけですが、ルービンシュタインの派手さがはっきり印象付けられます。今の僕には技術は或いは劣るのかもしれませんが、ハスキル、ケンプ等の内面的な音楽の方がより一段と立派なように見えてなりません。

メゾンに帰ったのが十二時半。田中君の部屋に集まって、オレンジを齧り、大塚君のフィアンセから送って来た塩煎餅を齧りながら感想を語り合いました。

二月四日(土)　曇り時々晴

今日はぐっと気温が上り、零度とか。零度というのは誠に暖かいものです。風花のように雪がふわふわ浮く中を出掛けました。回診ではメナンジオームの手術後、舌の右半にすっぱい物を乗せると涙が出るという例を見ました。

午後はシテで食事をして図書室に行こうと思っていたら、二時四十五分にブルシエの人々に警視庁の役人が用事があるから、外出しないでくれとのことに、やむなく残留。用事というのはパスポートを調べたり、何時迄居るかとか、部屋代は幾らだとか、奥さんの名はとかいう身元調べ。午後からは陽が出て、陽の当たる窓際に居ると暖房のあることも加わって春のよう。そういえば今日は日本では節分だなと思い出しました。こちらもこの頃はめっきり日が延び、六時頃にやっと暗くなります。

夜は一週間分の洗濯。金曜日の朝、手紙を受け取りました。皆元気で結構。

*節子のニュース、嬉しく読んでいます。ママにばかりくっついているのは一寸困るね。又余り神経過敏なのもよくない。でも直子の出かけた夜等、一人で留守したと聞いて感心した。手を真っ赤にしながら雪いじりする程元気なので安心しています。

*緒方竹虎氏の死は惜しいことです。当分ああいう人は出ないでしょう。また政治はがたがたか。

*厚生省のバカなことは先刻承知。黙っているわけにはいきますまい。こちらでの医者の待遇、生活は日本とは比較にならぬ。厚生省の奴らの考えは奈辺にあるのか。

*プス、クロも元気の由。プスのおできをすっかり治してやって下さい。こちらは猫と犬の天下です。実に大事にする。

「フィガロ」の音楽欄に、カラヤンの音楽会評が出ていますが、カラヤンは以前にあった粗雑さがとれ、今や完璧とある。又、ハスキルについては、「我らのハスキル（ノートル・ハスキル）」は再び輝かしい勝利を飾ったというような最大級の賛辞を呈しています。おまけに見出しは「ロンドン・フィルハーモニーはパリを征服した」とある。もう一つ面白いのは劇場側が批評家に良い席を取っておかなかったとかで、こんなことで良い批評は出来ないと劇場側と三十分も揉み合ったため、初めの喜遊曲はどんな風に演ぜられたかは知らないと述べて居り、ここいらが議論好きのフランス人の一面を示すものとして面白いと思います。

二月五日(日)　雨

九時半起床。霧雨。十一時にシスターの知り合いに会うので、十時過ぎに部屋を出ました。道が凍てついて滑って大変危ない。場所はリュ・サン・ジャン・バティスト・ド・ラ・サルという大変長い名の通り。モンパルナスからそう遠くない物静かな小さい通りに面する尼僧院。かなりの年、と言っても六十歳位か。首を細かに震わせながら実によくしゃべるが、かなり話は良く分かりました。午後サルペトリエールに行って患者を慰めるのが仕事とか。サルペトリエールは隅から隅迄知っていると言っています。結局、セルクル・サン・ジャン・バティストという日本人を対象にするカトリック関係の集まりがあり、それに出られたらよいということを言いたいらしかったのですが、これから今日はその会に行く所であり、今迄もずっと出ていると話しましたら、満足の意を表していました。そしてカトリックに興味を持つかと問うので、興味は持つが、自分は仏教徒であるとはっきり言いました。とはいえ仏教の教義については明るくはないのですが、こういう場合ははっきり物を言った方がよろしい。貴方の奥さんはカトリックですかと問うから、これに対しても、自分の妻は熱心な仏教徒の家の生まれだと言うと、奥さん自身はどうなのですかと中々食い下がって来ます。僕と同じであると答えてこの話は打ち切り。この尼僧院には東京に六年も居た人がいるから又おいで下さいと言うので、それじゃ次の機会にと言って腰を上げました。

そこから又雨の中をオデオンに出、まだ十二時半迄時間があるので、カフェに入ってコーヒーを飲みながら研究の計画を練りました。

今日の集まり場所はこの前神経学会のあった場所の隣のリュ・ド・セーヌ十二番地のマドモワゼル・バランッジュのアパルトマン。この人の父親はエコール・ポリテクニックの教授でアフリカを旅行し、土民の芸術を非常に詳しく調べた人で、同時に信仰に厚く、土民の芸術とカトリック教とを結びつけようと努力して、数多くの作品を作り、自分のアパルトマン全部をそれで飾っています。しかも自分の家に祈禱室を造り、祭壇もなにも総てそうしたエキゾチックな様式に飾ってあります。キリスト像やマリア像、キリストの生涯を表す浮彫等も総て、土民の作品風に変形してあります。アフリカに布教したりする時にはこうした物を持って土民の間に入り込むとやりやすいと思われます。即ち布教にはそれぞれの国ぶりにニュアンスをもたせてやって行こうというわけで、一面から言えば巧妙、執拗、他面からは大変幅広く、包含力が大きいといえましょう。作品の中にはなめし革で作った受難像の画面、木彫りの予言者像等、中々良い物も見られました。

食事は日本食で、五目寿司と稲荷寿司。日本の女子会員の作。珍しいわけだがそう美味くなかった。ブザンソン夫妻と隣合わせ。彼の話によると、これから毎年、医者を含む東洋観光団が日本にも二週間の日程で行くことになる由。京都には一日しか寄らないのは惜しい、京都こそ日本的な都市なのにと言っていました。彼には京都が気に入ったらしい。彼は現在オテル・デューで結核のことを勉強しているとのこと。父親はパリ北部のビシャ病院で働いている由。中々皮肉なところのある男ですが、根は親切な男らしい。奥さんのお産が済んだら来て下さいと言っていました。

三時に目の前のアンスティテュ・ド・フランス（フランス学士院）見学。有名なアカデミーのある所で、宰相マザランの建てたという学校の跡に増築されたもので、立派な図書室が含まれています。二十万冊位本があるらしい。マザランが本を集めた頃は方々に行って貫目で十把一からげで買って来て、その中から良い物を拾い集めた由。アカデミー会員の会議場等くまなく見ましたが、ここも壁中彫刻や肖像画で飾られ、全体が古めかしい雰囲気で満たされています。フランスが自由の国と言われるために、さぞかし進歩的な雰囲気に満たされているだろう等と考えたら大間違い。実態は実に実に格式ばったものであります。五時過ぎ解散。

セーヌ川の上流から流れて来る氷で、川の面は満たされ、異様な眺めです。こうした眺めは余程寒い年でないと見られぬ由。

夜は九時半から十一時過ぎ迄、田中君、高野君と、輪講をはじめました。「Les carnets du Major Thompson」というフランス人の書いた風刺風の随筆です。フランス人の生態を皮肉に描いて中々面白そうです。

二月六日(月)　霧雨

ずっと暖かくなり、手袋も要らない位。

午前、ベルトラン教授に会って、プロジェクトなるものを話しました。こちらではどのようにするか分からぬので、日本風に見通しみたいなものを作ってみたのですが、橋被蓋網様核と、オリーヴ核に重点をおきました。ところでオリーヴ核の方はベルトラン教授の二十年前の論文では何の変化もないと記してある部分に、僕が見るとはっきりした変化が認められるのです。そうしたこともあってか、こうした例から結論を得るのは無理かもしれぬ、また少し考えておこうというわけで、今日は終りました。僕としても世話になっているのに、教授がずっと前に発表したことと逆のことを書き出すというのは一寸困ると思うし、そんな小さなことに時間をかけるよりもっと大きな動きを見たいので、これで反って気が楽になりました。向こうもこの例にはもう触れないと思います。こうしたことでも分かるように、論文に「…である」と断言してあっても、標本を見ない内は全面的に信ずるのは危険であることが分かります。向こうとしては、まだ若僧のくせに、おまけに言葉もよく分からぬのに、我の強いことを言って生意気だと思ったかも知れません。しかしこうしたことも留学の一つの修行になるわけで、全力を尽くしてやっているのだから、先方の思惑に等気をとられる必要はありません。

午後は医学部図書館へ。これから週一、二回、日を決めて、日本では読めない論文に目を通すのもよいかなと考えています。今日は小脳に関するロシア人の短いながら良く纏まった論文を読み、大変勉強になりました。六時帰室。夜は方々に手紙書きです。

＊現在の手持ちのお金はドルで二百五十、フランは九万五千。三月に入ったら旅行の計画を念入りにやろう

と考えています。
＊ガルサン教授留守の間は少々のんびりするつもりです。
＊今日は奨学金三万フランもらい、懐が暖かで、皆にこにこしています。

二月七日(火)

新聞には寒さの再来かと書いてありますが、今日は朝から陽が射し、まことに良い天気。ところが昨夜二時過ぎ迄手紙を書いたので今日は寝坊してしまい、目覚めたのが十時。今日からはガルサン教授も居ないこととて、たまには骨休めと、昼迄床に入っていました。よく寝たあとは爽快です。

横江先生から便り、エジプト紀行文を見てたまらなく行きたくなったと、今度は元気な文面で安心しました。昼飯後サロンで日本の新聞を見たらドガの絵がアメリカに渡ったとかいうことの記事があり、その中にセザンヌは殆どアメリカに渡ってしまったとある。全くドル旋風には歯ぎしりするのみ。もっともアメリカ人がこういう物を欲しがるのはヨーロッパに対する郷愁でもあるのでしょうが、日本古来の物迄荒されるようになったら断固防ぐ要があるように思います。いま「芸術新潮」を借りて、竹山道雄「大和紀行」の一部を読んでいますが、帰ったら、また奈良の仏達を見て歩きたいと思います。ヨーロッパの物を見た後に接したら、又、味わいは全く別だろうと考えます。

午後シャルコー研究室へ。今日からはヘレド・アタキシー・セレベルーズの剖検例。戦争中にギラン・ベルトラン発表のものの症例は一九二二年にクルーゾン・マテューが臨床的報告をやっています。戦時中故二ページ程の短いもの。標本も延髄が十枚おきで二十枚程、橋は十枚、中脳は四、五枚という貧弱なもの。

外科教室からシャルコー研究室に来て標本を作っている看護婦のマダム・ロシェが一週間休暇をとって夫婦で雪のサボアに行ったとかで、部屋のマドモワゼル達に葉書をよこしています。日本では一寸考えられないこと。第一結婚して子供がありながら看護婦を勤め、時には休暇をとってのんびりスキーに行く等は極めて稀又は絶無といってよく、医者だって日本ではそんな機会はざらに有りますまい。小金があって個人生活が確立されているフランス庶民生活の一面でもあるのでしょうか。

アルジェリアに暴動があり、騒いでいるようであり、少々フランス事情の生々しい所も勉強しようと今日から夕刊を読むことに決めました。アルジェリアの問題をでかでかと扱ってあります。もし北アフリカを失うことになればフランスはそれこそ経済的にじり貧になってしまうでしょう。

夜九時から十一時、田中君に誘われて切手の集まりに出てみました。出席者は今日はとても少ないとかで、日本人の我々二人の他はフランス人二人とマダガスカルの男一人の計五人。僕は今日は見ているだけですが、フランス人の一人の持っているのには驚きました。机を囲んで各人のを見せ合って交換するわけですが、スイスの切手の美しいのには感心しました。ところで、日本の航空便用切手は大変に値が良く、特にこの前貼ってくれた百四十四円と十六円の鳥のついた大型の等は三百フラン位もします。又、大仏のも、山の上を飛行機が飛んでいるのも良い値です。これを色々の値段の違った色のを揃えて持って行けば、スイスの虫や高山植物等の綺麗なのとゴッソリ取換えられます。将来節子が大きくなって眺めて楽しむよう、又、外遊の記念に美しいのだけでも揃えて行こうかと思います故、一つ協力して下さい。航空便用の物は現在こちらにあるのは、鳥の百四十四円のと十六円の一枚ずつ。大仏のが百十五円のが三枚、七十円のが一枚。五重塔の三十円のが二枚、二十五円のが二枚です。百円の鵜飼のは余り好まれぬし、こちらに大分届いているからなるべく敬遠。右以外の航空便切手をなるべくヴァラエティに富むように貼って送って下さい。もっとも重複しても構わない。使用済みのとそうでないのとでは値が違うが、使用しないのをわざわざ送ってもらう必要はありません。いずれ楽しみながらやるのですから。集りは大体月一回。メゾン・アンテルナシオナルの応接室で開かれます。なお航空便用のでなくても日本のは一般に値が高く、有利ですから、気の付いたのがあったら加えて下さい。中学時代一度集め始めたが、金が続かなくてよしたわけですが、田中君に聞くと、買ったりするのはむしろ邪道で、こうして交換するのを楽しむのが本道の由。こういう道楽となると、どこの国の人間も同じ、実に楽しそうな顔をしてやっています。今の僕には切手集めはそう魅力のあるものではありませんが、蝶や人形の綺麗な模様のスイスの切手を見て、節子の土産にと思い立ったわけです。

帰ってから田中君と二人で日本茶を飲んでいたら高野君がやって来て雑談。僕が脳の話で二人を面白がらせたり、高野、田中君から、いつかミュゼ・ド・ラ・マリーン（海洋美術館）で見た、ヘレティック号で大西洋を渡ったアラン・ボンバールの話を聞いて僕が感心したりで、一時半迄話し込んでしまいました。ボンバールは医者の由で、食料は持ったが、封印してしまって最後迄用いず、途中で魚を釣ったり、鳥を落としたりしてそれを食料にしながら六十五日かかって初志を遂げた由。最初地中海で友人と二人で航海に乗り出したが、友達は怖じ気付いて逃げ出し、自分も第一回はアフリカ海岸迄行った時、妻がお産したと聞いて引き返し、ボンバールも子供の顔を見て諦めたとかいう陰口を後に、第二回目に漕ぎ出して成功したのだそうです。時に三十歳とか。やはり偉い男がいるものです。そのカヌーを見た時、携行品の中に、ラブレー、モンテーニュ、ベートーヴェンの書のあるのを見て感心したことは前に記しましたが、今日高野君も同じことを言っており、興味深かった。高野君は中々味わいのある人で、付き合ってて大変気持ちが良い。

二月八日(水)　どんよりした日和。氷雨

午前、外来はガルサン教授の代りにキッペル。教授が居ないと皆大分だれるようです。世界共通です。

午後も臨床講義が無いので、少しずつ旅行の計画を練るためガイドを買いに本屋歩きをすることにし、サルペトリエールで昼食後、時々ちらちらと雪の落ちる中を植物園を抜け、歩いてパンテオンの裏に出、サン・ミシェルからサン・ジェルマンの本屋街を歩きました。

ギッド・ブルーの「ドイツ」を探したがどこにもなく、やむなくヨーロッパ全体の地図のみを買いました。七百六十フラン。こちらでは普通の地図には自動車道路しか書いてなく、鉄道の書いてあるのを見付けるのに苦労します。ベルリッツは見付けたが少々高いのでやめました。

＊二月の末に出すべき報告書の紙が届きました。又、延期の事も二月末で決まるらしく、皆それぞれに策を練っているようです。田中君は半年延長の可能性大きく、高野、土井君等もSNRS（フランスの科学研究費）に申請をすると言うし、大塚君は現在ついている教授の世話でイギリスの奨学金がとれるらしく、又、松平君もストラスブールへこの秋から一年行くことに決まっているといった具合に、延期の見込みもなし、又、強いてやろうとしないのは僕だけです。四ヶ月乃至半年延期という可能性もあるらしいが、そうすると外国旅行は自由に出来なくなるので痛し痒しです。ともかく僕の場合、フランスだけでなく、どうしても他の国を見て帰りたいので、現在は延期申請はするまいと考えています。又、延期するなら先ず小川教授の許可が要るでしょう。

旅行をするといっても自費でやるわけですから割は悪いわけですが、こうした機会は又とないのですから一つわがままを通させて下さい。計画を立て、費用の大要を遅くとも三月末迄にはお知らせしたく思います。それこそ御土産を買いに来たのでなく、大目的は自分を見直し、自分の道を見出し、自分を肥らせるためであることを肝に銘じています。外遊が箔を付けるためのものといった時代は過ぎました。自分としてはそんな風に考えていますが、皆さんの延長に対する考え等も聞かせていただければ幸い。少なくもベルトラン教授の下にはあと四ヶ月居れば沢山という気

がしています。今迄十二、三例見ていますから、あと四ヶ月の間には十例は見られるでしょう。それよりもあとはドイツが見たいです（どうも何時も同じことばかり書いて繰言のようになるからこれ位で止めます）。

夜は田中、高野君と「科学の前の人間」（L'Homme devant la science）を輪講し始めました。ルコント・デュ・ヌイのものです。

二月九日(木)

午前は陽があり、寒さもそれ程でありませんが、午後からはぐっと寒くなり零下七度。寒風がビュービュー吹いて凄まじい寒さです。明日は零下十度になろうと新聞に書いてあります。今度の日曜、マルメゾンに行こうとブーリエ君から誘いが来ました。

午前十一時から一時間、オピタル・ピティエで行われた「頸腕部神経痛」についてのドクトル・ギヨーの講演。所々分かるが全体としては分からず、後でギリシアの男に説明を聞きました。こうした会の時の演者の態度は角張らず、適当に笑わせたりしてゆったりした雰囲気を出しており、こうした点は確かに日本に欠けているように思います。

午後はシャルコー研究室で、ヘレドアタキシー・セルベルーズの脳標本を大体目を通し終りました。グリュネールと犬の小脳虫部欠損症で得た所見のことをめぐり暫く話しました。

シテで身体検査があるので、早目に帰って医務室に行きました。受付が書類を見て、貴方は医者ですねと言って、血液採取（梅毒検査用）もツベルクリンもやらないで通してくれました。田中君たち等太い針でずぶずぶ射され、三十cc位も採られて不平たらたらでした。僕はレ線検査もパス。

強風でしんしんと冷えてきました。

二月十日(金)　晴。寒し

朝、鼻が一寸つんつんするので無理するのをやめ、十一時頃迄床で暖まっていました。外は丁度東京の空っ風と同じような風が吹いて、気温は零下五度前後です。

午後は医学部の図書館に行くべくリュクサンブールに出ましたが、気が変って十七日のオペラ座の「オベロン」の前売りを買いにオペラへ。序でとばかりにCITという旅行社に行って汽車賃を問い合わせてみました。三等料金と二等料金を調べてもらいましたが、

第一旅行。パリ↓ロンドン↓ブリュッセル↓アムステルダム↓ハンブルク↓コペンハーゲン（ここから北欧に入るのですが、それはCITでは分からない由）↓ハンブルク↓

シュツットガルト↓パリ。

二等　三万三千六百六十二フラン

三等　二万三千四百十六フラン

これに北欧を含んだ場合はキロ数が増すので割引が多くなり、多くて四万フラン

第二旅行。　パリ↓リヨン↓ジュネーヴ↓ミュンヘン↓ウィーン↓ミュンヘン↓ウィーン↓ミュンヘン↓ケルン↓パリ。

二等　二万六千三百二十五フラン

三等　一万八千百二十二フラン　です。

以上はヨーロッパの地図を前に、自分本位に、全く自分本位に考えて勝手に練っている計算なのですから、どうぞ気を悪くしないよう、こんなことを書くと、お父さんなどまたまた心配しだして大変だろうとひやひやします。しかしこんな夢を見るのも、若さの特権なのですからご勘弁の程を。まあ計画だけを書いてご批判に供します次第。計画は金次第でいくらでも縮めますから、念のため。

二月十一日(土)

晴れてはいますが寒さは依然続いています。風も強い。

午前、キッペルの回診に付きました。

婦長が面会の人が来ていますと言うので行ってみると、札幌医大神経科助教授の切替氏という人でした。東大の切替氏とは全く関係のない人の由で、今フンボルト財団の資金でドイツのチュービンゲンに来ているのだそうです。ロンドンへ旅行の途次にパリに寄ったとのことで、一寸回診に一緒に付いた後、植物園の前のレストランに入って昼食をしながらドイツの話を聞きました。二月初めの寒さでは零下二十三度迄行ったそうで、パリはこれでも暖かいと言うので、上には上があるものと感心しました。ドイツの大学では一番偉い教授が居ると、その人一辺倒になってしまって、他のことは顧みないので、全体としての発達が中々むずかしいようだということを言っていましたが、面白い見方です。ノイシュタットのフォークト教授の所には日本人研究者を望むというのに応じて二年の予定で渡った岡山大の人が居る由で、ここを見るには丁度都合がよくなりました。ベルリンは中々見応えがあり、西ドイツの中では最も活発だから行かれたらよいですよとのこと。ハノーバーから飛行機の往復が一万フランの由。ドイツ回りの方法も一応聞いて、本格的計画を立てるのに参考資料を得ました。

二時半に別れてシャルコー研究室へ。今日はベルトランの書いた脳腫瘍の概説を読みました。中々よく纏まっていて参考になります。これで見ても分かるようにグリヤの事、又、中枢神経系の発生のことはベイリー・カッシングとリ

オ・オルテガの説が現在支配的。これに追従するだけでなく、もう一度日本でも基礎からやり直す要があるように思います。まだまだやることが大量にあり、早く日本に帰って仕事をしたいという気もしきりにします。

朝受け取った手紙は行きのバスでお父さんとお母さんの分だけ読み、あとは帰りに楽しみにしていたので、帰って部屋でゆっくりと読みました。

＊節子が中々さとい由。帰る迄には一層のことでしょう。楽しみにしています。将来も楽しめそうだ。

夜はダニノスの随筆を輪講。一時迄。フランス人の気質を解剖したもので、フランスに居て読むと一つ一つのことが現実の裏付けをもって理解出来るので大変面白いです。フランスは四千三百万のフランス人に分かれている、といったような警句に満ちています（即ち各自勝手なことを言うから）。

二月十二日(日)　晴

十二時一寸前起床。すぐ食事をして二時迄に、ブーリエ君に指定されたメトロのレ・サブロンの駅に行くので中々忙しい。空は時々曇るが概ね晴れて、寒さが厳しいとはいえ、ハイキング日和。

二時一寸前に着いてホームのベンチで、今日行くマルメゾンについての歴史をガイドで通覧。その内にブーリエ君が二人の子を連れてやって来ました。母親が喉風邪をひいたのでおもりの意味で連れて来た由。六歳半の娘と五歳の男の子。その下に二歳になる娘が居るそうで、子供三人以上は多数家族の割引があるとかで、バスに乗るのでも電車に乗るのでも彼は必ずそのカードを提示します。三人では中々大変でしょう。マルメゾンはポン・ド・ヌイイからバスで二十分程の所。家並みもまばらになりかけた住宅地のほとりにあります。昔は今より十倍近くもあった由。住宅地と言っても日本とは一寸異なり一軒々々がかなり広い庭を持ち、建て方はそれぞれ独自のスタイルをもっており、これはルイ十四世風、これはルネッサンス風とかいった具合。財産のたんまりある連中がこうした郊外に住んで、パリに勤めに出るわけで、一帯に豊かな感じです。いつも書くことですが、うっすら冬霞も被った冬木立の薄紫の中に、渋い色調の家々が並び、それに時々雲を出る陽がさっとかかって誠に美しい風景です。

門を入ると正面がシャトー（城）。城とは言いながらヴェルサイユやフォンテーヌブローとは異なり誠にちんまりしたもの。ここはそもそもナポレオンの后のジョゼフィーヌとの関係が殆ど全部で、連れ子が二人もあったジョゼフィーヌが、ナポレオンと結婚してここに移り住み、ナポレオンと離婚後もここに留まって、五十一歳の生涯を終わる迄住んで居た所。ナポレオンの没落を見ないで死んだ人です。ナポレオンがエルバへ流される前に、ジョゼフィーヌの面影をしのんでこの地に来、一夜を過ごして次の日、エルバへの旅路についたという挿話のある地です。前庭には名も知らぬ綺麗な野鳥が来て、地鳴きをやっています。野鳥図譜が欲しくなります。ブーリエ君の子等は郊外に出たので嬉しくて大はしゃぎ、走り回ります。芝生にのぼると父親がすぐ大声で叱るのは中々感心。それ以外のことは何も干渉しません。

城の一階はナポレオンとジョゼフィーヌの居室や食堂、図書室等。ここにはイミテーションは一つもなく全部本物だと案内人が得意顔。エジプト遠征の親分だけあって、椅子や家具調度にエジプト模様を見掛けるのは印象的。特に面白かったのは軍隊のテント風に造った一室。戦野にあるが如き気分を出すためなのでしょうが、天井から壁にかけて縦縞の模様に、椅子が緋色でアクセントがつき、大変目に快かった。小さい頃から見慣れたナポレオンのアルプス越えの絵等の原図が幾つか見られました。二階はミュゼ風のしつらえでナポレオンが皇帝に即位した時に着た服だとか飾りだとかが大事にとってあります。ナポレオンが好んだとかで、壁掛けや敷物の模様に蜂が用いられてありますが、果して勤勉のシンボルか。二階の一部にジョゼフィーヌの私室寝室があり、その天井には雲が描かれてあるのが面白いと思いました。大抵は天井にはギリシア神話等を描くのですが、ここのは単に青空と雲。寝ていて雲を仰ぐようにしたのでしょう。天井の低いジョゼフィーヌの浴室も見ました。湯船は大理石。

城を出て、ブーリエ君の案内で庭を散歩（図）。

②はナポレオンが勉強をしたという東屋風の建物。小さい物で鎧戸がおりて中は見られませんでしたが、すっかり蔦に覆われて寒風に吹かれています。ここから城迄の一寸した並木が大変美しい。寒林を抜けて振り返ると城にかっと冬陽が映えて美しく、思わず写真を二、三枚。池から出るせせらぎはかんかんに凍って僕等乗ってもびくともしません。昔はこれらの小道をナポレオンや武将が馬上で散歩

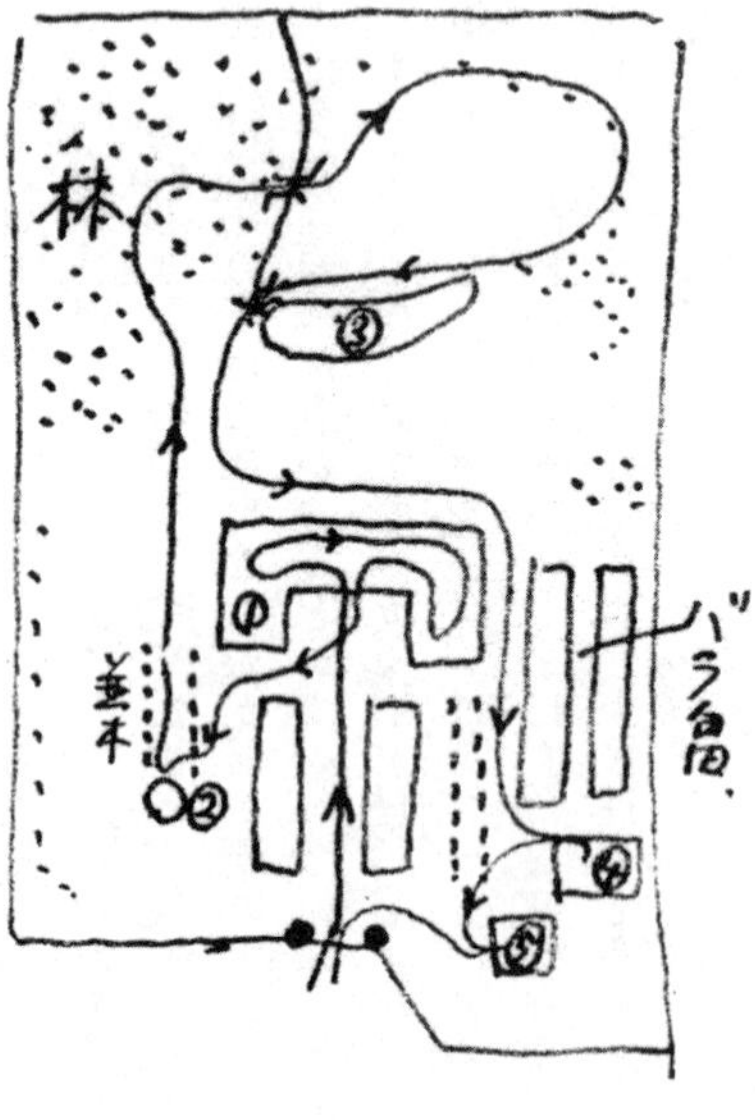

した由。③の池にはジョゼフィーヌのこよなく愛し、その調度衣装等にも好んで用いた白鳥が五羽放し飼いされています。全然人を恐れません。④はジョゼフィーヌの乗った馬車の陳列場。⑤はジョゼフィーヌの子等に関する記念品のミュゼ。

四時半にここを出、誘われるままに再びバスに乗ってサン・ジェルマン・アン・レイへ。途中はセーヌに沿う道となり、ヴェルサイユに水を供給するためにルイ王朝の時に作られたという水の取り入れ口を見ました。又、ゴルフ場等もあり、更にサン・ジェルマン・アン・レイに近づくと道は上りとなって眺めが開け、一寸したドライブ。田園を流れるセーヌはパリ市中を流れる時と違い、両側に森を抱え、畑を抱えて、いかにも母性的な感じです。バスはサン・ジェルマンの城の前で停まります。この城は不規則な五角型。昔は周囲に堀を巡らせたとか。今は空堀です。十二世紀に建てられたのが始まりで、次いでアンリ二世が改築したものだそうです。今は、中がフランスの古代の美術館になっているそうですが、今日は既に五時で入場不可能。その前には広場を隔ててサン・ルイが建てたというサント・シャペルがありますが、これも中は見られませんでした。

城を出て、アンリ二世並木を抜け、このサン・ジェルマンで有名なテラスへ参りました。ここからはパリ盆地が一望のもとに眺められるのですが、今日は冬霞で不可能。微かにエッフェル塔らしい物を認めただけ。春に来たらきっと遠望を楽しめることでしょう。寒さがすばらしく、写真のシャッターを押すにも手がかじかんでようやくです。それからルイ王朝の諸王が狩をやりに頻繁に訪れたというサン・ジェルマンの冬枯れの、しかも既に陽のすっかり傾いた森の中を暫く散歩。往時をしのびました。我々は寒さにふうふう言っているのに、子供等は池の氷を手に持ったりしてキャッキャッと大騒ぎ。

駅迄ブーリエ君と日本映画の話等しながら帰りました。今やっている「千姫」もいち早く見ていて、感想をきくと「地獄門」に比べて劣り、エキゾチシズムも少し見飽きたとのこと。反面「おかあさん」のような現代の物を見たいと言っていました。我々の思っていることと大体同じです。

暖房の入った電車に乗ってホッと一息。オーバーも脱いで寛ぎました。サン・ラザールの駅に帰り着いたのが六時半。オペラあたり迄歩いてコーヒーでも飲みませんかと誘われるままに、子供の手をひいて誘いに応じました。オペラの前の大きなカフェでコーヒーを馳走になりました。今日は交通費を除いては総てブーリエ君が負担してくれました。そして自分はパック（復活祭）の休みには生まれ故郷のプロヴァンスに帰るが、その前にまた郊外散歩をしましょうとの誘い。四日に約束しました。彼にきくと新聞は

「フィガロ」を読んでいる由。「フィガロ」は中央より少し右、「ル・モンド」は中央より少し左だそうですから、彼の性行が大体分かります。穏健な人柄といえます。バスのシャトレ停留所で、見えなくなる迄手を振って別れました。女の子はとてもはにかみ屋だそうで、途中は口をきかないのに別れる時は一生懸命手を振っています。

メゾンに帰ると、今日は日本館のダンスパーティーでごった返し。一時間に二百五十フランのアルバイトに田中君等と申し込んであったので、すぐ取り掛かり、八時半から十二時半迄、ヴェスティエール（オーバー等預かり所）で働きました。大使館の寺中氏等来ましたが、おやおや偉い人が働いていますね、ご苦労様ですとお世辞。モロッコ館が、突然同じ日にパーティーをやると主張して実行したため（普通、日が重ならぬようにスケジュールを決めてあるので、本当は違反）入りは昨年の半分で恐らく赤字すれすれとのこと。それでもホールは一杯で、溢れたのが廊下を占領し、若い人いきれでむんむんです。働いた連中への振舞い酒で気持ち良くなり二時就寝。

二月十三日(月)　雪、曇り、晴

起きたら昨夜雪が降ったらしく、地面は真白。木曜日に若いフランスのシスターの親戚から招待状。

十時にシャルコー研究室に行き、ベルトラン教授に会い、コミテ・ダカイユ（留学生受入局）から来た報告書の中に教授に書いてもらう証明書があるので依頼した所、すぐ書いてくれることになり、一旦部屋を出て待っていると、書いて持って来てくれました。次いでこれからの計画について、先生が何か考えておられたら承りたいと言うと、何時迄パリに居ますかと問うので、正式には六月末迄だが、その後ヨーロッパ諸国を旅行し、次いでパリに帰り、この年末迄居るつもり、但しお金によりますと答えましたら、四ヶ月では一寸短いが腫瘍のことを勉強してみませんかと来ました。東京では脳腫瘍は脳外科で扱って、我々の研究室ではやらないが、自分は興味があると答えますと、それじゃアストロチトームの血管の変化について見てごらんなさいと言います。アストロチトームとグリオブラストーム・ムルティフォルメは一応区別されているが、両者の間には移行型があるように思われ、その場合特に血管の変化が大事だと思われ、これを観察すれば発表の価値がありますとの事。僕としても腫瘍は初めて扱うのだし、四ヶ月では足りぬとは思いますが、ヨーロッパの代表教授の考え方に直接ぶつかるにはよい機会と思いやって見ることに致しました。それに将来グリヤの勉強をやる場合、こうした方面の知識を広げておくことは決して無駄ではないと信じます。一旦引受けたからには何とか形のあるものに纏めて見ようと考えています。一つ応援をお願いします。

又、ヨーロッパ諸国を見ることはよいことで、特にミュンヘンのショルツ、ギーセンのスパッツ、ハラーフォルデン、ベルギーのルードー・ヴァン・ヴォゲールの所はヨーロッパでは中心の一つです。その時には何か書いてあげましょうとも言ってくれました。中々気難しい人でもあり、又、親切な人でもありそうで、まだこのベルトラン教授の性格は分かりませんが、好意は持ってくれているようです。土曜日に読んだ脳腫瘍の概説に自分でサインして一部くれました。

午後からは昨日の疲れを休めるためメゾンに帰りました。京都府大の荒木教授がスペインから帰り、食堂で一緒になりましたが、マドリッドのカハールの研究所にはカハールの標本、原稿、顕微鏡、ミクロトーム等が飾られていて一見の価値ある由。荒木教授には僕が前に、僕の描いたゴルジ像を見せてあるので、貴方の場合是非行かれたらよいと言っています。中心人物は現在デ・カストロという人だそうですが、余り研究はしていない由。若い人でモニエールというのが、僕と同じようなことをやっているが、凍結切片で、ゴルジ・マックス法をやっているので、連続切片は作っておらず、貴方程は徹底していませんとお世辞を言っていました。これを聞いたのでカハール研究所には何としても行って来ます。

荒木氏に日本の同学の先輩として僕の滞在の延期のことについて見解を問いますと、昔と留学の性格が変って来て、日本も既に欧米と殆ど同水準なのだから、同じ所に長く居るよりも広く見るのがよいと思うとのこと。又、貴方がたはお若いからもう一度や二度来られるのだから、そうした機会を摑まれるようにされるとよいとも付け加えました。

まあ以上のようなわけで、大体の計画は決まったようです。即ち、ベルトラン教授のテーマを大体の目鼻をつけることと、北欧、ドイツ、英国、オランダ、ベルギー、スイス、スペイン、イタリア見学実行の二つです。帰国は早くて十二月、さもなくば一、二、三月。その場合出張届けは十月末日迄となっているので、一応小川教授を通じて許可を得ねばならぬでしょうが、いずれにせよ先の話。思う存分やって帰ります。

＊田中君の世話で翻訳が又一つ来ました。二、三千フランにはなるかな。今度のは割が悪そうですが引受けました。無理はしないからご心配なく。

これからは益々忙しくなるので、方々へは一層無沙汰になる筈。しかしこの通信だけは必ず続けます。但し内容が貧弱なこと、即ち自分の内容が貧弱なことが少々気後れを伴いますが。なるべく同じことは書かないようにし、ヴァラエティをつけるつもりですが、出来事が重複する場合、繰返しを書いてしまいます。

夜は九時からコメディ・デ・シャンゼリゼでのウィーンのバリリ四重奏団のモーツァルトとシューマンの夕べに高野君と。バリリはレコードにも大分吹き込んでいて有名なメンバーです。身のこなしの柔らかなフランス人を見慣れている故か、四人共舞台での動作はかなりぎこちない感じですが、音楽は素晴らしい。初めの二つがモーツァルトのK.428とK.458の「狩」、次いでシューマンの作品四十一。劇場が狭く、しかも今日は二階の横の最前列なので舞台に極めて近く、楽譜等、のぞき込めば読めそう。第一ヴァイオリンはまだ若そうな男で颯爽と鳴らすが、第二ヴァイオリンは少し背の丸くなった年寄り。チェロはごつくて樵みたいな男。しかしそれぞれにこの道一筋に打ち込んで来た迫力と威厳に満ち満ちています。四人の意気が一つに合って奏でるその姿は神秘的です。実際毎日半身不随だの麻痺だのを見ている目には、あの細かな楽譜を読取り、それを瞬時に指で所定の位置に探り当て、音の高低や強弱やリズムを弦で調節し、それぞれがそれだけの複雑な過程を行いながら一つの音楽に総合し、高度な音楽性、感情の起伏を作り出して人々の胸に訴えて行くということは考えれば考える程神秘に満ち満ちています。

そんなことを考えながら一方では、今にチェコ（補足：節子の愛称）がピアノを弾くようにでもなったら直子のヴァイオリンと合わせて、家庭で音楽を楽しめたらどんなに良いだろう等と想像を巡らせました。

十二時、かんかんに凍った雪道の上を滑らないように細心の注意を払って帰りました。錯綜する街路樹の梢越しに星がきらきら輝き、オリオンがかなり高く南の空にかかっています。寒さは大分落着いてきたようです。

十二時半から一時半迄、今夜着いた小児科医二人（一人は名大教授？一人は愛育会小児保健部長。二人共東大医学部の先輩）が来て話して行きました。八月に国を出てヨーロッパを回っている由。WHOの招待とか。

二月十四日(火)　晴。一日中陽があり、誠に良い日

午前、昨夜の小児科医二人を朝飯に案内した後、別れて、植村館長に頼まれた女性の入院患者をオピタル・ペアンに見舞いました。昨年秋日本に帰った留学生と婚約し、昨日のヴェトナム号で帰国する前に虫垂炎になって手術したとか。自分も私費留学。カトリック信者とかですが誠にはきはきしたもの。大したものです。間もなく退院許可と聞き届け、その旨植村館長に報告。何でも医者関係は僕なので、近頃はちと煩く思いますがこれも人生勉強と思い、努めてやっています。

昼食に館長によばれてやって来た小児科ラミイ教授としばし面会。双生児の論文を井上さん宛て送ってくれるよう

頼みました。いずれ船便でしょうからまだ大分先のことと思いますが、徹から井上さんにその旨伝えて下さい。

午後はシャルコー研究室。今日からアストロチトームの標本をのぞき始めました。初めて見る世界故、張り切って見始め、スケッチを例の通り。教授の本棚からワイルを出して少しく読みました。この勉強が今迄殆ど知らなかったグリヤに親しむ機会となるよう、出来るだけやって見るつもり。大変楽しみです。

食後、サロンの新聞で東京に戦後最大の地震があったことを知り、鉄筋の建物も木の葉の如く震えたと書いてあるので一寸心配になりました。節子等びっくりして今後過敏にならねばよいがと気になります。

当地では人づての話ですが、ルーヴルの「モナ・リザ」がなくなった由。フランス人に聞くと、又かとすましています。果たして本当かどうかよく知りません。

二月十五日（水）　晴、曇り、時々雪という多彩な天気

午前、キッペル氏の外来。ノイローゼのような患者とか神経痛だとか、診断のはっきりしないものばかり。細かな事を根掘り葉掘り患者に訊くので、午前中に診たのがたった四人のみ。早くガルサン教授が帰らないかなと皆で話しています。

午後はシャルコー研究室。昨日の続き。一枚の標本を何日もかけて見るつもり。そうしている内に段々慣れてくることでしょう。今の所一寸見当がつきません。

夜は田中、高野君と「科学の前の人間」の二回目。「人間の運命」と同じように主題を扱っています。

今日昼に思い付いたのですが、パックの休み（三月二十日頃から二週）にスペインに旅行したいと考えています。一昨年行って来た男から今夕話を聞きましたが、十四日で、汽車賃も入れ三万五千から四万フランとみればよいとのこと。ガイド等読んで少しずつ計画を立てる積りでいます。もっとも今スペインで政治的に騒動があるとの話ですが三月中旬迄には又情勢も変るでしょう。既に交通案内所の一つがパックの休みのスペイン・バス旅行の広告を出していますが、それによると総て含めて二万九千三百フランとあります。自分で回るより安いことは安いが、マドリッドでカハール研究所をゆっくり見、プラド美術館に時間をかけたい僕には向きません。

今夜から柳宗悦「南無阿弥陀仏」を読み始めましたが、大変面白いです。彼は浄土門の思想こそ人間の思想の最高峰だと述べています。宗門の人間でない人が若い年齢層のために敢えて書いたと述べているように、親しめる本です。「アヴェマリア」といい、この本といい、自分としては会心の本を携えて来たと思います。本といえば、和辻哲郎の

桂離宮に関する書が出た由、買っておいて下さい。送る要なし。

二月十六日(木)　晴

午前十一時から一時間、オピタル・ピティエでの頸髄前角の疾患についての講義。掲示にはアラジュアニーヌ教授とあるが、ジャン・レルミットの息子のフランソワ・レルミットの代講。速くて聞きにくく、所々分かるが全体の意味は取れない。しかし、まだ若い男なのに丸一時間、一秒の休みもなく喋りまくりました。中々よく勉強しているらしい。フランス人の講演は大体がこんな調子なのですが、それだけ喋るということはやはり中々勉強していなければ出来ないことと思われます。こうした雰囲気に接すると、何を、と思って益々勉強しなければならぬと思います。良い刺激です。

午後は例の如く。三日目ともなると段々色々のものが見えて来ます。アストロチトームにも色々のがあるのが分かります。ペンフィールドの「細胞病理学」の中でベイリーが脳腫瘍を扱っており、その中に中々気の利いたスケッチがあり、それと対比して見ています。

帰りにサン・ミシェルに出てスペインのギドを買いました。演出学の勉強に来ている塩瀬君を誘ってみたら、一緒に行くと言います。先のことではっきりしませんが、恐らく彼も行くでしょう。

八時に約束通り、パッシーのデカン夫人を訪ねました。背の高いシスターの親戚（関係はよく分からぬが、肉親らしい）がリールから出て来たので僕をよんだのです。マダム・ミシェル・デカンという人。三人で食事。スープの後、うどに似た一寸苦味のある野菜をハムに包んで、チーズをかけてグラタン風にしたのが出たが、大層おいしかった。フランスの料理は世界一だとデカン夫人が言うと、マダム・ミシェル・デカンが中国料理も実においしいと応じます。僕も馳走になっている手前、否定は出来ないので、少なくもイギリス、アメリカの料理よりずっとよいそうですと付け加えました。その後、酒に浸したパウンドケーキに果物、コーヒー。オレンジ、蜜柑はモロッコの物の由で、日本のに比べたら問題にならず、林檎等日本でなら一山十円位の物を、こちらでは貴重にしています。マダム・ミシェル・デカンが日本、特に浜松の事を色々聞くので、地図を出してもらって説明。シスターたちは日本の暖房の不完備にすっかり参っているらしい。さもありなんと思います。

食後、持って行った幻燈機で、東京、奈良、京都の風物を説明。法隆寺等八世紀頃に建ったと言うとかなりびっくりしています。少なくもその頃、フランスには殆ど見るべきものがなかったのだからもっともです。こちらの人間の鼻をへし折るには、十世紀より前のことを話してやればかなり有効です。ともかく驚く程日本の風物に関しては無知です。もっとも日本だって大抵の人はフランスに無知なのだから、お互いですが。

リールに是非泊まりがけで来てくれと言うので、五、六月の頃行くことに決めました。日本の風呂敷を大変珍しがりましたので、その時には風呂敷を持って行きましょうか。デカン夫人もこれで二回招いてくれたし、帰る迄にもう一度来て下さいと言うから、その時には何かお礼せねばなりますまい。この次の便ででも両方に何か適当な、気持だけでも届く、日本的な物を送っていただければ幸い。例の若いシスターは、日本語の勉強のため四、五月迄、日本に居る由。直子に序でがあれば一寸訪ねてごらん。あの人なら日本語でちゃんと通ずる筈。若しそんな機会があったらペコペコしないで堂々と言いたいことは言うように。

十一時過ぎ辞しました。パッシーの橋をメトロで渡る時、下を見ると夜目にもしるくセーヌの水に氷が浮きながら流れ下って行きます。しかしその量は、この前ルーヴル河岸で見たのに比べたらずっと減っています。

二月十七日(金) 曇り

午前はコミテから来た書類を記入。ドイツはフライブルクに居る島峰君に返事をしたためて過ごしました。彼は八月迄は居る由。彼の居る間に行けばビュヒナー教授に紹介して貰えるでしょうが、未だ予定が立ちません。

午後はシャルコー研究室。相変わらず同じ標本です。しかし少しずつ摑めて来ました。即ち、この例はアストロチトームとグリオブラストームとの移行型らしい。血管の態度から見て、両者の間に大きな違いがあります。既に知り尽くされていることではあっても、自分で色々経験して築き上げて行くのは実に楽しみです。こうした事実は時代を越えて不変なので、先ずかかる所から歩み始める必要があります。こうした方面に視野が開けるだけでもここに来た甲斐があります。これで何か纏まればそれにこしたことはなし、纏まらなくてもそれが当然。唯着実に足を進めるだけ。

夜は八時十五分からのオペラ座のウェーバー作曲「オベロン」へ。オペラへ行くのも、着いた頃は地図と睨めっこだったのですが、この頃はメトロの表示板等見ないでも足が自然に連れて行ってくれます。大分慣れたものです。金曜日なので大分空いています。今日の席は少々気張って六百フランの所で、大変良く見えます。お上りさんが多いのか、周囲では色々の言葉が喋られています。「オベロン」はパリのオペラ座の中でも大掛りのだしもので、今シーズンの呼物。序曲は家にレコードもあるし、メロディも覚えているしで楽しく聴きました。但し何時でもそうだが、遅れて来た入場者でガタガタするので気分は半減してしまいます。

幕が開くと、評判だけあってそれはそれは豪華なもの。バレエといい衣装といい、小憎らしい位洗練されています。特に第三幕で男の主役が、魔法で天に舞い上がる所等、天井から十人余りのバレリーナが、遠くからでは殆ど見えるか見えない位の鋼鉄線で吊り下げられて、上ったり下ったりぐるぐる回ったり、まるで天使のように羽ばたくといった具合にして主役を連れ去って行く。又、嵐の場面にしても、舞台に薄い幕を何枚も張り、それを揺り動かしつつ色々光を当てるのだと思いますが、確かに凝った趣向で、思わず拍手をするという調子。道具の入れ替えも、何というか忘れましたが、歌舞伎でやるようにバタバタと折り畳む端から新しい舞台を作って行くという風にして飽きさせませんでした。最後の舞台面は全員が登場し、仄かな香水をかおらせて誠にきらびやか。節子等に見せたいようでした。オペラとしては大したものとは思わず、その点「アイーダ」の方がずっと立派ですが、これだけのスペクタクルはやはりパリでなくては出来ないでしょう。歌手では、ソプラノのレジーヌ・クレスパンが断然良いです。前に観た「ローエングリン」でエルザをやった人。

現実にパリに居ると、人がパリ、パリと騒ぐのが少々鼻に付いて何だそれ程のこともないじゃないかという気もしてきますが、オペラのこうした雰囲気に浸っていると、やはり中々のものだなという気になります。他の国に来ている留学生も休暇でパリに来て、パリに居る間はそう良いとは思わないのに、離れてみると不思議な魅力を持った街と感ずるようになる由。又、日本に帰った人の言でもヨーロッパで印象に残るのはパリ、と言うのが多いところをみると、まだまだ実力を備えている街なのでありましょう。僕も、方々の都会を見て比較の対象を持つと又別の見方をするようになると思います。何だかだいっても、ヨーロッパの音楽家でも美術家でも(科学は暫く置く)一応ここに来て試されないと名が出ないというのは伝統とのみは言い切れぬ。日々に芽ぐむ力を養っているからなのでしょう。吉倉さんの言うように「ドイツは田舎だ」と言うのもドイツとパリを比べての言だから一応耳を傾けるべきものとも思います。今日だってオペラ座だけでなく、何十とあるパリの興行場が、同じ時間に一斉に開場しても、一応の客を集め、経済的に十分成り立って行く成績をあげ得るのです。これでパリの人口は東京の半分以下。観光客が多い故とばかりは片付けられぬ点があるようです。

電車の中などで、身なりの質素な、どこかへ勤めに行くような中年婦人がゴーギャンの伝記を熱心に読んでいたり、中学生位のが一生懸命で文学について論じているのを見ると、音楽を愛し、文学に親しみ、演劇を育て、更には良いものに一番に心を開いていこうというような雰囲気が皆の中に育まれているのでしょう。オペラ座の出口で田中耕太郎氏（東大法学部教授）を見掛けました。今来ているらしい。

二月十八日(土)　晴

八時起床。十時からテアトル・デ・シャンゼリゼでのコンセルヴァトワールのベートーヴェン第九に行くための近来稀なる早起きです。いつもの通り届いている手紙をポケットに、ほくほくしながら出掛けました。街路樹の下に雪が残り、今日の一寸した寒さで霜のおりたテアトル前で二十分程開場を待つ間と、入場してから開演迄の間を利して手紙を楽しく読みました。

＊お父さんが食あたりだった由。大したこともなく、又、徹の手伝いもあって早く良くなってまずまず安心しました。今後共大事にして下さい。

＊日記は必ず続けます。適当な人で読みたいと言う人があれば見せて批評して貰えば幸い。自分なりに直接ヨーロッパ文化（一寸大袈裟ですが）と接触しての生々しい所を書いていくので、整理期にあるのではないから、しどろもどろの所も沢山あることでしょう。

第九はカール・シューリヒト指揮。頭の禿げ上がったかなりの年配とみえます。ヨーロッパでは名が通っているとのこと。合唱は男女共四十名ずつ。服装は日本の場合と同じく黒と白ですが、違うのは年配者が多いこと。府高尋常科の時、レコードコンサートで聴いたのが第九に接した初めですが、それ以後、レコードで、実演で何回となく鑑賞しましたとはいえ、今この地に来て、色々の人種の混る中で聴いていると、又、別の味わいがあり、誠に美しいもの、人間の誠を尽くしたものは万人共通のものだという感を深くしています。

入場券を買うため並んでいる時、僕の前に居た、つましい身なりをして、少し背の曲りかけた梅干しお婆さんが、僕に、一番安い席はどこですか、ともかく聴ければいいんですと、真剣な顔で聞きます。綺羅を飾って一等席にふんぞり返る毛皮の婦人連よりも、こうした人々こそ本当に音楽を求めているのでしょう。

第九で気持が高揚し、午後は張切ってシャルコー研究室へ。顕微鏡を覗いていたら、外科から標本を作りに来ている看護婦のマダム・ロシェが、自分の作ったアストロチトームの症例標本のリストを持って来てくれました。現在迄百四十七例あるとかで、その内の典型的というのを出してもらって見ました。今迄見ていたのが一枚の標本で色々の像を示していたのに、この例は単純な像で、勉強になりました。血管の介入は少ないが、所々に小血管の塊のあるのが注目すべきものと思います。

夜は田中、高野君と「トムソン氏の手帳」輪講。フランス人の皮肉と懐疑趣味をついています。それに官吏と非官吏の対立のことなども中々面白い。

田中君に湯舟が使えるのを教えてもらい、のびのびと横になって二度入りました。船以来のことで大満足です。

二月十九日(日)　晴、時々曇り、又は雪

鉄門（東大医学部同窓会）の先輩、大坪佑二氏（東京都愛育病院院長）と、宮崎氏（小児保健部長）の両氏をヴェルサイユに案内することになっていたので、八時半起床。九時半迄に、氏等の宿たるモンパルナスのオテル・ロワイヤルに行きました。大坪氏は泌尿器の市川教授と同クラス。又、上野動物園の古賀忠道さんの友人の由。朝の内一寸雪がちらついて、どうかと思いましたが、一部に青空がのぞかれるので、この間の残雪のあるヴェルサイユも良いだろうと、思い切って出掛けることにしました。この前行った時と同じ時刻の電車でヴェルサイユへ。この前は沿道の景色に大変興味があったのですが、シャルトルへ行ったり、サン・ジェルマンに行ったりで見慣れた故か余り目につきません。氏等も既に各国の景を見て来ているので、いずこも同じですなと言っています。

この間からの雪が屋根にこびり付いている宮殿は訪う人も極まばらで静まり返っています。時々風が立って耳がぴりぴりします。しかし宮殿の中はほんのりと暖かいのでゆっくり見物出来ます。両氏はイギリスで、ヴェルサイユを真似たといわれる何処かの城を見て来ているので、大して感心はしないが、中の飾りはやはりオリジナルのことだけはあるとの感想。イギリスのものは絵や彫刻が貧弱の由です。僕は未だフランスのもののみ、それもごく一部しか見ていないので比較の対象がありませんが、両氏は方々見ているのでその点有利。鏡の間から見はるかすと、雪をかぶった「タピ・ヴェール」の彼方の「グラン・カナル」(大運河）はすっかり凍り付いて、その上を二、三人の子供と犬が走り回っているのが見られます。珍しい眺めです。

この前は見なかったルイ王朝歴代の皇后の居室で、マリー・アントワネットを描いた綺麗なパステル画が印象に残りました。

昼食はこの前も来たレストランで。主人公とかみさんが入れ替わり立ち代わり話しに来ます。夏には、忙しい日は一日二百テーブル位の客がある由。この夏を過ごしたら日本に行くと言います。店の前で犬を入れて写真。

ネプチューンの泉をはじめ、泉という泉は総て凍り付いています。雪のヴェルサイユに来る等余程通人だ等冗談を言いながら宮殿の前庭に上り、次いでタピ・ヴェールの横を抜け、雪残る林間の陽だまりの道をグラン・トリアノンへ。この前と逆コースで違った印象です。若い夫婦が幼子を乳母車に乗せ散歩に来ています。寒いのに感心なものです。次いでサクサクと雪を踏んでプチ・トリアノンへ。今日は中へ入って見ました。アンチシャンブル、食堂、音楽室、居間、浴室、寝室、化粧室等。ガブリエルの傑作といわれるこぢんまりとした建物で、今迄見たこの種のものでは一寸住んで見たいなと思われる、感じの良いものでした。椅子や階段等にMAとマリー・アントワネットを表す字が刻んであります。政略結婚だったわけですが、私生活等、どのようだったのでしょうか。満足せぬままに、水車小屋等建てたり、贅沢三昧をやったりしたのでしょうか。暇があったらシュテファン・ツヴァイクの小説等読んでみたいです。今迄と違ってその住んだ場所を見てあるので興が深いと思います。雪の水車小屋、コテイジのあたりは、午後ともなれば少しは人の影も目立ち、珍しいのか日本人にあらざる他国人、フランス人等もカメラを持った人が多く、池が凍ってその上を歩けるのを利用して平常撮れぬような角度から写しています。僕もこわごわ池の上に出て水車小屋を一枚。この前と違ってずっと日が長くなり、四時といってもまだ日がかなり高いです。再び宮殿の庭に入って泉水の凍った上を子供がスケートしているのが実に見事。そのそばを一日の行楽を終えた少年団が上腿もあらわな勇敢な姿で三々五々通って行きます。元気で見ていて気持が良い。

帰りは異なった道で帰ろうとバスでポン・ド・セーヴルへ出、メトロに乗り替えてモンパルナスの宿に帰り一服。食事に出てピールでシュークルート・ガルニを食べましたが、ビールが足りぬと今度は「クーポール」という有名なレストランへ。ここで一時間程ビール一杯でねばって、最後は筋向かいの「ロトンド」でショコラを飲んでおしまい。イギリス、ドイツあたりのレストランと大分違うというのが両氏の感想。イギリスでは日本人というと隅の方にしか通さぬ由。又ドイツではジロジロ見られる由で、ドイツは野蛮ですなと言っていました。ドイツの、又の印象として、ドイツ人のエネルギーというのは強大で、あと十年もすれば再び有り余って何処かに捌け口を見出だそうとするのではないでしょうかとも言っていました。ビヤホールに入ったりすると、この次は日本と力を合わせてうまくやろう、日本とアメリカとドイツと合わされればソ連を破れる等と握手したりする由。酒の勢いもあるのでしょうが、少々穏やかならざる話です。色々の話の中で、大坪さんに僕が動物園の話をすると、上野でカバの子が死んだ時、古賀君に呼ばれて行きましたと言われたので、その脳は僕が取りましたと言うと、あの時脳研の人が来て脳を取っていると聞きましたがあの白衣の人が貴方でしたかということになり、世間の狭いのにびっくり。帰りしなに宿に寄り、同窓というベルギー大使の武内という人に紹介状を書いてくれました。

今日は交通費から食費から総て奢ってくださり、大変有り難く思いました。更に余っていて荷になるからと、ナイロン靴下二足、フンドシ二丁（！）と、何かの役に立てて下さいと日本趣味の銀のライターを下さいました。あと十日で日本に帰る方々ですので、家から、子供が世話になったと礼状でも出しておいて下さい。

二月二十日(月)　晴

昨日歩き回ったので疲れたのでしょう。すっかり寝坊。午前はゆっくりし、柳著「南無阿弥陀仏」を百頁程迄読みました。他力本願についてキリスト教と比較してあり中々興味があります。

午後シャルコー研究室。一寸のぞいて三時過ぎにはコミテ・ダカイユへ。延期するか否かの希望について質問してきましたので、はっきりとない旨意思表示をしました。これで総ては決まり、六月で給費が切れたら三、四ヶ月ヨーロッパを歩き、十一、十二月、節約出来れば一月位迄居て来春早々帰国ということになります。延期しないのは僕だけです。せっかく来たのだからもう一年居たらと言う人もありましょうが、僕も色々考えての末の結論であり、僕の場合自分の進むべき方向はほぼ決まっていることであり、八ヶ月一か所に居たら、次は他国の研究室の規模に接し、視野を広げる方に時を使うべきだと思うのです。ご了承下さい。

オペラに出て、その前通りのスペイン旅行社でスペインの汽車時間表を買いました。一応スペインに行くことにしたものの、イタリアにも色気が出て、どちらにしようか迷っています。イタリアを十五日で回るバス旅行の広告が出ていますが、フィレンツェ等一日しか居ないのですから一寸考えてしまいもします。

購買部に頼んでおいたモーツァルトの伝記が来ました。アネット・コルプというドイツ人の書いたものの仏訳。アルバン・ミシェル出版。割引で五百三十一フラン。

九時からテアトル・デ・シャンゼリゼでウィーン・フィルハーモニー。指揮はカール・ミュンヒンガー。舞台の奥のオーケストラのうしろにも人を入れて満員。オーケストラは全員で五十一名。曲は四つ。「劇場支配人」「ハフナー交響曲」「バスーン協奏曲」と「ジュピター」。技術的な細かいことは知らず、カラヤンの率いたロンドン・フィルハーモニーもよかったが、ウィーンの風格には見劣りがするようです。「ハフナー」の優美さ、バスーンの俳味のある音調、「ジュピター」の豪華。終りの「ジュピター」の終曲の迫力等は徹に聴かせたい。もっともウィーンは日本に行くのだから是非聴くとよい。直子も必ず。ミュンヒンガーの堂々たる風格には小気味よさを感じました。「ブラボーブラボー」の掛け声にアンコール。「ジュピター」の終曲をやりましたが、弦楽器の美しいこと。余韻嫋嫋たるものです。明日も又行きます（今日は六百二十フランの席、明日は四百二十フラン）。

第九の批評が「ル・モンド」に出ていて、「ミラクル」（奇蹟）という言葉を使って褒めています。第九の如き、既にあまたたび演ぜられた曲にミュンヒンガーは新たなる奇蹟をもたらせたというらしい。自分の感激して聴いた演奏が褒められていると悪い気はしません。

二月二十一日（火）　晴

ガルサン教授は水曜からとのことで、今日は午前中、ジュヴェ君に手紙を書いたり、彼に送る脳研式器械の荷作りをしたりして過ごしました。寒さはずっと零下を保ち、道はこの間の雪がとける間もなく凍ったきりになっています。しかし陽射しは大分春めいて来ました。

午後は標本覗き。少しずつ色々のものが見えて来るので興味があります。帰るまでにはグリヤのことも大分知識を深めることでしょう。グリュネールと標本のことで少し話をしました。僕の見た標本に全く異なる像があり、一つはアストロチトームたることに間違いはないのですが、もう一つが分からなかったところ、彼はスポンギオブラストームだと言います。そうかもしれません。

夜は九時から、昨夜と同じく、ウィーン・フィルハーモニーを聴きに行きました。真正面の天井桟敷。四百二十フラン。今日はお土産に奮発して、テアトル・デ・シャンゼリゼのプログラムを二百フランで買いました。日本のと変りなく、広告ばかりが多いが今日のにはミュンヒンガーの大きな写真がのっています。今日の「フィガロ」に昨日の批評がのっていますが、この前カラヤンがロンドンを指揮した時の「ジュピター」「ハフナー」と比べ、ロンドンの方が若干勝り、特に管がロンドンはよかったと言い、更に、しかしながらミュンヒンガーは素晴らしいと書いています。だが僕の感じでは甲乙はつけがたく、ウィーンの弦楽器は本当に素晴らしいと思います。今日はハイドンの交響曲第八十八番と、シューベルトの「未完成」、それにベートーヴェンの第二。「未完成」はききなれてはいるものの実によかったと思います。ベートーヴェンの交響曲では、こちらに来て、これで「第二」「第六」「第九」を聴いたわけ。

＊教育大の絵の先生の松木さんという人の話では、「アメヤ横丁」の御徒町駅より入ってすぐ右、ガード下の店で米軍放出のシュラーフザックを千八百円で売っている由。極めて便利なものだから、一つ買って送って下さい。

二月二十二日(水)　晴

今日からガルサン教授の外来がはじまりました。早速活発です。

どうも何度も考えが変るようですが、田中君に半年間の延長という手のあることをきき、今やっている仕事も四ヶ月では余りに短く、折角ここ迄出て来たのですからもう少しゆっくりした気分も必要と思い、六ヶ月の延長の希望を出して見ようという気になりました。それには教授から滞在延長を適当と認める旨の証明書をもらい、それに自分の希望を手紙に書いて東京の仏国大使館になるべく早く送るのだそうです。それで、今日帰りにコミテに行って延長希望と、この前の言を取消してもらい、明日か明後日、ベルトラン、ガルサン教授に頼んで見ることにしました。延長か否かが決まるのは、高野君にきいたところでは七月の由。延長のんびりした話です。延長が認められねば今までの計画通り。認められれば今年末迄はパリにとどまり、来年一、二月の寒い時はパリに籠り、三月から六月頃まで、各国を歩いて帰りたいと思います。そうなればドイツもスカンジナヴィアも休暇中でなく、研究しているところが見られるわけです。ベルトラン教授が何と言うかですが、木曜日は来ない日なので、返事は金曜日になりましょう。

田中君に女の子が生れた由。にこにこです。

夜は田中君の振る舞い酒（補足：お嬢さんの洋子さんは、節子の中学校の同級生と結婚されていることが後年分かり、皆びっくり仰天した）。

二月二十三日(木)　晴。寒さきびし

午前、ガルサン教授回診。おわって二月末に出すべき報告書につける証明書を頼みました。時間を奪ってすまないが、年二回の義務なのですと言うと、何回でもよい、十回だって書きますよと言ってくれました。又、半年延長のことを言うと、快く引受けて、明日までに書いておくとのこと。又、ポートレートにサインを頼みますとC'est un grand honneur pour moi（大きな名誉です）と言って気持よく書いてくれました。ともかく親切な人です。

昼飯を食べてシャルコー研究室に行くと、マドモワゼルとマダム・ピニョールがモードの本を見ながら雑談しているのでそれに加わりました。色々の話の間に、ベルトラン教授はレコードを集める趣味があり、沢山持っていること。

更にガルサン教授は絵を描くことなどを知りました。皆それぞれに趣味を持っているものです。

標本では小血管がかたまりをつくる像がどうも曲者のようです。

メゾンに帰ると、意外にも手紙（十九日付）が来ていました。
＊旅行計画で肝を潰されたらしく、目に見えるようです。
又、十二月迄に帰ってほしいということも知りました。しかし今まで読まれて分かるように、六ヶ月延長の計画を進めている最中。なんべんも計画が動き、家でも手紙毎に変るとびっくりされることはよく分かりますが、与えられた問題に一応の結末をつけ、自分の能力の範囲で締めくくりをつけることも大事ですし、そうしてこそ知己を得、又、日本人の能力を知らしむることも可能になるわけですから、事を運んで見たいと思います。もっとも希望を出しておいても五、六月までにうまくないとなれば取消せると思いますし、幅はあることですから、そう深刻に考えなくてもよいと思います。小川教授がどう思うかは知りませんが、僕がここに来るのに五年の年月を要し、殆ど自力でやって来ていることは認めてくれているのですから、快くは思はないにしても許してはくれると思います。
＊お金の件。まことに身勝手なことばかり書き、又、収入減の当然予想される医業制度の実施を前に控え、誠にすまなかったと思います。確かに計画が大きすぎたようです。それで六ヶ月延長が認められねば現在手持ちだけの金でドイツだけを一寸のぞいて帰ることにし、認められたら、来年一月の寒い間は何とか節約した金で食いのばし、前記のようにドイツだけ見て帰ることにします。
又、別の可能性として、文部省の在外研究員のBかC、とくにBの内、滞在費だけでも負担してもらうようにし、三ヶ月見学して歩くということが出来ないものでしょうか。聞いてみるとしたら小川教授しかないわけだが、どのようにして聞くのが最もよいでしょうか。ご一考下さい。また機会があると言ってもそうざらにあるものでなく、皆外国に出たがっているのですから、お鉢がまわるのは大変なことであります。それを現在こちらに出て来ているのですから、この機会を利するということは大事なことにも思います。フランス政府ですら我々に多額の金を出してくれているのですから日本政府でも少しはやってくれてもよいように思います。この方法が出来れば何より有難く、一つ真剣に考えて、そちらで動ける範囲で調べて下さい。

もし半年延長になれば、その間も少しでも金を浮かして旅費にあてますから、家の生活を豊かにして下さい。こちらで娯楽など一度や二度節したって別に死ぬわけではないのですから。サルペトリエールに通っているだけなら最低生活でやっていく自信があります。

二月二十四日(金)　晴

九時一寸前、電話で起こされました。大使館のS領事から で、さる国に駐在していた大使が日本への帰国途中、家族連れでパリに来ているが、その息子が具合悪いとて、昨夜半M公使の所に日本人の医者がいないだろうか電話があった由。夜中のこととてどうにもならず、今朝貴君にお願いする次第。すぐに大使の自動車を廻すから往診して下さいませんかというので、用意して待っていますと、きれいな自動車が呼びに来ました。中は暖房になっているので寒さ知らず。深々とソファに腰掛け、零下十三度のモンスリ公園、モンパルナス、アンヴァリッド、シャンゼリゼの朝の風景を眺め過ぎ、上り坂のシャンゼリゼを凱旋門に向けて進む時はよい気持ちでした。宿舎は大使館公邸にほど近い、ロワイヤル・モンソーという大ホテル。母親が出て来ての話に、二十三歳になり、胸部整形術をやってあり、医者にそうしたことを色々きかれるのをとてもいやがり、神経質ですからとの前置きがあって部屋に行きますと、うらなり瓢箪みたいな華奢な男が寝ていました。型の如く胸を診たり喉を診たりしていたりしたら、ママはあっちに行ってくれと言った後、実は先生、というわけで打ち明け話。一昨日酒の勢いでパリの思い出にと遊んだが、あまり清潔でなく、それが気になってすっかり弱ってしまったとのこと。まあ若い時にはありがちなことですなと押さえておいて、持って行ったアクロマイシンをすすめることにしました。すると、前に服んだが痔に障るのでと言うから、それもありますが、もし病気が潜んでいた時にはどっちが大事ですと言うと、それじゃ服みますと受け取りました。そして夜、さらにクロロマイセチンをあげるからと言い、他には秘密にしておくからと約束して母親を呼び、旅の疲れがたまり、喉も赤いようだから今日一日薬をのんで模様を見るように話しました。彼は病気が心配らしいので、帰国してから何でもないにしても心配なら東大の先生を訪ねればなんとかしてもらえるようにしてあげるからと、名刺を持たせました。ひょっとしたら行くかも知れぬので、徹からよくよく頼んで、血液検査なども公にならぬようにお願いしてほしい。日本にいた時だけでなく、パリの患者まで願って恐縮だが、まるで青菜に塩をかけたような顔をしているので、励ます意味もあり、名刺を渡した次第。

帰りに母親が、失礼ですがと二千フランつつんでよこしました。玄関でM公使が待っていて自分の車でサルペトリエールの門迄送ってくれました。車中の話で、外交官は往復は最短距離を最短時間で行き来すべきで、よそへ立ち寄るのは官費でも私費でもいけないのだが、この人はこれきり外務省はやめるので特例の由。大使自身はパリをよく知っているので、今度は家族のお供ですよと言っているそうですが、考えればこれも官費。要職にあって散々苦労したのだからその位の慰労はあってもよいとは思いますが、これだけの家族を連れての旅行は相当な金でしょう。それに比し、我々は他国から金を出してもらって勉強し、この人たちの飛行機代の何分の一位の金がないためにつましい生活をし、見るべき所も（勿論学問的に）見ないで帰ることを強いられるのですから、少々不平等といえましょう。もっともこれが世間というものでしょうが。

M公使に聞いた話で、外交官を見ても、大学出たての若い時は各国と日本とでは劣るわけはないが、五十過ぎると断然たる差になる由。一人一人がしっかりした意見をもって、それぞれにじっくり勉強して専門のこと以外に、東洋美術史だとか、ビスマルク時代の外交史だとか、常識以上のことをじっくりと身につけているのは実に恐ろしいとのこと。科学者の方が、日本の学問的水準は世界に比して劣っていないとよく言われるが、それを支える生活水準とか、人々のものの考え方が本当に地についたものになっているか、又、学者自身が一生の仕事としてあせらずさわがずにやっていられるかということになると問題があると言っていましたが、これは確かに一理あります。実際日本は貧困だと思います。それがすべての根本のようです。

サルペトリエールの門の前でM公使と別れ、ガルサン教授に会って半年延長を認めるという手紙を貰いました。教授から、医学部からここで勉強するという証明書が来てないので、大したことではないが、一応貰って欲しいと言われ、これは真っ先にやるべきことを忘れていたので恐縮しました。

午後四時までシャルコー研究室にいて、ついで歩いてリュクサンブールに出て医学部事務に行ったら四時でおしまい。

夜七時頃大使館から自動車の運転手がさし向けられ薬をもらいに来たので、これは実費を貰うと薬代千二百フラン請求しました。そのあと、絵描きが奥さんの病気のことで相談に来ました。聞いてみると膀胱炎らしく、温めて静かに寝て模様を見、明日できたら尿を持って来るように言いました。

二月二十五日(土)　晴

午前、医学部事務室へ行って、サルペトリエールに登録の手続きをし、それから病院へ。助手やインターンが、半身不随と知覚異常があるとしきりに議論していた例をガルサン教授が診ると、神経炎（多発性）のために動かすと痛いため、一見運動麻痺が起っているように見えたので、助手たちは頭をかいていました。よくあることです。

午後はTNPのモリエールの「女学者」に行くつもりのところ、すでに満員ときいて、シャルコー研究室に行こうと思って出かけようとすると、大使館S領事から電話で、昨日往診した病人の母親が連絡して欲しいと言っているので、ホテルに電話すると、薬代は大使館の人に預けてあるから、その内手元にお渡しすることになりましょうとのこと。病人に電話を切り替えてもらい様子を聞くと、段々元気がつきましたとの返事に、あの薬を全部飲めば絶対大丈夫と励ましておきました。二十八日迄には日本に帰らねばならぬので、明日パリを発ちますとのこと。

三時過ぎてしまったので休むことにし、夕食迄、田中君に頼まれた眼科の翻訳。つくづく日本語の表現の曖昧さに悩まされています。

夕食は田中君の作ったライスカレーで、入江君と。中々大した腕で感心しました。新聞に週末には寒緩むと書いてありましたが、確かに今夜あたりは少々緩んで来たようです。しかし昨日から、隣の画家が貸してくれた湯タンポを入れたら大変具合がよく、ここしばらく借りるつもり。

二月二十六日(日)　晴

風は冷たいが、陽射しはめっきり春めきました。起きたのが十一時近く。よく眠ったものです。昼は三人で昨夜の残りのライスカレーで済ませ、僕は二時頃から松平君とムードンへ。

ヴェルサイユに行く途中のこのムードンは、ロダン美術館があるのと、天文台で有名な所。丘陵地になっていて、その低いところに広がった街。先ずロダン美術館に行きました。ここは四月一日から十一月一日までの日曜日にしか開いていないので今日は見られません。この美術館は丘の上にあり、そこに行く迄に、粗末な木造小屋などの間を抜ける小道を選びましたが、道は舗装してなく、でこぼこの凍ったまま。横丁から鶏が飛び出して来たり、洗濯物が庭木の間にひらめいていたりで、まるで日本の郊外を歩いているような気分。美術館の裏に辿り着いて閉ざされた柵越しに、庭にたてられたバルザック像の背中をちらっと見ました。かなり大きな庭のへりをまわって正面にまわりましたが、庭の中には大きなむぐらが生い茂ったままに立ち枯れ野趣満点です。入口のきれいな並木で写真。

柔らかい陽射しで、道の氷の溶けかけたひっそりとした坂の道を天文台に向かって行くと、町の真中にサン・マルタンという小さいながら風格のある教会があるのにぶつかりました。これをかすめて坂を一寸曲ると、ムードン美術館というのを見付けました。美術館とは名ばかり。壁ははげ落ち、家は少しく傾いてかなりの荒れよう。ここはムードンの歴史を残そうと、モリエールの奥さんが、モリエールの死後買い取った建物の由。ガイドを読むとラブレーのことや、ムードンに滞在したワーグナーの事などについての資料もあるらしい。入るのはやめて、天文台のある大きなテラスへ。テラスとは見晴らし台の意。しかし規模はサン・ジェルマン・アン・レイには断然劣ります。しかしいかにも広々とした感じで、ムードンの町が一望のもと。テラスの上も整然たる並木に囲まれた芝生があって、子等が寒風にも負けず嬉々として遊んでいます。

土地は日本の一倍半、そこに人口は三分の二、しかも家は大体六階建になっているものが多く(特に市街では)、六家族を収容する土地は、日本のように皆が一戸を構えているのに比し、六分の一ですむわけですから、こうした広々とした散策地が出来るのでしょう。こまごました日本が少々可哀そうになります。

寒風にすっかり冷えたので、四時半で陽はまだ高いのに帰ることにしました。テラスから北に向かう大並木をベルヴューのステーションへ。この両側あたりは金持ちの家なのでしょう。ギリシア風の柱を塀にしたり、テニスコートを持ったりで構えが凝っています。シジュウカラ、ミソサザイが道で遊んでいました。時にはすでにさえずりそめた小鳥もあり、少しずつ春めいて来ました。

冷えきった体もメゾンに帰り着くとたちまち元にかえるのは有難く、暖房様々です。まったく日本の暖房も考え直さないといけないと思います。各戸ではまだまだ先のこととして、少なくも研究室のごとき公共の場所では。コーヒーと長いパンで一息。

夜は手紙書きと輪講。

二月二十七日(月)　晴。寒緩む

午前からシャルコー研究室に行き、鏡検。今日はベルトラン教授に来客続きで、帰りしなに一寸会っただけ。その時半年延長の手紙のことを話しておきました。ともかくここにある百五十例程のアストロチトームにひとわたり眼を通せればよいと考えています。延長にならぬ場合も考えて三月二十四日からのパックの休暇前にはかなり頑張っておこうと思います。

今日は窓際で顕微鏡を覗いていると、ポカポカと陽射しがあって暑い位。外はさすがにまだまだまだ寒いが、手袋なしでもすませる位。このまま春になればよいと皆で話しています。

＊パックの休みには学生のための旅行計画がいくつもあり、その内「美術旅行」として、ローマ、フィレンツェ、ナポリ、カプリ、ヴェネツィアをまわる十五日間の旅を三万フランで募集しています。これは学生のためのツー

リスト・ビューローがやるもので、信用のおけるもの。学問の旅だけとは言っても、どうしてもイタリアは見たいのでこれに参加しようかしまいか、財布と相談しています。

＊贅沢を言うようですが、シュラーフザックだけは望みをかなえて下さい。もし送れるなら大学ノート半ダースも。

＊荷は二十七日現在届かない。入江君のは一月はじめに出したのが着いて、十二月に出したのは着かない由。

＊今週は誠に平凡なニュースのみ。

夜はシテ・ユニヴェルシテールの劇場で初めて映画を見ました。日比谷の半分位か。英国の警察を主題にしたセミドキュメンタリー一本と「マジ・ヴェルト（緑の魔境）」。後者の天然色はわざと緑がかった色を出すようにしたのだとは思うが、余りよいものとは思わない。しかし、アマゾンの大瀑布、鳥や獣、ゴム採取人の一生など大いに眼を楽しませてくれました。説明に宇宙創造の日のままということを言っていたが、全くそうした感じで、神秘な感に打たれました。中に日本人移民のことが出て来ましたが、広い果しない原始林や原野を見ていると、狭い島にひしめき合っている我々自身の在り方にため息が出ます。

二月二十八日(火)　曇り

大分寒さが薄らぎ、今日はどんよりと雲に覆われた天気。日本でも春のさきがけの雨の降る頃の気分です。そこここに残っていた雪も完全に消えました。朝一緒になったベルギーの男によると、ともかくこんな寒い冬は見たことがなかった由。誠によい（？）冬にヨーロッパに来たものです。

午前はガルサン教授が見習生の試験のため、回診はなく、ベルギーの男がガルサン教授に依頼された患者を診るのに同席しました。

午後はアストロチトーム七例目。少しづつ眼が出来ていくような気がします。今の所スケッチしているだけですが、これからは所見をどんどんフランス語で書いて行かねばなりません。中々努力が要ります。ベイリーやペンフィールドの本を見ると、実によくやっています。しかし実際のものを見ていながら読むと、あてはまらないことも少しずつあるようで、そういうところが勉強の面白さなのでしょう。

ベルトラン教授からも手紙をもらいました。二、三日中に東京の仏国大使館に送る予定です。

ジュヴェ君に器械を送り、中に請求書を入れてやったら六千五百フラン送って来ました。又、浅見君と藤田恒夫君から手紙をもらいました。近い内に返事を書くつもりだが、徹からついでの時にお礼を言ってほしい。歌麿の切手を十枚入れてくれたからそのお礼も一緒に。

夜はシャトレ広場の一角にあるサラ・ベルナール座（有名な女優の名をとった劇場）に「シラノ・ド・ベルジュラック」を見に行きました。席は当日売りの天井桟敷。百五十フラン。他の階は大体一杯なのにここは空いていて正面に座れました。しかし安かろう悪かろうで、舞台の半分から上は見えません。高野、松平君と並びましたが、隣のおかみさん風なのから飴が配られたり、後ろにいる学生が、下の方の値段の高い席にいる友人に「おい、ブルジョワ、爆撃だ」と言って紙つぶてをぶつけたりで、大衆気分満点です。この劇は辰野、鈴木の名訳で筋を知っているので、大体の運びは分かりました。見た後誰かが、フランス版宮本武蔵だなと言いましたが誠に適評。文武にたけ、恋に弱いというのはフランス人の夢なのでしょう。劇はこれで「マクベス」に次いで二度目ですが、せりふの抑揚などは確かにきれいです。シラノは何度やっても人が入るそうで、今日もウィークデーなのにほぼ一杯。実に愛されている劇であることが分かります。

一時帰館。手袋をはめずとも平気な位の気温になりました。

二月二十九日(水)　曇り

今日は襟巻もとりました。外来でもガルサン教授が、気候が急に変ったねとつぶやいていました。今日の症例は中々多彩。言葉さえもっとよくわかれば収穫はもっともっとありでしょうに、何せ速い。

午後の臨床講義には、午前のプソイドブルベール・パルキンソニアンの他に左下肢の梅毒性関節症（ものすごく著明。少しも苦痛なし、ガルサン教授も二十年来見たことがなかったと言っていました。しかし僕の場合、卒業試験の整形外科外来で、相棒の林君にあたった患者が同じような例だったので一目で分かりました）。糖尿病性神経炎など。

狭い所に大勢がひしめき、おまけに暖房してあるので睡魔と戦うのが大変。気をきかせたのが窓を開けると空気が入れ替って、眠くなるのは明らかに空気の濁りが原因です。

夜は九時からテアトル・デ・シャンゼリゼでのフランクフルト・オペラによる歌劇「オルフェ」。これはグルックの作でオペラとしては古典中の古典です。ギリシア神話に取材したもの。このオペラ団はパリのオペラ座のよりも良いのだと言う前評判でしたが、序曲が済んで幕が開いてすぐ歌うアルトの声で圧倒されました。序曲や前奏曲には聴きなれたメロディが時々混っていて楽しめるだけでなく、二幕目に入るバレエがすばらしく、また合唱もよく、評判以上でした。割れるような拍手をきいていると、たとえドイツのものでも、よいものにはこんなに湧くのだから、そういう点をたよりに仲良くすればよいと思うのに、平常は中々おいそれとうまくいかないのは因果というものでしょうか。三月初めにはヴェルダン戦の思い出にと新しい切手を出したりして、第二次大戦はおろか第一次大戦までも担ぎ出してドイツ人の神経を刺激するのを見ると、ドイツ人ならずとも少々執念深いなと思います。

休憩時間に話したことですが、このフランクフルトのオペラといい、ロンドン・フィルハーモニーといい、又、ウィーン・フィルハーモニーといい、すべてパリのものを上回っており、現在フランスが誇るものといったら何かしらということが話題になりましたが、この前も書きましたように、こうした楽団もパリに来て演奏すると名が通るようになるということろがフランスの誇りとはいえないでしょうか。伝統といいますか、全体の水準の高さというか、一寸表現出来ない雰囲気そのものが、この都会を他に類のないものとしているのでしょう。フランスの若い連中にフランスに生れて幸福かときくと七十%以上は幸福だといい、不幸だというのは一%位の由。田中君などは、ああ日本はいやだ、奥さんさえ居なきゃ日本には帰らないなどと嘆息する始末。たしかに列強の中では貧しているとはいえ、生活水準は日本とは全く違います。よく例にひくが、暖房ひとつとって見ても、自動車の普及率を見ても大きな開きがあり、又、個々人が、階級性が厳としてあるにしても、自他の別をわきまえていて、それぞれがはっきりとした意図のもとに行動し、他に左右されない等、幾多の学ぶべき点を持っており、わきから見れば誠に幸福に見えます。又、フランス人の多くも、自分は幸福だと思っていると思います。しかし幸福という言葉の意味はもっともっと煮詰めて考えてみないといけないと思います。

これについて書くときりがなくなるからやめますが、僕自身は当地に来て、フランスの良い点を見付けるごとに、我々に欠けているものとして素直に認めると共に、それを真に自分のものとして身に付け、同時に、フランスに無くて日本にある良い点と合わせて、人間一般として本当に磨かれたものに純化し、少しでも日本を良い国にしたいと切に思います。こんなことは平凡中の平凡なことなのですが、日本を客観的に見得る立場に立つと切実な感情になります。

三月一日(木)　晴

朝から陽がさして誠によい日和。お彼岸の頃のような陽気で、オーバーも重い位です。

今日は神経学会なのですが、床屋に行ったり、靴屋に行ったりしている間に十時半になってしまい、リュクサンブールまで出てみたものの、時間もないし、あまり良い日和なのでサン・ミシェルの通りをリュクサンブール公園沿いにポール・ロワイヤル迄散歩し、学生ツーリスト協会でパックの休みのイタリア旅行の委細を書いた紙を貰って、またメゾンに帰りました。これで見ると少々不満足で、貧しいながらも自分で歩くにしくはないと、この旅行への参加はやめにしました。ゲーテ、カロッサ等も訪れて、魂を洗われた古代ローマ、ルネッサンスの発祥地はこの機会に何としても見て行きたく、特にフィレンツェ、ローマ、ナポリに重点をおいて自分で廻ります。

午後はシャルコー研究室。サルペトリエールの庭の植木なども心なしか春めき、ベンチには日向ぼっこする患者の姿も見えて明るさが漂っています。ドームの影のおちるサン・ルイの庭（サルペトリエールの庭の一つの名）の並木道を研究室に向かって歩む時など、人の姿がまわりにないと、ふと日本に居るような錯覚に襲われることがありますが、そうした時に目を上げて、古びた壁やドームを眺めると、今パリに居るんだぞと自分に改めて言い聞かせることがよくありますが、そのでこぼこの石畳はかつてはシャルコーやデジェリーヌも歩んだ筈。

彼等がフランス人であることはさておき、医学の徒として考えると、現代の医学の基礎の一部を築き上げた斯界の大恩人、彼等とて愛憎の感情を豊かに備えた、欠点も多かった人々だったとは思いますが、過ぎ去りて残るは美しきもののみの例に漏れず、今の僕には彼等の偉大さだけがしのばれます。僅か八ヶ月でもあれ、彼等が日々心を研ぎ澄まして研鑽を積んだであろう場所に学ぶ機会を得たということは誠に心を豊かにします。日本に帰り、今後の道を歩む時、もし心が濁るような時にはいつも今の気持ちを思い出して、おおらかな自分を見出して行こうと考えています。望遠鏡で見えるものなら、僕が悠々とシャルコー研究室に歩いて行く姿を見てもらいたいです。フランス語は十分でなくても、仕事の上では断じてひけはとらぬという自信が身にしみて来ています。さればこそ一層今後、更に言葉の練習を積んで、どんどん外国語で発表したいと思います。それには研究を確固とするための生活の確保が第一です。直子にも大いに頑張って貰わねばならぬと思います。

夜は入江君に誘われ、カジノ・ド・パリ。ギャール・サン・ラザールの次のトリニテという駅で降りてすぐ。夜目にトリニテのカテドラルを仰ぎましたが、余りすっきりした建物でないと思います。モニュマンの一つではありますが。音にきこえたカジノは日本でいえば寄席。歌や手品やストリップや曲芸やらをまぜたもの。見物は外人とフランス人が半分ずつ位。ウィークデーのこととて空いています。家族連れで（とはいっても子供はお断り）来て楽しむ人々が多いようです。八時半から十二時迄、途中休みが十五分位あるきりでびっちりですが、演者が皆一生懸命なので見ていて気持良く、浅草あたりのこの種の劇場などにつきもののわびしさなどは影すらありません。シャンソン歌手が、自分で歌うと共に観客にも合唱しろと言ったりして、客、演者が一体になるように仕組んであります。客にアメリカ人がいると分かると、英語に切り替えてべらべらやり出します。熊の皮を被った親子三人が玉乗りをやりますが、終り頃に小熊が客席に飛び下りて客の禿頭を撫でまわしたり、なめたりで大笑いといった雰囲気です。

三月二日(金)　晴

暖かくてオーバーをレインコートにきりかえました。かげろうでも立ちそうな天気。午前外来。

午後、例の通り。今日はグリオブラストーマを見ました。なるほど典型的なものではアストロチトームと全く違います。毎日馬鹿のようにスケッチをやっているだけですが、それでも日数が経つと段々色々なことが分かって来て、誠に楽しいものです。心は張り詰めながらも焦らないのが最もよろしい。ノートは八冊目に入りました。

夕方、東京のフランス大使館ドーマル参事官宛てに航空便を出しました。今年は既に延長可能者が決まっているのだからむずかしいというむきもありますが、まあ出すだけ出します。駄目なら駄目で夏のヨーロッパをリュックサックかついで一学生になって歩くだけの話。

夜は田中君に頼まれた翻訳の手入れ。三分の一程。

六月迄で給費が切れるとして、日数を書き連ねて壁に貼ってありますが、パックの休みを除くと日曜日はあと十四回、全くもって時間が足りません。皆に怒られるかもしれないが、一度だってホームシックになどかかったことはなく、唯々いかに有効に時間を使うかに腐心するのみです。

三月三日(土)　曇り

陽がささないので少々寒いとはいえ、レインコートで十分。

午前回診。一酸化炭素中毒後、精神運動発作の起った例がかわっていました。インターンやエクスターンが重要視しているところを教授が軽く受け流し、新たにどんどん症状を見付けていきます。自信満々、しかも全て過去の自分の経験例をもとに考えを進めて行くのだから強いです。徹も沖中内科に進んだら、一例一例を十分大事にして見てゆき、豊かな経験を積むように。伝統がない所では自分が伝統をつくる意気込みで。

昼食はシテに帰り、気分一新して又、サルペトリエールへ。午後、この前出してもらった標本もそろそろ見上げるので、新たに出してくれと言うと、マドモワゼルが腫瘍の標本の入っている戸棚に案内してくれましたが、二千例以上の標本が整然と整理されているのには感心しました。これが伝統というものの具体的な姿なのかと見入りました。それと共に脳研でもやるぞという気持が沸騰して来ます。研究費は乏しくとも、現在位の金が恒常的に来れば決して我々に不可能なことではありません。顕微鏡に食い入っていたら何時の間にか五時半。今夕靴の修理が出来上って八百フラン。貯金から捻出。五日のハイフェッツのリサイタルの切符が八百フラン。これも同じ。夜は輪講。手紙書き。

今朝、家からとジュヴェ君からと、脳研からと、ブーリエ君から手紙。

＊脳研のは寄せ書き。小川教授から、内村教授はパリに必ず行くから楽しみにとある。やはり来るのかしら。パックの休みの間に来られたら困る。

＊ジュヴェ君は東亜諸国からギリシアに出、イタリア経由十一月十日にリヨンに帰った由。今度は両親が東洋に旅行し、日本にも行く由。四月初めにパリに行くので会いたいと言って来たが、僕はスペインかイタリアへ行くので、その旨返事するつもり。

＊ブーリエ君は四日は都合が悪くなり、十一日はどうかと言って来たが、十一日は僕は他へ行くつもりなので、これも断り状を出さねばなりません。

＊家からの手紙嬉しく読みました。

節子はのんびり育っている由、何よりです。地震にも平気だったそうだが、震災子の子だからこわくないのかもしれない。

＊名刺やリュックサック、シュラーフザック等、なるべく早く。船便は実際当てにならず、最大限二ヶ月半位みておかねばなりませんから。三月中旬に出しても悪くすると六月になって、給費の終る頃ぎりぎりに着くようになるかもしれませんゆえ。

＊直子の自動車運転はやる気なら必ずやりなさい。

＊船便で続けて二度、「パリ・マッチ」とスタイルブック「ジャルダン・デ・モード」を送ってあります。

三月四日(日)　曇りのち雨。午後快晴

三月に入ってから殊に日が経つのが早く、これからの四ヶ月はあっという間に過ぎてしまうことでしょう。

九時半、入江君と、曇って少々風の出た中をサン・ドニに向かいました。ポルト・ド・ラ・シャペルというパリの北端の駅でメトロを降り、バスでサン・ドニ教会へ。その頃雨となってしまいました。この教会はカトリックの寺院

としては最も早く建てられたもので、シャルトルやサンリスなどの伽藍の範となったものの由。サン・ドニというのはパリがまだリュテースといわれていた頃の坊さんの名で、彼はモンマルトルで殉教して首をはねられたが、その首を持って歩いてこの地に来て死んだと伝えられています。現在の建物は古い部分は十二世紀、新しいのは十三世紀につけ加えられ、その後革命の時一部がこわされたそうです。

ところでこのサン・ドニの街は現在では完全な工業地帯で、丁度川口市のような所。そこに美しい伽藍があるのは一寸不釣合の感なきにしもあらずです。細い雨足を通して、今日は市だという喧騒の町筋から通行人の間を縫いながらカテドラルを仰ぎました。石質はノートルダムやシャルトルと同じで、古びて大方は黒く煤けてはいますが、所々に白い生地を残しており、その色がなんとも言えず美しい。様式も端麗で誠にすっきりした感じ。シャルトルやノートルダム程の豪華華麗というには足りませんが、簡素な美しさです。

中に入ると、プンとほのかにかびの匂い。ステンドグラスはごく一部を除いて殆ど見るに耐えません。日曜ミサとて続々と人がやって来て、椅子を次々に埋めていきます。やがてオルガンの調べと共にミサが始まりましたが、大きなパイプオルガンの響きは広い伽藍を満たすだけでなく、壁や床にも伝わって身体全体に伝わって来ます。老若男女は等しく静かに頭をたれていますが、こうした雰囲気に接してみると、天にも届けとばかりにそそり立つドームを支える高い高い円柱、太陽の光をあまたの色に化すステンドグラス、それにオルガンの響きと、これらの視覚、色覚、聴覚の全てを通して神への帰一を強く印象付けられるようになっているのが分かります。巧んでそうしたというのではないでしょうが、自ずからそうした空気が漂って来ます。日本の寺院建築もすばらしいが、ゴチック寺院の建築様式というものもたしかに偉大です。オルガンを聴いていて感じたことですが、バッハの音楽などは、こうした空気の中で演奏される為に作られたものが多いのではないでしょうか。レコードだけ通して聴いていたのでは、真の鑑賞からは少しく遠いように思われます。雨の少しくしげくなった街の雑踏に出、カフェで一休み。

再びポルト・ド・ラ・シャペルに帰り、オデオンに出て昼食。食事中、入江君と数学史のことについて色々実になる話をしました。零という概念を作り上げたのはすばらしいことだと予て思っていたのですが、これにあずかって最も大きい力があったのはインドの僧たちであったということをはじめて聞きました。入江君も中々深く物を考えている人で、話してみると色々教示されることが多い。

食事している内に、これこそからりと紺碧の空になり、心地好いままに（ビールを二杯飲んだので）二人でヴァンセンヌの森に行くことにしてメトロに入りました。シャトー・ド・ヴァンセンヌで降りるとすぐ前が城。午後の陽射しに人々が三三五五、子供をまじえて散歩のため森に集まって来ます。レインコートもうるさいくらいの暖かさ。春は間近というよりも、もう本当の春です。地面からも暖かさが湧いて来るようです。シャトーの中は修理中で見えませんが、堀越しに見るサント・シャペル（教会）はゴチック様式でこれ又美しい。節子ぐらいのが両親に連れられて歩いているのをパチリ。森に入ってどんどんこれを抜け、マルヌの河岸へ出ました。途中国立の養老院の前を通りましたが、一八五〇年代の創立で、誠に立派なものでした。このあたりの家々はパリの中心部と違い、豊かな人々が多いのか明るい感じで、おまけに陽射しがあるので歩いていても誠に楽しく、絵具で描いてみたいという風景もしばしば。

マルヌ川に沿い、幅広い自動車道路が続いていますが、家族連れの連中が色々の型の自動車に乗って田園へ、又はパリへと全速力で往来しています。歩道と車道との間には柵があって二百メートルか三百メートル置き位にかかっている渡り橋を越えねば横断は不可能。不便といえば不便だが徹底していてよい。

マルヌの両岸にはこの前の寒さで凍った名残の薄氷がこびりついています。ボート小屋も閉ざされ、まだ冬の装いですが、人々は草の上に腰をおろして日向ぼっこをしたりして春の到来を楽しんでいます。北海道と同じ位の緯度のこの地では、春の来るのが本当に楽しいものらしい。小鳥もホオジロなど元気一杯に囀っています。

陽にあたって歩いたのですっかり渇いたのどをシャラントン駅前のカフェでビールを飲んで癒し、音楽会に行くという入江君と別れてメゾンに帰りました。メトロが地上に出る部分でサルペトリエールの裏を通りますが、そのドームの向こうにノートルダム、更に遥かにサクレ・クール寺院が望まれます。こういう陽気になって来ると、本当にもっともっと滞在したくなります（申し訳ないが）。

メゾンに帰り、ワイシャツ姿になって窓を開けていても少しも寒くなく、丁度ひと月前の零下十三度の寒さなど嘘のようです。

夜は手紙、翻訳。

三月五日（月）　快晴

今日は奨学金の出る日。自然と早起きになります。

午前回診。

午後は百六十七例あるアストロチトームについてベルトラン教授が口述した診断の概略をノートに逐次うつし始めました。今日一日で五十例程書き取りました。百例まで書き取ったら今度は標本を片っ端から見て行くつもりです。パックの休みの前迄にそれだけは片付けようと考えています。全く日が足りません。こぼしていてもはじまらないのでどんどんやって行く他ありませんが。

帰りにサン・ミシェルに出て、スペイン語と英仏語対照の会話集を三百フランで買いました。絵葉書も十枚買い、今月と来月で一わたり出し終えるつもりです。

夜は翻訳。早く終えたいのですが中々捗らず、日本語の表現の曖昧さと、自分の力の足りないのに少々腹立たしくなります。

三月六日(火)　晴

窓の外でホオジロが声高に鳴くのに目を覚ましたら、はや九時半。骨休めに午前は休めとばかり寛ぐことにしました。やわらかい陽が射し大変気持がよい。

午後シャルコー研究室でプロトコールを八十例迄うつしとりました。グリュネールが来て、トコロという人を知っているかと聞きます。なぜかと問うと、Journal of Neuropathology and Experimental Neurologyに、ムカイの論文が載っていて、それにトコロの腫瘍に関する文献が載っているからとのこと。見ると、向井というかつて脳研に一、二ヶ月来ていて、今病理にいる東京医大卒の人の英文の論文です。これを見ても分かるように外国文で出せば、ともかくも世界に知られることになるのです。今後は本当に何としても外国語で書かねばなりません。あらためて肝に銘じました。

帰って植村館長に汽車時間表(日曜にシャンティイに行くため)を借りに行って、ふとしたことで切手の話になり、僕も娘のために集めようと思っていますと言うと、植村館長がこの二年間に買い貯めたコレクションの中から主だったのを譲ってくれました。館長も大量に集めているのです。

今シテで絵の展覧会が開かれているが、日本人の作は力が弱いという感じ。余り感情が繊細過ぎるのかもしれません。外人のは下手でもともかく迫力がある。このことは大いに心して考え直さねばならぬことと思います。勤勉に馬車馬的にやるより、大きいところをぐっと握って大局を動かすように行動しなければいけないと思います。口で言うのは易いが、中々実行の段となるとむずかしいとは言え、少なくもそのように努め、長い間にその境地に入るのが必要でしょう。

夜九時から十二時迄切手の会。メゾン・アンテルナシオナルの応接間で。娘のために集めているんだと言うと、世話やきのマドモワゼルが、気前よくどんどんくれました。ランボー、ボードレール、ヴェルレーヌの詩人シリーズ、エルナーニ、ガルガンチュア、ミザントロープ、フィガロの劇シリーズ等々を合わせ、今日一日で七十六枚新たに集まりました。節子には何よりのお土産です。大きくなって色々なことがわかるようになった時、偉人シリーズ等見せながら、これは何した人、これは何した人物と説明してやれば、又とない実物教育になりましょう。今日はスイスのが見当らず、その点一寸がっかり。ともかくこれから二、三回で、フランスの近年発売のは殆ど集めることにしましょう。そのためにも日本の切手をどんどん送って下さい。なるべくなら使ったのがよいが、新しいのでもよい。国立公園のなど沢山あるから、出来るだけ頼みます。航空便のなども大いによろしい。なにしろフランスのは高くても百フラン位なのに（普通のは五から十フラン）、日本の鵜飼や大仏のなどは二百フランから二百五十フランもするのですから、実に割がよい。ただしこれらは、常連たちは殆ど持っているから、なるべく新規のがよいです。

帰って買っておいたビールでのどを潤しました。ビールはビン代は除き、内容だけが四十四フラン、生ビールで一本が日本の一倍半はありましょう。一人では多過ぎるので田中君を呼びに行く始末。

三月七日(水)　晴

午前外来。癲癇とか神経症みたいなのが多く生彩なし。しかし三十三歳の男性でスピナ・ビフィーダがあり、左足の不全麻痺と足の裏に潰瘍のある例が来ました。栄養障害でしょう。それにクロード・ベルナールホルネルが一例。

午後は臨床講義は四代にわたる濃厚な遺伝家系のハンチントン・ヒョレア。手指、足指、肩、顔に早い不随意運動がチョロ、チョロと出る。普通見逃してしまう位のもの。こうしたものをしっかりとつかまえるようにというので展示したらしい。この他にペシミスティックな精神症状がある。二例目は梅毒性関節症。或る晩急に始まったという。三例目は橈骨神経麻痺を主徴とした例で、レントゲンで上部頸椎に奇形があり、その他に、下肢のアレフレキシー、瞳孔の変化、電撃痛で梅毒が考えられる例。第四例目は左手と顔面の口のまわりにパレステジーがあった例で、以前に同じ症状を呈した例の剖検所見は視床の外側核腹部に限局性の軟化があったので、それと対比して展示。最後が錐体路症状、小脳症状、更に喉頭粘膜の反射欠如、舌を鳴らすことが出来ぬ、口笛がうまく吹けぬなどで、橋被蓋の症状が合併した例で、橋性プソイドブルベール・パラリーゼ。橋に二つの空洞の存在を考えねばならぬとのこと。

夜は入浴、洗濯、その後で飲んだ買い置きの生ビールのうまかったこと。

三月八日(木)　晴

今日は少しく冷えオーバー着用。昨夜遅く迄翻訳をやったので寝坊。木曜は回診も面白くない日なので骨休めに午前は休み。日向は暑い位ですが、風はなお冷たい。窓の下の桜の蕾はとても大きくなってはいますが。

午後は研究室。どんどん観察の例数を増し、目下二十例目。この前からしばしば書いていますが、今迄扱っていなかったものに目を開くのも大いに良い事で、その意味でこの勉強は決して無駄にならないでしょう。一例ごとに少しずつ異なった像があり、二、三例見て分かったと思った事でも四例目に分からなくなったりで、物事を一つつっこんでやるのは実にむずかしく、苦しいけれども、その反面実に楽しいものであるという気持をしみじみ味わっています。

マドモワゼルが大きなミクロトームで視床の大きなブロックを切っているが、フォルマリン固定なので20 μでも切れるらしい。しかしよく見ていると続けては切れぬようで、その点脳研のは見事なものだと思う。クロミーレンしたらどの位で切ると言ったら、この位大きいのでは25 μ位だと言っている。しかし連続でなければそれも可能だろう。ミクロトームは総てライツ・ヴェッラー。

夜は翻訳を不満足ながら完成。やれやれです。それにしても日本語の表現は曖昧なものです。人のことのみを言うのではない、自分をも含めてです。それで、毎日の所見は総てフランス語で書いています。ノートが十冊目に入るので、出来たらシュラーフザックなどと一緒に送って貰いたいですが。こちらのノートは高いのと、今迄八年間の所見を書きとめた百数十冊のノートと全部揃いにしたいからです。もっとも間に合わねばこちらで調達しますが。四ヶ月一寸で十冊はまめな方でしょう。

三月九日(金)　快晴

朝五日付けの手紙。午前外来。前半はキッペル氏、後半が教授。金曜日は再来で面白くない。

昼食は天気がよいので散歩がてらシテに帰り、とりました。珍しく昼には直子の便り。一日に二回配達されたのは初めて。部屋でコーヒーを飲んだ後研究室へ。さんさんと陽の照る窓辺に、暖房はもとのままなので暑いこと。

サルペトリエールの門の所でベルギーのムッシュ・ダーヌ（僕と同年）がトランクを提げて行くのに会いました。奥さんの所へ帰るんだね、悪くないねと言うと、ニコッと笑っていそいそと去って行きました。ブリュッセル迄汽車で四時間。髭をたてて四十位に見えます。その内一緒に写真を撮って送りましょう。一日一日違った例にぶつかるので興味がありますが、日本でも研究のシステムが合理化され、脳研あたりが中心になってやればこの位の症例は十分集まりましょう。しかしその場合、更に重要なのは人を得ること。中々むずかしい問題です。外国になぞ負けないぞと肩を張るよりも、自分で本当に不思議だと思うことを密度を詰めてぐんぐん突っ込むことの方が、より本質的な態度だと考えます。そうして出て来たものを外国語で出せばよろしい。いつかは人を打つでしょう。

帰って手紙を書いていたら、本屋だという男が来て、定期的に日本の文を翻訳してくれぬかと言うので、長くないのならばやってもよい、テキストを念のため送ってよこすよう、やるとなれば金はその時に協定しようと言って帰しました。

八時からシャイヨー宮でのTNPのマリヴォー「愛の勝利」。マリア・カザレス主演。ギリシアを舞台にした話で、舞台装置が簡潔ながら実にあかぬけしていて感心しました。会話は殆ど分からなかったが、最後の盛り上げの所は大体分かり、その迫力に打たれました。テキスト（写真付きの）を買ったから帰って説明しましょう。いずれにせよ芝居好きの国民です。

＊この前の手紙の反響が大体わかりました。

こちらの人間の豊かな生活に比べ、日本を顧みると国全体としての貧しさが、誠に胸に迫り、大きな無理をしてまで見学して歩くのが馬鹿らしくも思えたのです。しかしそちらで考えて居られる事も分かり、無理でない範囲で送ってくれる分で出来得る限り見聞を広めて行きましょう。一人自分個人のためだけでなく、もっと広い立場から。それにしても代議士あたりの出張費に比べればめくされ金にもならぬ金を留学生あたりには少しも出そうとしない近視眼的な日本という国の、物の面だけでなく心の面の貧しさが、白々しいものに思えてきます。僕の方の考えの基盤は以上のようなものです。了承願います。

＊今迄のように一寸したことで悲観したりしないように、しぶとく自分を鍛えることも、この留学の目的ですし、悲観的になったと言ってももっと大きな見地からの話。段々そのようになりつつあるようですからご安心下さい。

＊節子が世界地図を見るとは微笑ましい。あくまでのびのびと育てたい。こちらの子供は大事にはされるが、躾も中々きびしい。しかし鷹揚でこせこせしないのは実に気持が良い。にこにこ笑いかけてきたりするのもある。一般に人見知りをしないようです。しかし写真を撮るのは望遠レンズがないととても無理なようで、希望にそうようなのは一寸撮りにくいです。はさみをいじる時は十分注意するように。

＊内村教授が三月末か四月初めに来るとは言っても、僕はその頃旅行に行って、パリに居ないと思います。内村教

授が来るからと、こちらの日程を変えるには及ぶまいと考えていますが。旅行は原案通りスペインにしようかと思っています。日本館にいると自分一人になるということはないのですが、もしこの旅に出れば、初めての一人旅になるわけ。もし実行するとなると、スペイン紀行をものしようと思っています。それには少しにわか勉強も必要でしょう。

三月十日(土)　快晴

八時にポルト・ドルレアンからバスで出発なので、七時過ぎに起床。稀な早起き。晴れてはいるが中々冷え、芝生の上には霜がおりています。かねてより見たいと思っていたランス行きなので張り切って出掛けました。出発までの短い時間を利用して、カフェでクロワッサンとショコラの立食で腹をこしらえ、まぶしい程の朝日を浴びて車中の人となりました。日本人は田中、大塚、入江、高野君の理科組。ギャール・ド・レストのあたりから東に折れ、先日入江君と散歩したマルヌの並木に沿ってとばします。マルヌには既に残雪は見られません。ここしばらくの暖かさですっかり溶けてしまったようです。市で賑わうパリのはずれの町並みを過ぎるともう田園です。今年のすごい寒さで麦がすっかりやられ、ヨーロッパの農家はどこも大打撃の由で多くは蒔き直したとか。そういえば野面には青いかげが殆ど見当たりません。時々現れる集落といえる位の町の商店も皆小ぎれいに飾られ、電気器具屋などはパリのそれと殆ど変りなく、電気洗濯機、掃除機、テレヴィジョンなどが豊富に並べられています。利用者があるからこその陳列と考えられ、民度がどこでも平均しているのが感ぜられます。

ドイツのコロフォング君と隣り合わせましたが、マルヌに沿いながらの説明者の言うことが、多くはマルヌ会戦のことなので渋い顔。そのまた隣にはオーストリアから来た男がすわっていて、二人でドイツ語で話し合っているので、ドイツとオーストリアでは言葉は完全に同じかときくと、コロフォング君は一寸声を低めて、オーストリア人は話し方が魅力的でない、それが大きな違いだと言う。大した自信です。

約一時間程でシャトー・ド・シャンという昔の大名の城の前で停車。クロワッサンとコーヒーの朝食が出ました。プチ・トリアノンと同じようなうっすら黄色味を帯びた壁の色が心地好い。再びひた走り。低い丘陵の道が続きます。両側は雑木林と畠が地の果の冬霞(春霞というべきかもしれない)の中迄続き、誠に広々とした風景。道のすぐ脇の芝草のところは野焼きのあとがあり、うっすらと下萌えも見えて春の気が漂っています。マルヌの本流や支流が左に右に現れ、説明はもっぱら第一、第二次世界大戦の時の事。田中君等と、全くこんな地勢では兵隊ごっこにはもってこいだねと笑い合いましたが、ここで戦った連中でどれだけ多くが傷つき倒れたことでしょう。事実、道の途中で小松原の中に、米軍、仏軍、伊軍、各国連合(ドイツ人も含めて)の墓地が次々と去来しましたが、いずれも白い丈の低い十字架がびっしりと並び、その数は大変なものです。バスは途中でモーというマルヌ河畔の街に寄り、そこのカトリック教会を眺めました。カテドラル・サン・テチエンヌといい、十二世紀に建てはじめ、十六世紀迄かかって完成したもの。正面の右の塔は素材が黒味をおびているのでトゥール・ノワールとよばれているのが特徴の由。高さは七十六メートル。中にはボシュエの墓があり、その彫刻なども飾られています。ステンドグラスは殆ど見るべきものはなく、僅かに残ったものに朝日がさし、それが白い床の上に色を落しているのが印象的でした。カテドラルの横の庭にはヴュー・シャピトルという十二世紀に建てられた修道者の住居があり、そこにルネッサンス風の階段がかかっているのを見ました。かくの如く何から何迄由来つき。

再びマルヌの丘陵を上ったり下ったり、広い広い谷の川縁に橙色の屋根瓦の農家がかたまり、うっすら靄をかぶった薄紫の雰囲気にアクセントをつけています。国道から一寸入り込んだところに、米軍兵士のための記念碑がたてられてある所で降りて小憩。小高い丘に建っていてギリシア様式。中央の基盤の上にマルヌ会戦の時の米軍の配置が刻まれています(碑全体と、この図を写真に収めましたから、うまく撮れていたら送ります故それで見て下さい)。ここから見ると眼の下にシャトー・ティエリというラ・フォンテーヌの誕生の町が眺められます。景勝の地です。碑を眺めていると、第一次大戦といい、第二次のそれといい、遥かなアメリカからヨーロッパのこの土地迄、よくも兵を進めて来たものと思います。アメリカの兵士達は一体どんな感慨でこの地に骨を埋めたろうかと不思議な気持になります。資本主義を擁護するためだとか、死の商人に操られてなど色々理屈はあるでしょうが、表面だった標語は「人道のため、自由のため、文化のため」ということだった筈。第二次大戦の時、アイゼンハワーは二十世紀十字軍という言葉を使っていたと思いますが、本当に彼はそうした気持だったのでしょう。そうした普遍的な人の心を打つ命題がなければ、遥かに海を越え、こんな美しい自然の中で命を落すということは不可解なことになってしまいます。それにしてもこんな所で同じ人間同士が敵味方になって殺し合うとは、何と因果なことだろうと、エジプトの砂漠で感じたと同じことを思い起しました。

車に戻ってアルゼンチンの整形外科医と隣り合わせましたが、東大整形外科の関節鏡の話をすると、是非どんなにするものか教えて欲しいと中々愛想がよい。しかし自分の住所迄教えるところをみると満更でもないらしいので、津山君に聞いて返事することにしました。戦死者墓地のことで、英軍のは少なく、伊軍のは多かったことについて、英軍はいつでも人を前に出すからだと決め付けました。たまたま我々の目に触れたのではそうだったので、一般論にはなりませんが、こんな見方をする人間もあるかとおかしくなりました。しかし案外本当かもしれぬ。

十一時も半を過ぎる頃、マルヌを離れ、バスは坦々たるアルデンヌの平野に入り、遥か地平にランスのカテドラルの塔が見えはじめました。ここはシャンパンの本場。そここに広い葡萄畑も見えて来ました。昼過ぎ商業祭とかで旗など飾ったランスの街に入り、教会の裏手にあるステンドグラスの製作所を訪ねました。予めデッサンをするアトリエで下絵を見せてもらい、次いで色々の色彩のガラスをデッサンに合わせて切り刻み、それを鉛でつくった溝のある針金にはめこんでつぎ合わせる工程を見ました。きわめて伝統的の芸術で、そこに新しいイデーを盛り込むのに非常に苦心しているらしい。この工作場の窓から見たカテドラルの後姿が気に入り、カラーを撮りましたが結果はどうか。

一時半から三時迄食事。場所は目抜き通りの大きなホテルのレストラン。参考に出た物を書くと、白赤葡萄酒（白の口当たり良く、殆ど一本を一人で平らげました！）、白身の魚の油揚げ、シャンピニオン・ア・ラ・クレーム、羊肉のロースト、サラダ、コーヒー。シャンピニオンは旨くてお代りしました。デザートに入って、先ず指名で日本が最初に「荒城の月」で拍手を浴び、ついで各国が次々にやりました。そのため少し時間が過ぎ、あたふたとバスに乗り込んでカテドラルへ。ここの物は、人によってはフランス第一だという程豪華な物。しかし第一次世界大戦で壊され、火を発してステンドグラスの多くが失われ、正面の像もかなり傷んでいます。これを壊したのはカイザーの大失策で、このことがアメリカ参戦の遠因の一つになったとまで言われている曰く付きのもの。今はロックフェラーの資金で修理しています。

説明をするのは、コミテの依頼でやって来た、このランスのカテドラルのことで文学士の称号を得たマドモワゼル・パイヤールという女性。蘊蓄を傾けて喋ること喋ること。しかしいわゆる才色兼備といいましょうか、極めて柔らかい感じの人で、皆好感を持って聞いていました（僕も少し鼻の下を長くして（？）節子もこんな風になってくれるといいなと思いながら聞いていました。ともかくどんな人のどんな話題にも明るく応じていかれるよう、将来教育したいものです。それには家全体の雰囲気がそうならねばならず、各人がそれぞれ何事にも一見識持つよう勉強し合わねばならぬと思います）。内部、側面と眺めましたが、これは十三世紀の間に完成されたものの由で、特に内面の正面裏手にある十字軍兵士の彫像が有名な物らしい。シャルトルでも感じた如く、全く人間の意思をひしひしと感ずる建造物ではあります。

時間がないとのことでゆっくり眺めるいとまもなく、再びバスへ。途中アベイ・サン・マルタンの前をかすめて、マドモワゼル・パイヤールの祖父の家という一八三四年に創始というシャンパン製造所へ。それこそこぢんまりしていて、機械等もそんなに大仕掛の物は一つもありません。なんだこんなものかと内心思っていたのですが、小さな戸口から導かれ地下に降りて行って驚きました。石灰岩の地層を掘り崩して大きな洞穴がいくつも掘られ、それらが互いに人が立って通れる位の穴で繋げられ、まるで坑道のようになっており、それぞれの穴に製作過程にあるシャンパンが棚に積まれびっしりと並んでいます。序々に発酵させて完全に透明になる迄放置するのだそうで、相当な年月を要するわけらしい。一番丈の高い穴は十数メートルもあります。一寸ピラミッドの内部といった感じです。壁に触って見ると、爪でも傷つく程で、極めて柔らかく掘りやすい石と思われます。それにしてもこんなに深いのに大した湿気を感じないのは、この辺で井戸を掘るには六百メートル掘らねば水脈に達しないというのですから、むべなるかなでしょう。穴から出て、ここの祖父が彫刻をものし、それを飾った応接間でシャンパンの供応。片隅で大瓶一本六百五十フラン、二本千二百フランで売っており、田中君など安いと言い、買ったので、家に土産に買おうと思いましたが、ランスはまた来たいのでその時に買うことにしました。少し薄暗く暮れたサン・マルタン教会と、カテドラル前で小憩。節子のブローチ代りにとランスの街の紋章を二百五十フランで買いました。暮れかけて灯のともりそめたランスの街を抜け一路ソワソンへ。街をぬけるともう家は殆どなく、眼界を遮るものなき畑の連続。

ノルウェーの哲学生と隣り合わせて話しました。フランス人との話は聞き取れぬことなどあって面倒だが、外人とフランス語でしゃべるのは大いに楽です。いい勝負だ。ノルウェーからパリ迄どれ位かかると聞くと、自分はベルギー迄ヒッチハイクでやって来たので知らない。しかしフランスでは駄目だ、フランス人はけちだと言っています。フランスから四ヶ月、ベルギーから八ヶ月のブルスを貰って勉強に来た由。僕がこの夏ノルウェーに行く予定だと言うと大変嬉しそうな顔をしました。もの静かな人なつこい感じの男です。

パリ到着の翌日バスで来たことのあるソワソンの、それもその時に来たことのあるレストランで夕食。バスに揺られ通しなので腹が減ります。隣に座ったギリシアのマドモワゼルが、日本語と支那語の違いは等うるさく聞いてくるのをかわして、紙のテーブル掛けを切って鶴やあやめを折ると、コミテのマドモワゼルなど、素晴らしいと持ち回り、南亜連邦やアルゼンチンのマドモワゼルなどから車中で折ってくれと頼まれる程。

ソワソンを出たのが九時半。降るような星空をバックに僕の好きなアベイ・サン・ヴァンサンが街の灯に映えてほんのりと夜目に認められるのを、車窓から見えなくなる迄見ていました。

パリ迄の二時間の半分位は果てしない森の中の道です。これは材木を採るためのものでなく、唯自然林としてとってあるものの由で、これだけ見ても、未だに極めて多くの耕地予備地が残っているわけで。日本と大分異るわけです。この二時間を他国の学生はシャンソンや民謡等を歌い続けです。ものすごい体力です。僕はそれほど疲れないが、田中、大塚君等は相当へばったようです。サン・ドニを抜けてパリに入り、シテに帰ったのが十二時一寸前。植村館長と明日のシャンティイ行きの相談をした後シャワーを浴び、のびのびした気分で床へ。

三月十一日(日)　今日も快晴

七時過ぎ起床。松平、上野、植村館長とギャール・デュ・ノールへ。八時五十分発の汽車でシャンティイへ。我々の席の隣に、黒い犬を連れた男が乗っていましたが、この犬が実におとなしく、子供のように抱かれたり、床にうずくまったりして、まるで人の子のよう。ところがある所迄行ったら急に立上って主人公に向かって吠え、入口の方にとことこ行ってしまいました。すると主人公もよっこらしょと腰をあげ荷を提げてあとからついて行きます。いつもこうして連れて歩かれるので、自分の降りる駅の間近になるとそれが分かるらしい。一寸感心しました。

シャンティイ着九時半。サンリスへ行くという植村館長と別れて我々三人で、シジュウカラの元気な囀り、キッキらしい声のもれる延々と続く自然林の中をシャンティイの城へ。右手には林越しに有名なシャンティイの競馬場があって、シーズンを待っています。森をはずれると眼の前にぽっかりと池越しにきれいな城が現れました。これはローマ時代の頃から豪族の居城になり、それが十九世紀迄に五度も建て替えられたという由緒の深いもので、こぢんまりした誠に美しい城です。門の所迄行って見ると開門は一時半とか。少々気抜けしましたが周囲の景色がきれいなのでそれを写真に撮ったり、競馬場の一角に聳える昔の厩を眺めたりしながら街の方に足を運びました。安い料理屋を探してあちこちしている内に昼になり一軒に飛び込んで食事。オルドゥーヴルに、イワシ(七十フラン)、オムレット・シャンピニオン(百五十フラン)、フロマージュ(四十五フラン)、赤葡萄酒(九十フラン)、それにパン、サービス料で四百フラン程。

再び競馬場の芝を横切って真直ぐ城へ。午後からは大分人が出て来ました。城の中がミュゼになっていますが、ラファエロがマドンナを混ぜ数点。アングル、プリュードン、プッサン数点等々。時代はばらばらながら、美術全集で見慣れた物などもかなりあって、中々大したコレクションであることが分かります。又、図書室には印刷術以前のものたる彩色したきれいな書籍が多数飾られています。こうしたものを見ると、誠にフランスの保有する文化財は実に大したもので、フランス人が鼻高々と誇るのも無理はないという気がします。シャンティイの小城一つとってもこの位あるのですから全国では大変なものだと思います。城の一部をなす教会のステンドグラスは茶と青が基調で一寸めずらしいものでした。次いで庭を一周。とはいっても深い森があり、大運河があり、アモー(掘立小屋の意。水車小屋など含み、ヴェルサイユのそれの先駆をなすという)がありで多彩です。森の所々には彫刻が立てられ、アクセントとして大変効果を高めます。低みに流れる清流にはニジマスが浮いて実にきれいです。ともかくこんな筆では書けぬ程小憎らしい作りではあります。哲学者の並木は、昨年木村伊兵衛が「アサヒカメラ」に載せた、亭々たる並木のカラー写真の素材らしい。午後の陽を浴びた城を方々から撮りすぎる位カラーに収めて五時近く帰路につきました。

駅でサンリスから帰った植村館長と落合いました。車中での話に、今週金曜ラミー教授が日本館で話をするそうですが、この人は昨年だかに日本に行った人。すっかり日本好きになって帰って来た由。それにしても我々がフランスに来て色々感心するようにフランス人で日本に行った人は殆ど例外なしに日本が好きになるらしい。ヨーロッパに無いものが日本にあるためでしょう。ともかく我々は我々自身で日本にあるよいものを見出してそれを誇りにし、外国にもどんどん紹介する必要があるようです。松平君の話では彼が今ついている教授や知り合いの仏人夫婦(いずれも日本に来た)から聞いたことだが、日本の服地だけ見てもすばらしく、その奥さんなど、日本に来て二、三年分を買い溜めた由で、日本の服地でパリのデザインで服を作れば最高級だと折紙をつけているとのこと。紡績だけでなく、ともかくカメラにしても、機械にしても、芸術にしても自分の国で製作し、世界中の良いものを総て自分のものとして吸収しようというような活発な国民が他に沢山あるでしょうか。受入れ方に問題があると言いながらその活力は大いに買ってよいと思います。カメラを提げているのは日本人の特徴だといわれますが、果して外人の中で、自分の国で製作したものを提げて歩いているものが何人あるでしょう。フランス人などの場合はフランスに良い安いカメラがないので買わないといった方がよいようです。よいものといえばドイツのかアメリカのコダックです。

七時半メゾンに帰りました。夜一時間程輪講。ダニノスのもの。イギリスでは天気に関する会話が重要であるのに、フランスでは天気の事等話す奴は、そんな事しか話せないと軽蔑される。イギリスでは個人生活に関する事は余り触れず、又、沈黙を貴しとするが、フランスではそんなことにはお構いなく喋りまくるのを生命とする等、対比が中々面白い。

十一時就寝。

三月十二日(月)　晴

さすが二日間の活動で疲れたか起きたのが十時半。骨休めです。

午後研究室へ。二十七例目迄見ました。五十例目迄見たら一応表を作るつもり。

夜九時からコメディ・フランセーズで「ミザントロープ」(モリエール作。人間嫌い)。コメディ・フランセーズはリュクサンブールとパレ・ロワイヤルの二ヶ所でやって居り、今晩のはパレ・ロワイヤルの方。コメディ・フランセーズは初めてです。舞台装置、衣装等堂々たる風格で、実に渋い色の組合わせで、いつもながら感心させられます。文体は古いので読んでも分かりにくく、聞いたのではなおさら分かりません。しかし雰囲気は十分楽しめます。これを見ていって帰国してゆっくり本を読めばよいでしょう。日本の歌舞伎といったところ。

三月十三日(火)　晴

回診で、子供に癲癇発作があったら、血管の形成異常と、メニンギオームなどの腫瘍を常に考え、痙攣後の一寸した麻痺でも見逃すことなく注意をはらい、病巣の局在を探すようにせねばならぬとの話。更に、オールド・ミスで本人は強く否定するが、全ての症状が梅毒の存在を示している例で、過去に方々の末梢神経に一過性の麻痺があったことに関連して、治療せずに一過性に経過する麻痺を見たら常に梅毒を考えるようにとのこと。

水曜日は研究室には来られぬので、今日はその分迄と三十例目迄観察。少しく様子が分かってきたので歩度が伸びました。隣ではやはりベルトラン教授からテーマを貰ったムッシュ・ジラールが核酸染色の標本を一生懸命に覗いています。

夜はスペインの歴史のことを読みながら早目に床に入りました。

三月十四日(水)　晴

寒いことは寒いが手袋なしでもすませる程度。

近頃はヨーグルト(こちらではヤウール、チーズの一種)が好きになり、朝食にコーヒーと一緒に食べています。食堂でしばしば出るのを薬だと思って食べている内に好きになったのです。日本のより一寸大きい容器で十八から二十フラン。砂糖をかけて食べます。

午前外来。

午後の臨床講義でガルサン教授の来るのを待っている間にベイルートの男と話しましたが、ベイルートでは医薬品はドイツ、イギリス、アメリカ、ベルギー、フランスあたりから買うということで、日本のはと聞くと買ったことなしとの返事。それじゃ日本商品はと問うと、戦前には安いのでよく買ったが、堅固でない、ドイツのがその点一番良いとドイツに対する信頼は大きい。又、フランス品は駄目だと付け加えました。ベイルート自体は国内では何も作れないで、人の品をとやかく言っていればよいので楽な話ですが、日本品の安かろう悪かろうは定評となっておるらしく、これを打ち破るには大変な努力が要りましょう。安くて良いとなれば実力で押して行ける。繊維品も少なくも戦前の日本品は弱かったというので、いや戦後はそんなことはないと答えておきました。ベイルートではアラブ語とフランス語、英語は正課の由でともかく達者です。脳に関する知識など、我々に比すればとるに足りないながらよくしゃべるので、堂々たるものだ。その点こちらは実に歯がゆいです。我々も子供の語学教育には力を入れねばならぬと痛感します。節子にもなるべく早く習わせたいと思います。真剣に。

第一例はシャルコー・マリー型の筋萎縮症。次が、五年前にチフスの注射をし、その後四肢麻痺、現在ペクトラーリス・マヨールなど右で全く消失したようになっている。患者がドアから出た後、声を低めて、ワクチン注射後の脊髄炎、誠に気の毒。まれなことだがとの診断。最後が失語症。空間覚がなくなっています。

(症例についていちいち書くのは徹のためですから、家の人は退屈だろうから飛ばしてよろしい)

三月十五日(木)　靄の濃い日です

今日はスペインのヴィザを貰いに大使館に行きました。車中でギランの「シャルコー伝」を読み始めましたが、素直な文章で割に読み易いです。シャルコーという人が非常に冷たい人であったなど初めて知りました。その代りに動物は溺愛したなど、人間嫌いな人だったのでしょう。絵が実にうまかったらしく、そのデッサンやクロッキーが沢山サルペトリエールの図書室に残っている由で、その内是非見ようと思います。

大使館では柴崎領事が親切にしてくれ、土曜日にいらっしゃいとのこと。この前の某大使の子息の診察のことで礼を言われました。いや、実にあの一家には困らされましたよ、飛行機の予約だけでも決断がつかず何回やり直したか、いやはやですよ、とこぼすことこぼすこと。

帰りにマリニー劇場に寄って来週火曜の切符を買い、次いでオペラに行き土曜の「ファウスト」の切符を聞いたら満員。シテに帰ったら家からの手紙と松沢氏から目黒不動の絵葉書。木曜日に来てしまうと次の週まで長くて待ち遠しいので、その点いたしかゆし。切手はいつも珍しいのをありがとう。
＊節子の加減が悪い由。それで写真の入っていないのが分かりました。治ったら早速撮って欲しい。もう大分見ないような気がする。
午後研究室。今日は三十三例目迄。徹の言う通り、研究の幅を広げる意味で一生懸命やっている。

夜は「シャルコー伝」に読み耽りました。いずれ帰国したら「脳と神経」等に何か書かされるであろうし、その資料にもと、この本は最後迄読むつもりです。

三月十六日(金)　靄の濃い日

外来にはオランダの医学生が教授に連れられて二十人程見学に来ました。

昼食にシテに帰ったら青木先生（小学校の恩師）からお便り。林之助先生も俳句、川柳等書いて陣中慰問にもと書き添えてありました。節子は僕の小さい時とそっくりだそうです。

午後はアストロチトーム・ゲミストシティックという一つの型で細胞分裂の面白い像があるのでささり込んでいたら、マドモワゼルが研究室を閉めますと言いにくそうな様子で告げました。そういえば五時半になっていました。四十例に近づき、パックの休み迄には五十例を越えるでしょう。そうしたら一応表を作るつもり。

夜は九時から一時間程、メゾンのホールでソルボンヌの教授の小児科のラミー教授が「昨日～今日～明日の医学」と題して講演。大したことを言っているのではないが話し方がうまい。明日の医学は遺伝性疾患の減少をはかることが大きな課題と結びました。会後、館長室でお茶の会。ラミー教授はガルサンとはとても親しいんだと言っていました。昨秋日本に行き、日本人程親切な国民はないと、気味悪い位褒めていました。

皆が引き取ってから医学生だけ残って菓子を食べながら

館長と雑談。話好きな人で一旦つかまったら二時間は覚悟せねばならない。今日聞いて面白かったのは東京の日仏会館と日仏学院とフランス大使館の複雑な関係。日仏会館館長は歴代ソルボンヌの教授級が赴任し、目的は日本研究。ところが日仏学院はフランス文化を日本にしみこませるのが目的で、そうした点に違いがある他、ルキエが来てからは高等師範関係で固まっている由。しかも彼は新聞記者あがりなので、中々やり手で殆ど独裁。日仏会館で催し物をやる時はそれに対抗する形で、学院の方でも何かやるので、客が二つに割れて誠に具合が良くないのだそうです。学院で絵を教えていたヴァン・エックが最近展覧会をやるため帰って来て、植村館長のところを訪ねて来て色々の話の中でルキエ館長の独裁を難じ、彼をやめさせねばならぬと力説して行ったとのことです。一方大使館はある時は片方に色よい事を言い、他の時はチャチャを入れて、日本側としてもやりづらくてならない由。なんとなくフランス政治の縮図のような気がします。

三月十七日(土)　晴。うららかな日

今日は昼に大使館に行かねばならぬので、午前は部屋にとどまり、久し振りにシスターに手紙を書きました。中々時間がかかるものです。窓の外でホオジロが声高に囀ります。季節の移り変わりに一番敏感なのは小鳥だと言われますが、誠にその通り。

食堂が開くとすぐ入って食事を済ませトロカデロへ。パッシー河岸等、この間までセーヌに氷が浮いていたのなど嘘のようにうららかな眺めです。何度見ても飽きない風景です。約束の時間に行ったら、今日はまだスペイン大使館からヴィザが来て居らず、月曜日に来てくれとのこと。帰りにシャイヨー宮をのぞいて見たら、明日のヴェルディの鎮魂曲の切符があるので三百五十フランで買いました。テラスに出て真正面に聳えるエッフェル塔やパリの街の眺望を楽しみました。まさにパリの空の下にはもう春が来ています。映画「巴里の空の下セーヌは流れる」を見て何時の日か来られると思ったのが、現実にこのテラスの石畳を踏んで四方を眺めていると、何だか夢かうつつか分からなくなって来ます。僕のそばでは石の手すりに腰掛けて牛革の外套を着たお婆さんがのんびりと爪の掃除などやっています。

その足でサルペトリエールへ。今日で四十例に達しました。仕事にかかる前にマドモワゼル・フールニェとマダム・ピニョールと三人でコーヒーを飲みながら(教室でネスカフェを沸かして)雑談をしましたが、フランスでインターンになるのは大変なことらしく、シャルコーも二度目に通ったし、ガルサン教授なども二、三度目に合格した由。

相当激しいものらしい。それだけに力も付くし誇りになるのでしょう。しかしフランスのこの制度では医者になるのはよいが、研究に向かぬだろうというと、マドモワゼルがはっきりと不適であると言い、何とか改めねば駄目ですと答えました。確かに診断学的方面ではすばらしいと思うが、治療とか基礎的な方面では立ち遅れてしまうという感じが深いです。誠に一長一短です。隣のジラール君は精神病院のインターンの由だが、僕のデッサンを見て刺激されたのかどうか知らぬが、アッベの器械（描画装置）を持ち出して今日から描き始めたがうまく行かぬとこぼしている。頭の毛が少し薄く、中太りで堂々たる風格だが、気がよくて付き合いやすい。

食事を済ませたら、あまり良い夜の気なので、気が向いて「オランピア」にジャクリーヌ・フランソワのシャンソンを聴きに行きました。オペラ前通りの大きなミュージックホールです。バスで行きましたが、リュクサンブールからサン・ミシェル、シャトレあたりは土曜の夜の人出で浮き浮きした気分がみなぎっています。バスがオペラの通りに入ってからが大変。自動車の行列で、それこそニッチもサッチも行かず、交通は全く麻痺状態。十五分も遅れてオランピアに駆け込んだら、丁度良く幕が開いた所。日本でいえば美空ひばりのような若いシャンソン歌手がギターの気持良い音で幾つか歌うと、満場口笛でアンコールを求め、大変な人気。その次の小鳥の鳴きまねとジェスチュアで掛合い漫才をやったのが気が利いていて面白いと思いました。ジャズ、曲芸など黒人の芸人は誠に器用、しかも迫力があるのには感心しました。やる方も何となく余裕があって楽しみながらやっているような雰囲気が快いです。

最後のジャクリーヌ・フランソワは、僕の席が最後列、しかも望遠鏡を忘れたので顔の細部や表情は分からないが、歌う曲のそれぞれによってジェスチュアを変え、聞き手を引きずり込んで行く魅力は大したものです。森岡君になど聴かせたいです。最後は今流行の「ラバンディエール・デュ・ポルトゥガル（ポルトガルの洗濯女）」というので結びましたが、シャンソンの実演を聴いたのはこれが最初。帰る迄にはもっと聴いていきたいです。

表に出ると夜の気がほてった顔に心地好いです。カフェのテラスには（まだ覆いガラスはとりはらいませんが）十二時というのに大勢たむろして、コーヒーだビールだチンザーノだと銘々コップを前に何するともなく通る人を眺めたり、ぼそぼそ話をしています。何とも言えずのんびりした、ぼーっと雲をつかむような表情です。こうした雰囲気は我々に欠けているものの一つ。忙しい生活の合間にこうした気分を忘れないように今後を暮らしたいものです。

オペラの上に春の三日月がかかっているのを一寸仰いでメトロに潜り込みました。

三月十八日(日)　薄曇り。午後陽射し

午前は洗濯。気付いた時にお願いしておきますが、合シャツというか、余り厚くないシャツと対のそう厚手でないズボン下が一枚しかないので、これから先少々困りますので二枚程送って貰えますまいか。これは軽いから航空便で大丈夫と思います。

昼食を済ませると、松平君とカメラをぶらさげてリュクサンブールへ出ました。サン・ミシェルからパンテオンの横の通りをセーヌの方に下り、サン・セヴラン教会を探しました。今日は久し振りにパリの中を見物しようというわけです。見付けて中に入ると日曜ミサの最中。祈る人の姿というものは異教の者が見ても美しいものです。足音を忍ばせて堂中に進み入り、ステンドグラスと天井や柱を一わたり眺めると退散。ここのステンドグラスは全く貧弱。たとえ十五世紀に作られたものでも。この教会は六世紀にここに住んでいた信心深い男の名をとったものの由で、建物は十三世紀前半に建て始められ、正面のローマ風の部分を保存しながら十七世紀迄かかってゴチック風に仕上げられたものだそうで、どの柱は十四世紀、あの柱は十六世紀というように全て歴史があります。堂の右に昔の墓所という小さい庭があり、まわりを回廊で囲まれていますが、それもかなり傷んで、内部にはいつの時代にか建て直しの時に不用になった石材、又は昔の建物の一部と思われるものがころがっていて、誠に古めかしい気分。かびの匂いか、猫の小便の匂いか、かすかに匂っていかにもパリの古い町の一角らしい気分です。庭の中央に芽吹きを待つ立木が一本。緑をふく頃には教会の石肌の色と映えてきっと又別の気分がするでしょう。まわりは荻須氏の絵に出て来る建物が思い思いの色調でたち並び、何となくその一つ一つが個性を主張しているような感じです。

教会の前にいる乞食がうるさく呼びかけるのを知らん顔して通り抜け、昼なお暗く、何世紀となく日の光を浴びない狭い狭い小路を抜け、サン・ジュリアン・ル・ポーヴルというこぢんまりとした教会の前通りに出ると、その隣の小公園の木々越しにノートルダムが側面をのぞかせています。これはまさに絶景です。この角度がノートルダムの最も美しい姿を見せてくれるのではないかと感じました。公園のベンチで、ノートルダムを見直しながら小憩。石のベンチ故冷え冷えしますが、それが何となく早春の感を伝えて心地好い。子供が二、三人紙を散らして遊んでいたら巡査が来て、紙は集めてかごに入れなさい、よごれると皆に迷惑だろうてなことを言うと、素直に集めて箱に捨てに行き、又もと通り遊び続けます。おまわりも葉巻をくゆらせながら、のっしのっしとどこかへ行ってしまいました。

河岸といわず、ブールバールといわず、我々の眼にもすぐそれと分かるツーリストが増え、それにパリの女性たちも春のモードに替えはじめ、木々より先に衣替え。街角の花売りの車のチューリップや名も知らぬ花が通りすがりにほのかに香って、すべてが明るくなりました。河岸の本屋をのぞきながらイル・ド・ラ・シテにわたり、サント・シャペルへ。これが今日の主目的。パレ・ド・ジュスティス（裁判所）の中庭に建てられているもので、十三世紀にサン・ルイのため僅か三十三ヶ月で完成したということです。

一時半の開門と同時に入りました（入場料三十五フラン、日曜日故平日の半分。管轄は文部省となっています）。上と下に分かれていて、先ず下から見るわけですが、下はほの暗く、それだけにステンドグラスの効果も中々よろしい。壁といわず天井といわず、床といわず、すべて彩色され、デコレされて居り、デコレーションもここまでくると感心します。このシャペルは柱が細いのが特徴らしく、これでよくこれだけの重さを支えているものと不思議になります。中に一本少しく傾いたのを見付けました。その外にデコレされていない黒い柱が二本調和を破って立っていますが、これは後世補強のため加えられたものの由。螺旋状階段を昇って上のシャペルに入ると思わず唸りました。誠に素晴らしいステンドグラスです。十数メートルもある周囲の窓がすべて美しい色を内部に投げ掛けています。ここに比すればシャルトルも一寸顔負けです。ブールギニヨン君がサント・シャペルだけは是非見るように言ったわけが分かります。説明によると、このグラスの六十％はオリジナルの由。多くはシャルトル派の手によって作られたのだそうで、第一次、第二次大戦の間はすべて取り外してロワールのシャトーに運んだ由。そういえば第二次大戦の始まる前、ノートルダムなどのステンドグラスをはずして某所に移したというような記事を読んだ覚えがあります。その当時は余り気にもとめませんでしたが、今こうして眺めると、フランス人が懸命にこの文化財を守ろうとしている気持がよく分かります。この感じは色を離しては人に伝えることが出来ないので、五月頃にカラー・フィルムを持って来て撮って行き、お土産にするつもり。このシャペルの上にはサン・ミシェルの坂道からよく見える、地上五十三メートルという尖塔が立っていますが、これが木芯に鉛を被せたもので、重さが二百数十トンとか。それを支えるのが、不釣合に細い柱四本。まことにすばらしい建築力学の美しさといえましょう。壁にも柱にも窓にも一々由緒があるが、これについては長くなるからやめましょう。続々と観光団がやって来て、付き添いのガイドがしゃべる言葉がドイツ語あり、英語あり、さかんなものです。多くがカメラをぶら下げて居り、ツーリストの気持はどこでも同じらしく、カメラを下げていたら日本人と思えというのは少なくも現在では当たりません。

ところで、皆パチパチやっていますが、考えて見ると我々もそうですがカメラに収めると安心してすーっと帰ってしまう。時間に縛られた旅だからといえばそれまでだが、忘れてならない重要なことは、こうしたモニュマンを作り出した人間の壮大な意図と、頭脳と、それを完成させるために払われた幾多の努力を常に念頭に置いて眺めねばならぬと思う。観賞するだけに終らず、そうしたプロセスを追体験することによって、自分自身の明日への活力を感じ取って行くことが大事だと思います。二階のテラスに出て見ると、そこの壁には天地創造の諸景が彫り物にされており、ノアの洪水の図だとか、アダムの肋骨からイヴが生れる所などが見られ、一寸面白かったので絵葉書を買っておきました。

そこを出て、次はコンシェルジュリー。諸王の住家であり、革命の時には監獄に使われ、マリー・アントワネットも収容され有名になった所です。見られるのは極一部だけ。昔諸王が招宴をはったという半ば地下室風になった大ホールはほの暗い中に五十数本の柱が立ち並び、ゴチック風。数千人の料理を作ったという台所も見ました。一九一〇年一月だかの洪水では、ここ迄水が来たという印が柱の一本に刻まれていますが、我々の背より高い所にある。

次は革命の時の獄の跡、マリー・アントワネットの閉じ込められた部屋等、誠に薄暗く、一寸気持はよくない。ギロチンにかけられる前に身支度を整えさせられたという部屋の木のベンチが寒々としています。罪を問われた者は皆ここで身を整えて、身分の上下に従って、ある者はコンコルド広場で、ある者はナスィオンの広場で処刑されたとのこと。中にある小さな教会は罪人に最後の洗礼を施したとかで、その壁には二、三千人の首を落したというギロチンの刃が飾られています。こうした現場を見たあとで「マリー・アントワネット」の伝記など読んだらさぞ興があろうと思い、その刃を撫でてもみました。罪人の散歩場になったという小さい中庭を抜け外へ。

釣人とそれを眺める呑気な連中のめっきり増えたポン・ヌフを渡り、古いかび臭い小路をいくつか抜け、ドラクロワのアトリエのあるフュルスタンベール広場へ。とは言ってもまことに小さいものですが、片隅にカンバスを立てる人影も見え、落着いた雰囲気を持っています。ドラクロワのアトリエは工事中とかで当分見られない由。やむなく断念。歩みをすぐ近くのサン・ジェルマン・デ・プレに移しました。この教会の前で生れたばかりの子の祝福のためにやって来た一家でしょう、記念撮影をしようとしている所を、そばから一枚撮りますと、マダムがメルシィと言い、これはフランスでは珍しい大家族なのですと誇らしげに語ってくれました。サント・シャペルを見た眼には中は貧弱。

次いでサン・シュルピスへ。ここはローマ風で馬鹿でかい物ですが、ここはどうも好きになれぬ。いつの間にか四時近くなったので、サン・ミシェル広場に出て、カフェのテラスで通行人を眺めながらビールで喉の渇きをしずめました。散歩する二宮夫婦を認めて立話。旦那の方は延期願いを出してないそうで、何とか稼いで二年居ますとのこと。

松平君と別れて、僕は五時四十五分からのシャイヨー宮のヴェルディ作曲のレクイエムを聴きに。全員で五百人というのは看板に偽りありで、望遠鏡で数えると四百人位。まあそれは冗談として、これだけの大掛りのものは中々聴きごたえがあります。メロディを追って行くだけだが、歌手の声が美しいので楽しいです。

九時部屋に帰りました。夜はスペインの事を一寸勉強。

三月十九日(月)　晴

朝早目に起き、この間の翻訳のことで僕に会いたいという依頼者に電話。今夜八時半に僕の所に来て貰うことにしました。更に、フライブルクの島峰君宛てに、三月末から四月初めにかけてはパリには殆ど鉄門(東大医学部同窓会)関係者が居なくなるということを内村教授に知らせてくれるように葉書を書きました。

午前の回診では前から入っている橋の腫瘍の考えられる例で、外科で手術したら第四脳室にアラクノイディティスが認められたというが、ガルサン教授はなお腫瘍を疑い、きっともっと上の方にあるに違いないと自説をまげずにいます。

昼食はサルペトリエールで。九フランのビールでよい気持。研究室に行ったらマダム・ピニョールが暦を眺めているので色々話し掛けたら、この六月で退職する由。サルペトリエールに三十三年も勤めたのだそうで、若い頃はこんなに長く勤めるとは思わなかったのですが、人生とはこんなものですと、感慨をこめて言いました。これからは主人の世話と孫の面倒を見て暮らします。しかし家はサルペトリエールの向かい側だから時々ボンジュールを言いに来るとのこと。

今日で四十五例に達しました。金曜午前にベルトラン教授に中間報告をするつもりです。

帰りに大使館に行き、スペインのヴィザを受取りました。いまだに内村教授から何も言ってこないので、十中八九出発する決心でいます。

夜八時半から十時迄、ボームガルトという男が来て、翻訳の分からぬ所を質問。終って金のことになり、CNRSという科学研究組織の規定で払ってもらうことにし、計算したら八千四百フラン。四百フランまけて八千フランにしておきました。貯金にまわします。

十二時迄、前にスペインに行ったことのある画家の部屋に行って、細かなことを質問してメモして来ました。あとは切符と、お金の両替だけが問題です。

＊もしスペインに行ったにしても、手紙は今迄通り続けるつもり。ただしスペインから出すとなると日は狂うでしょうが。そちらからもいつもの通り続けて下さい。

＊こちらではカトリックのシスターでも、婆さんでも自動車を活発に動かしている。直子にだって出来ぬことはあるまい。自動車を買う買わぬは別にして、何をやっておいても無駄じゃない。機会があったらやりなさい。

＊三月二十日、帰ったら荷が着いて居りました。重いのを大変だったでしょう。受取るのに九百三十八フランとられました。

＊ボームガルトというのは、田中君にきくと典型的なユダヤ人の由（田中君の教室のマドモワゼルが確言したので確かです）。ヒットラーに追われたユダヤ人連の一人らしい。典型的なユダヤ人というものに接したわけ。

三月二十日（火）　晴時々曇り、夜雨

午前の回診では特記すべきものなし。唯この間から女の子で痙攣発作があるので、ルミナールの適量を決めるため週一回ずつ連れられて来る子がいますが、これがとても可愛い。天真爛漫というか、どうやらフランスの小児としても一寸きかん坊の方かもしれぬが、全く人見知りせず、教授が来るとボンジュール、ムッシュと握手する。教授もボンジュール・コマン・ヴァ・テュ・マ・プティット？（こんにちは、お嬢ちゃん、ごきげんいかが？）とか言って抱きかかえてやる。すると頬ずりなどして、時に額に唇をつけたりしてその間の雰囲気は誠に和気藹々たるもので、少なくも日本では見られない風景。

午後は研究室で家への手紙書き。火曜日の午後七時迄に出さないと土曜ないし日曜に家に着かないので、火曜中に書くのが至上命令。

今日で五十例に達しました。教室のマドモワゼルあたりはびっくりしています。今日はオリゴデンドログリオームの像を見たが、なるほどアストロチトームとはかなり違い、蜂窩状像を呈しています。

帰ったら待望の荷が届いていました。税関で開けたらしいが、きれいに整っており何もいたんでいませんでした。タオル、本、フィルム、のりの佃煮と次々に出て来て実に嬉しかった。「少年美術館」は誠に堂々たる本で、一冊はブーリエ君に進呈するとして、他は余程よく考えて有効に使おうと思います。「フランス古寺巡礼」は、現地に来ていて眺めると実に親しみが持てます。又、旅行する場合の

参考にもなります。

柚羊羹を植村館長に贈ることにして早速届けました。すると、イレーネ・キュリーの霊柩を見てきたところだと言って、しばらくつかまってしまいました。話によると彼女は夫のジョリオよりも熱烈なコミュニストで、ジョリオは尻に敷かれて、むしろお付き合いでコミュニズムを奉じているのだそうで、今度も国葬は国葬だが、ポール・クローデルの時のように軍隊は関係せず、家族も拒否したし政府もその点無関心の由。東大の石館さんが薬を送ったらしいが、それが届かぬ内に死んだのだそうで、ジョリオも同じ病気(白血病)で長くはないとの話。

ともかく二度とはないことなので、九時からのマリニー劇場に行く前に見に行くことにし、バスでリュクサンブールに出ました。途中降り出し、パリには珍しく激しい雨足の中をソルボンヌに沿って下り、霊場を見付けました。場所はソルボンヌの北面の入口のホールで、その中央に黒い石(?)を三段重ねたその上に、頭の方を高く足の方を低く、大型の棺が大きな真新しい三色旗に包まれて横たえられて居り、まわりには生花で作った花輪が所狭しと並べられ、ふくいくと匂っています。中にはシクラメンも混っています。照らすのは僅かの電灯と四本の篝火、棺のまわりに四人の見守りが立ち並んでいるといった具合。極めて印象的な図柄で、レインコートから雨滴をたらしながらじっと篝火を見つめて立っている男も居ます。ソルボンヌの時を経て黒ずんだ壁は光を吸い込んで、三色旗の色も白のみがまばゆく、フランスにノーベル賞をもたらした二代にわたる学者の一員の死を悼むには簡素過ぎるとも言えましょうが、一寸忘れ難い光景でした。

降り募る雨で、さすがのパリ人もカフェのテラスに逃げ込むのが多い中を、時間に遅れてはならじとサン・ミシェルの駅迄小走りに急ぎ、メトロにもぐって一息。ところがシャンゼリゼ・クレマンソーで降りて地上に出たら雲が大きく割れ、雨はやんで月がこうこうと照っていました。全く変りやすい天気です。

マリニー劇場では二階の一番横の桝の席でしたので、ジャン・ルイ・バローやマドレーヌ・ルノーが手の届きそうな所で演じているのが見え、時には息づかい迄感ぜられて誠に迫力がありました。演し物は「庭師の犬」というスペインの諺に取材する喜劇と、「競馬の続き」というパントマイム。くわしくはプログラムを買ったから帰国して報告します。いずれにせよジャン・ルイ・バローの動きはつやがあります。映画「天井桟敷の人々」の感激を改めて思い起しました。劇場を出てシャンゼリゼを横切る時エトワルの方を見ると、一方交通の右側は自動車の後尾灯の連続で赤く、他方左側はヘッドライトで白く鮮かに選り分けられて、巧まざる芸術といったところ。

三月二十一日(水)　雨のち曇り

午前十一時から郊外のソーという所にあるキュリー家の墓地で埋葬があるというので出掛けました。同行は植村館長、田中、松平、高野、寺尾の諸君。シテ・ユニヴェルシテールから乗ってロバンソンという所で降り、歩いて五分で墓地の入口に達します。着いたのが十時一寸過ぎなのでそこで待つことにしました。このあたりはパリの中心部のように高い家並は無く、大抵二階建か平屋、しかも木々を巡らせ、垣で囲ってという個人住宅が多いので、一寸東京の中央線沿線の住宅地という感じ。墓地の前には巡査がかたまって人を入れぬようにし、ここに至る主要路には所々に立ち番がいます。十一時が近くなるとリセ・マリー・キュリーの女学生たちが先生に連れられ、花輪を先頭にしてやって来て入口の一角を占め、他の一角には労働組合代表がびっしりと並びます。制服の看護婦の姿も見られます。花輪はすべて生花で、ほのかに香り、中央に三色旗のリボンがつけられて、それに贈り主の名が金文字で書いてあります。

待っている内に、墓地のポプラをゆする風と共に雨がはらはら降って来ました。その頃、オートバイを先立てて霊柩車が到着。そのあとにソルボンヌから付いて来た関係者の自動車が続いています。このあたりは日本のと殆ど変りませんが、霊柩車は日本のように飾ってなく真黒いだけ。霊柩車だけそのまま墓地に入って行き、人々が徒歩でそのあとに続き、リセの生徒、労働組合代表、一般の順で墓の前迄進み、礼をするという順序。我々が墓に着く頃は雨が大分ひどくなってしまい、レインコートからしたたる程。棺は墓穴の上に棒を置いて横たえられていました。キュリー家の墓と聞いていたので、マリーやピエールの墓もそこにあるかと探しましたが見当たりませんでした。

植村館長の話ですが、同じ国葬でもポール・クローデルのはもっと盛大だった由で、今度の場合はコミュニストたる関係上、宗教的色彩を全く持たぬものなので、人出もまことに少ないとのこと。イレーネの子は、これも仏国物理学会の名門ランジュヴァン家の一員と結婚している由で、当地でも中々そうした縁戚関係は大切なものらしいです。

いずれにせよ偉人の生涯の閉じるのを見る機会を得たことは幸いでした。

シテに帰って昼食後、ガルサン教授の臨床講義へ。

夜はマルセイユから来た(ガストー教授の所で仕事をしていた)阪大の吉井教授、及びドイツ・フンボルト留学生の愛育会研究所心理学部、お茶の水大助教授の平井氏と会い、同じメゾンに居る福島医大の藤原という細菌の教授の部屋でオレンジ等食べながら十二時過ぎ迄雑談。

吉井、平井両氏の話では、ドイツでは教授が絶対で、肩書の無いものはあまり相手にされぬとのことで、平井氏の居るフランクフルトの小児科では回診は大名行列、教授にものを言う時は直立不動、教授が廊下を通る時は壁にくっついて前を通すなど、まさに日本そのままの由で、恐らくこれは日本がドイツを真似たもので、明治時代に留学した連中が事大主義的にこれに従って、日本に移植したものであろうという結論でした。色々聞いてみてもフランスとは大分違うようです。唯、皆の一致した見解は日本の貧しさということで、これはどこでも真っ先に感ずることらしい。又、日本を何とかよくしたいという念も皆の強い希望です。

どこに希望を置くかということについて、僕が、世界中のよいものは全て受入れようとする日本の猛烈な食欲こそもっとも望みをおけることと思う。何故なら戦争で傷ついた日本という病人には戦前にも増して激しい食欲を沸かせている。食欲のある病人で予後の悪いものは一人もない。ただその為にはものをしっかり賞味し、かみ砕く舌と歯と、消化して他のものをすっかり自分の血肉とする健全な胃腸が必要なのと同様に、他の文化の受入れにあたって表面的に流れず、本質的なものから目を離さないようにするのが肝心だと信じると言うと、皆うなずいて居られました。

その他に面白かったのは平井氏の話で、福祉国家といわれるもの程私生児が多い由で、スウェーデン、デンマーク等それが大きい問題とのこと。日本出発前は、日本も夫婦を主にした生活様式をとるべきだと思って来たが、これにも少しく疑問を生じ、日本の家族制度にも見るべき良い点があり、色々考えさせられると申されます。その一つとしてこちらの老人は養老院に行くか、又はそれに等しい侘しい生活をせねばならず、孫と遊び孫と楽しむという喜びを多くの人が奪われていること。しかしフランスではそうした点は徹底しているらしく、老人は老人なりに生活を楽しんでいるように見受けられますが、外人のこまやかな感情の世界には中々立ち入ることの出来ない我々には本当のところは計りかねるという方が正しいでしょう。しかしここにおいても欧米の夫婦を主体とした制度のよい点をとると共に、日本の従来の行き方の良い点を捨てず、生活の喜びの源泉たる家庭を作って行くべきでしょう。

三月二十二日(木)　晴

快晴。コートも必要ない日和。植村館長に頼まれて平井氏がラミー教授に会う仲介をすることになり、指定の十時半にモンパルナスの近くのデュロックにある小児病院を訪ねました。教授の案内で外来見学。ドイツの診察ぶりを見ている平井氏は空気の柔らかさに感じ入っていました。しかし自分の留学している国を贔屓するのは人情。ドイツの良い点を無理に探し出そうと努力しているのが感ぜられます。病院を出て、余り日和が良いのでモンパルナスのブールバールを抜け、リュクサンブール公園に入り、パンテオン前のスフロ通りで昼食。四百フランの定食を奢っていただきました。

三時になってしまったので研究室に行くのはやめ、一日散歩を楽しむことにし、そのついでにスペイン行きの切符を買うことにして、オペラ迄歩くことにしました。オデオンに出、フュルスタンベール広場を抜けてリュ・ド・セーヌを経て、アンスティテュの横からセーヌに出ました。河岸の眺めはすっかり春。木々の芽吹こうとする息吹か、空気も暖まり、セーヌの観光船「バトー・ムーシュ」もほぼ満船して走っています。グラン・パレ、プチ・パレ、チュイルリー、ルーヴル、ポン・ヌフ、サン・ジャックの塔、サント・シャペル、ノートルダムと息つく間もなく平井氏に説明しながら、この風景を皆に見せたいという念で一杯です。それにしても壁の色、木の幹の色、水の色、実に何とも言えぬ調和と透明度。全く小憎らしくなります。岸辺におりて、よく写真にあるように石畳に腰をおろして風物を楽しみながら一休み。平井氏もすっかり打たれたようです。やはり何と言おうとヨーロッパの中心ですなの連発です。小さな小さな魚を釣るために大袈裟な道具で糸を垂れるオッサンたちの前を少年がカヌーを操ってすいすいと抜けて行きます。

ルーヴルのアーケードを抜け、アヴニュ・ド・ロペラを入り、メリアというスペインの観光案内所で切符を入手。パリ↓イルン↓マドリッド↓セヴィリヤ↓グラナダ↓マドリッド↓バルセローナ↓パリと歩くつもりで、フランス国内は三等、スペイン内は二等の切符を買いました。両方で一万九千余フラン。次いで平井氏が奥さんの土産を買いたいというのでマドレーヌ前の専門店に案内。千三百フランの黒のコンパクトと日本人に向くおしろいを交渉、まわりは婦人ばかりで一汗かきました。黒のコンパクトは中々よいので、これは僕もお土産にするつもりなので、今日行って大体の値が分かって参考になりました。

オペラ前のカフェで通行人を見ながらビールで渇を癒しました。空気が乾いているので相当喉が渇きます。平井氏の話では、ドイツに居る留学生はあまり見る物がなく、早く帰りたがる人が多いとのことに、パリでは逆で一日でも多く居ようという人が多いですよと一笑い。平井氏は私でもパリに来ればそうですなとうなずいています。ドイツは町が狭い故か、噂の広まりが早く、うっかりしたことが出来ずとても気を張る由。この前バスに飛び乗って巡査に叱られたら、翌日医局で皆にからかわれ本当に驚いた由。又、じろじろ見られ、慣れる迄大変だったのにパリは全くそうしたことが無く、その点ドイツは田舎ですよとも言っていました。色々の事が聞けて面白い。

そこで別れてバスでシテ迄直行。七時に植村館長の室をノック。今日は氏の遠い親戚の星野という日銀の人がパリ駐在で来ているが、娘さんが三人あり、今迄肥田野君に診て貰っていたが、今度彼が帰るので今後何かあったら萬年博士にお願いしたいので、お近づきのため食事を共にしたいと館長と共によばれたもの。メトロのパッシーで降り、リュ・ジャン・ボローニュがその住い。色々聞いてみると星野氏の父上は京大の耳鼻科の教授で、現、三重医大教授の星野氏（バラニー・星野の検査というのがあった筈）。又、奥さんは世田谷の人とかで、写真等を見せられている内に、直子も知っている大野公男という物理学者の姉になる人。誠に世間は狭く、恐ろしい位。日本食を馳走になり、アシカの脳や、キリンの脳をとる珍談等で大いに笑わせて、十二時近くメゾンに帰りました。

三月二十三日(金)　晴

午前ベルトラン教授に五十例目迄の所見を報告。今後更に観察を続けると共に、文献を読み始めなさい。特にドイツのオステルタークの本が参考になりましょう。文献は最近二十年間又は十年間位のものでよいとのことです。ノートのスケッチは白い画用紙に墨で書いたのもつくるように言い、よく書いたと、またマダム・ゴデにも披露しました。ノートを手にとりながら、自分の息子の友達が書き取りの時間に勉強して来ずに、三頁にわたってブラブラと同じ文句を書き、八日間罰をくったが、貴君のノートは素晴らしいと言い、そのブラブラが面白いと一人でクックッと笑っていました。最後に、休みにスペインに行きますと言うと、いいですねと言われ、握手して別れました。

朝、出がけに家からと内村教授から葉書が来て、四月十二日か十三日にパリに行き一週間居る予定。飛行場迄来てくれとか、ホテルをとっておいてくれとか、殿様みたいですが、言葉が分からぬので案外不安なのかもしれず、出来るだけの事はするつもりです。これで内村教授の予定も分かり、安心してスペインも廻ってこられます。

午後は、先日植村館長経由頼んできた抗生物質の文献の翻訳にかかり、十時迄かかってやり上げました。計算したら七千六百余フランになります。途中、二、三日前スペインから帰って来た岡本君が来たので色々様子を聞きましたが、一日千フランあれば十分とのこと。更に、二十六日朝パリを離れ、スペイン経由マルセイユに行く肥田野君がお別れに来ました。居れば居る程離れたくなくなるのでこの辺で帰りますと名残惜しそう。すっかり仕事を終えてから、近頃教授と意見の相違をきたし、研究室に行くのが余り愉快でない田中君を招いてビールを飲んで慰労。久し振りに柿の種で飲むと実にうまいです。

三月二十四日(土)　曇り

午前内村教授に返事書き。次いでフランスの医学生が休暇で今夕発つというので、その前に翻訳を見てもらうために病院を休んでこれに掛り切り。午後四時迄かかって終了。ほっとしました。

昼食は吉井、平井氏と植村館長に招かれ、館長室で食事。そろそろ時節的にお別れという牡蠣に舌を鳴らしました。

夜は翻訳原稿の整理。お金を得るのは誠に大変なものです。こんなわけで、昨日今日は働きづめ。

三月二十五日(日)　曇り、時々陽が射す

朝、僕の部屋でコーヒーを沸かして吉井、平井両氏と食事。十一時頃から案内しながらボツボツと出掛けることにしました。先ずリュクサンブールに出てパンテオンの中に入りました。ここに入るのは初めて。壁毎に「パリを守るサント・ジュヌヴィエーヴ」だとか「ジャンヌ・ダルク」だとか「聖王ルイ」の生涯をあらわした絵が掛けられています。次いで地下の墓所に入りましたが、ここはフランス共和国に尽した人々がまつられてあり、入口にレオン・ガンベッタ（政治家）の心臓を入れた壺が飾られています。まつられるものは六十一名とか。ルソー、ヴォルテール、ルイ・ブライユ（点字を発明した人）、ヴィクトル・ユーゴー、ベルテロ等々。ピラミッド程ではないが一寸似た感じ。蛍光灯の間接照明でほの暗く照らしてあり、空気が冷え冷えとします。

ここを出て、コレージュ・ド・フランスの中庭にシャンポリオンの彫像を見付け、次いでクリュニー美術館の横をかすめてサン・セヴランのカテドラルを仰ぎ、ノートルダムの側面、裏面を見ました。吉井教授は、前にパリに居ながらこれは知らなかったと大喜び。サン・ルイ島に渡り、ヴォージュ広場に出、アルシーヴ・ナシオナルのフランス歴史博物館で、ルイ十六世の日記等説明して喜ばれました。ノートルダムに戻り、カフェでサンドウィッチで一服。九時でパリを発つという平井氏のため食事を早くせねばならぬと探しましたが、みな六時から。仕方無くポン・ヌフのポワンで河岸に腰掛けて、平井氏はパリの眺めに別れを告げ、六時にオデオンに出て夕食。シテに帰りました。こちらは九時からサル・プレイエルでのダヴィッド・オイストラフのヴァイオリンリサイタルに行くため、慌だしく挨拶を交し、エトワルへ。

三階の一番後ろ。日比谷ならば二階の一番後ろ。弾くはベートーヴェン、ブラームス、プロコフィエフにタルティーニのソナタ（悪魔のトリル）。どれもすばらしいが、特にタルティーニの終曲の独奏では全く感服しました。柔らかい奏法、それでいてものすごい張り、技巧だけに走っていず、しっかり感情を表現していることは僕にも分かりました。鎖国のソヴィエトにどうしてこんな素晴らしい奏者が出るのでしょう。彼の天才にすべてを帰してよいのでしょうか。アンコールに三度、手が痛くなる程たたき、十二時近くなって彼がもう舞台に出て来なくなるのを確かめてからホールを出ました。

本当にスペイン行きをこのために一日延ばした甲斐がありました。

喉が渇いたので松平君、高野君とカフェでビール。三人共感激してだまって飲み干す始末。帰ってスペイン行きの支度。

啓示　スペイン　一九五六年三月〜四月

三月二十六日(月)　すばらしい天気

午前、部屋の片付け。ジュヴェ君等たまった手紙書きを片付け、午後は家への手紙書き。夕方コミテへスペイン行きの届け出。

手紙を書き終え食事をすると、慌だしくメトロに乗ってギャール・ド・オステルリッツに行き車中の人となりました。途中メトロの上から満月に照らされて、いつものように灯のともったサルペトリエールにしばしのお別れです。発車一時間前に行ったのですが、パックの休みのはじまりのこととて予約席が多く、やっと前の方で窓際の席を見付けました。八人で一つのコンパートメント。一つが空席。フランス人が二人。英人一人。カナダ二人。ポルトガル一人と僕で国際列車の名にふさわしい。

九時十五分発車。満月のボースの野を南に向けてひた走りです。今朝出発した肥田野君が、ポアティエの街を見物してこの列車に乗ると言っていたのですが、これだけ長い列車では中々見つかるまいとたかをくくって居眠りしていたら、何時の間にか真夜中を過ぎてポアティエに着いていました。すると偶然にも僕のコンパートメントと知らずに戸を開けて彼が顔をのぞかせています。こっちもびっくり、あっちもびっくり、まことに奇遇と思えましょう。ポアティエは八世紀にフランスのシャルル・マルテルがスペインから侵入して来たアラブを破り、功をあげた所。もしここでフランスが破れれば回教徒がヨーロッパを制していたかもしれず、誠に大きな変化を歴史にもたらしたでしょうに。ここの街にはローマンの古いカテドラルがいくつかあり、古風な趣のある所と聞いていましたので、今日の印象をしばらく話している内に両方眠くなってうとうと。

夜の明けそめる頃バスク地方に接近。ここはカンドウ神父の生れたところで、かつて神父が箱根を旅し、その風景がバスクに似ているということを「アサヒグラフ」に書いていましたが、確かによく似ています(特に十国峠あたりに)。こまかい起伏のあちこちに白壁の家が点在し、今迄見てきたフランス風景とは一寸趣が異なります。バイヨンヌを過ぎて国境のイルンに近づく頃、右手に大西洋が見えてきました。コート・ダルジャン（銀の海岸）の名の如く白く波が寄せています。

国境はさして大きくない川で、その手前でフランス官憲のパスポート検査。それが済むと汽車は徐行して鉄橋を渡ります。イルンに着くと、既に言葉はすべてスペイン語。官憲や住民の服装もすべて異なり、フランス人のそれに慣れた目にはいかにも、とつ国に来たなという感じです。両替所で二万二千フランをスペインのペセタに替えました（二千フランは入江、田中君にお土産を買って来てくれと頼まれたのです）。旅具の検査も簡単に済み、ビュッフェでカフェ・オ・レとパンで腹ごしらえ、車に乗り込みました。

肥田野君は三等なのでお別れ。二等はフランスの三等より一寸クッションがよい程度。狭軌のため動揺がまことに激しく、フランスのとは大違い。同室のフランス人一家がぶつぶつ言っているのが聞こえます。サルペトリエールで友達になったスペインの男にサンセバスチアンのあたりはとても美しいと聞いていたのですが、少なくも汽車から見たところでは大したことはなく、深い入江に多数の漁船の集まっているのが日本に似ているなと思う位のもので、特徴はありません。むしろ山手の方がはるかに特異的で、次第に海岸から離れるにつれ、或いはなだらかな、或いは急峻な起伏が波打ち、なだらかな所はほのかに青く、麦か牧草の芽生えと思われます。事実、点々と耕す人の姿が認められたり、さして多からぬ羊を守る牧童の姿を認めます。林も無いわけではないが、さして大きい木は無く山裾を覆っています。目立つことは畑地といわず林といわず、石灰質の石ころがごろごろしていることで、地味の痩せていることを物語っています。フランスより南にありながら麦の育ちなどもっと早くてよさそうなのに、殆ど差を認めないのは地味の故ではありますまいか。

汽車は一生懸命走るのですが、海岸からぐんぐん上昇して山並みを幾つか越え、中央高原に登るために一向はかどらず、気の毒なようです。しかしそれまで車窓から見えた川がいつか絶え、少し涼しくなったと思ったら、車窓に近く残雪をいただく峰が迫り、一方の車窓からは広々とした高原の彼方にピレネーの一脈でしょうか、白く雪を光らせて峨々と連なっています。まさに「カルメン」の舞台と申せましょう。昔はこれでは盗賊が跳梁したはずです。しかも地質は洞穴を掘ったりするのに絶好。この景を見ていって、もう一度「カルメン」を読んだら、又別な興味が沸きましょう。

ミランダ・デ・エブロに着いたのが昼近く。この頃空が曇って来て、西部劇の砂漠を思わせる周囲の荒漠たる風景と合わせて、一種異様な感じです。擦れ違うローカル線と思われる荒造りの列車からは若者たちの歌うスペインの歌が聞えて一層旅情をかき立てます。汽車は全く高原に入り、岩山の麓に住みなす家々、川べりに水でも出たらどうするのかと、人ごとながら気になるようにかたまった家々、そして一寸した集落があれば必ずその上に聳える教会。おおむねローマン様式で、ゴチック様式のものより高くなく、反対に重厚な感じでむしろ親しみ深い。人々の生活がどの位宗教と結び付いているかが分かります。スペイン人は十字を切りながら人の物を盗むといわれる由縁。しかしその反面、貴族と僧侶と軍人がばっこして、本当の意味の労働者、探索家というものが出ないというきらいがあるのでしょう。

一時頃小さな駅に着いたので、サンドウィッチでも買おうと思ったら売ってなく、ブルゴスに着くのを待つ外ないとあきらめていたら、昨夜から同じコンパートメントに居たポルトガルのおっさんがフランス語で腹が減ったかと問うので、少しと言うと、一寸居なくなったと思ったら大きなパンに卵の塩焼きを挟んで持ってきて食べろと言います。誠に親切で恐縮至極、ありがとうと言うと、いやとか何とか言ってむっつり煙草を吸っています。赤の他人の好意に感じながら、ごつごつした岩山、これが消えたと思うと、開けた高原を追われて行く羊の群などを眺めながらゆっくり賞味。旅は誠に異なものです。

三時頃ブルゴスに着きましたが、この頃は全く曇ってしまいました。かてて加えて停車場はドーム状で中が薄暗く、これに精一杯しゃべりまくるスペイン人の声が響いて洞穴に居るよう。本当は降りてみたいが時間がないので割愛したブルゴスのカテドラルを右の車窓に眺め、見えなくなる迄何遍も振り返りました。同じゴチックでもフランスのと異なり、一寸泥臭い感じを拭うことができません。ブルゴスからバリャドリッドまでの間に左の車窓に見える川は褐色に濁り、畑の間、森の間を濁流で埋めながら紆余曲折して流れて行きます。日本で堤を築き、蛇籠を並べてまで川の流れをためているのとは全く異なり、誠に太古のままの自然という姿です。

バリャドリッドに着く頃は横殴りの雨になってしまい、ここで一夜を過す肥田野君を言葉を交すこともなく見失ってしまいました。古い古い薄汚れた古い町です。ここまで汽車は一時間も遅れています。メディナ・デル・カンポではもう薄暗く、これより先は車窓に顔をくっつけてのぞくと、ゆるい起伏を示しながら地平まで高原が続き、灌木帯が散見する他は石の原のようです。

雨は依然として降り続きますが、エル・エスコリアルとの駅員の声を聞いて、近づくマドリッドの灯を見るため車窓に立ちつくしました。丘陵に築かれた市街のため、段々状に火影が眺められた時は、まことはるけくも来るものかなと感慨に耽りました。赤いネオンは少く、白と橙が目立ち中々美しい。雨のホームに降り立つと中々寒く、レインコートの襟を立てて、降りた客、出迎え人で雑踏する間をかき分けて出口へ。兵隊の数が目立ちます。昔の日本兵の如き格好。

客引きでフランス語をしゃべれる奴をつかまえて三食、バス付きで六十ペセタ（約六百フラン）の所を交渉。各ホテルに客を送るための特別のバスで宿へ。市街のほぼ中央で四階。宿の人間は全くスペイン語しか出来ないが、フランス語をしゃべる人が泊っているというので腰を据えました。着いたのが十一時近く。早速食事。スペインでは九時朝食、二時昼食、十時に夕食。店は一時半から四時迄休みというまことに結構な暮らしかた。地味が痩せ、大きな工業とてなく、住民は怠惰とあっては、観光事業で儲ける位が関の山。食堂に入って鼻をつくのは一種特有の香料の臭い。食事は交通公社のガイドにあった通りまことに実質的で、シテ・ユニヴェルシテールの二、三倍の量のスープ、野菜の煮込み、肉団子、それにバナナ。腹一杯です。

ところで僕の部屋は周りが全て壁で、たった一つの窓は廊下に面しているといった造りなので、朝の来るのが分からぬから明日から替えてくれと交渉。向こうはスペイン語、こちらはフランス語で勝手なことをしゃべって押し問答をしていたら、フランスから来ている女学生が通訳してくれてけり。シャワーに入ってぐっすり寝ました。旅を楽しむ心境でまことにのんびりとやって居りますからご安心の程を。

三月二十八日(水)　雨

昨夜会話書で八時半に起してくれとスペイン語で言いつけておいたのに忘れたのでしょうか、僕が目を覚ましたのが九時。カフェ・オ・レとビスケットという簡単な朝食をとると早速雨のしょぼ降る町に出ました。

目指すはカハール研究所。ギド・ミシュランを頼りに先ずプラド美術館を見付け、その横のムリーリョ広場のムリーリョの像を仰ぎながら坂を一つ上るとエル・レティーロという大きな公園の入口に出ます。それを右に折れてしばらく行くと坂の降り口に一寸した門が建っていて、その右の門にインスティツゥト・カハールの門表が読めます。その他に天文関係、植物関係などの学術機関のしるしがついていて、この一角は恐らく一つの学術中心地なのでしょう。こんなに簡単に探せたのは京都府大の荒木教授のおかげです。ところで門を入って見ると色々の建物があり中々見付からず、子供に聞いたりしても分からず、ともかく一番奥迄行って見ると、窓ガラスの所々こわれた大きな建物があり、高台の端に聳え、ここからはマドリッド市街を取り巻く耕作地が一望のもとです。カハール研究所と言ってもまさかこんな大きくあるまいと思って表側（高台に面した）

に回って門表を見て、インスティッゥト・カハールの名を見付けて、思ったよりその大きいのと荒れているのにびっくりしてしまいました。表門などはガラスが多数割れ、扉も錆び付いて、石階段をのぼって行って押してもびくともせず、果してこれで人が居るのかとあやしむくらい。しかし地階の窓に花を咲かせた植木鉢が置かれてあるので人が居るなと見当をつけ、右手にまわってドアを探し、そっと押すと開きます。ベルを押してみると人が出て来る気配。小使いのおばさんで、怪訝な顔をするので、「メディコ・ハポネ」と言うと分かったらしく来なさいと合図するので階段をおりて行くと、一つの部屋から出て来た研究者と思われる男に会いました。ところがこれが英語も駄目、フランス語も分からぬときています。向こうはスペイン語でべらべらやるので、こちらも腹を決めフランス語で押しまくることにしました。まさに珍問答です。それでも僕がカハールの使った標本を見たいということが通じたらしく、二階に連れて行ってムゼオ・カハールという部屋に案内してくれました。建物の内部は廊下も広く、部屋も大きく広々として、部屋数は一階だけで二十位はありましょうか(正確ではない)。それが地階、一、二階だから相当なものです。

ムゼオ・カハールは十四、五畳と十畳ほどの二室から成り、第一室の左右の壁際には一メートル位の高さの陳列棚が並べられ、左手にカハールの手になる標本のスケッチ、右手にノーベル賞はじめ彼が受けた栄誉、遺品、さらに彼に因む品々として肖像を描いた切手などなどが並べられ、さらに正面の窓際にはカハールの礼服などが飾られています。第二室は標本棚、彼の蔵書、彼の実験台、その上にはミクロトーム、顕微鏡、薬品壜、試験管、シャーレなどが往時を偲ばせて陳列されています。壁にはカハール一家の写真。息子二人、娘三人の子だくさんなのに驚きました。その傍らには実験室でよれよれの服を着て、机に頬づえをついてもの思うとも憩うとも見える初めて見る写真。染色がうまくいかなくて一息入れているところかな等と勝手な想像をめぐらしつつ眺めました。白衣の男は棚の前に立って早口に何か喋るといなくなってしまったので、ゆっくりと見直しました。しばらくすると人のよさそうな小使が現れて入口に頑張りました。監視でもありましょうか。最も打たれたのがスケッチと粗末な実験観察用具です。スケッチは実に美しく、しかも多数で、彼の著書で見慣れたものが次々に目にとまります。筆や鉛筆のあとが迫力をもって迫ってきます。僕も渡欧前の数ヶ月をアッベの描画装置を用いてゴルジ標本の追跡をやっていたので、これだけのものを仕上げた努力のほどをいくらかでも追体験でき、細い細い側枝を追う息吹すら感じられて深く感動しました。

こうした、現代のあらゆる脳解剖書の中に引用されている見事な図を描くのに用いられた標本が見たいと、白衣の男を再び呼んで許しを乞うと、標本棚から二、三枚を無造作に取り出してくれました。カハール自身の顕微鏡でと思いましたが、室が暗いのと、由緒ありげに並べられてあるそれを動かすのに気がさして思いとどまり、案内されて南向きの室に行きました。窓辺の顕微鏡に向かいました。標本を明かりの方にかざしますと、バルサムは乾ききって褐色を帯びています。小動物（おそらくネズミ）の間脳と延髄と脊髄らしい。作られてから相当な時間を経ており、これでもまだ使いものになるのかなと半信半疑で載物台に載せて覗きました。一瞬で不安は消し飛び、息を呑むほどの驚きに変りました。カハールの晩年に作ったものとしてもすでに二十年以上は経っており、一九〇六年のノーベル賞受賞以前とすれば、すでに五十年以上の歳月に頑として耐えていることになります。何の誇張も作為もなしに、このままを忠実にスケッチすればよいのです。まことに襟を正す思いで眺め尽しました。スケッチがいかに美しくとも、標本そのものの持つ迫力と説得力には到底及びません。と同時に実物とカハールのスケッチを比べてみると、あくまでも現象に忠であろうとする誠意にあふれ、人柄がそこににじみ出ていると感じ入りました。

所長にお会いできまいかと問うと、夜の九時頃に来ればよろしいという。

九時にまた来ることを約して雨の中に出ました。建物を側面から写してプラド美術館の方に引き返しました。エル・レティーロの前の並木道を歩きながら、今見て来たカハールの標本のことを思い出し、興奮をおさえることが出来ませんでした。七十年も前にあれだけのことをやった人が居ると思うと本当に打たれます。あのミクロトームで、あのミクロスコープで、行く所迄行った人が居ると思うと、後から追うものは余程別の方向から衝いて出ないと唯後塵を拝するだけになってしまうでしょう。やはり巨人の名にふさわしいかなとも考えてみました。と同時に、研究室でベレーをかぶり、よれよれのズボンをはいてミクロスコープやミクロトームを前に、頬杖をついて憩うているように見えた写真、奥さんを中心に子供の一人を膝に乗せた写真が豊かな人間味をもって思い出されもしました。又、カハールが科学と宗教の関係をどのように考えていたかについても調べてみたくなりました。このカトリック王国に生れ育った人なればこそ一層そうした点に興味が湧きます。もう一つの大きな問題はカハールの研究の系譜です。彼は全く独力で、自分一人の思い付きでこの道に進み入ったのでしょうか。又は誰か手を引いた人があったのでしょうか。それについては伝記も出ていることでしょうから、帰国したら早速読んでみることにしましょう。

プラド美術館前に着いたのが十二時近く。閉館まで一時間半あるので入ることにしました。入ってすぐガイド・

ブック（仏語）を買い、一階から見始めました。最初がラファエロから。ラファエロだけで十枚近くあり、これをそれこそ眼をくっつけるようにして見ることが出来ます。緻密な、神経の行き届いた素晴らしいものばかり。マドンナの顔の美しさ。続いてフラ・アンジェリコの受胎告知の一点。今迄美術全集などで見た時は冷たい感じしか受けなかったが、原物は中々よいものです。ティツィアーノ、ヴェロネーゼなどと見進んで、エル・グレコ。青黒い色調と、少し歪められた人物の顔がまことに神秘的ですが、カハールの標本を見て来て少し高ぶっている僕には少々冷たい感じが強かった。次がベラスケス。ベラスケスだけで五十点近く。これには文句なしに感心しました。何とも言い様なしに素晴らしい。美術全集の五点や十点じゃベラスケスの本当のところは分からないというのが実情でしょう。といって羨ましがらせるために言っているのではないから悪しからず。透徹した写実眼とそれを支える素晴らしい技術は、何かカハールの研究と相通ずるような気がします。彼は王宮画家として恵まれた生涯を送り、何不自由なく画業に専念出来た身分らしいが、ただそれだけではなく、人柄もきっと純粋な人だったと思います。それだけに彼の描いたキリストの十字架像などは真実を尽していて、あまり痛々しくて長く見ている気になりませんでした。ゴヤの油絵は思った程多くありませんが、色彩の渋いことに何より感心しました。銃殺場面の生々しい感じも、素晴らしい色のため、反って美化されてしまっているように感ぜられました。ムリーリョの宗教画は今日の僕にはエル・グレコより身近な感じでした。これだけ見たら一時半の閉館近くなり、あとは午後にまわすことにして出ました。出口の広場にはゴヤの銅像がたっています。なおミュゼ正面にはベラスケスの像が飾られています。

昼食二時。スープと卵焼きの大きいのと、肉の焼いたのとバナナ。次々に盛りたくさんに出て来て腹一杯です。しかし何から何迄油でしつこいのは一寸閉口。でも一つも残さず平らげています。部屋を替えてもらってから、またプラドへ出掛けたら、午後は閉館。この観光シーズンに何たることでしょう。何人も残念そうな顔をして引き上げて行きます。仕方無く、銀座にあたる繁華街に出たら、丁度「地獄門」をやっていて、京マチ子と長谷川一夫の大広告が出ています。時間があるので見ようと思ったら七時からと十一時から。パリより上手です。やむなく、王宮かゴヤの墓のあるサン・アントニオ・デ・ラ・フロリーダという教会に行こうと、イサベル広場を抜け、王宮の広場を歩いていたら、萬年さんと呼び掛ける男がいるので振り向くと、パリ日本館にいる芳賀君。彼は団体で来ている由。午後は自由時間だと言うので、彼を誘って教会へ。途中雨が降り出しました。王宮前の坂を下る時、マドリッドの家並みの果てに赤土の丘の斜面に麦の青がよく調和してとても綺麗でした。砂漠を耕せばこんなになるかな等想像しました。教会は北停車場のはてにあり、実に小さい建物。左右対称に同じ物が建っていて、向かって右側がゴヤの墓のあるそれ。十字型をした建物の屋根の大小十二面にゴヤが壁画をかいています。宗教画につき物の暗い感じはなく、明るい感じで、見ている内に段々引き入れられて来ます。人物の顔付き、肌の色など、とても明るい。観光団が続々来るのでいい加減で出ました。

雨の中をまた市の中心に引き返し、コーヒーを飲んで小憩。デパートの大売出しに行ってスペイン名物の黒レースを直子に買いました。売子でフランス語をしゃべるのを探して買うわけで一寸手間がかかる。それにしてもスペインの女性は評判に違わず美しく、殆ど八、九割は美人の範疇にあり、売子なども実に綺麗です。約束の九時が近くなったので、カフェテリアで名物のエビの塩漬けとビールで腹をこしらえ、芳賀君と別れて、雨のためか人通りの少ないプラド前の通りを抜けてカハール研究所へ。この界隈は一層さびしい。

研究所に着いたら教授はまだ来ぬと言います。しかしよいことにフランス語をしゃべる病理の教授（ここの人でなく他の都市の教授。今ここで勉強中とか）が居て、しばらく話しました。サルペトリエールに居るというと、フランスの病理はたいしたことはないでしょうと、早速フランスの悪口めいたことを言う。フランスとは余り仲はよくないらしい。十時近くになりデ・カストロ教授がやって来ました。彼はマドリッド大学の組織学の教授で、この研究室の主任メンバーとのこと。標本を見せてくれと言うと、今は自律神経のことをやっていて中枢神経のことはあまりやらないが、前にやっていた時のを見せようと言います。カハールの標本はすばらしいと言うと、もう古くなってしまった。カハールは自分自身ですべてをやったが、大変な仕事だ。ともかく脳の研究には時間と人手がいると言っていました。背が高く、顔付きはピカソを一寸面長にしたよう。明るい感じの人ではない。それでも、四日か五日においでになれば標本を見せると言うので、どちらかに来ることを約し、雨の降る闇の中に出ました。地下室で犬が鳴き、その声がこだまになって印象的。

帰ったのが十一時近く。早目に床に入りました。芳賀君の話では聖金曜日は色々のところが閉じるというので、エル・エスコリアルに行くのをやめ、明日トレドに行くことにしました。

三月二十九日（木）　雨

昨夜、今朝七時半に起してくれるよう頼んだら、きっかりで起してくれ、早目に食事を出してくれました。二日で百十ペセタ（千百フラン）の払い。パリなら一日分に足りません。大分安い。イサベル広場でタキシーを拾ってアトーチャの駅へ。聖金曜日にアンダルシアに行く人でごった返し。八時四十五分発のトレド行きに乗車。二時間の車中です。同室のスペインのマダム連のおしゃべりを音楽の如く聞いて、車中退屈せず。風景は相変らず広漠たるもの。しかしこのあたりは北スペインと異なり耕作地らしい。アランフェスのあたりでは樹木が多く、昔の王宮のあった土地らしい風物です。

トレドの駅に着いたのが十一時近く。満員のバスに乗って台地の上の町まで。町を取り巻く川が、この雨のためか濁流となってたぎっています。広場に着くと客引きが来て五十ペセタと言うのでついて行きました。ここは民族大移動の時、土地を追い出してヴィジゴート（西ゴート族）が都とした所。その後幾多の変動を受け、一九三〇年代の市民戦争で一部を壊されながら、中世のままの姿を伝えている古い古い町。木下杢太郎（本名は太田正雄。東京帝国大学皮膚科教授。詩人、劇作家、翻訳家、美術史・切支丹史研究家。大学で教えを受けた）もかつて訪れ、打たれたところです。

通りは実に狭く、しかも台地の上にありながら高低があって坂が多く、曲折に富みまことに趣があります。ペンションのおばさんはでっぷり太り、髪をひっつめ髪に結って、人のよさそうな人物。着くとすぐバナナを一本くれて、食事は二時と言います。フランス語は全く分からないが、パントマイムで意思を通じ合うことが出来ます。二時迄三時間足らずあるので、地図を頼りに町に出ました。薄暗い石畳の狭い道を行き当たりばったりに行ってみると、ミュゼオ・サン・ヴァンサンに出ました。ガイドによるとここにエル・グレコが十五枚あるというので入ってみました。古い衣装や宗教関係の彫刻がごたごたある中にエル・グレコが飾られています。この町は十七世紀にエル・グレコのトレド住み着いて一層声価をあげた所で、エル・グレコのトレドか、トレドのエル・グレコかという程両者を切り離すことが出来ない。ここに有名なアソムプション（昇天）があり、これはまことに神秘的な雰囲気に満ち、昨日よりも大分親しみが増しました。エル・グレコの町に来た故かもしれない。

ここを出て、更にエル・グレコの家に向かいました。これは十九世紀に建て直したとか。アトリエや寝室や居間が保存され、ミュゼが付属しています。また芳賀君とぶつかって、何遍かシャッターを押してもらいました。庭をめぐる木々が芽吹きの時で趣があります。二階の露台に立つとその木々の向こうに対岸の岩石が指呼の間、振り返るとトレドの古い町並みがこの庭の近く迄なだれて来て、雰囲気は全く中世的。こうした風土の上に立ってエル・グレコの絵を見ると、ピンと来るものがあります。ドイツ語、英語、フランス語のガイドがツーリストを連れて来て、入れ替わり立ち代わり説明していますが、エル・グレコは手の表情に極めて独特の手法を用いたらしい。そうした目で見ると、多くの聖者像の手は全て大きくモディファイされています。

ここを出て、トレド名物という金属の彫物を幾つかお土産に買いました。小さいブローチ三つ、カフスボタン二組。

昼食は白葡萄酒つき。オルドゥーヴルにサーディンとオリーヴの実の漬物。このオリーヴを食べて今迄の特異な臭気がオリーヴ油のそれであることが分かりました。大量に何にでも使うらしい。オリーヴと知って延髄オリーヴ核を思い出し、それほど嫌いでなくなりました。おかしなものです。次いでスープ、卵二つの目玉焼き、肉、それにバナナ。肉はくせがなくおいしかった。ともかくここでも腹一杯で、おまけに葡萄酒でよい気持。

小憩ののち、ぱらつく雨の中をアルカサルへ。途中古めかしい教会風の建物があるので入って行くと老番人がいてこれがフランス語をしゃべる。中はミュゼの由で入ってみるとアラブ様式の十七世紀の造りで、宗教画など飾ってあります。その表面に多くの穴があり、これは共産軍がピストルで打った、共産軍はきちがいだと悪口。親切な爺さんなのでチップをはずんで、ここを出てアルカサルへ。ここは爆弾でひどく壊され、中の一部は国民軍の勇戦を記念する博物館になっています。

大して興味なくすぐ出て、カテドラルへ。十三世紀のもので、規模がすごく大きいが、フランスのゴチックに比べ大分泥臭いことはブルゴスと同じ。中はツーリストで賑わうと共に、明日の聖金曜日のおまつりの用意で飾り立ててあります。ここでの見物は聖具室の中のエル・グレコ「聖衣剝奪」と、サン・ルイの使った三冊のバイブル。それに二百キログラムという金の宝物。ともかく宗教の力はこの国では絶大だという感じがひしひしとします。

修道院などざっと見て、次いでエル・グレコの家の近くのサント・トメという教会で、エル・グレコの有名な絵（「オルガス伯爵の埋葬」。絵葉書を買ってあります）を見ました。これは確かに今日見たエル・グレコの中では一番よかったと思います。一番打たれた。

次いで、半ば壊れたサン・マルタン・ド・ロワ、アラブ風の柱があるサンタ・マリーア・ラ・ブランカ教会を見て今日の見物を終り、広場に戻ってカフェでマルチーニをゆっくり味わい、宿へ。夕食迄日記。寒いため机の下にコタツ風の火が入れてあり、気持がよかった。それにしても電灯の暗いこと。

夕食時に、マドリッドの石炭屋に勤めているというフィリピンの若者とたどたどしい英語で話。気さくな男で、食後コーヒーを飲みに行こうと誘われ、広場のカフェで立ち飲み。金を払ってくれました。それから薄暗い電灯が雨に濡れた石畳を照らす上り下りの道を、夜のカテドラルを見に行きました。彼はカトリックは嫌いだと言う。トレドのカテドラルを初めて見るというのですから面白い。明日に備えて緋もうせんを巡らした祭壇には数十本のローソクがともり、まことにきれい。この前をカトリック風に跪いてから通り抜け、ほの暗い堂を一周してから出ました。

次いで彼の案内で、中世の名残の門を二つ闇の中に見に行きました。人々はどうして暮らしているのか、家々は灯もまれに、低くたれた雨雲の下に寝静まっています。李太郎が来た時は月夜で、清爽な感じがしたとか。中世そのままの雰囲気を味わい、また来れるかどうか分からぬ道筋を感慨こめて踏みしめて宿に帰りました。ベッドの上には安物の宗教画がかかっており、それを見ている内に寝てしまいました。

三月三十日(金)　雨、曇り、夕方晴

朝九時に起き、おばさんの頑張っている台所で、スペインにしては早い朝食を作ってもらい、ぱらつく雨の中を町を見下ろす環状道路一周に出掛けました。宿を出て広場に出、これを昨夜見た古い中世の城門たるプエルタ・デル・ソルを再び光のある中で眺め、右へだらだら坂を下るとポンダアリカンテというこれも中世のままの橋に出ます。大分高く、下を濁流がごうごうと流れています。およそ現代離れした眺めです。橋を渡りながら振り返るとアルカサルが岩山の上にそそり立っています。破壊の跡が生々しく、こうしたモニュマンを巡り同国人同士が殺し合い爆撃し合ったということは、何のプラスにもならず、戦争というものの恐ろしさが、改めて実感をもって迫ってきます。と同時に日本でも戦国の頃は同じ状態で、多くのモニュマンを壊してしまっているのですから他人事ではないのですが。近くは法隆寺のような例もあり、日本も現在持っているモニュマンは皆で心をこめて保存していかねばならぬと思います。

右手は濁流越しに町の側面、左は累々たる岩の崖、今にも崩れ落ちはしないか

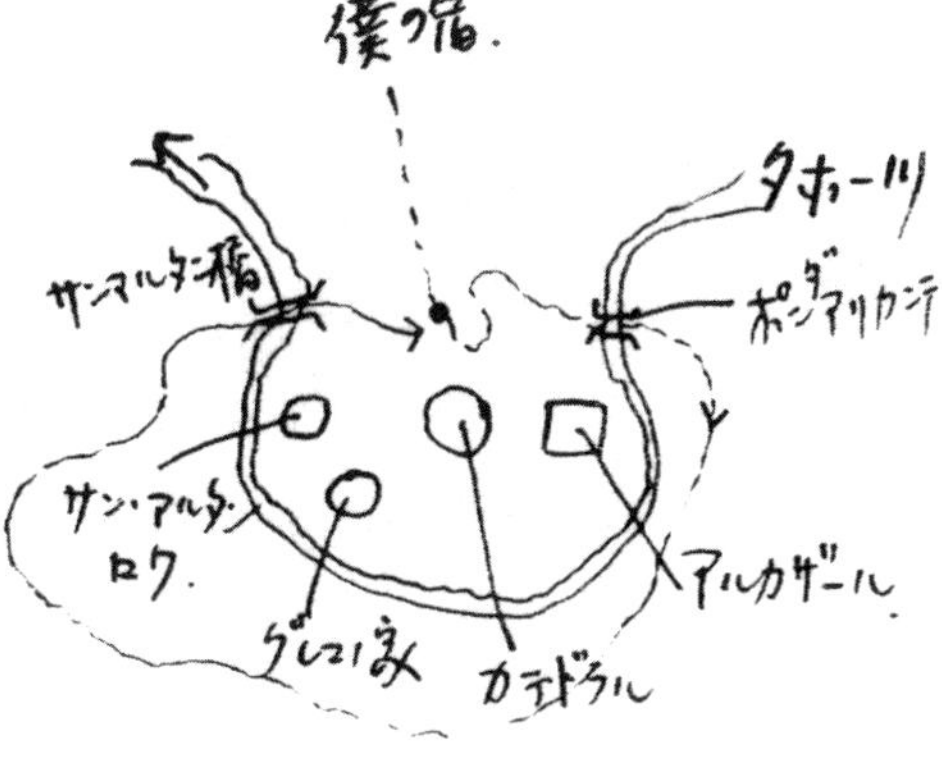

とはらはらしながら、爪先上がりの道を急ぎますと、段々高さを増すと共に町の全景が見えて来ます（地図）。昨夜見たエル・グレコの家の一室に掛けてあったエル・グレコの描いた町の姿と殆ど変りありません。色彩はオークルジョーヌ、白、灰緑色などを主調に誠に渋く、且澄んでいます。陽があればカラー写真には絶好なのですが、時々ハラハラと雨が来る状態では見込みがありません。対岸の家々の間の狭い通りで遊ぶ子等の声が不思議な程甲高くこの高さ迄響いて来ます。

エル・グレコの家の対岸に近くなると、こちら岸の岩山の起伏に人家が現れるようになり、斜面にはオリーヴ畑も見え、その間には黄や赤のつぶらな名も知らぬ花が咲きこぼれて中々美しい眺めです。小豚が追われて家の間の狭い小路に逃げ込んで行ったり、そこから井戸に水を汲みに行く子供がスペイン特有の大きな素焼きの壺を抱えて出てきたりで、牧歌的な風景も見られました。

出発を一時間後に控えて慌ただしい一周を終え、サン・マルタン橋を渡って、もう一度エル・グレコの家の前を思い出に通りがかりに眺め、宿に帰りました。折しも聖金曜日。人々は続々と教会につめかけます。少女が真黒い服装に黒いレースを頭にかぶり、うつむきかげんに教会に急ぐ姿は中々美しいものです。小さい子が父親に手をひかれ教会の段を上って行くのを見て、節子のことを思い出しました。この位の大きさになったろうか、いやまだもっと小さいかもしれないなど想像を巡らせました。

教会に出て行くおばさんに五十ペセタの払いを済ませ、軽い昼食をとるため広場のカフェへ。広場は聖金曜日の説教を待つ人で賑わっています。カフェに入ってハムサンドウィッチを注文しようとしたら通じないので辞書をひこうとしたら、そばに居た男がフランス語で話し掛けてきて通訳してくれました。聞くとアメリカの絵描きで、一九五二年以来パリに居てモンパルナスに住み、日本の画伯をたくさん知っている。向井潤吉、中村直人等々幾人かの名を挙げ、自分も必ず日本に行くつもりですと言う。ジャンパーに襟巻き姿でもさっとしているが、親しみの持てる男でトレドは三回目。イタリア、ギリシア、エジプトにも行き、エジプトではナイルの最上流迄行ったという。ツェーラムの本の話をすると、噂はきいているが、そうスペシャリゼしている内容ではないようだから読んでいないと答えました。丁度その頃神父たちの行列がやって来ましたが、これを見ながら、スペインではカトリックが余りに強過ぎる、フランスでも強いには強いが、教会に行くことは強いないのに、ここでは義務的である。宗教の問題はもっと自由でなければならない。第一スペインは国が貧しいのに宗教には金を使い過ぎると話してくれました。

彼に言われるまでもなく、前から述べているように、この国に来てみると宗教は麻薬なりという感じが強くします。そしてフランスで感じる以上に、これでもかこれでもかと見せつけられる宗教画、彫刻、教会、そして重苦しい圧迫感、血なまぐささというものにいささか食傷してしまいます。こうしたものを見るにつけ、日本の仏教芸術の持っている、どこかに漂っている明るさ、僧侶たちの肖像画のどれを見ても湛えている俳味というか洒脱味というか、おおらかさが大変貴いものに思われて来ます。エル・グレコの神秘的な絵も他に類型のない貴重なものであることは十分に認めますが、沢山見ている内に何かこれを突き抜けたい、もっと自由に息をしたいという気が湧いて来るのを感じます。中世を突き破ったルネッサンスはそんな漠然たる気分が高まって行った結果なのだなということが身近に感ぜられます。もっともエル・グレコは十六世紀から十七世紀にかけて生きていた人なので、ここに引き合いに出すのは適当ではありませんが。

一時の汽車に乗るバスの時間が知りたいと言うと、その男は親切にもついて来て、全部通訳してくれ、おまけに払いを全部してくれ、ボン・ヴォワイヤージュと言って人ごみの中に消えてしまいました。これも又、なつかしい旅の思い出とほのぼのと心暖まる思いでバスの人となりました。広場では多数の兵隊も混じり老若男女が広場を巡る高い建物の四、五階のテラスから身を乗り出して、熱弁をふるう僧の説教に耳を傾けています。その声が次第に遠のいて行くのを聞き収めに、一気に駅迄下りました。

一時発、マドリッド迄の二時間は、西部劇の舞台に出て来るコロラドあたりの、上の平らな高地に地平を限られた広々とした平原の連続で、北スペインよりは一寸肥沃なように見受けられ、オリーヴと穀物畑が続いています。飛行場を遥かに望めて、マドリッドに着く頃再び雨となりましたが、夕立模様でそれも間もなくやみ、久し振りに陽がさしました。デリシオスという駅に着いたので、市電でアトーチャ駅に行き、荷を預けてプラド美術館へ。ところが今日も閉館。実際怠け者です。

仕方無いので街へ戻り、カフェテリアに入ってコーヒーとケーキを食べてみましたが、少々油こく日本のよりずっとまずい。腹が出来たので今度は空いた喫茶店を探して入り、手紙書き。マドリッドでは相当に人の視線を感じます。おまけに手紙が縦書きなのが面白いのかじろじろ見つめて居るのもある。しかしもうこっちも慣れっこで大して気にもなりません。要するに東洋人が珍しく、且つ田舎者(言葉は悪いが)なのです。マドリッドの町にしても全くアメリカナイズされていると言ってよく、商店街にしても米、仏、独等の商品の市場ともいえる形で、マドリッドの街としての個性は殆ど認められません。それに何と装飾品、靴、化粧品屋等が多いことでしょう。裏の方は見られぬから分かりませんが、これだけから察すれば全くの消費地としか考えられません。こうは書いても、顧みて日本を見れば、今の日本各都市も殆どがこれに類するのではありますまいか。他山の石とすべきです。

七時に近いといってもまだまだ明るい街をアトーチャの駅へ帰ろうとすると、通り慣れた広場を中心に大勢の人が集まっているので何かと思ったら聖金曜日の行列。通りすがりに見ると、とんがり帽子を首迄かぶり、目と口の所に穴を開けた（図）のような服装で、十字架を担った僧たち

の行列です。その中央にはキリスト像を立てた山車がひかれて居り、最前列と最後尾は国軍です。国軍が宗教行事に参加するところもスペインらしい。

車中の夕食にサンドウィッチと果物とブランデーを買い整え、八時に乗り込みました。喉が渇いたのでカフェテリアへ。スペインでは荷を席に置けばそのまま置いておいても大丈夫で、そのことは今日のアメリカ人も言っていましたように大変よいことです。宗教的な制約でしょう。しかしイタリアでは寸時も油断出来ぬ由。ビールと言っても分からず、また辞書を見ていると、隣のスペイン人が察して注文してくれました。聞きかじりのスペイン語でグラシアスと言うと、相好を崩して喜び、ハポネスだろうとスペイン語でまくし立ててきます。こちらも「エスパニョル・ムーチョ・シンパティコ」（スペイン人は親しみ深い）と言ってやると又々喜ぶ。大方はこの通り大変人がよいようです。

八時半発車。すっかり暮れてマドリッドの灯がきらめいています。同室はスペインとフランスの中老年夫婦一組ずつ。フランス人が話し掛けて来てプラド美術館の話。家内がルーヴルの学校を出ているというのが自慢。ベラスケスがよかったと言うと、自分はむしろリバルタがよかったと言う。エル・グレコもいいが、全て同じ類型であるという点でそれ程感心しないという点では一致。話も絶え、食事を済ますと灯を消して寝ることにしました。

三月三十一日(土)

途中からの客で八人の席は一杯となり少々寝苦しい一夜でしたが、七時頃には夜も明け初め、両側の車窓に赤茶けた起伏が見えて来ました。谷になった所はクレヴァスのようにばっくり口を開け、そこには白や黄の石塊がごろごろしていて、同じ荒涼たる風景でもマドリッド近辺とは又異っています。台地の上は耕作地なのでしょうか、僅かに緑をかぶっていますが、これを耕すべき農家のかげは少な

くも容易には見当たりません。汽車はマドリッドを出て早十時間近く、大分疲れたように喘ぎながら上り坂をつめています。地図を見ると、ここはヌーヴェル・カスティーユという山脈地帯らしく、アンダルシアに入るには関所です。遠くに雪嶺がのぞき、オリーヴ畑がちらほら見えて来たと思ったら、汽車は雲海の中に突入、しばらくの間は殆ど何も見えなくなりました。行手にシエラネヴァダの峰々が見えるわけなのですがこれも全く雲の中。そうこうする内に汽車は下りとなりアンダルシアに入りはじめました。ところが天気は悪くなる一方。今迄スペインは紺碧の空続きと聞いていたのに、僕の旅行中は何と雨に恵まれることか。

アンダルシアの平地に入ると、さすが肥沃で、稲田も随所に認められ、苗代でしょうか、鮮やかな緑がアクセントのようにちらほら見られます。桃か杏か白い花も盛り、れんぎょうも庭を飾っていて、まさにアンダルシアに春は真盛りです。これで陽が注ぎ、青空が見えれば理想的なのですが、一年の内二百五十日は晴というこの地方のまれなる雨に濡れるのもまんざらではあるまいと自らを慰め、グラナダの雨の駅におり立ちました。一時間近くの遅延です。汽車が遅いだけでなく、途中の小駅で客がわめきながら駆けて来るのをのんびり待っていたりするので、これ位は当たり前です。おまけに月水金しか出ない汽車があったり、日曜日にはお休みになる列車がありで、スペイン旅行に短気は絶対禁物です。

タキシーを拾って、パリで聞いて来たホテル・ヴィクトリアーノへ。途中の表通りは整然たる建物で、相当田舎と思って来た予想がはずれました。着いたホテルも今迄泊った内で一番きれいですっかり気に入りました。七十ペセタで契約。着いたのが十一時近くなのに、自室に朝食を持って来てくれました。カフェ・オ・レとバター二塊、ジャム一皿、それにパンと盛沢山です。ボーイがフランス語をしゃべるので都合がよい。二時の昼食迄寝ることにし、ブランデーを一杯ひっかけて床に入りました。

昼食は食堂もきれいで感じがよく、何よりよいことは例のオリーヴ油の特有の臭いが殆どしないことです。料理はまことに盛沢山で、皿一杯のマカロニ・グラタン、イワシのような小魚のフライの山盛り、ソーセージとコンビーフの付け合わせ、最後がバナナ。

腹が出来て雨の中をカテドラル見物へ。狭い街なので歩いて縦横に活躍出来ます。カテドラルに着いたら、三時半から。待っている間、聖週間をここで送るためにやって来たというフランス人一家と話し、天気のことを聞くと昨夕ちょっと陽がのぞいたきりで、ずっとこんなだと肩をすぼめました。カテドラルは豪華を誇るだけで、感心するところ一つも無し。ただ、これにくっついた王家のシャペルの中で、初期フランスのコレクションを見られたのが取り柄。

メムリンク等のオリジナルが二十点以上保存されています。緻密な息のつまりそうな絵です。その他にスペインの黄金時代を築いたカスティーリャ女王イサベル一世とその夫のアラゴン王フェルナンド二世、その娘夫婦のカスティーリャ女王フアナとブルゴーニュ公フィリップの遺骸を収めた墓、イサベルの王冠等が呼び物です。同じカテドラルでもパリ周辺のゴチックの優れたものを見慣れた眼にはスペインのものは余り興味をひきません。カテドラルを出ると、地図を頼りに狭い小路をあちこちと散歩。ジタン（ボヘミアン）の住む界隈にも入ってみましたが、どこもオリーヴ油の臭い、おまけに薄暗い中で灯もともさないで商いをやっていたり、小さい酒場からはスペインのシャンソンが聞こえてきたりで、異国情緒満点。大した物ではないがグラナダ焼という小さい壺や皿を誰にお土産にしてもよし、節子のままごと用にしてもよしと四、五個買い、更に田中、入江君に頼まれたスペインの布で作った袋を買いました。僕は袋でなくクッションを一つ。五十四ペセタ（四百八十六フラン）。

七時頃宿に帰り、夕食迄ホールのコタツ（?）で手紙書き。縦書きが珍しいと、子供等やその親が寄って来て見ています。少年が二人、一人は英語、他はフランス語を話し、とても可愛い。その妹も寄って来たので折紙を作ってやりました。何よりも人見知りしないのがよい。夕食は熱い熱いスープ。次いで、卵とトマトとほうれん草を小さい鍋で鍋焼きうどんのようにして、吹き吹きして食べる奴、おいしかった。次が肉四切れにジャガイモの油炒め、最後がプリン。これだけ豊富に食べさせて一日七十ペセタ（約六百三十フラン）。生活費の安いことは驚くべき程。来る途中の船の中でアメリカの老人が、スペインは安いからこれから暮らしに行くのだと言っていたのが今になり思い当たります。何にせよツーリストには有難い国です。これだけ豊富に食べているスペイン人の流れを汲むアルゼンチンから来た例の若い医者が、パリでは腹が減って仕方無いとこぼすのは当然でしょう。

夜はブランデーでよい気持になり、何時迄も寝静まらない街の賑わいも苦にならずに寝入ってしまいました。スペイン旅行前半の通信を送ります。皆の健康を祈ります。

四月一日(日)　晴、午後時々曇り

ここでは寝る時鎧戸をおろすので、何時までたっても夜の明けたのが分からず、まことに怠け者にはよい建て方。九時になったので戸を繰ると、まさに紺碧の空。すっかり嬉しくなって身支度をするのももどかしく、下に下りて朝食をとると街へ出ました。小さな小路でも朝には必ず水を流して通りを洗っているのはさすが文明国のかたわれ。日本もこの点は是非改善せねばならぬと思います。生活の基本ともいうべきこうしたこと、下水の完備は、軍備などより緊急事だという気がします。通りには家族連れで教会に行く人がぞろぞろ続いています。そういえば今日がパック(復活祭)です。

当方は教会は失礼して目指すのはアルハンブラとヘネラリーフェ。一寸ここで説明しておきますが、スペインは古くはヨーロッパ大陸から移り住んだイベール族(イベリア半島の名の起り)やケルト族などが住んでいたのが、第二ポエニ戦争(間違いかな?)でローマに破れ、その配下になっていました。その後一世紀にキリスト教が入って来てキリスト教に帰依したのですが、更に五世紀頃民族大移動で西ゴート族が来てこの半島を制しました。次いで八世紀にアラブが侵入、一部はフランスに侵入して、これが前にも書いたポアティエで、シャルル・マルテルに破れたわけです。スペインでも北部の住民はシャルルマーニュと結んでアラブに抵抗し、そのためアラブは主としてこの南スペインのアンダルシアを根拠に栄えたわけで、当時の都はコルドバ。ところでその最盛期が八、九世紀。その後は北アフリカからのアルモラヴィドの侵入や内紛で次第に衰え、逆にキリスト教に帰依する王に率いられた北スペイン勢が優勢になり、一四九二年にカトリック両王がグラナダを占領し、ここにアラブの統治は終ったわけです。この年はコロンブスがアメリカ大陸を発見した年でもあり、スペインにとっては忘れ難い年です。即ち八世紀から十五世紀迄は、このアンダルシアにはアラブの文化が存続し、その当時の王宮や芸術が今も残っていて、ツーリストを引き寄せるという寸法なのです。そしてアラブ芸術は三つに大別され、初期がコルドバのモスク(十から十一世紀)、中期がファンタスティックで複雑化の過程を示すセヴィリヤのヒラルダの塔(十二から十三世紀)、最後が最もデリケートになった時期で、それがこのグラナダのアルハンブラで代表されるわけです。

プラサ・ヌエバから右に坂道を辿るとプエルタ・デ・ラス・グラナダスという門にぶつかります。ここで家並は絶え、木下道になります。といっても木々は萌え初めたばかりで、道にはさんさんと朝の日が降り注ぎ、きれいな声の名も知らぬ鳥がしきりに鳴き、レインコートもうるさいほどの心地好い気温です。切符が二十五ペセタ。先ず九世紀以来存続するというアルカサルという城壁に登ります。ここからの眺めは絶景とも申すべく、左手のヘネラリーフェのうしろの丘陵の彼方にはシエラネヴァダの雪嶺が連なり、正面はアンダルシアの緑の野の彼方にジブラルタルのあたりでしょうか、雪に包まれた山並、右手は丘の上に階段状に築かれたグラナダの古い市街。主調はオークルジョーヌと白と緑と褐色。渋い渋い色です。写真としては大した物にならないと思いながらも、少しでも皆にこの眺めを伝えたく、何遍もシャッターを切りました。説明は帰ってからにしましょう。

次いでわりに新しいカルロス五世の王宮の跡などは眼もくれず、アルカサルへ。礼拝堂、メスアールの間、大使の間、バルカの間、ミルトの中庭、二姉妹の間、ライオンの中庭等、次々に見てまわりましたが、壁一面が緻密な石の彫り模様。所々に彩色の跡も残り、往時の豪華さを十分伝えています。しかしそれが大してくどく感ぜられないのは趣味の高さによるのだと思います。近く寄って見ると実に細かな彫りで、よくこんなにまで緻を尽くしたもの、余りに細部にとらわれ過ぎているという感がなくはないのですが、一寸離れて見ると、それがほのかな陰影を作り全体の均衡を乱すことなく、反って快く感ぜられます。壁一面と書きましたが、裾の方は「アスレホ」とよばれる陶器、いわばタイルで覆われており、これがきれいな幾何模様で、金属酸化物で発色させたものだそうですが、青、オークル、ジョーヌ、緑、茶、黒に白を交えて洗練された配色です。天井は一部の建物では木造、一部では石ですが、後者は壁の上部と同じく細かな彫物で特別の様式らしく、たしかにユニークなものです。この辺の説明はいくらしてもとても伝え兼ねます故省略します。ともかく世界美術全集をひもといて調べて見て下さい。必ず出ている筈です。豪華な浴室を見たのを最後に庭園に出ました。いわゆる〝グラナダの庭にて〟です。れんぎょうやべゴニア等の植込みの間にすーっと姿勢よく伸びたシープル（糸杉）がくっきりと影を落して異国情緒は申し分ありません。城壁からジタン（ボヘミアン）の集落といわれるサクロモンテを見下すと、カスタネットと野性的な歌声が聞こえ、遥かに緋の衣装の女が舞っているのが認められます。

二時の食事迄に宿に帰らねばならず、既に十一時半ですので、アルカサルをこの位で切り上げてヘネラリーフェという王の庭園に歩を移します。門を入ると、くの字状の糸杉の黒々とした並木。これを抜けると急に視野が開け、泉水を備えた広々とした庭園になります。パンジーが真盛り。その間を更に抜けると王宮（小さなもの）にぶつかり、その門を入るとそこの一寸した斜面に、階段状に斜面をうまく利用して森深い感じを出した庭が造られています。ぼけが蕾を開きかけていますのでその前で写真。日本の優れた庭を見ている眼にはそれ程大したものと思わないのですが、ヴェルサイユなどの大味なのと異なり小さい空間を巧みに使っているという点では身近な感じです。

一旦門迄引き返し、そこから普通の観光客は殆ど通らないアルカサルとヘネラリーフェの間の切通しを、城壁を下から仰ぎながら通り抜けました。ここはロバの通り道らしく、僅か二、三百メートルの距離なのに何遍も行き合いました。ドン・キホーテの国らしく、馬よりロバの方が目につきます。小さな川を渡って今度は上り坂。アルハンブラを眺めるのによいと言われるサン・ニコラス教会のテラスを目指します。このあたりはジタンの本拠サクロモンテの辺縁にあたるので貧しい家並が多く、子供等の服装も極めて汚い。教会に近づき、どこだろうと考えていると、少年がフランス語で話し掛けて来ます。銭ねだりとは分かっていますが、案内させてやれとばかりフランス語で応じてついて行きました。たしかにこのテラスからの眺めは美しく、アルハンブラ、へネラリーフェのかなたに雪のシエラネヴァダの峰々が高くかかり、あたりの樹々はさ緑に芽吹いて早春の気横溢です。テラスの上にはスペインの上中流らしい一家が散歩に来ていますが、その子等が実に可愛く、服装の趣味等、女性のものも合わせてフランスとよい勝負です。フランス人に言わせれば、我々の影響だと言うでしょうが。

次いでアルバイシンというジタンの集落を抜けて、細い小路、細い小路と選んで斜面を下り町へ。途中方々の家からスペイン民謡でしょうか、急調子のメロディが聞こえてきます。一寸したことでも歌を歌う音楽好きの国民です。

食事は小さい赤かぶと、オリーヴの実の漬物が出たあと、ジャガイモの潰したのとハムとトマトの付け合わせがオルドゥーヴルで、次が米と肉をカレー煮にしたもの、小魚とイカの足の揚げたものにサラダ、それにオレンジとバナナという豪華さ。食べている間に、もう一日グラナダに一泊したくなって、出発をやめました。午後は五時過ぎ迄昼寝。起きるとまだ日が高いので、バロックの典型的なものと言われるサン・フアン・デ・ディオスという教会を見に行きました。中はすでに遅くて見られませんでしたが、表から見たのでは重苦しい感じで感心しませんでした。足の向くまま停車場周辺の田園に出て見ました。畑には麦に混って沢山の空豆畑があり、皆花をつけて、これだけ見ていると日本に居るような感じ。昨日迄の雨にぬかる道も日本並ですが、振り向くとアルハンブラや古い市街を除く部分には十階以上はある大建築も二、三混る近代都市の姿が見られ、新旧のコントラストがはっきりしています。

前半報告にも時々書いたように、スペインは怠惰の国、宗教に毒された国という最初の印象は少しずつ変わって来つつあります。トレドにしてもグラナダにしても古くから開けた町とはいえ、たかだか地方の小都市という考えで来たのですが、道はよく舗装され、下水道は一応整い、貧富の差はあるとはいえ人々は生活費が安いためか、一般にゆったりと生活を楽しみ、町でものを尋ねたりして感ずる人情の豊かさと人なつっこさを備えて、旅する者には実に快い印象を与えてくれています。日本を旅行した人間が多く口にする日本人の人情の厚さに勝るとも劣らぬと言えましょう。

こうしたことを見るにつけ思うのは、日本の生活様式の脆弱さです。東京等どうにもならない位の早さで拡大したためもありましょうが、基本的なことの全く不備なあの姿で、果して近代都市と言えましょうか。ビルディングを建てたり、外国車を移入したりする前にやることはいくらでもあるでしょうに。踵を接して海外旅行に出る代議士など深く思いをこらして国家百年の計を考えて欲しいと思います。悪いところは真似せぬでよい、良い点において少なくもスペイン並に日本もなればよいというのが現在の率直な感想です。

九時の夕食迄手紙書き。夕食はスープ、オムレツ、ビフテキ、プリン。こんなに細かく書くのは栄養十分だということを皆に知らせたいためですから悪しからず。

十時過ぎ、フランス人の二組の夫婦と、ボーイに申込んでサクロモンテのジタンの「洞窟」に踊りを見に行くことにしました。タキシーで、今日昼に汗かいて登ったあたり迄一息で上ると、もうカスタネットの音が聞えて来ます。洞窟とは言っても普通の家の内面の壁を洞窟風につくり、そこにジタンの調度品や絵やマリアの像等を所狭しと張り巡らしてあるといった寸法。ツーリストが続々とつめかけ大変な人です。洞窟の中は十畳位で、その壁際にびっしりと椅子が一列並び、そこに観客が居るので、余った客は外で順番を待つ有様。踊りはまことに激しいものですが、何か健康な感じで非常に気持がよい。観光客相手で人ずれしているのはやむを得ないが踊りそのものは粗野な野生の美に通じ、それでいて何か哀愁をたたえています。聞けば、有名なフラメンコもジタンの由。十一時半帰館。

四月二日(月)　晴

十時頃より町に出、足の向くままにアルハンブラの南斜面の家々の間の小路をのぼって行くと、白壁の美しさに惹かれてスケッチをする気になり、一枚が二枚になり、午前中に三枚描きました。大勢の子供たちに囲まれて石の上に腰掛けて描いていると、家の中からお婆さんが手招きで、尻が冷えるからこれを敷けと新聞を持って来てくれたり、また別の所ではセニョリータが椅子を持って来てくれたりでともかく親切です。又、どこかよい所はないかと探している内に大きな邸宅にぶつかり、戸が開いているのを幸いのぞくと、その家の主人か番人か分からないが、手まねきで入って見なさいと言います。言われるままにどんどん入って行って見ると、かなり急な斜面に階段状に造られた庭で、階段で少しずつおりて行くにつれ、色々な様相が現れてくる仕組。骨組と床はすべて白い色で、その中に色々な形に人工でためられた糸杉の黒い程の緑がくっきりしたコントラストをなし、泉水には噴水と共に豊かに水をたたえて清々しい気分。藤棚の藤もほころび初めて、その彩りは心憎いまで渋い。この庭にはヘネラリーフェよりも感心してしまいました。見せてもらって本当によいことをしました。

昼食はウドン（スパゲッティか?）と魚の煮込み。鯛（恐らく?）のフライにレモン、それにビフテキ、デザートはオレンジにバナナ。

デッサンの調子が出ると共に、この心持よいグラナダともお別れかと、少しでも印象を止めておこうと昼食をとるとすぐ又、斜面に取り付きました。そこでまた二枚。四時には宿を出ねばならないので帰って払い。二日で八食で百七十九ペセタ。ところで市電で停車場に着くと、僕の乗ろうと思っていた列車は満員で席が無い由。それなら立っても構わぬと言うと、それでは現金で払って貰わねばならぬと言います。やむなくその覚悟で乗り込みました。途中で検札に来て百ペセタだと言うので、そばに居たフランス語をしゃべるスペイン紳士を介して、不合理であり、日本ではそんなことはしないと言い添えて払いました。するとかなりしてから車掌とその紳士が来て、貴方はエトランジェだから特別の計いで普通料金でよいと金を返して来ました。ともかく悪い気持はしませんでした。サルペトリエールで知合ったスペインの男が、スペインではフランスと違って皆親切だと言った言葉が満更でなく思い出されて来ました。

車窓からはオリーヴ畑と、麦畑、又は野菜畑におおわれた豊かなアンダルシアのなだらかな丘陵が大分傾きながらもなおさんさんとふる陽光に照らされているのが見られます。白、桃色の杏の花も花盛り。かと思うと突如その中に巨大な岩石が現われ、その急斜面に放牧の黒山羊が、ごまを撒いたようにうごめいているのが見られたりします。左手の地平線近くには灰白色の不毛の山並が見えますが、マラガ更にはジブラルタルの背面にあたるそれと思われます。こうした中に白壁の農家が点々とふりまかれ、いかにもスペインらしい眺めです。車中でオレンジ二個、バナナ二本の軽い間食。次第に暮れるにつれ、丘の上の道を牛を追いながらロバの背にまたがって家路を辿る牧童の姿が黒々とシルエットとして浮び、その背後に宵の明星がかっと光ったりして、忘れ難い光景です。

車中のアメリカの観光客の賑やかなおしゃべりの内に、十一時近くセヴィリヤ着。客引きと六十ペセタ弱のところを交渉。荷を持たせて宿へ。場所はセヴィリヤで有名な古い一角たるサンタ・クルス地区の中。個室が無いとて、同じ列車で来たスイスの化学専攻という学生と同室することになりました。落着きのないがさつな男です。

食事は白葡萄酒、スープ、キャベツの煮込み、ビフテキ、バナナ。
食後すぐ就寝。

四月三日(火) 快晴

九時起床。ここでは朝食はつかぬと言うのですぐ街へ。何たる空の色でしょう。すばらしい透明度です。九時というのに陽は惜し気もなく、全く惜し気もなく文字通りさんさんと照っています。サンタ・クルス地区はギド・ミシュランにも必ず足を運ぶように書いてあり、狭い通りで誠に趣のある一角ですが、その中に居るので労せずして十分に雰囲気を楽しむことが出来ます。白壁の美しさは格別で、各窓には色とりどりの植木鉢が置かれ、家々の間から僅かにのぞかれる空の青と合わせて晴々とした気分をかもし出しています。四方を家に囲まれた小広場の植木はオレンジでしょうか、たわわに実をつけています。それから更に美しいのは各家の中庭で、表から見ると大したことのない家だと思っても、戸口からのぞくとすばらしい庭を持っています。床は全てタイル張で、それがアルハンブラあたりのそれと同じ、白と青と濃緑と黄のモザイクで、その上には蘭科やバショウなどの葉の美しさを観賞する植木鉢が置かれ、そこに天井から射しこむ間接光が柔らかに当たって清々しい感じです。殆ど例外無しと言ってよい程こうした庭を持って居るのがスペイン家屋の特徴らしい。日本の家々がたとえ狭くても庭を持ち、植木を育てるのとよく似ているように思います。

学校生徒で賑わう道をいくつか抜けるとカテドラルの前に出ました。そのかたわらに聳えるのは十二世紀からあるというアラブ芸術の遺物で、又、セヴィリヤの象徴でもあるヒラルダの塔。カテドラルに入る前に先ず家への手紙を発送。五十三ペセタ。カテドラルはその中の広さにおいても世界で最も大きいものの一つの由。ここも豪華が売り物。ステンドグラスはひとつも美しいと思いませんが、朝の陽に壁面に色を落しているのが印象深い色調でした。興味があったのはクリストバル・コロンの墓(クリストファ・コロンブスをスペインではこう呼ぶらしい)。大きな台の上に四人の男が棺を担った像が立っています。世界を大きく揺り動かした男にふさわしいと言えましょう。堂内を一周してからヒラルダの塔にのぼりました。大きな塔でゆっくりした傾斜です。高さ九十八メートル、一階のぼる毎に窓からの眺めが大きく開けて行き、白壁の家々に埋まるセヴィリヤの町がまぶしく見晴らせます。カテドラルの古びた屋根の彼方には近代建築、埠頭、さては闘牛場等が見え、町をはずれれば豊かなアンダルシアの平野。

次いですぐ近くのアルカサル。ここはキリスト教徒がアラブの芸術を利して建てたもので、グラナダのと様式が異なっています。僕はグラナダの方が繊細で純粋で好きです。ところで中々よいのはこのアルカサルの庭園。藤が垂れ、オレンジはたわわに、ぼけは紅に、更に紫白のあやめも咲き、泰山木の葉は艶づいて、何だか夢の国に来たような感じです。ここでもタイルと泉水の美しさ。タイルの床に小さい穴があけられていて時々間欠的に水を吹上げてはツーリストを驚かせます。気温は東京の六月の候に当たるか。南国の太陽はこんなにも明るいものかと感じ入ってタイル造りの冷え冷えするベンチで小憩の後、汽車の切符を予約しに繁華街を通り、鉄道事務所を見付けたら閉じた後。やむなく午後来ることにして宿に帰りました。それにしても道一杯に塞がって何するともなくしゃべり合っている人間の多いこと。ここでは歩道も車道も区別ありません（大通りは別として）。

昼食。エビの入ったスープ、タイのフライ、卵焼きとサラダ。バナナ。

午後はマリア・ルイサ公園へ。王宮と南国風の庭園です。葉の緑と土の黄とが調和して美しいことは美しいが、ただそれだけで全く個性のない庭です。日本の美しい庭園を見ている者にはただ規模が大きいというだけでは何の感興も湧きません。かなり大きな遠洋船の着いている港のそばを通り、街の広場で女中たちのお守りで遊ぶ子等の無邪気な姿をベンチから眺め、子供の生態は万国共通であるのに微笑ましくなりました。いじわるする子もいます。どったりした子がいるかと思うと、かさかさしたのも居るで、ともかく面白い。しかし子供に現われる貧富の差というのは実にいじらしくなります。

四時に事務所に行きましたら、僕の乗りたいと思った汽車は水曜日は休みなのだそうで、一汽車遅らせることにして、これを予約。次いで歩いてカーサ・デ・ピラトという十六世紀に建てられたイェルサレム風の建物だそうですが、フランスのガイドには大変興味があるように書いてあるが、僕には殆ど面白味を感じさせない。しかしタイルの美しさと庭の清々しさはここでも再び強く感じます。オレンジ等、取る人もなしにたわわになっています。

次いで大分時代がかった市電に揺られて、スペインの中でも特に一般の信仰を集めているといわれるマカレーナの聖母像のまつられている堂を見に行きました。途中古い城壁を見付けたので下車。これをあかず眺めながら広場のカフェで冷たいビール。セヴィリヤの殆ど北の果てのあたりで、一寸ごみっぽい感じ。マカレーナはいわば浅草の観音様のようなもので、この間のセマナ・サンタ（聖週間）の行列に引き出され、まだ厨子の中に納めてありませんので、それを見ようというのか善男善女の参詣が多いようです。観音様にたとえましたが、大きさは人間の等身大で中々大きなもの。頬に涙が流れていて、大したものと思わぬが横顔は中々きれい。お涙頂戴には効果があろうというもの。

市電で再びカテドラルの前に戻り、これとアルカサルの間にあるアルチーボ・ヘネラル・デ・インディアス（史料編纂所のようなもの）に行きましたら今日はもうおしまいとのこと。時計を見ると六時。陽が高いのでまだまだ四時頃だと思っていたので一寸びっくり。大分歩いたので骨休めするため宿に帰り、夕食迄手紙を書いたり、ガイドをひもといたり。

十時の夕食までは狭い通り一杯に子供の声が響いていますが、十時過ぎるとさすがにさっといなくなります。部屋が一階なので、通りを歩く人の足音がかなり響きますが、そんなことは苦にならずに、何時の間にか寝てしまいました。

四月四日(水)　雨

朝起きたら少し霧づき、曇天です。こうした日は白壁の色がそれ程映えません。この宿は朝食は出さぬというのでカテドラルの前のカフェで朝食。後、朝のカテドラルに入ってみました。晴れていても薄暗いのに、曇り日とて一層暗く、コロンブスの墓等、暗順応しない内は何のことやら分からぬ程度。朝の勤めの前に祈りを捧げて行くセニョリータの姿が目につきます。それに老婆がとても多いようです。

開館後間もないアルチーボに入りました。ここはアメリカ大陸発見前後の史料が多く、非常にユニークなところと聞いています。入場料はとりません。老案内人が一緒について来てスペイン語でまくしたてるのを、うんうんと聞き流しながら見て行きます。壁面はすべて棚で、そこに史料がびっしり並び、室の中央にケースがあって、そこに展覧物が並べてあるという造り。中々大した建物です。十五、十六、十七、十八世紀あたりの中南米に関する史料が主に並んでいますが、当時の各地の地図、服装、建物などについて、こちらに知識さえあれば興味は尽きなかろうと思います。一番最後のケースに一四九二年とするしたコロンブスのアメリカ発見の報告書と思われる紙がありました。少々薄茶けていますが保存は大変よく、スペイン語を読めれば内容を読取り得るのにと大変残念でした。勉強不足が悔やまれました。窓から中庭を見ると、中央にコロンブスの大理石の立像がたてられ、これに雨がそそぎはじめていました。

次いで雨の中を市の美術館へ。ここはムリーリョとレアルで有名な所。一階と二階に分かれ、二階は近代のものを主に集めてあります。ところで一階はすべて宗教画。それも暗い色調でびっしりと並び、いやという程見せられてちょっと食傷気味。二階に行って近代画を見た時は、大してうまくないものばかりなのにほっと息抜きを感じました。前にも何遍も書きましたが、ルネッサンスの気分が実感出来るようです。

セヴィリヤにもお別れと、小止みになった雨の道をそぞろ歩きに宿に帰りました。昼食をとり停車場に行く頃は、皮肉なことにかなりの降りになってしまいました。セヴィリヤのサン・ベルナール駅を発ったのが三時十五分。休暇を終え、マドリッドに帰る女学生でしょうか、隣のコンパートメントからは合唱が聞えてきます。窓の外には大きなシャボテンの一種が一列に並木のように植えられていたり、南国風の高い高い並木が見えたりで、いかにもヨーロッパの南端に近いという感を起こさせます。又、野辺にはタンポポのような黄色の花の間に野生のケシでしょうか、真紅の花が咲き続き、大変美しい。遠くに色とりどりの服装の女の人々が田植えをしているのが見られ映画「にがい米」の一情景を思い出しました。

コルドバ着の六時四十五分には雨足が又しげくなり大分たそがれてしまいました。それでも荷を預けると地図を頼りにカテドラルを目指しました。途中親切な子供に案内されてカテドラルに着いたら七時で閉じたとのことで、万事きゅうす。警備人に日本から来たんだと言っても気の毒な顔をし肩をすくめるだけでなすすべがありません。やむなく灯のともった土産物屋に入り、せめてもの記念にと絵葉書を買い込みました。見られなかったからこそ一層このカテドラル、以前にはアラブのモスクがユニークなすばらしいものに思えて、残念でなりませんでした。柱の魅力だけでもすばらしいものらしい。低回おくあたわず僅かに暮れのこったオークルジョーヌの外壁を一周、程近い川淵にも出て遠望もしてみました。このモスクを中心にしたあたりはコルドバの中でも最も古い面影を残し、民家にしても橋にしても実に魅力があり、スケッチをしたい所がいくらでもあり、出来たら一晩泊りたいが日程が許しません。仰ぎ見るモスクの窓は黒々と闇をたたえて神秘的。

しかし何時迄ぐずぐずしていても仕方ないので、古い町の中にあり、セルバンテスの「ドン・キホーテ」の中にも出て来るという広場を訪ねて行きました。もうとっぷり暮れ、暗い電灯の点された狭い石畳の道をこつこつ歩いて行きますと、通りすがりの居酒屋からはオリーヴの料理の匂いに混って、葡萄酒のかおりがほんのりと鼻をついて来ます。求める広場には泉があり、その傍らに闇にまぎれて何だか分からぬが小彫刻が立っています。これが「ドン・キホーテ」に出て来たものらしい。誰に聞くことも出来ないので唯見上げるだけ。しかしその方がかえって趣がある。広場の片隅では屋台を出して、ローソクの灯をともして落花生を売って居り、きわめてひなびた雰囲気です。それ程大きくない町なので迷ってもたかがしれていますので、細い小路、細い小路と選んで歩き、古い町のたそがれの情景を味わいました。歩いて行く片側の壁には窓べで夕餉の支度をする主婦の影が、何か揚げ物をしているその煙に包まれてぼーっと大きく映り、同時に魚をいためる時のあの匂いがぷーんと鼻をつき、日本にとても近い感じです。昨年の今頃は学会で京都に居た筈。僅か一年で今はイベリア半島の一角を歩いていると思うと本当に大きい移り変わりで我ながらびっくりします。裸電球に点された古い町も尽き、やがて近代的なコルドバの中心部に出てしまいました。もうここはパリとそれ程変りはありません。

時に八時半。駅前に戻ってソーセージ、サンドウィッチとコーヒー。とても足りぬので別の店でパンとコーヒーの追加。駅構内の売店で熱いミルク。これでやや腹が出来、家へ絵葉書を一枚。切符を十一時半から発売というので、それ迄駅の近くの公園を散歩。雨上りの樹々は街灯に照らされ、若葉がさわやか。オレンジの香りでしょうか、甘酸っぱい匂いもして気持のよい一時でした。汽車はやや遅れて十二時半にコルドバ発。アンダルシアに別れを告げました。

四月五日(木)　快晴

八時半マドリッド着。紺碧の空。駅のビュッフェでトーストとカフェ・オ・レで腹をこしらえ、市電で鉄道事務所へ行き、明日のバルセローナ行きの特急に予約。大分混んでいるのであぶないと思っていたのですが、席が取れてほっと一息。昼迄もう一度プラド美術館を見ておこうと足を運びました。ところが目指すゴヤのデッサン室が修理のため数日閉鎖と聞きがっかりしました。コルドバといい、プラドといい、少々運がよくない。しかしゴヤのデッサンは前に東京国立博物館の表慶館に来た時(プラドから)、桃井兄と十分に見てあるので、それ程打撃ではありません。デッサンの代りにゴブラン織の下絵に描いたという油絵を豊富に見ましたが、これはそれ程感心しませんでした。ゴブラン織のために特に考慮したものか、何かぼーっと霞んだようなものが多く、デッサンも大した鋭さを感じさせず、一寸失望しました。

この部屋でマドリッドの学会に来たという土井君に会い、地下のビュッフェでコーヒーを飲みながら、これからトレド、アンダルシアに行きたいと言う土井君の質問に応じました。話していると「アー・ユー・ジャパニーズ?」と呼び掛ける人がいるので「ウィ」と答えると、すぐフランス語に切り替えたその男は、自分はマックス・エッガーというスイスのピアニストで、先年日本に行きました、日本の旅行がすばらしかったので、貴方がたを見掛け、なつかしくて声を掛けたのですとのこと。自分は日本滞在中は日本風の旅館にばかり泊り、十分に日本を味わいました。日本の海岸の美しさ、それに、おお、スキヤキ、テンプラ、すばらしかったと礼讃。ところでマドリッドにはリサイタルですかと聞くと、いや単なるトゥーリスムです。しかしマドリッドにはとてもよいフィルハーモニーがあります。それに（名は忘れた）は優れた指揮者ですとの答。僕はアンダルシアに行ってきましたと言うと、私も行ったがグラナダのジタンの踊は実によかった。スペインにはリズム、イタリアにはメロディがあります。自分はイタリアを最も美しい国の一つと思うが、泥棒が多くて困ります。それに比し、スペイン人は正直で気持がよい、と、するする一人でしゃべっていき、中々我々から離れようとしません。自分はチューリヒに居るから貴方がたが来られたら寄っていただきたい、住所はコンセルヴァトワールと言っていただけばよいとのことに、私は必ずチューリヒには行きます。あそこにはモナコフという人の居た有名な脳研究所があるからですと言うと、ああ私も知っています、是非おいで下さいと言い、握手して別れました。そういえば先年少壮ピアニストとして日本に来たのを覚えています。徹など聞いたのではなかろうか（補足：マックス・エッガー氏は一九五九年に招かれて来日、東京芸術大学や洗足学園大学などの教授をつとめられ、二〇〇八年に九十一歳で京都で死去された）。再びベラスケスの部屋に戻り、ベンチに掛けて好きなイソップ像を（昼まで）飽かず眺め、帰りしなにゴヤのマヤ像をもう一度見てプラド美術館を出ました。

アトーチャ駅前の方がバルセローナに発つにも便利だろうと二、三、ペンションを当たって見ましたが満員なので、先日泊った宿に行きました。ところがここも満員で、知り合いの空いた宿に頼んで部屋を一つ見付けてくれたのでそこに落着きました。遅い昼食が済んだのが三時過ぎ。デ・カストロ教授とランデヴーをとるためカハール研究所に出掛けました。少々早目なので、研究所の台地の下からその全景を写真に収めてから訪ねました。丁度よいことに、この前訪れた時のフランス語をしゃべる若い教授がいたので挨拶。この人がデ・カストロ教授に電話して連絡してくれましたが、あいにく家族が重病で今日は出られないとの返事。アルテータというその若い教授が図書室や研究室を案内してくれ、自分の標本を見せてくれたりしたので七時近く迄時を過ごしました。図書室は少なくも戦争前までの神経学の文献は総て集められているとのことで羨ましくなりました。戦争中のは欠けたが、戦後は再び殆ど集めているとのこと。マドモワゼルが一人かかりきりで整理と管理に当たっています。図書室だけで脳研位はありましょう。それにカハールの集めた別刷が大したものです。暗くて駄目とは知りつつも参考までにカラーを一枚。日本の古い解剖学雑誌も出して見せてくれました。アルテータ氏の標本は自分の考えた銀染色とカハール法と血管注入法のものが主で、コックス、ゴルジ標本などは見られませんでした。彼はドイツを重んじているとみえ、ヘンケ・ルバルシュのハンドブーフを実によいとか、形態学ではドイツの文献が大いに重要視さるべきだなど言っています。注入標本についてアルベート・パイファーを読みましたかと言うと、一部読んだが、彼は絶対に方法を明らかにしない。これはいけないことだとぶつぶつ言っていました。これについては僕も賛成です。注入に墨が高くて困るというので、幾らかと問うと、五百ccの液で邦貨で約千二百円とのこと。人脳で注入をやりたいが金がかかって出来ないとこぼすので、日本ではそれ程高くないと言うと、是非送ってくれませんかというので、色々世話になったので送ることを約しました(これについてはパリに帰って徹に頼みます。詳細は後に)。ところで研究費は足りるかと聞くと、とてもとても足りない。第一、教授の俸給が月千ペセタ(邦貨約一万円)なので研究生活はつらく、若い者は皆金の儲かる方に行ってしまうとの答。この研究所も従業員は二十名だが、研究員は五名とのこと。もっとも僕個人の意見では人数ばかり多くたって一騎当千の者が居なければ何にもならないと思いますが。オスミウムは使いますかと聞くと、千ペセタ(約一万円。日本とほぼ同じ)なのでとても使えぬ。前年、米国から七グラム寄付があったがこれは大したものでした。ところでソヴィエトではオスミウムをざぶざぶ使っています。彼等は銀とオスミウムを一緒に使っているが、これはスペインでは絶対にやらないことです。ともかくソヴィエトではオスミウムを七%溶液でやっていますからねとの返事。これにはこちらも少々びっくり。これだけの建物を持ちながら、そう活発ではないとはいえ、ミュゼ・カハールをはじめ、色々参考になるものを見せてもらって、所期の目的を達して研究所に別れを告げました。市民戦争の時は戦場になり、弾丸も浴びたという壁にその跡を探し、何度も振り返りながら、暮れかけた、今はもう馴染み深い建物を網膜に焼き付けました。

夕食迄時間があるので、二軒程居酒屋で生ビール。肴に生えびを鉄板の上で焼いたのを食べてみましたが実にうまい。それに小魚やイカの足を揚げたもの等とても日本の味に近く、すっかり気に入りました。土産物に何かと店をあちこち探したあと、少々冷え冷えする通りを早目に宿に帰り床に入りました。この頃は旅行擦れをしたのか、どんな所でも安眠出来、我ながら随分呑気になったものだと感心しています。

四月六日(金) **快晴**

アトーチャ駅に荷を預けたあと、地下鉄で繁華街に戻り、ここで銀行で四千フラン両替。これで計四万三千フラン弱の旅費になったわけです。次いで目指す手袋屋で、徹に毛の裏のついた茶の革手袋、お母さんに黒の革、直子に手の平側が革、反対側が白の毛糸の模様編みのを求め、次いで別の店で節子にハンドバッグを購入。これは十四、五歳迄使えるという少々大きいのを買いました。実用品で丈夫な革です。かくの如く革製品ばかり買ったのはスペインの革は良質で、しかもパリより格安だからです。お土産物も買ってほっとして、ぶらぶらとプラド美術館の前に出、ベンチに腰掛けて、あの部室には何があった、この部屋には何があったと思い出しながらひなたぼっこのひととき。

立食でサンドウィッチをほおばり、一時半特急に乗り込みました。白銀色の流線型ガソリンカーです。バルセローナ迄十時間余でつっ走るわけ。アトーチャ駅を出ると、右手に一寸カハール研究所が見えました。途中の風景は前から何遍も書いている通り、僅かな耕地のほかは太古のままの峨々たる岩石、ないしは西部劇の舞台のアリゾナの平原あたりに見られる上の平らなプラトーで覆われています。さしづめ庄内平野の清川あたりの眺めで、周囲の山を全部はだかにし、又、福生あたりの景色で、多摩川の向こう岸の多西村の方の高台を全部岩石に置き換えると、少しスペインの景に近くなりましょうか。しばしばこの峨々たる岩石の、こんな所にと思うような急斜面に山羊の群が認められ、そのそばには必ず長い布を肩から足迄垂らし、つば広帽をかぶった牧童の姿が見られます。全くの自然児という姿です。彼等が果して何を考えているかは分かりませんが、彼等がこの原始生活に浸りきって本当に満ち足りた気持でいるとしたら、人間の幸福ということを考える場合、生活改善の名のもとに、日々複雑になる都市に住み、表面は幸福そうに見えながら、生きんがために人を押し退け払いのけて、肩をいからせて生活して行かねばならぬ人間と、どちらが真に幸福な人生といえるでしょうか。そんな反文化的な考えも湧いてくる程、本当に牧歌的な風景です。彼等にも風雪に悩まされ、衣食住に事欠くことはあろうとも。

途中の景色で、何としても降りてみたいと思ったのはグアダラハラとシグエンサ。特に後者はトレドにも似て、中世風の風格のある町。どこもかしこも絵になりそうな所でした。特急は無情にも通過です。車中で見るスペイン婦人はすべて上中流のそれと思われるが、おしゃれはうまく、きれいはきれいだが、おつむの方は総てからっきし駄目らしい。ともかく教養美というものはこの国の婦人には求められません。地味は痩せ、男は怠惰、女はお化粧上手の派手好きとあっては、国は貧しくなる他ないでしょう。悪口になりましたが、決してひとごとではなく、他山の石。

サラゴサとバルセローナの間で日が落ちて、バルセローナに着いたのが十一時四十分。客引きに案内させてペンション・パリという町の中心にある宿に入りました。
夕食を頼んで腹をこしらえ、床に入ったのが一時。

四月七日(土)　曇り、午後晴

起きたらどんよりした日和。遅い朝食をとり、先ず明日のバルセローナ・エキスプレスを予約しようと鉄道事務所を訪ねて行きました。ところがそこでフランス国内の帰りの切符が無くなっているのを発見。よく考えてみると、マドリッドで金を両替した時、パスポートを差出した際、銀行員がパスポートに挟んであった切符を取ってそばに置いたことに気付きました。その時は金の方にばかり気をとられていたので切符のことはお留守になっていたわけです。買いなおすにしても四千フラン位とられるので馬鹿らしく、尽すだけの手段は尽してみようと、マドリッドで金を替えた銀行の支店の場所を聞き、そこに行ってわけを話し、マドリッドの店に問合わせてくれと要求しました。バルセローナではフランス語がかなりよく通ずるのでその点は便利。それはお困りでしょうから問合わせますが、通信料は負担してくれますかと言うので、存否を問合わせるのだからそれは当然と考え、負担すると答えました。

二時間程余裕をくれと言うので、その間を利用してカテドラルを見に行きました。トレド、グラナダ、セヴィリヤとスペインのカテドラルには一寸失望していたので、これも同じだろうと思って行ったのですが、ここのは十三世紀に建て始められ、完成は十五世紀、一部は二十世紀に加工されたものとはいえ、中々すっきりしたよい建物でした。中はきわめて暗く、ステンドグラスは紫の色がよく利いて冷たさを救っています。興味深かったのは、聖堂の一つが疾病平癒に効果あらたかか、格子に腎臓の形をしたものや、手や足、さては心臓の形をした白い陶器(?)が沢山結わえつけられていたことです。きわめて直接的な表現です。店屋をのぞくと、ここはマドリッドより一般に物価が高いようです。

一時に銀行に行くと、切符はマドリッドの店にございました、至急航空便で取り寄せますが、明日が日曜日のこととて明後日になりますが如何でしょうと言うので、こちらは十日朝にパリに着けば予定通りなので承知しました。マドリッドとの電話料十八ペセタ(百八十円位)を払って店を出、その足で鉄道事務所へ行き、月曜日のバルセローナ・エキスプレスを予約。

昼食をとると、滞在が一日延びたので今日は英気を養おうと昼寝。目覚めたのが六時過ぎ。すでに灯のともった宿の前の大通りを海岸の方へ歩いて行ってみました。アメリカの軍艦が四隻入っているとかで、米水兵の姿が多数目につきます。港の船々にも灯がともり、水に映えてきれいです。もうここは地中海です。マジョルカ島通いの白い船が出港間近いか、積荷に懸命。見ているると横浜出港の時の事、香港、サイゴン、コロンボ、ジブチ、メッシナ海峡等の光景が次々と思い出されて来ます。あれからもう半年経ったかと不思議な気持がします。マドリッドで食べた酒の肴の味が忘れられず、ここは海に近いからきっと盛んだろうと思って探したのに、案に相違して見当たらず、やむなく一軒に入ってビールをひっかけました。二杯飲んで六ペセタ(約六十フラン)はパリよりずっと安いです。

夕食後町に出て、ウォルト・ディズニー「La Cenicienta」と書いた映画館があるので入って見ました。六ペセタ。ところがこれがシンデレラ姫。僕は日本で見ていないのでこれが初めて。とても面白く、特にネズミのやせとでぶの描き分け、猫のふてぶてしさ、しゃぼん玉に映るシンデレラの場面、魔法使いの婆さんがかぼちゃから馬車を作ってシンデレラを城に送ってやるところ、更にネズミ二匹が鍵をえっさえっさと屋根裏のシンデレラの部屋迄運ぶところなど、童心にかえって楽しく見ました。面白くて二度近く見て出たらなんと一時近く。バルセローナでシンデレラ姫を見ようとは思いませんでした。こうしたのを見ると、本当に映画は世界企業だという感が強くします。両親に連れられた子がキャッキャッ言って見ているのを見ると、節子等いつ頃になったら分かるようになるかな等考えました。二時就寝。遅く迄自動車が往来し、人の足音がします。

四月八日(日) 曇り。午後晴

九時半起床。朝食が済むと、薄雲の少し冷え冷えする日和の中を宿の前から市電に乗り、プラサ・エスパーニャへ。目指すのはモンジュイックという市の南西にある丘です。スペインは寝坊と思っていたのですが、朝早いのに映画館の前には長蛇の列。「海底二万哩」とかいうのをやっています。プラサ・エスパーニャから山の麓にかけては展覧会場のためと思われる大きなドーム状の建物が並んでおり、各種の催し物の中心らしい。

この通りの見通しに山の中腹にカタルーニャ美術館があります。このバルセローナのあたりはカタルーニャとよばれ、古くからローマと連絡があった所で、ローマ時代の文化の跡が多く、その史料をここに集中してあるのです。午前のこととて訪ねる人もまれに森閑としていてゆっくりと見ることが出来ました。六、七世紀頃(説明はすべてスペイン語故、判読の他なし)から十六世紀位迄の間の教会芸術を時代順に並べてありますが、各地にちらばっている教会の壁画や彫刻等を持って来て壁にはめ込み、破損した所もそのまま忠実に残し、部屋自体も幾分教会風に造って、現場の雰囲気を幾らかでも出すように努めているらしい。ともかく初めから終り迄宗教画で埋められており、いささかうんざりもしますが、しかしローマの末期からはじまって十三、十四世紀と次第に時が移るにつれ、粗野な荒削りの表現から精緻を極めたフラ・アンジェリコ風の画風になり、更に写実に徹したものになって行く過程がはっきりと分かります。飛鳥、白鳳、天平の推移と同様です。テーマが同じ宗教上の事実なのですから一層明瞭です。彫刻なども聖母像に、はっと思うような素晴らしいものがあり、中々楽しめました。ベラスケスの一点、リバルタの二点も見ることが出来ましたが、いずれもよかった。ともかくこれだけのはっきりした意図をもった美術館を持っていることはスペインとして誇ってよいでしょう。

次いですぐ近くのプエブロ・エスパニョール（プエブロは町とか民衆の意）に行きました。ここはスペインを特徴づける家屋や広場などのモデルをびっしりと建て並べたもので、かつて展覧会の時に建設したものらしいが、よく出来ています。そして一軒一軒で各地の特産品を売るという仕組です。坂あり泉あり教会あり広場ありで、大変楽しい見物が出来ます。ヨーロッパでは家が総て石で、しかも長屋風だからこういうことも出来ましょうが、日本では独立家屋が単位だから一寸むずかしいでしょう。

しかし、カタルーニャ美術館といい、プエブロ・エスパニョールといい、特色のあるものがあり、マドリッドよりも楽しめます。土を焼いて彩色した人形が中々面白く、節子に白雪姫のを一揃い買いました。こわさないように注意して持って帰ります。ここを出ると少しずつ雲を出た陽を浴びてモンジュイックからバルセローナの街や地中海の眺めをほしいままにしましたが、カテドラルを中心にした古い一角を除いては全くの近代都市で、横浜あたりの眺めと殆ど変りなく、まわりの人間がスペイン語をしゃべっているのが異国に居る感じを起こさせるだけで、興味はありません。

結局スペインを特徴づけるのは地方の小都市で、人情等もずっと豊かなようです。生活を能率化するために建物でも何でも画一的になって行くのは二十世紀の必然なのかもしれませんが、そうした中に古い良いものを織り込んで行く工夫が必要なようです。モンジュイックの斜面の裾の方にはジタンでしょうか、掘立て小屋を造って住んで居り、数年前迄のお茶の水の橋の下を思わせます。周囲の風景とそぐいませんが、ここといわず街の中にも宝くじ売りが多く、又、貧富の差が大きいのはこの国の政治経済が大きく揺れ動いている現われなのではないでしょうか。商品を見ても、米国やドイツなどの市場であってこの国で直接生産されるものはまことに乏しいように感ぜられます。

一旦昼食に宿に帰り、またモンジュイックに戻ってジタンの集落を横切って山の頂上に立ち、沖が霞んだ地中海と相対しました。ここから見える闘牛場では、呼び物のトロ（闘牛）をやっている筈ですが、殺伐なことは興味がなく、多肉食物の生える岩山風景の方がはるかによい。山の頂上には軍事施設がありますが、ともかくこの国に来て感ずるのは僧侶と軍人の多いこと。これを貧しい国土で養って行くのはご苦労なこと。もっとも今の日本はそれと同じ状態になろうとしているので笑い事ではありませんが。夜は手紙書き。

四月九日（月）　晴

十時近く銀行に行ったら、まだマドリッドから切符が届かぬと言うので、昼に来ることを約し、残った百五十ペセタでお土産を買いおさめしようと街を散歩。貢叔父さんにでもと思って裏に毛のついた茶の手袋を八十五ペセタ。残るので散々考えた揚句、洗濯可能というスペイン編のコップ敷き。半ダースで五十五ペセタ。バラにして誰にあげてもよいと数の多いものにしたわけ。昼にまた銀行に行ったら、まだ来ないと言うので、まあこっちの落度もあったことだからと帰ろうとすると、パリで切符を買った案内所「メリア」の支店に住所氏名を知らせておいて下されば、切符が着き次第その方に連絡し、パリの方で払戻し出来るようにしますからとのことに、それもよい考えだとメリアに行って手続きをすませました。

帰りはフランス国境からパリ迄また買うとすると割引はなく、二千フランの損になりますが、これも一つの経験と、又、バルセローナでの思い出として宿に帰って昼食。タキシーを拾いフランシア駅へ。ここで残る金で絵葉書を買い結局残ったのが一ペセタ。

二時半発。休暇明けのこととて満員です。すぐパスポート検査。ところが途中で機関車が故障で一時間立往生。同室のフランス人がこぼすこと。国境までの風景はマドリッド周辺よりも立木が多く、殊に松が多く、日本の風景に一寸似ています。途中ヘロナという街には立派なカテドラルがありましたが、すげなく通過。どうもこういう点は汽車旅行は不便です。向かい側にベルギーへ行くというお婆さんがいましたが、これが戦前に日本、中国を歩いたことのある人で、鎌倉、奈良、宮島あたりを大変褒める。ところでこのお婆さんは英、独、仏、西が自在で、スペイン人とは西語、スイス人とはドイツ語、僕とはフランス語でしゃべり、殆どとり違えないのには感心しました。ドイツ語の発音が一番きれいだった。年をとってもこの位あざやかだと一寸小憎らしい感じさえするが、中々落着いたよいお婆さん。国境では荷物の世話等してやって、僕はパリ行きに、お婆さんは途中寄り道をすると言うので別の列車に。互いにボン・ヴォワイヤージュと言って別れました。

国境は何のことはない一寸した山をトンネルを越すだけ。でも国境を越える気分は中々味なものです。ところでフランスに入るともう農家にしてもパリンとして、土地も肥えているように見え、大きな違い。しかし今の僕にはスペインのひなびた風物の方がより身近な感じがします。今迄フランスしか見ていなかった時と、フランスを見る眼が又異なってきているのを感じます。その意味でも収穫になったし、又、一人で旅することにより、色々なことで自信がついたし、更に何でも自分で切り開いて行くことにより道が開けるという確信が持てたしで、本当に思い出多い旅でした。皆の祈ってくれたおかげでしょう。終始元気に行動出来、ただ一つの苦痛といえばフランスで食べる以上に食べながら腹の減ったこと。もっともこれなど苦痛の内には入りますまい。

ナルボンヌはすでにとっぷり暮れ、ここからはローマ行きとジュネーヴ行きの列車が分かれて行き、まことに国際列車の名にふさわしいという感じ。トゥルーズはすでに夜半。リモージュあたりからは無停車でつっぱしり、スペインでの約一時間の遅れをパリでは十分近くに縮めたのですから相当飛ばしたわけです。パリの土に足をおろすと何となく我が家に帰ったような感じ。地図も見なくてよければ、人にものを尋ねなくてよし。途中で朝食のパンとオレンジとヨーグルトを買いこんで、皆の手紙が待っているメゾンに飛ぶように帰りました。室は留守中にすっかり修理されてきれいになり、窓の前の柳はさ緑に芽吹き、紅白の桜もあと一週間しない内に開くでしょう。

四月十日(火)　晴

朝日の降り注ぐ窓辺で朝食をとりながら、皆の手紙を次々に読みました。節子の写真は面白く、一枚一枚違った顔付きでどれが真顔なのか分からない。随分利かなくなったように見受けられる。全く横幅が出て、色々知恵づいてきたとのこと。早く見たいがもうしばらくの辛抱。辛抱が多ければ多い程後の楽しみも大きいでしょう。写真を見るにつけ、まだこんななのに、少し大き過ぎるハンドバッグを買ってしまったかなと我ながらおかしくなりました。ともかく皆元気で持場々々で張切っていてくれて、こんな嬉しいことはありません。僕もそうした後盾があるからこそ、一層頑張れるわけです。ともかく明るい家庭があればこそ、外に出たって後顧の憂いなくやれるのです。お母さんも貫禄十分とのこと。お父さんも貫禄十々分になって余り腹等立てぬようにして下さい。医薬分業だろうと何だろうと、皆が明るくしのいで行けば何とでもなることでしょう。

徹も国家試験を利して既知の知識を正しくしっかり身につけてほしい。そして入局したら一例々々自分の体験をもとに、余り細部にとらわれずに、実証的態度を築くように努力すること。

　帰ったらパリは実に木々が美しくなっています。シテの中でもれんぎょうが真盛り。のびのびとした気持で春先を楽しみながら皆の手紙を読みました。久し振りでまことに嬉しく、二、三度読み返しました。夜は入江、田中、松平君と皆でビール半ダースをあけて歓談。スペイン風を吹かせました。あおられて皆帰りには行くと意気込んでいます。ともかくスペインの物価の安いことは破格で、これをもってヨーロッパの他の国を推し量ることはなりません。この前にも書いたようにフランは暴落。一番安定しているのはドルとマルクです。その点フランスに居るものは実に損です。

　また明日から張切ってサルペトリエール通いです。

　いずれくわしくは次便で。スペイン紀行はいわゆる記述的であまり面白くないと思うが、精一杯書いたつもり。帰って来て木下杢太郎全集（第十巻。家にあるかな。なければ古本屋で探して買っておいて下さい）を読んでみると、杢太郎はキリシタンの文書を探すために行き、彼らしい内容の豊かさがあるが（表現はきらいだ）、僕のはその点は貧しいようだ。しかしカハール研究所訪問記などはまた想を練って書きましょう。

探究　パリ

一九五六年四月〜七月

四月十一日(水)　**晴。靄の濃い日**

桜がちらほら咲き初めました。全くよい気候。レインコートも今日から脱ぎ捨てました。

外来。早速活発です。ラミー教授のところから、痛覚が全くないと思われる一歳ちょっとの子供が連れてこられましたが、前にもこうしたのを二例見たとのことで、観察を続けようとの話。昨年東大小児科でも、自分の指を次々にかじり取る子供のいたことを思い出しました。

午後はシテで昼食後出直し。臨床講義。

終ってほっとして講堂を出ると、ここの庭にもれんぎょうが真っ盛りです。マロニエも少しずつではあるが、目に見えて芽をもたげ始めています。実にさわやかな気分。しかし午後から雲が湧いて来ました。

内村教授が明日到着することになりました。これが小川教授が来られるのだったらどんなに楽しかったろうにと思ったりもしています。

夜はスペイン旅行中の大量の洗濯。終って九時からの切手会に行こうとしたら、シテのメゾン・インドシナに居るというアメリカ人が来て、一年後に日本人の心理を勉強しに日本に行きますが、日本の心理学の研究の事情を知らせて下さいと言って来ました。素直な感じの男で、日本語もかなりよく理解します。誰かに必ず連絡してあげるから研究目的など箇条書にしてくれと言って帰しました。一年後なら自分は東京に帰っているから、出来るだけ助けようと言ったらとても喜んでいました。金曜日にまた来る予定。

切手会は今試験期で集まり悪く、意気込んで行ったので一寸気抜け。日本のは高いので近頃はマークされ気味です。日本のも多色ずりにすれば今以上に美しくなると思いますが、もう一工夫いるようです。それにしても無限に持っている男がいて、その熱心さには感心します。

帰って「シャルコー伝」の中のサルペトリエールの歴史を読みました。これは帰京後のサルペトリエールの紹介によい資料になると思います。

十二時過ぎノックする男がいるので出て見ると、画家で五月初めに日本に帰るという男が、帰る前に病気を治しておきたいから注射してくれと頼みに来ました。人の時間も考えぬ失礼さにはあきれます。ペニシリンを買って来たらやってあげますと言い、帰しました。

四月十二日(木)　**曇り午後時々雨**

今朝は久し振りにシャルコー研究室へ。こけしを四人の女性に進呈しましたらフランス人らしく大仰な喜び方で、こけしの足の裏に「こけし、kokechi」と書かされ、マダム・マネンにくれぐれもよろしくと頼まれました。マダム・ピニョールは、永く貴方の思い出にしますと言っていました。

スペイン行きの感想として、カハール研究所はどうでした、アラブの芸術は、スペイン料理はと早速ついてきます。プラドではベラスケスが一番好きだと言うと、脳外科から来ている看護婦のマダム・ロシェが、私もゴヤよりエル・グレコよりベラスケスとすぐ自分の意見を言う。こうした雰囲気が国全般の文化の高さの基礎になるのでしょうか。我々も少し見習ってよいものを持っているようです。話題の豊かさということでは、その点日本婦人はもう少し努力せぬといけないと思います。少なくも先ず足元から、我が家一家はその方向に向かって進みたいものです。

今日はアストロチトーム五例を鏡検。あと残るは二ヶ月。大いに歩度をのべて、得心の行くものをつかみたいと思っています。眼をあげて見ると窓外のトチ並木は枝が薄紅に、葉は柔らかなさ緑に芽を吹いて何とも美しく、あの雪が叩いた二ヶ月前の寒さが嘘のようです。留学生の皆が口にする嘘のように早い時の歩みという言葉がひしひしと感じられます。と同時に勉強して何か大きな創造的なものを摑みたいという意欲がもりもり湧いて来ます。

昼食にシテに帰ると、北村教授からの手紙で、学会に出席する自分の友人が二人、二十五日から四日間パリに行くが、短期間に成果をあげるため、協力願いたいと言って来ました。フランス語は駄目なので、空港迄出迎え万事よろしく頼むと、少々おしの強い頼み方。北村教授は良識のある人と思うのですが、こちらに来るという二人が強引なのだろうと善意に解釈しています。植村館長の言葉じゃないが、フランス語の分からぬ奴はパリ等来てくれなくていいんだという思いもして来ます。東大病院長直々の手紙なので、むげにも扱えませんが、実際日本人というのはやたらに人を紹介し、人の時間を奪うことを何とも思わぬ厄介な人間です。植村館長の話では、こういう厚かましいのは必ず医者に限るとのことです。ともかく適当にさばくつもり。

午後、大使館から電話があり、河野参事官が空港に内村教授を迎えに行くので僕もシテの前を通る自動車に同乗することになり、それまで部屋で手紙書き。五時半にシテを出発。河野参事官との車中での話では、河野氏は東大野球部で清水健太郎氏と一緒で、冲中教授もよく知っており、内村教授からは野球の手ほどきを受けたので、世話する義務があるんだとのこと。河野氏は終戦当時ハノイの総領事だった由で、パリでも西村大使が休暇中の間は代理をする程の高い地位に居る人ですが、実に気持ちのよい人。弟さんは坂口内科、冲中内科に居て学位をとり、目下東一（東京第一病院）で小山内科に居る由。清水健太郎氏と内村教授は仲が悪いと内輪話をすると、そうですかね、内村教授も中々むずかしい人だからね、もう少し柔らかいと人もつくんだろうが。あれで清水は内村教授を慕って精神科へ行ったんだが、内村教授はおやじさんからきつく躾られたのに、清水はやんちゃな奴だから、そんな点でも合わないんでしょうとうなずいていました（補足：内村教授は内村鑑三の子息）。

自動車は、雨もやみ、少し日のもれる道をフォンテーヌブローへ通ずる主要道路をぶっとばし、空港に着いたのが五時五十五分。丁度飛行機が着いた所。内村教授、随員共元気でやって来ました。随員の一人は東大出身で白木氏の同輩。大阪で大病院をやっているとか。もう一人は函館で同様のことをやっていて、内村教授の北大の時の医局員。前者は中々身のこなしも良いが、後者はじじむさく、一人でなんか旅行させたら何をやるか分からぬというような人物。

再び自動車をかってリュクサンブールに予約しておいたホテルへ。河野参事官は八時半にまた来ると帰り、僕が全部世話して部屋へ落着かせました。内村教授はドイツ風を吹かせるかと思ったら、一向におとなしく一寸意外。君の講師云々の事は何か知らせが来ていますか等と言っていました。出発前に小川君が、君を講師にしたいと言っていたので、白木君が助教授になればその後は君と思うが、まだ何もありませんかとの話。僕は一向に存じませんと答えておきました。しかし内村教授がこう言っている以上、内定しているようなものでしょう。そうだとするとドイツを廻る時など、肩書をつけて乗り込んでやろうと考えています。

ドイツではどこでも形態学が盛んだねというのが第一の印象らしく、どこが面白いですかと言うと、ギーセンのスパッツが一番。それからミュンヘン、ノイシュタット、フランクフルトなど中々盛ん。しかしどこでも若い研究者が足りないようだよとのこと。最近ドイツではパラフィン封埋で半球を切り、ワイゲルト、ニッスル、ホルツァー、ビールショウスキー等総てを染めている。あの特殊なミクロトームは是非買わねばならないねと言うので大賛成。

僕のパリでの印象など少し披露している内に河野参事官が迎えに来て、歩いてコメディ・フランセーズのサル・リュクサンブールの真ん前の一寸した店「ラ・メディテラネ」（地中海）に入りました。ところで店構えは小さいが、これが大した店で、先年マーガレット王女が来た時寄ったので有名になった由で、入口にその時の写真が掛けてあります。スペシアリテ（得意）は名の如く魚料理。先ず一人十二個ずつの生牡蠣。これにレモンの汁をたらたらとたらすと肉がぐっと縮むのを舌に乗せると、とてもたまらない味です。酒は白銀のバケツ（？）に氷を入れて冷した名だたる白葡萄酒（何でも地中海沿岸の限られた産地でとれるというもの）、それに黒パンにバターをうんと塗ったのをかじりながら賞味するわけ。少し腹加減が悪いと言う内村教授も、この味はドイツ人にはとても分からんね、大したもんだよと言いながら殻を重ねていました。ビスケー湾で養殖に三、四年かかるというのをぺろぺろ食べるのは余りにも勿体ないと思いつつ、たちまち平らげてしまいました。

次がマルセイユ名物のブイヤベース。魚の煮込みで、火からおろしたばかりのをふーふー吹きながら食べます。皿の真ん中に大きな伊勢海老が据えられ、そのまわりに魚の切身（ほうぼうみたいなのも入っていた）が浮いて、汁が並々と注がれています（これが一人前ですからお忘れなく）。無くなりかけるとスープと切身と揚げパンを注ぎ込まれ、腹一杯で悲鳴をあげる始末。近くの外人卓ではもりもり食べており、日本人の食欲はそれに比べればうんと劣るようです。最後は菩提樹の葉だか実を煎じたという飲み物でお終い。

座を取り持つのは河野さん。その話によると、日本とフランスの商業貿易上の関係は極めてうすくなっている由だが、文化的には中々密接で、パリの大使館にはそうした方面の参事官が各省から来ているが、いわゆる文化アタッシェがフランス語をしゃべれないのでナンセンスと、暗に某氏のことをくさしていました。又、政治の話では、代議士を通して見た各党の印象として、社会党を除く以外のものは大した代物ばかりだが、それでも選挙民から何万と票をとるだけあって、個人的に話してみると何か持っているが、社会党ときたら、組織によって票が集まるだけなので、個人的にもからきし駄目で、あれじゃとてもとても天下はとれないし、任せられませんよ、ついこの間も河野密がロンドンで社会党との話合いの挨拶に、一つ英国社会党の皆さんのご援助を得て、日本の労働者の地位を向上させたいと言って、並居る英議員から、それは内政問題ですよと失笑をかった由。何ともいやはや。河野氏、内村教授の一致した意見は、社会党で最も立派なのは三輪寿壮、これは大した人だが惜しいかな癌で、もう余命いくばくもないと残念そうでした。

十一時もまわりお開き。宿へ送り届けて、人通りの少ないサン・ミシェルを上って、この前から吹き出したリュクサンブール公園前の光に映える泉水を眺めてシテに帰りました。内村教授は勉強中の留学生諸君を悩ますのは誠に心苦しく、自分も不意の来客に迷惑させられた三十年前の留学当時のことを思い出し、君にも迷惑は掛けたくないが、何分よろしくと言って居られ、やはり多くのお侍よりはずっと物分かりがよいです。

四月十三日（金）　雨

朝から相当の降り。先ずサルペトリエールに行き、内村教授が会いたいというベルトラン教授にランデヴーを依頼しました。月曜十時半からと決まりました。その時教授に日本の土産（竹製ランチョンマット）を贈りましたが、喜ばれました。一寸スペインの話などもしました。室外でも、モラーレ教授夫人と少しスペインの話。スペインは富者と貧者の二階級しかなく、中産階級がない点、日本と似ていると聞いていますがどうですかと言うので、いやそんなことはありませんと答えておきましたが、何に基いてこんなことを聞くのだろうと不思議でした。この夫人もやはり話題が豊富です。

十二時に約束通り宿に内村教授を訪ね、パンテオン前のレストランで昼食。ヨーロッパでは生活の基本が出来、人々のエチケットも正しく、日本と比べて総て豊かだねと、しみじみ漏らしていました。日本も急激にはよくならないだろうが、時間をかけて何とかして行きたいねと言うのが皆の一致した意見。払いの時、僕が居る間は君にずっと奢るよ、任せておきたまえとのこと。絵葉書等買うのを案内した後、雨が上り日の射しはじめたシテ・ユニヴェルシテールに案内。

内村教授はメトロの中で、シテ・ユニヴェルシテールとは一体何かねと半信半疑でしたが、各国の留学生会館の建ち並ぶシテの構内に入って段々分かって来たらしく、いやこれは大したものだ、実に大きなフランスの投資だねと写真も二、三枚。植村館長が外出して一寸留守の間を僕の部屋で小憩。次いで館長室へ。

植村館長は内村教授より一高で一、二年先輩。館長よりシテ・ユニヴェルシテールの歴史や経営のことを聞き、広さも十二万坪等とノートしていました。植村館長がここの館長の委細を話し、後任に外交官上りの候補者ならいくらも居るが、他の館長がすべて学者だし、又、外交官上りは自分としては後任に来てもらいたくなく、本当に文化を理解する人でなくばならないと思っていると言うと、内村教授も大きく頷いていました。帰りにシテ・ユニヴェルシテールの創始者たる前文部大臣オノラの像を写真におさめた後、アンヴァリッド前のアエロギャールに行き、ニューヨーク行きの切符を確保。内村教授は腰掛けさせておいて総て整えてあげるわけ。

次いで、宿に帰るという内村教授をオデオンでおろし、僕は六時からのガルサン教授の講義を聞くため医学部前でさよならしました。講義は反射の話で一時間。外来よりもずっと速く、殆どつかめない。やむをえまい。

夕食をすませ部屋に帰ったら、先日のアメリカ人（ランベール君）が来ました。色々聞いてみると、兵隊でしばらく福岡に居て日本が心から好きになった由。アメリカのきびしい生活よりどれだけ日本の生活がよいことでしょうと言います。自分はアメリカで四年の大学を終え、ポストグラデュエートコースの四年の前半をヨーロッパで、あとの二年を日本で過ごしたい。金はアメリカ政府でくれ、現在月四万フランだが、夏休みはくれないので月一万ずつ貯め、三万フランでやっています。ヨーロッパではパリに一年、次いで来年はドイツのユングのところで一年、ユングが各国人の心理の根源を神話、おとぎ話に求めているのが面白く、自分はその立場で日本を研究し、本を書きたいんですとのこと。

日本でそういうことをやっている人がいるかどうか、もし日本に行くとしたらどの大学がよいか、日本での生活費はどれ位か、語学をもとにアルバイトが出来るか等の質問の他、日本の古典を読むのはむずかしいかと、まことに真剣に聞いてきます。非常に明るいと同時に真摯なので、僕もこの男なら世話し甲斐があると思い、色々斡旋の労をとることを約し、改めて色々な質問を紙に書いて来てくれと頼みました。日本に来たら宿など探し、適当な友人なども世話し、アルバイトの件は、僕の弟なども会話を習いたがっているし、全く心配はいらないと力づけました。古典については最近多くの現代語訳が出ているし、色々便宜もあろうし、それについても調べてみると約束しました。

帰りに「歌舞伎」（岩波写真文庫）を進呈したら喜んで帰りました。日本に居るアメリカ人は下らぬことばかりやっていて自分は嫌いだ。パリでもアメリカ人は自分達同士でかたまっていて僕は嫌いです。僕は大学でクルーのキャプテンをやり、オリンピックに行くよう言われたが、勉強が大事だし、金がないので断りましたと、気持のよいことも言いました。直子や節子の写真を見せ、君は琴が好きかと言うと、大好きですと言うので、僕の妻は琴をよく弾くから君が来たらきかせましょうと言うと、楽しみだと言って握手をして別れました。一つこの男の来日が決まったら世話するよう皆で協力して下さい。

十一時過ぎには例の画家がペニシリンを持って来たので注射。更に隣の画家がどうも下肢がだるいからというので診察。中々仕事が多いです。

四月十四日(土)　今日も雨

午前サンタンヌ病院の教授に連絡をとるため病院に連絡するのに時間をとられ、サルペトリエールに行く暇がなく、昼迄の時間をメゾンの図書室で手紙書き。窓外の開きかけた桜に無情な雨。おまけに花冷えというべき気温の低下。

食事をすませ一時半迄に約束通り内村教授のホテルへ。夜フォリー・ベルジェールに行こうということになり、僕が切符買いを引受けて雨の中へ。ついでに僕自身のため、二十日のオペラ・コミック座「ミニヨン」と、二十一日のオペラ座「ファウスト」の券を購入。四時過ぎ宿に帰り、散歩したいと言う内村教授の随員二人を連れ出してパンテオンからコレージュ・ド・フランス、クリュニー、サン・セヴラン、更にノートルダム、サン・ミシェルの広場を抜けてオデオン、フュルスタンベール広場、サン・ジェルマン・デ・プレ、サン・シュルピスと連れまわし、パリにあるカテドラルの色々な型を見せました。

自慢じゃないが、要領のよい案内と思いますが、二人には分かったかしら。ドイツ、スイス、北欧、イタリアと見てきたと鼻息が荒く、あそこはどう、ここはどうと言いますが、話は一寸合いません。

カルチェ・ラタンの中国料理を食べたのち、八時半からというフォリー・ベルジェールへ車を飛ばしました。観光客で一杯です。ここはカジノと違い豪華で上品だが、一寸ヴァラエティに乏しく、外人観光客に対する風刺などにパリらしい気分がのぞけるだけ。前半が終ったところで、後半を見たそうな二人を押し切って内村教授が帰ろうと出てしまいました。内村教授は、僕が小川教授の弟子なので一寸無理してでも謹厳なところを見せようとしているところが見えます。中々芸が細かい。

ホテル迄送り届け、早めにメゾンに帰って熱い湯でゆっくりと寛ぎました。近頃は浴槽が使えるので大変よろしい。

色々な人と知りあえて日本に帰ったら顔が広くなりますよという人もあるが、僕はそんな意味で日本的名士になどならなくてよろしい。唯々自分が同じ立場に置かれたら金輪際人には迷惑をかけぬと肝に銘ずるのみです。何でも自分を修める具にすればよいと考えています。

四月十五日(日)　曇り時々雨

十時半に大使館の河野さんが自動車で宿に迎えに来て、内村教授一行をヴェルサイユなどに案内すると言うから君も来ないかというので行くことにしました。河野さん自身の運転。ムードンの森の清々しい芽吹きの中を、舗装のよさに感心しながら快速でとばしヴェルサイユへ。

めっきり増えた外人客を相手のためか、いつもはくわしい説明もきわめて簡略に城を見物。僕は三回目。僕だけでも説明には事欠きません。庭を一回りして再び車へ。車に乗ったままグラン・カナル一周。これは僕も初めての経験。樹々はポツポツとさ緑に若芽をもたげ、さ霧にけぶって奥行きの増した林の景観は清々しい印象を与えてくれます。一周六キロも車ではまたたく間。グラン・トリアノンに到着。外観をカメラに収めただけで又、車へ。プチ・トリアノンも車中より見て、サン・ジェルマン・アン・レイ迄一飛ばし。

亭々たる並木、咲き揃う白い林檎畑、がっしりした家々に、内憂外患の国とはいえ余りにも日本と違う豊かさに少々淋しささえ感じます。サン・ジェルマン・アン・レイは、雨もよいとて人出も殆ど無く、テラスからの眺めも展望が利かず、少々がっかり。しかもテラスの斜面の林檎畑は花盛り。これで日があればどんなに美しいことでしょう。二時過ぎで相当な空腹も、昼食は次の目的地のオーヴェール・シュル・オワーズでとろうと、また十二、三キロをとばしました。

ここはセーヌの支流オワーズの谷の斜面にあたり、日本では丁度東横線の大倉山から綱島あたりのような景色。ゴッホの墓があるので有名です。ゴッホの墓は高台を上り切った広大な麦畑の一角の墓地の中にあります。弟のテオの墓と並んだ小さな墓石。ここの前で写真を撮りました。暗いがなんとか写り、お目にかけられるでしょう。麦畑には鳥が飛び、ゴッホがよく描いた教会もその鐘楼を麦畑の果てにのぞかせています。

その前を通り過ぎ、町に帰り、ゴッホが亡くなった部屋のあるレストランに入り、その部屋を見ました。小さな屋根裏の部屋です。一八九〇年七月二十九日にここで果てたのです。「炎の人」の場面など思い出しながら、きしる階段を下り、階下でこの地でとれたシードル（林檎酒。サイダーの名の起り）を酒に簡単な昼食。既に四時。レストランの前にはゴッホが描いた市役所があります。とても絵になりそうにない建物ですが、ゴッホの作ではすばらしい効果をあげています。見る眼の違いをひしひしと感じます。研究でも、何でもないと思うところにすばらしいものの潜んでいることを見出し、えぐり出していかねばならぬと強く感じます。油断はなりません。

ポントワーズから真っ直ぐヌイイに抜け、エトワルを真正面にパリに入り、途中から向きを変えてブローニュの森をドライブ。ロンシャンの競馬場では競馬のある日で大変な人。ここの開幕の日にはショウにその年のファッションをマヌカンに着せ、見せる由で、世界のモードはロンシャンに始まるとまで言われるのだそうです。森の広さと人の少なさ、それからくる森の静寂と清潔さ。アヴニュ・オッシュからエトワルに戻り、シャンゼリゼ、コンコルド、マドレーヌと通ってモンマルトルにかけのぼり、そこで下車してサクレ・クール寺院のテラスより春雨にけぶるパリをすかし見ました。そして宿に戻ったのが七時近く。中華料理で夕食を済まし、宿迄送って十時近くメゾンに帰りました。帰って画家にペニシリン注射。今日で終りましたが、お礼にとシュールレアリスムの絵を持って来ました。何だかよく分からぬ絵ですが持って帰ります。

＊フランスの予算三兆フランの内、三分の一は軍事費、三分の一が復興費の由。

河野さんの車中談で参考になること。

＊フランスはインドシナを失い、モロッコ、アルジェリア危なしとはいえ、まだまだマダガスカルを領有して、そこからのあがりは大きい由。植民政策は確かにまずいとはいえ、英国とて実質的に失った植民地も多く、その点前者の轍を踏まずと努力しているベルギーがもっとも植民政策が巧みな由。

＊フランスと日本の間の商工上の取引は殆ど取るに足らず、日本から来ているのは生糸で、それをリヨンで織って八倍の値にして輸出する由。日本はルノーを買ったりなどして輸入超過とのこと。日本のカメラを売り込もうとしても七割五分の関税ではドイツのカメラに対する二割五分の特別関税にかなわず全然問題にならぬ由。

四月十六日(月)　曇

十時迄に内村教授のホテルに行き、タキシーでシャルコー研究室前まで乗り入れ。ベルトラン教授に紹介です。待っている間にグリュネール氏と内村教授がドイツ語で話。グリュネールは一寸ドイツに居たことがあるらしい。

内村教授が自分の研究所の者が世話になり有難く感謝するとお礼のあと、自分はドイツ語を一寸話すが、今日は萬年君の通訳でお願いすると言うと、ベルトラン教授は私はドイツ語は読めるが話すことは出来ないとドイツ語で笑いながら返答。それからは僕の通訳。内村教授が狂犬病ワクチンのあとの脱髄変化について話を切り出すと、そのことはルードー・ヴァン・ヴォゲールから聞いていた。面白いと思うが自分も未発表ながらこういう一例を持っていると、同じプロセスで起った変化を写真で見せました。仏印派遣の将校の脳で、パストゥール研究所が発表をおさえたので発表を避けたと言い、又、チフス予防注射後起った例を知っていると付け加えました。その例もやはり行政上のことで発表はしなかったとのことです。内村教授はこういう例を八例持っていると次々写真を見せ、得意らしい。ベルトラン教授は従来伝染説をとっており、アレルギー説には疑問をもっているらしく、興味深いですねと言うだけで深くはついて来ません。

次いで内村教授がサルペトリエールのことについて伺いたいと言うと、ここには大きな変革が次々起こり来年はじめには昔精神病者だけを置いていた場所に新しいクリニックをつくるべく計画中ですとのこと。この機会にアラジュアニーヌ教授に会われたらということになり、マドモワゼル・フールニェの案内で、失語症患者診察中の教授を訪問。外来を見ました。三例を見ている内に十二時になり、ガルサン教授に会う時間はなくなってしまいました。しかし失語症の診察は面白かった。自分達とやっていることが同じであることが分かった。自分ならもう一寸あの点をこうつくというようなことを言い、やや満足気でした。次いで精神病患者を鎖から解き、医学に新しい一頁をひらいたピネルの壁画を眺めました。コピーは多く見たが、オリジナルはまた別の味できれいだねと感心。

構内を二、三写真に撮り、門の前からタキシーでノートルダム前に出て、簡単な昼食。内村教授が満足されたかどうか知らないが、こちらは一生懸命やったつもり。誠意だけは通づるでしょう。次いでノートルダムの周囲を一周。内部も見、更にシテの眺めにはいいね、きれいだねと連発。シテの花市ではお得意の写真をパチリ。次いで案内したサント・シャペルでも深く打たれた模様。三時過ぎには大使館へ。そこで河野さんに敬意を表し、新着の十三日付けの新聞等読んだあと、マドレーヌへ出、土産物買いの案内。マドレーヌから夕方になり晴上がった日の射すコンコルドの眺めに感心し、次いでリュ・ド・リヴォリをルーヴル迄、店を眺めながら散歩。この通りの回廊には感心されたらしい。七時でもなお暮れぬ町をリュクサンブールへ帰り、昨日の中華料理屋で夕食。別れてシテに帰ったのが九時。

＊バルセローナからは早速に切符が送り返され親切に感心しました。

＊この前送った切手は最近出た偉人シリーズ。ファーブルが出ています。今日のにはこれも新発売のグラン・トリアノン。これはヴェルサイユで買いました。時間が無く今日はこれまで。

四月十七日(火)　曇り時々晴

午前ガルサン教授回診。久々です。個人患者の診察の後なので超特急ですが、しかし今日はデジェリーヌ・ソッタスの間質性肥厚性神経炎を二例見ました。一人はすごい美人ですが、手には対照的にアラン・デュシェンヌ型の筋萎縮があり、一寸勿体ない位。神経が所々でクリックリッと触れることが出来ます。

午後はシテに帰って昼食をとると骨休めのため昼寝。ところが目覚めたら六時四十五分。

夕食の時、食堂で慶大病理の青木教授と知り合いになり、松平君と誘われてシテの前のカフェに行き、コニャック、ビール等を一緒に飲み、次いで部屋に帰って僕の葡萄酒などを供して話をしました。青木氏はロックフェラーの交換研究者として昨年秋からアメリカに渡り、最近イギリス経由パリに着いたのです。東大の教授などと違って政治問題などについてもきわめて関心が深く、又、飲んべえで話が弾み、中々面白い人物でした。アメリカを廻っての感想はどこに行っても器械が豊富で、研究室によっては器械を買ってから人を探す由。組織標本の製作など、一つの工業という感じがしたとか。病理学者は臨床と深い関係にあって、どこでも多忙を極め、深い思索など巡らせている余裕は殆どなく、そうした意味ではきわめて表面的華麗に流れてしまい食い足りないとのこと。英国にくると設備は劣るが、肌触りが変わり、落着きを感ずるとか。

青木氏の接した学者は日本に関心を持っている人々が多く、特にアメリカの学者がきわめて好意的で、日本の科学は非常に進んでいるらしいが、日本人は各国語の文献はすべて引用してしまい、発表は日本語でするので我々に分からない。一寸ずるいという者もあり、論文はどうしても欧米語で出さんと駄目ですなというのが結論。

四月十八日(水)　晴

今日は大事な日なので案内はお断り。午前の外来では、はじめキッペル氏代行。次いでガルサン教授。キッペル氏はガルサン教室では一番上の人だが、教授との間には断然たる差がありすぎ、ガルサン教授の後釜は一体どうなるのかと他人事ながら一寸気になります。今日はパルキンソニスムの高度なものと、レイノー症候、並びに原因不明の両側性顔面神経麻痺。途中から英国の学者とかいうのが二人見に来ましたが、体面をつくろうのか傲然として誠に感じが悪く、英語で押し通し、ガルサン教授も英語で応じていました。

昼食は内村教授と植村館長によばれているので、早めにサルペトリエールを切り上げてメゾンに帰りました。内村教授が腹具合がよくないとかで、僕が二人前食わされ腹一杯です。植村館長も、内村教授が親独で、フランスには関心を持っていないことを知っているので、いつものようにまくし立てませんが、内村教授の方はシテ・ユニヴェルシテールの組織は極めてお気に召したらしい。又、この席上ではじめて知ったのですが、矢内原伊作という人は左も相当なものらしく、当地に来て、原爆の写真などをもとに共産党の集会所で一席ぶったことなども、ちゃんと大使館ではご承知で、そうした点親父さん（補足：矢内原忠雄東大総長）とは正反対らしい。性格はよく似ているらしいが。

三時からの臨床講義に出るため二時に席をはずそうとすると、内村教授も出席したいというので一緒にバスで出掛けました。陽射しはすでに春なのですが、風が中々冷たい。

内村教授がガルサン教授には直接会わんでもよいと言うので一般席で聴講。

終って構内のベンチで一休み。内村教授、いや面白かったと一服。ともかく今日のところは得意のところらしいが、中々大したもんだね。あれだけの時間、とぎれなくしゃべるということは相当な実力だよ、自分の経験でも、とぎれ目には患者に話し掛けたりして場をつなぐのだが、全くそうしたところがなく、いや感心したとの言葉。又、実に人間がよく出来た人らしいね、フランスの教授は皆ガストーみたいなものかと思っていたら、アラジュアニーヌといい、ガルサンといい人品が備わり立派なもんだと、貴族趣味のお気に召したらしい口吻。もし三年後の医学会総会（会頭は内村教授）にフランスの学者をよぶ時にはガルサン教授などはいかがと持ち掛けられるのによい材料が一つ出来ました。

サルペトリエールを出て、宿迄歩いても大してないから歩きましょうと誘い、植物園でラマルクの像の前に案内して由来を説明し、「後世が貴方を尊敬するでしょう。後世が貴方の仇をとってくれるでしょう。我が父よ」という刻まれた文字を指し示しますと、成るほどと頷いていました。動物園を見ようじゃないかと言うので案内。猿、猛獣館に次いで、特に蛇を見たいというのを爬虫類館前まで連れて行って僕は外で待っていました。内村教授は、僕もこわいもの見たさで見るんで、好きではないんだと言いながら一周して来ました。パンテオンまでの道でフランス政府給費留学生全体に対する日本人の採用比や月三万の内訳など、学部長らしい質問。ドイツは日本を特に優遇しているとか。分からぬこともあるので帰るまでに調べることを約しました。

夜は初めの約束では河野参事官夫妻と僕を招待してくれるとのことだったのですが、大使の方から招かれたので変更。こちらもやれやれです。夜はのんびりとして方々に絵葉書書き。一時までかかって十五枚ほど書きました。あと二十軒ほど書くと全部に行き渡ります。

四月十九日(木)　晴

今日は内村教授をサンタンヌ病院に案内。九時半に宿に行き、会計のための通訳。更に、サンタンヌで会うというピショーという教授が、昨夜トルコのイスタンブールから帰り、今日は出勤するか否かを調べるため秘書に電話。十一時に来いというのを少し早めに行ったらピショー氏が間もなく出てきて挨拶。ミュンヘンで会っているので二人でドイツ語で話し出し、こちらは少々骨休め。フランスでは精神分裂病に特別な療法があるかとか、精神分析は大いに行われているかという話題でした。

次いで研究室を歴訪。脳波室は天井裏。ここでは脳波主任と内村教授との間の通訳。問は癲癇の大部分は側頭葉障害によるというガストーの説はパリでは受け入れられているとか、癲癇に対する外科的侵襲はフランスでは行われているかといったもの。ガストーの説はパリでは批判的な眼で見られており、外科的療法は極めて慎重であらねばならぬといった答にうなずいていました。こちらも心臓が強くなって何とか間をつないでいます。

次いで生化学実験室で、セロトニンとムスカリンの関係を調べる実験を一瞥。最後に病理研究室をさっと見て見学終り。最後の所でジンマーマンの所で一年勉強してきたという若い男に会いましたが、あとでジンマーマンはシュピールマイヤーのところにしばらく居たことがあるが、米国では大した羽振りだが、大した事はない、病理をやるのに何故ドイツに行かないのだろう、ドイツに行くのは癪なのかなともらしていました。親独的な点をちょっぴり。

サンタンヌの庭は実にきれいに整頓され、要所々々には彫像が据えられ中々きれいでした。特に池にアシカの像が置かれているのが面白いと思いました。よく出来ています。


随員二人は、フランスの精神神経学の特色は一体何ですか、そう大したことはないんでしょうと、おっしゃることが少々がさつ。こちらはそうしたことにこだわっていては時間の損、柳に風。我々は上を上をと目指して進まねばなりません。

病院前で別れてあとは自由時間。僕はシテに帰って昼食。午後は銀行に金をとりに行ったり、メリアに切符の払戻しに行ったり、溜った雑用を片付けると共に、芽吹き時のパリの町を散策するのに利用。まだ冷え冷えするとは言え並木は殆ど緑をふき、殊にマロニエは早く、セーヌの河岸では柳が新芽を風に揺らしています。夕日が斜めに射す時、家々の壁は深い陰影をたたえながらそれぞれの色を仄かに放ち、誠に美しい眺め。特にセーヌ河畔では、黒ずんでいやが上にも歴史を感じさせるルーヴルやコンシェルジュリーと対照的に、ポン・ヌフは時を経ていよいよ冴える白い石の肌を輝せ、それに木々のさ緑とマドモワゼルたちが着こなす赤や黄、さては淡青の服の色がアクセントとなって心地好い配色。たくまざる調和といいましょうか、少々小憎らしくなってもきます。

皆にも何とか見せたいと念じつつ、歩度をおとして、これも風格のある河岸の並木沿いにリュクサンブールの内村教授のホテルへ。タキシーでアンヴァリッドのアエロギャール（空港行きバス営業所）に着いたのが六時一寸前。手続きを済ませ、待合室で一服。近くはブリュッセル行き、マドリッド行き、遠くはニューヨーク、東京行きと全く大変な交通量。本当に世界は狭くなってしまっております。内村教授は遅くも五月十五日には東京に着きたいとのこと。アメリカはロックフェラーの招待とか。主な目的はアメリカに居る娘さんに会うのと野球でしょう。先生、大リーグがもう始まって丁度よいですねと水を向けると、いや野球を見るのが目的ではないんだよ、視察が大切だよとわざわざ断るところなど、照れくさいのかも知れぬ。アメリカでは脳研からのアメリカ留学組が案内することでしょう。内村教授がバスに乗るのを見とどけ、これからスペイン、オランダ、イギリスを廻るという、随員の若い方の森村という人と一緒にアエロギャールを出ました。この人は若いだけにものわかりがよく世話しやすい。オペラ・コミック座の切符を買ってあるが、場所がわからぬらしいので、僕にはまだ時間があるしと、散歩がてらコンコルドからマドレーヌ、オペラを経て案内しました。

澄田一等書記官から夕食の招待があり、七時半までに大使館に来てくれというので行くと、今夜は竹山道雄氏（評論家、独文学者、小説家。「ビルマの竪琴」の著者）もよんでありますとのこと。三人揃って自動車でオトゥイユの澄田さんのアパートへ。ここは戦後建てられたもので、コンシェルジュ（受付）がいないのが特徴で、玄関に居住者名簿があり、訪ねるべき人の名のそばにあるボタンを押すと入口の戸が開いてアパートの中に入れるようになる仕組。コンシェルジュのことについて、竹山さんの話ではドイツがパリに入った時、レジスタンスに参加している人物を探すために、各アパートのコンシェルジュをすっかり押さえた由で、これは確かに名案。なにしろヨーロッパでは一戸建の家が少なく（少なくも都市では）殆どがアパート住いであり、コンシェルジュはその総元締。これを押さえれば居住者の素性を明らかに出来るわけなのです。それだけに居住者とコンシェルジュとの関係は微妙で、色々争いのあることが多く、メゾン・ド・ジャポンもその例にもれません。

アパートの内部は応接間、居間、寝室（子供用と大人用と）二室、浴室、便所、台所、それに玄関にあたるヴェスティビュール（前庭）とで大した構え。壁毎にかかっている絵や調度品は全て備え付けなのですから便利です。アペリチフにシェリーを二杯、ポルトを一杯ですっかりよい気持になり、おまけに食事中はビールで酒飲みの天下。日本食のみで、山芋のおろしたのがおいしかった。

竹山さんはドイツにしばらく行ってからパリに来、昨年十二月から居て、中々去りがたくて延び延びになったとのこと。フランスが好きなんでしょうねともらしています。読物を通して受ける感じと異なり、のんびりした人物です。素人下宿に居り、そこの主人は会社勤めだが、家で電球が駄目になると会社のを持って来、又、便所の紙などは会社のレターペーパーで、こうした公私混同は普遍的なものですかねと首を傾げていました。

文化については日本大使館の文化部は一体何をやっているのですかね、我々の目から見て日本の文化財を材料にすれば、すばらしい宣伝、活躍が出来るのに、ヨーロッパのどこの大使館に行っても殆ど見るべき活動をやっていない。私が食うに困ったら大使館の通訳にしてもらってうんとあばれますがねと不満気。ドイツ大使館の連中でもドイツの新聞をまともに読みこなしている人はいません。あれは困ったものだとも言っていました。

談論風発かと思っていたのに、とつとつとしゃべるのが反って親しみを増します。春と共に訪問者が多く、案内に追われていると言うと、澄田さんが、それでも貴方の方に来られる人などはまだよい方で、大使館に来るのなどは全くすごいですよ。付きっきりで居ないと飯一つ満足に食えないのが居ますからねとこぼしていました。全くこんなことで外交官の時間を奪うようなことを何時迄も続けていていいのでしょうか。何時のまにか十二時になり、自動車でパッシー迄送られて一時メゾン帰着。

四月二十日(金)　晴

内村教授を送り出してほっとして、また日常にかえりました。外来では、小脳症状を伴う視床症候群。小脳症状はごく軽微なものだが、あらゆる検査をやって探り出す。アジネルギーの検査として腕を組み、足を広げさせ、寝た状態から起上らせる時、ベッドの上でやってもはっきりしなかったのが、床にマットを敷いてやらせるとはっきり出る。又、ディスクロノメトリーの検査として図のように①の状態から受動的に静かに②の状態にもって行き、その移動を感じた時を言わせると、アジネルギーのある小脳症状の出ている

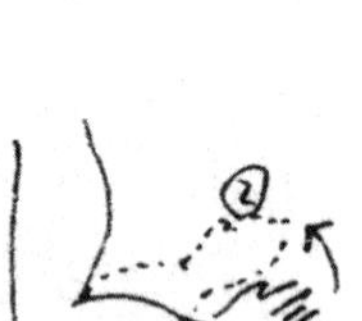

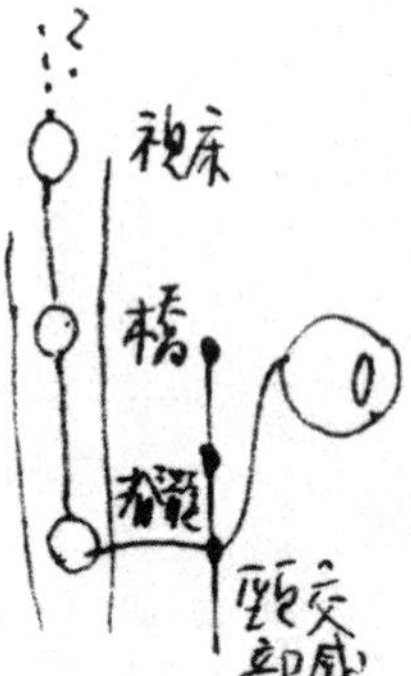

方では時相が遅れる。誠にはっきりしていました。病巣のありかとしては③のような所を考えています。前にこれと同じような例があり、その時と異なるのは、クロード・ベルナール・ホルネル症候がこの例にはないことだと言っています。クロード・ベルナール・ホルネル症候は頸部交感神経系のやられた時だけでない、脊髄、橋、視床より上の傷では起きるかどうか分からないとのこと。

ガルサン教授を見ていると一日の勤めが忙し過ぎて一寸気の毒という感じもしますが、なにしろ自信に満ち満ち、苦痛というようなところは微塵もなく、毎日面白くて面白くてしようがないというような感じの方が強くて気持よく、我々もこうありたいという気持です。何かを追い求めている人の姿というものは、どこの人たるかを問わず美しく、又、気持よいものであります。

午後は本当に久し振りに研究室。張り切って七十八例目に達しました。ノートも十冊目。アストロチトームだけ見ていると他の例も見たくなり、あれもこれもと欲が湧いて、じっとしていられないような気持にもなります。文献も読まねばなりません。図も描かねばなりません。ともかくともかく忙しいです。

五時過ぎにサルペトリエールを出て、医学部のガルサン教授の講義へ。今日は知覚伝導路の話。繊維結合のことにも触れはしましたが、多くはババンスキーがどうした、ヴルピアンがこうしたというような歴史的なことを多くしゃべっていました。草稿を書いて来て、それを読むわけだが、そらんじているので、机の端っこに行って身振り手振りで説明。経験の塊です。

七時を過ぎてもなお十分明るいオデオンの横丁で食事。リュ・マザランを抜けてアンスティテュのところで河岸へ。リュ・マザランは古い古い家並みで人通りも少なく、一本横の両側の通りは自動車の往来がはげしいのに、その音も厚い家々の壁に遮られてここまでは達せず、自分の靴音までが響いて、まるで谷間の夕暮れの中にいるよう。通りに面しひっそりと居を構えた小さいレストランでは、これから暮れてから賑わう客のためにオルドゥーヴルをこしらえているのが見えたりして親しめるたたずまい。夕暮れの灯ともり初めたセーヌの眺めに魅せられてオペラ座迄歩くことにしました。ルーヴルの前庭には花が咲き揃い、大分足が遠のいている間にすっかり美しくなっていました。街の描写は僕のペンではとても表現出来ず、何遍も書くが、皆に本当に見せたい。徹も勉強しながらこうした情景に接するならパリを目指した方がよいと思う。

今日のオペラはグノー作曲「ファウスト」。これは大体筋を知っているので楽しめます。メフィストフェレスがとてつもなくうまく、気持のよい声でした。ワルプルギスの夜のバレエなど、直子、節子に見せたらどんなに喜ぶことか。第一幕後半の広場の賑わいなど、さながらデューラー(?)の緻密な絵を見ている感じ。

四月二十一日(土)　晴

桜は満開ながら相当な冷え。花冷えというところ。午前、床屋。おやじとも馴染みになりました。

午後は研究室で八十例を突破。隣のジラール君からアンモン角の細胞構築のことを質問され、少し説明してやりました。僕の別刷を見て、五年かかったとはと言って感に堪えたような顔をしていました。

夜は八時半からのオペラ・コミック座のトマ作曲「ミニヨン」。序曲にしても、途中の詠唱にしても親しみの多いメロディが多く、大変身近な感じ。それにしても歌手の発声、声量の豊かなことはどうでしょう。小屋が狭い故もあるのかもしれませんが、身体中に響き渡ります。日本でもオペラ座をつくるとしたらこの位の大きさのものがよいのではないでしょうか。

しかし何よりも先に身のこなしや生活様式の全く異なる基盤の上に育ったオペラを日本に移し植えることよりも、日本古来の演劇をもっともっと保護し、守り育て、人々の間に染み渡らせることが先決だという感が深い。日本としてオリジナリティのあるものがしっかりしてから、他のことに手をつけることが大事なようです。殊に芸術面では。日本の画家がパリで展覧会をやる時、フランスの画商などが来ての話に、我々は油絵など見に来るんではない。油絵はもう見飽きてしまっている位で、日本人の感覚の生き生きしたものでもないかと思って来るんですよと言うとのこと。ここにこそ我々は思いをこらし、自分の生きる道を求め、他の国のやらない、狙わない所をついて出ねばならないと思います。

入りは土曜日というのに少なく、半分位か。アリアが終ると劇の途中だろうが何だろうが大喝采で、「ブラボー!」と声がかかるところ、歌舞伎の掛け声に似て、こんな点は洋の東西を問わず人情は同じ。この間芝居は途絶えて歌手はスカートの裾を両手に、低く頭をさげるという寸法。「君よ知るや南の国」を口ずさみながら、ストラスヴール・サン・ドニ迄歩いてメトロへ。

四月二十二日(日)　晴

今日はブローニュの森のつつじの展覧会を見たり、絵のエクスポジションでも楽しんだりしようかと九時一寸前に起きて顔を洗っていたら、慌だしいノック。戸を開けると植村館長で、実は今、星野(植村館長の縁戚。星野氏の奥さんが大野公男君の姉上)から電話で、今日これからシャトー・ド・ラ・ロワールの一つ、シャンボールへ行くが、席が一つ空いているので君行きませんかとのことに快諾。しかも九時四十分までにシテに迎えに行くからとのことに、忙しい朝食をとっていると、また電話。今度は加賀美氏（大使館）からで、今日お暇なら自動車で遠足しましょうとの誘い。実は先約がと断りましたが二つも口が掛かるとは果報者です。

自動車は星野さん運転。前の席は奥さんと末っ子の幸子嬢。後ろは僕と、娘さんの直子さんと節子さんの三人。三人共よく育った素直な娘さんで、躾のよさを思わせます。フランスの学校に行っているので、三人が話す時は全てフランス語。達者で、こちらは半分位しか分からない。シャトー・ド・ラ・ロワールは留学生試験にも出たことがあるし、五月になったら是非行こうと思っていた所なので、こんなに早く行けることになり大変満足です。パリを出ると畑続きのボースの野を平均百から百十、一番速い時が百二十五キロメートルの時速で飛ばします。それでも道路が良いためハンドルには余り抵抗がかからぬ由。

十二時一寸過ぎオルレアンに到着。ここはドイツとフランス軍との市街戦で街がかなり壊され、家並みは新しく、歴史のにおいが極めて稀薄。ジャンヌ・ダルクの銅像の前に車を置いてカテドラルを見に。カテドラル前のオテル・ド・ヴィル（市役所）がルネッサンス様式のこぢんまりした渋い壁の色で目に心地好く、前庭の花の植込みの中にジャンヌ・ダルクの像がすっくと立っています。カテドラルにはファサード（前面）は重苦しい感じで、十三世紀に建て始められ、十六世紀に出来たものの由ですが、余り美しいと思わなかった。これに比べ後からの眺めはゴチックのどれもが持つ構成美を有しています。内部はステンドグラスは正面の一部が美しいのみで、他は戦争のためでしょうが殆ど失われています。ここで、節子にジャンヌ・ダルクの像入りの小さなメダルを買いました。三十フラン。きれいに整ってはいるが新しい家並に、オルレアンの名にからまる歴史のにおいの感ぜられないのに少しく失望しながら再び車に。この辺にはアメリカ軍が来ているとかで、兵隊の影が目につきます。

間もなくロワールの河畔に出ました。ゆったりと流れる川中に点々とある中洲に生えそろう樹々が冴えた緑を輝かせ、皆思わず嘆声を発しました。町並みを出はずれた眺めのよい川べりの牧草の上で持参の昼食。毛布を敷いて葡萄酒を酌み交わしながら、ピックルスの酸味に日本の漬物の味を思い出しながらピクニック気分を満喫。電気冷蔵庫（借り物の由）で自家製のひき茶のアイスクリームが大変おいしかった。川面には燕とイソシギと思われる鳥がかすめ飛び、対岸には放牧の斑牛が点在してのびのびした春日です。

見え隠れにロワールに沿い、林檎のさかりの村をいくつか快速で抜け、時間がまだあるからと、ブロワの城を先ず見ることにしました（歴史を書いていると大変なので、説明は帰国してからするとします）。ブロワの街は美しく、こぢんまりとして、ロワールへ下る南斜面にかたまった豊かな家々から出来ています。城は街中にあり、説明付きで見物するのに一時間かかりました。ここで有名なのはフランソワ一世の螺旋階段というやつで、これは恐らく「フランス」にも出ていることでしょう。それから僕に面白かったのはマンサールの設計したというオルレアン公ガストンの建物の内部。この城は歴史的にはギーズ公が暗殺されたので有名で、建築的にはゴチックやルネッサンス様式が混在している点が面白い。城の中は冷え冷えし、昔はこれの暖房が大変だったろうと想像されます。城のテラスから見るロワールはたしかに女性名詞にされるだけあって実に物静かで優雅に流れて行きます。

時間がたちまち経って、ここを慌だしく出たのが五時一寸前。しかし車のおかげで十キロメートル程の目的のシャンボールも忽ちです。ここはブロワと異なり、広い広い森に囲まれ、広大な庭を控えて趣が全く異なります。この城は他の城の備えていないものを造り出そうとフランソワ一世が唱えて着工したものの由で、一世は完成を見ずに死に、その後幾年かを経て完成されたものとのことです。又、モリエールが「プルソーニャク氏」を上演し、「ル・ブルジョワ・ジャンティオム」を数日で書き上げたのもここの由です。中はブロワに比べたら比べ物にならぬ位がらんどうで荒れています。聞けば一九四四年ドイツ軍が来て、抵抗を止めぬならこの城に火を放つとおどかしたのを、一僧侶の決死的抗議で救われたとのことで、その時の占領の故もあるのでしょう。

しかしここでの見物は両側から同時に上っても最後迄出くわさないように作られた回り階段と、屋上のたたずまいです。屋上はここだけで一つの村の通りに居るような豊かな感じがします。写真で眺めて想像して下さい。全体から受ける感じはともかくお伽の城といったものです。十六世紀から一九四四年の占領当時迄の歴史は、帰ってからギドを囲んで膝付き合わせて説明する時に譲りましょう。

六時半にまだまだ暮れるには遠い城をあとにしました。娘さんの学校の門限の九時に間に合わせようというわけ。パリ東南部のその学校迄百数十キロメートルを飛ばすのです。だんだん暮れてくる車中でチョコレートを食べながら子供たちに鳥の話をしたり、エジプトの話をしたり。この人たちはこの夏に三年半の滞在を終え、M・Mで帰国するのですが、途中エジプトに寄りたいので、その予備知識に子供たちを教育して下さいませと言うので、シャンポリオンの話などで一席ぶちました。子供は大喜びでした。もっともっとと言われるのでこちらも大努力です。

暮れた畑中の大道路をパリに向け帰る自動車の数は大変なものです。それこそ延々長蛇の列。これに巻き込まれたら大変と、空いた道、空いた道を選んで飛ばす。その道路を地図で選んでいくのが奥さんの役。九時きっちりに門に着いてやれやれ。シスター管理の学校とか。森中の静かな環境です。

オルリー通りの道に出て、シテの前で降ろしてもらったのが十時一寸前。カフェでビールを一杯ひっかけ、植村館長にお礼をのべてから床に入りました。念願のものを見て大満足。すっと寝てしまいました。

四月二十三日(月)　晴

先週金、土と待った手紙が今日来ていました。

午前回診はキッペル氏代行。印象は極めて薄し。午後は八十六例に達しました。サルペトリエールの構内のマロニエが実に豊かに葉をつけ、木陰をつくるようになりました。患者たちがこれを眺めながら日向ぼっこを楽しんでいます。六時からの講義に行ったらガルサン教授病気で休講。医局員に聞いても唯病気とだけで詳しいことは分からぬが、大したことはないらしい。

本屋で神経学の本を調べ、一、二冊欲しいのがあるので、この前の翻訳の金で買うつもり。スペインから帰った森村氏(内村教授の随員)と七時に宿で落ち合う約束。昼寝していたのを起してサン・ジェルマン・デ・プレで夕食。次いで、前に石井好子が歌っていたというキャバレーに誘われて行ってみました。場所はモンマルトル下のピガール。全部奢ってくれるので、こんな機会でもなければ見られない我々の身分とて、誠に有難い。入場料が六百フラン。外套を預けて二人で二百フラン。それにテーブルに掛け、シャンパンを抜くと三千フラン(最低で)と聞いていたので、森村氏もそう金が残っていないと言うしで、テーブルを断ってバーの高い腰掛に掛けて見物です。各国人がやって来ますが年寄りの夫婦者が多いのに驚きます。ちびりちびり、いかにもうまそうにシャンパンを飲みながら歌や踊りを眺めています。男権の国日本とは一寸異なる図です。十時から十二時近く迄一杯七百フランのコニャックをなめながら、誠に盛りだくさんのショウを見ましたが、これだけ衣装等に凝ったものを見せられると六百フランもそう高くないという気になってくるから不思議です(もっとも自分のお金でないから)。なんにしてもよい勉強でした。

ピガールからスペインの話、家の話をしながらトリニテに出、マドレーヌ横を人通りの絶えたコンコルドに出て、夜の眺めを楽しみました。秋冬にはとても不可能だったことですが、今も肌寒いとはいえ気持が実にさわやかです。

丁度満月のこととて忘れ難い眺め。ガス灯ひとりが、下に寄るとボーッと音をたてて燃えさかっています。寝静まって戸を閉ざしたルーヴルの庭をうしろに、オベリスク越しにエトワル迄続くガス灯のきらめく列を眺めるとしみじみとパリは美しいなと思います。アレキサンドル三世橋からの夜のポン・ヌフの眺めも深い情感をたたえています。タキシーに送られて一時半シテに帰りました。

＊二十五日には多磨全生園の院長等二人が来る予定、北村教授から二度も手紙が来ているので、一、二日は案内せねばなりますまい。この分では襟に交通公社のマークでもつけねばならぬと笑いとばしています。直子もそう長い間でないんだから辛抱するように。日本一よい旦那になって帰るよ。今のうち他の人にうんと当てられておくとよい。節子も利かなくなったそうですが、人の迷惑にならぬことなら思う存分やらせて下さい。少し利かないくらいがよいかも知れぬ。

四月二十四日(火)　晴

午前は八重桜満開が窓から見える図書室で手紙。午後は研究室。この頃では窓を開けて、窓外のマロニエの若葉を渡る風を受けながら検鏡です。風と一緒に鳩のクークーという低い声や、ムクドリに似ていながら鳴き声の実にきれいな囀りが入ってきます。一時間毎にサルペトリエールのドームの鐘が時を知らせ、五時のそれと共に腰を上げるわけです。二人のマドモワゼルはこの頃は、この次医学のアカデミー会員に欠員が出来るとベルトラン教授が第一候補になるとかで、今迄発表した論文の目録作りに追われています。なんでも五百程あるらしい。

夜は例のアメリカの青年、ランベール君が訪ねてきました。日本での勉強目的を紙に書いて持って来ました。その他に、睡眠中枢はどこにあるかとか、視床の構造はとか、色々細かいことについて質問を受け、一時間程話し合いました。この夏はヴェスパ(モーターバイクのこと)に乗ってヨーロッパ五種競技会に出るためスウェーデンに行くのだと張り切っています。

森村氏から加藤周一「ある旅行者の思想」を貰い、フランスの項を読みましたが、さすが文士だけあって凝ったものですが、無理にひねったような感じがなくはないです。僕なんかよりいわゆる「学」があるから十分認めますが、僕は僕であまりひねらないのを書き続けてみましょう。

今日「マッチ」を四冊船便で出しました。スペインに行っていた二週間の分が欠号です。こちらはモナコのレーニエ大公とグレース・ケリーの結婚で写真、雑誌は持ち切りといったところ。

直子の自動車運転で思い出したが、こちらでは若い娘、年寄り、シスターなどもスイスイと運転して歩いています。なにしろパリ市民五人に一台の普及率の由。日本はそれ迄になるのはまだまだ大分先のことではありましょうが、いずれは自転車に代る時が来るでしょう。先物買いではないが、いずれにせよ一つの技術を身につけることは自信をぐんぐんと増すことになるので、友達にでも誘われたら、機会をつかまえてやってごらん。

又、外国語習得については、植村館長の話では、奥さんが現在フランス語を習っているとのこと。植村館長は二度の外遊とも奥さんを連れずに過ごし、今更年とって変な感じもしますが、奥さんの理由は、自分はもう外国に行くことはないが、主人が帰って来るとこれからは仏人との接触も多くなり、私も何時迄も引っ込み思案で居られぬから、これからは公式の席にどんどん同伴で出て、片言でもよい、話して意思を通じ合うのだとのこと。その心掛けは一寸見上げたものです。こちらで人の家に招かれても、そこの奥さんが一言でも二言でも日本語など差し挟み、つまらぬことでも何かと話題をとらえて人をもてなすのを見るのは実に気持のよいものです。外国語を話せるなどということを鼻にかける時代は終っています。日本語にこだわらずどんどん修得して、自分を相手に理解させる手段として一つでも多くの表現を覚えることが大切です。国際学会でも正式用語は仏英の二ヶ国語。僕も帰国しても将来のそうした学会に備え、気宇を大きく持って語学に一層の努力をはらうつもりです。我が家でも特に節子の語学教育には大きな努力を注ぐつもりです。少しの時間の活用で、いくらでも勉強出来るものです。

四月二十五日(水)　晴

午前の外来では、左側に動眼神経麻痺、右上肢に小脳症状へミパレーゼと視床性知覚障害のある例が来ました。病巣のあり場として赤核ないしは赤核と視床にまたがる部分を考えていると言って図を書いて説明しました。それを聞いていると繊維解剖をよく頭に入れていなければ出来ないようにかなり細かな内容です。やはりこれが強味です。真の症候学はそこから出発すべきものだと思います。日本でもそれに心をいたす人々が多く出て来る時、日本の神経学も正道に乗ったと言えると思います。フランスの医学制度は基礎研究には実に不備であり、治療だとか器具を用いての検査法についてはすべて他の国に先んじられているが、ハンマーと安全ピン(ババンスキーを見たり、痛覚を調べるために白衣に常にさしている)をもってする症候学は伝統の上にがっちりと腰を据え、他の追従を許さないのではないでしょうか。そうしたいわば原始的とも言うべき検査法や観察の仕方は、先走る人々からは既に十九世紀的なものと一笑に付されるかもしれないが、僕の信ずる限りでは医学ある限りこれは大道として永遠に存続すべきものと考えます。むしろあらゆる新しいものはここを土台とし、問題の所在をここから摑んで行かねばならぬと思う。症候学の修得には鋭い眼が必要。今から心掛けておくことを勧める。

ところで、神経学の本としてラッセルの本やランボーのものがあるが、それよりもこちらで学生、又はエクスターンあたりがよいというのにF. M. R. Walsheという英人の書いたものを仏訳した〝精神系統疾患〟（ミシェル・ジェキエ訳、マソン社、一九四八、千五百三十五フラン）があり、その他に二冊より成る大きな内科書の中にレルミットが書いた神経の項が評判がよいようです。前者を買おうと思ったが一寸余裕がない。徹が欲しかったら紀伊國屋の今野君に頼むとよいと思います。後者は一冊が四、五千円する筈。

午後はシテで昼食後、サルペトリエールに行ったら、ガルサン教授が五月初のリスボンでの学会に備えての準備のため臨床講義なし。空の一方が晴れていながらの俄雨になり、オデオンに行くというハノイの医者のルノーにスイス、ギリシアの男と便乗。オデオンに着いたら晴れてしまいました。医学部の前でフランソワ・ブザンソン君に会って立話。もう間もなく三人目のお産の由。

癩関係の二人の日本人医師の出迎えの四時半迄時間が一時間ほどあるので、メトロでオデオンからトロカデロに出て、シャイヨー宮で五月のアレキサンドル・ブライロフスキーのショパン演奏会と、ミュンヘン・フィルハーモニーの演奏会の切符をそれぞれ四百フランで購入。次いでテアトル・デ・シャンゼリゼに行って二十八日と三十日のベルリン市立オペラの「フィガロの結婚」と「コシ・ファン・トゥッテ」の切符を合わせて七百フランで買いました。キオスクで「マッチ」を買い、アンヴァリッド目指してマロニエの花の僅かに咲き初めたセーヌの岸を歩き読みしながら急ぎました。写真はモナコの結婚式。うまくやってやがらと少々妬けつつ、アレキサンドル三世橋を小走りに、さし始めた陽に一寸汗ばみながらアエロギャールに着き、多磨全生園の院長等二人を方々探したが見当たらず、案内所で聞くと、その人々は一便前の飛行機で着いて宿に行かれたとの話。

丁度そこに、やはりその二人を出迎えに来たフランス婦人（マダム・バセ）に会いましたが、この人は医者、主人も医者で癩を研究しており、夫婦で昨年日本に行き、その時この二人の医師からもてなされ、今度はこちらがもてなす番だというので出迎えに来た由。自分の主人の診療所がすぐそこだから一寸話をして、それから一緒に宿に行きましょうということで、その奥さんの運転する自動車でリュ・ド・ブルゴーニュへ。聞けばその診療所は二階。五階にはガルサン教授が住んでいるとのこと。

コメディ・フランセーズの近くのリュ・サンタンヌの宿に行くと、二人は地図を見て相談中。藤楓協会理事の浜野という人は前にイギリスに二年留学し、パリには数度来たことがあると言う。林という全生園の院長はずっと年で、痩せて小さい人で、疲れた様子。パリに数度来たのなら何もこんなに騒がせなくてもよいのにと思ったのですが、この頃ではこちらも物柔らかくなって来て、内心は現わさない。七時半には先のフランス人の医者夫婦（バセ博士）が二人を自宅に招待するというので、それまでの時間をルーヴル、セーヌ河畔、シテ、ノートルダム、サン・ミシェルと案内。林院長は大分疲れているらしいのでサン・ミシェルでタキシーを拾い、それに乗せてそこで別れました。七時過ぎ。まだまだ明るいサン・ミシェルの賑わいをさかのぼり、チューリップの花売りなどをのぞきながらリュクサンブールに出てメトロへ。天気は近頃は晴とはいいながら雲が多く、風も少しく冷たく、春の到来は中々ゆっくりです。

夜はシャワーを浴び、久し振りにゆっくりして福島慶子「うちの宿六」などに読み耽りました。フランス画家、特にルオー、マチス、ドランとの交友を書いたものは当地に来て読むと中々興味深く、引きつけられました。加藤周一のものより素直で事実に忠実な表現で好感が持てます。今の僕には事実だけが興味をひきます。

四月二十六日(木)　晴

今日は外来も何もなく、朝から研究室。昼のサルペトリエールの食堂の葡萄酒で気持よくなり、研究室の椅子で二時迄昼寝。三時過ぎに遂に百例に達し、ここで一段落つけて医学部の図書館へ。サルペトリエールの中でも又、街の並木でも、仕事師がせっせとつくろいをやっています。何時もきれいにしておくには誠に目に見えぬ金と努力がいることでしょう。

ツェントラールブラットで系統的に文献を探しはじめました。こうしたのを見ていると、早く日本に帰って仕事をしたい衝動にかられます。近頃は寝ても覚めても街を歩いていても、ふっと思うことは、日本に帰ってどのように研究を進めるかということです。何とかして従来のものをぐんと抜くような根本的な創造的な仕事がしたい。その念で一杯です。しかしむやみに想像だけ馳せても駄目でしょうから、先ず思い付くことから地味に一歩一歩踏み固めて行くつもりではいますが、夢は大きく大きく持ちたいものです。脳の中には未知な事で一杯。オリーヴ核、青斑核、黒質だけとっても容易ならぬ問題です。それを思うと俄然勇気が出てきます。しかも徹もこの道を目指しているから二人で何とか大きな仕事がしてみたいです。

図書室でブーリエ君に会い、机を並べました。彼は五月末に試験とか。それに受かれば、生まれ故郷のアンティーブ（ニースの近く）に帰るか又はパリ郊外の病院に行くことになる由で、今準備で大変の由。ハイキングは六月に入ってからやることにしました。七時近く、一緒にリュクサンブールまでのぼり、泉のしぶきを頬に受けながら、成功を祈る握手をして別れました。本は次に会う時に進呈する予定。

夜は田中君の室で、松平君の煎餅（許嫁から来た）と僕の懐中汁粉を食べました。汁粉は久し振りでうまかった。中村屋のおかげもありましょう。

帰りの旅費として十四万フランをよこすと通知が来ましたが、その計算だと三年前の値段だというので増額を要求しようという申し合わせになりました。こんな話が出る時期になってしまったわけです。全く全く早いものです。延長はむずかしいものと覚悟を決め、そろそろ旅行の計画も立てねばなりますまい。今年のブルシエは東京医大を出て精神科をやっている日仏医科会の幹事の男とか。僕としては今後神経学方面でフランスを目指す篤学者がいたら、出来るだけ世話していくつもりでいます。

四月二十七日(金)　曇り、夜一時雨

午前外来。パロティスの腫瘍による顔面神経麻痺。すぐエクスターンを付けて自動車で外科に廻す。患者本位な点が実によい。ガルサン教授はリスボンへ発つ前とて一時迄診ましたが三時間の間調子を落さないのは見上げたもの。ともかく何よりも体力が実に大事です。資本の一つです。

午後は研究室で百例目から百三十例目迄のプロトコール写し。今日などは研究者は僕一人です。夕方からすっかり空が曇ってしまいました。シテに帰ると門の前に人だかりがし、巡査が交通整理をしています。聞くとメゾンの隣に建築中のイタリア館を伊大統領が視察に来る由。その内大勢従えてやって来ましたが、日本の首相などやって来てもメゾンを訪ねたりはしなかろうと想像し、若者を大事にする習慣が一寸羨ましくなります。午後の配達で家からの手紙。今週は月曜と二度来たわけ。

＊徹の試験ももう済んだ頃。手紙が待たれます。

＊写真は面白く見ました。節子が大きくなったのがはっきり分かります。散歩や遠出が出来なくて淋しかろうが、帰ったらうんと連れて行ってやるから言い聞かせておいて下さい。子供の服もスタイル・ブックなどを参考にさっぱりしたものを作ってやるとよい。今日また二冊スタイル・ブックを船便で発送。子供は皆こちらではすっきりした服装をさせられている。短いスカート等子供の時はとても可愛く且つ活発に見えるものだ。紺の短いスカートに灰色のスェーターに白い襟をのぞかせた節子位

の子を、今日バスの中で見たが、実に可愛かった。子供とて当地では赤い色の物などあまり着せないようだ。節子には今後とも配色の優れた服を着させるように心掛けよう。近頃貼って出す切手は最近出たものが多い。アンリ・ファーブルのが僕は一番好きです。これは学者シリーズとして毎年四枚か六枚出るもの。

四月二十八日(土)　曇り

どんよりした、靄の濃い日。不順極まりなし。

午前、例の癩関係の医者に電話。北村教授から二度も世話を頼むと手紙が来ているのに余り知らん顔もどうかと思いましたので。午後は買物でもと言うのでそれじゃ案内しましょうと申出、一緒に宿に行くことにしました。

午後は土井君とマドレーヌのM・M本社へ船賃を聞きに。コミテ・ダカイユと交渉する資料です。十五万円なにがしで、コミテから言って来た額は明らかに不足と分かりました。

一時迄の間の二時間余りは、このマドレーヌから程遠からぬフォーブール・サントノレ六十七番地、ギャルリー・シャルパンチェでやっているヴラマンクの展覧会を見るのにあてました。丁度エリゼー宮の北側の門のあたりです。今世紀初めにデビューした時から今年作の物まで二百点余り。作品が年代順配列でないので一寸不便。なぜこうばらばらにしたのか解せない。初期のくすんだような人物二点と風景一点を過ぎると、すでに彼本来の画面です。しかししばらくは明らかにゴッホとセザンヌの影響の生々しい作品が続きます。フォーヴィスムに走ったのもこの頃です。木の幹を赤く、黄色の道に落ちるその影も赤く描かれてあるが、画面の構成が美しく少しも不自然でなく、又、この頃の作品にはプルシャンブルーの輪郭がちらちらとよく利いて、僕には大変参考になる楽しめる作品が多いです。これを過ぎると(目録が三百フランで、ばかばかしくて買わぬので、何年頃からの変化かは分からぬが)よく我々がヴラマンクの作品として美術雑誌で見るアンバー(褐色)でいぶしたようなものばかりとなります。殊に最近のものなど、今絵具を塗ったばかりというようなものも並べられ、事実部屋が油臭い所もあります。作品の大半は風景と静物。風景は大別して村落風景と海浜。いずれもアンバーが主調で、上に他の純色が塗り込まれています。空に迄アンバーを刷り込んだ絵は他の人にはそれ程多くないのではありますまいか。はじめは妙にやにっぽい絵だなと思って見ている内に、だんだんこれがかえって親しめるものになって行き、アンバーは他の純色を浮き立たせるための意識的な手段だなということが分かって来ました。一体に空と水と雪に興味を持った作品が多いのですが、褐色の中から浮んで来るその美しさは比類がないとも言えましょう。特に雪景色など素晴らしいものです。道や屋根に置かれた新雪、樹々の幹にふき付いた雪、いずれも迫真のものです。又、海、岸に砕けては返す波の透明感をあらわしてアッと思うようなものもありました。ともかく見終わって感ずる、一生を通ずるすさまじい迫力、作品の一つ一つについて何かに言うよりもこれを感じ取ることが何より勉強になります。自分はこの立場から物を見るんだというはっきりした態度の確立、これは芸術家にとっても科学する者にとっても本質的に共通なものです。そうした意味で色々な作家の作品を少しずつ並べた美術館よりも、この種の展覧会の方がはるかに得るものが多いです。

ここを出てまだ時間があるので、すぐ近くのメゾン・ド・ラ・パンセ・フランセーズという（リュ・エリゼーにある）所でやっているハイム・スーチンの展覧会を見に行きました。ヴラマンク程数多くはありません。美術誌などで見ると一寸病的な感じのする作家と思っていたのですが、本物は中々面白いものでとても密度があります。屠殺場の牛の腹を割いた所や、つり下げられた雉や兎などを主題にしたり、又、風景でも平らな地面をわざわざ傾げて描いたり、人物の顔も育ちの悪い梨みたいに描いたりで、極めて個性の強い作品ばかりですが、ヴラマンクの程は親しめないが、風景画等欲しいなと思うものが二、三点ありました。

十二時半なのでここを出ると、目の前の新樹に囲まれたエリゼー宮にはフランス、イタリア国旗が立ち並び、伊大統領歓迎の楽隊も聞こえてきます。門からは丁度儀杖兵が出て行く所。誠に派手なものです。

木蓮の花の盛りのシャンゼリゼ公園を抜け、コンコルドの織り成す自動車列をやっと突っ切り、昼とて又、曇天とて人影疎らなチュイルリーを斜交いに浜野氏のいるホテルへ。八百フランの昼食を馳走になりましたが、値の割りには皿数も少く、うまくない（オルドゥーヴル、ポークカツ、チーズそれに葡萄酒）。しかし腹は一杯です。部屋で小憩。浜野氏は色々の委員をやっている官僚上りで親分肌の人。一回着たきりという色もののナイロンのワイシャツ、誰かフランス人にあげて下さいと綴れ織りの財布二個をくれました。それにここの外務省の文化部長、マドモワゼル・ロンションに届けて下さいませんかと小さい人形二つ。文化部長となら知り合いになっておいた方がよいですよ、ご面倒でもお願いしますと言うので引受けました。デパート二軒、サント・シャペル、ノートルダムと案内して、ノートルダムの前のカフェでコーヒーを飲みながら小憩。六時も過ぎたのでシャトレまで送って別れました。

シテで食事をすると、八時半からのベルリン市立オペラを観に行くためテアトル・デ・シャンゼリゼへ。「フィガロの結婚」。言葉はすべてドイツ語。指揮者がチェンバロ弾きを兼ねていますが、このチェンバロが俳味があってとてもよい。小人数の劇団だが粒揃いとのこと。パリのオペラとどの程度の差があるのかは、僕にははっきりは分からないが、端役まで皆声量が豊富で美しい。新聞にも褒めちぎってあり、唯一の欠点はドイツ語でやっていることで、本来のイタリア語でやればもっと滑らかにいったろうと述べてあります。アルマヴィーヴァ伯爵、同夫人、フィガロ、スザンナすべてきれいで、どのアリアも拍手喝采。劇中でも構わずの拍手で、劇が途中で妨害される位。終ったあとは「ブラボー、ブラボー」と大変な騒ぎ。十二時過ぎ。表に出たら雨がぱらついていました。

帰りの地下鉄で、ベルギーの医者ダーヌ君に会い、奥さんに紹介されました。ブリュッセルから週末に出て来た由。子供は風疹なので置いて来たとのこと。本当に夫婦単位の生活が徹底しています。

四月二十九日(日)

枕元に時計を置かなかったので、目が覚めても何時か分からず、起きて見たら十二時なのでびっくりしました。昼食を食べに行く頃降り出した雨が一時過ぎにはザーザー降りとなり、窓の下の桜が打たれて散りしきっています。どこか美術館へと思っていたのもこの雨に出る気もなくなり、昼寝して骨休めすることにしました。起きたら七時。昨夜以来全くよく寝ました。雨はすっかり止み、西空に真紅の太陽が沈もうとしております。風が出て来て大して長く伸びていない芝生をも波立たせる程で、雲の動きも激しく、この調子では天候も好転するでしょう。

夜葡萄酒を飲みながら手紙を書いていたら松平君が話に来ました。二十七日に着いた島薗教授夫婦を案内して歩いているとのこと。

四月三十日(月)　晴れてはいるが靄のこめた日

＊朝、徹よりの手紙。国試も終った由。成績等はどうでもよいさ。当落については問題にならず心配の要はない。しかし自分の経験でも受かるものとは分かっていながら試験の中で一番いやだったのが国試。僕の場合のように病気にもならずに受験出来て何よりだった。

＊あと余すところ二ヶ月。これから案内も大してないと思われるし(少なくも今の所)、勉強に精を出すつもりだから、便りの方はそう変化のあることが書けないと思いますが悪しからず。花のパリの陽春を少しのんびりとも思いますが、課題が出ている以上、一応の纏まりをつけるのが礼儀でもあるし、その点楽しみの方は犠牲になるのもやむを得ません。

午前十一時より一時迄大使公邸で天長節の宴。大使館員の多いのに驚きます。荻須高徳さんとも一寸話をしましたが、あとで一寸お話したいと言って別れたきりでそれきり最後迄会わず終い。何か奥さんの事で頼みたいことでもあったらしいですが。

午後はカラー写真でも撮ろうとカメラを持って出たが、靄がかかって条件がよくないのでそのまま引上げました。

夜はテアトル・デ・シャンゼリゼでベルリン市立オペラ「コシ・ファン・トゥッテ」。

夜はまた雨となり、この所からっとした晴天は殆ど無く、東京の不順な陽気と考え合わせると世界的なものですかね。

五月一日(火)　午前雨、曇り、午後薄日

今日はメーデーで食堂も休み。我々の多くも休息日にあてました。火曜日は美術館も休み。オペラ等も休館日ですし、郊外に行くにもこの天気ではと、部屋で本読みです。一時読み休んだ「人間の運命」を引き続いて進めています。

旅行について今の所では七、八月はパリに居て、月三万フランずつで過ごし、九、十、十一月位を旅行に当て、十二月パリに帰り、帰国準備に入ろうかと考えていますが、五月中には(何遍も書くように)計画を練り、又、詳しくお知らせします。学問一点張りに計画するつもりですが、一つイタリア旅行だけは美術を見たいと思いますのでよろしくお願いします。

夕方から天気も上り始めました。今日はメーデーとて殆どの店、シテの食堂も休みで、僅かに開いているパン屋でバゲットを買って夕食です。郵便局も休み。メーデーといってもこのシテに居る限りでは全く静か。新聞等でも取り立てて騒ぐことはなく、ポスター等も日本と同じように「五月一日。労働者の力」などと書いたものが目につきはしますが、大した数ではありません。窓から見る模様ではいつもの日曜と全く変わりありませんでした。

夜はアレキシス・カレルの「人間この未知なるもの」を読み始めました。訳本です。この本は高校時代に読みはしましたが、当時は殆ど理解出来なかったように覚えていますが、今読みますと大いに参考になるところがあります。たしかに学に志す者は単なる知能労働者になるだけでは足りず、常に人間と自分たちの積み重ねる知識との関係に常に思いをこらし、人間そのものに何時も生き生きした関心を持ち続けていかねばならないと思います。カレルが学の中途にしてカトリックに帰依したことを念頭に置いて読んで行くと、その立場もよく理解出来ます。

五月二日(水)　晴

今日は外来も何もない日とて午前手紙書き。まことに良い日和になりました。モンスリ公園のマロニエも白く花を咲かせています。

十二時四十五分にスペシアという大きな薬品会社から島薗教授夫妻と共によばれているので、それ迄、今度サン・シュルピスの近くのリュ・ギザルドに引越した大久保君の下宿を訪ねてみました。行きがけにリュクサンブールの公園を抜けましたが、ほとばしる泉水のまわりにはチューリップが今や満開。椅子やベンチには今が試験期の男女学生がたむろしてノートをひろげています。と思うと、ようやく蔭の濃くなった緑の下には昼間から熱烈な場面をくりひろげられお熱いことです。メディシスの泉の脇の芝生には、今日初めて気付いたのですが、「レジスタンス戦没学徒に捧ぐ」と刻んだブロンズの大きな銅像が立てられ、花が供えられています。恐らく最近立てられたのではありますまいか。カメラに収めておきました。

大久保君の下宿は三、四畳位か。この前と同じように階段や床等少しく傾いていますが、ガス、水道が付いて、居ながらに料理が出来、こぢんまりしていかにもパリの下宿という感じ。これで月一万円の由。一寸羨ましくなりました。

昼で人の出盛る、マロニエの萌えさかるサン・ジェルマン・デ・プレよりメトロに乗り、フランクラン・D・ローズヴェルトで降りて、地図を頼りにリュ・ジャン・グージョンの事務所に着いたら一時一寸前。皆揃って案内されてグラン・パレの丁度向かいの、小さいが格のある料理店「ラセル」に行きました。招かれたのは島薗夫妻、田中、松平、八木君と僕です。会社側は四人。島薗夫妻も中々どうして英語で活溌にやるので安心しました。奥さんもアメリカを歩いて来た後なので、つつましやかだが適当に話すので日本婦人もこの位臆さないとよいなと思いました。直子によく言っておくが、胸を張って決して頭など下げることなく、言葉につかえてもニヤニヤ笑うことなどせずやればそれで及第だ。今後何かと機会があるだろうから、今から書き添えておく。チェコチャン(節子)にも表に出ても、すましていてもよいから、人には臆しないようにさせたいものだ。

料理はロワールのマスにマヨネーズをかけたもの。若鳥の焼いたもの。それにチーズ、オレンジをむいてあっさり煮て、これに皮だけ干して砂糖煮にしたものを添えた四皿とコーヒー。酒は最初がアペリチフ、次いで白を冷やしたもの。鶏の時は赤、果物にはシャンパーニュ。終りがコニャック。最後がコーヒー。卓についた時、カップが大小で五つが目の前に並んでいたので、何に使うのかなと思ったが、とうとう各種の酒で全部使ってしまったのには一寸びっくりしました。こんな事を書くとまた皆で、もう日本食等口に合わなくなってしまったろう等とひがむ（？）かもしれないが、その心配は全くご無用。ともかく目の前に据えられたものは何でもおいしく賞味すればよいので、決してこちらの料理が日本食より優れているとなんか思わない。唯カロリーが多いことだけは確かで、彼等の体力に対抗するには日本食も少し改善せねばいかんかなと思う程度です。今日のオレンジの食べ方は手間がかかるが、お客の時になんかよいと思うがどうかしら。チェコチャンがもう少し大きくなったら教えて作ってもらうとしよう。出入口の所に鳩が飼ってあって、食事中時々クックーと鳴くのは気分が和んでとてもよかった。食卓には花が飾られ、その回りには日仏の小国旗が人数分だけ並んでおり、中々凝っています。

最後に会社からの贈り物として何やら一包みと、この料理屋の記念にとがっちりした金属のフライパン型の灰皿。これはきっとお父さんに喜ばれましょう。会社側では全員を食後工場に連れて行きたかったらしいが、島薗さんはソルボンヌにランデヴーがあるので不可能。結局田中君と僕が行くことになりました。旦那と別れて買物をするため凱旋門下で大使館の夫人連とランデヴーのある奥さん、会社の幹部と同乗して、先ずエトワルに行って奥さんを降ろし、次いでヴァンセンヌの森の南にあるアルフォールの工場へ。シャンゼリゼを抜けるのに混雑で時間のかかることかかること。満腹なので降りて歩きたい位。工場はマルヌを越えてからフォンテーヌブロー街道に沿ってしばらく行くのですから大分遠いです。前庭にはカメラを構えて我々が着いたらすぐ写真を撮るなど中々そつがありません。もっとも島薗さんが来ることになっていたのだから、そのためもあるのでしょう。大きな応接間で、映画で一わたり操業法を見せてから、エレベーターで五階に上り、上から順次に下へさがって来るように見せました。ここはアンティバイオティックス専門の工場の由。盛んにまくし立て装備を誇るが、日本でもこの程度のもののあることは映画で見ているのでおかしくて仕様がない位。製品はストレプトマイシン、オレオマイシン、ペニシリン等。製品の半分は輸出すると言うので、どこへ送ると聞いたら、世界中というので、特にはと更に聞くと、ベルギー、スペイン、南米等に多く出る由。殆どが女子工員です。随分年寄りも働いており、半分位は中年か。五時近くに再び自動車で送られてリュクサンブールの薬学部玄関へ。田中君の研究室を見せてもらうため一緒に来た次第。ところで研究室の棚を見ると、多くの薬品は今日行って来たスペシアの親会社ローヌ・プーラン製なので、中々大きな会社であることを改めて認識しました。もっとも松平君に聞くと、日本では精密分析にはメルクの品、やや精度の落ちてよい分析にはフランスのを使うそうで、ドイツのものにはかなり劣るらしい。

メゾンに帰って会社から貰った包みを開くと、パリの地図やメトロの案内図、絵葉書に製品が数種。一寸したお土産が出来ました。あとで人から聞いた話では、この会社はクロルプロマジンの特許を持っている由で、塩野義でも年百万以上の金を出しているとのこと。技術陣が中々よいのだそうです。

夜は小川教授に手紙書き。二月末に書いたきりだから随分無沙汰したわけです。

五月三日(木)　晴。午後雲湧く。夕方、又晴れる

朝から研究室。今日で百八例迄。例を重ねるにつれ、文献を読む必要に駆られます。自分で思い付いたテーマでないので、その点一寸つまりませんが、やはり取り組んだ以上独自の眼で何か見出さねばと考えています。

昼食にシテに帰り小憩の後、医学部図書館へ。精神神経学中央雑誌を一九五五年から逆に調べることにしました。文献はよく集まってはいますが、書物はドイツ、英米系のものが少なくて困ります。特にドイツのが無いのが欠点。ベルトラン教授が参考にするとよいと言ったオステルタークのものや、近刊のブムケ、フェルスターのハンドブーフなどは是非目を通さねばならぬのに、いかに探せど無く弱っています。脳研には買ってあるのですが。方々探すつもりでいます。

正月に旦那さんを肥田野君と往診したことのあるT書記官の奥さんから、主人の身体のことについてご相談したいと、シャンゼリゼのロンポワンのカフェに六時にランデヴーを頼まれていたので出掛けました。夕刊で見ると今日もアルジェリアではテロがあったと報じています。長い目で見るとアルジェリアといいモロッコといい、もうすでにフランスから分離していると言い得るのではないでしょうか。仏政府は強権を以て臨んでいるらしいが、こうした問題に強権を以てするのはすでに間違いで、日本の中国に対する政策の失敗がそのよい例。フランスのインテリの多くは、アルジェリアでもモロッコでもフランスを離れては自立して行けぬと考え、我々もそう考えがちですが、それも時期の問題ではないでしょうか。両植民地に多くの利権を有している仏人たち、たとえばアルジェリアに三千坪の土地を持っていれば、本国では悠々と暮せ、シャトーの一つも持てようという位のものらしいが、それが失われれば、あとはじり貧。自分の腕をもとに働かねばなりますまい。もっともそれが当然なのです。今迄それこそよい思いをしたのですから。

ところで六時に目指すカフェに行ったら書記官夫人が柴

崎領事の奥さんと子供達二人と共にお茶を飲んでいる所でした。僕も仲間に入ってビール。西空が橙に染まり、陽が凱旋門の向こうに落ちようとし、そのため凱旋門は黒々と我々に押しかぶさるように感じられます。モードをりゅうと着たご婦人が往来しています。柴崎夫人らが帰ってからの話によると、T書記官は正月からどうも身体の調子が悪いらしいが、仕事のことで随分無理し、五月からは語学の練習に学校に通い出し、帰りが十時位になるのでどうしたものでしょうとの相談。この前、アエロギャールで知り合った仏人夫婦はサン・ルイ病院の助教授なので、この人に渡りをつけ得るし、おまけに十日にはこのバセ夫妻の家によばれているので、その時に依頼すればよいと考えました。大使館の連中はたしかに我々とは全く別の世界の暮らしをしているとは言え、観光に来る連中の案内に時間をとられて本当の勉強が出来ないことは十分に認めます。そのために過労もするのです。そんなこぼし話をエトワルの方に上りながら話し、トロカデロで別れました。

夜はシテで、クリスチャン・ジャックの映画「Adorables Créatures」を見ました。これは日本では「愛すべき御婦人たち」と題されていた由。この中にミュゼ・ド・ロム（人類博物館）だとかトロカデロだとか、方々パリの街の風景が出て来ますが、こうしたのを見てさえ、すでに何か郷愁めいたものを感ずるのですから、日本に帰ってこの種の、例えば「巴里の空の下セーヌは流れる」などを見たらどんなに懐かしく、旅情にかられるだろうと考えたことでした。

＊俸給が手取り二万円を越した由。でも殆ど全額こちらに向けるのだから大変でしょう。帰ったら大いに節約しましょう。本屋の払いよろしく。

＊子供の服の色を注意していると、赤系統は少ない。しかし薄桃色はよく使うようだ。むしろ紺とかグレイとかの渋い色を主調にして、これにアクセントに一寸赤を入れるといった具合。節子の服の色には十分注意を請う。

五月四日(金)　晴

朝から研究室。数例鏡検。アストロチトームに特殊な血管変化があるかないかを論ずる場合、これだけを見ていても駄目で、血管の変化を伴う他の脳腫瘍も一通り眼を通さねばならぬと思います。一寸それには日が足りないようです。しかし欲を言ってもきりはないし、又、少し専門をはずれることでもあるので余り凝り過ぎないようにしましょう。しかし脳腫瘍一つ取り上げても、突っ込んで行けば問題はたくさんありますし、又、考えを進めて行けば生命の神秘、科学の限界というような本質的なことにも突き当たり、色々な勉強になります。

午後は医学部図書館。アストロチトームの悪性度について、一九四九年頃にアメリカのケルノハンが重要な論文を出しているらしいが、その雑誌名を探しましたが一寸見付かりません。今日までの検索で一九四〇年までのZentralblattを見終えましたが、アストロチトームについては報告の数はそれ程多くありません。血管変化を取り上げたものは特に目につきません。図書館を出て、夕方で人の往来の激しいリュクサンブールの交差点の角のカフェのテラスでビールを飲みながら、仕事の事をぼーっと考えていたら、近く帰国する高沢という画家がやって来ました。この前ペニシリン注射してあげたら、絵をくれた人。一緒に飲んでいる内、支那料理を食べましょうと誘われ近くの東方飯店へ。パリには他国の料理店がたくさんありますが、中でも中華料理店が多い由。安南人や華僑がやっているとのことで、入りは上々です。食事しながら日本の画壇に対するコボシ話で終始。帰国を前にそんなことが胸につのるのでしょう。

食事に手間がかかり、九時からのテアトル・デ・シャンゼリゼでのミュンヘン「プロ・アルテ」室内管弦楽団の演奏に遅刻。ブランデンブルク協奏曲の二、三、四、五、六番の内、二を聴きそこね三番から。指揮はクルト・レーデル。フルートはピエール・ランパルの金の笛。最初の音が鳴った時、これは絶品だと思いました。合奏の弦のすばらしさ。この楽団がレコードに吹き込んだブランデンブルク協奏曲は、今迄のレコードの中では最上のものの由。あとで人から聞きましたがそれはそれは美しいものでした。チェンバロのカデンツァ（カデンツァと言ってよいかどうか分からぬが）など、息詰る位のものです。こうしたのを聴いていると、全く実演とは実に素晴らしいものだなとつくづく思います。三、四、五が特によかった。アンコールに第三と第六の第三楽章。それに人々が余り立たないものだから更に「アリア」。これはもうアンコールはやるまいと思い、下に降りて行ったら始まったのでオルケストルの席（一階）で聴きました。全員暗譜で、実にきれいな合奏でした。

五月五日(土)　晴

からっと晴れるわけでなく、何となくぼーっと霞んでいます。研究室。朝シャルコー研究室の前の電気治療病棟で仕事をしているブールギニヨン君が、日本の雑誌の表題を訳してくれと頼みに来ました。彼の部屋は中々堂々として、サルペトリエールの中だけで二つも部屋を持っている。帰る前にもう一度家にいらっしゃいと言います。

若葉風のふんだんに入る窓辺で、今日で百二十例。ベルトラン教授にオステルタークの本が医学部図書室に無いと言うと、それではピエール・キュリー研究所に行ってみなさいと言う。自分も読んではいないが、数年前に彼が本を書いたということを聞いたからきっと探せばあるでしょうとのこと。僕の感じではブムケ、フェルスターのハンドブーフの腫瘍の項のことではないかと思うが、脳研にあるこのハンドブーフで腫瘍は誰が書いているか一寸調べてもらえまいか（徹に）。僕は恐らくオステルタークだったと記憶しているが。

午後は十二日の土曜のルーアンへのエクスカーションの申込みに行ったら、コミテ・ダカイユは土曜午後は休み。リュ・ド・レンヌの店やのショーウィンドウをのぞきながらサン・シュルピスの広場に出、ここに多い赤いマロニエを見上げながら医学部へ。今日で戦争中までの文献を逆にあさり終えました。ともかく戦争中のそれは実に貧弱なもの。人々の苦悩迄読み取れるようです。

早目に部屋へ帰り、葡萄酒の空瓶を下げて馴染の酒屋へ酒買いに。一本百フラン。食前の一時を、窓から若葉の景を楽しみながら一杯傾けます。本当に葡萄酒はうまいと思います。こちらのビールは甘口で近頃は余り好ましくありませんが、赤葡萄酒はやはりさすがです。これは室温で飲むのが定石とか。

風呂にでも入ろうかと思っていると大久保君が来て、近頃足がだるく、心悸昂進があるので診てくださいと言います。手足が時々ピリピリしていると言うし、肺動脈音も相当高いので、しばらくVB1の注射を続けてやることにしました。それに煙草を一日五十本も吸うと言うので厳重に二十本以下にするように制限を申し渡しました。色々の悩みがあるらしい。

しかしこうした文科系の連中は、一見だらしないようでも人間味があり、メゾンを根城にする理科系のギスギスした連中よりもずっと親しみが持てます。これは他山の石とすべきことですが、フランス留学をした連中が将来余りのびないのは、人間的に余り幅がないのと、一人よがりの点があるからではないかという感じがします。特にその点理科系の連中に多いような気がします。僕自身十分気をつけるつもりです。僕はVB1を持っていないので、彼の下宿に行ってやることにし、行き掛けにモンパルナスでビールを一杯。大変な往診です。下宿で注射後、味噌汁を作って馳走してくれました。彼は鰹節かきを持っていて、ダシの取り方から講釈付きで作ってくれましたが、実においしかった。鰹節もにんべんの最高級の由。しかし男がこれだけ料理に細かいと、奥さんはのびのび出来ないなと心中思ったことでした。下宿を出たのが十二時。サン・ジェルマンをクリュニーに出て、サン・ミシェルをのぼりご帰館。

五月六日(日)　晴

ようやく天気は定まったようで、暖かくもなって来ました。パンとコーヒーとヨーグルトで遅い朝食をとって散歩に出ようとしたら、松平、土井君も付いて行くというので一緒に。先ずシャトレで降りて河岸をぶらぶらルーヴルの方へ。サマリテーヌの前でポン・ヌフのたもとの白いマロニエの花をカメラに。ここで写真を撮っている内に二人とはぐれてしまい、これ幸いと気ままに歩き始め、先ず昼下りで人の少ないチュイルリーへ。陽が照り付け、服も脱ぎたいようです。芝生の上にはかげろうが立ち、ルーヴルの前のチューリップなどはすでに花期も終りかけ、ここにも日の経つのが誠に早いのを感じます。着いた当時、葉を殆どふるい落していたチュイルリーの樹々も、今はもう黒々とした緑陰を作っています。オランジュリーの庭の大きな泉水では大人も子供も模型のヨットや汽船を走らせて夢中になっています。サロン・ド・メ(五月のサロンの意)の券を貰ってあるので、コンコルドからシャンゼリゼに入り、グラン・パレに行ったら、ここはアンデパンダン展で、サロン・ド・メは近代美術館の方。メトロでイエナに出、このカフェでサンドウィッチで軽い昼食。目の前のひっそりとしたアパルトマンからは年金生活者でしょうか、年寄り夫婦が手を組み合って午後の散歩に出て行ったり、若夫婦が子供を連れて自動車でドライブにブーッと消えて行きます。日曜日のこのあたりの住宅街は全く静かで、まるで谷間に居るような感じ。

サロン・ド・メは、まともな絵は荻須高徳さんのが一枚あるきりで、あとはすべて抽象絵画。誠に見ていて苦しくなるようなものばかりです。展覧会を楽しむというような気分は消えてしまいます。現代人の苦しみをそのまま現わしたような雰囲気です。既存の手法をすべて否定し、何か新しい様式を生もうとして苦しんでいるということはよく分かるのですが、僕にはとても親しめない。その意味で荻須さんがレジスタンスのような気分があるのかどうか知りませんが、自分を守って、自分の雰囲気で描いているのが、一つの見識を示しているようで嬉しく思いました。

会場で矢内原伊作氏に会い、一緒に見ましたがこの人も、低調ですねともらしていました。この人はどの程度の眼識のある人か知りませんが、これなんか面白いと指すのを見ても僕には一向頷けない。彫刻もひどいのばかり。日本で大騒ぎして憧れるサロン・ド・メもこんなものかと一寸白けた気持になり、矢内原氏と会場を出ました。こんなものを見るにつけ、宗達、光琳の境地、古径、青邨の画面が生き生きした力をもって思い出されて来ます。過去において、又、現代においてこれだけ優れた美的感覚を持った日本人として、もっと冷厳な眼をもって西洋絵画を見る必要がありましょう。

カフェでスペイン旅行の話（矢内原氏もパックにマジョルカ、ヴァレンシア、バルセローナに行った）をしながらビールで喉を潤しました。商売だから当たり前でしょうが、イタリアにも二、三回行ったりして詳しく見ているのが少々羨ましい。矢内原氏と別れて、モンマルトルを写真に撮ろうかとショセ・ダンタンに出て歩き始めたら、トリニテの教会に出たのでついでにと中に入ってみると、これが女の子たちの初聖体のお祝（プルミエール・コミュニオン）で人で一杯。生れてすぐ洗礼は受けるが、これはあくまで受動的。それで物心ついて初めてキリスト教に帰依することを示す儀式と記憶していますが、或は誤っているかもしれない。上から下迄結婚衣装みたいに白づくめの服装で祭壇の前に並び立ち、後ろの方は家族で一杯です。おおむね中流以上の家庭と見受けられたが。というのはこれだけ衣装を揃えるのだけでも一寸したお金がかかりましょうから。式が終ると大きなのぼりと照明を持った男の子たちの先導で教会からしずしずと出て来て、出口で家族に迎えられて終りといった寸法。それにしても中々可愛いので、何枚か写真を撮りました。人々の間を鳩が群れ飛んでお膳立ては満点です。

五時になったし大分歩いたしで、モンマルトルのピガールからバスでシャトレに出て、カフェでシトロンを飲みながら、広場のスフィンクスの口から限り無く出てくる水や、着飾った人々の、これもまた際限ない往来を見ながら六時半迄ねばりました。こうして時を過ごし、河岸のていていたる並木の若葉のそよぎ越しに、コンシェルジュリーの黒い壁や古本屋の列などを眺めていると、出来るだけ居たいなという気と同時に、早く日本に帰って腰を据えて勉強したいなという気持が沸々と湧いて来ます。

今日は少しうまいものを食べようと思い立ち、サン・ミシェルに出て七時で開いたばかりのレストランに入り、ソール・ムニエル（舌びらめのバタ焼）を注文。それにサラダとチーズと白葡萄酒。ひらめは持って来ると肉を骨からはずし、皮も大部分剝し取って行ってしまうのにびっくりしました。この次からは残させようと思います。今日はあれよあれよと思う間にさっと肉だけにされてしまいました。チーズは雪印の半ポンドの塊の半分位の大きさのがでんと出て来て八十五フラン。これで腹一杯です。チップも入れて計八百十フラン。豪遊です。

八時十五分にオペラ座に駆け付けたら序曲が始まった所。「魔笛」。筋は一寸分からなかった。主要歌手はかなりよく歌うが、この間のベルリン・オペラには劣るようです。それにパリのオペラは「オベロン」といい「ファウスト」といい「魔笛」といい、演出がスペクタクルを狙うためか、「見る」のが主で「聞く」のは従になっている感じが強く、オペラとしてはベルリン・オペラの方が本筋ではないかという気がします。モーツァルトのオペラはあと「ドン・ジョヴァンニ」を見ると有名なのはほとんど見たことになるのではないでしょうか。

バスで一直線に帰りました。

床の中で今週買った「症候より見た神経学の手引き」という本を読み始めましたが、実際的で中々よく色々症例を見た後なので整理に役に立ちます。

五月七日(月)　晴

午前サルペトリエールへ行く前にコミテ・ダカイユに行き、十二日のルーアン行の申込み。メトロで、仕事の事を考えていたらオデオンを乗越し。シャトレで降りてバスでサルペトリエールへ。おかげで五月の朝のシテの風景を眺めることが出来ました。すずかけの若葉が実にきれいです。ノートルダムの側面、後面は何時見ても美しい。

今日からガルサン教授回診。ヘマトミエリーの疑いのある一例を見たあと用件でさっといなくなったので、僕も退散。

午後はブルシエのためのルノーの工場見学。パリの西南部にあり、その広さはシャルトルの街と同面積とか。さして秘密もなさそうなのにカメラは預かり。セーヌの中の中の島一つがそっくり4CVの組立て工場。鉄板を切り始める所から始まって、全部組立ててブーッと動き出して行ってしまう迄を見ましたが、中々面白かった。一台の組立てに十四時間かかる由で、生産は三分に一台の割。全部流れ作業。同行の高野君に聞くと、基本操作の機械にはかなりアメリカの物が入っているらしい。又、鋳物を作る部分、屑鉄を溶かす部分等も、もうたくさんという位見ましたが、僕としてはこうした大きな工場を見るのは初めてであり、その騒音、暑気、塵埃等々、衛生学者たちの言う工場衛生管理の意味ものみこめたような気がしました。近代生活のかげにこれだけの労働者の汗があるということを社会党ならずとも少しは実感を持った次第です。日本だって同じ事が行われているわけであり、日本の自動車工場も帰ってから機会があったら見るつもりです。いずれにせよ自動車は、近い将来、やはり我が家の資材の一部になるのではなかろうかというような希望もわいて来ます。直子の運転勉強などもそんな先物買いという程のこともあるまい。二時から五時近く迄歩かされて大分足が痛くなりました。

夕食を食べて手紙を書きはじめたら、パンテオンの近くに居る若い絵描きが喉を腫らせたからこれから伺ってもよいかと電話。更に大久保君が注射をやってもらいに来て、僕の部屋も繁盛です。前者にはペニシリンをうち、渋茶でうがいをするように言ってやりましたが、金をとってくれときかないので、まあ治ってからにしましょうと帰しましたが、どうも貰っててよいものかどうか分からず考えています。三百フランも貰いますかね。

大久保君の方は不眠がひどく、四、五日二時間位しか寝られない日が続いて、すっかりしょげているので、昨日からイソミタールをやったら実によく眠れたと感謝されています。持って来たイソミタールは田中君と大久保君にやったためもうそろそろ品切れです。なくなったらフランス製のに切替えるつもり。僕は全くいらず人助けです。

聞くところによると明日は戦勝記念日。木曜十日はカトリックの祝日で休みとか。誠に五月は休みばかりでとても仕事になりそうにありません。二十日前後には、パントコート（聖霊降臨祭）の休みもあります。

五月八日(火)　快晴

素晴らしい天気です。これが五月のパリの正常の天候なのでしょう。今日は一九四五年の終戦記念日で休み。シテのどの館も大きなフランス国旗と自国の旗を高々と掲げています。しかしドイツ人にとっては嫌な思いがすることでしょう。今日は手紙が溜ったので朝から書き物に精を出し、家へと例の米人、ランベール君の日本留学の希望がかなえられるかどうかを問い合わせる井上英二氏への手紙と、それから脳研へとの三通を午後四時近く迄かかって書上げました。一仕事です。終ってからシテの広い庭の芝生に出て寝転がり、一時間程日向ぼっこ。青い澄んだ空と樹々の濃い緑と、既に夏を思わせます。芝生には男女共海水着を着たり、半分裸になって寝そべって日を浴びています。半年近くも殆ど日光らしいものを浴びないで暮すヨーロッパでは、真実日光が恋しいらしい。特に北欧の連中など喜々としています。

夕方から大久保君の所に行き注射をしてやった後、ハムのバタ炒め、卵の炒りつけ、青菜の味噌汁で夕食を振舞われ、次いで二人で九時からのサル・プレイエルでのカザドシュのピアノを聴きに行きました。これは世界に名の通ったフランスのピアニストの由。夫婦、息子共ピアニストとか。オーケストラはコンセール・ラムルー。曲は「フィガロの結婚」序曲の後、K.537の「戴冠式」、K.365の二台のピアノのための協奏曲。最後がK.491のピアノ協奏曲。特に二台のピアノのための協奏曲は夫婦の共演で、ピタリと呼吸が合い誠に素晴らしいものでした。僕の素人の耳にもこの人の演奏はルービンシュタインなどのそれのように表情が大きくないが、しっとりとした温かみを持っているように思われます。

終ってからアヴニュ・ド・ワグラムのカフェのテラスで冷たいビールを楽しみながら、大きな国旗をつるして明るく照らし出された凱旋門を眺めて一時を過ごしました。戦争には弱いが、早く手をあげてパリが破壊から助かったのは賢明なことだったのでしょう。かえってどの国もがこの都市に手を下さなかったことは、潜在意識としてその文化的意義を認めているからで、そのことが更にフランス人の誇りを、自尊心を高めることになっているように考えられます。エトワル迄歩いてそこで大久保君と別れました。

この前の便で書き忘れた事。

ルノーの会社見学の帰り道、同じく見学に来ていた日本人らしい男から、貴方は日本人でしょうと話し掛けられました。聞くと彼は国籍がブラジル。父親が日本人の由で、建築の勉強にパリに来ている由。トロカデロまで色々話をしましたが、彼によるとブラジルに来ている日本人は農民出身が多く、文化程度が低くて困るとのこと。それでも終戦後来た移民はかなりよくなってはいるがまだまだ理想に遠い由。それに二世や三世たちは殆ど米国化されてしまい、日本の事等全く問題にしていないのはいけないことだと少々不満顔。それに日本の古い建築や農家の建築などは、現代の欧米建築家に高く評価されているのに、日本人自身はその真価に無関心で欧米の真似ばかりしており、日本人は日本のよい点を保存するようにして欲しいものです、とも言いました。更にブラジルは日本の移民が一番多いところなのに、ブラジルの大使館などは文化活動を殆ど行って居らず全く歯がゆいとこぼしてもいました。これには全く同感で、宣伝材料が一杯あるのにそれを死蔵しているのは外務省、文部省等に人材がなく、又、文化を真に理解する人間が少ないからで、ひいては国全体の文化に対する関心がまだまだ低いことの現れであるように思います。個々人が自分の内容を豊かにすると共に、自由に欧米語を操って彼等の胸の中に食い込んで行くような人間をどんどん増やさないといけないと思います。能力の上からは日本人は全く他に勝るとも劣らないのだから。

五月九日(水)　快晴

午前外来。

午後の臨床講義はガルサン教授遅着で、ラプレルというキッペルの次の助手が最初の患者を供覧したが、視床に傷があると考えられる例で、片側の口の周囲と、同側の上肢にパレステジー（異常感覚）のあるもの。頭頂葉、又は視床の弓状核に限局した傷のあった例で同様の症状があったのと対比しつつ述べたが、実によくしゃべる。フランス語がしゃべるのに適している言葉なのかもしれぬが、やはり勉強しているからなのだろうと思い、よい意味の刺激として受取りました。

次いで安南人でマンという医者が、ガルサン教室の眼科担当を十年やっているが、その人が眼底のカラーフィルムを沢山供覧しました。途中で教授が入って来たが続行。こんな時でも少しも悪びれずにしゃべりまくるのは見習う必要があると思いました。ともかく大切なのは自信です。自分に信ずる所があれば少しも憶する必要はないわけで、我々に欠けていることの一つ。

教授はその供覧が終ると立って賛辞を一席ぶってから講義をはじめる。最高級の褒め言葉を使い褒めるわけで全くそつがない感じ。大袈裟な感じだが、聞いていて悪い気はしない。これも今後参考にします。今日の患者はギラン・バレ症候群の少女と、橋に障害があると考えられるプソイドブルベール・パラリーゼ。橋にあるという証拠は小脳症状が一例で出ているから。

帰りしなにスイスから来ている学生とオテル・デューの前のカフェでビールを飲み、奢ってやりました。彼は明日夕、スイスに帰り、パントコートの休みの明けた後に帰ってくる予定で、目的はモーターバイクを家にとりに行くのだそうです。パリの中を歩くにも、イル・ド・フランスを見て歩くにも是非要るからとりに行くんだとのことで、従ってパリに帰って来る時はそれで飛ばして来るわけ。スイスは八月は混むだろうと聞いたら、八月末からは空くから、行くならその頃から九月にかけてになさいと言います。スイスはパリよりずっと清潔ですよと自慢げ。

今日も大久保君に注射してやり、夕食を馳走になりました。往診料だからよろしくいただいています。アスパラガスの味噌汁は一寸ウドを思わせる乙なものでした。それにシャンピニオンと鶏のバタ焼。僕は葡萄酒を一本奢りました。次いで三日からサン・ドニのテアトル・アムビギュで始まったマルセル・マルソー一座を見に行くことにして出掛けたが一杯で駄目。やむなくシャトレ迄歩き、サン・ジャックの塔の下の映画館でイタリア映画、シネマスコープ「コンチナン・ペルデュ（失われた大陸）」。これは「青い大陸」などと同種のボルネオ探検の記録映画で、昨年暮にパリで封切られ大好評だったもの。確かにそれに違わずすばらしいものです。特に火山の描写等ぞくぞくするような感じ。日本に行ったら皆で見るとよいと思います。その他に来週上映のフィルムの宣伝があったが、ナチの軍隊を主題にしたものですが、相当に殺伐なもの。爆撃機の音など、戦争中の事を思い出しいやでしたが、どこでも人情は同じか、その短い予告編が終ったら周囲から深い溜め息が聞こえて来ました。皆戦争中の事を思い出しているのでしょう。映画館はテアトル・ハイツ級で百三十五フランは少し高いか。幕間にやる広告映画は実に気が利いていて思わず笑い出すようなものが多いです。

表に出たら空はすっかり曇ってパラパラ雨さえ落ちて来ました。シャトレのカフェでビールを飲んで大久保君と別れました。

五月十日(木) 晴。午後一時曇り。夜快晴

今日はアサンシオン(昇天祭とでもいうか)で休み。午前は寝坊。昼から展覧会に行こうと思ったら、先日ペニシリンを注射してやった男が、まだ喉が痛くて物が飲み込めないと言っているというので出掛けに注射に寄ってやりました。場所はパンテオンの裏のリセ・アンリⅣのそば。大学は国文を出て、こっちに来てフランス語をやり、カトリックに興味を持っているというわけの分からない男。府立の後輩の男の紹介なので、義理で行っているわけです。かなり高いアパートの小さいテラスから見ると、映画に出て来るパリの屋根ばかりの眺めが足元から地平迄も続いています。

空は曇って時々ポツポツ雨も落ちて来る中をリュクサンブールからサン・ジェルマンに出て、僕の好きなリュ・ド・セーヌをぶらぶらとコンコルド広場の脇のオランジュリー美術館に「ジオットからベッリーニまで」というイタリア十四、十五世紀の絵の展覧会を見に行きました。この時代のものでフランス国内にあるものを集めたのです。主題はすべてキリスト教の史実によるものですが、矢崎美盛「アヴェマリア」を読んであるので、以前よりずっと興味を持って見ることが出来ます。見るものは小さいながらジオット、ロレンツェッティ、ダッディなどの十四世紀と、ヴェネツィアーノ、フラ・アンジェリコ、フィリッポ・リッピ、マンテーニャ、ペルジーノ、ボッティチェリ等の十五世紀です。誠に緻密な絵ばかりです。この時代にはフィレンツェ派、シエナ派、ボローニャ派等色々な流派があったらしいが、それらについてはまだ何も知らず、今日うすうすながら分かった次第で、これらの間の相互関係というものは絵画史の上からは大きな問題らしい。

僕にとって最も興味深かったのはこうした油絵よりもデッサン。マンテーニャだのフィリッポ・リッピだののあとに、時代的には十六世紀に入るダ・ヴィンチ、ミケランジェロのデッサンが並んでいましたが、実に素晴らしいものです。線を生命とする東洋画に親しんでいる我々には油で練り固めた宗教画より、こうしたデッサンのタッチの生き生きしたものの方がずっと親しみがあるようです。それにしてもいつか中川一政が書いていたように、ルネッサンスより以前のイタリア絵画に最も打たれたという気持もやや分かりかけ、イタリアを見たいという気が一層激しくなって来ました。しかしそれには予め大分勉強して行かねばならぬように思います。帰りに大久保君の所に寄り注射。オッサンも少し元気が出たようです。

今日はこの前パリに来た皮膚科の二氏を介して知り合っ

たドクター・バセに招かれている日。今朝奥さんから七時に宅がメゾンに迎えに行くからと電話があったので、夕方になりカッと陽の射しはじめたサロンで待ちました。家庭によんでくれるのは一番の待遇でしょう。家はフォントネー・オー・ローズという、シテから遠からぬ郊外。自動車で十五分位。二階建で下は台所と赤ん坊の部屋、便所及び洗面室、夫婦の居間兼寝室、並びにテラス付きの応接室。二階は見なかったが子供部屋、書斎があるらしい。庭は殺風景で一寸バラが植えられているきり。かなり大きなボートが裏返しになっているので聞くと、ヴァカンスの時に使うとのこと。あたりは一戸建ての住宅地で、田園調布によく似ています。

バセ氏はずっとここで育ち、自分の通ったリセが非常に程度が高いので、子供もそこに通わせたく思い、ここに居を構えたと言います。背はそれ程高くないががっしりした落着いた感じの人で、一寸もぶらないので大変好感が持てます。奥さんの方は清水崑の河童の漫画の淡島千景かっぱに似た感じの人で、非常に世話好きの人らしい。前に浜野氏に聞いた所によると、二番目の奥さんで、先妻との間に二人の男の子があるとのこと。それらしいのが二人挨拶に来ました。小学校五年と三年位か。今の奥さんとの間には男と女の双生児。六ヶ月とかで、女中が世話に追われていました。ホワイトホースを飲みながら三人で話。日本については、僅かの年月で日本は西欧の技術を身につけて、今では偉い学者も出ていて感嘆に堪えぬと言います。しかし日本は人口が多過ぎますねと、又ここでもその問題。至る所耕されているということが大変に驚異らしい。一方フランスの退潮ということははっきり認めていて、何とか打開しなければならぬと漏らしました。

招かれたのは僕だけでなく、日本及び仏印に来たことのある生物化学をやっている夫妻と、バセ氏の従弟夫妻。いずれも医者です。食事は最初は魚のトマト煮。次いで鶏のバタ焼きとジャガイモを潰して小麦粉をつけて揚げたもの、チーズ、デザートはチョコレートとビスケット、それに果物とコーヒー。酒はシャンパンに似たヴァン・ムスという辛口の奴。

生物化学の男というのは、いかにもフランスらしい皮肉屋めいた男で、これが人々の話に茶々を入れて一座を沸かせるが、これは殆ど僕には分からない。双生児が出来たことについてからかったりしているらしい。ともかくよくしゃべり、よく食べること、驚くばかりです。しかしどんなに賑やかになっても座を取り持って締めて行くのは主婦のバセ夫人です。食後バセ氏夫妻が東京から子供にお土産に買って来た無線操縦の自動車でしばらく遊んだあと、仏印、日本旅行の天然色写真の観賞。仏印については、とても長く居る所ではないよなどと負け惜しみとも取れるようなことをしゃべっています。日本について撮っている所は結局日本の文化を理解しようというようなものでなく、エキゾチシズムとして楽しんでいるに過ぎないという感が濃い。

十二時近く、バセ氏の従弟夫妻の自動車でシテ迄送られました。家庭に招かれるということは最上のもてなしであることはよく分かりますが、その雰囲気に接する機会が多くなるにつれ、本当に理解して胸襟を開いて相対することなどは言葉の難関を除いたにしても、それはそれは容易なものでないことが分かって来ます。その点、加藤周一が「親切」という項で述べていることは大体正しいと思います。何にしてもよい経験です。

五月十一日(金)　曇り

午前外来は再来の患者ばかり。昼は久し振りにサルペトリエールで食事。研究室に行きました。窓外にはマロニエが花を咲かせています。今日で百三十七例に達し、来週で標本は見終える目鼻がつきました。しかしそれも一応の話。今後幾度か見直さねばならぬでしょう。

空が曇って来、涼しくなったのでシテに帰り身支度を整えてから大久保君の所へ。注射後今日も味噌汁でおよばれ。雨のポツポツ落ちて来た中をバスであたふたとシャイヨー宮に駆け付けました。

九時からアレキサンドル・ブライロフスキーのショパンのリサイタル。これは中々大したものでした。こちらに来てショパンを聴いた最初ですが、感動しました。どんな小さな音も体にしみてくるような演奏です。痩せて鶴のような身体の何処からあんな力が出て来るのか不思議です。割れるような拍手にも二、三度微笑むだけ。物に憑かれたような弾き方、弾き終るとうつむき加減に物静かに引き上げて行く、その挙動も好感が持てます。最後に弾いた「英雄ポロネーズ」に観衆が沸いて来ます。アンコールは六曲。家のレコードにある有名なワルツ、「子犬のワルツ」、「三つのエコセーズ」等。

外に出たら相当強い雨。明日ルーアンへエクスカーションというのに一寸がっかり。今日の「フィガロ」の座談会記事に、男は自動車、テレヴィジョン。女は洗濯機、冷蔵庫という現代のアメリカの生活様式とフランスのそれとの比較を論じ、デュアメル等も出席して色々論じていますが、殆ど皆が十五年位後にはフランスもそうなるであろうと認めながら、アメリカは応用の天才、我々は発明の天才であり、応用面ではアメリカからヨーロッパという方向だが、創作面、エスプリは常にヨーロッパからアメリカへ定常的に方向付けがなされていると決めこんでいます。デュアメルなど、一体生物学でパストゥール以後に真の意味の大きな発見というものがあるか等極言しています。しかし一方には徹底的にフランスの行き方に悲観的な意見を吐く者も居てとても面白かった。記事は持って帰ります。金曜朝手紙落手。

＊節子の写真。本当に大きくなりびっくりしています。誰に見せても目元が僕にそっくりだそうです。猫を抱いた写真、プス（猫）の迷惑そうな顔にふき出しました。さながら坂田の金子さんといったところか。

＊全くフランスは切手の国。よく出します。今日のも三種が四、五月に出たもの。日本からのはもう時期もないし、それ程苦労しなくてよいです。

五月十二日（土）　晴

昨夜雨だったのに起きたら晴。嬉しくなりました。冷え冷えとしていとも爽か。ブルシエのためのガイド付きバスツアーで、八時にポルト・ドルレアンに行き乗車。空には線雲が往来。パリの南端のブールバールを西に向け、ポルト・ド・サンクルーからパリを離れ、サンクルーの森に入ります。いつもの事ながら坦々たる道路。本当にいつになったら日本の道もこうなるのかと思います。それにこれだけの土地が寝せてあるということ。実に大きな違いです。第二次革命の時に、労働者救済のため、一日四十スーの日給で工事をやったという「四十スー道路」のあたりからいわゆるセーヌの谷に入りますが、谷といっても一寸した丘の間の窪地で、眺めは開け、日本の谷と概念が違います。ノルマンディーに近づくにつれ林檎の花盛り。ノルマンディーは林檎の酒シードルの名産地です。果樹の間を馬耕の人の姿が通います。セーヌは狭くなり、広くなり、時に中の島を点じておっとりと流れています。マントという小さな町で十二から十四世紀に建てられたというカテドラルを見ました。この町は空襲でやられ、改築中の家が多い。戦後十年になって下から固め上げて家を造るわけ。カテドラルの前の広場で九時過ぎの遅い朝食。ここは正面のローズを残し、ステンドグラスは見る影もありません。カテドラルのみでもかなり見ているわけですが、一つよい写真集を欲しいものです。

十一時近くレザンドリーという村に到着。セーヌに峙つ石灰岩の崖の上に、十二世紀に建てられ、その後間もなく廃墟となったシャトー・ガイヤールを見にバスを降りました。城の跡といっても城壁の一部。宮殿のかけらが残っているだけですが、ここからのセーヌの谷の眺めがよく、その点小諸城址に似ております。そばの斜面がキャンプ地になっていますが、その芝生のよく手入れされているのには感心しました。その傍らにはマロニエの大木が花をつけていました。この町あたりから建物がはっきりとノルマンディー風になってきました。これは木と石又は壁土の組合わせです。バスは広々とした牧場の間を抜けたと思うと、別荘の建ち並ぶセーヌの河岸に近付いたりで、眺めが楽しい。

一時近くルーアンの見える高地に着き、ここで降りて上からルーアンを見下します。ここはマルセイユに次いで大きな港の由。初めて聞きましたがなるほどセーヌの河岸にかなり大きな船が繋がれています。セーヌを挟んで左が工場及び住宅よりなる新市街。右が、街全体が美術館といわれた旧市街。戦争でかなり壊されてしまったことをフランス人たちは深く嘆いています。しかしカテドラル、サン・マクル、サン・トゥアンの三つの塔の建ち並ぶ景は中々遠目には美しい。パリの前港として、又、工業都市として繁栄していることがうかがえます。

街に入り、カテドラル横の古い古いノルマンディー風の料理屋で昼食。酒は本場のシードル。しかし甘口で僕は好きになれませんでした。小海老が前菜、それに羊のもも肉と豆の煮たのとの付け合わせ。チーズにアイスクリーム。チーズが実にうまかった。一時半にここを出て、美しい家々に見とれて迷子にならんように皆一塊になり歩いて、先ずサン・トゥアン、次いでサン・マクル、古い美術学校などを見て歩き、修築中のカテドラルは後回し。このカテドラルは確かにごてごてとして重苦しく、同じ時代でもランスのが断然優れていることが分かります。コルネイユの生家を見て最後はジャンヌ・ダルクの火あぶりにされた場所を市場の中に求めました。伝説に二つあり、あるものはここが本当だと言い、あるものはいやここの所だと譲らずで、僅か三メートル隔てた所に二つの印がつけられています。

自由時間になり、鈴木（東大仏文教授の息子）、高野、それにイスラエルの哲学専攻のマドモワゼルと四人で、人の出盛る中を古い古い時計台の下を抜けてカテドラルの広場へ。この時計台は針が一本しかなく、針の先には金属の小羊が一頭つけられていて中々ユーモラス。時間は正確です。節子などに見せたら喜ぶかもしれない。カフェで出発迄休憩。節子に胸につける小さなルーアンの紋章を買いました。

帰りは朝来た道を引き返すだけ。ドイツの美術史専門の男と隣り合わせになり、パリ迄話し続けました。僕が、ドイツ人が日本人を評して蜜蜂のように勤勉の意と言うのは決してよい意味で言うのではなかろうと言うと、いや決してそんなことはない。日本はここ百年程の間に西欧の技術を殆どすべて受入れてしまった。素晴らしいと言う。ここで〝技術〟と彼が言うのは、彼がどう考えているか知らないが、我々はここに注意しなければいけないことのように思います。デュアメルじゃないが、技術だけに終始しているのでは何時迄経っても彼等を追い抜き得ない。いわゆる創造面に参画しなければ、あく迄世界の後塵を拝するだけになってしまいます。何としても前人未踏の境を切り開きたい。念ずるのはそれだけです。ヴェルノンの町で各自夕食をとるため小休止。八時になってもまだまだ明るいのですから驚きます。

ポルト・ドルレアンに帰り着いたのが九時過ぎ。シャワーを浴び、葡萄酒を飲みながら床に入りました。「フィガロ」の論説で、「アジアから見たアフリカ問題というのは、ともかく暫くフランスを離れて帰って来てみても議会はいつも同じようなことを揉み合っていて、世界に眼を開いていないのにびっくりする。アジアと北アフリカの問題は回教の面からも考えてみねばならない。アジアの回教徒たちはカイロの本院と直結し、カイロから北アフリカにはどんどん指令が飛んでいる。アジアの回教徒たちが、我々はフランスをこの大陸から追い払った。君達にそれが出来ぬわけがなかろうという時、北アフリカの人間はどれだけ励まされているか分からない。しかし我々はアジアと決して連絡を絶ってはいけない。アジア会議などにも深く注意を払わねばならぬ。我々の政治的影響はうすまったけれども、文化面における影響はそれを凌ぐ程大きいのだ。そのよい例が東京の日仏学院、日仏会館の活躍である」というようなことを言っています。しかしこれをそのまま受取ってはいられません。我々の方からも彼等の方に何等かの意味で攻勢をかけなければならない。それなのに日本の政治は、文化はと考えるとじっとしていられないような気持にもなります。ところで北アフリカ問題にしても、パリに居る黒人たちのすべてが反フランスなのではなく、彼等は金持ちの息子の故もあるが、我々はフランス人だ、アルジェリアで騒いでいるのは赤の手先だと片付け、白人の女を追い回しているのも少なくないようです。誠に世界は複雑。広いようで狭く、我々も常に眼を世界に開いていなければならぬことを痛感します。

五月十三日(日)　晴

今日は完全に休養。朝食のものを買い出しに行ったきり部屋で休息。夕方、シテの芝生を散歩した位のもの。余り見て歩いてばかりいると、見たものを頭で整理する時間も必要になってきます。

夜大久保君が来て注射。遅くまで話して行きました。少しずつ元気が出ているようで結構です。

五月十四日(月)　晴

午前回診。じっくりと二人を診ただけ。一人はガストレクトミーのあとに来たパラプレギーで、ヘマトミエリーについて論じ合っていました。もう一人は下肢にひどいアタキシーがあり、筋肉は十分ありながら全く歩行不能。教授が、手に軽度の筋萎縮を見つけて問題は新たとなり、詳しい検査ののちに診断を下すとのこと。

グリュネールからオステルタークの本を借りました。彼の部屋に行ったら視床内縁から視床下部にかけての腫瘍で、癲癇様痙攣の頻発した例を見せました。

午後百四十五例に達しました。あと二、三日です。六時から七時、医学部でガルサン教授講義。知覚検査法。事新しいことなし。

帰りに大久保君に寄り注射。飯を一緒に食べてから、僕はシャイヨー宮のヤッシャ・ハイフェッツのリサイタルへ。さすが一杯。しかし今晩はこの他にオペラ座ではベルリン・フィルハーモニーとカラヤン、テアトル・デ・シャンゼリゼではベオグラードのオペラをやっており、その他の劇場もすべて開いているわけで、マルセル・マルソーも好評を続けているのですから全く不思議な都会です。

曲はフランクとモーツァルトのソナタ、エルネスト・ブロッホのPoème mystique、チャイコフスキーのメロディ、ベートーヴェン、クライスラーの小曲、最後がハバネラ。初めてハイフェッツの実演に接したわけだが、それはそれはすごい音です。フランクとモーツァルトがすばらしいと思いました。

幕合いに豊田耕児君に会ったので、専門家としてどうですかと聞くと、とても良いです、近頃は何か弾きかたが徹底しているようですと言っていました。何が徹底しているのか分からぬが、あの人たちには勉強になることでしょう。アンコールは、ドビュッシーの「亜麻色の髪の乙女」、ガーシュイン小曲、パガニーニ、最後がメンデルスゾーンの「歌の翼に」。パガニーニは舞台の背後の席にいる観客の方に向かって弾きました。望遠鏡で見ると、ピリピリ緊張した顔は、それでいて凄い音を何気なく出す、静かな姿態。左手にヴァイオリンと弓を肩の高さに持ち、頭だけ折り曲げて拍手にこたえる姿。映画「カーネギー・ホール」で見たままだが、誠に印象的です。皆も覚えているでしょう。

今朝の「フィガロ」の評を見ると、賞賛しつつも、フランクのソナタについては、温室の中で育たず人々の心の中に生きたフランクの古い曲は、ハイフェッツによって素晴らしい果物になった。しかしこのカリフォルニア産の美しい果物は、見た目には快く完璧であるが、悲しいかな味はないというようなことを書いている。しかし何はともあれ僕にはすばらしい印象でした。

五月十五日(火)　晴

午前、隣の絵描きから頼まれ、その友人が風邪というのでグラシエールの宿まで行ったが、いくらノックしても起きず無駄骨折り。

植村館長のところに、ノイシュタットのフォークト教授のところに居る難波氏という日本人から、僕の論文別刷をフォークト教授夫妻から取り寄せるように依頼されたからという手紙がきている由、呼び出しがありました。連絡がつけばドイツ旅行をする時に便利でしょう。午前はおかげでサルペトリエールは休み。手紙書きにつかいました。

午後研究室。百五十七例に達し、あと一息です。しかしそれからが大変。だが、母上の言ではないが人の出来ないことをやってこそ立つ瀬もあれ、大いに頑張ります。

シテに帰らず大久保君の所に行きますと、丁度、森有正（森有礼の孫。哲学者。仏文学者）という人が来て居て、それに鈴木君も加わり四人で豚汁を作って食べることになりました。森さんは戦後第一回のブルシエで東大助教授として北本教授等と一緒に渡仏した人。滞仏五年。東大の職をなげうち、当地の外国語学校の先生として一生をこちらで過ごすべく、今年再びやって来たのです。近く奥さん子供も呼ぶとか。鋭さを秘めながら物柔らかな明るい人です。

食事の間に、パリには色々の人が来るとの話になり、日本人にもお侍がたくさんいるが、パリの外国語学校の生徒に聞くと、例えばデンマークの会社の社長を案内して無理難題に悩まされたとか、中々大変な御仁が多いらしく、その点日本人のみがひどいのではなく、万国共通のものらしい。しかし代議士は日本のが一番下劣だとのこと。また北アフリカの問題は、毎日さわいではいるが仏印で破れた時のさわぎに比べたら全く比べ物にならぬ由で、仏印は痛手であったらしい。その点チュニジアやモロッコ、アルジェリアの方は単なる民族運動で、赤は関係ないらしく、又、これらの国は独立したとて、政治的にも経済的にも独り立ちは出来ぬのだそうで、よほど仏政府にヘマがない限り何とかおさまるらしいですよと言っていました。

我々はオペラ座に行く予定があるので、また森さんの下宿によせて貰うことを約して別れました。宿を出たのは八時半、といってもなお明るく、この宿のある、いかにもパリの下町らしい横丁では、なお子供たちが声高らかに遊びに耽っています。主婦たちは買物かごを提げて店に行列をつくったり、台所でがたごとやっています。今日は一日冷え冷えしてレインコートを着けています。

オペラ座は四階正面。パリで二度目のカラヤンです。しかも率いるはベルリン・フィルハーモニー。曲はヘンデル、オネゲル、ブラームス二番。オネゲルは最近のものなのでそう期待していなかったのですが、聞いてみて実に感動しました。「典礼風交響曲」と題するもので、初演は一九四六年八月十七日チューリヒにて。これは僕に召集令が来た一年後に当たる日です。戦争を呪ったものと思われ、

第一楽章は「神の怒り」、第二楽章は「深淵から」、第三楽章は「我らに平和を」と題されています。第一楽章は耳に心地よくない音が多く、いかにも近代のものだなと思ったのですが、第二、第三楽章と進む内に次第に引き入れられ、何となく素直に理解出来るような気持でした。非凡な演奏によるのかもしれない。

アンコールに何をやるかと思ったら、なんと「タンホイザー」序曲。それはそれは素晴らしいという他ありませんでした。ホルンとはこんなに鳴るものか、ピアニッシモでもこんな音がするのかというような細かなことはさておき、又、総勢九十名という楽員の多さ、更にオペラの比較的の狭さを考えるにしても、心の底から突き上げられるような興奮を感じました。

オペラから出ても人と口をきくのを避けたい程深く感じ入りました。当地できいた音楽会の内、やはり強く印象に残るのは数回に限られますが、本日の演奏は、前にテアトル・デ・シャンゼリゼできいたクララ・ハスキルとカラヤンのそれと並ぶ巨峰です。カラヤンというのは鬼才の名に相応しい人なのでしょう。ヨーロッパでも大変な人気です。サン・ミシェルに出てカフェで印象を語り合い、終電に間に合うようにカフェも片付けはじめたサン・ミシェルの坂を小走りにリュクサンブールに上って行きました。三日月が公園にかかっています。

五月十六日(水)　快晴

午前外来で十二歳になる女子で、七年前に脳膜炎、最近脚に麻痺が来、伸展位をとっている例で、膝蓋反射は(+)なのにアキレス腱反射が両側で出ないというのが見付かりました。これをアナムネーゼの脳膜炎と関係づけるか否かでガルサン教授は大分考えていましたが、これは脊椎下部のレントゲンを見ることにしよう。必ずここに何か形成異常があるに違いない。前にこれと似た例でスピナ・ビフィダがあったのを見たことがあると、以前に診てもらっていた病院からフィルムを取り寄せると、まさにスピナ・ビフィダ。「ボアラ、ボアラ!」と鼻の穴をひくひくさせて得意満面でした。すぐ外科に相談。

昼にシテに帰ったら、大使館のT氏から連絡があり、今河野農相が来ていて会議が開かれるので、今夕、バセ博士に診察を受けに行くのは不可能になったからよろしく頼むとのこと。やむなく僕だけ行って断ることにしました。

三時からのクリニックがガルサン教授の都合で四時近くより始まりました。五時半にバセ氏の所に行かねばならぬので五時に中途で講堂を出て、メトロでアンヴァリッドの近く、リュ・ド・ブルゴーニュの氏の診察室に駆け付けました。バセ氏は気持よく事情を認めて、来週金曜日に日を変えてくれました。

日の高いサン・ジェルマンのブールバールを大久保君の下宿まで歩きました。ショーウィンドウなどの飾り付けも既に初夏めき、並木もすっかり緑を濃くし、まことに気持のよい気候です。町全体の色調の調和は何と快いことか。注射後、また夕食を馳走になりました。芝居に行くという彼とサン・シュルピスの駅で別れました。

今日はゆっくり書き物をしようと思ったら八代修次という、慶應美学出の人がスペイン旅行をするから事情を聞きたいとやって来て十一時迄潰れてしまいました。人とは付き合わないという男から押しかけられるとは僕もまことに因果なことです。

五月十七日(木)　晴

朝、大使館の河野参事官から電話。訪ソの途次パリに来た村松梢風氏（小説家）がホテルで風邪で寝ていて、不安がっているから行ってくれませんかとのこと。今日中に行くことを約しました。ガルサン教室では今日は剖検材料をめぐる集まり。ゲルストマン症候群の皮質の血管変化に伴うネクローゼ、肺癌の小脳転移、結核による側頭葉の軟化融解消失等々。中々多彩です。終って、コミテに出す最終報告のための証明書をガルサン教授に請うたのち、例の土産品（竹製ランチョンマット）を進呈しました。本当にありがとうを繰り返していました。証明書も即座に書いてくれ、六ヶ月延期希望の旨も書き添えてくれました。

午後はサルペトリエールで昼食の後研究室へ。ベルトラン教授は今週は風邪で出て来ない由。今日で百六十八例に達しました。

最近パリに着いて、一年位居る予定の慶大の佐藤朔氏（補足：仏文学者。のちに慶應義塾塾長）が、血圧を計ってくれと大久保君経由頼んで来ていたので、ジラール君に血圧計を貸してくれと頼みましたら快く引受けてくれ助かりました。頼めばなんでもしてくれる、否するべきだというような人々が多いのは困ったものです。

五時にサルペトリエールを出てオペラ下車。リュ・ド・コーマルタンのホテル・アストラへ。村松氏は今年六十八歳とか。写真で見るような痩せっぽちですが、皮膚はつやつやしている。昨年の外遊で既にヨーロッパ紀行など書いており、その副題が「女のいる風景」。その道の達人と聞いています。この皮膚の具合ではさもありなんです。熱を計るのが趣味とかで、口で計ると何度、脇の下は何度など言っているので、一日三回以上お計りになってはいけませんと申し渡しました。結局疲れが溜ったのです。訪ソ団の団長の谷川徹三もアテネでのびてしまって寝込んでいる由。村松氏は今日で二度フランス人の医者に往診して貰っているが、言葉が分からないので不安でお願いしたとのことです。咳をしながら煙草を吸っているのでこれを制限、その代り好物の葡萄酒は少しなら差支えなし、飲んでゆっくり寝るにしくはありませんと申しました。フランスの医者はごてごてとビタミン剤、ホルモン剤を与えている様です。

帰って今日は手紙書き。今日、冲中内科の塚越君から手紙が来て、今年のブルシエの試験は駄目だったが、試験官の三浦教授が冲中教授に来年も是非受けるように言った由で、なにぶん今後よろしく頼むと言って来ました。三浦氏がそう言う以上、来年の彼の合格は間違いなく、その点僕も満足です。ともかく日本の神経学にフランスの伝統を少しでも導入するには、何人かの人がひき続いて来仏することが大事だからです。今年受からず、来年僕が帰ってから受かってもらったほうが色々話も出来て何かと好都合なように思います。言葉は達者らしいからサルペトリエールに来れば大いに学んでくれることでしょう。徹の場合も、ひとつ内科でみっちり患者を診て五、六年経験を積んだあと、どこかへ留学すること。その時はどんな方策でも施すつもりでいます。僕のできる範囲で。

五月十八日(金)　晴

午前キッペル氏の代講。患者に対する態度もかなり粗雑。声も低く、殆ど参考になりません。パントコートの休みのはしりで見学者も少ない。

午後研究室でまがりなりに百七十八例のアストロチトーム標本を見終えました。これからは他のグリオームの血管変化をざっと眺めねばなりません。

終ってまた村松氏に往診。昨夜はぐっすり寝て、今日は午後四時でも六度七分ですと、さっぱりした顔をしていました。右肺背面に呼吸音の粗なところがあり、まだ咳が時々あるので用心するように話して、六時からのガルサン教授の講義に出るべくオペラ前でバスを待ったら今日はバスのストで台数が減り、とうとう講義には間に合わず。

帰りに大久保君の所に寄り、彼に注射。佐藤朔氏の血圧測定。佐藤氏は慶大の仏文主任教授の由、東京では大変元気な人だったそうですが、血圧を気にし、又、飛行機で疲れたとげっそりしています。五十一歳だそうですが、村松氏などと比べずっと老けてしまったような感じです。実際五十歳を過ぎてから外地へ来た人は殆ど例外なしにげっそりし、人にばかり頼ろうとするのは一寸よい国柄ではありません。僕でもその年になればそうならぬとは保証できないまでも、やはり気の持ち様も随分関係があるように思います。僕がもう一度外地へ出るようなことがあっても、どんな無案内な所でも、絶対に人には頼らず、人には迷惑をかけずにやることを肝に銘じています。この度の外遊で骨の髄まで染み込んだことの一つです。ところで佐藤氏の血圧は百六十―八十。日本に居た時と変らないし、又、最高と最低の開きも大きいから、それ程気にされず、普通の暮らしをされるよう勧めておきました。大久保君の狭い部屋に二宮夫妻、鈴木君も来て満員。慶大の仏文卒業生もパリに数人居ながら殆ど世話はやかぬらしく、専ら東大組が世話しているのは少々お門違いの感がなくはないが、佐藤氏自身中々よい人なので接していて気分は悪くありません。少々冷え冷えする通りに出て、大久保、佐藤氏とリュクサンブールの支那料理屋で夕食。河岸を変えてカフェで一時間程雑談し、十一時過ぎ帰室。

金曜朝、家からの手紙。

*直子の自動車運転練習も進んでいる由。パリの通りを突っ走る自動車を見ても、今までとは全く違い非常に親近感をもって眺めるようになった。今までは何となく縁遠いものに感じていたが、直子が動かせるということになると話は全く違って来る。身体に無理のないように熟達を祈る。なんでもうまくなるには失敗がつきもの。達人というのは多くの失敗を嘗め、それに懲りなかった人のこと。お金もかかろうが僕が帰るまでには免状くらいは取れるかね。

*節子が式の時（補足：親戚の結婚式）にずっとおとなしくしているか興味をもって便りを待っている。写真も鶴首して待っている。この前の猫を抱いたのは何処へ行くにもポケットに入れている。あれを見ると吹き出してしまう。

*「ジャルダン・デ・モード」の子供のためのスタイル・ブックを買ったので「マッチ」と一緒に送る。薄っぺらなものだが参考になろうから。

*徹へ。ポメラートの講演は面白かったろうが、僕自身は全く別の行き方をするつもりだ。最近考えていることだが、合成樹脂の微小な球を作ってそれを血管に注入し、それによっておこる脳微小血管閉鎖の影響を調べて見たいと思う。脳のアンギオアルヒテクトニークと関連して是非やってみたい事の一つ。

五月十九日(土)　晴

午前散髪。シテの桐の花も散りしきり、現在色のある花とては食堂前庭のしゃくなげのみ。これは多彩で豪華。誠に綺麗。樹々は新緑にかおるばかり、澄んだ空を燕が群れ飛んでいます。

午後一時過ぎ、村松氏を診に行きました。熱もすっかりとれ、少し咳が出るだけとなり、明日のウィーン行きは大丈夫ということにしました。僅かですがと二十ドルよこしました。彼は昨年パリに来た時は、画家の一年分の生活費を僅か四日で使ったと言って、案内の画学生をびっくりさせた御仁。しこたま持っているのでしょう。今月は音楽会や何かで大分足が出たところなので助かります。見舞にと、こちらで映画俳優と結婚したタニ・ヨーコとかいう女優が来ていました（補足：本名は猪谷洋子。直子の女学校の一年先輩）。この女優は三十日に東宝映画に出るため日本に四ヶ月帰る由。その内新聞にも出るでしょう。

午後研究室に戻り、グリオブラストームの血管変化を調べはじめました。十例程。

五時にサルペトリエールを出て、六時にアンヴァリッドに着くというO教授を出迎えに。待つ内に、キヤノン級のカメラ二台にシネまで提げてよちよちやって来ました。ご苦労なことです。タキシーでメゾンに案内。食事をしたあと、リュクサンブールからセーヌ河岸、ノートルダム、シャトレ、ルーヴル、チュイルリー、灯ともり初めたコンコルド広場と、型の如く案内。先方が疲れたらしいのでシャンゼリゼは遠見の見物にしてシテに帰りました。氏に聞くと、アメリカに居る僕の同期の連中は二百ドル、夫人同伴は三百ドル貰い豪勢な生活をし、帰りには自動車をも買わんばかりの勢いの由。やれやれ。これから当分はアメリカ風が日本医学界を吹きまくることでしょう。僕は今から孤高を持することを強く決心しています。それは淋しいことではありますがやむをえません。少数の理解者を相手に勉強していくつもりです。デュアメルあたりの見識を頼りに。僕等の領域には金をかけなくたってまだまだやる事が満ちみちています。

五月二十日（日）　晴

O教授の案内は松平君に頼みました。

午前は洗濯、部屋の片付けをしてゆったり過ごし、午後からカメラをかついで、大久保君、佐藤さんとモンマルトルへ。大変な賑わいで、サクレ・クール寺院の前などごった返しています。今日は靄があるとはいえかなり遠望がき、サルペトリエールのドームもはっきりと指摘できます。かねてから撮りたいと思っていた場所をサクラカラーに収めました。

ブラブラと山を下り、ピガール広場の片隅の料理屋で早目に夕食。佐藤、大久保氏は芝居へ。僕は九時からの映画を見るので別れました。七時半から九時近くまで、トリニテからオペラ、マドレーヌのあたりの夕暮風景を散歩。映画館は「カルディネ」という日本映画をやる所で、パリのかなりはずれの方にあります。今日は「野菊の如き君なりき」を見ようというわけ。佐藤さんからパリに来て日本映画を見るなんてボングー（よい趣味）ではないですよ、ノスタルジーですかと言われたが、そんな意味はなく、新聞などで日本で評判の良かったと思われるものが、当地でどんな評判になるのかを見たかったからです。幕間には「おはら節」等聞いて妙な気分。前座に「羽衣」の能の映画をやったが、まるでおざなりで、この前後にやったフランスの人形芝居（ギニョール）の映画に比して、まことに見劣りがしました。日本映画社という小さな会社のものだが、外国に出すからにはもう少し密度のあるものを出したらどうなのかと一寸淋しくなります。「野菊」の上演の前に、この映画は画面が楕円形で字幕がつけられぬので、最初にあらすじを仏文で書いてあるから、それをよく注意されるようと説明があってはじまりましたが、字幕がないことは決定的に不利です。それにテンポが遅く、又、少年少女の淡い慕情を描いたものとて、ラヴシーンといっても二人で下を向いてボソボソと言うのみで、それも字幕がないので一体何をしているのか分からず、笑い声が聞こえてきます。人間の生態が西洋と東洋では違うのだからやむを得ませんが、もう少し親切な解説があれば人情位は分からせるのに事欠かぬと思い、残念でした。字幕をつけるのはどこでやるのかはよく分かりませんが、当事者はもう少しそうした点に力を入れなくては到底他国と太刀打ち出来ぬと思います。それに豊富な自然描写等、彼等には殆ど興味がないことは、いつもエクスカーションの時に強く感じていることで、自然観賞の態度の差は人間と自然との哲学的思索の差異にもつながる深い淵源のあるところ。中々彼等には馴染めないでしょう。はじめ七分の入りだったのが、途中でボツボツ帰るのもあり、周囲ではあくびをする者も頻々で、殆ど受けていないことが分かります。こうした情景に接することも、苦い経験として大切なこと。日本映画は評判がよいなどの甘い言葉に浮かれることなく、こうした厳しい面を見ていかねば、将来どうなるものでありません。大使館の文化アタッシェ、映画人などもよくよく心すべきことと感じた次第です。

五月二十一日(月)　晴

午前O教授、松平君と僕の部屋で朝食。

昨日松平君が大分O教授を案内したらしいが、昼食も夕食も、安いからとシテに帰って来てやった由。聞いて少々あきれました。なんぼ日本の教授が金がないからといって留学生に一度や二度食事を奢れない等というわけがありません。要は心の持ち様、思いやりです。いかに学問熱心で、頭脳が秀でていようが糞食らえと言いたくなります。おまけにフランスは学問的に大したことはないから、見物だけですと言うに及んでは決して良い気持で接するわけにはいきません。色々な事情があり、極論は許されませんが、かなり淋しい気持を味わったことは事実です。今日も松平君が案内してくれるというのを幸い、僕は自由に時間を過ごすことにしました。

メゾンだけで滞在を過ごすのも少々物足りなく、又、これから休暇にかけて色々な人の来ることも予測されるので、六、七月位をどこか外で暮すのもよいと考え、宿を探すことにし、大久保君の所を訪ね、事情を聞きました。オデオンで一緒に昼食をとり、僕はリュクサンブールの岡本君という府立の後輩の宿へ行きました。この前ペニシリンを打ってやった画家もこの宿で、六月に日本に発ったあとを如何ですと言われ、少し心が動きました。メゾンなどと比べたいそう狭くきたないが、それもよい経験にはなりますので、一応候補にあげることにしました。月七千フランの由。

ついで二宮夫妻をサン・ミシェルの宿に訪ねましたが、ここは一万フラン。しかも今は空きがない由。ともかく七月の休暇になれば宿はすぐ見付かる由。七月一日でもよいからメゾンは出ようという気が強くしています。うどんなど振舞われるままに七時過ぎまで話し込みました。この二人などは仏文学教室といっても、フランスには研究室も無いために、大学に行くでもなし、家で本を読み、時に散歩に行く位で全く平穏なもの。僕の眼から見ると、もう少し外に出て生きたフランスを見る必要があるようにも思います。

この間から患者のことなどで世話をした画家が三人で僕を招いてくれたので、その一人の宿たるヴァヴァンのグランド・ショーミエール通りのオテル・リベリアに行き、そこで勢揃いしてリヨン駅の中華料理屋へ行きました。セーヌを植物園前の橋を渡る時バスから見ると、ノートルダムの尖塔が満月に近い月の照る夜空に溶け込むように聳え、黒々としたシルエットとして見え、印象的。

料理屋のある所はリヨン駅の裏通りで、ちょっとカスバのような感じ。家々の前にはアルジェリアあたりの人間共でしょうか、大勢たむろして語り合っており、通行人をじろじろ見ています。イタリアあたりの情景とよく似ているそうです。中国人は愛想がよく、その点は大違い。十一時過ぎ迄脳の話や鯨の話などで、大いにしゃべらされました。

五月二十二日(火)　晴

午前O教授のために宿を探してやり、午後連れて行くことに決めました。

午前は手紙やコミテに出すリポートを整理。十二時半タキシーを探してきて教授を乗せ、希望によりアンヴァリッドのアエロギャールに寄って両替と、パリ出発の時間確認。またタキシーを乗り継いでクリシイのリトル・サヴォア・ホテルへ送り届けました。

すぐサルペトリエールへ。今日はグリオブラストームの鏡検。あと一ヶ月余りと思うと急がずにはいられません。帰りのバスの中でガルサン教授の女秘書に会ったので聞いてみると、ガルサン教授は五人の子持の由。上の二人は男で既に結婚。二人とも医者でなく、一人は銀行勤め、一人は中学の先生、次は十九歳になる娘、その下は二人、男。末っ子が十三歳とか。子沢山です。奥さんはお元気ですかと聞かれたので、子供と両親の家に居ると答えると、フランスではそういうことは考えられぬと驚いたような顔をしていました。この人はメゾンから遠くない所に住んでいます。男の子が一人いて、共稼ぎをしながら育てています。

食事前、演劇の塩瀬君をつかまえて葡萄酒を飲みながら、この前見てきた「野菊の如き君なりき」の感想を話し、専門家としての奮闘をうながしました。食堂の前でO教授に会いました。安いのと腹に丁度よいので遠いクリシイからここ迄来る由。宿はどうですかと言うと、まあいいでしょう、一寸遠くて不便ですがとはっきりしたものです。ともかく徹底した節約ぶりです。これで米国でシネマを買い、イギリスでリンガフォンを買い、ドイツで電蓄を買うとあっては金が無いとは言わせません。それだけ節約しなかったら人には迷惑かけねばよいのです。一から十まで不安そうにして、何かというと人に物を聞くからには、それだけ労いの心を持ったらよいと思います。氏が鉄門の先輩だからというだけで、それほどまで尽くす必要はないように思われてきます。しかし徳孤ならず、人並のことをして満足していてはいけないという父上母上の言葉を思い出すからやっているので、腹に据え兼ねることもあります。一方悪気がなく、ものを知らないでやっているのだなという痛烈な哀れみの情も湧いてきます。そうした思いをするからには僕も利口にならなくてはならないと思います。あくまで他山の石であります。この言うに言われぬ気持を転化して自分を肥やすものにしなくてはと強く感じています。こぼし話にあらずと聞いておいて下さい。

夜は月が出てよい夜の気。リュクサンブールに出て、ソルボンヌの通りをセーヌ迄散歩しました。ノートルダムの河岸では夜のロケーションをやっていました。折しもバトー・ムーシュというセーヌ河の観光船が通りかかりましたが、その発する照明灯で照らし出されたノートルダムは、昼とは全く別の姿で誠に綺麗でした。河岸の桜が、ノートルダムの壁に黒々と影を投げ、船の動くにつれて影も動き、はては建物自身が動いているような感じでした。河岸には大勢の人々がぶらぶらと散歩のため群れ、冬の間にはとても考えられなかった光景です。

帰って少しく研究結果の整理。

五月二十三日(水)　晴

第三十三回目の誕生日をパリで迎えたわけです。

午前ガルサン教授外来。若い男のチック病が来ました。発作的にビクッと動き、教授も思わず遠ざかる位激しい。時々低い叫び声を発するのも症状の一つ。両側性の三叉神経麻痺が来ましたが、これはトリクロール・エチレンでも起る由で、この例は原因ははっきりしていません。

午後は臨床講義は無し。今学期の分は先週で終った由。研究室へ行ってグリオブラストームを四十例見て帰りました。

誕生日とても今月は節約を要するので、御馳走を食べる予定を変じ、部屋で葡萄酒を飲んで一人で心祝いをしてすませました。それでも味噌汁でも食べようかと、大久保君の所へ味噌持参で行ったら折悪しく留守。同じ下宿の鈴木君の部屋でしばらく話しました。この宿のおかみに聞くと六月になったら一部屋空くかもしれぬと言うので、空いたら頼むことにしました。しかしそれ程確実ではないらしい。

夜は入浴、洗濯。松平君が来てO教授の案内のこぼし話。

モスクワ会談やらマンデス・フランスの辞職やら、この国の政情も不安です。

五月二十四日(木)　晴

朝、湯を沸かしに地下に下りるついでに箱を見たら意外にも家からの便り。

＊家からの便りが、今の僕にとっては時を計る尺度。やはり一番待たれます。

＊学位論文が審査になる由。あの論文は大学院生活の結果として自分としてはかなり満足しているのですが、今後はもっともっと独創的なものを生みたいと思います。生易しいことではないが。

＊直子が仮免許証を取った由。歯が痛いのに頑張っている様子が見えるようで嬉しい。とにかく何か一つでもやりとげると自信がつく。それが何よりよいことだ。自動車を買うなどということは二義的だ。

＊連日音楽会などに行くと、大変心配している様子ですが、僕としてはやる事はやっているつもりですが、気をつけることにしましょう。パリでなければ聴けないものだけを精選して行くことにしているのですが、今年は名演奏家が昨年より頻々と来る由で、自然こちらも多忙になったのです。

朝手紙を読んで出かけようとしたらO教授より電話。今日か明日に眼科の教授に会いたいから連絡してくれませんかと言うので、電話帳を繰ってオテル・デューに電話。大分苦心して連絡をつけました。通訳をしてくれということを言外に匂わせましたが、フランスの教授は大概英語をしゃべりますから大丈夫と言っておきました。仕事を休んでまでお世話する必要は一切認めません。

午前ガルサン教室の剖検集会。十例ほど。グリュネールがやるのですが、力はある人らしいがどうも僕は深みがないので感心しません。ベルトラン教授の後継者としてはまだまだ遥かに遠く、その点吉倉先生と全く同意見です。それにしても日本でもこれ位の数を毎日やれるようになるとよいが。その点は羨ましい。帰ったら浴風会病院とでも連絡つける他ありますまい。

午後はメゾンに帰り、図書室でオステルタークを本格的に読みはじめ、夜半までに三十頁程、主要部分を読みました。

五月二十五日(金)　晴

サルペトリエールの内庭の芝生には、ぐるぐるまわる散水機がつけられ、朝の陽に白銀のしぶきを降り散らしています。その背後には黒々とした例の八角のドーム。それに新緑。

午前外来は、いつも来る癲癇発作の子供。ともかく子供で痙攣発作を見たら血管の形成異常、血管腫、静脈炎などの血管性変化を考えなければいけない由。

午後シャルコー研究室に寄り、文献を参照したのちシテに帰り、オステルタークの読み次ぎ。五時十分にメゾンの前でランデヴーをとり、大使館のT書記官（前から病気のことで相談をうけていた）をバセ先生の医院に連れて行く筈が、五時半近くなっても来ないので大いに気を揉む。先週電話した時はサルペトリエール前で会うことにし、今日午後僕の予定が変って大使館門番までその旨電話しておいたのだが、ひょっとして行き違いでサルペトリエール前で待っているのかも知れぬと思い、大急ぎでサルペトリエールまで自動車を飛ばしたりしましたが見当たらず、メゾンに帰ってみたら大使館の門番が五時半と言いましたのでという話でやれやれ。T氏の自動車でリュ・ド・ブルゴーニュのバセ医院に着いたのが約束を過ぎて六時十分。それでも気持よく迎えてくれ、親切に診てくれました。

僕が考えたようにやはり副睾丸結核。ストレプトマイシンを打ち、リミフォンを飲み、更に大事なのは一ヶ月の休養と処方をくれました。診察料はと聞くと、日本に旅行したとき、あちこちで親切にもてなされたので、そんなことはと強く辞退。お礼はあとにすることにして辞しました。

T書記官は日仏通商協定の取決めが始まるとかで、とても休めないと困却顔。ともかく事が事ですし、奥さんとの共有財産の問題ですから慎重にご相談ください、医者としてはバセ先生の言われる事が最上のことと話してトロカデロで別れました。はたしてどんな評定をするやら、当方としては誠意を尽くしてのこととて、今更言うことなし。エッフェル塔の上に、夏を思わせる入道雲がたち、それをバックに燕が群れ飛んで清々しい気分。

今日はメゾンではレセプション。日本関係の人々を招いて「すし」の振舞い。僕はT氏の付き添いの件で遅れて、ゆっくり食べられませんでした。八時四十五分からメゾン・アンテルナシオナルで「修禅寺物語」の上映。演劇関係の連中が大したものでないよと言っているので期待していませんでしたが、蓋を開けるとどうしてどうしてテンポも丁度よいし、動感はあるし、セットも衣装も吟味してあるし、字幕も中々よいしで、大変楽しめました。特に色調が(イーストマンカラーの由だが)よく、それはフィルムの故もあるのかも知れぬが、実物が行き届いた配色だからこその話で、その点嬉しかった。ともかく良い物さえ出せば、何だかんだ言いながら皆ついてくることは確かなのだから、あらゆる手を尽くして良い物を育てるようにすることです。

終了十一時近く。帰って一時迄オステルターク。

五月二十六日(土)　晴

午前、ひどいヘミコレアの若い女性。全く不思議な病気という他はありません。ガルサン教授は何か所用がある由で慌だしく終り。教授室に入ってから僕を呼ぶので行ってみると、マダム・ガルサンからマダム・マネンへの礼状。土産の品物を持って行く留学生などあまりないのでしょう。受取って握手しておきました。

シテに帰り、昼食を挟んで三時過ぎにオステルタークの主要部分に目を通し終えました。次いで、陽はありながら冷え冷えする中を医学部図書館へ。ブイヨーやピネルやその他大勢の胸像の立ち並ぶ間を抜けて二階へ。階段の上り口には「《科学》の前にヴェールを脱ぐ《自然》」と銘うった彫像が立っています。大きな布を纏った女神が布の間から少し顔を覗かせている構図。今日はシェラーというベルギー・アントワープ研究所の男の一九三〇年代の研究を一つ半読みました。英語。オステルタークに比べると密度がぐんと落ちる。

葡萄酒を買いに行く道で、松平君が部屋でカメラ(ニコン)をとられた話を聞きました。聞けば最近メゾンでトランクを盗まれた仏人がおり、更に近くのノルウェー館では立て続けに二回盗難があった由。誠に油断が出来ません。最近一寸のんびりしていたので良い薬。早速鍵などを念入りにすることにしました。

入浴、葡萄酒を飲んで「芸術新潮」など読んで早目に就寝。

五月二十七日(日)　晴

午前、アイロンをかけ、「芸術新潮」で矢代幸雄の松方幸次郎の伝記を読みました。時代も時代。人も人。こうした人物はもうそうは出ないというような気がします。近頃は、もうパリを去るのも一、二ヶ月と思い、まだ見る所も山ほどあると思ってもそうがつがつ見てばかりいても仕方あるまい。それよりもっと内面的なものの方が重大ではないかというようなことに心が向き、見物には足が向きません。

午後はそれでも展覧会に行くべく、大久保君が居れば誘おうと訪ねましたら、丁度、森有正氏、鈴木君等と飯の最中。仲間に入って頬張りました。それから森さんの、日本から来て案内させられた人物評を聞いて、笑ったり考えこんだり。ともかく僕みたいに二十人を一文もとらずに案内なり相談にあずかるなりは全く話にならないことです。これを規定通り三百フランずつとっていれば文句なしに二ヶ月は滞在出来るわけ。泣寝入りというわけです。真実、世話して当たり前、世話しなければ恨まれるという、まことにつまらない役割です。最近はこんなこぼし話で手紙が綴られていますが、しかし考えようによっては自分を練るのにはよい機会、逆用するつもりでいます。

とうとう話し込んで五時になり、展覧会行きはお流れ。夕食もそのまま大久保君の部屋で。

九時からのサラ・ベルナール座、フェスティバル・ド・パリへ行く大久保君を座の前まで送り、ぽかぽかと生暖かい風に吹かれながら、日曜とて照明されているパリのモニュマンを眺めながら散歩することにしました。まずサン・ジャックの塔、次いでオテル・ド・ヴィル、ノートルダムの裏。ここのベンチで三十分程腰を据えました。夕涼みでしょうか、大勢が入れ替わり立ち代わりここを訪ねて来ます。陰影を深くしたノートルダムの裏側を眺めながら、ヨーロッパの歴史を自分の知っている範囲で思い返しました。

彼等の作り上げた成果だけを感心して眺めているだけではどうにもなりません。これらを生んだ個々人を動かした心のあり方に食込んでいかねばならないのが、我々の仕事です。キリスト教は、ギリシアはと、考えは次々と走り、自分の不勉強がひしひしと感ぜられます。若葉に音を立てパラパラと雨が来ましたがそれも一時。腰を上げてサン・ルイ島に渡りました。橋の下をバトー・ムーシュが、船内で夕食を楽しむ連中を満載して静かに滑っていきます。サン・ルイ島を出て右岸の古い町に入ったら、通りの遥か彼方に、ちらとバスティーユのモニュマンがきらめいたのでこれを見に行きました。青銅の大円柱の上の「自由の守り神」がポッと金色に照らされて美しい。人通りが絶え、泉の音が闇に響くヴォージュ広場をかすめてランビュトーからサン・マルタン、サン・ドニの門を経てシャトレへ戻ったのが十一時過ぎ。カフェでビールを飲んでから、コンシェルジュリーの対岸の水辺におりて、プラタナスから降って来る綿毛を浴びながら、小一時間休憩。オテル・デューの向こうから月がしずしずと昇って来ました。コンシェルジュリーの上にはサント・シャペルの尖塔だけがこうこうと照らされてのぞき、水に影を映しています。セーヌは波一つ立てず、それでいて静かにポン・ヌフをくぐって流れて行きます。自動車の音さえなければ全くの静かさでしょう。自分が今パリを実感しているんだと思うと、ふっと不思議な気持になります。

リュクサンブール迄歩き、メゾンに帰りました。床の中でウェルズ「世界文化小史」。

五月二十八日(月)　晴

夏の如く暑く、むしむしします。午前、午後共メゾンにとどまってデータの整理。アストロチトームを約百八十例、グリオブラストームを四十例程見たので、整理も中々時間がかかります。それをやっていると、観察の不十分だったと思うところも出てきて意に任せません。

午後大久保君がメゾンに寄ったので、僕もコミテ・ダカイユに行って来ようと一緒に出掛けましたが、途中彼の所に寄り注射器を受取ることにしました。そうしたら二宮君に会い三人で部屋へ。彼に聞くと、延長願が聞き届けられたのは二宮夫人、大塚、前田の三人の由。従って僕の場合、大体これで予定が決まったといえましょう。即ちヴィザの切れる七月二十六日前後に旅に出て、二、三ヶ月、次いでパリに帰り、今年末か来年早々の船に乗ることになりましょう。二宮君の場合は自分は延長にならないので、何とかアルバイトして来年迄頑張る由。

スパゲッティの茹でたのを振舞われて夕食。大久保君の所にも大分世話になったので、食事の世話になるのも今晩位で切り上げようと考えています。今日もフェスティバル・ド・パリに行くという大久保君と、座の始まる前の時間を、八時過ぎてもまだまだ日本の四時位の明るさのオデオンのダントンの銅像横のカフェでビール。目の前を自動車が数限り無く往来するが、直子もこの位は出来るのも間もなくだと思うと、楽しい気分で眺められる。しかし延長にならぬと決まると、こうして外国の都市にどかっと腰を据えていられるのもあと僅かと思うと感無量です。青春と反逆。何としてでも前人のやらない創造的なことをやりたいと、気は猛るのですが……。

腰を上げて二宮君の部屋に行って、問われるままにスペイン旅行談を一くさり。二人は金が無いということで余り外出したりもせず、尚更外国になど出ないので、人の話を聞いては羨ましがったりしています。サラ・ベルナール座に行く仏文三人組とコンシェルジュリーの前で別れ、リュクサンブール迄歩いて帰りました。帰って十二時迄かかってデータの整理を一応終り、今度は結論を考える段階です。

*下宿の件はリュクサンブールの方のは、前に南京虫がいたとかいう噂を聞いたのでやめました。それにしてもあと二ヶ月足らず。探して歩く間に時が経ってしまいそうです。六月中にでもあれば一ヶ月でも入ってみようと考えていますが。

*徹に。入局したては大変疲労するものだから、余り力まないように。先は長いんだから余裕をもってやること。又、自分の所見には自信を持ち、それに基づいて自分なりに判断を下し右顧左眄しないこと。あとは経験ある人の言う事を参考にして段々自分を深めて行く他ない。細部に突っ込むと共に、逆に高所に立つことも忘れずに。

*当地では桜桃が出始めました。食堂でも二度程出ました。日本のより黒味が勝ち、柔らかく甘い。しかし僕は日本の少々歯触りのある、酸味の勝ったものの方が好ましい。来年は一杯食べさせて下さい。

*節子の百日咳はどうでしょう。では元気で。

五月二十九日(火)　晴

シテ・ユニヴェルシテールの庭では朝早くから園丁たちが芝生の手入れで一生懸命です。回転撒水機も盛んに霧を作っています。こうしたところに十分にお金を使うのを見るとふっと羨ましくもなります。構内には一般人は立入り禁止とあれば誰も入って来ないし、芝生を傷める人間はいないしで、こうした意味の基本的な社会道徳は到底まだまだ日本の及ばぬところという気がします。サルペトリエールの構内などでも、犬が芝生に入ったとて、主人が手厳しく叱っているのをまれならず見ます。

午前、コミテに出すベルトラン教授の証明書を貰いに行ったら、教授はまだ気管支炎で出て来ていません。大分咳も遠のいたので来週から来られるでしょうとのこと。とても用心深い人なのだそうです。マドモワゼルが明日、ベルトラン宅へ行くというので、用紙を渡すことにしました。

午前はそのまま標本覗き。モラーレ夫人が、延長の件はどうなりましたと聞くので、不可能となりましたと答えると、それでは七月に帰られますかと問うので、いやイタリア、北欧へ行きますと言ったら、北欧は私も行って来ましたが、大変美しく、又、科学の国です。行かれる前に言って下されば紹介状でもさしあげましょうと言いました。折角だから七月になったら申し出ることにしましょう。

昼食後、コミテに用紙を貰いに行き、次いで今朝届いた六十ドルを受取りにブールバール・デ・ジタリアンのクレディ・リヨネ銀行へ。二万五百フランなにがし。帰りにアヴニュ・ド・ロペラのメリアに寄り、スペイン旅行の時の切符の払戻しを催促したら、六月二十日頃になりますとのこと。それで大丈夫かと念を押したら、どうぞご安心下さいとのこと。三千フラン位返って来るでしょう。

今日は白雲が時々陽を隠すが、大変暑い。それでいて湿気が少ないためかとても喉が渇きます。バスでリュクサンブールに出て、通り掛りの郵便局で、ピエール・キュリー研究所を尋ねました。リュ・サン・ジャックを一寸入った所と分かりました。シェラーのグリオームと血管の関係にふれた論文の載っている雑誌が、医学部図書館では装丁中とて読めないので困っていたのですが、その雑誌が癌関係のもの故、キュリー研ならあるだろうと考えて訪ねることにしたのです。レ線治療を待つ患者待合室などの間を抜け、図書室を訪ね当てました。予想通りあって、六時迄読みました。まだまだ陽の高いリュクサンブールの歩道の上のカフェでビールに読書後の渇を癒しました。本当に若葉と共に人々は浮き浮きと足並みも軽く往来しています。来年も再来年もこの光景には変りのないことでしょう。去りがたい気も痛烈に湧いて来ます。

宿に帰り、洗濯後ジュヴェ君への手紙。終って少し旅行計画を練ってみました。七月はパリ、八、九、十月と各国巡り。それだけで予定金額は消えてしまいそうです。それにしても十一、十二月をパリで過ごしたいものと念じていますが、所詮無理かもしれません。月三万フランとして六万フラン、それに荷造りなどで一、二万フランは必要でしょうから。ところで送金法については、植村館長の意見なども聞いてドルがよいかフランがよいか決めることにします。

五月三十日(水)　曇り、雨午後一時晴、夕刻より本曇り、夜は雷。

午前、今日午後ベルトラン教授の家へ行くというマドモワゼル・ブールデーに証明書用紙を渡し、少し遅れて外来へ。またガルサン教授所用でキッペル氏の代行。

俄雨の去ったあとの植物園を抜けてリュクサンブールまで歩いて出ました。花壇には今、芍薬が盛りです。ビュフォン並木などの緑の下では、小学校の女の子が昼休みでしょうか、日本と全く変りなく、縄跳びで遊び戯れています。サン・ミシェルのカフェで一休み。

本屋でItalian through picturesを買いました。スペイン旅行の経験で、会話集などを持つより、幾分でも成句を頭に入れていると実に役に立つことを知ったからです。七月に入ったら読み始めるつもり。

二時過ぎから六時まで、今日もキュリー研で読書。

夕方から雲が低くなり、食事がすんでメゾンに帰る頃から雨になりました。イタリアに一緒に行こうと話し合っている教育大の絵の助教授の松木という人の所でコーヒーを飲みながら雑談。松木氏は今せっせと街路の石を拾っています。見せてもらうと大変美しいのがあり、これを奥さんの指輪にはめる計画の由。先日も光風会の絵かきたちがリュクサンブールで石を拾っていたら、パリ人が珍しがって聞くので、パリの石はこんなに美しいんだと話してやると、成る程きれいだと感心していたそうで、これは一寸面白そうなので僕も暇な時にシテの中で探してみます。

八時過ぎ、プヌマティック（パリの中に張り巡らされたパイプを通じて配達される速達）が来て、脳研の先輩の鰭崎轍氏という、総理府の金で旅行している人がパリ着を知らせて来ました。宿はチュイルリーの近くのリュ・カンボンのメトロポリタンホテル。雨の中を出掛けました。パリには珍しい強い雨。いつもなら人通りの多いコンコルド、リュ・ド・リヴォリも殆ど人通りがない有様。鰭崎氏は中々変った人ですが、話してみるとさっぱりしていて気っ風もよく、この前の教授殿に比べると段違い。金曜日の法務省訪問の通訳を頼まれたが、これは一寸困るので断り、土曜午後一緒に歩くことにしました。少年監察院などのことを視察に来たのだそうですが、ドイツ、北欧、オランダ、ベルギー、イギリスと回りドイツをとても褒めています。帰りに強い雨に打たれながらヴァンドーム広場を初めて抜けてオペラに出、バスで帰室。

十二時頃になると腹が減るのは困ったもの。葡萄酒を飲んでごまかします。

五月三十一日(木)　雨

東京の入梅のような感じです。

サルペトリエールの入口で、休暇に入るマダム・ピニョールに会いました。マダムは六月にヴァカンス、七月に引退です。午前はガルサン教授が来ないのでシャルコー研究室に行ってシュピールマイヤーと取組みました。三十頁程血管の項を読みました。僕の狙う血管内皮のことには触れていません。

シテで昼食。コミテへのリポートを書き上げ、両教授の証明書をつけ提出しました。そこからリュクサンブール公園を真直ぐに抜けてサン・ミシェルへ。雨の絶え間を子供たちを遊ばせに母親たちが公園に集まって来ます。いろいろの大きさの子供が居るので、節子はどの位かななど想像しながら通りました。ともかく一様にどこかどっしりしているのは、見ていて気持が良い。皆が皆可愛いシックな身造りです。

六時までキュリー研にあるシェラーの論文を読了。朝はドイツ語、午後はフランス語と英語の論文。殆ど辞書無しで読めるのに話すとなると大違い。妙なものです。

夕食後ランベール君が来たので、先日井上英二氏より受取った返事をしました。それによると、外国人が東大大学院に入るにも試験をする。言葉の関係で入れぬものが多いであろうとの文学部長談があり、それを話すとそれじゃあ駄目かもしれぬと首を傾げていました。ところで余り日本語にこだわらず、志して来る者にはどんどん門戸を開けてやらねば、日本は何時まで経っても取り残されてしまうばかりでしょう。お役所仕事にはもうこりごりです。ランベール君に、しかしまだ捨てたものではない、頑張りなさいと励ましておきました。

ヨーロッパ選手権に出るため、フェンシング練習中という彼とメゾン・アンテルナシオナルの前で別れ、僕はシャイヨー宮のミュンヘン・フィルハーモニーへ。指揮はフリッツ・リーガー。このフィルハーモニーオーケストラはフルトヴェングラーのデビューした由緒のあるもので、ワインガルトナーも一時常任指揮者になりました。曲は「レオノーレ第三番」、ヴァイオリンがヘンリク・シェリングのベートーヴェンのヴァイオリン・コンツェルト、最後が「第五交響曲・運命」。最初から最後まで、身じろぎもせずに聞き惚れる演奏です。レオノーレ、第五、の表現の豊かさ、感情の起伏、音の美しさ。音楽はドイツだなとつくづく思います。ところがアンコールが更に第八交響曲の第二楽章。さりげなく振りはじめる指揮棒につれて、何とも言われぬ美しさです。ヴァイオリン・コンツェルトは、カデンツァは家にあるのよりもより華麗なものでヨアヒムのものかもしれません。ハイフェッツあたりの、聴かせてやろうというようなところのない、熱のある音色です。終っても頭がしびれたようで、同じ思いの大久保、鈴木君とトロカデロの広場のカフェでビールで頭を冷やしました。二人は管が良いとか、太鼓が良いとか語り合っていますが、僕はそんなことより音楽そのものばかりでなく、音楽をかくあらしめる雰囲気や伝統の力こそ深く凝視し、我々の生活の明日に備えねばならぬということを何遍も思い起していました。

六月一日(金)　曇り、一時晴

とうとう六月に入りました。あとひと月は、ばたばたと過ぎることでしょう。頑張らねばなりません。朝、予定通り家からの便り。

午前の外来でのめぼしいものは、プソイドプルベール・パラリーゼ・パルキンソニアンと顔面神経麻痺の二例。後者はその前に発熱があり、又、貧血があったことからトロムボフレビティス・セレブラール（脳静脈炎）を疑っています。この病気についてはガルサン教授は一書をものしており、自信があるらしい。これはそう高くない本だから(六百フラン)医学書院に注文したらよいと思う。マッソン、一九四九年の出版。書名Thrombophlébite cérébrale。

午後は医学部図書室でドイツ語の文献を三つ。僕の主張したいことに最も関係の深い論文です。Virchows Archivの中のSchererのもので、一九三〇年代にベルリンのRössleのもとでやった仕事で、ベルギーのBunge研究所で同人がやったものよりずっと密度があります。恐らくRössleの指導が関係しているのでしょう。

夜はテアトル・デ・シャンゼリゼのロンドン・フィルハーモニー。指揮はトーマス・ビーチャム。大分よぼよぼで、指揮台の上に腰掛けがのせてあります。まずフランス国歌。次いで英国国歌の奏楽。最初がモーツァルトのシンフォニー「パリ」、次いでメロドラマ「エジプトの王タモス」というモーツァルトの小曲。それからハイドンの交響曲第百二番。最後がブラームスの交響曲第二番。ビーチャムは今年はモーツァルトは演奏しないと宣言してあったのを、パリ人を喜ばせるために前言をひるがえして曲目に加えたのだそうですが、ドイツの楽団で耳の肥えた僕にはこの楽団などは何の感銘も催しません。新聞には昨日のオペラでの演奏を褒めてありますが、今日僕のきいた範囲では、この楽団のはただ鳴っているというだけのような気がします。おつむの高いパリ人もドイツの音楽には頭を下げ、パリのシンフォニーオーケストラの各人各人はベルリンあたりのメンバーと殆ど同じ能力を持っているのに、演奏となるとドイツ人は伝統の力にものをいわせて立派に演ずるなど、くやしまぎれに語り合っているようですが、伝統伝統でかたまっているパリ人が、音楽に関してはドイツの伝統には手をあげるというこの事実。伝統とはそのような、実に何とも説明の仕様のない存在らしい。

廊下で会った大使館の桐山という人の夫人から、先日のT書記官の病気のことをきかれました。T夫人とは親友の由で、なにとぞT夫人に病状をそのまま話してやってくれと頼まれ、月曜夕方にオデオンで会うことにしました。そんな事を話しながら、アルマ・マルソーのメトロの入口前のカフェで一時を憩いました。

六月二日(土)　晴

朝病院に行く途中、バスでイタリア広場を通る時、区役所の前に結婚式を終えて出てきた新郎新婦が居るので、珍しいので写真でも撮ろうかと降りてみました。そうしたら次から次と四組。こちらの新郎新婦は明朗そのものです。式が終ると二人が先頭に立ち、自分の家まで町をくねって行きます。楽隊のつく組もある。人情はどこでも同じで、大勢たかって見ています。行列が横断歩道にかかると、巡査は粋を利かせてさっと車の波を止めてしまう。運ちゃんも巡査も見物人も皆微笑して目で送っており、大変和やかな気分。こうした面などは中々庶民的でよろしい。おかげで十時半過ぎにサルペトリエールへ。

ところでアーケードの所で日本人らしい後姿が見え、フランスの医者に何か質問しているので近寄ってみると、大使館の文化アタッシェ。向こうでも気がついて、君はここにいるのですか、丁度よかった、今、東大の矢内原総長が小児精神神経科のウィエール教授に会いに来ておられるのですがと言うので、振り返ると総長がそこに立ち、更に大使館の松原氏という書記官（仏文学者）も来ていました。これは一応付いて行かねばなるまいと考え、研究室まで走っていって白衣に着替えて出直し、ウィエール教授の外来を探して案内しました。矢内原総長は知能の遅れた小児やどもりの矯正というようなことに興味を持ち、その種の研究機関をつくったらよいと思うので視察に来たのだそうです。予めランデヴーをとってあり、総長が英語を話す女医さんを通訳に動員してありました。ウィエール教授にサルペトリエールの組織や、この医局の組織などを質問し、僕も間に入って少し通訳めいたことをしましたが、もう少し予め総長も準備をして来たらよいのにと思うような質問もかなりありました。あれが平素のままなのかもしれぬが、表情が硬く、もう少し柔らか味が欲しいと思います。病室、外来を教授の案内で昼過ぎまでかかって全部見ました。帰るまでには見たいと思っていたところなので、丁度良い機会でした。途中からウィエール教授に用件があって来たガルサン教授も総長に挨拶していました。総長は夕食にウィエール教授宅に招待されていました。

終ってサルペトリエールの構内で、総長と並んで文化アタッシェのカメラに収まり、門の所まで送って出ました。ともかく総長と、所もあろうにサルペトリエールで会おうとは思わなかったので、一寸愉快でした。途中でランベール君の事を話したら、アメリカの大学を四年終えていれば、東大大学院は入れる。試験といっても簡単な会話位でしょうと、自分の名刺の裏に、人文学部に連絡したらよいと書いてくれました。これでランベール君を喜ばせることが出来ます。

サルペトリエールで昼食すると、約束により鰭崎氏の宿に出掛けました。一人で方々見たので特に見物したい所もないとあっさりしていて、かえってこちらは気抜けしたよう。しかしこういう人は楽でよい。昨日見たシテ・ユニヴェルシテールが綺麗だから写真を撮りたいというので、オペラ前からバスで直行。僕の部屋で小憩して構内を散策。次いでリュクサンブールへ出、公園の人出の間を縫いリュ・ボナパルトからサン・ジェルマン・デ・プレに至り、フュルスタンベール広場、リュ・ド・セーヌを下って河岸に出ました。サルペトリエールの前にピネルの像があるというと、それは是非見たいと言うのでタキシーを飛ばしました。鰭崎氏は犯罪少年を扱っている人ですので、ピネルが精神病者を鎖から解き外した歴史に深い興味を持っているのです。サルペトリエールの中も一周。

再びサン・ミシェルに戻り、アルザス料理で夕食。オニオン・スープにアルザス名物のシュークルート・ガルニと青菜。文字通り腹一杯。鰭崎氏は音楽の好きな人で、クルト・シュナイダーと音楽の話をしたことなど語ってくれました。シュナイダーの部屋には音楽と文学と哲学と神学の本しかなく、医学書はと聞くとそんなのは研究室に行けばいくらでもあると、すましており、音楽の話に耽ったそうです。モーツァルトを熱愛している由。その他の教授たちも、会った範囲では例外なく音楽が好きで、さすがドイツは音楽の国ですねと言っていました。ロンドンでビーチャムをきいたそうですが、あれは音楽をきかせてやろうというので、聴衆と一緒に楽しんでいない、ドイツではやる者も聞く者も一様に楽しんでいますとも付け加えました。

コンコルドのあふれ出る泉の夜景を楽しんで宿まで送って別れました。鰭崎氏はどこの国でも全部一人でやっているらしく、又、金銭にも淡白で誠にさっぱりしています。それだけ変人らしくもありますが。しかし今まで接した医者の中では殆ど満点に近い人です。帰って入浴。

六月三日(日)　曇り一時雨

たちまち三日になってしまいました。午前ジュヴェ君への例の器械の説明書書き。

昼食後薄ら寒い曇天の中をモンパルナスに出、ブールデル美術館へ。今日から動物を主題にするデッサン、彫刻を展覧しているのです。二階が会場。もっとも良かったのが、ドビュッシーのために作った牧羊神を主題にする彫像と、アルベアールという将軍のために作った彫像の雛形。デッサンはまるでこの二つを作るために描かれたもののようで、相当な量。もっとも意識的にそのように陳列したのかもしれない。主に馬と山羊を対象に、クロッキー、デッサン、油絵になっており、馬車の上から見た馬の姿だとか、後脚だけ描いたものだとか、一つの彫像を作るためにどれだけ準備が要るかよく分かります。この人の動物は本当によいと思います。最初に訪れた時は一枚も葉のなかった中庭のアカシアは花の盛りも既に過ぎ、「弓を引くヘラクレス」の上に絶え間なく散りしきっています。地面が見えないほど。折から俄雨。アトリエの天井のガラスにはりはりと音を立てます。訪ねる人とては僕一人。絵から絵へ移動するたびに自分の足音と床のきしる音がきこえるだけ。ここまではモンパルナスの雑踏の音も届かないのです。前記の二つの作品のまわりを回ること幾度か。一時間程居て、雨の絶えたリュ・アントワーヌ・ブールデルに出ました。

一旦シテに帰り、カメラを持って今度はコンコルドへ。今日はお祭りとかで、行列がバスティーユ広場から出て、グラン・ブールバール、コンコルドを経て、アンヴァリッドまでくねるのです。折悪しく雲厚く、カラー・フィルムには適しませんが、三枚ほど撮りました。馬に乗った着飾った楽隊のあとに、フランスの各地方、ヨーロッパ各地から地方色豊かな衣装を着た団体が、山車に乗ったり、竹馬のようなのに乗ったり、ラッパを鳴らしたりしながら通るのです。スウェーデン、スイス、スコットランドあたりからも来ています。所々で止ってダンスをして見物の目を楽しませます。コンコルドからシャンゼリゼ、グラン・パレの前あたりまでの間で全部に目を通しました。行列の人間が手を振れば、見物は盛んに拍手を返し、その辺の呼吸はいかにも人間同士の接触を楽しむという気分が漂っています。五時頃終了。その足でフォーブール・サントノレ百四十のガゼットでやっている、「ヴァトーからプリュードンまで」というフランス十八世紀の絵の展覧会へ。平日は五百フラン。学生は半額。日、土は二百フラン。学生は半額の百フラン。僕が入って行くとカルトを持っていますかと聞いて百フランの切符を出す。すぐ学生と見てとったもの。それほど僕は若く見られるわけです。

ヴァトー、プリュードン、ナティエ、フラゴナール等主として肖像画ばかり。デッサンとパステルがすばらしかった。油はそうも思わない。既にこうした写実の域ではベラスケスを見ているからです。色感から言ってもベラスケスよりも好きになれないものが多い。しかしパステルは良いと思いました。ともかくよくもこう細かく描き分けたものです。ビロードの感じなど、近くでは何ともないタッチなのに、一寸離れるとあのてらてらしたしっとりした感じが見事に出ているのです。眼でも角膜の奥に眼房水、更に水晶体の存在を感じさせます。

フランクラン・D・ローズヴェルト駅から真直ぐ帰途に。メトロに入る前にシャンゼリゼを見ると、両側ともエトワルまで真黒な人波。銀座と同じです。夜は手紙書き。

六月四日(月)　曇り

午前回診はガルサン教授がおらず、キッペル氏やインターンの診察だけなので早目に引上げました。シテで昼食。医学部図書館へ。シェラーの重要な論文を六時迄で読了。僕の狙っているところと同じところを突いています。十分に参考にせねばなりません。最近の論文では余り顧みられていないが、確かに密度のあるものです。

六時にオデオン前のカフェで、大使館のT、K夫人とランデヴー。T夫人に、バセ先生に診察してもらった旦那さんの病状の説明をしました。色々お世話になりますと、十六日（土）自宅で夕食、次いでソ連のバレエへの招待を受けました。しかしこの両夫人の話など聞いていると、つくづく我々とは別世界だなと思う。

八時からのオペラの時間が迫り、大久保君の下宿に駆け込んで飯をかき込み、駆け付けました。今日は「タンホイザー」。一九三六年以来の上演の由で、ヴェーヌスベルクの踊りはセルジュ・リファールの振付けとか。指揮はセバスチアン。タンホイザーよりもヴォルフラムの方が声がよいのは困ったもの。エリーザベトは中々きれいな声でした。「タンホイザー」は東京でもやられ、その時に二日続けて見に行ったことがあり、思い出が深く、パリではどんなにやるかと思って聴いたわけです。装置や歌手などからいって、本格の歌舞伎とあづま歌舞伎位の差はありそうですが、日本のオペラも風俗習慣すべて異なりながらよくやるものだわいと思ったことでした。舞台に向かって左の天井近くの席ですが、周囲はイギリス、アメリカあたりの英語人種。態度はきわめてよくなく、上演中に話したり、バリバリ飴の包み紙をむいたり。その点日本の観客などは上々のものです。

雨のしょぼ降る中を一時帰室。葡萄酒で喉を潤して床に。

＊直子の本免もうまく行ってくれる事を祈っている。
＊徹へ。抄読会のことなど、手に取るようにわかってありがたい。しかし入局したら出席できなくなるのだから、これが最後の報告となるわけ。いろいろありがとう。入局したら、何かにつけてハンドブーフを読み、その度に簡単なメモをとっておくこと。それが長い間には骨にしむ実力になるのだから。僕が研究室でやっているようにノートを次々に作っていくのも一法かも知れない。ハンドブーフとなるとドイツのものになるが、フランスには「アンシクロペディー・ノイロシルルジカル」というのがあり、これは便利。入局して時間があれば、語学はできるだけ続けること。これは至上命令。絶対に億劫がってはいけない。
＊こちらの暦は毎日々々赤く潰されて行き、誠に名残惜しいですが、反面帰る日が一日々々と近付いているわけで、その点待ち遠しいでしょう。
＊当地は植民地問題で新聞は賑わい。噂によるとパリ人はフランに信用が置けぬと、金をアメリカの株に替えている由。本当とすると健全な事とは言えないでしょう。しかしそれは人の国の話。ところで日本は？　実に何とも情けないものです。もうこうなったら落ちる所まで落ちたらよいと思ったりもする。つくづく政治家の馬鹿どもと思う。それと同時にその政治家を選ぶ人民ども！　全

く溜息ものです。
＊連日図書館通いで張り切り、健康は上々故ご安心を乞う。

六月五日(火)　曇り

午前はサロンでデータの整理や手紙。今日最後のブルスを貰いました。

午後は勇躍図書室へ出掛けたら、今明日は試験で休みとか。やむなくサルペトリエールの図書室へ行くことにしました。病院の入口に国際神経学会と看板が出ていますが、どの程度のものか知りません。重要なものであればガルサン教授はアメリカへなど行かないでしょうに、そう大した会ではないのかもしれません。

今日はJournal Belge de Neurologie et Psychiatrieにある Schererの別の論文を二つ読みました。ともかく参考にすべき論文は現在約五十あるので、大車輪。国籍などはどうでもよい。ともかくよいものを生みたいという念でやれば、人を打つことも出来ましょう。気持を集中してやっています。何よりもよいことは文献が完備していることで、雑誌に関する限りはドイツのものもかなりよく集まっていることが分かりました。やはり地の利を得ているからでしょう。探す文献がさっと見付かるのは、何としても気持がよい。何としても日本は遠過ぎます。

他の人に送って来た新聞で見るとマナスルを極めた由。よかった。それに反して議会での社会党のだらしないこと。暴力に訴えねば自己を主張出来ないものの哀れさ。フランスあたりの国会にしても上等なものではないらしいが、日本のは話の外です。実際我々が誠を尽して良い物を作ろうとしても、土台がこの有様ではとても話になりません。しかし笑ってばかりはいられません。先便にも書いたように、あいつ等を選ぶ国民が居たのですから。こうした点、まだまだとても文化国家などという歯の浮くような言葉を使うのはお互いにやめましょう。

夜はテアトル・デ・シャンゼリゼでヴィルヘルム・バックハウスのフェスティヴァル・ベートーヴェン。

作品十番のピアノ・ソナタと三十三の変奏曲。作品七十六番のソナタ。最後が「アパッショナータ」。あとの二つが断然優れていました。特に「アパッショナータ」は惹きつけられました。ともかく最近の音楽会はどれも圧巻で、甲乙がつけられません。今度も毎日遊んでいると言われそうですが、文献文献でかたまっていると、夜になると全く頭が飽和してしまい、何か息抜きが必要なのです。音楽を聴いていても仕事のことがふっと浮んできますが、そんな時にああもしよう、こうもしようと道が開けたりして功徳も少なくありません。まあ勘弁してもらいましょう。じっくり腰を据えてパリに居られるのもあと一ヶ月余りなのですから。

六月六日(水)　曇り、時々通り雨

午前中、旅行計画を練るため案内所まわり。イタリアを手始めとオペラ前にあるCITというイタリア専門の家へ行ったら、簡単な刷り物を二枚くれただけ。出てからよく考えたら、これは切符などを売る代理店であることに気付き、パンフレットなどを貰うのは観光局でなければならないのを思い出し、これもオペラからヴァンドーム広場に通ずる道にあるイタリアのオフィスに行き、かなり資料を貰いました。次に昼間際にドイツのオフィスに行きドイツの分。ここは豪勢で、相当厚い汽車時間表もどさっとくれました。ノルウェーのに行ったら昼で既に閉鎖。

食事をしてサルペトリエールの図書室へ。今日は昨日のシェラーの続きと、ケルノハンの論文。後者のものに初めて接しました。アメリカ人で、グリオームの分類に新しい立場を導入した男です。たしかにきれいな分け方です。

四時半にT夫妻がバセ先生の所に行くのに同席するため、出掛けました。雲が切れて久々に陽がさしました。ところでバセ先生は、検査の結果から考えて、結核ではなく嚢腫であると考えられるから、注射も何も必要なし、心配なしとの診断。旦那さんはこれで安心して働けると大使館に戻り、奥さんと一時間程、観光客とすぐ分かる連中の行き交う歩道べりの椅子で話しました。大使館の奥さん同士の付き合いの裏話なども出ました。

夜はシテの映画館でマルセル・パニョル原作「トパーズ」を見ました。パニョルのものは大木君等と「マリウス」を読んで親しんでいたので、ふと見たくなったのです。演ずるのはフェルナンデル。小学校の先生がふとしたことから金を摑み、事業家になって、金は力なりとの心境に達するまでを描き、この間に昔の同僚の清貧に甘んずる人物が登場してコントラストを作りつつ、筋を運んでいます。せりふが分かればもっともっと面白いと思われる問題をたくさん蔵している作品です。金を持つ前と持ってからの人物の描き分けをフェルナンデルが見事に演じます。持つ前の怖じ怖じした姿と持ってからの人を食った態度と、現実の世界でも案外こんなものかもしれません。

樹々の間にともる街灯が、その周囲の若葉を照らし、蕪村の「窓の灯の梢にのぼる若葉かな」(間違いかな?)の句を思い出します。新緑がきれいなのは万国共通。しかし僕には日本の若葉の方がはるかにきれいに思えます。柿若葉のような美しい緑は一寸見当たりません。

六月七日（木）　曇り

朝、昨日スイスに発ったとばかり思っていた鰭崎氏から電話で、ロンドンからまだ荷が来ず、発てずにおり、荷が着く迄居なければならなくなった。ついては費用の節約上メゾンに入りたいという電話なので、植村館長に交渉。部屋をとりました。こういう客は歓迎しないと植村館長は不機嫌。しかし僕は鰭崎氏への義理はあるしで板挟み。しかし部屋さえとれればあとはなんでもよろしい。

今日はデンマーク、スウェーデンのオフィスをシャンゼリゼに探しました。ウィークデーのシャンゼリゼの午前は閑散で、鳩の天下。歩道に大勢下りて餌を探しています。スウェーデンの研究室は九月から開く由。ユースホステルの事務所に行ったら引っ越してもぬけの殻。

午後は医学部図書館でケルノハンの論文を三つ、といっても実際には二つ。三つ目のは前の二つを継ぎ合わせて別の雑誌に載せたもの。あまり感心したやり方ではない。次いでもう一つZülchの論文を途中迄。ScherrerとKernohanの論文をオステルタークの立場（オステルタークの弟子だから）から批判しています。読んでいるとやはりがっしりしたものを感ずる。ドイツ魂という奴か。鰭崎氏が宿で知り合ったドイツ人とパリの中を見て回ったが、その感想に、パリにあるのは全てモニュマンに過ぎんではないか、それ以外に何があると述べた由。しかしこれも一つの劣等意識の現れかもしれぬ。

帰りに大久保君の所に寄り、味噌汁を食わしてもらうつもりでいたら、今夕、矢内原総長を囲む会食があるから出ないかとのことに、出席することにしました。場所はサン・ミシェルから一寸入った「天下楽園」という支那料理屋。集まるのは森有正氏をはじめ、主として仏文関係の連中。理科系は僕一人。矢内原総長は先日あれから、夜ウィエール教授の家によばれ、カナダ人の先生というのも同席して中々面白かった由。デュアメルの話が出たら、ウィエールが、あれは僕の友人だから、会われるなら紹介しましょうと、その場で電話してランデヴーをとってくれた由。

総長がサルペトリエールに行ったのは、自分も少しくどもり、更に医学部四年にどもりの男がいて、ひょっとしたことからその男と話し合い、東大どもりの会をつくり矯正につとめようとしたことから、フランスではどもりの子だとか、不具児をどう扱うかを見たかったのですとの弁。三十年前に来た時と違っていることは、フランス人が英語を平気で使うことだともらしていました。同日の「フィガロ」に出た国会乱闘の写真を見せると、教育法案を巡り強い発言をした矢内原総長は渋い顔をしていました。しかし今日は先日会った時よりずっと朗らかで、パリ大学の医学部の新館を見せられ、いたく感心した話。解剖台がいかに東大より多いかというようなことを僕に話してくれました。学生が一学年千六百人もいるというので、僕が東京でも東大の他の医学校生を全て合わせればその位居ますと応ずると、しかし東大はたった八十名ですよ、話になりませんと、やはりそこは東大の親分。言葉の陰に他に大学の多過ぎるのを嘆いていると見てよいでしょう。又、無医村をなくすには医者の待遇をよくしただけでは駄目で、社会の仕組そのものを変えねばなりませんよなどの話もあり、更に例の本川教授室爆発事件の犯人からは、よからぬ脳研究者小川鼎三等をやめさせせぬのはお前の責任と脅迫状を貰った等という方にも話が及び、中々面白い一席でした。

九時過ぎに抜け出して大久保君とシャトレのサラ・ベルナール座でやっているフェスティバル・ド・パリの番組の一つ、東ベルリン劇場の出し物、シラーの「たくみと恋」を見に行きました。大体筋は知っているのでついていけますが、言葉はバリバリのドイツ語。観客は大変ドイツ人が多いようでした。舞台装置など中々シックなものでした。大久保君に言わせると演技は中々よいとのこと。しかしどうも芝居は僕にはよく分からない。

カフェでショコラ。涼しいのを通り越して寒い位なので、身体を暖めるため。枯木の中に聳えていたサン・ジャックも今は裾をすっかり若葉に包まれています。

六月八日(金)　曇り、雨、時々晴

ともかく六月に入ってからっと晴れた日はありません。東京でも同じ由。世界的の気候不順かもしれない。

今日は昼に森有正氏が大久保君の所で飯を食べるので来ませんかというので行くことにし、少し早目に行きました。長く腰を据えた人から色々の話を聞くのが有益だからです。ところで鈴木君をも交えて二時迄待てど来ず、待ちくたびれて食べてしまいました。なんでも忘れん坊の名人なのだそうです。やむなく三時過ぎに辞し、ユースホステルの事務所、オランダ、スイス、オーストリアのオフィスを回り、必要書類を集め終りました。一寸した辞書位の厚さになりました。各国がいかに観光に力を入れ、サービスにつとめているかが分かります。回った内一番事務的なのがスイス。客ずれでしょう。

次いで医学部図書館へ。Zülchの読みつぎ。考えて見るに、余り日時を限って纏めるように努力するよりも、成り行きに任せ、ゆったりした気分で文献を読み進むのが得策であるように考えられます。だんだん読んでいて分かることですが、腫瘍そのものは昔と変りはなく、変って行くのは解釈だけ。しかも、それも今までにかなりの立場がすでに提示されているのですから、そうしたものをじっくり頭に入れてからかかる必要があります。Zülchあたりの思弁的な傾向の強い論文を読むとつくづく考えさせられます。その点Kernohanあたりのはよい所をついているが、甘いものです。

夜はテアトル・デ・シャンゼリゼのレオニード・コーガンのリサイタルへ。大久保君と。コーガンはオイストラフと共にソ連の二大ヴァイオリニスト。まだ若い。ブラームスのソナタ、バッハの無伴奏。ロカテッリとイザイのソナタ、パガニーニのカンタービレ、パガニーニ、クライスラーの一曲（題は忘れた）。後半調子が出てすばらしく、パガニーニなど大変なもの。アンコールは三曲。最後にスラブ舞曲。ねばりのある音で美しかった。

六月九日(土)　雨

朝、駅から荷が来ているから取りに来いとの通知。駅止めにされたらしい。駅はパリの北のはずれ。不服だがやむなく出掛けました。鰭崎氏もやる事がなく、又、金を替えたいし、一緒に行きましょうと付いてくる。地図を頼りに探し求め、受取りました。なぜ駅止めになったか問いただしたが、宛名がはっきりしないというようなことを言う。それは理屈に合わぬと逆襲。ともかく不親切という外はありません。荷も米袋がはみ出してあわや紛失寸前。税関で解いたあとの不始末でしょう。荷をその場で解き、リュックに詰めて担いで行くことにしました。リュックが新品なのでびっくりしました。随分高かったろうと想像します。

マドレーヌのトーマス・クックで両替。鰭崎氏が荷が着いたか否か調べに大使館に行くと言うので、僕もこの前のサルペトリエールの写真のネガを借りるために一緒に行くことにしました。ついでに柴崎領事に会って七月二十六日以後居住証の期限が切れてからのことや、旅行の際のヴィザのことなど質問しました。何も懸念することがないことを確かめました。

昼食後、直ちに医学部図書館へ。Zülchの論文を二つ。一つは一九三八年に完成したが、戦争のため発表出来ず、一九四八年に初めて公表されたもの。雷と激しい雨。一天暗くなり、字が見えぬ位にまでなりました。七時の閉館迄。

夕食は大久保君の所で。オスロから帰った慶大の佐藤朔氏も一緒。佐藤氏はオスロのイプセン祭に出席したのです。色々の人から聞いた話をまとめて次のようなことを話していました。

ノルウェーでは年金制度が発達し、年をとると若い時よりかえって収入が多くなる。社会保障も完備し、職はいくらでもあり、おまけに人口が少ないので暮らしは実にのんびりしている。その反面勤労意欲は極めて少ない。一寸した大金がいる時は船乗りになると収入がよく、自動車や独立家屋などを買えるようになる。夫婦単位の生活が徹底していて、子供の生活とは全く別々。それだけに子供は放縦になり易い。大学を出ていようがいまいが、職はいくらでもあるので、一般に勉強心に乏しい。しかし秀でた者は生活が安定しているので、いくらでも能力をのばせる等。

そうして、話していていつも言われたことは、生活をエンジョイしなければいけないということだった由。日本での学者の話などすると、それで生活をエンジョイ出来るのかとたまげられてばかりいたそうですが、佐藤さんの話ではそれも一々ご尤もだが、日本の現状では話にならぬが、勤労意欲が盛んで、よいものを目指して努力を楽しむという点では日本の方がいいですよとのこと。その点は僕も賛成です。常に現状に不満を抱きつつ道を切り開いて行くのは、個人だけでなく国家にとっても必要なことです。スカンジナヴィアというと科学の国といわれるが、はだかの姿は佐藤さんの言葉にかなりよく表わされているらしい。その内僕の目で見て来ましょう。

十一時頃迄話し込んでしまいました。雨のぽつぽつ落ちる寒い街を帰りました。サン・シュルピスの前を通るのもあとそれ程多くはないでしょうに。雨の中に黒々と聳えています。広場の泉だけが一人目覚めています。

シャワーを浴び、シュラーフザックに初めてくるまってみました。実に具合のよいものです。床の中で、和辻哲郎「イタリア古寺巡礼」を読み始めました。若葉にかなりの音をたてて降る雨の音を聞きながら寝入りました。

六月十日(日)　雨。時々やむ

借りたネガフィルムでサルペトリエールで矢内原総長と撮った写真を今夜引き伸ばすつもりでいたところ、部屋の中に見当たらず一寸びっくり。大久保君の所に落ちたかと、下宿まで行って見たが無し。帰って部屋中探していたら、引き伸ばしの手ほどきを頼んであった飯田君が昨夜手があいたので、悪いと知りつつ立会い人をおいて僕の部屋に入り、フィルムを持ち出したと知ってほっとしました。僕の写っているのを二十枚ずつ引き伸ばしておいてくれ、誠に有難かった。十分お礼をします。四枚だけ同封します(重くなるから四枚だけ)。どちらも二十枚ずつあります。よい記念になりました。

午後「イタリア古寺巡礼」読みつぎ。四時頃から雨の晴れ間をクリニャンクールの蚤の市へ。初めて。上のみ、中のみ、下のみと見ましたが、狙うコーヒー挽きはよいのがなくやめました。蚤の市のそばにある、新品を売る店(店とはいえ、銀座の夜店の同類)をのぞきました。これが長いわ長いわ。ここで節子に十歳位になったらはめるように茶の革手袋。七百九十フラン。寒いので退散。

夕食後、シュラーフザックに入って「イタリア古寺巡礼」。加藤周一のより素直でいながら見るものは見ており、好感が持てます。夜はたまった手紙書き。

　夜になってまた冷雨。これではスチームが要りそうです。こんな時にシュラーフザックが届いてまことに大助かりです。実際あれはよいものです。

六月十一日(月)　雨

　午前、小川教授をはじめ二、三人に手紙。飯田君に写真の金を払いに行って(八百フラン)色々旅行の話を聞きました。パリに三年もいる生活力の逞しい男で、まあ戦後派の範疇に入る人物。僕の計画を話すと、汽車賃にそれだけ払うのは実に馬鹿らしい。是非スクーターをお買いなさいと言う。費用は半分で済みましょうとの話。しかし考えてみると、雨の場合はえらいことだし、今年のように気候不順では寒さに当てられてもいけないしで、話だけ聞いて引下がって来ました。

　午後は昼食後、鰭崎氏と松木氏の部屋でコーヒーを馳走になり、ドイツの活発な話を拝聴したりしたあと、図書館へ。今日はZülchの論文二つとBarthのを一つ。一九三九年のものでグリオームの血管変化について概説的に扱ったもの。中々よくやっています。僕の向かい側の男がウインクラーの猫のアトラスを広げて見ており、懐しかった。と同時によいアトラスを我々が出し、それが世界に広がって行くのを夢想して、つくづくよい仕事をしたいと思いました。

　雨、雨、雨です。ヨーロッパではイギリスが「寒波」に襲われていると新聞に出ています。スコットランドの湖沼地方では雪が降ったとか。全くあきれるばかりの不順です。アイゼンハワーの手術、アルジェリア、モロッコの飽きもせぬテロの報道、そうしたものが新聞のトップを飾っています。自由、平等、友愛を唱えるからには植民地をさっさと投げ出して、利権などむさぼらず、真面目に働くことを考えるのも一法でしょうに。

　夜はピエール・フルニエのチェロ・リサイタル。テアトル・デ・シャンゼリゼ。今日は学生券で二百フランで平土間の席で聴きました。まわりは所詮社交界の連中か、寒さに毛皮の氾濫です。ベートーヴェンのソナタ、シューマン、ブラームス、チャイコフスキー。ベートーヴェンを除き皆よかった。アンコール三曲の内、最後に弾いたバッハのチェロ組曲ニ短調などは絶品だと思った。しかしチェロを聴くにはテアトル・デ・シャンゼリゼは少し広過ぎ、むしろコメディ・デ・シャンゼリゼなどの方がよくはないかと感じましたが、いずれにしろ、チェロのリサイタルは初めて。極めて印象が深かった。フルニエは左足が悪く、びっこをひいています。

　帰ってシュラーフザックにくるまって「イタリア古寺巡

礼」。葡萄酒をちびりちびりやりながら読むのが実に楽しみです。
＊僕の滞在も金がなくなり次第切上げになりますが、先日M・Mに行って調べると「カンボジア号」が十一月十九日マルセイユ出帆、十二月二十二日横浜着。「ラオス号」が十二月十七日出帆、一月十九日着となっており、一月の船の予定はまだ分からぬ由ですが、大体一月十五、六日頃出帆、二月十三、四日頃横浜着のスケジュールらしい。いずれにせよその三つの内の一つでしょう。まだよく分からないことだから、外にはあまり言わないこと。それに出張期限は十月末日となっているから、他の人々には十一月頃帰るでしょうと言っておいてくれればよいです。二、三ヶ月の延長はどうにでもなりますから（笠松講師などは半年も延ばした筈）。
＊フォークト教授の所に居る難波氏から返事があり、彼はストリアートムのリポフスチンについて二月から仕事をしており、僕の仕事が参考になったと書いてあるが、どの程度か。いずれにせよノイシュタットを訪れる日を楽しみにしています。
元気で。

六月十二日(火)　雨

このところガルサン教授のいない外来には出ないことにし、専ら精力を午後に集中しております。いなくなってみると一人の人間の力の偉大さをつくづくと感じます。研究機関などでも同じです。設備や経費も大切ではありますが、人間がすべてを決定するのです。特に人格と指導力が。

小川教授から預った本を渡すため、パリ大学解剖学教授アンドレ・デルマスにランデヴーをとるための手紙を出しました。

昼食後、植村館長から連絡があり、新しい切手を分けてくれました。偉人シリーズで六枚一組。＋なにがしは赤十字への寄付。この手紙にそっくり貼って出します。シャルダンは十七、八世紀の画家。この間展覧会でこの人の絵を見て来たばかりなので興味深い。シャンプランは航海家とか。グージョンは十六世紀の彫刻家。ビュデはコレージュ・ド・フランスの創立者。ラヴェルは今世紀の作曲家。パレはよく知らぬがどうも医者らしい。例のギラン・バレはSがついていないのでそれではないらしい。ラルースを見れば分かろう。僕はシャルダンとビュデのが好きです。

席上植村館長が十七日（日）に鉄道省募集のヴェズレイ行エクスカーションに行くと言う。ヴェズレイは「フランス古寺巡礼」にも出ており、非常によいところと聞いているので僕も行くことに決心し、図書館に行く前にリヨン駅に行って申し込みました。交通費が二千百八十フラン。昼食が六百フラン。今月の唯一の遠出になりましょう。今から楽しみです。

リヨン駅の例のグロテスクとも思える時計塔は「巴里の空の下セーヌは流れる」の最初に出てくるもの。直子と東横の地下の映画館で観た筈。それに僕がパリに最初の歩を印した場所でもあり、何となく懐かしい。リヨン駅からの六十三番のバスはセーヌを渡ると植物園の前を通り、右の河岸の並木越しにノートルダムが遠望出来るのですが、これも映画にあったように記憶します。少し陽がもれて来て、昨日からトランクから出してきた冬服が一寸鬱陶しくなりました。沿道のロンサールの像、クロード・ベルナールの像、クリュニーとソルボンヌの間にある小公園のほとりのモンテーニュの像等、早く写真に収めたいと思うが、中々暇がありません。ミュゼ・ド・アナトミー・パトロジック（病理解剖博物館）たるミュゼ・デュピュイトランも修繕中で、帰る前には見られぬかもしれず、そんなことを考えるといささか気がせかないでもありません。

今日はZülchの論文を二つとRingertzの論文。これで読破したのが二十三。グリオームの分類を巡り幾多の人が大きな努力を払っているのかがよく分かり、その中から本質的な立場をかまえた人々が浮かんで来ます。ベーリー、クッシングのアメリカ学派に対し、オステルターク、ツュルヒ、テンニスのドイツ派が張り合い、その間にあってシェラーが別の立場を設定して頑張ったが、しまいに両者折衷の形になっている。近年ケルノハン等が再びアメリカで新しい立場を築いたが、ドイツ派は容易には妥協しないというのが現状のようです。フランスは一九三〇年代にオーベルラン・ルーシーが姿を見せるだけで、その後はなりを潜めています。

一旦晴れたのが六時頃には激しい雨。閉館の七時にはさっとやむという激変ぶり。

夜は鰭崎氏が暇なものだから遊びに来て、こちらも仕事が出来なくなりました。鰭崎氏の荷がロンドンから回送されて来たが、ペリカン萬年筆が二本なくなっていると言う。英か仏の税関吏、又は荷物屋の仕事でしょう。よほど気を付けぬといかん。

鰭崎氏は音楽が好きで、ドイツからLP四枚を買って来たのを見せてもらった。カタログを見るとフリッツ・リーガー指揮、ミュンヘン・フィルハーモニーで、メンデルスゾーンの「イタリア」などが吹き込まれています。この間この楽団に接したばかりなので、誠に喉から手が出ます。この間鰭崎氏は内村鑑三の弟子で、無教会主義。中々個性的な人で、精神科連中とは合わないのです。遅くまで科学と宗教、霊魂の話などをして中々おもしろかった。

六月十三日（水）　晴

やっと晴れました。しかし乱雲あり。朝は久し振りにパンを買い、バナナ、ヨーグルトも整えて、今日午後チューリヒに発つ鰭崎氏と朝の食事を、陽のさす窓辺でゆっくり味わいました。午前はサルペトリエールへ。キッペル氏の代行。一緒に見学している連中もパトロンが居ないと駄目だと言って、あくびを噛み殺しています。僕も昼で抜け出してシテに帰って昼食。

鰭崎氏をメトロでアンヴァリッド迄送って行きました。ロンドンからの荷が届かず、パリでの出費がかさみ、タキシー代もないので、メトロで節約。変った人ではあるが、上等な人物です。何もお礼出来ぬからアグファのフィルムを置いて行こうと言うが、鰭崎氏とて沢山持っているわけではないから、日本へ帰ったらうんと御馳走して下さいと言って押し止め、握手して別れました。

アエロギャール前からバスでトロカデロへ出て、リュ・サン・ディディエ9のMという人の部屋へ往診です。昨夜遅く電話で頼まれたのです。新聞関係の人で、四歳になる女の子が麻疹らしいので一度診ていただきたいというわけ。父親は出張とか。祖父がロンドンの日ソ交渉の大使とか。女の子はとてもおとなしい子で、まがいもない麻疹。母親もまだ若い人だが、臭みのない、感じのよい人でした。部屋の片隅に仏壇みたいなものを作り、灯明立てなども据えてある。クロロマイセチンの残り五錠全部を与え、明日昼に様子を電話で知らせてくれるように言って辞しました。帰り際にお車代を渡されたが、二千フラン入っていました。

バスを待つ間にトロカデロはシャイヨー宮のテラスから久し振りに陽を浴びたパリの街を遠望。それほど澄んではいないが、パリのモニュマンの殆どが見渡せます。帰る前にエッフェル塔も一度登らねばなるまいと見上げている内にバスが来て、サン・ジェルマン・デ・プレ迄。

今日はシェラーの一九四〇年の綜説読み。この男は随分激しい男とみえて、殆ど八つ当たり。ベーリーも、クッシングも、リッベルトもオステルタークも、全て矢を浴びている。中々鋭いけれど、一寸偏狭という気がする。

こちらの駅では電車がホームに入り、出て行くまでは自動扉が閉まって人を入れない。そのため長い地下道には延々たる行列が続くのですが（ラッシュアワーの時には）、そんな時でも実に静かなもので、話す人はあっても低い声で囁くようにしているだけ故、一寸深い谷間に居るような感じ。押し合うでもなし、へし合うでもなし。日本だったら、何しているんだ、早く進めと押しくらがはじまると考えられるが、こうした差異が国民性の差としてだけとは考えられず、やはり一人一人の躾の問題であろうと思います。日本から来るグラフを見ても、そうしたことを考えると一寸気が重くなります。日本人のすばらしい食欲に、気長な計画性と社会的の躾がついたら誠によいと思うのですが。夜はシャワーを浴び、カフェで冷えたビール。実にうまかった。

夜「イタリア古寺巡礼」を読み続け。

六月十四日(木)　曇り時々晴

昼に、昨日往診したM氏奥さんから電話あり、娘さんは今朝から熱が下がり食欲が出てきた由。

三時にアンドレ・デルマス教授に会い、小川教授から預った「日本人の脳」を手交。土曜日に再び行って研究室を見せて貰うことにしました。それから図書館。今日は血管壁の変化に関する小論文を四つ。こうした変化を豊富な図によってはっきり指し示したものが案外少ないことが分かります。こうした点を中心に纏めるのも一法と考えています。

夕食を食べるとすぐテアトル・デ・シャンゼリゼへ。今日はラジオ・テレヴィジョン・シンフォニーというフランスの楽団が、ブルーノ・ワルターの指揮で、モーツァルトばかりをやるのです。一つのますにマドモワゼル五人と、大久保君と僕。最初の、交響曲三十六番「リンツ」を聴いた後、最前列をマドモワゼルに譲ってやり、あとは後ろに下がって聴きましたが、反って純粋に音楽だけを味わうことが出来て幸いでした。二曲目が小夜曲。次いでMaurerische Trauermusik（フリーメイソンのための葬送音楽ハ短調）。最後が交響曲三十九番。

はじめはどうせフランスの楽団がやるのだから大したことはあるまいと高を括っていたのですが、聴いてみると指揮者の力量でこれだけ違うものだろうかと驚きました。それはそれは素晴らしいモーツァルトでした。小夜曲、三十九番は家にレコードがあり、暗記する程メロディなど覚えているのに、その実演に接して印象を新たにしました。小林秀雄の「モオツァルト」を読み、音楽について色々考えさせられている時のこととて、一層深く打たれたのかもしれません。我々の生活意欲の励ましとしての音楽、心の純度を高めるための音楽としてモーツァルトを認識したことは大きな収穫です。

エッフェル塔の灯の見えるアルマ・マルソーのカフェで、大久保君等と印象を語り合いました。

六月十五日(金)　曇り

午前、シャンゼリゼのはずれから一寸横に入った画廊「ベルネム・ジュヌ」でやっているボナール展へ。フランクラン・D・ローズヴェルト駅で降りてシャンゼリゼをぶらぶら下りて行く内に、陽がさし始めました。途中で鈴木君に会い、これからボナール展に行くと言うと、それじゃ一緒にというわけで二人連れ。画廊はウィークデーのことと て空いていて大変によく、ゆっくり午前一杯かけて見ました。一八九〇年から一九四五年に亘る五八点。ボナールの初期のものを初めて見ました。ともかくこの位完全に線を用いなかった人も珍しい。初めから終りまで線を用いていないかと注意して見たが、ここにある範囲では遂に認められなかった。線を生命とする日本画とは全く対照的なものです。初期のものは暗い画面で初めから油を殺す画法なのかもしれないが、年月による色の褪めもあるのかもしれない。晩年になる程明るくなって行きます。特に打たれたのは静物三点。日本にもよく紹介されているボナール特有の明るい画面で、果物の描き方、色の置き方など、とても勉強になりました。鈴木君は、僕の自分で描く者の立場からの見方が面白いと色々議論をもちかけて来、一人で見るより大変よかった。十二時半、出ました。

オデオンに出て、二人で学生相手のレストラン「プチット・スルス」(小さな泉)の地下で食事。パン一本、ソーセージにフリット(ジャガイモの揚げたもの)、チーズにビール二杯で二百二十フランは学生の天国。腹一杯。とは言っても御飯を一杯食べた時の重い感じではなく、そうした点、量で一杯にしようという日本食は少しく消化管に負担が重過ぎるという気が強くします。食後鈴木君の部屋に行って、コーヒーと途中で買った今出盛りの桜桃でデザート。

今日は図書館では補足的な小論文を幾つか読みました。少なくも一九三〇年から現代迄で、グリオーム学に大きな変革をもたらした人のものには大体眼を通したと思うので、これからは小さなものに移るわけです。血管の変化については かなり多くの人がふれるが、はっきり図示しているのは少いことは前にも書いた通り。

夕食は大久保君の所で。佐藤朔氏も来ており、鈴木君と二人で市場に買出し。トマトを買ったが、日本のように生きのよいのは一つもない。こちらの野菜でよいのはサラダ菜。これを酢と油で和えて食べると絶対に美味い。日本に帰ったら畑に植えてふんだんに食べたいものです。

八時半に帰って、今日メゾン・ド・ジャポンの主催の講演会「パストゥール」を聞きました。演者はアカデミシアンのパストゥールの一族のリヴィエール氏。パストゥールの言葉を沢山引用しての話で、それ程面白いものではなかった。

＊直子が街の中を四十キロメートルで走るというので、こちらで女性がスイスイと運転して歩くのを見ても平気になった。しかし運転をやっていることを人におおっぴらに言わぬこと。だまってやっていなさい。

＊節子は人見知りしたりして泣くのはよくない。フランス

の子供ははきはきと、泣いたりしないと言い聞かせて下さい。実際子供も独立心が盛んで、どったりしているのだけは羨ましい。少しそうした点びしびしやってもよさそうに思う。

六月十六日(土)　曇り

朝、京大口腔外科の教授の美濃口氏から電話で、デ・ショームという教授に会いたいがどうしたらよかろうと言うので、今日はこれから医学部を見に行くから一緒に行き、その時デルマス教授に聞いてみたらということにし、九時過ぎにメゾンに来てもらいました。金沢大の占部という人と同期らしい。アメリカも見て来て、あの国は若い時留学する所でない、あそこでは人は物を考えないと言っていました。

十一時にデルマス教授の所へ。研究室や屍室、屍体にフォルマリンなどを注入する室、ミュゼ等見せてもらったが、実に良く、きれいに整頓されているのには感心しました。又、冷凍室で、零下二十度にして凍らせ、人体でも何でもそのまま切り刻む装置がご自慢らしい。研究では葉酸の不足で起こる中枢神経系の異常を蠟細工に作っていましたが、これは中々面白かった。

昼食は美濃口教授と話しながらオデオンで。昼食後、オペラなど見たいと言うので、切符を入手するまで世話することにし、オペラ迄。フュルスタンベール広場、リュ・ド・セーヌから河岸、ルーヴル、アヴニュ・ド・ロペラを、時々さっと来る雨をかぶりながら。

三時になったのでシテに帰り、支度し直してブローニュの森の南はずれのポルト・ド・サンクルーに程近い大使館のT氏宅へ。夕食を共にし、ソ連のバレエに行こうと招かれたのです。小学校四、一年の二人の女の子がいましたが、来て一年位なのに時々試験では一番になる由。詰め込み主義日本人に向いているのでしょうと、両親は笑っていました。

T氏は、だんだん話してみると達観したところのある人で、大使館員としては珍しい存在であることが分かって来ました。やはり商工省出で、根付きの外交官育ちでないからでしょう。

九時のシャトレ座の開演に一寸遅れて入場。大使館の加賀美夫妻も一緒。バレエは「白鳥の湖」。新聞の批評のように、それほど優れていると思わないが、しかし脇役等に優れてうまいのが目につきます。休憩時にロビーで、オードリー・ヘップバーンが来ていましたが、婦人連は夢中。

終って、皆で側のカフェでビールで小憩。ご婦人連はいずこも同じ、ドレスだ買物だのの話ばかり。物欲を全く抑えている当方には一寸遠い話ばかり多くて困ります。駐車中にT氏の車がパンク。恐らくいたずらだろうとの話。やむなくリュクサンブール迄、雨に打たれて辿り着きました。

六月十七日(日)　曇り時々雨

六時半に植村館長に起こされて一緒にリヨン駅へ。鉄道省募集のヴェズレイ行エクスカーションです。八時五分発オーセールに向かいました。途中で三十分程野原の中に止まってしまい、その為にその後の日程がかなりせかされることになりました。途中の風景は、伸びはじめた一面の麦の野と、点在する牧場、その間をうねるセーヌと釣人たちという見慣れた風景。日本の農村風景のように家が目立たず、誠に人口の少ないことを感じさせます。さーっと雨が来ては去って行きます。

オーセール着が十時半。バスに乗り込んで先ずサン・ジェルマンという教会から見始めます。この寺の地下に、八、九世紀の壁画があるのが見ものというわけ。法隆寺の繊細なのに比すべくもありません。次いで歩いてこの町で最も有名なカテドラルへ。左右不対称なのがかえって面白く、その正面の姿は中々大したものでした。ぐんぐんと上に伸びて行く感じが非常に素直に出ています。正面の彫刻を見ている内に又かなりの雨。中ではミサの最中で、ステンドグラスを見て歩くにも忍び足。二、三美しいのがありました。ミサに若い女性の姿が目立つ。一、二歳の子供が母親に抱かれて来て、母親が祈っている間、隣の椅子に置かれても身動きせず、おとなしくしているのは中々感心なものです。雨の中を教会の横へ回って地下（クリプト）へ。ここにも壁画があり、ここのは保存がかなり良く、トロカデロのミュゼ・デ・モニュマン・フランセにも模写されているもの。

サン・ピエールという教会の前の細い小路のレストランで昼食。ここらは酒の名産地ブルゴーニュ。中瓶が七十フラン。安いものです。オルドゥーヴル（えび、茹で卵、人参の酢の物の如きもの、ソーセージ）、肉団子のような料理。天麩羅の衣のようなものの丸い揚げ物。サラダ、チーズ、コーヒーにケーキで腹一杯。予定が一時間も遅れようが、食事だけはゆっくりと楽しんでというわけでしょう。第一、ガイドと運転手も酒のお代りをしたり悠々たるもの。フランス人ばかりの団体なので誰もせく者はありません。植村館長の話ではこれが英米人の団体では絶対こうはいかず、飯はかつかつ食べてさあ出掛けようということになるらしい。

オーセール出発二時。満々と水をたたえるヨンヌの流れに沿い南東へ下ります。途中しばしば桜桃畑に沿いますが、誠に綺麗です。途中からニーヴェルネ川に沿い上り、途中古城の跡たるマイイで高台から谷の眺望。うねるニーヴェルネの中の島は青々とした牧場。人家は一ヶ所にかたまって本当にアグロメラシオン（集落）という感じが強い。

再びバス。大きな巌頭の下を通りますが、ここで若人が岩登りの練習中。村山、青梅のあたりのような風景を二時間走ってやっと雨雲の往来するヴェズレイが見えてきました。ここは第二次十字軍の結集された所で、昔巡礼で栄えた所。今でも人口五百位で昔の中世の姿を伝えています。ロマン・ロランは晩年この近傍で過ごしたらしい（ちなみにロマンは同じブルゴーニュのクラムシイの生まれ）。丘の麓に着いたら雨がひいて一寸陽がさしはじめました。

丘のてっぺんのロマネスクのアベイ（大修道院）迄上りつめたら又かき曇って雨。天候には手がつけられません。このアベイの中は改築され、古い感じはそれ程しませんが、柱の模様の彫りや様式は見るに耐えるものらしい。人々は感心しきって見ているが、スペインでトレドの美しさに触れている僕には、後者の方がよけいに惹かれます。アベイを出ると強い雨。

その中をアベイの後のこんもりした樹々を茂らせた見晴らし台に出ましたが、雨雲のため遠望はきかない。

しかしここからの眺めはヴェズレイの中で一番印象の深かったものの一つです。周囲の丘を圧して立つこの高所から下界を眺めつつ思索に励んだ僧等に思いを馳せました。そしてその当時世界をどの程度の規模に感じていたのか分かりませんが、よくぞここからエルサレムの地まで軍を進めたものと感慨に耽らないわけに行きませんでした。中世を支配した宗教の力の圧倒的な大きさが実感出来るような気がしました。と同時にそれを突き破ったルネッサンスがどれだけ血みどろの戦いであったかも分かるような気がします。

古い家々、更に古い城門を潜って再びバスへ。丘を下って振り返るとここがいかに高いかがよく分かりました。途中、サン・ペール・スー・ラ・ヨンヌという小さいが古い教会に車を止めました。これは入口に僧の棺が据えられている珍しい造りとか。ここから一路アヴァロンへ。アヴァロンに近付く頃、景勝の地というクーザンの谷に沿いましたが、ここは日本式に両側の迫った谷。車中の連中はきれいだきれいだを連発ですが、我々には奥入瀬か氷川の奥の谷の亜流位にしか感じない。日本はしかし美しい国です。

ところでアヴァロンは丘の上につくられたきれいな町。新緑のもなかに聳えたっており、石、石、石の家々が樹々の間から見えた時、はっきりと西欧人の自然感というものが分かったような気がしました。あくまで自然は人間の造りなしたものと一線を画し、我々と相対するものであるという彼等の思いが。町の中は人口五千というのに、豊かな商店街が並び、どんな人々が買うのだろう、この町の人は何で暮らしているのだろうと疑念が起る位。結局フランス農村の富裕ということなのでしょう。

アヴァロン発六時半。オーセールに着いたのが七時半。七時五十五分にここを発ちパリへ。途中向かいに乗った小学校の女教師連らしい四人連れと話しましたが、日本に対する知識の低いこと。ここでも日本の品物は安いし悪かったというようなことを聞かせられるが、最近ではそれは日本の故だけではない、日本に買付けに来る外人が安いのを買い、儲けようとするからで、どこの国のだって安いのは一般に良くないと応じてやります。フランスの建物についても、単純化を主とする日本文化から見ると、余りにも飾り過ぎると言ってやると、余りがやがや言わなくなる。ともかくどこの国でも一般は低劣なもの、我々が理解させねばならぬのは、この国を動かす少数の目覚めた人々の筈。大使館あたりの文化宣伝もこの辺を狙わねば駄目です。ともかく四人の喋ること喋ること。

十一時メゾンに帰り着きました。しかし待望のブルゴーニュの一部を見て大満足です。

六月十八日(月)　晴

午前は寝坊。食堂に行ったらブリュッセルのムッシュ・ダーヌも近頃は面白くないので部屋で勉強することが多いと言っていました。午後から図書館。一九二二年のベルトラン教授のグリオーマトーズについての論文を読みましたが、これはベーリー等の分類の出来る前で、まだ一括してグリオームと言っていた時代のものだが、中々しっかりしたよい論文だと思いました。もう一人外人と思われる人との共著で、後者が主にやったのかもしれませんが、中々読み応えがあります。かなり長く、今日は半分だけ。リュクサンブールのカフェでビール。陽が、今日は一日あり、これが昨日だったらと一寸残念。

夜は画家の松木氏と旅行計画を本気に練り始めました。予定を大きく変え、色々の人の意見を聞き、七、八月のイタリア旅行は後回しにし、八月、九月をベルギー、オランダ、北欧、ドイツ、スイス巡りに過ごすことにしました。今晩は十二時迄かかってあらすじを話し合い、明日旅行社に行き概算をしてもらう予定。

健康を祈ります。

六月十九日(火)　薄陽

午前、松木氏とユースホステルの事務所を振出しに、各観光事務所を回り汽車の時間表集め。これがどこの国でもくれるわけでなく、しかも買わねばならぬところもあります。一応立てた計画について運賃を聞いてみたところ七万フラン位とのこと。

昼からは溜った手紙書きに終始。随分忙しい思いをしました。書き上げ、七時一寸前に投函してやれやれです。

六月二十日(水)　晴

午前、僕だけエトワルに出て、スカンジナヴィアの時刻表を調べにツーリスト・ビュローへ。メトロの出口で矢内原東大総長の息子の伊作さんに会いました。近い内にイタリアへ行くので切符を買いに行くとのこと。

今日はアムステルダムからコペンハーゲン、ルンド、ストックホルム、トロンヘイム、オスロ、コペンハーゲン、ハンブルク迄の時間調べ。親切なマドモワゼルがすっかり教えてくれ、一番問題の箇所が片付きました。夜汽車は疲労を招くので、なるべく昼汽車を選ぶ方針です。

帰って昼食をとり、室に帰り一服して図書館へ行こうとしたら電話。下迄下りたら、日本大学医学部のNという人の訪問でした。この人は日本で面識があるのでもてなさぬわけに行かず、部屋で話すことにしました。東大出身。アメリカ、イギリス、ポルトガル、スペイン経由でやって来たのですが、面白みのある人ではありません。これで二十三人目の訪問者ですが、歯応えのある人物というのは誠に少ないものだと思います。日本を出てから日本語を話すのは四回目だとて、懐かしいらしく、中々腰を上げず帰ったのが六時近く。

ところでN氏と話している内に、方々の筋肉が痛く、又、少し寒気がして来て、送り出したあと軽く頭痛も加わったので、食堂で夕食を食べ終るとアスピリンとサリドンを飲んで床に入りました。床に入って間もなくすると電話。今熱があるから電話に出られないと伝言を頼んだら、これが幸い。慶應のA夫妻で、大使館から聞いて僕に大学に連れて行ってくれと頼みに来たのだと後で聞きました。夜中には薬が利いたのか、痛みは全くとれました。こんなに急に始まったのはきっと流感だろうと考えています。それに気候不順で風邪が流行っているというし。しかし一回かかっておけばあとは免疫になりましょう。

床の中でウェルズ「世界文化小史」を読み、ギリシア、ローマ時代の項で、当時のアーリア族とセム族との対立が現代迄持ち越されているという彼の解釈、更には借りて読んだ「週刊朝日」に、「ル・モンド」の特派員ギランの中国見聞記がありましたが、その中に中国は今や完全に在来の自己のものをすべて捨てて西欧ないしソ連のものを取ろうとしているのに対し、日本は西欧のものを取入れ、更に西欧から学んだ武器で戦いを挑んで、西欧に屈しはしたが、決して日本人の心は失っていないという文を書いているのを見て、二つの文化圏の接触の推移というものは、長い長い目で見るを要すると共に、それぞれが自己を保ち、自分の中の本来のものは何かということをぎりぎりの線で見出して行く、息詰まるような鍔ぜりあいであるという感を深くしています。

六月二十一日(木)　晴

まだ少し熱っぽいので床に留まりました。松木氏に頼んでお昼はヨーグルト二個、オレンジジュース一瓶、桜桃を買ってもらいましたが、夕食は鍋一杯お粥を作ってくれたので、おかげで腹一杯。

ところで午後から来客しきり。第一に慶大の佐藤朔氏が、朝起き抜けに窓に手を挟んで爪を剝がしたので、是非診て下さいとやって来ました。親指の爪が動いて方向を変えてしまっています。原則は取ってしまうべきでしょうが、そんな準備もないし、無理をするより保存療法と考えて、ペニシリン軟膏をつけ、二次感染予防にオーレオマイシンでも飲むことを勧めました。しばらく毎日通って来ることになりました。氏は五十歳前後なのですが、着いた頃よりは元気だが何となく精気が欠けています。この間ブルーノ・ワルターの音楽会のあとの批評に（フィガロ紙）、ワルターが八十一歳なのにいくつになっても若々しいことをたたえ、若さとは年齢ではなく、生れつきのものなのだという言葉を呈していましたが、これは実によい言葉です。確固とした自分の立場を持ち、世界観を持ち、自然観を持って進む時は、人間はいつまでも若さをたたえていることが出来るのではないかと考えていますが。どうも日本人の大人は老けやすいなという感じがする反面、自分は決してそうなりたくないと戒めて行くつもりです。結局闘志を燃やすべき泉をどこに求めるかの問題でしょう。

夕方には例のアメリカ人のランベール君が来て暫く話して行き、日本語の練習にと「芸術新潮」を借りて行きました。

九時過ぎ大久保君が不景気な顔で現れて、また眠れなくなったから睡眠薬を下さいとの願い事。日本から持ってきたのは全部彼にあげてしまったので、今日はやむなくこの前薬屋からサンプルに貰ったのを渡しました。十一時半頃まで話して帰りました。煙草量が多いようだし、運動が足りないようだから、今度ぎゅっと意見してやるつもり。彼はその点、割に僕の言う事をきくのです。そしてしばらくは言われた通りにする。

六月二十二日(金)　晴

今日から起きました。午前は部屋の整頓。「世界文化小史」。北欧、ドイツ、イタリア等を見る前に一応ヨーロッパ史を頭に入れるべく、読み進んでいます。

昼は、三日前から大久保君の部屋でそばとすしの会をやるからと言われていたので出掛けました。集まるのは大久保、二宮夫妻、鈴木、それに鈴木君の招待した慶大仏文卒の二人の女性。その内の一人は、両親と一緒に来ている故か、パリに来ている娘たちの中では一番しっとりとした良さを失っていないように見受けられるが、そんなこともあるのか未婚の男性の間では暗黙のさやあてがあるらしく、すでに赤札付きの僕から見ていると中々面白いです。

すし種は海老とまぐろとイカ。全く大久保君の料理の上の鬼才には敬服する。わさびが適当に利いてこたえられません。こちらのまぐろも案外捨てたものではない。最後に鉄火巻ときゅうり巻を二宮夫人が作ってお開き。そのあと、お茶を飲みながらカトリックの棚卸しや、アルジェリアの学生が試験と学生食堂をボイコットしていること等を話題に五時頃迄。活発で中々面白かった。招かれた女性の一人は女子学生だけの寮に居るのですが、ここにはアルジェリア、安南の学生が多く、政治論が多く、勉強等落着いて居られぬ由。フランスの統治を離れた仏印もその内情は中々複雑らしく、同じヴェトナムでも南と北では大変な反目とのこと。

大久保君とリュクサンブール迄散歩。メディシスの泉にもこんもりと緑が覆いを作り、大変美しくなりました。

帰ったら佐藤さんが来ていて爪の治療。途中で買って来ましたからと桜桃を一袋くれました。沢山なので食べ過ぎると悪いと思い、昨日世話になった松木氏をはじめ一、二の人にお裾分け。

夜はモリエール「ブルジョワ・ジャンティオム」(「町人貴族」岩波文庫)を大久保君から借りて来て読みました。明日のコメディ・フランセーズの出し物で、二宮夫妻が行くと言うので一緒に行きたいと思ったからです。二時間半程で読了。どんな風に演ずるか一層見たくなりました。

次いで岩波の「思想」に出た森有正氏の「文化の根というものについて」を読了。一九五五年十二月号所載のもの。一年の予定で渡航したのが何故五年になったかの言い訳めいた箇所が多いが、僕が疑問にしていたことに対する答のような部分も多く、大変面白かった。一寸文体が素直でないので読みにくいが。「文化の根」という言葉、これは僕が頭の中でもやもやしていた事をすっきり表現してくれています。実際日本にもこの根が必要なのです。この森さんの文については、またあとで触れることもあるでしょう。

十一時過ぎ、東大の物理の男が、東大教授の久保という人がじんましんを出しているからと言うので注射。

家からの手紙は近頃飛行機の便が変わったとみえ、金曜夕に着きます。

＊読売の記事は意外千万です。察するに僕が脳研に出した手紙を、新聞社の求めで誰かが提示したのでしょう。私

信を人の許可なくして公表するなど以ての外です。それに事実を曲げるも甚だしい。ベルトラン教授にマドモワゼルのファンが多いなど、どこからどう考え出したものかとあきれるばかり。その他にも意に反した箇所が少なからず、新聞はいい加減なものとは聞いていましたが、自分の身に振りかぶって見ると、強く実感出来ます。それにあの手紙を提供した者に甚だしい憤懣を覚えます。あれを読んで実に不愉快な一時を過ごしました。個人の意を平気で踏みにじっているという点について。

＊写真を送るにも六月の天候不順では撮る気もせず、また文献読みでそんな余裕はありませんでした。節子と冷蔵庫は早く見たい。蓋の開け閉めで節子が手を挟んだりしないか心配しています。親馬鹿。萬年筆はできればお土産にしたいと思います。できるだけ節して、こちらにあるだけで買うようにしましょう。ドイツのものはほとんど減らず一生使えるそうです（日本のと比べ残念な話だが）。細書きがいいか太書きがいいか、意見を聞かせて下さい。こちらの太書きはとてつもなく太いようです。

六月二十三日（土）　晴午後曇り

午前洗濯。フランスの良く泡立つやつでやっています。午後一時半に約束通り鈴木君の所に行き、大久保君と三人でミュゼに行く予定が、大久保君が来ず、やむなく二人で出掛けました。今日行くのはブールバール・オスマン百三番のギャルリー（名は忘れた）。丁度筋向かいに昔プルーストが住んでいたという家があるのを鈴木君より聞きました。今は銀行になってしまっている。題して印象派展というのに副題に「ジェリコーよりモネ迄」となっていて、かなり大きいものかと思ったら僅か二十七点。ジェリコーが一点、ドラクロワ三点、コロー六点、ルノワール三点、モネ六点、クールベ二点、ピサロ一点、シスレー二点、ロートレック一点、ドーミエ二点。特に感心したのはコロー、四号以下の小さいものばかりですが、画面を細かに見るとその描写や技法の繊細さが、何かこの人の人柄を偲ばせるようで実に心地好い。イタリアの谷間の村を描いた一点には、二人で本当に引き付けられて見ていたら、画廊の主人らしいのが客を案内して来て、この絵には余り注意する人がないが、これは実によいものでしてと細部にわたって説明しておりました。やたらに大きな画面を使ってわけの分からない絵を描くより、これだけの小さい画面にこもって技の限りを尽す方が僕にはずっと健全な感じがします。いよいよもってランスのコロー美術館を見たくなりました。それに内田巌の書いた「ミレーとコロー」を帰ったらもう一度読み直すつもり。シスレーのセーヌ風景と思われる一点、五十号位ですが、コローの絵が少々威儀を正して見るような雰囲気があるのに対して、色調柔らかく寛ぎを与えてくれます。ロートレックのパキパキしたデッサンのあとの残る人物は何時見ても気持ちが良い。それに反し、ルノワールの風景、静物、人物の三点は面白くなかった。とにかくコロー、コローとコローの事ばかり話しながらサン・ラザール駅前のカフェで曇り日の雑踏を前に一休み。

帰って佐藤氏の爪の治療。化膿の徴もなくよい具合なのに、神経質でちょっと荷厄介。

八時に二宮夫妻の下宿に行き、土産に持って行った小豆菓子で雑談。八時半にパレ・ロワイヤルにモリエールの芝居を見に出掛けて行ったら良い席なく、今夜はやめることになりました。バカロレアの試験が終ったあとなので、学生が実に多い。ヴァカンスに出る前の一時の寛ぎでしょう。三、四百フラン出せば席はあるのに、二宮夫妻は爪に火を点す位でやっているので、二百フラン以下の席がないから今夜はやめようというわけです。やむなく散歩することにしました。

そのパレ・ロワイヤルの庭では、今日は古典音楽の夕べとか。野天で四百人の楽士が演ずる由。その背後に続く庭が公園になり、それを屋根付き回廊が囲んでいますが、これが「巴里の空の下セーヌは流れる」でマチアスが娘を殺す場面に出てくるところと初めて聞きました。又、この庭に入るのは僕も初めて。この界隈の古い通りをぶらぶら歩き、サン・ドニに出てカフェで腰を据え、十一時半迄過ごしてしまいました。十一時半と言ってもこのあたりは人が出盛る一方です。土曜なので。中々涼しい。

六月二十四日(日)　曇り時に雨

今日はシテのガーデン・パーティーとか。各国とも(と言っても全部ではない)ぶきっちょな飾り付けをしています。

午前は慶大の八代君が最近スペインに行って来たので、撮ってきたカラー写真を見せて貰いましたが、今見るとマドリッド、トレド、グラナダ等々皆懐しい。

二時にブーリエ君夫妻と子供三人。奥さんは小柄。フランス婦人としても小柄かもしれぬ。余りしゃべらないのでこっちは手持ちぶさた。仕方無いから旦那としゃべるだけ。シテから電車に乗ってソーで下り、パルク・ド・ソーへ。女・男・女の三人の子持ちで、夫人は三人を産んだ人と思えぬ程見掛けはなお若い。末がイサベルという女の子で三歳位。終始歩くし、又、歩かせられる。手を取ってやるのは危ない道位のもの。かなり急な傾斜の所や石段等でも決して手を貸さず、親は先に行って待っていて、励ましの言葉を掛ける位。僕の方ではらはらして手を出そうとすると止められてしまう。相当きつい躾なのでびっくりしました。母親の態度等少々厳し過ぎると思う位だが、あとではよくねぎらってやっているようです。若い親の幼児に対する態度を身近に見られて大変参考になりました。

パルク・ド・ソーは昔の宮殿の跡で、思ったよりずっと大きく、様式はヴェルサイユを真似ています。グラン・カナルに沿うポプラ並木が堂々として美しかった。丁度そこでかなりの雨になったが、子供等はレインコートを着せられ平気で雨の中を歩き回っています。原子雨の中ならこうは行かないでしょうが。

ブーリエ君とは家族制度の話、フランスの基礎教育のこと、科学技術と人間の生活というようなことを歩きながら話し合いました。フランスで子供等が結婚すると、親との間は別居になるし、各自自由を欲して疎遠になるが、孫が出来ると関係はぐんと近くなる由で、これは万国共通らしい。ブーリエ君は自分はギリシア・ラテンを扱う文学者になりたかったが、親の勧めで医者になり、初めはいやだったが今は感謝していると言っており、中々文学、哲学的なことにも関心があり、若い世代がアメリカに影響されすぎて、科学技術にのみ走りすぎると嘆いており、フランスの将来に少々ペシミスティックです。しかし若い医者としてこうした角度から物を見て行く人が少なくも居る、ということを知るのは僕にとって大変嬉しい事ですし、話している内にも思考や表現のはっきりしている点に、がっしりした文化の根を感じます。宗教について聞くと、家内は熱心だが自分はそれ程でないとの答。僕がフランスでは階級意識がとても強いようだがと言うと、フランス革命の理想の「自由」はほぼ達成されているが、「平等」はまだまだ遠く、困ったものだともらしていました。

カフェでコーヒーと大きなビスケット、ケーキでお茶の時間。人をもてなすにしてもかくの如く質素。我々としても人のもてなしに物よりむしろ雰囲気や話題に重点を置くことを考える必要があるように思います。子供が各自を守って一人でてきぱきとやってのけるのは見ていて気持ち良く、日本の子供のようにぺたぺた親にくっつかない。

六時過ぎにシテに帰り、例の「少年美術館（2）」とこけし二個を進呈、別れました。奥さんと子供は七月中旬にモンペリエ近くに休暇に。自分は残ってオルレアンの友人の病院の手伝いに行くとか。それで七月の第二か第三日曜に又、ハイキングをする事になりました。

夜は借りた「新潮」や「文春」の漫画号で寛ぎました。

六月二十五日(月)　晴

久し振りに晴。朝、厚生省のお役人で、WHOでイギリスにやって来ていたMという人に起こされました。医者ではないらしい。案内してくれというつもりがあったのかもしれないが、今週は最後の週で忙しいと、簡単なパリの歩き方だけ知らせました。

　ガルサン教授はまだ来ておらず、仕方なく午前はシャルコー研究室でシュピールマイヤー読み。ベルトラン教授は今週金曜日に来る由。

　午後は読売の記者の上野氏の奥さんが出来物が出ているのを、リュ・サン・サーンスに往診。湿疹。主人公とも暫く話。この間の記事のことを話したら、もし何だったら私から訂正させましょうかと言われましたが、もう興味もないので構いませんと言っておきました。近い内に夕食に招くとのこと。我々の知らないような事を色々聞くのが楽しみです。とは言っても去年の十月に来たばかり故、まだベテランとは言えぬでしょうが、ともあれ世界を広くしておくのはよいことです。

　オデオンに出て、図書館でシェラーのもっとも大事な文献を再読。

　七時に佐藤氏の爪の治療。八時から十時、M氏来訪。

　十時から松木氏と北欧行きのほぼ最終計画練り。目下のところ八月一日出発、ベルギー、オランダからハンブルクに出て、デンマーク経由スウェーデンに入り、ノルウェーを抜けて再びハンブルク、次いでケルン、ボン等を見て八月末パリ着の予定です。次いで九月中旬迄は次の旅行計画と休養。九月中旬から十月一杯はドイツ、スイス、イタリア等を歩く予定。第二次旅行は一人でやる決心です。人と歩くとどうしても制約がある。

　目下の手持ち、十七万二千フランと二百七十ドル。大変勿体ない気持ちで一杯です。こうした旅行をするだけで、日本では金をどこから出したと詮索する人間がいるし、何かと気を回す人がいるものですから（たとえそんな事は気に掛けないにしても）、黙々としていて下さい。それに人間は好調な時に最も気を引き締めて行くことが必要なようです。

　もう八ヶ月も終るわけですが、顧みて自分としては出来るだけやったつもりですが、まだまだ心残りが沢山あり過ぎます。しかし悔いの多い方が生き甲斐があるかもしれません。七月からは自分のお金でと思うと、今までと異なり一層お金の使い方に気を使わねばと心の引き締まる思いをしています。それでも出るものは出て行く。全くお足とはよく言ったものです。しかしあまり固まり過ぎぬよう、七月も一、二回はのびのびとハイキングにも行き、英気を養うことにしましょう。

　皆が元気でいれば障害も一つ一つ着実に乗り越えることが出来るというものです。

　カラー写真も一、二手もとにありますが、これから送るよりも持って帰ってのお楽しみにしたらどうかと思いますが。

　では皆さんお元気で。

六月二十六日(火)　快晴

今日は本当に夏らしい陽気。太陽は惜し気もなく照り、窓の下の緑も輝くばかりです。日向を歩くとカッと暑いが、汗をかくほどでなく、木陰に入ればすっと涼やかで誠に気持のよい日です。それでも服は紺のを着ており、決して暑さを感じません。

午後はサルペトリエールへ。前庭の緑の芝生の中央には色とりどりの花で模様が描かれ、いつもながら手入れのよさに感心します。次々と花を絶やさないように植え次いで行くのです。バイヤルジェ、トレラ等の像がこの間につつましやかに立っています。

シャルコー研では今日は文献を二つ読みました。ジラール君が召集され、来週月曜発つことになり、今迄見た標本を整理しています。行き先はカサブランカ。約一年間。奥さんを置いて行く由。おとなしい、良い男なので僕も一寸淋しくなります。思い出に窓際で写真を撮りました。役務を終えて帰って来ても、又ここへ戻るかどうかは不明の由。帰りに図を書くケント紙(当地ではブリストルと言う)を買いましたが高いのでいやになります。大判で一枚五十フランもします。

食後、九時になってもなお明るいカフェで、松田君とビール。夕方になるとワイシャツに毛糸のセーターでも冷え冷えするのはさすが北国。夜は借りた美術史読み。

六月二十七日(水)　晴

今日は昨日より雲があるが、大体晴。今日は衣替え。

朝、外来、キッペル氏。久し振りに外来に出て、新鮮で大変面白かった。言葉も前よりかなり付いて行けるようになりました。十月末旅行から帰ったら何とかして十一月一杯再びガルサン教授の講義に三、四回でも接してから十二月の船に乗るようにしたいと考えていますが、お金がもつかどうかが大問題です。

昼はシテに帰り一時半に約束した佐藤氏の爪の治療。今日で打切ることにしました。来月初め英国に発つ前にもう一度診ることにして。

午後から再びシャルコー研。標本をもう一度初めから見直すことにして、所見を明確にするつもり。又三、四日乃至四、五日かかることでしょう。

帰ったら小川教授と安藝さんから温情溢れる手紙。良い先輩たちを持ったものです。読売の記事は小川教授の所から、脳研究の手紙を記者が強引に持って行ったものであることが分かりました。出所が分かればそれでよろしい。

夜は洗濯、シャワー。北欧の旅の大体のスケジュール決定。七月はパリに居て大体仕事にけりをつけ、八月に北欧の予定。研究室は閉まっていようがやむをえません。七月に入ったら予めオスロやウプサラに手紙を出して、見学許可を求めるつもりです。

六月二十八日(木)　晴

午前、午後シャルコー研。見直しを続けていますが、前にざっと検鏡した時の所見も案外確かだったのに感心しています。

病院の食堂券が今日で切れるので、ここで食べるのは今日が最後です。一本九フランのビールともこれでお別れです。

帰りに仏文の手紙のことで鈴木君の下宿を訪ねたら居らず、やむなくサン・シュルピスの広場の隅のカフェで一休み。折しも頭上遥かに高い塔の一つで六時の鐘を撞きはじめました。余韻のある、明るい感じの音色です。寺そのものは好きでないが、鐘と広場の泉は何時見ても、何時聞いても親しみが湧きます。

夜はシテの劇場で「フレンチ・カンカン」を見ました。この映画は神戸で船を待っている間に見た思い出のあるもので、誠に懐しく、再び見る気になりました。現地に来て、モンマルトルやムーラン・ルージュ、さてはパリの街頭風景を見たあとでも、神戸で、まだ見ぬパリを頭にあれこれ美化しながら見た時の気持と、それほど大きな差が感じられず、見終えての感銘は当時と同じように新鮮です。色調も本当によくパリのそれを出しております。皆はもう見たでしょうか。もし見てなかったら見られるとよい。

それにもう一つ打たれたのは、前座にやった短編「ブリューゲル」。ブリューゲルの絵を色々な映画技法を用いて動画のようにして分析して見せるものですが、あの細々した絵も大きく拡大して見ると、又、新たな面を見せ、そのデッサンの正確さ、厳しさに眼を見張りました。実に徹底したものです。これ一つだけでももう一度見たいようでした。達人は全体の構成を失わぬと共に細部をもないがしろにしないという感を新たにしました。ブリューゲルの再認識です。

六月二十九日(金)　曇り

今日はベルトラン教授が久方振りにやって来る日。窓際で検鏡していると、ブーッとゴデ夫人と車で乗り付けて来ました。殆どやつれていないが、どことなく病後の感じがします。僕の関心事は、教授が七月にヴァカンスをとりはしないかということでしたが、聞くと七月は出て来るとのこと。久し振りのこととて次々と来訪者があるが、マドモワゼル・ブールデーが今日は疲れるから会えないとか、話は五分にしてくれとか、ズケズケ言っています。日本でこんなことをやると、威張っていやがる等言うところではないでしょうか。言われた人は、又来ようとか言ってあっさり引返して行きます。

グリュネール氏から報告を受け、脳を二、三個観察し、標本製作のこと等指示しますが、メスを入れる時など、あれよあれよという間にスパスパと切ってしまい、誠にあっさりしたもの。個数が多いので、眼が慣れて細かいことにはかかずらわないと考えるべきでしょうか。グリュネールという人はどうも落着き、深みがなく、好きになれません。ベルトラン教授の後継者としてはこの人以外にないでしょうが、この人が主任になったら余り発展はなさそうだという気がします。

ベルトラン教授が出て来る日でもあり、又、六月の終りの日でもあるからでしょう、今月一杯休暇で休んでいたマダム・ピニョールが出て来て、教授に別れの挨拶をしました。席上、ゴデ夫人やモラーレ夫人等が集まって来て、予て買い整えてあったのでしょう、かなり大きいガラスの花瓶とカーネーションの大きな花束を贈呈。長い間の労を労いますと、人情はどこでも同じ、ピニョールお婆さんは感涙にむせんでいました。ベルトラン教授は花を飾って家で皆でお茶を飲むといいでしょうとか言って、機嫌よく握手。マダム・ピニョールは帰りしなに、家で自分が育てたバラだと言って大きな花束を研究室に飾ると、三十三年の勤めの場を去って行きました。僕の目にも誠に良く出来た人柄でした。今後は孫の養育に専心するとか。

又、ジラール君も今日皆に別れを述べてカサブランカへ発って行きました。

僕が「またどこかでお会いしたいと思います」と言うと、「きっと、また」と言ってニコニコ笑っていましたが、これも人柄の良い男でした。あとで聞くと二十七歳だそうですが、さながら三十五、六に見えました。何でも最近かなり動員があり、方々の病院からインターンやエクスターンが出て行くらしい。アルジェリア政策の一端の現れでしょう。

午後もシャルコー研。どのように纏めるかで頭をひねっていますが、これを全てフランス語で考えねばならぬのだからお察しの程を。

新聞で見るとポーランドに暴動があり、民衆がソ連よ国へ帰れと叫んでいる由。全く悲劇の国です。こうはなりたくないもの。

夜、九時十五分からノートルダム広場で行われているキリストの受難劇を見に行きました。これは中世に書かれ、当時は上演に四日かかったそうですが、その後短縮され、ひと晩で演ぜられるようになったとか。いつもやるものでなく、今回は戦後何回目とかで一九五四年以来の上演の由。

ノートルダムの前に舞台を作り、広場一杯に客席を作り、野天でやるのですが、観客も多いと同時に、演ずる者も延べ二千人とか。数のみでなく、ノートルダムの正面一杯を使って誠に規模の大きな芝居です。僕らの席は百フランでずっとうしろの方。高さはうしろの警視庁の最上階と同じ位で、かなりの高さ。席は荒削りの板で、木の香が新しく心持よい。舞台まで遠く、役者が親指位にしか見えないので、望遠鏡が大いに役に立ちます。

筋はキリストが罪を着せられ、弟子たちと最後の晩餐をとり、十字架を担わせられてゴルゴタの丘に至り、そこで磔にされるまでの物語で、台詞が分からぬでも、うろ覚えの知識で大体察しがつきます。天使の出て来る場面ではノートルダムのローズ(バラ窓。ステンドグラスが美しい)よりも更に上の柱の間から役者をのぞかせ、これに巧みに照明を当てますが、効果は極めて有効。更に美しいのはローズに建物の内部から強く光を当てた時。皆はっと息を呑む位です。始まった頃はまだ少しく明るく、サン・ミシェルの家々やサン・ルイの家々が見分けられたのに、劇が進むにつれ、闇が深まるにつれ、家々の窓の灯のみが黒い空に浮かび出、更にその彼方にはパンテオンが照明を浴びて、立体感満点に聳えたっています。左手は寝静まったオテル・デュー。こうした中にいろいろな色の照明を浴びてノートルダムがすっくと眼の前にそそり立つという寸法です。実際こうした事を思い付いた奴がいたと思うと、感心すると同時に一寸小憎らしくなります。もっとも昔のギリシアの劇場が山の上や谷間に建てて、その背景として地中海やシチリアの山々などを取り入れていたことを考えれば、それからヒントを得たとも考えられるが、なんにしてもオリジナルなものであるには相違ない。

我々の研究にしても、細かなことも大事は大事だが、それを押し進めると同時に、常に一段高所に立って物を見、オリジナルな立場を築いて行かねばならぬと思います。大して面白くあるまいとたかを括っていたのに、見てみると色々なことを考えさせられ、みのりの多いものでした。

帰りに、全面に光を浴びたノートルダムを幾度か振り返りつつ、サン・セヴランの横の狭い小路を抜けてリュクサンブールに出ました。

劇の途中、ノートルダムの右の肩から、さっとパンテオンの方に向け流星が飛んだのを見たが、これも忘れ得ぬ印象。

六月三十日(土)　快晴

午前、シャルコー研。研究員は僕一人。閑静なものです。ガルサン教授に、最後の日なので挨拶しようと思いましたが、アメリカから帰ったばかりで忙しいらしいので後日回し。氏も七月中は出てくるらしい。ブリュッセルのダーヌ君とは今日が別れ。一緒に写真を撮りました。

昼食時、食堂で慶大佐藤朔氏と八代氏に会い、食後、八代氏の部屋でイタリアの話を聞きました。イタリアは戦争中連合軍に寝返りを打ち、敵味方両方から信用されていないが、近代国家として色々活発らしいし、又、古代文化、ルネッサンス発祥の地としてどうしてもゆっくり見たいので、予備知識を一生懸命摂取中です。出来ましたら世界文化地理大系「イタリア」を買っておいて下さい。

二時半にソルボンヌの心理学研究所Institut de psychologieでジュヴェ君に会うことになっているので出掛けましたが、場所を探している内に遅刻。講堂に行ってみたら彼の出番で喋っている所でした。心理学のことは聞いても分からぬので、そこらをぶらぶらして会の終るのを待ちましたが、二人しか喋らず、一人の持ち時間が一時間でじっくり喋る。十分か十五分原稿を読むのよりどれだけよいか。もっともやる方は大変だが。フェッサールだとかデロームだとかのフランスでの第一人者も来ていました。

ジュヴェ君は日本に来た時よりがっしりして大変元気。ゆったりした動きで相手しやすい。友人の生理学者と三人で、ソルボンヌ脇のカフェで一休み。彼等が専門のことをべらべら喋っている間に、僕は夏衣装に衣替えしたマドモワゼルたちを観賞。彼も話しながらちらちら眼を忙しく動かしているので、結婚したかと聞くと、まだまだ、この通り美しい女性が多くてとニヤニヤしていました。それに金ですよと付け加えましたが、彼等の生活水準では一寸の金では結婚出来ぬのかもしれぬ。

カフェを出て、二人になってサン・ミシェルの坂を上りながらの話に、日本の旅は本当に忘れがたい、日本とフランスは世界で一番美しく、しかもよく似ていると強調していました。本屋につと立ち寄り、フランスかパリについての写真集でもお選び下さい、スーヴニールに差し上げますからと言う。そして手に取る本が安からざるものばかりなので一寸困っていると、八ヶ月もパリに居られたからパリのがよいでしょう、これは実に評判の良いものですから、ムッシュがよければこれにしましょうと、殆ど独り合点で決めて買ってしまい、どうぞこれを日本での厚遇のお礼にと無理やりに渡されてしまいました。どうも大変恐縮です。

そこからリュクサンブールの公園に入り、椅子で並んで暫く話しました。彼はシェフ・デ・トラボー Chef des travauxとなって次第に着実に地歩を占めているらしく、学生二人と研究を進めているとのこと。実験動物に猫を使うと言うので幾らかと聞くと、売っていないので夜、町へ行って捕える由。苦労すると苦笑いしているので、マタタビの話をし、送ってやることを約しました（直子と徹に。マタタビの粉と葉のままのとを小包にして出来れば航空便で送ってもらえまいか。使用法はごく簡単でよいから英語でつけてほしい。たとえば火にくべるとか何とかの程度でよい）。

リュクサンブールを出てサン・ミシェルの料理屋で、前菜にカブ、それにエスカロープとパイナップルで夕食。これも彼が総て払い、重ね重ね恐縮です。しかし彼も一生懸命なので、するに任せました。

色々の旅の印象を聞いてみたが、ともかく香港、シンガポール、タイ、ビルマ、インド等と歩いて、どこも印象の良い所はなかったらしい。ともかく英国人は嫌いだ、むしろアメリカ人の方が良いと言うところをみると、英国植民地政策のあくどさが大分目についたらしい。英国のホジキンやエードリアン等のテオリーはフランスでは高く評価されているかと聞くと、フランスはああした分析的、エレメンタリーのものより、もっとジェネラルなものを目指すので、ラテン精神の特徴ですと言いました。もっとこの点を聞いてみたかったが時間がないので、次のリヨンで会った時に話すつもりです。

彼は、リヨンはフランスでは最も古い町の一つで、神経学でも伝統を持っているから、是非一度いらっしゃい、一週間でも二週間でも病院に寝泊りして、食事もただで行くようにお世話しますからとのこと。パリ以外の所を見るのも大いに勉強になるので必ず行くことを約しました。気に入ったら本当に十日でも二週間でも勉強してみるつもりです。それにしても症候学を学ぶにはガルサンの所が最上の所であることは彼も強調していました。葡萄酒で気持よくなり、ぶらぶらとリュクサンブール迄上ってそこで別れました。しかし心温まる再会でした。日本に帰ったら何か心のこもった物を送りましょう。

ロンドンから岡田氏（国府台国立療養所精神科医。氏の弟と医学部で同期。学生時代外来で習ったことあり）が着いている筈なので、八時にメゾンに着いてすぐ調べると、予定が変わり一日しかパリに居られないので、ホテルに宿をとったとのこと（メゾンは一日の宿泊は不能）。場所はモンパルナス。すぐ行くと丁度よく会え、散歩に誘い出しました。モンパルナス、サン・シュルピス、サン・ジェルマン・デ・プレ、リュ・ド・セーヌ、河岸、ノートルダムとまわり、河岸の石に寄り掛かってノートルダムの劇の進行を待ち、ローズがパッと照明される瞬間を眺めました。一寸雨がぱらぱら。次いでコンシェルジュリーからルーヴル、チュイルリーと抜け、十一時もまわって公園の閉園のため、リュ・カンボンのとあるカフェで休憩。

岡田氏はWHOでやって来たのですが、イギリスの感じの悪さを強調していました。よっぽどいやな所らしい。それは日本人に対してだけではないらしく、岡田氏の会った外人は異口同音にブツブツ言っていた由。エジプト、インドあたりの留学生が完全にイギリスを呑んでかかっているのが印象的だったとか。ともかくそろそろ英国あたりにはお退き願うことですね。コンコルドの夜景を前に別れました。

＊今日、フォークト教授の所で仕事している難波氏から葉書。この前フォークト教授からの要求で僕の送った別刷に、教授が大変興味を持ち、ドイツ旅行の際会いたいから、是非ノイシュタットに寄られるようにと言って来ました。ノイシュタットは是非行くつもりでいましたが、老大家には中々会えなかろうと思っていたのに、向こうから会うというのですから願ったり叶ったり。

＊直子の自動車本免許試験の成功を祈る！

＊節子も大分きかん坊の由。離れていて勝手なことを言うのはちょっと具合わるいが、子を育てたことのある人に訊くと、それも時期ですよと言います。しかし三つ子の魂百までとか、あくまで自分で物事の判断をつけるよう、あくまで独立した人格として扱っていくようにしたいものです。あまり人に頼らせないように。注射の時に泣かないというのはどこか意地っ張りなのでしょう。

七月一日(日)　曇り

とうとう七月に入りました。朝寝坊。十一時過ぎ、約束通り澄田氏夫妻が自動車でメゾンに迎えに来てくれました。その他に日仏通商協定のため大蔵省から来ている役人が一人に澄田さんの坊やで、全部で五人。坊やは一月生まれで節子よりも一ヶ月あとの生まれ。いつも自動車で連れ歩かされている故か、終始機嫌良く感心しました（補足：後年、節子と中学の同級生になり、皆びっくり仰天した）。行き先は僕の希望が叶えられてヴォー・ル・ヴィコントとプロヴァン。雨もようの空の下を国道七号線に沿ってフォンテーヌブローへ南下。今日から小学校も休みとて、ヴァカンスに出る人々の車で大変な混雑。時々車窓からセーヌの谷でヴァカンスを楽しむ人々の姿が見えます。モーターボートを引っ張って突っ走る自動車もあります。地中海迄行くのでしょう。

時速九十キロメートル位で飛ばす。直子には数字でもすでにその速さが実感出来るのではなかろうか。麦がスクスクと伸びて地平まで続いています。バルビゾンで一寸降り、ミレーのアトリエを見ました。納屋を改造したような粗末なもの。中は下品な売り絵が所狭しと並んでいるが、その間にミレーの小さいデッサンがのぞいていて、これが楽しかった。次いでフォンテーヌブローの蕨の中に自動車を止め、ここ特有の巨岩の間の白樺の狭間に毛布を敷いて、午後二時過ぎの遅い昼食。おにぎり、お煮付け、サンドウィッチにビール。家庭的で楽しめました。その後腹ごなしに岩登りや蕨狩り。採る人もないままにまるで蕨の野原です。一寸陽が射し、青空ものぞいてきました。ここからフォンテーヌブローの森を突っ切り、ムランの町を抜けてヴォー・ル・ヴィコントへ。ここはルイ十四世の財政総監ニコラ・フーケが建てた城で、その庭がヴェルサイユの庭の設計者ルノートルが、ヴェルサイユより先に造ったもの。こぢんまりしてとても感じのよいものでした。フーケの歴史については帰国の暁に。空中写真を買いましたから、これもその折に。又、この城に至る並木道がすばらしく、実に印象的。恐らくルイ十四世当時のままではありますまいか。人々は芝生に寝そべったり、城の石の階段にたむろしたりして時の移るのを楽しんでいます。皆にもこうしたゆったりした気分を味わわせたいです。

次いで国道三十六号線から十九号線に入って麦畑や牧場の間の坦々たる道を三十数キロ突っ走ってプロヴァンへ。同じ人間の造る国でありながらどうしてこうも豊かなのか、日本の事を思い何か切ない気持すら湧いて来ます。羨しがっていても始まりますまい。何世紀か先の繁栄を願って努力する他ありますまい。

プロヴァンはガロ・ロマンの頃から、即ち二、三世紀の頃から開け、一時はヨーロッパ中に轟いた過去の繁栄の町。プロブスという王がここに初めて葡萄酒の栽培を許したので、プロブスのヴィーニュ(葡萄)というところからプロヴァンと名付けられた由。又、バラ戦争の旗印の赤バラはこの地に由来するとか。この町での見物は、十七世紀頃の城壁と、十二、三世紀のセザールの塔と、昔の税金に当たる穀物を納めた倉です。フランス人はプロヴァンがよいとしきりに言ったが、僕にはそれほど興味はありませんでした。

夕立のこの町を、帰りは奥さんの運転でパリへひた走り。プロヴァンを出たのが七時頃、パリ着が九時前。途中メゾンの前を通ったので降ろして貰おうと思ったら、夕食を食べましょうとそのまま澄田さん宅へ。子供の寝る迄アペリチフを味わい、次いで近くの高級支那料理屋へ。アパートの六階にあるのですが、実にはやっています。澄田さんの話では台湾政府のパリ駐在外交官等はフランスが中共を何時認めるか分からない現在の状態をいち早く察して、パリにある大きな支那料理屋の株を買って今後に備えている由で、その生活力の盛んなのにはつくづく驚かされると言っていました。その点パリに一軒しかない日本料理店、牡丹屋等は、高いばかりで汚く、商売も下手で、実によいコントラストだとも付け加えていました。ともあれ今日は徹底的にお世話になり、誠に良い一日でした。帰ったら十二時過ぎ。

月曜の通信は次便まわし。

自費になってからはお金が急に惜しくなり、うんと節約しています。

火曜日午後五時半、アンドレ・トマ先生を自宅に訪ねます。これも次便で。

七月二日(月)　晴

朝、東大後輩、神経科大熊君の同級、厚生省勤務のNという男がやって来ました。朝飯を一緒にしましたが、やはりかなり反英的になっています。若いのに官僚はあくまで官僚、見方はその枠を出ません。

午前シャルコー研。見直しも半分以上過ぎました。どう纏めるか腐心しています。

昼にシテに帰ったら八代君が来て、佐藤朔氏が風邪で寝ているから往診してくれとのことに、食後サン・ジャックの近くの宿に行きました。エレベーター故障の六階！　この先生、一寸の風邪でも、以前の結核が再発したのではなかろうか、咳が出やすい、汗をかくと、一つ一つ気にしている有様に、逐次話をして分析してあげました。揚げ句の果てに、君の顔を見ると元気になるんですよとおっしゃる。貴方の旺盛な吸収力にはとても仏文の若い連中だってかなわないですよ、まるでファイトの塊だね等、人の事ばかり感心しています。ともかく内向的な型の人ですが、人柄は非常に良い人。今はお金がないのでお世話になり放しですが、東京に帰りましたら一つたんまりお礼しますとのこと、僕としては一人でも多く、仏文関係の人を友に持つことは嬉しいので、出来るだけのお世話はしています。話している内に篠つく雨。やむとさっと陽が射します。

雨後のさわやかな空気の中を、八代君と画廊まわりに出ました。リュクサンブールからオデオンに出て、リュ・ド・セーヌで新しい傾向の画家の展示会を三つ、四つ見ました。八代君は専門だけあって実によく知っています。大変勉強になる。フュルスタンベールに遠からぬ、とある画廊の奥の地下にマイヨールがあるというので行きました。途中美術学校の前を通ったが、これが中々よい建物。モニュマンの一つです。

やっと探し求めて入ると、奥まった天井の低い部屋の隅に、人の背位のガラスケースがあって、ここにマイヨールの裸婦の小品が十点程並べられており、更に鉄の手摺のついた回り階段を下りると、地下にかなり大きい作品が六点程置かれています。壁は積み重ねられた石材のままででこぼこで、年を経てすっかり黒ずみ、六畳から八畳程のその片隅には、下水のパイプが不格好にむき出してくねっており、時々シャーッと音をたてる。その他に聞えるのは上を歩く人の靴音だけ。そんな中でマイヨールの作品に囲まれようとは思わなかったので、大変珍しく、又、それだけ一層よく鑑賞出来たように思います。ロダン程、いわゆるジェスチャーが大きくないが、地味で厳しい雰囲気。

「波」とでも題したいようなしゃがんだ女。首と手のない女の立像二点。「イル・ド・フランス」の首だけ等ですが、狭い中をあっちこっちへ行ったりして色々な方向から眺めました。度を越えないデフォルメが、見た目に心地好い美を作り出しています。

サン・シュルピスのいつも行くカフェで、八代君にビールを奢り、そこで別れて僕は鈴木君の所へ行って、オスロ大学のブロダール教授等に出す手紙の文面について質問。

夜は、朝のN君が来たので十時迄時間を切って雑談。

七月三日(火) 曇り

また曇天で、少し冷え冷えする。午前溜った手紙書き。掃除のおばさんが部屋の掃除をする間ホールで書いていると、次々人が話し掛けて来て中断しきり。でも昼に書き上げて一息。

午後、八代君と佐藤朔さんを見舞に。今日はずっと元気が出て、帰りしなに一緒に宿を出て散歩。サン・ミシェルで別れて僕はアンドレ・トマ氏宅へ。クリュニーの所でバスを拾い、アルマ・マルソーで下り、シャンゼリゼに近い rue Marbeuf, 28。場所が場所だけにかなり贅沢な商店が並んでいます。

約束の五時半に丁度着いて、エレベーターで五階に上りノックしました。女中が出て来たのでアンドレ・トマ氏宅であることを確かめ、自分は日本の医者であり、既にランデヴーはとってあると言うと引込んで行きました。右手の部屋でしきりに誰かと話しているのが聞こえ、老婦人の声もそれに混っています。女中が入っていくと一寸声が絶え、しばらくすると、例の写真で見覚えのある氏が出て来ました。一寸灰色がかったたっぷりした黒のダブルを着て、背は僕より一寸低め。握手しながら、火曜日でなく水曜日でしょうと言うので、カバンから手紙を出して見ると、なるほど水曜日とも読めるのでJe m'excuseと言うと、折角来られたのだから一寸でもお話しようと応接間に入って行って椅子を用意してくれます。十畳位の応接間兼書斎らしく、西向き、曇天で、しかも窓の一つには厚いカーテンが掛って薄暗い。壁の殆どは中段迄が書棚で、古めかしい書がかなり雑然と積まれており、窓際に置かれた机の上も整然としているとは言えません。氏の椅子も僕に供した椅子も、背の当たる部分は擦り切れています。

自分から椅子に深く腰を下ろし、どういう用事ですかと聞くので、二年前に私のパトロンの小川教授がムッシュと写した写真を持って来ましたと言って差出すと、眼鏡を掛けて眺め、ああよく覚えています、メルシと言って微笑み、眉を一寸持ち上げて、小川教授は元気ですかと問うので、はあ今は心臓の研究をやっていると言おうと、「現在は」

まで言いかけると、「心臓の研究」とすぐ言葉をつぎました。二年前に小川教授が来た時に話したのを覚えているものとみえます。まことに記憶の良いおじいさんです。次いで、小川教授のドイツ語で書かれた線条体下行繊維の論文を呈すると、ドイツ語はよく読めないと、表題だけを口ごもりながら目を通して机の上に置きました。更に僕の論文を呈すると、パラパラめくって、日本語は理解困難と言うので、終わりについている仏文のところと図を見せると、すばらしい！　とか言って眺めていました。

今度はむこうから、私は土曜日毎にボーデロックに行くからよかったらいらっしゃいと言うので、今週土曜日に行く事を約しました。先生は七月はヴァカンスに行かないのですかと言うと、私はパリの外に出てヴァカンスはとりませんと言いました。昔気質の人なのでしょう。面白いと思いました。戸口迄送られて握手して別れました。無骨ながら案外柔らかい暖かい手でした。

夜は、隣の画家の行木（ナメキと読む）氏の撮り溜めたカラーフィルムを見せてもらいました。毎日音楽コンクールで大人の部と女学生の部でそれぞれ一位を占めたお嬢さんたち（太田さん、大野さん）が二人で休暇を利してウィーンより遊びに来ており、松木氏が世話をしていますが、その子等も一緒。松原緑さん（補足：直子の同級生。ピアノで留学中。のちに大賀典雄夫人）の消息を聞いたが、元気でドイツ語はべらべらの由。ウィーンに行った時、会ってみたいがどうだろうか（直子に）。住所は聞いておいた。カラーを見るにつけイタリアにはいよいよ行きたくなりました。数百枚にのぼる枚数。九時から十二時近く迄かかりました。

夜食に海苔茶でお茶漬け。久し振りにうまかった。

七月四日(水)　曇り

午前シャルコー研。再検査はあと一息で終えそうです。二月半ばから始め、四ヶ月程の間に、全く知らなかった対象を扱い、何とか強引にここまでよくやったものだなという反面、いかにも時間が不足だなと思いますが、限られた時間内で仕事を纏めるという一つの修練になるかもしれません。

昼からは手紙書き。オスロ大学のブロダール教授、スウェーデンのレキセード教授及びルンドの比較発生学研究所に先ず出すことにしました。仏文です。現地では仏語では通じは悪いらしく、英語を使わねばなりますまい。それにつけても節子には物心ついたらなるべく早く語学を学ばせるようにしたいものです。

夕刻ローマから電報が来て、笹原紀代さん（補足：父母の郷里、山形県鶴岡市出身のデザイナー）が明日オルリー空港に着く事を知りました。七月末に来ると予定していたので一寸意外。

夜は七時に読売の記者上野夫妻宅に、植村館長と共によばれているので出掛けました。

上野氏は記者が面白くないとこぼしています。実にこきつかわれる職業らしい。大使館や外務省の話等々、実にせせっこましい話で、お互いに呆れ合いました。日本人の生活感情というものに絶望を感じさえもします。もう少しフェアに、お互いを尊ぶ気持を育てたらよいのにと思います。日本からやって来るツーリストの世話もいやになったとこぼし合ったのち、僕が動物の脳を集める苦心談等を披露して大笑いをし、十二時近くに辞しました。

当地では近く煙草が二十%も値上げになるらしく、アルジェリア問題処理のための税金集めの一つの手段でしょう。少しずつインフレの傾向に進んでいるらしく、これから滞在する人はだんだん辛くなるのではないでしょうか。

七月五日(木)　晴。風強し。快晴

午前散髪。メゾンの管理をやっているマダム・ジョーム(ボルドー大学教授未亡人)の一人娘が十二日に結婚するというので、宿賃を払う折に、前にツーリストが僕に置いて行った「助六」の羽子板人形をお祝いに呈しました。マダムは、貴方の娘さんが結婚する時には私に知らせて下さい。その時には私がお祝いを差し上げますからと言っていました。

三時十五分オルリー空港着の笹原女史出迎えのため一時半メゾンを出ました。夏らしくカンカン照り付け、暑さも今年になって一番激しいという感じ。ポルト・ディタリーからオルリー迄は九キロメートルもあります。バスでも一寸かかります。普通はオルリー迄は出向かないのですが、笹原女史出迎えのため特に礼を尽すわけです。着いたらまだ三、四十分あるので新聞を買って待合室で。当地でも原子力問題で物理の第一人者ペランを議会で詰問したりして、アメリカにイニシアティブをとられまいと懸命なようです。

三時過ぎから風の場外に出て到着を待ちました。三時十五分より一寸前、僕の立っている柵のすぐ前に着いた機から真っ先に出て来たのが笹原女史。僕を見付けて手を振りましたが、中々どうして堂々たるパリ入りです。税関が済んで出てきて直ちにバスへ。もう一人洋裁雑誌より派遣されている若い女性が出迎えて三人で賑やかな会話。パリまでの車中で笹原女史が預かってきてくれた家からのお金とフィルムを受け取りました。アンヴァリッドに着いたら、知人(フランス人と結婚した日本女性)が宿を手配してくれて、タキシーでそこへ。クリシイのリトル・サヴォア・ホテルという、前にO教授を連れて行った所。その五階に一週間落着くことになりました。ローマで長谷川路可(画家）に散々連れ回され疲れたらしいが、案外元気。外へ出てカフェで休息。次いで夕食を食べにピガールへ出ました。小さなレストランで、パリ着初めての夕食はビフテキ。九時も過ぎ、暮れそめた道を元へ。十時過ぎに別れました。女一人でよくやって来たと言いながら、フランス語は殆ど駄目で、これから先が少々思いやられます。それにフランスに就いての基礎知識ももっと欲しいところ。日本に来る外人が日本語を覚えないのだから相身互いとはいうものの、一人歩き出来る最少の知識は自ら求めねばなりますまい。案内してあげるのもよいが、最初から苦心して自分で覚えるのが後のためと思います。それにしてもクリシイではシテからとても遠く、僕もしばしば訪れるには誠に不便。少し近い所に移ってくれるよう祈っています。

七月六日(金)　晴

午前シャルコー研。ベルトラン教授出勤。今日で再検を終え少し纏めはじめました。来週水曜以後に報告するつもりです。もし手間取るようであれば原稿は日本に持って帰り、整理し直して送り返すつもりです。散々今まで調べ尽されている問題故、結論は極めて常識的なことしか出てまいりますまい。

午後手紙到着。

佐藤朔氏は英国行を決意した由なので、様子を見に八代君と午後訪ねたら不在。サン・ミシェルの写真屋で二、三日前に頼んだ、この前の日曜日のハイキングの写真を受取りました。割に良く撮れています。フィルムは帰る時に持って帰ります。

約束の四時半にオペラ前で笹原女史、河野嬢（「装苑」記者）と会い、一寸した案内。アヴニュ・ド・ロペラからリュ・ド・リヴォリを遡り、ルーヴルの横で小憩。笹原女史は衣料品の色のよさと、各人の個性の強い服装に感心しています。夕食に招いてくれる河野嬢が用意のため先に帰ったので、二人でチュイルリーからコンコルドに出、次いでルーヴルの庭に引き返し、河岸に出てポン・ヌフの下を抜けてシテ島に入り、ノートルダムの前を経てサン・ミシェルでメトロに乗り、モンパルナスはヴァヴァンの河野嬢の宿へ。ここで意外にも矢内原伊作氏と会いました。矢内原夫人は山形県鶴岡市の出の由。しかし、マドモワゼルたちの多くと知り合いになり、招かれては出掛けて来て夕食を馳走になるなど、この人は果報者です。

ところでご馳走は天麩羅、僕にはとてもおいしかったが、笹原女史には少々もたれたらしく、二、三度もどしたのでベッドで休ませました。疲労が溜ったためです。ともかくローマ迄三日乗り詰めのあと三日も歩き回ったのですから、無理もありません。今日も顔色を見ながら案内したのですが、疲れていないと繰り返すし、又、平常を知らない人なので、少し歩かせ過ぎたきらいが無くはなく、吐き気が取れるとすぐタキシーで宿へ。ここ二、三日は外出は一切避けるように勧めて別れました。

＊ジュヴェ君へのマタタビ送付の件、ちょっと待った、というのは薬品の送付は極めてむずかしいらしく、最良の方法はこちらに来る人に預けることと聞きました。手づるを探すまで一時あずかり。あり次第知らせますから、その時には尽力を。

＊運転免許が一回でパス出来て誠によかった。頭は悪くないようで（怒るなかれ！）安心した。あとは忘れないようにすることだ。ともかく自信がつくことは良いことだ（直子へ）。

＊徹の国家試験パスも、当然のことながら、めでたい。

＊帰るまでに希望は、とのことですが、別に何もありませんが、ただ、勉強するには部屋そのものが暖まっていないと能率が低下することが目に見えています。日本家屋では所詮無理な話ですが、この点が合理化できたらなあと考えています。

七月七日（土）　快晴

今日はアンドレ・トマ氏に会う日。シテの次の次のポール・ロワイヤルのすぐ近くのボーデロック産院に九時四十五分迄に来なさいとのことで行きましたが、氏がやって来たのは十時十分過ぎ。その間看護婦に、ここでは小児神経学だけをやっているのかと聞くと、いや違います、アンドレ・トマ氏だけがやっているのです、とのこと。

やがて白衣を着て、例の前掛けをかけた氏が、鰐革の鞄を片手に入ってきて、看護婦、エクスターンたちと握手。といっても大勢居るわけでない。エクスターンが二人（女性）、看護婦三人、それに遅れて入って来たマドモワゼルの年嵩の、えらくでかい女医の六人程。そして十五畳位の室が、仕切りで二対一の割に隔てられていて、広い方に前記の女医が頑張って次々に小児を診察し、神経系に異常のあると思われる例をトマ氏に回す仕組。患者が来るとトマ氏が仕切りの中に呼び入れて診るというわけですが、看護婦が付くわけでなし、所見を書く紙など、自分でコツコツと出て行って持って来るといった按配で、もう少し仰々しいかと思っていた僕には大変意外でした。

氏は自宅で会った時より小さく見える。身体にぴったりついた白衣の故でしょう。三人診終えた頃、看護婦がムッシュ、向こうの診察台が空きましたと呼びに来ました。すると、また鰐革の鞄を提げ、ハンマーや所見書きの紙等持ち、患者を連れて隣の隣の広い部屋に行き、そこで患者を一人診て今日の診察を終えました。今日診た四人の内二人はノーマル。一人はKlumpfuß（内反足）。一人は右手を余りよく使わないという十二ヶ月の男子。この例に最も多く時間をかけ、右上下肢にヒポトニーのあるのを確かめました。眼筋の検査、握力の調べ方、筋のトーヌスの調べ方等々誠に大雑把なもののように見えるが、多くの例を見て行く内には次第に色々なことが言えるようになるのでしょう。八十を越した老爺が、生れたばかりの（といっても三、四ヶ月以後の）子供をかかえ抱いて色々調べている様は中々好ましいものです。調べながら説明してくれ、又、僕の質問にもよく答えてくれますが、少し耳が遠いので顔をくっつけるようにして言わないといけない。検査法については最近小児の神経学的検査法を氏が出しているから、その内買うつもり。

この次の土曜も来てよいですかと問うと、この次は国民記念日で病院は休みですと言う。なるほどそういえば七月十四日。その次の土曜にもう一度来る事を約し別れました。氏は鞄を提げ、別棟のこの診察室から花壇のある中庭を通って、本屋の方にブラブラと左、右と少し身体をゆすりながらゆっくり歩を運んで行きます。こっちを振り向いたので手を振ると、向こうも手を振って答えました。

病院を出て、氏がどんな姿で病院を出てくるかと、門前のカフェでビールを飲みながら待っていると、女医の自動車にチョコンと乗って、さっと行ってしまいました。しかし著書等でどんな人かと想像していた人物の診察を間近に見て満足です。ともかく本当に好きでなければこの年迄続くものではありますまい。小児神経学にしても決してこの人にはじまるものでなく、ドイツではガムパー等実によくやっているのではあるが、その学問的内容より何より、年など意に介せず何時までも対象に食い下がる、静かながら堅い意思に深く打たれます。その方が余程収穫です。

ビールの酔いも手伝い、満ち足りた心でポール・ロワイヤルからリュクサンブール公園を抜けて、久し振りに大久保君訪問。一時で、まだ寝ているのを鈴木君と起し、昼食。カメラをかついで、どこか写真を撮りに行こうかと用意していたら森有正氏が来たのでまた座り込み。話し込み。途中からサン・シュルピス広場のカフェに下りてビールを飲みながら話の続き。

森さんは四年目頃からようやく色々の事情が分かって来た由で、四年目一年間の収穫はそれ迄の三年間に得たものより多いとのこと。フランスの中流以上の家庭が、財産は弁護士に、身体は医者に、心の悩みは神父に任せ、その枠内で動いており、実に安定したものである反面、この枠より外に出ようとしたら大変な努力と苦痛を伴うことや、息子や娘の結婚は決して自由なものでなく、大抵の家庭では親の意思が強く働き、子供の方は子供の方で親に逆らって、親からの財産の譲り渡しを断ち切られるのを恐れて、多くは親の言うままになること等大変面白く聞きました。そうした点日本の方が反って自由ですと言っていました。その他色々の面で実に根強い国民であり、一寸やそっとのことでは崩れませんよと、森さんはフランスに好意的な見方をしています。

　森さんもやがて日本に帰るでしょうが、パリのあちこちで写真を撮っておきたい、思い出に残しておきたい所がある由で、僕に一つ撮っていただけませんかと言うので、来週金曜を手始めに一緒にパリの中を歩くことにしました。パリ通と歩くのは誠に幸なので快諾しました。夜食も大久保君の所で馳走になることになり、三人で市場に買出し。まぐろで刺身をつくることになりました。脂がきいて中々うまい。

　十時近くメゾンに帰り、次いで八代君からイタリアでの見所を詳しく説明してもらって二時迄。

七月八日(日)　晴

　しかし蒸し暑く、実に凌ぎにくい。今夏初めてです。午前、溜った洗濯。

　昼食を食べたらその疲れか四時過ぎ迄昼寝してしまいました。日曜日を寝て過ごしてしまい、何だか勿体ないような気持ですが、たまには休息も必要でしょう。今日で終いのバガテル公園のバラ展に行こうと思っていたのですが時間なく断念。

　夕食前、松田君とシテの芝生を散歩。夕方になっても蒸し暑さは衰えません。

　夜、松木氏の部屋で、ウィーンから来ている音楽留学の二人のお嬢さんたちと「夜の梅」と玉露を馳走になりました。

　手紙書き。蒸し暑く寝苦しい。日本並み。

七月九日(月)　曇時に俄雨

　午前中、図書室でデータの整理。午後も続行。遅々として進まず。蒸し暑さは昨日と変りません。四時、八代氏と美術学校でやっているレンブラントのエッチングを見に行ったら、覚え違いでやっていませんでしたので、序でにこの学校のミュゼを見ました。ローマ、ギリシアの彫像の模造品が所狭しと並んでいますが、イタリアをすでに見て来た八代君が、これもイタリア、あれもイタリアと懐しそうに説明してくれます。それを見ると、フランスというのはゴチックをのぞいては、少なくも芸術の点ではイタリアの亜流に過ぎないというような気がします。この学校の中庭は物さびて中々良い。

　俄雨をカフェに避け、オデオンで八代君と別れ、サン・

ジェルマンからバスでクリシイ広場で降り、笹原女史に会いに。今起きた所とのこと。金曜以来満足に食事していないと言うので、外へ出て腹に障らないようなオムレツで夕食。奢ってくれました。正直のところ、僕に頼りきりなので少々困惑気味。往復の電車賃、連絡の電話料、すべてしょい込みです（食事を一緒にするから文句は言えませんが）。明日は大使館に案内です。尤もまだ夢中だからやむを得ませんでしょう。出来るだけは世話するつもり故、安心の程を。

七月十日（火）　曇り後晴

朝、今日はメゾンで仕事をしようと思っていたら、千葉大薬理学教授の小林という人がブールギニヨン君に会いたいと言い、ランデヴーをとって欲しいと言うのでサルペトリエールに出掛けました。明日午前十時から十時半ということになりました。

午前はシャルコー研で仕事。どうも気持良く纏まらず、考えています。といってもご心配ないよう。これは日本にいても僕のくせですから。いつも纏めはじめると自分の仕事のあらばかり目立って嫌になるのです。今度のはことさらに時間が短いので、気が進まない点もある。しかしあくまでフランスで仕上げなくてもよいと思い、あまり思い詰めないようにしています。

午後、涼しくて昨日の暑さ、蒸し暑さがうそのよう。昼食後、笹原女史に電話。三時迄にトロカデロに来るように連絡しました。ともかく迷ってもよいから一人で行動できるようにした方がよいからです。こちらは松木氏と出掛けました。女史はバスの終点で待っていました。大使館でS領事に北欧行きのヴィザを頼んだら、通過国が多いから、書類だけはこちらで作るから自分で回ってくれとのこと。公用だから向こうがやってくれるのが本筋なのですが、そう言う以上やむを得ません。序でに滞留手帳の半年延長も頼みました。次いで笹原女史のは、正式にはイタリア政府からの招きなので、フランスとは何の関係もないので三ヶ月たったら一旦外国に出、再びフランスに帰って来てから滞留手帳を申請するようになる由です。

笹原女史は五時にチェルビ・菊枝という人を訪ねるというが、どう行ったらよいかも分からず、僕に連れて行ってくれという口振りなので、エトワルの凱旋門をくぐり歩いて案内しました。カフェで休もうと言うので一服。そこで、そのマダム・チェルビに電話で予め連絡してくれと言われたとかで、僕が電話。そうしたらそのマダムから僕に、大学教授が胃潰瘍ではないかと宿で心配しているから往診してくれませんかとの連絡。女史をバスで降りるところも全部教えて乗せたのち、一旦シテに帰ってその教授に電話したら、一応診に行った方がよさそうな具合なので、夕食後出掛けました。

場所はリュ・マスネのオテル・マスネ。早稲田の建築の先生で、マドリッドの会議にやって来たが、七月二日から食欲なく、便を見たら真黒なので五年前の十二指腸潰瘍の再発と思い、以後食をぐんと節したが八日から吐き気がつき、やむなく会議中途で、人に連れられ、暑い暑いマドリッドからパリに逃げて来たという次第。診ると、どうも高度の胃下垂があるらしいし、便が黒いといっても、欧州に来ると誰でも便が黒くなる傾きがあって、素人の言うことは当てにならぬし、ともかく高度の疲労と判断し、一週間は気ままに寝ることを勧めました。帰る頃には先生も落着き、安心しましたと喜んで、ピース一缶とお車代に千フラン寄こしました。星空の冷え冷えする気持よい夜の気のリュ・ド・パッシーをあと半月でパリもお別れかと何遍も思いつつ宿に帰りました。

八代君からオランダ、ベルギーの美術館巡りの概要を聞きました。

七月十一日(水)　快晴

午前九時半、小林教授がノック。小林氏は日仏医科会の人で暁星出。フランス医学には造詣の深い人故、今までの医者とは話が違います。しばらく僕の室で話してから一緒にバスでサルペトリエールへ。ブールギニヨン君の案内で彼の実験室、診察室を見、次いで予て見ようと思っていたミュゼ・シャルコーとビブリオテック・シャルコーを見ました。ミュゼ・シャルコーにはシャルコーのデッサン、ギリシア彫刻のミニアチュールの他、シャルコーの初めて記載したアルトロパチア・タベチカの全身の蠟模型がある。これ位はっきりした症状なら誰の目にも文句のないところ。ミュゼといっても八畳位の一部屋。その隣のシャルコーの執務室、今はアラジュアニーヌ氏の部屋があり、一方の壁にシャルコーの大きな写真を中心にデジェリーヌ、ピエール・マリー、ギラン、レイモンの像、他の壁にスーク、ブリッソー、ジャックソンの像が掛けてありました。アラジュアニーヌ氏は今病気とか。腎臓結石とかいう話です。次いで二階に上ってシャルコーの図書室。ここでシャルコーのシェーマや草稿をカメラに撮りました。うまくいったかどうか。壁にはシャルコーのスケッチがかなり掛っていますが、小林氏は大変うまいものだと読んでいましたが、僕の目には案外稚拙に見えました。

この建物を出た所で別れ、久し振りにガルサン教授外来へ。十一時半近くなのでそっと入って行くと、見付けて「ボンジュール　マネン、サヴァビヤン?」と握手されたのには少々恐縮。儀礼と言ってしまえばそれまでだが、温かい人です。多発性硬化症が続いて二人。最後にギラン時代から来ている、薬品の中毒によるパラプレギー様の多発性神経炎とかいう症例。

今日は二、三日前とうって変ったさわやかな日です。誠にさばさばして気持が良い。昼食後サロンで昼寝。次いで図書館へ。二、三論文を読み、六時の閉館で出て、オデオンで本屋をのぞいたら、シルヴィー動脈域の軟化というかなり厚い本が五十フランで買えるので買いました。フォアの教室での仕事で一九二七年のもの。次いでアンドレ・トマ著「小児の診断法」の薄いのを四百五十フランで買い、その値の違いに苦笑。

疲れ休めに大久保君の所でお茶を飲もうと寄ったら留守。そうしたら階段の途中で、日曜からここに越して来た二宮夫妻に会い、招じ入れられて八時迄話し込みました。五階で、ここから見るとサン・シュルピスが家々の上からニューッと聳えています。向かい側の屋根裏の部屋の窓べでは、婆さんが小鳥たちのためにパン屑をこぼしてやっています。その窓の上の樋の所には雀や鳩がとまって、それのすむのをのぞきこみながら待っています。パリの庶民生活の一点景。

八時半の食堂に駆け込み、メゾンに帰ったら意外にも家からの手紙。九日付のがもう届いています。この間からエールフランスが週三回になったので、そっちもこっちも狂ったのでしょう。今度は来週の定期便迄大分あるわけ。

＊政治には全く絶望です。しかし政治家だけを責めるわけにいきますまい。何といっても国民の政治意識。文化に対する観念が低いことは、悔しいながら西欧とは格段の差です。五十年、百年先を期し、一人一人が自分をおさめて行く以外ないでしょう。忍耐のいる話です。しかし何とかしてやっていかねばなりません。

＊徹もだいぶ大変の模様。入って二、三ヶ月はとても疲れると思うから十分気をつけること。日曜日は絶対に休むこと。日曜日も出ていくことを誇らしく思うようなことだから、学問自体にものびのびしたところがなくなるんだ。六十歳になろうが七十歳になろうが、自分の仕事にひたりきれるような気分こそ大事なのだ。そのかわり、やるときは一本勝負でやってくれ。何か一生こつこつやっていく本業以外の趣味を持つよう努力されたし。何か一つの時代をとらえ、素人ながらに深く入るのもよかろう。また一人の作家を深く深く探るのもよかろう。お互いに何か一つそうしたものを持ちたい。

＊オスロ大学のブロダール教授から八月十日以後に来られたら会えるという返事が来ました。英語です。僕もキングズ・イングリッシュで話さねばなりますまい。家からの送金だけで、ともかくも思うなりの旅行が実行できるなど、眞に恵まれた話です。本当に勿体ないことで

す。しかし考えてみるとヨーロッパにまた来られる機会というものはそうあるわけでなし、三十代のうちに縦横に歩いたら、その収穫は我ながら相当にあると深く心に期しています。夜は松田君と室でラジオのウィーン・フィルハーモニーとバックハウスのベートーヴェンのピアノ協奏曲第五番を聴きました。ラジオを持ってこなかったのは最も残念なことの一つです。ともかく耳を慣らすのにこれ程の物はありません。カンドウ神父の言が正しかったことを痛感しています。

七月十二日(木)　曇り、冷やか

朝食をしていたら、千葉大の小林教授が来ましたので一緒に僕の室で朝食。そのまま十一時近く迄研究の話をしている内に過ぎてしまいました。その時聞いたが、勝木氏が八月初旬のブリュッセルの会議に来る由。その後ストックホルムに行くそうで、そこで会えればよいなと思っています。

昼食後二時過ぎ迄八代修次君とイタリアの話等。この変人は妙に僕と合う。くせが強いが中々面白い人です。日本に帰ったら僕の所にもしばしば来ると言っています。

次いでサン・ミシェルに出てフィルムの現像を頼み、バスでパレ・ロワイヤル、メリアにスペインの切符の払戻しの請求に行ったら、散々待たせた揚句、あれは国鉄が払戻しを拒否したとの返事。信用して任せておけばこの始末で、誠に癪に障るので、二、三日中に国鉄当局に抗議文を出すつもりです。金は戻らぬとはいえ一応なじっておきます(後記。森さんに聞くと、このケースは払戻し不能とのことで納得しました)。

大使館に行き、北欧行の各国のヴィザ申請のための書類を貰いました。公用故、大使館でやるべきを我々自身でやらねばなりません。向こうはヴァカンスを理由にしているので、すべはありません。

帰って夕食後、松田君とラジオでテアトル・デ・シャンゼリゼからのラジオ・ナシオナルのコンサート。シューマンの「子供の情景」を聴きました。シューマン死後百年の記念番組。その後ニュース。それを聞き分けるのが実に勉強になります。買いたくても最低が一万フランを出るとあっては手が届きません。その点日本は安いです。

九時過ぎ、国鉄の局長だか課長だかが、モンパルナスの宿で下痢しているので往診を頼まれて行きました。疲労と過食です。往診料二千フランよこしました。十一時帰館。

七月十三日(金)　曇り時々晴

午前中、二百例近い観察例の表を書き始めました。最終的にベルトラン教授に出すためです。相当に時間がかかるもので、五十例程で昼になってしまいました。

午後、サン・ミシェルに寄って笹原女史を撮ったフィルムの現像が出来ているのを受取りました。大体よく撮れているようです。次いでモンパルナスに出て、森有正さんと約束の三時に会うために、森さんに指定された楽器店へ。ここの貸パイプオルガンで時々弾くらしい。入って行くと、バッハの「トッカータとフーガ」を弾いている最中。一曲弾き終って色々な角度から、注文により写真。次いで四時迄バッハを聴かせてもらいました。終って、少しむしむしするモンパルナスの駅の前のカフェのテラスで一休み。

森さんは小さい時から教会のパイプオルガンで弾き方を習い、戦後日本でも二回演奏会をやった程の腕であることを、初めて聞きました。そして、バッハの話等を色々話してくれるのを楽しく聞きました。又、ソルボンヌや日本語学校等で接するフランス人の動態等についても、興味あることを聞きました。学校内での一つのポストを巡るいざこざなど、全く日本と変らぬ由。又、フランス人は閉鎖的で、他国人を良い地位には容易に就けないとのことで、少なくも芸術面だけに限っても、音楽界など見た場合、若し外国人に自由に出入りを許したら、フランス人はよい地位に就けなくなる恐れが多分にあるからというのが内情でしょうと言っていました。

腰を上げ、先ずブールバール・デュ・モンパルナスから写真を撮り始めました。手始めがロマン・ロランの住んでいたアパートで、現在は夫人が住んでいるとか。未発表原稿を、少しずつ高い高い値で売るため、誠に評判が悪いのだそうで、この夫人はロシア人。強引な押し掛け女房で、こんなのに摑まるのを見ると、ロマンの言うことを全部は信用出来ませんなと、森さんは笑っています。

パリの典型的な尼僧院、アンドレ・ジイド達の住んでいた町、プロテスタントの教会（弁護士等にプロテスタントが多い由）、サン・ジェルマン・デ・プレの塔、その中にあるデカルトの墓等々。僕の今まで知らなかった所ばかりです。

新医学部の前のカフェで休みながらの話に、今迄のパリの写真集（日本で出版されているもの）は実にサンチマンタルで、旅情のなせる手慰みに過ぎない。こうした人々はすべて重要なものを見過ごしているから、一つ出来たら我々の手で、知られざる真のパリの姿を示す写真集を作りませんかとのことに、僕も一寸乗り気になりました。森さんは物忘れの名人だから、果して何時迄続くか分からぬが、相当熱を入れて話すところを見ると本気とも受け取れる。それはともかく、僕としても、これ程までにパリを知った人にあちこち連れ回してもらうのは、滞在の締め括りに絶好、うまい写真でも沢山撮れて、写真集でも出来れば尚更結構。

大いに楽しみになりました。

それにしても森さんというのは忘れ物の名人。現に僕とカフェを出る時には鞄を忘れて僕が注意する始末。いつぞや朝乗ったバスで、向かい側のマドモワゼルがクスクス笑いをやめないので、変だなと思ったら、ネクタイを二本しているのに気付いた等、一寸浮世離れをした人です。ともかく面白い人と知り合いになったものです。しかしそういう面は別にして、学問や思想の面では実に鋭く、又、深い人で、人柄もとてもつつましい。この人との交際もパリでの収穫の一つでしょう。

夕食を馳走になる筈の大久保君が来客で駄目になったので、その代り、同じ下宿に越して来た二宮夫妻が馳走してくれることになり、森さんとブルゴーニュの酒を一本提げて七時に訪問。イカと海老の天麩羅で満腹。それから森さんを囲み、仏文教室の昔話や、アルジェリアの話などまで、快談尽きず、時計を見たら二時。これには驚きました。森さんとリュクサンブール迄ぶらぶらと出て、タキシーを拾ってメゾンへ。

フランスよりアルジェリアに送られている仏軍は六十万とか。住民が六百万で、十人に一人の割に仏軍がいるのだから、平定することはあるであろうが、イギリスが植民地は失ったといっても、利権はがっしりと握り、金の面で遠隔操作が出来るのと違い、フランスはアルジェリアで持っているのは土地と市場の如きものだけで、結び付きはそれほど強くなく、金の面でもそれほど大したことはなく、アメリカ資本がぐんぐん押してくれれば押しまくられる一方となってしまう形勢にある由。それにしても、支那事変の頃の日本の情勢とよく似ています。政府が強硬政策に出るのも、アルジェリアに大きな権益を持つ資本家の後ろ盾があるからで、もしそうしないと政治資金が出なくなるというのも、何だかどこかの国と似ています。

町を歩いても、召集兵の家族にご寄付をとの呼び掛けが聞えるのも、支那事変の頃とそっくりです。

今日は七月十四日のパリ祭前夜祭で、賑やかかと思ったが、今年はアルジェリア問題のため静粛にとのおふれが徹底してか、サン・ミシェルあたりのカフェ等も大半は店を閉ざしてひっそりかん。ただシテの前の小さなカフェが三時になってもレコードを鳴らしているのが、前夜祭気分を幾分醸し出している位のもの。

七月十四日(土)　曇り、午後晴、夜一時雨

七時起床。約束により、八時過ぎクリシイの笹原女史宿へ。河野嬢も来て三人で雨もよいのエトワルへ。ここで午前中に行われるパリ祭の行進を見ようというわけです。

エトワルからシャンゼリゼ、コンコルドにかけて両側に

は大変な人。背の低い人々は百フランの潜望鏡を買って人の頭越しに眺めています。行進は十時に始まり約四十分位。黒と赤の制服に金ピカの兜をかぶった乗馬隊のあとにモロッコ風の白衣を纏った騎馬隊、次いで戦車や給水車のようなものまで動員してのフランス軍国絵巻。歩兵も全部自動車に乗って通るわけですが、下士官に黒人の姿が散見され、これにフランス人兵が指揮を受けている姿など、我々の目からは一寸奇異ですが、これこそ人種偏見のない姿と考えるべきなのでしょうか。最後にパリ市の消防隊が通って終り。百六十機のジェット機が通るとのことでしたが、雲が厚いのでやめたのでしょう。ただ二、三機が凱旋門すれすれに通過して人々をわっと言わせただけ。

終って三人でタキシーでモンパルナスの河野嬢の宿で小憩。次いで、笹原女史のために宿探し。人づてに聞いておいた宿に行ったらあって、もう今日の夕方越すことに決めてしまいました。三食付きで一日千二百五十フランの部屋。クリシイの宿へ帰る途中で昼食をすることになり、リュクサンブール公園を抜け、リュクサンブールの近くの中華料理屋で昼食。済んだのが二時半。サン・ミシェルの広場まで下り、タキシーでクリシイに帰り、荷を纏め、再度タキシーでモンパルナスはリュ・スタニスラスの宿へ。七月十四日といっても町の広場の所々で夜のダンスの用意をしているのが見られるだけで、一向静かなもの。

宿に送り届けると僕はオテル・マスネから牡丹屋に移ったW氏（マドリッドで具合悪くなった建築の先生）に往診。どうしても診てくれと今朝電話があったのです。牡丹屋というのはパリにたった一軒ある日本料理屋。かねて名は聞いていたが行くのは今日が初めて。ペラペラとよく喋る人で、先々と気を使って聞いていて疲れました。適当にかわして、六時半メゾンに帰り、シャワーを浴びてほっとしました。

夜、松田君に誘われ、夜の風景を見に行きました。バスも夕方から運転を止め、その点はお祭気分。シテの前のモンスリ公園で花火があるとかで、家族連れが十時近くでようやく暗くなった公園にぞろぞろ入って行きます。我々はコンコルドに出て夜景を眺めました。ポン・ヌフの方で上る花火が、チュイルリーの森越しに見られます。日本の花火ほどではないが中々綺麗です。折しも通り雨。コンコルドからはカルーゼルの凱旋門、マドレーヌ、ブルボン宮の照らし出された姿が見られますが、最も綺麗なのはやはりシャンゼリゼを通して見られるエトワルの凱旋門。この中央には大三色旗が垂れ下がり、その所から三色のサーチライトが赤白青と照らし、その先端は三色の色は薄れつつも、シャンゼリゼの上を越えて、遠くルーヴルの上に被る雲にまで達し、誠に壮観。このやり方はやはり相当の創意が感じられ、少々感心しました。エトワル迄行こうと歩き出し、シャンゼリゼのロンポワン迄行ったら又雨。しかも相当強く、店の前に雨宿り。きれいなショーウィンドウを見ている内に小降りになりエトワルへ。

ここで立ち止まって眺めていたら、日本人ですかと日本語で聞く奴があります。もとフランス大使館に居たとかで、目黒に住んでいたと。一寸アルジェリアの事をつつくと、喋った喋った喋った。二十分位のべつまくなしに喋りました。要旨は、今迄金をつぎ込んだ所だし、それに独立したって独り立ちではやって行けまいというようなことでした。やはり嘗めているのです。

十二時半に三色の照明が終りましたので、今度はイル・ド・ラ・シテに出て、サン・ミシェルあたりの夜景を見ました。河岸に近いカフェではダンスをしていますが、曲はシャンソンなどよりアメリカのジャズばかりでつまらない。踊りも出来ず、女友達もいないこととて、いい加減で宿に帰りました。七月十四日もかくて過ぎてしまいました。日本で騒ぐ程のことなどないのです。

七月十五日(日) 曇り、午後雨、夜晴

寝坊して十時起床。午前、少しくデータの整理。

午後は松田君と暗室で写真の引伸し。二時から五時半迄。その内の僕の入ったのだけ送ります。自分で伸して見ると、ああ撮ればよかったとか、こうすればよかったとか色々勉強になります。むずかしいものです。

夜はモンパルナスの映画館で「旅情」という映画。ヴェネツィアの風景がふんだんに出てくるというので、やがて行くときの予備知識に見たわけ。筋は面白くもないが、風景はきれいでした。入場料二百フラン。ロトンドでビール一杯飲んで帰館。

考えてみるとパリもあと半月、少々慌だしい。この間にベルトラン氏に報告、森さんと写真撮り等々、スケジュールは一杯。しかし忙しい程張りがあります。元気一杯。

皆さんの健康を祈る。

七月十六日(月) 曇り

午前、データの清書を続けました。色々予定を立ててみても、原稿は日本で書くことになってしまいそうです。まあ急がず、成行きに任せます。

午後、松木氏とオランダの大使館へ。途中からザアザア降りの雨になりました。この所毎日曇り、時に雨の天候で陽の目をあまり見ません。気温も東京の梅雨の頃位です。

ヴィザを貰うのに二時間位かかると言うので、その間僕一人でモンパルナスに出て、笹原女史に昨日引伸ばしたパリ到着時の写真を進呈、次いで河野嬢にも渡して再びオランダ大使館へ。二ヶ月間のヴィザをくれました。既に六時近

く。その足で牡丹屋にいるW氏に往診。淋しい故かも知れぬが、ペラペラとよく喋り、話相手も大変です。

夜は手紙書きをしていたら、例のアメリカ人のランベール君が来ました。明日発ってベルリン、ストックホルムの競技会に出、出来ればメルボルンに行く由。再び日本の大学院に入学可能かどうかを確かめたいらしく、都合がよければメルボルンから直接日本入りしたいと漏らしています。それで誠に面倒でしょうが、「東大大学院人文科学研究科」に、以下のようなことを僕の名前で問い合わせていただけますまいか。

『アメリカの大学四年を終え、目下ヨーロッパのgraduate courseを受けている男が、アメリカの奨学金により、東大の大学院に二年程学生として入りたいと言っているが、東大大学院の規則を知りたいと言う。

入学可否については、パリに見えられた矢内原総長に伺ったところ、それは可能であるが、簡単な会話の試験位はあろうと言われたが、それはどの程度のものか。若しあるとすれば何時か。月謝は幾らか。』

パリから書いてもよいが、目黒から出し、目黒へ返事を貰って、要点だけ教えてもらえば結構です。あとは僕から彼の両親宅へ知らせてやりますから。

七月十七日(火)　曇り、午後薄晴

午前、データの整理。昼近く、ヴァカンスの前にガルサン教授に挨拶にと思ってサルペトリエールに行きましたが、見当たらないので帰って来ました。

午後、デンマーク大使館へ。エトワルから出る道の一本のアヴニュ・マルソーにあります。ところでここは面倒で、三時から五時近く迄待ったがらちがあかず、帰って来てしまいました。帰りしなに又、牡丹屋へ。今日はブドウ糖を注射しました。帰りはポルト・ドトゥイユからバスでシテ迄直行。

夜、大久保君来訪。俳優の小澤栄太郎の息子（補足：小澤協／小澤僥謳〈おざわきょう〉劇作家・演出家）が、パリに三、四年留学にやって来たのですが、その子がメゾンに泊まっていて、今の所大久保君に引き回してもらっており、今夜はメゾン迄送って来たというわけ。不眠症は相変らずながら大分元気。

七月十八日(水)　曇り

九時に森さんの宿迄行き、今日は朝から「知られざるパリ」の写真撮りです。宿の前のカフェでコーヒーを飲んでから出掛けました。そのすぐそばの唖の学校の門を手始めに、第五区（カルチェ・ラタン）を撮り進みました。

リュクサンブールの一部→ヴァル・ド・グラースの教会→エコール・ノルマル・スーペリウール→エコール・ポリテクニック→リセ・アンリⅣ→パリに残るたった一つの城壁の跡→フランソワ・ヴィヨンという詩人が悪事を企んだりした料理屋の跡、と回ってその広場で一休み。

午後五時に又ここに集まる事にして一旦別れ、僕はシテに帰り昼食後牡丹屋へ。相当な雨となり、ポルト・ドトゥイユから濡れて行ったらW氏の他に、広島大の物理の教授、H氏が腹痛で寝込んでおり、是非診てくれとのこと。十ヶ月のアメリカ留学の後やって来たのですが、便が黒く胃潰瘍だろうと決め込んでいます。気を静めるよう説得後注射。

一旦シテに帰り、森さんとの待合わせのカフェに駆け付けました。天候が思わしくないが、それでもパンテオンの裏あたりを撮って回りました。リュクサンブールへ出て、カフェで休む頃、厚い雲から陽が顔を出しました。まあともかく、森さんのパリについての知識にはびっくりする程です。大岡昇平が、森さんはパリしか知らないと言っていますが、そんな気もしたでしょう。しかし色々話をしてみると、イル・ド・フランスなども実にまめに歩き、各国も見て、自分の見たものだけを頼りに何かを纏めようと一心になっています。啓発されるところが中々多いように思います。又、森有礼の孫だけあって一風変った所もあり、その面でも面白い。

夕食を中華料理屋で奢ってくれました。そこで会った森さんの一高時代の教え子の時事通信の記者と、河岸を変えてリュクサンブールのカフェで雑談。十一時過ぎに及びました。そこで日ソ交渉に重光外相自身がやって来る事を知りました。うまくやってくれればよいが。森さんの話に、こちらの学者の勉強態度の事もありましたが、うまずたゆまず積重ねて行くというのは、文科でも理科でも変りないらしい。そして材料の豊富さに埋まって何も得られなくなるものも数多い中に、そうした徹底した資料を基礎に、優れたものがぐっと体系を作って行くのだそうで、聞いていれば何のことはないが、そのうまずたゆまずが中々どうして、むずかしい仕事。ともかくたった一つの事でも深く深く入っていけば、人間の本質に触れることが出来ようというもの。

七月十九日(木)　曇り

今日も九時に森さんの宿へ。今日は宿の筋向かいのホテルを手始めに撮りましたが、これがライナー・マリア・リルケが二年程住んでいた所の由。次いで五区も東の方にある、パスカルの姉さんの住んでいた界隈。デカルトの死んだあたり（今は小学校）、昔のローマ街道の跡等を撮り回り、昼はパンとチーズとトマトを買って宿で。月給日の前とて、金がないんですよと、貯金通帳の残り千七百五十フランというのを指さして、肥った体をゆすぶってくっくっと笑っています。白葡萄酒を抜いて腹一杯食べました。

午後からはサン・ジェルマンを中心に撮り始めたら、すごい降りとなり、医学部新館の前のカフェで一時間程降り込められてしまいました。小降りとなったものの光不足で、やむなく宿に引き返しました。別れて牡丹屋へ。着く頃はカラッと晴。二人の病人の治療後、七時半迄に大使館へ行く約束。加賀美氏に招かれたのです。今度買い替えたというシムカの新型で同氏のアパートへ。アパートの住人の殆どは既にヴァカンスに出てがらがらの由。部屋に奥さんと子と楢橋渡が写った写真があるので、どうしたのかと聞くと、奥さんの父親で、この間の英国訪問議員団でやって来て、初孫と会見した時のものの由。僕の他の相客は大使館の官補二人。おこわと日本風のカツ。雑談の間に、日仏通商協定の難航の話が出ましたが、仏側からは、クリスチャン・ディオールに金を出して、夜会には絹の靴下といわせれば、生糸の売行きはよくなろう等との提案もある由で、少々きざです。日本はフランスからカリ塩等の原料品を買い入れ超とのこと。

官補の自動車に送られて一時帰館。

七月二十日(金)　薄晴れ

午前、データ整理。

午後、松木氏とデンマーク大使館へ。ここで書類二枚に色々な事を記入させられ、写真を二枚撮られ、しかもこれから本国に問合わせるとのこと。公用旅券なので簡単にいくと思ったらとんでもない話。二人で憤慨です。パスポートだけ受取ってまたスウェーデン大使館に行ったら、これは領事館でと言うのでシャンゼリゼのそこへ行ったら既に閉館。ベルギーはと急いで行ってみればこれも月曜日にと。いやはや時間のかかることです。

ともかくデンマークのはどういうことかと日本大使館に行き、S領事に話したら、そんな馬鹿なことあるかと電話で抗議し、自分の方でとってやるということになりました。S氏は今日は大分ご機嫌斜めでしたが、牡丹屋の二人の患者の事を話すと、ぺこぺこと頭を下げ態度急変。本来大使館で世話すべきものを僕が全部やっているわけで、向こうでは厄介払いのかたちになり、三拝するというわけです。しかし時間はとられ、面倒は限りないが、誠意を尽くして診てやれば、分かる人間なら分かるでしょう。分からぬなら分からぬで仕方ありません。牡丹屋に行ったらW氏の方は普通食になりましたが、H氏は昨夕腹痛があったとかで、フランス人の医者をよんだとか。大分神経過敏になり、ブドウ糖注射をすると腹が痛くなるというのでやめにしました。

森さんと撮った写真の現像が四本出来ましたが、電気露出計でがっしりやっているためか、曇天のでも良く撮れています。誠に良いパリの思い出になりそうです。本当に絵葉書になど全くない所ばかりです。ひとつ帰ったら大きく引伸ばして素晴らしいアルバムを作りたいものです。こうして撮って歩けるのも今月のみ。というのは九月ならびに十一月と、僕がパリに居る間は森さんが学校が忙しくなってしまうからです。まあ撮れるだけ撮るつもり。本になるならないは問題外です。

夜は大分疲れたので、「週刊朝日」等読みながら早寝。精一杯やっているがなにせ時間が足りません。

笹原女史にも連絡する暇がありませんが、河野嬢はじめ色々世話する人はあるらしいのでそのままにしてあります。

七月二十一日(土)　薄晴れ

久し振りに陽がさしていますが、しかしからっと晴れ上っているわけではない。合服でも一向に暑くありません。

午前、表を一応書き上げました。旅行前にはこれ位で止めることになりましょう。

昨日、英国から帰って来た佐藤朔さんから会いたいという手紙が来たので十二時に宿に出掛けて行きました。英国行きは良い刺激ではあったが大分疲れ、気分的にもまだまだすっきりいかないとこぼしています。それに大変汗をかくのを苦痛にしています。やることとては何もないのですが、話を聞いてあげれば少しは向こうの胸が晴れるわけなのでしょう。昼食は中華料理を奢ってくれました。

二時過ぎ別れて、僕は約束通り森さんの宿へ。今日は久々に陽があり、撮り易い。先ずパンテオンから撮り始め、撮り継ぎながらシテに入ってノートルダムへ。ここで殆ど一本撮ってしまいました。装飾的な要素など問題にせず、これがなければノートルダムが倒れるというようなところを選んで撮るわけです。森さんの説明を聞きながら見直すと、今迄と違った面が見られ、得るところが多かった。塔を受ける柱のヴァラエティ、中の回廊の作為的なひずみ等々かくれた面も見られました。堂内は次々と英語をしゃべるツーリストで一杯です。

途中でカフェで休んだり、岸の石畳に腰掛けながら、森さんの喋る事の内に、国を思う切々たる心と共に、どれ程この人がパリを愛しているかを汲み取ることが出来ました。色々不愉快なこともありながら、パリには本当にそうした限りない人を魅了する力があるのです。本当に不思議な街です。皆に一寸でもよいから見せたい。何遍も書くがそんな気持で一杯です。

岸の壁に残る一昨年の洪水の跡を眺めていると、ふとっちょのお母さんに連れられた、ふとっちょの女の子が毬を抱えて通って行く。どちらも器量は良くない。森さんはそんなのを眺めながら、器量は余り良くないから将来も安心、別に何のこれという欲もなしにパリに満足して暮らしていく人々、それもいいですねとぽつりと漏らす。又、もやい舟を見れば、あの舟の上で一生を暮す人生もあるんですね等、中々ロマンティックな面ものぞかせる。

ローマ街道を抜け、サン・テチエンヌ・デュ・モンへ行く途中、寄り道してコレージュ・ド・フランスの裏あたりで、ロンサールをはじめとするプレイヤードの詩人たちが集まったという界隈を撮りました。石畳もその頃のものですよと言う。今は行止まりの道で、薄汚れ、猫と犬が我が物顔に、歩くと糞や小便の臭いがそこはかとなくします。七時前に宿の前のカフェで休憩。一杯の白葡萄酒で良い気持で、疲れも飛んでしまいました。

僕はシテで夕食後、牡丹屋へ。オトゥイユあたりは住宅街。殆どがヴァカンスに行ったあとで、九時でなお薄明るい町も、殆ど人に会いません。レストランには色とりどりの花を飾り、夏の装いの婦人連が更に色を添え夕食を楽しんでいます。ところでW氏も今日、便があったとかですっかり気持良くなり、携帯ラジオ等聞いていました。これで一安心です。

十時過ぎ鈴木君、大久保君の下宿に寄り休憩。十二時過ぎ迄話し込んでしまいました。鈴木君は親父さん譲りか、中々よく勉強しています。

七月二十二日(日)　曇り、夕方晴。

午前、午後かかって英文抄録書上げ。この手紙と同封します。タイプして送って下さい。夜は手紙書きと、今日の日曜は図書室に詰め切り。

七月というのにワイシャツの上に毛糸のセーターを着て丁度良く、時に涼しいなと思う位。こういう夏は八月にすごく暑くなる傾向があるとか。

＊私費生活になってからは、急に金が大事となり、考え考え使っています。と言っても食生活の面では全く変化はありませんからご安心下さい。音楽会等行かぬようだといっても、よいものは一つもないし、オペラもオペラ・コミックもコメディ・フランセーズも閉館同様とあっては、見たくてもどうにもなりません。

＊八月の通信はストックホルムかアムステルダムの大使館宛に送っていただくことになりましょうが、それは追ってお知らせします。

七月二十三日(月)　晴

久方振りに晴。暑くなく、サラサラした良い気候です。

午前、研究室に行き、足りない部分の観察。ベルトラン教授に久し振りに会ったが、まだ本調子でなく、キニーネがどうもよくないですよと言っていました。水曜日に今迄の結果を話すことにしました。帰りにガルサン教授に挨拶。十一月に再び外来を見せてくれるよう頼み、休暇入りの挨拶を済ませました。本当に十一、十二月と勉強し、一月の船で帰れれば理想的なのですが。

昼食後、すぐ森さんの宿へ。今日はバスでパレ・ロワイヤルに出て、ルーヴルから撮り始めました。パレ・ロワイヤルのカフェで小憩後、パレ・ロワイヤル、リュ・ド・リヴォリ、オクセロワの教会。この教会の後面にあるローマ風の塔が実に良いのを見出しました。次いでポン・ヌフを色々の方から撮り、この橋の素晴らしさを満喫しました。あたかも上げ潮、水はどこまでも豊かに流れるともなく流れて行きます。観光船も満員。ポン・ヌフからパレ・ド・ジュスティス、サント・シャペル。サント・シャペルは何時見ても素晴らしく、二人とも言葉がない位。右岸に渡り、リュ・サン・マルタンに面する、パスカルが居たという界隈とサン・メリーの教会の夕景を眺め尽しました。ランビュトーを抜けて、サン・ニコラ・デ・シャン及びサン・マルタン・デ・シャンに至り、夕陽を浴びたその美しさに魅惑されました。今迄足を入れた事のなかった町です。誠に美しい。ここで、今日だけで九十枚程撮ったので終りにし、カフェで白葡萄酒。目の前では自動車と自動車が触れ合ったと喧嘩です。それに野次馬が大変。巡査は中に入るべきか入るべからざるか様子を見ており、当人同士は泡を飛ばしてやっているが、まわりでは面白そうな顔で眺めており、全体がのんびりした空気。巡査も大したことなしと見て行ってしまい、やがて当人同士もやれやれというようにまわりを見回し、どちらも自分の主張が通ったというような顔をして別れて行きました。誠に面白い。

森さんは月給が入ったと、すぐ近くの馴染みの支那料理屋に連れて行ってくれました。こんな所に、と思うような店。でも中はきれいで、以前にはパリ一番にうまかったとの話。今はコックが代り味が落ちたと言うが、腹も減っているせいもあり、実にうまく、二人で葡萄酒一本を軽く空けました。一人前チップ入りで八百フラン。カフェに席を移し、ブールバール・ド・セバストポールの車の行き交いを見ながら食後のコーヒー。九時も近く、夕闇もようやく迫り、そよ風がかすめて、夏の夕べらしい雰囲気。このまま秋になるとしたら余りに楽なものです。

森さんは八月中旬より十月末迄はパリを離れ、十一月以降は全く時間がないと言うので、この撮影散歩もあと三、四回です。何とも時間がないのが残念。それでもいかにパリについて多くの事を見、且知ったか計り知れぬものがあります。ともすれば古びた町並の壁とか家とかに、ツーリスト的なセンチメンタルな面しか汲み取ろうとしなかった時に、そうした見方がいかに浅く、淡いものであるかを知らしめてくれ、余剰物を捨てた、ぎりぎりの本質的なものに眼を向けることを教えてくれた森さんに感謝しています。

こうした物の見方は学問にも当てはまることです。ルーヴルの美しさが、屋根の上に立つ彫刻のそれよりも、大きな屋根を支え、壁を支える厚い太い柱にどれだけ多く現れているかというようなことは、僕一人では分からなかったでしょう。自分の勉強の上にもそうした体験を生かして行きたいものです。日仏文化の交流とか何とかのお題目よりも、こうした事の方が遥かに重要なことのように思われて来ています。森さんが面白おかしく話すことの中に、やはり一生をフランスに送るべく決意した人の凄味が現れていて、よい刺激になります。

あと一週間で北欧に発つといってもあまり切迫感がなく、このままパリに居続けたいような気もしています。しかし広く見るのも一つの行き方。帰って来たらまた寸暇を惜しんでパリを歩き回りましょう。そんなわけで、パリの色写真は今の所撮る暇がなく、御土産を待つ皆さんには物足りないでしょうがお許し下さい。そのかわり五、六百枚ものフィルムを持って帰り、素晴らしいアルバムを作り、皆で眺めましょう。尤も九月にはパリのカラーも大いに撮るつもりですが。いずれにせよニコンは素晴らしく働いてくれます。実にピントがよい。ただ残念なのは広角レンズを持ってこなかったこと。建物を撮るにはどうしても要る。これはこの次に徹が来た時のお楽しみにしましょう。

皆元気で。

七月二十四日(火)　晴

雲もなく快晴、且暑さも中々で、ようやく夏らしい日和。午前、サルペトリエールで検鏡。一時近く迄かかって気掛かりの所も一応見終えました。ベルトラン教授も来ず、ひっそりした雰囲気です。

ブールギニヨン君が、今パリに来ている千葉大の小林教授と二人を金曜夜に招くが都合はどうかと聞きに来たので快諾。彼は二日前に四人目の子供が生れたところ。大変満足だと言っていました。こちらでは子供が四人あれば家族手当だけで親父は左うちわと言われる位、日本とは段違い。我々の生活を思うと余りの差にため息も出ようというものです。

昼食後、スウェーデン領事館(シャンゼリゼ)に行ったら、ノルウェーに入る時と出る時と二回スウェーデンを通過するから二度のヴィザが要る、そのためにはノルウェーのヴィザを先ず貰ってくるように言われて、四時も近い事とて、シャンゼリゼからそう遠くないノルウェー領事館迄タキシーを飛ばしたのに四時五分過ぎで駄目。やむなくそこから牡丹屋に行き、H氏に最後の注射。すっかり良くなり今月末の便で日本に帰ります。東京に着いたら電話するかもしれぬ故、承知していて下さい。

夜は図書室で二時迄かかって、明日ベルトラン教授に会って話す結果の纏め。表六枚程に纏めました。

床に入ってとろとろしたと思ったら、ドンドン叩く音に出て見たら、メゾンの住人、日本人二人とフランス人一人が、四階でマドモワゼルが腹が痛いと唸っているから来て診て下さいとのこと。時々うめき声が僕の所へ聞こえます。眠い目をこすり、着替えて注射器等持って上って行くと、休暇中で来泊者が多いためでしょう、いつもは倉庫になっている大きな部屋の隅のベッドに、トランクを枕に、マドモワゼルが寝ていて、唸っています。起しに来た連中は遠慮して入らず、僕だけ入り脈をとって、どうしたと問うと、唸りながら「べべ、べべ」と言うので狐につままれていると、足元に血がたらたら垂れて来て、履いているパジャマのズボンがふくれ、ギューという泣き声です。何とお産なのです。かなり大きな女ですが、先ず子供を救わねばと、うんしょうんしょ言ってパジャマのズボンを脱がせると、もう赤ん坊がすっかり出ていました。これは一人ではどうもならぬと、外に居る連中にその旨話し、事が事だけに口外することなく、それに急いで湯を沸してくれと頼み、僕は松平、大塚の理系組を起し、三人で処理し、更にフランス人にはシテの病院に電話して、医者を呼んでくれるように頼みました。僕の持っている脱脂綿、更に彼女の衣類等動員して処理、臍帯も切って、子供は大塚君等が湯をつかわせ、胎盤の出るのを待ちましたが、これが中々出ず、その内シテの病院から若い医者が来たが、これも我々と同じ。ともかく救急車でポール・ロワイヤルの病院に送り込むことになりました。フランス人の医者は病院への送り状を書き、救急車が来ると帰ってしまったので（シテの病院を空けるわけにいかないからでしょう）、僕が赤ん坊を抱き、大塚君と産婦と一緒にワイシャツにスリッパ姿で同乗して行ってやりました。彼女はイギリス人の由で、数日前からメゾンに入っていた者で、今迄一度も医者に診てもらっていない由。病院に着くと、看護婦が僕を父親と間違えたのにはびっくり。あとで苦笑い。ともかくこの女性には何か子細がありそうです。いずれにせよパリに来てお産の世話迄しようとは思いませんでした。

五時も近く、東の空がうっすり明るくなったパリの町を、帰りの自動車に揺られながら、恐らく父親も分からぬであろうこの赤子（女児）が将来大きくなったとして、この世に生を受けて最初に取り上げたのが日本の一留学生であったということを、果して知るであろうか等考えながらシテに帰り、再びベッドに潜り込みました。既に窓の外は夜も白みかかっていました。

七月二十五日（水）　晴

九時起床。少々はっきりしない頭ながらシャルコー研究室へ。ベルトラン教授に会い、報告して、いよいよヴァカンスに入ろうと思ったら、モラーレ夫人と教授との話が長引いたまま昼になってしまったので、会わずに帰って来ました。

佐藤さんから、又、身体のことで話を聞いてもらいたいと手紙。佐藤さんのデプレッションも困ったものです。自発的に何でもバリバリやらねば、いつまで経っても治るものではありません。

午後二時、森さんの宿へ。今日は先ずシャトレに出、オテル・ド・ヴィル（市庁舎）の前から、パリで最も古いといわれるマレ地区に入りました。細い小路を通りながら、十七世紀あたりの古い家や建造物を撮るのです。アルシーヴ・ナシオナル（国立文書館）の前のカフェで小憩。南原さんがパリに来て、森さんに東大に帰るよう話をした時の事を聞きましたが、中々面白かった。君は煙草が好きだからと、着くとすぐ一万フランをポケットにねじ込んでくれたり、また話の分かりもよい、中々良い人ですと言っていました。

ヴォージュ広場への途中で、サン・ポールの前のカフェで夏姿の町行く人々を眺めつつ、アイスクリーム。陽も傾く頃、ユダヤ人街を抜けましたが、ユダヤはここでは肉屋をやっている者が多いとか。家々の前には男共がブラブラ徘徊し、少々気味が悪い。中にはすっと寄って来て、「ドラー、エキスチェンジ」等と我々をツーリストと見て話し掛ける。

夕暮れのヴォージュ広場を撮り収め、バスティーユ広場からリヨン駅そばの中国人街へ入って夕食。ここも一人では一寸来にくい所。焼きそばと海老の天麩羅で真に満腹。全部森さんが払ってくれました。リヨン駅前のカフェで食後のコーヒー。暑かった一日も夕方からは涼風が立ち、凌ぎ良いです。

バスでサン・ミシェルに出、森さんと別れてメゾンへ。久方振りにシャワーを浴び、ゆっくりしてから一時間程、松木氏と旅行計画。

世界文化地理大系「北ヨーロッパ」を読みながら寝ました。

七月二十六日(木)　　快晴。雲一点ありません。

九時に森さんの宿へ。宿の前のカフェで朝食をして出発。今日はサン・ミシェルでクリュニー美術館を撮った後、バスでサン・ルイ島に入り、ここの公園より、昔のパリ港の跡を撮りました。緑陰のこぼれ陽に、散水器が霧を散らしています。ベンチには子を連れた母親が縫い物をしています。ここのベンチでフィルムを替えながら森さんと話しましたが、この写真行脚を始めてからは、パリの街に愛着を感じ、色々多く見るより、フランスを深く見た方がと思うようになっていると言うと、森さんも北欧は自然に接するのが好きならともかく、文化面では余り得るところはないでしょうとの答。いずれにせよ、パリを見る目がひと月前とがらっと変わったことは事実です。

マレ地区の古い家々、サン・ポール、ヴォージュ広場。ここで小憩。かんかん照り付ける中を、あれもこれもと獅子奮迅。何度も書くが、森さんの詳しいことはまさにあきれるばかり。しかもその鑑賞眼の確かさには密かに畏敬の念を感じています。感傷的なものはあくまで退け、確固とした基準の上に立って、真物と偽物を峻別していくのです。

オテル・ローアンを最後に、空き腹を抱えてレストラン探し。初めユダヤ人街で食べようとしたが、うるさく寄って来たりするのがあるのでやめて、シャトレ近くの近東風の店に入りました。森さんによるとこれもユダヤ人の由。ユダヤの中ではドイツ系、フランス系が一番質が高く、その他は劣り、特にポーランド系のは質が悪いとのこと。

前菜と、ブールギニヨンという一種のビフテキとサラダ。これにボジョレ(赤)を一本とコーヒー。ボジョレを二人で飲み、実に良い気持。河岸を変えてアイスクリームをなめた後、シャトレで森さんと別れ、僕はノルウェー領事館へ。三時半に着いて、ヴィザを貰ったのが五時近く。ここは馬鹿に愛想がよかった。暑い道を汗をたらしながら(今日は蒸す)、女の薄着を羨みながらサン・ラザール駅に出、バスでリュクサンブールまで。森さんの宿に鞄を取りに寄り、とめられるままに話し込み、七時近く迄。

フランスに来ている連中が一体何を得ようとしているのか、ただ無駄に金を使っているのではないか、本当にボヤボヤしていては彼我の懸隔は大きくなるばかり。それにつけても明治の人々は偉かったと、森さんは大いに憂国の情を述べていました。自分に厳しいと同時に、人にも厳しく、こうしたことから若い世代との間に一寸した溝が出来、少し煙たがられるような具合になるのかと思いますが、僕には森さんの考え方の方がずっと正統だと思うし、又、話の端々に極めて独創的なものが覗かれて面白い。やはりこの人も孤高を持して、人に理解されぬ淋しさというものに耐えて行かねばならぬ運命にあるのでしょう。

しかし僕の見たところでは、この人は十分それに耐えて、自分の世界に浸り切って行ける芯の強さを持った人であると思います。僕自身も短い間ではあるが、ヨーロッパに学び、その文化の根の深さに驚異を感じた者の一人として、日本にもたらされ、受入れられているヨーロッパ文化のあり方、又、その受入れ方に深い疑問を持っている者として、これからの僕の歩む道というのは、人からあまり理解されないものだということを密かに覚悟しているので、森さんの気持が極めてよく分かるように思うのです。もっとも孤高を持すということの中に淋しさを感ずるというのは、日本人特有のサンチマンタリスムかもしれない。個人の確立された社会ではそれがあたり前のことなのですから。

森さんと別れてから、今朝、読売の記者から頼まれた画家を診に、その記者の家へ。リュ・サン・サーンス。七時過ぎというのに陽はかっと照っています。アンヴァリッドなどまぶしい位。本当に今日は暑く且つ蒸す。六十歳になる画家で、二十年程前パリで病を得、その後それが慢性になって、一時よくなったが、今度パリに来たらまた変だというのでノイローゼみたいになっているのです。話だけ聞いてやってお茶を濁して帰って来ました。勿論向こうでは金等払う意思はなし、こちらも深くとりあう意思はなし。

夜図書室で手紙書き。

七月二十七日(金)　晴。快晴。暑い

午前、松木氏とシャンゼリゼのスウェーデン領事館と交通案内所へ。領事館では散々待たされて午後回し。切符はパリ→コペンハーゲン→ルンド→ストックホルム→ウプサラ→トロンヘイム→オスロ→コペンハーゲン→ハンブルク→アムステルダム→ロッテルダム→ブリュッセル→パリで三万フラン余の由。

昼にリュクサンブールに引返し、佐藤さんに道で会い、カフェに入って昼食にサンドウィッチをかじりながら話。一昨日ブールギニヨン君に書いて貰った睡眠剤の処方箋を手渡しました。一年などグズグズしている内にたちまち過ぎてしまいます。

午後スウェーデン領事館に行き、三時に森さんとエチエンヌ・マルセルのカフェで会うことを約しましたが、領事館が済んだのが三時過ぎ。シャンゼリゼでタキシーを拾い大急ぎで駆け付け。暑い暑い。ビールで喉を潤した後、撮り始めました。

今日はパリ市場、サン・トゥスタッシュ銀行街、パレ・ロワイヤル、ビブリオテック・ナシオナル（国立図書館）。ここ迄来たら森さんがとても疲れると言い出し、ビブリオテック・ナシオナル前の森さんの行きつけのカフェで小憩。このビブリオテックに通う人間の憩いの場所とて、実に感

じの良いカフェで感心しました。

次いでプラス・デ・ヴィクトワールからブルス（証券取引所）に出る頃、また森さんが疲れたと言い出し、今日はこれでやめることにし、ブルスの前のカフェで小憩。四十六歳の年が、連日の頑張りでものを言ってきたのでしょう。休んでいる内にまた元気になり、リュ・デ・コロンヌ等を撮りながらコメディ・フランセーズの前に出、バスでサン・ジェルマン・デ・プレに至り、大久保君の下宿に寄ったら留守。そこで別れました。

僕は今日、小林教授とブールギニヨン君によばれているので、八時一寸前にサン・シュルピスの広場で待ち合わせ。鳩の動きを見ながら時を過ごしました。八時に広場に程近いブールギニヨン君の家をノック。奥さんは両親の家に行って留守。アペリチフを飲んだあと、相客のサルペトリエールのシェレル教授と打ち揃い、ブールギニヨン君の車で、サン・シュルピスの裏通りのレストラン・シャルパンチェ。見掛けは汚い店だが有名の由。飲み物はコート・ド・ローヌのロゼという白と赤の中間。初めて味わう。実に口当たりよし。ギャルソンが、かつて船乗りとか。日本語を並べて愛想を振り撒く。とりとめもないことをしゃべって愉快に十一時過ぎ迄。デザートにポントワーズという野苺が出たが、これはあまりいただけなかった。ブールギニヨン君は奥さんがお産をし、その後ヴァカンスに連れて行くので、ブリュッセルの生理学会には出ないとあっさりしている。日本では学会というと、皆まなじりを決して出掛けて行くのに。おやおや。

ロゼで良い気持になり、車で送られて十二時近く帰りました。森さんからの注意に、フランス人との付合いはあっさりと、冗談等努めて言う必要なし、下手に冗談を言ったりすると反って軽蔑を受ける。又、こちらが向こうの何かを利用しようというようなところが見えるとさっと離れて行くというようなことは、どうも大切な、心すべき点であるように思われます。彼等と交際を長続きさせるには、淡々と、離れていてもクリスマスカードか新年の言葉さえ送っていれば、十年後にはもう十年の知己になってしまうという。これはフランスに限らずどこにも通用することでしょうが。

七月二十八日(土) 曇り

午前は滞留手帳の書換えのため、警視庁で潰れてしまいました。

昼は大久保君に世話になることにし、行ったら寝ているので叩き起こして市場へ。僕の好きなボジョレを買って半分程平らげたら、眠くなってそのまま五時迄寝てしまいました。彼は二宮夫妻、鈴木君が彼を置いてノルマンディーに行ってしまったので、くさっているところなので、僕が行って丁度よかった。

一旦シテに帰り、七時に牡丹屋へ。W氏、H氏がお礼に日本食を馳走するというわけです。味噌汁、刺身（白身）、おひたし、天麩羅、それにビール。両氏はまだお粥。しかしもう日本に帰れる程回復したので満足しています。お礼にW氏は六千フラン。H氏は十五ドルよこしました。しっかりした者なら、自分で額を決め、もっと要求するところでしょうが、そんなまねはしたくない。

十一時頃迄話して、雨のポツポツ落ちる中を帰りました。途中、七月のパリも終りかと、イル・ド・ラ・シテに出て、夜景を眺めて帰りました。

七月二十九日（日）　晴

午前は完全に寝坊。

午後は三時迄荷物の片付け。中々大変です。日本へ帰る時は箱をもう一つ増やさねばならぬでしょう。夕方迄昼寝。

夜は図書室で明日ベルトラン教授と会って話すことをメモ。

七月三十日（月）　午前晴。午後曇り。夕方より快晴

晴れてはいるが、冷え冷えします。十時サルペトリエールへ。

六枚の表を頼りにベルトラン教授に説明しましたが、色々つっこむと思ったら、「トレ・ビヤン」と言うばかりで、一寸もの足りぬ位。そしてよくやったと言い、この他に、十枚程の図と、タイプ用紙一行おきで二十枚くらいの原稿を出すように言いました。そして自分の健康が思わしくないので、十分お世話も出来ず遺憾であると繰返しました。

四年前のロンドンの学会以来心臓の具合が悪く、余り長くは働けないでしょうと一寸淋しそうな表情。十一月にはアカデミーに入るかもしれないと自分で漏らしましたので、おめでとうと言うと、まだ本決りでないが、恐らくねとのこと。十一月にパリに帰って図と原稿を書き始めることを約しました。別れ際に、ドイツに行ったらスパッツとショルツにお会いなさい、彼等は私の友人です、よろしく伝えて下さいと言いました。

原稿を出さなかったので、つっこむこともなかったのでしょうが、まあ一応これで休み前の事はけりがついてホッとしました。まあこんなわけで、原稿はフランスに居る内に書き上げたいので、十一月、十二月、ひょっとすると一月迄居らねばならぬことになるかもしれず、その点皆も含

んで下さい（あまり人に言わぬこと）。離れているのが一日でも多ければ再会の喜びも大きいでしょう。エジプト問題がどうなるか知れないが、喜望峰を回っても帰る事には変りないのだから、むしろ喜望峰を回り、マダガスカル等も見られればよい等、夢を馳せています。それにしてもベルトラン教授の健康が気掛かりです。

午後二時から六時迄、森さんと撮った写真フィルムを一本分引伸ばしてみました。満足すべきのもあれば、予期に反して不出来なのもある。晴れた日のが意外に悪く、露出過度。露出計の表より一段絞る必要を感ずる。それにしても自分で引伸ばして見るのが実によい勉強になるのが分かります。今後の露出に大いに参考になります。

夕食前、二宮氏夫人より電話。主人がノルマンディーより帰って発熱、吐き気、下痢をしているから診ていただけまいかとのこと。夕食後出掛けて行きました。結局モン・サン・ミシェルで冷たい風に吹かれ、上気道炎を起し、その上喉が渇いたと、飲んではいけないという水を飲んだためです。帰った晩は死ぬかと思ったなどと情ないことを言っています。二時間程話してる内に落着いて、僕が持って行ったピース（早稲田の建築の先生に貰ったもの）をのむまでになりました。大久保君は、僕を置いて行ったからこんなことになると、大いに快感を味わっています。学習院出の仏文研究と称するのが来て、札びらを切っているらしく、彼はそれと一緒にモンマルトルへ出掛けて行きました。真に金を欲する者には金が無く、猫に小判みたいな奴が何の自覚もなしに金を使いまわる。森さんならずとも腹の中が煮え立つわけです。

帰って世界文化地理大系で、デンマークとスウェーデンの項を読み二時に至る。北欧旅行の計画は、八月一日夜ノルド・エキスプレスで北上、二日午後コペンハーゲン着。二、三日滞在。次いでストックホルムへ。ここも二日程。次いでウプサラに二日、八月十日頃ノルウェーに入り、十五日頃迄にオスロを出る予定。次いでコペンハーゲン、ハンブルク経由、二十日頃にアムステルダムに着きます。次いでオランダ、ベルギーに十日程居る予定です。これからの通信は今迄通りパリにいただくことにしましょう。オランダ大使館はハーグにあるが、ハーグには寄れるかどうか分からぬので、ことが面倒になってもいけませんし。僕の方からは、文面は簡単になりましょうが週一回ずつ定期便を出します。

＊徹は心身ともに苦労で痩せた由。いろいろのことはあろうが、自分がよしと信じてやったことなら、人に何を言われようといいのだから、地に足をつけてがっちりやること。神経系をやるとか何とか決めず、一般常識をかちっと身に着けるのが先決だ。そもそも、ものの不思議に深く打たれないような奴が、科学だ哲学だと言うのが

間違いなのだ。常に新鮮な驚きを感じて、物に当たっていけば、心は楽しさで一杯だ。
＊一ヶ月程家からの便りを見られないのは淋しいが、パリに帰ると溜っていると思うのが楽しみだから、一つ面倒でも切らさずに続けて下さい。
＊皆の健康を祈ります。
僕は元気一杯。精々良いカラーを撮り、ブロダール教授はじめ色々な人に会って経験を積んできましょう。では旅先から。

七月三十一日(火)　晴

午前は手紙書き。昼に投函してゆっくり。その間に、佐藤さんのためにシテ・ユニヴェルシテールの病院にランデヴーをとってやったり中々忙しい。

午後、シャンゼリゼのスカンジナヴィア交通案内所に行って切符を受取りました。パリ→コペンハーゲン→ルンド→ストックホルム→ウプサラ→トロンヘイム→オスロ→ヘルシングボリ→コペンハーゲン→ハンブルク→アムステルダム→ロッテルダム→アントワープ→ブリュッセル→パリで、二万九千九百十七フランでした。その他に、スウェーデン・クローナ、ノルウェー・クローネ、デンマーク・クローネ、ドイツ・マルク、オランダ・グルデン、及びベルギー・フランで、占めて三万五千フランの両替でした。現金を受取り、これで旅の準備は出来ました。あとはドルとフランを持って、不足したらそれぞれの国の銀行で両替するつもりです。

うんと締めて全額九から十万フランであげるつもりです。

それからモンパルナスへ出て、笹原女史の部屋に行ったら留守。次いで二宮君を見舞いましたが、昨日よりずっと良くなっているが、副鼻腔をやられたとみえ、鼻がつまり、物の匂いが分からず、頭痛が残っています。

五時に森さんの所へ。撮れた写真の成果（小さいまま焼付けたもの）の、今夕出来上ったのを店から受取って持って行きました。丁度大久保君も居て、三人で見ましたが、総計六百枚ばかり。相当な量です。でも結果は不満足のも混っています。しかしこうしたものが反ってこちらには勉強になります。森さんは大満足です。いずれにせよ、日本に帰ったら皆で揃って眺めながら整理しましょう。

しばらくお別れだからと、暮れ初めたサン・ジャックを下って三人で広東料理屋へ。森さんの話題豊富に、時の経つのも知りません。九時またサン・ジャックを上ってパンテオンの前で握手して別れました。

帰って一時過ぎ迄部屋の片付け。留守中すっかり片付けて行くと、宿泊希望者に貸し、その分だけ宿料を引くのです。

見聞　北欧・オランダ・ベルギー　一九五六年八月〜九月

八月一日(水)　曇り午後雨

曇り、うすら寒い程。朝一寸陽のさしたのも束の間。午前、トランクを倉庫に預け、笹原女史の所に七月十四日の写真を届けながら、しばしの別れの挨拶に。女史も友人とチロルを歩く予定だと言っています。大分慣れたとみえ、颯爽たるもの（?）です。

次いで、昨日の写真の代金について、写真屋が高くとり過ぎたという疑義を生じ、森さんを訪問、調べましたが妥当ということになり、そのまま留められるままに話し込みました。そこへ佐藤さんも来て、写真行脚の成果を見てびっくりしていました。森さんの、貴方と一緒なら北欧に行ってみたいですねという言葉に送られ、辞去。

帰りしなに二宮君を覗いたら、起きて飯を食っていました。フランスに向かう船中では、僕が北欧に行くと言うと、とても不可能ですよと彼は笑っていたのですが、現実に行くと決まって、負けたと言っています。寝ている大久保君を起し、近くのレストランで軽い昼食。彼は九月にイタリアに行くという。サン・ジェルマン・デ・プレで、降り始めた雨の中で握手して別れました。

三時にシテに帰って旅具整備。来る時に作った服だけを着、ズボンは替えのを履き、ジャンパーを持ち、毛のシャツ、セーターとかなり重装備。

夕方、植村館長に会いに行ったら、最近オーストリアから帰った氏はフランの弱いのに驚いたと、少々おどかされました。その反面、円は強く、今では東京で、ヤミでも三百六十から三百七十円のが相当あるそうです。何といってもドルが強い。

新聞で見ると、スエズ問題で英地中海艦隊の集結、事態の緊張を伝えており、家では皆どんな気持でいるかな等考えていますが、こちらは大してピンときません。結局アスワン・ダム問題の報復で揉んでいる内に収まるでしょう。しかし歴史にも残る位の大きな動きであるには相違ありません。

今午後六時半、雨の音のしきる図書室でこの手紙を書いています。

夕食をとり、七時半には北駅に出掛けます。発車は九時。ノルド・エキスプレスの席も予約したので悠々です。

この前の便にも書きましたが、仕事の結果は、ベルトラン教授が「ルヴュー・ニューロロジック」あたりに載せようと言っている以上、纏めねばなりますまい。それには当地に居る間に書き上げるのが必要のように思います。そういうからには良いものを残したく、一、二ヶ月滞留が長引くようなことにならぬとも限らず、予めお含み置き願いたいと思います。費用は船を三等にすると、来る時の半額になるので、それを回す事も考えています。

午後九時、降りしきる雨の中を発車。コンパートメントは同行の松木氏（教育大の絵の先生）、しかつめらしい顔の中年男（ハンブルクで下車）、スウェーデンのマドモワゼル、ドイツのフレンスブルクから来てひと月パリに居た女子高校生、キューバの女医（黒人、シテ・ユニヴェルシテールに住み、顔なじみ）、ドイツの女性二人（ドイツに入ると間もなく降りてしまった）と僕です。乗るとすぐ目をつぶって、なるべく睡眠時間を多くする作戦。その点スペイン旅行で経験を積んでいるので、我ながら大分旅慣れました。パリを出ると五分も経たぬ間に最大スピード。窓に雨の音がしきりにします。車中しばらく女性たちのおしゃべりで賑わいましたが、十一時も過ぎ、フランスとベルギーの国境サン・カンタンに近づく頃から、フランス官憲、次いでベルギー官憲、更に暁もまだ遠い夜中に今度はドイツ、ベルギー国境での両国の官憲の調べ。至って簡単なのですが、度々なので眠りを妨げられることしばしば。アーヘンでドイツに入り、ケルン、デュッセルドルフは夢の中。ミュンスターあたりで夜が明けました。家々の造りはフランスとそう大して変らないが、色に変化無く沈んだ色が多い。町を離れると麦秋とジャガイモ畑、その間に牧場と針葉樹林の連続です。車中に響く人の声も、ドイツ語が圧倒的となり、窓から見える看板もすっかりドイツ語「ペリカン」「メルセデス・ベンツ」等々の僕の知っている名もしばしば見えます。

九時も回りブレーメンを過ぎる頃、食堂車へ行って朝食。カフェ・オ・レとパン各種（フランス風のとドイツの黒パン等）とバター。しめて三百フラン。フランス発故フラン払い可能。これをゆっくりと眺めを楽しみながら味わうわけ。前にも書いたように、丁度東北地方のような眺めです。

ハンブルク着が十時半頃。停車場だけ見ても誠に大きな都市であることが分かります。ホームを行き交う人々の服装はしゃんとしており、人々の顔にも疲れ等は見られません。しかつめらしい顔の男はハンブルクで降り、代りにドイツのマドモワゼル三人が乗り込んで来たが、その内の一人が英語を達者に話し、キューバの黒人の女医さんと賑やかに話す。ともかく英、独、仏のどれかで互いに意思を通じ合っています。僕はフレンスブルクの女子高校生と向かい合って仏語で話し合い。アメリカ人はそう好きではないが、全く嫌いではないとか、フランス料理はおいしかったとか、ドイツでは馬鈴薯を多く食べ、自分は三つか四つしか食べないが、弟たちは平均七つか八つ食べるとか、とりとめもない事を話すわけですが、はきはきと答えるのは気持ちよい。フレンスブルクの手前のノイミュンスターで降りると言うので、荷をおろしてやりますと、母親が迎えに来ていて、この少女は我々が見えなくなる迄手を振っていました。そばかすの一杯ある十六歳とかの可愛い子でした。

天候は依然として悪い。三時過ぎフレンスブルクでドイツを離れてデンマークへ。

はじめ、ノルド・エキスプレスはハンブルクからリューベックに出て、グローセンブロッドから連絡船に乗るのかと思ったら、ユトランド半島を北上してフレゼリシアで右折し、オーゼンセ経由コペンハーゲンに至る経路をとることが分かりました。車中では、おもての景色が単調だとしかめ面で皆おしゃべりに夢中。我々のコンパートメントにはマドモワゼルが多いとて、隣のコンパートメントの、ストックホルムに馬術の試合に行くというベルリンから来た米兵が、入れ替り立ち替り煙草やお菓子を持って話し掛けに来ます。誠におかしい位女性に尽す。

ドイツ語しか話さない十七歳のバイエルンの娘はスウェーデンのゴーテブルグに行くとかですが、バイエルンのキンダー・ガーテンの保母らしく、僕が節子の写真を出して見せたお返しにでしょう、自分の持っている沢山の写真を次々にドイツ語で説明しながら見せる。英語を話すドイツのマドモワゼルは産婦人科医の娘とか。ヘルシンキへ行く途中ですが、これは中々活発。この人とはピカソの絵の話等。ドイツの画家は今アブストラクトばかりだと僕が言うと、ドイツはその点他の国と同様フランスのあとばかり追っていると彼女が言う。スウェーデンのマドモワゼルは痩せ型。パリを初めて訪問。素晴らしいと言う反面、フランス人は好きでない、むしろ米人の方が共感出来ると言う。

五時半、ニュボーから連絡船、これは客車ごと船に入り、デッキに出ることも自由。海上約一時間。雲が低く垂れ、中々寒く、北国に来たの感、切なるものがあります。二種のかもめが数を増しつつ船を追う。船窓からパンをやる子供の、殆ど手迄来て食べ去って行く。車中でパンとチーズの軽食。コアセーで上陸。これも車に乗ったまま。

コペンハーゲン着九時一寸前。目指す宿に行ったら一杯で断られ、駅に引返し、インフォメーション・ビューローに交渉、約一時間で部屋が見付かりました。これは個人の家の一部を貸すものとのこと。一人七クローネ。それにビュローのサービス料三クローネ。どのホテルも一杯でビュローは長い列です。指定された住所をタキシーに見せて、連れて行ってもらいましたが、車窓から見る町は誠に清潔です。

行ってみると、これはアパートの一部。小柄の年寄りのマダムがにこやかに迎えてくれました。部屋も実にきれい。冷温のシャワーもあり、栓をひねればいつでも湯が出ます。すぐ部屋に花と訪問帳を持って来てくれ、僕が医者と分かると自分が痛風であることを示しました。デンマーク語しか分からず、なのですが何とか話は通じます。コーヒーを頼みますと、ふくふくのパンにジャム二種と溢れる程のバターを持って来ました。今迄の所では豊かな国との噂に違わぬとの印象が強いです。フランスから持って来たコニャックをなめながら日記を書き、第一夜は十二時半就寝。

八月三日(金)　晴れがち。しかし夕立模様

ここはアパート街。窓の外で遊ぶ元気な子供の声に目を覚ましたのが八時。気温はパリとそう差が感じられません。九時朝食。昨夕と同じものの他に、海老の入ったチーズと、チョコレートののった大きなあんパン大の菓子。ともかく盛り沢山で実に豊かな気持。バター等節子になめさせてやりたい様です。コーヒーもフランスのまずいのに慣れた舌には実にしんみりと、又、ふくよかです。ジャムもパンもあまり手がつかない内に腹一杯になってしまいます。しかし、食うことの話はこの位にしましょう。

十時近く宿を出ました。宿の向かいにはかなり大きな公園があって、花が咲き乱れています。ともかく目立つのは自転車の多いことで、年配の婦人でも買物籠を積んでのんびりと乗って行きます。町行く人の顔には生活の疲れというようなものは微塵も感じられません。食べ物屋、例えば肉屋とか菓子屋とか果物屋のショーウィンドウには、誰が食べるのだろう、果して全部売り切ることなどあるのかしらと不思議に思われる位、うず高く物が積み上げられています。物価はフランスとの関係がまだ余りピンと来ず、どの程度のものか分かりません。しかし農業と漁業及び航海業の他は主な産業のないこの国として、それ以外のものは輸入に仰ぎ、入超と聞いていますが、こうした豊かな気分というのは何処から来るのでしょうか。そんなことを考えている内に駅に出ました。そこから先ず市で一番高いという市庁の塔に登って、市の規模を知るのがよいと思い、そちらに足を向けました。十一時から登るのを許すというので、それ迄広場のあちこちを写真に。その内俄雨となり、市庁に駆け込みました。この塔というのはセヴィリヤのヒラルダの塔の亜流の如きもの。市庁もまた様式はローマン様式の亜流の如きもので、大したものでありません。

塔上に出ると、折しも雨は真盛り。右手に港が開け、あとの三方は市街。石灰岩建築の多いパリの町と対照的に煉瓦建築が多く、色がすべて褐色又は赤褐色系統。これが町を特徴づける色です。続々と観光客の列。塔から降りたら陽がさし始めました。繁華街のショーウィンドウを覗いて歩けば、これは銀座といささかも変るところなし。「ミカド」というかたばみの紋の店があるのには驚きました。日傘等も並べてある。カフェに入ってデンマーク名物のビールとハムサンドウィッチで昼食。本屋で綺麗なきのこの本があり、今日出たというので買いました。日本と共通のきのこも大分見られる。

松木氏と別れ、僕は僕で行動。歩いている内に大学の動物博物館があるので入ってみました。こぢんまりしたものだが、下等動物から霊長類まで各部分に分け、びっしりと集められてあり、特に鳥の部がすばらしいと思いました。海獣類はそれに比し、一寸期待に反して貧弱。鯨類は裏に別館があり、骨をかなり集めてあるが、これは小川教授と違い僕には猫に小判。

次いで植物園へ。ここの高山植物園は中々良く、パリの等より豊富なようです。緯度が高いからでしょうか。それから面白かったのは、とうもろこしや紫蘇等の菜園物の色を生かして模様を作っていたこと。中々ゆかしい。この向かいのコンミューン・ホスピタルにクラッベ教授を訪ねたら、既に引退した由で、自宅を教えようかというので、それまでは必要ないと断りました。後を継ぐ人はいないそうで、それに標本はすべてルンドの物になっている由。デンマークではその他に比較神経学をやっているのは、アールス大学の教授（名は忘れた）だけとのこと。ともかくきれいな病院の中を見ただけで満足してそこを出ました。雨がパラパラと来たのを王立美術館に避けました。これは大きいことは大きいが、内容的には全く見るに耐えません。雨の晴れるのを待って港へ。埠頭近くに函館の五稜郭に似たような、池を巡らしたペンタゴンがあり、公園になっています。

埠頭にはソ連の戦艦（？）と駆逐艦二隻が入っていて、子供たちと水兵が交歓をしています。埠頭の付け根に近く、有名な人魚の像があり、ツーリストでひっきりなしに囲まれています。そのすぐ裏にヨットハーバーがあり、シーズンとてびっしり船が並んでいます。中年の夫婦が犬を乗せて乗り出して行ったり、若い男女が喜々として沖から帰って来たりしています。陽がさしたと思うと雨がパラついたりで、天候は定まりません。

町に入って王宮等を見つつ再び駅へ。北欧の小パリとは誰が言ったか、誠に言い得て妙で、パンテオンに似た建物あり、ヴォージュ広場、リュ・ド・リヴォリ、はてはヴェルサイユ風の建物もあったりで、パリを見ている者、殊に最近森さんとパリの粋を見慣れた者の眼には殆ど注意をひくものがありません。六時過ぎ駅前に戻り、レストランを探して安そうな所に入りました。かなり大きな肉三片に、カブの酢あえ、ジャガイモ中小十個にどろっとしたソース掛け。それにビールで腹一杯。

八時宿に帰り熱いシャワーを浴びて、疲れも吹っ飛び手紙書き。

八月四日(土)　曇り時々雨。午後快晴

朝起きた時は薄日がさしていたのが、例の盛り沢山の朝食に腹をふくらませて、観光バス出発点の市庁前に着く頃にはすっかり曇ってしまいました。午前は「social tour; life of tomorrow」というのを見ようというわけ。出発九時半。所要時間二時間半。費用は十二クローネ。

市庁前を出ると間もなく橋を渡り、コペンハーゲンの主要部とは切り離された島に入りました。説明は英仏、はきはきした女性。先ずcolonial gardenという組織から。これは市の土地を少額で個人に貸与し、人々はここに好み好みのバラックを建て、夏の間ここで花を作ったり野菜を作ったり、釣りをしたり日向ぼっこをしたりして過ごすわけ。そのために市に払うお金が驚くなかれ一年で五十クローネ。観光バス代と比べて下さい。こうしたガーデンはコペンハーゲンだけで三十二あり、我々の見たのは市で一番古い由。二百家族、千人余の人々がこの夏を送るとのこと。階層は労働者からドクター迄あらゆる階層に亘る由。日本でいえば、戦後のバラックのような建物なのですが、由来は全く違うわけで、こうした組織が作られるのに二百年程かかっているそうです。俄かに真似は出来ません。

次いで海辺に出、海水浴場、対岸にかすかにスウェーデンを見て、アパート街の中にある小さな幼稚園へ。樹々にすっぽり包まれるような見掛けは粗末ともいえる平屋造りですが、中は磨き上げられたようにきれい。三歳から六歳迄の子供が預けられていて、床に座って我々のために歌を歌ったりするが、全く人怖じしない。不思議な程。こうしたことは一人一人の子供の性格云々とか、家庭の躾がどうのこうのという問題でなく、社会全体がそうした雰囲気を作っているのでなければ不可能なことと思います。玩具は明るい明朗な色のみを用い、教材にはデンマークは海の国とて、海に関する物が自然に多くなると説明嬢は言っています。子供の預かり料は週で百クローネ以内（日本の五百円位か）。保母は特別学校で教育を受けてからなる由。子供が増えるごとに親には色々の恩典があるらしい。

次いで小学校へ。この建物の建て方が実に奇抜で、しかもよく出来ていると思う。中央に三階の天井迄吹き抜けの楕円形のホールがあって、その床には色とりどりのリノリウムでコペンハーゲンの地図が書いてあり、教室はすべてこのホールを囲む回廊に入口を持っています。学童は休みで、その授業ぶり等は見られなかったが、給食、学用品、保健の点等も結構ずくめらしい。教育年限についての説明がありましたが、詳しいことは略すとして、この国でも医者になるには二十五、六歳、更に二年の見習いがあり、一本立ちは二十七、八歳に及ぶとのこと。この点はいずこも同じらしい。医者はすべて保険医みたいなものらしいが、家庭医もあるらしい。というのは保険加入ということは絶対義務的なものではない故。

次いで病院の前を通過。コンミューン・ホスピタル級のがごろごろしています。最後に年寄りのホーム。といっても一般のアパートと同じものがずらりと並んでいるわけで、その一棟の一部だけを垣間見ましたが、入ったのが九十歳になるお婆さんの部屋。ドイツ出身の由で、ドイツの新聞に何やらの事を書かれたとそれが自慢。自分で作った人形を三クローネで売るので、一つ節子に買いました。自分のへそくりにするのでしょう。このホームには男は六十五歳、女は六十歳以上の人が住める由で、誠に清潔この上もない。最近は若い者のためのアパートと年寄りのそれと並べて建て、年寄りに孫を世話する喜びを与えているとのこと。十二時丁度に終りましたが、ともかく充実した午前でした。

それにしてもこう結構づくめのもののみ見せられ、唯々感心するばかりです。といってもかつてのヨーロッパの貧乏国といわれた国がこうまでになるには、あらゆる意味で大変な努力と辛酸を嘗めたことは、容易に想像されるところです。それを見逃してしまって、これの形だけを真似たとてどうにもなるものではないでしょう。物だけでなく、心の面での変革が伴わねば決してうまくもいかず、長続きするものではありますまい。顧みて日本の事を思い、憂愁の念の湧いてくるのをどうすることも出来ませんでした。しかし相互の努力によって、現実にこうしたものを作ることが出来るということを示している国があるのですから、我々とて遅まきながら富める国を夢見て進まねばなりません。節子たちの代や、その子供、更には孫の代迄かかろうとも推進せねばなりますまい。

駅前のレストラン「リド」(パリのキャバレーの真似か)で、北欧名物のスモーブローとビールで昼食。これはパン切れの上にハムやチーズや魚肉等を盛り上げて食べるもので、日本ではオルドゥーヴルに当たるものですが、これだけで腹一杯になってしまいます。一人約六クローネ。

午後一時半からは、今度は五時間半かかる北ゼーランドの一周バスに乗りました。一台に乗り切れなかった我々とアメリカの若い男女の四人が客で、大型バスを一台出したので誠に悠々です。コペンハーゲンの町を出はずれると、急に空が晴れはじめ、やがて雲が消えてしまい、カンカン照りになってしまいました。

　低い丘陵地帯を、黄ばんだ麦が覆っています。その所々に針葉樹林が点在。道路はヨーロッパのどこでもでしょうが、実によく整備されていて、吉田首相が道路の改修を重要事項としたのが尤もと頷けます。フランスの田園が茫漠と広がっているのと違い、ここはあくまでこぢんまりと、田園そのものが庭という気分が何処かに漂い、その点フランスの場合より親しめる。かなり走った所でHillerdという小さな湖のほとりの町の広場で止まりました。この対岸にフレデリクスボーという城が見えます。一寸シャンティイと似た雰囲気。広場には豊かに花が盛られているが、市で置くのでしょうか。日本だったらたちまち人々に取り去られてしまうだろうになど、侘しくも考えました。城に行くため湖に沿う町並みを抜ける途中、一軒の家の屋根の上にコウノトリが巣を造っているのを見掛けました。バスを停めて写真。撮っていると、子供がその巣の絵葉書を持って売りに来ましたが、そうやたらに見掛けないところをみると、この家のは有名なのかもしれません（その後も注意しましたが、一軒も見られなかった）。

　城の中は俗で興味なし。一室に対ドイツ・レジスタンスで殺された若者の肖像画がびっしりと飾ってあり、ドイツ人が見たらやりきれまいと思いました。又、北欧諸国の間だけでなく、ヨーロッパの王族の間では今でも姻戚関係が結ばれ、そうしたこともかなり国民感情や政治の上にニュアンスをつけるらしいということも感ぜられました。教会の塔が時を告げる時、賛美歌を奏でるのが美しい。

　次いでエスラム湖という湖を左に、麦秋の野と白樺林等を抜け、王の離宮というフレーデンスボーを一瞥。これは全く平凡。建物という建物をすべて平凡とか俗とか決め付けますが、その点パリから来た者は誠に困りものです。

　五時一寸前、「ハムレット」の城として有名なヘルシンゲルのクロンボー城に到着。閉門間際という内部を急ぎ足で見て回りましたが、中は天井が木の梁だったりしていとも簡素。中庭では劇を演ずるとか。城外に出て、明石と淡路間位の距離に見えるスウェーデンを望みました。ここがデンマークとスウェーデンの一番近い部分。大型船の往来がしきりです。こうした場所を見て帰って、今度はゆっくりと「ハムレット」を読んでみることにしましょう。

　ヘルシンゲルの町では造船所があり、活発に働いています。街の郊外の大きなレストランのテラスでお茶。ここからコペンハーゲンまでの海岸は北欧のリヴィエラといわれる位だそうで、誠、その名にふさわしい美しい別荘ばかりです。波間に浮かぶ白鳥、甲羅を干す金髪の男女、ヨットを楽しむ人々、等々。

　七時、陽もかなり傾く頃、町に帰り着きました。戦争に強いとか、国土が狭いとかに悩む前に、日本ももっとやるべき事が沢山あったようです。戦艦を十艘造る金で、どんなに沢山の事が出来たことでしょう。しかし今となっては……。しかもその現在が汚職王国、無議会状態とあっては、やんぬるかなです。

夜は日記をつけ終り、シャワーを浴びて、床に入ったのが十一時過ぎ。

八月五日(日)　晴午後曇りとなる

八時朝食。窓の下を老人のアコーディオン弾きが、実に綺麗な曲を流して行く。これにアパートの窓の所々から紙にお金を包んで投げてくる。すると、その辺に遊んでいる子供が拾ってじいさんのポケットに入れてやる。その足元には、人を恐れず遊ぶ鳩。

九時過ぎタキシーで駅へ。宿料は三日間で朝食付きで二十七クローネ。予定よりずっと安く、サービス料一割として三十クローネ置きました。訪問帳にも記入し、気持よく別れました(この訪問帳を書くということは大変良い事と思うから、これからは我が家でも作りませんか)。

駅で松木氏と別れ、自由行動。観光旅行というイタリアの青年たちが話し掛けて来て港迄一緒に行きました。一人フランス語をしゃべるのが居て、日本人はイタリアをどう思うかとか、日本に対する水爆実験の影響はとか聞いてくる。こちらではイタリア映画が良いと言ってやるとホクホク。僕の名をサインしてくれと言うので書いてやると、キャッキャッと大騒ぎ。港で別れて僕はアンデルセンの人魚姫像等二、三枚撮ったのち、ヨットハーバーを望むベンチで小憩。老人夫婦が、夫は帆、妻は舵を握ってすっと乗り出して行ったり、小さな子供に犬迄乗せて漕ぎ出して行くヨットもありで、誠にのどかな、羨ましい位の風景。それにしてもツーリストの何と多いこと。

アンデルセンの人魚姫の像の周り等押すな押すな。魚市場の風景を撮ってから駅に出て、ビールとソーセージにパンで昼食。曇って来た中を、市庁前からバスで動物園へ。老若男女一杯、それにソ連の水兵が大型バスで乗り付け、大入りです。大人は二クローネ。すっと通り見しただけだが、よく整備され、日本より緯度が高いのに、キリン、カバ、ライオン、象、猫等、上野よりずっと多く、カバなど子を持っている。海獣類は期待したより少ないが、飼育場所等清潔で気持よい。北極熊など数頭も居て、ペンギンが普通の水鳥と一緒に飼われているのも北国らしい。蛇なども熱帯産のがかなり居ます。高等猿類ではオランウータン、ゴリラ、チンパンジーと揃っており、アリクイも居て愛嬌者。ライオン夫妻はやんちゃの子ライオン三頭と同居で、三頭の、間を置かぬじゃれつきに夫婦共悲鳴を上げているのが微笑ましい。観客が殆ど餌をやらないのは感心。バス道路の下をくぐった離れでは、札幌の円山公園のような場所に、金網で円を作り、この中でチンパンジーに芸をやらせています。子等は全て芝生より中に入らず、おとなしく、又、喜々として見ています。ともかく動物園といい、博物館といい、この国の学問の水準を示していて、敬意を表さずにはいられません。門衛の頭に、動物が死んだらどうすると聞くと、博物館に持って行き、皮と骨を取ると言っていました。脳の事は知らないとのこと。日曜日で獣医が居らず、それ以上聞けません。

満員のバスでまた市庁前迄。押し合いへし合いで席を取り合うのはどこも同じ。ただ日本のように殺気立たない。しばらく町を散歩。トルヴァルセン美術館に入ってみました。これはデンマークの誇る彫刻家トルヴァルセンの全作品を集めたものらしいが、全く見るところ無し。

四時過ぎ駅に帰り、絵葉書を発送。ビールを頼んでから、五時三十二分駅発、埠頭へ。

五時四十五分発、いよいよスウェーデンへ。乱雲の中から夕陽がオーロラのような光を放ち、実に美しい。コペンハーゲンも海から見ると実に大きく感ぜられます。ひょんひょんとやたらに塔の多い町でもあります。風の冷たさ、周囲の人間の言葉が皆目分からないこと、視線をかなり感ずることなど、いかにも遥けくも来しという感じ。しかし世界どこへ行っても、どうにかなるものだという実感と自信がつき、全然改まった気分等湧いてきません。旅慣れたとでも言いましょうか。

七時十五分マルメー着。こぢんまりしたきれいな町です。パスポート検査の時、隣に居た夫妻が「ヤポンスキー?」と声をかけるので、僕も、国は何処ですかと聞くとウラジオストックだとのこと。かえってこんな時に旅情を感じます。埠頭から六百メートルの中央停車場迄歩き、七時四十五分発の電車に乗りました。中々きれいな電車。湘南電車級。ルンド迄の車窓の両側は坦々たる麦秋風景。

ルンドに降り立ったのが八時過ぎ。人間の身体付き、顔付きまで違った感じ。ここでも町の清潔さと、がっしりした感じ、豊かさは同じこと。小さい町とみえ、インフォメーション・ビュローなどなく、窓口で宿を聞いて出掛けました。駅に程近いミッション・ホテルに入り、スウェーデン語しか分からぬおかみと掛合い、一人五クローナの部屋に決めました。コペンハーゲンの温かい感じとはまるで違いますが、こんなことは既にスペインで経験済み故、反って面白い。ただ便所が外にあるのが厄介。

荷を置くと、夜の町をレストランを探しに出掛けたが中々ない。それにしても広場は花に飾られ、ショーウィンドウも美しく、それに本屋が多いのも大学町らしく、品格を備えています。レストランは高いので、日本のおでん屋風の立食屋でパンとソーセージを二つずつ食べたら満腹。

それにオレンジを買って帰りました。また例のコニャックをなめながら手紙書き。町で買ったルンドの地図と簡単な歴史等読みながら就床。十二時。星空です。一寸冷え冷えする。

八月六日(月)　晴

ルンドの朝は快晴。この部屋の面する中庭の壁の一部にかっと陽が照って、その照り返しが僕の顔に照り、寝起きの眼にはまことに眩しい。女中が中庭に洗濯物を所狭しとつるして行きます。八時朝食。二クローナだが、コペンハーゲンよりずっと貧弱。持って来た時にすぐ金を持って行く。一言も言葉は通じません。コーヒーだけはここでもパリとは段違いにおいしいです。

戸口で松木氏と別れて、地図を頼りに町に出ました。ここは中世に栄えた町で、十二世紀頃には一時デンマークの首府になったこともあるとか。その後さびれたのを近年工業が盛んとなり、それに大学町として繁栄途上にあるらしい。先ずツーリスト・ビュローへ行き、ストックホルム行きの汽車時間を問合わせた後、カテドラルと大学本部の間を抜けて比較発生学研究所へ。ともかく閑静な所で、夏休みの故もあろうが、人影の見えない通りが多い。町の中央部には近代建築に混じり、平屋の古い家が残っていて中々美しい。

地図でここと見定めて、垣根の間から入ると、こんもりした樹々の間に蔦を絡ませた二階建の建物があり、ここがどうもそうらしい。別棟の隣の建物にはアナトミスカ・インスティトゥトと記してあるのに、ここには何も書いてない。玄関でベルを押したが返事がなく、裏口に回るとここも人の気配なし。まわりを見回していると、解剖教室の陰から二人のワイシャツの男が出てきたので、この研究所を見に来たが誰もいませんかと聞くと、その一人が一緒に来てくれて建物の中に入り、探してくれたが誰も見当りません。

ところでこの男が、貴方が組織学教室にも興味があれば私が案内しますと言うので、これはよい幸いと頼みました。英語ではどうも不自由なので、フランス語を話すかと聞くと、少しと言うのでフランス語でやることにしました。向こうもそう達者ではないが、英語混りにゆっくりと中々切らさずにしゃべる。この男はステン・ラーゲルシュテットという講師であることが分かりました。肝臓のミトコンドリアをやっていて、一九四九年にテーズ(博士論文)らしい大部なものを書いている故、ここの重要メンバー、又は主任教授のグリムステットの跡継ぎにならんとも限らない。彼が先に立って、休暇中ですがと言いながら研究室を見せてくれましたが、古いものを壊して二年前に新築したというものの、昨日出来上ったと言われても不思議でない程の清潔な建物の、隅々迄見せてくれました。科学室、凍結乾燥法用の室、超遠心分離器の部屋、写真室（といっても四室で一体をなす）、電子顕微鏡室、組織標本室、講堂、食堂の果て迄。次いで別棟の動物室。二十日ネズミと兎しか使わず、発生の勉強にだけ、山椒魚とモグラを使っているとか。ともかく物凄い豪勢な器械ばかり、文字通りズラリと並んでいて、内心一寸あっけにとられました。アメリカに行った留学生の驚きの一部が分かるような気がしました。予算がどこから出てどう処理されてここへ来るか等ということも質問事項に予定していたのですが、そんなことはどうでもよい、又、聞いてもどうにもならないという気がしてきました。彼の方では電子顕微鏡を指しながら、これは既に古く、ジーメンスのを買いたいと思っています等言っているが、それを照れくさそうに言われると、こちらが痛み入る。表面は何食わぬ顔をしているが、内奥は一寸やりきれぬ気持。

比較発生学研究所を見る前にグリムステット教授に紹介しようと言うので部屋迄行くと、スペインのサラマンカの解剖教授が夫婦で来ていました。グリムステット氏はドイツ語と英語。スペイン人は片言ながら英独仏を話す。小川教授とパリで会ったというから、僕はその弟子だと言っておきました。この夫婦はサラマンカの大学は世界で四番目に古く、七世紀の歴史があるが、東京はどうかと誇らしげに言いやがる。妻の方は来年夫はマドリッドの教授になりますと鼻が高い。こちらはスペインはこの眼で見て、大したことのないことを知っているので、内心なにを、今に見ろと、さりげなく受けかわす（若いとて余り嘗めるな）。

発生学研究所の心臓部は地階の標本室で、二部に分かたれ、一つは液浸標本、一つは連続標本と蠟細工。一階は研究室。二階はグリムステット教授の住居。スペインの教授はいかにも南方人らしく口が軽く、悪い意味ではおっちょこちょい。それに比しグリムステット氏は実に重厚そのもので、きれいなドイツ語を話します。ラーゲルシュテット氏が、午後から来て標本を見てよいという許可を得てくれたので、午後二時に来ることを約し一旦辞しました。

次いですぐそばの植物園に入りましたが、今見て来たことの印象で、すっかり考え込みながら歩きました。ともかくこの静かな雰囲気の中で、生活を保障されながら、我々とは比べものにならない予算で、ふんだんに器械資材を用い、ゆったりとしかも確実に歩みを進める連中と、騒がしい空気の中で、絶えず人の思惑を気にしながら、良い地位を得て少しでも生活をよくしたいと念ずると共に、よい地位につくことが人間そのものの値打ちを高めるものだと錯覚し、乏しい予算をがつがつと奪い合い、自然に対して心からの畏敬の念もなく、あくせくと動き回る我々とを比較すれば、心が暗くなるのは当然ではないでしょうか。

植物園を出て町並を歩いていると、手頃なレストランがあるので入り、ハンバーグステーキとビールで昼食。三・二クローナ。ジャガイモの油炒めが付き物で量が多く満腹。そこを出て町の南外れ迄行って麦畑にぶつかって引き返し、街なかを写真を撮りながら散歩。本屋でスウェーデン・仏辞典を買いました。七・五クローナ。高いがルンドの記念にと思い。大学事務室に行き、ルンド大学医学部の歴史など書いたものはないかと聞きましたが、何もない由。あっさりしたもの。今度は町の北外れまで歩き、大学図書館、生理、薬理、動物、化学、物理、数学の各研究室を外から眺めましたが、いずれも堂々たるもの。これだけ空地があればいくらでも出来ましょう。そこから発生学研究所迄の道は住宅街、殆ど人に会いません。どの家も自動車を備え、広い芝の庭を持ち、庭では日向に出て食事をしたり編物等している。

二時に研究室に着いて、連続標本を作っている若い婦人に二、三質問。ここは一九三五年に建った由で、創立者はブロマンとトルンブラッドの由。固定は十%フォルマリン、ヴァン或はスーサーを使い、封埋はすべてパラフィン、10から20μの完全連続切片です。染色はヘマトキシリン・エオジン。時にアザンの由。材料の収集は方々の協力によるとのこと。地階に下りて標本を自由に見せてもらうことになりましたが、標本だけで大変なものです。人間だけでも卵から始まり、三百七十ミリメートルの胎児に至るまで、殆ど〇・五ミリメートル位の差で標本が作ってある（たとえば十四ミリメートル、十四・二ミリメートル、十四・五ミリメートルという如く）。脳研のに似た金属の整理箱で、戸は両開き、一側に棚が百ずつで一箱が二百枚（一枚に標本が六十枚）。それが十四、ずらりと並んでいる。全ての標本が完全なわけではないが、過半数は実によく出来ている。参考のため保存してある動物の種類を書き出したが、それに殆ど一時間を要しました。

大ざっぱにミクロスコープで標本に目を通して後、地下室の裸電球の下、瓶詰の沢山の胎児と連続標本の箱に囲まれながら、これから自分の行動をいかにすべきか考え込みました。色々悲観的な考えも湧かぬではありませんが、ともかく我々の対象としている自然には、北欧でも日本でも変りなく、又、昔と今で違いのあるものでなく、この対象に執拗に食下がって行かねばならぬということは、世界中どこでも同じなのですから、この点に思いをこらして、悲観を出来るだけ排除し、おおらかな気持で進まねばなりますまい。今こそ再び、明治維新の頃の先輩の盛んな意気を燃やし、妙にひがむことなく、おおらかに、遅れは遅れとして率直に認め、そこを努力で埋めて、やがては北欧から世界から、日本にもどんどん学者が飛来するような世にせねばなりますまい。

そのためにも若い内に外国語で話せる力を。これは至上命令です。帰れば忙しくて僕も家の事は余りかまえぬかもしれぬが、直子でも徹でも推進力になって、家中で話す力を養いましょう。脳研としても発生の標本はいくらあってもよいから、帰ったら徹底的にやり始めます。徹がついでの時に、関君にもその旨伝えて下さい。関君の手で、それは既に始められているが、今後は更に進めたいから。

五時一寸前、雲が湧いて陽を遮り、かなりうすら寒い。町の中央迄出たら、また陽がさしてきました。明日はここを発つので、名残に少しく陽のかたぶいた町を散歩。夕食にパンとソーセージにビールを買い、ぶらぶらと宿へ。途中の広場の噴水の前のベンチで小憩。泉を囲む花が美しい。広場をトレアドールパンツの娘が通る。又、イングリッド・バーグマンに似た女性をしばしば見掛けます。殆どの人間が金髪。眼も実に青い。

泉の水を見ながら、日本の学問のあり方の粗雑さを又考える。六時半宿へ。

手紙書き九時に及ぶ。九時でようやく陽が暮れました。外はさすがに冷え冷えします。


……………………


生々しい印象で、少しもこなれていないのですが、メモのつもりで書き連ねています。適当に取捨して読んで下さい。悲観的な箇所があっても、それはあくまで心の一部のこと。憂国の情のあまりと思って読んで下さい。あとは元気一杯。出来るだけのものを吸収していくつもり。

明日、ルンド発ストックホルムに向かいます。皆からの便りも読めず、又、新聞も読めないので、まるでつんぼ桟敷に置かれたようなものですが、これは辛抱するより他ない。金は出来るだけ十万フラン以内、可能ならば九万で抑えようと思っています。ユースホステルは八月のこととて混んで睡眠がゆっくりとれまいというので、今のところ敬遠しています。それにホステルはだいぶ駅から遠いのが普通ですから。

次便は恐らくオスロからとなりましょう。皆の健康を祈ります。

八月七日(火)　晴

八時過ぎ起床。今日も晴。朝食が済んで、荷を作って宿を出ました。荷を駅に預け、十一時十五分の汽車に乗る迄町を散歩。先ず手紙を出しに郵便局へ。これが三クローナ十五オーレ。SASが予定通り土曜日迄に運んでくれるように祈りつつ投函。次いで十時開館の文化博物館を見に行きました。前庭にある石に刻んだ古語が珍しい。中はルンドの歴史でも示してあるのかと思ったら、各国の雑物を並べた社会科の勉強用程度のもの。しかし庭に南スウェーデンの民家の模型がいくつか建てられていて、これが面白い。見終わったのが十時半。急いで駅迄戻って、昼食用のパン等買い整えてホームに入りました。予定通り発車。席はすぐ取れました。車内はまことに清潔で気持が良い。スペイン等と違って話し掛けてくる者等なく、別の面から言えば冷たい感じ。隣の老婦人が孫と犬を連れて来ていて、犬は袋に入れて首だけ出させて抱いている。おとなしいものだ。汽車と擦れ違うとわんわん吠える。

僅かな起伏の麦秋の野を汽車（といっても電気機関車）は驀進。確かに南スウェーデンは穀倉という感じ。エスレーブを過ぎる頃から時々右に左に湖が見えてくる。樹々は針葉樹に白樺が多い。野の真中にごろごろと大きな石が転がっていたりする。畑の真中にさえも。丁度尾瀬沼のそばを通る感じ。しかし山はどちらを向いても見えません。牧場も極めて多く、豊かな牧草の中に牛が寝そべっています。へスレホルム、アルヴェスタ、ネッシェー等の停車駅はこれに対して、誠に美しい家々が並び、花が咲き乱れ、眼もさめるよう。この辺りは田舎なのでしょうに、人々の服装もよくまるでパリに居るようなもの。ともかく民度の差はおおうべくもありません。ストックホルム迄の途中通過駅でもすべて同じ状態です。男だけでなく、女性の体格の良いことは一寸見事で、ミス・ユニヴァースによく入賞するのも当り前でしょう。

リンシェーピング、ノルケピング、ニュシェーピングとストックホルムに近づくにつれ、両側の風景は変っていきます。即ち大きな岩が露出し、耕地は減じ、その代りに森が多くなります。きのこ狩りには絶好です。湖が黄昏の光を反射して美しい。ニュシェーピング以後は八人のコンパートメントに三人きり。スウェーデンの乙女が林檎を頬張り、煙草をふかしながらクロスワードパズルを考えているのと松木氏と僕だけです。ストックホルム着十五分前位から、さすがに住宅の並びが密になりました。といってもこの国全体の人口が七百万（東京と同じ）、その約一割の七十万がストックホルムに住むだけですから、密といってもたかが知れています。突如景色が開けたと思うと、鉄橋となり、広告や写真で見覚えのある市公会堂の塔が見え、市が目の前に開けました。と思う間もなく列車は地下に入り、しばらくして地上に出たらそこがストックホルム中央停車場。

すぐ駅のインフォメーション・ビュローの前に行列して順を待ち、部屋を申込みますと、二人で一日十五クローナの注文に応じて示されたのが、大分町の中心から遠いらしい所。しかし何処でもよいというわけで、言われた通りタキシーに乗り、メトロの駅で降り、次いで地図を買い、見当をつけてメトロに乗り込みました。ところで二十分程で着いた目的の場所は、何と殆ど郊外に近い住宅地。腹も減ったしで、駅前でパンとソーセージを立食。指示された所に行ってみると、まるで軽井沢の別荘地のような所で、赤松原の中に小綺麗な住宅が並んでいます。ダナヴェーゲン三十九、フラウ・リンドストレーム（Danavägen 39, Lindström）というのがそれ。二階の一室。四畳半位の所ですが、素人宿なので感じが良い。コーヒーとパンを出してもらって息をつきました。十一時を過ぎてもシャワーの熱いのが気持よく出ます。全く結構と申す他ありません。

パリで生活していた間も、スペインに行った時も、ある程度までは日本の生活程度との差を感じはしましたが、まだそれ程強いものでなかったのに、ここでは一寸段違いという感じです。しかもこんな緯度の高い所に、これだけの人間が、これだけの完備した設備の中に生活しているとは。しかしこれもすべて人間の意思によって成し遂げたものであることを思う時、我々にもこの段階に達する事は決して不可能な事であるとは考えられません。まことと北欧に来て、生活というものについてつくづく考えさせられています。

八月八日（水）　快晴。夕方俄雨

八時にコーヒーを持ってこられて眼が覚めました。雲がびっしりたれこめています。このあたりは恐らく中流ないしそれ以下の人間の住宅街と思えるのですが、各戸に自動車、モーターバイク等の機動力を備え、覗き見る台所等もいわゆるアメリカ並に完備し、部屋の飾りも生活を楽しんでいる雰囲気が感じられる。朝食をとり、身支度を整えながら、見るともなく窓から外を見ると、向こう側の家の庭の落葉松からリスが芝生に飛んで下り、ピョイピョイ跳ねて時々前肢を上げてあたりを見ながら、その玄関口にやって来て覗き込むような格好をし、また落葉松の中に消えて行きました。ウォルト・ディズニーの漫画を地で行くような雰囲気です。実に可愛い。

九時過ぎ、外出する頃、少しずつ雲が切れかかりました。明るい陽のもとに見ると、益々この辺は軽井沢に似ています。庭の真中に岩盤が出ていたりする。

地下鉄終点で下りて先ずストックホルム駅へ。途中俄雨。駅でウプサラ行きの汽車時間表を聞いた後、公使館へ。すべて地図を頼りに、誰にも聞かず行動です。雨も晴れ快晴となりました。公使館はすぐ見付かり、しかも応対に出てきた若い館員から、どこかでお見掛けしたことがあり、ひょっとすると医学関係ではとやられ、よく聞いてみると、府立二十三年卒の大鷹正君（補足：双子の兄・弘の妻は山口淑子）という人。二週間程前ロンドンから転任して来た由。

早速カロリンスカ研究所に連絡をつけてもらったら、名指すヘックヴィスト教授が十一時半に会うという返事。夕キシーを呼んでもらって出掛けました。果してどんな所か、教授がフランス語を話すか等に大きな興味と一寸した不安の車中十五分程。場所は市の北西のソルナヴェーゲン一番地（ヴェーゲンはフランス語のリュの意）。行ってみて分かったが、ここに医学関係の一大研究所群があるのです。組織学研究所、解剖学研究所、神経生理研究所等はそのごく一部。すべての研究所が独立家屋です。組織学研究所はすぐ見付かり、先ず秘書に会いましたがこの人は少しフランス語を話す。聞くとヘックヴィスト教授はフランス語はしゃべらず、スウェーデン語とドイツ語の他は英語を僅かに話すという。

入って行くと教授は日本流の二階の大きな部屋にでんと収まって書き物をしていました。背の低い、がっちりと小太りの、思ったより年寄りの人です。温かく迎えてくれ、プロフェッサー・オガワは元気ですかというので、大変元気に心臓の神経を調べていると言うと、大変興味のある問題だという。出来れば研究所を見たいというと、私が案内しようと先に立ち、先ず訪問帳に記入。二頁前に小川教授のサインがありました。

次いで標本室、写真室、アイソトープ室、天秤室、動物手術室、消毒室、組織培養室、電子顕微鏡室、学生実習室、自動記録室等と、自ら鍵を片手にゆったりとした歩調で案内。最後に講堂を見せてくれました。レッチウスの肖像があるので聞くと、彼はここの初代の教授。次いでミュラー、それからホルムグレン、第四代が私だという。その他に壁に沢山の学者の肖像が張り巡らされています。これも次々に名を言いつつ教えてくれましたが、一人の所でつっかえ、額を押えているので、マルピギーですかと僕が言うと大きく頷いて、オー・イエス、オー・イエス。

次いで廊下で会った解剖教室の人に、解剖教室の方の案内を頼んでくれ、教授室の前で、小川教授によろしくとの伝言を頼まれて握手。写真をと言うと喜んで廊下の椅子に座り、きっとカメラを見つめました。実に重厚な人です。うまく撮れていればよいが。

解剖教室の人というのは筆頭の助手の由。僕とよい勝負のフランス語を話すので気楽。向こうがつまった時こちらが単語を言ってやると、「セ・サ、セ・サ」と言って喜ぶ。先ず講堂から。学生へのデモ用に、投写器を作りたいが金がないという。この設備を持ちながらと、反って不思議な気持。この解剖学研究所は現在二つの問題を取り上げているとかで、一つは生物のリズムの問題、一つは電子顕微鏡の由。彼は前者の組で、ユニヴァーサル・アソシエーションのセクレタリーというのが少々誇らしげ。後者のことについてはよく知らないがと言いつつ案内してくれました。電子顕微鏡が四台あるとかで一台はフィリップス。一台はスウェーデン。他の二台はロックフェラーの寄付になるR

ＣＡの品とのことで、若い研究員がその一台を使ってウニの卵を見ていました。このミクロスコープで見るためのミクロトーム室や、大きな写真室、三部屋もある工作品、超遠心分離器等々。とにかく実に大したものです。顕微鏡等、双眼のものがどの部屋にもゴロゴロしています。補助研究員のマドモワゼル等は皆体格よく、しかも美人揃い。のびのびと仕事をしています。

ルンドを見ているのでまたかと、それ程驚かなかったが、もしここを先に見ていれば、ルンドで受けた驚きより大きかったでしょう。工作室、写真室等見るにつけ、何となく研究の一部がすでに工場化しているという感じが強い。一時過ぎ迄あちこち引き回してくれ、最後にこのソールベルガー君の部屋に行き、彼の別刷など貰いました。彼はスイス人の由で、今はここに移り住んでいますとのこと。こうしたことからして全く我々とは遥かに遠い国際性を持っています。とても精力的な男です。この他にもっと見たい所はないですかと言うので、神経生理研究所、時間があれば病院と希望すると、すぐ前者に電話して、明日十時にランデヴーをとってくれ、研究所の前迄送ってきてくれました。

研究所の庭には岩頭があらわれ、いかに地盤が堅いかを物語っています。ヘックヴィスト教授が、地下で組織培養室の台を叩きながら、これは岩盤の上に建っていると話してくれたことが思い出されました。

一時すぎ研究室を出て、今度は少し歩いて駅の近くに出、朝見当をつけておいたセルフ・サービスのレストランに入り、昼食。ビール付きでソーセージのバタ焼きといんげんの油和えと、ジャガイモの茹でたもので腹一杯。

三時にもう一度公使館に行ってお礼を言ったら、大鷹君が明日夕食をご一緒にと言うので快諾。次いで市の東部のユールゴーデン島に渡り、ノルディスカ博物館、生物学博物館、スウェーデンの民家の模型を連ねたスカンセンを次々に見て回りましたが、いずれもそう大した内容でないが、建物は中々凝っています。興味深かったのはスカンセンのリス。子供が舌を鳴らすと寄って来て手から物を食べる。そこを写真に撮ろうとして狙ったが、シャッターチャンスを逃してしまい、残念に思って僕も舌を鳴らすと、つつと寄って来てズボンに飛び付き、するすると僕の手迄上って来たのには内心びっくり。何もないとなると又ひょこひょこ下りて行きました。カメラを構えている手迄やってこられては、写真どころではありません。それにしても何も持っていなくてリスに悪いことをしました。何ともいえぬ良い雰囲気。

スカンセンの中の動物園はとるに足らず。高台より数枚の展望写真。構内でガラス器製造の実演見学。五時過ぎスカンセンを出て、国立美術館の方に歩いて行きますと、観光遊覧船が一時間三クローナというので乗りました。王宮前の橋から出発。これに乗ると、この町がフィヨルド風の陥没海岸の上に造られ、全体が大きな岩の上に造られているというのがよく分かります。方々に皇帝の別荘、皇帝のヨットハーバー、皇帝のヴィラ。七時に終了、夜は又、昼の時のレストランで。

帰りに俄雨に打たれながらメトロの駅迄歩き、宿に帰ったのが九時。入浴、手紙書き。

町で買った「ル・モンド」で見ると、英国によるナセルに対する招待に応ずるか否かで揉めているという記事がトップ。

手紙を書いていると、下からはジャズが聞えてくる。衣食住足りて、落着くはジャズか。地下鉄の中や町の通りでは、宝くじを売っているが、これだけ富んでいて何のためか、通りすがりの者には全く事情は分からない。

八月九日(木)　晴

今日は八時の目覚めから、雲が切れて薄日がさしています。かけすに似た名も知らぬ声の鳥が、赤松林の中でしきりに鳴く。朝食を済ませるとすぐ出ました。駅迄の間の家々の庭には、青林檎、桜桃、ラズベリー、木苺等がたわわになり、薔薇をはじめ草花も今を盛りと咲き誇っています。地下鉄をサント・エリクスプランで降りて歩いて、カロリンスカ研究所へ。早目に着いたので構内を一巡り。敷地は東大の一・五から二倍位か。薬理、法医、細菌、衛生、生化学、化学、民族学等々の研究所が、それぞれ独立で建っています。

十時に神経生理研の戸をたたきました。秘書のマドモワゼルが案内してくれて所内を一巡。ここは組織研よりは規模が小さい。ドクターはブリュッセルの会議に行ったり休暇で一人も居らず、今、最も訪問者にはお気の毒の時だという。尤も居ても生理では余りよく分からぬと思う。組織学室は脳研のそれより設備が良い。片隅にニッスル連続切片が並べられているので聞くと、オックスフォードから来ていた研究者が使ったのですと言う。標本箱にはブロール・レキセードと書いてあるので何かと問うと、レキセード氏は数年前ここに居たことがある由。図書室、実験室、動物室等を見進んで、三十分位で終りました。実験室はチューブと電線等の氾濫だが、それでも実にきれいです。別刷を大分貰ったが、マドモワゼルが送ってくれると言うので家の住所を教えておきましたので、九月末頃には届くでしょう。

ここを出て再びサント・エリクスプランに戻り、今日はまだ行ったことのないクングスホルメンの島に渡ることにしました。各島の岸には至る所にモーターボートやヨットのハーバーがあって、色とりどりの船が並び実に美しい。

本屋もかなり多く、本も豊富。英仏独書等も目につく。小川教授の言うように確かにきのこや鳥や魚等に就いての自然観察叢書というようなものが多い。きのこに就いての掛図等も売っている。

クングスホルメンの島の中で食事。セルフサービスの店。メンチボールとジャガイモとパンとビール。三・〇五クローナ。この位の値段では味はそれ程よくない。食事を終え、町行く人々を眺めながら休息。女性は老若共平均して体格良く、胸を張り金髪を風になぶらせて颯爽と歩く。スペイン女性の白痴美等と違うし、又、パリの女性の軽快さというようなものはないが、ほりの鋭い美しさを湛えているようです。

歩き出し、海辺の大きな芝生地を横断。子連れの夫婦がそれぞれパンツ一つになって甲羅干しをやっているのは我々には一寸異な風景。子等も声はずませて遊んでいます。しかし北欧の冬を知らない僕等には、この人々が太陽に憧れる気持を中々実感出来ぬのではないでしょうか。大きな橋を渡りロングホルメンという全部岩で出来た島に入りました。ここは大部分が公園になっています。島内を散歩していたら、空が暗くなり雷鳴しきり。しかし、雨に至らずにまたカッと晴。

セーデルマルムに入って電車に乗り南病院へ。これはヨーロッパ最大の病院といわれるもので、その規模だけでも見ようとやって来たのです。近くの公園からそのほぼ全体をカメラに収めた後、病院前からまた電車に乗り、スルッセンで降りて王宮のある島に入りました。ここは古くからある所らしく、道幅も狭く、家並も少しく古い。ここで俄雨にあい、軒先に避けることしばし。またカッと照り上る。実に雲の動きが激しい。駅に出て、両替店で五ドル両替。一ドルは今日の相場で五クローナ十一オーレ。ドルを出すとすっと金をよこし、至って簡単。郵便局でサクラ・カラーを三本出して三クローナ十五オーレ。絵葉書四枚、航空便で三クローナ。これを書くべく公園のベンチに腰を据えて、五時迄かかって書き上げました。

五時半の大鷹君とのランデヴー迄デパートを見て回り、土産品をあたりましたが適当な物なく、やめました。物が一般に高い。

五時に公使館へ行ったら、今日は二、三の人と競馬に行くのでよかったらと誘われ、一緒に行くことにしました。大鷹君の車に乗り、先ず町の北の方にある彼のアパートに寄って奥さんを乗せる。今月一杯、仮住宅というアパートを見せてもらったが、こちらでは悪い方に属するというが、我々の眼からは上等に見える。家具から台所用具から浴室から皆ついて三百五十クローナの由。部屋からの眺めは、松林に深く細く入り込んだフィヨルド（?）を眼の下に、松林に囲まれた良い環境。

競馬場といっても春日部のそれに毛の生えたようなもの。しかし皆望遠鏡を持って来たりして、格好は一流とも見える。余りエキサイト等しない。食堂で食事しながらレースを見ます。一レースだけ連勝のを一枚二クローナで買ったがはずれました。ともかくストックホルムで競馬を見、お付合いながら馬券を買おうとは思いませんでした。愉快な旅の思い出です。

七時過ぎレースも過ぎ、自動車で地下鉄駅迄送られました。この夫婦は昨年ロンドンで結婚したのだそうで（奥さんを呼び寄せて）、まだ子はなく、奥さんはまるで女学生のような若々しい人。車中で日ソ交渉がほぼ纏まったことを知りました。領土問題はサンフランシスコ条約との関係もあり、やむを得ますまい。しかしソ連という国には何時の日か報いてやらねば収まりがつきません。日本全権団の飛行機の予約に、これからモスクワに電話するという大鷹君夫婦とメトロの駅前で別れ、松木氏と僕は帰宿九時。

ルンド、カロリンスカでの驚きも、色々考えて、少しずつ自分ながら纏まりをつけるべく努力しています。ともかく正確な事実、現象を摑むためには、あらゆる器具を動員し、あるいは研究室を工場化までして追い詰めるのはよいが、その方向付けや、摑んだ事実の解釈には、深い思索、思考方法原理というものが必要な筈。又、新しい原理の発見は、既存のものをすべて古くしてしまうもの。こう考えるなら我々の置かれている現状は余りに惨めとはいうものの、決して希望は捨てたものでありますまい。

脳研狭しとはいえ、内容的にはルンド、カロリンスカだけでなく、アナーバー、カリフォルニア等に決して負けないものを作り上げようと、闘志を沸かしています。と同時に将来再び外国に出て研究をするような場合が生じたら、家族連れでさえあれば、どこへでも出て行って仕事をやる決意を固めています。これは一時の思い付きで言っているのでなく、身体を通しての実感として言っているのです。英仏独語、たとえ貧弱ながらも相互に意思を通じ合えばとはしめたものです。

それにしても生活程度の差は余りに大きい。冬季の自然の威力に抗するには、こうでもせねばやって行けぬのかもしれませんが、それよりも何よりも能率のよさには感服せざるを得ない。社会民主党が長く政権の座に座って、民衆の生活改善に努力しており、又、社会の階層の上下の間にそれ程の差がなく、健全な中産階級が国民の大部分を占めているとはいっても、やはり国全体をあげての意識的努力の賜物と考えるべきでしょう。効率の良い半面、それだけに潤いに乏しい点はあるようです。創作芸術には見るべきものなく、又、過去においてもそれ程偉大な芸術家というものを生んでいない。町にしても、新しく建てられたものだからきれいはきれいだが、人をして低徊させるというような雰囲気はない。その点、パリやスペインは栓を捻ってもお湯はぬるく、いやむしろお湯の出ないのが当たり前で、おまけに排水が極めて悪いというような事があっても、人の気を引きつけると同時に、のびのびとした気分にさせるところが、この国にはそういうようなことはない。

僕としては、最後は後者に惹かれるが、前者の良い点は認め、受入れるに遅れてはならないと思う。能率ということが人間の条件の全てでないことを念頭において。

八月十日(金)　快晴

窓からの陽の眩しさに眼を覚ます。朝食を終えるとすぐ出発。九時前。メトロの終点でタキシーを拾い駅へ。駅で荷を預け。二千五百フランを両替。これが三十五クローナとなって少し懐がふくらみました。土産物を買うため、昼過ぎの汽車迄町を散歩。方々うろつき、デパートにも入って色々探したが思わしい物なく、港に面する公園を巡って再び駅に戻り昼食。思い付いて節子にスウェーデン鋼のナイフを一丁買いました。今に学校にでも行くようになったら使うでしょう。

昼休みとなると町の休息場所はすべて日向ぼっこの人で一杯です。マドモワゼル等も膝までスカートをまくって陽を当てています。殆どが金髪系統、娘と言わず、若い母親等も実に美しい。体格が良いといっても直子位のは一杯居り、むしろそれが大部分だから余り妬かぬよう。又、女性の年寄もパリのそれのようにそう醜いのは居ない。服装の趣味も中々良いので感心しています。特に子供に可愛い風をさせておくのは気持良い。大変あか抜けがしています。

十三時五十五分ストックホルム発。又いつの日か来ると、見える範囲の建物に眼をやりつつ別れを告げました。町を出るともう麦畑と針葉樹林及び牧の連続。所々に湖。これに白い綿雲が影を落す。昨日の競馬場の脇を通過。ポプラ、白樺も多数見え、北海道を思い出させます。途中一時間こうした風景が続きます。その間に通過する小さな町々の家屋も全て小綺麗。全くお伽の国のようです。

ウプサラ着十五時六分。これもよく整った町。駅前の植込み、花壇の美しいこと。駅のビュローで宿を交渉。松木氏と二人で十五クローナ余りの駅前通りのホテル・サント・エリクスに入りました。同じホテルといってもルンドより遥かに上等。オレンジを一個齧ると早速町に出ました。小川教授の写真で見覚えのある町の西南にある城の丘に上り、あたりを眺望。煉瓦造りのゴチックの教会がずっと空にのびています。城の周囲を一巡りして、城の東の麓にある解剖教室へ。どこが入口かと探していたら、オラウス・ルドベックの像にぶつかりました。リンパ管の発見者です。解剖研究所は修理中。入って行くと、英語を話すマダムがいるので、レキセード教授はおられるかと問うと、助手のハゾンという人が居るから聞いてみると、二階に上りました。ハゾンは既に帰ったが、明日は確実に来るし、レキセード教授もひょっとすると来るだろうとのこと。九時に来る事を約しました。

次いで研究所の前を流れる川に沿って町を北へ。川に沿い、緑陰があって誠に美しい。小川教授が店頭で、きのこの本を見掛けたという、その本屋と思われるのに入って店内を一覧。医書の部には欧米の新刊書がずらり並んでいます。ウプサラという分厚い写真帳をめくって見ると、ここは大学と近代工業で持っている町。学期中は学生により生き生きと息づいている所らしい。

川を離れ、爪先上りにカテドラルの正面へ。次いで大学図書館へ。ここでルドベックのノート等を見る。右に折れ、大学本部の建物、更に生物学博物館等を表からだけ眺めました。博物館の前の芝生では、今日一日陽に当たったのでしょう、七つ、八つ位のを頭に、小さいのは四つ位迄の女の子が七、八人、毛布等を片付けているが、二、三人は真裸で、僕が通っても平気でいる。

大分陽の傾いた六時前の道を、教会の前を抜け、植物園の壁に沿い、動物学研究所へ。ところがここは九月でなければ開かない由。やむなく引返し、植物園を通って宿へ。次いで食事をとりに町のデパートの食堂へ。ビフテキが実にうまかった。旅に出てから毎食ビールを一本ずつ飲み、大変贅沢をしていますが、パリの街で食事するより安い。デザートにチョコレートプディングを食べましたが、来年は家の冷蔵庫で作ったのを食べられるなと思いながら味わいました。十時就寝。

八月十一日(土)　晴

八時に朝食をとると早速町に出ました。先ず郵便局でオスロ大学のブロダール教授に十六日午前お伺いするとの手紙を出し、次いで川端に出て、解剖教室の建物及びルドベックの彫像を写真に撮り、研究室を訪れるにはまだ一寸早いと思い、川沿いの古い家等カメラに収めつつ、日本の十月初旬位の冷え冷えする心地好い朝の気の中を散歩。リンネ博物館に足を向けました。ここの庭の一角に大きなエルムの樹(?)の下に、リンネが別荘に使っていた家を再建して、中を博物館にしています。

庭の花壇には北海道のいんげんに似た花等が混り花盛り。次いで大学正面を通って(もっとも大学本部の前というのが正しい。本当の研究施設、講堂等はそれぞれ町中に散らばっているのだから)解剖学研究所の方に出掛けました。ところが修理中の建物には人夫は居れど研究者は居らず、これは駄目かなと一寸がっかりしましたが、九時半ではまだ早いのだと思い、もう一度散歩してくることにして城の丘に上り、その西の麓にある植物園内を歩きました。誰も訪れる人とてないのに数人の人手をかけて掃除に余念がない。砂利の歩道などもトラクター（?）で箒目を入れている。

十時をまわったので、また研究所に引返してみると、嬉しや二階の研究所入口の戸が開いているので入って行くと、若い研究者が何か装置をいじっているので、日本から来たのですがと名刺を出し、レキセード教授が居られたらお会いしたいと言うと、今日来られるかどうか分かりませんが探してあげましょうと教授室に入って行くと、何と運のよいことに居て、五分程したら会うという返事。この若い人はベルント・ブロムキストといい、カロリンスカ研で勉強してからここに来て、助教授のハゾンと一緒に肝臓の細胞（兎）を紫外線で照射して生体観察しているとのこと。ハゾンはまだ三十歳。二十七歳の時にこの方面で大きな仕事をしている由。データ等見せてもらったが中々きれい。生体を用いて肝臓細胞の働きをカメラに収めたのは我々が最初だと、誇らしげです。次には腎臓に手をつけたいというので、日本では薬理（現東医歯大）の酒井という人が似たようなことをやっていると言うと、その文献を教えてくれと頼まれました。自分の装置を説明した後、組織培養室、電子顕微鏡切片製作室、凍結乾燥室、電子顕微鏡（RCA）室等見せてくれました。

その内廊下に足音がして、僕より一寸高い、長身の、蝶ネクタイ、縁なし眼鏡、白衣姿、中肉の人がにこやかに現れました。これがレキセード教授。若く精力的な人です。パリからお便りをいただいたが、八月はスウェーデンでは一番悪い月。お返事をあげず失礼しましたとの前置のあと、教授室に案内されました。二、三十畳もあろうかという大きな部屋。壁に掛けてある色々な人の肖像から説明してくれましたが、ルドベックの他、パラチレオイデアを見付けた人が、ここでは一番有名であるとか。英語で精力的に喋るので、所々分かるところから全体を判断する。次いで教授室の隣の室に入り、脊髄の手術例の整理棚（固定したままの脊髄が多数並べられてある）や標本製作室等を見ました。ここでグリース法やナウタ法による終末変性の説明を聞きました。次いで僕がNucl. cervicalis lat. の比較解剖をやり、鰭脚類で面白い結果を得、近く発表すると言うと、出来たら別刷を送って下さい、自分も何種か集めたが、まだ手をつけていないと言う。

更に神経生理研究室を見ましたが、ここでは大学院生が生理をやっており、近くミクロエレクトローデを用いて実験をはじめる予定と言う。自分の考えでは生理学者は形態学的のことを考慮せずに進むが、あれはよくない、あくまで形態学と協働していかねばならず、自分はそういうように進んで行きたいと言う。この点我々の考えと同じなので面白かった。で、自分は出発前生理の教授の手伝いをして魚の脳を調べたと言うと、その結果も分かったら知らせてほしいと言う。そして語を継いで、自分は神経細胞、特に脊髄神経節の細胞にミクロエレクトローデを入れ、皮膚や感覚器を刺激してその反応を見たく、近く研究を始めるつもりであると付け加えていました。標本室では人間や動物の発生の標本を見ることが出来ましたが、ルンドほどではないが、中々よく揃っています。講堂も中々整い、年に九十人ずつの学生を教える由で、自分は肉眼解剖と発生学と中枢神経を教えるとのこと。レントゲン室は閉じていて見られませんでしたが、骨だとか博物館用の標本は一ヶ所に集めてしまって、空いた室はすべて研究室にします。二年前に私がここに来る迄は、混雑で沈滞していたのを目下整備中なのですとの事。いかに張り切っているかよく分かります。

廊下に出ると十歳と八歳位の男の子が来ていましたが、息子だと言って紹介されました。握手して丁寧に頭を下げる。医者になるのですかと聞くと教授が笑いながら、まだ分かりませんと言う。解剖実習室にはリンネの言葉が書かれてあり、教授の説明ではリンネは医学部にも関係があり、何か教えたらしい。とにかくウプサラではリンネは大変大事な人ですと。

再び教授室に戻り、実は昨日旅から帰り、こんなに書類があるのですと氏は苦笑していました。さっきブロムキスト君が、教授になると事務的なことが多くなって、研究から遠のくと言っていたのが分かるような気がしました。教授自身も、この教授室の整備費を獲得するのに努力していますと言うところをみると、どこでも教授となると、そうした面の骨折りが大変らしい。最後に僕の別刷を呈すると、神経細胞の粒子については、鉄を含んだ物について病理教室で研究している人がいるから連絡してあげましょうと、電話してくれたが、休暇中で応答なし。お返しに自分の別刷を三部くれました。

乞うて庭に出てもらって息子たちと一緒に写真。教授は五人の子持ちという。次いで僕と教授の並んだ所を息子に撮ってもらったが、これは手ぶれと思う。ブロダール教授に十六日に会うと言うと、あの教室は活発です、自分も協働したことがあるし、ストックホルムでしばしばお会いします、よろしく伝えて下さいとの言葉をあとに別れました。午前の殆どを僕に捧げてくれたわけで、大変有難く、又、有益でした。ルンド、カロリンスカの場合より、設備もこぢんまりしているためもあり、又、自分と専門を同じくするためもあり、一番身近な感じでした。しかし教授が、自分は形態学だけでなく、生理、電子顕微鏡、レントゲン、組織培養等すべてを総合してやっていきたく、教室の中を御覧になり、私の意図は分かっていただけると思うと言っていたことを考え合わせると、我々としても安閑とはしていられない。

教授専属の標本製作補助員は女性三人、男性一人とか。忙しいと思い、標本は見せてもらわなかったが、これはオスロでブロダール教授の所で見せてもらうからよい。又、ブロムキスト君の話では、この教室は教授と助教授ハゾンと自分の三人が主なスタッフで、人はそう多くないですとのこと。更に、ハゾンは近くイタリアに行くというので、何故かと問うと、イタリアに今組織培養の優れた研究者がいて、技術が優秀だとのこと。闊達にどんどん出掛けて行くのは羨ましい。

ともかく今日は良い時を過ごしました。自分の領域に関する限り、人もそう隔たった事を考えていないということが、改めて確信出来ました。帰ったら一つうんと頑張り、こうした研究室との連関も密にしたいものです。

町の中心の川端の市を見ました。きのこが多い。

いつものデパートの二階で昼食。コーヒーを飲んで小憩の後宿に帰り、買ったばかりの絵葉書を三枚、家と吉岡さんと木下さん宛に書くと、また町に出ました。二時半。真直ぐ生物学博物館に行きましたが、ここはストックホルムと同じく、パノラマ風に鳥や動物を配し、生物と環境との関係を明らかにしようと意図している。トケン科の親鳥に卵をくわえさせてあるのが面白かったが、これは本当かしら？　次いで地図を頼りにぶらぶらと川に沿い北上、町外れ迄歩いて行きました。はずれに行っても美しいアパートの群と美しい芝生。畑ではジャガイモの花盛り。川を塞き止めてプールにしてあるが、人影はなく、アヒルが泳いでいるきり。別の道で町に帰り、リンネ博物館に行ったら四時過ぎで閉館。

川端で絵を描く松木氏に誘われてスケッチすることにし、ブックを取りに宿に帰りました。ついでに駅へ出て、明日の汽車の時間等見ていたら、荷物受取所にレキセード教授が居て、両方で認めて微笑み交しました。そばに子供と奥さんらしい人が居るので遠慮してそのまま別れて来てしまいました。また何時の日かどこかで会う機会もありましょう。

一枚絵を描きあげたのが七時近く。川の堰の所にアジサシ（?）が来ていて、水に飛び込んでは魚を取っています。川端にはヨシが生え、水蓮が浮き、水際まで柔らかい芝生。人々はそのベンチで夕げ迄憩うています。カテドラルでは七時の鐘。

また例のデパートの二階で夕食。帰って手紙、十時に至る。西の空の明るみもようやく消えたようです。陽がなくなれば肌寒くなるのはさすが。手紙を書き終えてから、名残に夜のウプサラを散歩。商店のショーウィンドウはすべて照明され、又道路の真中に提げ電灯が続いて町中を明るく照らしています。カフェ等も通りと同じように人影もまばら、恐らく映画館や劇場は賑わっているのでしょう。たかだか人口六万六千の町、人の洪水の東京とは比べるべくもありません。

川端の映画の広告にMannen som inte Fannsと書いてある。ストックホルムでも時々このMannenという文字が眼につきました。Manの複数かもしれない。城の丘に上って行って見ましたが人影はなく、城と城のそばにある鐘楼が夜目にもはっきり黒々と認められる。鐘楼のある台の上に立つと、目の前にカテドラルがすっくと聳え、その彼方の地平は陽を沈めて後も青白く、カテドラルのシルエットをいや増し、美しくします。ウプサラの灯がきらきらときらめき、中心にはネオンも少しく光って印象的。ともかくここには我々と同時代に生を受けて、我々と同じく喜び、又、悲しみ悩む人々が、僕がここを去っても生活し、僕が東京に帰っても生存を続けて行くのだという当然のことが、何か不思議な感をもって迫って来ます。旅情のなす技でしょうか。

丘を下り、灯に照らされた芝の中の花壇を巡り、図書館の前を通り、トリニテ・カテドラルを夜の闇に仰ぎました。ここでは北斗七星もカシオペアも同時に頭の上に仰ぐことが出来ます。高い高いカテドラルに町の灯がかすかに上って僅かながら煉瓦の色が認められる。石の白いパリのノートルダムとはまた異なった感じ。去りがたい気持で台石に触れて立ち去りました。町のショーウィンドウで見たが、電気掃除機に百九十七クローナと出ています。一クローナ七十円として、やはり二万円位のものでしょうか。

駅で明日の時間を確かめ、十一時宿に帰りました。隣の部屋の凄いいびきも気にならず、すぐ眠りました。

八月十二日(日)　快晴

七時半起床。素晴らしい空の青さ。窓を開けると、清々しい日本の五月頃のような空気が入って来る。朝食をとり、荷を整え、払いを済ませ(一人十七・七クローナ)、駅へ。駅から見たメインストリート越しの城の写真を撮ったのをお別れに九時十二分のストゥールリーエン行きの列車に乗り込みました。車の表側は余りきれいとも思わぬが、中は美しくがっしりと造られ、窓ガラスも二重に、ヒーター調節器、ヒーターのあり場所を明示した紙が貼ってある等、北国の列車らしい。カテドラルが針葉樹林にかくされるまで窓辺に立って見ました。

サーラ、クリルボ、ストルヴィックとスカンジナヴィアらしい駅名が続きます。殆ど起伏のない地を覆う白樺混りの針葉樹林と、燕麦畑と牧と。白樺は赤松と競ってすーっと背が高く、幹は強い陽を受けて輝いています。地にはシダと地衣類。車窓からでも相当数のきのこを見掛けます。中に入ったらどれだけあるのか分からないと思う位です。そして所々に氷河の押してきた岩か、ごろごろと群をなしています。遠く近くに湖沼群。あるものは川を持つが、出口入口の全くないものもあり、こうしたものは次第に干上がっていく運命にあるのでしょう。周囲を尾瀬と同じような湿原で囲まれています。又、時に湖と湖を結ぶ、荒々しく岩を嚙む急流。オッケルボを過ぎてから間もなく、左手に大きな湖水。急行列車が沿岸沿いに通過するのに二十分近くかかる。

ともかくこの国には九万六千もの湖がある由で、我々の通っている沿線の風景は、日本の尾瀬と十和田湖と猪苗代湖と裏磐梯と、富士五湖等を継ぎ合わせたものと思えばよろしい。周囲に山がないので眺めは平凡ながら、窓から眼を外せないだけの魅力と規模の大きさは備えています。湖の水は例外なく澄んでいます。それらの内のかなりのものは木材集積地として使われているらしく、岸にはおびただしい木材が繋ぎ止められている。湖のまわりの小高い丘や林の中には、美しく彩られた家々が点在しているところもあり、又、一方には全く人家を認めず、しんと静まりかえり、岸辺に僅かに生えたよしにひたひたと波が寄せているというような物さびたのもある。こんなところに水蓮の一群が浮いていたりもする。

停車する駅を中心にした人家の集落は、いずれも一階か二階建の、それも木造が多いが、清潔な感じで、中はどんなになっているのか知るべくもないが、窓には例外なく薄物のカーテンを張り、花を飾ってある。乗り降りする人々の服装もどこまで行ってもぱりっとしていて身嗜みが良い。特に若い女性のきりっとした美しさはすばらしい。又、年寄でも実に健康に溢れた人々が多い。髪は殆どが金髪といえようか。皮膚はこの国に来て初めて白人の名にふさわしい白さを見ました。フランスあたりでは余り見られない白さです。どんな小さな集落でも商店のショーウィンドウはストックホルム並。都市と地方で殆ど生活程度に差のないことを示すものと考えてよいでしょうか。余り整い過ぎて潤いが乏しいけれども、それなりの美しさを評価するのにやぶさかではありません。

オンゲ、ブレッケを過ぎ、五時頃エステルスンド着。ここでの乗降ははげしく、町も大きく地方の中心地といった感じ。道路はここでも完全に舗装されています。地盤が堅いからそう手間がかからないのかもしれません。左手に大湖水。岸には水上飛行機が繋がれています。かっと西日。湖の波にきらめいて誠にまぶしい。少しずつ上りとなり、周囲にもかなり起伏がはげしくなりました。燕麦もぼつぼつ刈り干されています。メルシルあたりより、汽車の行く彼方に、西日の空にくっきりとノルウェーの山が見えそめ、オーレという避暑地らしい駅の後ろに聳える山には斜面に残雪が置かれています。六時を回っても陽はかなり高く照っていますが、夕雲が湧いて、陽を遮ることしばしば。羊のようなぽかぽかした雲で、地平から次々と湧いて来る感じ。デュヴドを過ぎると自然はぐんと荒々しさを加え、針葉樹はなくなり、背の低い幹のくねった白樺の他、名も知らぬ野草が色どりを添えるのみとなり、岩のごろごろする地を地衣類が覆うのみとなります。丁度浅間高原に似た風景。しかし浅間で美しいなと感じるような感傷的な面などまるでない、もっと野放図な荒々しさです。ここまでも左手、右手に大小の湖が見えがくれに。

八時十八分国境の駅ストゥールリーエン着。まだ明るい。ここでノルウェーの汽車に乗り換える。発車を待つ間の二十分程で、駅売店のパンとソーセージで腹ごしらえ。ノルウェーの車も構造は違うが中々きれい。人々の顔付も少しく感じが違う。土日の行楽の帰りでしょうか、ウィンドヤッケにリュックサック、ゴム長の連中が多い。セーター等の模様も我々の目には珍しい。男が赤を用いていたりする。家族連れで母親もウィンドヤッケにズボン、リュックサックというのがザラ。日本人が珍しいか皆じろじろ見る。しかし決していやな眼つきではない。八時四十分発車間もなくスウェーデン、ノルウェー両官憲のパスポート検査。ノルウェー人はパスポートなど無しにスウェーデンに入れるらしい。

陽はようやく沈んだらしく、西空は北斎の「凱風快晴」の、あの茜色(富士山の)を薄めた色に輝く。ノルウェー側の自然はがらりと変り、切り立つ山と深い谷。その深い谷の斜面の針葉樹林の中をカーブを描きつつ汽車は下りて行く。左手の車窓の下に、遥か下に一条の川と散在する人家の灯。谷を下り切って、今度は川に沿う。乱雲の間にのぞく空は十時近くても、なおセルリアンブルーをたたえて澄んでいます。十時過ぎる頃から右手が開けて、トロンヘイム・フィヨルド。水は油のようにトロリとして実に神秘的な感じ。僕の来得たヨーロッパの北限に今あるかと、地図と照らし合わせつつ眺め入りました。夜更けてなお残る空の明かりに、岸辺に餌を拾うのか、鷺のような水鳥一羽、じっと立っています。その水の遥か彼方には黒々と岸よりそそり立つ山塊。

十一時一寸前トロンヘイム着。インフォメーション・ビューローの門限に間に合い、やっと部屋を見付けました。タキシーで十分程の私室の一部を貸すマダムの家。二間続きのデンとソファを据えた応接室。又、この家のマダムがアザラシのように肥えている。顎は三重位。中々よい顔立ちで、笑うととても良い人相。ただしノルウェー語しか分からない。ともかく眠く、すぐ床に入りました。羽根布団が気持良い。

途中の風景は写真に撮ろうと思うが、いかんせん汽車は全速力故どうすることも出来ません。といって筆では書き表せないし、困ったものです。まあ帰ってゆっくりと語り合うのを楽しみにしましょう。

八月十三日（月）　快晴

九時のコーヒーで起床。はじめ雲が多かった空もコーヒーを味わっている内に青さをのぞかせてきました。

午前はゆっくりと手紙書きに費し、昼前宿を出ました。宿はこの町の西南にあり、丘の麓です。かなり急なこの丘には段々状に家が建ち並び、その上は針葉樹林になっています。海にも遠くなく、又、海に入るうねった川にも遠くありません。宿を出てすぐぶつかった小公園の噴水の中に、女の子たちがスカートの濡れるのも構わず入り込んで遊んでいます。水の出口はアザラシの口。いかにも海の国らしい。

電車に乗って駅へ。広からぬ町なのに立派な電車。車にゴムがはめてあるのか、音も少なく揺れが少ない、実に気持よい車です。家々は大部分が木造。しかも高い建物はなく、精々二、三階のものが多いので親しみが持てます。通りには先を曲げた柱の先に花籠をぶら下げて飾ってある。小さい町なのに本屋がかなりあり、外国書もちらほら。記念にトロンヘイム近傍の、日本の内務省ばりの地図を求めたら、五・八クローネ。少々高い。しかし日本のようにオフィシャルのものではない。日本のものより遥かに粗雑に思う（日本の地図の整備していることは世界有数の由。国が小さいことにもよろうが）。駅でフィヨルド見物の舟の事など質問した後、町のほぼ中央のカフェテリアで昼食。ノルウェー語のメニューなので当てずっぽうに注文してみるが何が出てくるか分からない。これも旅の楽しみの一つ。今日は魚のグラタンでした。これにラーゲルウールという、うすいビール付きで食べる。約四クローネ。

ついでブラブラと船着場へ。乗ったのはよいがこれは港の外にある小島へ行く乗合船。フィヨルドへ行くどころではない。ともかくパリに居た時から地図で見ても、ここは広過ぎてフィヨルドの美を見るには適しないと思っていたが、その予想は大体当たっていました。船中に居る女の子たちが可愛いので、島に着いた時、写真を撮らせてくれと手招きすると、コックリする。撮ろうとするとそこらのガキまで我も我もと寄って来て、実に人懐っこい。この子等はこの島に日光浴と水遊びに来ることが分かりました。この島は岩礁で、その上に砲台が築かれています。周囲を一周。先に絵葉書に書いたように、人々が太陽に親しんでおります。波打ち際にはホンダワラ等豊かに生え、又、水中にかなり大きな珍しい形のクラゲがぷかりぷかりと浮いています。昨夜はトロリと静まっていたトロンヘイム・フィヨルドの中も、今日はわりに波立ち、船は右に左に大きく揺れます。三十分程して再び船に乗った我々を見付けて、さっきの子等が船着場迄駆けて来て、皆で見えなくなるまで手を振っていました。

帰りの船中で、ここを早く切り上げオスロに行くことに決め、ツーリスト・ビュローに行って明日のオスロ行の席を取りました。次いで明日の車中の食物等買い整えた後、電車で丘をのぼりその終点迄行きました。ここに見晴らしのよい城壁があるからです。着いたのが六時一寸前。陽はまだまだ高い。城といっても極く小さい砲台が建っていたに過ぎません。二、三枚写真を撮った後帰ろうとして、ここを番しているマダムに、自分は日本から来ました、サヨナラと言うと、戸口から英語を話すその主人が出て来て、それはそれはというわけで、僕がノルウェー人は親しみが持てます、自分はオスロ大学に教授を訪ねてやって来たが、ノルウェーの旅に満足していますと言うと大変喜んで、我々と一緒にコーヒーを飲みませんかと誘います。

折角なので馳走になることにしましたが、なんとよいことに城壁の上に机を運んで、そこで風景を眺めながら飲もうというのです。マダムはノルウェー語のみで、旦那が通訳。その他にエアデールテリヤ一匹。コーヒーに小さいドーナツにチョコレート、それに菊を挿した花瓶が盆に一緒に乗せられて運ばれて来ました。白菊です。親しみを増すために直子や節子の写真を見せると、果たして着物は綺麗だとか何とかで話がはずみます。この夏は実に寒く、昨日など風が強くひどかった。今日は大変よい日で貴方は幸せです。こうして野外でコーヒーを楽しむのは今夏初めてですとのこと。自分等は食べないで、ドーナツがなくなる迄僕に勧めるのは一寸閉口だが、好意有難くいただきました。

九歳という犬がきちんと座って、僕がドーナツをやるのを待っている。こちらには犬の寄生虫はいませんかと言うと、居らぬと言う。大体十四、五歳まで生きる由。記念にと僕が写真を撮らせてくれと言うと、犬を中心にポーズしました。焼き付けてお礼に送るつもり。この他、冬は零下二十七度位迄下がり、六ヶ月も雪に覆われるとか、冬はここは凍らないので船で荷をここにおろし、またスウェーデンに運ぶとか、ここの町は古くからあるが、スウェーデンに三度も焼かれたとか、とりとめないながら僕とよい勝負の英語で、斜めになりながら眩しい太陽のもとで楽しく語り合いました。門限は六時ながら、それを過ぎても遠路来た客は入れるとかで、賑やかにやって来たフィンランド人たちを迎えに立って行きました。

あとにマダムと残されたが、あとは手まねで意思を通じ合う。マダムが片付けるのを手伝い、机を家迄運んでやると、家の中に入って訪問帳にサインしてくれと言う。その上僕を写真に撮ると言う。外に出ると主人にここの説明を聞いていたフィンランド人たちが、僕を日本人と知って一緒に写真に入ってくれと言う。ノルウェー、フィンランド、ジャパンでインターナショナルだと喜んでいる。遠慮して後ろに立ったら、いや真ん中に入ってくれと言う。次いでここの主人が僕を庭のグズベリーの所に連れて行って、その実をとって食べている所を撮ると言う。もう七時も過ぎたので辞することにしたら、門の所迄夫婦で送って来てくれました。できたらもう一度、今度は妻を連れてやって来たい、今ノルウェーと日本はSASで結ばれ、とても近くなっていますと言うと大喜び。固く握手されました。実に暖かい気持で町へ戻りました。

カフェテリアでスカンジナヴィア名物のスモーブローとコーヒーで夕食。八時過ぎ宿に帰りました。

家の中は実に豪華な家具を揃え、美しく住みなしており、一寸のぞいた台所も電気冷蔵庫の大きいのがデンとすわっていました。夫婦の人品から言っても中々の人たちらしい。フィンランド人に対する主人公の説明の間、奥さんが城壁の下の昔の兵隊たちの住んだ洞穴や、洞穴の中にある五メートルという井戸等を見せてくれました。又、城壁の一部にはドイツ軍によって殺された十三人の愛国者を記念してメダルがはめ込んであり、花が飾ってありました。そのすぐ前の石の上に立ってマダムは首をさする真似をし、ここで処刑されたことを示しました。

窓から仰ぐと、北極星は殆ど頭の上です。十一時過ぎ、星も少しは光を増したようです。

八月十四日(火)　曇りがち

六時過ぎ起床。昨日と異なり朝からカラッと晴れています。

宿のアザラシ婆さんの作ってくれた朝食をとり、タキシーを呼んでもらって駅へ。この辺では陽は三時頃昇るらしいのですが、人々は七時といってもまだまだ仕事には出ず、町は閑散たるものです。

八時半のオスロ行きに乗って、発車迄、屋根のない露店のプラットホームのベンチで朝の空気を呼吸。フィヨルドの中は朝凪。しかし発車間近くなる頃から薄雲が張りはじめ、発車してトロンヘイムの町がなだらかな丘の起伏の彼方に消える頃から雲がびしっと陽を遮ってしまいました。汽車は一駅毎に高度を増して行きます。

周囲の景は小海線のそれに似ており、畑を覆うのは燕麦。それもかなり刈って、低い稲掛けのようなものに掛けられ、既に取入れを待つばかりのものも見受けられる。家々は急な斜面や、麓や丘のかげなどに散在し、木造で、雪を落すためか屋根が急なのは北海道と同じ。ウルスベルグが四百三十八メートル、オプダールが五百四十九メートルで、この線ではほぼ最高。このあたりの沿線の林の中には、汽車の中からさえヤマドリタケのように大きい茸がざくざくあるのが認められます。中へ入ったらどれだけあるのか分からないと思うくらい。一寸下りて一時間位とり歩きたい衝動にかられます。高いといっても汽車が行くのは山の狭間の高原や渓流沿い。

オプダールからドンボース（一時着）の間の周囲の眺めは雄大でした。左右の山は最高が二千八百八十六メートル、汽車の走っている所がかなり高いのでそれ程高いとも感じませんが、雪渓も見せて、雲が頂きを包んでいます。汽車の走る所からその麓までは、多くは針葉樹林ですが、たしかドンボースからオッタ辺りまでだったと思います。荒々しい岩の連続で、ここに苔がむして実に豪壮な眺めでした。日本でも浅間高原あたりに類似が求められるとはいえ、その規模は一寸単位が違うような感じでした。時々さっと激しい雨。このオッタのあたりが分水嶺か、それまで大西洋側に流れていた川が何時しかオスロ側、スカゲラク（海峡）側に流れるようになりました。時々飛沫をあげて岩走る水。これがリングブあたりからは氷河の削ったと思われる深い切り立った谷の底を洋々と流れるようになりました。その岸のヨシの中には、カイツブリか、水鳥が子を育んでいます。リレハンメルからは右手にミェーサと読むのか大きな湖。このリレハンメルといい、そのあとのハーマルといい、小さいながらよく整った美しい町。パリの郊外といっても一寸も不思議ではありません。このあたりでも夕立。夕立後、まるで汽車に沿って歩くようにしばしば虹。さながら汽車の窓のすぐそこから虹が立っているような感じで、誠に珍しかった。

オスロ着は八時十五分。まだまだ明るい。しかし曇天の故か家々は灯をともしています。高所を越える時は足がしんしんと冷えましたが、オッタを過ぎる頃からは普通となり、オスロは何のことはあるまいと思って来たのですが、宿を取るためインフォメーション・ビュローに二時間近く行列している間にかなり冷え込んで来ました。もっとも考えてみればストックホルムより少しく緯度が高く、ストックホルムでも陽が落ちれば冷え込んで来たのだから無理もありません。やっとこさ宿が取れ、タキシーに乗り、途中で夜食にホットドッグを買い、目的地に行ってみたら、王宮の裏の住宅街の四階。ダダッと広い応接間みたいな所に通されました。たった今休暇から帰った所で、甚だ用意悪く申し訳ないと若いマダムの弁。すべて英語。

八月十五日（水）　晴

朝快晴。この家には黒のスコッチとセントバーナードが家の中に飼ってあり、朝の身支度をしているとスコッチが戸を開けて入って来て、僕の足元の窓からの陽射しの所にごろり横になりました。雄なのに腹が実に大きく、どうも病気らしい。セントバーナードは実に大きい。そしておとなしい。

　朝食が出ないので町で食べることにし、九時過ぎ出発。王宮の柵に沿いメインストリートたるカール・ヨハンス通りに出ました。王宮はヴェルサイユの真似をしたようなものながら、小さく簡素。大学はほんの道端にあり、その前にはオペラハウスがあって、両者の間には広い並木道がある。この並木沿いのベンチにはまだ朝だというのに、老人だけではなくかなりよい年をした男などもごろごろ新聞等を読んでおり（ツーリストとは見えない）、のんびりした国とみえます。オペラハウスの前には左手にビョルンソン、右手にイプセンの銅像。広場は他の都会と同じく花の洪水。カール・ヨハンス通りの一つの広場の野天のカフェに入り、コーヒーとスモーブロー二個を頼んだら、何と一人分五クローネ余取られ高いのにびっくり。今迄のスカンジナヴィアの都市の中では一段高い感じ。通りを歩くマドモワゼルたちの顔立ちや身のこなしは、スウェーデンよりずっと落ちます。その点昨日の汽車の中で隣に座ったスウェーデンのヨーテボリの青年が、ノルウェーのマドモワゼルはスウェーデンのそれよりstolzでないと言いましたが（意味不明）、良い意味にせよ悪い意味にせよ、鄙びていて親しみ易そうな感じはする。

　次いでツーリスト・ビューローへ行って、ソグネフィヨルドへの旅のことについて質問。僕は明十六日、ブロダール教授を訪問する予定があるので、松木氏のみ明日発ち、僕は明後日発つことにしました。僕は三日間の予定。ソグネフィヨルドの奥の部分だけをのぞくつもりです。松木氏と別れて自由行動。駅へ行ってオスロ発の時間調べ。駅の入口には一九四〇—一九四五年の戦没将兵を弔うためでしょう、パリの凱旋門の下のように火が焚かれており、花が飾ってあります。ドイツは恨まれているのでしょう。小川教授の泊ったと思われるホテル・ヴァイキングを左に仰いで地図を頼りに町の左側の丘の上にある動物博物館へ。ここは戦争もあったためか、裏通りに入ると薄汚れた所が目立ち、ストックホルムより大分落ちる。博物館はノルウェーに産する動物と、外国産のものとの二つに分けられており、こぢんまりと整っています。鰭脚類を特に狙って行ったがそれほど多くなく、セイウチ等はありませんでした。

　又、ノルウェーにもだいぶ蛇のいることも分かりました。これでは僕にはうっかり茸狩も出来ぬのかもしれません。入口の所の肖像でラトケがノルウェー人であることを知りました。館を出て植物園内を一周。若い母親たちが子と自分のため日なたを求めてベンチというベンチを埋めています。植物博物館は大したことなさそうなので割愛、再びカール・ヨハンス通りまで戻る途中の広場に花の市。ここでシクラメンの鉢をかなり売っていました。日本では冬から早春の花と思っていたのに、ここでは夏の花か。珍しいので写真。オペラハウスの前から市電に乗ってヴィーゲランド公園の前迄。折から北西の山から真黒の夕立雲が出て、樹々もさわさわと音を立てはじめました。

木立を抜けると俄かに開けてホルメンコーレンまで見渡せる眺めとなりました。ヴィーゲランド公園はその名の彫刻家の作品のみから成る彫像の集大成を庭園に配したもので、入口の橋の欄干からして彼の彫刻。人生の種々相を表したもので、子を育む両親から、腕白が親に殴られるところ、子が独り立ちになり配偶を得るまであたりが、橋から泉のあたり迄。次いで例の大円柱は老若男女の種々相の結集されたもの。一番奥に、男女に幼児等を含めて四十五人の人物を輪にした像があります。これらの像の周囲には一切樹が無く、広野の中に刻まれた岩の群像、ブロンズがたち並び、いかにも人間の作り成せるものとの感を深めます。果して意識的な演出かどうかは分からぬが。

大円柱を仰いでいると黒雲にしばしば雷鳴。陽がさしているので安心してはいるものの、若し夕立が来たらこんな遮るものの無い所では大変と、足早に帰路につきました。左手には子供プールがあり、我々には一寸泳ぐ気のしない気温なのに皆元気に泳ぎ回り、七つ八つの子たちまで、男女の別無く高い飛び込み台からもどんどん飛び込む。海に生きる国民は子供の時から違うかな等思いながら暫く見ていました。

案じた夕立もオスロ市には雨を降らせずに終ったようで、再び電車でオペラハウスに戻り、船着場に出てフェリーに乗って程遠からぬ対岸（といってもオスロ市の西側の海への突き出し）へ渡りました。海から見ると中々美しい港町です。船着場の右手には広々としたヨットハーバー。夥しい数のヨットが並んでいます。その遥か彼方にホルメンコーレンの白いジャンプ台。だらだら坂を上り切り、左へ折れ、高級住宅地の間を抜け、海辺へ出ると、松の間に小さい家があります。これが「コンティキ号」の保存されてある場所。コンティキ号というのは、僕もこれに関する訳本が日本で評判になったことを知っていたことと、オスロにそれが保存されていることを耳に挟んでいただけで、詳しい事は知らず、又、こちらに来ても物の説明はノルウェー語なのでよく分からぬが、ともかく最近の出来事であることは確かです。

昔の人間が大洋の中の小島に辿り着く過程を現代において実現しようとして、南米の岸で筏を組み、それに乗って昔と同じ条件で漂流して、タヒチの近くの島に辿り着いたらしい。その間の苦難は大変なものらしく、その手記が

「コンティキ号漂流記」として纏められたらしい。アラン・ボンバールのやったこととほぼ似ていて、実に壮挙といえましょう。

次いでそのそばにある「フラム号」を見に行きました。これも説明が原語なのでよく分からぬが、ともかくナンセン、アムンゼン、ウィスティング、スヴェルドラップ等の極洋探検につかわれた船をそのまま陸に上げ、その上に三角形の大きな建物を被せて保存してあるのです。中にも入ってつぶさに眺めましたが、船室の一つ一つ、柱の一本一本にも、この小さな船に命を託し、未知の世界に乗り出して行った人々の覇気が残っているような気持で、気持の高ぶるのを押さえ得ませんでした。主要部分が木のこの船で、帆と僅かな（今の汽船に比べれば比較にならぬ）機動力で波を越えて行ったわけです。

そのお金がどこから出、彼等の意図が自国の領土拡張、自己の名を高めることであったにしても（はっきり知らない）、家庭生活を捨て、苦難に耐えて、生死を越えて未知に挑んだ人々の気持というものは、いかなるものをも越えて尊いと思う。しかもこうした探検というものは一人では到底出来るものではなく、アムンゼン一人、ナンセン一人がどんなに頑張っても船が動くわけではない。彼の片腕となり、彼に自分の全てを与え切る人間が何人も必要な筈。そうしたことを可能にしたナンセン、アムンゼン、さてはスヴェルドラップ等の人々は人間としてもきっと偉大な人であったに違いない。一日や二日の思い付きで出来る仕事ではなく、やはり一生を託した息の長い仕事です。

こうしたことは海に乗り出す時ばかりでなく、我々の自身の生活や仕事にも不可欠なもの。彼等の偉大さだけでなく、彼等の壮大な夢というものも我々の忘れてならないもの。ともかく我々も壮大な夢を持ちたい。それぞれの領域において。見終わってそんな事をとりとめもなく考えながら、しかし心弾ませて再び坂をのぼりヴァイキングの船を見に戻りました。途中の道は大変セキレイの多い道でした。セグロセキレイと思います。

ヴァイキングというのは十世紀頃から北欧を起点に北海を横切ってイギリス、フランス沿岸を荒した海賊のことで、それの乗り回した船が保存されてあるのです。大きいのが三隻、大変立派な建物に入れられてあります。ヴァイキングと歴史の本で読んでも一寸縁遠いものでしたが、こうして目の前に実物を見ると、また親近感を持ってきます。これも又、かような船ではるばる乗り出して行ったものかなと感に打たれます。フランス語の解説書を買ったので、パリに帰ったらゆっくり読んでみるつもり。

コンティキ号といいフラム号といい、このヴァイキングといい、こうしたものを完全に保存しようとする意図があるのはやはり海の国。それより前に保存しておこうという意思があるのはさすが文明国の一つ。次いで閉館七時という海洋博物館を走り見。これは船の模型等を沢山並べただけのもの。しかしここで帆綱の結び方に六十二通りあるのを知りました。再びフェリーで市庁前に帰り、夕食をとり、折からの夕立の中を宿に帰りました。手紙書き十二時近くに至る。外は一方に星空が見えながら、一方に雨。

これで旅も丁度半ば過ぎましたが、この調子ではオランダ、ベルギーは一寸日が足りなくなりそうです。皆の便りが読めないので物足りませんが、あと半月の辛抱。パリに帰れば溜っていると、それを楽しみにしています。

八月十六日(木)　晴時々俄雨

七時起床。七時半に宿を出、タキシーを拾って駅へ。レストランで朝食。三クローネ一ウール。ともかくノルウェーは物価が高く、スウェーデンより金がかかってやり切れません。

せっかちの松木氏を早々に汽車に乗せてしまって、僕は荷を預けると町へ出ました。勤め先へ急ぐ市民の歩みを公園のベンチで眺めて時間を過ごし、九時過ぎツーリスト・ビュローのベネットへいき、十七、十八、十九日のソグネフィヨルド行きの切符を頼みました。次いで銀行で一万フランと五スウェーデン・クローナを両替。百九十六ノルウェー・クローネとなりました。

そんなことをしている内に俄雨になり、オペラハウスの前で暫く雨宿り。小降りになるのを待って、オスロ大学の正面の建物を二階に上って行きました。向かって右手が解剖教室です。ベルを鳴らして暫く待つとドアが開いて眼鏡をかけた小柄の男が立っている。ドクター・マンネンと言います、と名刺を出すと、私がブロダールですと言う。額に二本、縦皺が寄って、少しく頬がこけ、僕の眼の高さ位迄しかない小柄な人です。白衣を着て蝶ネクタイ。

広い教授室に通され、挨拶が済むと、イタリアから来ている研究者が居て、その人と一寸話すから暫くお待ち下さいと言い、本棚の向こうの隣の机で顕微鏡を覗いていた若い研究者を僕に紹介して後、ニッスル標本について話し込んでいました。済んでやって来てから、僕がフランスに来て、ベルトラン教授の所で仕事をしていること等話すと、それでは病理をやるのですかと聞くので、いやむしろニューロアナトミーですと答え、プロフェッサー小川も僕もフランス神経学がよいと思うので勉強に来たのですと言っておきました。机一杯に図や原稿を広げているので、それについて聞くと、網様体繊維結合に関する逆行変性を用いた研究で、暫くそれについて説明したが、かなりはっきり割り切っているような印象を受けました(こちらの英語があやしいので詳しい事は分からぬが)。

次いで教室内を鍵を持ちながら隅々迄見せてくれました。ここは主任がジャン・ヤンセン教授、それにトルゲルセンと自分がフル・タイムの教授で、三人で講義を受持ち、administrativeなことはヤンセン教授がやる。これは大変な仕事ですと言っていました。レキセード教授と同じ事を言う。僕がどういう動機でニューロアナトミーをやるようになったかと聞くと、学生の時は神経病医になろうと思い、しきりに外来に行ったが、後ニューロアナトミーの大事なことを考え、両方バランスにかけ後者を取ったという答。以前に歯科大学の教授でしたねと言うと、あれは生活のためで、研究の方はずっとこちらでやっていますとのこと。書記の如く、原稿の整理、タイプライター専門のマドモワゼル、例のブロダール氏の論文の図の全てを担当するというマドモワゼル、更にパラフィンで連続切片を切っているマドモワゼルに、切片を飛ばさないように手で制しながら紹介。このマドモワゼルが全部標本を担当している由。オスミウム酸はいくらかと聞くと、一g九十三クローネで高いが、入手は簡単だとのこと。標本室、実習室、シュライネルが集めたという沢山の頭蓋骨、写真室、人類学関係のスタッフの部屋等々。神経生理のカーダ氏の部屋、側索核や中心被蓋束でおなじみのワールベルク氏の部屋等全てを見ました。

死体を入手するのは困難かと聞くと、極めてむずかしく、今一体しかない筈と言う。自分はNucl. cervicalis lat.の比較解剖をやったと言うと、どんなですかと聞くから、その内別刷を送ると言っておきました。又、ゴルジ法で網様体を調べつつあると言うと、何か特異なことがありますかと言うので、目下追究中、帰ると標本が沢山出来ているので忙しい、結果が纏まったら別刷を送ると答えました。

図書室に行くと、ジュニア・ヤンセンが居ました。神経生理に向かう由。すると本棚の陰からヤンセン教授その人が顔を出し、立ってこちらにやって来ました。大柄な重厚な人です。小川教授の鯨の脳の研究は知っています、日本では集め易いですねと言う。教室では誰か生体の事をやっていますかと問うので、解剖教室の助教授がポメラートの所で勉強し、今組織培養をやっていると答えておきました。僕がパリのベルトラン教授の所に居ると言うと、自分の息子はフェッサール教授の仕事に大変興味を持っています。知っていますかと問うので、直接話したことはないですと答えました。

お茶の時お会いしましょうと、そこを出ました。いずれにしろ皆広々とした清潔な環境で仕事をしています。その点日本の研究室の汚さが大変みじめなものに感ぜられます。動物室なども今迄見た他の研究所と同じように大変整っています。しかしスウェーデンの研究室などと違い、設備されているものなど、むしろ我々に近いので（我々のはいずれにせよ貧弱過ぎるが）その点は大変身近な感じ。解剖学教室としての規模は東大の方が遥かに大きい。

一わたり見終わって十二時のお茶の時間までに教授室に戻ると、昨年京大の岡本氏が自分の本を翻訳すると言って来、本屋も金芳堂と決まっているが、これはどんな本屋ですか、大きい所ですか、以前にフルトンの訳本を出した所ですね、この本を出しても売れるでしょうか等、中々こまかく気を配っています。そして図については僕の持って行った脳研の人々の別刷の内の幾つかの図を見ながら、こうした紙でこの程度の印刷では自分は一寸困るというような事を漏らしていました。たしかに印刷の点では日本の学術雑誌は貧弱。そう言われても仕方ない所はあるが、この人の本がオックスフォード版で紙も良く、又、ヤンセン氏との共著も紙の良い点等と考え合わせ、そうした所に気を使うらしいことが感じられた。たしかにこんな所で日本での学問の在り方、日本語というものについて少々憂鬱にならざるを得ません。もっとも彼の論文も教室員の論文もすべて外国雑誌にばかり載り、ノルウェー語のものを見ていないから何とも言えませんが、学術語としての自国語にある程度見切りをつけている点では、彼等も我々も同じではあります。この点我々も考えを変えぬといけないと思う。

十二時にお茶になり、教室員からマドモワゼルの果てまで一堂に集まり、紅茶とお菓子をつまむ。英国の真似か。僕のためにヤンセン教授が椅子を整えてくれ、ブロダール教授との間に挟まれて座りました。ブロダール氏は自分でバタパンを紙にくるんで持って来ていて、それを食べる。ヤンセン教授という人は、小川教授の物など読むと年寄という気がしたが、確かに年寄ではあろうが大柄できりっとした重厚な人。しかし当たりは大変柔らかく、とつとつとした英語を話す。僕が、明日からソグネフィヨルドへ行くと言うと、地図を持って来てここに泊ると良いとか、ここの景色が良いとか丁寧に説明してくれるのが微笑ましかった。お茶が無くなると自ら立ってついでくれたりもします。

飲み終わると皆立って行って終った後、両教授と三人で残ってぼつりぼつり英語でとりとめのない話。日本に何時帰るかとか、飛行機か船か、脳研は大学付属かというような事等。僕が、この国は鰭脚類が日本よりとれ易くないかと聞くと、ノルウェーの領海では漁が少ないとの答。実は動物博物館でもっと見られるかと思ったら少なくてがっかりしたと言うと、ベルゲンに行くともう少しはありますねと笑っていました。茸については、この国の人は好きかと聞くと、好きな人が多いとの話。中毒はと聞くと、一般人がよく知っていてそれは少ない由。月曜日に又会いましょうと、ヤンセン教授と握手してそこで別れました。

ワールベルク君の部屋までブロダール教授が案内してくれ、そこで標本を見ることにしました。ワールベルク氏は終末繊維の変性を用いてオリーヴ核の繊維結合を狙っている人で、最近かなり大きい論文を出しました。背が高く痩せ型。最近メットラーとグルンドフェストの所に留学して帰って来、黒岩氏と同じ研究室に居たと言っていました。講師で中々忙しく、電話や学生の来訪で中断されるのに苦笑しながら、標本を前に自分の仕事を説明。この終末変性を見るには、他の染色の場合と同様、十分正常のものを見慣れないといけないというごく当たり前の事を強調していました。次いで健側と患側のオリーヴの変化を見せたが、二百倍で油浸で見ていくのだそうですが、確かに左右差のあることは認めるが、余りに微細（もっとも電子顕微鏡から見ればまだまだ巨視的ですが）な変化を論じているような気がしました。長い間、しかも一時軍務に服したりしながらよくやったと思いますし、又、それだけ見ているのだから間違いは少ないのでしょうが、一寸見たのでは余りはっきりした変化とも思えぬように思います。ヨーロッパに居る故でしょう、ごく最近の雑誌もよく揃い、又、よく目を通していて、その点誠に羨ましい。僕がゴルジ法で網様体の細胞を調べつつあると言うと、シャイベルが最近それについてやっていて、既に発表したと言う。このシャイベルとも交際があるらしい。別刷を貰いましたが、全て外国雑誌に掲載のもの。

ワールベルク氏が奥さんに電話したら留守。もし居たら自分の自動車で一緒にホルメンコーレン迄行こうという計画だったらしい。二十日の日には是非そうするからと言っていました。ブロダール教授の部屋に戻りながら、今自分は弟とアトラスの出版を準備中だと話すと、早速教授に話す。するとブロダール教授はすぐオルセウスキーの兎のアトラスをご存知かと言い、イタリア人の見ているのを借りて来て見せる。脳研にあるやつです。よく知っていると答えておきました。

ともかくこうなったからには、我々としても最上の物を作って目に物見せてやらねばなりません。ブロダール教授が、二十日の午前十一時に来られたら標本を整えておくから一緒に見ましょう、それからワールベルク君がどこかに案内しますと言う。僕が日本の切手を持っているのを見て、自分の十一歳になる息子が切手を集めているから下さいと言うので進呈、更にパリから送ることを約束しました。聞くと上二人が女、下が男の子と言う。戸口迄ワールベルク君が送ってくれました。二時を過ぎていました。

薄日のさす通りへ出、ツーリスト・ビュローでフィヨルド行きの切符を受取りました。百二十六クローネ。少々高いが何とぞ贅沢をお許し下さい。

駅前のカフェで軽い昼食。駅で今夜の一人部屋をとりましたが、一人だと大変高くつく。五時前そこへ行くと（昨日までの宿と同じ方向で、それより一寸遠く、電車通りの一階。

しかしそれほどやかましくない）十畳位の大きな部屋。女主人は感じよくない、ユダヤかとも思う。

主目的のブロダール教室を見て、やはり大きな刺激を感じます。パリあたりの研究室が大御所らしくずっしりと落着き、一見不活発とも見えるのに対し、ここではアメリカとの連絡も激しいためか、実に能率的に活発に軽快にやっているように感ぜられる。しかし標本の作り方などオーソドックスで、がっちりやっていることは認めねばなりません。前人が既に言っていることでも、新しい方法で見直しているわけで、やり方としては正統だと思うが、しかし量的な面が目立ち、密度というものが少しく稀薄といえば言えましょう。しかしともかく我々に比し活発なことは認めねばならず、負けてなるものかと胴震いを感ずる。脳研の、目に見えないながらも小川教授の築いた土台伝統を拠り所にすれば、我々とても決して劣らぬものが生めるように思う。ただここでやっている事と同じようなことをやっても駄目で、何とか独自のものを打出さねばなりません。帰ったら研究も再編成して、もっと能率よくやって行かねばなりません。苦しいことは苦しく、又、前途遼遠ながら何としてもやって行かねばならぬ。人手も欲しい。設備も必要だ。しかし何よりも意欲です。

さすが北国。手紙書きに机に向かっていると足はかなり冷えて来ます。

脳研に置いてある何例かのゴルジ標本等どうなったかが少々気掛かりでもあります。ともかく色々な人に会い、色々な物を見、僕の人生にとっては画期的なことです。これより得たすべての収穫をこれからの仕事に結集し、大きな夢として脳研にも外国から留学生が来るようなことにしたいものです。これから少なくも二、三十年計画、じっくりと構えてやるつもりです。

栓をひねると、手をつけられぬような熱い湯。ストックホルム以来久し振りにシャワーをゆっくりと浴び、のびのびとしました。ヴァイキング・シップやコンティキ号、フラム号等の由来を書いたガイドブックを読みながら就寝。

八月十七日(金)　晴

今日は七時に起きねばならず、寝過ごすとひどいことになるので緊張していた故か、六時過ぎには眼が覚め、更に頼んでおいたお婆さんが七時前にノックをしてくれたので事なきを得ました。天候は曇り。一寸がっかり。市電で駅に出、駅のレストランで朝のコーヒー。実にうまい。ここでは車掌といい駅手といい、実に人当たりが良くおっとりしている。生活が安定しているのでしょうか。なにしろ職はいくらでもあるそうですから。

八時二十五分発のベルゲン行に乗車。これは特二と全く同じ車で、実に気持が良い。これで二等。かなりの空席があり、僕の隣も人が居らず、窓際を占めて至極快適です。これなら何処迄も乗っていたいようです。雲に覆われた朝のオスロ市の北をかすめて暫くすればもう樹々の中です。駅で買った「フィガロ」を読んで一時間程過ごしました。英仏が軍事的に圧力はかけても、結局武力介入はしまいとカイロには楽観的空気、と書いてある。又、大きなニュースはベルギー炭坑の事故。一週間経っても百以上の死体が運び出せぬと、事態は深刻らしい。今僕の乗っている汽車も石炭車。これを掘るために生死を賭していることも忘れるわけにいきません。

オスロを離れて二時間程する頃から雲が切れ、青空が覗きはじめました。初めは足が冷え、これはズボン下を厚いのにすべきだと思ったのも、陽がさしはじめると車内はホカホカしてきました。昼頃迄は伊豆あたりの風景に似て、なだらかな山の斜面に麦畑や牧の、既に見慣れた景。そして断続的に針葉樹林と湖。それが昼も過ぎてオールを過ぎる頃から次第に山深くなり、山の斜面にはきれいな水成岩の層があらわになり、谷川も水上あたりの渓谷と同じような景が、もっと規模大きく展開されます。写真に撮れないのでこの景を皆に紹介出来ないのは誠に残念です。

ところでこの線の景観はウスタオセからフィンセ、ミュルダールの間に至って極まります。とても書いたってはじまらないので、そのごく一部を示した絵葉書を送りますから、それで僅かでもあれ想像して下さい。即ちウスタオセを過ぎると針葉樹林がぐんと減り、周囲は開けて来ます。汽車の位置も高くなるために、まわりの山をそれほど高いとは思わぬが、高い峰は二千メートル弱ある。すべて岩、岩、岩。あるいは露出して陽を眩く返し、あるいは黄緑の苔を乗せており、雪渓が増す。これから流れる水脈が方々に大小の滝となって落ち、それが集まって湖となり、静まり返り、こまやかに雪嶺を映す。フィンセに至ると、雪渓は大きな氷河の形をとり、雄大な眺めとなります。こんな何の遮る物のない岩の原を汽車は走るので、冬の間の交通確保のため、長い長い木造のトンネル(と言っても地中にあるのではなく、地上に建つ)がいたる所に続いています。そのため景を遮られることしばしばですが、しかし素晴らしい眺め。

フィンセを過ぎると、この氷河や雪渓が汽車の窓から手を出せば届く所迄迫って来て、雪塊が湖に落ち込んでいるのがすぐそこに見える。いわば白馬や穂高の頂上近くを汽車が行くようなものです。何とも豪壮至極です。エヴェレストの岩壁、アイガーの壁もこんなものかなと思いながら仰ぎました。

ところで沿線には保線区の人々の建物でしょうか、孤立した家が時々見られ、戸口には主婦や子供が立って、必ず手を振っています。その家とても貧乏たらしくないがっちりしたもので、窓毎に花を飾り、レースのカーテンを張って住みなしています。何度も書くが写真も撮れぬこととて、あれよあれよと眺めているだけです。なんともそれしか書きようがありません。

これが尽きるとミュルダールに着く迄の間に、深い深い谷のほぼ麓迄汽車が下ります。それもあっという間に下りてしまう。この頃より今迄晴れていた空に雲が湧いて、時々陽を遮り、陽の当たった嶺と陰った嶺とで景に変化を添えました。そしてさっと雨。あとは元の景に戻りました。

ミュルダールから隣に座った老人と英語で話す。ベルゲンの近くの島で公衆衛生に携わっている人の由で、いかにもドクターらしい温厚な人。オスロ大学にブロダール氏を訪ねて来たと言うと、あそこのシュライナー先生は自分の師であると懐かしげ。レプラ（ハンセン氏病）のハンセンはベルゲンの出で、自分たちはそれを大変誇りにしています。日本にも優れた細菌学者が多いですねと言うので、こちらも今のオスロの教室は中々活発で、我々も注目していると言うと満足そうでした。

ヴォスで降りる頃は快晴。ここで手を振りつつ老ドクターと別れ、グドヴァンゲン行きのバスに乗り込みました。五時半に発って着いたのが七時頃。途中の景は箱根の谷か尾瀬迄の道に似ています。それが尽きると大きな湖沿い。途中で夕立にあいました。湖と分かれて一寸上るとこれが分水嶺。ここからは水はソグネへ、ソグネへと流れます。道はここでは舗装されていず、又向こうから車が来るとどちらかが広い所迄バックするなど、日本によく似ているが、どの集落を見ても皆が皆きれいに住みなしている点はどうも異なる。

スタルヘイムという小集落に着いたのが六時半頃。ヤンセン教授が、ここの谷は美しいと言ったが誠にしかり。しかし既にグドヴァンゲンに宿がとってあるので、心残りながら直行。ここからグドヴァンゲン迄そう遠くないことがあとから分かったが、スタルヘイムを出ると、バスはみはるかす深い谷に一挙にググッと下りる。そのジグザグの道を運転手はここが腕の見せ所と、スリルを味わわせつつ下ります。下りながらの景、下りてから下から仰ぐ谷、谷川の水の清さ、美しさ。又、絶壁からは三条の滝。華厳の滝級の滝が幾つもかかっています。途中で、釣った紅鱒をぶらさげたまま乗って来る人がいたりする。手を挙げてバスを停めて。

こんなのを眺めているうちにたちまちグドヴァンゲン着。目の前にフィヨルドの最深部の水が湛えられています。実に澄んでいます。宿はヴァイキングホテルとか。この辺としては中、又は中以下か。しかし鄙びていてよい。禿頭のおやじが英語を話す。夏だけで冬は閉ざすと言う。宿の前にそそり立つ絶壁の頂上から三条の滝。すぐ近くの峰には雪。部屋にはヒーターが入っている。すぐ夕食にしてもらいましたが、スープの後山盛りのハンバーグステーキとジャガイモ、それにデザート。ビールを注文して動けなくなる程食べました。宿のまわりを写真に収め、十時迄手紙。

八時半頃、暮れかけたフィヨルドに、汽笛をこだまさせて船が入りました。既に点灯して、その灯がさざ波に散って美しい。船に自動車が積めるらしく、しばらく自動車の列で宿の前は賑わいました。

手紙を書く窓から対岸に一軒家の灯がぽっと見えます。しきりに滝の音。船が着く迄は僕一人だったこの宿も、少し人が入ったようです。

手紙を書き終るとレインコートの襟を立てて外に出てみました。家も二十軒とはないこの集落。通る人とてなく、船の乗組員たちがこのホテルの露台でビールを飲んでいるだけ。十分程、人のいない谷の道を散歩。夜目にも白く滝と雪が見えます。空には乱雲。その間から空。まだすっかり暮れ切っていないのか、星の光もそれ程強くない。カシオペアが見え、北極星をほぼ頭上にそれを確かめました。大熊座はフィヨルドの嶺に隠れて見えない。かほどフィヨルドの空は狭められて居ます。右に左に滝の響くフィヨルドの谷の道を夜半に歩くのは悪い気持ではありません。

そんなことを思いつつも、頭のどこかではこれからの仕事をどうするかについて、しこりがあります。はっきりした形はとっていないが、ともかく何かやりたいという意欲で一杯です。

八月十八日(土)　晴、しばしば俄雨

七時一寸前起床。朝食。ここでは食堂の片隅にハムだとかサーディンだとかパンだとか、色々な物が並べられていて、それを皿を片手に、食べたいだけ取って自分のテーブルに持って行って、コーヒーを飲みながら食べるわけです。いくらお代りしてもよろしい。腹一杯になって払いを済ませ(部屋代、朝夕食でしめて十九クローネ。一クローネ七十円として千三百三十円程)、八時出帆の船に乗りました。自動車も何もかも乗せてしまう。十八台程も乗ったでしょうか。空は雲が占めているがこまかな切れ目があり、少し陽が射しているといった程度。

フィヨルドの水は実に清く、岸では底がありありと認められるが、一寸岸から離れると相当深いのでしょう、深青緑色となり静まり返っています。甲板に出て遠ざかるグドヴァンゲン、その上にかかる滝、更に谷の奥にのぞく雪渓を飽かず眺めました。時々そこを雲がかすめる。ともかく規模が大きく、地球上には色々な所があるものだわいと、至極平凡ながら感に打たれました。切り立った崖の一寸し

た平たい所には必ずといってよい程小集落がありますが、まわりが大きい故か何だか玩具の家のように見える。教会や墓地等がひっそり置かれていたりする。甲板の上は相当に寒く、今朝長いズボン下をはいたので大助かり。東の方に細く続くフィヨルドの支脈からは、雲を越して朝の陽が射し込んで来る。一時間程で最も細い部分を抜けるとぐっと開け、幾つかの支脈の合流点になります。

ここでベルゲンに行く船と、フィヨルド内の他の船着場に行く船と、三艘が互いに相接して乗客と荷の交換をやる。済むと汽笛を鳴らし、フィヨルドにそれをこだまさせながら次の船着場へ。カウパンゲルという所。ここでラルダールに行く人は船を乗り換えて下さいと言う。そこで下におりて荷を探しに行ったらもぬけの殼。船員に聞いてみると、僕の荷を置いた場所はベルゲン行きの物を置く所で、さっき三艘くっついた時ベルゲン行に乗ってしまったとのこと。そこで船長に聞くと、それではすぐベルゲン行の船の次の寄港地に手配すると言う。もし今日間に合わねばオスロへ送りますと言う。実に肌障りが柔らかい。皆の想像ではさぞ泡を食ったと思うでしょうが、旅慣れて来、更にここでは絶対に物は無くならないから決してあわてるに及ばぬ。ただ余計な時間を食うのが一寸困る。船長によろしく頼み、ラルダール行の船に乗り込みました。

ここからラルダール迄は遠くなく、又、フィヨルドもかなり広く比較的単調。しかしともかく規模が大きいもので写真にもなりにくい。ラルダールに近づく頃俄雨。その一方には今通って来た方は陽が射しています。船着場の左手に聳える大岩壁は実に見事。苔むして何とも言われぬ色。今乗ってきた船の船長にも荷の事を頼むとすぐ電話してくれましたが、それらしい荷が見付かったから今夜十時ラルダール着の船に乗せるとのこと。この船長も誠に柔和な人で気持が良い。こんな荷のことで世話にならなかったとしても、誠に良い態度だと思います。

フィヨルドの最深部の一つであるこの入江は一入静まり返り、海面すれすれの平地の上には、水に姿を映しながら牛たちが草を食んでいます。そのすぐそばからそそり立つ大絶壁の頂には雪。そこを雲が静かに這って行く。家々もすべて木造。校倉式の家等もあり、誠に鄙びています。ホテルは敬遠してペンションに入って一晩幾らかと聞くと八クローネと言う。部屋は屋根裏。面白かろうと決めました。マドモワゼルが金髪、黒の毛のセーターに緋のスカート、そして中々の美人。英語をしゃべる。ところで今日は荷のことさえなければニストーヴァという実に美しい所(ヤンセン教授の勧め)に宿を取ろうとしたのですが、それが駄目になったので、十時の船までバスの都合がよければニストーヴァ往復をやろうと時間を聞くと、あまり都合はよくないがともかくあるので、昼食をとって出掛けようと通りに出ると、船中で顔見知りのノルウェー人夫婦（子供一人連れ、その他にも一人男の連れがいる）が自動車に荷を積んでいるのに会ったので会釈すると、マダムが僕にドイツ語をしゃべるかと問うので少しと答え、たどたどしいドイツ語で、ニストーヴァで泊るつもりだったのに、荷のことでここに泊らねばならぬ。しかしニストーヴァ往復をしたいがバスが高いと言うと、マダムが、よければ一緒に乗りなさいと言う。しばらく考えたがそれも面白かろうと乗り込みました。

歯がゆい位ドイツ語が出ないが、それでもマダムと話は辛うじて通じる。二人の男はノルウェー語しか出来ないのでマダムが通訳。東京には高い建物はあるかとか、原爆はどうかとかいうような質問。子供は四歳になる男の子で、この他に二人の娘がいると言う。オスロの東南で、スウェーデンに近い所に住んでいると言う。自動車（かなり古いが）で休暇旅行中だと言う。僕の感じでは農民ではないかと思う。

一時間程行くと川べりに一寸広い場所があり、ここで一緒に昼食を食おうと言う。谷川の水を汲んで来て、これにジャガイモをぶち込んで茹で、人参と青エンドウを切りながら人参の一切れずつを配り、生でもおいしいから食べろと手真似をする。最後にレバーソーセージをバタで炒めて支度終り。岩の間の青草の上に毛布を敷き、各自皿を持って座り、黒ビールを飲みながら満腹するまで食べる。子供も僕になついて、支度の間、谷川の縁まで下りて石集めをやって遊ばせたが、四つというのに大きくがっちりしている。彼はノルウェー語、僕は日本語で、あとは互いに意思疎通。親が食事の用意が出来たと言っても、遊びに夢中で耳を貸そうとしないのをだまして食膳へ。彼も黒ビールを飲む。食べている内にかなり激しい俄雨。雲がすっかり谷を隠す。慌てて車に入って食事続行。デザートに桃の缶詰を開け、そのジュースに濃い牛乳を入れて食べる。実においしい。食事が済むと小降りになった雨の中を出発。三時一寸前。ニストーヴァ迄行くのはあきらめ、行ける所迄行って向こうから来るバスを停めようということにしました。

ある時は島々から上高地迄のごとき道、ある時は広い谷の底の道。右に左に太い、或いは細い滝のかかる大山塊。谷の広い所では牧が開け、バス道の両側には延々と柵が作られているのは、動物が道に出てこないため。フスムの近くの青の洞門のごときトンネルを三つくぐった所で自動車を停め、とうとうと落ちる滝を覗き込み、鱒がいないかと話し合っている。マダムがここでよく鱒が跳ねるのが見られると説明。生憎居らぬ。雨も止んで陽の射す道を先へ。途中で働いている大工にこの辺に鱒はいないかと聞いています。答に、この辺は水はあまりに冷たく、沢山は居ないとのこと。車内では各自勝手なメロディを口笛に乗せて賑やか。谷川の中には時々毛針釣りの人が竿を振っています。女性も混っている。

しばらく谷の底の道を走ると、ゴールとファーゲルネスへの分かれ道に出ました。親切にも降りて人にバスの時間を聞いてくれましたら、あと三十分程すると来ると言う。それ迄一緒に待ってくれるのには恐縮。先へ行ってくれと言うと、我々にもよい休息の時間だ等と言う。子供を肩車に乗せて遊ばせ、時間を過ごす。人を疑うことを知らないような微笑み、自然に対する深い愛情、質実と素朴さに接して心清まる思いです。荷でごたごたしなければこんな体験もしなかったかもしれず、何が幸いするか分かりません。バスが来て、また会うこともないであろうこの親切な人々と、手を振り合いつつ別れました。ノルウェーの谷での忘れ難い思い出です。

バスでラルダールに着いたのが六時一寸過ぎ。六時半に着く船にひょっとして僕の荷が載っているかもしれぬと行ってみると、昼の船長。カウパンゲルで聞いたところによると、荷が十時着の船に乗ったかどうか不明とのこと。もし載っていなければ明日夜十時になると言う。ともかく今夜十時に来てみると約す。

この船でグドヴァンゲンからやって来た松木氏としばらくラルダールの町を散歩。俄雨が降ったり止んだりの暮れかけたフィヨルドの空一杯に虹。実に美しかった。真紅な夕焼が空を覆う。牛たちも今日の草をはみ終ってねぐらへ。かもめも水に降りて羽を休めるのが多くなり、谷の中には音一つしません。静寂そのものです。八時、宿で夕食。隣の、パリからやって来て、ユースホステル泊り歩きのフランスの若い男女と話し込み、十時の船迄時を過ごしました。女性の方が風邪をひいていて、今薬屋でこの薬を買ったがこれでよいかと聞く。キニーネ。

日本の復興はどうか、工業が盛んで羨ましいと言う。この連中は、フランスが内憂外患で今最悪の時であり、それに化学工業等も見るべきものなく、実に憂鬱だと言う。フランスの医学は果してよいかどうかについても質問してくる。素直なよい連中でした。その傍らに酒を酌み交わす二人のノルウェー人。その一人もフランス語を話す。僕が荷の一件を話すと、ノルウェーでは絶対無くなりませんと断言する。今夜着く事を祈るとの皆の声に送られ、とっぷり暮れた船着場へ。

家々の中ではピアノを弾いたり、ソファに深々と埋まって話し合う、家庭団欒の景等が見られます。船が明々と灯を点して小さい岬を回った所。ここで汽笛を鳴らす。これが長いこだまとなってフィヨルドの静かな夜の気を揺する。これ実に印象深い景です。船が着くと客の間から船員が僕の荷を持って来てくれたのを認めてやれやれです。おめでとうと握手する。これでよしと軽い歩みで、加茂街道のような右に岩、左に水の道を五分程。家並の灯に戻りました。

気も晴れて十二時迄屋根裏の部屋で手紙書き。下のカフェは若い者の溜り場とみえ、男女がわいわいやっている。十二時近くなると歌を歌ったり、があがあ大声に喋り合ったり、中にはおどけたのが雌鳥が卵を生んだ時の鳴き声を真似しながら帰って行く。あとは静寂そのものに返る。

ノルウェーの片田舎の安宿での一夜。屋根裏部屋のことで頭をぶっつけながらベッドに入る。便所は焼けたとかで、野外に仮小屋。日本の農家のそれとほぼ同じ。ヨーロッパに来て初めて、水洗でない便所にぶつかりました。

灯を消すと密かに窓に雨の音。どうも天候は悪くなるらしい。明日六時に起きるので目覚ましを借りて掛けてあります。どこかの部屋からぐーぐーと鼾。

八月十九日(日)　雨

六時起床。谷の中は霧づいています。宿の人間も目覚めないので時計の下に十クローネ置いて出発。船着場に近いバスの発着所迄歩いて行く内にぽつりぽつり雨。早朝のこと故自転車に乗った人に三人会ったきり。牧には牛も出ていず、時々かもめの鳴声が静けさを破るのみ。フィヨルドの中は波の音一つ立ちません。暗いが、名残にカラーを一枚撮りました。

七時十五分発のバスは僕だけ。まるで貸切り。途中で鉄砲を持った鳥打帽の顔の皺くちゃのじいさんが乗って来たので、手真似でカモシカ狩かと言うと、山の壁を差してそうだと合点する。しかしカモシカか兎かは分からない。昨日、車に乗せてくれた人々と昼食を食べた場所も雨の中。あの人々と別れた分岐点からようやく相客が乗って来る。まわりの山塊には雨雲が走る。かもめがかなり奥迄入って来て山畑に羽を休めている。早起きの山羊(?)がバスの音に慌てふためいて逃げる姿が愛嬌たっぷり。道の端で母娘が牛の乳を搾るのに、運転手は手を挙げて朝の挨拶をして行く。

ニストーヴァを中心とするあたりは一段と高い高原で、雪嶺が近々と迫り、大きな湖が開けているといった所で、余りに景が大き過ぎて繊細な景に慣れた目には一寸も感興が湧かない。もっとも晴れていたら別でしょうが。ニストーヴァで次のバス迄待つことにし、レストランで朝のカフェ。外は冷雨。出てもしようがないのでコーヒーを飲みながら手紙の続きをしたためました。室内は暖房していてほんのり暖かい。雨の岸辺には牛や緬羊(?)が平気で草をはんでいます。

次のバスでやって来て、今晩ここで泊るという松木氏と入れ替りにバスでファーゲルネスへ。湖や川に沿う変わりばえのない風景。ともかく山、山、山です。全く見るべき平地が無いという点、日本よりもうわてです。農作物等もこれで自給自足は無理なのではないでしょうか（細かい数字は知らない）。バスの中では朝のミサのラジオ中継。そういえば今日は日曜です。賛美歌に合わせて英国の娘等もこの国の人も低い声で和したりしている。こういう風景を見るとやはりヨーロッパはキリスト教によって結び付けられているのだなということを実感する。

　僕の前の席には赤ん坊が乳母車の箱（車を取り外し）に入れられて置かれている。親たちは隣の席に居て時々目をやるだけ。乳の時間には牛乳瓶をあてがってやるだけ。赤ん坊も自由を享受するかのように一人で何か言いながら時を過ごしている。これでもよいのだと思う。日本では少し構い過ぎるのだという気がする。

　居眠りをしたりしている内、一時過ぎファーゲルネス着。駅のレストランで食事。コンビーフとジャガイモを炒めて、汁で少しのばしたもの。量多し。それにしてもこの国の人は野菜をどうしてこう食べないのでしょう。家庭では知らぬが、レストラン等ではひどいものだ。トマトの高いこと高いこと。

　一時五十五分発車すると、しばらく林の中に茸の多いのに眼を奪われていたが、眠くなり四時頃迄眠ってしまいました。外は相変らず雨。景も相変らず山と林と湖と牧と。日曜のこととて家族連れのウィンドヤッケ、リュック組が多い。スポーツ好きの国民というのがよく分かる。年老いた女性でもジャンパーやウィンドヤッケにリュックでぐんぐん歩く。

　車中、帰国後の研究計画を色々考える。当地で色々の物を見たが、結局一人で出来る範囲というものはそれ程多くないのだから、やはり少しずつ進める他ない。当分はゴルジ法による仕事と、アトラスの完成のための文献整理、実験生理的な仕事、更に動物脳、胎児脳の蒐集に努めるつもり。

　午後七時オスロ着。荷を預けカフェテリアで夕食。ビールとソーセージとジャガイモと少量のキャベツ。インフォメーションで一夜八・八クローネの所を紹介され、市電で行く。学生の寮みたいな所。応接間のソファをはずした急造のベッド。手紙を書くとすぐベッドにもぐりました。

八月二十日(月)　午前雨、午後快晴

　八時半起床。ゆっくり眠って快調です。身支度を整えると電車で駅へ。荷を預けて駅のレストランで朝のコーヒー。今夜のオスロ発の汽車の切符を予約にツーリスト・ビューローへ。事を終えて出ようとすると篠つく雨。やむなくビューローの中で家に絵葉書をしたため、雨の上るのを待ちまし

たが、当分やみそうもなく、ブロダール教授と約束の十一時も迫ったので、帽子を被りレインコートの襟を立てて、郵便局へ絵葉書を出し、ついでカール・ヨハンス通りをびしょ濡れになって上って行く内、雨は上ってしまいました。

オスロ大学に着き、ベルを鳴らすと丁度ブロダール教授も、今日ここを訪ねたというフランスのオールド・ミスの相手が済んだところ。忙しくて約束の標本がまだ出してないと断り、すぐ探すと言う。イタリアのモラッチの弟子という若い人が使っている顕微鏡を借りる。教授は口笛を吹きながら終末変性の標本探し。

やがて出して来て、これは脊髄網様体繊維に関する論文を書いた時の物だと言い、オリーヴのちょっと吻側のあたりに最も密集するというので、その高さの標本を検鏡。あちこち油浸（必ず油浸とのこと）で探していたが、この標本はそれほど適当でない。銀染色ではある物は良く、ある物はうまく染まらない。どうしてですかねと言いながら、なおあちこち探していましたが、そのうち紙を持って来て鉛筆でシェーマを書きながら、ここの所に見えるのが終末繊維の変形だと言って僕と代わりました。

ところで、よく見てもそれが特異な変形なのかどうか一寸はっきりしない。ミクロシュラウベをしきりに動かして眺めていると、どうですかと言うので、首を傾げてIt is very fine.（微細の意につかったつもり）と言うとそうだと言う。そこで僕が、そこらによく見当たる繊維の切れっ端みたいのを指して、これも終末変性かと言うと、I think so, but it is not quite sure.と言う。そういう場所がいくつかある。その内向こうが、健側と患側を比べてみると分かりますと言うのでやってみるが、僕には見慣れていない故もあるのか、はっきり摑めない。教授は側索核繊維結合の研究に使ったものの方が分かりやすいかもしれぬと言いながら、別の標本を出してきて、又説明しながら見せ、この方法は染まりさえよければusefulな方法だと思いますと言う。ところでこの例も、僕の目が慣れない故もあろうが、そうはっきりしない。むしろ分からない。イタリア人にも見せたりしたが、彼は元来生理畑故はっきり分かるはずはなく、ただ身をかがめて、成るほどというような顔をするだけ。僕は、なんだ、こんな微細なものか、すぐには認めかねるぞと、標本をのぞきながら闘志がむらむらと湧いてくる。

しかし微細な変化とはいえ、元来が微細なものだから致し方ないとして、又、こちらの眼が慣れておらず、あちらはそれで何年かやっているのだから、その点は十分考慮に入れるとしても、染色の不安定さ、所見の判定に極めて慎重な態度でかからねばならぬという印象を深くする。しかも発表論文ではっきりした変化があったと記してある標本にしても、長い間眺めていねば分からぬようなのは困る。向こうは自分等の長い間の経験によると言って自信たっぷりのようだが、ワールベルク君と話した時も、この方法は中々むずかしく慎重を要すると言っているから、その程度の慎重さは忘れてはいまいと思うが。僕が色々の像を紙に書いて、これは変性か、あれはどうかと色々聞いても、時々はっきりせず、ここには変性繊維が沢山あると言う所にも僕にはそれ程はっきりしない。僕自身、顕微鏡下のものはそう易々とは見逃さないつもりなのだが、これは僕の眼が慣れていないためと考え、帰ったら自分で再検するつもりで一応切り上げる事にしました。

次いで脊髄網様体の逆行変性を見せましょうと、延髄網様体の大細胞の虎斑融解を見せたが、これは猫の生後八日目のもので珍しいものではない。ただ、脊髄の傷で、ここに変化を起したのが得意なことは分かっているが、これはパペスだって既にやっていることだし、そう珍しいことでない。次いで僕が、猫のオリーヴ核の細胞は生後五十から六十日を境に、小脳の傷に対する変化の仕方が異なるのを見たが、これはどう考えられるかと問うと、自分の場合もその位だ、どうしてだかは分からぬと笑いながら、一九四〇年発表のグッデン氏変法の別刷をよこしました。

そんなことをしている内に十二時になり、お茶に行かねばならぬので腰を上げました。机の上にゴルジ法の写真があるので何かと聞くと、最近シャイベルから送って来たのだと言う。中々きれいな写真。それに最近米国の某（一寸度忘れした）の染色で染めた終末装置だと言って写真を見せたが、これは一寸見事でした。こんなのを見ると又々闘志が湧いて来て、何を何をと思う（この写真も送って来たもの。オスロで染めたのではない）。

お茶の時はヤンセン教授の隣で、僕とブロダール教授との間にはフランスのオールド・ミスが座る。これはヤンセン教授のところに鯨の胎児の標本を見せてもらいに来たらしい。ヤンセン教授とは旅の話。スタルヘイムがよかったと言うと、わが意を得たというような顔をする。そして鱒釣りをしませんでしたかと言うので、しませんと言うと、あれは実に高価なもので、金持でないと不可能、自分は曽てやったことがないとのこと。まことにこの人は威厳の中に暖かみを備え、教授の名に相応しい人だと思います。お茶を終えると教授たちも自分の茶碗は自分で洗って棚にしまって部屋に帰って行く。ブロダール教授が、ワールベルク君の部屋に案内しに連れて行きながら、階段の途中で、私の本が翻訳された場合、日本ではよく売れると思うかと言うので、そう沢山は売れぬと思うが、日本では神経学を目指す者が多くなっているからよいでしょうと答えておきました。たしかに纏まった本ではあると思うが、安藝さんが精力を費して訳される程のことはないと思う。むしろ安藝さんとしてオリジナルな仕事をされ、それを外国文で出されることの方がより重要だと思う（何か機会があり、安藝さんから質問があったらそう答えておいて欲しい)。

ついでにヤンセン教授に別れの挨拶。小川教授によろしくとのこと。又、ワールベルク氏の部屋でブロダール教授とも挨拶。See you again somewhere, if possible in Japan.と言うとI hope so, but it is very expensive.と言う。自分は車も持たぬがワールベルク君は持っているから見たい所があったらご一緒して下さいと言い、去っていきました。

ワールベルク君の家に行くべく大学の前の広場を歩いていたら、彼の甥という、これもドクター(内科医。今生理教室に居るという)と会い、これが車を持っていてホルメンコーレンなら一緒に行こうと言うので乗車。僕がオスロには公立病院はあるかと問うと、大学付属が二つある、通りがかりに寄って行きましょうと言う。どちらも綺麗で広い敷地の中に散在し、特に新しい方はスカンジナヴィアで一番大きいとかでご自慢。伝染病、特に消化器のそれは少なく、そのための病棟は実に小さいという。事実白樺林の中にコテイジの如くひっそり静まり返っている。梅毒もごく少なく、レプラはベルゲンに八人いるだけとか。小児麻痺は五年前に大流行があったがその後は減り、来年春までにはソーク・ワクチンも広く行われようとのこと。またクル病はごく少ない由。そのかわり痛風や神経痛は多いらしい。社会保障制度は完備し、入院には一文もいらぬとのこと。

ワールベルク君は一九五三年から五四年迄コロンビアのグルンドフェストの所に居た由。アメリカの奨学金だと言う。ノルウェー政府のスカラーシップはないかというと、ヨーロッパ内ではあるが、アメリカ迄は遠いのでアメリカの金でないと無理とのこと。アメリカの研究室はどうかと聞くと、アメリカのような大国よりも小国の研究室の方が完備されていますよと(ニューロアナトミーについての話)、暗に自分たちのそれを誇っているようでした。マグーンの所はあれは生理学教室ですと言っていました。途中、建築中の大学各学部の前を通り過ぎたが、天文部はここでは極光の研究をやっていると言う。

オスロの冬は十二月から四月初め迄で、本格的寒さは十一月頃から。雪は深いが除雪の設備良く、交通が絶えることはまずない由。学校も冬休みが特に長いことはないとのことで、今日から小中学校は夏休みが終り新学期とか。

住宅地の間の坂をぐるぐる回ると、ぽっとそこにホルメンコーレンのジャンプ台が聳えていました。思ったより小さいという感じ。台の中はレストランとミュゼとか。台の直下は池になっていて、冬は凍って一万人の人が乗っても大丈夫という。先を急いでいるらしいので、登りたいのをやめてまた車へ。山のてっぺんに登り、ここからオスロのフィヨルドを一望のもとに収めました。冬はこの辺りはスキーの人でそれこそ大変だという。ここでは男女共すべてがスキーを楽しむのだそうです。

ぐるぐる坂を下りながらの話に、日本では教授はどの位年俸が出るのかと問うので、（月四万が最高だが、まあ話の綾でこれを平均とし）年四十万位だと言うと、これを一クローネ七十円と計算してそう悪くありませんねと言う。それじゃあこちらではと聞くと、年俸二万五千クローネと言う。これでは日本とは比べ物にならぬが、これで悪いと言うのはやはり生活程度が高いためでしょう。又、税金の事については、日本では二万の月収だと約一割だと言うと、自分たちは三割以上、ノルウェーは実に高い。スカンジナヴィアでも一番高いと不平タラタラ。しかしそのため入院だとか色々の保証は得られると言う。ニューロアナトミーや生理を志す人がいるかと聞くと、地位がないので極めて少ない。研究が済むと皆クリニックにかえってしまうとのこと。程度の差はあれいずこの事情も同じです。

三時一寸前大学の前に帰り着き、美術館の前迄歩きながら別れの挨拶。勝木、黒岩氏によろしくと言う。いずれにせよ、この若造を、教授はじめいやな顔せず気持ちよくもてなしてくれたものと、深い感謝の意を表するにやぶさかでありません。

昼食後、国立美術館に入って見る。見るべきものはロダン、マイヨール、デスピオ等の彫刻数点と、セザンヌ、ゴーギャン、モネ、ルノワール、ドガ、マチス、ボナール、マルケ等の絵だけ。四時の閉館迄居て出ました。次いでデパート等のぞき（日本のデパートは本当に活発だと思う）、駅に出、ここから港に行って、遥かにフラム・ハウスを見ながら波止場で釣りを見、釣れないので馬鹿らしくなって、またカール・ヨハンス通りの広場のカフェに入って、オスロ大学を目前にしながらビール。

ともかく勤勉なこの教室を見たことは色々な意味でよく、今後大いにふんどしを締めてかからねばと闘志を湧かし得たのは収穫でした。ブロダール教授にしても二日も潰して案内や標本を見せてくれたわけで、日本では一寸考えられぬ。そんな点でも色々参考になりました。好敵手ござんなれというところです。多くの人々の協力を得て、日本人の業績がもっと広く広く認められ、世界をのし歩けるよう努力を傾注せねばならぬと思う。文献整理、タイプライター、原稿の整理、写真の整理等、又、図の制作等にも、今後直子にも働いてもらわねばならぬことがぐんと増えると思う。基礎操作が既に工場化されているここらあたりと太刀打ちするには、日本では一部それを家庭に持ち込まねばならぬのが現状だから。

駅で松木氏と会い、荷を整理して九時のノルド・エキスプレスに乗車。約二週を送ったスカンジナヴィア半島を後にするわけです。折からほぼ満月。席は特二と同じリクライニングシート。ヴァイキング・シップの由来を読み、これが明治の初めから三十八年位迄の間に次々と三隻オスロ・フィヨルドで見付かったものであり、九世紀頃のものであることを知りました。これと共に王を葬ったものらしい。その骨から王が関節炎だったというようなことも問題になっているらしい。

車中にドイツから来た子供等が大勢乗り、賑やかなこと。賑やかを通り越してうるさい。しかし一人も乗客は文句を言わぬ。その内、向こうもこっちも寝てしまいました。

八月二十一日(火)

ノルウェー、スウェーデン国境、スウェーデンのヘルシングボリ近くで再度官憲のパスポート検査に起されながら、かなりよく眠りました。ヘルシングボリは八時前。汽車に乗ったまま連絡船へ。甲板に出ると朝の空気が寒い程。「ハムレット」の城の朝姿をカメラに。この前バスで通った所を見え隠れにコペンハーゲンへ。オーゼンセ行きの列車を待つ間の四十分程を利して洗面、髭剃り、次いでビュッフェで朝のコーヒー。北欧のコーヒーはつくづくおいしいと思う。コペンハーゲンの駅は既に懐かしいものになっています。コーヒーが済むと急いで汽車へ。九時四十分の発車。

山、山、山のノルウェーを見てきた目に、デンマークの畑、畑、畑の景が広々と開けています。全くこうも違うものかと思う。たった細い海峡を越しただけで、野菜や、更にノルウェーでは余り見掛けなかった(殆ど見なかった)オレンジやバナナが豊かに店に見られることも大きな違い。ニュボー上陸手コアセーに着く頃は空が曇り、俄雨模様。この海峡の連絡船の行き来の頻繁なことはえ前で強い雨。この海峡の連絡船の行き来の頻繁なことはえらいものです。かなり大きいのが五、六隻も行き交う。ところがオーゼンセに近づく頃は晴れ上り、駅のレストランで食事をする頃は快晴。

スウェーデン、ノルウェーに比べると、デンマークの料理は安くてうまい。ビフテキで満足。ビールもよし。町の中央のビュローへホテルを世話してもらうため行ったら、宿屋で交渉してくれと、ここは馬鹿にあっさりしている。宿を二軒ほど掛合い、二人で十四クローネの所を見つけ、荷を置くと町へ。

先ずアンデルセンの家へ。近代的な建物の陰に鄙びた家並みがあり、中々きれいな町です。しかし方々を見ているので、またかと思う(しかし、このまたかと思う所に問題があると思う)。この町の人はジロジロ見るが、温かい眼だという感じが強く、こちらが手をあげるとすぐ答える。二、三度聞いてアンデルセンの家へ。

この前で少年がツーリストに誰彼となくサインを求める。アンデルセンの元来の家はごく一部だけで、これに建物を追加してミュゼにしてある。原稿やデッサンや写真や彫像や遺品や文献等々。彼に関する壁画もある。二階は各国に訳された彼の書物や文献の戸棚。日本のも随分ある。節子に絵葉書や、アンデルセン自身の作った切紙工作を絵葉書にしたものを土産に。家の前で、赤い服を着た、本当にお伽の国から来たような郵便屋を写真に。頼むとポーズする。

次いで教会の横を抜け川べりへ。ここの中の島（うんと小さい）の芝生の中にすばらしく美しい花壇がある。川べりにはアンデルセンの像。次いで彼の生れた家へ。歩いているうちにもともかく悠長な雰囲気が漂っていることが分かる。町全体の彩りも美しい。再びアンデルセンの家の前を通り、カフェを見付けてコーヒー。ここで絵葉書書き。

駅に出て食事。シャンピニオン・オムレットとサラダ。サラダが甘く味をつけてあるのに大閉口。北欧の料理は甘口とは聞いていたが、かかる伏兵があろうとは。八時宿へ帰り、洗濯の後十二時迄手紙。

明日二十二日午後の汽車でハンブルクへ。同夜八時半ハンブルクのアルトナに着く筈。アルトナは衛生学で有名な所。二日程居る予定。元気一杯ですからご安心の程を（原稿の発表はご遠慮下さい。固く。あと十日で皆の手紙が見られます）。

八月二十二日(水)　晴

八時起床。快晴です。松木氏はもう一泊すると言うが、僕は今日午後のノルド・エキスプレスに乗ることにして宿を出ました。先ず家に手紙発送。デンマークの切手は少しも美しくないが色々貼って出しました。キェルケゴールのが一枚ある。駅のレストランでのカフェは美味しかった。

町を南へ下り、教会の裏のアンデルセンの銅像の前の川で白鳥やアヒルに餌をやっている老夫婦を写真に。次いでバスで市の南郊にある公園へ。ここにはスカンジナヴィアの諸国のどこでも見たように、農家の諸形式を広い場所にあちこち散在させてあります。家屋は茅葺きで日本のと実によく似ているのがある。大きな風車小屋があり、中に入ってその構造を初めて見ることが出来ました。植込みの中に数個の茸。イグチの類。ここを出て、一人で美しい川沿いの道を動物園へ。この道は一方は野趣のある水鳥の泳ぐ野川に、他方は開けた草原に沿い、時々川の彼方にまことに夢のように美しい彩りの家が見えたりして全く美しい。一部井の頭あたりの景に似ていようか。ここを歩いている内に雲が湧いて俄雨。レインコートの襟を立て、森の中に道を変えてしばらく行くと動物園。森の草木にはすべて名が付してある。

動物園は、はじめ、見ぬうちは大したことはあるまいと思って行ったのに、規模はなるほど小さいながら、その雰囲気の楽しさは十分訪ねただけの甲斐がありました。種類も中々揃っていて、象夫妻に子象二頭で四頭、ライオン雄雌で三頭、虎二頭、シマウマ類二頭、ノロ（シカ）三頭、キリン一頭、アザラシ二頭、アシカ五頭、猿約十種、その中にはチンパンジー、一九四六年生れと一九五二年生れが二頭の、合わせて三頭、カモシカ二頭、ツキノワグマ三頭、ペンギン数羽、インド産大コウモリ三頭等々。それにバイソンや鳥類。園内に小さい囲いがあり、ここで定期的にサーカスをやるらしい。アザラシ等、我々の手から餌を取り得る距離にあり、その他の動物はなおさらのこと、人と動物が一体になるようになっています。アシカが水を入れ替えてもらい、まだ池に水がちゃびちゃびの程度なのを、喜んでか歯痒がってか、入れ替わり立ち代わりその僅かの水の中を、子供が滑り台で遊ぶようにすーっと滑って歩き、くるりと体を裏返す。そのおどけた格好に思わず一人で吹き出しました。よい具合に雨もやみゆっくり眺めました。こうした静かな環境に飼われる動物は幸せです。

バスで駅に帰ったのが十二時。その途中の家並の美しいこと、人々の服装の整っていること。通りすがりの者の眼からは、少なくも貧富の差というものは極めて小さいように思います。人々はじろじろと見ますが、少なくも人を疑うような眼ではない。

駅のレストランで昼食。ここに居る間中、このレストランで食事をしたわけ。北欧三国の内でデンマークが一番料理がうまいとの名にそむかず、安くおいしかった。ビールもよく口に合いました。靴を磨かせたり、荷を受取って整理したりしてホームに入り、十分程遅れたノルド・エキスプレスに乗り込みました。座席券を三クローネも取られ、デンマークの金が足りぬのでマルクで払いましたが、中はがらがらで六人のコンパートメントにハンブルク迄僕一人。北海道で初秋に見たとよく似た、羊のような雲が地平から湧いて静かに平らな広々とした野の上を滑って行きます。いまや麦刈りの最中、殆どが機械力でやっています。

フレゼリシアから混むと思いきや、空いていてホームはがらがら。男の子数人がホームで遊んでいて、手を振るとニコニコと寄って来て、一人が飴の袋を差し出して取れと言います。一つ貰うと発車。見えなくなる迄手を振っていました。こんな一寸したことが旅の印象を特に良くするものです。しかもその国を去る時においては。

ドイツとの国境迄の間に、野原の真中の木のかげに小さな鶏小屋があり、百羽も居ましたろうか。こうしたことは盗人がいたり、又、台風や天災の多い国ではとても出来ないことかと思います。

フレンスブルクでドイツに入りました。西日がヂリヂリと照り付けます。ドイツに入ると家々のまわりの家庭菜園等、少々ごちゃごちゃして日本のに近くなり、又、全体が少しく薄汚くなります。そして人々が忙しそうに、どっちかというとせかせかしているように思う（日本とは比べ物にならぬ位ゆったりしてはいるが、北欧諸国に比べれば）。しかし一つは農業の国、一つは工業の国という感じは、鉄道沿線や駅の荷の集積所を見ただけでも歴然です。

七時過ぎハンブルク中央駅に着きました。中々大きい町です。駅も今迄の国で見なかった程、人の行き来がはげしい。駅の案内所でドイツ語で宿の紹介を頼みました。理乙で鍛えた甲斐あってか、自慢じゃないがこの程度の用事は完全に遂行出来ます。駅の近くで、一晩五マルク（五百円）。荷を提げて地図を頼りに行きました。北欧諸国の応対と異なり実に事務的。従ってこちらも事務的で仕事は早い。荷を置くと暮れ初めた町へ出、停車場でビールとハムとジャガイモとブレーチェンで夕食。ビールは北欧のより少しく甘口。僕には前者の方が合うように思う。ブレーチェンはフランスのパンとよい勝負、おいしい。満ち足りました。

次いで夜の繁華街をショーウィンドウのぞき。物が豊富、活気があるように感ぜられる。家で買ったクラスの冷蔵庫が五百九十九マルクだから（一マルク約百円）日本と大体同じ。背広上下で一万二、三千円も同じか。しかし活気はあるが何となく人々は粗野。フランス人とは全く肌触りが異ります。夜の港ものぞいて見たが、活気を呈しているのには一寸驚きました。雲の合間から時々満月がのぞく。十一時、駅でまたビールをひっかけて宿へ。十二時半迄手紙。

八月二十三日（木）　晴

午前八時過ぎ起床。カーテンを繰ると向かい側の家の上半部にはかっと朝日。空は紺碧。アムステルダム脳研究所ボック教授とライデン大学フェルハールト教授に手紙をしたため、九時に宿を出ました。レインコートがないと肌寒い。駅でたまった印刷物をパリに出したら六マルク取られたのは痛かった。

朝食は駅で立食。ウインナーソーセージを茹でたの二本とブレーチェンとショコラで一マルク一ペニヒ。こうした場所もぴんと勘で当てるのですが、近頃は百発百中で大体間違いない。ウインナーソーセージがふんだんに食べられるのは何としても有難い。駅にある肉の加工したものだけを専門にした店を見ても、ハムやソーセージの種類が実に多い。しかもどれもうまそうです。僕の好きなサラミ等もとても安い。

駅前から十六番の市電に乗るとハーゲンベック動物公園に行くことを地図で知り、乗り込みました。ところで今迄の北欧諸国でもフランスでも車掌というのは居るのか居ないのか分からない位ひそかな存在であるのに、ここのは発車の時に何だか分からぬが大声で号令をかける。ドイツ語はいかにもこういうのに適している感じです。

ハーゲンベック動物公園は町の中心から西北へ八キロメートルとか。途中は家もまばらになり、リンゴ畑の中に日本の戦災者住宅のようなものもちらほら見えます。着く頃は乱雲が湧いて、陽が陰ったり照りつけたり。十一時一寸前に入りました。門は写真でおなじみのもの。一から四十まで番号がふってあり、順路がはっきりしていてその通りに歩くとすっかり見られる仕組。一々書いていたら切りがないから略しますが、中々規模の大きなものです。誰だったかここを大したことないと言っていましたが、僕はそうは思わない。パリにしてもコペンハーゲンにしてもここを真似たことは明らかで、こうして檻のない動物園（一部は檻に入れられているが）を初めて実現したというのは大したことだと思う。相当な決断を要したことと考えられます。人のやったことを真似て改良するのは易いことだが、初めて手をつけるということは何にせよ大変なことです。種類も豊富だし、又、キリンや象にしても六、七頭ずついます。それに初めて見たのはトドとセイウチ、それにオナガー（野生のロバの一種）。

ともかく広々とした土地に飼われる動物は幸せです。十一時半から三十分間サーカスを見ました。子供で一杯。うまくやると一斉にわっと拍手する。サーカス場のまわりの壁には、うまい絵ではないがハーゲンベック及びその動物園のモニュメンタルな出来事を四枚のフレスコ（？）にし、その下にそれぞれ次のような言葉を入れてある。

1) Mit der Seehund-Ausstellung begann Carl Hagenbeck, 1848 auf St. Pauli（ハンブルクの一角）
2) Mit diesen Löwen-Dreigespann begann Carl Hagenbeck 1887 die "Zahme Dressu".
3) See-Elephant und Pinguine wurden 1910 erstmalig von Carl Hagenbeck eingeführt.
4) Carl Hagenbeck's I Persien Expedition 1954 auf Onager-Fang in der Salzwüste.

これで見るとハーゲンベックがアシカを慣らしたのは、少なくも明治元年より二十年位も前のことになる。またゾウアザラシとペンギン、更にはオナガーは希少価値のあるものであることが分かる。園内の広々とした芝生には鳥が放し飼い。これが人の手から物を貰う。人々にこうした動物を愛する気持が行き渡って、その最高峰としてハーゲンベックのような人が出たのだと思う。先ず前者が先でしょう。とにかくここ迄くると死んだ動物をどう処分する等ということはどうでもよいことになってしまいます。人々の生活が立ってはじめて動物を愛する心も筋金が入るというものでしょう。

一時過ぎに名残惜しいが出て、園の前のレストランでビールとヴルストズッペ（ソーセージ入りスープ）で昼食。市電で再び停車場へ。空は九十％雲。観光バスに乗ろうと思ったら四マルク五十ペニヒ。それ程金をかけて見る物もないのでやめ、地下鉄でランドゥングスブリュッケンで降り、すぐ前の波止場から観光船に。一マルク五十ペニヒ。この前出発前に写真を撮り、降りるとすぐ売っている。この前送ったのがそれです。

港は横浜と神戸を合わせたよりなお活発。ともかくエルベの河口から大分溯っているのに四万トン位のも楽に、しかも一度に何隻も入港出来るというから規模は大きい。それに入港している船舶が数多く、しかもドイツの船が多い。その上、浮ドックをずらり並べてその殆どがふさがり、リベットの音がひっきりなし。クレーンは船にどんどん積荷を急ぐ。埠頭には色とりどりのフォルクスワーゲンがずらり並んで、積まれるのを待っている。いずれにせよ異常な活気を呈している。内心ひそかに圧倒されました。この前の便にも書いたように、こうした連中と競って行くにはこちらも異常な勢いでないと圧し潰されてしまう。一時間半、港の主要部を引き回されてもとの所へ。港には所々なお爆撃の跡をとどめています。

次いでそのすぐそばにあるエルベ・トンネルの中に入って見ました。これはエルベをはさみ、旧市と川中の工業地帯を結ぶもので、エルベの下を深く掘り、その両端で人も自転車も自動車もすべてエレベーターで上下させる大掛りのもの。大きなエレベーター四台が殆どひっきりなしに、相当な深さを上下しています。丁度工場の引け時とて、自転車、オートバイに乗った人の波。川を向こうへ渡り、またトンネルをもぐって帰って来ましたが、長いトンネルの中をてくてく歩きながら、僕のすれすれをさっとかすめて行く労働者たちの活気に満ちた顔を見過ごしながら、つくづく服を着たバルバールという感に打たれました。フランスの労働者（少なくもルノーやスペシアの工場で見た）にはない一種独特の雰囲気を持っているように思う。歩いている連中も肩をそびやかし、すっすっと風を切り、何となく動き出したらブレーキのきかない機関車のような感じです。よく言えば素朴で活力に満ちており、勤勉至極と言えましょうが、悪く言えば粗野で荒々しく、戦場に立てばどんなに強かろうとの感じ。エレベーターそのものにしてからがごつくて大規模、生易しい造りではありません。こんなのを見ていると、何かやり始めたらとことん迄行く連中だなという気がつくづくする。戦争もその伝なのでしょう。

ランドゥングスブリュッケンから芝生の道沿いにアルスターという水上公園の中を抜け、植物園に入り、ここで池を前にし、高山植物園を後ろにして絵葉書三枚。書き終えて六時半に停車場に帰り、両替したり絵葉書を発送したり。七時にはノルド・エキスプレスで着いた松木氏を迎えて、夕食から宿の交渉まですっかりやってあげ、九時半宿に帰りました。

ともかく僅か一日しか居ないので何とも言えぬが、異常に活発なことは認めてよいでしょう。人々の服装もよく、貧相ななりをしたという人にはそう会わない。町を走るのは殆どがドイツの自動車。商店の品物もドイツ製品が圧倒的。国敗れて後十年、いまだ国際外交上には名をあげられていないながらこの活気。実力の上からは他の国が何と言おうと厳としてそなえており、あと十年もしたら又々向上することでしょうし、他の国からマークされるのは当たり前だと思う。フランスがこわがるのも無理はない。こうした活力がよい方向に行使されることを祈るのみです（もっとも、ひるがえって我が国はと言いたいところ）。

とは言ってもヨーロッパの一角にある以上、基本的な市民生活の基盤はすべて備わっており、生活程度も高く、日本より遥かに先進国であることは申すまでもない。ともかく日本の医学は彼等に負うところが殆どなのですから。それに文化の伝統も永い。彼等の今日はそれだけの過去に負っているわけで、西欧文化、技術を受け入れてから百年に充たぬ我々とは段違い。

しかし我々としても、我々の先輩が賢明にも受け入れて来、ものにしてくれた技術のおかげで、有色人種の中でただ一つと言い得る工業国になっているわけで、百年に充たぬ間にここ迄来たのは実に偉大なことだと思う。今後この受け入れた技術をもとに、更にはそれを生んだ精神史に深く入ることにより、彼等をして注目させ、世界の動きに先んずる力を養う可能性を十分にはらんでいるわけで、要は我々の心の持ち方であると思います。そうした意味で我々として良い物は取り入れると共に、盛んな闘志を燃やすことが必要だと思う。ぼやぼやしていると世界の歩みから遅れてしまいます。ヨーロッパから遠い極東に住む我々としては、人一倍努力せねばならぬ運命を担っているようです。北ドイツの一部を覗いただけで、今迄見たことと合わせ、又々考えさせられています。第二次旅行で南独を見たら、また考えが違ってくることでしょう。

八月二十四日(金)　おおむね晴

朝、払いをすませて快晴の町へ出ました。レインコートを着て丁度よい気候。駅へ荷を預けて朝食。立食。この簡易バーには、服装で人を判断することは出来ないが、あらゆる階層の連中が来て、ウインナーソーセージにビール、又は牛乳をパクパクと平らげると、いかにも忙しげに次々と出入りする。朝だから忙しげなのは分かっているが、ともかくフランスのようにゆっくりとクロワッサンを味わってなどという空気はどこにもなく、皆働く為に生まれてきたんだというように、ニコリともしないでやっている。

若干両替してから、美術館を見に出ましたが、入口を通り過ごしたのでそのままアルスターのまわりを一周。第一次大戦の時の記念碑をカメラに。次いで植物園をまわり、亀の子の花模様があったので節子のために撮りました。するとブルンブルンという音。見上げると飛行船。何のためか分からぬが、ツェッペリンの国らしく未だに飛行船を飛ばせていると、興味深く思いました。小学校の時、訪日のツェッペリン号を、まだ畑だった今の家の近くから仰いだ日の事がありありと思い出されました。あの時、夕日にキラッと輝いたその色まで思い浮べることが出来ました。人の手から餌を貰うアヒルや白鳥を羨ましく眺めながら美術館の方に戻りました。作品はハンブルク周辺や北ドイツの画家の物を多く集めているというが、手法といい主題といい、いただけぬものが多い。血なまぐさいものは御免です。コローを数点見たが感心しませんでした。それに反し、ムンク、マネ、モネ、ピサロ、シスレー、ルノワール、新しくはヴュイヤール、マルケにはいつもながら感心します。特にマネのラ・ロシュフコーの肖像の原物にここで接することが出来、嬉しかった。又、ヴュイヤールが、ここのアルスター風景を描いているのが面白く、南方系の画家が描くとこうも明るく筆が運ぶかと、そのコントラストの明瞭さが特に面白かった。彫刻ではマイヨールとデスピオとロダン。

ミュゼを出て駅に向かったら、俄然暗くなった空から大粒の雨。これはしばらく降るなと判断して、そばのニュース映画館に退避。五十ペニヒ。ところがニュース映画なるものはなく、スポーツ特集だとかドナルドダックだとか、世界の出来事としてUFAの提供のごく短いドキュメンタリー・フィルムをやるだけ。日本の事として広島の原爆犠牲者追悼式で人々の祈る姿と、線香のもうもうするところと、何か漁民のお祭りの場面が出ました。日本の家屋が出てくると、石の建物を見慣れた眼には大分貧相に見えるのは覆うべくもない。金曜日の昼近くでも七、八分の入り。一時間程で出たら小降り。

駅の食堂で昼食。ドイツ風ビフテキというのを誂えると、これがいわゆるハンバーグステーキ（ハムブルガーステーキ）。ブレーチェンは実においしい。ビールも三度目となると段々うまくなってきました。それにしてもドイツ人が食べると同じ量食べても腹が減り易くて困る。旅行中食欲盛んなのは大いに結構とお父さんなどは言うかもしれぬが、財布と相談故中々楽ではありません。しかし腹が減るのは健康な証拠。三度が四度の食事となっても何とぞ贅沢お許し下さい。しかしこれからの滞在のことを考えると、大分財布は締めないといけません。

町へ出て萬年筆屋に入り、散々探し、又、考えた揚句、ペリカンの十五マルク（千五百円位）のを一本買いました。一寸太書き。お父さんへの御土産です（この書いているのがそのペンです）。モンブランの新型が出ていたがこれが二十四マルク。これはいずれハイデルベルクかフランクフルトで徹に土産に買います。僕は丸善の国産品奨励でよろしい。しかし実のところペリカンの滑りは中々よいです。楽しみにしていて下さい。

フィルムがなくなりアグファカラーを買いに入ると、この主人が神戸で生まれたとかで日本語がペラペラ。ハンブルクに二日間とは短か過ぎると嘆かれた。スエズ問題はどうなったと聞くと、まだごたごたやっていますが、日本やドイツの船は通れますよ。英国はだんだん色々の物を失いますね、こちらはもう無くなる物はないがと笑っていいます。言葉の裏には闘志満々だ。話している間陳列棚のライカをちらちら眺めたが中々立派。ニコンもキヤノンもふんどしを締め直さぬと食われるぞとしみじみ思う。

二時過ぎ。三時五十六分の発車まで、町の商店街、デパートのそぞろ歩き。これで見ても日本のデパートは世界のどこのとも比肩し得るように思います。三越、高島屋等実に立派なものだ。少なくも見掛けは。洋服や服地売場に立つ女の人の顔付きはいずこも同じ。それにしてもこちらの二十五歳位迄の女性の綺麗なこと。きりっとしまった、スペイン、イタリア等の白痴美とは違い、ほりの深い良い顔立ち。年寄り連も胸を張りまことに見栄えが良い。

デパートで夕食用のパンを買い、オレンジを買い駅へ。ココアを一杯ひっかけて三時五十六分のスカンジナヴィアン・オランダ・エキスプレスに乗車。いくつも色々な町を通ったわけですが、そこを発つたびにやはり尽きぬ名残がします。自分の歩いた道などありありと思い出しつつ。

ハンブルクは僕が学生の時、衛生学の試験の問題に出た所。ここには十九世紀（？）だったかに、有名な赤痢の流行があり、ハンブルクでは大量の病人が出たのに、そのすぐ隣のアルトナという町は水源が違ったために一人の患者もなかったというので、田宮さんが講義の時強調し、口頭試問で「水性伝染病」が当たった時これを言わぬとヴィーコン（再試験）になるという曰く付きのもの。丁度僕にその問題が当たり、それを答えて覚えめでたくパスしたのです。

混んでいると思いきやコンパートメントにはイタリアの学生と二人きり。パスポートを見ると一九三六年生れだから二十歳。表情の大きい一見おっちょこちょい。もっとも南方の人間はこれが当たり前だと思います。どもりで、フランス語と英語を話すがその発音が凄い。北欧をまわり、ハンブルクを見、オランダ、ベルギーを抜け、ローマに帰るという。ローマで見る物を話してやるからノートしろと言う。又、ドイツで、イタリアの女性に頼まれて避妊薬を買ってきたが、用法がドイツ語で分からぬから教えてくれと言う。イタリアではカトリックの影響で（スペインも同じ）避妊、中絶は厳禁で、女性はとても困っているのが内情で、カトリックは馬鹿だと言う。この薬もイタリアに持って入るにはよく注意しないと見付かる。しかし買って帰れば実に喜ばれるのだと得意顔。石川達三がヨーロッパを見て歩いて、南方系の人間は信用しがたいというが、僕の狭い経験でも、特にイタリア人はおっちょこちょいで深みがなく、信頼感がおけぬことは確かなようです。うるさいので眠ったふりをしていました。

ブレーメン、オスナブリュックを経て、ベントハイムよりオランダに入りました。途中の景色は今迄と全く同じ。夕方強い俄雨が来たがそれも止み、国境に近づく頃は野づらに濃い靄が這い、つくづくもう秋だなという気がしました。その中を牛たちが夕べの草を食べ急いでいます。車中はしんしんと冷えます。やはり北国です。終戦後北海道へ行った時（八月末でしたか）夜ともなれば車中は相当寒かったのですから、北海道より北にあるここでは当然でしょう。とっぷり暮れてオランダはうつらうつらの内に過ぎ、イタリア人から、もうアムステルダム近くですよと起されました。この運河沿いの灯の綺麗なことは素晴らしい。

中央停車場に着き、イタリア人と相部屋ということにしてインフォメーション・ビューローから言われた通り、市電でその家に行きました。コンセルトヘボウのすぐ近くでした。ところが話が違ってダブルベッドなので別々の部屋をとることにし、二ギルダー高く、七ギルダーの所に移りました。すぐ就寝十二時過ぎ。

途中の運河縁の夜景は一寸見事なものです。伝えがたい。

八月二十五日(土)　晴、俄雨しきり

八時に起きたら外は雨。この宿はあまり気にくわぬので出ることにし、雨の中を駅へ。駅に着いたら雲が切れ、陽が射しはじめ、まわりの建物がぱっと目覚めたように色を放つ。それはそれは見事な色の氾濫です。この町へ来て初めてやはり歴史というものを感ずる。この旅行で、今迄見てきた都市の中では初めてです。実に風格があります。独自のスタイルを持っているように思います。町全体が独自の物を持つということは実に根の深いことであると思う。

フランは実に安いので、今日は十ドル替えました。次いで駅のインフォメーションに行き別のホテルを交渉。朝飯付きで五ギルダーという所を見付けました。ここには二・五ギルダーというお札があるのが珍しい。市電でそのホテルへ。その頃はもうすっかり良い天気。宿もたいへん感じ

の良い所で満足。

運河に散る陽が眩しい道を駅の方に戻り、途中でデパートに入りレターペーパーを買いました。その時場所を教えてくれたおばさんが、あなたは日本から来たのでしょう、私は日本に六年居ましたと言い、別れしなに「サヨナラ」と言う。このデパートの食品売場で木の実を沢山売っており、安いように思うので(?)三種類、少量ずつ買いました。それにチョコレートがとても安いので三枚。駅でクレラー・ミュラー美術館行の汽車時間を聞き、昼になったのでビフテキで食事。ビール(オランダ)、中々よし。

次いで食事をした店の前の運河から出る遊覧船に乗りました。一・四ギルダー。陽が雲から出たり陰ったりで写真に不適。町の古い部分の運河を伝い、その縁の建物等説明するが、英語もドイツ語もオランダ語も速過ぎる。しかしいずれにせよ美しくて、しかも落着いていて誠に心地好い眺めです。窓縁はすべて白く、それが壁の中間色とくっきりしたコントラストをなして美しさを醸し出します。それに運河縁の濃い木陰。外港へ出たら俄雨。水面を激しく打つ。この港はハンブルクには劣るが中々活況を呈しています。元の遊覧船の乗り場へ帰ったのが二時。雨も止み陽が射すので、レンブラント展のある国立美術館へ行く途中、写真を撮りつつと思ったらまた陰る。癪にさわる。

大学へ行って脳研究所を尋ねたら分からぬと言う。ではともかく解剖、神経学両教室を教えてくれと地図で指してもらい、月曜日に備えました。次いで市電で美術館へ。これが又だだっぴろい。レンブラント展を見る前に先ず一般の陳列から見ました。印象に残るのはフランス・ハルス。ロイスダール、ヤン・ステーン、オスターデ(?忘れた)等は感銘を受けない。ここでもベラスケスの一枚が断然凄味を放っている。ゴヤの一点も実に良い。しかしいずれにせよ、オランダ派の風景画というものはやはりユニークなもので、美術全集等で実に退屈な風景をこまごま描くと思っていたが、この風土に来てみるとそんな感じもなくなり、素直な気持で見られる。それほど大して感心はしないが。人物画では群像が実によいと思う。その集大成と思われるのが「夜警」。これは特別室に置かれ、二十メートル位離れて長椅子が置かれ、そこでゆっくり見るようになっています。近く寄って見ることも出来る。実に大きなものです。ルーヴルのヴェロネーゼほどではないが、空間感、動感がよく出ています。ともかくこうした写実の技術というものはここらあたり、ベラスケスあたりが最高で、もうすべて出尽くしているという感じがする。二十世紀の画家が未来派のような表現をとるのがよく分かるように思う。苦し紛れとも言えようか。彫刻は木彫が殆どを占めていて、宗教に取材するものが多い。

さてレンブラントのデッサン。大小七室にずらり並べられていて総計五十六点。大きさは精々四号止まり。これだけ並べられるとやはり圧倒的な感じがする。これだけの小さい画面に、よくこれだけのものが表現出来ると思う。技術そのものは日本画の巨匠のそれと全く同じ質のもので、僕自身は渡辺崋山あたりの画帖の方にもっと強く打たれたように思うが、しかし巨匠のいずれもがたたえている自在の境地というものが、レンブラントにも溢れている。筆の動きは自由闊達で、風景画のあるものなど、大地が動き出しやしないかという錯覚をおこすような筆致が見られるが、それでいて細かい所にも実に気が届いていて、決して則を超えていないように思う。一枚一枚に全力を傾倒しているということがよく分かる。我々としても真に人を圧倒するような仕事がしたい。小手先だけの仕事でなく、人にのしかかるような仕事がしたい。そんな気持で閉館間際まで見ていました。もう少し時間があるのでもう一度見ようと思ったが、一通り見てじっくり考えてみたい気持になり、すっと出ました。売店で皆に御土産に「夜警」のカラースライドを買いました。地図を手に運河沿いに宿に帰り、部屋に入りました。最上階の明るいところで感じよし。洗濯をしてから、木の実をかじりながら八時過ぎ迄手紙。

また降り出した雨の中を駅前に食事に。盛り場は土曜のことで人通りが多く、イルミネーションも中々派手。ビフテキで夕食。済んでから、十時四十三分に着く松木氏に会う迄、イルミネーションされた町を散歩。オランダ風のカテドラルでは、ステンドグラスに中から光を当てて見せている。ところで幾らも歩かない内に物凄い俄雨。雨宿りしている内に汽車が着き、松木氏と一緒に宿にタキシーで乗り付けベッドに潜り込みました。

イルミネーションを浴びて、渋く雨にけぶるカテドラルや町並の光景は捨てたものではありません。

八月二十六日(日)　俄雨後晴

六時半目を覚ましたら、地平に青空がありながら市の上空は雨雲。時々サーッと来る。しかし予定を立てた事なのでオッテルローのクレラー・ミュラー美術館へ行くことにしました。

七時から朝食というのにマダムが起きず、たたき起こして食事にしてもらう。ところで昨日の話の食い違いから、今夜からはここに三日前から予約のドイツのツーリスト団が来るというので、ここに居られなくなり、マダムに頼んで夜迄に宿を探してもらうことにして荷を纏めました。朝食はデンマーク級に量豊富。大いによろしい。そんなことで一汽車遅れたので、朝日のさす町を写真を撮りながら駅へ。九時五分のユトレヒト行に乗りました。車内は実にきれいです。朝日を浴びた町は、再度書くが色の氾濫です。

何とも皆に見せたいもの。

町を出離れると田園風景。運河がこの間に土手を築いて開かれ、水面は地面すれすれか、それより高いかと思う。セーヌ通いの船のように平べったい鉄船がしきりに行き交う。野面には牛と緬羊。牧の間にも、日本の畔の代りにそこが堰になっていて、水路が錯綜する。これは干拓の一つの手段にもなるのかと思う。牧の中にさえ所々に水溜り、草が水に漬いていたりする。遠く近くに風車。勢いよく回っているのもある。家がかたまればそこには又も色彩が溢れている。花を豊かに咲かせ、家の色そのものも明るく美しい。

四十分程でユトレヒト。乗り換えに三十分程ある間、駅前を散歩。風が強く、雲の去来が激しい。町の誇りのカテドラルの塔が美しい。この町にも縦横に水路。ところで、乗り換えて間もなくして着いたエーデ・ヴァーヘニンゲンという小さな町の美しさというか、愛くるしさというか、まことに夢の国のような感じ。ここに住む人々の心根はどんなだろうと、語り合ってみたい衝動にかられる。ディズニーの色彩映画に出て来るのとそっくりといってよろしい。同じきれいと言っても北欧あたりのアパート美とか何とかいうのと異なり、一戸建でそれぞれが違ったスタイルで、しかもどこか鄙びている。バスで通り過ぎたので写真が撮れぬのが残念。この町を離れると田園風景。所々に深い松原。赤松で日本とよく似た景もある。

オッテルローの町で下車。町というより村というべきか。十二時前なのでカフェで昼食。通り雨。雨の止むのを待ち美術館へ。ところがこの村を出はずれ林の中をしばらく行くと門があり、そこで切符を買い、ガイドブックを買うと、クレラー・ミュラー美術館というのは、このあたりの広大な国立公園の中に建てられた一つの部分に過ぎぬことが分かりました。門番が、美術館迄はここから二キロメートルと言う。一寸びっくりしました。降ったり陽がさしたりの道（舗装されている）の両側は、ある時は厚く、ある時は疎らな松を主とする自然林。開けた所では一見砂地と思われる細かな土の上に、苔やヒース（?）が生えている。この中に至る所に茸。まことに茸の宝庫ともいうべく、ざくざくある。途中で会ったおっさんが時々自転車を止めて茸を採っているので聞いてみると、アンズタケ系統の物のみを拾って採っており、他は駄目だと言う。それを聞いてからは、美術館迄の道を時々林の中に入って行って茸狩り。両手に余る位採れました。途中の道は歩く者は一人もなく、皆自動車族。それほど敷地は広大無辺（?）。

美術館は森の深くにある。松籟の絶えぬ中に、ゴッホを主とする美術の宝庫があるなど、中々ゆかしい。一時から開くというのに十五分程早く着いて待つ間に又々激しい雨。中は斬新な造り。美しい中庭を巡る四室にゴッホの油絵、デッサン併せて約八十五点がずらり並んでいます。初期のオランダ派風のやにっぽい絵が、パリに出て印象派や新印象派の連中と付き合って、ぐんぐん明るさを増していく過程がよく分かるように出来ていて、ゴッホの絵に混じりモネ、ルノワール、シスレー、ピサロ、さては点描画家としてゴッホに深い影響を与えたスーラやシニャックの絵、さてはセザンヌ等のものも並べられています。

美術全集や複製でおなじみのにも随分お目にかかったが、原物は全く違う。それは当たり前過ぎる事。何しろ原物は一つしかなく、ここにはゴッホ自身の筆づかい、息づかいが脈打っているのだから。ともかく独特の世界で、他の人々の絵が弱く見えてなりません。昨日見たレンブラントの世界とは全く対照的。レンブラントのはあくまで冷厳な、厳しい画法をもとに、いかに忠実に物を画面に再現し、自己の感情をあらわには表面にあらわさないのに、ゴッホの世界は、感情の思うままに色を駆使し、影を暗いものと見ず、地面を土色であらわさずに紫と見たり、人の顔を青で描いて膚の感じを出すというように、色に託して心の詩を綴るという按配。一を叙事詩の世界とすれば、他は抒情詩の世界。しかしどちらもぎりぎりの自己を表現しつつ、自分だけの世界に深く沈潜しつつ万人の胸をとらえ、広大な普遍の世界を造り成していることは全く同じ。結局自己に忠実に生きるのが最も正しい生き方だと思います。

昨日といい今日といい、二人の人の一生追い求めたものをつづめて見せられて、心の中が掻き回されるようです。異常な感動というのはこういうものかと思う。人間の生き方とはこういうものだということを目の前に突き付けられる様な感じです。

一時に入って四時十二分のバスが出る迄、何度行ったり来たりしたことか。皆の代わりに網膜に焼き付けたいと思い、どういう絵があったかそらんじられるように努めました。ためつすがめつ、低回おくあたわずとはこういうことでしょう。ゴッホの他に、他の美術館でならば大いに力を入れて見るような作品も沢山並んでいるのですが、ここで見たいのはゴッホだけ。他の物は殆ど目もくれませんでした。最後に一枚一枚にさよならを言いたいような気持で一わたり見渡して思い切って出て来てしまいました。

帰りは来る時と違いアルンヘム行のバスに乗りました。これが、この公園の最大径を突っ切るが、ともかく広く驚きました。しかも殆ど平ら。砂地がいっぱいある。この中や林の中に自動車がとめられ、人々が憩うたり、又、凧を揚げたり、フットボールをしたりしている。又々通り雨。やむとさっと陽が射す。アルンヘムに着き、ホームのビュッフェでコーヒーを飲んで息を入れ、五時四分発のアムステルダム行へ。途中西日で暑いこと。虹が立つ。居眠りしている間にアムステルダム。六時半。

食事をし、ぶらぶら商店街を覗きながら宿へ。葉巻が安く、お父さんに買うかもしれない。マダムが見付けてくれた宿に移りました。運河を隔てた古い古い教会の筋向かい。鐘の音が実に美しい。滞在中これを聞くのを楽しみにしています。

八月二十七日(月)　曇り、雨

八時半起床。相変らず鐘の音に聞きほれています。電車通りに面し、かなりうるさいがよく眠れました。朝食はオランダ・チーズを中心に量多く、且つコーヒーはローソクを下にして暖めてくれる。サラミソーセージも朝から皿に十切れ以上も付く。九時過ぎ宿を出ました。

今日は雲が広がり天気に望みはなく、折角志したカラー写真も全然駄目です。地図を頼りに脳研究所を目指しました。といっても在処は定かでなく、先ず解剖教室があるというマウリッツカーダに行き、そこで住所を聞こうという寸法。ところでこの通りに着いてみるとBrouwerと大きな看板があるので、これは例の脳学者のブラウアーに関係があるのかなと思ったらさにあらず、ビール会社でした。どうも教室らしいものがないので、熱帯衛生研究所と書いてある所に入って聞くと、すぐ教えてくれました。マウリッツカーダの五十九番地です。

そこへ行ってベルを押し、脳研究所かと聞くと、すぐ裏だと言う。横の方から入って行くと、三階建の錯綜した建物の一つの戸口が開いていて、名札を見るとCentraal Instituut voor Hersenonderzoekと書いてある。何の事か分からぬがともかく入って、一寸階段を上るとドアが二つあり、何も書いてない。どっちか叩いてやれと右を叩くと、中から太い声。のぞくと大柄の紳士が机に座ったままこちらを見ている。僕の顔を見るとああと言って立って来て、私がボックですと言って手を差し出す。私が萬年ですと握手。すると差し向かいで仕事をしていた婦人を家内ですと紹介されました。夫婦で仕事をしているらしい。何語がよろしいですかと言うのでフランス語と言うと、私のはまずいがと言いながらフランス語でしゃべり出す。こちらから、自分がパリに来て研究していることをかいつまんで話し、二年前に小川教授が訪ねた時は肝炎の後だった由ですが、その後如何ですかと言うと、ボック氏は、結局治るのに一年かかりました。しかしもうすっかり良いですと言い、堂々たる御面相をほころばす。誠に良い体格、良い顔立ちです。シガーをふかし、縁無し眼鏡をかけている。ここでは今何をやっておられるかとの質問には、昔カッペルスがやったようなことは今はやっておらず、性格がすっかり違って来ており、自分としても比較解剖はやっていない。自分は脊髄の色々なセグメントと大脳との関係に興味を持っているが、その他にシナプスの事について、最近大脳皮質を研究して得た結果をお話しようと、立って机から沢山のスライドと、自分で作った模型を出して来ました。こちらも立って向かい合って話。

それを簡単につづめると、グリア細胞も神経細胞もない大脳皮質の中の極小部分について、神経繊維の単位体積に対する密度を測ってみると、人でも動物でも大体同じカーブを描く。ところで銀染色で、交叉する繊維間の距離を測ってみると、これもその分布曲線は色々な動物、人で同じである。そうした部分について模型を作ってみると、繊維が錯綜する間に、いくつかの大きな空間が出来ることが分かった。この空間が何かということについて色々考えた末、石鹼のあぶくを思い付き、これをよく見ると、泡がくっつき合う所では稜線は五角型をなしている。さっき述べた脳の中の空間にもこうしたものが介在し、繊維を互いに交叉させたり、一定の方向性をもたせるのに役立っているのではあるまいかと考えた。ところで固定標本では駄目だが、位相差顕微鏡で見るとこうしたものの存在がはっきり証明でき、そうした目で見ると鍍銀標本の中にもその存在は証明され得ると言って写真を見せました。

次いでゴルジとニッスルの同時染色標本で見ると、デンドリーテンにある小突起（ゲムリ）の間の数値を見ると、単位長の一から四倍迄の整数値の所に山ができる。そしてこの数値は、前に測った交叉する繊維間の距離とよく合うのだという。そしてその場所こそシナプスだと自分は思うと言う。何だか大分雲を摑むような説明ですが、その目指す所はほぼ分かりました。細かい事を問題にしているなと思うと同時に、中々着想が奇抜なのが参考になりました。そのあぶくというのはいわゆる基質ですかと言うと、まさにそうだと言う。そしてこの結果は昨年国際学会に発表したと言う。

そして、天文学と占星術の差を知っていますかと問うので知らないと答えると、前者は後者より一層詳しく数量的であると言い、自分はそうしたものを目指しており、そうした意味で自分のは事実に基づいた研究であり、顕微鏡的解剖学ではないと結びました。自信満々というところ。なにはともあれ夢を持っているのは結構だと思いました。

僕の論文を進呈すると、向こうがこの紙に名と住所を書いてくれと言うので、日本字とローマ字で書くと夫婦で面白いと言う。更に僕の名をフランス語で説明すると、貴君は今いくつですかと聞くので三十四歳と答えると、まだまだ先が長い、実に統計学的な名だと言ってくっくっと笑う。

次いで所内を見せると先に立つので、この室のまわりの戸棚にぎっしりつまっている液体標本を指して、これは誰が集めたのですかと聞くと、アリエンス・カッペルスとの答。隣の脳波室、次いで二階の図書室、標本製作室、写真室を足早に見せてくれ、自分はもう去らねばならぬからと、所員の一人セガール氏に紹介、後を託しました。別れ際に写真を撮らせてくれと言うと、夫人と顔を合わせ、日本人が来ると必ず写真ですねと言って怪訝な顔をする。いやならやめようとすると、でもいいですよと言って模型を前に夫人と並びました。一寸むっとしたし(こちらが)、暗いしできっと失敗でしょう。この事の他は高説拝聴。向こうの好意も十分感じたし、ともかく会ってよかったと思う。

次いで三階に行ってセガール氏の研究室を見せてもらいました。魚を飼ってその生態、特に生殖、営巣を観察、ついで脳を手術してその生態にどういう変化が起るかを見ているという。終脳の各部分により、その破壊による影響が色々違うようですとのこと。自分も日本を出る前に、魚の脳のことで神経生理の人と共働したと話し、又、オスロでカーダという人が魚の脳をやっていたと言うと、両方ともノートしていました。魚は手術してすぐ水に入れても、三十分もすれば普通となり、決して死ぬようなことはないと言う。ヤンセン教授が、アムステルダムはカッペルスの死後は何もないと言っていたが、こうして何かはやっているようです。十二時過ぎ辞去。

次いで近くの動物園に入りました。ここは上野と同じ位の大きさ。コペンハーゲン、ハーゲンベックに比べると大分汚い。しかし種類は、揃えるべきものはよく揃えてある。殊にオランウータン二頭、ゴリラ二頭、チンパンジー三頭。そしてこれらを一緒の檻に入れて遊ばせてある。互いにふざけ合っていて、子供等にもここが一番人気がありました。サイが二頭(二角サイ)は寒いのによく飼っている。更にカバも三頭。水族館は海のすぐそば故中々完備、熱帯魚も多かった。木登り魚もいる。パラパラと雨になりました。見終わって園の前のカフェで昼食。

次いで程近いレンブラントの家へ。ここはレンブラントが王侯のような生活をした時代の家をミュゼにしたもので、三階までの部屋にエッチングが沢山並べられてあります。この家は彼が三十四歳の時に買った物らしい。僕と同年配の時だ。そして「夜警」は三十七歳の時に完成している(生れは一六〇六年、ライデンにて)。レンブラントがアムステルダムをどう描いたかという室は、現在の写真と比較してあり面白かった。これで見ると、まだまだ古い建物が残っていることになります。

そこを出、雨のパラつく道を市立美術館へ。入ったのが三時過ぎ。ここには沢山の絵があるが、目指すのはゴッホだけ。ここで油絵百三十五点、デッサン、エッチング百八点を見ました。圧倒的な量です。油絵はオランダ派の時代、アントワープ時代、パリ時代、サン・レミ、アルル時代、オーヴェール・シュル・オワーズ時代という風に、別々の室に置かれている。これで見ると、日本に紹介されているのはサン・レミ、アルル時代のもので、この時のが最も色も明るく、力が溢れており、よく描き込んでいるように思う。この中に日本の浮世絵三枚の模写があるが、これで見ると、ゴッホの絵には相当強くその影響が出ているように思う。色面を線で囲んだのは明らかにそうだと思う。彼の点描にあらざる線描も大いに関係があるのではなかろうか。彼の最盛期を特徴づけるとすれば、それは線の美しさだと思う。色面だけのものはどうもそれほど力強いものとは思われない。オーヴェール・シュル・オワーズ時代のものは、日本に知られていないものが多く、ただ、かなり大きい麦畑に烏の飛んでいる風景と、脳研の染色室に貼ってある、野を描いたものだけが見慣れたものでした。いずれにせよ二百五十点近くあると、一通り見るだけで大変なものです。今日も昨日と同じように去りがたく、閉館のベルで追い出される迄居ました。おかげで他の人々の絵は全てオミット。

雨の中を駅に帰り、食事。大分ひどい降りです。七時に宿に帰りました。この分ではせっかく楽しみにしていたアムステルダムのカラー写真も撮れそうもありません。明日午後ライデンに発ち、フェルハールト教授に会う筈。次いで二十九日はハーグ、三十日はロッテルダム、三十一日はアントワープでルードー・ヴァン・ヴォゲール教授に会い、九月一日ガン、二日ブリュージュと見て、三日にパリに帰るつもりです。予定より二日延びることになりそうです。

旅も終りに近付き、大分貴重なお金を使ったわけですが、これによって得た収穫は実に莫大なものであると思います。将来どんなに参考になるか分かりません。

あと九、十月でドイツとスイス、オーストリアの各研究所を回り、十月末にパリに帰り、十一月からしばらく仕事纏めに多忙を極めることでしょうし、それより先に九月初めにパリに帰るとまた色々な事が待ち受けていると思います。帰国の時期については、十二月の船か一月の船のいずれかに乗るので、遅くとも二月には帰れると思いますが、公務員の身。出張期限を延長するわけですから、一寸厄介とも思うし、他に差し障りがあるといけないから秘密にして、人に聞かれたら十一月末頃とでも言っておいて下さい。だまっているに越したことはありませんが。それについては小川教授にその内詳しく報告旁々相談するつもりです。この次の便りはパリからになると思います。

皆の健康をくれぐれも祈っております。

二十七日の晩は、手紙を書き終えると十時過ぎからカメラを持って運河の夜景を撮りに出ました。外は雨もやみ星空となりましたが、雲の去来激しく、又、風がかなり強い。運河の照明といっても全部やっているわけではないので、やっている所迄行かねばならない。運河沿いの煉瓦道は、基盤がゆるいためかデコボコ、それにやたらに犬の糞が多いので気を付けないといけない。照明は中々美しいもので、はね橋もその形のままに多数の電灯に縁取られています。二、三枚撮ったがうまくいったかどうか。歩いている内に、先ほど濡れたレインコートもあらかた乾いてしまいました。

十一時過ぎ宿に帰って床に。下のカフェではダンス音楽をかき鳴らしている。時を告げる鐘の前に、塔からはオルゴールのような調べが奏でられて来ます。それを聞いている内に眠りに。

八月二十八日(火)

朝八時、目を覚ますと日が照っています。これは写真に良いぞと、まだ寝ているおかみを起して朝食を作ってもらい、たらふく食べて払いを済ませ、荷を纏めて、松木氏とは次はパリで会うということで別れました。駅に荷を預けると、両替(十ドル)、手紙発送。ところが雲が広がって来て光が思うに任せなくなってしまいました。それでも狙ってある所だけでも皆への御土産に写そうと、町に出ました。

レンブラントの家で、レンブラントが描いていることを見付けた古風な建物を皮切りに、昼の運河風景を写して歩きました。町の中心に戻り、町を上から見て絵画風に描いた古風な地図を買い求めました。これは中々きれいなので、家に帰って表装させたらよかろうと思ってです。次いでデパートに入って、節子に小さい木靴の玩具を二揃い。色々ごたごたと色を塗ったのより白木の方が良いので、しかも安いのでそれにしました。人形に履かせたりして遊ぶように。

そんなことをしている内に十二時近くなったので駅前のカフェでビールを一杯ひっ掛けてから十二時十二分の列車に乗りました。発車してアムステルダムの町を離れると雲が増し、今にも泣き出しそうな天気になりました。沿線には牧や花畑が多く、色々な色のグラジオラスが大きな畑に、それこそカーペットのように咲いています。チューリップの頃もこの伝なのでしょう。温室村もかなり見られる。水車も相当目立ち、しかも回っているのが多い。やがてハールレム。これも又、美しい町です。ここからはウィンクラーの本の大部分が出版されました。降りて、ウィンクラーの本があるかどうか見たりしてみたいが不可能。小さいとは言っても、汽車から見ただけでも風格のある町です。

ライデンに着いたのが一時一寸前。ともかくアムステルダムから近いので拍子抜けします。駅の左手には大きな芝地があり、広々とした感じ。家もアムステルダムのそれよりずっと低く、少しく田舎めいた感じもするが、様式、色調はほぼ同じ。メインストリートを東に向かって行き、カフェテリアでビールとソーセージ、ポムフリットで立食。ともかく朝食が多いので昼は軽いので十分といったところ。本屋で地図を買い、おやじに大学はと聞くと、アカデミアと書いた所を示しました。昨日脳研究所でライデン大学は汽車から見えると言ったのに、おやじの言う所は大分駅から遠いので、訝りながら行ってみると、そこは植物園みたいな所で、医学部は無く、求める場所は駅のすぐそば、メインストリートの逆の方角ということが分かり、引き返しました。

ところで駅の左手のガードを潜って行くと、何か兵器博物館のようなものがあり、一条の水を隔ててその向こうが大学なのですが遺憾ながら橋がなく、引き返して駅の右手のガードを潜ってしばらく行くと、病院の正面に出ました。そこで聞くともう一回りせねばならぬことが分かりました。

病院の門前には、先年小川教授が撮ったブールハーヴェの像がある。途中パラつく雨に降られながら更に道を辿り、牛や山羊の匂いのぷんぷんする小さな牧のそばを通ったりして、解剖組織学教室を探し当てました。町としては新開地の一部の大きな地を占め、田園色豊かな雰囲気ですが、建物は三階建で中々堂々としています。ベルを押して待つと重い扉がぎーっと開いて小使いが顔を出しました。フェルハールト教授はと問うと休暇中だと言うので一寸がっかり。それじゃ研究室を見せてくれと言うと、これがオランダ語しか分からぬ。むこうが一寸待ってくれと言って中に入って行き、白衣を着た若い研究員を連れて来ました。ミスターマンネンですかと言う。ハンブルクから出した手紙は届いているらしい。教授は居ないが研究室は見られますと言う。この男と一緒に東洋人の若い研究員、碧玉君も出て来ました。天井の高いきれいな建物です。

図書館に通されこの二人と挨拶を交していると、若い髭をはやしている男が入って来ました。これがヴァン・ブーセコム氏という首席の助手。教授はイタリア旅行中でお気の毒ですが、我々がご案内しますと言う。この男は達者にフランス語を話す。しかし教授が居なくてもこうした次代を担う連中と話す方が収穫は多いように思い、反って満足しました。場所が図書室なので、ウィンクラーやブラウアーの本はここでは簡単に手に入りますかと聞くと、ここでも大変むずかしいとのこと。日本で入手出来ぬのは当然です。

次いで隣の碧玉君の研究室に行き、彼がやっている脊髄半裁による前側索上下行路の研究の話を聞き、標本を見せてもらいました。ここでは全てヘックヴィストの方法を用い、グリース法やマルキー法は殆ど使わぬという。碧玉君の部屋の壁には布施現之助先生がチューリヒのモナコウ教授の教室で書いた有名なアトラスが二枚、額に入れて貼ってあり懐しかった。碧玉君はモナコウ教室の業績集を読んでいるので、どうですかと言うと、今の論文よりずっと良いと思うと、中々うれしいことを言う。若い人にそういう目を持たせる所を見ると、フェルハールトという人はきっと考えの深い人というような気がします。布施、土田、久留先生の名をここで耳にしました。標本はそれ程きれいでない。しかし顕微鏡は全てツァイスの双眼、しかもこの男だけは二台使っている。ここで最近オリボ・ポント・セレベラール・アトロフィ三例を経験したと言うので、被蓋網様核について質問すると、背側部には変化はないと言う（僕の主張する通り）。又、Nucl. tegmento-pedunculo pontinusが話題に出たが、彼の研究によると脊髄視床路というものはなく、脊髄からの繊維は大部分この核に終って、次いでここでノイローンをかえて視床に行くと言い、これは既にモナコウも述べており、この点脊髄視床路があるという久留氏の考えとは合わないと言う。

そんなことをしている間にお茶の時間になり、僕に紅茶は砂糖無しがいいか有りがよいかと電話で問合わせがあり、中々丁寧なので感心。現在来ている教室員四人とマドモワゼル二人が寄り合い、僕が混って車座になりお茶。外は強い雨。猫は手に入れやすいかとか、日本にはマタタビという猫の好物があるとか、とりとめのない事を話しました。

終って染色室に行きましたが、ここは主としてパラフィンで7μの完全連続。マドモワゼルは五人の由で、十七、八から結婚する迄かなり長く勤めるとのこと。脳研で買ったと同じ式の大ミクロトームもありましたが、これは余り使わぬらしい。いずれにせよ実に清潔で、整頓しているのに感心しました。少し見習わぬといけないと思う。人員は教授、助教授、助手五人、常在にあらざる、論文を書くために来ている研究員も加え十二人の世帯とのこと。

次いで写真現像、引伸室、撮影室。広い空間でゆっくりと仕事をしている。僕も帰ったら写真に習熟する必要のあることを痛感しています。このあと二階にある電子顕微鏡室へ。ここでは大学に一つしかなく、色々な分野の連中がここに来て仕事をするという。器械はフィリップス。大分ご自慢で、近い内もう一台買うという。壁に錐体路の電子顕微鏡像が大きく引伸してある。帰りがけに日本にも電子顕微鏡はあるかと問うので、本年フランスが日本から一台買ったと言ってやりました。

最後にブーセコム君の部屋で彼が最近やっているNucl. cervicalis lat. の繊維結合についての標本を見せてもらいました。全てヘックヴィストの方法でやっており、彼の研究によるとブロダール等のそれと大分異なり、小脳に行く繊維はなく、フレキシヒ束から繊維を受け、一部オリーヴ、大部は橋、中脳までのぼるという。ツィーエンもフレキシヒ束はC1とC3の間で数を減ずると述べていると強調。

ところで標本だが、僕の目が慣れていないのか、患側と健側でそれ程大きな差が認められぬように思う。ブロダール等の方法にはどうも信用を置いていないらしいこの教室の標本も、僕にはどうも直ちには了解しかねる。しかしどこでも追究するところ、考えるところは同じだなと思い大変面白かった。ヘックヴィストのこの方法は帰ったら関君とやってみたい。

帰りしなに二人の若い研究員の部屋を覗き、彼等が猫と山羊でやっている錐体路の分析のことを聞きました。山羊はここでは猫の二倍位の値。猫は七ギルダーの由。五時になったので辞することにし教室前で写真。

ニコンを見てジャパンズ・ライカと言い、ライカよりも安いですねと言う。又、東京の大学は建ってから何年かと言うので約百年と答えると、ここは三百年位と言い、言外に大いに誇るところがある。しかしいずれにせよ全員を挙げて迎えてくれ、標本も何もざっくばらんに見せてくれたことは大いに嬉しいことでした。洋の東西を分かつともやっていることは似たり寄ったり、我々も確固たる自信を持ち、得た所見を強く主張し、しかも外国語で発表し、大いに彼等の注目をひかねばならぬと決意を新たにしました。

天候もやや好転した町に戻り、運河の遊覧船に乗ろうとしたら今日はおしまい。地図を頼りに一時間半程町の古い部分を歩き回りました。こことといいアムステルダムといい、オランダ風のゴチック教会の建築は頑健で中々よろしい。小さい町というのに美術館等、上野の国立美術館、又はそれ以上ある。中は見られぬので外から眺めるだけ。

駅に戻り、七時十二分の列車に。ホームで待つ間中々寒い。八月も末ですから無理もありません。ハーグ迄の車中十五分程の間に西の方に大きな落日。

ハーグは何となくアムステルダムより密度がない。駅にもインフォメーションはあるが宿のリストはなく、仕方なく歩いて探しました。サービス、朝食付きで六ギルダーのところを見付けましたが、すぐあとから来たインドネシア人らしい男と相部屋ということになりました。荷を置いて町へ食事に。三ギルダー足らずで満腹出来る店が見付かりました。食後、町の繁華街を歩きましたが、何となくここはパリの模倣が強く、アムステルダムのように個性がない。一寸歩いて宿へ。十一時迄手紙書き。

僕が床に入ってから帰って来た男は、自分はインドネシア人で、六年前にオランダに来て、南部に住んでいると名乗りました。そしてこの国をどう思うかと問うので、僅か一週間では分からぬと言うと、ここは実に寒い国だし、この国の人間は自分は好かない。自分の両親がカリフォルニアに移住したので、自分も半年以内に行くと言う。

八月二十九日(水)　晴時々曇り

八時起床。同室の男は既に一番列車で発ったあと。朝食を済ませ、先ず駅に荷を預け、地図を買って今日一日どう過ごすかと考えながら、駅前のカフェでコーヒー。案内所で聞くと十時に観光バスが出るというので、大枚六・五ギルダーを奮発することにしました。

カメラ屋のショーウィンドウにはアサヒフレックスやファーストフレックス、アイレス35、ビューティフレックス更にはセコーニックの露出計等も並んでいるが、プリモフレックスだったかにはジャパン・ローライと書いてある。ともかくドイツのカメラにそっくりで、一寸いやになる。何とか日本らしいものが出来ないだろうかと思う。

観光バスの出発点に行ったら、十時になっても十時半になってもバスが来ず、待つ人々はブツブツ。運転手が急病の由。十一時一寸前に来て出発。先ず平和宮へ。この建物はオランダ・ルネッサンス様式と思うが、中々立派なものです。これの一階が国際司法裁判所。二階に上って大会議室に入ると、その周囲の壁が日本画のような感じ。説明を聞くと、ここは「日本の間」といい、この絵と思ったのは西陣織で、図柄も良くとても渋くて良いと思いました。ヨーロッパのタペストリー（壁掛け、ゴブラン織）等問題にならないと思います。ここは日本だけでなく各国から寄贈された建築材や装飾品を用いて飾り立てたもので、パキスタン、中国等色々珍しい国からのプレゼントもある。前にここで商業会議が開かれた由で、中央の大机をめぐる椅子には各国の紋章がついていて、日本の菊花の椅子も中央近くにありました。数えてみると十六花弁に間違いありませんでした。階下の国際司法裁判所も覗いて見ました。法廷の横の別室に歴代の所長の像が飾られていますが、第四代は日本の安達峰一郎博士。この人のだけ大きなブロンズのメダル。中庭にはデンマーク寄贈の白熊とオットセイの噴水。節子のために写真を一枚撮る。

次いで再び町の中央に戻り、古い宮殿の中庭に当たるというビネンホフの中にバスが入り、各種の儀式をやるというサル・ド・シュヴァリエや上下院を車窓よりちらと見て、ここを出るとすぐがマウリッツハイス。これは思ったより小さい美術館。一八二二年から王宮の美術館の由。ここには普通ならかの有名なレンブラントの「解剖」（ニコラス・テュルプ博士の解剖学講義）がある筈だが、これは今ロッテルダムに行っています。数点のレンブラント、ルーベンス、ポッター、ヤン・ステーン、オスターデ等もさることながら、ここでの白眉はヨハネス・フェルメール。一室に七点飾られているが、そのいずれも絶品で、この前にはルーベンスは勿論、レンブラントも色を失うように思いました。小川教授もフェルメールに最も感心したそうだが、さすが眼は高い。四十三歳で死んだ人で、現在知られている作品は五十点に満たない筈。特に自分の出身地の「デルフトの眺望」「手紙」「牛乳を注ぐ女」に最も打たれました。バスの案内が先を急ぐのでやむなく出、また車に。

ここから真直ぐにスヘーフェニンゲンの海水浴場へ。途中の住宅街はまるで玩具の国のようなものばかり。又も色の氾濫。海水浴場は何の事はなく、豪華なホテルやレストランが砂丘の背後に建ち並んでいて、ごちゃごちゃ人が群がっているだけ。しかしここで大西洋の波にお目にかかりました。正しくは北海と言うべきか。ここから一路町の中心に戻る。帰りしなに「十七世紀広場」の一角にある王宮の前を通りましたが、普通の建物の間に挟まり長屋のようになっているのは意外。さもありなん、王族は平常はユトレヒトのそばに住んでいて、用がある時だけハーグ又はアムステルダムに出て来るのだそうで、大きな建物はいらないのでしょう。バスの遅れで一時半の遅い昼食になってしまいました。

次いで市電で市の東北にあるオランダのミニチュアを並べてある所へ。これは田園コロシアムより一寸大きい位の円形の場所に、オランダ各部の代表的建築や港湾、飛行場、アウトバーン、停車場、農場、油田等々を全て網羅して、精巧なミニチュアを作り、それを自然のままと同じように並べてある。全て子供の背より低い程度ながら、建物の中からは音楽が聞こえたり、乗物は全て動いていて、子供たちには何よりの娯楽。確かにこれはユニークで面白かった。時間がないので足早に見て、また市電で市の中央に戻り、電車を代え、市の東北に当たるワルスナールという一区の中にある動物園へ。この途中の沿道に並ぶ家々は、殆ど一戸建で豪華そのもの。生活を享楽している様がよくうかがえる。人口が稠密だといっても日本とは桁が違い、しかも格段の金持ちで、話になりません。

動物園は木深い林の中に、檻を造ったようなもので一寸変っている。しかし今まで見た内では一番汚い。だがここでもゴリラ、チンパンジー、オランウータンがきちんと揃えてあり、猿、鳥の種類が実に豊富。しかし清潔度は上野の方がずっと良い。急ぎ足で一わたり見ると、また市の中心へ。四時過ぎ。

まっしぐらにマウリッツハイスへ。ここで五時の閉館迄フェルメールの部屋に入り切り。僕だけではない、釘付けになっているのが沢山いる。中でも老女が一人、「デルフトの眺望」の前の椅子に腰掛け、でんと動かず、じーっと見つめたきり。構図、色調、殊に黄と青の美しさ、透明感。ともかく完成品に浸り切るのは良いことです。固そうにして固からず、暗そうにして暗からず、見事に光を表現して息を呑むばかりとはこのことでしょう。「手紙」は小品ながら劇的な雰囲気を持ち、興味深い。帰りしなに隣室のレンブラントを覗いたが、一寸格落ちして見えます。フェルメールはレンブラントより二十年位後に生まれているが、今後更に声価が高まることでしょう。

暮れかかるビネンホフを横切り、真直ぐ駅へ。五時四十分の電車でハーグを後にしました。次のデルフト(ハーグより僅か八分）で降り、フェルメールの町を歩こうと思ったが、駅から見ると同じような造りの家ばかりなのでやめ、車窓からフェルメールの描いたカテドラルの塔だけ望み見るだけに止めました。次の次がロッテルダム。ともかく近いものです。駅は工事中でごった返し。

駅から大分あるホテル・インフォメーションで宿をきき、途中で食事をして七時半宿に入りました。駅のすぐそばで具合よし。ここはドイツに大分やられた所で、再興中なのでしょう、建築中の建物が大分見られる。駅の前など、まだ野原です。宿の老夫婦は親切者なのか、コーヒーを出してくれたりする。

八月三十日(木)　晴夕方雨

七時半に目を覚ましたのと起されたのと同時。朝食はハム三片、ソーセージ二切れ、バター半ポンド、チョコレートの細片、半熟卵にコーヒー（五杯分あり）と牛乳一合。大変な量です。これをほぼ全部平らげたら、お代わりを持って来ましょうかと言う。ともかく好意に満ち満ちた老夫婦。四人の子供を育て上げ、片手間に下宿をやっているのでしょう。昨夜二回もわざわざ豆を挽いてコーヒーを出してくれたので、その分の代金はと問うと、冗談でしょうと言う。ともかくオランダの宿はアムステルダムの最初の日を除き（これとてもルンドやオスロよりはずっと良いが）実に気持のよいものばかりでした。

駅へ出て荷を預け、ボイマンス美術館へ。ともかくオランダに来て町の中では視野の中にフォルクスワーゲンないしはドイツの車の見えないことはないと言っても過言ではない。大変な数だ。僕も国産車の良いのが出たら一台直子に買ってやれる位お金が出来れば、等考えながら見ています。十時の開場に三十分も前に着いて待つ間に通り雨。待っている人々の前に、屋台車に色々な楽器がしつらえてあって、手で歯車を回すと合奏が鳴るようにした仕掛けをもったノッポとチビのおやじが来て曲を聞かせ、空き缶を持ってノッポが金を集めて歩く。待つ間の一寸した気散じになる。

ボイマンス美術館というのは中々堂々たる建物です。レンブラント展はその一部。ほぼ年代順に並べてあります。出品されてあるのは世界各地に散っているものも、オランダにあるのも含め、殆どを尽していると言えます。既に二十歳初期にすばらしい作をものし、僕と同年の時の物等は、晩年の傑作といわれる物も凌ぐ位の勢いです。殆ど大部が人物画。風景画はデッサンの方がずっと優れています。色は褐色系統が主調ですが、他の画家のようにやにっぽくなく、澄んだ感じがします。晩年になるにつれタッチが荒くなるように思いますが、それが又中々魅力があり、晩年の肖像（自画像）等すばらしいのが見られる。「解剖」の左手は専門家が見て誤りであることを既に指摘しているが、確かにおかしい。僕にはどこが誤りかはっきり言えないが。百一点を見終って、もう一度逆に回りなおし、十一時半こを出ました。出品はレニングラードをも含めて欧米諸国にわたり、見物人も各国から来て居ります。たしかに画期的なものでありましょう。しかし僕としてはこれと同程度、又はそれ以上のものと思われる雪舟展を見られないのが実に残念です。

表に出たら晴。途中の郵便局でオリンピックの切手を買いました。余り良くないが。次いで歩いて動物園へ。入場料を払い、ガイドブック（六十セント）を買おうと思ったら、既に金足らず。ここはハーグのものよりずっと美しく明るい感じ。しかし動物の種類はそれ程多くない。面白いのは、カバの夫婦が野外にいて、夫婦とも陸に出て、婦は寝転がり、夫は子供たちの眼の前にワーンと口を開いて、放り込まれるビスケット等を頬ばっていたこと。本当に手の届く範囲です。チンパンジー、ゴリラ、オランウータン等猿類はかなりよく揃っています。アザラシの赤ん坊が岩の上でおっぱいを吸っていました。

駅へ戻り、絵葉書を書いて発送後、残るお金でコーヒーを飲んで殆ど使い切り、とうとうお父さんに葉巻が買えませんでした。悪しからず。

二時五十八分の列車でロッテルダムを後にしました。国境のローゼンダール迄の車窓風景は今迄と何の変わることなく、昼寝。ともかくヨーロッパでは、人間は集落を作って生活し、この集落を出はずれれば、あとは余り人家を見ないというのが普通です。それだけに自然の中でテント生活をするとか、コテイジで夏を過ごすとかいうことに異常な関心を寄せるのでしょう。もっとも日本でも都市生活者はそういうことになりつつあるが。

国境のローゼンダールでは手荷物検査。パスポート検査。日本ベルギー間はヴィザ無しでよくなっているのに（八月十五日以後）、じろじろパスポートを眺め、癪にさわる。アントワープ迄の車中で夕方になる。ベルギーに入ると家々の造りも平凡になったような感じ。オランダのように美しくないように思う。汽車も余り良くなく、シートは木製。揺れもひどい。

五時アントワープ中央停車場着。ここは大分降ったらしく、道もしたたかに濡れている。オランダと違い、ホテルのインフォメーションも無く、あたりの雰囲気もパリに似、フランス語が完全に通ずる点、パリに帰ったような気もします。ホテルに入る前に、駅に接する動物園が八時迄やっているというので入りました。ここは噂に違わずよく整備され、鳥類館、爬虫類館、水族館等大した設備です。戦争で大分傷められたらしいが、よくここまでやったものです。

種類からいっても、大きなサイ二頭、チンパンジー、オランウータン、ゴリラ数頭ずつ、バク二頭、アシカ、アザラシにセイウチ二頭、カバ夫婦と子カバ一頭、種類は分からぬが大コウモリ等々がいます。所々に動物の分類表を出し、動物の骨等並べて子供に実物教育するような仕組みにしてある。種類や風格からいって、ハーゲンベックのそれには劣るが、コペンハーゲンの時と同じように感心したものの一つです。園長以下園丁に至るまで、皆熱が入っていなければここまではいくものではないと思います。動物の吐く息が白く、秋を感じました。

ホテルのリストの書き物を頼りに駅前の横丁を入った大きなカフェの屋根裏に部屋をとりました。それでもサービスを含め六十フラン（一フランはフランス十フラン）。荷を置くと暮れかけた町へ出て夕食。ビフテキをとったらその他にジャガイモの油揚げ（ポムフリット）が皿に山盛りで出ました。さすが満腹。次いでギド・ミシュランを頼りに夜のカテドラルを見に。この町の誇りとか。久し振りに煉瓦造りでない石灰岩のカテドラルを見ました。たしかに美しいが、しかし少し塔の比率が大き過ぎます。港外の船からも見えるようにとの意図があったかどうか知らないが。いわゆるフラマン風というのか、オランダのとも一寸異なる正面を持った古い家並みを眺めた後港へ。港といってもここは河口港。波止場の一部が遊歩道になっています。そのそばに建つ古い様式の、一見城壁の壊れた残りと思われるのが照明されています。夜風に吹かれて涼をとるにしては少し涼し過ぎる遊歩道ですが、夜の闇に散歩する人々が相当多い。振り返ると町の家々は古いものが多く、そのうしろにカテドラルが聳えていて、歴史の匂いがします。日本の船でも入っていないかなと、闇の中に眼を光らせど見えるものでない。

帰りしなにルーベンスの家というのを探し、前だけ見て宿に帰りました。ここで久し振りに葡萄酒の小瓶を開け、良い気持になって床に入りました。

八月三十一日(金)　晴れ午後曇り

九時起床。朝食は階下でとりましたが、ベルギーの朝食はオランダと打って変わってまことにお粗末。高いばかりでコーヒーはぬるいし、バターはまずいし。おまけにオランダではチップということは全くなかったので忘れていたら、ボーイが催促する。フランスの悪い習慣がここには染み透っています。

駅に荷を全て預け、市電でピュルホフまで。ブンゲ研究所を訪ねるわけです。これは相当の郊外で、林と牧の間にあるのが一寸意外でした。ヴァン・ヴォゲール教授は休暇とか。貴方の手紙を二日前に受け取ったと秘書（男）が出て来て、今ヴォゲール教授に電話で話すからと、図書室で待たされました。金曜日は医者の少ない日の由で、そういえばここでは金曜は殆どのミュゼが休みです。秘書が案内してくれるということで見ましたが、ここは私立の機関の由で、一階と二階の一部に研究室があるだけで、あとは病室。病理組織室、手術室、生化学室、脳波室等見ましたが、その他にも何かあるらしいが、研究室だけから言うと脳研とよい勝負か、あるいは一寸大きいか。いずれにせよ大したものではない。それに生化学室で会った中年の研究者は、こちらが若いと見て尊大ぶっていささか感じが悪かった。ともかくスカンジナヴィア、オランダを見た眼にはがくんと格落ちがします。午後になると少しは医者が来ますがと言うのを、これでは大して参考にならぬと思い、もう十分と辞しました。

駅へ戻る頃から曇り。駅から市電を乗り換えミュゼ・デ・ボザールへ。ここだけが今日開いています。メムリンク、プールビュス、ファン・エイク、ファン・デル・ウェイデン等々、十五、六世紀のフラマン派の絵を見ました。緻密なもので、よくここまで書いたものと感心するものが多い。しかし宗教画は相変らず血なまぐさいものが多く、殆ど入場者が無く、守衛がチラホラの広い空間の中でこうした絵と向き合っていると、何だかゾクゾクするような気がしてくる。ともかく枯淡を最高の境地とする国柄に育った者には、一寸馴染めないように思う。しかし反面、彼等はこうした血を乗り越えて文化を築いて来て、かかる宗教との対決の上に科学や諸文化が創造されているということを深く考えてみないといけないと思う。同じような画題でよくもこう色々な人が描いたものと、少々あきれもします。ルーベンスは一向に感心しない。マドリッドのプラド美術館の方が豊富なのは皮肉ですが、それもその筈、ルーベンスはスペインに大使として行っていたのですから。階下の近代画には見るべきものなし。

この町で初めて二十七、八階建てのビルというものを見ました。まことに味気無いものです。歩いて港に出、夜見た景を昼の光で見ました。夜の方がずっとよかった。

ここで二時過ぎの遅い昼食。溢れるようなポムフリットとムール貝の塩茹で。これも量が多い。しかし僕には足りない位。これだけでアントワープに用はないと駅に戻り、四時の列車でガンへ。途中は満腹の後とてすっかり昼寝。

ガンのサンピエタ駅前のカフェの階上の宿に陣取りました。ここも六十フラン。昨日の部屋より大分良い。新聞で見るとパリは天気が定まらず、おまけに寒いというが、パリに大分近いここも中々冷え、しかも天気が不安定です。

夕食は町の中心でと、八時に宿をでました。ところが中心が中々遠く二キロメートル近くあります。しかも出てみると高い所ばかり。やむなく古風なフラマン建築（石灰岩）の市庁舎のレストランに入りました。ビフテキとビールを頼んだが、ビールはこちらがツーリストと見てか、瓶詰めのを開けて持ってくる。この土地の者と思うのにはコップのを出す。人の懐を狙っているようで余りよい気はしない。もっとも既に観光シーズンも盛りを過ぎ、客が少なくガラガラな故もあるでしょう。しかしこのビールはこくがあってうまかった。それにビフテキはポムフリットにマヨネーズ、サラダ、それにパン二片が付き、これには大いに満足。本当に久し振りにうまいサラダを食べました。

ここを出てカテドラルとベフロア（鐘楼）の向かい立つ広場に出てカテドラルを見てはっと思いました。照明されているためもありましょうが、形が実に均整が取れていて、しかもごてごてした装飾がなく、本当に様式美のみといった感じ。まことにすっきりしています。建物でも人でも余分な物を捨て去って、本質的な根源的な要素のみから出来ている時、真に人の心に迫るものらしい。虚飾を捨てた姿というものは実に良いものだと思います。広場の中央の花壇際の夜寒のベンチに座ってカテドラルを下から見上げ、そんな事を感じました。こんなものを設計した男が居たに違いないのですから、どんな男か、出来るものなら会ってみたいと、シャルトルのカテドラルを見た時と同じようなことを考えもしました。カテドラルを巡る周囲の建物も、黄、又は白光の照明を受け、陰影を深くしています。

更にガンでの見ものたる、川に沿うフラマン風の古い民家、更にシャトーなどの夜景もつぶさに眺めました。ここの夜景はアムステルダムより遥かに見事なものです。ともかく闇と光の交錯は、人の心をひときわ浪漫的にするのかもしれません。しかも鐘楼の、時を告げる鐘の調べが加わり、効果は倍加します。かなり冷えて来た夜道をレインコートの襟を立てて宿に急ぎました。

途中の商店のショーウィンドウは夜半迄光を明々とともし、妍を競っています。

十二時、スエズ問題のこんがらがる新聞を読みながら就寝。大局的には平和裡にいくものと安心しています。しかし英国あたりにはよい薬。エジプトも米ソの間をうまく泳いで点を稼いでくれればよいと思います。ともかく文化と富を彼等だけの専有にしておくわけには行きませんから。

九月一日(土)　曇り夜雨

九時に起床。空を見ると雲がびっしり。皆への御土産にカラーフィルムの良いのを撮ろうと思ったのも水の泡。黒白に切り替えました。

ベルギーの物価の高いのは驚くべきもの、コーヒー一杯で百フラン近く（フランス・フランで）とられる。カフェのギャルソンの話では、こんな気候はまれでまるで十月です、これじゃあたまらないと肩をすくめています。婦人連の中にはオーバーを着た人も見掛ける。銀行で五ドルと五マルクを両替。町の中心迄テクテク出掛けました。

　狭霧が町に流れ、全くもう秋です。途中でアベイ・ド・ラ・ビロークに寄りました。煉瓦造りの建物として極めて美しいものの由。中はミュゼになっていて、家具だとか、滑稽なような不細工の武器、さては中国のごてごてした陶器等を細々と並べてあります。レフェクトワール（食堂）が大変良いものだとガイドには書いてあるが、そんなものかなと思って眺める程度。次いで川の左岸沿いに歩きますと、少し川に傾斜した斜面に建つ家々の煙突からは、うっすらと煙が立っているのが認められる。人々も焚火の用意を整えているようです。ポン・サン・ミシェル（聖ミカエル橋）のたもとに着いて、ヨーロッパでも有数の美しい眺めという建物の群像を眺めました。一番奥にカテドラル。次いでベフロア（鐘楼）。その手前にサン・ニコラ（聖ニコラス教会）の塔。前景は川沿いのフラマン風の古い家並。確かに美しい構図と渋い色です。晴れていたらどんなに良いカラーフィルムが出来るでしょうに。次いで黒白でここを中心に写真を撮りまくりました。森さんと撮って歩いたため、色々経験がついているので案外面白いものが出来るかもしれぬ。それにしてもこの光ではと残念です。

　次いでシャトー・デ・コント見物。九世紀の頃の城の由で、十九世紀にすっかり修復したらしいが、原形は留めているとのこと。中には食堂だとか礼拝堂だとか、厩だとか、罪人や捕虜を置いた所とか、獄や、さては死骸を埋めた所等あり、更に罪人や異教徒を拷問したり、ギロチンにかけたりしているところの絵や、ギロチンそのもの、手錠、足枷等豊富に並べてあります。どうも趣味がよくない。しかし城壁から、さてはドンジョン（主たる塔）からのガンの町の眺めは中々美しい。町の周囲は靄というか霧というか、すっかり薄れています。

　城の下の市場を抜け、広場のとあるレストランでムール貝とポムフリットの昼食。ムール貝は、からし菜と玉葱を入れて茹でたものだが、大変おいしい。店員に言わせるとまだシーズンではない由ですが。ムール貝三十フラン。ビール六フラン。チップ四フラン。

　午後の見物はカテドラルから。先ず塔に登ってみました。一人が精々の狭いぐるぐる階段を、息を切らして登るのですが、高いこと高いこと。これで五フランとられるのだから登るのも物好きです。行きも帰りも僕一人。貸切りみたいなもの。天辺に行くと一寸足がすくみ、風がさっと来ると何だか吹き流されそう。ともかく三、四百年前にここ迄石を持ち上げて積んだ人間に敬意を払いました。降りたら膝が少々ガクガクする。

　カテドラルの中での見ものはファン・エイクの筆と称す

る祭壇画「神秘の子羊」。これは十五世紀のものですが、肖像画の技術としてはこれ以上細かくは描けないのではないでしょうか。小さな花を写真で拡大して撮ってありますが、一寸驚くくらい。滅法に固い感じのものですが、好き嫌いは別として、よくここまで描き込んだものです。こうして見るとやはりプリミティブ・フラマンというのも一派をなしていることが分かります。

次は鐘楼。ここにはエレベーターがある。説明によるとここには大小五十二の鐘があって時を告げるとのこと。塔上に居る内に二時半になって、自動装置によって鐘が一斉に鳴り出し、短い調べを奏でる。耳がワーンとなる。

絵葉書を買いカフェに入って家へ書く。書いている内に広場で楽隊の音。赤旗を立てて四列縦隊で男女の労働者が、中に子供の一隊を交えて行進。子供たちは花束を持っている。カフェのおやじに聞くと、社会主義者たちですよ、休暇を終えたので、その感謝にどこかへ花輪を捧げに行くのでしょうとのこと。

最後にプチ・ベギナージュ（ベギン会小修道院）という、シスターたちがひっそりと住む一角を見に行きました。牛が草をはむ四角い広場を巡る白壁の所々にくぐり門があり、その一戸一戸に何かキリスト教の名が書き込んであります。時々シスターが通る。いわば禅寺の塔頭のようなものです。駅へ戻ったのが四時半。

五時過ぎの列車でブリュージュへ。三十八フラン。ブリュージュ迄は二十分程。空はどんよりと、今にも雨が降り出しそう。芝の植込みの広々した駅前広場を抜けると、ブリュージュの狭いカナルに入ります。入った途端からガンとは違った美しさに感じ入りました。ガンの民家は様式の美しさで光っていましたが、ここでは様式もさることながら、水際に生い茂る柳に似た木々がこれに加わって深い陰影を加え、更にこの茂みの中に曲線を作るどっしりとした石橋。その石橋のはずれに時々くぐり門があったりして、土地の服装を着た人がこのくぐり戸を開けて橋を渡って行ったりする。その落着いた雰囲気が実に気持良い。家々の色も中間色、ネープルスイエローがかなり多く、屋根は橙色の勝った褐色、家々の窓にはベゴニアをはじめ色とりどりの花が飾られてあります。

町の中心近くに、とあるカフェを見付け、部屋がないか聞いてみるとあると言う。おまけにフランスの金で払いも出来ることが分かりました。そこで鮭とサラダとポムフリットで夕食を済ますと、イルミネーションの町に出てみました。ここで有名なのは鐘楼のカリヨン（鐘の調べ）。世界的に有名な由。九時から十時迄の間やるという。それ迄うこれも由緒深い建物に囲まれた広場等を抜け、運河沿いに散歩。木々には白光、家々には或いは黄に、或いは白に光を当て、全く素晴らしい効果です。その中を白鳥が静かに泳ぎ回っているといった具合。その内に雨が降りはじめ、九時頃にはかなりの降りとなりました。人々は土曜の夜をぶらぶらと散歩しています。

市庁玄関に立ってカリヨンに聞き入りました。レハールの「微笑みの国」だとか、シューベルトの「軍隊行進曲」だとか、色々十曲やったが、言われてみるとあああの曲かと思うが、うっかり聞いていると分からない、しかし色々の鐘によってこうした楽を奏でるのは面白いことです。最後に「蛍の光」を響かせて静まりました。就寝十一時。

九月二日(日)　晴

九時起床。階下で朝のコーヒー。日曜で銀行も休みで金が替えられず困ったなと思って、宿のおやじさんに相談すると、替えてあげましょうと銀行とほぼ同じ率で替えてくれて大助かり。それにしてもベルギーは実に物の高い所。オランダは植民地を失っていながら物が比較的安く、ベルギーはコンゴを持っていながらかくも高いとはどういうことでしょうか。

九時半に開くメムリンクの美術館より見始めました。これは予想より実に小さい所で、シスター経営の病院や寺院に囲まれた内庭の片隅にあり、フランドル風の煉瓦造りの建物の階下を占め、広さは二十畳より一寸大きい位のもの。大小で六点。すべて宗教の挿話を表したもので、虫眼鏡を借りてつぶさに見ましたが、ともかく細かくよく描き込んだもの。それに絵具の瑞々しさに感心しました。ここでは技術だけが観察の対象です。

町全体、勿論この内庭にもかなり濃い霧がこめています。オランダまででは殆ど見なかった神父、シスターの姿が、ベルギーに入ってはめっきり増えました。ベルギー、フランス、スペインは、これにまだ見ぬイタリアをも含めて噂の如くカトリック王国との感を深くしています。

次いでミュゼ・コムミュナールへ。ここでは今イギリスで持っているフランドル派の絵の展覧会をやっている由ですが、それにしても二十フランの入場料は高いと言えます。ここには十五世紀に花開き、又、ベルギーの誇るのはその時代だけのプリミティブ・フラマンが飾られています。ファン・エイク、メムリンク、ダヴィッド、ウェイデン、バウツ、フース等々、十六世紀のピーテル・ブリューゲル等、それに十七世紀のルーベンス等。やはり良いと思ったのはメムリンクとファン・エイク。ルーベンス等は全然良いと思わず、型にはまったデフォルマシヨンや大袈裟な身振りが鼻につく。それにしても宗教画の主題が血なまぐさいのがどうも性に合わない。何遍も書くが。

これだけ見ると昼になったので、宿に戻ってビフテキを食べました。一休みしてからまた、町へ。最初は聖母教会にあるミケランジェロ作の大理石の聖母子像。ミケランジェロの真作に初めて接するが、同じ聖母子像といってもメムリンクやファン・エイク等の固い感じとは全く異なり、実に人間的な表現で好ましい。それに石の美しいこと。イタリアにはこんなのがごろごろしているわけでしょうが。

町の美しさを皆に伝えたく、曇っていてあまり良いものは出来まいとは思いつつも、カラーフィルムを二、三枚撮ることにし、「愛の湖」のあたりから、静かなベギナージュの界隈、カナル沿いと数枚撮りました。次いで普通の観光コースでは余り人の訪ねない、町の別の一角に行って見ました。とある街辻で、カナルを背に立つファン・エイクの彫像を見ました。日曜というのに実にひっそりとした通りの連続で、ある場所では廃墟に居るような感さえしました。裏ともなればカナルもよどみ、腐臭がしたりし、物が沢山浮いていたりして一寸興ざめ。観光の町としては美しい面もあろうが、生活するには一寸御免という感じも湧いてきます。

古くて今は回らない風車、昔の城門等を見て町の中心の宿に帰ったのが三時過ぎ、一層曇って来たので、ブリュージュを後にすることにし、駅へ。五時八分の列車でブリュッセルへ。車中次第に明るくなり、ブリュッセルの中央停車場に着く頃は陽すら射しはじめました。汽車時間を調べると夜中のパリ行列車があるので、物の高いベルギーから一刻も早く去ろうと、それに乗ることにし、駅に荷を預けて見物に出ました。十五、六世紀の建物に囲まれたグラン・プラス（大広場）を覗きましたが、こんなものかと思う程度。次いで有名な「マネケン・ピス」（小便小僧）を見に。大変小さい物ですが、勢いよくはじいています。節子にベルギー名物とかのレースか人形をと思ったが高いの高いの。馬鹿らしくてやめました。王宮、コレジアル・デ・サン・ミシェル・エ・グデュールという教会等も一瞥しただけ。何とも雑駁な感じ。密度があれば、各国を見て少しは肥えたこちらの眼にもそれと分かる筈。すべてフランスの亜流。

パリ行の汽車が出る北駅迄荷を移し、夜半迄の五時間程を映画でも見て過ごそうと駅を出たら、パリのメゾンで顔見知りの京大の哲学の男から声を掛けられました。ドイツ、オーストリアからの帰りの由。もう金が無いので帰り道と言う。あとは夜中の汽車迄列車は無いと教えると、それじゃ駅で待つと言うので、ビール位奢るとカフェに入り、ドイツの事情を聞きました。彼は主としてオーベルジュ・ド・ラ・ジュネス（ユースホステル）を使った由ですが、大変安く上ったと喜んでいました。しかし夜は十時消灯、朝は七時起床でゆっくりした時間は少ない由。もっとも彼は八月の旅行季節に行ったからで、これから僕の行く頃は良いと思うし、ドイツ、オーストリアでは大いに使うことにしましょう。

　彼と別れて九時半の映画に入りました。ニュースとスタン・ローレル、オリバー・ハーディの喜劇を見てゲラゲラ笑って二時間近くを過ごしました。駅に帰りホームの待合室で手紙を書いて、〇時十五分の列車を待ちました。アムステルダムから来る国際列車。列車はこちらのは大方空いています。人口が少ないのにもよりましょう。

　フランス国境迄は八人の所を四人で占め、各自横になって一眠り。国境で眠い眼をこすりながらパス検査。夜は車中でも中々冷えます。

構築　パリ

一九五六年九月

九月三日(月)　晴

　朝六時四十分パリ、北駅着。やはりパリは大都会という感じ。それに人の視線を殆ど感じない。他の国々、特にベルギーではじろじろ見られたのに、ここでは全くそういうことはない。人の視線を尺度として、その国の文化の世界性を測ることが出来るかもしれません。カフェで久し振りにカフェ・オ・レとクロワッサンで朝食。何となく懐しいメトロに乗ってメゾンに入ったのが八時前。なんと嬉しいことに八月二十二日記迄の手紙が三通、それに松浦君からの手紙。ホクホクで部屋に帰り、ひとまずベッドに入り、息もつかせず手紙を読み終えました。皆元気で何より安心しました。

　徹も大分へばったらしいが、休みをとってから元気になった由、安心しました。お父さんが酒と煙草をやめたと聞いて、お金の上で大変無理をかけているのではないかと案じています。今度の旅行でも決して贅沢はしないつもりだったのに大変な額になり、少々気がさしている矢先とて、申し訳ないような気がするわけです。結果としては実に密度のあった一ヶ月で、金に替えられないとも言えましょうが、論文掲載費で更に三万円も出費と聞き、相済まない気がしています。

　汽車賃　　二万九千九百十七フラン、

　パリで両替　　三万六千七十三フラン、

　途中で両替　　二万七千六百フラン、

　計　九万三千五百九十フラン、

と四十ドル

（一ドルを三百八十フランとみて一万五千二百フラン）

　総計　　十万八千七百九十フラン

　しかしその反面、直子も運転出来るし、お父さんの往診用に国産車でも買えたらなあ等と勝手な夢を見たり、まことに人間は色々な事を思い巡らすものです。自動車といえばパリに帰ればドイツの車はかげを潜め、ルノー、シトロエン、シムカの氾濫。それぞれ国産車を愛用しているわけです。その点日本は……。一寸淋しくなります。

　天候不順と聞いたパリも今日はまれに晴れたとか。帰り着いて手紙を読んだら寝るどころの騒ぎでなく、早速洗濯。次いで久し振りに食堂。ビフテキに葡萄酒、それに久し振りに酢の利いたサラダが実にうまかった。午後は陽はありながら涼しい町へ。並木は既に黄ばんでいます。まことにもう秋です。

それにしても他と比べ、パリはやはり風格がある。ストックホルムの街角で見た広告にFly SAS to Capital de l'Europe Parisとあったが、まことにここはヨーロッパの中心という感じが一層切実にする。戦後、荻須高徳さんがパリに着いてよこした第一信に、「今私は感激に震えながらパリの町を歩いている」と書き、又、横江先生が、他の国を旅行してパリに帰るとホッとしたと話されていましたが、その感じが今はっきりと分かります。僕自身も肩で風を切ってすっすっと心涼しくパリの町を歩いています。僅か一ヶ月離れていただけなのに、サン・ミシェルもリュクサンブールも実に懐かしい感じがする。モリエールだったかモンテスキューだったか、誰かが「パリはその建物の故に偉大であると共に、人々の心の偉大さのためにも一層偉大である」というような事を言っていたように思うが、町の人々のたたずまいも、たとえ北欧やドイツあたりの人々より服装はやつれ、生活に疲れたような顔をしていても、何か人を寛がせるような雰囲気を漂わせています。こうしたことは一朝にして出来る事ではない。腐っても鯛は鯛か。

佐藤朔さんを訪ねたら留守。次いでリュクサンブールを抜けて大久保君の所へ。彼も二週間程佐藤さんとアルルやオーヴェルニュ等を歩いて来た由で、佐藤さんも元気になった由、安心しました。大久保君はカミュの翻訳をやるとかで、珍しく机に向かっています。

夕食を馳走になることにし、その準備の間二宮夫妻の部屋で、問われるままに北欧の話で笑わせたり考えさせたり。夕食は少々遅くなり九時。ビフテキとメシとウニとサラダ。久し振りにたら腹。食事の事で書き添えますが、ベルギーを境として、その北と南で食事をする態度に差があるように感じました。北では、特にドイツでは立食をする所がとても多く、相当な服装の連中でも立ったまま食事をして去っていくが、南では立食をする場所が少なく、人々は必ず座ってゆったりと食べる。いかにも食事を楽しむという空気がある。北では逆に、食は働くためにあるので、エネルギーを補給するだけ、必要にして十分なだけ食べればそれでよろしいという態度ではあるまいか。一寸そんなことを感じました。帰館十一時半。

九月四日(火)　**曇りがち。涼し**

九時起床。レインコートが汚れたのでクリーニングに出しました。午前部屋の片付けで過ぎてしまいました。昼前に家からの便り。節子のまめ振りには、きっと帰ったら驚くでしょう。勝気なら一層ゆったりと育てないといけない。

脳研に関する新聞記事、恐らく出所は脳研関係の誰かが手を回して書かせたことと思います。どんな地位でも何でもかまわない。今後は狙い定めて仕事を進め、どんどん外国文で発表していくつもり。決して他国と同じ事はせず、必ず何か独自の一本を通して行くつもりです。それに何があっても兄弟二人でやれば一人の力よりずっと大きいと思います。世間上の雑音の上にぐっと聳えた高い峰を見失わないでいけば、大局を見誤ることはないと信じます。
＊メス研ぎ器の事は、事情はよく分かったが、フランスでは少なくもサルペトリエールでは、メスは専門家に研ぎに出すらしいし、解剖教室でも特に注意しては見ませんでした。ドイツでは注意して見ましょう。しかし高い金出して外国の物を買う必要もないように思います。予算は拡充が実現されれば、この器械を買う位はすぐ出るでしょう。
＊脳研が淋しいとは言え、今は仕方ありません。帰ったらどんどんやるから安心を乞う。当分はゴルジ法で網様体を調べ、写真室を一層整備したい。狙いは縫線灰白質と、黒質と青斑核の繊維結合。
東京も気候不順とか。こちらも今日あたり噂に違わず曇りで、夕方から雲厚く、風も冷たい。富士フィルム二本はパリで袋を見付けたので、今日現像所宛に送ります。また定期便を楽しみに。大いに張り切っていますから安心を乞う。

手紙を出し、夕食を食べ、そろそろ二次旅行の計画を練ろうかとサロンのそばを通ったら、どこかで見た人がいる。色々考えましたら、分院内科で踏朱会（補足：東大医学部の油絵の会）先輩の熊谷さんだと分かりました。挨拶して僕の部屋に招じましたが、カトリック医師会の招きでローマの研究所におり、その総会がオランダであるとかで、総会に行く途中に三、四日パリ見物に寄った由。オランダの事等聞かれるままに話していると、ドアをノックする人がある。

出てみると英国に留学していた医学部同期、整形外科の津山直一君。ロンドンを離れ、今から来年二月迄ミュンヘンに勉強に行くところと言う。僕より先に国を出たが、出発する前僕の所に来て、ヨーロッパで是非会おうと約束したのですが、僕がパリにまだ居るかどうか半信半疑でやって来たのに居るので大喜び。僕も昨日旅から帰ったばかり、丁度良いと、再会を嬉しく思いました。飯がまだだと言うのでモンスリ公園のはずれを一寸下ったレストランに連れて行き、食事の世話。葡萄酒を奢りました。英国から来たので何もかも美味いと大喜び。ともかく英国は堅苦しいよと言っていいます。話は世話をした人々の事に及びましたが、小宮教授の人柄には彼も感心。又、O教授に悩まされた事もお互いに一致。ともかくひどい人だと憤慨しています。十一時帰館。

九月五日(水)　晴

九時前起床。珍しく陽がさしています。津山君を起して朝食をとりにアメリカ館へ。旅行中の豊富な朝食に慣れた腹にはパリの朝食は少しく物足りません。津山君の奥さんは彼が出発して間もなく男の子を産んだとのこと。オピタル・コシャンの整形外科を見たいと言うので手紙を書いて渡しました。

二人でカメラをかつぎ、先ず津山君が荷を預けたサン・ラザール駅に行き、荷から必要な物を出し、次いで昼近くなったのでオデオンに出て、歩道のテラスで陽を浴びながらビフテキの昼食。食べ慣れている故か、フランスの料理が他の国の物に比べ、やはり断然うまいようです。牡蠣も今月からまた食べることが出来ます。月の綴りに〝R〟が入るからです。しかしまだまだ高い。

気温が思ったより高く、着て出た毛糸のチョッキがうるさいので、近くの二宮夫妻の部屋を訪ね、これを預けました。ここでコーヒーを馳走になり、しばし雑談。津山君はこうした気軽な下宿が気に入った模様。二宮夫妻はこのチョッキを届けながら、いま大久保君と共同でやっているカミュの「La Chute」(転落)の翻訳中に、舞台のアムステルダムについて分からぬ所があるので、今晩僕に質問に来ると言う。

マビヨンからサン・ジェルマンを経てサン・ミシェルの広場に出、真直ぐにノートルダムへ。各国のカテドラルを見て来た眼に、やはりノートルダム・ド・パリはそれらの中の高峰のように感じられます。森さんと感心しながら眺めた七月末の頃が、何だかもう遠い昔のような気がします。中を見てから裏に回り、公園で小憩。この公園は大きくないが、人の出盛る、自動車の列が織り成すカテドラルの前通りからそう遠くないのに、マロニエの深い木陰の中にひっそりと静まり、子供たちを遊ばせながら母親たちが編物にいそしんでいたり、若い男女がひそひそと囁き合っていたりしてとても落着いた場所。その上にカテドラルの後姿がきれいな、かつ力強い石の稜をぐっと張って、案内する時はいつも連れて来て喜ばれる所です。ここまでは観光客は余り来ないのです。カテドラルの側面を、古本屋の河岸の対岸から眺めながら再び正面に回り、塔に上りました。屋根の上に横になり、パリの美しさを満喫しながら、十三年前に入学した時、グルッペも違い、余り話し合ったこともない間柄の我々が、こうしてノートルダムの上で一緒にパリの町を眺めようとは思わなかったねと、両方とも感慨に耽りました。暑くもなく寒くもなく、適当に陽もさしていて今が一番良い時かもしれません。

下りて角のカフェでビールの冷たいのをあおりましたが、北欧のより一寸甘いです。次いでサント・シャペルへ。ここにはこれで何遍目でしょう。いつも思う事だが何と壮麗なものを造ったものでしょう。絶対君主時代でなければ出来ぬものとはいえ、人間思い立って条件が揃えばこれだけの事が出来るということを示していて、いつも打たれます。ツーリストで一杯。ツーリストといえば、今夏は戦後において最も多くパリを訪れている由で、フランスの実入りは大変なものでしょう。モニュマンのおかげで、左うちわで金がざくざく入る。誠に先祖様は有難いというところ。

コンシェルジュリー、ポン・ヌフからオデオンに出、クリュニー、ソルボンヌ、コレージュ・ド・フランス、パンテオンと、彼の見たいと言う所を巧みに綴って、リュクサンブール公園を最後に七時頃シテに帰りました。彼とても観光バスなどではとても見られない所を細々と回り満足と思う。僕も大努力ではあるが、仕事を離れてこんなゆっくりした気分で歩くのは初めてで、良い見物になります。

久し振りにゆっくりシャワーを浴びて旅の垢を落し、疲れも全くとれてしまいました。

八時、明日スペインに発つという植村館長が僕の部屋にやって来て、スペインの事情を聞きたいと言う。質問をするので、自ら僕の所迄足を運ぶという、中々お堅いこと。一時間程で一通り話しました。植村館長はスペインの後、所々旅行して十月十日頃日本に帰る筈。次は日本でお会いしますと、今迄の事をお礼申し、別れました。

次いで九時半頃、二宮夫妻来訪。僕が留守中の「マッチ」を買っておいてくれと頼んだのを、七月末世話になったお礼と、四冊くれました。買っておいたカマンベール（チーズ）と葡萄酒を供し、十一時半迄愉快に話。北欧旅行の事が聞きたいというので、家への手紙に書いた色々の事をかいつまんで話した後、二宮君の質問に応じました。

彼が滞在費の足しにと大久保君と翻訳をやっていることは前に書いた通り。「Damrak」とあるのは何かと言うので、買って来た地図を見ると、これがアムステルダムの目抜きの大通りであることが分かり大喜び。更に「Jan Vermeer」とあるのが分からぬと言うので、それは有名な画家で、立体構図がうまく、室内をよく描いた人でと、買って来た数枚の絵葉書を見せると、疑問は氷解。最後に「toit escalier」というのも、それはベルギー、オランダ、北欧にある、家の正面や側面の形について（階段型の屋根）を言うのだとピンと来たので（沢山見て来たから）写真を見せるとまさにその通り。北欧、ベルギー、オランダ旅行の体験がとんだ所で役に立ったものです。二宮君にとても喜ばれました。

お二人でよいですね、家内も羨ましいと言っていますよと言うと、二宮君は、しかし一人で苦労する気分も味わってみたいですねと漏らすところ、大分抑えられているらしい。夫人としては、こんなおとなしい旦那を見付け、大いに感謝すべきところ、もともと頭の良い二宮夫人のことだから分かってはいるでしょうが、勝気が余ったりすると、反撥が来るぞとひそかに案じている次第。しかし二人とも本当に良い人柄、将来共この人々とは心許して付き合えると思います。将来節子など、二宮夫人に教えてもらうようになるかもしれない。

送り出してから津山君の部屋に行き、葡萄酒を飲み交しながら医学のあり方について二時頃迄話し込んでしまいました。彼は英国が極めて経験を重んじ、臨床家は徹底して臨床に打ち込み、ケース・リポートを大切にする点に大いに感心しています。

これはフランスとて同じこと。見解の一致した所多く、有益でした。

九月六日(木)　晴

今日も晴です。朝食は津山君と、僕の部屋で。次いでサン・ラザール駅で、再び必要な物を取り出した後、バスでパレ・ロワイヤルに戻りルーヴルに入りました。館内にいる内に昼になり、一部見られない所はありましたが、エジプト、アッシリアからギリシア、ローマ、中世、ルネッサンス、十七、十九世紀と時代順に案内しましたが、彼もよく分かって面白い、パリじゃなくちゃ見られないよと喜んでいました。僕自身初めて見た時は、エジプト等カイロに比すれば大した事はなし、中世、ルネッサンス等もあまり良いものはないと思っていたのですが、ヨーロッパの他の七国を見て来て見直すと、やはりルーヴルは大したものだと考え直しています。フェルメールの小品が一点あるのを発見、更に前には知らなかったドガやルノワールのパステル画の部屋を見付けて大収穫。館内で笹原女史に会いました。一緒にローマ迄来たという背の低い、何とか大の教授とかいうのがそばに居て、妙にきざっぽい口調でしゃべるので、早々に別れました。

大分まいってきた津山君を励まして、パレ・ロワイヤルの中を抜け、前に森さんと入ったビブリオテック・ナシオナルの角の親切なカフェで、シュークルート・ガルニで昼食。津山君も元気が出ました。食べている間に強い俄雨。僕は旅行で鍛えた故か、少しも疲れません。有難いものです。さっと晴れたパレ・ロワイヤルの内庭で餌を貰う鳩を眺め、柱の美しさを観賞しながらしばし。木々の葉は黄ばんでいます。

チュイルリーからコンコルドに出、今オランジュリー美術館でやっているルーヴル所蔵の印象派展を見ました。マネ、モネ、ルノワール、シスレー、ピサロ、ドガ、ゴーギャン、ゴッホ、ルソー等々、全く全く絢爛たるもの、これらの画家の日々仕事をしていた頃のパリの盛んな息吹が感ぜられるようでした。ルーヴルで十九世紀迄のものを見て来て、この印象派に来ると、誠に生き生きと人間が躍動しているのが眼に飛び込んで来ます。時代を特徴付ける一つのスタイルを生むということ、それは大変なことです。そうした仕事に参画してこそ人間産まれた甲斐があるというものです。ひしひしと感ずる。

去りがたいのを先のあることゆえ出、コンコルドからシャンゼリゼへ。途中、マロニエの実の落ちているのを津山君が土産にと拾う。シャンゼリゼではロケーションをやっていて、民衆がたかっている。それを巡査が整理しているが、まことに和やかなもの。日本なら殺気立つかもしれぬ。

凱旋門の上に初めて上りました。小憎らしい程の眺めです。我々外来者ばかりでなく、パリ人自身がパリを美しとして、ここを離れたがらず、又、戦争の時にはこれを破壊しないよう、すぐ手を上げる心理も分かるような気がします。風強く涼しいが、四方を眺めて六時の閉門まで。門内の階上にはこの門の歴史が写真等で綴られているが、第一及び第二次世界大戦の休戦の時の、この門を巡る雰囲気等良く分かる。第三次などのこうした写真など永遠にないよう祈るのみです。

トロカデロ迄の途中で一休み。ここでは津山君の仕事のことなど話し、次いでシャイヨー宮の茂みを歩きながらも話し続け。ともかくイギリスは末梢神経の移植のことでは世界をリードしているというのが見解。彼の興味も自然そちらに傾いていて、日本に帰ってもその方面に伸びたいらしい。将来の協力など約しました。その内俄雨。

カジノ・ド・パリを見るという彼をそこへ送り届け、切符の世話をしてやって、僕は雨の中を宿へ。ひょっと笹原女史の所で食事でも馳走になろうかと（自炊しているからどうぞと言われてあったので）寄ったら、例の教授と文展の審査員とかいう得体の知れぬ連中が二人居るので早々に引きあげ、モンパルナスで夕食。帰ろうとカフェ・ル・ドーム（?）の前を通ったら佐藤さんが大久保君らとテラスに居ました。見違える程元気になった。大久保君ら、というのは、田村泰次郎（小説家）夫妻。僕の所に寄り、北欧の地図や絵葉書を見たいという大久保君と一緒にシテへ。十二時迄雑談。彼も急にアムステルダムに行ってみたくなったと言う。どうせ彼のことだから行くまいが。ともかく帰ってきてもこんなわけで忙しく、ゆっくり計画を練る暇もなく、弱ってしまいます。

九月七日(金) 晴

九時起床。午前は手紙を書く筈が、朝食後津山君と話し込んで昼迄。二人で日本の医学界の有様や、政治の在り方等話して、悲憤慷慨です。学会があれば会長が無理算段して金を集めねばならず、集めた金の大部分は遊興費に使われてしまう。その額は学会誌を出す金より多い。それなのに平常は学会誌発行の金が無く、貧弱なものしか出来ぬ。代議士を笑うことが出来ようかと憤慨。臨床教室では臨床をそっちのけにして、試験管を振り回したり、電気をいじったりでデカダンになり、教授は指導も満足に出来ない。今後はそんなことで学位論文を作るのでなく、臨床医学の真の基礎になる立派なケース・リポートが学位論文になるようにしなければ駄目だという点、完全に意見一致。これからは憤懣があったらお互いに寄ってそれを吐き出し合い、パリで語り合った事を思い出してお互いに慰め、激励し合うと約束しました。今後そうした友人を持つことが特に大事だと思います。

朝、関君の手紙同封の便り。今週はもう来ないと思っていたのでホクホク。

午後津山君とロダン美術館を皮切りに。パリは実際入場料が高い。今、庭では国際彫刻展をやっています。殆どアブストラクト。しかし庭の茂みの下の芝の植込みの中に飾られ、これをゆったり眺めて歩く気分は悪くありません。秋晴れのさわやかな気分。

次いでアンヴァリッドへ。ここは僕も初めて。建物も中々良く、その内、森さんとまた撮りに来ねばなりますまい。まず真先にナポレオンの墓へ。いや、ともかくでかい物です。津山君も、負けてもこんなに大きいのか、ロンドンのネルソンやウェリントンの墓はウエストミンスター・アベイの下にあるが、もっともっと比べ物にならぬ位小さいとのこと。こんな大きい、着色した石を探すだけでも大変でしたろう。くわしくは帰国して説明しましょう。ウェリントンやネルソンの墓小さしとはいえ、そのすぐそばにあるフレミング(ペニシリン発見者ということになっている)のものは一枚の板きれだけの由で、その時も人を生かすより、人を殺した方がより有名に、より墓も大きくなると思ったが、ナポレオンのを見るに及び、驚いたとは津山君の感想。

同じ建物の中にフォシュの墓、ジョゼフ・ボナパルト及びナポレオン二世の墓があります。次いでナポレオン展。ここで又、百フラン取る。また取るのかと怒って帰るツーリストもいる。あくどいことは世界共通です。入ってみれば大したことなく、ナポレオンの一寸した遺品や勝ち戦の軍の配置図や、絵や書き物や武器があるきり。その下の軍事博物館で、また五十フラン。ここには軍旗だけの部屋、武器だけの部屋、ナポレオン室、ルイ十四世室等あり、フランスの栄光の時代の見せ物。ナポレオン室でナポレオンの死の床やデス・マスクを見ました。靖国神社の遊就館のようなものです。五時半の閉館迄。

次いでエッフェル塔の下まで歩いて行って仰ぐにとどめました。設計した人間も人間なら、建てさせた者もよくやったものです。海水着姿の男女も混るパッシー岸の夕陽の風景を眺め、トロカデロに出てバスでリヨン駅迄。支那料理を食べようという寸法。森さんに連れて行ってもらった所です。途中ノートルダムなど逆光を受けた姿が、うっすら薄紫の靄に包まれ、木々の黄ばんだ色と共に秋の感深いものがあります。

焼きそばと海老のフライと飯。三百フラン。

バスティーユを見たいという彼を案内。次いでサン・ドニ門（凱旋門）をも見せ、シャトレに出てバスで帰館。十時。床に入って手紙書き。もう八日、少々慌てています。

九月八日(土)　晴

八時半起床。起き抜けに大使館の松原氏夫人より電話。子供の耳の事で伺いたいことがあるし、日本から鮭が来たから今晩夕食にと言われるのを、今夜は津山君と先約があり都合悪いのでと言い、耳鼻の医者の事はブールギニヨン君かブーリエ君に聞いて答えることを約しました。

朝食をとっていると、千葉大の小林教授が来て、画家の野見山暁治という人の奥さんが、サルコーマ（肉腫）でキュリー病院に入っているが、夫が見舞に行っても見舞時間短く、思うように看病出来ないので、何か良い病院はないかと言う。夫には日本に帰す意思なく、日本の家族からはそちらでするだけのことをしてくれと言って来ている由だが、キュリー病院の方では日本に帰れと言い、そこにギャップがある。昨年十月呼び寄せられてこちらに来たが、八月初めに急に発熱して発病したらしい。首や腸や胸に出来ているらしい。レントゲンで小康を得ている内に日本に帰るべきなのに帰らないと言うのが無理なのですが、夫は金は何とかするからこっちで出来るだけのことをしてやりたい、しかし、それにしてもどの位持つか知りたいと、無茶な話で、分からぬと答えるのみ。それにしても知っている人なので月曜か火曜には見舞に行かねばなりますまい。

昼食に出ようとすると大使館より竹山道雄氏からの電話。ドイツを一ヶ月にわたり旅行してきたが、体の調子が思うようでないから診ていただきたいと言うので、一時半から二時半迄の間においで願いたいと告げました。手紙を書き上げて昼食を終えて帰ったら、もう氏はサロンに来ていました。聞くとドイツ、特にベルリンに二週間居て帰って来たら、どうも疲労感が強い由。五年前にイクテルスをやっており、肝が二横指、少しくRANDが固く圧痛あり。その他には普通の診察では異常はないように思うので、月曜から五本から十本位、葡萄糖を注射することにしました。こういう人からは話を聞き出すのが何より興味のあるところ、少しベルリンの模様を聞きました。竹山さんが廻ったヨーロッパの都市の中で最も面白かった所の由。パリ、ロンドン等は歴史を感ずるし、又、どこかのんびりしたところがあるのに反し、西ベルリンの活気のあるエキサイトした空気というのは独特なものの由。孤島の如く東ドイツの中にありながら、そこに大勢の人がソ連が憎くて憎くてならず、統一の悲願に燃え、呪いの気に溢れてうごめいている。その気分は全く一種異様なものと思われ、一見に値するとのこと。その気分を称し、前線都市ヒステリーというそうですが、竹山さんがつかまえて人に物を聞いても、いつかまた復讐してやると燃え盛っている様はすさまじいものの由（そう簡単に事を構えられては、はたが困りますが）。散々ためらった末、東ベルリンに入ったが、一度入ったら面白くなって帰る迄毎日、七、八日にわたって見て回ったが、東西の対比の多さにも驚いたとのこと。西ベルリンはどんどん活気を増すばかりなのに、東の方はソ連に関係の深い部のみ復興されているのみで、うら淋しく、これがベルリンのみでなく他の地域ではもっとひどいものの由。ショーウィンドウにあたる東ベルリンがこの有様だから他は推して知るべしというのが結論です。フランクフルトから飛行機で往復する道が最も順当とのことで、片道六十五マルク（六千五百フラン）。他で節約すれば浮いてきそうなので、目下ベルリン行きを真剣に考慮中。

竹山さんを送り出してから津山君と四時頃サン・ミシェルへ。彼がレコードを買ったり、土産を買いたいと言うのでその案内。レコードを買って家に発送してからセーヌの方に下ったが、彼は疲れたのか歩度が遅いのでこれに合わせるのが一苦労。一人にしてあげた方がいいと判断して、僕は大久保君に寄ると称して、あとは彼の自由に任せました。

大久保君等は留守。土曜とて人の出盛るリュクサンブール公園を横切りシテに帰り夕食を済ませると、小澤君（小澤栄太郎氏の息子）と写真の引伸し。その結果の内の一部を同封します。暑いのと現像液が少ないので、短時間で切り上げてしまいました。御覧の如く余り良い出来ではないが、記念にはなりましょう。ピントは合っているから引伸しさえうまければもっと良くなりそう。

夜は津山君も疲れているし、風呂はあるしで、早く寝ました。

九月九日(日)　晴

九時起床。ざあざあ降りが朝食をとっている内にからりと照り付けるようになりました。そんなことをしている内、野見山夫人の病気の事で、主人公と友人連がどやどやと僕の部屋に入って来て、キュリー病院の方で、ここは救急病院だから長い人は置けぬから出てもらいたいと言ってきたので、どうしようというわけです。主人公自身、言葉は十分でないし、心配もあるしで、冷静に判断を下せる状態でなく、又、医学知識もなく、ただ、はたの取巻きあたりの雑音に右往左往しているだけなので、噛んで含めるように話をし、経費の点や看病の事等も考えてシテ・ユニヴェルシテールの病院に入るのが最も良いと思うと言うと、そのように決心して事を進めるという所まで行きました。これに約一時間半かかりました。津山君も全く君の所は大変だねという如く、手紙に逐一書くように、まるでよろず相談承り所みたいなものです。しかし力にならぬ者の所には人は来ないと思い、出来るだけ慎重に行動しておりますからご安心の程を。これも又、勉強の一つでしょう。

昼食を済ませ、少し雲の湧いて来たのも意に介さず津山君とヴェルサイユへ。途中でポルト・ド・ヴァンヴの蚤の市を覗きましたが掘出物なし。背広の汚れたのを三百フランで売っていたり、端の欠けたレコードが出ていたりする。何にするのでしょう。面白い所だ。

ヴェルサイユもこれが五回目か。ハンプシャーの城も大きいと感心したが、これはケタが違うねと、津山君のたまげること。ヴェルサイユの城の中はもう僕がガイド代りにしゃべってやれる位になってしまいました。庭園は今花盛りで、その点今迄で一番色は豊富。オランジュリーにも蜜柑の木のようなのが鉢に植えられて整然と並んでいます。タピ・ヴェールも緑さわやか。カナルにはボートがかなり出ています。陽が眩しい。広い芝の上を歩いてグラン・トリアノンへ。ここはマダム・ド・マントノン（ルイ十四世の妾）の住い。妾宅もここまで行くと極まれりというところ。プチ・トリアノンを一寸覗いてアモーへ。水車小屋も夏の陽で見ると中々きれい。池の縁にはがまの穂がヒョンヒョン立っています。林間の道をネプチューンの泉の横に出て王宮前へ。

片隅のカフェで疲れを休め、歩いた歩いた。ブローニュの森行きは空腹のため割愛。バスでポン・ド・セーヴルへ出、メトロでリヨン駅の支那料理へ。津山君はすっかり気に入っているのです。それにサービス・ガールが「ヤキメシ」とか「ワンタン」とか言う。我々の隣では国籍の分からぬような複雑な人間がアラブ語か何かで「ヤキメシ」を食べている。

満足してバスでグラン・ブールバールを突っ切りモンマ

ルトルへ。ピガールの盛り場を抜けてサクレ・クール寺院へ。この教会の照明されたのを見るのは初めて。寺そのものは余り好きでないが、照らされると少しましになる。えっちらおっちら教会のテラス迄上り、振り向くとパリの灯がきらきら波のように煌いているという寸法。これは初めての経験。映画等でああかこうかと想像していたパリが、今我々の前に現実にある。二人とも無言でテラスに腰をおろして眺め入りました。二人とも、隣に居るのが家内ならばねと同じ事を言って笑いました。彼も、今時留学する人は皆同伴よと奥さんから責められているらしいが、第一金がないし、それはアメリカへ行く奴の話で、そもそもアメリカには技術しかねえじゃねえかと言っています。

見てもあかぬかもの腰を上げ、テルトル広場へ。広くもない丘の上のこの広場一杯にビーチパラソルを立て、その下で綺麗なランプを点して食事を楽しんでいます。出始めた牡蠣が盛んに運ばれて行く。広場を囲むカフェではアコーディオンでシャンソンを鳴らしている。彼はすっかり気に入って、カフェに座り込んで動かない。そして俺は満足だ、パリはいいないいな、つくづく日本に帰りたくねえと言う。僕も日本にはまだCivilisationと言えるもの等ないよと応ずる。一杯のビールに軽く酔っての話。

降り出したしょぼ降りの雨の中をテルトル広場の片隅のカフェで弾くチェロの音にしばらく耳を傾けた後、丘を下る途中、かつてルノワールが描いて有名になったムーラン・ド・ラ・ギャレットはここと右手に仰いで、ピガールに出、最終のメトロでシテへ。

彼も、君のおかげで留学期間中、初めて寛いだ楽しい数日間だった、と喜んでくれ、僕も満足です。

九月十日(月)　晴がち

九時起床。朝食後、徹が知らせてくれた、アメリカ人のランベール君が希望する東大大学院の留学生入試に関する事項を、津山君に英語に訳してもらって書き留めました。レターペーパー二枚になりました。その後日本の学会を二人で鋭く批判している内に十一時になり、少々慌て気味に荷を纏めてサン・ラザール駅へ。預けた荷をも合わせ、急いでタキシーで北駅へ。汽車に駆け込んだのが発車五分前。幸い空いていてやれやれ。津山君はケルン、ハイデルベルク経由ミュンヘンに行き、来年二月迄自費で勉強の由。来月僕がミュンヘンに行ったらホフブロイハウスでビールで乾杯しようと言葉を交し、十二時二十四分の急行で発って行きました。喜んでもらい僕もほっとしました。

シテで昼食。食後引伸した写真を乾燥したり、竹山さんのための注射液を探しに歩いている内に夕方になってしまいました。八時に竹山さんが来て注射。

オスロ大学のブロダール教授に礼状と約束した日本の切手を送ったり、ストックホルムの大鷹君に礼状をしたためたりして一時に及ぶ。全く忙しい。

九月十一日(火)　晴

九時起床。昨夜竹山さんが或るフランス人から鑑定を頼まれた浮世絵を、画家の堂本尚郎君に見てもらったりしている内に十一時になり、竹山さんが来て注射。浮世絵は中々良い物の由。

昼食後、シテの病院に移った野見山夫人の見舞に。大分弱っています。喉が少し痛いと言う。ずっと三十八度台の熱。これじゃ一寸日本には送れないと思います。野見山氏から、家内の両親からは、娘は君に差し上げたものだし、君と一緒にパリで生活したいと三年間も待った後、旅立って行ったものだし、そちらで最善を尽してもらえばこちらも思い残すことはなし、娘も満足だろうと言って来ており、夫婦共日本に帰る意思はない。それで、最善を尽しているということを萬年さんから一筆書いて下さると親も納得しようと、野見山氏から依頼されました。この人自身は僕も良い人だと思うので、それに良くやっていると思うので引受けました。全く色々なことを頼まれるものです。時々何しにパリに来たと思うこともある。しかし、人の生死にかかわること、こちらも最善を尽さねばなりますまい。

午後手紙書き。

津山君を送り、ちょっと息をついたので、今晩あたり小川教授に手紙を書きます。二、三日中に船会社に行き、今後の便を問合わせ、それとも睨み合わせて旅程を作りたいと思います。ベルトラン教授のもとでの仕事は必ずしもこちらで仕上げて行くということにはこだわることなく、原稿は日本から送るようにしてもよいと、少し融通を利かせることに決心しています。やりっ放しでなく、半年や一年遅れても必ず原稿は送るのですから、話せば了解することでしょう。

夕刻、手紙を発送。また、野見山氏よりの依頼で、奥さんの実家へ今までの経過の報告。こういう手紙はなかなか大変。下書を何遍も削って清書、十一時に及ぶ。

九月十二日(水)　雨後晴

朝小雨の中を散髪へ。こちらの床屋は粗末で、刈ったんだか刈らないんだか分からない。竹山さんが来るのを待ちながらサロンで「フィガロ」を読んでいると、昨日午後ボワ・ド・ブローニュで日本人女性が殺された事件が載っています。読んでみると、喉を切られて自動車から落されたのだそうで、すぐ自動車で病院に運ばれたが、そこで死んだ由。犯人は逃げたが、外国自動車（すなわちフランス以外の）だったとあります。この女性は二十八歳、東京でフランス人の秘書をしていたが、そのフランス人が日本からパリに引き上げてから彼女をパリに呼んだらしいが、それ以前に手紙友達でベルギー人と知り合いになっており、ヨーロッパに来てから彼に会ったところ、彼から結婚を申し込まれたが、若僧（二十六歳とか）なので断り、スイスに一時行っていたのだそうです。そして八月にパリに来たが、男が後を追って来て再び口説いたらしい。犯人はこの男かどうか分からぬが、疑いは濃厚。中々派手な女性のようですので、必ずや痴情関係に違いありません。

十一時頃、大使館の松原領事代理（柴崎氏が十四日に帰国のため）から、近岡という画家が腹痛で苦しがっているからすぐ来て欲しい。それに梅原龍三郎氏が腹をこわしているから診ていただきたいと言っているのでよろしく頼むとの電話。

竹山さんが来て注射したが、この人の静脈は太っていてとてもやりにくく、遂に打切り、飲み薬にすることにしました。注射途中にもまた松原夫人から近岡氏の宿に早く来ていただきたい、食事は家で差し上げるからとの催促の電話。

シテの病院に寄り、野見山氏に昨夜書き上げた手紙を渡して、小雨の中をメトロでトロカデロへ。パストゥールからメトロが高架線になる両側のマロニエはすっかり紅葉し、既に梢のあらわなのすらあり、雨に幹を湿らせています。エッフェル塔も少し雨にけぶり、パッシーの中の島の木々もうっすら黄葉。日本よりはるかに早いです。ああもう一年経ったかと思います。トロカデロの広場から出るアヴニュ・エローのマロニエの落葉を踏んで、近衛騎馬隊（？）が静々とどこに行くのか隊伍を組んで行きます。

往診先はリュ・デボルド・ヴァルモールの五番地。近岡善次郎氏は四十前後の一水会々員、言葉が訛るので聞くと山形県新庄市出身とか。一週間前に着いたが、飛行機の疲れもあり、言葉も分からず、食事も合わずで胃を痛め、前夜は一晩中痛んで苦しみ抜き、すっかり家に帰りたくなり、まるで青菜に塩。溜め息をついては、家に帰りたくなりました、子供の顔が眼にちらつきます、自分は来たくなかったのにはたが勧めるのでと、誠に情けない事を言う。後で松原夫人に聞くと、父親が、百万円集めてくれれば俺が百万円出してやると言うので工面したら百万円集まり、父親からのと合わせ二百万持って来ている由。誠に大したものです。しかし絵描きにしてはまともな方だと思うし、実直な男らしい。来るべき人には金はなし、来なくてよいのには金がざくざく。何としたことでしょう。葡萄糖やフェノバール等注射。

松原夫人と同氏宅へ。娘さん二人と息子一人。松原家の長男は今年のブルシエで十五日出帆とか。味噌汁と塩鮭と、糠漬とおひたしで昼食。三時で少々遅い。昨日の殺人の事で話は持ち切り。被害者はこの家に時々来ていた女性というから無理もありません。途中から広田弘毅の長男の家内という人が娘を連れて来て、殺人の話を聞きに来ました。ここらあたりは社交界型というか、よくおしゃべりになります。

ここを出る頃はすっかり晴れてしまいました。梅原画伯の宿はオテル・ドルセー。ケ・ドルセーの九番地。セーヌの岸にあるかなり大きいホテルです。奥さん同伴。六月から旅に出、イタリアでは随分仕事をし、パリに土曜に着いて、慣れているので歩き回ったが、食事にあたったか下痢が続いているとか。夫婦二人とも。手持ちのアドソルビンを与え、疲労もあるのだから今週一杯は安静にと話しました。向こうから殺人事件の話を聞いて来るので一わたり説明、明日また来ることにして帰って来ました。大家ぶるかと思ったが、向こうから往診を頼んだことだし、案外和やかです。しかしやはり人に騒がれるだけあって眼光は鋭く、普通の絵描きとは違う雰囲気を持っています。奥さんは中々きさくな人で、和服が良く似合い、お年寄の和服姿は実に美しいものだと見直しました。

船会社に行こうと思ったが五時過ぎなので、大久保君の所に寄ることにしました。ルーヴルが夕陽を受けて美しい色を見せており、ポン・ヌフの白い肌はいつ見ても美しい。快い。新医学部の前通りをマドモワゼルに連れられてチャウチャウ（犬の種類）二匹の散歩。僕はこの犬が大好きです。秋田犬の毛をふさふさにしたような奴で、口の中、舌が黒いのが違う。面魂が中々良い。

大久保君の所には佐藤朔さんも居ました。これに鈴木君も加わり、七時半迄北欧の話や殺人事件の話。佐藤さんは大久保君に原稿の催促に来たらしいが、中々進まない。帰りにリュクサンブール迄の話に、森さんが大久保君に何か仕事を与えてくれ、そうでないと遊んでしまうからと佐藤さんに頼んだ由。森さんも中々考えています。

帰って小澤君の部屋でコーヒー。この男も十八歳、どっちに転ぶか分からない危ない年。しかも中々大胆な太っ腹な所があるので、誰かしっかりした人が指導しないと、と人ごとながら案じられ、冗談の間にちらほらと注意を与えています。夜シャワー、洗濯。

竹山さんの話ではスエズ問題は英国がかなり弱腰となっている由で、英国がこう弱く出ようとは思いませんでしたねとのこと。スエズで押されるとナセルの発言力はアルジェリアにぐっとかかり、フランスも実に困難な立場になるらしい。しかしそれにしてもナセルあたりがいかに派手に動こうと、ネールが巧みに介入しようとも、現代文化のあり方というものはヨーロッパが発祥地。政治のうまいまずいとか、武力が強い弱いというようなことに眼を奪われることなく、本質的な「文化とは何か」という問題からまなこをそらしてはならないと思います。創造的なことをなす精神を養い、良いものを育てて行くという雰囲気はそうしたfanatique（狂信的）な空気からは生まれてきません。ヨーロッパ諸国の植民地政策というものも心の底からいやだし、それの上りで食べていこうというのも実に不健康なものだと思うと同時に、アラブあたりのfanatiqueな人間というものもどうも信ずる気になりません。

夜は第二次旅行計画を立て、つい時間が経ち就寝三時。

九月十三日(木)　曇り

朝食後、図書室で少しイタリアの勉強。十一時過ぎ竹山さんが来ましたが、肝の腫れが少し良くなり、圧痛も少なくなっています。体の調子によってはユーゴスラヴィアに行き、それからローマに飛んで帰国の由。ユーゴの宿は大体南京虫がいると考えてよいそうで、ひどくやられるとまた身体がへばるのではないかと少々心配です。しかし、いずれにせよ気持の若い人らしく、万年学生の感があり、朴とつで、この人のどこに「ビルマの竪琴」のあの詩情が隠れているのか不思議な感じがします。しかしやはり一つの事を追い詰める人特有の落着きと威厳があり、安心して話していられます。帰られたら一度体を調べられるよう勧めてあり、桃井君に紹介しようと思うので徹からもよろしく。弟も沖中内科にいるから何かご用があれば声をお掛け下さいと言ってあります。十月下旬帰国の予定とのこと。

午後、近岡氏往診。昨夜から腹痛が治まり、昨日より状態は良いが、帰りたい帰りたいと繰り返す。着いて早々やられたので心細い気持は分かるが、情けないものです。言葉が分からない、食事が合わない、気後れがするで、毎日食事のベルが鳴るとぞっとしたと言うのですから、何も消化しなかったのでしょう。松原夫人も見舞に来る。日本人女性殺人犯は逃げる途中で自殺を企てたが果さず、また逃げ、目下生死不明とのこと。大衆新聞を見ると、東京でセンセーションとある。しかしこうした事件はヨーロッパでも稀でなく、仏人も近頃は運転手が殺されたり、与太者があばれたりで困ると言っています。又、同日の新聞に親子がガス中毒で死んだ等出ており、社会面は日本とそう変わったことはないようです。

大使館に寄り、澄田氏に写真を持って行ったが不在で門番に預け、次いでマドレーヌのそばのM・Mに行って船便を聞き合わせました。十一月二十一日マルセイユ出帆カンボジア号の次は一月二日のラオス号です。大体これにするつもりで席の有無を聞くと、まだあるがなるべく早くとのこと。ラオス号に乗ったとし、スエズを順調に通れたとして、横浜は二月五日です。又、その場合、来た時同様ツーリスト・クラス（十五万円）にするか、三等（八万円）にするかで考えていますが、後者はシテの食堂並だそうですが、ツーリスト・クラスよりは食事は落ちるし、船室もこみで設備も落ちると聞いています。しかし約半値なのは魅力で、浮いた金で御土産ということも考えられますが、果して寛いだ旅が出来るかは疑問。皆の意見を聞かせてもらえれば幸です。研究室の事も考え、十一月二十一日の船をとることも出来なくはないが、それでは少々気ぜわしく、この際少しの延長とわがままは許してもらってもよいと考えています。

梅原画伯は大体良くなり、オートミールをとったと言っています。問われるままに医学のことやスエズのこと等を話し、コーヒーを供され三、四十分も居ましたろうか。帰りに金を出され、受取っての帰り道見ると一万フラン札。しかしよく考えてみると、スケッチ一枚貰った方がよかったかなと考えましたが、向こうで用意して出したものを退けるのもどうかと思い、そのままにしました。スケッチならパリ滞在の記念にもなると思ったが、今はお金の方が有難いと思い、しばらくあっちこっちとためらったが、事の成行に任せました。パリの記念なら荻須さんの絵の方が遥かに良いと思う。

河岸沿いにサン・ミシェル迄出、坂を上りリュクサンブールからポール・ロワイヤル迄黄昏の道を散歩。ぽつりぽつり落葉して秋色既に濃いものがあります。しかしどんよりと曇り、日本のようなカラッとした秋晴れは望むべくもなさそうです。

九月十四日(金)　曇り、夕刻より晴

午前、スエズ問題のことを新聞で少々時間をかけて読みました。今日で外人パイロット（運河の水先案内）は引揚げ、明日からエジプト人のパイロットのみで操業するらしい。エジプト政府は外人パイロットの引揚げを認め、それなしでも今迄通り業務は継続し得ると強がっていますが、オランダのパイロットの話によると、エジプトのパイロットの中で、一万トン以上の船を通せるものは八名しかいないと言っており、それが本当ではないでしょうか。又、エジプト新聞の論説を引用して、もし英仏が軍事介入しエジプト軍が破れても、英仏軍はあらゆる場所でエジプト人全体のレジスタンス、並びにアラブ諸国の反抗に遭うであろう、そしてやがてソ連が介入するであろう。その結果原子爆弾の投げ合いとなり、世界の終りが来るであろうと書いてある。何ともfanatiqueというほかはありません。しかしいずれにせよナセルが日本のどの政治家よりうわてであることは認めねばなりますまい。日本の現状、政治家、官界、学

界の状態にはお先真っ暗という以外はない。すばらしい良い国民的素質を持ちながら、それを潰すようにしか世を導けない馬鹿共をどうこらしめたらよいものか。正午、手紙到着。

＊節子のわがままは少し締めないといけないでしょう。帰ったらよく観察して考えます。あまりかわいがられすぎることにあると思います。当地の母親が自分の時間を持つために、一見冷厳なまでに子供をしつけるのも、一部は見習う要があるように思う。子供も小さい時から自分の生活を築くように仕向けることが絶対に必要と思います。依頼心は絶対にいけない。

＊お金の手持ちはドルがトラベラーズチェックも入れて五百五十ドル、フランが三万フラン。その他に今月の生活費として一万二千フラン。これで宿料も払い、食事もするつもり。旅行には四百五十ドルを予定し、旅から帰ってからと十二月の生活費に三万フランと若干のドルを当てるつもり。帰る間際にはやはり少量の土産、それに荷造り、発送、又、船中雑費と、少々お金の要ることと思います。出来れば手持ちだけで済ませたいが、一寸無理かとも思います。論文掲載料納入もあるし大変でしょうから、そちらの許す範囲で結構ですからお送りいただければこの上ありません。

＊節子の服は「ジャルダン・デ・モード」を参照のこと。グレイ、紺、ネープルスイエローの組合わせ等いかが。

午後、松原氏より依頼され、耳鼻科医についてブールギニヨン君に紹介を求めてあったのに返事が来たので、松原氏宅へ。そこまでメゾンの男にスクーターに乗せてもらいました。

次いでシャンゼリゼを横切ってアヴニュ・フリードランド三十七のギャルリーでやっている「ピサロ展」へ。百十二点のピサロ。よくもこう同じ画材で根気よく描いたもの。しかし玉石混淆のきらいがなくもない。始めから終り迄同じ手法で、同じ画材で貫くということは余程の自信家か、余程の保守的な人と思えますが、所々に人物や風景に色の統一された快いものが見られる。しかし期待した程良いものとも思えませんでした。会場で会った小澤君と芹沢光治良の娘さんと一緒にカフェで休みながら、感想や殺人犯の行方等の話。

別れて近岡氏往診。少しずつ元気になり、物を食べてもよいと言うのに慎重に構えており、それに早く帰りたいの一点張り。スエズの話等すると真剣な顔になる。この下宿には仏印大使の小長谷（こながや）氏の娘さんがいて、近岡氏の世話をしていますが、小長谷嬢を交えてお茶を淹れて煎餅でお三時。

ブローニュの森沿いのポルト・ド・ラ・ミュエットに出てバスでシテへ帰りました。メゾンの入口で受付と話している人を見ると、府立の先輩の本田さんという人なので声を掛けると、リスボンの学会に来ての帰りに、ここに泊まりに来たと言う。聞くと家族同伴でベルンに一年留学、この十一月に米国に移り、また一年居ると言う。現在東大理学部助教授。部屋に案内し、一緒に食堂へ。食後僕の部屋に来て、葡萄酒を飲みながら十二時迄話し込みました。

スイスではあらゆる事が民主的選挙。駅を改造するというような事まで選挙。そうした政治的な面では大人であり、経済的にも豊かで、この上もなく清潔であるが、そうした金の使い場所を知らず、又、これという娯楽もなく、スイス人というのは一体何をやって暮らしているのかねというのが一年居ての感じと言う。たしかに平和で良いとは思うが、一寸長く住む気にはなれそうもないというのが、話を聞いていての印象。

九月十五日(土)　晴

本田氏がパリ南郊サクレーの原子力研究所に行きたいと言い、しかも九時にその門迄行かねばならぬと言うので七時に起き、ポルト・ド・ヴァンヴ迄案内し、そこでタキシーを拾い乗せました。朝日がうっすら霧のかかった町に照り、冷え冷えとして大変気持のよい朝です。

十一時に竹山さんが来ました。初めて僕を訪ねた時は身体中がガタガタで、何か大事になるのではないかと非常に不安だったが、おかげですっかり良くなり、これならユーゴにも行けそうですと喜んでいました。スエズの事を聞くと、アメリカの新聞記者の説では、現在では一応戦争の危機は去ったとし、結局エジプト、アラブの発言力がぐっと強まることになり、またソ連が漁夫の利を占めるというのが落ちらしい。ともかく英仏も弱くなったものですな、いずれも斜陽たることは確かでしょうなという話。

話は転じて映画の事。竹山氏が、自分の事に関係が深いので具合悪いがと言いながら、ヴェネツィアで「ビルマの竪琴」が賞を得たが、ともかく日本の映画は日本に芸術の深い伝統がある故か、世界をのし歩いているが、日本の医学等はどんななのですかと問うから、遺憾ながらオリジナルなものは極めて少なく、外国文献を人より先に読んで結論を綴り合わせ、それに自分の考えを一寸加えるとそれで通って行く状態ですと答えると、文科系でも全く同じ。現象を気長に扱ったりすることは真っ平で、外国本の焼き直しばかりが溢れているのです。困ったものですとの話でした。いずこも同じ秋の風です。

午後天気のよいままに小澤君のスクーターに乗って（後ろに乗せてもらって）一緒にパリの中を写真を撮って歩きました。順序は先ず大久保君下宿。ここで今朝鈴木君から依頼のあった、Sという人物が何者かという事について鈴木君に話すため。Sは海外に出たがっている青年子女のために何とか同盟というのを作り、金を集め、ごく少数を行きの旅費だけやって海外に出し、あとは現地で働かせるというような事をやっているらしい。今自分も夫婦でパリに来ていて、自分の持っている長崎のカトリック病院では、原子爆弾を受けたのに特別の食事療法をしているために死者が少ないと吹いて廻っているので、鈴木君のフランス人の友人からどういう男かと聞かれ、僕に質問があったのです。色々な山師がいるものです。

落葉し初めたノートルダム広場にスクーターを止め、サン・ジュリアン・ル・ポーヴル、サン・セヴランを眺め、次いでサン・ジェルヴェの裏から荻須さんの描いたリュ・シャルルマーニュを通ってマレ地区に入り、ヴォージュ広場で一休み。バスティーユを通る時、広場に、もとの監獄の位置が赤煉瓦で印してあるのに初めて気付きました。色々迷って初めて訪ねるサン・マルタン運河にやっとぶつかりました。これはル・アーヴルやルーアンあたりから荷を積んで来るセーヌ通いの船を、パリの東北の工場地帯に運ぶためにつくられているらしく、船の行き来が盛ん。「北ホテル」という映画によく出てきた運河の上にかかっている弧を描いた懸け橋も見ることが出来ました。パナマ運河と同じ仕掛け（規模は問題にならず、比べるのがそもそも変だが）で船が上下するのです。このあたりはパリでは下町にあたり、まとこに気楽な所です。運河沿いの景色が中々良い。

最後にパレ・ロワイヤルに寄り、今日の行楽終り。帰りに買物をして小澤君と飯を作って食べました。食後メロンを半分ずつ。かなり大きいのが百五十フラン程。中々おいしい。八月が盛りで、もうそろそろお終いとか。留守中に盛りが過ぎてしまったわけです。

部屋に帰ったら、この夏フィンランド迄行った安斎君というのが話に来、それが帰ったら絵描きの一人が不整脈があるから診てくれと来ました。

九月十六日（日）　晴

午前は完全に寝坊。午後から気が向いてマルセル・マルソーのパントマイムのマチネに行きました。日本の時と違って八人の一座。日本土産か「ツクミの狼」というのも加えられています。日本ではやらなかったと思われるが「質屋」「七月十四日」等が中々の見物。「ツクミの狼」というのは一寸近代バレエという気がしなくもない。マルソーの独り舞台の「蝶」や「公園の一日」等は日本でやったものと思いますが悪くない。しかし見ていてうまいと思い、よく思い付いたとは思うが、果して長続きするものであろうかという気がする。翻って日本の落語等、パントマイムの所作と話術を総合して、渾然一体となっている点、言葉の問題を除けば（これが本質的なことだが）実に大したものだと思います。その他「帽子物語」「ダビデとゴリアテ」がよかった。六時終了。

めっきり日が短くなり、薄靄のかかった道をコンセルヴァトワール・ナシオナル・デ・ザール・エ・メチエ（国立工芸院）、サン・マルタン・デ・シャン教会等、森さんと撮って歩いた、優れた建物を眺めながらシャトレに出、コンシェルジュリーの対岸のカフェで一服。

夜、千葉大の小林さんの部屋に招じ入れられて、大分話し込んでしまいました。この人は暁星出、フランス医学に大分親しんでいるので話も合います。先晩大使館に招かれたが、同席に東京都議長と目黒区長が居た由で、まああれでよく来たものですね、帰れば口を拭って一席ぶつのでしょう、しかしどちらかと言えば区長の方がまだましでしたとのこと。

九月十七日(月)　晴

午前、本田氏をルーヴルへ案内。エジプトの装身具を見ている内、一寸隣の室を覗いたら、ここがタナグラ人形やクレタ島あたりの壷の部屋。初めて見ました。ところがこれがかなりの部屋が続いていて、おびただしい数。黒と茶色の渋い色調に、線の生きた図柄、児島喜久雄さんの本で親しんでいたものを、じかに見たわけです。タナグラ人形等、土人形を研究するにはルーヴルが一番よいと言われるだけあり、大したコレクションです。それからエジプト、アッシリアと見てギリシアに入り、いつも感ずるのはギリシアとそれ以前との間の大きな断層です。

中世からルネッサンスと見進んで、ダ・ヴィンチの所に行ったら、かねて顔見知りの画家がダ・ヴィンチの一枚を模写しているので肩を叩くと、手を休めて色々面白い話をしてくれました。ダ・ヴィンチの絵がすべてどす黒く見えるのは何故かと聞くと、これはやにをかけたからで、これを拭くときれいになる由。それにしてもダ・ヴィンチの絵の色は当時より見てはるかに色が褪せているらしく、記録によると「モナ・リザ」等、頬は桃色に輝き、眉は一本一本見分けられたとあるのに、そんな気配はどこにもなく、眉毛等殆ど失せてしまっている由。今模写している絵はダ・ヴィンチのものか弟子のものか分からなかったが、最近X線で調べて実筆なることが確かになったものの由。実際写してみると全体の調子が一本にすっきりしていて、細部の描き込みの確かさから言っても絶対にダ・ヴィンチたること疑いなしとのこと。これがすんだら「モナ・リザ」にかかると言う。なんでもラファエロの如きはタッチがはっきりしているので写し易いが、ダ・ヴィンチのはその点がはっきりせず、実にむずかしいとか。

それにルーヴルにはどんな画家も絶対に模写出来ないといわれる絵が一枚ある、と自分で連れて行ってくれました。誰かと思ったらフラマン派のヤン・ファン・エイクのもの。実にこの人こそ油絵を完成、正確には油の使用を完成した人の由で、これがイタリアに伝えられ、ダ・ヴィンチあたりの頃から特にヴェネツィアで用いられるようになったとか。イタリアに伝えた一人としてアントネッロ・ダ・メッシーナという人を挙げましたが、その絵もルーヴルにある。それ以前はイタリアではテンペラを用いていたのだそうで、そうした目で見ると明らかに違う。チマブーエ、フラ・アンジェリコ等、すべてテンペラらしい。僕がベルギーでファン・エイクを見て、このあたりが油絵の技術として最高ではなかろうかと書いたのは満更嘘ではなかったわけです。ともかく絵具の色など昨日塗ったばかりと言ってもよい位に冴えており、細部の描き込みが全体の調和を崩さず、宗教画一点張り故、画材としてはそう興味のあるものではないが、技法は真に見上げたものです。この画家はダ・ヴィンチの模写に三ヶ月をかけている由で、地道に勉強していることが分かります。多くのパリに居る画家が、いい加減なハッタリの絵を描いている時に、こうした人が居るのはよい事です。

十八世紀、十九世紀と見て一時間半、一応見終えました。相当の労働です。

昼食はビブリオテック・ナシオナル（国立図書館）の角のカフェで。本田氏は化学の先生なので、オスミウム合成が日本で出来ると誠に良いのですがと話してみました。やれば簡単ですよと言うが、それが常に製品化されていることが重要なのです。日本に帰ってついでがあったら薬品屋に話してもらうことにしました。

コンコルドのオランジュリーの印象派展の前迄送って僕はシテへ。五時過ぎ。

夜は演劇の塩瀬君が、この前風邪をひいた時治してやったお礼か、モンパルナスへ誘うのでついて行きました。ヴァヴァンのアドリアンというバーでビールを飲みながら、オランダ旅行、レンブラントやゴッホの絵の話をして過ごし、おわりに静かなカフェでお茶を飲んで、十三夜の道をシテへ。就寝一時。冷え冷えするが寒くなく、良い夜の気。

九月十八日(火)　晴

本田氏が今朝八時二十分リヨン駅からベルンに帰るので六時起きして送って行きました。スイスの車両で、見るからに清潔。

帰りはセーヌ河岸に出て橋を越え、ジャルダン・デ・プラントの正面から、朝日を浴びたラマルクの銅像の下を通り、カンナやダリアや、綺麗な花模様の花壇を抜けて、見事なビュフォン並木に立ち止まり、裏口からバスでシテへ。

今夜、小川教授に手紙を書き、更に計画を立て、今度の旅行では行先で手紙を貰うよう、確かな連絡場所を決めるつもりです。それに、帰りの船は一月二日のにしようと思います。

一月迄にスエズが通れるようになればよいが、そうでないと喜望峰廻りになるでしょう。来る時と別な道な事は楽しいが、船賃が上がりやしないかと一寸心配です。

ブローニュの森の殺人犯は、既に東京では知られているでしょうが、昨日マルセイユで捕まったらしい。あれと同じような日本娘がまだいることとて、第二第三の事件が起らねばよいがと案じています。

笹原女史は連れがあって北欧に行くという話だったし、一向に連絡はなし、連れと一緒にパリを歩いているものと想像してその後全く会いません。

当地で論文を纏めて行くということは固執しないことにしました。旅行から十一月中旬か二十日過ぎに帰り、荷を纏めたり、色々パリの中で見残した所を歩いたり忙しい気分でしょうから、いい仕事が出来ないと思うので（と言っても出来るだけはやるつもりだが）、出発迄に絶対に終えるということにこだわらぬつもり。それにしてもジュヴェ君からもリヨンに来いと言うし、そっちの病院にも泊ってみたいので日が足りそうもありません。

健康状態は上々。皆の健康を祈りつつ、パリで待機中といったところ。支出を押さえるため出来るだけ締めていますからご安心を。

船が順調なればあと四ヶ月で東京です。仕事もしたくなったと同時に、まだまだ当地に執着はあるし、板挟み。

午前、手紙を書き終えると、午後は小澤君のスクーターに乗せて貰ってM・M本社へ。はじめは危惧の念のあったスクーターも、乗せてもらうと町中ではルノー位には負けずに走り回る。M・M本社ではアントルポン（三等）にするかツーリスト・クラスにするかで迷いましたが、やはり後者にすることにしました。というのは先日アントルポンで帰った男が途中から手紙をよこし、自尊心のある人、少しでも人種偏見を嫌う人、物をとられる不安を厭う人はやめた方がよいと書いて来たので、後者をとることにしたのです。前者だと随分金が浮くが、一ヶ月間不愉快な思いをするのも考え物でしょう。石井好子が来ていて、小澤君も言葉を交わしていました。

次いで大使館へ。オーストリアとスイスのヴィザを頼んだのですが、領事が替わったばかりなので要領を得ず、又、出直すことにしました。

帰りに大久保君に一寸寄り、「週刊朝日」等見せてもらう。

夜は机一杯に資料を広げ、旅行計画。ベルリンに入ってみようと色々頭を捻りましたが、旅費の関係で断念せざるを得ないようです。フランクフルトから飛行機の手しかないが、往復で百三十マルク。約五十ドル。ベルリンに二、三日居るにしては一寸大き過ぎる額。このあたりで飛行機にも乗ってみたいが、あきらめも肝心。旅程から除きました。

九月十九日(水)　晴

なんと晴の続くことか。しかも暑い位です。午前、近岡氏がお礼にやって来ました。五千フラン包んで来、薬代と言うので五百フラン貰いました。今の僕には大助かりです。レンブラント展を見にオランダに行きたいと言うので、昼迄オランダ旅行の話をしました。ホームシックも大分よくなり、物を見ようという意欲の出たのは何よりです。しかし言葉が不自由なので、オランダ、ベルギーを歩いて、また神経をすり減らさねばよいなと案じています。おとなしいが意思の実に強いという感じの人ですので、何とかやってこられるでしょうが。

話のついでに梅原さんを診た話をすると、それは良い機会だからスケッチを頼んだらよいと言います。実は僕も一度考えないではなかったが、何だか物乞いみたいでいやなのでやめたと言うと、いや、ただでくれというのでなく、今は外国に来ていて余裕がこれしかないがと三千フランでも五千フランでも包んで持って行けば、診ていただいて治ったのですからいやとは言わぬし、貴方なら描いてくれますよと言う。日本では梅原さんに頼んでも画商を介さねば手に入らぬし、一枚二、三十万円位する由。まあやってごらんなさいと言う。梅原さんという人は人間は立派だし、話をするだけでも面白いでしょうとすすめるので、午後行ってみることにしました。僕としてはそう好きな絵でなし、近岡さんも傾向としては好きでないと言いますが、パリで診た画家から一枚ずつスケッチを描いてもらうのも面白いと思います。そう決めて、今度は逆に近岡氏に、それじゃ貴方の描かれるのの中から一枚スケッチを下さいと持ち掛けました。勿論と言うので、出来ればアムステルダムのをと念を押しました。話がはずんで一時になってしまいました。

午後、頼まれた往診にアヴニュ・オッシュのオテル・ロワイヤル・モンソーへ。今日の患者は東北大の元教授。会議にやって来たがドイツで風邪をひいたのがこじれてと言う。自分の弟子が部長をしている会社の重役（鉄鋼屋）と一緒。先ずビールを飲んでから診察。

ところで一人部屋に入ってから耳打ちするには、いや実に教養のない人間というのはどうにもならんものですねと、その重役とかいう男の事で僕に憤懣をぶちまけました。言葉は分からず、地理も歴史も知らず、道々で愚問を発され続け、それに一々全部世話をやいてやるので、たまったものでないと言う。少しは誇張があるにしてもその心情はよく分かります。片方はなにしろシャツとステテコで廊下を歩き回りかねない人物ですから。睡眠薬と咳薬をやり三千フラン貰って辞しました。鬱憤をはかせるのも治療の一つでしょう。大変安心したと繰返していました。

エトワルからトロカデロに出、トロカデロからバスでオテル・ドルセーに梅原さんを訪ねました。電話すると在室とのこと。一寸奥さんに話をしたいと上に上って行くと、奥さんが廊下に出て来ました。廊下で、実はパリ在留の思い出に先生のスケッチをお譲りいただいて部屋に掛けたいと言うと、どうぞどうぞまずお入り下さいと、無理やりに部屋に入れられてしまいました。この奥さんは実に愛想の良い人、着物で押し通し、それが実に良く似合う上品な人。どこかのお嬢さん育ちなのでしょう。

梅原さんも、お陰様で昨日あたりからとても良くなりました、私はセーヌの見えるこの部屋が好きでここに変えてもらいましたと、サクレ・クール寺院が真正面に覗く窓を指しました。コニャックをすすめながら、「ベニスとパリ」というこの前の旅行（一九五二年）のスケッチの出版物を手にして、実は私のスケッチは本屋でまたこのような形にするというので、自分の思うようにならぬので、不本意ながらこの出版物にサインして進呈いたしたいと思いますがと言う。結局はこちらの望みは叶えられぬが、その間こちらに少しも不快を感じさせないのはさすが、自然のままの感じがする。気を悪くしている風もない。「萬年甫先生恵存」と書いてその下にサインしてくれました。引き止められるままに北欧旅行の話をしたり、梅原さんと奥さんとがこもごもするイタリア旅行の話等をして六時過ぎ迄座り込んでしまいました。奥さんは、長男がパリに来ていた間、孫がパパ、パパと言うのがとても不憫でしたから、先生もなるべく早く帰っておあげなさいませと言う。

ともかくやはり一流の人というのはどこか人を打つ、人の心を捕えるものを持っているものと、今日の午後をここで過ごしたことを嬉しく思いながら、夕映えのセーヌに向かってオテルの玄関を出ました。

大久保君の所に寄り梅原画伯のスケッチ出版物を見せ、次いで僕が市場に物を買いに行き、鈴木君をも交え三人で夕食。今日は八百屋のストで果物と野菜もなし。おまけにパンの値上げを巡りパン屋もスト。大久保君もカミュの翻訳でいつもよりは張り切っているのは大いに結構。

夜二時頃迄かかって旅程を決定。昨日も書いたが、残念ながらベルリンは削ることにしました。ノイシュタットのフォークト教授の研究所に居る難波氏の送ってくれたリストに依って、ドイツ、スイス、オーストリアの研究室巡りのかたわら観光、国情視察(?)を兼ね、最後にイタリアで寛ぎ、旅の最後にリヨンに寄り、出来るだけ滞在。十一月末にパリに帰るつもりです。

九月二十日(木) 晴

午前、ブールギニヨン君、ジュヴェ君、難波氏に手紙書き。ジュヴェ君からはいつリヨンに来るか問い合わせて来たのです。

昼食に飲んだ葡萄酒が利いてか、がっくり眠くなり、午後いっぱい昼寝。四時に起きてリュクサンブールに論文の挿絵を描く材料を買いに。逆光を受けたリュクサンブールの木々の黄葉が黄金色に輝いています。大分日も短くなりました。

夜、京都出身、阪大の沢潟研の哲学者、三輪君の室でラジオで音楽を聞く。オルケストル・ナシオナルの演ずる「レオノーレ序曲」、ブラームスのヴァイオリン協奏曲(アイザック・スターン)、ラヴェル等盛り沢山。これをベッドに寝転んで聴くと気持が良い。テアトル・デ・シャンゼリゼでもこうして聴けるといいですねと話して笑う。こちらのラジオはルーズで、ブラームスの途中に間違ってレオノーレの一部が入ったり、ねじが緩んだりしても別に謝るでもなく、平気。神経が太いと言うべきものか。

ニュースで聞くと、スエズ運河は現在はエジプト人だけで運行しているが、十一月以降は霧と砂風の季節となり、そうなると今の状態が続けられるか否か分からないと、いくらか軽侮の念を込めた放送。

部屋に帰ったら小澤君が呼びに来て、一緒にお茶。この男も学期が始まる前の手持ち無沙汰によくやって来ます。十八歳。自ら太陽族と名乗るが、芯は中々強そうで、やはり演劇に興味を持ち、この太っ腹なところを生かすと将来は一方のかしらになるのではあるまいか。向こうは「先生、先生」となついています。

九月二十一日(金) 晴

今日も晴、かつ中々暑い。午前、ドイツ、スイス、オーストリアの教授連八名にランデヴーの手紙。全部フランス語で発送しました。

午後、また小澤君のスクーターに乗せられてパリの町の中を疾走。早い所では七十キロメートルも飛ばす。というと危ないと心配されると思いますが、僕が後ろから慎重に慎重にと戒めているからご心配なく。初秋のパリを青空のもと(メトロでは味わえぬ)駆け回るのは中々乙なものです。モンパルナスで挿絵の材料を買ったのち、アンヴァリッドの前をかすめてポン・ド・イエナを渡り、近代美術館へ。マチス展を見るためです。入口の広間にはいつものマイヨールの「河」等は片付けられて、マチス特有の大きな切紙細工とステンドグラス。絵は二百枚近くもありましたろうか。印象派風の初期の時代から次第に画風の自由奔放になって行く過程が分かるようになっています。よいと思ったのは初期のものと、中期の室内静物や裸婦をしきりに描いた頃の、明るいもの。後期のものは一寸理解しがたい。中期のものは確かに色といい調子といい美しい。日本のマチス展に来たのも一、二見られましたが、そんなに多くない。

次いで隣の美術館でやっている「フランスの教会」という展覧会。これは古い教会のあとに、全く新しい様式の教会を建てることが流行っているらしく、そのプランや様式や新しいステンドグラス等を並べたものですが、中々大したもの。これだけ並べられると、確かに時代は移りつつあり、二十世紀における様式の誕生に、人々が大きな努力を払いつつあるということがよく理解できます。特に小型の模型で一目で分かるようになっているので印象は鮮明です。又、新しい様式のステンドグラス（細かな色ガラスを溶剤で重ね合わせ、複雑な色の組合わせを作ったもの）等が記憶に残りました。神父が大勢見に来ています。

次いで大使館へ。スイスとオーストリアのヴィザを正式に頼みました。領事の所にかかってきた電話によると、フランクフルトで日本の学会代表が自殺した由です。言葉が分からないのを苦にしていたとのことですが、学会派遣の代表を選ぶ場合には、たらい回しというようなことなく、もう少し人材を選ぶ必要があるように思います。

帰りしなに聞いた話では、大使館の澄田さん一家が転任、三十日に帰国することになった由。

帰りはまたスクーターで同じ道を。夕食は小澤君と飯を炊いて満腹。

夜は論文の挿絵を描き始めました。描いていると田中君がスペインから帰って、やってきました。学会に同道した名大教授の世話に追われ、金の面でも迷惑をかけられ、楽しかるべき旅行も苦しかった由。慰める意味もあり、カフェに誘ってビールを奢りながら、ポルトガル、スペインの印象を聞きました。ポルトガルはスペインよりは富裕と見えるが文盲多く、品物はドイツ製品の天下だが、文化はフランスに傾倒しているらしいと。学会では意外にフランス語が多いのに驚いた由で、つぎが英語、次いでイタリアとドイツ語の順とのこと。ブリュッセルの生理学会は英語万能と聞いていたので懸念したが、リスボンではむしろ逆だったらしい。いわゆる一流の教授となると実に腰が低いとしきりに感心していました。

満月らしい月の下を一時頃帰りました。夜半ともなると冷え冷えして気持が良い。帰って少しく作図。田中君が眠れぬと睡眠剤を貰いに来ました。

九月二十二日(土)　晴

午前、家からの手紙が来ました。

近岡氏が約束通りやって来たので、一緒にリュクサンブールに出て、先ずトロンヘイムの城壁の管理人夫婦の写真を注文。次いでオペラに出て、近岡氏のオランダ旅行のための資料をビュローで貰ってやり、昼食はリヨン駅に出て、例の中華料理屋へ。この人は食事で大分弱っているので、時々息抜きをする必要があります。暑いからと、背広も脱いで気楽に食べられる雰囲気がすっかり気に入ったと、喜んでいます。おまけに注文が日本語でよいので一層嬉しいらしい。僕は今日は「ヤキメシ」。

腹が出来てクリニャンクールの蚤の市に直行。二時過ぎから見始めました。近岡氏は日本に居る時から骨董を集めていると聞き、ホームシックの治療には何よりと誘ったわけですが、案内していても確かに我々等とは全く目の付け所が違うのに驚きました。段々佳境に入って来て、僕の方が引きずられる位になってしまいました。土産物は絶対ここでお買いなさい、私が選んで差し上げると言うので、十二月の帰国前には何回か一緒に来てもらうことにしました。近岡氏は十七世紀の銅版画と、一寸壊れているが古い良い壺、僕も壺を一つ買いました。僕のは四百のを三百フランに値切りました。

六時過ぎ、ちらほら終いかけた店も出る頃、夕陽に照らされながら低い家の多い裸のままの土の広場を、日本そっくりですね等語りながらメトロへ。

帰ったら小澤君の部屋に大久保君が来ていて、疲れたから注射をしてくれと言う。葡萄糖にビタミンを入れて注射してやりました。笑いながら、朝は少し早く起きて散歩位して、夜は早く寝て、自分で生活を築く事と、少し小言を呈しました。

小澤君のスクーターで九時からのコメディ・フランセーズ「町人貴族」へ。サル・リシュリュー。夜のリュ・ド・リヴォリは自動車も少なく光り輝いて、まるで氷の上を滑るよう。実に気持良く、シテから十五分位で着いてしまう。席は舞台のすぐ袖の三階。本当は前の席なのを母娘に譲って後ろの席。ために見えにくい。太陽族はこういうところは実にエチケットが厳しい。女性には実に親切でこちらが面食らう。

彼は日本で今年やった同じ芝居を見ているので、比較出来て面白いらしく、日本のもどうして、捨てたものでないという。この芝居は僕も訳を読んでいるし、又、筋も面白いので飽きなかった。母親と娘と侯爵夫人が実に綺麗。

休憩時にアヴニュ・ド・ロペラの末端の噴水が、白とうすい橙色のイルミネーションを受けてほとばしり、それが劇場の白いレースのカーテン越しに見えるのが実に美しい。おまけに木々が既に落葉しきりなので、噴水があらわに見えて効果は一層あがる。しかし劇場内は暑い。はねが十一時四分。満月のこうこうと照るルーヴルの内庭を抜けスクーターをはしらせる。何とも言えず気持よい。

帰って洗濯。

九月二十三日(日)　晴

午前は部屋にこもり、暑いので窓を開いて風を入れながら図を三枚。少なくも旅に出る前に大体図の点は大綱を仕上げ、十二月に一寸手を入れればよいようにして行こうという算段。

午後は昼寝。四時頃より小澤君に誘われ、スクーターで写真を撮りに。オテル・ド・ヴィル(市庁舎)、シャトレ、市場、サン・ジェルマン・ロクセロワ教会、ポン・ヌフ等を撮り、最後にコンコルドに出て、陽が傾いたので中止。

夕食後、サロンで、一ヶ月前よりメゾンに入った医学生(日本人にあらず)と話。僕の部屋で続行。僕は図を描きながら。エクスターンやインターンの使っている本を見せてもらったが、ドイツあたりのレールブーフとは全く違い、シェーマと箇条書のものばかり。参考になるのでこうした本を少し買い込みたいと考えています。大分高いが。

帰国の目処もついてみると、また一層見たいものも増え、欲も出て困っています。しかしやはり今年一杯位が潮時かもしれないと、自分にやっと言い聞かせています。一年近くにもなると見物や音楽会等にもある程度見切りがつき、前のようにどうしても行って見たいという気は薄れてくるし、又、金もなくなる。と同時にもっともっと本質的な課題(たとえば宗教とか、科学と哲学とか)の方に関心が移って来ます。

九月二十四日(月)　晴

午前作図。暑い日です。描いていると訪問客。これがルーヴァン大学(ベルギー)に居る朝鮮の医学生で、「筋電図」という日本の書物を大学の先生に頼まれて読んで訳してやっているが、日本の術語が分からないので教えてくれと言う。紙に沢山箇条書してあります。ルーヴァンからこの事のためにのみパリにやって来たと言う。日本語も巧み。しかし僕はフランス語でしゃべる。相当な数なので一寸考えさせてくれと言い、今夜八時にもう一度来てもらうことにしました。

午後、昼食をすませると、小長谷嬢の友人宅に往診。メトロのデュプレックス駅で小長谷嬢に迎えられ、リュ・サン・サーンスのアパートへ。北海道から来ている洋裁勉強のお嬢さんとか。診ると流感。ともかく皆一人でパリにやって来る勇敢さとお金の豊富さと。メロンを馳走になり、千フランなりの往診料を貰い、近岡さんとランデヴーのアヴニュ・ド・ロペラへ。オランダへの旅行の詳細を知らせてあげるためです。先ず僕の旅の切符の事でアメリカン・エキスプレスに寄り、次いでグラン・ブールバールを一寸入った静かなカフェで説明。痒い所に手の届くような説明と言うべきか（?）。

夕暮れの雑踏をストラスブール・サン・ドニに出て、メトロでサン・ミシェルへ。まだ六時半というのに暗く、うっすら狭霧です。近岡氏に支那料理で奢られました。隣のテーブルにチャウチャウ（犬）が二頭連れて来られ、主人公の足元に寝そべっていますが、実におとなしく、物をくれとも言わぬ。そのうちアルミのボウルに犬の飯が運ばれて来る。ゆっくりと体を持ち上げてペロリ。何とも良くしつけてあります。日本だったら飲食店に犬を連れて入ったら大騒ぎでしょうに。

少々遅れて九時近くにメゾンに帰ったら朝鮮氏が来ていました。マルチニ（アペリチフ）を一本持って来てくれました。朝鮮戦争に狩り出されている内にベルギー軍の通訳になり、こちらに来て医学部に入った由。家族は北鮮で行方も知れぬと言う。筋電図は日本が実によくやっていると言うし、自分もその方に進みたいと言うので、時実氏も津山君もよく知っているから仕事のことなら何なりと紹介すると言うと喜んでいました。術語の方は二、三日預り、終えたらルーヴァンに送る事を約しました。「アサヒグラフ」等を喜んで見ていました。十時頃帰って行きました。

三輪君の部屋で早大出の安斎君と三人で、この前患者から貰った羊羹を呈してお茶を飲み、冷え冷えと満月の夜気の心地好い窓辺で一時頃迄話しました。北欧の話やフランス留学の収穫等々。ともかくアメリカ、ドイツも良いではあろうが、パリに来たことはよかったというのが結論。

九月二十五日（火）　薄曇り

午前九時にはバスで町中へ。パレ・ロワイヤルで降り、朝のアヴニュ・ド・ロペラを両替屋へ。ここは日本人となると一ドル三百九十フラン（公定は三百五十フラン）で替えてくれる。汽車賃百ドル替えました。次いでアメリカン・エキスプレスへ切符を頼みに。

パリ→ケルン→ボン（船）→マインツ→フランクフルト→ギーセン→フランクフルト→ハイデルベルク→ヴュルツブルク（ロマンティッシェ・シュトラーセ）→ネルトリンゲン→シュツットガルト→チュービンゲン→ノイシュタット

↓フライブルク↓バーゼル↓ベルン↓インターラーケン↓ルツェルン↓チューリヒ↓ミュンヘン↓ザルツブルク↓ウィーン↓インスブルック↓ヴェローナ↓ヴェネツィア↓ラヴェンナ↓フィレンツェ↓アッシジ↓ローマ↓ナポリ↓ローマ↓ミラノ↓ジュネーヴ↓リヨン↓パリです。

金曜日に取りに行くことになりました。

次いで鈴木君の下宿に寄りましたら風邪気味で寝ているところ。メゾンに帰ると客で落着いて手紙も書けぬので、丁度良いと、ここで手紙を書かせてもらいました。頭の上のサン・シュルピスの鐘が鳴って昼になって、上の大久保君の所に行くと佐藤朔さんもいました。大久保、鈴木君に静脈注射をしてやってから、佐藤さん大久保君と三人でリュクサンブールの中華料理屋へ。佐藤さんもすっかり元気です。次いで河岸を変え、リュ・スフロのパンテオンの見えるカフェでコーヒー。もう帰ることを考えるようになったかと感無量です。三時にお互いに別々の道へ。六時過ぎ迄で、この手紙のはじめから終り迄、一週間分を今日一日で書きました。ところで十、十一月はパリを空けるので、所々で手紙をいただくことにしたいと思います。

十月十四日頃ノイシュタット、十月二十日にはベルン、十月二十七日にはミュンヘン。

十一月イタリアの予定はまだたちませんので、その内お知らせします。イタリアではローマの大使館気付でいただく他ありますまい。

またドイツ、スイス、オーストリア、イタリア旅行記を送ります。元気に溢れています故ご安心下さい。旅の間は特に慎重にふるまっている事も書き添えます。いずれにせよあと四ヶ月で再会出来ます。

手紙を忙しく書き終えると、近岡氏より、また腹痛があるがどうしようとの相談。そうひどくないと言うので鎮痛剤の名を教えて、明日朝来てくれるように言いました。次いでこの前往診した東北大名誉教授という人が、ルノーの工場に行ってきて、また熱を出したと言う。出来れば今晩でも来てほしいと言う。ともかくこんなに追い回されては、何のためにパリにやって来たのかといやにもなります。はたからも、ビシビシ断らないのが悪いのですよとも言われるが、これを全て突っ撥ねては味もそっけもなくなろうというもの。ブーブー言いながら世話しているわけ。おかげで勉強のことには気を遣う間もなく、頭がからっぽになったような気もします。もっともこんな時もあってもよいのかもしれないが。

千葉大の小林教授が明日スペインに発ち、もうパリでは会えぬし、貴方にはお世話になったし、貴方ももうすぐ帰国されるしということで、僕の室の隣の画家（小林教授の懇意）の室ですき焼き。誰か呼ぼうかというので、サルコーマで入院中の奥さんの看病に努めている画家の野見山暁治さんを慰めるため加えたらと提案。それに当地でサナトリウムに入り、最近出てきたという経済学部出身の画家と五人で卓を囲みました。食後、隣の画家の歯が痛み出し、大変ひどくなり、それを小林教授と見守って深更まで。東北大名誉教授の往診は明日行くことにしました。

九月二十六日(水)　曇り時々雨

久々に曇り。北陸の方の大学のR教授が昨日当地着。次の東大教授の下馬評があるというが、しんみりした味の全くない人物。鼻っぱしのみ強い。朝食に連れて行き、ドイツの話を聞く。フランスは昨年一ヶ月ほど見たが、ここは一例報告だけで大したことはないんだねと言う。こういう単純な考え方の連中が教授になるのですから先は知れています。一週間程フランス語を習いたいが、学校はないかしらと言う。いやはやどうも、意気まさに壮と言うべきか。帰ると近岡氏がまた意気消沈して現れました。虫ではないかと言う。隣の画家からサントニンを貰って飲ませ、更に胃潰瘍の疑いもなくはないので、次硝酸蒼塩を買って来て飲ませました。

午後久々に雨。昼の葡萄酒が回り、サロンのソファで二時過ぎ迄昼寝。サロンの前の農業館の蔦が赤く色付き、風が来ると落葉してくる。秋既に深しというべきか。

三時、小雨の中を大使館へ。スイスとオーストリアのヴィザを貰いました。フランクフルトの学会に来て自殺した教授は九大とか。近く帰国の澄田さんに会い挨拶。東京の住所と地図を貰いました。

次いで東北大名誉教授に往診。ホテル・レイノルズ。右下葉にラッセル、肺炎というべし。ペニシリンはいやだと言うので、向こうの手持ちのサイアジンを三錠ずつ三回飲ませることにしました。僕が出発すると困ると思い、領事と打ち合わせ、フランスの医者に切替える用意あることを話しました。なにしろ言う事を聞かず度々外出したのでひどくなったのです。老人なので気になります。往診料にと十ドルよこしました。

帰りにトロカデロに出、バスを待つ間に見ると、十月にシャイヨー宮でまたルービンシュタインが来るとか。旅行をやめてこのままパリに居たくもなりました。

大久保君に寄り注射してやり、次いで、昨日十八日間の旅行から帰った二宮夫妻を訪問。二人でポアティエ、トゥール、シノン等、古城やカテドラル等を大分見て来て、この夏ライン地方に行けなかった鬱憤を晴らして来たようです。フランスの地方はパリと違い物価も安く、うまい料理が安く食べられるらしく、旅には快適らしい。

帰って朝鮮の学生の依頼の仕事を始めましたが、これは予想外に手間取る。

九月二十七日(木)　晴後曇り

午前、図書室で翻訳。昨日のR教授が来てドイツの話を始めたので中断。頭よく活発ではあるが、重厚さの点では小川教授、内村教授に及ばないと思います。ドイツでも臨床教室は人がかなり多いのに、研究室方面は人が少なく、スパッツ教授にしても女医一人を相手に仕事というし、ハスラー氏なども人がいなくて材料を持て余しているとのこと。ドイツでもやはり食うに追われているのでしょうか。また教授の椅子を狙っての暗闘等はいずこも同じ由。

午後三時半に野見山夫人の世話でキュリー病院に行かねばならぬので、それ迄また図書室で仕事続行。大使館の桐山という夫妻が、主人公が顎の腫れ物を手術した後、キュリー研で照射を受けたが、その女性医師が世界的の人で、桐山氏とは自由な時間に会ってくれる事になっているから野見山夫人に紹介しようという触れ込みで、そこへ野見山氏と、医者として僕が同行するという寸法。会見は、ものの二、三分で済み、その女医が僕に、いずれにせよ病人に希望はなく、照射もこれからは大変むずかしいと囁きました。

大使館の人等と別れて野見山氏の下宿に行き、五時過ぎ迄色々説明してあげるのに一苦労。そもそも病人を日本に帰さないで、こちらで治療を受けさせようというのが、主人公のエゴイズムによるところが大なのですから、先は知れています。しかしもうこうなったからには病人にいかに安楽な死を遂げさせるかということが問題でしょう。

どんよりと曇って、早くも暮れたリュクサンブールを斜交いに大久保君の所に寄り、注射してやりました。

帰ってまた翻訳をやっていたら、田中君が遊びに来ました。その話によると、彼は十二月でこちらの金が切れると二月からアメリカに渡る由。今年初めからアメリカに売り込んでいたのが通ったらしく、月四百ドル貰い、奥さんと子供も二月には呼び寄せると頑張っています。ほかの人はだまっているが、中々各方面に気を配って、色々連絡をつけるものだと感心しました。僕もアメリカも見たいことは見たいが、かねての計画通りこの度はヨーロッパを広く歩き回るにとどめ、この次の機会を待つ事にしたい。

ルーヴァンの朝鮮氏に頼まれた翻訳は、始めは割に簡単と思ったが意外に手間取り、中々の仕事です。それにつけても日本語の術語の複雑さについてはつくづく考えさせられる。欧米では日常語がそのまま術語になってしまうのに、日本では医者が専門が違うと分からなくなってしまうという話です。これでは何とも困る。

朝鮮氏の、日本の医学書を読破したいという意気に感じて引受けた仕事だが、いつもながら自分の人の良さにあきれるし、馬鹿らしくもなります。しかし誠心誠意やってやればいくらかは感ずるでしょう。二時就寝。

九月二十八日(金)　雨

朝、家から手紙。よく考えてみると旅に出る日を明記しなかったので、皆はもう僕が旅に出ると思って書いているらしい。節子の写真はともかく大きくなったのには驚きました。と同時に直子に似て来たのにも一驚。時に歯並びはどうでしょうか。それが一番気になるが。

徹の大学だよりも大変面白く、参考になります。居ながらにして人々の動きも分かろうというものです。ともかく色々の人がいるのだから一筋縄では駄目です。

九時一寸前メゾンを出て、バスでオペラに直行。オペラ裏のアメリカン・エキスプレスで切符を受取りました。この前書いた全行程で三万二百二十一フラン。予定よりは九千フラン程安くなったわけです。スイスは休暇切符というやつでほぼ五十%の割引。しかもこの切符を提示するとスイス国内で五回のエクスカーションが半額になるという具合。インターラーケンからユングフラウヨッホ迄の高山鉄道が普通なら五千フランなのが二千五百フランになるのだから一寸大きい。

次いでエトワルに出、カフェで遅い朝食をとってから、例の東北大名誉教授に最後の往診。すると、ラッセルがぐっと減って殆ど分からぬ位。サイアジンの二日大量投与が効いたらしい。しかし年が年ですからここ四、五日は絶対に静かにして栄養をとるように話し、もう一日だけでも飲むようにアクロマイシンを渡しました。

昼食後部屋の片付け。スカンジナヴィアから帰ってからは、次の旅行に備え倉庫から身のまわりの品々だけ出すにとどめ、小規模にやっていたのに、片付けるとなると中々大変。帰国前の用意が思いやられます。夕方曇っていたのが時々陽が射すようになりました。

夕食はR教授に誘われ、リュクサンブールに支那そばを食いに。ボジョレ(ブルゴーニュの葡萄酒の産地)を一本開けてR氏はすっかり良い気持になり、僕の肩をたたいたりしては仕事の話を弾ませていました。ユングの所に居ただけあって、これからは電気生理を主にし、脳研にもその部門を作らなければと言う。僕は神経科より脳研の方に行きたくてならないんだよと、もう既に次期の東大教授は俺だというのが口裏にある。しかしまあ、いろいろやって来た教授のなかじゃ、よい方と言えましょう。

食事を済ませてから乱雲の所々に星をのぞかせた空の下を、サン・ミシェルからセーヌに出、ノートルダムの前を通ってその夜景を観賞。次いでサン・ジュリアン・ル・ポーヴル、サン・セヴラン、コレージュ・ド・フランス横の、プレイヤード派の詩人たちの集まった界隈等を歩きました。

この最後の界隈は通り抜けも出来ず、石畳は殊にデコボコ。何時行っても猫か犬の小便臭い鄙びた通りです。パンテオンの裏通りをサン・テチエンヌ・デュ・モンの前に出て、リュクサンブールに出て帰りました。

R氏は、パリは一年ぶりだが、この一見汚いような所が人の心を和ませて、何とも良いね、出来るだけ長く居てアメリカに渡ろうと言っています。

部屋で翻訳をやっていると、一時半頃、今度家が見付かって女流画家と結婚するD君が、身体が疲れるから診てくれとやって来て、その後、結婚って大変なものですねと言うから、貴方がたの場合等たった二人暮らし、良いも悪いも二人で努力すればそれで済むのだからよいですよ、それでもこぼす等は苦労が足りませんよと押えました。ものを割り切っている男なので、少し言ってやった方がよいと思って。

九月二十九日(土)　曇り時々晴

朝「マッチ」と「ジャルダン・デ・モード」を発送。近岡氏から電話で、この前僕の所に来た夜、また猛烈に腹が痛んだが、それから後は静まっているが、僕の不在の間不安だから、シテの病院に連絡を頼むと言うので、出掛けて行って話をつけて、電話で返事。それが済むとフライブルク、ミュンヘン、ベルン、更にウィーンの松原嬢に連絡のため葉書かき。

昼食がすむと片付け、荷造り。更に借りた本を返しに阪大の三輪君の部屋に行き、そこで京大の美学の木村君に会ったのでイタリアの旅館の良い所を教えてもらい、更にイタリアの旅の計画を話すと、彼の廻ったのと全く同じ。素人にしては目が高いですねと褒めたようなけなしたような顔をして感心していました(?)。

洗濯をしているとR教授が、今朝会って来たアンドレ・トマ氏の印象を話しに来ました。フランス語しか話さないので弱ったが、良い人だねと喜んでいました。僕が発った後、十日程R教授が僕の部屋に入ることになり、荷を運び上げ、引越しの手伝いをしてから、野見山夫人をシテの病院に見舞いました。また他にも出来たとかで、ぐっと痩せました。僕が帰る迄はとても持つまいと思い、最後の別れのつもりで挨拶して病室を出ました。病人が医者の僕から何か聞き出そうとするのでとても芯が疲れます。

黄昏のリュクサンブールに出て、パリとも暫くお別れかと名残惜しくなりながらサン・ミシェルの本屋で辞書探し。旅行中の用足しのための小辞典です。

葡萄酒のロゼ(桃色)を一瓶ぶら下げて二宮君の部屋での僕の旅の壮行会(?)へ。二宮夫妻、大久保、鈴木、NHK特派員の大久保君の友人(資生堂社長子息)と僕の六人。

大久保君の指図で水炊き。たれ等大したもので感心しました。北欧の話や動物園の話等々で誠に愉快な和やかな一夕。実際パリに来て、こういう友人を得たということが留学の大きな収穫の一つともなるのでしょう。腹満ちてダブルベッドの上に皆マグロみたいにごろごろ寝転がって勝手な事をしゃべるわけです。

皆が僕をオジサンと呼ぶが、大久保君が、オジサン、娘は大学になどやるもんでないぞ、大学になどやると、ここの奥さんみたいに虫がつくぞと言うと、二宮夫人が真顔であらー、虫なんてひどいわと抗議する等、中々面白い。それを旦那さんが鼻の下を長くして眺めているから益々愉快。明日は早いからと皆を残して十時過ぎメゾンへ。サン・シュルピスの泉も音は変らぬながら、並木が落葉し初め、秋深きを感じさせます。

R教授が来て、ドイツの細々した品を見せてくれましたが、参考になります。しばらくとりとめもない雑談。なにかに言っても、パリで会ってお互いを知り得たのは、将来必ずやプラスになることでしょう。次いで小澤君がしばしの別れにやって来ました。

寝る前に金勘定。この間からの往診等で少し金が入り、フランが十二月に使える分が四万となりました。それにドルが五百八十ドルあるので、これを旅行中最大限四百五十ドル迄で抑え、残りはすべて十二月分と土産に当てようと思います。十二月は出来るだけ音楽会や催物に通い、見溜めをして日本に帰ったら勉強に打ち込むようにしたいので、金が大分要ると覚悟しています。それ故送っていただく金は無理などしないで、送れるだけでよろしいです。ドルでなくフランで受取れるようにしていただいて結構です。そんなこんなで二時就寝。

検証

ドイツ・スイス・オーストリア・イタリア　一九五六年九月〜十一月

九月三十日(日)　**雨後曇り、夜時々雨**

目が覚めたのが六時四十五分。支度してすぐ出掛けました。起き抜けは相当な降りだったのが、出る頃は小降りになり、リュクサンブールに着く頃はほぼやんでいました。タキシーを拾い北駅へ。駅のカフェでコーヒーとクロワッサン。昼飯のサンドウィッチをポケットにねじ込み、八時六分発の車に十分前に乗り込みました。ケルン行きです。

適当に混んでいますが、日本のように立つことはありません。雲の所々に青空が見えるようになったと思うのも束の間、サン・カンタンあたりでは、またびっしり曇ってしまいました。眺めは単調。着いた頃は実に美しく見えた村の色どり等も、今では慣れてしまったのか大して気を引きません。ジューモンでベルギーに越えます。リエージュを経由するわけですが、このベルギーの東の地方は工業及び鉱業地帯なのでしょう、石炭のボタ山がかなり認められます。近代工業の必然的の廃物とは言え、あまり眺めの良いものではありません。昨夜寝るのが遅かったからか、ベルギーに入るとすぐから出る迄大部分寝てしまいました。そしてすっかりさっぱりしました。一寸目を覚まして見たリエージュの町は、汽車の中から見た範囲では薄汚く、活況を呈しているようにも見えません。

アーヘンでドイツに入りました。至る所緑の牧草地と牛と緬羊と豚と山羊と。家々には見事なダリア。ここも大部分の木々はうっすら黄葉。紅葉は蔦だけか。麦の刈入れもほぼ終っているようです。同室の男がもうすぐケルンですと言うので立って見ると、地平に例の大ドームが霞んでいました。近付くにつれ、いまだ爆撃のあとの著しい建物が目立ってくる一方、全く新しい建物がこの間に白い色を点じています。広場や道にはフォルクスワーゲンの列、列、列。ケルンのハウプトバーンホーフ（中央駅）に降り立ったのが四時過ぎ。

降りてすぐ二十ドルと五スウェーデン・クローナ札を両替。全部で八十六・六マルクになりました。ビュッフェでハンブルク以来のドイツ・ビヤーとブレーチェン。うまかったです。停車場は改築中なのか、傷害安全週間のスローガンを掲げて仕事を進めています。ハンブルク等よりずっと小規模。ところで駅を出て目の前にあの大ドームが建っているのでびっくりしました。汽車の中から見失っていたので、駅からどっちの方かな等考えながらぶらりと駅を出た時なので、意外でした。出入口はツーリストで実に賑わっています。

カテドラル正面広場の片隅の案内所で宿を申込みましたら、大分駅から遠い。これならユースホステルにすればよかったと思ったが、市電に乗って出掛けました。市電は旧車はかなり古めかしいが、新車は殆ど音がしない位で、しかも揺れず気持ちが良い。スピードも出る。通りすがりの道の両側には噂の如く、さすが十年を経て瓦礫こそ目につかないが、爆撃を食った跡のそのまま残る建物が至る所目につきます。車道の両側はほぼ上皮の如く新築家屋が覆っているが、中はまだまだといったところ。

宿はルクサンブルガーシュトラーセ百三十四のシェルゲス・マリアという家。すぐ見付かったがいくら呼鈴を押せど出て来ず、腹を据えて入口で頑張っていると、丁度中から出てきた男がフランス語を話し、中に入れて探させてくれました。外出でいないらしいから一時間位して来てみられたらと言うので、近くのビヤホール迄行って一休み。隣ではヒンデンブルク髭を生やした親父がぐいぐいとあおっています。ケルンも町外れ、庶民の憩い場所か、男女の出入りはげしく、又、ラジオは景気良い歌を響かせて賑やかなものです。フランスあたりの同じ場所と比べ、確かにごつごつしています。全く国が違うとこうも空気が変るかと思う程です。今日一日でフランス、ベルギー、ドイツと通ったわけですが、この前の北欧旅行の時の国々をも加えて比較すると、よくもこれだけ小さい場所にこんなにも違った人々が住み、違った言葉を話し、違った空気を醸し出しているということが全く不思議なことに思われてきます。しかし時至ると互いに殺し合うこともあると思うと、益々もって解せないことになります。

七時になったのでまた宿に行ったらまだ誰も居ない。七時半迄待つことにし、街灯の灯の前を時々街路樹の落葉がかすめる並木道の自動車の行き交いを眺めて待ちました。近くの自動車屋にシムカやフィアットが飾ってあるのを見ると、フランスやイタリアもドイツに向け売り込んでいるのが分かります。

七時四十分頃やっと宿のおばあさんが帰って来ました。部屋は応接間のソファがベッド代り。荷を置くとまた市電に乗り、町の中心のルドルフシュトラーセに出ました。ここが繁華街の一つらしく、賑々しく旗を立て、壊れた壁をうしろに宝くじを売っています。ショーウィンドウはそれこそドイツ製品の氾濫。機械類、本類はどれを見てもさすががっちりしています。カメラはどれを見てもボディに関する限り一寸日本の物はかなわないように見える。ノイマルクトのレストランに入り、ハンブルガーステーキを食べる。

ドイツ人は一様に服装がきちんとしていて、その点服装にはそれ程構わないフランスとかなり違いますが、配色は特に男は野暮ったい。女はパリモードが入っているのか、かなり垢抜けており、それに体格が良いので立派。その点直子や節子には堂々たる歩き方をしてもらいたいものと考えています。

商店街を見回っている内に雨がぱらつきはじめ、ドイッツァー橋を渡る頃は、地面がすっかり湿る程になりましたが、それも間もなく小止みとなりました。足元には初めて渡るラインが黒々と流れて行きます。左後方には照明されたドーム。ヨーロッパ最大、高さ百九メートルあるだけあり、中々立派なものです。橋を渡り切り左に折れてドームの対岸の散歩道を歩きます。屋根が壊れたままで歴史博物館の看板を出す建物の前を通り、ホーエンツォレルン橋のたもとに出ました。これはドイツで一番長い橋の由で、汽車と人と自転車だけが通れます。この橋の両端には大きな塔状の門が建っているが、その先端はいずれも破壊されています。ラインは夜も更けて通る船もなく、隅田川より大分広い水面に町の灯やドームを照らす灯がきらきら散っているのみ。橋を渡り終え、ドームの後面に出たら丁度九時半、照明がパッと消されてしまいました。ともかく周囲がこれだけやられながら、ドームのみがよく残ったものです。やはり奇跡の名に値するでしょう。

遅くなるので宿に帰り手紙書き、一時半に及びました。電車通りに面するので遅く迄かなり音があるが、そんなのは苦にもならず、すぐ寝ました。ただソファが短く足が出るのでうずくまらねばならぬのが少々つらかった。

十月一日(月)　薄日射し、蒸し暑し

昨年の船出の日です。窓から射し込む陽の光に嬉しくなって時計を見ると八時一寸前。床の中で今日の予定等考えていると、お婆さんがドクター八時ですと戸を叩く。起きて出掛けようとすると、朝食が出来ると言うのでもらうことにしました。茹で卵とパン八切とコーヒー二杯半とミルクとバター（四分の一ポンド）とジャム。婆さんが目の前に座って給仕してくれる。ドイツ語でまくし立てる。こちらも片言で応酬。日本人を泊めるのは初めてだと言う。払いは七マルク。

宿を出る頃から薄い雲がこめて陽が薄れました。駅に荷を預けてから床屋。二マルク。ギーセン大学のスパッツ教授に四日に行く事を通知。身が軽くなってカテドラルへ。正面の尖塔を下から仰ぐとさすがに規模が大きい。中々立

派。しかし建物としてはシャルトル、ランス、ノートルダム等見ている眼にはそれ程の密度は感じられない。中もだだっ広いだけ。もっとも広さからいえばセヴィリヤあたりのが最も大きかったと思うし、中の雰囲気も後者が断然勝る。もっともこんな比較をしていても何もならないという気がする。

ハウプトバーンホーフの広場の万国旗の中に日の丸。写真に収めたくなるのは旅情のなせる技か。次いでホーエンツォレルン橋を渡ってメッセ会場のフォト。ここにも日の丸。入場には二マルクとられる。八会場まであるだだっ広いもので、それこそ写真に関係あるあらゆる品々の陳列と宣伝。そして所々に展覧会。少年少女の作品を年齢順に並べたものや、望遠レンズによる猛獣や動物の生態写真展、各国別の作品展、医学に関する作品展、有名な新聞記者の作品展等、宣伝を兼ねた巧みなものです。

その中で一番面白かったのがショルトマン（名は正確に覚えていない）の遺作展。これはアウシュヴィッツにひっぱられたまま帰って来なかった人で、有名人と会った時の写真のみを集めてあり、シュヴァイツァーあり、マクドナルドあり、フルトヴェングラーあり、メンゲルベルク、トスカニーニ、カザルス、ナンセン、ヒンデンブルク等々相当な数。古めかしい写真機で撮ったものですが、現代のメカニスムのすすんだ機を使ったものに決して劣らず、感動もあり表情にも富んだ素晴らしいもの。英国でギリシア皇帝か何かの招待宴で、ジョージ七世（?）やマクドナルドの後に松平恒雄夫妻が写っているのが面白く、この人が他に比べて少しも見劣りしていないのが嬉しかった。

各国別の写真展では、日本のは実に弱い。もっともっと強いものもあるだろうに、選び方が悪いのだろうか。これは写真のみに限ることでなく、我々の論文の発表の仕方や学会でのしゃべり方等にももっともっと強さが欲しいと思っている矢先なので大変考えさせられました。

メッセの市をすべて歩くだけでも大変なもの。中で昼食。ビールの瓶が大き過ぎ、大分良い気持になりました。出ようと思ってカタログを立ち読みすると、日本も出しているというので、第八会場に引返して行ってみるとキヤノンと理研が目に付きました。あまり人が寄っておらず、説明も日本人は一人のみ、他はドイツ人。小さい小さい小型カメラに僅かに人が寄っているようでしたが、何せキヤノン等ライカと大体同じなのでどうもうまくない。もっとも商売敵のドイツを刺激しない意味で大挙出品しないという事も十分考えられ得るのですが、何か日本独特のしっかりしたものを創り出さないといけないと思う。

会場を出てラインの岸で一休み。次いで陽の照り始めた町の中心に戻り、商店覗き。アムステルダム式の俯瞰地図のあるのを昨夕見ておいたのでそれを探すためです。中々なくて結局昨夜見たノイマルクトの本屋迄行ってしまいました。帰りは草がぼうぼう生えたりしている焼け跡を抜けてカテドラル広場へ。四時過ぎ。

ところでボンへ行く汽車を摑まえる段になり、インフォメーションは一杯だし、面倒だとホームに入りましたが、あっちでもないこっちでもないと荷を持って階段を上り下り。駅員が時間表を良く知らないらしいのは困ったもの。そして挙句の果て、汽車は掲示してあるホームとは違うホームから出るのには驚きました。しかも十分も遅れて。実に汽車の出入りが激しいから無理もないと思うが一寸ひど過ぎる。ドイツ人の中にも駅員の答が曖昧なので怒っているのもあるから、呆れているのは僕だけでない。五時発車してから一寸行って、又、十分程停車。尤もこんな事には気をつかわんというのか。

ボン迄の車中はかなり混んでいました。客車はそれ程整っていない。車窓からの景色は、麦や馬鈴薯の取入れもすみ、トマトもうらなりとなって秋の気が濃く、日本の野面とよく似ています。

ボンに着いたのが六時近く。通りが狭く、古めかしい町という感じ。夕方の故か人の往来が実に激しい。今日は一つ、初めてユースホステルに泊ってやれと、行先を聞くとバス十六番でヴェーヌスベルクへ行けとのこと。混雑したバスに駆け乗って約十五分。名の如く丘になっていて、森を抜けてここだと降ろされた所は市外住宅地の中。途中にユニヴェルジテートクリニックがありました。道を辿ると森の中に「ユーゲントヘルベルゲ」とある。入って行くと二階建の洒落た造りの近代建築で中々大したユーゲントヘルベルゲ。入口に行列して順を待つ。宿泊が一マルク、寝具が一マルク。階下はサロン、食堂等。二階は寝室。地下は自転車等の置場らしい。シャワーはないとのこと。今日一日蒸し暑く、汗をかいた後なので一寸つらい。すぐ食堂に行くと、うどんのようなのが入ったスープとパン二片。これが四十ペニヒ。これ以外に食い物はないと言う。隣のドイツの農夫だという青年が、これは軍隊スープだと言う。たしかに習志野に野営に行ったようだと思いながら食べました。腹は結構一杯になる。安いのだからわがままは言えません。次いでサロンで大きな瓶入りのココアを飲みながら手紙書き。集会室ではドイツの青年男女が小学生をも交えてアコーディオンを鳴らし、メーチェンがギターを掻き鳴らしながら合唱をしています。気分は若々しい。皆で歌える歌が多いということは誠に羨ましい。

それにしてもドイツでの二日。どのショーウィンドウを見てもきちんとした品物が並び、人々の服装もきちんとしているものの、どうも潤いがなく、竹山さんではないけれども、堅苦しいという感じは否めない。フランスに留学した者はドイツの空気には馴染めないのでしょうか。それより僕自身がこうした雰囲気に親しめないのか。感じだけでものを言うのは良くないのかも知れないが、本当の意味でciviliserされていないのではあるまいか。哲学、技術というものだけではどうにもならない何物かが、文化の本質にはあるのではあるまいか。それを調和というか、良識というかは人の自由だが、勤勉、能率だけが人間の本質ではないという気が強く強くする。

今日はもう十時の消灯に近く、これで切り上げます。

十月二日は神経病理研究所のペーテルス教授に会う予定。この次の便はハイデルベルクからか。

十月二日(火)

昨夜は手紙を書き終えると間もなくサロンの電灯が消されてしまい、寝室に上って行って、渡された敷布を延べ、備え付けの毛布二枚と合わせて寝床を造り床に入ると、十時過ぎにはここも一斉に電気を消されてしまいました。八人一部屋で船のように上下二段の藁布団らしい寝台。しかし清潔簡素で気持が良い。八人の所に七人。一人は僕より年上らしく、早くから床に入っていました。僕あたりが年長組かと思ったらかなり年嵩の連中も来るようです。消灯間際にどやどや入って来たのは若者たち。消灯してからも大分長いことおしゃべりをしていました。

六時頃から目を覚まし、うつらうつらしていたら、七時には「起床!」と掛声がかかって一斉起床。朝食は六十ペニヒと安いだけあって、黒パン四枚と白い(黄色くない)バター二片と甘味の殆どないコーヒー。食堂からの眺めは、日本でいうと小田急が多摩川を渡って突っ切る稲田登戸あたりの丘陵地によく似ています。麦を刈り終え、馬鈴薯を取り入れたむき出しの畑のそばに、青菜の畑が続いていたりし、又、所々に雑木林、又は松林も見えて日本によく似ています。林の上を関東尾長によく似た鳥がひらひらとかすめて行くのもそっくり。かなり雲が低いが、東の方はそれも切れてうっすら陽が射していて、爽快というべき気温。青年男女は実に活発に動き回る。

八時過ぎにはここを出て、バスに乗り駅へ。ボンの郊外というべきこの丘陵にはこの他に大学のクリニックが棟を並べているとか。ヴェーヌスベルク等というと、何か「タンホイザー」の場面のような気になる。草には朝露。

朝の勤めに道を急ぐ人々の行き交う(といっても東京のようなことはなく、ずっと人数が少ない)落葉し初める並木を駅へ。公園や並木の下の芝生等美しく花で飾られ、手入れが良いのはヨーロッパのどの都市とも変らない。まして首府たるにおいてをや。駅前の主要路が道が狭く、自動車の整理が大変。

荷を預け地図を買うと、先ず目指したのはベートーヴェンハウス。これはハウプトバーンホーフとライン河との中間で、ミュンスター（教会）からそう遠くない。このミュンスターは正面は良いが、塔が頭でっかちで不調和。ドイツ・ロマネスクらしいが、ドイツ人気質にともすれば調和を欠くことの一つの表れか。野菜市で賑わう広場を抜けると間もなくベートーヴェンハウス。普通の家と変りはないが、正面に「Beethovens Archives」と書いてある。良く注意しないと見逃す。ベルを鳴らすと重い扉を中から開けてくれる。太った実に固い感じの、ひっつめ髪のマダムが門番で、ここで一マルクとられる。極く狭い中庭には一段高くなった芝生の中にベートーヴェンの胸像が置かれています。これを囲んで四本程の名を知らぬ木々が梢を延べています。周りには高い壁。振り向くと庭に面したハウスの窓々にはベゴニアが真紅の色を点じています。二階にはベートーヴェンの原譜をケースに入れてとってあり、「月光」「田園」「ミサ」「カルテット」等々が認められる。壁を巡り肖像や絵。又、別の小室にはベートーヴェンが幼時弾いた教会のオルガンが飾られている。三階の歪んだ階段の左手にベートーヴェンの生誕の部屋。僕の背とすれすれ位の屋根裏で、窓が一つ。床の木は節の所を残し、他は時代を経て踏みならされてすり減っています。こうした要素は人を大変懐古的にする。

いずれにせよ、果してベートーヴェンの母がこの子を産み落した時、後日こんなに世界の人々の心を揺さぶるような業績を残す子になると考えたでしょうか。ともかく一つの魂が生を享けるというのは大変なことであります。二階の広間には最後のピアノ、用いた弦楽器、管楽器、ベートーヴェンのデスマスク、テレーゼ・フォン・ブルンスヴィックの肖像、ウィーンにあるベートーヴェン記念像のモデル、一八二七年三月二十九日（?）のベートーヴェンの葬式の通知、ベートーヴェンが指揮した頃のコンサートのちらし、「フィデリオ」上演の当時のちらし、それに色々の手紙等ゆっくり見ていたら切りがないような資料が大分あります。

名残惜しいがここを出たのが十時。地図を頼りにペーテルス教授の神経病理研究所をヴィルヘルムスプラッツ七番地に訪ねました。このあたりはかなり破壊の跡が残っています。秘書が、教授は今外来に居ると言うので、それじゃ午後の都合を聞いてくれと言うと、三時半にお会いすると言う。そこを出、破壊の跡のなお生々しい界隈を抜けてラインの岸へ。この頃より雲は一段と厚くなってきました。ラインの岸の家々も大分やられ、一部が再建途上にあります。河畔のベンチには老人たちが憩い、又、乳母車を押した母親達が行き交います。ボン・デュッセルドルフ汽船会社の船着場の上の一寸した高地に上り、ラインを見渡すと、ジーベンケビルゲは靄に薄れています。船の行き交いは相当激しい。土手の右手に国会が見えます。

　大学本部の前の大芝地を横切り、ここから市の南郊ポッペルスドルフの王宮までのぶち貫きのアレーを覗き、レストラン探しに駅の中心をあっちこっち歩きました。驚いたことに食物屋が大変少ない町。その内に雨となったのでやむなく駅のレストランへ。駅は一般に高い。一時半迄ここで時間を過ごし、それから二時間は雨の中を町の商店覗き。目的は、若しうんと小型のラジオがあれば買おうというつもり。旅のお供にです。中々ない。小脳失調の青年が雨の中を歩いていて人々が立ち止まる。三時に菓子屋に入りケーキとコーヒーで休憩。

　三時半に研究室のベルを押しましたが、暫く待たされてからペーテルス教授に招じ入れられました。大きな部屋に入っています。脳研の講師というふれこみで、所長は内村教授と言うと、大きく合点する。僕がドイツ語は良く喋れないからフランス語で喋るのを許してくれとドイツ語で言うと、貴君のドイツ語は見事だなど言う。向こうはフランス語が僕よりも片言なので、ドイツ語でうんとゆっくり言ってくれれば分かると言うと、貴君もフランス語をゆっくり言ってくれると自分も了解出来ると言う。そしてフランス語を使おうと努力するが中々出ず、女秘書を介する。

　先ず女秘書の隣の室が写真室、現像室。コピーが一分間で出来る器械を自慢そうに見せる。現像室も北欧程ではないが我々にもこの位のが欲しいと思う。次いで廊下を渡り標本製作室へ。マドモワゼル二人に使丁が一人の由。その他に人員はと聞くと、自分の他に常在助手三人、シャルテンブランドの教室から一人、マドリッドとバルセローナから一人ずつと言う。染色はパラフィンを主にニッスル、ホルツァー、ビールショウスキー、カハール、グリース、ヴァンギーソン、アルツハイマー等々で新しいものはない。助手室でフランス語を話す助手がいて、これが通訳になる。そしてスペイン人をも混ぜて全員に紹介されました。

　助手室では戦後造られたこの教室の材料の中でめぼしいものをコレクションした肉眼標本を見せられました。次いで助手室で、大脳皮質の限局障害で視床に起る逆行変性を見ている男から標本を見せられました。各例が一つ一つ箱に入れられ、ずらりと整理棚に入れられてあります。次いで地下室に行き、一年に三百例（これが自慢）ある例全てをとってある倉庫を見ましたが、これは日本だってその気になれば簡単に出来る事。その点一人の主宰する教室ではこういう徹底したことが出来やすいといえばいえる。

　階段を上りながらスペイン人が、貴方は何をやっているかと問うので別刷を見せると、教授の周りに皆寄って来て見ている。助手の一人がNucl. supraopticusやNucl. paraventricularisはどうかと言うから、顆粒少しと答える。教授が年齢はどの位かと問うので九歳から六十四歳迄に亘り、この図は三十七歳のものだと言うと頷きながら見ていました。何と思ったか。

最後にまた教授室に戻り、首席助手、マドリッドの男と机を囲む。僕の名を紹介すると愉快そうに笑い、脳の解剖にはその位の年月が要りますよと言う。今迄何をやったという質問に、猫の小脳萎縮を扱ったと、その結果を簡単に言うと、ギュンター・ウーレも人で同じことをやり、ハラーフォルデンも多くの例を持っていると言いました。

又、ベルトラン教室ではアストロチトームの血管変化をやっていると言うと、大変問題のある所だと言う。ベルトラン教授をよく知っているらしく、グリュネール氏の名も出ました。グリュネールは戦時中ベルリン・ブフでスパッツ教授と仕事をしていたが、ベルトラン教授と協働かと言うので、今はガルサン教授の所に居て、率直に言って小さい研究室だと言うと、そうですかと一寸意外なような顔をしたが、真意は知るべくもない。ベルトラン教室も人が少なく、コンスタントの研究員が無く、一人居たのもアルジェリアにとられ、今はギランの娘で医者でない人が教授を助けていると言うと、医者でなくともギランのクロモゾーメン（染色体）が入っているから標本が見られるのでしょうと冗談を言う。

途中でコーヒーが出ましたが、我々は貧乏でこれしか砂糖もないと言う。この他に東京はここより暖かいかとか、一九三三年には大地震がありましたね等、恐ろしく古い事を言い出すので、それは一九二三年で僕の生まれた年だと説明しました。ドイツでどの人々に会うべきかと問うと、スパッツ、ショルツ、クリュッケ、ハラーフォルデン、ハスラーの名を挙げました。又、僕が、ドイツの教授は非常に権威に満ちているというのでどんなかと一寸不安だったが、大変同情的で、極めて満足だと言うと、貴君はドイツではここが初めてですかと問うので、そうですと答えると愉快そうに笑いました。

五時近くなので腰を上げようとすると、教授は立って棚から別刷を出し、又、ヘンケ・ルバルシュのハンドブーフを出してきて、完全に新しいものだと言いながら項目と著者を指さし、自分の名も加わっているのを示しました。最後にサイン帳にサインを請われました。

写真を請うと、教室員皆を集め、又、ペーテルス教授自ら、光は大丈夫かと電気をつけてくれ、僕を真ん中にして教室員にシャッターを押させてくれました。わざわざ一人で玄関迄送ってくれ、内村、ベルトラン教授によろしくと固く握手。折から強くなった雨も、愉快な一時間半に心が和み、足取りも軽く駅へ戻りました。

ともかくチンピラでも何でも精一杯もてなしてくれていることはよく分かりました。僕もこれからは誰にでもこうしてやろうと心に誓いました。駅近くで、布に革、及びレザーで縁取った手提げ袋を十二・七五マルクで買いました。今度の旅は荷を少くと一つにしたが、どうも平均がとれないので二つに分けるためです。それに中々しっかりしているから家に帰れば買物かごになりましょうし。

五時五十分のシュッットガルト行が十分遅れて、雨しきりの駅に入って来ました。急行。雑音が少なく、揺れが少なく、昨日のケルン・ボン間とは大違い。左の車窓に黄昏のボンの町を見納め、暮れ行くラインの谷の風景を見逃してはならじと眺めますが、何せ天気が悪く、対岸の丘の上に城らしいものが見えるが、それと確認は出来ず、それに汽車はラインから遠く近く移るのでそれ程楽しめない。秋の日はアンデルナハでとっぷり暮れました。この町は何かお祭りか広場に明々と火を灯し、綺麗で一寸降りたいと思いました。

モーゼル川を渡りコブレンツに着いたのが七時。うんと小さい町と思いきや、電車もあれば商店街も立派。ビュローで聞いてエミール・シューラー通り六番地のアントン夫人の宿へ。一晩四マルクとか。ベッド二つ付き。荷を置くと駅へ戻り食事。これで足らずまたソーセージを立食。雨の中を宿に帰ったのが九時近く。宿のおかみは未亡人か、猫が自慢。これを褒めてベッドに入り手紙書き。十一時に及ぶ。外はなお雨らしい。明日のライン上りは雨か。

十月三日(水)

七時に目を覚ましたら、嬉しや雨は止んで、雲を越して青空が見えます。張り切って起き、荷を宿に置いて十時の乗船迄町を散歩。ところが宿から程遠からぬ駅迄行って朝食を食べている内に、黒雲が太陽を隠してしまい一寸がっかり。

地図を頼りに破壊の跡のいまだ残る道をライン河畔へ。と言っても全てがやられているのではなく、それこそ隣迄壊されながら、何世紀か知らぬが古いドイツ様式の建物が残っていたりもします。破壊された所はそのままか、草ぼうぼうか、又は家庭菜園。ライン河畔は芝生の中に花が豊かに植え込まれ、又、年を経た立木ははらはらと葉を落し、旅情をかき立てます。対岸の色彩豊かな民家はうっすら靄の中に霞んでいます。ラインはここで隅田川の一倍半位か。

岸に沿ってモーゼル川とライン川の合流点のドイチェス・エック(ドイツの角)を目指す。岸辺にも破壊された家々、その間にライン・ワインの酒樽を据えた庭。ガイドを見ると、対岸に聳えるエーレンブライトシュタイン要塞からの眺めは絶好とあるので、そこへ行きたいが時間無く、それよりもドイチェス・エックにも行く時間無く、折よく厚い雲から射しはじめた朝陽に照らされて、雨上りの水溜りの眩しい広場を横切って宿へ。歩道は舗装が及ばずぬかるみ。
宿たる四階迄上ったらマダム不在。猫が階段の上から見張っている。窓を開けると裏庭にそれらしい影。声を掛けてみると、マダムが木の実を拾っているところ。マダムが上って来たので袋を見るとかなりとれるらしい。乾かして砕いて食べると言う。四マルクの払いを済ませ駅へ急ぎライン行の市電に乗る。この町の大部分の家は二、三階のが多く（壊れて再建中のためか）、丁度日本に帰ったような気分。雨の夕暮に着き、早朝発つとあってゆっくり見る暇もなかったためか名残惜しく、教会等も心なしか良く見えます。

ところで乗船し、十時の出帆の頃は又薄雲。実に変りやすい。しかし雨の気配はないのでその点は安心。コブレンツを出てしばらくは両側は一寸した平地。その向こうは五百メートル位の丘陵が続いており、多摩川上流の如き景。両側を鉄道が通い、往復が実に激しい。ラーン川という小枝が合流する頃より川幅は少し狭くなり、両側に丘陵が迫って来、特に右岸の丘の頂きには古城が現れます。幸い天気は好転、以後ずっと雲ありながら陽が射しました。丘の斜面は特に南向きの所はほぼ頂上迄葡萄畑。これがライン・ワインになるわけでしょう。上流のビンゲン迄大体こうした景が続くわけです。途中折々に現れる村々は必ず教会の尖塔をいただき、くすんだ色調。所々に白壁を点じて中々趣があります。印象に残ったのはオーバーラーンシュタイン、ボッパルト、ザンクト・ゴアールスハウゼン、バッハラッハ、アスマンスハウゼン、ニーダーハイムバッハ等。

ローレライのあたりは最も河が狭くなります。鉄道がこの岩をぶち貫いて通っています。ここを通る時は昼食に飲んだライン・ワインの白の小瓶が利いて良い気持。スピーカーが例の歌を奏でます。一人なのが何とも残念。船の行き来は実に頻繁。それに下りなど実に早い。フランスの船（ストラスブールから来るのでしょう）、オランダの船、ベルギーの船等国籍は色々。

ビンゲンに着いたのが三時半頃。ここからはまた河幅が増し、両岸も平たくなり景が開けます。今日こうしてラインを溯ってみて、この河が日本の河川とは全く性質が違い、実に重要な交通及び輸送路であることが分かりました。ビンゲンより上流の所でさえ、うっかりすると大きな湖水ではないかと見紛う位。

昔、ローマ人やバルバールが、この河を辿って移動し、従って文化がこの河をつたわって伝播したということもよく了解出来ます。交通機関の乏しかった大昔では、川というものは実に便利な通路だったということが実感出来たのは今日の収穫です。日本でも感得出来ないではないが、これだけの規模の交通量を見ると成るほどと思えます。ビンゲンより上流では所々に現れる川中島と岸との間に石の小堤が作られ、ここが水浴場、ボート場等になっています。こんなことをしても河の他の部分をかなりの大きさの船が何隻も擦れ違えるのだから、その規模も分かろうというもの。

ヴィースバーデンに着いたのが午後五時。夕陽がかっと家並を照らしていました。マインツに着いたのが五時四十分。陽は既に落ち、黄昏の色濃し。

この町のやられ方はケルン程ではないが相当なもの。復興しているのは商店街が主。こんな景を眺めながら停車場迄のかなりの道を重い荷も苦にならず歩いてしまいました。全くよくやられたものです。もっとも大半は自分で招いたことなのだから仕方なかろうが。ドイツ人たちは自分たちの家の壊れた跡を見て、どんな気持になっているのでしょうか。コブレンツとそう大きさの違わぬ町ながら、フランクフルトに近い故か実に活気があります。ラッシュアワーのせいもあるかもしれませんが。

駅に荷を置きホテル・インフォメーションへ行ったら安い宿はなく、駅前のホテルで六マルクという所に行くことになってしまいました。サービス共で七マルクとられましたが、但しお湯が出るのが有難い。

荷を置いて町へ。ところで夕食時なのか人波がさっとひいてしまっています。ビヤホールでソーセージとパンをそれぞれ二つに大ジョッキで夕食。腹一杯です。帰る頃は映画館の前が人だかり。ここでも若い男女が大勢集まり、辺り構わず大声でしゃべり合っています。八時宿に帰り手紙書き。

この町はグーテンベルクの町。ギーセンに行ってからもう一度、グーテンベルクのミュゼとローマ博物館を見に戻ってくるつもりです。グーテンベルクこそは近代文化の大恩人、何としても見ておかねばなりません。

ラインを下る船の中にWOTANというのがあり、場所が場所だけに「ラインの黄金」をしのばせるに十分でした。

十月四日(木)

七時半起床。曇り。駅のビュッフェでソーセージとコーヒーの立食。腹が出来、さあギーセン行だと張り切って九時七分フランクフルト行の急行列車を待ったら、これが三十五分の延着と言う。三十五分とは、また大した遅れだと隣の婆さんに聞くと、そうそう、急行電車も三十五分の遅れ、と大きく頷く。大して驚く風もない。なるほど駅で待つ間、発着する列車で定時発着というのはほぼ皆無。車輛等すばらしく良いのを使っているが、時間の点は大変ルーズと見受けた。ホームは目下改築中。所々鉄材に穴があるのは弾痕と見受けました。

ところで列車が入って来て、フランクフルト行と書いてあるので、ともかくと乗り込むと、急行列車でどこにも停まらぬと書いてあるのに一々停まる。しかも車両も実に粗末で、椅子等全て板張り。おかしいと思ったら途中の駅で三十五分遅れの急行に抜かれました。僕の乗ったのは定時の普通便らしい。マインツからフランクフルト迄は北の方にタウヌスの丘陵が見え、畑又は松林等が見え、武蔵野によく似ています。リュッセルスハイムでＯＰＥＬの大工場。大量の自動車が貨車に乗せられて行く。日本に自動車工場ありといえども、エンジンを他から買い、設計を他に仰ぐようではまだまだ。エンジンも日本のでなくてはと言われる位にならねばならぬと思う。それにしても一般人が自動車をそうむずかしくなく買えるようになる迄、一般の生活水準がそこへ行く迄は駄目でしょうが。そうなるのは果して何時でしょうか。溜め息の出ることとです。

フランクフルトのバーンホーフ駅はパリのサン・ラザール駅位、さすがに大きい。靴を磨かせ、十ドル替え、昼食のパンを仕入れ、十一時五十三分発オーベルハウゼン行に乗り込みました。発車の頃は曇りなのが次第に雲が切れ、ギーセンに着く頃は陽さえ漏れました。途中はマインツからフランクフルト迄と同じような景ですが、フランクフルトからタウヌスの丘を越えるので見晴らしが良くなり、波状の起伏の広々（それこそ広々）とした畑の所々に人家の集落があり、そこには必ず教会が聳えているのはいずこも同じ。雑木林は黄葉し始め、林間には驚くべく大きな茸（山どりたけ）も見られます。バード・ナウハイムの駅前の紅葉はとても綺麗で印象的。明日から十日迄ここでドイツの精神学会地方会がある筈。てんさいも取入れ中、林檎畑もたわわになってうっすら紅づいています。何にせよ広々とし、又、人の少ないことよと思います。

ギーセンの駅の印象は何と煤けた所だろうという感じ。ここは鉄道が三本交叉するので、町は小さいのに駅は賑わっています。地図を買い、インフォメーション・ビュローで宿を聞き、歩き出しました。指定された家は、これから訪問するマックス・プランク研究所の前を通って行く所。途中でリービッヒ・シュトラーセというのがあり、リービッヒ・ミュゼウムというのが建っている。ここはリービッヒの居た所らしい（はっきりは知らぬが）（補足：リービッヒは一八二四年、二十一歳でギーセン大学助教授に、翌年教授に就任）。

研究所の前を抜け、目指すＷＡＲＴＷＥＧ八番に行くと、ここがＰＲＯＦ・ＤＲ・ＢＥＲＮＨＡＲＤＴという家。マダムが出て来たのでフランス語でやってみると通ずる。聞くと娘が帰って来たので今は部屋が無く、お気の毒ですがと言う。学会においでかと僕に聞くので問うと、今ここで外科学会がある由で、ホテルはなかろうと言う。自分は日本の医者でスパッツ教授に会いに来たのですと言うと、私も彼を存じています、よかったら入られませんかと言うので、時間が無いと断り、その代わり、スパッツ教授はフランス語をしゃべるのですかと聞くと、奥さんがしゃべるだろうとのこと。研究所は我々の目の前の建物ですと聞いてそこを出ました。ドイツの教授も部屋を貸して生活の足しにするらしい。

荷があるのでもう一度駅に帰り、荷を預けてから又、インフォメーションに行くと、別の宿を教えましたのでそこへ行くと、これも満員。時間もないこととて、しからばユースホステルにでも行こうと決め、先ず研究所訪問。研究所前の通りの並木は半分以上葉を落して、空が明るい。といっても雲が張り、肌寒くなりました。もう日本の十一月という感じ。

二時半に研究所の戸を開け、聞くとマックス・プランク研究所は二階と言う。入って行くと、最初の部屋にウィルケ教授という、まだ少壮の肥えた人が居て、スパッツ教授は三時に来るから、それ迄自分が所内を案内しましょうと言う。僅かにフランス語をしゃべる。ゆっくりとドイツ語でやってもらって、こちらはフランス語で応答する。ウィルケ教授は病理をやっていて、電子顕微鏡をやっている。買いたてと思えるそれが置いてある（フィリップス）。あとでスパッツ教授の机の上に、ウィルケ氏からの電子顕微鏡購入願いが出ていたから、最近買ったに違いない。器械を撫でながら、日本でもこれを盛んにやっていますねと言う。結果はと問うと、人間の血液のフィブリン像及び、人の腱のコラーゲネファーゼルンの二十八万倍の写真を立体写真で見せてくれ、直接撮ったと自慢げでした。

次いでロールーヴルグで病理組織の酸素消費を見ていると言い、日本にもありますかと問うので、内村教室でやっていると答えましたが、ここでは大変PROF・UCHIMURAの通りがよろしい。次いで三階に上りますと（丁度所内の居室から、食事が済んでスパッツ教授が出て来た所。いずれあとでと握手だけ）、ここには動物学出身者が二人居る。

先ずウィルケ氏がベルリン・ブフ脳研究所（もとのカイザー・ヴィルヘルム研）から持って来た沢山の脳外傷の標本を見せてくれた後、あとを動物学者に任せました。この二人の内の年とった方は大きな声を出し、かなり粗野ないわゆるゲルマン的な男。スパッツ教授得意の頭蓋骨内の石膏像の集大成と、各動物の肉眼液浸標本を見せてくれました。動物園と連絡があるかと聞くと、ないと言い、自分等は買うのだと言う。フランクフルトに大きな動物園があるではないかと言うと、あれは他のクリニックが連絡をつけていて、我々とは関係ないと言う。案外縄張りがあるのかもしれない。

又、ウィルケ教授の所へ戻ると、石膏像の製作と図製作を担当する技術士の所に連れて行ってくれましたが、樹脂で（極めて強力なる）型をとっていました。次いでスパッツ教授の室に行きますと来客中。その前室の秘書の所で電話を掛けている、気むずかしい顔の、かなり小柄の人がいます。直感してハラーフォルデン教授と思いました。

　電話を終えて立って来て、向こうから「ハラーフォルデン」と言って手を差し延べます。そしてどうぞと自分の部屋に案内して行く。小川教授の話でハラーフォルデン氏はむっつりしてとっつきにくいと聞いていたので、どんな具合かなと思ったが、確かにとっつきは悪い。そしてこめかみに皺を寄せ、むずかしい顔でドイツ語でしゃべりまくる。何を言っているか分からぬが、ともかく内村教授から手紙を貰っているが、あれはどういう方法で注射し、動物は何を使ったかということらしい。

　やむなく思いきってフランス語で、内村教授は我々の研究所の長であるが、自分は内村教授の弟子でなく、小川教授の弟子。従って詳しいことは知らぬと言うと、ハラーフォルデン教授もボツリボツリのフランス語に切り替えました。そこで自分は昨年十一月よりパリでベルトラン教授の所で仕事をしていると言うと、そうかそうかとうなずいて笑顔を見せました。そして自ら立って自分の別刷を四、五冊（といっても弟子の）出してくれました。

　その間に僕が、自分は三年前に猫の小脳萎縮症を見たが、と言うと、ルードー・ヴァン・ヴォゲールも見ていて、彼はエンツェファリティスと言っていると言うので、自分の見たのは同じようなものだが、その病変は顆粒層の消失を主徴としたと言うと、ハラーフォルデン氏は得たりという顔で、それはギュンター・ウーレも見ていると言い、ウーレは自分の弟子だと言う。僕が、僕の例は母猫と子が同じような症状で、どうも遺伝性らしく思われると言うと首を傾げていました。そして、ウーレは今キールに居ると付け足しました。

　次いで僕が、今何を研究しておられますかと問うと、フランス語でつっかえながらコンツェントリッシェ・エンツェファリティス、いやアンセファリット・コンサントリックと言いながら標本を二例出して見せてくれ、まだまだあると言って後は見せなかったが中々見事なものです。そして多発性硬化症の一種だというようなことを言い、ルードー・ヴァン・ヴォゲール教授を知っているかと聞くので、アンヴェルス（アントワープ）に訪ねた時は留守でしたと答えました。アンセファリット・コンサントリックというのはヴォゲールの命名らしい。標本棚に貼ってある写真を、これはベルリン・ブフの研究所で、今は東独の癌研になっている、と感慨深そうに説明してくれました。

　最後に氏は机の上にあった標本を取り、これはリンドウのアンギオマトーズだと自ら顕微鏡に付けて見せてくれ、どうですと同意を求めました。ベルトラン教授が少し身体をいためていると言うと、遺憾という顔をし、ベルトラン、内村、小川教授によろしくと握手しました。会って話してみると、とっつきは悪いが実に良い人（一徹な人）との印象でした。

次いでウィルケ氏に案内され、写真室、標本製作室を見学しました。マドモワゼル六人が、脳研の敷地全部位の大きな室で懸命に標本を作っていました。全てパラフィンで切るという。セロイジンは特殊な時だけと言う。グッデン式の大きなものが三台も並んでいます。ともかくこれ位の標本製作室が持てたらと思う。オスミウムはここでは三十四マルク（三千四百円）とか。それでも高い高いと言う。

次いでステファンという若い動物学者に紹介されました。この人はスパッツ教授の標本集めに昨年アフリカに行って来た人。ここに来てから四年半とか。アフリカではベルギー領コンゴに行ってきたが、自分の友達のベルギー人はフランス語なので自分も習いたく、フランス語でしゃべるのが嬉しいとドイツ語とちゃんぽんで話し、つっかえた時僕が補うとそうだそうだと喜ぶ。壁一杯に色々な動物の脳写真が所狭しと貼ってあります。

各種の動物で嗅脳の計測をやったらしいが、その計測法はと問うと、全部連続切片にし、大きく拡大してスケッチし、それをメーターで測ると言い、ニッスルの沢山の標本を見せられました。これだけやっていればデータは信用出来ましょう。彼はここへ来る前ノイシュタットのフォークト教授の所に居たと、そこで書いた分厚な鉛筆のスケッチを見せましたが、我々が脳研で書くのと同じようなもの。フォークト教授に会ったかと聞くので、今月中に行くと答えました。その内スパッツ教授が入って来て、そちらの話が済んだら何時でもドクター・マンネンを私の室に案内されたしと言って出て行きました。

コンゴ・ベルジュでの象の脳を取る時の記録写真を見た後、スパッツ教授の部屋に入りました。髪はウェーブしたオールバック。七十過ぎた人と思えぬ元気さで、まるで五十歳位に感ぜられる。背は僕位、胸の張りが良い。眼鏡を少し落として掛けています。声がかなり大きい。貴君はフランス語がいいですかと、恐ろしく下手ながらやってくれ好意的。自分は内村教授が所長の脳研で、小川教授の弟子だと名乗ると、耳に手を当て、もっとそばに来てしゃべってくれと言う。一寸耳が遠いかもしれぬ。もう一度繰返し、昨年十一月からパリのベルトラン教授の所で仕事をしていると言うと、彼は我が友でありますと言うのでベルトラン教授もそう申していました、しかし最近心臓をいためて二ヶ月休んだと言うと、スパッツ氏は眉をひそめました。

ところで貴君は何をやったと問うので論文を出しますと、脂肪顆粒については、かつて淡蒼球の脂肪について日本人の児玉がやったと、机の上の自分の論文集をかきまわしたが見当らず、次に大声を出して秘書を呼び、探してくれと言う。その内見付かったが、こうした小さいことでもあらゆる手を尽くして調べて正しい事を話そうとする態度は中々見上げたもので、とかく小さい事をないがしろにし勝ちな僕など、見習わねばならぬように思う。

出して来た論文を見ると、かつて見た物故、既に読んだというと、そうかそれならとうなずいて、しまいこみました。次いで一寸と席をはずしたと思ったら、別室から別刷を持って来て、氏の指導でこの研究所から出した視床下部下垂体連合について、ゴモリ法を用いた研究の結果をさし示しながら説明してくれました。時々フランス語を忘れて頭を叩き、思い付くと大きな声で「Ja! Ja!」と快哉を叫んで語を続ける。途中で電話が掛かってきて席を外しましたが、暫くして帰って来て、解剖の教授でワーゲンザイルという人がいるが、この人が近い内に日本に行く。この人は前に上海大学に居た人で人類学に興味を持ち、日本にも数回行ったことがある。貴君の事を話したら会いたいと言うので、貴君は何時ここを発つかと問うので、明日午前中はここに居て、昼過ぎにフランクフルトに行きますと答えると、それならばと、また立って行って電話を掛けていましたが、その途中をフランス語でやってからからと笑い、今迄フランス語でしゃべっていたので、と冗談を言っている。ともかく元気の良い人です。電話を終えて帰って来て、明朝十時半にワーゲンザイル氏の家に行ってくれとのこと。

そうして貴君はホテルは何処かと問うので、まだ決めてないと答えると、我々は所内に一つ客間を持っている。よければそこにお泊まりなさいと言う。何とも願ってもない幸い、下手に宿を決めなくてよかったと、泊まることを快諾しました。マックス・プランク研究所に泊まるなど、恐らく僕が最初ではあるまいか。

次いで氏は視床下部の説明をした後、今度は立って部屋の片隅にある象をはじめ沢山の石膏標本を手に取りながら、脳そのものでなく、頭蓋内面の形を石膏にとって詳しく調べると大変有益だという得意の一席。面白かったのは二千年前ローマ人に殺され埋められたと考えられる男女の死体が、よくドイツで見付かるが、その頭をレントゲンで撮って見ると、ガンツ・シュヴァルツに見える。それを取り出して、脳そのものを取り出すことが出来た。まるでチーズの如くだと言う。それを標本に作って見ると繊維状のものが認められる、と、その写真を示しました。そしてその一部を化学分析してみると、コレステリンであるとのこと。乾燥した状態の脳ならエジプトでもミイラから得られ、又、エリオット・スミスも同じものを調べているが、自分のは地中から得たものであり、これから推して脳は極めて抵抗の強いものであると思うと述べました。その証拠に、例えばパリの墓地で頭蓋はなくなってしまったが、脳は残っていたという報告すらあり、大変奇妙だと繰り返しました。

それ迄で既に六時半近く、随分長く相手してくれたもので、外は既に薄暗くなっていました。ここでも内村、小川、ベルトラン教授によろしくと握手。明朝、発生をやっている人に会うことにして、秘書に案内され客間へ。ここは研究員の寝泊まりしたりする室らしく、ベッド二つのほか机と標本戸棚大小があり、そのほかにも机の上には大きなツァイスの双眼顕微鏡と光源が置いてあり、そのそばにはニッスルの連続標本が山と積んであります。こんな環境でやすむのも末永く思い出となることと嬉しくなりました。

屋根裏のこの部屋からの見晴らしは良く、夕方雨があったらしいここへッセン（と言えるかな？）の台地は雲低く垂れ、もう真暗で、眼の下にはギーセンの町の灯がきらめき、地平の小高い丘陵迄点々と灯影が続いています。最も高いのは古城に点る灯でもありましょうか。

雨上りの落葉積む湿った道を駅へ。ここで夕食。昼節約したので夕食は一寸奢り二・九マルク。次いで河岸を変え駅前のカフェでケーキとコーヒーで一・八マルク。腹が出来て八時から一時間程町を散歩。ムーラン・ルージュというキャバレー等ありますが、誠に閑散たる静まり返った町。商店街はここでも立派。既に女の人等オーバーを着てショーウィンドウを眺めています。ともかく大きな娯楽とてないこの町ではさぞ勉強に精が出ることだろう。それのみが楽しみではあるまいかと一寸皮肉も言ってみたくなるような雰囲気。ここにも所々に破壊の跡。町の繁華街と思しき所を抜け、公園を抜け、丁度九時の教会の鐘を聞きながら研究所へ。

帰り着くとスパッツ教授室にはなお光が点り、仕事中の模様。誠に熱中されます。

部屋に入って手紙書き。読んでいて無味乾燥と思うくらい事実を忠実に書いているのですが、なるべく記録として正確なものをとっておきたく書き並べている次第。しかしどこへ行っても面白い経験が出来、全く幸せです。これが将来どんなに参考になるか分かりません。言葉の点だけでもおずおずせず、切り込んでいけば向こうも応じてくれる事が分かり、落着きも出るというものです。それにしても日本にもこれ位の設備をでんと据え、志ある者が思う存分活躍出来る場を作りたい。将来の大きな夢として是非実現したいものです。慌てず騒がずじっくり腰を据え、機をうかがえば出来そうな気もします。ともかく夢は無限です。節子も直子も徹も、言葉を十分こなし、誰が来ても英独仏位で自在に応対し、相手を快くもてなしてやるというようにしたい。これだけは夢でなく、是非やりたい事。真顔で言っているのです。世界は本当に狭い。実際旅行擦れもあるかもしれぬが、どこを歩いていても、日本に居る時と少しも変わらぬ気分です。

今度は直子を連れて来る事が出来なかったが、僕自身がそうした気分を持って帰り、直子だけでなく家族、否、自分の周囲の人、皆に伝えたい。良識で制御された努力に屈せぬものは何もないのではあるまいか。将来益々切磋琢磨し、境地を高めて行きたい。マックス・プランク研究所の屋根裏でそんな事を考えながら手紙を書きました。もうそろそろ十二時、休みます。

程遠からぬ停車場で汽笛が鳴っています。中々冷え込みます。羽根布団にくるまって寝るわけ。

十月五日(金)

七時半に起床。目を覚ますと中々冷え冷えします。窓を繰ると真下のいちょう黄葉が真っ先に目に入ります。青空が見えるが大部分は雲が張っていて、ギーセンをかすめて流れるラーン川の向こう岸(川は直接には見えないが)が地平に向けて次第に高まって行き、そのはずれを灰色の明けの雲が静かにはって行きます。右手の地平近くには二つの高まりがあり、この頂上にはそれぞれ古城をいただいているのが遥かに眺められます。広々とした野面には所々に白壁に橙色の煉瓦の家々がかたまっているのが明るい色彩をつくるだけで、手前のギーセンの家々は概ね煤けた地味な色です。どの家もが持つ煙突から立つ薄い煙は既に暖房をしているのでしょう。窓を開けて眺めていると相当以上の寒さです。

昨夜買っておいたパンを齧って朝食。この位置からギーセンの町を撮るのは日本人では僕が初めてだろうと思い、起き抜けに撮ったが、やがて雲が開いてくると黄葉が美しくなり、また数枚。同じ景ばかりを条件を変えて撮ってみた。

九時半に、昨夜会う事を約した脳の発生をやっている若手の男(名前は忘れた、デュッケとかいう)が隣室で仕事をしているのでノック。エペンディームの厚さを発生の月を追って調べた由。中々高飛車な男で、若いだけに柔らかさが少ない。こちらからはCENTRE MEDIANの小細胞部と大細胞部とが区別出来るのはいつからかと聞いてやると、四ヶ月の終りから五ヶ月のはじめと言う。この点は京大の結果と同じ。

次いで僕の別刷をやり、少しく説明。向こうの別刷はその内送ると言う。雑然たる小さい部屋で、標本に埋まって仕事をしています。発生学となるとすぐ林道倫の名が出ます。彼はジェイコブと仕事をしましたねと言う。なんでも自分の国と関係付けねば承知しないのかどうかは分かりかねる。標本はニッスルとヘマトキシリン・エオジンの完全連続で中々きれい。材料はギーセンのみでなく、フランクフルト、ハイデルベルク等から集めたが中々大変だったと言う。さもありなん。ドイツでは人工流産が簡単かと聞くと、いや制限付きという。ということは何時でもやれるということだろう。この男とは英語で終始。

　十時過ぎたので、思い出多い（僅か一日ながら）研究所を後に、朝の通勤通学で賑わう町をワーゲンザイル教授の所へ。ラーン川に注ぐ細流のそば。自ら出迎えたが、穏やかな男性。この人のフランス語はよく分かる。自己紹介の後向こうの話を聞くと、上海大学に八年居て、その間日本にも民族学的調査に行き、沖縄にも行った由。一九二八年が最後の訪問だが、その時計測した人々が今は年を経て色々変ったろうと思うので、一度足を運んで調べたいと言う。

　ところで氏はスパッツ教授とは六歳の時から知り合い、スパッツの次男坊の親代りでもあり、スパッツからは内村教授に紹介状を貰ってあるが、その他に横浜の税関で計測材料等の通過がうるさい時、誰か助けて貰えないものだろうかというのです。そこで思い付いたのが藤田教授。藤田氏は同じような計測をやっているので、なんとか面倒をみてくれるであろうと思い、名を出しました。住所を教えて、手紙を出されたらよいと言うと、貴君からも一つ出してくれとの頼みなので、事の次第で引き受ける事にしました。飛行機で行くのですかと聞くと、学者はそんな金はないから、ジェノヴァからオランダ船に乗り、香港で乗り換えて横浜に行く、十一月に発って日本着は一月十日から十五日の間。日本には二、三ヶ月居ると言う。その宿についても、日本では日本式の宿屋で幾らかと言うので、中流なら三食付きで千五百円前後（一寸安いかな）と答えておきました。氏は国際文化会館の存在を知っているので、その方が良いとも勧めておきました。

　スパッツ教授とは親密な間柄だというので、昨日スパッツ、ハラーフォルデン教授とも写真を撮る機会がなかったので、両氏のポートレートを貰って下さいませんかと頼むと、よしと引き受けてくれ、日本に行く時持って行くと言う。次いで、自分の中国に関する集大成を見せましょうと別室に行き、大きな二つのガラス戸棚に入った瀬戸物と小彫刻の前に立ち、日本の品がたった一つあるが当てて見なさいと言う。よく見たが分からず考えていると、これだと言う。見ると三本足の蛙を担った仙人の像。三本足の蛙は中国では有名な話だと言う（僕は知らなかった）。次いで仏像を次々に見せて支那名を言う。大した物ではないと思うが、学は中々あります。まるで試験ですねと言って笑い合いました。

　時に何時にギーセンを発つかと問うので汽車時刻を調べようとすると、大きな時間表を出して来て何本かあげ、どれにすると聞く。迷っていると、今日ギーセンの外科学会に来ているチュービンゲンのネーゲリという教授を食事に招いているが、よかったら一緒にしませんかと言うので、世話になることにしました。

次いで上海や北京で買ったという掛け物を部屋に次々に掛けて見せる。字が読めますかと問うので分からんと言うと、自分の中国人の助手も読めなかったと言う。ところで中国の文字改革については自分にはさっぱり意義が分からん、変えようたって西欧の言葉とは違うのだから絶対無理。実におかしな話だと意気込む。自分の好きな絵というのを最後に見せ、これは中国の町の女が船で客を探している所だが、図柄が良いので買ったと言う。時に日本では売春が禁止になったというが本当かと問うので、そうだと答えると、それはアメリカの女の日本の女に対する影響だろう、職を失った女は何処へ行くのですか、おかしいですよ、ドイツも、このギーセンにもかなり居るんですよと言う。ミュンヘン等相当な数で、中にはアメリカ専門でドイツ人を相手にしないのも居ると笑う。

掛け物をはずしながら、この階には三室あって前には全部自分が使っていたが、戦後住宅難で、自分には一室しか所有を許されなくなり、以前中国の物で飾っていた隣室も、今は人のものだと残念そうに言う。そうそうスパッツの家族全体の写真を見せようと言って机から出して見せたが、何と子供が七人。彼は晩婚で子供はまだ皆若い。既にストーブの入っている部屋の片隅のソファに腰掛けて、日本に行った時の絵葉書を出して見せ、ギーセンに来てこんな物を見ようとは思わなかったでしょうと笑う。何しろ僕の五歳の時の頃の横浜、東京、京都あたりの写真なので全く面食らう。震災当時の横浜の惨状等もありましたが、この前の東京大空襲の時のそれと殆ど同じで、感慨に耽りました。奈良で買ったという仏像の写真は白毫寺の閻魔様等交え良い物ばかりなので、中々選んでありますねと言うと、今は忘れてしまったが、前には勉強しましたよと言う。何故結婚しないかと聞くと、結婚は問題があるのだと分かったような分からぬようなことを言う。

そんな事をしている内に一時近くなり、ネーゲリ教授が来ました。この人はスイス人で、今はチュービンゲンの教授だという。おでこのでかい赤ら顔で、今年の春、世界一周観光旅行で日本にも二週間行って来たと言う。この人も独身の由で、どこか堅い変わった感じの人物。スイス人なのでフランス語は楽。こちらの顔を立ててか二人共お互いはドイツ語でべらべらやるが、僕にはフランス語、そして自分達のしゃべった事はワーゲンザイル氏が簡単に訳してくれる。

ヘマトローグのネーゲリ氏と関係があるかと聞くと、甥だと言う。学会はと聞くとドイツでは学会が多過ぎ、時間と金が無駄だと言う。日本と同じような事を言う。三日間でも多過ぎると「多過ぎる」を繰返す。こちらの旅程を聞き、チューービンゲンを通ることを聞くと、その時は自分はまだチューービンゲンに帰っていないが、宿を教えましょうと書いてくれました。チューービンゲンで誰かに会うかと問うので、オステルターク教授と答えると、ああそうかと余り反応が無い。彼は午前は研究室、午後は開業しているのだと言う。それじゃ訪ねても無駄だなと感じました。

アペリチフを嘗めながら、何時ヨーロッパに来ましたかと問うので、昨年十一月に来、かれこれ一年になると言うと、それじゃ demi-françaisだと言い、パリはいいでしょう、見る物が多過ぎて勉強は大変でしょう。その点ギーセンやチューービンゲンは大学町で何も無く勉強にはもってこいだ。勉強が楽しみだと拳を振り上げる。昨夜町を歩いて直感した事を教授連中の口から聞いていよいよ本当という事が分かる。どうも一寸こういう点、同感しがたい。

食卓に着く。先ず最初が米とトマトのスープ。腹が減っているのでうまい。飲み物はと言うので葡萄酒と遠慮なしに言いました。ライン・ワインの白。次がスイスとドイツの国境のボーデン湖から採れたマスのムニエル、これにレモン汁とバターをかけて食べる。これもおいしい。青菜も出、沢山食べた。デザートはチョコレートプディングとビスケット。最後にコーヒー。

食卓での話に、スイスは富んだ国だ。戦争をやらないで金をかき集めたとワーゲンザイル氏が言うと、ネーゲリ氏は金を得たのでなく勝利を得たんだと頑張る。又、スイスの町についてはベルン、バーゼル、ルツェルンが美しく、特にベルンが良いということでは一致。バーゼルの美術館が良いと言うので聞くと、セザンヌ、ルノワール等があると言う。一寸話がおかしい。

スイスではセガンチーニがいますねと僕が言うと、ネーゲリ氏が、あれはイタリア人でスイスを描きに来て、山の中で虫垂炎の穿孔で死んだと言う。するとワーゲンザイル氏が、いやスイス人だろうと言い、言い合った後辞書を引くとイタリア人というのが正しかった。

ワーゲンザイル氏はスイスは清潔だ、しかし清潔過ぎて面白くない。その点パリは適当に汚くて良い、パリは良いと褒める。転じて日本は人口制限をしているそうだが結構なことだ、ともかくひとごとながら心配ですよと言われると一寸いやになる。ヨーロッパではオランダがひどく、町と町との間が続いてしまっていると例にひくが、オランダを見てきて日本よりはずっと良いので益々気が滅入る。

何時の間にか二時半になり、コーヒーを急いで平らげると駅へ。ワーゲンザイル氏が送ってくれました。道々聞くとギーセンの町の四分の三はやられ、ここは元自分の教室だったと、駅に近い何もない地面を指す。僕の見た限りマインツが一番ひどいと言うと、そうだと頷きました。リービッヒ・シュトラーセを通りつつ、リービッヒの事を聞くと、彼はここの出だと言う。二月に日本で会いましょうと改札口で握手。

青空もあるにはあるが、大方は灰色の雲に覆われ、中々寒い。バード・ナウハイムに降りるかどうか決め兼ねている内に二時四十四分のバーゼル行の急行が来ました。車は恐ろしく綺麗で静か。ナウハイムに近付いても陽が雲に隠れているのでフランクフルトに直行することにしました。ところで途中からは西日が射すようになってしまいました。皮肉なものです。

フランクフルトに着いたのが五時近く。インフォメーションで一晩五マルクの所を交渉。親切なマダムが途中迄一緒に送ってあげると、宿の入口迄ついて来てくれ大助かり。ほぼ町の中心の新築のアパート。実にきれいです。日本もこんなのがどんどん建つようになると良いとつくづく思う。荷を置くと肌寒い黄昏の町に出ました。

電気湯沸し（七・八マルク）とココア、パン、バター、砂糖を買い、朝食に備えました。これの方が安く行く筈。繁華街は誠に活気があり、確かに復興の気に燃えているが、何となくゆったりした気分に欠けています。こういうのを見てドイツはやっている、実に活力に溢れていると見る多くの日本人の帰朝談には、僕は良い感じは持てない。勤勉で几帳面で、技術に優れているとはいえ、これだけでは人間は満足出来ない。竹山さんではないが肩が凝る感じ（何遍も書いたと思うが）。悪口を言いながらも僕はフランス人の作る雰囲気の方が親しめます。

盛り場で、不良青年（ティーンエイジャーと言うべきか）の映画をやっており、ドイツの青少年補導が中々問題と聞いているので入って見る気になりましたが、六時半からでないと入れぬと言うのでそれ迄夕食。さっと通り雨。

映画館は清潔至極。前座に蛇の映画をやり大弱り。目をつぶっていました。ニュースではマーガレット王女のアフリカ訪問、ボンでのモレーとアデナウアーの会見。ドイツ国軍の衛兵が映ると瞬間ウーッという息が漏れる。徴兵がいやなのでしょう。ケルンのフォトキーナの開会式の模様。見てきたばかりなので印象が深い。スポーツではドイツの女子チームのリレー世界記録樹立が見もの。映画はドイツの太陽族物で「Die Halbstarken」という。不良が集まり金を狙う話で、最後は首魁がその情婦に殺されて終り。筋が簡単故、言葉は分からなくても分かる。あまり後味のよいものではありません。しかしドイツでもこうかと、大いに参考になりました。

宿に帰ったのが九時。大きなダブルベッドの羽根布団に入って手紙書き。もう部屋にはスチームが入っています。

（両教授の話の書き残し）僕が上海は好きかと聞くと、ワーゲンザイル教授が、あれは国際都市過ぎます。自分は北京が何より好きだ。香港もいいですねと言うので、僕が確かに香港は良いが、イギリスが頑張っていると言うと、いやもう長いことはないですよと答える。するとネーゲリ教授がそばから、いやまだ少しは持ちこたえるだろうと、話は既に失うことが事実のような口振り。このへんにドイツの敵愾心が溢れている。

十月六日(土)

あまり設備が良過ぎて鎧戸がぴたりとおりているので、何時に朝が来たか分からない。八時起床。朝てっかりの陽が照っています。電気湯沸しをガラスのコップにつっこんで初めて試みる。二分で沸くと書いてあるが、二分かからず殆どたちまちに沸くといってもよい。ここはVOLTが高いからで、日本に持って帰ったら一寸こうは行かないでしょう。ともかく便利な物です。

パンを三つも食べて腹をつくり町へ。戸を出た途端にひやっとします。初冬と言ったほうがよさそう。地図を頼りにマイン川へ。朝からあっちでもこっちでも建物のリベット打の音が景気良くする。新築が多い故町は実にきれい。マインを渡る頃から陽が隠れてしまう。ドームは残っているが、煉瓦色で様式もとても重い感じ。良いとはいえない。

川沿いのプラタナスの落葉する道、次いで川べりの花壇の間を通ってエディンガー研究所を目指しました。ここはスパッツ教授に勧められはしたが、どこにあるかも分からずランデヴーもとってないので少々気が重い。しかし当たって砕けろと、神経科のクリニックに行ってみました。ゲーテ大学に属するもので、受付でクリュッケ教授はと聞くと、場所を教えてくれました。彼はクリニックを持っているかと聞くと、いやと言う。それではひょっとすると会えるかもしれないと思い、指された所に行ってみるとPathologisches Institutがあるだけ。通りすがりの人にエディンガー研究所と聞いても知らぬと言う。その内門札があるのに気付いてよく読んでみると、この病理研の三階にNeurologisches Institut (Edinger Institut) があると書いてある。

思い切って入って行き、階段の途中に貼られたケリカーをはじめ名のある学者の像等眺めながら上って行くと、戸にエディンガー研究所と記した部屋がある。ランデヴーをとってないので大変気が重かったが、スパッツ教授の後任と目される人がどんな人か見たいし、そう何遍も来られる所ではないので思い切ってベルを押しました。出てきたのがマドモワゼル。英語を話すという若々しい綺麗な娘で、スパッツ教授に勧められ、クリュッケ教授に会いに来たが、ランデヴーをとってないので失礼だが、話が出来るかと聞くと、今教授は主任のLancle教授の所に話に行っているが、すぐ戻ると思うからお待ち下さいと、図書室に通されました。神経学の雑誌が沢山並べられてあり、机の上にはAnatomical RecordやAmerican Journal of Anatomy 等もみられ、この教授の読書範囲もうかがえる。

やがて声がして入って来たのは堂々たる体格の白衣を着た人物。これがクリュッケ教授。しかし当たりは実に柔らかい。僕がフランス語で、スパッツ教授に勧められて来たが、ランデヴーをとってなく大変失礼だが、研究室を見せて貰えまいか、自分は東大脳研、主任は内村教授の所で脳解剖をやって居り、昨年十一月からはパリのベルトラン教授の所で仕事中の者であると名乗ると、ぽつりぽつりのフランス語で、そうですか内村教授の研究室ですか、何なりとお目に掛けますと言い、すぐに先に立って案内してくれました。

先ず組織標本製作室。かなり年嵩の上品な婦人とマドモワゼル二人、それに小間使いのお婆さんの四人で仕事をしています。主としてパラフィンを使って大きな標本を作っていて、ボディアン法もやっています。脊髄も神経節と繋げて全部そのまま取り出し封入している。rougeoleで死んだ児の脳や、トリウム自殺をした男の脊髄等が特に興味がありました。

次いで廊下を通って別室へ。ここにエディンガーの使った脳研と同じような大型標本が沢山積まれていて、象もありますよ等と指し示す。バルサムは既に濃い黄色。また別の部屋に入るとそこには肉眼液浸標本。エディンガーの集めたという夥しいもので、壁にはエディンガーの描いた有名な系統発生のシェーマが掛けてある。アムステルダムのカッペルスの標本より種類は多いかもしれない。

僕はフランス語、向こうはフランス語混りのゆっくりしたドイツ語で会話。ここでは比較解剖はやっていないかと問うと、スパッツ教授が必要な時にここに来るとか。現在はここには専門家はいないらしい。ギーセンでステファン君等に会われたでしょう、あの人々がよくやっていますと言う。次いで脳出血、腫瘍、脳炎、アノイリスマ等、又、銃創等の標本を見せる。腫瘍の所ではグリオームの標本を手にしながら、これらは一九二〇から三〇年代の物で鑑別が十分でなく、皆グリオームにしてしまっていますとのこと。部屋の隅にはオーベルスタイネルとエディンガーの石膏像が置かれてあります。

図書室ではエディンガーの集めたという資料が天井に達する大きな棚に整然と並べられてあり、おびただしい量です。我々も懸命に集めねばならぬと思う。書棚の中のJournal of Comparative Neurologyを指して、これは良い雑誌です、我々の所で勉強したヘリックがアメリカに行って作ったものですと言う。自分の所の技だということでしょうか（もっともヘリックが自分の弟子だというのではない。へリックの方がずっと年は上。エディンガーの弟子という意味において)。

次いでマイン川の見える教授室に戻り窓際で、カラースライドにより珍しい例を見せてくれる。核イクテルス、トキソプラスモージスの病原体、ディフーゼ・スクレローゼ等々。次々と出してくる。それが終ると立って、大きな標本棚の扉を両方に開くと、扉の裏に脊髄全体を脊髄管に入れたまま縦に切り開いた写真が貼ってある。これは自分が特に興味を持ってやっているのだが、従来神経炎といっても調べる範囲が小さくて本当の事が分からなかった。そこで自分は色々の神経炎で脊髄と末梢神経を含めてパラフィン封埋で大きく切って、ワイゲルト、ホルツァー、ボディアン、ハイデンハイン等も用いて系統的に調べてみると、従来知られていない色々の事が分かってきました。萎縮性のものは末梢の、しかも末端に起り易く、炎症性の変化は中枢に近く起り易い。脱髄の起る場所の局所的関係等もこうして見ると大変はっきりしていますと、大きなスライドを顕微鏡に掛けて見せる。ボディアンがきれいなのに感心する。

又、アマウローティッシェ・イデオティーの脊髄前角の変化もボディアンで見せられた。デジェリーヌ・ソッタスの間質性肥厚性神経炎も二例この方法で調べましたと大きな写真を見せました。用いている方法とては決して新しいものでないが、こうして脊髄と末梢神経とをくっつけて切って見るというようなことは口で言うは易く、行うは難しで、実際そうした事に従事している我々のごとき者にして初めてこの人のやっている事の重厚さと正攻法の力強さが分かるのです。

こんな事をしている内に十二時近くになってしまいました。訪問帳にサインしてくれと言うのでサインしましたが、前を見ると島薗、笠松、内村、秋元、荒木等の名が見える。多発性硬化症の本態はまだよく分からないが、内村教授の仕事は面白いですねと言う。又、島薗氏の父がエディンガーの下で勉強したと、当時の写真を見せてくれました。

クリュッケ教授の話も大体終ったようなので、僕の別刷を進呈。パラパラ繰って、ああ色素顆粒ですか、我々病理をやる者には正常分布が大変大事です。これは有難うと、お世辞もあろうが喜んで受取りました。最後に、私は自分の室を世界の神経学者の写真で飾りたいが、エディンガーのものと貴方のものをいただけないかと頼むと、快く引受けてくれ、机の引出しをあちこちガサゴソ探していましたが、エディンガーのはすぐ見付かったが、自分のは中々見付からぬ。その内にケリカーのが出て来たら、これもよかったらと言う。ヘイメーカーが例の本を出すために撮ったという沢山の写真が出て来て、パラパラ繰って見せてくれ、中にはスパッツ夫妻の等も見られました。

やがて自身の小型の写真が出て来ましたのでサインをしてもらいました。その間の態度にしても一寸も面倒臭がるという風でなく、実に自然にゆったりとやる。誠にゆとりのある、人を魅する人物です。本当に思い切って来てよかったと思いました。

また何時かどこかでお目に掛りましょうと握手。次いで染色室に行って、ボディアン法の最も重要なポイントたるプロタルゴールについて質問すると、マドモワゼルが、それは"Bayer" Leverkusen (neunzehn eins) 19I od K8に限ると言い、特にK8が最良だと言います。特にBodiaufärlunyとレッテルに刷り込んで売っているらしい。そして若しこれで不成功なら会社にどんどん言ってやるとよいとのこと。値段は一瓶（五十グラム？）五十二マルク。中々よい値。帰ったら是非試みたいものの一つ。

ゲーテ大学の構内は既に黄葉濃く、戸外に出ると陽がないためか中々寒い。マインを渡って停車場に出、昼食。食べている内に、今日の内にマインツに行って来た方がよいと決心し、二時十四分の列車でマインツへ。車内はスチームが入りほのかに暖かい。リュッセルスハイムのオペルの工場前には相変らず夥しい自動車の数。これだけのものがどこにどう消化されて行くのでしょうか、えらいものです。一台位分けてくれと言いたい位。マインツの手前迄気持ち良く昼寝。

マインツに着いたら一寸陽が射す。陽があれば気温はすぐゆるむのですが。勝手の知れたマインツの町。廃墟の中を抜けてライン河畔のグーテンベルク・ミュゼへ。真っ先にグーテンベルクの使った印刷機の模型のある部屋へ。ここでグーテンベルクの刷ったバイブルの写しを一枚、記念に買いました。部屋に掛けるために。

次いでグーテンベルク以前とグーテンベルク以後の書物を時代順に系統的に並べた棚を眺めて歩きましたが、これは色々参考になりました。ポスターにヴィクトル・ユーゴーの言葉で「印刷術の発明は史上最大の出来事である」と書いてありますが、誠に至言といえましょう。羊皮紙に一々書いていたバイブルが多量に、しかも安価に人々の手に入るようになったということが、世界史をどれだけ変えたことか、又、人間の思想や技術の伝播がどれだけのスピードでなされるようになったか。誠に大きな出来事であったわけです。木版が銅版になり、エッチングになり、リトグラフになり、そして現代の写真版になって行く過程がかなり良くのみこめました。

外に出るとラインを叩いて時雨。すぐ近くのローマン・ミュゼに駆け込みました。戦争で壊されたのかもしれないが、全く貧弱。陳列法等ルーヴルを真似ているということがすぐ分かります。一通り見て少し小降りになった町をドームの方へ。途中まだ爆撃されたままの家々のみの一角に入って見たが、草ぼうぼう、地下室への口等まだ瓦礫が生々しく、鬼気迫るよう。しかも人通りもまれに、真の死の町という感じがする。一寸角を曲れば大変な賑わいなのに。雨は一段と激しくなり、一時デパートに避難。ドーム行きは諦めて、小降りになるのを待って駅へ直行。五時過ぎの列車でマインツに別れを告げました。

フランクフルトは既に暗く、大通りを町の中心へ。かなり高いのにうまくない夕食に一寸がっかり。宿の部屋に帰ってココアを沸かしてほっとしました。眠くて手紙は明日回し。

九時には床に入りました。

十月七日(日)

八時半起床。雲厚く、時々陽が射す程度。宿に荷を置いて十時に動物園に向かいます。中々寒く、手袋が欲しい。動物園は園内劇場、水族館等建造中。戦争でひどくやられたことが写真で如実に分かります。それにしては実に素晴らしく良く復興したもので、今迄見た内ではハーゲンベック、コペンハーゲン、アントワープ等のそれらと同列に置いてよいでしょう。小さいながら種類の集まっていること、管理が行き届き清潔なこと、誠に気持が良い。ライオンも子を含めて相当数居り、気候に慣れてか皆野外に寝そべっています。小型の肉食類に中々よい物を集めています。ここのチンパンジーはものすごく元気（むしろ気が荒いか）、夫妻で見物人に唾を掛けたり、檻を破れんばかりに揺すぶったり。ギボン（手長猿）の動きは何時見てもリズミカル。カバは野外の水中に、サイも黄葉の降る中に居る。ドイツに初めて渡来というオカピと、人工授乳成功二例目というシロクマの子がここの自慢らしい。アシカに餌をやる時間で人だかり。寒さが来て彼等は元気一杯。

十二時近いので宿に帰り、荷を取ってから町の中心に出て昼食。ここのは値の安いわりに量もあり、うまく満足。特にトマトと青菜が食べられたのは嬉しかった。次いでゲーテハウスを見に行きました。爆撃でやられた後、釘一本の果て迄、もとの家のものを拾い集めて建て直したものの由。ミュゼと家とを一わたり見て二時過ぎになりました。特に感想無し。余りゲーテには親しんでいないから。

また時雨はじめた通りを駅に出て、四時のバーゼル行急行でフランクフルトを後にしました。ダルムシュタットあたりからかなりの降り、ハイデルベルクも雨の中。五時過ぎというのに既に暗し。車中でボンに留学中の南山大学の哲学者、立松君（二十五歳）と知り合いになり、彼と同じ宿にすることにしました。昨年十一月に来て、この冬からはボンで日本語の講師をし、あと二、三年は居るという男。旅行ばかりして勉強はしていませんと言うようによく歩き回っている。

したたか濡れて宿へ。乾く間もなくアルトシュタット（旧市街）へ食事に。細い通りの上の方には城の灯がかかって見えます。本で読み写真で見たハイデルベルクの石畳を今踏んでいるわけです。レストランに入りカツレツを食べる。給仕が「バンザイ」「マインママラード」と言う。立松君の話では、ドイツ人自身、ドイツは田舎で、有色人種に慣れていないから（植民地戦争の遅れで）じろじろ見ると言っているそうですが、入ってしばらくは衆人環視。カツレツの骨が残ったら、隣の夫妻が子犬にやるから下さいと言う。あけすけで面白い。子犬によろしくと、進呈する。久し振りで日本語で話しながら食べると面白い。ここでも青菜が大分食べられて満足。それにしてもカツレツの一つ位どこに入ったか分からぬ位。しかしそうも食べられません。財布が下痢するから。

宿に帰り十二時迄手紙書き。表は時々雨の音しきり。この分ではハイデルベルクの二日は雨にたたられるか。

今週の手紙は相当多くなりました。恐らくこの旅では一番大部のものになりましょう。なにしろ充実した一週間でしたから。後で見たらこんなつまらない事を書いたかと思う時もあるでしょうが、新鮮な印象もまた別の趣があると思い、一生懸命書き綴ったつもりです。元気一杯ですからご安心の程を。今近くの教会で十二時の鐘が鳴りました。

十月八日(月)

鎧戸がおりているので朝が来たのが分からず、起床九時。昨夜半、床に入る頃、音を立てて降っていた雨はやみ、道も乾き、青空も覗いているので嬉しくなりました。

宿で朝食をとって立松君と出掛けたのが九時半。先ず旧市街のはずれの郵便局で家へ定期便。これが四マルク余。いまだかつてない程多いのでもっと取られるかと覚悟していたのに案外取られず。次いで細い、古い建物が所々に目立つ旧市街の道を、市電沿いに城の方へ。まだ朝霧を被った町に斜めに朝の日が照ると中々綺麗です。ところで天気は、雲が次第に湧き、靄も濃くなり、黄葉の木の下の道を城に着く頃は、城の見晴らし台から見て町が少々薄れる位の眺めになりました。その見晴らし台には愛嬌者のカラスがいて、人が一尺位迄寄っても逃げず、餌等啄む。なにしろ日本ではカラスは鳥の中でも「悪」の筆頭。それなのにここでは人と親しい。

今年はこの城のかつての城主の四百年記念とか。建造に用いた石がうすい赤味をおびているのが特徴。様式はルネッサンス様式とか。城より良いのはその裏の山の傾斜を利用した庭園。誠に学都に相応しい静かさと品格を持っています。ここからの市の眺望とネッカーの眺めは中々よろしい。樹々が黄葉して一層趣を深めています。この庭なら半日や一日居てもよいと思いました。しかし時間が足りないので残念。人の殆ど通らない裏道を抜けて町に戻り、教会のあるマルクトに出ました。

そこに二、三軒の古本屋。覗くとステールの一九五五年版が古本で二十五マルクで出ているので、よっぽど買おうと思ったが止めました。それにブラウスの内臓編も出ていました。早くも昼。昼食をとりながらの立松君の話には、ドイツは中近東及び南米に目を付け、どんどん伸び、そこらから特に多くの留学生をとって技術指導に余念がない由。トルコ、ギリシアあたりの学生等と話してみると、世界大戦の時は反独だったが、あれは英国の宣伝に踊らされたのであり、今ドイツに来てみて、皆親切で誠に好きになったと口を揃えて言う由。これに比し、彼がボンに居て、やって来る日本のバイヤーの通訳等しても、押しが弱く、足元を見られて実に歯痒い由。本当に根本から仕事を塗り固めてガンと世界に打出すような企業家は日本にいないものでしょうか。日本にもそれ位の人物がもうそろそろ出てもよさそうだと思いますが。それにバイヤーのみでなく、日本人はもっともっと世界に出て行かねば駄目です。

昼からはネッカーにかかるアルテ・ブリュッケを渡り、対岸のかなり急な煉瓦道をフィロゾーフェンヴェークへ。ここはかつて哲学者たちが想を練りつつ散歩したとか。市がネッカー越しに見晴らせて実に綺麗な所です。途中の花園で小憩。

三時頃町へ戻り、僕は動物園に行くことにし、いずれの再会を約して立松君と別れました。ロータ－・オクセン（赤い牛）という、部屋中色々な雑物で飾り、壁という壁に落書をした古めかしい酒場で、黒ビールを一杯。昔の学生の寄り場、今もそうらしいが、例の「アルトハイデルベルク」のケーティの居た所かどうかは分からない。

ところで目指す動物園は中々遠く、それに夕暮れも迫ったので途中で断念。もう一晩泊ろうかどうか迷いましたが、居ても既に大して見るものはないと思い、ヴュルツブルクに発つことに決めました。たしかにこの町では勉強する以外に楽しみはたんとは無さそう。

ハイデルベルクの暮れゆく町の灯を後にしたのは六時十八分。それからは暗闇の中をガタガタの直行が懸命に走って三時間。ランダウという所でガソリンカーに乗り換え、ヴュルツブルク着が午後十時四十分。途中の車内はスチームが既に入っています。入らなかったら寒くて居られないでしょう。町の通りを歩き、行き当たりばったりに入った宿で六・五マルクで泊ることにしました。新築できれいで気持が良い。しかし竹山さんではないが、パリに帰ってみたいという気が時々する。それほどパリは良い所です。雰囲気が全く違う。羽根布団にくるまって手紙書き。学生時代から自分はインドに行って開業する、俺は近東に技師として入ると決めてかかって勉強するドイツの若者たちの逞しさに対抗するには、我々自身もっともっと神経を太く、大きな志を構えて仕事しないと、立ち遅れは益々ひどくなることでしょう。ドイツ人はフランス人をイデーの優れていることは認めるが、ただそれだけじゃないかと軽蔑するというが、僕自身はドイツ人の技術や量だけにはそれ程驚かない。イデーと技術と努力が相俟たねば調和は崩れるばかりだ。科学技術だけで、芸術や哲学の花開かぬ所は住むに耐えない。ドイツの哲学の言い回しの厳かさに惑わされてはいけない。そんな事を考えている内に寝てしまいました。

十月九日(火)　概ね晴

起床九時。起き抜けは曇り。駅でコーヒーを啜っている内に、十時過ぎの汽車で発つよりも、ヴュルツブルクの町を一通り見てから昼の汽車に乗ろうと、予定を変更。案内所で、他の都市ならくれるであろうパンフレットを金を取るのに一寸不愉快になる、この町の習慣であろうか、それともシーズンオフの金稼ぎであろうか。

ビスマルク通りの並木をマイン川の方へ目指しました。この町も一九四五年三月の空襲でやられて、いまだ傷はあらわです。並木の途中に水族館があるので入って見ますと、熱帯魚のみ。しかし熱帯魚は何時見ても楽しい。大小共、糸ミミズを食べるが、果して目で見て食べるのか、或いは触覚によるのか、さもなくば嗅覚によるのかと見ながら考える。日本産の大きな尾のが飼われており、館主が貴方の国のですと言う。

マインに出ると、川は雨後のこととてかなり濁っている。町を巡る丘は全て深い靄に包まれています。丘の斜面は全て葡萄畑。誠に豊かな感じがする。雲の間から姿を出し始めた太陽も靄のためぼーっとしている。対岸の丘の上には戦災を免れたマリエンベルク。こちら側の教会や市庁等主要建造物は殆どがやられており、まだ一向に復興の兆はない。しかし住宅や商店街は美しく新築の軒を並べていて、この国の計画性がはっきりとうかがえる。誠に静かな町で自動車の行き交いもそれ程多くなく、人の足音のみが響くという、反って淋しいような通りが多い。壊されなかった以前は恐らく美しい大学町だったのでしょうに惜しいことです。

町をほぼ一周して駅に帰る頃はすっかり晴れ上がってしまい、小春の名に相応しい天候。十二時十五分のアンスバッハ行きのガソリンカーに乗り込み、車中でパンを齧って食事。発車間もなく右手にマリエンベルクの支配する町の姿が、誠に美しく眺められました。いよいよロマンティック街道のはじまりです。ヴュルツブルクを離れると間もなく橋を渡り、左窓にマインが見え隠れに付いて来ます。こんな上流にもセーヌと同じ程度の船が上り下りしています。マインに向かう斜面は、ここも殆どが葡萄畑。両岸の平地は林檎畑、てんさい畑等が延々と続きます。波のような起伏をアウトバーンが汽車沿いに続く。所々に現れる集落は殆どが橙色の屋根瓦で、周囲の緑からくっきりと浮き上り、必ず教会の塔を聳えさせていて誠に中世的。通学の女学生が乗って来たが、はち切れる程健康そう。しかしいかにも田舎くさい。さよう、ここはバイエルンの片田舎です。

スタイナッハという高からぬ丘の裾の小駅でローテンブルク行に乗り換え。

ローテンブルク着が二時近く。これは丘の上に広がる町。駅前のホテルに聞くと四マルクの部屋があると言う。見せてもらうと大きな都会の八マルクの部屋にも匹敵するような部屋で、ダブルベッドがでんと据えてある。荷を置くと陽のある内にカラー写真をと早速地図を求めて見物へ。地図で見ると、ブルクの名の如くここは城で、駅から一町ばかり離れた所に、すっぽり城壁で包まれた町があるのです。正しくの名は「ローテンブルク・オプ・デア・タウバー」。タウバー川がそばを流れています。ドイツ、ゴチック期に栄えた町で、一一三七年にホーエンシュタウフェンのコンラート三世というのがここに城を築かせたのに始まり、その死後はそれ程栄えなかったらしい。王の居城と家来達の家でこの町が築かれたわけです。その後市庁だとか教会だとかが建てられて今に至っているわけ。

僕はバーンホーフから汽車道沿いに林檎畑や菜園のそばを通って町の南端の城門から入って行きましたが、入るや色の氾濫。家々の鄙びた美しさにすっかり魅せられてしまいました。中世的な雰囲気の町としては今迄スペインのトレド、フランスのヴェズレイ、アヴァロン、ベルギーのブリュージュ、ガン等を見て来ていますが、ここは又、これらのどれとも違った、いわばドイツ的というのでしょうか、彩り等も特色があります。建物の一つ一つについて書いていたらきりがありませんから略すとして、城壁の切れ目にあるいくつかの門から出たり入ったりし、或いは門から出て黄葉の木々越しに一寸した高台から町を見渡したり、又、門から入って細い細い小路に分け入ったり、晩秋の静かさの中を心はずませて歩き回りました。

しかしその反面これが皆と一緒だったらとふと思うのはいつものこと。ドイツにもこんな美しい所があったのかと、いささか認識を新たにし、同時にこうした存在を旅の途中から僕に知らせてくれた八代君に今更ながら深謝している次第。

大体一周してからクリンゲン門という城門の一つから城壁に登りましたが、城壁といっても人一人がやっと通れる位の幅で、これに延々と屋根がかかっていて頭がつかえそう。ここから見晴らしを楽しみながら城壁の四分の一にあたるレーダー門迄歩きました。城壁の裾には家々の冬支度の薪が積まれ、又、農家の堆肥の匂いが漂っていたりして誠に牧歌的。その内陽が西の地平の雲の中に入ってしまい、うすら寒くなり、時間も五時近いので、町の主要部にもう一度目を通して城門の一つから南西の落葉道に出、落葉して明るくなった林間を宿に戻りました。

あたりには殆ど物音は無く、木々の間からは起伏を作りながら地平の靄に消えて行くバイエルンの野がのぞかれ、時々静かさを破る小鳥の声も既に地鳴き。誠に静かな冬を待つ南独の一ときです。町に近付くと農家のお婆さんが手押車にきゅうりや菜の今日の収穫を積んでがたごとと古いでこぼこの道を帰って行きます。

宿に帰り洗濯を済ませると、ストーブの赤々と燃える食堂に下りて夕食。スープが腹に沁みます。「自動車運転手殺しつかまる」とか、「ミュンヘンで巡査暴漢に撃たれる」等の新聞記事に、日本と同じだなと思いながら、食事とストーブで内外から暖まりました。そばでは村人を四、五人集めて薬屋が新薬の宣伝をやっています。買う方は半信半疑で色々質問して、中々買わないと薬屋は揉み手をしながら懸命に説明、いずこも同じ風景です。

部屋でココアを沸かして飲みながら手紙を書き綴ります。顧みるとヨーロッパに来てからは殆ど勉強らしい勉強はしていないような気がし、頭が空になってしまったような気がして来る事があります。それに大変な額のお金を使っているわけで、考えさせられてしまう事もありますが、やはり長い目で見て、自分の成長の上で、こうした一時も許されていいのだと、自分に言い聞かせています。その代り、帰ったらそれこそ勉強に打ち込む事にしましょう。昨年の今日は香港に居た筈。今年はバイエルンの片田舎で一夜を明かす。まるで夢のようです。

十月十日(水)

七時半起床。中々寒い。朝食は食堂に下り、ストーブで暖まったホールで朝のラジオの音楽を聞きながら。夫婦で代るがわる客にサービスし、使用人を使わぬところなど、いかにも田舎宿らしくて良い。天気は朝てっかりでなく、野面が深い霧で覆われているのが、反って昼からの晴天を予想しているようなもの。

午前九時五十二分の汽車で発つので、それ迄の一時間程を、また町に散歩に出ました。小学生が通学の時間。小川教授ならずとも可愛くて、つい写真が撮りたくなる。町は早い店が戸を繰り始めた位で、昨日と比べてずっと静か。古い城の跡から眺めると、目の下の谷には霧が濃く沈んでいます。主な建物だけもう一度眺めて城門を出ました。建物では市庁が立派ですがそのほかは建築的には地方色豊かというだけで、フランス、ベルギー、イタリアあたりのに比すべくもないが、中世的な鄙びた雰囲気というのが、又と替えがたいものなのです。ここも第二次大戦では一部壊されたらしいが、こうしたものは出来るだけ永く保存しておきたいと思います。たとえ他の国の物でも。

ローテンブルクを発って間もなく、次第に雲が切れ始め、青空がのぞき出しました。しかしバイエルンの朝霧は中々濃く、容易には消えそうもない。両側は緩やかな波を描く広々とした、それこそ広々とした田園です。所々に松や杉の針葉樹林が視界を隠します。この中に茸がないかと目を皿のようにするが、どうも北欧のような具合にはいかない。きっともう時期が遅いのでしょう。ガソリンカーはのんびりとこの間を走って行く。駅員の居ない駅もあり、車掌がホームに、積み込んで来た牛乳缶を降ろしっ放しで発車したりする。穏やかで小海線のようなもの。バイエルンは農作物と酪農で豊か、ヴェストファーレン（ライン地方）は工業で豊かと聞いていますが、これでは収穫も多いことでしょう。

十時四十三分、ドムビュールという戸数が二十にも満たぬ小駅で乗り換え。ところが待ち合わせが一時間半もあるので牧場を歩き、取入れを待つ甜菜の畑の間を歩いて時を過ごす。それでも時間が余り、肉屋でソーセージを買い、手持ちのパンでサンドウィッチを作り、ビールをとって昼食。ドイツのソーセージは皆に一度食べさせたいもの。とても種類が多く、僕の好きなサラミ等も大きく、かつ安い。

十二時五分ドムビュール発、十四時一寸前ディンケルスビュール着。ここもローテンブルクと同じように城壁を巡らした十四世紀の町。ローテンブルクよりかなり小さく、建物も大きいものは少ないが、民家がここの方が優れた、凝った造りのように思います。ドイッチェハウスと言う。この様式は北欧でしばしば見掛けたもの。恐らく後者が前者を取り入れたのでしょう。ここも城壁の所々に立つ見張りの塔が面白く、その一つの天辺にコウノトリの巣がある。

あちこち歩いて疲れたのでカフェに入り、ビールを飲む。若い主人公が話し掛けてくる。学生かと聞くので医者だと言うと、一寸態度が改まる。日本とは共に戦った友達だというので、ドイツは最後迄よくやったとおだてると、日本の方がよりよくやった、ドイツは途中でやめてしまったとしかめ面をする。僕が家族の写真を見せると、自分も家内を紹介すると言って連れてくる。愛想が良いというのか、誠に素朴。日本人は来るかと聞くと、来ると言う。

大ジョッキで気持良くなってまた町へ。城壁のへりの川縁でシェパードと遊ぶ子等に声を掛け、写真を撮ると言うと、ヤアと言ってすぐ並ぶ。犬をちゃんと座らせる。ドイツのシェパードは立派だ。次いで城壁の外側を一周。途中の中学校で女子学生がハンドボールをやっている。実に体格が立派、元気一杯。日本の女学生もこの位にはやっているかなと心配になる。校庭のすぐ向こうは柵もなしにすぐ牧、牛がのどかに草をはんでいます。

発車迄一時間あるので待合室で手紙を書く。本当に田舎めいた駅で、待合室といっても誰も入って来ず、丁度、五日市線の西秋留駅のような感じ。何だか日本に居るような感じすらします。五時三十七分発車。これからネルトリンゲン迄の夕暮の風景は実に印象的でした。

発車直後、右後に町が遠ざかって行くと間もなく太陽が地平の灰色の雲の中に入り、西空は素晴らしい夕焼。その色に染まった、ヨシの縁取る野川には、カイツブリが多数認められ、水輪を重ねています。汽車に驚いて水の尾をひいて逃げるのもある。そのそばの牧では野の面にうっすらたなびき初めた霧の中を、吐く息も白く牛が今日の終いの草をはみながら家路を辿っている。その上には三日月。暗くなるにつれ月は光を増し、霧は次第に濃くなり、ネルトリンゲン近くでは雲海とも見まがうよう。

ネルトリンゲンは既にとっぷり暮れていましたが、夜目に見ても、ここもローテンブルク、ディンケルスビュールと同じ造りの城の町であることが分かります。駅からしばらくの城門を潜り、家路に急ぐ学生達の間を縫って町の広場のホテル・レストランに入ってみました。ホテル・ファーデルヘルンという。安い部屋はと聞くと三マルクと言う。最上階だが水も出るし、不足は無し。

荷を置くとすぐ夕食。改まったサロンは中々時代がかって落着いた雰囲気。二マルク半のを注文すると、何と量が多く、しかも中々うまく、すっかり嬉しくなりました。ローテンブルク等より開けている感じなのに、全てが遥かによろしい。青菜も食べられて満足。食後テレヴィジョンを一寸見る。映画批評の時間。八時から一時間程町を散歩。城門の一つが照明されていますが、そのスタイルは今迄の二つの町では見なかったもの。教会の塔の上に灯が点り、そこで十分程音楽（賛美歌?）を奏でたのは印象的でした。ショーウィンドウ覗きをしましたが寒いので九時に宿に帰りました。

洗濯。

三十分毎に教会の鐘が夜空に響く。そこには満天の星。

十月十一日(木)

八時半起床。すごい霧です。窓のそばの白樺の向こうはもうぼやけています。サロンで朝食。フランスのコーヒーに比べて何とうまいことか。日本のによく似ています。中々寒いので毛糸のセーターを着込み、手袋をはめて重武装で町に出ます。霧がふっと顔を掠めます。吐く息は勿論白く、手袋をはめてすら手は冷たい。

地図を買って歩き出しました。ローテンブルクやディンケルスビュールよりも鄙びた感じが少なく、家も塗り直したり建て直したりしたのが多い。町の中を流れる溝川も澱み濁って感じが良くない。城門の一つから城壁に登り、町をほぼ半周。霧は相変らずひどく、町の中心の教会のかなり高い塔は見えません。しかしさすがの霧も十二時近くには晴れ始め、陽も覗き始めました。

宿に戻り荷を取って駅へ。ローテンブルク、ディンケルスビュール、ネルトリンゲンとすっかり中世風の気分を満喫させてくれたロマンティック街道に別れを惜しみつつ、十二時四十三分ネルトリンゲンを発車。汽車はすっかりは霧を脱いでいないシュヴァーベンの野を走ります。地図で見るとかなりの山岳の如き感じがするが、高いとて高尾山よりは低い感じで、結局は丘の連続。実に広々としています。一時過ぎには霧も晴れ上がり見晴らしもきくようになりました。時々通過する森林は、山形の湯田川温泉への道という感じで、まさに黄葉や紅葉やです。写真には不適当なので伝えることは出来ませんが、ともかく日本とよく似ています。野では今や甜菜の取入れの真っ盛り。林檎もたわわに赤くなり始めています。途中から乗った小学校上級生は乗ってくるとすぐカバンを台にトランプを始めるが、そのしぐさが可愛い。女学生は編物。いずこも同じです。

一時四十分アーレン着。ここで一時間半の待ち合わせ。町に出てサンドウィッチとビールの昼食。レコードが「双頭の鷲の旗の下に」を鳴らし、人々は手で調子を取りながら飲んでいる。太鼓が腹に響く。このあたりは人々もいかにも田舎くさく純朴。

三時二十三分のシュツットガルト行急行に乗り、西日とスチームですっかり暖まって居眠り。シュツットガルトの近くで目を覚ます。この町は盆地の底から高台にかけて発達していて、誠に美しい。しかしここも戦災を受けている由で、六時四十三分のチュービンゲン行き列車の出る迄、町の目抜き通りを散歩。この町でもすばらしい復興の息吹。緑地が多く、戦前はどんなに美しかったろうと思う。公園の樹々は黄葉し、しきりに葉を落す。夕暮の人波に揉まれながら一時間程散歩。ここには動物園もあるらしいが残念ながら見ることが出来ぬ。

六時四十三分チュービンゲン行の急行に乗る。途中はもうとっぷり暮れています。ロイトリンゲンから乗って来た夫婦連れが「アリガトゴザイマス」と話し掛けてくる。日本に行ったことがある由で、アタミ、ニッコウ、チュウゼンジ、ユモト、ミヤジマ、ウンゼン等の名を出す。ドイツの町々がひどくやられてtriste（さびしい）と言うと、なにどんどん復興していますと言う。僕がtristeと言ったのが気にそまぬか。

チュービンゲン着八時過ぎ。ネーゲリ教授から聞いていたホテルは高そうなので敬遠。町の真中迄行ったが無いので戻って、紹介された宿の向かいのホテルで聞くと四マルクの所があると言う。屋根裏だが暖房もあり、水も出て大変満足。夕食にビールを二杯飲みすっかり陶然。屋根裏は反って気分が落着いて気に入りました。床に入って手紙。

十月十二日(金)

通りの賑やかな声に八時半起床。窓を繰るとすごい霧です。朝食はドイツでは一般に高く、もしそのホテルで朝食をとらないと宿料に若干の割増が付きます。しかし高く取られてもゆったりした気分で味わうコーヒーの味には代え難い。払いを済ませ駅へ。荷を預けてから郵便局でワーゲンザイル氏の依頼の件を小川、藤田両教授に書いた手紙を発送。

古い町を去りがたく、あちこち小路を縫って歩く。戦争で壊されなかった所はこうも古い姿を残しているかと、今迄見てきた町の昔の姿を思い、つくづく惜しいと思う。一時過ぎの列車でここを去ることに決め、花で飾られた瀟洒な小児科病棟をしかと見て駅へ。駅の近くで渡る橋の辺りの人家の美しさ、黄葉の美しさに惹かれて、また写真を撮る。学校の退け時で若い連中が大勢通る。皆活発。特に女子学生は颯爽たるもの。

軽食堂で昼食。運ばれてくると、隣でビールを飲んでいた男が「Bon appétit !」と言う。悪い気はしない。

テュトリンゲンの駅で、母子の犬を連れた老婦人が居て、これらに牛乳とソーセージをやるが食べない。どうして食べないかと聞くと、今は旅先で温めることが出来ないから冷たいままでやるが、困ったことにこれらは冷たいのは嫌いなのだと言う。バイロイトからフライブルク迄犬一匹が三十四マルクと聞いて、又びっくり。ノイシュタット迄の車中、このお犬様とお婆さんと隣合わせ。それにしても人の言う事をよく聞き分け、寝ていろと言えば寝ている。実によくしつけてあるもの。向かいに座った十八ヶ月という赤ん坊の方が余程厄介。

ノイシュタット着午後六時四十二分。予想より大きい町のような感じがする。宿をとり早速脳研究所に電話。運よく難波益之氏が居て、夕食が済んだら来てくれると言う。こちらも新築らしい木の香も新しい食堂で、些かブルジョワ気分でスープをすする。ビールがこの地のは少しく甘いようです。

食事を済ませて室に入るとすぐ、難波氏が来ました。四マルクだがソファが付いて、新しく気持良い室。僕宛の手紙を持って来てくれました。この人は先年フライブルクに来た陣内教授の斡旋でノイシュタットに来るようになった由で、もう一年延ばし、その内二ヶ月程ライプチッヒ(東独)のプァイファーの所に行くと言う。小柄の落着いた人です。フォークト教授の所では近年リポフスチンを調べよと言われ、始めたが、間もなくフォークト教授がZentralblattで僕の論文を認め、これを取り寄せるように命ぜられたのだそうです。僕はZentralblattを見たが気が付かなかった。フォークト教授はマンネンが何時来る何時来ると、大変待ち兼ねているという。

色々話を聞いてみるとフォークトという人は既に八十六歳、ドイツ人の弟子は多くなく、今ドイツで働いているのはフライブルクのハスラー位のもので、スパッツ、ハラーフォルデン、オステルターク氏等とは大変仲が悪く、孤独な存在らしい。しかし東独やクルップから金が出ているらしく、新しい器械等沢山持ち、死ぬ迄俺の仕事の邪魔をするなと言いつつ、研究所に住み込んで朝九時から夕六時迄仕事をし、日曜も午前中仕事をするという。若い弟子達はニッスル法とワイゲルト法だけでするこの人の研究に愛想をつかし、去って行く者が多いというが、僕自身は同じ道に志す者として、こうした行き方もそれなりに意義があると思う。

難波氏にドイツでの研究者の俸給の事について聞くと、若い助手で七、八万。生活物資が日本の二、三倍として、日本の三万五千円位の給料になるわけです。一寸比較にならぬ。一時間程話し、明日九時半迎えに来てくれることを約し帰りました。

それからゆっくり手紙読み。松原緑さんはベルリンに移られた由。ウィーンで会えなくて残念と言って来ました。僕からも便りするが、直子からもよろしく頼む。それから津山君からと本田さんからの手紙。両方共ミュンヘンとベルンで待っていてくれる。大変有難く且つ楽しみ。

夜は降るような星空。頭の上の教会が十五分毎に綺麗な鐘を響かせます。

十月十三日(土)

朝、窓から射す陽に起きてみると、それこそ快晴。ところが屋根という屋根は真白な霜。海抜八百メートルだけのことはある。ホールで朝食をとり待つ内、難波氏が迎えに来てくれました。研究所迄案内されるわけですが、丘の起伏の上に跨がるこの町は、宿を出ると橋を渡って急な上り坂。上り切ると教会の前に出、ここが町の中心というべきか。誠に愛すべき小村というべし。見晴らすとまことにシュヴァルツヴァルトの名の如く、丘のいただきを覆う針葉樹は黒きがまでに青く、実に美しい。ひっそりかんとした通りを村の北はずれ近く迄行き、右にそれて小川の方に下り、これを渡ると南へなだらかに傾く牧。この中の道を上って行くと、針葉樹林の中に鉄の門があって、そのそばにInstitut F. Hirnforschung. Prof. Dr. O. Vogtと立札がある。木立の中をくの字に曲ると白い建物が目の前に現れる。これが研究所。窓の数だけで脳研の二、三倍はあるか。しかしマックス・プランク研よりはこぢんまりしています。木の間越しに谷やその斜面の牧の牛等がのぞかれ、実に良い場所に建てたものです。難波氏に茸は採れないかと質すと、もう時期を過ぎたとの答。裏門から中に入るとほんのりと暖かい。

二階に上り先ず難波氏の部屋へ。絶好の眺めの部屋をあてがわれていて羨ましい。難波氏の視床核分類の仕事を一寸見せてもらってから、更に上のフォークト教授の部屋に入って行く。階段の途中で老婦人が現れましたが、これがセシル・フォークト夫人。フォークト教授がパリに留学していた時に相愛の仲になったフランス婦人。毛のジャケットに、襟口から一寸スカーフを覗かせ、長いスカートに鼠色の靴下、ローヒールという姿。髪は白とグレーの混り、顎の下の皮膚がたるんで牛の喉のよう。八十二歳というのに元気な人で、さあさあお入りなさいと戸を開けて、旦那さんの事を「オスカー!」と呼ぶ。部屋の中は脳研のような戸棚が天井迄達して、三列に並び、その奥の方から返事。戸棚を回って入って行くと、頭の天辺が禿げ上がり、脇の方に白髪が残り、白髭を蓄え、補聴器をつけ、白衣を着て蝶ネクタイのおじいさんが鋭い目で出て来ました。少し前屈みで一寸よちよちした感じで歩く。握手すると、手は羊皮紙のよう。よく来た、まあお座りと孫のように扱う。それもその筈向こうは八十六歳ですから。しかし感じは実に温かい。

フォークト教授は挨拶の次に、ここでは何を見たいかとすぐ聞く。すぐに研究室と先生の話を聞きたいと答える。すると奥さんと二人で、今日は土曜日で午後になると研究員がいなくなるから、これからすぐに研究室を見なさいと言うので、難波氏の案内で上にあがって行く。先ず写真室から。部屋裏の大きな一室が、大きな撮影装置。レントゲン撮影のように大きい。これは今迄どこでも見なかった物。オルセウスキー、バクスターのアトラス等もこうしたもので撮ったのだなと合点する。次いで現像、コピー室が隣り合って二つ。顕微鏡写真室が二部屋と、写真には実に大きな努力を払っていることが分かる。技術員は男女一人ずつで、両方共写真学校を出たエキスパート。特に女の人が優秀だと難波氏の話。

次いで標本製作室。ここでは脳を丸のまま大きなパラフィン切片にする。フォルマリン固定が終ると、脳を全く同じ厚さのブロックに切る装置で前頭断し、減圧装置に入れてパラフィンに封埋する。減圧するとクロロフォルムがとび易く、更にパラフィンが染み込み易いのでしょう。次いでこれをグッデン氏式の大きなミクロトームで20μの完全連続切片にし、一枚ずつ紙の上に並べていく。パラフィンでも20μとなると実に丈夫で、この点脳研でも時間のかかるセロイジン（更にお金もかかる）をパラフィンに切り替えた方が良いという気が強くする。帰って関君とよく相談し、小川教授に進言することにしたい。そして原則として二十四枚目乃至四十九枚目にニッスルとワイゲルト染色（カルミンで後染色しない）。ニッスルは二十年位経っても褪めない由。保存切片は何年経っても染色性を失わないという。メスはユングの会社に研ぎに出すが、一本六から十マルクというから大体日本と同じか。大きな切片を紙にとっておくのは場所は取るが、殆どの組織学に用いられる染色が出来るのが強み。パラフィン切片は卵白グリセリンを付けたガラスに貼ると、密着させるため羊皮紙をその上に広げて上から強くこする。そして三十七度で乾燥する。

そこ迄見るともうここでは見るものは無く、直ちにフォークト教授室へ。谷の広々と見渡せる窓べの机に並んで座って、さてと説明にかかる。自分で立って戸棚の一つから写真の幻灯板の入った引出しを抜いて来る。ゆっくりしたフランス語なのでよく分かる。我々の後にはセシル夫人が座って見ている。先ず大脳皮質運動領の巨大錐体細胞に核が底の方にあるのと中心にあるのと区別され、底にあるものでものではリポフスチンが皮質表面側に、中心にあるものでは底の方に溜るという。

そこで僕が、僕の見た範囲ではそうした規則性は無いと言うと、いやそれは違った細胞を見ているのだと言うので、僕が更にそんなことはないと言い張ると、いやいや違うと頑強に突っ張る。老人の一徹さがおかしくて一人で笑ってしまう。

次いで黒質の赤色部にある細胞に四型あり、それが年齢により形態の移り行くことを見せました。そこで僕がこれに関連して橋の上部は顆粒の分布から見て最も興味があり、顆粒を一生含まぬEW核、メラニンを含む黒質の延長部、核の側に固まる動眼神経核、細胞体に顆粒を満載する上中心核が狭い場所に固まっていますと説明すると、うんと言って聞いている。またサントル・メディアンでは小細胞部は顆粒大きく、大細胞部は顆粒が少ないとも言うと、この核についてはまだ詳しく調べていない、しかし面白いことだとうなずかれました。もっとも年寄りの常として本当に聞いているかどうかは分からぬが。

次いで大脳皮質の第四層のCにプソイドカルクがたまる特異像を見せ、このように脳の中では部位による特性があり、それぞれの部位の細胞には皆各々異なった生活の表現があるのだと言い、次いでそれらの場所が病気になった時にどのように変化するかということにつき、フォーク卜先生得意の病気を引き起こす原因について説明をすすめます。例としてひくのがアンモン角のh1, h2, h3, 更にサントル・メディアン、ルイス。そして病気を引き起こす原因には一般と特定の二つあることに進展。もっともこれはフォークト先生の「Sitz und Wesen der Knht-」という本に全て書いてある事柄で、それを順序を追って僕に説明してくれるわけです。スライドを自分で空の方に高くあげて僕に指し示すと、セシル夫人が、そうやっては貴方はいいが他の人には見えにくい、こうしなさいと白い紙を机の上に敷き、それをバックにスライドを覗けばよいと世話を焼く。しかしそれでも先生は又々空に向けると、駄目駄目、ここでと、また夫人が手を取って下におろす。先生はやんぬるかなという様な顔をして言われた通りにする。その間の動作が和やかで良い。

フォークト教授はアインシュタインとよく似た風貌で誠に親しみ易い。縞ズボンのかなり細い、筋のピチッと立ったのをはいて昔気質の人たることをうかがわせる。標本を持つ手はかなり節くれだち、前にも書いたように手は羊皮紙のように乾いた感じで、その下に太い青黒い静脈がうねっています。眼鏡を掛けたりはずしたり、鼻眼鏡になったり、或いは虫眼鏡を用いたり。しかし眼光は鋭く、瑞々しく潤んでいて実に潑剌としています。細胞体内のニッスル顆粒は核小体から作られると、その根拠になるような写真を示し、更にこうした研究には幻灯板に写っている細胞がすぐ顕微鏡にかけられるようにしていなければいけないと言い、一つの核の大陸版位の大きな写真を見せ、この細胞の拡大したのがこの写真、そのもとになった標本はこの番号と指さし、今迄ここで発表した論文に載せた細胞像を顕微鏡で見たいと言えば二分で出せると言い切る。その点実によく組織立てて整理されているのには感服します。精神分裂病の時にマイネルト核にしばしば変化が来るという所で、セシル夫人の口添えで昼食の時間になりました。先生は放っておいたら先生は何時迄もやめないでしょう。先生は別れ際に、午後は三時半に来なさいと言う。

昼食はソルシャー君という若い研究員と、その許嫁の技術員と難波氏の四人で、行きつけのレストランへ。ここでボーデン湖のマスを食べ、久し振りの魚が実にうまかった。食後難波氏と二人で散歩に。村はずれの山の斜面に上り、草の間に憩う。目の下には製紙工場。沢山の木を積み上げている。この谷の更にはずれは今にダムになるという。斜面の草の中には秋の虫が細い音を立て、松等も見えて日本に実によく似ています。快晴の山の陽は暑く、上着も脱ぎたいよう。

この研究所の成り立ちについて難波氏に聞いてみると、フォークト先生は前にベルリン・ブフの研究所に居たが、若い時臨床をやっていたこともあり、その時にクルップが神経症になったのを治してやって結び付きが出来、そこから金が出て二十年前にノイシュタットに研究所を造ったとか（ヘイメーカーがフォークト先生の伝記を書いている由。読んでみたい）。そして戦時中標本が疎開されて来たが、その後それを自分の所に握っているために、他との折合い悪く、スパッツ、ハラーフォルデン等とも仲が悪い由。

ところでここでも若い研究員が居ないのに悩んでいる由。そのため難波氏等もよばれているのです。きれいな村の眺めを楽しみながら三時半に先生の部屋へ。難波氏が写真を撮ってくれると言う。奥さんもと言うと「セシール！」と大声で呼んでくれる。撮る時にはもっと自分の方にくっつけ、くっつけと言われる。

午後の「講義」は病気を引き起こす原因の続きで、アマウローティッシェ・イディオティーのスピールマイヤー・フォークト型（二歳位で始まる）三例と、ティ・ザックス型三例がこの研究所にある由で、その小脳を見せる。ところでその変化はプルキンエ細胞が残って顆粒層が消えるというもので、僕の猫の小脳萎縮症と同じ故、その事を話すと、奥さんも横からそれは遺伝性かと聞いてくる。母猫も同じ症状故そうと思うと答える。

次いで舞踏病について。ハンチントン・ヒョレアとヒョレア・ミノールとヒョレアの素因の例を見せて、その細胞変化等について長々と説明され、このように一つの疾患でも複雑であり、広く、ミューテーションというようなことも考えぬといかんと言われる。又、トリプトファンがキヌレニンになり、それが更にオキシキヌレニンになり、更に変化して行く式を見せて、それぞれの過程に酵素が働いていることを指し示し、若しこのそれぞれの過程がミューテーション等のプロセスで阻まれれば、満足な発達が出来なくなるわけだと結ばれる。

そこで僕がアマウローティッシェ・イディオティーの例でオリーヴの変化はどうでしたと聞くと、この病気は全てのノイローンが病気なので当然やられているだろうが、この研究室では一人は一つの核を突っ込んで勉強するので、この例についても小脳の変化は報告してあるが、オリーヴは調べていない。それにしても金も少なく、人も少ないのだと、既に暮色が迫り、濃い紫色になった谷の方をじっと見つめられながら、そうつぶやかれました。

奥さんも相槌を打ち、貴方に時間があれば調べられるとよいがと言う。先生はもっと学問の事を話されたいらしいが、奥さんが、ときにレルミット氏は元気ですかと問うので、よく存じませんが元気のことと思うと言うと、近年よく論文を書いていたが、最近名を見ないので病気でないかと心配しているのですとのこと。

次いで先生がアラジュアニーヌ氏やベルトラン氏は元気かと問われるので、両方共病気がちだと答えると、そうかとうなずかれる。ベルトラン教室も研究員が少なく、一人残っていた人もカサブランカに召集されましたと言うと、奥さんが、フランスはそういうことがありますねと合点する。先生はブロックハウスもアフリカ戦線で死んだと漏らされる。この人の膨大な論文には少々閉口しながら読んだのを覚えているが、既にこの世にないと聞くと淋しい（あとで聞くとブロックハウスは先生夫妻に一番可愛がられていたらしい）。

ともかくここには百五十例の脳の切片があり、やる事はいくらもあるが人も少なく金も無いと、先生はまた憮然とされる。我々よりよっぽど恵まれた研究設備を持ちながらそう言われると、こっちの方がよっぽど憮然とならざるを得ない。

話は飛んで、今迄何処何処を見て来たかと問うので、ボンのペーテルス、ギーセンのスパッツ、フランクフルトのクリュッケ氏だと答え、ギーセンの研究所で、ノイシュタットに一年居たというステファン君に会いましたと言うと、ああ、あの人はジャンティ（いい人）ではあるが才能は無く、スパッツ位に丁度良いと夫妻こもごも言われ、スパッツ氏と仲の悪い片鱗が出る。面白い。

もう既に大分暗くなり、西の空が真赤ですが、先生夫妻は立上がる風もなく、今度は先生が突然、日本の地震はどうだと言われるので、何時のですか、日本には沢山ありますのでと言うと、とても大きいのがあったろうとのことに、それは今から三十三年前で僕の生れた年ですと言うと、そうかそうかと頷く。そこで僕が、僕の名は萬年で、これからまだまだ長く生きて勉強すると言うと、面白いと言って二人で笑われる。僕がポケットから節子や家族の写真を出して見せると、奥さんが先ず取って、節子の着物を着たのを可愛い可愛いと言いながら先生に渡す。

僕が、自分の父も医者、弟も医者で、弟は神経学方面をやるつもりでおり、今臨床をやっている。彼もヨーロッパに来たいと言っているが、今しばらく臨床を勉強してからがよいと思うと言うと、先生が、そうだ神経学をやるには臨床をやらなければ駄目だ、今に弟をよこしたらと冗談まじりに言われる。僕も徹のために道を開くためにも一寸話を出してみたわけ。

君は日本に帰って何をやるかと問われるので、ゴルジ法で細胞構築をやるつもりと言うと、その方面はカハールがやっているが、そうかと言われました。あまり遅くなるし、先生も疲れたと思うので、そこで腰を上げました。

先生はこの建物の中に私宅があって、そこへ帰られ、僕は難波氏の居る一寸下手の木立の中の研究員宿舎へ。ここで難波氏とソーセージとパンを齧って夕食。今日話した事等を肴に。ともかく貴方の事は待ち兼ねていたから、先生も満足でしょう、この前内村教授が来た時、フォークト先生の方からノイシュタットにおいで下さいと声を掛けたのだが、内村氏はフライブルク迄来たのにここに寄らなかったので、その時は大変機嫌が悪く、弱ったとのこと。それにしても午前午後潰し、更に月曜も来いとは、特別ですよとのこと。

難波氏も、日本の教授というのは話になりませんね、こっちで会っても自分の教室並に人使いが荒いとこぼす。その点フォークト先生等、仕事の事にかけては実に真摯で、全く対等で話をしてくれて、誠に打たれますよと感心している。それは僕も今日よく感じたところ。僕のパリでの色々の苦い経験等も話し、まあ我々の世代からはうんとそういう点に気を付け合いましょうと、九時過ぎ辞しました。途中村の入口迄送ってくれました。月がこうこうと照り、カシオペアと大熊座が真黒な杉の上にかかっています。教会の鐘の響きは、ブリュージュの名高いカリオン等よりもずっと澄んで綺麗だと思う。

明日はフェルドベルクへ。フォークト先生が、自分は日曜日も研究室に来るが、若い人々はレクリエーションをやった方が良いと言われた事等思い出しながら寝ました。

十月十四日(日)

窓から今日も明るい陽が射しています。全くの快晴です。今朝も霜。八時半起床。食事を済ませて用意をして下へ降りると丁度難波氏が着いた所。すぐ駅へ。十時六分の汽車で、一つフライブルク寄りのテイテイゼー迄。車中はぬくぬくと暖かいが、外へ出ると高原の気がさっと清々しい。ガソリンカーに乗り換え、次のブレンタールへ。少しずつ上りになり、針葉樹林の間から右手にテイテイゼーが見えて来ます。湖に下る斜面に散在する家々。ここは避暑地で夏はとても賑わう由。今日も秋晴のためかボートがかなり出ています。ボートのいない湖のはずれの方には、野生の鴨が群れています。黒い木々の間に雑木が黄葉し、例えようもなく美しい。

次の駅で降りてシュヴァルツヴァルトの最高所たる千五百メートルのフェルドベルクを目指します。自動車の往来の激しい道をぶらぶら登って行く。やがて行く手に雪嶺が見えてくる。これがフェルドベルク。そこならずとも道の両側の日陰には、はだれ雪がのぞいています。右手に下るかなり深い谷の斜面には牧に囲まれた農家がちらほら。その牧からはカランカランと綺麗な音がするので見下ろすと、放牧の牛や羊の首の鈴であることが分かりました。牛達のお守りは子供の役とか。七、八歳位の子が鞭を鳴らし、自在に操る。

難波氏にドイツ人気質について聞いてみる。ドイツ人は日本人に対して特に親切かと聞くと、たしかに親切とは思うが、少なくも研究所に関する限り、何国人が来ようが愛想を良くしており、特に日本人のみに親切とは思わないとのこと。僕も恐らくそれが真相で、日本人は人が良いから一寸親切にされるとすぐ大変有難がり過ぎるのだと思う。

山の頂一帯は高い樹は無く草原で、これに残雪。散歩に連れられてきたシェパードが鎖を解かれて嬉しがり、雪にかっと口を突っ込んで食うのが印象的。陽はぎらぎらと、山の陽は実に強い。リフトという物に初めて乗ってみる。高まるにつれて右手にシュヴァルツヴァルト、左手に遠くアルペンの全貌が現れてきます。頂上で降りて、二人でいないいないなの連発。アイガー、メンヒ、ユングフラウが識別できます。スイス・アルプスのずっと左手にはチロルの山々。すべて雪を戴き、惜しみなく全容を現しています。かなり風の強い山頂を去りがたく歩きまわる。

昼もかなり回ったこととて、雪を踏んで背の低いモミの間を下り始める。小さい兄弟が両親と登って来る。来年は節子をこうして山に連れていこうか等と考えたりします。二人の男の子持ちの難波氏とて同じことを考えています。

レストランで昼食。窓から射す陽に室内は暑い程。ビールが喉に沁みます。この辺のビールはフランスのと同じく甘味が強い。昼食後、良い気持ちになってフェルドゼーに下ります。難波氏も二年目になって少しずつ家恋しいか、郷里の岡山の食物の話をしきりにする。

道は谷の間に入り、両側は深い杉や雑木の木立。日光の秋を思わせる。牛の鈴の鳴り響く牧場を抜け、再び木立の道を駅へ。黄昏の光が谷の一方を照らし、ぐっと冷えてくる。パンを食べている農家の子が食う手を止めて「グーテンターク」等言うのは、実に可愛らしい。とっぷり暮れる頃、駅へ。

列車を待つ一時間をコーヒーを飲みつつ、お互い、脳を集める苦心談などして過ごす。顔がつっぱり、今日一日でだいぶ日焼けしたのが分かります。テイテイゼーで乗り換えを待つ間は、駅のレストランで誰かが軽やかに弾くアコーディオンの音が耳を楽しませてくれます。盛んにビールの杯が酌み交わされています。

ノイシュタットに帰ったのが七時。夕食を済ませると、難波氏が風呂を沸かしておいてくれると言うので、研究所宿舎迄。月がこうこうと照り、霜のしろく流れる村の道をのぼったり下りたり。村はずれの高みの林中深くにある研究所のあたりでは、会う人とてありません。

風呂に誠に久し振りに入って生き返ったよう。一皮むけたような感じ。スチームでぬくぬくする難波氏の部屋で十一時半迄手紙を書かせてもらう。彼も、専任助手が東独から家族を呼び寄せるので、この宿舎を明後日引き払う由。帰りは戸を出離れるや、ふっと霧をかぶる。来る時には見えた教会がもう見えなくなっていて、家々の灯もうるんでいます。月は相変らず照っています。何だか自分がドイツの一角に居るというのがうつつでないような気分になってくる。五度という冷え故、帽子を被り、襟を立て、手袋をはめて歩きます。ともかく忘れ難い思い出です。

床に入って、借りた「世界」を読む。ライカ三十年の座談会で、木村伊兵衛がドイツにニコン、キヤノンを持って行ったら、ライカ、コンタックスそっくりじゃないか、恥を知れと言われたとか(もっともボディの事だが。レンズにはかなわないという由)。日本人の研究も恥を知れどころか、彼等をリードするまでになるのは何時のことか。

十月十五日(月)

起きたら昨日と打って変り、陽はなく深い霧。ノイシュタット名残りの朝食をとる。シュヴァルツヴァルト名物の蜂蜜が実にうまい。

九時にこの村もお別れかとゆっくりと家々を眺めながら、今迄と別の道を通り、村はずれ迄出て、研究室の木立の中に分け入る。難波氏の仕事を一寸見せてもらってから、彼とは同年配で、ここの研究室が気に入らず、一月にどこかへ行くというソルシャー君と、彼の仕事の事について話した後、フォークト先生の室に上って行く。マダム・フォークトが招じ入れて、今モン・マリが来ますからどうぞお掛けなさいと椅子をすすめながら、昨日はアルペンが見えましたかと早速聞いてくる。見えて大満足ですと答えると、そうそう、と喜ぶ。一昨日はこの窓から美しく見えた谷も今日は霧の中。

その内フォークト先生の声がして、今迄会ったことのない研究員三人と入って来る。皆に座をすすめると、自分は立って標本棚を取って来る。奥さんは前掛け姿で横に控える。どうやらこの三人共僕のお相伴らしい(あとで聞くと、何か纏まった話をする時は、技術員も含めて皆を集める由。今日はフランス語の分かるのだけ集められたらしい)。今日は分裂病だったなと話し始める。

一九五二年にフォークト先生はローマの学会で分裂病の病的変化について話しており、今日のはその要旨。先ず分裂病では前頭葉、側頭葉、帯状回に変化が強いと、その場所を示し、ショックを行わないで死んだ例について、前頭葉のIII層あたりに強い島状の細胞脱落変化を指摘する。Schwundzelleというのが大事らしい。次いで視床では前核と内側核に変化があると、色々の細胞像や数量的変化についてスライドを見せてくれる。これらは既にカルル・シャッファーの所やその他の人々もやっていることであるが、最も面白かったのは、ガングリオン・マイネルトが分裂病では、かなりの頻度で細胞に種々の変化を来し、脱落すること。以上のような変化が分裂病の型によって異なることを指摘されもしました。

ところでショックの影響がどのように出るかという一つの例として、三百五十五回のショックを行われた患者の脳を調べる機会があったと前置きし、この例は興奮激しく、ショックをかけると二、三日は全く正常になるという不思議な例で、そのためにかほど多数回ショック療法を受けたが、その結果はやはり同じ場所に変化があり、ガングリオン・マイネルト（フォークト先生はNucl. basalisという）の細胞核のクロマチンが増し、細胞の機能が高まっていることを示していると言われました。

次いで老年痴呆の話に移り、視床中心核がまわりの細胞とはっきりしたコントラストをなして消失する例や、大脳皮質の或る層に限局的な細胞脱落等の来る例を挙げて、脳では全ての細胞が同じように老化していくのではなく、あるものは老化しやすく、あるものはしにくいという素因があるのではあるまいか、それには血管も関係あるだろうし、又、もっと広く生物学的に突然変異の問題もあるであろうし、これをどう説明するかが問題だと言われる。

するとセシル夫人が、もう食事ですよと横から口を挟む。フォークト先生はそれに答えるかのように、大分長い説明だったねと言われて立ち上られ、僕に向かって、また来なさい、二年後に奥さんと来なさい、結婚している者が別れているのはいけない。君はこれから日本人の脳を組織学的に調べ、又、優れた人々の脳もよく調べなさい。脳は死後四から六時間でフォルマリンに漬けなさい等、細かい事迄話され、もう一度最後に、君は才能がある、君に才能のある事は君の仕事で分かっている、君の才能をよく利用しなさい、また来なさいと繰り返し言われる。

先生の乾いた手と固く握手、次いで奥さん、最後に研究員と手を握り合い、先生の、マドモワゼル・ベーハイムにお会いなさいという声に送られて部屋を出ました（先生はVous avez du talent, je le sais bien en lisant votre travailと言われた）。この老大家がお世辞を言うわけはなく、本当に心から言っていることは、眼の中によく現れていることから分かります。自分に才能があると言われる事等少しも心動かぬが、僕が自分で気付いて自分なりに進展させた仕事が、この老大家によって幾分でも評価されたことが嬉しかった。やはり五年間、馬鹿みたいになってやった仕事を見てくれる人が、世界のここに居るということは心を明るくしてくれます。もし全文外国文で書いてあればもっと理解されたかもしれない。

下に降りてマドモワゼル・ベーハイムという、ベルリン時代の技術員が研究員になっている人の部屋に行く。この人はいくらかフランス語を話す。貴方の仕事を僕は抄読会で読み、人々に紹介しましたと言うと喜ぶ。足の短い犬がペット。この犬が膝の上に居ると仕事に励みが出ると言うから大変なもの。自分の仕事たる核の形態学についてのマッソンやフォイルゲン反応の標本を見せてくれて、長くなりそうなので良い所できりをつける。ヘイメーカーさんも数日のつもりで来て、ここに数ヶ月居たから貴方もそうしませんか等と言う。フォークト先生について一生仕事に生きている人故、かたくなな所はあっても良い人です。犬にも「さようなら」を言ってやると大変喜ぶ。

難波氏とレストランへ。相変らず霧は晴れない。道々、分裂病の話はどうですかと問われたので、ともかく物を握っているから強いと思うと言うと、まあ良い例を選んで出しているからそう見えましょうが、根拠にしている症例は少ないですよとの答。しかし僕はそれでもよいと思う。僕にとってはNucl. basalisの変化が面白かったです、ああいう所見は克明に調べていく正統な行き方をしなければ中々出て来ないと思うと、意見を述べました。

昼食を食べると宿に帰り、荷を纏めて忙しく駅へ。二時五十三分発車。ノイシュタットともお別れです。難波氏には本当にお世話になった。

車中、二年後にフォークト先生がなお元気で、本当に来いと言って来たにしても、その頃は僕は既に日本で責任を持たされているであろうし、渡航は恐らく不可能。誰かをよこすか徹にするか等、考えたりしました。しかしフォークト先生もお金が無いと言っていたし、そう思うようにはならないでしょう。しかしそんなことより打たれるのは、何時迄も研究を続けるべく、先を先をと考える、その精神の健康さです。しゃべっている時の眼の鋭さ、しゃべっている事の内容はかなり独断的な所はあるにしても、フォークト先生の仕事を軽々しく批判する日本の教授各位の誰がこれだけの精神の若々しさを持っているか。そこには既に国籍を越えて、人間そのものの美しさが輝いています。若い時からの一貫した現象の見方。そこには発展はなく、或いはパラノイアともいわれるようなかたくなさはあっても、いわゆるロマン・ロランの大河小説のような、真に一生を貫く大河のような仕事の流れ。そこにはくっきりとした人間像があります。

アインシュタインを思わせるようなその風貌、羊皮紙のような手の皮膚の下にうねる青黒いごつごつと盛上がった静脈、よちよちはしているが一歩毎にしっかりと大地をふまえる足。先生はまだまだ健康で仕事を続けることでしょう。又、僕はそれを祈ります。

二日間にわたる初冬の木立の中に静まる研究所の中でのフォークト先生夫妻との巡り逢い。これは僕の一生で、心に最も深く刻まれる思い出になりましょう。まるで自分の祖父母に接するような二日間でした。

曇り日の夕べのフライブルク着。駅前通りのホテル・ポストに入る。四マルク。荷を置くとすぐ、島峰君の居る筈のビュヒナー教室たるアショフハウスへ。この町もよくやられたもの。フォークト夫人が、僅かな時間の空襲だが実にひどくやられたと、しかめ顔をしておられたのを思い出す。生憎、島峰君はチューリヒに旅行中で、来週帰るという。そして十一月初めに日本に発つという。やんぬるかなと、次いでハスラー教授に会いに、探しに探して神経研究所に行くと、今朝ギーセンに発ち、二週間程居ないという。これもやむなし。ハスラー氏はなお若く、フォークト先生の直系で、ノイシュタットの次代所長ではなかろうかと目される（難波氏談）人だけに、会いたかったがやむをえません。もっとも近頃は脳の組織学から少し離れがちで、脳外科と関係のあることをやっているとのこと。宿に帰り、バーゼルのルードヴィッヒ教授に十七日午前行くことを書き、松原、本田、津山各氏に葉書。手紙書き十一時に及ぶ。

屋根裏で落ち着いて良い。暖房が良く利いています。窓を繰ると月夜。

明日は第四回目の結婚記念日の筈。昨年はサイゴンで。本年はフライブルクで迎えるわけ。来年は一つ埋め合わせに何か意義あることをやりたいものです。

十月十六日(火)

九時起床。暖房がものすごく良く利いて、掛け物が薄くても一向に差支えなく、むしろ寝心地が満点。朝食は昨夜買ったバナナとオレンジで済ませ、松原緑さん等に手紙を発送。両替等して後、宿に帰って手紙を書き上げ、発送してほっとする。定期便を出さぬ内はどうも落着かない。病理教室（アショフハウス）に行って島峰君への手紙を依頼する。この町はまことによくやられたもの。しかし大学等の復興はめざましいから、十年後には大したものになるでしょう。

町を歩くとちょくちょく古い建物にぶつかる。しかし正直のところドイツの町もかなり歩き、一々写真を撮ろうという気は起ってきません。それに第一いけないのはパリを見ていること。すべてをパリに比較してしまうので、一向に感心しません。これが日本からいきなりドイツに来たのだったら、やはり綺麗と思うかもしれぬが。金沢大学のR教授がビュヒナーに会えと言いましたが、ただ有名だからといって、専門違いの連中と話したって何の意味もなく、ハスラー氏も居ないとあってはこの町に用は無し。

昼食は古い町の中の一角で野外で食べる。鰯雲の空にカテドラルの尖塔が金色に輝いている。ビール二杯に良い気持になり、町中の電車通りを清流の流れるのを珍しく眺めながら城にのぼりました。町には濃い靄が込め、見晴らしが利きません。木々の黄葉の下のベンチで、けぶる町を見下して小憩。町におりて駅前通りのカフェに入る。隣に居た男（有色人種）が声を掛けてくる。インド人で医学部生理教室に来て、四ヶ月になると言う。将来は内科をやると言うから学位を取るために来ているらしい。法科には日本人がかなり居ますねと言う。ここの医学部で有名なのはビュヒナーとハイルマイヤーだが、どちらに会いましたかと聞くから、いやハスラー教授に会いに来たのですと答える。明日バーゼルの解剖教室に行くと言うと、自分はいまだかつてあんな立派な教室を見たことがないと彼が言う。

薄曇りのフライブルクをあとにしたのが三時二十七分。バーゼル行急行。途中ミュルハイムとバーゼル・バーデンに止まるだけ。バーゼル・バーデンで十ドル替えてみると四十・五フランくる。一ドル四・五二フランでマルクと大体同じと思えばよい。

バーゼル着五時一寸前。すぐ駅の床屋に入る。これが三・三フラン（チップ込み）。大分高い。しかし清潔な国、スイスではこちらも清潔にしていた方がよかろう。二、三宿を聞いて、駅の裏手の宿に決める。すぐ夕食。スープと豚のカツレツ。これにポムフリットといんげんのバタ炒めと青菜。デザートはチョコレートクリーム。量は実に多い。旅での食事は贅沢なようだが、やつれないようにやっていますす故、ご了承の程を。

七時過ぎ町に出る。思ったより大きい町。盛り場のシネマで「沈黙の世界」をやっているので見る。傑作。劈頭のイルカの群は実に爽快。それに何と綺麗な魚のいることか。何にせよ実にオリジナルな仕事ということがよく分かる。ああ僕もオリジナルな仕事がしたいなとつくづく思います。

十時に映画館を出てラインのほとり迄出てみる。ここでもラインは堂々たるもの。隅田川位はあろうか。相当なスピードで月の下を流れて行きます。お金が余ったら節子に時計を買おうとショーウィンドウで値を見て歩く。駅でビールをひっ掛けて宿へ。

明日ここでミュンヘン・フィルハーモニーがハンス・クナッパーツブッシュの指揮でコンサートをやるらしい。今夜でなくて残念至極。

ところで、宿に帰って金を数えてみると、時計を買うどころでなく、パリでの帰国準備のためのお金を余すのも中々容易でなさそうです。

十月十七日(水)

八時半起床。清潔なベッドで気持よかった。朝食にコーヒーの他、牛乳が一合半程出て満腹。張り切ってかなり濃い霧の流れる町に出ました。目指すのは大学の解剖教室。この町はラインを挟んで大バーゼルと小バーゼルに分かたれるが、僕の居るのは大バーゼル。大学も大バーゼルにある。ラインの岸の斜面にあるためか、起伏の多い町です。

朝、町を歩いて感ずるのは、出勤時というのに人の少ないこと。小学校の前を通ると、始業前の一時を、割れ返るような騒ぎなのはどこも同じこと。並木道がきれいに黄葉。

昔の城壁の門の残りの一つの側で大学図書館にぶつかり、そこで解剖教室を当てずっぽうに教えてくれたので、まあともかくと行ってみる。すると、ヴェサリウス通りというのにぶつかりました。子供が毬投げして遊んでいる。ヴェサリウスは一五一四から一五六四となっているところをみると、五十位で世を去った人か。それにしては素晴らしい仕事を残した人です。ところで行き着いた所は生理学教室。そこで聞くと、解剖教室は一寸離れていて、ペスタロッチ通り。霧が晴れ初めた黄葉の明るい道を、約束の十時半ぎりぎりに着く。

入口には右手にヒス（スイスの解剖学者）、左手にヴェサリウスの像が刻まれている。入って行くとガランとしていて人が居ないので二階に行ってみる。講堂に居た小使いにルードヴィッヒ教授はと聞くと、黙って階段を上って行く。付いて行くと三階が教授室。ノックすると、老人で一方の肩が釣り上がり、少しく首が傾いで見える、痩せた背の高い人。もっと若い人かと思っていたので意外でした。

ルードヴィッヒ教授が、ドクター・マンネンですね、今日手紙を受け取りました、何語がいいですかと言う。フランス語と答え、自分は二年前にここをお訪ねした筈の小川教授の弟子でありますと名乗りますと、ああ存じています、プロフェッサー・オガワはナポリとローマに行きましたねと覚えています。自分はパリに来てサルペトリエールに居ますが、今迄約十年脳解剖をやっていまして、小川教授はここに良い標本があると話してくれたので来た次第ですと言うと、貴方は私のアトラスを見ましたかと問うので、いいえと言うと、立って持って来て見せてくれました。

脳解剖と題し、自分とクリングラーの共著、オルセウスキー・バクスターのアトラスを出した所と同じ本屋。パラパラめくると肉眼解剖、特に纖維分析。このオリジナルの標本はここにあり、後で見せますとのこと。貴方は何をやったかと問うので、名刺代わりに私の近著を進呈するのを欣快とすると言って差出しました。パラパラ繰って日本語はむずかしい、日本語で知っているのは女という字だけです。それも以前に私の所で仕事をした支那人から聞いたのです。彼は神経纖維束の数を数え、統計的な研究をやりました。ここで仕事を終えてから共産中国に帰り、一度便りが来たきりですと言う。バーゼルには以前は日本人がよく来ていました。アダチ、マツモト等もそうですとのこと。

次いで、それでは標本をお目に掛けようと、先に立って無造作に上着を脱いだチョッキ姿で標本室へ。大変きれいに整頓されています。問題の脳の標本は一棚だけだが、肉眼で良く分けたもの。どうしてやったかと聞くと、フォルマリンに四、五週間漬けた後、零下六から十度に凍らせ、一週間位放置する。次いで常水に戻して分析をすると言う。こうするとミエリン鞘は水は入らないので変化ないが、繊維と繊維との間の水は凍って約十%体積が増し、繊維間を引き離し、分析が簡単になるのですと言う。

ところで脳が液浸なのに液中に浮いたようになっているので、これはどうしたわけですかと質すと、この液は二十五%の蔗糖液、そして脳にカットグートを通してつるすと、カットグートは透明となり、まるで浮いているようになるのです。カットグートは全く見えないでしょう、と、自分でも方向を変えて覗いて見ており、これが得意らしい。しかし昨年パリの国際学会に標本を出したので表面が傷みました。集めるのに二十年かかりましたがねと言う。ともかく東京での脳実習でも、肉眼観察で繊維束を分けるのは中々容易でないので、これだけ細く分けたのを見ると感心せざるを得ません。

次いで骨の発生についての標本を染色して、見易くしたものを見せる。きれいですねと言うと、いや日本人ならもっとよくやるでしょう、日本人だけでなく東洋の人は手先が驚くべく器用で、特に辛抱強く、論文を読んでも実に辛抱強く良くやっている、我々ならすぐ諦めてしまうと言うので、それは人によります、小川教授も言っていたが、スイス人は実に辛抱強く、ヨーロッパのどの国の人よりも忍耐心が強いのではないでしょうか、この標本はその証拠だと思いますがと言うと、いやそんなことはないですよと首を傾げていました。

更に、内耳に金属を注入してその構造を調べた標本を見せ、これは我々は大分前にやったのだが、昨年のパリの国際学会でアメリカ人が、自分達が一番先にやっていると、これと同じ物を持って来ていました。アメリカ人は自分達は英語で書かれたものしか読まず、ドイツ語、フランス語のものは見ないで、何でも自分が発見したと言う。もっともソ連もそうで、何でも自分達がやったと言う。政治的にもそうですと言って肩を竦めました。それではそのアメリカ人にこれを見せましたかと言うと、その男はバーゼルに来たが、私と同じ名の男の所に間違って行ってしまい、ここには来ませんでした。ともかくバーゼル迄は来たのですがねと、少しく皮肉気味。こういうおとなしい感じの人の憤慨は、中々根深いものがあるようです。

僕が脳の蒐集はむずかしいかと問うと、そんなにむずかしくなく、病理教室から沢山きます。千五百例程年にやる病理解剖で、病理の人々は脳は面倒がって開けないことが多く、それを貰うのですと言う。ほう、パリでも東京でも実習用の死体は中々集まらないと聞いていますがと言うと、いやそれは脳だけの話、死体全体はここでもとてもむずかしいと言い直しました。しかし脳だけにしても、スイスのように臨床神経学にかなりの伝統のある所でも脳は開けないのかなと一寸不思議に思いました。

　標本室を出しなに一つの人の骨骼を示し、これはヴェサリウスが解剖した死体で、一五四三年に彼がブリュッセルからここにくれたのです。恐らく解剖された骨骼として保存されているものの中では、世界で一番古いでしょうとのこと。骨についてはここには今人類学をやる者が居ないのですと言う。研究員はどの位居ますかと言うと、教授と講師が二人ずつに助手数人でとても少なく、仕事がオーバーだと言い、冬等午後一杯立ち詰めだとこぼす。しかし自分は今既に引退し、自分の好きな事だけやっていますと言うので、それは一番良い身分ですねと言うと、そうですと強く頷きました。

　また部屋に帰って、スイスでは若い人でこの道に志す人が多いですかと問うと、いやいやスイス人というのは実に例外的に実務的な人間で、全然理論的でないと何遍も繰り返し、第一バーゼル大学でも解剖の教授は多くはドイツ人がなります。自分の前任者、自分の後任者はドイツ人、ヒスの後任もそうでした。更にチューリヒはステール、メンドルフ、フォークト等々殆どがドイツ人ですと言うので、そのフォークトはオスカー・フォークトですかと言うと、いや発生学をやった人の方です、オスカー・フォークトは神経解剖で、今ノイシュタットに居ますと言うので、私は三日前にお会いして来ました。三日間ノイシュタットに居る内、二日間丁寧に説明して下さいましたと言うと、私は良く知っています、私が行った時も二日間説明してくれました、親切な人です。奥さんも優れた人で、良い家系なのです。しかし最近便りが絶えていますが元気ですかと言うので、私の見た限りはとてもお元気ですと答えると、それは私もとても満足ですと喜びました。

　ところでフライブルクに行きましたかと問うので、ハスラー教授を訪ねたが不在でしたと言うと、あそこの解剖教室は素晴らしいと言われました。これからの予定はと問うので、ベルンではグリュンタール教授に会うと言うと、今はフェレムッチと発生のことをやっているが、あそこの標本は良くない、発生をやるからには頭全体を見なければならない、リコンストラクションするにももっとうまくやらなくてはいけない、あそこのは下手だと、大分鋭かった。ヴェサリウス通りというのがありましたがと問うと、あれはもともと解剖教室のあった所で、今は生理学教室の跡です。ヴェサリウスが彼の解剖書をバーゼルで発行したのを記念したのですとのこと。ともかくここの大学は歴史古く、十五、六世紀にはヒューマニズムの拠点として栄えた所で、昔から自由思潮が盛んでバーゼル人が誇るだけのことはある。

　次いで、立って論文を二つよこし、一つは例の支那人の、一つは自分の倅の家内の学位論文です。嫁は今二人の子の親で、家に退き満足して生活していますとのことに、机の上にある男の子の写真を指し、この人ですかと問うと、いやこれは自分の娘の長男で今八つと言うので、将来医者になるのですかと聞くと、いやまだ決まっていません、でも蝶を熱心に集めており、デッサンもうまく、とても明敏な子ですと老顔をほころばせる。そしてとても利口だと繰返す。

最後に僕が、先生の肖像があればサインしていただきたいと言うと、私は写真は嫌いでしてねと言うので、私が先生のアトラスを買った時、表紙に貼りたいのですと言うと、それはご親切に、後で送りますから宛名を書いて下さいと紙を出す。

別れしなに貴方のフランス語はうまい、私の所を訪ねて来た日本人の中で一番うまいです。大抵の人は英語ですが、それもよく通じませんでねと言いました。又いずれどこかでお会いすることを期待しますと握手すると、そう、一九六〇年にニューヨークで学会があります、私は大西洋、貴方は太平洋を渡って会いましょうと言う。辞したのが十二時近く。

そこから歩いてラインの岸を歩き、次いで駅近くの動物園へ。ばかに細長い動物園ですが、見物はオカピと二頭のゴリラ。特にゴリラは面白く、胸を叩いてポコポコ音を出すのを初めて聞きました。その生態の面白いこと面白いこと。動物の檻の中等実にきれいにしてある。種類はそれ程は多くないが、珍しいのがかなりあり、鎧を着た一角サイや、爪が二本しかないナマケモノ類、エヒドナ、小カバ（カバの子ではない、種類が違う）、サイの子供（これは世界の動物園はじまって以来、サイの初めてのお産の筈）等、見応えがありました。

少し陽が薄れ、むしむしする中を駅の近くで昼食。スイスは高いが量が多いのは良い。次いで美術館へ。見ものはホルバインとフランス印象派。ゴッホとゴーギャンが五点ずつ程あり、ゴッホのモンマルトル風景等初期の物が珍しかった。少し暮れかけた町をカテドラルを見に行く。ここにはエラスムスの墓がある。はじめ見付からず、人に聞いて円柱の一本のかげに見付ける。墓碑を写す。夕方で人の出盛る町の中心部を駅へ引き返し、宿へ。雲が湧いて来、天候は余り期待出来ません。駅のベンチで手紙を一寸書く。周りの連中がじろじろ見る。縦書きが不思議か。

六時の急行に乗る。途中の駅から母親に連れられて乗った、男の子をかしらに女の子三人の兄妹が可愛く、特に一番小さいのが実に人形のよう。少々おでこなのが、また愛嬌を添え、言葉も覚えかけ。母親に幾つですと聞くと二つ半と言う。僕の手をちょっとつついてにこっと笑う。何とも可愛いのでキャンデーを一つやる。きちんと座っていて、一寸行儀が崩れると母親がひどくたしなめるのは偉い。実に厳しいものだと思った。

七時二十三分ベルンに着いて、すぐ本田さん（先月パリで会ったベルン留学中の先輩）に電話すると、すぐ迎えに行くと言う。大塚君（九月からベルンに移り一、二年居るという）と二人でやって来ました。本田さんの家に行き、兄と妹の子供二人を加えて、賑やかに夕食。鳥の丸焼、大盤振る舞いというべし。十二時近く迄、今日の見聞やゴリラの話、スカンジナヴィアの話等して過ごしました。霧の中を、本田さんが探しておいてくれたペンション迄大塚君に送られる。一時過ぎ迄手紙。夜でも捻ると熱湯がほとばしり、暖房も程よく快適。

床に入ってから美術書でドイツ・ルネッサンスの所を読むと、ホルバインはドイツ画家の内、もっとも優雅さをたたえる人で、もっともどころか唯一人と言い得ると書いてある。僕も実に神経の届いた、色調の美しい人だと思ったが、これが確かめられて面白かった。特に打たれた「ホルバインの妻と二人の子供」というのが最大傑作の一つに入っていました。

十月十八日(木)

起床八時半。あいにくの雨、しょぼしょぼと降っている。どうもボンといいベルンといい首都に来ると雨にやられます。朝食を済ませ、本田氏宅へ。奥さんに僕宛の手紙が来ていないかと伺ってみる。主人が研究室に持って行ったと言うのでそこへ行ってみる。無事受取って研究室の中で読ませてもらう。

＊延暦寺が焼けたというような事を聞くと、特にヨーロッパに来ている者にとっては、実にみじめな気持になります。もういい加減にしてくれと叫びたくなる。

本田さんからグリュンタール氏の所に連絡してもらうと、三時に来いと言う。次いで繁華街を抜け、アール川の上に高くかかる橋を渡ってヘルヴェチアプラッツ（ヘルヴェチアとはスイスの意）に出て、大使館ヘルヴェチアシュトラーセ四十二に行く。小澤君に頼まれた人探しです。こぢんまりとした建物で、ひっそりと仕事をしています。求める人は無し。

ところで、この途中の橋からの眺めは絶好。天気は絶望的に悪いが、景色は何と素晴らしいことか。黄葉の他に、ここに来て初めて紅葉を見たが、あとで聞くとこれを日本もみじと称する由。今迄のドイツの旅ではこんな綺麗な色を見ませんでした。黄葉の方も実に見事。晴れていたらどんなに美しいかと思う。

学校の退け時、女の子と男の子が喧嘩をして、女の子が男の子の髪の毛を掴み、地に捩じ伏せなぐりつけると、あと何事もなかったようにさっさと行ってしまう。後に残った男の子達はオーとか何とかわめき合っているが、追い討ちをかけるでなし、女性尊重はこんな時から植え付けられているのかなと想像する。それにしても女性の胸を張り、活発なこと、ヨーロッパのどこことも同じ。日本の女性も少なくも気心だけでなく、歩き方、動作一般に活発にならねばいけないと思う。しとやかな奥さんというのは日本の特産物だそうだが、まあそれも良い事ではあるが、女性にとっては余り名誉ではないでしょう。

この町の特色は商店街の前には石の堂々たる回廊が続いていることで、リュ・ド・リヴォリが街中にあると思えばよい。雨の時は特に良い。古い町筋にはルネッサンス風の飾り人形を乗せた泉が花に飾られ、とても綺麗だ。

十二時半の食事の門限迄に急いで帰る。市内電車の静かなこと、揺れないこと、早いこと、きれいなこと。食事は実に量が多く、さすがの僕も少々悲鳴をあげる位。同席に台湾人が居て、日本語で話し掛けて来る。アメリカ行のヴィザを待っていると言う。

午後一時半宿を出る。町の真中を行く頃、雨は激しくなる。レインコートの襟を立て、帽子を被り、黄葉並木の下を歩く。橋のたもとで、ベルンのシンボル、熊の飼育場を覗く。実際愛敬のある動物です。左に急な坂をのぼるにつれ、雨にけぶる市街が次第に見渡せてくる。川を巡らし、一方、トレドに似ています。美しいという他ない。

目指すボリゲンシュトラーセに入ったものの、片側は農家、片側は競馬場で、行けども行けども病院等あるものでない。その内、両側が牧になり、右手遥かの山麓では射撃の音がする。民兵の演習でしょう。この町ではよく民兵を見る。牧が畑になり、牛の首の鈴の音の遠のく頃、深い並木道にワルダウ・ユニヴェルジテートクリニックの札を見付ける。雨はほぼ止み、玄関で問うとグリュンタール氏が出て来ました。病院の玄関を出て、畑の中の並木をしばらく歩くと、農家風の物置小屋があり、そのかげに二階建の建物が二軒並んでいます。

歩きながら、この間日本の厚生大臣（？）がここへ来ましたが貴方は知っていますかと聞くので、知らないと答える。内村教授は来られましたかと問うと、彼とはスピールマイヤーの所で一緒でした、今年はここにもやって来ましたとのこと。少しく高い方の建物はスイス風の造りで、玄関の壁に一五九九年に建てられたと石が嵌め込んである。現在の研究室はその隣。入らぬ前からガラス越しに繊維標本室が見られ、マドモワゼルが二人働いています。これは脳研並み。

こちらにはゼクチオン室がありますと、続きのドアを開けて導き入れられると、壁の暗い、薄暗い部屋ですが、中央に花に飾られた棺の中に白蠟のような顔の婆さんの遺骸が据えられてありました。予期しない事とて一寸びっくりしました。その頭の方を通って、もう一つ隣の部屋がゼクチオン室。窓際に鯨の胎児がいくつか並べられてあります。これは最近手に入ったのですと、その内の一つを嬉しそうに示す。イタリアのトリエステから来ると言う。山国のスイスで鯨を研究するとなると苦心も多いことと察しました。

次いで遺骸室、標本製作室も再び抜けて二階に上る。上り口に小動物が飼ってある。聞くとモグラの一種だと言う。二階は三室あり、一番奥が教授室。といってもそういかめしいものでなく、まるで屋根裏で、天井が屋根と平行に傾いています。全てが白木造りで、さながら山小屋といった風情です。何からにしますかねと言いつつ、戸棚の上にある大きなエコノモ・コスキナスの大脳皮質の写真図譜を見せる。これを見た事がありますかと言うから、テキストの方は知っているが、このアトラスは初めてだと言うと、この本は百部位しか世に出て居らず、これは戦後エコノモ夫人から譲り受けた物で、エコノモの所有です。テキストの中にエコノモ自身の書込みがあると言って見せる。このアトラスは自慢らしい。

次いで自分の研究室から出た論文の別刷を持って来て説明にかかる。グリュンタール氏の名は視床下部の比較解剖的分類で知ったのですが、先ずその仕事に関する別刷から。説明しながら、貴方は何をやりましたと問うので、僕の別刷を出し、丁度説明ついでのCENTRE MEDIANは色素粒子の方から見て大変面白い所で、大細胞部と小細胞部でその性質が異なると言うと、必ずしも二部ははっきり区別されず、個人差が大変大きいですよ、フォークトははっきり二部が分けられると言うが、と言うので、いや粒子の上でみるとはっきりしていますと言うと、そうですかと受け、ところでフォークトは、ときたので、先日会って来ましたと言い添えますと、私の所に居た研究者がフォークトの所で標本を見たが、あそこでは脳を丸ごと固定するので大変人工産物が多く、分裂病で病変があるというのも大概はアルテファクトですよ、それにフォークトはこれでしょと、手をはっ、と上に上げる。軍隊式だという意味でしょう。一言でやっつける所、中々面白い。

話を元に戻して色素粒子については、私もずっと以前にヴュルツブルクに居た時やった事がある。場所はアンモン角と言ってその別刷を出すので、僕がすかさずこれがh1,これがh2と言うと、貴方がやったのと私が三十年も前にやったのと同じだと、向こうは中々負けず嫌いらしい。こっちも、何を、俺は全灰白質についてやったんだぞという気になる。

ひと渡り説明し終わる頃、お茶ですとマドモワゼルが呼びに来る。お茶といえば、貴方の国では緑茶でしょう、私がスピールマイヤーの所に居た時、日本人の学者がよく飲ませてくれましたと言う。立ち際に壁に花の絵があるので見ていると、これはチューリップの奇形。私は植物の方も一寸調べているのです。これはとうもろこしの奇形と、別のを指す。机の方にカボチャの奇形のようなのがあるので聞くと、いやこれはnormal。冬、室に飾って楽しむので、食べるのではないと言う。その他に、イルカの写真等を飾り、小川教授と趣味が合うわけです。

下の標本製作室でマドモワゼル二人、学生でここに出入している二人のスイス人（一人はイタリア系とか）と六人で紅茶を飲む。イルカが好きというから「沈黙の世界」を見ましたかと問うと、にこっとして、見ました、イルカが素晴らしい、私はトゥルシオップスだと思うと来た（トゥルシオップスは小川教授に縁が深い）。僕が、我々の所には長須・抹香の脳があり、私の室にも二つ置いてあると言うと、どこから来るのかと問うので、南氷洋船団に乗り組んで持ってくると答えると、羨ましそうで、大脳皮質だけでも欲しいと言う。

時に貴方が戦争中出された論文は日本になく、小川教授が読みたがっていると言うと、学生と相談し、コピーして送るか等と話している。学生が、パリの標本はよくないでしょう、ここのはこんなにきれいですと見せる。脳研のと変わりはしない。メスが切れなくなったらどうすると聞くと、メルクの錫の化合物と水を混ぜ、鏡の上で研ぐと言う。いやもっと大きい傷ではと言うと、それは専門家に出すとの答。ベルトラン教授については、あの人は血管を主にした病理学者ですと言う。

お茶が済み、学生も二階に共に上って来て、一緒に整理戸棚を見る。グリュンタール氏は鼻の下にひどい汗をかく人だ。各種の動物や人、病的材料のきちんと整理された写真を、次から次へと見せる。実によく整理されていて内心ほとほと感心する。

次いで教授室に入り、これ又、整理戸棚から傑出人脳の研究資料を見せる。有名な哲学者（名は思い出せぬ）の脳について、あらゆる方面から写真を撮り、次いで石膏にとり、そのあとエコノモの分類により脳を番号付けした沢山のブロックに分け、これをセロイジン切片にし、十枚に一枚ずつニッスルで染め、あとの九枚は番号を打ってから薄いセロイジン膜にすっかり封じ込んで保存してある。マドモワゼル一人が掛かりっきりで一年かかった仕事だと言う。これも実に周到だ。ニッスルもちっとも褪めていないのは優秀。

次いで隣の標本室に行き、人及び動物脳の沢山のニッスル標本を見せる。一種類ずつ厚紙のボール箱の中に収められている。これも実によく整理されている。廊下に出て今度はリコンストラクションの模型を見せる。誰が作りましたと聞くと、自分だと言う。これにも感心しました。ともかくじっくりと腰を据えたユニークな存在だという気がする。最後に教授室に戻り、別刷の余分のあるものを二、三くれる。雨は上ったが雲厚く、既に薄暗くなっていました。小川教授によろしくとの言葉に、何かその他にご希望はありませんかと聞くと、鯨の脳でもいただければね、しかしそれは無理でしょう、大き過ぎですと笑う。五時半でした。

また元の道を引き返す。頑固親父だが、実によくやっていて大いに刺激を受けました。誠に来てよかったと思う。途中演習を終えて帰って来る兵隊達に会う。原子戦の時代に一生懸命小銃の稽古。実に徹底したものです。とっぷり暮れ、きらきらと灯に飾られたベルンの町をローゼンガルテンの高台の上から眺めながら急坂を下り、バスでハウプトバーンホーフへ。

六時十五分迄に本田さんの家への約束に一寸遅れる。今夜は大塚君も入れ三人で、スイス名物「フォンデュ」というのを食べに行こうというわけ。町に出て二、三安そうな所を探し、一軒に入る。白葡萄酒かキルシュ（さくらんぼから作った酒）で食べるものの由。運ばれて来たのはチーズの匂いのぷんぷんするドロリとした液体。これを鍋に入れ、下から暖めながら角砂糖位に切ったパンにつけながら食べる。実に簡単なもの。しかしこの汁を作るのは中々大変とか。それにしても、そう特にうまいというものではなく、スイスの質実剛健を地でいくような食物。

次いで河岸を変え、楽団演奏をやるKellerへ。ここでビールを飲みながらスイスの話を聞く。ここは六十%がドイツ系、二十から三十%がフランス系、残りがイタリア系で、これに新旧教の区別があり、事情は中々複雑とか。しかし民主政治は御家芸だけのことはあり、駅の改造から何から全て選挙と言う。バーゼル、ベルン、チューリヒ、ジュネーヴ等全て州として自治性が徹底し、それぞれの地方色を誇り、他所者（スイスの中の他州の者）はいびられるとか。国家の産業は機械、林業、時計、観光等で、国の予算は中々豊か。しかしその三十九%は軍需費になる由で、これには一寸驚きました。

日本に来たスイス人は日本の美しさと、日本が古い文化を持っていることと、自分等より遥かに工業力があるということで感心する由ですが、一年間住んでの本田さんの感じでは、スイスは確かにちんまりとして清潔ではあるが、いかにも小国という感じを拭い得ないと言う。清潔好きとは聞いていたが、家等どこへ行っても綺麗なもの、本田さんの家にスイス人の小さい子が遊びに来ても、勝手に戸棚や冷蔵庫等覗き、一寸でも汚れているとすぐ拭き始めるそうで、本田さんの奥さんは大恐慌とか。男は国民皆兵、女は学業を続けない限り、一年間日本の女中奉公の如き事をやる義務があるという事を初めて聞きました。

日本を大国ということの国の人々の富んでいること、経済の安定していることは並々ならぬものがあり、現在我々が使う通貨の中にも一九二〇年代のがざらにあるのがその証拠。それに天変地異の無いことも与って力があり、人口と国土面積も丁度釣合がとれている。生活物資の主な物の多くを輸入に仰ぎながら、産業の面ではあくまで自由企業を尊重するこの国の運命は西欧民主主義の函数でありましょう。ちなみにストライキは全くなく、人々は栄誉よりも収入の多い事を望む由。全く実務的な徹底した国民です。ショーウインドウを眺めつつ十二時近く宿に帰りました。

十月十九日(金)

今日は少し寝坊と構えていたら八時前にノック。食事を持ち込まれて起されてしまいました。やむなく起きて食事をしようとしたら、誠に相済みませんでした、部屋を間違えて起してしまいましたという口上。まあしかし早起きも三文の得と、少し手紙を書き、九時過ぎに街に出ました。

陽は射しているが雲が湧き、陽がかなり薄れています。町の中を流れるアール川を渡り、対岸から町を眺めるべく、高く高くかかる橋を渡ります。誠に木の多い所で、その半分位が紅葉していて、実に綺麗です。家々の白壁、赤屋根と美しい対照をなしている。人々の服装もきちんとして、いかにも豊かという印象を与える。それに町を通る人が少ないのも印象的。川へ急に下る斜面沿いの住宅地をローゼンガルテンへ。ここからの朝の陽を受けたベルンの町は中々良いと本田さんに言われていたので来てみたわけですが、本当に絵になります。町はちょっとした丘の上にたち、川に取り囲まれ、中央にカテドラルを聳えさせている。その全体の配置はトレドによく似ていますが、樹々に囲まれ、色彩の明るいこの町の方がずっと豊かな印象を与えるのはどうすることも出来ない。写真を左から右へ連続的に撮る。結果はどうなりますか、後のお楽しみ。

ローゼンガルテンからの実に急な石畳の道を、熊の飼育園へ。子供熊六頭が一緒に飼われていますが、上から投げられる餌を奪い合って喧嘩が絶えないのが面白い。

いかにもゆったりと育った大きな並木越しに、町を左手に見ながら坂を上り、アルペン・ミュゼを目指す。ヘルヴェチアプラッツの一隅。ベルを押すとマダムが出て来て切符を売るというのんびりしたミュゼ。救難用具、アルプスの歴代のガイドのノートや肖像、アルペンの色々な部分の沢山のパノラマ、氷河の種々相、アルプス登攀の歴史、山小屋の色々等、それにアルプスの生物も並べられてありました。特によく見たのは明日登ろうというベルナー・アルペンのユングフラウ山塊のパノラマ。出口でマダムに明日の天気はどうでしょうねと聞くと、ユングフラウヨッホに電話してごらんになったらと言う。そういえばベルンからは東京から小田原位迄の距離しかないわけ。マダムがミュゼは面白かったですかと問うので、中々良いと言うと、それではこの本は如何でと出してくる。綺麗だが四・五フラン（約四百五十円）すると言うのでやめる。中々商売熱心なもの。観光事業が産業の三、四番目というこの国では、皆がこれに徹しているのか。

帰りしなにデパートに入る。本田さんの奥さんは内職に刺繍を銀座の店に出していて、その師匠からスイスを始めヨーロッパの刺繍は、糸もデザインもよいから是非買って来いと言われた由、昨夜本田さんからショーウィンドウを覗きながら、クッションやテーブル掛の良い色のを見せられていたので、それを買うためです。

ショーウィンドウに出ている十フラン（約千円）のをくれと言うと、売子のマダムがどれでしょうとショーウィンドウ迄一緒に下りてくる。縁にビロードのついたのと、つかないのと二種類買い、それに小さい花瓶敷きを誰に土産にしてもよいと五枚買う。しめて四十八フラン。一寸豪勢なようですが、スイスでは節約しているから大丈夫。時計等と違って日本に帰ってからも楽しみながら作るのだから、ずっと意義があると思う。それに生地のリネンはドイツ製だそうだが、リネンなら日本でも出来るし、ビロードもあるし、あとは糸を買っていけば、今日買ったのを手本に直子がいくらでも作れるだろうと考えたのです。その内に節子も作るだろうし、金が余ったらチューリヒで糸だけ買うつもり。ともかく中間色の素晴らしい良い色ばかりで、糸の戸棚を見せられた時には僕も一寸うなりました。全ての色の糸が一通り欲しくなって弱った。時計を買って行く人は多かろうが、糸の色に夢中になる等は、日本人の男としては珍しい方ではなかろうかと思いますが。ところで材料だけ買うと二十フラン位でも、出来上りを買うと八十フランを越してしまうのです。これから冬に向かって刺繍の季節とか。女の人が入れ替り立ち代わり買いに来る。どこの売場にも男は僕だけのようでした。

昼食に間に合うように急いで宿へ戻る。今日の献立はスープ、次が魚とレモンとジャガイモ二個。これが済むとソーセージ二本とマカロニひと山、最後が林檎。実に量が多く、さすがの僕もマカロニを半分位残す。はたをよく見ていると、大部分の人は皆食べるよう。特に年寄りがゆったりと牛のように、何時の間にか全部食べてしまうのには驚く。スイスでは食う位しか楽しみはないのか。しかしあまり味はよくないのに。

小憩の後駅へ出て両替と、明日の天気を電話で局に問い合わす。ポルトガルから中央ヨーロッパにかけ高気圧が頑張り、その境界は天気が定まらず、スイスの谷には雲が多く、山は少々風強く、雲の動きも激しいとのご託宣。フランス語とドイツ語とどちらがよいかと聞いて、フランス語と言うとやり出すわけ。ともかく天気が実に気になります。わざわざアルペン迄来たのに、たった一日でよいから晴らしてくれないかなと、雲の去来に一喜一憂の状態。

次いで二時過ぎ、本田さんに聞いた通り、グルテン山に出掛ける。市電を降りてザイルバーンに乗る。市電を降りしなに車掌が「サヨナラ」と言う。まことに愛想よし。ザイルバーンは五百メートル余のベルンの町から八百メートル余のグルテンの頂上迄運び上げてくれる。木々の間に見るベルンの町が実に綺麗。頂上にはゴルフ場。頂上から昨日訪ねたワルダウの病院が遥か彼方に見え、ベルンの町から大分離れた山裾にある。よく雨に降られながら行ったものと我ながら感心する。

ところでアルペンが真正面に見えるという見晴らし台に行ってみると、その方向は一面の雲。がっかりする。仕方無いので目の下のゴルフ場を見ながら、降りかかる黄葉の下のベンチで休む。観光客に混じり老夫婦たちが午後の一時を過ごしに来て、葉巻をくゆらしています。ゴルフ場の美しい緑、これを縁取る夕日に輝く黄葉。ところで待つ内に雲が少しずつ薄れて行くのが気付かれましたので、これはと思い腰を据えることにしました。夕方には山の雲が取れ易いというのをどこかで聞いていたからです。

四時過ぎる頃、雲の僅かの切れ間から雪嶺の一角がちらり。有料望遠鏡で見ると、まさに峨々たる岩に纏う新雪です。実に美しい。その内少しずつ雲が切れると共に、また別の雲が湧きという風にはらはらする内、切れ間が少しずつ開いて、先ずヴァイゼフラウの山塊が姿を覗かせ、その左、左と峨々たる山容を見せはじめ、四時半過ぎる頃、紛うかたなきユングフラウ、次いでメンヒが現れ、興奮は極まりました。アイガーの雲が中々取れず気を揉む内、ユングフラウの頂には早くも薄雲。アイガーの見える頃は中腹のみが見えるだけになりました。しかしアイガーの左にはフィンステラールホルン、シュレックホルンの犬歯のような印象的な像がすっくと立ち、息を呑むばかり。望遠鏡で見ると、雲を通してうっすら山肌が雲を纏って識別出来、何とも言われず高貴な感を与えます。周囲の連中もユングフラウ、アイガー等言いながら立ち尽くしています。

しかし二時間もここに待っていたのは僕だけです。表示板を見ながら英語を話す中年夫婦が、ユングフラウの上の四千百六十二という数字を、これはキロメートルかと質問するのに一寸度肝をぬかれる。しかし、とうとうアルペンを見たわけです。側に話し掛けるべき誰も居ないのが残念至極。

東洋人が四人来たが、山は一寸見ただけで、望遠鏡でベルンの町を眺め、すっと帰ってしまう。一寸解せない。五時を過ぎ、既に肌寒く、しかもアルペンには再び雲が湧き始めたので何度も振り返りながら道を下りました。明日はどうかなと一寸頼りない気になりながら。町に帰り、ラッシュアワーともなれば人のごった返す（人口十五万）ベルンの目抜き通りに戻り、夕闇の中に万国郵便連合記念碑を見上げると、忙しく本田さん宅へ。途中に子供にチョコレートを買う。

今日はいなりずしを馳走してくれるというわけ。赤葡萄酒も久し振りに、パリでの色々な珍談等披露すると、本田さんの奥さんが、家へ来る客は科学者にしても話が面白くないのに、医者の話は人生の種々相に触れて面白いですねと、飽かず聞いてくれる。奥さんに刺繍の話を色々聞いて、チューリヒで糸を買うことを決める。十一時過ぎ宿に帰る。月が照り、星が一杯。月の周りに大きい「雲」があるのが気掛かり。しかしもう今は行く他ない。

十月二十日(土)

三時頃一寸目が覚め、天気の事が気になり、それからうつらうつら。五時には真暗な中を起き出し窓を繰ると、星が見えるが、鱗状の雲が東から湧き、少しずつ動いています。五時半に頼んでおいた通りノックしてくれ、六時には食事。雲が湧いてお気の毒ですね、ユングフラウ行はお金も高いし、晴れないと折角行ってもね、とマダムが心細い事を言う。六時半、気持良かった宿を出る。雲が盛んに湧き、停車場に着く頃はすっかり閉ざしてしまいました。一縷の希望は雲の所々が切れていることのみ。

本田さんが発車五分前に駆け付けてくる。奥さんはオーバーを買うのと、アメリカへの行きしなパリを見るので、ユングフラウには行きたいがやめたと言う。六時四十九分発車。スイスの民兵が背嚢を背負い、鉄砲を持って、どこか演習に参加するのでしょう、乗っています。天気はどうも思わしくないですねと話す内、地平が橙色に輝き、そこに黒々と峨々たる峰のシルエット。はっと息を呑む。山はどうやら晴れているらしい。と思う間もなく濃い霧の海に突っ込んで、殆ど車の沿線の家がやっと見られる位になりました。実に濃い。しかしガラスに顔をくっつけて地平の方をじっと睨む。トゥーンという町に入って霧から出ると、右手に雪の嶺がぐっと立っているのが見られ、目を左へ左へと移すと、山には殆ど雲が無い。実に万々歳です。結局雪があるのは谷の中だけなのです。湖岸に色とりどりの別荘を巡らし、トゥーン湖は静まり返り、対岸の山には朝日が当たり、黄葉紅葉が実に美しい。湖面はそれこそ鏡のよう。

終点のインターラーケン・オストに近く、また霧に突入。汽車を降りるとひやっと霧が顔を掠める。いかにも高山電車らしい二輛連結の車両にここで乗り換える。観光季節を過ぎたとはいえほぼ満員で、英語をしきりに耳にする。八時二十分発、次のヴィルダースヴィルで霧から出、列車は次第に狭い谷に入ります。両側の針葉樹の間の黄葉紅葉が素晴らしく、しかも空には高い高い雲があるだけで、実に心が軽い。

ラウターブルンネンで歯車のついた列車に乗り換える。この駅から奥は氷河に削られた垂直な谷が両側に迫り、滝がかかっていて雄大です。前山の向こうにユングフラウの頂がちらりと見えました。ラウターブルンネンを出ると、左に旋回、ぐんぐん高度を増し、トンネルを幾度も潜るが、その度に景が開け、ミューレンの南西の鋸状の雪嶺がぐぐっと空に伸びているのが見られます。ヴェンゲンの駅からはユングフラウが朝日をうしろから受けて中腹より上が望まれる。ここから日本人八人が一等車の客になる。日本人が金持と見られるのも当然か。

次のヴェンゲンアルプ鉄道でユングフラウの全姿が現れました。今迄はユングフラウ等というと、いくつかの小さい山の上に乗っかっているものと想像していたのに、あにはからんや、全く谷からいきなりぐーっと屹立しているのです。層状をなした水成岩の岩肌が、薄紫を帯びた灰色に見え、雪との配色が快い。雪は氷河の端では青味を帯びています。下からずっと目を移してピーク迄見上げると、朝日がまばゆい。のしかかるような圧倒的な印象。何をか言わんやです（これからはあまり感情的表現を避け、記述的に書きましょう。きりがないから）。

ここからクライネシャイデック迄の左側は地衣類にびっしり覆われた岩山、右はユングフラウとメンヒの真正面、アイガーの西稜、クライネシャイデックからは一、二等のない中々上等な車輛になり、暖房が一段と利いています。日本人等が話し掛けてくる。日本医大歯科教授とか、商人とか。くだらないことを喋る。本田さんと目配せして沈黙を守る。この良い景を前にして、そんな事に耳を貸していられるか。

乗り換えの時間の暇を、駅のはずれまで行って遥か彼方の下にグリンデルヴァルト、その上に聳えるヴェッターホルン、アイガーをカメラに収める。クライネシャイデックのホテルも既に閉ざし、いかにも初冬らしい。夏はえらいことでしょうに。アイガー氷河迄の登りで、山がぐんぐん迫って来ます。クレヴァスのバクッと口を開けたのが見える。この駅を過ぎるとすぐトンネルに入る。本田さんのガイドブックによると、このトンネルは一八九六年に着工、一九一二年に開通したとかで、アイガーとメンヒを貫き、ユングフラウの肩に出るという凄いものです。僕もこんなになっていようとは思いませんでした。トンネルの壁は堀りっ放し、岩には埃が溜り、又、所々細いかけらになっている所もあり、本田さんに聞くと、きっと列車の振動で少しずつ崩れるのではあるまいかと言う。いずれにせよ難工事でありましたろう。それにこれだけ規模の大きい事を計画した人間に敬服します。

僅か一時間余りで七百九十六メートルのラウターブルンネンから三千四百五十四メートルのヨッホ迄上る等、山登りの専門家からみれば邪道中の邪道でしょうが、何としても大したものであります。このトンネルはヨッホ迄一挙に掘り抜かれてあるのですが、途中に二駅ある。一つはアイガーヴァント駅、他はアイスメーア駅。一々降ろして外を覗かせる。前者はアイガーの北壁に穴を穿ち、後者はメンヒの土手っ腹に穴を開け、いずれもガラスの窓をはめ込んであります。ガラス窓はいずれも雲を纏い、隙間からは冷たい風が入り込み、中々寒い。アイガーヴァントからの眺めは実に雄大で、スイスの果て迄見えています。アイスメーアは前面に氷河（そう広くない）がのしかかり、これが陽を受けて実にまばゆい。

ヨッホ着が十時過ぎ。中は全くの近代ホテル。その木造のテラスからアレッチ氷河とユングフラウの頂上を見るようになっています。本田さんの後について先ず高山研究所訪問。岩の中にえぐられたトンネル伝いに行くと鉄の格子戸があって、そこが入口。ここには二十年以上住み着いた事務員が居るが、人は良く、仕事はするが、嫌人症故、気を悪くしないようにと言われて来た由ですが、受付けに出たのは女性。これが英語をしゃべる女性に紹介する。後者はアメリカから半年研究に来ているとかで、この人が案内してくれる。実に間数の多い所で、大部分は寝室ですが、化学室、図書室、測定室、食堂等実に設備が良く、各階の上り下りはエレベーター。頂上の見える部屋で赤外線の測定をやっているが、湿度と温度の条件がよくないと、赤外線が吸収されるそうで、一年に二日位しか至適条件の良い日がないと言う。誠に地味な仕事。英国から来た男が測定をやっていました。まさに国際的です。

所内に飼っている犬がどこかの戸を開ける度に気狂いのように吠える。米女性が、犬にとってもここに住む事は異常な状態で、気が変になっているのでしょうと説明する。僕もいきなり三千メートルに上って来て、一寸頭がふらふらし、階段の上り下りが少々息苦しい。所々にゆっくり歩けと書いてあるのもむべなるかな。

次いでここを出て、スフィンクス展望台に登る。エレベーターで一、二分。ここの高さが三千五百七十三メートル。小さなガラス張りの見晴らし台がさながらスフィンクスに似ているので、その名があるらしい。目の前にメンヒの頂上が聳えています。雪が実に眩しく、長くは見ていられない位。しかしアレッチ氷河の反射の方が更に強く、ユングフラウからアレッチ氷河へ下るその急な斜面のクレヴァスのあたりが最強で、思わず目を覆ってしまう。電気露出計も役に立たない。ユングフラウの肩の雪庇が美しい。

ここを下りてまた長い坑道を抜け、犬を見に行く。そりを引かせるため、北極犬を飼っているのですが、残念ながら見に行った時はどこかへ行って、いない。坑道をあとへ戻ってヨッホの雪のプラトーへ出て見る。アメリカの女性が雪眼鏡を持って来て貸してくれる。雪がつるつる滑り、この夏、観光客が写真を撮っている内に足を滑らせ、死んだとおどかされる。メンヒ、ユングフラウの頂上が指呼の間。アイガーはここからは見えない。

　ヨッホのテラスに戻り、本田さんの奥さんの心尽しのいなりずしで昼食。箸を使うのが珍しいか皆じろじろと見る。こっちは反って得意になってパクつく。テラスの手摺には餌を貰いに沢山のカラスのような黒い鳥が多数去来する。さんさんと降る陽にワイシャツ姿になる。腹が満ち、一時四十分の発車迄アレッチ氷河とユングフラウを何遍となく眺め、時間の過ぎるのを惜しむ。帰りのトンネルの中は満腹と暖かいのと、早起きとが重なってこくりこくり。トンネルを出て二人共はっと目を覚ます。

　朝と違い今度はユングフラウのこちら側に目が移り、まさに絵葉書（ルツェルンより出す）そっくりの姿。クライネシャイデックで乗り換え。こうしばしば乗り換えるのは、高さにより全て歯車も電圧も異なるそうで、これは事業を独占するための手段とか（米女性談）。クライネシャイデックからの下りはアイガーの裾をグリンデルヴァルトの大きな谷を見晴らしながらの絶景。車はアイガーの北壁の直下を通る。ここから見上げる北壁は全く息を呑むばかり。全く凄い山容です。全く垂直というか。ただただ仰ぐのみ。この壁が何人の人を振り捨てたことか。いつの日か仰ぐと思っていたアイガーが目の上にのしかかっていると思うと、一寸本当と思えぬような気もする。

　隣にいたスイス人が英語で、貴方がたは日本人かと聞いてくる。「ウィ」と言うと、すぐフランス語に切替えて、前にこの東稜を日本人が初めて登りましたと言うので、それはムッシュ・マキ（槇有恒）、この人の隊は今年マナスル登頂に成功しましたと言うと、まだ生きているのですかと聞くので、もう六十前後だが元気一杯ですと言うと、そうかと驚いていました。そしてあれがシュレックホルン、その左がヴェッターホルンと説明してくれる。私も昔地理で九州、四国、北海道、本州等と聞いた、フジヤマは何処にありますか、等言う。日本は全てを失って、今貴方が言っただけになってしまったと言うと、今度首相が来て、千島の一部が返る事になったらしいですねと答えました。いかにも気のよさそうな中年のでっぷりした男。ムッシュ・マキにもう一度アイガーを見せてやりたいな等思いつつ、グリンデルヴァルトに着く迄アイガーを見つめていました。

　グリンデルヴァルト着三時半頃。この村は牛の鈴に明け暮れするのか。黄葉紅葉に飾られ全く絵の如き美しさ。その上にのしかかるヴェッターホルンの勇姿は、早くもうっすらと夕べの霧を被ったアイガーの姿と共に、永く永く眼底に残ることでしょう。村の道で会う人々も「こんにちは」の挨拶をして通る。見も知らぬ我々にまで。陽がチュンゲンに入ってしまい、グリンデルヴァルトに暮色が迫りました。ビールに渇を癒し、車の人となる。出来ればここに一泊したいが旅程が許さず、尽きぬ名残のグリンデルヴァルトを四時四十分発車。村は既に薄暗いが、ヴェッターホルン、アイガー、その間に覗くシュレックホルンの雪はまだ夕陽を受けて輝き、針葉樹林や降りしきる黄葉の間から、ツヴァイリュッチーネン迄見えていました。見えなくなると、何だかがくっと気抜けしたような気持でした。インターラーケンの駅から一寸覗いたユングフラウの頂も、間もなく光を失う頃、五時四十二分本田さんはベルンへ、僕はルツェルンへ、二年後の東京での再会を約して別れました。

しばらくは彼方に雪嶺がうっすら暮れ残っていましたが、それもすっかり暮れて、各駅停車の列車がルツェルンに着いたのが午後八時過ぎ。暖房の無い、少し冷え冷えとする車内で、今日の圧倒的な印象を心に刻みつけつつ、一方では帰国したらゴルジとボディアン法で、黒質や網様体や青斑核やオリーブ核やサントル・メディアンや、まだまだ未知の問題と取り組んでやろうと、思いを巡らせました。

ルツェルンの昔の市庁の脇のホテルの屋根裏（五フラン）に陣取りました。ここからのルツェルンの夜景が実に美しい。

十月二十一日(日)

今日は久々に十二時間寝て、疲れもすっかり取れました。鐘が三十分毎に美しく鳴り響きます。ところで昨日とうってかわり今日はルツェルンの町はすっかり曇っています。食後、眼下のロイス川に群れる白鳥とかもめの声のしきりに聞こえる窓辺で十二時迄手紙書き。時々雲間からうっすら陽が射すが希望は持てない。それにしても昨日はなんと天気に恵まれたことでしょう。

昼過ぎ、荷を駅に置くと地図をたよりに散歩に。フィーアヴァルトシュテッテ湖から出るロイス川を囲んで出来ているこの町は、今や黄葉の真っ盛り。十八から十九世紀にはゲーテ、シラー、バイロン、ワーグナー等が、ここに居を構えたというのもむべなるかな、誠に美しいたたずまいの町です。先ず氷河公園を目指す。道幅が狭いのがいかにも古い町らしい。

ライオン広場から一寸入ると、そこにライオンの像があります。これはコペンハーゲンでその美術館を見て来たデンマークの彫刻家トルヴァルセンの作の由で、フランス革命の時、ルイ十六世の護衛をやったスイス兵が、忠義に徹して戦ったことを称え、スイス人の信義と勇気を表したものの由。心臓を貫かれたライオンが、死にかけながらフランス王の紋章の百合のついた楯をしっかりと抱えて離さないところを、大きな岸壁の中に彫ったものです。下は半円形の池になり、水面には周りの鬱蒼たる木々の落葉が浮いており、池の縁には色褪せたあじさいが植えられています。初冬の趣です。

次いでその隣の氷河庭園。これはガイドで見ると十九世紀中頃に、偶然この場所に見付かった氷河時代の遺跡をそのまま庭園にしたもので、ロイス氷河に削られた岩石の面や、氷河の残した丸い石、氷河の動きで岩が丸く削られたあと等がつぶさに見られます。実に不思議なものです。付属のミュゼにはこの地方に関する資料やパノラマが集められてあり、裏の急な斜面の一部には、氷河がどうして岩をえぐったかの人工模型が作られています。それによると、岩のかけら（かけらといってもかなり大きい）がクレヴァスから落ちる水で揺り動かされ、その運動により、その下にある岩盤が次第にえぐられて行ったことをよく表しています。薄暗い洞穴の奥でこれをやっているが、一人で見ていると大昔の自然の営みの中に放り出されたような気がして一寸薄気味が悪かった。

次いで古い町の北を劃する昔の城壁沿いに歩き、その塔の一つシィルメルトゥルムに上って町を眺める。全く今度の僕の旅と切っても切り離すことの出来ないのは黄葉の美しさです。雲のため市の南に聳えるピラトゥス山は見えない。湖面に靄がこめ、遠望が利かない。それでもこの町の美しさはよく汲み取れます。シスターに連れられて賑々しく上って来た女学生達と入れ替りに塔を下り、川に出て、ここの名物の屋根のかかった橋を渡る。兵隊の姿が大変多い。湖が川になる部分の水上に鳥たちの家が建てられていますが、そこで人々が散歩に来ては餌をやっている。食事の食べ残しでも鳥に持って来てやろうという気持が、誠に大切。

三時過ぎでまだ時間があるので、駅からバスでそう遠くないトリプシェンにあるワーグナー記念館を見に行きました。バスを降り深い並木を湖の方に行くと、岸から大分離れて小高い丘の上に立っている白壁の四角い建物がそれ。一階がワーグナーの住居。肖像やデスマスクや彼の用いたピアノや楽譜や、更には子供のジークフリート・ワーグナーに関する資料等が飾られてあり、大小四室。この窓からの眺めは中々見事で、湖に下る芝の彼方に高いポプラが並び、その向こうは湖越しにピラトゥス山という具合で、ワーグナーがここに住んだ頃は人家も少なく、もっと絵画的な幻想的な雰囲気だったのではないでしょうか。二階の楽器の蒐集は見て通るだけにして庭に出る。

五時三十七分ルツェルン発チューリヒ行の急行に。ノンストップで六時二十分には着いてしまう。途中の沿線はこのあたりは高い山とてなく、時に湖が覗くだけの丘の連続。火が灯る美しいチューリヒの夜景に着き、本田さんに教えられたペンション・スマトラに行く。やっと見付けて入って行くと大邸宅。きっと昔は豪勢に暮らした家なのでしょう。ダブルベッドしかなく、一日朝食付き十フランは高いと思ったが、また探すのも面倒と入る。荷を置くと夕食をとりに町へ。探したが適当な所無く、駅の食堂に入る。高い。しかし空腹もすっかり満たされました。帰り道は素晴らしい満月になりました。夜半迄手紙。寝しなに熱湯で体を拭き就寝。

十月二十二日(月)

九時起床。霧。朝食をとり終え、カントン・ホスピタルに電話してみると、午後になると医者がいなくなるから午前中に来てくれと言う。地図で見るとさして遠くないので歩いて行く。途中高等技術学校の前を通る。これはスイスとしても大変程度の高い学校の由で、堂々たる建物です。だらだら坂を上り、これも堂々たるカントン・ホスピタルの神経科に入って行きました。しばらく待合室で待たされる。どこでも同じ、皆うんざりした顔をして待っているが、日本と異なるのは入って来た人、出て行く人が皆に挨拶の会釈をして行くことで、お互いの間に何となく繋がりのある感じを与える。人間が大人といおうか。

僕を案内すべき若い医者が教授のリュッティという人と話しているとかで、代わりにバーシュという四十前後の男が研究室に案内して、そこで待っていてくれと言う。この人は戦前にマールーヴルグの下で腫瘍を勉強、戦後すぐパリでギランとベルトラン氏についていたとかで、その別刷をくれました。お返しに僕のを進呈することを約しました。マールーヴルグのことはユダヤ人だが大変ジャンティな人(いい人)だと言っていました。広々とした、素晴らしくきれいな部屋で、マドモワゼルが標本を作っていますが、セロイジンとゲフリールの切片の出来はよくなく、大したことはないと睨む。しかしニッスルはよい色を出していました。机の上には双眼顕微鏡がごろごろしているが、他には何もなく、何となく索漠たる感がある。マドモワゼルに、昔はこの研究室に日本人が勉強に来ていましたねと話し掛けると、おぼつかないフランス語で、そうです、ここに日本人の書いた図がありますと、立って隣の小さな部屋に掛けてある大きな額に収められた一枚の図の前に連れて行ってくれました。布施さんのアトラスの原図でG．FUSEのサインが入っている。実に大きな絵をよく書いたものと思うが、タッチ等、徹の方が優れているように思う。

そんなことをしている内、若い男（名は忘れた）が来て、どういう方面を見たいかと問うので、組織解剖方面を見たいと答えました。この男も戦後見学生としてサルペトリエールに居た由。この研究所はモナコフ教授によって作られたのでしょうと聞くと、そうです、しかしモナコフははじめ私費で研究をやっていたので、あとになって政府から金が出るようになったのです。当時は一人で研究と外来とを持っていたのですが、今では別々に分科しているわけです。しかし現在、神経解剖をやる人はありません。しかし二年前に引退されたミンコフスキー教授の後任の現在のリュッティ教授は、追々その方面にも手を伸ばして行かれる方針ですと説明。

先ず組織標本室。これは神経科の図書室位あって、保存一点張り。日本にもありましょうと言うから、ええ沢山ありますと答える。次いで液浸標本室。液が乾いて捨てるのを待つのが随分ある。その隣が筋電図室。標本製作室にはテトランデルの小型のミクロトームがあり、別の小さな部屋にコングやミノー型等が大分置いてあるが、いずれも使われていないように見えました。それにしても広々として清潔。

最後に又、布施さんの図の前に連れて行く。現在研究員は何人かと問うと、三人との答。これで説明は大体終りましたが、まだ何か御覧になりたいものはと言うので、いやもう十分と辞退。月曜でもあり、臨床家故忙しいのでしょうが、教授は顔も見せず、更に研究面がこの程度では長居は無用です。それにしてもモナコフの時代とは設備等格段の差なのでしょうに、少なくも殆ど見るべきものはなく、研究は人なりの感を一層深めました。もっともミンコフスキーもモナコフの後を継ぎ、大分やった人だから、その後任リュッティもこれから先、同じように活躍するかも分からないので、軽々には判断出来ない。言葉の点で独仏英、自由自在という連中が多いのだから、又それにヨーロッパの方々の教授と容易に会合の出来る距離にいる連中だから、我々よりもずっと条件は良く、伸び出せばどんどん伸びると思います。しかしモナコフ時代のあの密度ある論文を出した教室を想像して行った僕には、些か失望でした。

その足で市電に乗り動物園へ。月曜のこととて入園者少なく、おまけに園内は落葉散り敷き。霧がうっすら流れ、動物たちも淋しそう。丘の斜面を利用した造りで、うしろは鬱蒼たる大森林。屋内鳥類園が洒落た造りなのに感心しただけで、動物の種類少なく、余り大した動物園ではない。水族館に日本産大山椒魚（ハンザキ）が三匹いて、一匹はもう二十年位になるらしい。園内レストランで昼食。すぐ近くにあるスイスの鉄道、特にユングフラウ鉄道の大パノラマ園を見る。入園者僕一人。スイッチで豆鉄道を動かして見せ、昼夜晩等の景を作る。

駅に戻り、明日のミュンヘン行の時間を問い、津山君に速達を出す。次いで駅の裏の風土ミュゼに行くと今日は休み。引返して本田さんの奥さんに聞いておいたデパートに行き、刺繡用の糸百種以上買う。お手本を添えて。といっても一寸も嵩にならないが、余り数を買ったのでこっぱずかしくなって別のデパートに河岸を変えてウールの刺繡糸を買い足す。これで御土産は出来ました。洗っても洗っても色は落ちぬというから、節子も今に楽しむでしょう。

ニュース映画館に入る。ニュースは一本しかやらぬが、パリの猫の展覧会、コンコルド広場等が映ると、ああパリに帰りたいなと思ったりする。この映画館はいくらも量がないのに一・一フラン（百円）も取る。駅でパンを買いそのまま宿に帰る。六時過ぎ。洗濯や荷の始末、手紙書き、十二時に至る。

十月二十三日(火)

霧。九時に宿を出、駅迄荷をえっちらおっちら運ぶ。手紙を発送して一安心。バーシュ氏にも文献を送る。こんなことをする内、時間はどんどん経って、たちまち十時二十四分発車になってしまう。「ババリア」という特急にあたる列車で、日本なら「燕」級であろうが、特急券も要らず、又、楽に座れる。「燕」あたりが一週間も前から予約しなければ中々乗れない等とは大違い。僕も四人のマスを一人で占めて悠々。早く且つ揺れが少なく、誠に快適です。

スイスの地図を広げて見ると、チューリヒから国境のサンクト・マルグレーテン迄大分あるようだが、忽ち着いてしまう。サンクト・マルグレーテンからリンダウ迄の間で、オーストリアを一寸通過するので僕のヴィザを見ると、旅行一回となっているため、ここで判を押されるとまずいと思ったが、パスポート検査は威勢の良いドイツの官憲。ミュンヘンに勉強かと言うので、教授に会いに行くと言うと、一寸態度を変える。事大主義はこんな所にも行き渡っているかとおかしくなる。

それより僕は日本ですら若く見られるから、皆老けて見える（特に若者は。こちらの年寄りは日本の年寄りより元気が良いので比較出来ぬ）当地では、二十歳前後に感じられるのは無理もないです。官憲の一人は（例のツンと前のつんのめった帽子。緑の制服）僕の側に居て、あの半島がリンダウです、ここはまだオーストリア、あっ今この川を境にドイツに入りましたと教えて去って行きました。心なしかオーストリアの家々は少しく薄汚く、線路縁に塵芥が堆く積まれていたりして、少々不潔な感じがしました。スイスを出た途端だからでしょうか。

それからスイス領内で、ロールシャッハというボーデン湖畔の美しい小さい町で停まりましたが、これは精神科で使うロールシャッハテストと必ずや何かありそうに思います（補足：テスト考案者ヘルマン・ロールシャッハはチューリヒ生まれ）。リンダウあたりでは一寸陽が射しはじめました。黄葉この町は湖の中に一寸突き出した島のような形の町。黄葉が霧に霞んで美しい。昼も一時のこととてビールとソーセージとパンでドイツの味を味わう。リンダウを出るとケンプテン、ヘッゲのあたり迄素晴らしい陽射し。両側は丘のうねりに針葉樹林に牧の景は相変らず。右手にオーバーバイエルンの少しく雪を被ったぎざぎざ尖った山並みが覗く。

ところで三時も過ぎる頃、物凄く深い霧の海に突っ込み、あたりは薄暗くなってしまう。ミュンヘンはこの分ではひどいかなと思う内、三十分位でこれを通過、やれやれ。途中から乗って来たがっちりした男が、どちらからと話し掛ける。自分は商用で日本に行きました。全く異なった所ですねと言う。美しい国ですと言うが、ぶっきら棒で話を続ける気はない。

ミュンヘンに近付くにつれ家並が延々と続き、さすが大きい街と感ずる。駅には津山君と、彼とロンドンで一緒だったという長谷川君（少年合唱団々長という）とが迎えに来てくれる。駅前から市電で津山君の案内で宿探し。二、三当たって五マルクの所を見付ける。津山君の居る学生寮は二人部屋とかで、三マルクの由だが、少々高くても自由の利く一人部屋の方が良い。

荷を置くと三人で学生食堂へ。途中ルードヴィッヒ一世がパリの真似をして凱旋門等全てパリを縮めた形のものを作ろうとした界隈を覗く。やはり十八、九世紀はフランスに一目置いていたらしい。大分爆撃でやられているが、やはり真似は真似、どこか抜けている。ドイツ人がキヤノン等を見た時と同じ気持か。しかし良い物をどんどん作り、元の物より良い物を出せば文句は言えまい。学生会館は七十ペニヒでスープとパテとジャガイモとちょっぴり青菜。しかし質はパリの方が断然良く、問題にならない。しかし満腹はする。

オペラでウェーバーの「魔弾の射手」をやっているというので、三人でタキシーを飛ばしたが既に売切れ。霧の流れる町を駅に引き返し、ホフブロイハウスに行く。一番庶民的な一階に入る。セメントの床の上に無造作に机と長椅子を並べてあるだけ。煙草の煙と喧騒と視線。中央で楽隊が時々曲を鳴らす。日本人と見て、漢字で書いた人の名を読んでくれと言って来るのもある。わめく奴がある。居眠りしている奴がある。女を口説いているらしいのもある。まさに喧騒そのもの。粗野な雰囲気でパリではとても求むべくもない。僕ははっきりパリを好む。津山君はここが気に入っているし、僕も悪いとは思わないが、田舎くささがいかにも鼻につく。それでいて事大主義。教室でも八時に教室員整列で教授を迎える由。各国の話に花を咲かせ、宿に戻ったのが十二時。

十月二十四日(水)　霧

九時過ぎ起床。朝食後ショルツ教授に電話する。こちらがフランス語でやってもドイツ語しかしゃべらないので、やむなく下宿のおかみに聞いて貰う。二、三日ゲッチンゲンに行くから土曜日午前に来てくれとのこと。

宿の女中が日本人が居ると紹介したのが、立命館の哲学教授で山元一郎という人。二週間前に着いたとかで、一年間居る由。着いたばかりで勉強が手につかず、ボーッとしていますとのこと。

昼一寸前、山元氏と駅に出て立食。次いで僕は別れてHAUS DER KUNST(「芸術の家」の意)にセザンヌ展とゴッホ展を見に行く。途中で見た昔の王の住宅レジデンツ等ひどいやられ方。

HAUS DER KUNSTは昔の音に聞こえたミュンヘン・ピナコテークがやられたので、その陳列品と、ババリア地方にあった美術品を全て結集して新築したものです。セザンヌ展は油絵だけで七十点、それにデッサンが五十点もありましたろうか。油絵はどこから集めたか、今迄僕の一度も見たことのない物ばかり。ドイツでもこういう展覧会は珍しく、入口にドイツとフランスの国旗が一杯飾ってあるところを見ると、フランスからも借りたか。解説書は高いので買わないので、その辺の事情不明。入場料二・〇五マルクは一寸痛いが、見応えは実にあります。全て自分の絵の勉強になりますが、特に感銘を受けたのは静物、人物。静物は四点程でしたが、最も小さい一点が実に渋い色で、レモン一つだけが明るい色。それなのに画面全体に透明感が溢れ、素晴らしい。林檎、布、壷の質感の見事なこと。会場を去りがたく、とうとう二時間近くいて三時半に出ました。描き始めの薄い、いわゆる、おつゆで描いた絵が印象に残りました。それに会場に入り始めは弱く見えた風景画が、出る頃には次第に迫力を持って来て、益々去りがたかった。

次いで同じ会場でやっているゴッホ展へ。ここも入場料は別。入って見るとオランダ時代、パリ時代、アルル時代、サン・レミ時代と別々に分けてあって、アルル、サン・レミ時代のはオランダのクレラー・ミュラー美術館で見て来たものが多く、あの時今度は何時見られるかと思って別れた絵の殆どに再会出来たわけです。オランダ、パリ時代のものは初めての物が多く、デッサン等もまじえると、初めて見た物が百点近くありました。セザンヌとは全く別の世界。どんな小さいものも描き逃すまいという執念は、やはり少しく異常な質のものか。

それにしてもセザンヌといい、ゴッホといい、色感と表現力のなんと強烈なことか。日本の展覧会ではとても感ずることが出来ぬ。これと同じような印象を受けたのは、精々、宗達、光琳展、宋磁展並びに奈良の仏達を見た時くらいか。何だか現代は退歩しているような気がする。今迄セザンヌの物は少量ずつ見ただけで、ゴッホ等より感銘が強かったとはいえないが、今日七十点見て全く打たれた。人物画にしてもルネッサンス、フラマン派、フランス十七、十八世紀、ドラクロワ、アングル等とは全く異なるタッチ、溢れる生命感をいや応なしに感じさせる。既に黄昏れた道を宿へ。

宿で手紙を書いている内に津山、長谷川氏が来、やがて山元氏も帰ってくる。今晩から山元氏と一部屋に泊まることになりました。四人で学生食堂へ。済むとすぐ音楽会へ。今日はミュンヘン・フィルハーモニーと、ヴァイスホフという人のピアノ・リサイタル（ベートーヴェン・ソナタ四曲）が同時にあってどっちにするか迷う。前者に行こうと津山君の案内で、レジデンスを目指す。人が集まっていて、ここだと言う津山君の声に、券を買って入って席に座り、解説書を買って見ると、何とこれがシェイクスピアの芝居。小屋を間違えたわけ。音楽好きの長谷川氏と僕は出てオーケストラの小屋を探して入る。深い深い霧。入場料は二度取りされたわけ。どうも困った案内だ。

演ずるはパリのシャイヨーで聴いたことのあるミュンヘン・フィルハーモニー、指揮はフリッツ・リーガー。はじめはベートーヴェンの第一。中々大きなきれいなホール。演者の上に透明な反射板が吊してある。音が流れはじめて、先ずその美しさにびっくりする。それに何と柔らかい響きか。パリでは一寸聴かなかったもの。ホールの造りも良いのでしょう。誠に感心しました。観客は中年以上の人々が半分以上を占めることはパリと同じ。ベートーヴェンの第一が良かったのに、次はスイスのマルタンという現代作曲家のヴァイオリン・コンツェルト。実に退屈。第三はマックス・レーガーのベートーヴェンの主題による九つの変奏曲。これはまた良い。アンコールは全くやらぬ。人々もさっさと立つ。

休憩時にホールと同じ位の広間の中を、観客が誰言うとなく、ぐるぐると一つの輪になって散歩する。面白い習慣。これこそ本当の遊歩場と言うべし。女性は着飾ってはいるが、パリあたりに比べると何と言っても段違い。ヨーロッパの田舎者と言われるのもむべなるかなです。

霧に包まれ、肺の中迄入って来るような感じ。これを越してネオンが美しい。十一時近く、腹が減るのでビヤホールでスープを飲んで癒す。明日ローマへ発つという長谷川氏と別れ、宿に帰る。十二時就寝。

十月二十五日(木)

今日は朝から陽が射す。午前中手紙を書き終って、十時過ぎ小川教授に依頼されたモニカ嬢に会いに行くべく宿を出る。地図を頼りに町の北のはずれの方にあるクレペリンシュトラーセを目指します。町で会う人々は既にぬくぬくとしたオーバーを着た人も稀でなく、並木は時に強まる風に、それこそ一斉に身震いして水を散らす犬のように、黄金のように美しい葉を散らします。しかし大して寒くはありません。澄んだ空にリベットの音を響かせて復興中のビルの下に、木造のバラックがあったりしてコントラストがはげしい。

クレペリンシュトラーセの黄葉もまた見事。この通りの左手にほど遠からぬ所にミュンヘンの戦時中の瓦礫の山があり、トラックが次々と山頂迄登って積んで来た物をおろして行く。写真で既に見覚えのショルツ教授の居る脳研究所を見上げてから、そのすぐ前の畑に居るおかみさんにクレペリンシュトラーセ三十七番は、と聞くと、すぐ教えてくれる。モニカという娘を持つマダム・バウムガルトナーに会いたいと言うと、ああ、あの家は私の野菜を買うのです、行ってごらんなさいと言う。戸山ヶ原アパートと同じ造りのアパートの一階に名札を見付け、ベルを押せど応答無し。出入口の所にしばらく立ち、ひょっとすると買物に行った留守で、間もなく帰るのではなかろうか等と考える。しかしあたりは森閑として、ただ陽だけが眩しい。もう一度おかみさんの所に行き、誰も居ないと言うと、あのマダムは働いているから、ひょっとすると昼は帰ってこないでしょうとの返事。子供もきっと二人共幼稚園に預けられているのでしょうとの返事。土曜日に僕はもう一度この研究所に来るが、その時はどうかと問うと、土曜ならきっと家に居ますよ、私も会ったら言っておきますとのこと。やむなくもと来た道を引き返す。

昼食は山元氏と学生食堂へ。八十ペニヒ。値はパリと変りはないが、パリより調理法も劣る。しかし東大一食あたりよりは遥かに良い。女子学生が颯爽と胸を張って往来する。二時に津山君の病院に行く約束。市電を乗り継いで、市の南端に近い、かなり遠い整形外科クリニックに着いたのが二時近く。これだけで東大病院位ある。動物園とイザール川の滝のある庭園を歩く予定を、晴れているのでシュタルンベルク湖行きを提案する。

この病院の看護婦は全てシスターの由。ここの一年間の手術例数は、東大整形外科の五年分位に当たり、実に羨ましいとのこと。東大病院を拡張する案でも、東大だけベッド数を多くするのはけしからんとの京大をはじめ他大の反対で、他大並にしたなど、実に尻の穴の小さい奴等ばかりで、今に侮いを千歳に残すぞと津山君は大憤慨。今迄学会目当ての研究ばかりしてきたのが全くの誤りであった事が分かり、帰ったら僕に弟子入りしてがっちりやって行きたいと言う。弟子入りより何より、臨床関係のしっかりした人々と連携が出来るという事は、こちらも願ってもない事で大変良い事です。英国を見て来た眼でドイツを見ると、ドイツの方が遥かに居心地が良いが、やり方ははっきりと英国の方が大人であることを感ずる由。ドイツでは教授の独裁で、手術中に教授が弟子や看護婦をしかり飛ばし、今日も手術中にシスターが泣き出した由で、輸血法や麻酔術の進んだ今日、手術が一寸長引いたとて大した影響はなく、怒る等けしからぬと、津山君はあきれています。昔の日本の教授はこんなところ迄真似していきやがったと付け加える。

市電でシュタルンベルガー・バーンホーフに出て、二時五十四分発の列車に乗る。西空に雲が湧いて陽が時々陰りはじめ、一寸具合悪し。車中、二人で又々日本の教授陣のだらし無さに慷慨、しかしそれもミュンヘンを離れるにつれ、刻々と美しさを増す両側の林の黄葉紅葉に気を取られ、やがて感嘆の声の連続。三時半頃シュタルンベルク着。駅のほとりからすぐ湖。実に広く、山中湖以上とも思えます。駅は湖の西北にあり、南の方は靄で見通しが利きません。駅前の水には白鳥が群れ遊んで、節子に見せたらどんなに喜ぶことか。

この湖は美しいというだけでなく、特に僕にとって興味深いのは、脳解剖に不滅の名を残したグッデンがルードヴィッヒ二世と共にこの湖に身を沈めたからです。ルードヴィッヒ二世はこのバイエルンの名君三代の後に次いで四代目として世を継ぎましたが、芸術を深く愛し、多くの城を建て、又、沢山の芸術家のスポンサーとして名を知られ、ワーグナー等にも金を注ぎ込んだ由。そのため財を傾け、遂にこの湖のほとりに禁治産のように移り住まわされたそうです。それより先に奇行多く、昼寝て夜起きて散歩したり、嫌人症に陥ったりし、精神病医グッデンの治療を受けていたのです。

一八八六年六月十三日夕、王はグッデンのお供で湖畔を散歩中、突然身を投げ、これを助けようとしてグッデンも水中に沈んでしまったのです。引上げられた時、グッデンの顔には王の爪痕が刻まれていた由。誠に劇的な最期です。この頃丁度ミュンヘンに留学していた森鷗外が、これを材料に物したのがあの有名な「うたかたの記」なのです。又、小説以外にも鷗外の「独逸日記」にもこの辺の事がよく書かれている筈。是非全集をひもといてみて下さい。

さて駅前で聞くと、ウィークデーは船は出ないとのことに、目指すシュタルンベルク迄一里以上の道を歩かねばならない。西空の雲はいよいよ厚く、陽は陰ってしまいましたが、日の暮れぬ内に目的地に着こうと、大きからぬシュタルンベルクの集落を抜け、素晴らしい黄葉に包まれた湖畔の道を落葉を蹴散らして急ぎました。湖の水は実に澄んで、湖畔には所々枯れ初めた葦が群れ、いやが上にも人をロマンティックにする。時々人に会うのみ。波がひたひたと寄る。林中に散在する別荘は美しく住みなしています。岸辺に引上げられたボートに夏の名残を感ずる。

着いた時湖上に幾つかいたヨットも既に影を潜めてしまう頃、シュタルンベルク着。柵を巡らした公園に入る。折しも結婚式後の散歩か、花嫁花婿がしかと手を握り合い、二、三人の着飾った人々に囲まれて夕暮れの公園から出て来る。公園の中は深い深い落葉。鬱蒼たる木々が、陽があってさえ暗かろうに、既に陽のない今は黒々と我々の上に被さり、外界の音を遮っています。湖の面の見えるまで、小走りに落葉の中を下り湖沿いに木立ちの道をしばらく行くと、少しく木々が絶え、針葉樹林の中に忽然と灰白色に薄青の屋根をいただくチャペルが現れる。その前には青銅の十字架。これが王を弔う印です。

そのチャペルの前の我々の腰程迄の高からぬ植込みの間を抜け、一寸下ると湖辺の小石混りの砂の上に出る。低い葦が湖畔より次第にまばらになって行く。その端に湖畔より五メートル位の水中に木標が立ち、そこに黒リボンを付けた花輪が取り付けてあります。本当は十字架がその上に立っている由ですが、しばしば波に倒されるとのことで、我々は見るを得ないわけです。ここそが予てより聞いていたグッデン終焉の地かと感慨に耽る。学生時代、脳研で小川教授からグッデンの横脚束について調べてみてはどうかと言われたことを思い出す。

既に薄暗く、少し風も出て、そちこちに白い波頭の見える砂の上に座って葡萄を食べながら、津山君に動物の脳の橋（きょう）にあるグッデン核の事や、横脚束にグッデンの名が留められている事を話し、学生時代の夏休み、東大には無かったグッデンの著書を求め、東北大図書館に行き、そのスケッチに一日を費した話等する。「うたかたの記」や鷗外「独逸日記」を日本を出る時から持って来て、ミュンヘンに着くや否やこの地を訪れた津山君も、グッデンがそういう業績を残した事を知らなかったとて、僕と一緒に来た事を喜んでくれる。

鴨がかぎ形に並び、暗い湖面を渡る。名残は尽きないが、寒くもなってきたので、また落葉の中を引き返す。もう相当な暗さ。村に入る頃津山君が、忘れていた、君に手紙が来ていると慌ててポケットを探す。薄暗がりに拾い読み。次いで湖畔のホテルのレストランに入り読み継ぐ。夏は盛ったであろうテラスも既に椅子の大半は片付けられ、落葉がからから鳴っています。間接照明の室内には、新婚旅行中と見える二人がひそひそと額をくっつけて話しているのみ。行く秋の気分がこんな所にも溢れている。対岸のシュタルンベルクの村の灯が美しい窓べに座ってビールを飲みつつ家からの手紙を読む。

六時一寸前この集落を出る。既にとっぷり暮れ、木の間に対岸の灯がきらめき、湖の面に光を散らす。真っ暗な道を犬に吠えられたりしながら急ぐと、村の教会の鐘が六時の時を告げ、湖を渡り、森にしみ込んでくる。時々さっと我々の側を掠める自動車のヘッドライトに黄葉が艶やかに浮き出る。ぽつりぽつり落葉に音を立て、雨が落ちはじめる。道を訪ねて村に帰ったのが七時前。駅で汽車を待ちつつ今度は対岸になったシュタルンベルクのあたりの灯に眺め入る。

窓に繁き雨の音を聞いている内、二人共居眠りしてしまい、目覚めたら早ミュンヘン。雨はいよいよ激しい。宿の近く迄帰り、小さいレストランで夕食。帰りしなに津山君の宿に寄り、「うたかたの記」と鷗外「独逸日記」を借りて帰る。床の中で読み耽る。外はなお雨。往復三里を歩いた疲れに快く寝入る。

十月二十六日(金)

昨夜来の雨は降り止まず、みぞれ模様。外は寒いのに室内はぬくぬく。つくづく室内暖房の良い事を思う。午前中は手紙書き。午後から学生食堂で食事をとってから、津山君とのドイツ博物館での待ち合わせのため出掛ける。途中で徹にモンブランの二十四マルクの萬年筆を買う。大変書き良い。その他に自分が使ってもよし、直子が使ってもよし、又は御土産にしてもよしと七・六マルクの学生用萬年筆(ペリカン)を二本買う。

みぞれは雪と変る。大分濡れてドイツ博物館に着くと、津山君が先に居て、今日は患者の供覧があるから君だけ見てくれと言う。館内はぽかぽかで、濡れたレインコートもすぐ乾いてしまう。ここは技術の国だけあり、この博物館は、全くそうした方面のみで、生物部門は無い。これも戦争中にやられ、爆弾、焼夷弾の落ちた所をつぶさに示し、戦後に撮った破壊されたままの生々しい写真を何枚も壁に飾ってある。しかし現在は全く建て直り、目下、大講堂の修復が残されている。圧巻は前から噂に聞いていた通り鉱山技術の部。地下三階迄あり、全坑内と同じに造られてあり、昔から今迄の技術の進展を実物を以て示してあります。こうしたものを構想した連中にはやはり敬服せずにはいられない。ちょっとやそっとの思い付きで出来るものではないと思う。この博物館の開かれた(礎石を置いた)のはカイザー全盛時代で、その時の絵が壁を飾っています。それ以来営々とその整備に尽くしてきた跡が滲み出ているように思います。

次いで動力をどうして得るか、回転力を得る装置、光学、音楽部門、電気、レントゲン、物理学、天文学、化学等々。化学の所ではアントワーヌ・ラヴォアジエ当時の実験室、ユストゥス・フォン・リービッヒ時代のそれ、更に近代の実験室、それに加えて錬金術時代の仕事室をも広い場所に造ってあり、特にリービッヒ実験室の壁にはリービッヒ門下の系図が書かれ、その中でいかに沢山の人間がノーベル賞を得たかを小旗で示してありますが、なんだかこれでもかこれでもかと見せ付けられるようだ。自動車部門では直子が既に操縦出来るという事で大変身近な思いで見た。見物人には大変制服を着た若者多く、既に徴兵された連中のはしりか。

栄誉室には我々も小さい時から聞き慣れた学者の肖像や彫刻。Deutschland über alles!か。自分の国の先輩の残した業績のみで、博物館の大部分を飾れるのだから鼻の高くなるのも無理はない。五時の閉館迄いて、再び雨の降り止まぬ道を学生食堂へ。インドあたりの学生が目につく。

帰って濡れた物を干したり、洗濯をしたりした後、ベッドに寝転がって鷗外の日記を読んでいると八時過ぎ津山君来訪。山元さんと三人で近くのレストランに夜食を食べに行く。ビールで良い気持になり、科学と哲学の話等する。山元さんが人づてに聞いた話で、日本で又、鉄道始まって以来の事故があったとか。やり切れない気持になる。外に出ると路上には少しく積る雪。

床の中で鷗外日記を読む。当時（明治十年代）の留学生の覇気が強く感ぜられる。何から何迄新しく、身に着ける物も読む物も全て外国製の物であった明治維新の頃の人々の方が、現代の我々より自分というものをしっかり持ってぶつかっていたのが分かる。もっともその自分というのが、客観的なものの見方や分析的演繹的な方法を用いて技術の世界を築くには至らなかった仏教や儒教的なものによって殆どが築かれていて、西欧は自分の前に置かれているものに過ぎなかったのに、我々の世代では自分をつくるものの殆どが西欧的なものに由来するという、なかば逆の立場になっており、明治以後の海外渡航者の中の真面目な人々がいつも突き当る壁が僕の前にも立ちふさがっています。

十月二十七日(土)

朝目が覚めると窓から陽の光。万々歳です。九時過ぎ、屋根の上や道の所々に残雪のある町に出ます。市電でKurfürstenplatz（選帝侯広場とでもいうか）で降り、あとはクレペリンシュトラーセ迄歩く。雪晴の空は実に清々しい。二、三日前来た時美しかった黄葉も大分散り、梢が明るい。

モニカの住むアパートに近付くと、それと向かい側の同じ造りのアパートから小さい女の子二人が出てきて、雪の前庭を横切って自分の家に入って行く所。遠くからではっきりしないが、この内のどちらかがモニカではないかなと思い、足早に家に入り、ベルを押す。戸口の所に件の女の子二人が不思議そうな顔をして僕を眺めている。戸が開いてフラウ・バウムガルトナーが出て来る。僕が名乗った後、戸口の女の子の大きい方に「モニカ？」と聞くと、そうだと言う。やはり勘は当たった。どうぞと中に入れられ、ストーブ、台所道具等ある茶の間ともいうべき所に通されたが、モニカの母親はこんな汚い所でと、具合悪いような顔をする。太ったがっちりした女性。

二年前に僕の先生のプロフェッソール・オガワがモニカの写真を撮ったが、大分大きくなったろうから、また撮ってくるように頼まれました、モニカは今年いくつになりましたか、と問うと、自分で五つと言う。しかし案外小さい。これから研究所に行って、昼頃また来ますと言って一旦別れました。

道一つ隔てて向かいがベント精神医学研究所。ショルツ教授は二階。入って行くと秘書がドクター・マンネンと呼び掛けて来ました。次の間で暫く待つ。窓からの景はまわりに畑が多く、ミュンヘンではかなり郊外になります。待つ間、机の上にある写真集「ヴュルツブルク」を見る。既に見て来た所故懐かしい。僅か二週間程前なのに、既に一、二年も前の事のように思われる。室内にはブルのような顔をした、尻尾の殆どない大犬が徘徊している。ショルツ教授の愛犬という。

やがてショルツ教授に招じ入れられると、これは小柄な中年太り、左の頬に決闘の跡の傷か、横にさっと一文字に走る傷のある白髪の品の良いおじさん。スパッツ氏等のどこか粗野な感じとは遠い。名乗り出て僕の別刷を渡す。言葉はフランス語がよいですか、私はあまり出来ないのでと言いながらフランス語でやってくれるが、時々つっかえ、僕には大変気が楽。オーベルシュタイナーの顆粒をやりましたな、何歳から何歳迄ですかという質問。九歳から六十四歳迄で、二万個スケッチし、その結果がこれですと図を示すと、これはSharastenstがしたような仕事ですねと言いながら、しかし個人差があるでしょうと言うから、あるにはあるが各灰白質でその分布のタイプには一定の規則性が見られますと言うと、そうそうと頷く。

お返しに僕にマルセイユの癲癇学会でしゃべった別刷をくれる。フランス語。私は一九三六年に日本に行き、北京にも行きました。日本は美しい。内村教授とは二十年来の友人だし、もう一度行きたいが、もうそういう可能性もないでしょうと言う。立って、これは最近我々の所で始めた電子顕微鏡による研究の結果ですと、有髄繊維の大きな写真を見せる。器械はスウェーデンのシェストランド型という。単一繊維にするのがむずかしいでしょうと聞くと、むずかしい、しかし努力してやっとこの通り撮れたと自慢げ。

若い助手を呼んで僕の案内をさせる。助手はフランス語は と尻込みしている。しかしゆっくりドイツ語で話してもらうことにしてまわりはじめる。

先ず生化学室から三室程、広い所でやっている。脱髄疾患の分析をやっているという。次いで血清微生物をやっている室に行く。この主任はフランス語を話すが、大分ぶった男。ライツの双眼顕微鏡を指して、これを知っていますか、我々はライツのを最も好みます。台の下からちゃんと光が出ます等大仰にやって見せる。こっちも人擦れして、そんなのに動ずるものでない。唯面白かったのは電気泳動法で、バイキンと抗体とがぶつかって発する蛍光を利用し、アレルギーがどの部分から始まるかを調べる手掛かりを得ているということ。詳しい事は話さないから分からないが、中々将来性がありそうな研究に思えました。

最後が遺伝関係。ショルツという教授は小柄ででっぷり肥え、手が小刻みに震える。そばに居た女医がフランス語を話す。分裂病は遺伝ですかと、ありきたりの質問をしてみると、確かにあるが、それよりマニイ・デプレッションの方が遺伝が強いと言う。しかし或る家系では優性だったり、他では劣性だったり、事情は複雑だとのこと。アマウローティッシェ・イディオティーはどうかと聞くと、人間では劣性とのことに、自分の調べた猫で、小脳の所見が、人間のアマウローティッシェ・イディオティーの小脳と同じ変化を呈していたが、この例はどうも優性遺伝のように思われたと言うと、アマウローティッシェ・イディオティーの遺伝についてはスウェーデンでよく調べているから、興味があったらと、論文のタイトルをタイプしてくれる。

次いで優秀人の家系を調べ上げた多数の資料棚を見せてくれる。エミール・フィッシャーのを出して見せてもらう。克明に良く調べてある。ゲーテ、バッハをはじめ音楽家や哲学者からダイムラー（メルセデスベンツの社長？）の迄沢山ある。案内してくれたデッホ君は東ベルリンからここへ来て半年になると言い、電子顕微鏡をやっていると言う。

再びショルツ教授の室に行き挨拶。自分で先に立ち、別室に掛けてあるシュピールマイヤー、ニッスル等の肖像を見せ、別の壁に掛かっている支那の写真を、これは私が北京で撮ったのです、コンタックスで撮り引伸ばしたと、出来栄えに得意そう。ベルトラン教授によろしくと言うので、今年は心臓を傷められて休まれたと言うと、顔を歪め、氏は来年のブリュッセルの神経病理学会の会長だから、十分大事にしてほしいとお伝え下さいとの伝言。それに内村教授にもよろしくと長く握手。研究所を出ました。

すぐにモニカの家へ。先ず門口の前で妹と並んだ所を写す。お母さんも写真に入ってくださいと言うと固辞する。どうしてと聞くと、私はきれいでないと日本の女性と同じ事を言う。しかし研究所の前でもう一枚と言うと、子供の手を引いて入ってくれました。室に入ると、小川教授から送って来たという人形が合計三つ。それに写真と、問題の日独両新聞を見せる。小川教授からの今年の年賀状に、「今年は一人の日本人が行って、これらの三つのメルヘンの話をするでしょう」と書いて、舌切雀と桃太郎と金太郎の童話画が来ていました。やむなく片言のドイツ語で簡単に説明。ところが金太郎のお供で熊と兎はよいが、猿のことをこのママは、豚の子でしょうと言う。僕がいや猿だと言うと、一寸待って下さいと言って奥に行って豚の玩具を持って来て、これでしょうと言い張るので僕も譲らず、二人で笑い合う。モニカはそばで妹と遊んでいる。今買って来たという葡萄酒を買物籠から出して供せられる。マダムが、私は土曜以外は働きに出て、家に居ないので、この間は留守で失礼したと言う。たしかに生活状態は楽ではないらしいが、しかしアパートはちゃんとした風呂、水洗便所もあり、ちらと覗いた寝室もきれいだし、日本のものよりずっと設備は良いのではなかろうか。マダムは自分等の暮らしが思うようでないと気後れしているようにも感ぜられる。僕の娘と家内だと写真を出すと、両方共きれいだとしきりに連発する。モニカも写真をだまって見ている。その内どこかへ行ってしまう。マダムが、日本の子供もこんなにきかないですかと聞くので、それは何処でも同じです、私も帰ったら大変ですと僕が言うと、安心したような顔をする。

食事前らしいし、時計を見ると一時なので別れることにする。ドイツ語がもっと出来れば、もっと面白かったろうにと残念に思う。別れ際に皆に握手。子供達は握手しながら片足をうしろに引いて、腰を一寸低めるしぐさが可愛い。全く人おじしない。躾もあろう。僕が戸口を出る頃は、妹の手を引いてもう研究所の方に遊びに行ってしまった。あっさりしたもの。

ところでバスの所迄帰り、ポケットを探るとボールペンが無い。引き返してクレペリンシュトラーセの入口迄行くと、マダムが向こうから持って来てくれるところ。停車場迄行く電車の停まる所迄案内してくれる。

津山君と二時に病院で会う約束故急いで行く。今日は病院に近い動物園に行こうというわけ。ところで今迄晴れていた空が次第に曇りはじめ、動物園の裏山のレストランで遅い昼食をする頃はすっかり曇ってしまいました。動物園は馬鹿でかく、それに昨夜来の雨と雪のぬかるみに落葉が積り、陽が消えてぐんぐん寒くなり、動物もいかにも寒そう。元気なのはペンギン、白熊、ワルトロース（アザラシの一種）、オットセイ、アシカ位のもの。水牛等、水に入っているが、見ている方が寒そうでやり切れない。薄暗くなったし、寒さも厳しいしで、すぐ津山君の宿に帰り、二人で米を炊いて食べる。ささやかな送別の宴。

次いで僕の宿に寄り、山元さんを誘い、ホフブロイハウスへ。今日も煙草の煙と騒音と。ブリューゲルの絵を思い浮かべる。隣に居るむっつりしたのが、なぜ四大国だけがのさばる権利があるのか、ドイツも日本もスイスも、その他の小国も、小さくたって人間は人間だ、と話し掛けてくる。我々が取り寄せた生のかぶと大根に塩をかけて食べるのを、一寸待て、こうして食べると、二、三人で教える。一人はこの原価は安いのに九十ペニヒで売って儲けていると憤慨する。喧嘩してつまみ出される奴。眠っておん出される奴。隣の男が、あれはアルコホリスムス（アル中）でデリリウム（重症型アルコール離脱症）なんだと教えてくれる。人は良いのだろうが、何とも田舎くさい連中。フランス人と合わぬわけだ。

再び雪になった町を宿へ。津山君の話ではドイツは今医者がだぶついている由。というのも東独の医者が殆ど西ドイツに来てしまったからで、保険医の指定を受けるのも容易でない由。ドイツで生活程度の上がったのは労働者、下がったのは医者と言えるとのこと。しかし医者と名が付けば殆どが自動車を持っているそうです。それにしても西ドイツでは共産党を非合法化したし、今日酒場で隣に居たおっさんが、また戦争だ、ロシアと戦わねばならないと僕に囁いた如く、共産主義には絶対に染まらないと確信持って言える由。時あたかもハンガリーでは叛乱があるし、鉄のカーテン内も火の車らしい様です。

暖かい室でミュンヘン最後の夜を休む。本当に帰ってからの暖房を何とかしなければと思う。勉強の能率のためにも。炬燵や火鉢じゃ絶対に駄目だと思う。とは言っても我々の経済力ではどうにもなりませんが。

十月二十八日(日)

雪は相変らず降り続いています。雪のミュンヘン、これも思い出になることでしょう。九時に来てくれた津山君とアルテ・ピナコテークに行く。これを見残したくないので一汽車遅らせることにしました。日曜は無料。ミュンヘンのピナコテーク（絵画館）というのは戦前からも名が聞こえていたが、中々大したものです。やはりイタリア、スペイン、オランダ、フランスがよく、ドイツはぐんと落ちる。古いのではメムリンク、ブーツ等のフラマン派、ラファエロ、フィリッポ・リッピ、フラ・アンジェリコ等のイタリア派、ゴヤ、リバルタ、エル・グレコ等のスペイン派が印象に残る。特にゴヤは良い。印象派に来ると、いつものことながらほっと息をつく。ルノワール、マネ、モネ、マチス、ゴーギャン、ロートレック、ピサロ、シスレー、それにコロー、ムンク、ホドラー等、実によく集めてあり感心しました。噂のデューラーは自画像が良いくらいで、ホルバインと共に失望。しかし見ごたえのあるミュゼで、一汽車遅らせた甲斐はあったというもの。一時間程の忙しい見物ながら満足。

帰り道、津山君と我々の留学も我々にとってのルネッサンスとならねばいかんねと同感し合う。山元さんも駅迄送ってくれる。十二時二十八分、雪のミュンヘンを後にする。山元さんの振るハンカチが雪の中に何時迄も見えていました。列車はタウエルン急行といい、ベルギーから出てベオグラードへ行く国際急行列車。がらがら。きれいだし暖かいしで快適。雪のオーバーバイエルンを一走り、ザルツブルク迄の二時間を一走りです。途中は線路際の黄葉紅葉が雪に映えて美しく、その向こうは雪の中に時々黒々とした林が霞んで現れたり、果ては広々とした野面が眺められたりする。晴れていれば右手にチロルの山々が見えようにと残念ですが、雪も亦、趣有りとあきらめる。

雪景色を眺めながら、西欧文化の受入れ方や、日本の将来等について色々思いを巡らす。宗教改革やルネッサンスのなかった事が、決定的に日本の弱点とは言っても、事実なかったのだし、事態はあるがまま認める他はなし、そうした枠内で我々が世界の歴史の中に入り込んで、それを動かす一つの歯車になるにはどうしたらよいか。簡単に答の出ることではないが、しかし事大主義的にならずに、個人個人が生き生きと創意を生かして生きて行くことが、平凡ながら最も大道なのではなかろうかと、薬にもならない月並な事を考えたりしました。

ザルツブルク着一時二十三分。残念ながら雨。シリングの単位がマルクと異なり、一寸買い物をしても金がごそっと出て行く。レストランに入り食事をしながらガイドブックで町の様子を調べる。ラジオの合唱が素晴らしい。「野ばら」「子守歌等々、聞き覚えのものながら何となく別物のよう。大体分かり、三時頃町に入る。その入口の所で宿を見付ける。寒いので暖房を要求する。ここはセントラルヒーティングはないので、薪と石炭。雨も降ることとて部屋でしばらく手紙書き。

四時半頃より、早くも薄暗い町を散歩。旧市街は川向こうにあることとて、どんどん通りを行き、橋を渡る。左手に頂きを濃い雨雲に包まれた雪嶺が裾の方の雪を覗かせており、この町が極めて山に近いことを感ずる。ザルツアッハは町をくの字に貫いて流れる。道の行く手には切り立った山の上に美しい城。通りは旧市街では狭く情緒よし。美しいショーウィンドウの通りをいくつか抜けるとモーツァルト広場。銅像が立っている。これを抜けて城の山に登る階段にとりつく。これを登り、山の裏手に出てみる。開けた美しい景。晴れていたらどんなに良いだろうとつくづく残念。

もとに戻り、小さいながら風格のある町を右に見ながら城への道を登る。雨がかなり激しくなる。とっぷり暮れた城門を三つ潜り、急な坂をよじ上って一番奥の門に着いたら閉まっているので引き返す。人っこ一人いない。折しも五時半の鐘。小さい町なのに教会多く、それが思い思いの音色の鐘を撞き鳴らし、この小さい町の隅々に鳴り響かせる。モーツァルトも日夜聞いたその音。城を下りて商店街を覗き宿へ。ストーヴをたいて貰い、濡れた物を乾かす。十一時迄手紙書き。時々強い雨が来る。

十月二十九日(月)

八時一寸前起床。嬉しいことに雨はやみ、雲が忙しく去来し、時々青空が覗く。朝食をとるとすぐ町へ出る。町の西の方に家々の間から雪嶺が覗き、胸が躍る。

先ずモーツァルトの記念のために建てた音楽学校を目指す。風が強く、時に木枯しの如く、多くの黄葉を散らす。学校はモーツァルテウムといい、ヴィオラやチェロを持った若者が入って行き、中からはホルンかトロンボーンの練習の音が聞こえ、いかにも楽都らしい。この裏のミラベルガルテンは、さながらパリのチュイルリーを縮めたと言ってよい程真似てあり、真似ということについて我々はそう劣等感を持たなくてもよいことが分かる。鳩がじっと蹲っている落葉の道を踏んで、このガルテンの片側の古い鉄の門を入ると、そこに小さなコテイジがある。これが求むる「魔笛の小屋」で、これはモーツァルトがこの中で「魔笛」を作曲したといわれ、ウィーンからこの地に持って来たという。二、三畳位の小さい木造の小屋。ガラス戸から覗くと、中には粗末な机と椅子数脚と譜面台二つが立っているのみ。黄葉の真ん中に鎮座しています。

次いで橋を渡ってモーツァルトの生家に。古い町の一角の三階。三室がミュゼになり、その第二室が生まれた室で、モーツァルトの用いたピアノ二台が置いてある。その他の部屋には肖像だのオリジナルの譜だの手紙だの、モーツァルトの髪の毛等諸々の物が置いてある。生まれた室には窓が一つしか無く、さぞ昔は薄暗かったでしょうに。部屋の片隅にオランダの音楽団体から送られた花輪がある。ここにおいてもやはりベートーヴェンの生家で感じたと同じ事を感ずる。入口のマダムが色々の物を買うかと思って見せる。死ぬ時は顧みる者も僅かしかいなかった人間の遺産によって、今日でも生計を立てている人が居るわけ。誠に人の真価は棺を覆ってはじめて定まるか。

モーツァルト広場に銅像を見に行く。これは感心しない。やはり打たれたのは生まれた室にあったウィーンの画家(ヨーゼフ・ランゲ。絵葉書を買った)の描いた未完の肖像。これはしんとしたものを感ずる。次いで昨夜登ってみた階段をよじ上り、城の裏手より僅かに陽に照らされた雪嶺をカメラに。ここからの眺めは絶品とも言うべし。伝えられないのが残念。

ザイルバーンで城に登る。この頃から雲がびっしり張り、またもや雪空。城から町や、裏手の絶景を見ている間に霙が一寸襲う。それにしても美しい景色。

町に下りセント・ペーテルス寺院の墓地を抜ける。折しも誰が弾くかオルガンの賛美歌の調べ。実に綺麗で心にしみる。市場の花屋では松かさ付きの松の枝に菊等を配し、松の輪にして売っている。何かのお祭か。ザルツブルクの記念に上等の牛革の財布を買う。

十二時も近く、いそいで宿に戻り荷を取り駅へ。立食でパンとソーセージを忙しく食べ、十二時二十分発のオリエント・エキスプレスに乗る。リンツ迄の峠を越す時には一寸霙。山地は既に根雪になるのか一面の雪景色、それに配する雑木黄葉。ウィーン迄の風景はあたかも日本の越後あたりの風景に似、遠くに雪山、そこ迄はうねる牧、又は平らな農地。

ウィーン着四時五十分。堂々たる町という感じ。宿探しで先ず学生寮に電話すると一杯と言う。それではと松原緑さんの居た家に電話すると、自分の所は一杯だがどこか世話すると言う。すぐ行くことにする。駅を出ようとすると、きちんとした身なりの少年が手伝いましょうと寄って来て、市電の所迄持って来てくれる。全くの好意らしい。お礼に日本の切手を一枚進呈する。荷を電車に乗せてくれるとさっさと居なくなる。

寒冷前線の通過か、突風と雨の中を松原緑さんの居たマダムの家へ。三階迄荷を持ってエッチラオッチラ上る。室には松原さんの土産のコケシや浮世絵が見られる。マダムがホテルに電話してくれ、自分の家の雨のぽつぽつ当たる窓から、あのホテルですと指さして示す。

部屋を取るとすぐ夕食に出る。この町は僅かの間の接触で、巡査、車掌、ボーイ、カフェ等全てドイツと異なり、肌触り柔らかく、その点パリと親近なものを感じます。地図で見ても誠に大都会。四日ではとても日が足りそうにないが、それ以上は残念ながら日程が許しません。音楽のプログラムを見ると、僕の滞在中大物はどうもなさそうで、その点も少々残念。

熱い湯で洗濯と体拭き。床の中で手紙書き。

今週は少々内容が少ないようです。元気一杯でやっていますからご安心の程を。この手紙の届く頃は既にイタリア。イタリアは盗人の国、十分気を付けるつもりです。

健康を祈ります。

今朝の新聞で見るとエジプトとイスラエルの間に戦争らしい。ブダペストといいスエズといい、中々多事。いよいよ喜望峰回りの可能性も深まるか。節子にオーストリアのザルツブルク・シリーズと花のシリーズ切手を送る。

十月三十日(火)

パリを発ってから一月経ちました。何だかもう大昔のような気がします。実に我ながらまめに歩いて来たものであります。九時起床。朝食前に神経学研究所のザイテルベルガー氏に電話すると、何時でもよいとの返事に、午前中に訪れることにしました。朝食をとるカフェにしても市電にしても、人の触りは実に柔らかく、全体の雰囲気もドイツと大違い。そして更に歩き出して驚いたことは、殆ど建物といい町のたたずまいといい、何とパリに似ていることか。何だかパリに帰った様な気さえします。断然嬉しくなって、既にウィーンに行って来た人々がウィーンは良いと絶賛するのが頷けました。

地図を頼りに神経学研究所を訪れる。これにしても丸ビルのような建物の中二階がそれで、何だか銀行あたりに入って行く感じ。解剖、組織、発生学研等も同じ建物の中にある。ザイテルベルガー氏の室に招じ入れられる。小太りの柔和な人物で、大変柔らかい感じの見るからに若々しい人。挨拶から英語を話されますかとくるのでフランス語と僕が言うと、私はどうもフランス語はと言うので、やむなく英独混合で話す事にする。早速僕の別刷を渡すと、私は今組織化学をやっているので大変興味がありますと言うので少し説明する。次いでサルペトリエールの話になり、彼はグリュネールを知って居り、ベルトラン教授とも前年ブリュッセルで会っていると言う。グリュネールが何故戦後フランスに去ったのですかと聞くと、私は知りませんと濁す。事実知らないのでしょうが、グリュネールという人は或いはユダヤではなかろうか。そんなこともあって質問してみたのだが。ザイテルベルガー氏はむしろ病理専攻と言った方がよいらしい。

研究室を見せてもらう。廊下にオーバーシュタイナー当時からの標本棚が沢山並べてあり、氏の石膏像が二つも置かれてある。冷凍乾燥装置室、化学室、共同研究者フォーゲル氏室、図書室、脳解剖室、講堂、標本製作室、写真室がほぼその全容。ベックマン等も揃えているが、殆ど動いていない。全体から言って装置は全て堂々たるものだが、惜しむらくは人がいない。経済的関係で入って来る者がいないし、又、希望する者があっても席がないと言う。

標本室ではテトランデルが二台もあり、パラフィン専門と言う。染色はボディアンをルーティン・ワークに繰り入れている。結果は大体コンスタントだと言う。彼の室に入り、ボディアンの標本を見せてもらう。中心被蓋束が一側で強く、他側で弱く、血管性変化でやられた例で、両側オリーヴの細胞が濃染し、仮性肥大と言う。ゴルジの染まりの良いのとは比べものにならぬが、もう少し厚く切れば僕の目的に沿いそう。帰国したら是非やる。机の上に子供の写真があるので幾つかと聞くと、二歳半とのことに、僕の方のも見せると、氏はもう一人居ると奥さんと子供の写真を見せる。

アマウローティッシェ・イディオティーの小脳の顆粒層の消えるのはコンスタントな所見かと聞くと、自分等の所ではコンスタントではないと言う。十二時近いので辞することにする。これだけの装置と、広々とした部屋を持ち得たらと歯痒い気になって玄関を出ました。図書も六万冊あると言う。僕だったら八面六臂の活躍をしてやるが、日本では一寸及びもつかぬ。しかし五十年百年後には日本もこれを遥かに凌ぐ位にならねばとしみじみ思う。見学はこれで全て済んだわけ。

雲の低い空の下のウィーンの町を、旧市街へと足を踏み入れる。旧市街を囲む環状路（ring）より中は市電は一切入っていず、道幅も総じて狭い。シュターツオーパー（国立オペラ）の手前のプレイガイドで今夜の「タンホイザー」の切符と、十一月一日のコール・コンツェルトの切符を買い、更にオペラへ行って二日の「フィデリオ」、また引き返してプレイガイドで三十一日のフォルクスオーパー（パリのオペラ・コミックに当たる）のレハールの「微笑みの国」の切符を買い、ほっとしました。オペラで切符を買うのに並んでいる時、うしろに居たマドモワゼルが色々世話してくれ、どれを聴くべきか教えてくれたのです。別れしなに、今晩休憩時間に、自分の男友達でフランス語をしゃべるのを紹介すると言う。プレイガイドのおばさんにレハールはウィーンの作曲家でしたねと聞くと、勿論です、とその誇らしげなこと。

十二時も過ぎ、西駅に向けて歩き出す。途中新聞でイスラエルとエジプトの間に戦争が起った事を知り、更にハンガリーでもいまだ戦火の止まぬ事を知る。人々がラジオの戦争報道にたかっている。大事にならないだろうことは分かっているが、戦争を企んでいる連中の存在が実に憎まれる。パリの中央市場に似た所を通る。益々パリに似ているとの印象を濃くする。空は暗く、時々雨がちらつく。

停車場で切手を買い手紙発送。昼食。次いで市電でringに戻る。既に四時近し。モーツァルトの像のある公園に入り、左に折れてミュゼから英雄広場、その西のマリア・テレジア広場、更に議会、市庁、ブルク劇場と続くこの一帯は、実に堂々たるもの。パリの縮小版だが、模倣もこれだけどっしりすると、もはや模倣とも言えまい。自分に何物かを蔵さずしてこれだけの物が出来るものかと思う。ドイツでは殆ど見なかった、黒ずんだ石灰岩の肌を見て、パリをつくづく思う。

フランツ・グリルパルツァー（劇作家・詩人）の像が冬装備の中に立っています。この人はオーストリアでは大変尊敬されているらしく、百シリングの札にも描かれています。寒いのに若い母親たちが乳母車に乳飲み子を乗せて往来するブルク劇場は、新装なって美しく堂々としている。ショウの「ジャンヌ・ダルク」等やっている。四時過ぎでまだ時間があるのでまた町に入り、ドームに行って見る。中々美しいゴチック建築。改装中。更に足を延ばして南東のringの公園に行き、シューベルト像等を見る。帰りしなにベートーヴェンの住居に行って見る。窓の上に彫り込んだ碑に、彼はここでシンフォニーⅣ、Ⅴ、Ⅶ、ヴァイオリン・コンツェルト、「フィデリオ」、「レオノーレ序曲第三番」、ピアノ・コンツェルト第四番、クワルテット等を作曲したと書いてある。明日また来ることにする。

　宿に帰り夕食（ウインナーシュニッツェルというのをとると、これが日本式のカツ。おいしかった）が済むと、すぐオペラに出掛ける。六時半から十時十五分迄。あやうく駆け込む。席は右手の横のロージュ、馬蹄形のボックス。見にくいが仕方ない。同席に日本人夫妻が居る。阿川弘之という小説家らしく、ロックフェラー資金でアメリカに行き、今帰りと言う。まだ若い。ご同伴で心から羨ましいと言うと、子供二人日本に置いて来て、二人共ホームシックですと言う。語学はどうも駄目ですと諦めている。

　ところで「タンホイザー」は僕は日本とパリと、今ウィーンと三回目だが、ここのは道具だても実に簡素で、パリがスペクタキュレール（見世物的）なのといい対照。舞台が実に広い。オーケストラが実に情緒的に柔らかい。カラヤンのそれとは全く違う。僕は後者が好きだが。しかし歌手は端役も含め、パリよりは大分上手なようだ。

　休憩時に先のマドモワゼルとその友人と、音楽家の像の見おろす新装の遊歩場を歩きながら話すと、早速感想を聞くので、歌手はパリよりずっとうまいと褒めておき、舞台は誠に斬新で一寸意外だと言うと、それが飲み込めないらしい。昔からこうしてやっているのかもしれぬ。自分等の音楽を誇りにすること、大したもの。しかしドイツあたりより押し付けがましくはない。エリーザベトの祈り、ヴォルフラムの「夕星の歌」のアリア等、皆にも聞かせたい。ここでも観客は中年以上が多い。

　玄関でお互いの旅行の無事を祈り別れる。人通りも稀になった旧市街の狭い通りをこつこつ靴音を響かせて帰る。梢に残る黄葉も少なくなり、この古都も今は冬を待つばかり。カフェでビールで渇いた喉を潤し宿に帰り、十二時半迄手紙書き。

十月三十一日(水)

　九時起床。あいにくの雨模様。しかし降りもせず、空の一方には少し青空もあるので町へ出る。先ず僕の泊っている宿から程遠からぬ、同じ通りのシューベルト・ミュゼへ行く。これはシューベルトの生まれた家で、ずっとここに住んでいたらしい。通りに面した重い扉を押して入ると、こざっぱりした中庭があり、古びた女の彫像のある水汲口が右手に立っている。そのそばを二階に上るとそこの三室がミュゼ。生まれた室にピアノが置いてある。あとは肖像画だとか楽譜の写しだとかがガラス張りの中に置かれてあるだけ。当時はウィーン郊外だったであろうここに生れ、ここに住んで、生粋のウィーン人として終始したシューベルトこそ、ウィーンの作曲家の名に値するのでしょう。大変庶民的な香りの漂った住居です。

次いで研究所に寄ってザイテルベルガー及びフォーゲル氏に論文を呈しました。ところでこの研究所のあるシュヴァルツスパーニェンシュトラーセはベートーヴェンが死んだ所。研究所は十七番地、死んだ所は十五番地なので何かあるかと探したが、研究所が聳えているだけ。壊されたらしい（後で聞くと、大分前に取り壊された由で、ベートーヴェン・ミュゼで壊される前の部屋の扉の写真等見ました）。

白亜の石の黒ずんだ色調の好ましい（パリではふんだんに見るが、ドイツではケルン、ミュンヘンでぶつかっただけ）寺院のそばを通って、遠からぬメルケルバスタイ八番地にあるベートーヴェン・ミュゼへ。古びた家で六階位ありましょうか。足元もよく分からないような暗い、且つ石の磨り減った回り階段を四階迄上ると、そこの二室がミュゼ。ベートーヴェンがしばしば住んだ家です。ベートーヴェンは引越し気狂いで、ウィーンだけで、ベートーヴェンの居た家というのが昔は百位あったとか。移っても気にくわぬとすぐ喧嘩して出てしまったというから、その位にはなるでしょう。ここはしばしば住んだというのでミュゼになっているらしい。ピアノ、髪の毛、ベートーヴェンが死んだ室の鍵、楽譜等が置かれてあります。ここは市庁、ブルク劇場等にも遠くない往時の華やかな所だったのでしょう。

冷え込みの大分激しい町をドームガッセ五番のモーツァルト「フィガロ・ハウス」へ。ここはドームの近くの細い通り。ここも重い扉を押して入ると、狭い前庭がある。前庭といっても四、五階迄ぶっ通しで天井に屋根があり、薄暗く、折から昼近く、肉を煮る匂いがぷんぷんする。それに混りうっすらカビの香もする。二階に入りベルを押すと、三階から女が下りて来て鍵を開けてくれる。早口のドイツ語で、ここはモーツァルトが経済的に一番恵まれていた時に住んで「フィガロの結婚」を作曲した所であるというくだりをしゃべる。広い窓が通りに面しているが、陽が全く当たらない。壁にはフィガロの各場面が掲げられています。今でこそモーツァルト、モーツァルトと大騒ぎするが、彼が死んだ時は葬列に従う者も僅か、雨の日とて棺をほっぽらかして人々は去ってしまったと聞いています。誠に浮世は勝手なもの。モーツァルトのみでなく、ベートーヴェン、シューベルトを蘇らせて、今の世人の彼等に対する評価を聞かせたら、きっと苦い顔をすることでしょう。声価は棺を覆ってはじめて定まるか。

しかしいずれにせよこうした人々、ゆかりの地がちゃんと保存されているのは良いことで、大変親しみが増します。

十二時過ぎたが、領事館に寄ってみる。夏にパリにやって来た太田千鶴、大野亮子という二人のお嬢さん（音楽留学中）の住所を調べるためですが、すぐ分かって電話してくれる。今日午後二時に僕の宿に遊びに来る事を約す。十月十五日頃迄の朝日新聞を覗いて帰る。鳩山ソ連行きの茶番劇は全くお笑い草。新聞で見ると、英仏のパラシュート部隊がカナルに下り、更にソ連、ブダペストを放棄かと書いてある。カイロの爆撃に至っては少しく軽挙の感がある。ともかく両老大国の最後のあがき、武力を用いたとて結果は長い目で見れば不利に決まっているであろうに。カイロといえば昨年の今頃は砂漠を見て、こんな所で人が殺し合うとは何と馬鹿げていると思ったが、一年後の今、そこに再び砲声が轟こうとは。はからざりきであります。

昼食を済ませて待つ内、太田嬢、大野嬢がやって来ました。寒いし、曇りだし、二人共四時からレッスンがあるというので、部屋で話す。今迄買った土産物等披露する。こうした雰囲気に渇えているのか、とても喜ぶ。二人が帰るのと一緒に町に出て、ショーウィンドウ等覗いて歩く。夕食後別の新聞で見ると、日本で新発売の三輪自動車が紹介され、近く世界市場にも出るだろうと報じてあり、更にトヨタが日本のフォルクスワーゲン（Japanische Volkswagen-Version）を出したと書いてある。形はきわめてルノーに似ているとしているが、このversionという書き方がいかにも皮肉と言うべきか。それにしても我々がこれを買えるのは何時の事か。

七時からのフォルクスオーパーに行く。レハールの「微笑みの国」。パリのオペラ・コミックにあたるが、どうしてオーケストラも歌い手も堂々たるもの。意外にも中国の物語。前にいる若い男女がしきりに僕の顔を見て囁き合う。どうやら主役の王子に似ているというらしい。微苦笑。馴染み深いメロディ（例えば「君こそ我が心のすべて」等）がふんだんに出て楽しい。オペレッタの発祥地だけに舞台と聞き手の作る雰囲気の何と優雅に柔らかいことか。皆心から楽しんでいる感じ。最後の別れの場面等ハンカチを出す人も稀ではない。

凄い寒さの中を宿に帰り、床に潜り込む。十一時。

十一月一日(木)

八時半起床。嬉しや窓一杯に陽の光。聞けば今日はこちらのお彼岸とか。「Allerheiligen」というらしい。松かさ付きの松の輪に花をあしらったのを手に、墓地行の人で通りは賑わう。先ず旧市街に行き、ブルク劇場のあたりの写真を撮る。ウィーン名物のスパニッシェ・ホーフライトシューレ（馬を馴らして音楽に合わせて踊るようにしたもの）を見に行ったら、今日は休みとのことに、それではと郊外のウィーンの森の高地カーレンベルクに行くことにする。

市電でグリンツィングに行き、そこからバスでヘーエン通りを一気に上り、コベンツル経由カーレンベルクに十五分で着いてしまう。ウィーンの森の黄葉、紅葉も既に少しく時季遅れ、山陰には雪すらある。ウィーンの町は靄に霞み、ドナウ、ドナウ運河とも僅かに認められるのみ。しかし景観は十分に分かる。大分寒いのでカーレンベルク・シュトラーセという下りの道を足早に下る。南斜面は全て葡萄畑。ここは葡萄酒で名の聞こえた所。しかし全て刈取りも終り、既にうら枯れています。年寄がこの寒いのにリュックを背負い、ワイシャツを腕まくりし、ニッカボッカを穿いて元気に山を登って来るのに感心する。

なだらかな斜面の道を下ると、これに直角にベートーヴェンガングが通っています。ここはベートーヴェンがよく散歩した道、「田園シンフォニー」等の構想もここで作られたらしい。今もせせらぎが流れています。もっともセメントですっかり護岸されているが。往時はこの辺は家もまばらに、全く好ましい雰囲気だったのでしょうに、今は道沿いにびっしり家が建っています。ここも花輪を持った人で賑わう。この道が尽きると、又これと直角にエロイカ・シュトラーセが出てくる。これを南に一寸下るとプファールプラッツに出る。その一角にベートーヴェンの住んでいた家があり、中庭が実に美しい。この広場の道から出る細い通り、プロブスガッセの一軒が、かの有名なハイリゲンシュタットの遺書を書いた家。一帯にこのあたりの家は背が低く、いかにも郊外らしい雰囲気を作っている。ハイリゲンシュタットというのはこのあたりの地名。

近くの公園のベートーヴェン像に行って見る。降りしきる黄葉の中に陽を浴びて立っているが、気の毒にこのベートーヴェンは鼻が欠けている。折しも公園の一角の古い教会の高い塔で、彼岸供養か鐘を撞き鳴らす。風のないのに散る黄葉。ここからグリンツィンガー・シュトラーセ六十四番のベートーヴェン、更にはグリルパルツァーの住んだ家の前を抜け、グリンツィングに戻り、ここで今年の葡萄酒で昼食をとる。陶然となりもう一度ハイリゲンシュタットの遺書の家の前を通り、プファールプラッツの家の美しい中庭を写真に撮り、ヌスドルフに出て市電で町に戻る。

三時過ぎなのでミュゼでも見ようと町に戻ったら、丁度目の前をツェントラールフリートホーフ（中央墓地）行の電車が通るので乗る。そこへ行けば音楽家たちの墓がかたまっていると聞いていたからです。ところがこれがとても遠い。着いたら四時。丁度青山墓地みたいなもので、大きな大きな門前には、花屋が一杯店を広げ、人出が溢れています。探し求めると音楽家の墓はほぼひとかたまり、ベートーヴェン、モーツァルト、シューベルト、ヨハン・シュトラウス、ブラームス、ズッペ等が、それぞれの装いを凝らしています。ベートーヴェンの墓はメトロノームの形で人目を引く。シュトラウスの墓は凝った彫像で人々が特に群れています。いずれの墓の前にも他の墓よりも沢山の花と灯点るローソク。人々がオー、ベートーヴェン、オー、シュトラウスと声を交しながら去りもやらず、眺め慈しんでいます。

暮れそめたウエストバーンホフに戻り、駅前のニュース劇場に入る。日本については、砂川紛争の揉み合いが大写し。更に美人コンクールの日本代表が一寸顔を覗かせる。ウィーン市内に飾られてあったソ連戦車が除かれる所で人々がどよめき、小さな拍手すら湧く。反ソ気分横溢の一つの現れ。

夕食を済ませコンツェルトハウスへ。お彼岸にちなむ宗教音楽の夕べ。堂々たる演奏会場に、つくづく伝統を感ずる。演奏はウィーン・フィルハーモニー、オペラ合唱、それに少年合唱団が一寸顔を覗かせる。会場でまた阿川夫妻に会い、終ってからお茶を飲むことにする。阿川氏はオペラがはねて、玄関の所でウィーンに指揮の勉強に来ている遠山信二君に会う約束があると言い、待つ内にやって来る。お兄さん（遠山一行氏。府立高校の一年先輩）より柔らかい感じの人で話が弾む。三年間ウィーンに居る由で、案内を頼む。

いわば銀座通りを歩く内、東京新聞の記者青木氏にも会い、合流。ハンガリーに取材に来たと言うので、それは情報を聞くのによいとカフェに入る。聞けばハンガリー、スエズの騒ぎで、航空機は全てストップしている由で、帰心矢の如しの阿川夫妻の驚くこと。恐らく我々の間の便もスムースには行きますまい。ハンガリーでは八歳の子供迄戦ったとのことで、その憎悪の激しさは想像するに余りある。彼の情報ではルーマニアでも東独でも学生が集会を始めたとの事で、ソ連衛星国はがたがたらしい。青木氏が鳩山に付いてモスクワに行き、夜の町で酒を飲んでいたら、広場に高射砲や戦車が一杯居たし、又、その一部がどんどん南下するので何だと聞くと、いやなに、演習だという話だったが、今考えれば既にハンガリーの不穏に備えた軍備だったらしいと漏らしていました。

一方西欧側も米英仏がガタガタ、しかもアラブ同盟の真ん真ん中に爆弾をぶち込んでは、火に油を注ぐようなもの。英国も実に落ち目になったもの。まあそれ程大事にはなりますまいとのことだが、武力を用いだしたら後に引けないのが通例。いずれにせよ国連あたりの決死的努力が切望される由縁。このウィーンから一、二時間のハンガリーは流血の海と聞いては、つくづく人間とは愚かなものと感ずる。もっともそう感ずるのはいかにも東洋的諦観であるらしく、町の人々のハンガリーを支援する感情は実に激しいらしく、又、町の自動車のあるものには「ハンガリーの自由のために、スイス在住ポーランド人一同」と大々的に書いたのを乗り回しています。阿川氏がカフェで会った若者は、腕の注射針の跡を見せ、今日ハンガリーに血を贈ったんだと気炎を上げた由。ともかく西欧諸国の共産国嫌いは既に肉体的のもので、日本の共産主義に染まった連中の観念論なんかは吹けば飛ぶようなもの。観念の遊びよりも八歳の子迄戦ったというような執念が歴史を築いて行くのだとつくづく感ずる。

次いで河岸を変え、ハンガリー人のヴァイオリン弾きの居るカフェで話す。僕がパリのメゾンで赤ん坊を取り上げた話、動物の脳を集める話に皆興味を持つ。皆と別れ、遠山君と別のカフェで今年の葡萄酒を飲み、音楽の話を聞く。彼は三年前、四ヶ国分割占領の時に来て機関銃で危うくやられそうになったり、色々怖い目も見たらしく、当時はウィーンは全く沈んでいて、音楽も全く低調だったのに、独立するや否やまさに魚が水を得た如く、全て潑剌として完全に蘇り、実に百花繚乱だったと、当時の事を話してくれました。

夜のバスで宿に帰ったのが二時。

十一月二日(金)

八時半起床。昨日の快晴に比べ、雲低く時々雨がぱらつく。その代り寒さは少し和らいだか。十時から始まるスパニッシェ・ホーフライトシューレに行く。これはウィーンが世界に誇るもので、戦後は経営に困って馬を売ろうかと迄言っていたそうだが、その後盛り返し、再び昔日の面影を取り戻した由。屋内馬場で古式なナポレオン帽を被った騎手たちが馬を乗り馴らすわけだが、馬の大部分は純白。誠に美しい。はじめ馬が音楽に合わせて踊ると聞いていたのだが、二時間待てど今日はやらず一寸がっかり。ウィークデーだからか。

昼食を町でとると、雨もパラつくこととて宿に帰り休息に当てる。午後ぐっすり眠り、目覚めたら五時。新聞を読みながら夕食。ソ連ブダペストを攻撃。ハンガリーに総動員令と書いてある。英仏がスエズで武力を使った事に対する牽制か。どうせ奴等の事だ、ただで引き下がることはあるまいと思ったが果して。ハンガリーの善戦を祈るのみ。

七時半からのシュターツオーパーの「フィデリオ」を観に行く。席悪く舞台が殆ど見られないが、前に居るお年寄が時々立って舞台を見せてくれる。遠山君の話ではウィーンのオペラのオーケストラは、それ即ちウィーン・フィルハーモニーで、この点他の都市と異なるらしい。ウィーン・フィルハーモニーの定期演奏は殆どが何十年来の定期会員で、ふりの客は聞けないのが普通の由。それ故我々に残された道はオペラを聴く事しかないわけ。

「フィデリオ」はオペラとしては何となくぎこちないもののように思うが、二幕目は誠に迫力があって良く、それに悪人になるピツァロを歌うバリトン、フィデリオのソプラノが実に綺麗で聞きごたえがありました。「レオノーレ序曲第三番」は何時聞いても良い。これには拍手しばし鳴り止まなかった。終幕の豪華さには少々あっけにとられました。百人以上が衣装を凝らして舞台にずらりと並び、コーラスをやる。皆に見せたい。

はねたのが十時過ぎ。本来は今晩発つ予定が、三日夜「魔笛」があるのでどうしようと遠山君に聞くと、ワーグナーの「タンホイザー」にしてもベートーヴェンの「フィデリオ」にしても、いずれもドイツ人のもの。ウィーン特有のものはモーツァルトで、これだけは是非聴いていらっしゃい、切符は何とかしてあげますと言うので一日残る事にし、今夜オペラ入口で切符を貰うことを約してあり、待つ内現れて、良い席がとれたと言う。ここでは入場料が本当に安く、パリのオペラの千五百円位の所が七、八百円で買えます。それでもオーストリア人たちは高いとブーブー言っている由。パリに比すればこちらには全て安くみえるのに。

今夜は遠山君がウィーンで一流の音楽カフェに案内すると言うのでついて行く。それはオペラの裏の方にある小さい所だが、演ずるのがハンガリー出身の老ヴァイオリニストと、それの率いる楽団。トスカニーニがこれを聞いて感激し、わざわざ作曲して贈ったというし、イギリス王室が評判を聞いて、わざわざロンドン迄呼んだというのが自慢。ショーウィンドウにトスカニーニの写真が楽譜入りで飾られ、そのそばにはFrom Wiener Café to London Palaceと大きな見出しの新聞がスクラップされて並んでいます。一流中の一流とて、実に渋い造り。じいさんが中心で熱演中。「ハンガリー舞曲」、「會議は踊る」の主題歌、シュトラウスのワルツ等次々に飛び出す。観客は、高い所とて若い連中は少なく、中年の夫婦等が静かに葡萄酒やシャンパンを嘗めながら聞いて楽しんでいます。興至ると若い連中はフロアに出てダンスをする。

遠山君の話では、ウィーン人は酒には音楽は付き物で、アコーディオン一つでもピアノ一つでも何でもよい、音楽がなければやって行けぬと言う。パリが酒女歌と色事が必ず付いて回るのに、ウィーンではそんな事より何より音楽とか。人間の気質もドイツと異なり誠に柔らかく、感情的にはドイツが嫌いなのに経済的には合併された方が都合が良いというのが本心とか。

しかしこうした雰囲気に浸るにつけ、つくづく日本人は生活の楽しみ方を知らないと思う。自分自身にしてからがそうで、やはり生活に追われるということから来るのでしょう。こちらの巡査にしてもバスの車掌にしても、一人として不快な感じを与えるもののないのは驚くべき事と思う。一応生活の最低線を確保され、安心して職にいそしむのでなければこうした気持は湧いて来ないように思う。この国も経済的に苦しいと言っても、日本とは一寸異なるのではなかろうか。それとも生活苦しくともこせこせしないのが国民全体の気質なのか。いずれにせよ悠々たる柔らかさは羨ましい限り。自分自身もいつもこうありたいと思う。

二時過ぎのはね迄居て、雪のちらつくウィーンのドームの下で、来年の東京での再会を約して遠山君と別れる。音楽の都ウィーンで音楽家と知り合いになったのは面白かった。

今夜も夜のバスで帰る。客は一杯機嫌のが多い。

毎夜夜更かしでと心配されることと思いますが、身体は健康そのもの故ご安心の程を。

十一月三日(土)

昨年の今日はマルセイユに着いた日。早くも一年が経過したわけです。午前中、快晴ながら手紙が溜ったので昼迄部屋に閉じ籠って書き終える。太田嬢、大野嬢が、今日は土曜とて暇だと思い電話すると、一人が風邪で引き籠もっていると言うので、夕方見舞に行くことにする。

払いを済ませて宿を出ると、次第に雲が出て寒くなる。駅で本類や毛糸(土産の)等を発送。昼食をし、コーヒーを飲みながら新聞に読み耽る。ブダペスト再び危機という。スエズも長引く。米国も選挙前で頭が痛かろうし、ともかく世界情勢は面白くなってきました。日本も偉大な政治家がいればかなり面白い事が出来るでしょうに。しかし何としてもソ連をぶっ潰したい。願うのはその事です。

三時なのでミュゼに行こうと思ったら、ウィーンでは九時から一時迄しか開かぬとのことにやめて、太田嬢、大野嬢を訪ねる。鼻風邪程度で大変元気。ホームシックの影等全くなく、ウィーンが面白くて面白くてと言う。お土産のチョコレートを喜ぶ。子供心に戦争の事を気に掛けていて、ウィーン人がいかにソ連を憎んでいるか、と同時にアメリカを馬鹿にしているか等をこもごも語ってくれる。松原さんは当地で自動車の免許を得た由。とにかく日本でも楽に国民車が買えるようになって手に入れたら、通学、外出、ハイキングと、どんなに万事が楽になるだろうかと考えてみる。ともかくヨーロッパの何処へ行っても洋服のモードを飾ったショーウィンドウの次は自動車屋のショーウィンドウが何といっても人気の的。

太田嬢、大野嬢と別れ、夕食を済ませ、少し寒さの緩んだ町を七時半からのオペラ、「魔笛」へ。今日はさすがに良い席でゆっくり観られる。ともかく一日延ばしても見てよかった。いかに音痴の僕でもヨーロッパに来て、多くのものを見聞し、音楽であっても一級品か否かは判別出来るようになっている。今日のは端役から何から何迄素晴らしい。舞台装置もパリの少々スペクタキュレールのとは異なり、あっさりしていて、しかも単純でない。コロラトゥーラの夜の女王、バスのザラストロ、パパゲーノ、タミーノ、パミーナ、ともかく全て大したもの。特に感心したのはザラストロ。耳から聞こえるだけでなく、骨伝導すら感ずる。はねは十時半。

西停車場に戻り、ウィーンと別れの一時を葉書書き。一時間前に汽車が入ったので乗り込む。席を取ってから名残にビールを飲みに出る。イタリアではビールを頼むと高くつくからです。〇時二十分発。ザルツブルクと同席もいなくなり、ザルツブルク経由インスブルックへ。リンツ、ザルツブルクと同席もいなくなり、ザルツブルクからは八人の所を一人占めで、さながら寝台車。暖房も利いて、インスブルックの手前迄寝ました。ところで昨夜ウィーンを発つ時は星空だったのに、ザルツブルク、インスブルック間のチロル地方は雪、野山を白く埋めています。から松の黄葉に雪が付いて実に美しい。チロルの景は上越沿線の景色に大変よく似ているように思います。

十一月四日(日)

昨年パリに着いた日。ところでインスブルックのかたえに聳える峨々たる雪嶺が見える頃になると雪は止み、雲も切れて陽が射し始めました。平地からいきなり聳え立ち、実に堂々たる山容。インスブルック着が九時四十分。ぐんと見上げて一人で快哉を叫ぶのみ。有料洗面所で朝の行事一通りを済ませ、コーヒーを立ち飲みし、一寸町へ出て写真を撮ると、もう十時五十分発のアルペン・エキスプレスに乗らねばならぬという忙しい行動です。

汽車がインスブルックから離れ、少しくブレンネル峠に向けて登るにつれ、町が少しく俯瞰出来ますが、その上に連なるアルペンの美しさは忘れられぬ光景です。僕は僅か一時間しかいなかったが、徹が来る時は一、二日位居るようにしたら良いと思います。スイスよりチロルの方が何となく野趣があって良いようです。ブレンネル迄の車窓は雪を被った山肌に輝くのは落葉松の黄葉。写真に撮れないのが何より残念。

ブレンネル峠も既に自動車路等は雪の下。しかし陽が射しているので寒くない。ここの駅では既にイタリアの物売りの高い声が鳴り響いています。汽車は間もなく下りになりますが、次に停まった駅からは人々が蟻のように汽車に乗り込んで来てたちまち一杯になる。イタリアの汽車は混むと聞いたがなるほどと思う。人口がこれだけ多いのでしょう。又、路線の両脇に立看板がやたらに並んでいるのも日本と同じ。両側は一寸平地。それから先は相当急な水成岩の岩山で、これが次第に南に下るにつれ針葉樹を失い、背の低い木々、更には草で覆われるのみとなります。平地の方も高い方では牧草地で、その間に林檎を植えていたのが、下るにつれ一面の葡萄畑となり、この間に柿が橙色に熟れて鈴なりになっていたりする。家々は平地だろうが山地だろうが建てられ、山の天辺のあんな所にと思う様な所にも見られます。それが自然からとれた岩で、岩山の上に建てられていても真白、又は色々な色に彩られて、ぐんと自分を主張して建っている。又、時に堂々たる古城も見られる。ブレンネル峠を一寸下った所で見たそれは、或いは曾てムッソリーニが閉じ込められ、それをドイツ軍が救出した所ではなかろうかと思って眺めました。ともかく全体の雰囲気が何とアルプス以北と異なることか。一寸した民家でも美しい大理石の美しい柱をもって飾られ、又、果物にしても畑にしても実り豊かに、気温もぐんと暖かく、それに陽があって身体全体に開放感が湧いてくる自然はここではもう人間にそう厳しく迫るものではないらしい。ボルツァーノ、トレント。両側に山を控えた美しい町。トレントの右手の山には高く高くかかる滝。

ヴェローナに近付くと山は途端に絶え、僅かの起伏を描く平野となる。広々とした眺めの中に、或いは群をなし、或いは孤立して建つ美しい民家。何と美しい字を沢山使わねばならぬことでしょう。今にしてゲーテが、自分がローマに立った日は自分の第二の誕生日だったと言った言葉が実感出来るように思います。

ヴェローナ着午後四時七分。駅前はがらんとした大通りで、ぽつんと教会が建っているのみ。目の前に来たバスで町の中心に行くことにする。ほぼ町の中心迄乗り、そこで宿を探したが高そうなのばかりなので、バスの途中で見掛けたアルベルゴ（宿屋の意）迄戻り、掛け合うと七百五十リラ。これは適当なので、入ることにする。

隣のレストランで空腹を満たす。前菜のスパゲッティのうまいこと。スパゲッティの上に挽き肉を炒めたのをばら撒き、更にバタ四分の一ポンド程の塊が乗せてあり、これにチーズの粉をかけ、掻き回して熱いのを吹きながら食べる。赤葡萄酒が良くうつる。次いでハムのオムレツ。葡萄酒は小コップに三杯程で五十リラはベラ棒に安い。ドイツ、オーストリアでビールばかり飲んでいた口に、パリを思い出させる。

隣に居た男がどちらからと話し掛けてくる。君はと問うとアメリカの音楽家。イタリアはいいと言うと、全く素晴らしい、フィレンツェに行きましたか、これは最も凄い、自分は三年前来た時、フィレンツェにある猪の鼻を撫でるとまたフィレンツェに来られるというので、何回も撫でておいたら本当に三年後の今、やって来ることが出来た、実に嬉しいと満足げ。自分は脳の研究をやっていると言うと、シナプスか何かですか、医学ではごく簡単にみえることがまだよく分かっていないらしいですね、脳は面白いでしょうね等と中々の事を言う。別れしなにコーヒーをご一緒にと言うのを僕は町を散歩したいので遠慮する。ぶらぶらと地図を頼りに歩く。狭い通りを人々が一杯になって歩く。日曜の故かもしれぬ。古代の円形劇場、延々たる城壁の跡、古い広場、教会と一わたり見て、宿に帰ったのが九時。

明日に備え、手紙を一寸書いてすぐ床につく。

イタリア語の新聞を買い、辞書を引き引き読むと、ハンガリーは悲惨らしく、腹の中が煮えくり返る。

十一月五日(月)

薄陽。ウィーンに比べ暖かい証拠には、襟巻をしてしばらくすると汗ばんでくる。隣のカフェで九時過ぎ朝食。朝から葡萄酒を飲んだり、おしゃべりに夢中になったりする男達で賑やか。どういう仕事をしている連中なのか分からぬが、身なりも悪くないし、失業者でもあるまい。ともかく人が多いのに驚く（日本に帰ればそれどころではあるまいが）。
銀行で両替。かねてよりイタリアに入ったらすぐ買うべく考えていた「The Wonders of Italy」を六千リラ（一ドルは六百二十リラ）で買う。御土産に絶好。厚く重く堂々たる書物。次いで地図を頼りに見物。これからは見た物を箇条書にします。一々感想を書いているとイタリアでは大変な事になりそうですから。
エルベ広場→カステルヴェッキオ（古城の意）とスカリジェロ橋→川沿いに歩き→サン・ゼーノ・マジョーレ教会→引き返してシニョーリ広場→スカリジェレ家の廟→昼食→ドゥオーモ→サンタナスタシア教会→ローマ劇場およびサン・ピエトロ城→ジュスティ庭園→サン・フェルモ・マジョーレ教会→再びサンタナスタシア教会（内部）→再びドゥオーモ（内部）→アレーナ（円形劇場）
この内特に感心したのはサン・ゼーノ・マジョーレ教会で、これはイタリアでも最古のロマネスクの由。入口で会った二人のイタリア少女とフランス語で話しながら見る。入口の大扉の金物細工が素晴らしく、見とれる。キリスト一代記で、少女がこれは受胎告知、あれはエジプトへの逃走等と教えてくれる。そうした絵の一部は欠けてしまっているのも、いかにも時代を感じさせる。中に入って息を呑む。天井の簡素な美しさと色調の渋さ（木造彩色）。船底天井ともいえよう。それを支える迫持（アーチ）の弧の素晴らしさ、それに石そのものの色肌の多彩なこと。磨いたのと磨かないので全く異なる感じが出る。それに全体の構築の何と独創的なこと。かかる様式は今迄に見た事がありません。こうしたものを作り出した人間がかつてこの地上に生きていたというのが不思議な感じがする。

エルベ広場、シニョーリ広場、スカリジェレ家の廟にも打たれる。ともかく今迄見て来た物が全て光を失ったようにも感じられる。顧みて日本には広場というものがないのがつくづく淋しい。社会の在り方が広場を必要とせぬためもありましょう。

昼過ぎシニョーリ広場を通ったら、高校上級位のが大勢集まり、イタリア国旗に喪章を付けてデモをやっている。見て居る男にハンガリーのためかと問うとそうだとのこと。一方、近い内にヴェローナ地方共産党大会があるというチラシが町に貼られて居り、更に軍隊の示威行進もあるらしく、このあたりにやはりこの国の内政の複雑さが覗かれそうです。新聞にブダペストで大量殺戮と出ているのに人がたかり、おやおやと囁いて去って行く。実に大きく扱い、空気は極めて同情的かと思われる。

アレーナはローマのコロシウムみたいなもの。よくまあ石でこうした物をでっち上げたものと、半ばあきれ、半ば驚倒して見て歩く。「ロメオとジュリエット」の悲劇はシェイクスピアで名高いが、舞台はここ、ジュリエットの墓があるのですが、ついに時間がなく行き得ませんでした。今迄イタリア人は信用がおけぬとしばしば書いてきましたが、たしかに行儀は悪いのが一般。イタリア語しか知らず、誰にでもべらべらしゃべりまくり、金をごまかす、嘘をつくと、散々悪口を聞かされて来ましたが、ヴェローナの食堂の老給仕の如く、敬虔な物静かな雰囲気を湛えた人物に会うと、そうした一般論は危険。あくまで個人単位に見なければいけないということを改めて感じさせられる。

午後五時三十一分発、ヴェネツィアに向かう。今日は月曜のためか割に空いている。ヴェローナの灯はうっすらと靄を被り始めていました。ヴェローナ停車場の夕焼は印象的。

途中居眠りしている内にヴェネツィアの一つ手前の停車場に着く。ここから車中一人となったので窓を開け、一心にヴェネツィアの灯の近付くのを眺める。寒さはそう厳しくなく、空には満天の星。馭者座が地平を離れ、上り始めていました。映画「旅情」で見て知った長い長い陸橋を汽車が行く。すぐ目の下迄海。所々に漁り船。

午後七時四十分ヴェネツィア着。子供の時から夢見た地に今着いたかと感慨に耽る。駅の前はすぐ大運河。といっても幅二、三十メートルか。この町には自動車は全く無く、交通機関は全て船なのだから徹底しています。寒いのも構わず、船の頭の方に頑張って夜景に見入る。夜目には色彩は奪われていますが、運河沿いの家々の凝りに凝った美しさ、柱の美しさ。のんびり通う水上バス。その前の暗闇を更にのんびりとゴンドラの渡しが掠めて行く。ともかく生活を「遊ぶ」という気持がなかったらこんな家、こんな町は出来なかったでしょう。我々にもっとも欠けているものだ。家々のきらめく灯の砕ける水を切って、シネラマでお馴染みのサン・マルコ寺院に着く。これが又、驚嘆すべき建物。そしてその前の広場。荷を持ったままあきれて立ち止まる。

八代君に聞いていたペンション・フィレンツェをこの広場を通り抜けた小さな通りに見付ける。皆フランス語を話す。案内した女性が、貴方は本当に日本人ですかと問うので、どうしてかと聞くと、日本人は背が小さく、目尻がつり上がって、色が黄色いのに、貴方はそのどれにも当たらず、イタリア人でも貴方に似た人がいくらもいます。貴方の父方か母方でどちらか別の国の血が混っているでしょうと言うので、いや僕は生粋だと言って笑う。

荷を置いて宿の親父が教えてくれたレストランへ行く。スパゲッティとスペアリブと青いサラダと赤葡萄酒。ヴェローナより少々高い。しかし実にうまい。

十時半頃から一時間程、地図を頼りに細い細い通りを、幾つも橋を渡りながら散歩する。石、石、石、イタリアでは石そのものが光り輝く。サン・マルコ寺院の前の広場の石畳の夜の輝き。ブレンネルから南で見た岩石はその切出し場に当たると思うが、断層を見ても色々の色が区別出来たのですが、それを巧みに生かして建物を建てている。しかし石が安く、色々の色を持っていても、それを駆使するのは人。イタリア人の先祖は何と素晴らしかったことでしょう。現代イタリアは先代の偉業に甘え切っているのでしょうか。

八代君から、ヴェネツィアでは地図を頼りに歩くと必ず道を間違え、とんでもない所に行くからと聞いていたが、僕は地図だけを頼りに、目指す所に必ず着きました。しかも夜の街灯の灯を頼りに。誠に狭く、すぐ目的地に着いてしまいます。何度サン・マルコ広場に戻り、その美しさに感動したことでしょう。この星空のもと、ヴェネツィアに遊んだことは決して忘れ得ますまい。なんとか一目でも皆に見せたいと切ない気持がする。

十二時近くに映画がはね、それこそガヤガヤとうるさい通りを人と肩をぶつけ合いながら宿に帰り洗濯。身体拭き。二時迄手紙書き。

世界情勢いかにあらんも、ここ迄来たからには見るものは見て帰るつもり。活力に溢れていますから何卒ご安心の程を。
ヴェネツィアの宿にて
イタリアはフィアットの天下、軽快に走り回っています。

十一月六日(火)

快晴で、取るものも取り敢えず町に出る。先ず定期便を発送、ほっとする。次いでサン・マルコ広場に入るとワァワァと声がして、高校生位のがイタリア国旗と反ソのプラカードを掲げて気勢を挙げています。男女共登校前の一時。広場の半分だけ朝陽がかっと射し、そこには色とりどりのカフェの椅子と、群がる鳩に餌をやる人々。広場に入ってパッと眼に入ってくるサン・マルコ寺院は素晴らしい。

寺院のすぐ横のカフェで朝食。アルプスの北を歩いて来た後の太陽に接する嬉しさ。サン・マルコ寺院に入って行こうとすると、日本語でヴェネツィアン硝子工場の客引きが話し掛けてくる。寺院に入って先ず驚くのは、天井と壁の大部分が素晴らしいモザイクで飾られていること。一寸これは物凄い。下から仰ぐのでは面倒と、金を払い二階のガラリーに上る。近寄って見て益々驚く。人の姿勢、遠近感、人の表情、個性の描き分けが、かかる石の組合わせで出来るとは。どこの誰が思い付いたか知れないが、よく考え付いたものです。壁や天井の所により表情様式も異なり、作者も時代も異なる事が分りますが、概して天井の部分の方がハッキリとした表現(むしろ線を生かして)をとって成功しているように思います。壁の部分のはあまり細部に力を入れ過ぎ、全体として弱くなっているようです。これから見ても細部に凝るより大まかに力強く物事を運ぶ方が大切なように考えられる。これは研究上の心得としても。

下に降りて祭壇のバックをなすビザンチン由来(十世紀)のパラ・ドーロ(黄金の衝立)という大変豪華極まりない物を見る。こうしたものは金をかければ出来るし、エジプトにも既に立派な物があるしで、それ程珍しくはないが、何としてもモザイクは素晴らしいものです。

寺宝等はいずこもさして面白くない物ばかり。銀の器に聖職者の骨等納めてある。

寺を出て、もう一度正面を仰ぎ、回廊を見る。これらも絵の部分は全てモザイク。その他の細部を一々説明していたらかなわないので、帰ってから説明します。

次いで隣のドゥカーレ宮殿に入る。ここはヴェネツィア派の絵が沢山あるので有名。ティントレットが主で、それにパルマ、ヴェロネーゼ、ティエポロ、ティツィアーノ等がずらりと並んでいる。僕はティントレットでは豪華な絵よりも、若い頃のギリシア神話に取材する小品の方が好きです。ヴェネツィア派の原物が思った程明るくないのは意外でした。絵の間に武器室が入る。何と仰々しいことよ。二階の回廊からの陽の溢れるヴェネツィアの海の光景は中々良い。

最後に監獄を通り抜けて出る。中庭から仰ぐサン・マルコ寺院の裏面が極めて美しい。館内で会ったアメリカ人が、これは誰の絵か、あれは誰のかとしきりに僕に聞く。彼はイタリア、ドイツが物が高くて困る、ガイドも高い事吹っ掛けるし、いやだ、その点オーストリアは実によかった、しかし何とひどい天候だった事でしょうと訴える。誠に気が良い。

昼となり、人の出盛る広場を抜け、船着き場を歩き、新聞を買う。一つの新聞にはでかでかとソ連、英仏に最後通告か等書いてある。どうやらハンガリーは悲しむべき事になったらしいし、エジプトでは英仏が上陸するし、アメリカの大統領選挙は今日だしで、情勢は混沌たるもの。イタリアの美しさに心躍る反面、人間のおろかさに心は重い。殺人は最も重い罪なのに、国家間では勝手に人を殺戮し合ってよいのか。

昼食は立食で済ませ、宿に帰り、午前見たものをガイドブックで一応頭の整理をし、二時に出直す。通りでアメリカ婦人から、貴方の事をウィーンのカーレンベルクで見ました、どちらからと声をかけられたので日本からと答えると、新聞に何か新しい事がありましたかと聞いてくる。ハンガリーは打ちのめされたと答えると渋い顔をし、今日はアメリカの選挙、アイゼンハワーがきっと勝つと言うので、第三次大戦が起きると思いますかと聞くと、人間は何時迄経っても変らないから、起きるかもしれませんねとあっさりしたもの。再会を約して別れる。

少し薄雲の張って来た下をアカデミア美術館へ。ここでは十四、十五世紀のイタリア絵画がふんだんに見られる。ベッリーニの数点が良く、マドンナの一人は直子によく似ている。ティントレット、ティツィアーノ、ジョルジョーネ、カラヴァッジオ、パルマ、ティエポロ等々。ルネッサンスにかからんとするあたり。

ここを出て地図と首っ引きで、狭い、洗濯物の沢山垂れ下がった小路を抜け、橋を渡り、広場を斜交いにと、スクオーラ・グランデ・ディ・サン・ロッコに行き、ここでもティントレットのキリスト一代記を見る。よくもまあ沢山描いたものです。そのそばのヴェネツィア最大のゴチック寺院サンタ・マリア・グロリオーサ・デイ・フラーリを一寸覗いて、有名なポンテ・ディ・リアルトを目指す。これは橋の上に両側に店が並んでいます。次いでヴェネツィアン・ルネッサンスの代表作たるサンタ・マリア・デイ・ミラーコリを覗く。柱の一つもない大理石の板で飾られた小さなもの。人一人居ず静まり返っている。

途中で石切屋で大理石を切るのに見とれていると、入って見ろと言うのでしばらく眺める。木と同じに自由自在に切れる。最後に三大騎馬像の一つヴェロッキオ作、バルトロメオ・コッレオーニの像をサン・ジョヴァンニ・エ・パオロ教会の広場に仰ぐ。今にも動き出しそうです。ヴェネツィアの夕べの一時、橋からカナルの波にきらめく夕陽を眺める。サン・マルコ広場の空は赤く夕焼。

昨夜の店にまた夕食をとりに行く。馴染みになったが、向こうは貴方はフランス人かと思ったと言うから、僕もいよいよ国際ゴロみたいなことになりました。今夜は一つヴェネツィアの魚をと思って、Friture des poissons mélangés というのを頼んでみると、小カレイとイカの輪切りとイワシと小カニに粉をまぶして揚げた物で、これにレモンを掛けて食べる。日本だったら魚がずっと新しいからもっともっとうまいのが出来るでしょう。小カレイ等大分古そうだ。もっとも日本では白葡萄酒がないが。

夕食後駅迄散歩。散歩といっても地図と首っ引きで、どんな小さい小路も逃すまいと細心の注意を払わないと迷ってしまう。もっとも迷っても高が知れていて、水にぶつかったら水上タキシーを雇えばよいのです。しかし迷路をうまく通過したという快感は味わえない。こんな小路がと思う所が重要な通りで、大勢人が通る。ピチャッピチャッと家の壁に波の寄せる音。空には星。うっすら靄の中に霞んでいます。駅で明日の時間を調べ、サン・マルコ直通の水上タキシーで帰る。

宿に帰り、親父にラジオのニュースで何かないかと聞くと、どうやら楽観していてよいようですよと言う。ハンガリーで大殺戮があったろうと言うと、いや分からない、とにかく通信途絶だからと肩をすくめる。

床の中で「フィガロ」を読む。アカデミー・フランセーズの会員が英仏のエジプト攻撃には触れないで、ハンガリーの暴動の事を取り上げているが、僕の考えていることと同じような事を言っているので、スクラップして同封します。十一時就寝。

十一月七日(水)

薄陽は射しているが昨日のような快晴には程遠い。ボローニャ留学中の田中君(パリの田中君とは別人)に出す絵葉書を郵便局に買いに行ったが、九時からというのに九時を五分過ぎても、中で女事務員はおしゃべり。中には遅れて駆け込んで来るのもいる。客も少しは、じれているが、日本のように騒ぎはしない。

サン・マルコ広場を抜け、ローマ銀行へ両替に。ともかく駅等で替えるよりこうした大銀行の支店で替えるのが一番割りが良いようです。宿へ引き返し田中君に葉書を書き投函ついでに、お別れにもう一度サン・マルコ寺院に入り、モザイクをとくと見上げる。次いで外側の回廊の天井に描かれた、これもモザイクの旧約聖書の事跡を子細に眺め、最後にドゥカーレ宮殿の中庭から美しいサン・マルコ寺院の側面を見上げ、海べりの道を鳩の間をよけながら歩く。ここの街灯はヴェネツィアンガラスらしく紫色で実に綺麗だ。ガラス店で実に美しい煙草の灰皿を見付けたが千二百リラ故あきらめる。それにガラス物は旅行中運ぶのは無理だし。

宿で払いを済ませ、荷を提げて、サン・マルコ広場とサン・マルコ寺院に何時かまた来るであろうことを願いながら別れ、水上バスに。グラン・カナル回りに乗り、眺めを楽しむ。ともかく何時どうして作られた町かは知らぬが、ど偉い物を作ったものです。石のふんだんに採れる所でなくてはとてもこんなことは出来ない。水が実に汚いと聞いていたが、僕にはそうは思われない。海風は中々寒い。

十二時二分発、ミュンヘン行きの汽車でパドヴァへ。ヴェネツィアを陸につなげる海の中の街道を汽車沿いに自動車路。そういえば二日間自動車に接しなかったわけ。ヴェネツィアの町には一台も自動車は無いのですから。イタリアではフィアットの天下。この車は軽快で、僕はフォルクスワーゲンより好きだ。陽は殆ど陰ってしまいました。パドヴァ迄は、冬を待つ平凡な田園風景。

パドヴァ着、駅で立食。直ちにスクロヴェーニ礼拝堂にジオットの壁画を見に行く。ヴェローナの宿の男が、パドヴァはつまらないと言っていたが、なるほど近代的な建物多く、ヴェローナの町に入って受けるしっとりとした印象は求むべくもない。公園の中に黄葉を背にお堂が建っている。ベルを押して番人を呼んで扉を開けてもらう。日本から来たと言うと番人の女の子が珍しそうに目を離さず見ている。柱の全くない、昨日ヴェネツィアで見たサンタ・マリア・デイ・ミラーコリと同じようなつくりで、天井といわず壁といわず、ジオットのフレスコで埋め尽くされています。キリスト一代記。よく保たれている部分(あとで修復したか?)と、崩れて色の褪めた部分とあるが、ジオットの絵等は日本では縁が遠く、美術全集でも色の付かないもので見ているだけですが、原物の色は大変鮮やかなものです。しかし絵そのものは固く、一寸親しめないが、この人の美術史において占める位置は大きく、こうして見ていって、後で全集を繰ることにしましょう。

次いで細い、割に古いと思われる通りをバジリカ・デル・サントへ。この広場にあるドナテッロの騎馬像が素晴らしい。昨日のヴェネツィアの騎馬像とどちらが良いと決しかねる。教会の中に入ってみる。この教会の内部、特に天井から欄間にかけての図柄、色彩が中々しっとりとしていて良い。祭壇が見ものというが感銘は無い。元へ戻ってラジョーネ宮を見に行く。馬鹿大きいが、見ていて快い。

屋根の曲線、柱がとても良い。これは古いヴェネツィア地方の首府だった時の市庁だったとか、十二、三世紀のものです。

そこから程遠くないドゥオーモを一巡り。駅へ戻ったのが三時一寸前。三時十七分のボローニャ行を待つ人の多さにうんざりしたが、汽車が来てみるとそれ程混まない。先を争って乗るのが日本並み。フェラーラ迄は相当に濃い靄の中。フェラーラからは素晴らしく綺麗なガソリンカー。このあたりでは靄も大分薄らぎ、入日が雲を染めて実に美しい。野面にはうっすら、さ緑に麦が芽吹いていて、日本の景色とよく似ています。

とっぷり暮れた五時五十八分ラヴェンナ着。駅前大通りをヴェネツィアで聞いてきたベッラ・ヴェネツィアというホテルを目指す。Via 4 Novembreにある。掛け合うと八百リラと言う。それ程安くないが入る事にする。食事は高そうなので、靄の町をレストラン探しに。格好のを見付けて入る。スパゲッティ。食後果物籠に柿があるので、これは何と言うのかと聞くとkakiと言う。それじゃ日本のかと聞くと、ジャッポーネのですと言うのでとってみる。ぶよぶよで、一寸閉口。木の上ですっかり渋抜きして柔らかくして食べるらしい。

洗濯、手紙。パドヴァで買った「ル・モンド」を見ると、中立より一寸左のこの新聞も、エジプト問題にはそれ程批判的でなく、ハンガリー問題には強く出ている。実際、最後となればどこでも武力が物を言うことに対し、あきらめめいた言葉を綴っている。日本も近頃のこれ等の事件を教訓に、とくと考え直さねばならぬか。

十一月八日(木)

靄がかかっているが快晴。朝食は昨夜買っておいたパンで自室で済ます。

ラヴェンナから一駅のクラッセという所にある教会に良いモザイクがあるというが、交通の便が悪いと聞いていたので時間を調べると、十時過ぎに汽車がある。それ迄町の一、二のものを見ておこうと出掛ける。ガリバルディ広場(彼の像あり。パドヴァでも見て、パドヴァが彼の出身地かと思ったら、ここにもある。余程尊敬されているとみえる)を抜けてサンタポリナーレ・ヌオーヴォ教会へ行く。朝早いことなので、ぎーっと扉を開ける音が誰もいない堂内に響き、ひんやりした中の空気が顔を掠める。欄間が一面のモザイク。この教会は建物の保存が悪いのか、建築が脆弱なのか、天井の線が少し湾曲し、柱と柱の間には煉瓦を積んで修復の最中。左側に聖母マリアにかしづく修道女の群像、右手にキリストに仕える修道士の群像がずらりと並んでいますが、表情姿態全て異なり、表情が極めて良く出ています。

次いでバティステーロ・デリ・オルトドッシに行く。これは小さい八角形の洗礼堂だが、これには文句なしに感心しました。密度があり、画面が盛り上がっていて、人々の顔に僅かにとばした赤橙のアクセントが実に良く利いて誠に素晴らしい。それにバックに紺青、又は濃青を使ったため、実に人物が良く画面から浮き出しています。模様も良い。サン・マルコ寺院のモザイクにも打たれたが、ここのはそれ以上。

十時十二分発の列車でクラッセに向かう。五分程で着いてしまう。全くの小村。水辺のポプラが黄葉して、水鳥の作る水輪の上に静かに影を映し、農家の庭からは藁を発酵させる匂いが漂い、道の上を鶏が餌をあさっていたりして、全く牧歌的。あたりには松の木等も見えて、まるで日本に帰ったような気分。駅からもう教会が見えている。駅に降りたのは僕一人。駅員がツーリストと認めて、教会を指さしてサンタポリナーレ・イン・クラッセはあれだと教えてくれる。イタリア映画によく出てくる、人の良さそうなでぶっちょのおっさん。

真横から朝の陽の射す伽藍に扉の音を響かせて入ったが誰もいない。モザイクは一番奥の祭壇の円天井にあるだけ。ここのは緑が主調。はっきりした表現。こんな田舎のこんな堂を一巡り、横にある小さいカフェに入り、白葡萄酒を飲みつつ絵葉書をしたためる。全くの小春。蠅が顔にうるさくやって来る。そばではおやじがトランプに余念なし。殆ど物音がしない。十二時二十三分の汽車迄なお時間があり、また河岸を変え、今度は見事な大粒のオリーヴの塩漬を齧りながら飲み、陶然となる。これからの研究の目標の一つ、オリーヴを齧る快味。人の来ぬままにバーテンダーはイタリアオペラのラジオを掛けっ放しに高鼾。帰りもクラッセから乗ったのは僕だけ。駅長が手を振って別れの挨拶。

ラヴェンナに戻り、昨夜の店で昼食に舌平目のフリットを食べる。二時半の開館を待ってミュゼの中のアルキヴェスコヴィーレ礼拝堂に入る。ここでもモザイク。最後にラヴェンナで最も逸品とされるサン・ヴィターレ及びガッラ・プラチーディアの廟のモザイク。これは確かに豪華な物だが、僕はバティステーロ・デリ・オルトドッシの物を最も逸品と思います。

モザイク、モザイクの一日を堪能し、予定より一汽車早く四時二十八分、カステル・ボロニェーゼ経由でボローニャに入りました。午後六時過ぎ。ところで田中君には七時半に着くと知らせてあるので、駅で「フィガロ」を読みながら待つ。米大統領選挙の結果を知ると共に、英海運筋の情報で、スエズ運河には九隻の船が沈められ、これがため大型船舶の航行は三ヶ月は不可能であることを知り、喜望峰回り不可避と腹を決めました。更に情勢は大分切迫している事を感じます。フランスではガソリンの使用制限になるらしい。ブルガーニンの一声でスエズ休戦ということになったらしいが、これから後が大変。七時半に田中君がやって来て、家からの手紙を渡してくれる。宿をとり早速読む。十月末日のもので、ハンガリーやスエズ問題のまだ切迫していない時にしたためたものであることを知る。

田中君とボローニャの古い町並みをぶらぶら散歩しながら夕食をとりに行く。彼はどこの大学で教えているのか知らぬが、二年間パリに留学、今度はこのボローニャの物理研究所に来て原子物理学をやり、二年位は居ると言う。月七万リラ貰って大変使いでがあるらしい。イタリアは色々の面で新興の気に燃え、活発だと言う。教室でもパリ等とは比べ物にならぬ位親切で、イタリア人はすぐ裸になって付き合いをすると言っています。イタリアの生活事情は戦前を凌ぐ由で、国民の多くはかなり満足しているらしいとか。ともかくこの国に来てからはフォルクスワーゲン等見たくもなく、フィアットをはじめイタリアの車の氾濫、こんな点からしてもやはり自己を持っているということは窺える。

食事中、物理研の研究者二人と食卓を共にしたが、両者共誠に肌触り柔らかく、物静か。大変印象が良い。イタリアに入る前は泥棒の国とか、信用のならぬ人間たちと書いたりしたが、中に入ってみて少しく印象を改める必要を感じます。この国は決して眠ってはいないと思う。スペインあたりと大分異なるようです。

イタリアの名物ピッツァという、日本のお好み焼のようなのを立食、宿に戻ろうとしたら物理研の男に会う。一緒に飲みに行こうと三人でバーへ。コニャックを奢られ、イタリアの美しさを称えて別れる。床に入り手紙を読み返して就寝。十二時半。

十一月九日(金)　晴

九時に宿を出て、ボローニャの町で最も古い広場、ネプチューン広場に行く。何たる人の多いことか。日本とよい勝負。ネプチューンの泉。この泉を巡る四人の女性像は乳から水を撒いていて珍しい。ポルタ・ラヴェニャーナ広場には二本の高い塔が建っているが、これが両方共不気味に(我々には。イタリア人は平気らしい)傾いている。地震の無い国ではかかる事にも無神経でいられるのか。これは何でも仲の悪かった首長二人が競って建てたが、太く短い方は建築中に曲って中止したとかいう、曰く付きのもの。サン・ドメニコの教会では大理石の見事な墓石の彫り物を見る。

十一時過ぎで時間があるので、ボローニャ迄来たからにはヨーロッパ最古の大学の解剖教室を見てやれと、つかつか入って行く。門番、小使いを経て助手に会う。これがイタリア語しかしゃべらぬ。僕のフランス語は向こうに通じるらしく、聞くとべらべらイタリア語で答える。こちらは「勘」でそれを捕える。ともかくここは爆撃でやられてすっかり標本等なくし、目下修理再建の途中だとのこと。特に見るべきもの無し。しかしメス研ぎ器があるのでどこのかと聞くと、英国製とのこと。英国の物を我々は買う必要は無い。

駅のレストランで立食。十二時五十分発のフィレンツェ・ローマ行に乗り込む。途中はトンネル多く、汽車は山がちの農地の間を走る。ここでも黄葉が実に美しい。又、山には糸杉多数見えて、いかにも南国に来たことを思わせる。山の裾にも中腹にも山頂にも家々々。トスカーナの野の美しさ。しかし雲がひろがって来た。フィレンツェ迄ノンストップ。

午後二時過ぎ、フィレンツェ着。とうとうやって来たかと思う。八代君に聞いていた宿を探し求めて入る。掛け合うと三食付きで千四百リラと言う。ボローニャで一泊(泊まるだけ)千リラ取られているので、嘘でないかと思う位。二人部屋の大きな所に頑張る。14, Via 27 Aprileの誠に親切な宿。荷を置いて今日の「フィガロ」を読む。パリでの共産紙「ユマニテ」発行所焼討ちのデモの記事を詳しく読む。またアメリカ艦隊に出動命令とある。

三時半、町へ出る。ドゥオーモを目指す。突然目の前に立ち塞がったドゥオーモの石の美しさ。心からの驚き。これを設計した人に対する深い尊敬。全く思いも掛けぬ素晴らしさです。しかし正面にはピオ十二世のハンガリー事件を悼む言葉。こんな素晴らしいものを生む可能性を持つ人間が、方向を違えると互いに殺し合うというおろかさの限りを尽くす、その馬鹿馬鹿しさ。時が時だけに一層心に響く。広場の隅の新聞売りの広告には「世界の緊張、事態の重大化」と、でかでかと書き立て、「アイゼンハワー準(戦時?)状態を命令」とも書いてあり、人々が足を止めています。実際に始めたら、自分が日本に帰れるのが大分遅れるだろうというような事よりも、今度世界が戦えば、本当に世界の人口の相当な部分が痛む事を思い、この死活を一手に握る世界の指導者の良識に期待するところ、誠に大なるものがあります。それにしてもソ連の狡猾さ、ハンガリーで暴虐をふるっているのはモンゴル兵とのこと。自国の軍隊は温存し、他国を先に立てる。これは英国あたりの常套手段と聞いているが、それを責めるソ連自身が同じことを臆面もなくやっている。これが自己中心主義以外の何ものであるか。誠に口ほど便利なものはないと思う。

細い通りがぱっと開けて、目にダビデの像が飛び込んで来る。ああ遂にシニョリーア広場に入ったかと自分に言い聞かせる。目を移せばその左にネプチューンの噴水。更に右にはロッジア・デッラ・シニョリーアのベンヴェヌート・チェッリーニ作「メドゥーサの頭を持つペルセウス」、ジャンボローニャ作「サビニの女の略奪」が目に飛び込んで来る。その背後には聳えるパラッツオ・ヴェッキオ。ああ、遂に来たかと思う。瞬間戦争の事を忘れてしまう。どれから先に見てよいか分からない。ロッジアの中の石階では書を読む老婆、憩う若い女性、ノートを広げる学生。何と恵まれた人々だろう。こんな所で。サビニの略奪の女性の足の裏（勿論大理石）の皺に迫真力をしみじみと感じる。チェッリーニが、これを鋳ている時、熱にうかされたというペルセウスの素晴らしさ。一人で声を出しつつ眺め回る。パラッツオ・ヴェッキオの中庭に入ってみる。ヴェロッキオ作の「イルカを持つ少年」が泉を吹いている。堂々たる殿堂の中に小なりとはいえ、堂々と自己の存在を主張している、その快さ。

ウフィッツィ美術館の回廊をポンテ・ヴェッキオに向かう。アルノ川は雨後の濁りか。橋を渡りながら、両側の土産物屋に目をやりながら、人に揉まれながら、又々遂にやって来たと思う。ピッティ宮の前を覗き、歩を返してピアッツァレ・ミケランジェロに向かう。夕映える雲の下、公園では人々が平和の憩いを楽しんでいます。己が思想のため、己が利益のため、他国を武力で蹂躙する奴等がつくづく憎くなる。

五時、アルノ川沿いに街灯が点り、ポンテ・ヴェッキオの店にも灯がちらつく頃、ミケランジェロ広場に着く。ダビデ（レプリカ）が暮れ残っている。一段下のテラスには菊の盛り。トスカーナの静かな夕暮。ここになぜルネッサンスが花開いたのだろう。ミケランジェロの頃だって、ミケランジェロだって、限りない悩みを悩みながら数々の物を生んだに違いない。我々の時代も無数の困難がひしめいているが、やはり自己を一杯に生かして、良い物を生まなければいけないと、フィレンツェの町の全貌を眼の下にしながらつくづく思う。ダビデを背にフィレンツェの灯を前に、今うつつのフィレンツェに立っていると思うと心の弾みを抑える事が出来ない。纏まった考え等なく、ただ大波のようにわーっというだけ。それでいいのだと思う。自分の仕事を歴史の中に位置付ける気概に満ちて進みたいと思う。細かな美術品等はどうでもよい。こうした体験、実感が最も僕にとっては重要だ。

帰りに、火の灯もったパラッツオ・ヴェッキオを覗くと、中世風の白と緋の衣装に鎧、兜、それに槍を持った男達がいる。芝居かなと見過ごして、広場を抜け、ドゥオーモの前を通ると人だかり。ハンガリーの犠牲者のためのお祈りだという。さっきの男達はドゥオーモの番人なのでした。中に入って見る。大僧正が到着し、鐘をりんりんと鳴り響かせて、六時から八時に至る大祈禱。ドゥオーモの半分位を人で埋め、堂内一杯に祈りの声が響く。人々の出入が絶えない。軍人の祈る姿も多い。若い連中も実に多い。こうした宗教に裏付けられた人々の怒りというものは拭っても拭えぬものではないかと思う。僕も人間の尊さに唾する不遜な人間の、必ずや敗れることを祈る。

宿に帰り八時夕食。量多く満足。つぶさに「フィガロ」を読む。

僕も情勢次第によってはローマ迄行き、それから先ははしょってパリに帰るか、又はフィレンツェで切り上げて引き返すか、ここ数日の情勢の動きをよく見ます。緊急となれば交通は絶えるでしょうし、騒いでもしようがないし、冷静に行動しますから、その点ご安心の程を。お互いに神経は太く持ちましょう。パリに帰って、事情が許せば、飛行機にすることも一応考慮します。

十一月十日(土)

パリを出てはや四十日になりました。まさに大旅行です。今日は曇り。大きなモーニングカップで久し振りにパリとよく似た朝食。同宿は学生(フィレンツェの?)三人。一人が英語を話し、共産紙にでかでかと出ていた「ポートサイドで一万五千の死者」の件を話し掛けてくる。シンパらしい。ハンガリーでどれだけ殺したか。戦争等する奴は皆馬鹿だ。しかも他国に「攻め込んで」。

九時過ぎ、少し雨のぱらつく、どんよりとけぶる町へ出る。手には厚い「The Wonders of Italy」。最初はドゥオーモの前のサン・ジョヴァンニ洗礼堂を見る。この八角の堂は三つの扉を持つが、これが中々大変な代物。この建物も黒と白の大理石で美しい。祭壇の右方にドナテッロ作の教皇ヨハネ二十三世の墓があるが、その薄紫をおび、半ば透き通った大理石の美しさに目を見張る。天井は一面のモザイク。豪華には違いないが、ラヴェンナの物より少々気品が足りぬと思う。

ドゥオーモに入ってはミケランジェロの作、十字架より降ろされるキリスト「ドゥオーモのピエタ」を見る。もはや石という感じではない。老人の表情の素晴らしさ。

ドゥオーモの裏のミュゼでドナテッロとルカ・デッラ・ロッビアの彫刻「カントリア」を見て夢中になる。これは聖歌を歌い、踊る少年少女の群像だが、それはもう大変なものです。本に写真が全部載っているから、帰ったらゆっくり説明します。椅子に掛けて見ほれる。イタリアで最も感心した物の一つになりましょう。ドゥオーモの脇に建つジオットの設計になる鐘楼も、また素晴らしい。とにもかくにも驚き入ったものです。もう形容詞の持ち合わせがありません。石の生地だけでこうした物を作るというには大きな考えの飛躍があるように思う。

午前中の最後にサン・ロレンツォ教会に入る。メディチ家の主領たちの墓六つを祭る八角のチャペルがまた石の豪華版。イタリアだけでなく、アジア、アフリカあたりからも色々な色の石を集め、それを磨き上げ、細かな模様に組んである。圧倒的。その奥に細い廊下続きにミケランジェロの設計になる墓所がある。ロレンツォ・デ・メディチとジュリアーノ・デ・メディチの墓が向き合い、もう一方の壁際には聖母マリアの像。全てミケランジェロ作。墓の上には昼と夜を表わすという男女の像。まあ美術全集で見て下さい。

十二時半に腹を減らして宿に帰る。通りに兵隊の姿が大変多い。ここは早く降伏したので再軍備問題等ということはありません。食事は一時からだと言う。のんびりしたもの。スパゲッティの次はエスカロープ（日本のカツ）。それに柔らかい林檎。日本の立派な林檎等とは比ぶべくもない。食後三時迄昼寝。

三時から、宿から遠くないサン・マルコ寺院のモナステーロ（僧院）にフラ・アンジェリコを見に行く。天使の画家。油絵以前でテンペラ画。フラ・アンジェリコは好きな画家の一人故、特によく見ました。しかし血生臭い絵も多い。

二階の僧たちの独房の一つ一つにもフラ・アンジェリコ及びその弟子たちの壁画が描かれている。一番奥にサヴォナローラの居た房があり、彼の像や、彼の処刑の場面の絵、彼の遺品等が置かれてあります。季節はずれといっても各国からの観光客が去来し、戦争騒ぎ、どこ吹く風で、ゆったりと見物しています。アメリカからのが特に多いようです。

四時の閉館間際にアカデミア美術館に入る。切符を買い、扉を押して中に入ると、奥の真正面にダビデが文字通りすっくと立っています。曇天のしかも夕暮の天井から射す僅かの光に照らされ、神秘的ですらある。これがオリジナル。回廊の両脇のミケランジェロの奴隷等見ながらダビデの足元に行って下から眺め上げる。ゴリアテを討つべき石を持つ手に脈々たる静脈。陰る顔に光るまなこ。盛上がる筋肉。しなやかな肢体……。惜しや閉館（四時）のベル。もっともここでは他に見る物はない。

ドゥオーモの広場を越え、シニョリーア広場に出て「フランス・ソワール」と「ル・モンド」を買い、ロッジア・デッラ・シニョリーアに入って石段に腰掛け、それらを広げる。ブダペストで激しい戦い再開。サルトル、共産党と手を切る。フランスの株式一時落着く。パリで共産主義者の対抗デモ等々。それにポーランド国境には四十個師団のソ連軍、ソ連機シリアに集結等とも書いてある。尻が冷えてくるので宿に帰り、手紙書き。夕食後すぐ就寝。実によく寝る。

十一月十一日(日)

雨。起きたら道が乾いている。朝食をとって九時半のウフィッツィ美術館開館に間に合うよう出掛けたら、もう道がすっかり濡れている。幸い激しくはない。今日もドゥオーモ、シニョリーア広場を通り、広場の中央のサヴォナローラの火炙りにされた所に嵌め込まれたメタルの板を見て、ウフィッツィ美術館に入る。

この大きな建物の三階が美術館。十三世紀位からはじまる。もっともその前にギリシア・ローマがあるが。これらの彫刻を見ていると、中世のあの宗教画の氾濫に押し潰されそうになった時期に、目覚めた人が、これらの生き生きした表現の価値に気付き、人間再興を叫んだ気持が素直に分かるような気がする。絵はチマブエあたりからはじまり大変な数だが、一わたり見終えて最も打たれたのはボッティチェリとフィリッポ・リッピとギルランダイオ。いずれも油絵以前だが、実に大したものです。ボッティチェリは大したことないと聞いて来たが、僕は最も打たれた。「ラ・プリマヴェーラ（春）」、「ヴィーナスの誕生」もさることながら、マドンナの数枚が特に良い。美術書に線が少しうるさいと書いてあるのを見たことがあるが、全くそんなことはない。

フィリッポ・リッピという人は今日初めて大した画家だと思いました。その他の絵では、前から好きなミケランジェロの「聖家族」、ラファエロの「ひわのマドンナ」、それにかなりのティツィアーノが良いと思いました。小川教授はティツィアーノに最も感心したと言うが、僕はそれ程打たれなかった。むしろギルランダイオの方が良い。ルーベンスも随分あるが、ベルギー、オランダで見た物より色も渋く、ずっと良い。ホルバインの一点も光っている。見終って喫茶室でコーヒーを飲む。やはり一番印象が強いのはボッティチェリ、フィリッポ・リッピ及びギルランダイオ。引き返してもう一度見る。

次いで一時の昼食前に頑張ってバルジェッロ美術館を見る。今日はミュゼが全部無料なので大変好都合。ここは建物及びその中庭が第一凝っていて、全く中世的な雰囲気。ここには「ダビデ」のエチュード（ミケランジェロ）がある。これを見ていると老番人がジャッポーネでしょうとイタリア語で話し掛けてくる。ロシアと日本は近いかと言う。又、日本は中立か、それともアメリカの支配下にあるのかとも聞く。こちらはフランス語で、我々は中立を欲する。しかしロシアは大嫌いだと言うと分かったらしく、ロシアは皆「これだ」と、陳列物を両手で持ってポケットに入れる真似をする。

二階の広間、ロビーで、ドナテッロ、ルカ・デッラ・ロッビア等の作品をあまた見る。ドナテッロの「ダビデ」

がいくつかあるが、ミケランジェロと全く違った雰囲気。ドナテッロも実に実に良いが、ミケランジェロはやはり最高峰だという感がする。規模が全く異なる。三階ではベンヴェヌート・チェッリーニの作品、ヴェロッキオの作品を多数見る。いずれも素晴らしい。彫刻については横江先生に目を開いていただいているので、いずれもぴんぴんと心に響く。石の美しさは繰り返すまでもない。世界がどうなるかなどの憂いを忘れる一時。

一時になったので昼食に宿に引き返す途中で、近岡、中谷両氏（二人共画家）と擦れ違う。向こうは気付かないのでやり過ごして肩をつつく。やあ！ と驚く。近岡氏は僕がケルンに発つ日、シテの病院に入院し、十五日間入っていた由。諸検査の結果、虫だろうということになり退院。十一月初めにパリを出て、スイス、イタリアの旅に出、これからローマ、ナポリを見てパリに戻ると言う。ところで向こうは新聞を読んでいないので、情勢はどうですとせき込んで聞く。僕が知っている範囲を話すと、早く帰ろうかと心細くなったらしい。しかし今度始まれば世界の何処に居たって同じですよ、それよりあく迄戦争の起こらない事を信じて落ち着いて居ようではありませんかと話し合う。今日五時過ぎにローマに発つと言うので、四時半に駅で会うことにする。野見山夫人は十月六日に死去と聞く。

昼食後間もなく、ピッティ宮に出掛ける。ポンテ・ヴェッキオを渡って間もない丘の中腹。これが又、物凄い絵の数。ウフィッツィどころでない。一わたり歩き回り、次いでもう一度重要なのに注目する。ここで感心したのはラファエロとボッティチェリ。ラファエロの「ヴェールの女」の原物に接する事が出来ました。これは「ひわのマドンナ」と共に前から好きだったもの。ティツィアーノもかなり見る。雨がかなり降って来てフィレンツェの町が霞む。

四時半迄の時間を近くのサント・スピリト教会とサンタ・マリア・デル・カルミネ教会で過ごす。後者にはマザッチオのフレスコ画がある。暗くてあまり良く見えませんが、美術書ではその一部に親しんでいた物。アダムとイヴの「楽園追放」など。祭壇の奥では日曜日の勤行か。

約束の時間に近岡、中谷氏と落合って駅の喫茶室で話す。この人達の旅は実に慌しいらしく、それにお金がある故で、ミュゼよりも店覗きの方に時間がかかる由。疲れた疲れたと言っています。パリを離れて十日にもならないのに。しかし気の良い人々なので話していても肩が凝らない。五時二十三分の汽車に場所をとってやり、見送る。

雨の町を宿に戻る。八時の夕食迄手紙。食後、今夜から泊まる三十過ぎと思われる夫婦者の男の方がアコーディオンを持ち出して来て、イタリア民謡を次々に歌う。同宿の者も、宿の人々も出てきて歌を合わせたり机を叩いたり。皆で歌える歌を持っているのは良いことだ。ドイツで感じ

た と 同じ。その男はのど自慢らしく、皆に請われて「トスカ」「アイーダ」等のさわりを歌い、僕のために「マダム・バタフライ」の詠唱も加える。本当に歌が好きなのです。歌舞伎好きが、頼まれずとも声色をやると同じことです。フィレンツェの宿で聞くイタリアの歌、中々思い出になります。

ところで今後の計画は、新聞に着目しながら、十四か十五日当地発、ローマに向かい、ローマに二、三日。次いでナポリに二日ほど居て、ミラノ、ジュネーヴ経由(両方とも泊まらず)リヨンに直行。一、二日ジュヴェ君に世話になり、二十五日夜パリに帰る予定。

十一月十二日(月)

朝からザアザア降りの雨。フィレンツェはすっかり雨に祟られました。しかし雨を衝いて町に出る。宿から遠くないサンタポローニア修道院にアンドレア・デル・カスターニョの壁画を見に行く。レアリスティックで有名な由だが色調が快くない。ペトラルカ、ボッカチオの肖像も同時に見る。

雨を避けて軒下伝いにメディチ・リッカルディ宮殿に行き、このチャペルのベノッツォ・ゴッツォーリの壁画を見る。これはメディチ家の人物を描き込み、更に群衆の中にはゴッツォーリ及びその師のフラ・アンジェリコをも見出せる中々凝ったもので、背景はフィレンツェのフィエーゾレ、サン・ミニアート及びエルサレム。人物の表情にしても、小さい草花の果てに至る迄、実に丹念に描かれていて感心しました。

表に出ると少し雨も小降り。サン・ロレンツォ教会にドナテッロの説教壇を見に行ったら、葬式なので遠慮する。足を延ばして駅前のサンタ・マリア・ノヴェッラ教会にギルランダイオの壁画を見に行く。ギルランダイオがいよいよ偉いということを確信する。暗くて見にくいが、素晴らしさは十分わかる。

昼になって教会を追い出され、駅に行ってピサ、シエナ行の時間を調べる。黄葉しきりの街路樹を眺めながら、宿に帰る。安宿故、暖房もまだ無いが、それ程寒くありません。オーストリア、ドイツあたりのぴりぴりした寒さに比し、何と楽なことかと思う。これで陽でもあれば温暖なことと思われます。

食後「フィガロ」を読みながら横になっている内に昼寝。目覚めたら三時過ぎ。町に出て郵便物発送。ローマ銀行で両替。少し懐がふくらんで、町で買物。節子に小さい革の袋を買う(六百リラ)。六百五十のを値切って。その他革のブックカバーをも買う。ともかく革が良く、感心する。

素晴らしい大理石の祭壇のあるオルサンミケーレ教会の

堂内は暗いので一寸覗くだけ。これで雨さえ降らねば、フィエーゾレ、サン・ミニアート教会等もっと足を延ばせるのに残念。しかし夕方雲が切れ、一寸陽が覗く。しかしこの季節は雨がちとか。ピサ、シエナ行も晴天は望めそうもありません。

新聞によると国連軍がナポリからポートサイドに上陸の由。小康を得たというべきか。僕の読むのは保守系の「フィガロ」だから、少し差引きして読む必要がありましょうが、ともかくエジプトへのソ連からの武器注入は九月頃から相当なものだったらしく、放置すれば一月にナセルの指揮でアラブ同盟がイスラエルに攻め込む筈だったとか。いずれにせよソ連の帝国主義はいよいよ本性を現して来た故、極東でも余程警戒せぬといけない。日本もその点うまく泳がないと、中共、ソ連に蹂躙されぬとも限らない。ともかく僕の見る限りでは西欧は、はっきり共産主義というよりもソ連に背を向けており、絶対に靡くものではありません。イタリアにしても郵便局にすら十字架が飾られてあるお国柄。教会も多くの若者を引き付け、コミュニストと張り合っております。日本ははっきり西欧陣営に入って、その中で国を富ませていくのが最善でしょう。といって人に頼るのでなく、自ら富を積み、最大の問題「人口問題」を片付けるべく努力しなければならぬでしょう。こちらに来て、日本の人口問題が人の口から吐かれるたびにはっとする。産児制限すべき人々にその観念が無いのだから少々やりきれない。

夕食前、ドイツで買った湯沸かし器でコップに湯を沸かして体を拭き、洗濯。こんな時にはつくづく日本の風呂に入りたいと思う。まあまあそれもあと二、三ヶ月。帰ったら毎日入れてもらうことにしましょう。沢山お金を使わせてもらった後、そんな事を言うのは少々気がひけるが、帰ったらおおいに色々な意味で生活を合理化していきましょう。

それにしてもつくづく感ずるのは日本が実にここから遠い事です。極東の極の字の、実に適当であることを実感する(もっとも日本からすれば逆)。新聞を読んでも日本に関するものはAFPがアメリカ全軍が非常態勢にあるということを、東京電報として載せているのみ。その他東洋関係では北鮮の大軍が三十八度線に集結しつつありという事位のもの。何度もいうが、日本がせめてトルコ位の所にあったら恐らくヨーロッパの一大勢力となっていることでしょうに。しかし考えようによっては、皆の孜々たる努力により東洋の一角に押しも押されもせぬ一国を築き上げるのも楽しいこと。全て国民皆の胸三寸にあることなのですが。

今夜は床に入ってもパリに帰ってからの予定を色々考え、中々寝つかれなかったが、パリに帰っての一ヶ月、また実に忙しい事でしょう。

十一月十三日(火)

昨夜寝る時は一杯の星だったのに、六時に起きてみると雲が張り、まだ明けやらぬ中を七時前駅に着く頃はポツリポツリ。七時十分ピサ行に乗る。途中からかなりの降りになる。川沿いの丘の間を行くが、カンパーニャの田園の紅葉が美しく、晴れていたらどんなによかろうと腹立たしくなる。丘の上へ上へと家が連なり、その間に糸杉がひょんひょん伸びている。

八時前にエムポリに着き、シエナ行に乗り換え。シエナ着九時四十二分。駅前からのバスに乗り、坂だらけの町に入って行く。松並木が日本をしのばせる。狭い上がり下りの坂道を上手にバスが抜ける。雨がかなり降る。マッテオッティ広場という広場で降ろされ、小路を一寸潜ると有名なカンポ広場に出る。広場全体がすり鉢のよう。まわり中が古い建物に満たされている。

先ずピナコテーカに行きシエナ派の絵を見る。巨匠はドゥッチョ、ロレンツェッティ等だが、僕はソドマが良いと思う。シエナ派の絵は分からない。美術史の上からは重要なものであろうが。よくもこう宗教画だけで埋めたものだ。少々食傷する。

次いでカテドラル(ドゥオーモ)に行く。これは素晴らしい。正面のみならず黒と白の大理石を交互に積み重ねた作りが、実に清潔な快い感じを与える。黒と白がシエナの町の象徴というから、それにあやかったものか。中に入ってその均衡のよさに感心する。柱が実に美しく、力強い。それに床の大理石のモザイク(?)が大変な物。寺でも大事にしているとみえて、最も美しい部分は一年の限られた祭の時位しか見せず、木で覆ってあるが、露出されている部分のみ見ても尋常でないことがよく分かる。これを見るだけでも雨をついて来た甲斐があったというもの。それにかかる美しい寺はフランスでは見られない。材料の故だと思う。フランスでは石そのものの美しさは生きておらず、又、そうした石が無いためもあって、一切使われていない。大理石が木よりも安い国でなくてはとてもこんなことは出来なかろうと思う。

ピッコロミーニ家図書館に入る。この天井画はルネッサンス期の壁画で最も保存の良いものの一つというが、これにも文句なしに感心しました。遠近法、色の調子、大したものです。椅子に掛けて見とれる。どうしても平面に描いたものと思われない。ピントゥリッキオの作。ともかく偉い男がいたものです。次の寺付属のミュゼは見るべき物なし。寺のうしろの洗礼堂にヤコポ・デッラ・クエルチャ作の大理石の彫物があり、その台座のブロンズがドナテッロ。ドナテッロの作品の特徴ある人物の表情。出て建物を振り返る。これも良い。

正十二時、広場の鳩も食事時、大変な数。それの見えるレストランでスパゲッティとオムレツの昼食。ヴェネツィア等よりずっと安く七百リラ。二時の開館を待ち、プッブリコ宮に入り、そのミュゼで有名なロレンツェッティの壁画「悪徳福徳の図」を見る。どうも感心しない。むしろ二点あるソドマの壁画にひかれる。それよりもガラス戸越しに見るシエナの町の方がもっと美しい。

四時四十五分の汽車迄二時間程あるので、もう一度ドゥオーモを見に行く。皆がシエナを絶賛し、特に町が良いと言うが、ブリュージュ、トレド、ローテンブルク等見てきている眼には、特に惹かれないが、このドゥオーモだけは全く感心しました。小粒ながら本当にピンとしまっていて大変な作だと思う。堪能して上下の激しい坂の町を駅へ戻る。ひどい降りになる。とうとう期待したカラー写真は少しも撮れない。

四時四十五分、早くも暗くなり始めたシエナを後にする。フィレンツェ迄直行。中々良い車両を使っています。ガソリンカー。スペインのトレドで会った米人の画家が、イタリアは世界で一番美しいと思うが、人が良くないと言っていたが、たしかに人間は粗放で教養があるようには思えない。女性も美しいことは美しいが、洗練された美しさではない。イタリアの持っている芸術品は、或いはパリ等にある物を遥かに凌ぐと思うが、しかしフィレンツェにしても少なくも現在世界をリードする立場にはない。その点パリは二千年の歴史を持ちつつ、いつの時代にも何等かの意味で世界の注視を浴びている。人の都ながらやはり天晴れだと思う。方々見て、改めてパリの真価を認識するという次第。

六時半フィレンツェ着。雨なお降りやまず。駅にしても町にしても何と人の多いことか。食後手紙書き。「フィガロ」を読む。ナセル国連軍進駐に同意と。又、ハンガリー避難民が記者に語ったところによると、ソ連兵はブダペストに入って来て、一生懸命カナル、カナル！　と聞くのでドナウ川の小さいカナルを指すと、いや英仏兵のいるカナルだと聞き返したそうで、彼等はエジプトを救うためと言い聞かされて攻めて来たらしいと。見出しは「ソ連軍ハンガリーでスエズ運河を探す」。

ともかくあらゆる事が欺瞞で固められている世界はごめんです。ナセルにしても独裁者として派手なことをしなければ命脈は保てないのでしょうが、民度の低いところには必ず独裁者ありと言えましょう。ナチスにしても、ファシスト・イタリアにしてもそうです。日本もその例に漏れない。植民地主義反対の立派な旗印はあったにしても、エジプトはじめアラブ諸国の狂信的態度には全く好感が持てません。国連にしても、全く力の均衡の具合でどうにでもなってしまう、脆弱なものですし、近東でソ連が事を構えようとすれば言掛かりはいくらでもあり、エジプト、シリアをそそのかして、恐らくまた近い内に何か起こすでしょう。何としても共産主義者共の侵略には冷水を浴びせてやりたいもの。

十一月十四日(水)

午前は雲が切れ、一寸陽の射す時もある天気。サンタ・クローチェに行く。この教会も石が実にきれいだ。中にはミケランジェロ、マキアヴェッリ、ロッシーニ、ダンテ、ガリレオ・ガリレイ等の墓がずらりと並んでいます。これだけ並ぶと一寸壮観です。祭壇のかげのジオットの壁画とガッディの壁画を見る。高い天井迄びっしり。描いた当時の華麗はさぞやと思われる。

十一時三十八分の列車でピサに向かう。車中「フィガロ」記者のブダペスト日記を読む。全ては終ったどころの騒ぎではありません。車窓からのトスカーナの野の色付いた晩秋風景を撮りたいが、何としても不可能。実に美しい色合いです。

十二時四十五分ピサ着。ドゥオーモに行きがてらに食事をする。スパゲッティとオムレツに白葡萄酒で五百六十リラ。他の町より安い。このレストランの通りを真直ぐ行くと、そのはずれにドゥオーモの壁が見えてきますが、通りをドゥオーモの広場に出た途端、突然右手にぐっと斜塔がのし掛かっているように立っているのには一寸はっとしました。予て地図でドゥオーモとの位置関係は知っていたが、あまり突然目の前に現れたのでびっくりしたわけです。広場の柔らかい芝を踏みながら洗礼堂、ドゥオーモ、斜塔と三つ並んだ姿は中々の眺め。こんなに傾いでよく立っているものです。最上階の鐘のある所だけ、少し真直ぐになっています。この塔を見た後で洗礼堂やドゥオーモを見ると、気のせいか少し傾いているのでないかというような錯覚に襲われる。地震のない国だから立っているのでしょう。

洗礼堂に入って中の石の細工にまた感心する。ドゥオーモの中でも同じ。ここの天井は格子状、一寸東洋風。しかしこのドゥオーモで美しいのは正面。柱が実に生きている。斜塔に登る。階段が二百段以上ある。時々外に出られるが、一寸足がすくむ。最上階に着いてあたりを眺めていると、ポツリポツリまた雨。うしろは山が割に近いが、南の方は海に連なっていますが、海迄は一寸あるらしい。しかしこの塔から見ると、水平線の上にポツンと島が見える。あるいはコルシカかもしれません。階段も少しく傾いているらしく、下りる時少々苦労する。

駅へ戻る途中、カヴァリエリ広場を通る。これに面する一軒の建物の正面は、窓を除き白大理石に一面の彫模様。綺麗です。シスター、神父が大変目に付く。三時五十五分の列車で帰路に。途中で夕立となり、これを抜けたら綺麗な虹が出ました。しかしフィレンツェに着くとまた雨。途中の晴間に、夕陽に照らされて、白壁をかっと薄橙に光らせた山の上の、名も知らぬ町の眺めが実に印象的。雨の広場の市で、直子の普段用のハンドバッグを買う。もし気に入らねば何とでも処分は出来ようと思い。

ナセルが国連に盾突いて、到底受入れがたい条件を出している。平静も長くは続きますまい。エジプトがいかに頑張っても、兵器は一つも出来ないのだから、情勢の発展はソ連次第。大きくて大戦争、小さくてスペイン内乱のようになるのではないでしょうか。フランスでは共産党の指導するストライキが労働者にボイコットされています。

床の中で旅行案内を頼りにローマの町の下調べ。フィレンツェあたりとは規模が違うらしいので、歩くのにも大分考えないといけないようです。空は星空。これで昼は必ず雨となるのですからいやになってしまいます。

十一月十五日(木)

雲厚し。朝九時に宿を出て郵便局に行ったり、何とかドゥオーモの写真をものしようと思って広場に行ったりしている内に十時になってしまう。曇りゆえ色は出ないと思って、とうとうフィレンツェは一枚も撮らず終い。宿に戻り荷を纏めて駅へ。途中でポツリポツリはじまる。もう糞食らえです。

午前十一時五十五分発。この列車はフィレンツェからローマ迄ノンストップ。トンネルを幾つか潜ると、景色は大分変ってくる。それ迄はトスカーナの豊かな田園風景で野山全て黄葉、特に葡萄畑の黄葉が美しい。それに名も知らぬ雑木の真黄色な葉も目にこびりつく。トスカーナを離れると左手にはアペニンの山々が頂を雲に包まれ、裾をすっかり色着いた木々に覆われて続く。牧場が多くなり、緬羊がごまのように撒かれて草をはみ、牧童が傘をさしながら番をしています。葡萄畑はすっかり姿を消してしまい、来春を待つ耕地とオリーヴ畑。この間を濁流がうねり、一寸スペインに似た景色になる。オルヴィエートという、小川教授が教会の美しさに感心した町のそばを通るが、これは丘の上に更に切り立った岩盤の上に建った町。一寸豊かな風景です。

ローマ着は午後二時半。雨がひどい。バスでシテ・ユニヴェルシテールに行く。かねて聞いてはいたが、実にやかましい町で、ローマ・テルミニ(終着駅の意。この名をとった米映画がありました)にしてもまさに騒音のるつぼ。それに人の驚く程多いこと。ものを尋ねてもイタリア語しか知らぬ連中のみ。シテ・ユニヴェルシテールに着くと室はなく、宿を紹介すると言う。そこで書いてよこした地図がでたらめで、不親切極まりないもの。あっちで聞きこっちで聞き、やっと見付ける。地図を書いた男の頭はどうかしているのではないかと疑わしくなる。旅慣れたから何とも思わぬが、これが日本から来たばかりだったら随分腹の立つことでしょう。荷の整理をして駅に戻り、ナポリへ発つ時間、リヨンに着く時間等調べる。CITの案内嬢にしても客はそっちのけで雑誌に読み耽っている。他国では絶対に見られない風景。やはりヨーロッパの田舎者として馬鹿にされるだけの事はあるとうなずける。

駅のカフェで地図を広げ、明日からの予定を立てる。電車もバスも満員の、こんなうるさい町はなるべく早く退散した方がよさそう。全体の雰囲気に一つも気品がない。余裕がない。恐らく日本に来た外人も（特に東京に来た）同じような感じを持つのではないでしょうか。もっとも日本人の方がもう少し人に対する思いやりがあるかもしれぬ。

七時半からのシテ・ユニヴェルシテールの食堂に行く。同卓に医学部六年の学生が居てフランス語を話す。学生といっても老けて見えて三十五、六に見える。日本の禅に興味を持ち、鈴木大拙の本を読んでいると言う（イタリア語の）。イタリアでも最近医学希望が減ってきたと言う。宿の前迄傘をさして送って来てくれる。やはりドクターの卵となると物静かな落着きがある。

床の中、新聞、手紙書き。新築アパートだが、内部装飾等には手が回らず、建てたまんま。しかし材料は大理石。何遍も書くが石が木より安いから無理もない。表は雨の音。

十一月十六日(金)

八時に目が覚めると、雲の間から青空が出ているので飛び起きる。

テルミニに出て朝食を済ませ、真直ぐにヴァチカンへ。ともかく市電、バス、人共往来激しく、騒音に満ち、町全体に秩序、調和というものが感じられぬ。ヴァチカンの門番は仰々しい身なり。寺は後回しにしてミュゼへ。入場料三百リラは法王へのお布施と思いながら、中々高いと思う。エレベーターで丘の上のミュゼへ導かれる。英語の客が大勢。

ところで真直ぐにシスティーナ礼拝堂へ行こうと思ったが、古代彫刻の所にひっ掛かってしまう。何しろ美術全集あたりに出ている古代ギリシアの彫刻というべきものが（これがオリジナルと思うが）それこそズラリ、幾つかの大廊下を満たしているのだからやり切れない。どの一つを見ても生き生きした息吹が感ぜられる。特に良いと思ったのは、動物に関する作品を集めた室。素晴らしい表現力、古代の人はどのようにしてこれだけの段階に達したのだろうかと、つくづく不思議に思う。これらを作った人々はまさか自分の作品が法王庁のミュゼに飾られるために作ったわけでなく、こうした物をこれだけ集めた法王庁の権勢と作品の素晴らしさは、離して考えねばならない。法王の権威などは僕にはどうでもよい。むしろ反感すらそそる。世事に長け過ぎているという点で。不調法に座った愛嬌たっぷりの猪、鹿に襲いかかる狼、駆ける馬等々、実に迫真。よほど物をよく見ていたに違いない。

エジプト室もかなり集めてある。ルーヴルにしてもヴァチカンにしても、よく人の国の物をこうも持ち出して来たものと思う。それはそれとして、ここでもエジプトは本当に良いと思う。すっきりしていてユニークだ。ギリシアの物は見ていると息苦しくなるような感じもするが、エジプトの物はどこかとぼけていて気持がのびのびする。僕の好きな鷹、壺の取っ手が人の顔になっている物等、だいぶ見る。ミイラも何体かある。エトルスク、クレタあたりの壺はルーヴルのが断然良い。

古い地図やゴブラン織等には目もくれず、二階奥のラファエロ画廊へ。この廊下の一つの天井に、ラファエロが旧約聖書の事跡を壁画に描き、更に大きな二部屋に、奇跡だとか、アッティラを追う法王だとか、又、知識の表徴としてアテネ学派、芸術の象徴としてミューズ、宗教のそれとしてキリストの説教の場面等を壁一杯に描いています。それ程よい物とも思えない。又、一室には名も知らぬ画家の手になるキリスト教迫害の場面が幾つかあり、首を斬る所だとか、信者の首を吊して殺す所等あるが、要するにキリスト教信者が排他的であったからで、昔はやはり新興宗教であったに過ぎぬわけ。それがたまたまキリスト教を母体に、或はこれに背いて築かれた科学技術を生んだヨーロッパに食い込んでいて、ヨーロッパが富強だったのに乗じて世界に広がったに過ぎぬ。やはり根底は力か。境地として、遥かに高いものを持つとする仏教等も、ぼやぼやしていると押し流されてしまうでしょう。

最後に大理石の階段を幾つか曲ってシスティーナ礼拝堂に降りて行く。降り切って直角に曲るとそこが入口。いきなり大きな空間が開ける。小さい時から美術全集で親しんでいたミケランジェロの天井画が頭の上にある。思わず一人でホッと声を出す。実に渋い、澄んだ色です。僕は以前から正面の「最後の審判」よりも、天井画の方が遥かに素晴らしいと思っていたが、実物を見ていよいよその感が深い。彼の画家としての初めての作というが、天井の構想等どうだろう。唯々あきれるばかり。首の痛くなるの等忘れて眺め尽くす。ぐるりぐるりと見上げ、眼を同じ場所に返す度に、新しいものを見付ける。それ程複雑です。ともかく予言者の間にある柱だけ見たって、どうみても平面にあるとは思えず、更に柱のどの一本も列からはずれて飛び出て見えたり、ひっ込んで見えたりしない。まさに一線に並んでいる。これはデッサンが実にしっかりしているからで、これだけの空間に描き込んで一分の狂いもない確かさ。人物の多様性、躍る筋肉、快い色調、圧倒的。ミケランジェロはまさに圧倒的。ぐんと他を引き離して高い。これと他とを比べるのは無理だ。何者とも比べない方が良い。

ああ、自分もこういう抜群の仕事がしたいと気負う反面、自分にそんな力があるだろうかと、とても貧しい気持になってしまう。何物とも比べない方が良いと書いておきながら、そんな気持も湧いて来る。細かい事は抜きにしましょう。これ一つ見ただけでもこのうるさいローマに来た甲斐がありました。皆にもつくづく見せたいと思う。

つまらないピナコテーカを覗き、ミュゼを出ました。青空と、久々の太陽、心に沁みたミケランジェロ。既に一時。腹が減ったがサン・ピエトロ大聖堂の中に入って見る。ドームはミケランジェロの設計。円天井が素晴らしく大きく、しかも一本の柱もない。中の装飾等はどうでもよく、見ものはこの円天井です。その他はミケランジェロの「ピエタ」。そこらをうじょうじょ歩いている神父等より、ミケランジェロの宗教体験の方がずっとずっと深く純なのではないでしょうか。サン・ピエトロ大聖堂から出て、振り返り円天井を外から見る。

駅へ帰って食事。ゆっくりコーヒーを飲んで三時近く、ヴェネツィア広場のヴィットリオ・エマヌエーレの記念堂の前でバスを降りる。実に馬鹿でかい物を建てたもの。公園に松が美しい。このあたりにローマの遺跡が集中しています。先ずトラヤヌスの記念柱を見、次いでフォロ・ロマーノに入る。これは歴史に書かれているローマのそれが全て経過した主要舞台。詳しくは美術全集で見て下さい。ローマ人の創意になるアーチが実に素晴らしい。斜陽の中にあちこちと歩を移す。帰ってローマ史を読み直したら、また全く別の気持が湧くに違いない。芝の間の菊の柵沿いにコロッセオに行く。コンスタンティヌス凱旋門もすぐ近く。雲がうっすら夕焼。コロッセオの中からこれを見上げている時、一斉に夥しい渡り鳥。忘れ難い眺め。

市電で大使館へ。既に五時半。暗がりの中に見付ける。中々瀟洒な建物。大使館宛にした家からの手紙を受け取る。シテ・ユニヴェルシテールに帰るのが面倒になり、駅で食事。高くついた。少々予算超過。明日から引き締めることにする。国立衛生研究所の熊谷氏（鉄門の先輩。九月にパリのメゾンで会った）に電話すると、明朝自分の研究所を案内すると言う。宿に帰ったのが十時。手紙書き。ジュヴェ君、メゾンにも。

大使館で十一月一、二、三日の読売を読んだが、国連で日本はA・Aグループと英仏に反対論を出している由。そんな事は当地の新聞には一言だって触れていない。鳩山の帰朝談にしても、甘っちょろいものだ。スエズが通らない故、東南亜貿易には有利だが、又、日本の商人のことだから、先の事は考えないで、儲け一点張りで、安かろう悪かろうをやらねばよいが。相手は既に英仏でなく、米独なのを忘れてはならない。少なくも商売上では。米独と競う以上、ふんどしを締め直さぬと将来が繋いで行けぬ。

小川教授が来年またヨーロッパに来るかもしれぬとのこと。今年ならばよかったのにとつくづく思います。新聞にタイのワン・ワイタヤコンが国連の議長をするのでは、と出ている。日本からもそろそろ人材が出てもよい頃だと思うのですが。

十一月十七日(土)

今日も概ね天気よし。朝、床屋に行く。汚れていて洗った方がよいと言うので、高くとられることを承知で洗わせる。さっぱりしました。三百五十リラはそう高くない。小間使の見習の男の子がちょこちょこ駆けずり回るのも、いかにもイタリアらしい。それにどの家の裏にも洗濯物の多いこと。しかも古びたような衣類が多い。他国と比べ断然貧しい感じ。

宿から歩いて五分の国立衛生研究所に行く。全部国家管理とかで、見学もいちいち教授の許可がいる由。熊谷氏の居る所だけ見せてもらう。細菌室だけだが、伝研あたりよりずっと落ちる感じ。フランスの本を多く用いていると言う。研究室の窓から見る松と糸杉の景は実に良い。雀が松の葉をしごいて何か食べている。驚くべく大きい松ぼっくり。十一時過ぎ、明日十一時テルメ美術館前での会合を約して熊谷氏と別れる。

フィレンツェで買ったブックカバー等を発送すべく駅前の郵便局へ行くと、それは税関を通すからサンシルヴェストロ広場の本局へ行けと言う。バスで十分程。ここにも人が溢れている。事務を見ていると、他国では一人でさばく所を四、五人かかってお互いにいらいらしながらやっている。つくづく人口過剰と、共食いとがいやになってくる。これは全くひとごとではありません。バスで駅に戻り、CITの事務所に急ぎ、二時半の遊覧バスの発車に間に合う。郊外を回るのを選びました。目録を同封します。

行きと帰りにローマの四大バジリカの内の二つを見るが、いずれもバロック様式。全然良いと思わない。益々フィレンツェの方が優れていると思う。スカラ・サンタという、神に祈りながら跪いたまま躄り登る階段を見る。日本の「お百度」みたいなもの。カラカラ浴場のあと、スキピオの墓をはじめとする墓群、クオ・ヴァディスの教会等は車窓から眺め、カタコンベへ急ぐ。サン・カリストのカタコンベという、地下をうねる二十キロメートルもあるもので、僧が懐中電灯を持って案内する。相当深く、且つ歩く所は狭く、両側は全て幾段にも重なる墓。と言っても今は洞穴があるだけで、所々に骨やミイラが見られるのみ。この中でアラブが侵略してきたり、キリスト教の迫害の激しかった時には信仰の伝道が行われたと言い、殉教した人のその時のままの姿で首に切傷のはっきりと刻んである白大理石の彫刻が、洞穴の中に入っている所もある。又、何代目だかの法王の墓もある。やはりこれも尋常一様な代物ではない。

次いで車はローマを東南に向かって走るアッピア街道を走ります。両側には全て煉瓦を素材にした古跡が続いていますが、一々覚えていられない。今は多くは草茂り、苔むし、子供等がその中でフットボールをし、母親たちが赤子を遊ばせています。僅かな起伏を描く、坦々たる道。風景保護地区なのか、殆ど見るべき人家が建っていません。途中で左に折れ、ローマの方に戻りかける。ゴルフ場を背に建つ一軒の家が由緒あるものの由だが、それよりもその隣の新しい家がソフィア・ローレンの家だとて、人々の人気を集めました。集落を一つ抜け、ローマに近付く頃、右手にローマ水道の跡がぽつりぽつり一列に並んでいます。夕暮のローマに戻り、最後にサンタ・マリア・マッジョーレ教会に入り、そこで解散。

新聞を読みながら夕食。ブルガーニン再びイーデン、モレー、グーリョンに通告とある。義勇軍問題でしょう。ソヴィエトの義勇軍、何という滑稽なこと。嘘も方便にしてくれと言いたくなる。宿に戻る途中、映画が見たくなり、イタリアに来たからにはイタリア映画と思って探したが無く、やむなくアメリカ映画を見る。短編にベルンの町のカラー映画を見せたが、自分が歩いた所が次々に出て実に懐かしい。熊も出ている。又、ニュース映画ではローマの町が出てくるが、昨日自分の見たフォロ・ロマーノ等も出て来て面白い。カイロ風景等も懐かしい。アメリカ映画はサンフランシスコを舞台の悪玉ボス一家を、善玉が警察と一緒に絶滅するという、何ともはやおめでたい次第のもの。しかし連日古い物のみ見ている眼には動感があって、少しく気分も変るから不思議なもの。

十時半宿に帰る。こうこうたる月夜。冷え込んで来ました。

ニュース映画に、スエズを通過した時としない時とのジェノヴァからアデン迄の海里数が出ていましたが、片は二千八百なのに、他は一万一千海里、約四倍。相当な迂回です。しかしヴァスコ・ダ・ガマが貧弱な船で、磁石だけを頼りに進んで行ったことに比べれば、物の数ではないと思います。今になってみると、来る時に大枚三十ドルを投じてカイロを見ておいたのがどんなに幸だったことでしょう。本当に思った事はどんどん実行すべきだと思う。しかしそれを裏付ける金がないと駄目だが、少なくもそれだけのものが今迄は与えられているから感謝に堪えない。もう間もなくヨーロッパを去ろうとして、来年やって来る小川教授が羨ましくてなりません。

十一月十八日(日)

快晴の一日を賜りました。紺碧の空。九時に宿を出、宿からそう遠くない昔の城壁の外壁の一部に、願掛け地蔵のようにマリアをまつる小さい祠があり、そこに沢山の願い事を彫った石の札が所狭しと掛けられているのを写真に撮る。これは「ローマの休日」に出ていたもの。紺碧の空の下、街路樹は黄葉し、風もないのにぽつりぽつり落葉するが、家々の庭にある南国を象徴する糸杉はいよいよ緑濃く、又、大きな蘇鉄科の植物が大きな葉を空に延べています。

先ずボルゲーゼ公園に行き、露を置く芝の間の道をミュゼを目指す。公園の入口にはシクラメンが沢山植えられていて、暫く見とれる。黒々と茂る常緑樹の並木の奥には泉がさんさんと陽を散らしています。ミュゼ一階の彫刻にはつくづく感心する。驚くべきもの。ジャン・ロレンツォ・ベルニーニの「プロセルピナの略奪」の、プルートの指がプロセルピナの膚にくいこんでいる所等、迫真で、何としても石とは思えず、触れば弾力を感ずるばかり。全くすごい。二階のガラリーのラファエロ、ボッティチェリ等々はそう良いと思わず、むしろベルニーニの小さい肖像画二点に実に良い物がありました。

熊谷さんと約束の十一時迄三十分あるので、近くの動物園に入る。子供等が本当に可愛いなりをさせられて、喜々として集まってくる。女のオーバー等実に気が利いていて感心する。子供ものびのびしている。子供はどこの国でも文句なしに可愛い。こんな可愛い女の子がどうして、こうガラガラした女性になって行くのかと不思議になる。動物園は上野の旧園と同じ位の大きさ。少し小さいか。ここで変わっているのは、サイが人に馴れて、子供の鼻先に口を広げて頂戴頂戴をすること。猛獣の数は多いが、木陰でいかにも寒そう。白熊が六頭もいる。バクも二頭。約束の時間に十五分遅れて泉に着いたが、熊谷さんも遅れたので安心する。泉に虹が立っているのでカメラに収める。うまくいっているとよいが。

熊谷さんは熱烈な信者で、今朝は寝坊したので朝のミサに出なかったから、サンタ・マリア・デリ・アンジェリ教会のミサに出たいと言うので一緒に入る。説明を聞きつつミサに三十分。三十分置きの日曜ミサに入れ替り立ち代り大変な人。年寄りも若者も。

十二時から二時半迄、教会の裏のテルメ国立美術館に入る。昔のローマ時代の教会の跡をミュゼにしたものと言うが馬鹿でかい煉瓦造りの大円蓋が幾つも連なっています。

その下に沢山の彫物が並べられてあります。それを抜けるとミュゼ。有名な「ヴィーナスの誕生」「矢を抜くニオベ」等をはじめ、有名極まる彫刻がごろごろ転がっているという感じ。ここでも文句無しに感心する。モザイクも良い物が多い。二階には発掘された古代ローマの家の壁の絵等をそっくり飾ってある。

二時半迄昼食、コーヒー。熊谷さんは白木氏と同期位らしいが、一つもぶらず、反ってこちらが恐縮する。お父さんは脳研の大先輩で既に死去。

三時過ぎ、ヴェネツィア広場に出て、トレヴィの泉、トリトンの泉、蜂の噴水等ローマの代表的な泉を回る。最後に「ローマの休日」の主要舞台トリニタ・デイ・モンティ階段に出ましたが、昔足を悪くしたことがあるという熊谷さんが、少し疲れた様子なのでカフェに入り、イタリアの葡萄酒キアンティを一本とって休む。ここで神経学の事について二人で話す。熊谷さんも興味を持っていて、イタリアを終えたらドイツかフランスに一、二ヶ月行きたいと言う。表に出たら五時半で、既に暗く、月が冴えている。映画を奢りますと誘われて入ったら、イタリアの喜劇。新婚初夜に嫁さんが婿を焦らす物語で、周り中げらげらきゃーきゃー。ニュース映画にパリの「ユマニテ」本部襲撃の所が出てくるが、大分激しい。パリに居れば見に行ったものをと残念至極。

駅に戻って立食。熊谷さんの話では、今居る研究所は伝研等より大分落ちるとのこと。教授と若い研究者の間の中間の存在がいないと言う。しかしイデーは中々よいものを皆が持っているのに感心する由。美術館等で古代ローマの良い物を見、そして現代イタリア人を見ると、芸術作品を通じて想像する昔のローマ人の偉大さというものは、少なくも現代ローマ人の中には全く伝わっておらず、現代イタリア人は誠に慎み少なく、ガラガラして下賤だと語っていました。パリに十年居たというヴァチカン鶴岡公使も、ローマ等パリに比べたら大した事ないですと言っているそうですが、確かに僕の短い滞在でもそう思う。ゲーテがローマを見た日が自分の第二の誕生日だと言ったというが、或いは十八世紀には今よりはましだったのかもしれません。随分悪口ばかり言いましたが、しかしシスティーナ礼拝堂といい、フォロ・ロマーノといい、良い物も沢山あることは認めねばなりません。ヨーロッパでユニークな都市の筆頭である事には疑いはないところ。

駅の広場で再会を約し、熊谷さんと別れる。明朝、小川教授がこの前来た時知り合いになった、親日家の女医さんを訪ねる予定。

この便をイタリアから出して、旅先からの通信は終り、次便はイタリアの旅の終末部をパリからお送りします。大使館には一回行ったきりで、その後何か手紙が来たらパリに回送してくれるよう頼んでありますので、その点お含みおき下さい。逐次お知らせしているように元気一杯ですからご安心の程を。百里を行く者は九十里を以て半ばとす、今後も大いに気を付けます。ともかく我ながらまめに色々なものを見たものです。ローマでもまだまだ見残しがあり、この度はロンドンは遂に見られず終いでしょうが、余り皆見てしまうと次回のお楽しみがなくなるので、これで一応けりを付けて、今回のヨーロッパの旅を終える事に致しましょう。

中々冷え込んできました。明日も晴天でしょう。

十一月十九日(月)

起きたら、昨夜の予想を覆して大変な降り。全くイタリアは雨に祟られます。駅に出て朝食を済ませ、小川教授の知っているベンファット女史の所に出掛ける。市内電車の先がつかえると、運転手は降りてパンを買って来て、車掌と齧りながら運転を続ける。乗客も一寸先がつかえるとすぐわめき出す。平気で車内に唾をする連中。ともかくヨーロッパの他の国では見なかった風景。あきれるを通り越して微笑ましくなる。

着く頃は雨も止む。しかし雲の去来激し。広場に面する建物の二階、ドアに「医師ベンファット」と記してある開業医。待合室兼応接間に通される。ピアノ、ヴァイオリン等置いてある。十時三十五分のナポリ行迄五十分しかないのに十分程待たされる。出てきたのは背の小さい丸顔の小太りのマドモワゼル。赤いセーター等着て娘々しているが、そんなに若くはないなと見ました。僕がフランス語で応じるので、私のフランス語は駄目でと言いながら、それでちゃんと先を続けるから大したもの。小川教授が又ヨーロッパに来るだろうと言うと、当然です、なぜなら彼はトレヴィの泉にお金を投げ込んであるからと言うので、わけを聞くと、ローマにまた来たい人はあの泉にお金を放り込む習いの由。僕も昨日行ったが、そんな事は知りませんでしたと言うと、ああ、貴方はまたローマに来たくないのですかと大仰に言うから、本心はフィレンツェなら一度でも二度でもよいが、ローマはそう何遍も来たいとも思わないのだが、そこは隠して、それはしまった、貴女が僕の代りに投げておいて下さいと頼む。貴方のフランス語はアクサンが無く、とてもお上手と言うので、いやいや、しかし昨年十一月からパリに居ますと言うと、勉強ですかと聞くので、私は研究室で働いているのです、私は既に子供もありますよと言うと、びっくりしたような顔をして、日本人は二十五位かと思うと四十、四十位かと思うと六十、どうしてそう若く見えるのでしょう。失礼ながらお年はと聞くので、三十四と答える。日本人がなぜ大変若く見えるか、医学的にどう考えられますかと言うので閉口する。食物が違うし、又、内分泌の関係もあるでしょうと答えると、ヨーロッパでは脂肪を多くとりますからねと独り合点している。しかしイタリアの料理はおいしいですよ、僕はスカンジナヴィア、スイス、それからドイツと言い掛けて、この人の母親がドイツ人なのを思い出して、ドイツは良いでしょう、貴方はドイツでは何処々々を見ましたかとドイツ語で聞いてくる。ミュンヘン！　いいですわと言うが、こちらはそうも思わないので、残念ながら戦争でやられましたねと答えておく。貴方の名はドイツ的で、先祖でドイツの血が入っているのでしょうと問うから、どういたしまして、純粋の日本人です、私の名はZehn Thausend Jahrenだと説明する。そんな事をしている内に二十分しかなくなる。私がクリニックに行く用意をする間お茶を、と紅茶とケーキを持って来る。彼女はフォルクスワーゲンを持っていて、クリニックに行きながら、駅迄送ってくれる。あと十分しかないと、彼女の方が慌てている。イタリアでフォルクスワーゲンは珍しいですねと言うと、関税が高いので皆買わないのです。しかしフィアットも高いですよと言いながらスピードを出す。僕がナポリ行は何本もあるから、これを逃してもよいですよと言うと、それはそうだけれど、貴方はゆっくり平静ですね、全く日本的よと言う。日本的というのは泡を食わないという事の代名詞か。駅に横付けになって時計を見ると十分前。ナポリからの帰りにローマに着いたら電話することを約す。きっとトレヴィの泉に金を投げ込ませるつもりでしょう。しかしとても可愛いげのある人で会ってよかった。小川教授にも土産話が出来ます。

ローマ、ナポリ間は混むと聞いていたが、なるほど相当なもの。しかし割に簡単に席が見付かる。ローマを離れてしばらくすると、右側は農地、左側は山沿いとなる。農地には時々大きな葡萄畑が現れ、すっかり黄葉。山手は岩山でかなり不毛。オリーヴ畑がその斜面に続く。シャボテンが垣のように生い茂り、一寸スペインのアンダルシアを思わせる風景。この不毛の山の上に町がちょこんと乗っかっていたりもする。かっと陽が出たと思うとすぐ雨になったり気狂い天気。フォルミアで海に沿う。沖はウルトラマリン、岩に近くはコバルト。ナポリ近くの農地では出水している所のあるところを見ると、近日来大分降ったのか。ナポリに着く頃は暗澹たる雲行き。ナポリ駅の汚い事と、人の多い事。客引きのうるさい事。二時頃雨激しくなる。昼食にパンを齧り、三時の銀行開きを待ち、入ると二十ドル札の内十ドルを替えるには本店へ行ってくれと言うのでバスで行く。イタリアでは道を聞いても大体において適当な返事を得られない事が多いが、ここは特にひどい。しかし皆人は良く、聞くと喜んで教えはするのだが。脳の方は一寸密度が低いのではないかと思います。どう見ても堂々とした所がなく、こんな風だから戦争の時等、大人のイギリス人から顎で使われる事になるのでしょう。どうもラテン民族の中ではフランス人が一番しっかりしているようです。

五時過ぎ二、三宿を見て歩く。学生会館にしようと思ったが、これは駅から大分遠く、ナポリでは宿は駅前にとった方が都合が良いのでそうする。学生会館迄往復のバス代を加えたりすると、駅前の九百リラはそう高くない。しかもこの雨ではなるべく動かぬ方が得。宿で手紙を書く。汚いナポリにしては上出来の宿で、熱い湯が出る。これで身体を拭いてさっぱりしました。掛け物は毛布二枚、これで一寸も寒くない。やはり温暖なのです。

十一月二十日(火)

夜来の雨はすっかり上り、素晴らしい快晴に飛び立つ思い。八時には宿を出る。パエストゥム行です。ところで乗ろうと思っていた八時過ぎに発つ列車は遠距離列車で、乗れないことが分かりました。次の十時八分の汽車迄の時間を、町の中央の高地に登り、ヴェスヴィオを見ようとケーブルカーの駅迄バスに乗る。朝の通勤時の人、人、人。日本に帰ると同じことかと一寸うんざりする。それにしても、東京の方がここよりは清潔な事を祈る。駅周辺の汚い事は、今迄の国々ではその比を見ない(繁華街はさすがに体裁を整えているが)。貧しきが故に心も貧しいのか、心豊かならざる故に、貧おのずから至るのかは分かりませんが、我々としても他山の石としなければならないでしょう。バスが止まっている間に、痩せこけた少年が乗って来て、アラブ風の歌を歌った後、金をせびる。何とも侘しい姿。日本の白衣の義援金募集を思い起し、身の固くなる思い。一方、身なりは上等な人間が車中でも平気でぺっぺっと唾をする。何とも汚く、こちら迄口中に唾が湧く。ここで偉大なのは女性のお尻のみ。これは実に堂々たるもの。

ケーブルカーで上に登ったら、汽車時間迫り、そのまま降りて来ねばならなくなり、ヴェスヴィオを見る暇なし。ところで駅に着いたらもはや発車の時刻。やむなく十三時三十八分のに乗ることにし、それ迄国立美術館に行くことにする。ここはポンペイの発掘品等集めているので有名。一階には実に豊富にキリスト前四、五世紀の彫刻を集めている。いつもながら打たれる。解剖学のなかった時代によくこれだけ物を忠実に観察し、しかも表現出来たものです。ミケランジェロより二千年前に既に表現技術は出尽している。ルネッサンスはキリスト教精神とギリシア、ローマの総合にすぎないのではないかという気がする。ダビデのような像がいくらもある。しかしよく見るとギリシアの物はやはり神話の世界のように美し過ぎるという感がある。ダビデはあく迄人間だ。しかしこれだけ美しいものを生んだ人々は真に天才の名に値しよう。ギリシア文明、ローマ文明は奴隷制度に支えられた産物に過ぎない等という紋切型の言い方は糞食らえだ。豊かな個性が縦横に自己を駆使して生み出したのが、得難い美の典型。一つ一つ一日かけて見てもとても足りるものではない。それが山ほどあるのだからたまらない。八代君が、恐るべきコレクションと言ったが、まさに恐るべし。一階で特によかったのはポンペイ出土のブロンズの小品群。これもまさに恐るべきものです。掘り出した時の人々の驚きも分かるようです。二階に上る。ここにはポンペイの家々で発掘された床のモザイクの数々。様々な色の石を細かく砕いてちりばめたもので、ピカソ等足元にも及ばないようなものが沢山ある。ピカソ、ピカソと騒ぐ時代は二千年前より少しく退歩しているのではあるまいか。三階は絵とポンペイ等の壁画、出土品。一々見ていたらとてもきりがない。絵には良い物なし。

駅前で、スパゲッティを丸めて揚げたものと白葡萄酒の立食。十三時三十八分ナポリ発、パエストゥムに向かう。快晴で南国の陽が焼け付くよう。窓を開けておいても寒くない。ヴェスヴィオの全容が左窓に。しかし人の騒ぐ程美しい山でなく、浅間山の方がずっと秀麗だ。車窓から見える家々の汚いこと。それに洗濯物の多いこと。海岸線沿いに右にはカプリ、ソレントを見る。畑には柿が見事に熟れている。サレルノへ抜ける山地では曇。これを抜けると、快晴のアマルフィ及びサレルノの海岸の上に出る。中々美しい。しかし日本の海岸線の方がもっと美しいだろう。車中向かい側に座った夫婦者が腕を組み、妻は夫に寄り掛かって眠り、少々当てつけられたが、サレルノに出ると、ここを写真に撮れと手真似をする。日本人と知ると色々話し掛けてくるので、こちらもフランス、イタリアまぜこぜの言葉で応ずる。イタリア映画は良いと言うと、いや余り良くない、映画よりイタリアの女優が良いのでしょうと来る。

三時も過ぎ、パエストゥムに近付くと、右手には岩山が濃緑の灌木を岩肌に這わせて、石ながら暖かい中間色の渋い色を見せるようになり、麓にはオリーヴ畑。右手は程遠からず海岸線。海側を注視する内、糸杉の間に写真で見覚えのある神殿造り。これだ！ と思う。野の中にぽつんと建った駅で降り、駅前の昔の城門らしい石の門を潜り、松並木を海の方へ。五分程でパッと開けて、左手に二つ、右手に一つ、ギリシア式の神殿。周りに緑の芝を巡らせて、静かに建っています。四時も近く、陽は大分海に近付き、乱雲が湧いて時々陽を隠す。バジリカとネプチューンの寺から見る。初めて見るギリシア神殿。気がはやる。周りには大した集落とてない古代そのままのような姿。彼方には凪の海。この二つの建物ともう一つのバジリカとの間には昔の町の廃墟。そこに立ってポーランド人だという若い男女のツーリストにシャッターを押してもらう。

一旦ここを出てミュゼに入る。このミュゼは新しい物ですが、造りがギリシア神殿風で、このパエストゥムでの出土品を並べてある。時間がもっとあったらと思う。忙しく見て、再び廃墟に戻り、神殿の石の台座に掛けて見渡す。廃墟は人をして物思わしめるものですが、夕陽が空を染めて西の海に落ちんとする時は尚更です。世界は目の前に広がる海を中心にして円いものと考えていたギリシア人、北の山の向こうには幸福な人々が住んでいると信じていたギリシア人、奴隷を使っての（奴隷といっても戦争の捕虜等。ソ連が日本やドイツの捕虜をシベリアで働かせるのと同じことです）余裕ある生活の中に、智を愛し、文芸を愛で、哲学を生み、民主政治を築いた天才を生んだギリシア人社会、この廃墟にはそうした人々が住んでいたのです。ギリシアの喜劇や悲劇に見るように、人間の憎愛の全ての様態が今日と同じように渦巻き、戦争による惨禍も飽かず繰り返された世界故、それ程美化する必要はありませんが、その美の趣味や理念の高さにおいて、永遠に愛でられるものを生んだという事は、どんなに評価されても足りぬでしょう。とりとめもない事を次々物思う内、陽は海に落ち、あたりには暮色がこめ、番人から閉園と知らされ、名残尽きなく、何遍も振り返りながら駅に戻る。五時八分の列車に乗り、暮れ残った黒々とした神殿の姿を見えなくなる迄見ていました。車中三時間、八時ナポリ着。夕食後、湯で体を拭いて床に入る。もう旅も終りに近付きました。

文中ギリシア人と書いたが、これは正しくない。ギリシア文明の洗礼を受けた人々とすべきでしょう。

十一月二十一日（水）　曇り

九時過ぎCITのポンペイ行遊覧バスに乗り込む。高曇り。ヴェスヴィオは全容を現しています。海岸より少し高まった所をこれと平行に走る。自動車用道路からはカプリやソレントの半島が右手に見えますが、靄に霞んで雨の近いのを思わせる。ヴェスヴィオには一九四四年の最後の噴火の跡の溶岩が黒々と見える。両側は葡萄畑と柿畑。途中でカメオの細工屋に寄る。カメオは法螺貝の殻が、はっきりした三層から（異なる色の）なっているのを利して、既にキリスト以前からこの地方で彫物に利用されていたらしいが、その細工している所を見せる。下書きも無しに細かに女の顔を彫る。直子や節子に土産に買いたいが、はや金に全く余裕がない。皆が買うのを羨ましく眺めているのみ。ガイドが、ここは女には天国、男には地獄だと言う。まさにその通り。この次来た時に買う事にしよう。

再びハイウェイを飛ばす。アマルフィの方、カプリが次第に雨雲に覆われて行く。晴れていたらどれ程気持良いかと思うが、しかし昨日のパエストゥム行に晴れてくれたのだから贅沢は言えません。方々に見える幹の上の方にだけ、茸のように枝を茂らせた松を「こうもり傘の木」と呼ぶ由。ポンペイの入口に着き、一寸した茂みを上り、美術館見物から始める。二ヶ月前に新装成ったというミュゼにポンペイの発掘品が並べられてあります。大きな物は全てナポリのミュゼに保存、ここには細々した物のみ。しかし死体の石膏像、黒焦げのパンをはじめ数々の生活用品、装飾品等あり、古代人がいかに生活を楽しみつつ、おおらかな気持で暮らしていたかが、その模様やデザインからうかがえます。

町に入って神殿、広場、浴場、家々を見る。家々にはその跡から発見された印鑑等を目印にして、それぞれ名が付けてあります。中庭を飾り、その周りにサロンを巡らし、日々遊び暮らしていたのでしょう。人口も多くなかったろうし、職にあぶれる心配も無しに。町の通りは全て石畳。その上に車の轍の跡が深く刻まれています。一軒の家は旅行者に当時の模様をよく分からせるように、屋根をかけたり、木々を植えたりして補修しています。浴場の跡では、壁を二重にし、暖房をはかっていたのが分かります。さしづめセントラルヒーティングというわけです。途中から雨が降って来ました。そうでなくてもガイド付きのエクスカーションでは、見せる所は限られているのでしょう。地図で見ると約四分の一も見ないで引上げです。時間さえあればガイドブックを頼りに自分でつぶさに見て歩くのにと残念でした。まあこの次には皆でゆっくり見ることにしましょう。余り全てを見てしまうと、この次来た時の楽しみがなくなります。いずれにせよ、当時としては二流三流だったというこの町にしてこの豪勢さ、一流の町ではさぞや大変だったでしょう。このポンペイでは今でもまだ発掘は続いているのですが、その内、また他の町が発掘されたら又々面白いことでしょう。雨の中をポンペイの町のモザイクで有名だという教会に寄りましたが、このモザイクは二級品だと思う。一路ナポリへ。

立食で昼食を済ませ、宿へ荷を取りに行く。朝、払おうとすると、一晩九百五十リラだと言う。僕が九百リラと言ったじゃないかと言うと、いや九百五十だと頑張る。それは聞き違いもあろうと、二千リラ渡し、お釣を貰おうとすると、今細かいのがないから昼過ぎにと言う。そこで昼過ぎに荷を受取り、果して寄越すか寄越さないか様子をみていると、色々日本の事やポンペイがどうでした等話し掛けてくる。戸口を出際にお釣はどうしたと言うと、幾らでしたかねととぼけたような振りをする。忘れたのかもしれぬが、やはり人が悪いという感じは拭えない。

四時迄の二時間をコーヒーを飲みながら手紙書き。ローマ以南は人が悪いと聞いていたが、それはそれとして、ともかく不潔なのが何としてもたまらない。しかしいずれにせよ、ローマのヴァチカン、ナポリ、ポンペイ、パエストゥムと古代ギリシア、ローマの数々の名品を見て、強い印象を受け、悪い印象を覆うて余りある、忘れ難い旅ではありました。健康で何も失わずにこの地方を歩けたのですから以て瞑すべしでしょう。

午後四時八分ナポリ発。町が雨にけぶり、四時だというのに既に薄暗い。ヴェスヴィオの頂も雲の中です。ローマも雨の七時過ぎに着き、ベンファット嬢に電話。ローマに着いたらすぐ電話と頼まれていたが、僕がうっかりしてローマに帰って来るのを二十二日と言ってあったので、日を間違えた事を詫びる。向こうは、明日は時間を空けておいたのに、実に実に残念だと言う。又も貴方はトレヴィの泉にお金を入れないで帰るのですねと言うから、僕の代わりに入れておいて下さいと言うと、いや、それじゃあ効果はないんですよと言い張る。来年若し小川教授が来たら、私はブリュッセル迄付いて行くつもりです。貴方も都合ついたら是非いらっしゃいと言う。誠に元気の良い、可愛げのある人なので、もう一度会いたかったが、何せ日を間違えたのだからやむを得ず、さよならの挨拶をする。誠にあっけない別れでした。

百二十リラのサンドウィッチを買い、五十リラの「フィガロ」を買ったら、懐中僅かに六リラ。何とスリル。午後八時半発のジュネーヴ行国際急行列車に乗り込み、ああこれでパリにもう帰れると思うとホッとしました。パリへパリへ帰心矢の如しです。スイスの列車の綺麗なこと、その点だけでもホッとします。はじめは僕一人だけだったのに、発車間際に騒々しくイタリア人が乗り込んで来る。新聞に「国連軍、ポートサイドに入る。モスクワの招宴でソ連側の演説に西欧外交官退去」とある。こんな犬の遠吠えをやっている間は戦争の危険はない。それにしてもアメリカの沈黙が不気味。

十一月二十二日(木)

オルヴィエート、テロントラ、アレッツオを過ぎたのは覚えていますが、それから少し眠ったらしく、フィレンツェで目が覚める。ミラノ着が朝四時過ぎ。ここで又、騒々しくイタリア人の乗り降り。ここでがらがらになってしまい、長々と横になり一寝入り。目を覚ますとストレーザ。目の前に、霧に薄れながらマッジョーレ湖が横たわっています。シンプロントンネルを通ると同時にこの北イタリアの湖水風景を見たくてわざわざスイスを迂回することにしたのですが、眠っている間にかなりの部分を見逃してしまい、一寸残念。それに霧が濃く、眺望が利かない。湖岸には別荘地か、美しい家々が並び、木々は既に大方落葉しています。岸からほど遠からぬ所には小さい島があり、水際からいきなり家が建ち、その中には城構えの家もあり、一寸ナポリのような建て方。モーターボートが霧をついて岸を離れ、それこそ鏡のような水面を波立てる。南イタリアとは異なる、何と豊かな風景なことか。湖を離れると両側に山が迫ってくる。シンプロンはそれ程長いとは思いませんでした。今年で五十周年のこのトンネルを抜けたわけです。

ブリーグに入ったら周り中全て真白な霜。窓を開けると、イタリアではとても考えられなかった厳しい寒さ。山一つ越えて、こんなはっきりした差があるとはと、改めて驚き入る。人々の吐く息が真白く、印象的。それに何と人の少ないことか。ここからサン・モーリス迄はローヌの源流に沿う。岸の木々が真白に霜を被り、樹氷の如し。右手の山の中腹に遥か高く、ブリーグより分かれたベルン・インターラーケン方面へ行く列車が登って行く。その上には更に高く、峨々たる雪嶺。ヴィスプでは南の方に深く入り込む谷の中を覗くが、マッターホルンは見えるべくもない。霧を越して朝の太陽。スイス人はコンパートメントに入って来る時、多くは「ボンジュール・ムッシュ」と言って入って来て、イタリア人とは一寸異なる。その一人が僕の広げている地図を指しながら、この谷は地理的にも風俗的にもスイスの中で独特の場所です。夏はとても良いですよと話してくれ、サン・モーリスの近くでは、左窓にヨーロッパ最大というセメント工場のあるのを教えてくれる。日はすっかり陰り、霧が深まる。雪のまだ来ないサン・モーリスはひっそり閑。コンパートメントには僕一人となり、これもひっそり閑。スイスに入ったので、イタリアとは異なり、二十フランを所有する大尽様。売りに来た熱いコーヒーで朝食。モントルー、ローザンヌの美景もコーヒーを味わいながら。左手のレマン湖には霧が降り、対岸は見えない。モントルーと言いローザンヌと言い、何と綺麗に造られていることか、いかにも富裕そう。ここらではまだ黄葉が見られ、ブリーグからサン・モーリスあたり迄の峻烈な冬景色とは異なる。やはり避暑避寒地だけのことはあるか。

ジュネーヴ十二時四十五分着。有料洗面所で顔を洗い、髭を剃り、荷を預け、さっぱりして駅前のレストランに入る。満足な飯を食うのはナポリ以来。しかも懐中には二十フラン程あるので悠々たる気分。オルドゥーヴル、大きなエスカロープ、山盛りのサラダ菜、デザートそれに赤葡萄酒、コーヒーを飲んでとろりんことなりました。ここは全くフランスと同じ気分です。発車迄の四十分を、寒い町を散歩。しかし湖畔迄行く暇はない。少なくも駅前通りはそれほど美しいとも思わない。ここでも何と人の少ないことかとの感あり。

午後二時四十五分、税関を通って汽車に駆け込む。やれやれこれでフランス入りです。水豊かなローヌに沿う。両側は石灰岩の山、山、山。単調な風景。一寸日本に似ている所もある。

とっぷり暮れたリヨン・ペラッシュ駅着が午後五時三十三分。改札口にジュヴェ君が、他の若いインターンと出迎えてくれ、駅から電話で滝沢敬一氏（随筆家）に、何時訪ねたらよいか聞いてくれる。明日午後四時とのこと。ジュヴェ君の大型、黒塗りのクラシックなシトロエンで町を見晴らす山の上の病院へ。町の灯は霧にとっぷり埋まっています。宿としてインターンの一室に案内されたが、パリのメゾンの室より感じ良く、しかも暖房が素晴らしく良い。荷を置き、ジュヴェ君の室に招じ入れられる。十分程待たされ、彼が買って来たコニャック（マルテル）で杯を上げる。インターン三、四人がやって来て、ベッドに寝転がったり、椅子にひっくり返ったりしながら雑談。話題は自動車のガソリンの無い事。喧々囂々。猫が三、四匹入って来る。それぞれに名あり、真黒なよく引掻く奴はナセル、ずんぐりしたのがフルシチョフ、毛並み美しく、鼻が薄桃色のがマリリン・モンロー等。久し振りのフランスのコニャックで陶然となり、こちらもよく喋るようになる。

食堂へ行く。日本の医局の飯とは異なり、実のある物をもりもり食べている。ドクター・マンネン、ナセルをどう思うと聞くから、言下にファナティック！と答えると、満座それぞれと手を叩く。ガソリンの欠乏で身に応えているらしい。ジュヴェ君は左翼故ナセルにも同情的。あちらでもこちらでも議論百出、今にも喧嘩かと思う位だ。日本ではもっと殺気立つでしょう。しかし別れ際はあっさりしたもの。誠に気分よし。僕がドイツを歩いてみて、ドイツとフランスの差がはっきり実感出来たと言うと、満座、いかにも満足げ。実に根っから合わないのだから仕様がない。僕自身、ドイツの良い点を幾つも認めながら、今ははっきりフランスの空気を好む。

食後、またジュヴェ君の部屋に大勢寄り、マドモワゼル二人も交えてフルシチョフを膝に乗せながら雑談。ジュヴェ君が皆に問われるままに、世界一周の話をする。彼は日本とトルコが気に入ったらしい。ムッシュ・マンネン、日本での唯一の不愉快な出来事は、お湯が熱かった事ですよと言うので、箱根で温泉に入った後、彼がまるで電撃療法の後みたいだと言っていたのを皆に紹介する。彼の日本で撮ったカラーフィルムを見せてもらう。彼の書棚にカハール二冊を認め、聞くと最近マルセイユの本屋から新版が出た由で、八千フラン位の値。これは何としても欲しくなる。紙はぐんと悪いが、図等は一向見劣りしない。今の状態ではこれを買うと帰りの荷の送料に響いてくるが、日本に帰ってから注文したのでは半年もかかろうし、又、値も高くなろうから、他の物を節してもこれだけは買って帰りたい。

コニャックに良い気持になり、十二時就寝。窓越しに霧に埋まるリヨンの灯が美しい。インターンでもこんな部屋を貰う、つくづく日本との差を感ずる。もっとも日本のインターンとは事情が違うが（フランスのインターンは日本の助手、講師級）。

十一月二十三日(金)

霧。ちらちらと雪の舞うこともある。中々激しい寒さ。九時半にジュヴェ君と久し振りに大茶碗一杯のカフェ・オ・レ。部屋に帰って一寸手紙を書いている内に、彼が呼びに来て、ジラール教授に紹介する。今日は剖検材料を切る日とか。変人の由で、人におはようともこんにちはとも言わぬ人で、内気な性格とか。材料の切出し方等、誠に感心しない。しかしアルコールによる脳障害で、前交連、胼胝体等の白質がやられ、植物神経系中枢に変化が認められるという一例は面白かった。我々ならあんな下手な切出しでなど検査はしない。もっと徹底的にやるべきだ。その他エンツェファリティス・レタルギカといわれた例を開けて見たら脳底のグリオームだったという例も中々ひどいものでした。

昼になったところで廊下に出ると、ジュヴェ君からマドモワゼル・ダニエルを紹介されました。彼は僕を町に昼飯に連れて行くと言い、マドモワゼルも乗せて雪の舞う町へ降りる。ガソリンの欠乏がひどいとて経済速度。古い古いリヨンの町。マドモワゼルはエクスターンの試験勉強中とか。彼女の家の前迄行ったが、彼が口説いて一緒に食事に連れ出し、中央市場の中の小さいレストランに入る。化粧も何もしていないが、実に清楚な美しい、又、はじらいも知っている素晴らしい女性と感ずる。といっても日本の女性のようにおとなしく、唯貞節だというようなのではなく、人の話題にはぴんぴんと響いて答えるし、誇りは高く、誠に魅力的。フランスで会ったマドモワゼルの内、一番素晴らしいと思いました。

牡蠣を食べ、白葡萄酒を飲む。彼女を再び家に送ったあと、彼にあれはアミかと問うと、アミだが、むしろ恋人と言った方がいいと言い、彼女は今エクスターンの試験の準備中。二週間程前に会ったのだが、全く参ってしまったと打ち明け、これは誰にも言わんでくれと言う。僕が、僕も参ったと言うとフッフッと笑い、何時か昼飯に誘おうと思っていたが、今日はムッシュ・マンネンがいたのでとても自然に誘えてよかったですと言う。

次いで医学部の隣の病院に寄り、そこのインターン食堂でコーヒーを飲み、次いで彼の前からのアミ、マドモワゼル・マドレーヌという看護婦に紹介される。これは彼がロスアンゼルスに居た時ホームシックになり、その際にフランスから呼び寄せ、二ヶ月一緒に生活した女性で、二十八歳とか(彼は三十一歳)。これは一寸落ちる感じ。次いで彼の研究室を見、医学部長で生理の教授のエルマン氏に会う。研究室は彼自身で作った器械を備えているが、広い部屋を占領している。動物室にも暖房。

四時になり、滝沢敬一氏の所へ行く。氏は日本でひろく読まれている「フランス通信」の著者で、銀行家でリヨンに長く住み、現在は引退しています。俳優滝沢修の兄にあたります。フランス女性と結婚し、長男は耳鼻科医でジュヴェ君と同期生。僕も「フランス通信」を愛読したので是非会ってみたいと思い、ジュヴェ君の紹介で訪ねて来たのです。一戸建のちんまりした二階屋に住んでいます。しかし修理中とかで、隣の娘さんの家に行く。娘さんは結婚し、夫婦共稼ぎで、昼はいないからと入り込む。ここも暖房心地よし。月一トンの石炭を使うとか。滝沢さんの奥さんもちらと見えたが別に紹介もしない。日本人には特にもてなしはしないと聞いていたが、なるほどあっさりしたもの。アペリチフを飲みながら話す。佐藤朔氏は、はじめこの人にいきなり手紙を出したのだそうで、最近はあまり来ないが、実に手紙好きな人ですねと漏らしており、佐藤氏の矢つぎ早の手紙には或いは僕のように一寸閉口したのではないでしょうか。

自分の息子が医者だということで、フランスの医学制度や医者の事を話してくれる。正直な医者、ぼる医者、又、教授資格者になるには方々に挨拶回りをしなければならぬ等の事があることは、万国共通だなと思う。話は飛んで在外公館の悪口。最後は日本に帰ったのは昭和三年が最後ですが、日本から来た人が、人が多いと言うが、それが分からないと言う。なにしろ二十八年前の事では今様浦島、それは到底実感は出来ないでしょう。とっぷり暮れた六時半頃ジュヴェ君が迎えに来、娘さんも帰って来たので腰を上げる。前から愛読していた著者に会えて満足して引き上げる。何のもてなしとてないが、これの方がずっとさっぱりしていて良い。

夕食後、又、ジュヴェ君の部屋でコニャックを舐めながら、彼の網様体についての疑問に二、三答える。彼とて網様体の構造についての知識は本で読んで知っている範囲を出ていない。ここ一週間で論文(テーズ)を書き終えると言うが、自分はこのテーズに満足していないと言うので、満足しきるようなものじゃあ発展がないと答える。彼もテーズの事で頭が一杯らしいので、新聞を借りて自室に帰る。フランス左翼の連中のハンガリー問題についての風当りは相当強い。

十一月二十四日(土)

朝食後自室に帰り、「パリ・マッチ」を読む。その内、ジュヴェ君が迎えに来、ジラール教授の外来を見に行く。根症状、分裂病等二、三例。かなり活発な討議。サルペトリエールよりこぢんまりしていて、それにジュヴェ君がそばに居るので親しみ深い。昼食後、インターン連中のガソリン問題からはじまって、現下の政治状勢についての喧々がくがくの議論。マルキストあり、ナショナリストあり、又、プジャディストあり、蜂の巣をつついたよう。こうなったらフランス語もとても付いて行けない。それにしてもジュヴェ君は同年輩の連中の中でも落着いているのを感ずる。

食後彼の部屋に帰り、コニャックを飲みながら二人で話をする。僕が自由な議論のやりとりを面白いと思うと言うと、我々は活発にやるが決してこれで友情を損ずることがない、アメリカでは医局では政治談はやらず、又、性の事等について語る事もかつてなかった。ドイツには勿論ないと思うと言う。確かに日本にもこうした雰囲気はなく、議論してもすぐ諍いになってしまうのは否定出来ない。この段階迄行くには、自分をも含めて中々容易なことではなく、人間同士の在り方に一つの飛躍が来なければ不可能なことのように思われる。その点実に羨ましい。ただそのあとでジュヴェ君が、しかしフランス人の議論はstérile（不毛）なことが多く、余りに多く論じ過ぎて実行が伴わないきらいがあると漏らしていたことも忘れてはならぬと思う。

次いで彼の結婚の事について、彼は今迄偉大な仕事をした人は結婚せず、その点は悲劇的であった事を思うと、自分も研究者として大なる仕事をするには結婚すべきかどうか迷っていると言うので、それは多くは芸術家の場合で、研究者としては結婚して落着いて進むべきだと言うと、自分もそうは思うが、しかしフランスでは結婚するには十万（月給）が最低線、自分は今インターンで三万、あと二、三ヶ月すると主任になって六万入る。しかしその不足額を埋めるには四万を稼がねばならぬ。そのためには半日研究生活を捨てねばならぬので、はたと困っていると言う。

ところで色々アミに紹介されたが、どの人にするんだと聞くと、二、三日中にダニエルに愛情を打ち明けようと思う、彼女が試験勉強中なので心を乱したくないが、自分の物にするには早くしないと人に取られてしまうと漏らす。僕の意見でもダニエルは素晴らしく、君の奥さんとして相応しいと思うが、その場合マドレーヌとの今迄の関係はどうするのかと問うと、それで困っているんですと白状する。これは君にとって神経生理よりむずかしいと思うと言うと、まさにしかり、と答える。しかしそう困ったような顔もしていないのは愉快。僕が口を極めてダニエルを褒め、昨夜二十五日以後のは次便で。
いろいろ出帆までには見えない金が要ると、田中君に聞かされて、大恐慌。なるべく節します。

夢に出て来た（直子が怒るかもしれぬ）と言うと、よしよしそれも彼女に話しますとニヤニヤしている。女性にかけては中々豪の者だったルイ・ジュヴェの甥だけのことはあるか。それにしてもフランスでは結婚するには十万いるかとびっくりする。日本とは少々異なる。帰ると二万ちょっとの月給。ああ!!

午後四時八分発パリ行きの列車に乗るべく、ジュヴェ君の自動車で送られる。普通時の三分の一に自動車が減っているとか。またいつか会いましょうと固く握手。リヨンに別れる。この列車は途中ディジョンにしか停まらない快速。途中、兵隊を乗せた列車に二度擦れ違う。パリ着午後八時五十五分ちょっきり。リヨン駅に歩を印して、やれやれ帰り着いたと思う。メトロのネオンサインを見て一層それを実感する。

シテに着いたのが夜十時ちょっと前。自室に荷物を置くと田中君を訪ねる。丁度、京大美学の木村君も居て、ビールが用意してあり乾杯。田中君はアメリカ行きが駄目になり、僕と一緒の船で帰ると言う。問われるままに旅の話をして二時に及ぶ。

家からの手紙を床の中で読む。節子の七五三の写真を見る。子供子供としたところが大分なくなってしまったようだ。一寸想像出来ない。

皆元気でなによりです。もっと今日は書くべきだが、

収穫　パリ

一九五六年十一月～十二月

十一月二十五日(日)

十時起床。曇り。どんよりと霧のかかった日。窓から見ると木々は全て葉が落ち尽くし、全くの冬景色。五十六日もパリを空けていたのだから無理もありません。倉庫から荷をおろし、ひとまず全てを出して整理。昼になってしまい、元のカードを持って食堂に行くと、これは既に通用しないというので外で食事することにし、大久保君を訪ね、食事に誘うつもりで行くと、午後一時過ぎにして寝ているので叩き起こす。外に行くより俺が食わしてやると言うので、僕はビールを買って来る。空腹に汁が沁みる。食事をしている内に、二宮夫妻、鈴木君も仲間に入る。旅行の話をしてくれと言うので順序を追って話し、五時半に及ぶ。皆腹を抱えたり、しんみりしたり。僕も留守中の事を聞いて参考にする。

ちらつく雨の中をシテに帰り、シテの近くのレストランで食事。ナセルが英仏人をエジプトより追放とある。又「長崎の台風」という映画を作るにあたり、日仏の従事者の間にかなり軋轢のあったことが出ている。パリも自動車が減って静かになってよい。

夜田中君から、我々二人宛に日本に帰った前館長から手紙があったと見せられる。僕にはフランスの鍋（ポムフリット用）を注文してあるから実費を立て替えて持って来てくれとあり、又、田中君には今迄パリ宛に送っていた雑誌が届いたら回送してくれと記してあり、二人で大いにあきれ返る。大変物分かりの良い人のようにも思ったが、氏が帰る前後の行動は余りに責任感の少ないもののような気がして、大分メゾンの中でも急進派が騒いだのです。今ここにこうした手紙を貰い、少々度が強いのに驚いています。ただでさえ留学生には金の無い事を承知の筈の氏が、こうした事を頼むとは、全く一方的自己本位の行動としか考えられません。田中君と額を折半して、日本で貰う事にはするが、大変困却したという事をはっきり申そうと申し合わせました。そしてお互いに今後共他山の石として、人には迷惑をかけぬ事を注意しようと話し合いました。

十一月二十六日(月)　　霧

午前、部屋をごった返して荷の整理。千葉大の小林教授の置き手紙で、氏とR教授航空便超過荷物としてトランク一個を持ち帰り願いたいとある。全くの事後承諾で申し訳ないとあるが、これからも出発迄色々こうした志望者が増すことでしょう。ともかく一事が万事、萬年萬年と重宝にしていただいて、誠に有難いことです。日本に帰ったらこんなに口は掛けていただけますまい。何でも人生勉強。と言っても断るものは断り、はっきりするつもりです。

昼に小澤君が、留守中の手紙、荷を届けてくれる。松田君にも会う。小川教授から十月六日付の手紙で、来年のブリュッセルの会議に出席したいが、錐体外路系のシンポジウムは座長がガルサン教授、学術会議の銓衡を通りやすくするため、ガルサン教授より手紙を貰えないかと頼んで来てある。僕が旅行中であることは承知しておられたと思うが、約二ヶ月前のこと。でもこれから急いで頼んでみることにします。その他渡辺君からも来信。竹山道雄さんからはベルリン行の詳細を教えた手紙、これには恐縮。

三人でレストランに食事に行く。のち一寸昼寝。

四時頃からM・M本社に行く。出帆は一月五日となり、途中四十から四十五日かかると。したがって二月中旬横浜着ということになりましょう。運賃は三万フラン上ったが、これはフランス政府で支給する由。しかし出帆が延びる事は有難くない。十一月の船は延び延びで十二月初旬に出る事になっている由で、一月のもそうならねばよいがと思っています。乗ってしまえば全てあちら任せだが、それ迄が容易でない。しかしこれは僕だけでない。皆がそうなのですから、そちらでは余り取越苦労をされぬように。葉の散り尽くしたオペラ前の通り、サン・ミシェルの通り等、久々にバスから眺めてシテに帰る。

今朝、荻須高徳さんより電話で、新潟の開業医が来て、医療制度の事をしきりに質問するが、分からないから、今日七時にお伺いすると知らせて来てあったので、急いでの帰館。サロンで二人が待っていました。何でやって来たのか分からない医者で、パリに九月に来て今迄スケッチ等して遊び暮らしていて、帰る間際にあわてて御土産話に何か聞き出そうという、見え透いた根性。荻須さんの紹介だから適当にはするものの、一人なら追い返すところです。荻須さんもこの医者の弟が、新制作派で知り合いだという繋がりだけの模様。一時間半程しゃべって後、音楽会へ行くというこの男をタキシーでポール・ロワイヤルでおろし、更に車を走らせてリュクサンブール迄出る。

荻須さんに誘われるままに支那料理屋「天下楽園」へ。ボジョレに荻須さんもほんのり頬を染め、イタリアの事等で話がはずむ。僕がヴェローナからイタリアに入ったというと、あそこは実に良い所なのに、日本人は余り行かない。貴方は良い所を見られました。あの町はずれの古い教会の扉の模様等素晴らしい物ですねと言われる。これは既に僕が手紙で知らせた如く、僕がフランス語を話すイタリア少女二人と眺めたもの。実物を見て来ているのでよく分かる。荻須さんは今年の冬があまり寒かったのでイタリアに逃げ、そこでもなお寒いので、もっと南のサルデーニャ島に行ったら、ここも全島雪で、しかも暖地故暖房の設備悪く、ひどい目に会いました、寒い時はむしろ寒い方に行った方がよいようですねと言う。オランダ、ベルギーで見た絵の話や、荻須さん知り合いの某大使息子の乱行の話、僕がメゾンで赤ん坊を取り上げた話、更に日本からやって来る諸々の人間の棚卸し等々に話が弾む。氏は、デザイナーあたりの手合いはかないませんなと言う。荻須さんの所に話に来て、奥さんと二人で色々話してやると、そっくりそのままが本人の名で堂々日本の大新聞に載ってしまうので、ほとほと呆れ返るとのこと。全く聞いていて、空虚さ、侘しさがとめどなく湧いてくる。日本というのは救いがたい国ではないかという気すらしてくる。

河岸を変えてリュクサンブールのカフェに行く。荻須さんは背広の襟に勲章の略綬を着けている。ここでは、今年のサロン・ド・メを見て、荻須さんのだけが写実に徹しており、何か現代への抵抗を意識して居られるように思いましたと言うと、心に触れたのかニコニコして、いやそれ程深い意味はありませんが、私は人真似はいやで、自分で消化し得るものしか表さないことにしているのです。ともかく日本人はサルマネがうまいですからねと淡々と言う。

次いでゴッホは分裂病か、鬱病かよく分からぬが、ともかく病人とされているが、オランダでゴッホの多くの絵を見て、実に健康な感じがしたのですがと聞くと、荻須さんが、私も全くそう思います、ゴッホにしてもオシップ・ザッキンにしても健康ですね、現代の物よりずっと健康です。私の理解し得るのもこの辺迄です。絵はやはり人を楽しませる要素が必要だと思いますと言う。日本の批評家達はこちらに来て色々な物を見、頭にびんびん応えたものを、そのままは決して口にせず、必ずひねくって発表する。困ったものですよとも言う。

又、朝日の記者が来た時、現代画家アンドレ・マルシャンに会う仲介をしてやったが、記者の日本の画家に贈る言葉はないかという言葉に答えて、マルシャンが、日本から来た画家は余りミュゼ等も見ず、モンパルナスなどにばかり居座って、そして新刊の画集の始めと終りだけ見て帰って行ってしまう、私が望みたいのは、フランスに来たら先ず地方の風物、ロマン、ゴチック建築、次いで数々のミュゼを見、それから現代画家と話して欲しいと言ったという。数々の画家の妙ちきりんな行動ばかり見ている僕には一々ピンピンと響く。イタリア旅行等にしても、多くの画家は僕の歩いた範囲すらも歩いていないのです。荻須さんあたりになると、世知辛いフランス人の中に入って堂々とやっているだけあり、やはり言う事に実があると感じた次第。荻須さんの庭にあったお稲荷様の由来等聞いて愉快に話を終えたのは十二時近く。握手して霧に濡れたサン・ミシェルの歩道を下って行きました。奥さんは当地に来てから疲れる疲れると言うので一週間程地方の知合の医師の家にやってあるとか。楽しい一晩でした。

十一月二十七日(火)

午前から溜った手紙書き。昼食後八代君が来て、彼のドイツ、オーストリア旅行の話をして行く。変り者で、メゾンの日本人とは殆ど付き合わないのに、僕の所にはよく来る。日本に帰ったらまた始終襲うと言う。夕方までにやっと手紙を書き終え、締切の七時近く、慌ただしく投函。

夜、佐藤朔氏を宿に訪ねる。今は全く元気。前の話をすると、もういい、もういいと照れくさがる。早大の仏文と経済の教授二人が来ているが、この手合も張合いがない。全くよく出国してくるものです。三人共旅をしたがっていて、質問を浴びせられ、中々帰れないままに十二時になってしまう。ここは、仏文の渡辺一夫先生や女優の高峰秀子が滞在した宿。壁には日本の物ばかり。表に出ると、さ霧。街灯が霞む。リュクサンブールの樹々はすっかり葉を落とし、枝が夜目にも美しく重なっている。カフェもすっかりガラスの覆いを巡らし、九月末に出発する頃とは大違い。全く長い旅を過ごしたものです。つくづくもう一春をここで過ごしたくも思う。

十一月二十八日(水)　薄陽

午前、手紙を少しく書いた後、久方振りに、四ヶ月振りにサルペトリエールに出掛ける。先ずシャルコー研に行く。ベルトラン教授はもう帰っていて、ゴデ夫人が居る。研究室回りの旅では、観光旅行と違い疲れたでしょうと言う。他のメンバーも皆元気。来週から来ると言い残して、次いでガルサン教授外来へ。インターン、エクスターンに新顔多し。外来後、ガルサン教授に、来年のブリュッセルの会議についての小川教授依頼の件を伝え、手紙をいただけたらと言うと、それはルードー・ヴァン・ヴォゲールのが一番有効でしょうと言い、色々説明してくれる。会議には「ナラバシャイ」も来るらしいと言う。「楢林」(ナラバヤシ)君の間違いと思う。又、冲中教授から塚越君の事で手紙を貰ったと言う。見学者の中には昨年から知合のギリシア、スペインの連中がいて旧交を暖める。ガルサン教授は来年初め、胆石の手術を受けるとか。そのためもあってか、今学期は水曜午後の臨床講義なし。

シテで昼食後、医学部に行き再登録。図書館を利用するためです。千フランとられる。途中鈴木君と会う。俄雨になり、二人でオデオンのカフェに飛び込み、雨の小降りになるのを待つ。各国のマドモワゼルを多く見て来た眼に、パリの彼女等はそれほど美人ではないが、やはり何と言ってもシックな装い。決して贅沢ではないが、自分の身に合った配色、デザインの美しさ。それに子供の装いの気の利いていること。もっともこれはヨーロッパ中、どんな小さい子でもダブダブの物等着ていない。大きくなるにつけ不経済なようではあろうが、身にピシッとした物を着せている。この点は経済よりは美か。けちなフランス人にしては珍しい。節子にもこれからはピシッとした個性のある服装をさせたい。女性は何と言っても美しくないといけない。

二宮君の部屋で焼栗を馳走になる。町で焼いているのを買うより、生のを買って来て焼いた方が安いと言う等、爪に火を灯すようにして細々とやっていて微笑ましい。旦那が全てやってくれる。帰りに笹原女史の宿に寄ったら、又、例によって光風会の絵描きというのが絵を持ち込んで描いている。自分の部屋は寒いから邪魔していますと言う。ストックホルムにしてもウィーン、ドイツにしても全部二人で歩き、それに時に例のキザ先生が一緒という。言葉一つ分からず、よくお歩きになります。生地等についても、日本のは問題にならないと、大変な鼻息に、辟易して早々に逃げ出す。たとえ北京で日本の商社がけちな、あくどい事をやったりし、又、日本商品の評判はどこへ行っても悪いにしろ、自分達の国の作り出す物に劣等感ばかり持ってよいだろうかと、つくづく考えてしまいます。悪気があって言うのではないにしろ、もうパリにも慣れてしまわれたから、精々近寄らぬことにするつもり。僕自身まだまだムッとする癖の抜けないのを恥ずかしく思いながら。

夜八代君にユーゴ、ギリシアの話を聞く。この二国、特に前者は西欧諸国とは格段の差があり、ぐんと落ちる由。出来れば共産国の現況をこの眼で見たかったと思います。といずれにせよ現ソ連政策には呆れ果てたものです。といっても中共あたりは、これからの日本として十分心して相手にせねばならない国。気を付けぬといかん。

夜腹が減り、田中君とカフェに行きサンドウィッチを齧る。彼も米国行が駄目になり、奥さんの顔もあと八十日程と、大分気分的にも落着いて来た模様。十二時過ぎ迄話す。

十一月二十九日(木)　曇り

午前小川教授に手紙。昼にまたガルサン教授に会い、昨日よりもやや詳しい事を聞く。午後、塩瀬君、田中君、三輪君と、入れ替わり立ち替わり話に来る。

夜七時半、森さんに夕食に誘われているので出掛けて行く。七月末に別れて以来。「天下楽園」で支那料理を奢られる。夏休みの間の話。次いでカフェで、氏がモンペリエで見たというディズニーの「アフリカのライオン」の話。見たくなる。最後にサン・ミシェルの坂の下のニュース館で映画。オルリーの航空事故等。七十フラン。十二時に別れる。森さんとは当り障りのない話しかしないが、奥さんを呼ぶ事については言葉を濁す。その点どうも合点が出来ない。人の話ではもう愛情が冷めてしまっているらしいとのこと。と言ってもこちらに女があるわけでなく、やはりデカルト、パスカルに思い詰め、日本の社会に愛想を尽かし、一人気儘の生活を求めているのでしょう。気持は分からぬでないが、やはり正常とは申しがたい。そうかといってやはり日本人らしい細かい気の遣い方をし、周囲の口を気にしているようでもある。しかし土壇場に来ると、きっとなって居直る人であることは、東大教授の口を振って、国を出て来たのでも分かる。

十一月三十日(金)　午前濃霧、午後から薄陽射す

午前は寝坊。午後からは八代君と新装成ったクリュニー美術館に行く。そのそばはいつも通りながら入るのは初めて。ここには中世の物ばかり集めてある。新装成ったという大広間の木彫、石刻はイタリアの物を見てきた眼にもユニークな物であることが分かる。中々大したもの。八代君の話では、日本では木彫は日本が最高と言うが、ヨーロッパにも良い物が多く、唯、今迄の人は見て行かないので気付いていないのだと言う。一角獣とお姫様のゴブラン織が名だたる物である事も彼の口から聞く。規模は小さいが中々良いミュゼです。ここでも又、暖房の良さに感心する。サン・ミシェル、サン・ジェルマンを歩き、本屋を覗く。

夜は二宮夫妻、大久保、田中、木村と僕の部屋に集まって幻灯を映す。田中君と僕のもの。田中君のが量も多く、ヴァラエティもあり感心する。僕のはアグファの色調が良い。田中君が熱を上げ、十二時過ぎ二宮夫妻、大久保君を送り出した後、手持ちの作品全部を映し、午前四時過ぎに及ぶ。

十二月一日(土)　濃霧

さすがに昼近く迄寝る。本は郵便物として送った方がよいと聞き、その体制を整える。午後昼寝。小澤君遊びに来る。彼もメゾンを出、学校に行く他は時間が空くと、メゾン、特に僕の所にやって来る。太陽族との話もさっぱりしていて面白い。といっても彼にはまだアミの出来る段階で

はないが。これでとても芯はしっかりしているなと、感心する事多し。日本に帰ったら親父に会って下さいと言う。

夜、「文藝春秋」（昭和二十九年）で小林一三の「日本は貧乏国なり」の記事を読み、実業家の見た世界を面白く思う。日本で読んだら大して気にも留めないものが、自分で見て歩いて、つくづく日本は精神的、物質的に貧乏だと痛感した後なので、内容が心に響く。

田中君が、家からの手紙で奥さんが一ヶ月前から微熱、母が顔面神経麻痺で困ったと話しに来る。後者は風邪の後と言うのでこれは心配ないが、前者はしっかり調べねば駄目だと注意する。これで大分気に病んでいるので、一度冲中内科に行くよう話したから、徹を名指して行くと思うから、桃井君に頼んで診てもらって下さい。面倒だろうが何分よろしく。

次いで、メゾンの新年度委員選挙の集まり。ところが委員長が来ず流会。この男は全く責任感なく、その評判は地に墜ちている。フィアンセを呼ぶとか言って内職に駆け廻っているらしいが、この男も含めて教養学部出のいい加減なことには皆あきれています。

一時就寝。暖房はあるが、床に入ってからも寒いが、今年はシュラーフザックがあるので全く寒さ知らず。有難い。

十二月二日（日）　濃霧

午前は寝坊。午後は一人でバスでシャトレに出て、霧の河岸をオランジュリーへ。ガソリン不足で自動車少なく、誠に静かでよい。寒いのに散策の人が絶えない。小鳥屋の前には人だかり。本屋の前も人だかり。誠にゆったりとして、戦争等どこ吹く風。向こう岸のアンスティテュがぼーっと霧の中に浮いています。チュイルリーの庭では着脹れた子供達が喜々として遊び回っています。散歩の犬も躾良く、誠に癪に障る位。日本に帰ってもこうしたゆったりした気分はどこ迄持して行けるか。心許無い気さえする。

オランジュリーのルドン展へ。入ってすぐの部屋の屏風画等に、色調といい、構図といい、日本の影響というか、日本の色がそのまま出ている。画材は花、宗教画等が主。ためつすがめつ、慈しみ慈しみ描いたというような絵ばかり。パステルの色には感心する。油絵も油を抜いて、パステルは岩絵具のような調子で描いている。実にオリジナル。見る毎にああ僕もオリジナルな仕事をしたいなとつくづく思う。人の絵を見ても何を見ても聞いても、思うのはその事のみ。これが空回りにならなければよいが。

霧の五時過ぎの河岸を、仕事をどう纏めようかと考え考え歩く。テーマが余りよくないが、やはり何か打ち出したい。しかし何も今迄には摑めていない。二宮夫妻に寄る。

散歩に出る所と言う。今度着いた中央大の哲学者（東大出）も交えサン・ミシェルに出、カフェに入って話す。この人はカンボジア号で来たが、ジブチを出てスエズも近い頃、紅海の中で船がぐるっと回り、またジブチに戻ったのには驚いた由。そして五十日余りかかってマルセイユに着き、まったく気抜けしてしまったと言う。それに一日千フランの追加をとられ、散々だったらしい。しかし我々の場合は予め事は定まっているから、そんな不手際は起りますまい。七時過ぎ別れる。

夜、田中、木村君とルドンの印象を語る。明日から勉強と床に入ったら十時過ぎ、八代君がナポリの映画を観に行きませんかと言うので跳ね起きる。ポルト・ドルレアンのシネマに着いたら、最終回はもう始まったと言うのでガッカリ。モンスリ公園のそばのカフェでクロワッサン、コーヒーで芸術談。十二時に及ぶ。

十二月三日（月）　薄陽

十時起床。家からの手紙。百ドルの小切手確かに受領。感謝率が高過ぎると思うが、手続が簡単だった事は幸い。感謝に耐えません。慎重に慎重に使います。これでもう送金はいりません。全部これで済ませる覚悟。何とかなるでしょう。

旅から帰ったら公私の用事で大変とあるが、今度は誠に静かで有難いことです。国際情勢も大きな起伏はなく、裏でごそごそ動いている程度。フランスの知識人のソ連政府のやり方に対する反感は誠に強いようです。左翼系の新聞も焦点を芸術方面にずらしたりして、攻撃を避けている模様。ともかく米ソとも今直ちに戦うというような愚はしないでしょう。現地での事情報告といってもそんなところ。英仏のスエズ攻撃は知識人らの大きな失望にかかわらず、庶民の大部分は時至れりと拍手しているのもあるとか、少々時代錯誤です。文化の主動力は欧米にあるとはいえ、植民地依存はなんとしても不健康です。

昼前コミテに行き、旅費を申請する。船賃十七万七千なにがし、パリ、マルセイユ間の汽車賃五千フラン余及び同区間荷物賃二千フランが出る筈です。次いで大久保君の所に寄り、彼の机で手紙書き。彼は再び寝込んでグーグー鼾。二時で書き上げ、彼を起こして、近くのレストランで昼食。三時から六時迄図書館。シェラーを読み直す。緊張して読む。あと一ヶ月の間に何か捕まえるつもり。真剣です。

六時過ぎ、大久保君の所に帰り、一緒に買出し。食事を馳走になっていたら森さん来て加わる。八時に僕は八代君と映画に行く約束あり、急いでシテに帰る。三輪君とポルト・ドルレアンのシネマに行く。ロッセリーニ監督、イングリッド・バーグマン主演の「愛は最も強し」とかいう作

（補足：伊仏合作映画。原題、邦題は「イタリア旅行」一九五三年製作。一九八八年日本公開）。映画そのものはくだらないが、ナポリ、ポンペイを中心にした風景が沢山出て来て、とても楽しい。あああそこも歩いた、あれも見たと少々興奮する。日本で見たら尚更でしょう。今晩は暖かくて三、四月のよう。闇の中にモンスリ公園の木立が春の気を漂わせている。来月の今日はマルセイユに発たねばならぬ。八代、三輪君も僕より一船か二船後に帰るが、一ヶ月でも多く居る人が羨ましくなる。三人でカフェで十二時迄話し、次いで僕の部屋でコーヒーを飲み直す。近頃は変人とばかり付合い、面白い。

ところで提案ですが、滞在中大久保君の所にはよく押し掛けて飯を馳走になったから、海苔やお茶や佃煮、その他日本的な食物を直子の名前で大久保君に発送してもらえないでしょうか。僕が帰着してからだと遅くもなるし、気持だけは届けたいと思うので。もっともあまりに高くなるようなら考え直します。あまり人の好意にばかりあずかるのもどうかと思うので、そんなことを思いついたがどうでしょう。日本に帰った時お礼するというより、わざわざ送ってくれたという方が受け取る方もより嬉しいのではあるまいか。

十二月四日（火）

九時半起床。午前中手紙。書き終え、シテの近くで買物。とにかく物が高い。参考迄に書くと、荷物を造る大判の紙一枚二十フラン、荷造りの紐一巻（拳大）二百六十フラン、粉石鹼（小箱）六十三フラン、コンデンスミルク（チューブ大型）百六十三フラン。

昼食後十分程昼寝。二時から図書館へ。ともかくこの二、三日は暖かく、オーバーが重い。シェラーを読み続け、六時半に至る。二度目となると頭によく入る。表はとっぷり暮れている。差し向かいの男はむしゃむしゃ飴を嚙みながらノートをとっている。ドイツ語の書等読んでいるのは僕だけのようだ。エクスターンの試験も間近く、大部屋の方は若手が目立つ。僕の居る部屋は年食ったのが多いようだ。サン・ジェルマン、サン・ミシェルのネオンの灯の下を、ラッシュアワーの人波を潜って帰る。ソー線は東横線並のぎゅうづめ。皆おとなしい。

夕食後田中、木村君と、木村君の部屋でコーヒー。八時過ぎ僕だけテアトル・デ・シャンゼリゼにジノ・フランチェスカッティのヴァイオリンを聴きに行く。誠に久し振り。パッシー河岸を越えるのも久し振り。暖かいためかセーヌに映る灯影も春先のよう。あと一月でここを去るのが嘘のようだ。

大変な入り。大久保、鈴木君と並ぶ。指揮はフルネ、コンセルヴァトワール。曲はモーツァルトのニ長調、チャイコフスキーのコンツェルト。ここで休み。廊下で前田嬢に会う。どうもと言うと、すっかり失望しちゃった、とても期待していたんだけれどと言う。豊田耕児君に聞くと、全くアメリカナイズ、しかし大したものではありますと、この方は慎重。練習は一日も休めないといってよい位で、まるで奴隷のようなものではありますと言いながら、元気。最後にブラームス。ジェスチャーがかなり大きいので、目をつぶって聴く。専門家はいざ知らず、久方振りの音楽会、好きな曲とて興奮する。アンコールにバッハの無伴奏。十一時半はねる。

三人でバスでサン・ジェルマンに出て、角のロワイヤル・サン・ジェルマンで渇き切った喉をビールで潤す。大久保君にそれとなく聞くと、彼は鰹節と塩辛を欲しいらしい。送ると税金がかかるからなと言うから、発送は僕が帰ってからにするか。

十二月五日(水)　曇り、時々陽が射す

午前ガルサン教授外来に行くと、来週あたりガルサン教授が手術を受ける(胆石)とかで、キッペル氏の代講なので出席をやめ、マドレーヌに出てフォーブール・サントノレのギャルリー・シャルパンチェへエコール・ド・パリ展を見に行く。ところが今日は一時からとか。入口から一寸覗くと、抽象派のようなものばかりなので、これは見なくてよいなと思って引返す。

年末売出しの飾り付けで、只さえお洒落横丁のここは大変美しい飾り付け。美しいマヌカンが広告写真の撮影中。全く綺麗です。肩幅と腰幅とが同じ位で、胴がきゅっと絞まっていて、スタイルブックそのままだ。見返る程シックな女性の往来もしきり。横丁に入ると肉屋等多く、牛の頭の皮を剝いだのを店先に吊してある。少々気持悪し。慣れているのかもしれぬが、綺麗な少女の売子が平気でその下で働いている。このあたりの界隈の色彩は中々美しいことを見出す。オペラ通りのカフェも昼前とて人もまばら。バスでシテに帰る。

昼食後松田君の部屋でコーヒー。マタタビがメゾンの猫に利かないので、彼の会話の先生の家の猫に試して貰う事にする。医学用語について、田中君の質問を受けた後、一緒にリュクサンブールへ。僕は図書館へ。シェラーの読みかけ論文読了。次に入り六時に至ったら停電。やむなく出る。サン・ミシェルを上り、メトロで帰る。

夕食後、芝居に行こうと思ったが、風呂があるので今日は止めにする。食後、八代、川口君(北大数学)来て話す。カラーフィルムを見せ、ドイツ、スイスの山の事等話す。

十時頃、阪大の三輪君が阪大の小沢外科の講師の堀とかいう人を連れて来る。年は僕よりずっと上。今日日本から来たという。十二時半に送り出し、やっと湯を浴びる。

ガルサン教授が入院となると、もう会う機会がなさそうです。快癒を祈るのみです。

星野氏からトランク二個を頼まれる。義理合い上やむを得ぬ。これで人の荷物三個。

十二月六日(木) 曇り。時々青空

午前パリ神経学会の例会に行こうと思ったが、床屋に行っている内時間がなくなってしまう。パリでもあと一回床屋へ行けば終りでしょう。あと一月もなくなってしまったが、もうじたばたしても仕方無いと腹を決めました。午後から図書館。シェラーを読み終り、早目にシテに帰る。夕食後図書室で、明日からの標本再検に備えて文献の読み直し等の勉強。どんな風に纏めるべきか、その事ばかりあてもないこうでもないと頭を巡らしているので、記事が大変乏しくなっています。悪しからず。

十二月七日(金) 霧

午前シャルコー研へ。ベルトラン教授に久々に会う。少々痩せたようだが、血色は大変良い。旅行でどこどこへ行ったという事を話し、スパッツ、ハラーフォルデン、ショルツ教授等からよろしくとの言葉を伝える。ドイツの研究室はまだ少々ミリテールですねと言うと、ドイツ人はよく服従しますからね、しかしドイツはよくやっていますよ、株価等も大変な勢いなようですねと言う。ドイツ人は少々デリカシイが無いと僕が言うと、研究者やプロフェッサーはそうでもないでしょう、町の人ならパリだって同じですよ、パリでも下町と山の手では違いますしねと、中々正確だ。私がウィーンに居る時にハンガリー事件が起りましたと言うと、ロシアはひどい、情け容赦がないですからね、全くひどいと、最大級の形容詞。一月五日にフランスを発ちます故、それ迄に一応纏まれば報告するし、そうでなければ帰国後草稿を送るようにしたいと希望を述べました。

久々に検鏡。見直す回数が多くなるにつれ、だんだん所見は正確になるものです。ベルトラン教授もゴデ夫人も、ガソリン不足でメトロ通いらしい。

昼食後、小澤君が手持無沙汰だと遊びに来る。大久保君の所に一緒に行く。また怒られるかもしれぬが、スクーターの尻に乗って。十二月だとさすがに寒い。モンパルナスを抜け、サン・シュルピス迄二十分もかからない。自動車があれば能率は上り、色々の楽しい計画も立とうが、日本

の我々の生活水準ではまだまだ先の遠い話でしょう。既に欧米では生活の中に深く入って来ているというのに。

三時過ぎてまだ床に居る大久保君を二人で叩き起こす。僕は机を借りて一時間程で序論を書く。後、彼の所にある新着の十二月二日迄の「朝日」を読む。メルボルンオリンピックで陸上陣完敗についての記事を読み、つくづくいやになる。何と日本人というのは心身共にせせっこましいのだろうと。それによく泣くことよ。土壇場に来て本当の力が出ないというのを、精神力の不足と言っているが、技術そのものだって基礎がないんだから致し方ないのです。科学にしたって基礎から固め上げた息の長い仕事がどれだけあるというのか。土壇場に来て力が出ないというが、僕自身運動部（射撃）に居て、何遍も試合に出たから分かるが、結局上ってしまっているのです。自分の事を言うのは変だが、僕は練習時よりも試合の方が大方成績が良かった。何糞という負けん気が、余裕というオブラートで包まれていないといけないのです。我々とてひとごとでない。これからの仕事にしても、本番に来て底光りする事をやりたい。基礎から固め上げた仕事がしたいと思います。帰ってみれば僕の周囲は恐らく全部新しがりやばかりでしょう。そうした中で自分に忠実に進んで行くには、自分をよほどしっかりと鍛えていかないといけないと思います。人をして伸び伸びと力を発揮させなくする周囲の圧力、それがオリンピックの選手に対してのみならず、全ての事に行き渡っています。俄かに改めようといったって人間のひしめき合っている所では、そうして行かねば生きていかれないのかもしれない。それから抜け出すには自分を鍛え、超然とする術を感得する以外に道はないでしょう。幸い、僕は恵まれて世界の広さを知った。これを支柱にし、今後は今よりも一層のんびりと自分を伸ばして行きます。はたでは世話が焼けるかもしれぬが。

人通りの少ないサン・シュルピスの横の小路を通りリュクサンブールへ出てシテへ。

夕食後、思い立ってモンパルナスはエドガー・キネ下車の寄席「ボビノ」へ行く。手品、曲芸、犬の曲芸、シャンソン等。芸人の世界の厳しさが、額から流れ出る汗にはっきりと読み取る事が出来る。自分の力のみに頼る、そして自分の創意にしか頼る事の出来ぬ厳しい世界たる事をつくづく感ずる。それにしてもなんと芸の伸び伸びしていることか。実際欧米人というのは出すべき所で十分に力を発揮する。偉いものだと思う。ヴァヴァンのカフェでビールを飲んで帰る。シテに戻ったら十二時半。腹が減って困るので近くのカフェでサンドウィッチと葡萄酒。霧が深く、顔にさらさらと当たる。新聞を読みつつ寝る。トップ記事はブダペストの女性のデモと、アルジェリア問題。

十二月八日(土)

相変らず深い霧。筋向かいのスイス館すらボーッと見える位。九時起床。

出掛けに東大生理学助手の高木氏に会う。アメリカに二年半居て、帰りにヨーロッパに寄った由。帰ると群大に行くとか。我々より二、三年先輩。

家からの手紙受信。小切手の事は大分心配しておられるようだが、ご安心の程を。正直に言って、色々船に乗る迄は不安ですが、何とか足りるでしょう。少々御土産も買いたい、本も買いたい、色素も買いたいと欲は出るばかり。弱ります。特にプロタルゴールが東京で取り寄せられないとは少々けしからん話だと思う。どの位の量頼めば取るというのでしょう。余裕があれば二、三瓶買いたいが、現状では無理。

直子は荷が多くなろうと書いているが、来る時より嵩が減りました。御土産も纏めると極く少量しかなく、せめてもう少しと思う位。人から預かった荷の方が、僕自身のより多い位だ。やんぬるかな。ともかく学問学問と掛け声を掛けて、それでいて長い目でみると案外空虚なやり方をするより、息長く仕事をし、広い視野から見て、価値の多い原理的な仕事を積みたいものです。それには生活の確保が第一です。

シャルコー研に入ると、ホワーッと暖かい。ともかくパリで一番羨ましい事の一つはこの暖房です。心身共にのびのびする。顕微鏡迄暖まっているのだから恐れ入る。

一時近く迄見る。グリュネール氏が三ヶ月アメリカに行くとかで、ベルトラン教授に会いに来たが、今日は教授は来ない日。グリュネール氏と再会を約す。僕はこの人は大した人物ではないと思うが、将来何等かの事務的な連絡には必要な人と思う。

昼食後、僕の所で八代氏とコーヒーを飲んでいたら、ブーリエ君がやって来る。次の日曜、一緒にシュヴルーズを散歩する事を約して十分程で別れる。旅の感想を聞くので、ドイツは病院もミリテールで、日本はどうもこうした点ドイツと同じだと答えると、フランスでも病院はその傾向があるのですと言う。真面目な誠実な人だけに病院で気に障る事が多いのかもしれぬ。

夕食迄手紙書き。夜、思い立って「ポルト・サン・マルタン」という劇場に行く。これにはフレール・ジャックという四人の兄弟が出演し、これについては獅子文六が、最もパリらしいものという折紙をつけているものと聞いたので、野次馬根性で出掛けたのです。天井桟敷で百五十フラン。筋はそれ程分かりにくくもないらしいが、何せ俗語を交えてのべらべらで、肝心の所は分からぬ。フランス人のゲラゲラ笑うのが癪に障る。フレール・ジャックのシャンソンは中々うまいもので、特に最後の人形の玩具の振りをしながら歌うのが秀逸。「ボビノ」といい、ここといい、ジェスチュアのうまさには感心する。もっともフランス人の日常がジェスチュアの氾濫であるから、それをそのまま舞台で出せばよいわけで、その点ジェスチュアの少ない日本人社会では新劇等で見るジェスチュアが馬鹿にアクセントの強いものになるわけです。フランス人の芝居好きも大変なもので、ともかく何処の劇場に行っても七、八分、今日等九分は入っております。子供の姿は見ない。これなど、子供にも向くようなものなのだが、子供は子供、大人は大人ではっきり区別し、夫婦だけが見に来ているようです。人情はどこでも同じ、山場に来れば、こんなコメディでもハンケチをあたり憚らず出して涙を拭いている。一寸艶消しなのは、鼻のかみ方で、それこそ精一杯グシュンとかむ。劇場や音楽会で、水を打ったように静かでお行儀の良いのは、恐らく日本が一番でしょう。こういう芝居にしても、台詞を予め読んで行けば、よい耳の勉強になるのですが、こちらにはその余裕無く、残念至極です。つくづく後一年も居れればと思う。

霧の道をシャトレ迄歩き、カフェでビールを引っ掛ける。最後のバスに振られ、メトロでポルト・ドルレアンに出てシテへ。二時就寝。

十二月九日(日)　曇り

九時起床。クロワッサンを買って来て八代君と朝食。佐藤朔さんを誘ってルーヴルを見に行く。ところがルーヴルが従業員のストで入場不可能。いかにも残念。ヨーロッパの色々の美術館を見て来て、はじめは大きいだけで大したことはないと思っていたルーヴルの質的な素晴らしさを再認識しているところで、今日をはずしても帰る迄にはあと一、二回は来たいと思っています。ルーヴルを見直すとは、素人にしてはお目が高いと八代君にからかわれる始末。

やむなく近くのカフェに入って休憩。佐藤さんの発案で、今日が千秋楽のアトリエ座の「月の鳥」を見に行こうということになって、モンマルトルに出掛ける。どんよりと曇った空。クリシイ、ピガールの並木も全て葉を落し、日曜の昼には出盛る人々も多くなく、このあたりとしてはひっそり閑。シルク・メドラーノには西ドイツのサーカスがかかっています。佐藤さんの知っているレストランに行く。小さいが、オルドゥーヴルが有名な店とのこと。地下のこぢんまりした室の一角で、ラジオのシャンソンを聞きながら、いかにもパリらしいしっとりした雰囲気で、楽しい日曜日の昼食。なるほどオルドゥーヴルはものすごく出る。野菜が多い。これだけで相当腹一杯になる。次いでコキーユ・サン・ジャックというのをとると、帆立貝のグラタン。最後の肉は牛をとる。酒はボジョレ。コーヒーを飲んで雑談。

三時にアトリエ座に入る前にサクレ・クールの麓の冬景色を覗く。この芝居も長々と(パリでは三年目という出し物が幾つかある)やって、今日が最終日とかで満員。シャルコー研のマドモワゼル・フールニェにも会う。人間を鳥に変える術を持った人間を中心に繰り広げる喜劇。学生間の俗語が頻発する由で分かりにくいとか。しかし半分位はおかしみも察せられる。

暮れたピガールに出てモンパルナスに出、佐藤さんの下宿で煎餅を食べながら雑談。もう少しパリに居たいですねという僕の希望に、佐藤さんから、ともかく僅か一年間に君くらい勉強もやり(?)、フランス各地を見、ヨーロッパを広く見た人はなく、驚異的なんだから、あとはこの次来た時にすればいいですよと慰められる。午後八時に別れ、今度は八代君と二人でコメディ・コーマルタンという寄席に行く。日曜日は徹底的に遊ぼうという寸法。八代君とは全く気が合う。日本に帰ってもこの人はしばしば訪ねて来るでしょう。個性が強いが、実によく出来た人と思う。

オペラからバスでシテに帰り、一時過ぎ迄カフェでサンドウィッチとビールで腹をこしらえる。深い霧に包まれて帰る。

十二月十日(月)　曇り。霧

九時起床。午前、シャルコー研へ。医者の自動車には「メドゥサン」と特別の印が付き、ガソリンの特配があるらしい。やはり特権階級です。若い女医やエクスターンまで自動車を乗り付けて来る。アストロチトーム・ポリモルフの見直し。回を重ねるごとに見方が変ってくるのを感ずる。前の結論が浅薄にみえてくる。事柄は実に複雑だ。知らない事が多過ぎる。あと二十日しかないのが残念だ。しかし限られた時間で何か捕まえるのも面白いことです。

午後はコミテに船賃を取りに行くと、木曜日に来てくれと言う。荷物賃(パリよりマルセイユ迄の)は、こちらでわざわざ言わぬと知らん顔で過ごすつもりらしい。二千フラン位しか寄越さないようだ。次いでM・M本社に行き、寄港地を聞くと、アフリカではダカール対岸の小さな島(名は忘れた)、ケープタウン、次は驚いたことにはシンガポール迄直行。それからサイゴン、マニラ、ホンコン、ヨコハマの順です。しかし海また海の十日乃至二週間もまた面白いでしょう。本でも読んでのんびり過ごし肥って行きましょう。船室は外側にしてくれと頼む。次いでバンク・オブ・アメリカに行くと、小切手の署名の主の身元がこちらではっきり分からぬから、カリフォルニアに問合わせるので二週間待てと言う。まさか空手形でもないでしょう。

二週間待つことにする。思った程簡単でなく、しかも現金でなくトラベラーズチェックでないと渡せぬと言う。日本人だと闇相場で両替してくれる店に寄って、現金でもトラベラーズチェックでも同じ比率かと聞くと、同じでよいですと言うので安心する。帰りに大久保君に寄りお茶を馳走になる。

リュクサンブールに出てシテへ。夜は霧が余りにも美しいので、セーヌの岸を散歩する。パリの初夏もよいが、冬霧の、特に夜景は美しい。ポン・ヌフの白と橙の交互の灯など、一寸したことだが、実に気が利いていて遊子の心を打つ。さすが人通りも少ない。十二時過ぎシテに帰る。カフェでビール。「ル・モンド」を読みつつ寝る。日本の事はソ連からの引揚げの事が一寸報じてあるだけ。ハンガリーでは全ストとか。

十二月十一日(火)　霧

朝寝坊して目覚めたら十一時。表は雨。起きてすぐ食堂へ行く。食後、八代、川口(北大数学。二、三日前に歯茎を腫らし、熱が出、僕が薬をやって治った)両君がコーヒーを飲みに来る。二時迄雑談。雨の中をシャルコーへ。アストロチトーム・ポリモルフで血管塊が肥大した細胞群の中に限って発達しているのに気付く。面白いことに思う。今日はとっぷり暮れ、五時でマドモワゼルも帰るので、あとは明日調べることにし、帰る。今迄の文献には特に触れていないので、これがどの例にも見られれば面白い事実と思うが、そうは問屋が卸しますまい。しかし所見の中に特に取り上げてよい例でしょう。

金については前パリ大使館書記官、現ベイルート公使館員の松田氏の子息がメゾンに居て、お困りならフランでお貸しし、日本で円で返していただければよいと言っているので、困った時に、一万乃至一万五千フラン借りるように匂わせておきました。向こうでも僕にならば貸すと言ってくれるので有難い。借りておいて余れば余ったでよし、何しろ目に見えない支出に備え、余裕のある方がよいと思うし、大体借りるつもりです。何分家の方でもよろしく願います。

手紙も帰るのが近づくにつれ、あとは帰って話す方が早いと思うようになり、記事が乏しくなりがちです。

手紙を書き終えると本の荷造り。本をトランクに入れて送るより、三キロずつの小包みにして発送した方が安上りだということを詳しく計算した人間が居て、その言に従ってみることにしました。田中君あたりも同じ事を言う。十四、五個になります。

了承の程を。右、乱筆ながら。　メゾン図書室にて

十二月十二日(水)　曇り

朝、荻須高徳さんから手紙で、金曜日に夕食においで下さいとの奥さんの筆。すぐ電話で承諾。荻須さんが出て来ました。午前グリオブラストームの各例を見直す。肥育要素が血管外皮から出るのではあるまいかと仮説で見直しているわけ。都合のよいのもあるし、ないのもある。むずかしい。

昼食に帰り、松田君に最高二万フラン迄借りる承諾を得ました。

午後もグリオブラストーム。夕食後、八代、松田君、コーヒーを飲みに来る。動物の脳を集める話や、脳研究の話をする。帰ってからシスターはじめ二、三ヶ所に手紙書き。風強し。戸がガタガタいう。しかし日本なら屋根も鳴り、家も揺れ動く位でも、ここでは石ゆえびくともしない。それに中は暖房でホコホコ。何だか、あと二週間余りでここを去るというのが不思議な気がする。

十二月十三日(木)　曇り

午前、アストロチトーム・ゲミストシティックを見直す。

午後から陽が射す。シテで昼食の後、コミテに行き小切手を貰い、モンパルナス駅近くの銀行で現金に替える。十八万なにがし。久し振りの冬の陽ざしに、パリの建物が渋い色を放つ。たまらない。大金を懐に、バスでセーヌやルーヴル等の眺めを楽しみながらオペラに出、M・M本社に船賃を払い込む。これで一つけりがついた感じ。急いでサルペトリエールに引返す。M・Mを出る時射していた陽も、メトロがバスティーユで地上に顔を出す頃は全天雲に覆われてしまう。シャルコー研に五時一寸前に着いたので、今日は中止にする。今フランソワ・レルミットが実験に来ていて、顔を合わせる。

帰って荷の整理。九時よりメゾンの委員選挙。昨年度委員長H君の責任感の無さに一本釘を刺す。終って、今年度来たN某が話を聞かせてくれとやって来る。ブルシエの選び方はもっと考えねばいけない。二時就寝。

十二月十四日(金)　曇り

午前、アストロチトーム・ゲミストシティック。昼食後、松田君の室でコーヒー。松原君が一緒。言語学とか。中々の弁舌。

午後もアストロチトーム・ゲミストシティック。六時迄覗く。中々ポジティブの結果が出ない。帰ると荻須夫人から手紙。今夜は大使館の文化アタッシェ夫妻と一緒とか。小降りの雨の中をモンパルナスに出、「九五」のバスでクリニャンクールの近くのリュ・オルドネ迄。このあたりは初めて。モンマルトルの裏手になります。荻須さんの住居は芸術家ばかりのアパートとか。僕が先に着いて、壁の絵を見せて貰う。シエナの絵をずばり当てて褒められる。シエナも良いが、パリの絵は圧巻。将来出来ればパリに暮らした記念に一枚欲しいものだ。アタッシェ夫妻来る。アペリチフを嘗めながら絵の話。荻須さんは線を一気に引く時が一番楽しく、又、気持が張ると言う。画材に選ぶパリの町の内、マレ地区が好きらしい。僕がよく歩き、よく見ていると、皆しきりに感心する。文化アタッシェなどとは目のつけどころが違うからね。食事は手作り。スープ、鳥料理、マカロニ・グラタン、チョコレートプディング、酒はボジョレ。食事中、動物脳を集める話をして満座を笑わせる。得意の一席。気持良く酔う。食後また何点かの近作とスケッチを見せて貰う。荻須さんは近日中に又、イタリアへ行くと言う。十二時過ぎ玄関迄送られる。文化アタッシェ夫妻の車でシテまで。

十二月十五日(土)

午前、午後、アストロチトーム・フィブルー。午後の帰り、シャルコー研からサルペトリエールの門まで、雨に濡れた石畳をベルトラン教授と帰る。氏はアルジェリアの生れと言う。父母共アルジェリアと言う。おそらく一旗組か。門前の冬木立の中で握手。五時というとっぷり暮れる。

夕食後、八代、河口君とピガールへ出て散歩。そろそろパリも見納めの散歩です。メトロでシャトレへ出、レストランで名物のオニオン・スープを飲む。チーズをふんだんに使った物。それ程うまくはない。ここで話している内に二時過ぎになり、三時の深夜バスでポルト・ドルレアンへ。四時に床に入る。家から手紙。

十二月十六日(日)　薄陽。強風

十二時起床。昼食、コーヒーを飲むと二時のブーリエ君とのランデヴーにエトワルに出掛ける。車中ベルトラン教授の論文を読みつつ。パッシーの家々に陽が射して美しい。本当にパリの冬は美しい。枯木がこよなく良い。

ブーリエ君と二人の子が、永遠に絶えぬ火のそばで待っていました。ルーヴルに行くことにし、シャンゼリゼを下り、コンコルドを横切り、チュイルリーを抜けルーヴルへ。途中スエズの事を聞いてみる。彼は「フィガロ」の読者だけあって、国粋主義。もし放っておいたらナセルはソ連の武器でもっともっとひどい事をやったろうと言う。僕が植民地政策はいけないと言うと、アルジェリアの事を取り上げ、アルジェリアの子弟はフランスに教育を受けに来るが、医学をやるべくやって来ても、大体政治家志望になり、国へ帰って反仏運動をやる。地道に技術をやる者等なく、フランス人を締め出した病院は一年経たぬ内に閉鎖、これは何としたことでしょうと言う。それにしても日本は全く例外的ですねと付け加える。

ルーヴルは今日もストで見られぬ。彼も肩をすくめ、やれやれ、なんて国だ！　と言う。セーヌの岸に出、ポン・ヌフの下の公園に入る。学生時代、よくこの岸で昼にパンを齧りましたと言う。今は釣人の列。おばちゃん達も釣っている。サン・ミシェルを上り、リュクサンブールの角の菓子屋の二階でクロワッサンとコーヒーを奢られる。子供たちは自分たちの世界でくるくると振舞う。日本では少し子供に構い過ぎるようだ。この点は僕も帰ったら見習うつもり。暮れかけたリュクサンブール公園に入り、枯木立の中を、もう一度何としてもパリに来たいと話す内、閉園となる。街灯の一斉に点る道をオデオンに出、サン・ミシェルに戻って別れる。二十四日昼に招待を受けました。ともかく真面目な男と知合ったものです。長く交際したいもの。徹が来た時にも役に立ってくれるでしょう。

大久保君の所に行くと、NHKの特派員が遊びに来ている。三人でサントノレの支那料理屋に行く。彼も最近イタリアへ行って来たので、イタリアの話で持ち切る。九時からのシャイヨー宮TNPに行く。ヴィクトル・ユーゴー作の「マリー・チュードル」をマリア・カザレスが演ずる。全くの独り舞台。望遠鏡から目を離さずに見る。大熱演。少々驚いた。すぐ前に佐藤さん。終ってすぐ帰る。就寝一時半。

十二月十七日(月)　快晴。午後雲湧くも太陽あり

パリの町は、もう去らねばならない遊子の心を捕えて離さない。午前、午後でアストロチトーム・フィブルーを八十例近く見る。昼に牡丹屋から電話。日銀の星野氏の後任の人の子供が、腹が悪いとて往診を請うてくる。夜行くことにする。

八時、牡丹屋へ。バスでポルト・ドトゥイユ迄。澄田さんの居たアパートを懐かしく見上げる。腹をこわした子供は生まれて一年。飛行機で来た疲れの下痢でしょう。機嫌が良いから心配はいらない。その上の子が三歳半。節子もこんなになっているかなと思って見る。帰りに同じ牡丹屋に居る近岡氏に寄る。人柄は良いのでわるい気はしないが、骨董品集めばかりしていて、絵の方はまだ本調子でないようです。葡萄酒で良い気持になり、十時に辞す。シテに帰ったのが十一時半。月に大きな暈がかかっています。しかし寒さ薄らぎ、春の宵の如し。アメリカ館のサロンではオーケストラの練習、メキシコ館も既にクリスマスの飾り

をしています。

帰って一時迄手紙書き。例の小切手の事を田中君に話すと、最近彼も同じ物を人の代わりで受取ったが、二週間後に受取れた由で、大丈夫と太鼓判を押す。家では大分心配していると思うが、こちらは始めからそう心配はしていないのです。安心の程を。

十二月十八日(火) 晴天

実に暖かい。オーバーが重い。大使館河野さんからの電話で起こされる。本日午後到着する熊取氏についての連絡。河野氏の弟が東一の内科に居て、熊取氏の先輩。午前サルペトリエール。デッサンの下書二枚しただけで昼になってしまう。一時迄仕事をし、オデオンに出て昼食。雲湧く。二宮君の所に荷を預け、アンヴァリッドのアエロギャールへ。熊取氏は三時半に到着。この人は原子力委員会からの留学生で、英国に一年居る事になり、冬休みで当地に来たもの。大使館に行き、河野さんに会い、五時迄話す。裏話を色々聞く。

七時に又、大使館に来るように言われ、二人でエトワル、シャンゼリゼ、コンコルド、ルーヴルと歩く。熊取氏は、ロンドンより綺麗だ、パリは良いと連発。あと十二、三日でここを去る身にはなおたまらない気持。ルーヴルのカフェで葡萄酒を飲み、時を過ごす。七時半に大使館に入る。河野さんの自動車で、自宅へ行く前に、エトワル近くの「ラ・マレ」という魚料理屋で馳走になる。牡蠣がうまい。こんな上等な牡蠣はもう食い納めか。河野さんは教育大付属出身、諸橋轍次(「大漢和辞典」の編著者)さんに習ったと言う。僕の義兄の妻が諸橋轍次氏の末娘ですと言うとびっくりしていました。

河野さんの家に行き、奥さんに会う。最近、丹羽文雄の小説を訳し、こちらで発行すると言う。それにパイプオルガンを習っていると言うし、子供のないままに色々勉強している、中々骨のある人。湯浅年子さん(パリで研究した物理学者)の話も聞きました。直子も同窓の先輩に負けずにやってもらいたい。帰ったら直子も節子も家中も、世界のどこへ出ても自然に振る舞い、決してひけをとらぬように互いに鍛え直したい。国民全体にそうなれとは言わぬが(又、不可能だが)、少なくも我が家一家は、少なくも一ヶ国語は自由にこなし、堂々と、それこそ自然に威を持して誰とも付き合えるような、余裕ある人間にならぬといけない。オールド・パーを飲みつつ愉快に話す。僕がメゾンで赤ん坊を取り上げた話で満座湧く。十一時辞し、トロカデロからバスでサン・ジェルマン・デ・プレへ。途中の灯点ったセーヌ、コンコルドの夜景素晴らしし。全く素晴らしい。二宮君の窓に声を掛け、カバンを持って来てもらう。

リュクサンブール迄歩き、十二時半シテへ。

この手紙はとうとう火曜に出せず、配達が遅れ、皆を心配させたかもしれません。実に元気に、それこそ「獅子奮迅」故安心されたい。

あと十三日！！！　誠に去りがたい。

十二月十九日(水)

朝、ジャカン夫妻より二十六日夜への招待状。雨になる。午前、肥育要素は中胚葉性ではないかとの想定で所見取り直すも、これを裏付ける材料少なし。昼食後、松田君室でコーヒーを飲む。二万フラン借りることにする。

午後、研究室でデッサン一枚書き始める。デッサンがうまいと褒められると、反ってよい気がしない。本質は所見、結論なのだから。サルペトリエールの中にテレヴィジョン・カーが来ていると思ったら、今夜八時過ぎより、アラジュアニーヌ教室での癲癇の患者を巡る放送があるらしい。

六時半、雨のリュクサンブールで熊取氏と待合わせ、レ・ゼコール横丁のレストランで夕食。次いでクリュニーの角のカフェでコニャックを嘗めながら、外国生活の感想を話し合う。ともかく日本の教授には幅がないという結論はいつも同じ。十一時半に及ぶ。

夜、久方振りにシャワーを浴びる。

十二月二十日(木)　霧

午前デッサンを書き上げる。昼食後、木村、田中君と本の包みを発送する。十六個で二千七百フラン程。午後、デッサン一枚。

夜、図書室で明日のベルトラン教授との話に備え、下書きを作る。途中で三輪君室でコーヒー。二時に及ぶ。

十二月二十一日(金)　霧

午前ベルトラン教授に結論を述べる。言葉が足りぬようでもあるが、思いのままを述べると、全面的に認める。僕がそう特別な事はないと思うと言うと、いや二百例ものアストロチトームで統計的に見た研究は少なく、重要なものであると、教授は自分の考えを述べました。それによると氏は米国派の細胞だけによる分類には賛成せず、あくまで中胚葉性の要素の介入が重要視されるべきであり、もっと広い立場から見ねばならないと思い、一九二〇年台に既に研究を纏めてある。その考えはいまだ変らないでいると言う。この論文は僕も読み、たしかに短いながら一番現象の複雑さをわきまえ、よくシェーマ化した、読むに耐えるものであると思っていたもの。そこで、これはベーリーたちは無視していると僕が言うと、いや無視どころか私の説に反対までしているのですと教授は勢いこむ。その点、differential diagnostic又はprognosticに血管介入を重要視する僕の結論には満足したらしい。発表の際の細かい頁数や、デッサンの色を強めるよう指示あり。原稿を日本より送ることを約する。教授の子供の英語の先生が脳腫瘍で手術、その標本も見るよう勧められる。

午後隣の部屋でアラジュアニーヌやフランソワ・レルミット等が集まって脳を切って論じているのをよそに、デッサン。研究室のマドモワゼル・ブールデーが、ムッシュ・ベルトランは貴方の研究に満足しておられました。デッサンだけでなく全てに、と、囁きに来る。

夕食後、田中、木村君とお茶。明日お別れに昼、サン・ミシェルで会食と約す。

夜八時半からのTNPに行く。クライストの「オンブールの王子」を見に行く。ジェラール・フィリップ主演。五百フランの平土間の前から三番目の席（中央）を、切符が不要になった人から三百フランで譲って貰って入る。ジェラール・フィリップの人気はすごく、殊に女性は大変な熱の入れよう。終ってバスでサン・ジェルマン・デ・プレに出る。セーヌ、コンコルドの夜景美し！　腹が減り、オデオンで夜食。

教授に所見を報じ終わり、ゆっくりする。

十二月二十二日(土)　霧

午前、デッサンに研究室へ。昼、一寸陽が射す。クリュニーからサント・シャペルのあたりの眺め、人をして嘆息せしむ。田中、木村君と会食。

二時半、野見山暁治氏、近岡善次郎氏とサン・ミシェルのホームで待ち合わせ、クリニャンクール「蚤の市」へ。三品程焼物を買う。六時に至る。去る時、西空に夕映え。このあたりはジプシー多し。サン・ミシェルに出て、支那料理を奢られる。

八時過ぎ、二人と別れて僕はオランピアへ。呼び物のジルベール・ベコーはよく分からぬ。それよりアメリカンジャズ、ギターに良いものあり。ここにも芸人の厳しさ。満員というべし。

昼預けたカバンを取りに二宮君の宿に寄ると、夜食に出て行く大久保君、伊与田君に会う。誘われて、近くのイタリア料理店へ行き、キアンティでスパゲッティ。二時に至る。帰りに大久保君の室で茶を飲み、タキシーで帰る。

十二月二十三日(日)　曇り

朝、ブーリエ君より明日の昼食によばれる。午前、河野氏より電話。熊取君は今日ヴェルサイユへ氏が案内するからとのこと。昼前、笹原女史、イタリアへ行く故、もう会えぬと挨拶に来て一時間位話して行く。例のきざな大先生並びに画家と同道とか。

午後、「ボビノ」の前売を買いに行ったら早過ぎ。森さんの所へ写真を返してもらいに寄ると不在。サン・ミシェルの店を覗きつつセーヌへ出、ルーヴルへ。霧の中に浮ぶ日輪が真赤。セーヌの波にこれがきらめき、薄墨の家々の影、冬木とこよなき対照。

ルーヴルで五時近く迄、ギリシアの部のみ見る。ペイディアス（古代ギリシアの彫刻家）の素晴らしいこと！　今日初めてヘラの像に気付く。素晴らしい紀元前五、六世紀。もう既にルーヴルをゆっくり見る時間のないのを惜しむ。六時にモンパルナス、クーポールで熊取氏と待ち合わせ。グランド・ショーミエールのレストランで夕食。ムール貝を食う。九時より「ボビノ」。シャルル・トレネ「ラ・メール」が圧巻。寄席は楽しい。

十二月二十四日(月)　曇り

午前、デッサン。マドモワゼル・フールニェのみ。マドモワゼル・ブールデーと二人に西陣織の財布をクリスマスのプレゼントにする。喜ぶ。十二時過ぎ、ヌイイのブーリエ氏宅へ。子供三人を置いて夫妻と僕だけで近くのレストランへ。牡蠣一ダース、ビーフステーキ、デザート、酒はアルザスのロゼ。うまかった。ヨーロッパ各国の印象談等が話題。仏独の違いに向こうは耳を傾け、面白いと言う。日本語はやりかけたが、規則的でないからと、やめたと言う。困ったものだ。

再びブーリエ宅へ。途中で、どこか良い人形屋がないかと聞くと、二人で顔を見合わせていたが、帰って応接間に入るとブーリエ君が、貴方は恐らく二つの人形を土産にされることになりましょう、これはその一つですと、大きな人形箱を出したのにはびっくり。長女と妻が店に行き、長女が選んだのですと言う。髪も梳れ、目も動き、着せ替えも、靴も脱がせられるというもの。全く恐縮した。コーヒーを飲みつつ、この夫妻の出身地の南仏の話。クリスマスの飾り付け等を見、彼の写真、僕の作品を見せ合い、三時半に至る。二人でオペラに出、その雑踏の中で固く握手。別れ。

二宮君の室で七時迄雑談。大久保君とタキシーでリュ・ワシントンの岡部氏宅へ。この人はNHK支局長。コンコルドからシャンゼリゼの夜景をタキシーで走る。気持良し。忘れ難い眺め。七面鳥で夕食、十一時に及ぶ。それからシャンゼリゼの夜景、更にタキシーでピガールに出て、パリの浅草風景を見る。日本ではこんな場合、男しか歩いていまいに、こちらでは女性が目立ち、且つ活発なのは見ていて気持良し。出し物は日本と同じだが、雰囲気は周りの建物、人々のゆったりした点等で大違い。三時迄歩き、別れて夜間バスでシャトレ乗り換え、ポルト・ドルレアンに出て、星空、三日月。すごい寒気の中を帰って床に入ったのが四時過ぎ。

十二月二十五日(火)　曇り

十時起床。十一時半にピガールで熊取氏と落合い、モンマルトルの山の上を散歩。テルトル広場もこれでお別れか。夜明しの翌日とて閑散。オルドゥーヴルの店で昼食三時迄。次いでパレ・ロワイヤルに出、サン・トゥスタッシュ、アールール・エ・メチエ、サン・ニコラ・デ・シャンからヴォージュ広場、バスティーユ、リュ・シャルルマーニュ、サン・ルイ、ノートルダムと、熊取氏を案内しつつ別れの散歩。サン・ジュリアン・ル・ポーヴルを夕闇に見て、サン・ミシェルでアペリチフを飲み、オデオンで夕食。二宮君に寄ったら佐藤さんも来ていました。八時辞す。明日スイス、イタリアに向け、パリと別れて発つ田中君とポルト・ド・ジャンティイのよく行ったカフェで名残のコニャックを飲む。二時半迄手紙。

元気です故安心の程を。ドルの件は明日あたり返事があるでしょう。楽観しています。なにしろ二十三、四、五日と三日休日だったのですから明日は来るでしょう（人形はブーリエ君に貰ったのだけで、他は買わぬ）。

十二月二十六日(水)

夜寒くて眠り浅し。朝起きて見たら何と雪。八時起床。薄暗い中を雪を蹴って出勤。ポルト・ド・ジャンティイの行きつけのカフェに入ったら、田中君がパリ最後のコーヒーを飲んでいる所。二人でZINC（カフェの立ち飲みする所）で感無量でクロワッサンを食べる。田中君は帰りたい一心、僕はいくらでも居られたら居たい一心。マルセイユでの再会を約し別れる。

研究室に着いて筆を進める内、雲が切れ、青空が覗いて来る。ベルトラン教授は僕との約束通りやって来て、帰る前に写真に入ってくれる。ニコンを眺め、自分のはエキザクタだがとても良いと言う。写真は好きかと聞くと、大分好きらしく、以前はパリの中をよく写したが、健康を損なってからは余りやらないとの答。僕の最も良く撮れたユングフラウのカラーを見せる。教授が、宮下の事について知らないかと前と同じ質問をするので、こちらも戦争中に心臓病で死んだ事しか知らぬと、同じ答をする。宮下は面白い癖があり、食後必ず十五分位顕微鏡を前に昼寝をしたと話をして、氏は悦に入っている。帰ってから原稿を送るについて、デッサンはそれ自身を送るか、写真に撮って送るかと問うので、前者にすると答えておく。小川教授は来年来るかもしれませんと言うと、貴方はどうですかと問うので、不可能ですと告げる。次いでマドモワゼル等三人を撮る。二時近く迄書く。シテの食堂には勿論間に合わぬのでポルト・ド・ジャンティイのカフェでビフテキを食う。陽が射し、雪は消えが早い。

メゾンに帰ると、小川教授から手紙。講師になった事を告げて来ています。給料はどの位上るのでしょう？　家へ手紙を出し、マドレーヌの銀行に行くと、今日来たばかりと百ドルをトラベラーズチェックで受取る。その足でいつも行く両替屋に行き、一ドル三百九十フラン（公定は三百五十）で両替する。懐が温かくなり、アヴニュ・ド・ロペラのブレンターノという本屋で「イル・ド・フランス」の写真帳とアンドレ・モロワ「パリの女」を日本へ直送させる。次いでラファイエットの雑踏するデパートに入り、直子と節子の服地を見たが、てんで分からぬ。困って戻ろうとすると、通りで、顔見知りの慶應出身の女性が歩いているので、選んでくれませんかと頼む。結局紺のジャージーにし、これに着ける首飾り、耳飾りを買う。途端に閉店。素人目にも服装の部のデザインは一寸他所とは異なるようだ。

お礼にオペラ横の有名なカフェ・ド・ラ・ペでお茶を奢る。七時半に急いでメゾンに帰り、フランソワ・ジャカン氏宅（在東京のシスターの親戚）へ。八時半に行き着く。夫婦とその叔父と。家庭食も中々手がかけてある。ラムに火をつけて出す菓子がうまかった。旅行中の各国の印象等を語ると、向こうも耳を傾ける。終ってカラー写真を見せる。七ヶ月の第二子（男）を見せてくれる。澱粉液を飲ませている。子供は出来るだけ抱かぬらしい。ベッドに入れられていても、子供の方も実におとなしい。一時メゾンに帰り、明日出す荷物を纏める。入浴。

十二月二十七日(木)　雨、曇り、夜星空。寒さゆるむ

朝、床屋へ。帰って来るとM・Mの自動車が荷を取りに来る。次いで残りの書物を郵便局へ出す。

昼、八代君、佐藤さんとリュクサンブールで待ち合わせ、食事をすることにする。行ってみると森さんも合流。四人で中国料理。森さんは送別の意味で奢ってくれる。動物の話や魚の話等で談笑。

研究室に行き、五時迄デッサン。十一枚目。

帰って洗濯後、松田君と七時に出掛ける。河野さん宅着八時半。客は熊取、松田、僕、宍戸睦郎夫妻（奥さんはピアニスト田中希代子さん、当地で結婚）と田中希代子さんの弟のヴァイオリニスト田中千香士氏。アペリチフ、日本食

（竹輪、奈良漬け、筍煮、いなりずし等々）。奥さんの腕の冴え。食後コニャックを嘗めながらクラシックやシャンソン、又は「シラノ・ド・ベルジュラック」のレコードを聴く。LPは何としても欲しい。節子のためにも買ってやりたい。言葉の練習に劇のレコードも集めたい。石にかじりついても会話を自由自在にしたい。次々と欲が湧く。欲があるのも決して悪い事ではあるまいと思う。愉快に話が弾み、いつか一時半になってしまう。やっと腰を上げる。河野さんが皆を自動車で送ってくれる。人通り絶え、街灯が眩しく光る。モンパルナス近くの高台から振り返ると、エッフェル塔の回転灯がさっと光る。

十二月二十八日(金)　曇り

八時半起床。研究室へ。せっせと先を急ぐ。二時迄仕事。オデオンに出て昼食。二宮君の所に荷を預け、降り出した雨の中をサン・ジェルマン・デ・プレからグラン・ブールバールに出て、田中君に聞いたレコードの店を探す。通りの名しか聞かなかったので分からずに濡れ損。年末とて人通り多し。帰りしなにサン・ジェルマンの広場の角のレコード屋で、節子にLPのサン＝テグジュペリ（日本でフランス語を教わったシスターの親戚）の有名な童話、「ル・プチ・プランス（小さな王子。星の王子さま）」をジェラール・フィリップが吹き込んだのを買う。二宮君に一寸寄り、荷を持って雨の中をシテに帰る。七時にリュクサンブールで佐藤、大久保、八代氏と待ち合わせ、「天下楽園」で夕食。後ピガールへ出て、ぶっつけ合い自動車に乗ったりして遊ぶ。夜半モンパルナスへ出、バーでコカ・コーラを飲んで解散。三時就寝。朝最後の手紙落手。

十二月二十九日(土)　曇り

八時半起床。研究室へ。二枚を仕上げ、一枚を書き始め、これも書き終えたら二時。シテに戻り、ポルト・ド・ジャンティイのカフェで昼食。バスでピガールへ出て、サクレ・クール下の生地屋に行ったら、どれにしてよいか分からなくなり、何物も買わずに退散。さらばとポン・ヌフに出て、サマリテーヌで散々迷って節子の靴下と直子の革手袋を買う。再びピガールへ出て、森さん推薦のディズニー映画「アフリカのライオン」を見る。象、ライオン、カバ、鳥等の生態を見て、色々の疑問湧く。同時上映のフランス練習艦隊の記録映画で、ジブラルタル、ケープタウン等の場面が出て来る。このパリを離れ、こんな所を通って四十日も旅をするのが全く惜しくなる。オデオンに出て夕食を安く上げる。十二時シテに帰り、入浴、さっぱりする。

十二月三十日(日)　曇り、時々陽が射す

十一時過ぎ八代氏に起こされる。十二時間寝て爽快。佐藤さんと三人でリュクサンブールで待ち合わせ、レ・ゼコールの行きつけの「アクロポリス」で昼食。十三時四十分の熊取氏の見送りにギャール・デ・ザンヴァリッドに行ったら既に発った後。時々陽の射すコンコルド広場を眺めつつ、ケ・ドルセーの写真等撮りつつルーヴルへ。今日はお別れの意味で全てに目を通す。中世、ルネッサンスの彫刻の部屋、家具の部を初めて見る。ルカ・デッラ・ロッビア等も少しく見ることが出来る。セザンヌがとても多かった。モネが実に良い。ルーヴルの中庭に射す夕陽。五時の閉館迄居る。ルーヴルの角のカフェでビールで喉を潤す。シテに帰り、荷を少しく整理。金も整理。松田君に借りた金もいつのまにか心細く、同君の好意に甘え、更に四十ドル(一ドル三百九十フランの割、一フラン一円で返す事にする)を借りる。全部は要るまいが、万一不安なことがあるといけないので借りました。何卒ご了承の程を!

荷を作っていたら日大若林教授来る。東大生理学教授の弟とか。アメリカを回って来た後とか。大分アメリカ礼讃。パリでは病院は見ないつもりが、二つ程見ることにしたと、大方の教授の決まり文句。

十時過ぎリュクサンブールに出て、支那料理。降るような星空。サン・ミシェルを上下して散歩。靴屋を覗く。靴は一、二足買うつもり。

十二月三十一日(月)　曇り。午後雨

午前、シャルコー研で最後のデッサン。昼過ぎに書き終えほっとする。全部で十四枚。午後、先ずアルシーヴ・ナシオナルに瀬戸のブローチを買いに行ったら閉館。やむなくシャトレに出て靴屋を覗く。歳末の買出しで人が車道に溢れ、デパートでは人を掻き分ける程。普段履きと、一寸良いのと二足買う。これが自分自身の物を買った最初で最後か。

雨の降り出した中をリュ・ド・リヴォリを上ってサマリテーヌに入り、節子の靴下等買う。オペラに出てドルを両替。マドレーヌのそばのデパートを覗いても収穫なし。一旦シテに帰り、荷を持って大久保君室へ。今夜はここで、大久保、二宮夫妻、鈴木君等が僕の送別会をしてくれるというわけ。僕がかねて貰ってあったアペリチフとコニャックと羊羹を寄付。

八時過ぎより始め、パリの思い出話や、思想上の事等話し合っている内三時を過ぎる。パリ人も今日は夜明かしをするのが多く、狭い通りを歌って歩くのや、カフェでのダンスの音楽が微かに聞こえて来る。二宮君がコニャックで

潰れる。僕だけ大久保君の所にとどまり、彼よりの預かり物を受取ってリュクサンブールに出、始発でシテに帰る。

一九五七年一月〜二月

帰還　喜望峰ルート

一九五七年一月一日(火)　曇り

十一時、松田君に起こされる。次いで僕が八代君を起こす。松田君と大使館の新年会へ。ここで大勢の人に帰国の挨拶を済ませてしまう。よい機会でした。二時に佐藤さん、八代君とモンソー公園を抜け、モーパッサンの像等見る。バスでモンパルナスへ出て、「ル・ドーム」でコーヒーを飲みつつ夕方迄雑談。シテに帰り荷の整理等する内、誘われて八代君、三輪君と映画を見に行くことにする。先ず近くの行きつけのレストランで夕食、サン・ミシェルへ出、クリュニーのそばの映画館に入る。ジルベール・ベコーとフランソワーズ・アルヌールの出る正月映画。テクニカラー。こうした作品は日本には入らないでしょうが、面白かった。お伽話みたいなもの（補足：邦題「遥かなる国から来た男」一九五七年日本公開）。リュクサンブール公園沿いのカフェでコニャックを嘗めてのち帰る。舗道はすっかり霧に濡れている。

一月二日(水)　曇り

午前中ゆっくり寝る。荷を纏め、書物の残りを荷造りし、発送後昼食。八代君とオペラ、プラス・ヴァンドーム、リュ・ド・ラペ、ブールバール・デ・キャピュシーヌ、アヴニュ・ド・ロペラあたりの商店を見て歩く。寒さ募る。リュ・ド・リヴォリ、オ・ルーヴルというデパートを最後に、サン・ジェルマン・デ・プレに出てカフェで一休み。次いでモンパルナスに出て中華料理を食う。

「ル・ドーム」に入ってコニャックを嘗めて後、十時、ギャール・ド・レストからダヴォスにスキーに行く大久保、小澤、伊与田君を送りに行く。初めてベレー帽を被って行き、彼等を驚かす。三人共元気に発って行く。寒い霧のセーヌを渡り、サン・ミシェルの夜景を覗いて帰る。入浴、洗濯。さっぱりして八代君の室に行く。彼は一月二十七日にパリを飛行機で発ち、二十九日には東京に帰る。僕より先になってしまうわけ。きっと訪ねて行くと思うから、上げてもてなし、話を聞いて下さい。僕の買物やら案内やらで大分世話になりました。相当変わり者ですが、良い人です。直子もどんどん話すように。彼は本の発送に音を上げています。

一月三日(木)　曇り

午前、サルペトリエールへ。標本の整理後ベルトラン教授と別れ。報告は「ルヴュー・ニューロロジック」に載せる由。又お会い出来る事を期待すると言うと、ヨーロッパは現在騒がしいですからねと、氏は一寸顔をしかめる。複雑な内容、言葉ともとれる。私の健康が一時優れなかったので、十分話せなかったのが残念ですとも言う。ブールギニヨン君は留守。ガルサン教室でキッペル、ラプレル、婦長等に挨拶。サルペトリエールをあとにする。

十二時半、リュクサンブールで佐藤さん、八代君と会い昼食。デザートにナポレオンという菓子を食う。帽子の形に似ている。次いでオペラに出、トゥーリスムの事務所で地図を買い、佐藤さんとオ・ルーヴルで買物。カフェでコーヒーを飲み別れる。僕だけピガールに出てサクレ・クール寺院の下で、直子、節子のオーバー地を買う。一寸青空覗く。ピガールでは正月のジンタ物をまだやっている。マドレーヌに出、リュ・ド・コーマルタンの読売支局で上野氏に会い、御土産を渡される。香水。近くのルイ・ジュヴェの旗揚げしたアテネ座のそばの、格の高い酒蔵でシェリーを三杯も奢られる。次いでタキシーで一緒にサン・ジェルマン・デ・プレに出て、頼んでおいたレコードを受け取る。勿論LP。上野氏に誘われるままアヴニュ・ド・ヴェルサイユの同氏宅へ。セーヌ沿いの灯が美しい。これでお別れだ。夕食を馳走になり十時、夫妻にタキシーで送られる。奥さんは十年振りの妊娠。四月にお産とか。夜、八代君、三輪君、葡萄酒瓶を下げて遊びに来る。荷作りをやりながら相手。三時過ぎ迄。かくてパリ最後の夜も過ぎる。

一月四日(金)　曇り

午前、諸所に手紙。松原さんの奥さんより直子に口紅とコンパクトを貰い、感謝にたえぬ。

ここでパリよりの便りを終ります。

次に寄港地をお知らせします。

一月八日　ラス・パルマス
一月十八日　ケープタウン
一月三十一日　シンガポール（一月二十六日）
二月二～五日　サイゴン（一月二十九日）
二月七日　マニラ
二月九～十日　香港（二月五日）

二月十四～十五日　横浜

手紙はシンガポールかサイゴンでいただければ幸です。香港でも結構。宛名は、面倒でもＭ・Ｍの本社（丸の内。分からねば交通公社で聞いて）で調べて下さい。なお手紙が届くべき日限を港の名の次にカッコで書き添えます。

手紙を書き上げ、八代、川口君等とシテの食堂で最後の食事。外食で少し口の奢った後とて、つくづくまずいと思う。ブールギニヨン君に別れの電話。ブーリエ君に風呂敷をお礼に発送。荷を下ろし、鍵を渡してメゾンとお別れ。三輪君、木村君の好意を受け、手荷物八個と共にタキシーでリヨン駅へ。サルペトリエールの前を掠める。荷を駅に預け、二人と別れてオデオンに出、本屋を覗いて後、二宮君に寄る。丁度時事通信の記者が来ていて、葡萄酒を飲みつつ雑談。その内良い気持になり、植物園を見る予定もやめて居座ってしまう。暮れる頃、鈴木君とこのオテル・ギザルドを出る。この曲った階段とも、もうお別れ。随分このホテルには通ったものです。二人でサン・ミシェルを上下。本屋で船中の読物にルリッシュ（外科医）の自伝を買う。サン・ミシェル坂下のカフェでアペリチフ。通る人、見える建物、並木の果て迄懐かしいと思う。サン・ミシェルの河岸（Quai）の暗闇で、鈴木君と別れの握手。彼はあと少なくも一年は居ると言う。Quaiに沿い、ノートルダムの前に出る。ポン・ヌフの白と橙の灯が見えなくなった時は一寸たまらなかった。滂沱たる涙の内にパリに別れを告げたという渡辺一夫さんの気持がよく分かる。ノートルダムからオテル・ド・ヴィルの横に出、ポン・マリの黒々とした並木の道をセーヌに沿い、リヨン駅に向かう。このあたりは人通りも少ない。河岸には幾組かの若い男女がぴったりくっついて動かない。もやい船の中では人影が動く。対岸には植物園の森が夜空を限る。カナルの入口からセーヌを離れ、リヨン駅に出る。駅前のレストランでお名残に牡蠣を食べる。Fines de claireという養殖の奴だがうまい。白葡萄酒をコップ二杯。酒で勢いをつけないといけない。八時に駅に入ると、木村、三輪、川口、松田の諸君、遅れて八代君が来てくれる。席も取って、ビールの乾杯。九時二十五分の発車になる。ぐんぐん遠ざかるパリの灯。通い慣れたリュ、アヴニュ、ブールバールの眺めが目にちらつく。

ディジョンは知っているがリヨンは知らず、目を覚ますとアヴィニヨン、六時。まだ暗い。カマルグの景によく似た砂地。それに所々にシプレ（糸杉）の影。素晴らしい星空。

一月五日(土)

空の白む七時半マルセイユ着。田中君の出迎え。荷を預け、二人で町へ。駅前の階段を降りる。その正面に霧を通してノートルダム・ド・ラ・ガルドが浮かぶ。カンヌビエール通りでカフェ・オ・レとクロワッサン。九時の開店を待ち、リブレリー・フェエリにカハールの本を買いに行ったら売切れ！　しかしまた刷るとの事で、丸善経由頼むことにする。徹か直子が丸善に行って注文してくれると有難い。

Histologie du système nerveux de l'homme et des vertébrés de Ramón y Cajal en 2 volumes

早ければ早い程よい。値は九千九百フラン。ドルにして二十八ドルの由。高いがこの本は何としても買わねばならない。デパートで若干の買物。次いで酒屋でコニャックと葡萄酒を買い、駅に戻りタキシーを呼び、荷を積んでまっすぐ港へ。運転手が日本程戦後の立ち直りの早い国はない、アメリカだって原爆がなければ日本には勝てなかった等言う。フランスはと言うと、あまりにも政治的と言って肩をすくめる。タキシー代千フラン（田中君と割り勘にする）。荷を税関に運び、アルコール類で一寸つっかかったが通過。その荷を船に運ばせ、ポーター代九個で二千フラン。パリから送った荷物二個の送り賃五千フラン。結局大体一万フランかかる事が分かりました。四人部屋に一人で誠にゆったり。予定通り出港十二時。ラオス号のすぐ横には今朝着いたヴェトナム号が繋がれていました。僕をフランスに運んでくれた船とここで会おうとは思わなかった。船が空いている故もあろうが、見送り人の少ないこと。空はどこ迄も青く陽光。僅か半日のパリとこうも違うか。しかし昨日はここもミストラルが吹き荒れた由。

出港間もなく食事。ヴェトナム号より綺麗な船。のんびりと食事。同卓は都大数学教授近藤氏。電々公社の輿君、早大卒、ロマン・ロラン研究家という韮川君。声の高い人ばかり。サロンでコーヒーを飲むと眠くなって床に入る。田中君がアントルポン（三等にあたるか）から来て、荷の大半を僕の室に入れる。彼がそれを片付けている内に眠ってしまう。目を覚ますと六時。既に暮れている。七時の食事迄甲板に出て歩き回る。たった一人。一等のサロンから楽の音が海の闇に流れる。素晴らしい星空の下、甲板に一人居ると、来た時の事、パリでの生活が果てもなく思い出される。昨日の今頃はまだパリに居たかと思うと、何だか嘘のような気がする。この一年余の間に自分はどんな風に変わったろうか、何か進歩した事があったろうかと思うが、今はそれを突っ込んで考えるのも物憂く思い、せいぜい船旅を楽しもうと怠惰な気になる。パリでの間断ない動きによる疲れを癒すには絶好の機会。これが飛行機で三日で羽田迄運ばれたら、心身の疲労もさる事ながら、物思う暇もなく、又、日本が貧相で耐えられなくなること必至と考えられる。僅か八十年で欧米文化を吸収した国としては、どこにもここにも矛盾があるのはやむを得まいが、じっくりと落着いた雰囲気の絶無なのが何としてもたまらない。逃避的と言われようが、そこから少しでも遠ざかっていたいという気が痛切にする。また何としてもパリに来るぞと一人で力む。食後バーでコニャック。パリの百フランに比し、六十五フランは大分安い。十時頃、田中、輿君来り、ボジョレを開けてパリの思い出、フランスで何を得たかを話し合う。十二時床に入る。アシミルのテキスト、ルコント・デュ・ヌイを数行。隣室の幼児の泣き声が耳についたが、何時か寝てしまう。

一月六日(日)　快晴

八時半起床。陽光溢る。カフェ・オ・レ。地中海は全く静か。右舷にスペインのカルタヘナらしき岬。マジョルカ島あたりは昨夜過ぎたらしい。望遠鏡で見るといかにもスペインらしい景。山の中腹に白壁の家々、裸の山肌。カーディガンだと一寸涼しい。午前手紙書き。昼食後五時過ぎ迄昼寝。油凪。右舷にはたえずスペインの山々。

百フランの硬貨を見ると、直ちにメトロ、バスの切符が連想されてくる。そしてバスに飛び乗れば今にもオペラ、サルペトリエール、エトワル、コンコルドまたはピガールに行けるような錯覚に襲われる。ベッドで、読売上野氏のくれた「文藝春秋」十一月号を読む。政治の離合集散に関する記事を読み、全く暗い気持になる。全く希望がないような気がする。出せば出る力を持つ日本を混乱に陥れているのは、全く悪政治のためという他はない。それに各界に於ける人物の貧困。

日没六時過ぎ。左舷に空母、右舷には昨年春にグラナダより仰いだシエラネヴァダの雪嶺を、今海から見る。今夜十時ジブラルタル通過とか。

夕食後バーでコニャックを嘗めて田中君と話す内、右にジブラルタル、左にスペイン領モロッコの灯が見えてくる。海峡の真中には月の光が射す。今後たとえヨーロッパにもう一度来てもここを通る事はなかろうと、二人で甲板に出て眺める。

十一時過ぎ、「文藝春秋」を読みつつ寝る。

一月七日(月)　快晴

寝坊して朝食を逃す。それに起きると大西洋の大きなうねりで少々気分悪く、ノータミンを飲む。一時間程で効いてくる。甲板で陽光を浴びる。昼食、食欲盛ん。食後コーヒー、すぐ床に入り五時迄寝る。食べて寝て、他にする事無し。人生に二度とこんなのんびりした時期はありますまい。少し肥ってきました。パリの疲れをすっかり落とした感じ。夜九時よりアルベール・プレジャンの喜劇「Cassecou, mademoiselle!」（補足：一九五四年。日本未公開）の上映。

一月八日（火）　乱雲

朝食をとっている内、カナリア諸島のグラン・カナリア島ラス・パルマスに近付く。九時前入港。禿山です。しかしラス・パルマスは十七万程の人口の大きな港。一年に大西洋通いの船が六千隻も入るとか。午後から千四百フランを投じ、島のエクスカーションに出掛ける。

町のたたずまい、スペインに似て白壁多く、乾燥し、辻々に無為に立った男たちの姿が多く目立つ。町を抜け、山間の道を曲りくねって上って行く。途中豊富なバナナ林。その他はかさかさの裸山。しかし道路の舗装は日本より上等。所々に道に沿い、楠の一種かいかにも南国風の植物。テロンという小村落で休憩。スペイン風の教会あり。斜面が耕され、青物が育ち、一寸伊豆あたりに似た景。バナナを食いつつ車に戻る。女性は頭の上に籠を載せて物を運ぶ。時々スペイン系の美女が通る。紅蜀葵に似た灌木が美しい花をつけている。港への戻りしなに、古い火山の火口跡に上り、眺望を楽しむ。これを下りて町の中にあるコロンブスの家を一瞥する。船に帰ったのが出航の二十分前。

出帆後すぐ入浴。陸を歩いた後とて夕食のうまいこと。食後のコニャックに良い気持になり、八時過ぎ既に床に入る。

一月九日（水）　快晴

陸を見ない。時々船影。午前、甲板で清々しい空気を吸いつつ、ルコント・デュ・ヌイの「人間の運命」、「迷信」の項を読む。カトリックの神父さんたちが鉄砲を撃って遊んでいる。空弾か。

食事時はシスターも葡萄酒を随分飲む。

一月十日（木）

午前、ルコント・デュ・ヌイ「宗教」の項。左舷に陸、アフリカの一部か。段々暑くなる。午睡時、荷風「ふらんす物語」を読む。「巴里の別れ」の一篇は我々の気持をそのままに表している。明治においても今においても、人情に変わりはないらしい。夕食前、船の近くにイルカの跳ねるのを見る。盛んにトランプの一人遊び。夜、輿君とトランプ。

一月十一日(金)

水平線近くはどんより霞んでいる。午前一寸読書。今日はうねりがあるためか少々ピッチングが激しい。余り気分はよくない。午後、冷房始まる。トランプに明け暮れる。

夜、アルゼンチンの下らぬ映画。

一月十二日(土)　雲多し

午前中デュアメルの「日本」を図書室より借りる。この本は医者であり作家でもあるジョルジュ・デュアメルが一九五二年に日本および東南アジアを旅した際の印象をまとめて一九五三年に発表したもの。一日中これに読み耽り、七十頁迄読む。勿論仏文。日本は思ったより進歩し、また過去の文化を保存しているというのが本音らしいが、ここでも第一に取り上げているのが人口問題。解決はONUに委ねる他あるまいと結んでいる。静寂な熱帯の海の入日。

一月十三日(日)　快晴

赤道を昨夜越したらしいが、特に暑いとも感じない。船は黄金海岸のあたりをケープタウンに向け、まっしぐらに南下している。陸は全く見えない。田中君が来て、やっと六分の一が済んだなと言う。まだそれだけかと一寸うんざりする。デュアメルを読み続ける。彼が名古屋で聴いた子供のヴァイオリン合奏に対し、次のような感想をもらしている。

日本人は驚くべき同化力を持っている。名古屋で小さいヴァイオリニスト達の演奏を聴いた後に、私の印象を聞きたいと言う人に私はこう答えた。「最初からこのようにヴィヴァルディ、バッハ及びモーツァルトを演奏する、それは完璧です。今度は【この中から】何人ものヴィヴァルディ、バッハ及びモーツァルトを生み出さねばなりません」。

これは日本にとって最も核心に触れた言葉だと思う。彼は日本の芸術についても伝えているが、しかし全てが装飾的な性格に過ぎぬことも見逃してはいない。

夕食後甲板で、サイゴンに帰るという植林家の夫婦連れと話す。自分はヨーロッパを見て、芸術の上では絵画を除き、何一つ学ぶ物はなかった、東洋の美は格段優れていると言う。溢れる自信がそう言わしめるのか、感受性の欠如に由来するのか。しかし同じ東洋人を捕まえて、そう言い切る所、大したもの。

就寝前、サロンで田中、輿君とコニャックを嘗め雑談。共に帰国後の余裕のない生活を嘆ずる。

一月十四日(月)　晴。雲飛ぶ

午前、デュアメルを読み続ける。日本の庭には打たれている。午後、熱帯の陽を浴びて泳ぐ。湿気が少なく、さばさばして一向に暑くない。しきりに飛魚が飛ぶ。二十一ノットで南下。夜、フェルナンデルの「Coiffeur pour dames」(補足:一九五二年。日本未公開)。中々面白かった。添え物にヴィクトル・ユーゴーの伝記物。冷房良く、半袖では寒い。時計を夜中に一時間進め、再びパリ時間となる。

一月十五日(火)　午前、雲多く、午後晴

赤道も大分越え、南回帰線も間近というのに、一向に暑くない。長袖のシャツで過ごしています。うねり強く、波頭は白く砕け、ピッチングが強いが、もう慣れて何ともなし。今日は午前も午後もよく眠る。昨日泳いだ故ならん。夜、床に入ってデュアメル読了。内容はなかなか難しく、また一概に鵜呑みにはできませんが、考えさせられることの多い本でした。

一月十六日(水)　雲多し

涼しく、泳ぐ気にもならない。今日からパリ出発の夜買ったルネ・ルリッシュ René Leriche の「回想記」を読み始める。これはフランスの有名な外科医で痛覚のことをよく調べた人。昨年でしたか死にました。死後「マッチ」に写真が出たので皆も覚えているかもしれません。夕方田中君、それに四等で彼の友人の日本に来る牧師を志すフランス青年と、輿君の四人でブリッジ。

夜、輿君と田中君と三人でバーで酒を嘗めながら雑談。何だかだ言ってもマルセイユから横浜迄の間に工業技術を備えた国はないのだから、日本もそう気を落とさんでもよかろうということになる。この船に乗っている中国、印度支那の青年たちは、今時動乱の自分の国に帰ろうというのだから、かなり気骨のある連中なのでしょう。話すときりにアメリカの悪口を言う。感心するのは仏語なり英語なりを完全に身につけていること、我々の及ぶところではない。もっともネールでもメノンでも国力の背景なくして、言語の巧みな操りだけで国際場裡を歩き回るのもそろそろ飽きられてきているとか。その点何といってもある程度の実力を持つ日本はもっと外交で稼ぎ、貿易を着実に伸ばすべきです。

中国も将来は恐るべき大国になろうが、自ら新しい科学技術を生み、それこそ人類全体の文化に寄与するのは遠い遠い先の話でしょう。我々は基礎的、基本的な面では彼等との間に絶対的な距離をつけ、それを元手に原料の乏しさ

という弱点を補っていかぬといけないでしょう。今日は直子の誕生日であることを思い出す。

一月十七日(木)　晴

うねり強く、ピッチング、ローリング。皆少々気分悪し。食欲低下。僕もノータミンを飲みながら、少々ふらふらするが、食事は全部平らげる。ラオス号の食事はヴェトナム号よりずっと良いような気がする。素晴らしく大きなアイスクリームが出る。帰ったら冷蔵庫でふんだんに作ってもらいたい。

夜映画「レベッカ」。ローレンス・オリヴィエとジョーン・フォンテーン主演。筋がよく分からない。ヒッチコック作でスリラー的に纏めてあるのが面白くない。

あと一ヶ月弱。マルセイユから横浜迄二万八千キロとか。地球の半周以上になるわけです。輿君来て、日本の魚が食べたいと言う。人に言われると僕も食べたい物が色々出て来る。パリとの別れは辛かったが、今となって、このまま再びヨーロッパへ引き返すとなると、一寸ためらう気持になる。家族連れならよいが。床の中でルリッシュを読み続ける。

一月十八日(金)

六時に目を覚まし、船窓から覗くと水平線に灯。うねりも静まる。珍しく早起きして甲板に出る。既にケープタウン港外に着く。東雲が美しい。望遠鏡で見ると数多の起重機が立ち、思ったより大きな港。スエズ不通のためか相当数の船が入っている。今日は半日を要する喜望峰へのエクスカーションに参加の予定。八百六十フラン。

横浜着は二月十四日の予定らしいが、木曜日に当たります。出迎えはごく内輪にして下さい。土産の大部分を手荷物にしており、身の回り品をも含めて十個程になります。それが運べる位の人数、即ち五、六人あれば足ります。便りはシンガポール、サイゴン或は香港に下さい。楽しみにしています。間もなく会えるとあっても、他の人に来て、自分に来ないと少々物足りぬ。朝の陽に照らされたケープタウンを船窓に。

一月十八日(金)　続き　ケープタウン

午前雲多く、通り雨数度。午後快晴。手紙を船上で投函。切手は殆どが動物の模様で中々美しい。午前、田中、輿君と雨の晴れ間を見て町へ出る。埠頭より町迄はこれから家を建てようという広っぱ。埠頭には黒人労働者の姿が多い。

材木が沢山積まれているのは輸出向けか。山を後ろに控え、世界四大美港の一つというが、山の頂きは雲の中。道標は全て英語とフランス語。町は新開地へ向け高層建築を聳えさせており、中々活発という印象。人通りは黒白人種で賑わっており、白人の子が裸足で歩いていたりする。「文藝春秋」にブエノスアイレス丸の船長が、町で切手を買えぬと書いているので、試みに本屋に入り、絵葉書を求める。白人の女が愛想良く迎える。その船長の寄った所は果してそうであったのかもしれぬが、今は少しく異なる。しかしbarなどにEuropean onlyという門標がついており、本質的にははっきり人種を分けていることが分かる。決して感じの良いものではない。そのかわり有色人種には慣れているのであろうか、視線はそれ程感じない。商品等何の特色もなく、いかにも植民地色。英人の女の色の好みはパリジェンヌに比べたら物の数でない。まして植民地たるにおいてをや。繁華街を一通り見て港に戻る内、少しずつ雲が切れ、山が現れ、町の上にのしかかる。西部劇の舞台としてよく出てくるアリゾナの台地のような形で、水成岩の層がはっきり区別される。かっと照り出した陽の中を船に戻り昼食。

一時半にバスに乗ってエクスカーションへ。海岸沿いに町を離れる。別荘風の美しい彩りの家並が続く。庭々には夏の盛りの夾竹桃、ダリア、カンナ等が咲き乱れている。家々の背景には俄かに聳えるライオンズ・ヘッドの奇山。道路は完全に舗装されていて、誠に羨ましい。岬を一つ回った小村で小憩。ここで絵葉書を出す。頭の真上からかっと照る陽。村をはずれた右手に大西洋、左は切り立った崖。松の木陰で大きな海老を行商している。次いで林間の道に入り、海を離れると、俄かに蟬の声。山に囲まれた盆地をかすめ、再び波打際に出る。ここで小憩。黒人の子がわっと土産物を売りに寄って来る。海辺には白人の家族がコリーを連れて海水浴。海岸の砂浜は山の間の鞍部に侵入し、昔はそこも海底であったことを示す。崖の中腹を走る道はいよいよ狭くなり、舗装もここ迄は及んでいない。前の方の人々が「鹿だ!」と叫ぶ。その時はもう身を翻して崖の林の中に姿を消した後。この崖下の海をヴァスコ・ダ・ガマが航したかと思うと感慨に耐えない。やがて道は大きく開けた平地に下る。ここで印度洋が見えてくる。両洋が見えるわけ。平地の中に小さな湖。土地は牧か畑。牛が多数。途中に先住民の骨の発掘された洞窟ありとの道標。ホモ・ローデシェンヌとでもいうか。Fish Hoekという村で小憩。ここは海水浴場。かなり賑わっている。家々は中々美しい。多くは平屋。八百屋にはカボチャ、トウガン等日本と同じものが見られる。紅蜀葵に似た灌木をカメラに収めると、その家の女主人が出て来て手折ってくれた。英人の女である。既に四時で、喜望峰迄行くにはとても時間がないから、そのままケープタウンに戻る。途中で西瓜畑を多く見る。林間にも既に都市計画は進み、先ず道を開き、舗装し、街路樹を植え、すっかり下準備を整えている。所々に原野、原始林を限って動物たちの楽園を作っている。ともかく滅法に土地が余っている感じ。羨ましくなる。ケープタウン大学の前を掠めたが、中々瀟洒である。ケープタウンに入る前でもう一度山を越える。山の中腹から見る港は中々美しい。町は夕方のラッシュアワー。六時出帆の予定が七時になる。港にはシスター二人と数人の見送り人だけ。

七時からの夕食を済ませ甲板に出ると、船は既に港外を相当距離走り、左舷には昼に見た峨々たる山が連なっている。風強くうねり高く、我々の船より先に出航したDahlia号が大きくピッチングしながら走っているのを追い越す。ラオス号とて大きなピッチング。相当なものである。八時過ぎ、夕闇の中にはっきり見える潮目の所がぐっと左に回転する。いよいよ喜望峰を回る準備である。潮目で曲るのは、そこは波が少ないからと思う。九時過ぎ、暗い海面の彼方にケープタウンの灯が沈んで行く。と同時に喜望峰の幾つかの灯台が輝き始める。この頃は甲板の人影もぐっと減り、殆ど日本人のみとなってしまう。田中、輿君とバーでコニャックを嘗めながら喜望峰の近付くのを待つ。十時過ぎ、一際強いその灯台の灯が水平線に現れる。それが次第に近付く頃、その向こうに雲を橙に彩って月の出。殆ど満月。同時に波がきらめき、全く印象的。

この岬を回り、アフリカ大陸の果てるのを確かめ、印度への道を究めたヴァスコ・ダ・ガマの壮挙を思う。昔の船ではケープタウンからこの岬迄でも相当な時間を要した筈。恐らく当時ここに至り、これらの峨々たる山々を見た時は、大陸がここで切れるとは思わなかったのではないでしょうか。しかも地図もない、言葉も通じない昔では。

この岬を回ると、船は月に向けて真直ぐに東に進み始める。アフリカ大陸は灯台の灯を輝かせて我々を送る。昼間でないため写真は撮れぬが、忘れ得ぬ思い出です。

十一時過ぎ迄甲板に留まり、岬の灯が左後ろに遠のく頃、僕の部屋に集まり、トランプをする。就寝二時。

一月十九日(土)　晴

午前ルリッシュを少々読む。昼迄寝る。午後も昨日の疲れをとりにゆっくり午睡。夕、ピンポン。夕食後、マルタン神父(長年鹿児島で布教された)の九州今昔談を聞く。鉄道馬車の頃の話だから大分古い。入浴、洗濯。輿君に土産品を披露する。

一月二十日(日)　晴

午前ルリッシュ。陽はかなり暑いが湿気少なく、過ごし易い。横浜迄のデッキチェア借り賃八百フラン。午睡。夕方甲板で、輿君と留学生試験の事や、留学生の在り方について話し合う。夜、イタリア映画。西洋母物。女性方のお涙頂戴。パリがしきりに出る。ノートルダム、コンコルド、エトワル……。

一月二十一日(月)　快晴

相当ピッチングする。日なたは物凄く暑いが、陰に入ると誠に過ごし良い。マダガスカルの南端に近付きつつある。午前、デッキチェアで自適。午後、泳ぐ。めっきり日に焼ける。入浴。夕方、田中、輿、ダニエル君等とブリッジ。

一月二十二日(火)　曇り時々晴

風激しく、波頭が後から後から寄せて来る。しかも湿度高し。そのため汗が乾かない。午前、午後ルリッシュを読む。五時からのレコードコンサート。ベートーヴェン第七。夕食前サロンでトランプをしていたら気分悪く、床に入る。僕のみでなく、この揺れで皆多少とも弱っている。床の中、「文藝春秋」、尾崎士郎「近代恋愛館」を読む。モデルの山本実彦たることは明らか、彼の勿体ぶった態度が思い出され、おかしくなる。

一月二十三日(水)

一晩中揺れ、皆眠れなかったと言う。なお揺れ止まず、朝食、昼食は電話を掛け、持って来させる。横になっていれば食欲は盛ん。午後三時、快晴の中をレユニオン島に接近。仏領、首都をサン・ドゥニといい、島の人口三十万以上とか。中々大きい。へさきに出てみると、サロン等ではとても考えられないピッチングの凄さ。まるで始終エレベーターに乗っているようなもの。夕方より少し波も静まる。レコードコンサート、メンデルスゾーンの「真夏の夜の夢」。それにヴィヴァルディの「四季」。これはミュンヒンガー指揮、シュツットガルト楽団のものだが、絶品と思う。

夜、ミシェル・シモン主演「愉快な牢獄」。フランスらしい明るい機知に富んだもの。十二時迄バーで酒を飲みつつ、輿君及び北京へ帰る中国人と映画について語る。また夜半、時計を一時間進める。これで四回目か。

一月二十四日（木）

晴。しかし雲多し。少しうねりは静まったが、なお相当なもの。午前、ルリッシュ。医学制度改革の項、及び旅の項、面白し。午睡。音楽は「ニュルンベルクのマイスタージンガー前奏曲」、「ワルキューレの騎行」、及びチャイコフスキーのピアノコンツェルト第一番。夜ルリッシュ、旅の項を読み続ける。

一月二十五日（金）

晴。少し湿度減る。相変わらずルリッシュ。彼が三十四歳にしてアメリカの外科界を見て歩き、強い影響を受けたことを告白している。しかも乏しい英語で。あたかも僕が同じ年齢で乏しいフランス語でヨーロッパの各国の脳研究者を訪ね、大きな印象を受けたのと比べて大変面白い。留学は三十代にというのはどうも鉄則らしい。それにしてもルリッシュは既に一生の研究の糸口を摑んでいるのに、僕にはまだそれの芽生えがないのを遺憾に思う。音楽。パガニーニの「鐘」、ドビュッシーの組曲。夜「灰色の手袋の男」というイタリアの探偵映画。

一月二十六日（土）

晴。湿度高し。雲が増えてくる。昨夜雨があったとか。シンガポール迄にルリッシュを読了すべく読み続ける。音楽ショーソンの「詩曲」ほか。田中、輿君来て二時迄話していく。奥さん恋しさに指折り数えてばかりいる。

一月二十七日（日）

薄曇り。沖はけぶっている。しかし海は静か。今日一日で遂にルリッシュを読了する。船中でこの本を読み得たことは幸いだったと思う。参考になることが多い。

一月二十八日（月）　快晴

本日十時に赤道を通過。午前中、赤道祭とて仮装等の催しあり。午後泳ぐ。湿気少なく、陽は強く、水温は適当、実に気持良し。夜舞踏会。星空の上甲板で、踊れぬ者は唯見物のみ。詮方無し。船中の子供等を見ていると、全く人おじせず、自分達だけでくるくると遊び、夜になれば決まった時間にさっさと寝てしまう。子供と親の生活にはっきりけじめがついている。これは是非実行せねばならぬことと思う。それに直子も色々な所に出、多くの人に接し、よい意味で社交性を持つようになってもらいたい。これから外国人との往き来がある場合、絶対に主婦が先に立たねば事は運ばない。このことは田中、輿君共々痛感している。直子だけでなく、将来の徹の配偶者、いやそれだけでなく、日本の婦人全体がもっと社交に広く乗り出さなければいけないと思う。僕も努めてそうした機会を作るように努力したいと思う。日本全体の貧しさから、そうした余裕が極めて乏しいことは十分承知しているが、やはり気長に努力すれば道は開けると思う。

夜、帰国してからの研究のこと等思い巡らし、中々寝付かれない。どんな方向に進むか、白紙に戻り、小川教授ともよく相談するつもり。

一月二十九日(火)　晴

午前、ギランの「シャルコー伝」を読み始める。サルペトリエールの歴史より。午後、マルタン神父にルリッシュの本の不明の部分を質問。午睡して覚めると既に船は少しく方向を変じ、マラッカ海峡にさしかかっている。右舷にはスマトラの山々。望遠鏡で見ると、豊かな緑に包まれ、まるで柔らかい絨毯のような感じ。ヨーロッパの山々と印象が異なる。資源豊かなるアジアという気がする。いよいよアジアに帰って来たかと感深く眺める。海はまるで静か。芦ノ湖を渡っているようなもの。熱帯の入日がこれを紅に染めて沈んで行く。夕食後、余りの暑さ、蒸し暑さに上甲板のデッキチェアで憩う。満天の星。しかし、スマトラの上にある雲にしきりに稲妻。その途端に海もパッと照らされ、スマトラの島影も見えるかと思われる程。後甲板では船員の慰安のための映画で賑やかな声。

あと二週間で喧騒の東京に帰ると思うと嘘のよう。夜半一時間進める。田中、輿君話しに来、一時半に至る。

一月三十日(水)　晴

午前、機関部の見学。ディーゼル機関。騒音。蒸し返るような暑さ。一寸堪え難い。スクリューの軸の長さに驚く。最後部のそれが水中に入っている所からは少しずつ海水が流れ込んでいる。いずれにせよ船の機構は中々大変なもの。こんなものをどんどん造っている日本も大したものだと思う。しかも大和、武蔵を造ったにおいてをや。

午睡後、マラッカ海峡の強烈な陽のもと、一時間程泳ぐ。印度洋の水は全くウルトラマリンだったのに、ここの水は緑を帯び、プールの水も緑がかっている。プランクトンの故か。夜、イタリアの喜劇映画。今様ファウスト物語。終って十二時半迄サロンでビールを飲みながら輿、田中君と学生時代の話に耽る。今夜は中国人、ヴェトナム人等にとっては旧正月、浮き浮きとしている。新年おめでとうの挨拶を交換する。

一月三十一日(木)　晴

六時過ぎ、田中君に起こされる。既にシンガポール港外に着いている。早いところパスポートの検査を済ませる。見覚えのある島々の影、懐かしい気さえする。二週間、よくも走り続けたものです。考えてみればマルセイユより横浜迄二万八千キロ、地球の半周以上。まさに大旅行の名に値する。

今日はシンガポールへのエクスカーション。千六百フランは高いが、かつてここに骨を埋めた同僚も居る筈。この目で古戦場を見て来ます。

あと、サイゴンより絵葉書程度、香港から手紙を出し、僕のヨーロッパ通信を終わります。

朝、手紙を投函したあと、家からの手紙を入手。十時近くの便船で陸へ。船が泊まったのが、この前の時よりずっと西で、しかも島の陰。そのため町は見えない。島々も陸も全て緑。岩の色合も豊かに、全てヨーロッパと印象が異なる。空は雲に覆われていて、蒸し暑い。ごみごみした小さい桟橋より上陸。直ちにアメリカン・エキスプレスのTaxiに乗り込む。田中、輿、近藤と四人。車はハドソンで大きい。シンガポール島を横切ってジョホールへ向かう。途中の家並は旧正月で賑わい、人々も盛装で歩き回っている。途中で木下世界大馬戯団の広告を見る。ジョホール間近となると家並もごくまばらとなる。それにしても道路の良いことは日本と比べ物にならない。古戦場ジョホールの水道が見えてくる。地図だけを頼りによくこんな所迄攻めて来たものと思う。島と半島を繋ぐ橋と水道管。橋の両端で検閲。ジョホール・バールの町ではマレー語の表示がしばしば眼につく。Sultanの居るところだからだろう。植物園で休憩。旧正月を祝う爆竹しきり。ジョホール水道端まで下りてみる。あちこちに見える開墾地の土の色が赤黄、初めて見る色。次いで動物園。これはお粗末なもの。隣のSultanの屋敷も中には入らず。それにしても物凄く暑い。陽が真上からかっと照る。これで正月だ。水道を見渡す一寸した丘のレストランで昼食。英国人が大勢、しかつめらしい顔で、うまくもない食事をしている。どうも好きになれぬ。食事中スコールはじまる。

小雨となるのを利して再び車へ。シンガポール島に戻ると、これが物凄い雨となる。戦争時、攻撃目標だった貯水池も、この雨の中に車中より覗く。町へ戻っても雨止まず、カフェに入って雨宿り。小降りとなったのでラッフルズ広場あたり迄歩いて行く。川の両岸の中国人街の臭いこと。

再び降り出したので五時半、タキシーを拾い港へ戻る。船へ帰っても雨降り止まず。びしょ濡れ。入浴してさっぱりする。夕食後、雨も止み、さわやかな中を甲板で、九時過ぎの出港を見る。

二月一日(金)

強風。揺れはしないが、帆柱がしきりに鳴る。午前、甲板で「シャルコー伝」。マルタン神父に質問。昨日の疲れで、午後、夜共よく眠る。

二月二日(土)

朝起きると、船は既にキャップ・サンジャックに泊まっている。快晴のもと見覚えのある景色。上げ潮を待ち、十一時近く、船は幅広いメコン河口に静かに入り始める。甲板には長くは居られない暑さ。二時過ぎサイゴン着。稲田は刈入れが済み、この前とは一寸異なった景。サイゴン一寸手前の沈没船は一年前と同じ。サイゴンで下りるヴェトナムの連中は嬉しくて昼食も食べぬのもあるという位。三時には皆下船していく。我々も、中国人でここで生まれ、パリで七年声楽を学んだという男にうながされて炎暑の中を下船する。田中、輿君及びもう一人、香港迄行くパリ在住十年の肥った中国人マダム。

町へ出て先ず気付くのは綺麗になったこと。旧正月で人々は着飾って歩く。しかしヴェトナム服というのはどうも一寸抜けて見える。爆竹のからで足の踏み場もない位の商店街の中に、その中国人の友人が写真屋を開いている。そこでもてなしを受け、次いで誘われてその隣の飲食店に行く。汚い水で茶碗を洗っており、又、奥を覗くと、土間でねぎを刻んでいる。これがそばに載って出て来る。一寸うんざりしたが、食べるとそのうまいこと。お代わり迄してしまう。

次いでガラス商を営むもう一人の友人を訪ねる。店は閉めているが、新年の挨拶回りを受ける用意を整えてあり、直ちに西瓜の種を赤く色着けたものを供せられる。五時過ぎとなり、タキシーを走らせ、中国人の町ショロンへ行く。ここに中国人の弟が住んでいて、そこで歓迎され、美しい夕空のもと、更に陽が落ちて輝き初めた星空のもと、一族と散歩。道が舗装されていないので靴がすぐ白くなる。なんと子供の多いこと。中国人の裏町、さながら東京の戦災住宅の如く、つくづく日本を思い出す。大衆料理屋の一室に一族六人と、全部で十人で卓を囲む。十皿出る。初めて味わう本物の中華料理。鱶のひれも出る。どれ一つ食べても大した味。香港のマダムは僕に、私の故郷四川料理はもっともっとうまいと言う。いずれにせよ初めての客にもてなし、何と太っ腹なことか。満腹し、夕涼みに賑わい初めたショロンをタキシーで港へ帰る。九時過ぎとてまだ船に帰るは早いと、港の近くを散歩。河畔のカフェのテラスで夕涼み。目の前に灯点ったラオス号が美しい。十二時帰船。

二月三日(日)

暑い。船は荷揚げに忙しい。炎暑に外出する気にもならず、船で読書したり、午睡したり。五時半、約束通りダニエル君が他の二人のFrères(修道士)と誘いに来る。このFrèresというのはいわゆる労働カトリックで、住民の中に住み込み、昼は働いて夜は祈るという、従来のカトリック僧侶の在り方と一寸異なる組織。タキシーを大通りで捨て、細々した路地の長屋の一軒に住んでいる。中に入ると狭い空間をチャペルに改造している。Frèresの一人が全て自分でやったと言う。この男は既にここに来て一年余になる由で、ヴェトナム語を話す。電灯すら無くランプ生活。土間で話していると僕の足にイモリが這上がって来たのにはびっくり。どうもやり切れぬ。彼等は可愛いと言う。信者のヴェトナムの青年も加わって七人で夕食。夕食は隣のヴェトナム人の家から作って運ばれて来る。大きな洗面器に白米山盛り。おかずは中華料理の如き物。恐れ入ったのは魚を発酵させて吊し、それから垂れて来る汁。これを飯にかけて食べるが、魚が一寸大変。これしも彼等はうまいうまいと平らげる。ともかくここの生活にすっかり馴染まんとするその努力の現れか。内心感心に耐えぬ。しかし考えてみるとフランス人の食事として、これで彼等の体力を支えて行けるであろうか。ベルギー生れというピエールという最近来た方の男は暑さには少々参っていると見掛けた。ランプを囲み、フランス見聞や、彼等の生活等について話を聞く。絶えずイモリを気にしながら。

いずれにせよ、こうした事に挺身する人間が次々出るという所にフランスのみならずヨーロッパの文化の深さを知る。日本はただ受け取るだけではないか。理解だけが全ての間は文化が根を張ったとは言うことは出来まい。百万言の言葉より、一つの実行がどれだけ力強く人を打つものであるかを沁み沁みと感じつつ、電灯に照らされた街に戻りました。

タキシーで繁華街に戻り、昨日のそば屋で夜食にワンタン。Rue Catinatを歩き、最後に又河畔のカフェテラスへ。

二月四日(月)

九時過ぎに炎暑の中を街に出る。郵便局に行く。次いで大使館に電話すると、小長谷(こながや)大使は東京出張中、奥さんが居て、今夕六時半に船に自動車を寄越すと言う。カフェでビールで喉を潤し船に帰る。

陽も落ちて涼風立つ頃、りゅうとした自動車が船に横付けになる。官邸は中々立派。アペリチフを飲みながらパリにいる娘さんの話。パリのような危ない所になぜ一人でやるかと人に言われるが、本人さえしっかりしていればと言うので、僕の見て来た環境について話をする。ビルマ、サイゴンと四年間の熱帯勤務ですっかり痩せてしまいましたわと夫人が言う。食事はビルマ以来連れて来ているというコックの手になる日本食。それに白鶴の冷。実にうまかった。魚の天麩羅、えびの酢の物、すまし汁、茶碗蒸し、次いで漬物、味噌汁、肉と野菜の煮付け。

大使夫人は娘さん同様物静かであるが、東南アジアのことをいろいろ話してくれるうちに、なかなか大した見識であることを知る。サイゴン着任当時、この南ヴェトナムで内乱があり、大使館の前でも機関銃の撃ち合いがあった事等も淡々と語る。日本に対する感情は大分良くなりつつあり、日本に行って来た連中は例外なしに驚いて帰って来る。先日も日本の商品を乗せた展示船が来たが、大変な人出で処置に困った位という。しかし資本はアメリカが物凄く注いでおり、日本と取引するにもアメリカが中に入るので、事は複雑になる。郵便関係の物の印刷を日本でやったら、アメリカが臍を曲げて癪に障った由。しかし今年からヴェトナムの米が日本に入るので通商も少しは良くなろうとのこと。それにしても東南アジアからの留学生が来ても、日本語には悩まされ続けで、言葉については十分考えねばならぬ由。ヴェトナムでは百年程前からカトリックの神父さんが考えたローマ字にアクセントの記号を用いる言葉を使用し、覚えるのに大変楽だと言う。東南アジア開発について、日本の役割はと聞くと、その手始めにお隣りのカンボジアに、都市とダムを造るべく人が来ているが、ダムはともかく都市としては日本に本当の意味で都市とよべるものがないのですから、果して立派なものが出来るかどうか疑問ですと言う。まさにその言の如し。ヴェトナムはハノイを中心にするホーチミンの共産政権と、サイゴンを中心にするアメリカの息のかかったゴ・ディン・ジェム政権とが、北緯十七度を境に睨み合っており、北からは避難民が逃げ込んで来ている。即ち事情が朝鮮に似ているため、朝鮮とは仲が良い由。しかしこの奥さんの話では朝鮮というのは誠に度し難い民族で、全く付き合い難い。しかしそれよりも何よりも嫌いなのは印度人。あれは東洋人ではありませんねとのこと。日本とヴェトナムとの通商では、南ヴェトナムは農業、北ヴェトナムは鉱産物に富み、日本が必要なのは北の品物。しかし北との間には外交関係はない。この前のレセプションで、ヴェトナムの外交官が日本との通商を図りたいと言うので、日本の欲しいのは北にあると言うと苦笑していたとか。南部のゴ・ディン・ジェムは若い男で中々活発に動き、しかも熱心なカトリックで独身なので、我が身を顧る要なく、重要政策をどんどん実行する。そのため敵も多いが、庶民の生活はずっと良くなり、この正月は皆大変着飾っているように見えると言う。避難民の受入れも良くなっている由。それにしてもアメリカは金をたんと注いでいるのに人心は集まらず、その反面文化の面におけるフランスの影響は実に大きく、フランスもこの方面では今でも大きな努力を払っているとのこと。アメリカの入って来たあとには必ず共産党がはびこると苦い顔をする連中が多いとか。食後コニャックを嘗めながらパリの話。この奥さんが所帯を持ったのはパリでとのこと。一九三〇年前後で、日本の円がとても強かった時代のことで、中々忘れ難いらしい。新着の新聞を見せてもらう。日本の新聞の何と個性のないこと。それに何たる新しがりや。

東南アジア開発と口では言っても、外交関係だけ見ても人員が少なく多忙を極め、何とかならぬかと思うが、若手の外交官では来手がないと言う。全て口先だけで終ってしまうのではないかと案じている。その点アメリカ、更にはドイツあたりはがっちりと根を下ろそうとしていて気が気でないと言う。フランスでも二年に一遍は国へ帰って英気を養い、またやって来て、先の先を見越して行動している由。

十一時近くなったのでおいとまする。帰りしなに船中でと「中央公論」、「文藝春秋」の新着を二、三冊下さる。志有難し。再び自動車で船へ。

サイゴンの三日は退屈でたまらないだろうと思っていたのに、かくて三日間共実に勉強になり、色々なものを見聞し、大変満足。行きの時と何と異なることか。

帰って僕の部屋で、聞いて来た話を反復、日本の現状を嘆き合う。ヴェトナムですら新興の気に燃えているのに、日本の各方面の腐敗はどうでしょう。

二月五日(火)

朝六時に小便に起きたら、船がサイゴンを出港しつつあるところ。また床に入る。陸の三日間で疲れて、午前はぐっすり寝る。午後は読書。南支那海は実に静か。又、天気も良い。夜、英映画。下らなく途中で出る。「中央公論」を読む。

二月六日(水)

快晴。それこそ油凪。船は滑るように粛々と国に近付く。「文藝春秋」を読む。実のない読物ばかり。夕方のコンサート、モーツァルト・ピアノコンツェルト第二十三番と

「ハフナー」。夜、田中、輿君とコニャックを嘗め、サロンで話す。親馬鹿揃い。それに二人共恋愛結婚で、三、四年も付合った仲故、話は濃厚。

二月七日(木)

快晴のマニラに着く。甲板に出ると、一年半前にあれほどあった沈没船の影も形もない。すっかり揚げてしまったとみえる。日本サルヴェージの働きに驚く。それに埠頭に着くと四隻も日本の船。ラオス号のすぐうしろに「フィリピン丸」、向こう側に「榛名山丸」と荷をおろしている。ところで上陸可能とエクスカーションまで申し込んだのに、中国人と日本人とは許可せぬと言う。何と野蛮なと、知り合いのフランス人も憤慨する。

官憲の顔も、人足の顔も、訪問者の顔も満足な知能のあると思われる者は見当たらない。エクスカーションは四時間ということだったのに、十時に出掛けた連中が昼には帰って来て憤慨している。もっと見たければ金を足せと言った由。それに戦災の跡では、ここで日本人に何千人殺されたとか何とかいう事ばかりだったらしい。

午後から下船出来ぬ同士の中国人を交えて夕方迄ブリッジ。美しい夕日がバターンに落ちて行く頃、うしろのフィリピン丸が埠頭を離れて行くのを見る。一万トン位の船。ともかく船をどんどん造り、外貨を稼がねばならない。異国で見る自国の船は快い。しかも船を造れるという国は世界に幾つもないのだから。

夜八時出航。星空のもと、去り行くマニラのネオンの光。遅く迄ブリッジ続行。

二月八日(金) 晴

船は小さいうねりに少々傾ぐ。午前、田中君と甲板のデッキチェアで、日向ぼっこもこれが終りかね等言いつつ休む。午後昼寝。夕陽が素晴らしく空を染める。レコードコンサート、ベートーヴェン「皇帝」、「コリオラン」序曲。夜映画。アメリカの警官とギャング物。夜半より船はかなり揺れる。マニラから乗り、同卓になったサルヴェージの人の話では、マニラ湾で八万トンを引き揚げたと言う。始めは日本の技術をなめていたフィリピンも今は内心認めたらしいと。しかし外面では日本を馬鹿にし、働いても働いても貧乏ではないかとうそぶいている由。自分達は何一つ技術を持たず、怠けることばかり考え、山程採れるサトウキビもアメリカに輸出して、逆に精製した砂糖を買うのだそうで、少々あきれたものです。ともかくまともな国ではありますまい。治安の面でも、警官の殺されることも稀でないとか。しかしこの点は日本もお恥ずかしいながら……。

二月九日(土)

朝、田中君に起こされると、七時半、既に香港水道に停泊していました。起きると少々寒い。雨が降っている。山もすっかり雲の中。上陸の手続きを済ます。朝食に行こうとすると、手紙が来ている。朝食を食べるのももどかしく読む。

もう四日だからあとは直接話をした方が早そう。いつも書きにくいがお金の事。船中は殆ど金が要らぬと思っていたのに、初めての所を通ることとて、まめにエクスカーションに行き(但し土産物は一切買わぬ)、又、バーにしても誘われればつい飲んでしまうし、それにチップも四十日となると少しははずまねばならぬし(特にボーイが事ごとにムッシュ・ル・ドクトゥールと言うので、その点の面子もあるし)、で合計一万二、三千フランを輿、田中君から借りることになりそうです。誠に申し訳ない次第。パリ出発直前の借金と合わせ、大変な額になります。百ドル位でしょうか。

直子の便りにもあったように、帰ったら物凄く締めなければなりません。しかし今後はもうないこと故、平にお許しの程を。

出迎えの事、全てそちらにお任せします。

土産の件、心理、良く知っている故ご安心ありたし。人からの預かり物の方が多い位だとでも話しておいて結構。

本が着き始めた由。しかし十六個全てが安着してくれるとよいが。今考えると、包み方が一寸粗雑だったように思うので。

食事の件は何も注文なし。全ておいしいことと思う。では元気で。四日後に(この手紙と同着位か)。

横浜着の時間は電報は特に打ちませんゆえ、M・Mに電話して確かめて下さい。船が埠頭に着くと、出迎え人が上って来られるのが普通ですが、横浜ではどうなりますか。もし乗船券があるなら、なるべく出迎え人全部に行き渡るよう。

九日午前八時半　　クーロンを目の前に　甫

萬年甫　滞欧503日間の足跡

出発からの日数	年	月	日	曜日	おもなできごと	備考
1	1955	10	1	土	ヴェトナム号横浜出帆	ヴェトナム号の航海
2			2	日		
3			3	月	神戸入港	
4			4	火		
5			5	水	神戸出港	
6			6	木		
7			7	金		
8			8	土	香港入港 上陸	
9			9	日		
10			10	月		
11			11	火	マニラ入港 即日出港	
12			12	水		
13			13	木	サイゴン着	
14			14	金		
15			15	土		
16			16	日	サイゴン発	

香港に上陸

マニラ湾に沈む夕陽

17		17	月	
18		18	火	シンガポール入港 上陸 即日出港
19		19	水	
20		20	木	
21		21	金	
22		22	土	コロンボ着 即日出港
23		23	日	
24		24	月	
25		25	火	
26		26	水	アフリカ、ソマリランド、グアルダフィ岬を見る
27		27	木	ジブチ入港
28		28	金	
29		29	土	
30		30	日	スエズ→カイロ→ポートサイド（エジプト一日観光）
31		31	月	
32	11	1	火	
33		2	水	
34		3	木	午前9時マルセイユ入港
35		4	金	パリ着 日本館（メゾン・ド・ジャポン）に入る
36		5	土	留学生のためのガイド付バス・ツアーに参加 サンリス、コンピエーニュ、ピエルフォン城
37		6	日	

ソマリランドを望む

マルセイユの朝

出発からの日数	年	月	日	曜日	おもなできごと	備考
38	1955	11	7	月	日本館2階の15号室に落ち着く（滞仏中に住むことになった） ノートルダム・ド・パリ、エッフェル塔を初めて見る 大使館で澄田書記官などを訪ねる	
39			8	火	日本館の植村館長を訪問	
40			9	水	パンテオンの近くを通り、オランジュリー美術館へ 夜、オペラ座（セルジュ・リファール・バレエ団）	
41			10	木	ノートルダムの塔に上る	
42			11	金	ヴァンセンヌ動物園 夜、オペラ座「アイーダ」	
43			12	土	留学生用ガイド付バス・ツアー フォンテーヌブロー、バルビゾン、エタンプ、ランブイエ	
44			13	日	ルーヴル初訪 TNP（国立民衆劇場）で「マクベス」を見る（ジェラール・フィリップ、マリア・カザレス）	
45			14	月	サルペトリエールに初めて足を踏み入れる ベルトラン教授、ガルサン教授に初見参	
46			15	火	ガルサン教授回診について回る 植物園（ジャルダン・デ・プラント）に初めて入る	
47			16	水		
48			17	木		
49			18	金		
50			19	土		
51			20	日	シャンゼリゼなど散歩 ルーヴル再訪	
52			21	月	植物園内の動物園見物	
53			22	火		
54			23	水		

55		24	木	小宮教授とシュヴァリエ教授訪問、医学部を案内してもらう パストゥール研究所訪問
56		25	金	小宮教授と新医学部見学 アラジュアニーヌ教室の剖検例コンフェランス（シャルコー研究室にて）
57		26	土	フランス人の家庭の昼食に初めて招かれる
58		27	日	ルーヴル（三度目）、絵画の部
59		28	月	夜、画塾のグランド・ショーミエールでデッサンを始める
60		29	火	夜、シャイヨー宮でアルトゥール・ルービンシュタインのピアノを聴く
61		30	水	
62	12	1	木	
63		2	金	大使公邸で留学生のための招宴
64		3	土	
65		4	日	フランス古文書保存所、資料編纂所見学
66		5	月	濃霧初体験
67		6	火	
68		7	水	
69		8	木	
70		9	金	
71		10	土	
72		11	日	ロダン美術館、モンマルトル
73		12	月	
74		13	火	
75		14	水	
76		15	木	

サルペトリエール病院・シャルコー研究室にて

出発からの日数	年	月	日	曜日	おもなできごと	備考
77	1955	12	16	金	日本館主催の交歓の夕べ 眼科専門医ブーリエ君と知り合う	
78			17	土		
79			18	日	近代美術館を初めて見る 夕刻、サン・ジェルヴェ教会のクリスマス音楽会	
80			19	月	ブーリエ君来訪	
81			20	火		
82			21	水		
83			22	木	ガルサン教授の息子の結婚祝に出席	
84			23	金		
85			24	土	夜9時15分からカトリック関係のセルクル・サン・ジャン・バティストという東洋関係の団体が催すクリスマスの夕べ	
86			25	日		
87			26	月		
88			27	火		
89			28	水	近代美術館再訪、アルベール・マルケ、フランソワ・ポンポンに魅せられる 午後4時からサーカス「シルク・ディヴェール」	
90			29	木	人類博物館	
91			30	金	ミュゼ・デ・モニュマン・フランセ初見 夜、オペラ座「ローエングリン」	
92			31	土	ミュゼ・カルナヴァレ初見 ヴォージュ広場初見 夜、オペラ・コミック座「カルメン」	
93	1956	1	1	日	大使館新年宴会、荻須高徳氏に会う	
94			2	月		

95	3	火	
96	4	水	ガルサン教授新年の初外来診察
97	5	木	
98	6	金	ブールギニヨン氏宅に大塚君、松平君と夕食に招かれる
99	7	土	矢崎美盛著「アヴェマリア」を読む
100	8	日	初雪
101	9	月	
102	10	火	夜9時〜11時半迄日本館「日本音楽の夕べ」
103	11	水	コレージュ・ド・フランス（初訪）でフェッサール教授の神経生理学講義
104	12	木	
105	13	金	夜8時〜10時迄グランド・ショーミエールでデッサン
106	14	土	ミュゼ・ド・ラ・マリーン（海洋博物館）でアラン・ボンバールのボート見学 ブールデル美術館でブールデル夫人と握手
107	15	日	プチ・パレ内にあるミュゼ・デ・ボザール・ド・ラ・ヴィル・ド・パリ（パリ市立美術館）でカルポー展、フランス絵画の100年の展示、ジラルダン・コレクション見物 サル・ガヴォーでのパスキエ三重奏団とランパルの演奏会 感激の覚めやらぬ身体でプレイエル公会堂でコンセール・ラムルーを聴く
108	16	月	コレージュ・ド・フランスでフェッサール教授のシナプシスの講義 ジャカン氏の夕食に招かれる
109	17	火	
110	18	水	
111	19	木	
112	20	金	サン・ルイ島に初めて渡る
113	21	土	
114	22	日	ヴェルサイユ行（植村館長、荒木教授と） 午後5時45分からコンセール・コロンヌを聴く（リリー・クラウスのモーツァルトなど）

出発からの日数	年	月	日	曜日	おもなできごと	備考
115	1956	1	23	月	居住証明をもらうため午前10時半に警視庁へ	
116			24	火	コシャン病院に交通事故にあった日本人を見舞う	
117			25	水	夜8時40分から約1時間ベルギー館でアンドレ・モロワの講演「人間の脳と電気脳」聴講	
118			26	木		
119			27	金		
120			28	土	午後5時45分からテアトル・デ・シャンゼリゼでヴィルヘルム・ケンプの演奏会（モーツァルトのみ）	
121			29	日	朝9時5分ギャール・ド・モンパルナス発の電車でシャルトル行	
122			30	月	夜9時からコメディ・デ・シャンゼリゼでパスキエ三重奏団とジャクリーヌ・ボノーの演奏会（モーツァルトのみ）	
123			31	火		
124		2	1	水	零下12度	
125			2	木	零下15度 パリ神経学会（ソシエテ・ニューロロジィ・ド・パリ）傍聴	
126			3	金	医学部図書館初利用 夜9時からテアトル・デ・シャンゼリゼ「カラヤンとクララ・ハスキルのモーツァルト演奏会」	
127			4	土	気温上昇、0度	
128			5	日	午後3時にアンスティテュ・ド・フランス（フランス学士院）見学	
129			6	月	ベルトラン教授と所見のことで意見がわかれる	
130			7	火	夜9時から11時メゾン・アンテルナシオナルの切手交換会初参加	
131			8	水	午後、サン・ミシェルからサン・ジェルマンの本屋街を旅行の計画を練るためガイドを買いに散策	
132			9	木	午前11時から1時間オピタル・ピティエでのドクトル・ギヨーの講演「頸腕部神経痛」	
133			10	金	旅行計画	
134			11	土		

135		12	日	午後2時にブーリエ君とメトロのレ・サブロン駅待ち合わせ、マルメゾンからサン・ジェルマン・アン・レイ行 夜は日本館のダンスパーティー（田中君等とヴェスティエールでアルバイト）
136		13	月	ベルトラン教授より、「アストロチトームの血管の変化」を調べないかとの提案あり 夜9時からコメディ・デ・シャンゼリゼ「ウィーンのバリリ四重奏団のモーツァルトとシューマンの夕べ」
137		14	火	午後シャルコー研究室アストロチトーム標本初見
138		15	水	パックの休み（3月20日頃から2週）にスペインに旅行を思いつく
139		16	木	オピタル・ピティエ「フランソワ・レルミットの頸髄前角の疾患」聴講 夜8時パッシーのデカン夫人宅に夕食に招かれる
140		17	金	夜8時15分からオペラ座。ウェーバー作曲「オベロン」
141		18	土	朝10時からテアトル・デ・シャンゼリゼ「コンセルヴァトワールのベートーヴェン第九」
142		19	日	鉄門の先輩、大坪佑二氏（東京都愛育病院院長）と、宮崎氏（小児保健部長）の両氏をヴェルサイユに案内
143		20	月	夜9時からテアトル・デ・シャンゼリゼ「ウィーン・フィルハーモニー（指揮カール・ミュンヒンガー）のモーツァルト」
144		21	火	夜9時からテアトル・デ・シャンゼリゼ「ウィーン・フィルハーモニー（指揮カール・ミュンヒンガー）のハイドン、シューベルト、ベートーヴェン」
145		22	水	ガルサン教授マルチニックより帰り、外来再開
146		23	木	
147		24	金	朝9時前電話で起こされ、大使館の依頼で、さる国に駐在していた大使の家族を診察
148		25	土	
149		26	日	午後2時頃からムードン行 ロダン美術館、天文台など見ての散策
150		27	月	
151		28	火	夜、サラ・ベルナール座「シラノ・ド・ベルジュラック」
152		29	水	夜9時からテアトル・デ・シャンゼリゼ「フランクフルト・オペラによるオルフェ」
153	3	1	木	春めく 夜、カジノ・ド・パリ

出発からの日数	年	月	日	曜日	おもなできごと	備考
154	1956	3	2	金		
155			3	土		
156			4	日	サン・ドニ、ヴァンセンヌの森、マルヌ河畔散策	
157			5	月		
158			6	火	夜9時から12時迄メゾン・アンテルナシオナルで切手交換会	
159			7	水		
160			8	木		
161			9	金	夜8時からシャイヨー宮でのTNPのマリヴォー「愛の勝利」（マリア・カザレス主演）	
162			10	土	朝8時から留学生ガイド付きバス・ツアー、ポルト・ドルレアンからバスで出発、ランス行	
163			11	日	朝8時50分ギャール・デュ・ノール発の汽車でシャンティイ行	
164			12	月	夜9時からコメディ・フランセーズ（パレ・ロワイヤル）で「ミザントロープ」（モリエール）	
165			13	火		
166			14	水		
167			15	木		
168			16	金	夜9時から1時間程日本館ホールで小児科のラミー教授「昨日～今日～明日の医学」講演	
169			17	土	夜、オランピア「ジャクリーヌ・フランソワのシャンソン」	
170			18	日	カメラをぶらさげて散策 サント・シャペル、コンシェルジュリー、フェルスタンベール広場など 午後5時45分からシャイヨー宮「ヴェルディのレクイエム」	
171			19	月	大使館でスペインのヴィザ受取り	
172			20	火	イレーネ・キュリーの霊柩を見る マリニー劇場「庭師の犬」（ジャン・ルイ・バロー、マドレーヌ・ルノー）	
173			21	水	午前11時からキュリー家の墓地での埋葬（於ソー） 夜、阪大の吉井教授およびドイツ・フンボルト留学生の愛育会研究所心理学部、お茶の水大助教授の平井氏と会い、同じメゾンに居る福島医大の藤原教授（細菌学）の部屋で12時過ぎ迄雑談	

174			22	木	朝10時半に平井氏を小児病院に案内 午後オペラ通りでスペイン行の切符を入手	
175			23	金		
176			24	土		
177			25	日	吉井、平井両氏を案内 パンテオンに初めて入る 夜9時からサル・プレイエル「ダヴィッド・オイストラフのヴァイオリンリサイタル」	
178			26	月	夜、スペインへ出発	スペインの旅
179			27	火	深夜、マドリッド着	
180			28	水	カハール研究所訪問 午後プラド美術館 夜、カハール研究所再訪、デ・カストロ教授に会う	
181			29	木	朝8時45分アトーチャ駅発のトレド行に乗車	
182			30	金	トレドからマドリッド 夜アンダルシアへ	
183			31	土	グラナダ着	
184		4	1	日	グラナダ	
185			2	月	夜11時近くセヴィリヤ着	
186			3	火	セヴィリヤ	
187			4	水	夕方コルドバ着 カテドラルは夜7時で閉じた後、万事休す 夜12時半にコルドバを発つ	
188			5	木	朝8時半マドリッド着 プラド美術館内でスイスのピアニスト、マックス・エッガーに会う カハール研究所再訪	
189			6	金	午後1時半アトーチャ駅から特急に乗る 夜11時40分バルセローナ着	

出発からの日数	年	月	日	曜日	おもなできごと	備考
190	1956	4	7	土		←
191			8	日		
192			9	月		
193			10	火	朝パリに戻る	
194			11	水	桜開花 サルペトリエールに再び通い始める 夜、メゾン・アンテルナシオナルの切手交換会参加	
195			12	木	夕方、河野参事官の車でオルリーへ内村教授の出迎え	↔ 内村教授来仏（195〜202）
196			13	金	内村教授をシテ・ユニヴェルシテールに案内	
197			14	土	夜、内村教授一行をフォリー・ベルジェールへ案内	
198			15	日	河野さんの車で内村教授一行とヴェルサイユ、サン・ジェルマン・アン・レイ、オーベール・シュール・オワーズ	
199			16	月	内村教授をサルペトリエールに案内	
200			17	火		
201			18	水	午後、内村教授をガルサン教授の臨床講義に案内	
202			19	木	内村教授をサンタンヌ病院に案内 ピショー教授に会う 夕方、内村教授離仏 夕食は澄田さん宅へ招待される。竹山道雄氏（評論家、独文学者、小説家。「ビルマの竪琴」の著者）と同席	
203			20	金	夕刻、医学部でガルサン教授の講義 夜、オペラ座。グノー作曲「ファウスト」	
204			21	土	夜8時半からオペラ・コミック座。トマ作曲「ミニヨン」	
205			22	日	星野一家とロワールの城めぐり（ブロワ、シャンボールのみ）	
206			23	月	ピガールのキャバレーのショー（森村氏の奢り） コンコルドの夜景	

207		24	火	
208		25	水	
209		26	木	
210		27	金	
211		28	土	ギャルリー・シャルパンチェ「ヴラマンクの展覧会」（200点余り） メゾン・ド・ラ・パンセ・フランセーズ「ハイム・スーチンの展覧会」 夜8時半テアトル・デ・シャンゼリゼにてベルリン市立オペラ「フィガロの結婚」（言葉はすべてドイツ語）
212		29	日	
213		30	月	午前11時から午後1時迄大使公邸で天長節の宴 荻須高徳氏と会う 夜、テアトル・デ・シャンゼリゼにてベルリン市立オペラ「コシ・ファン・トゥッテ」
214	5	1	火	メーデー。すべて休み
215		2	水	マロニエ花盛り リュ・ギザルドに引越した大久保君を訪問 島薗夫妻らと薬品会社（スペシア）招待の昼食 田中君とアンティバイオティックスの工場見学
216		3	木	夜、シテでクリスチャン・ジャックの映画「愛すべき御婦人たち」
217		4	金	夜、テアトル・デ・シャンゼリゼ「プロアルテ・ミュンヘン室内管弦楽団」（フルートはピエール・ランパル）
218		5	土	
219		6	日	好日　セーヌ河畔を散策 近代美術館でサロン・ド・メを見る。荻須氏が一点 矢内原伊作氏に会う トリニテ教会で初聖体にぶつかる オペラ座「魔笛」
220		7	月	午後、ルノーの工場見学（留学生のための）
221		8	火	終戦記念日で休み 芝生で日向ぼっこ 夜、大久保君とサル・プレイエル「カザドシュのピアノ、コンセール・ラムルー」でモーツァルトを聴く

出発からの日数	年	月	日	曜日	おもなできごと	備考
222	1956	5	9	水	夜、大久保君とサン・ジャックの塔の下の映画館でイタリー映画「失われた大陸」を観る	
223			10	木	アサンシオン（昇天祭）で休み オランジュリー美術館「ジオットからベッリーニまで」 夕食はフォントネー・オー・ローズのバセ博士の家に招かれる	
224			11	金	夜、シャイヨー宮「アレキサンドル・ブライロフスキーのショパン」	
225			12	土	留学生のためのガイド付きバス・ツアー ルーアン方面	
226			13	日		
227			14	月	シャイヨー宮「ハイフェッツのヴァイオリンリサイタル」	
228			15	火	大久保君宅で森有正氏に初見参（鈴木道彦氏も同席） 夜、オペラ座「カラヤンとベルリン・フィル」	
229			16	水	夜、八代修次氏と初見参	
230			17	木	河野参事官の依頼で村松梢風氏（68歳）を診察	
231			18	金	村松氏往診 大久保君宅で佐藤朔氏（51歳）の血圧測定	
232			19	土	村松氏往診　東大眼科O教授来る	
233			20	日	ピガールで佐藤朔氏、大久保君と夕食 一人で「野菊の如き君なりき」を観る	
234			21	月		
235			22	火		
236			23	水	33回目の誕生日	
237			24	木		
238			25	金	バセ氏によるT書記官の診察に立ち会う 日本館のレセプション メゾン・アンテルナシオナルで「修禅寺物語」を観る	
239			26	土		

240		27	日	大久保君宅で森有正氏、鈴木道彦氏と昼食 話し込んで夕食も 一人でイル・ド・ラ・シテの周辺を散策
241		28	月	
242		29	火	キュリー研究所図書室で文献読み
243		30	水	キュリー研究所図書室で文献読み 脳研先輩の鰭崎氏に会う
244		31	木	夜、シャイヨー宮「ミュンヘン・フィル」指揮フリッツ・リーガー（大久保君、鈴木道彦氏と）
245	6	1	金	テアトル・デ・シャンゼリゼ「ロンドン・フィル」指揮トーマス・ビーチャム
246		2	土	矢内原東大総長サルペトリエール訪問 鰭崎氏をシテ・ユニヴェルシテールなどに案内
247		3	日	ブールデル美術館に行く お祭りの行列見物（コンコルド） ガゼット「ヴァトーからプリュードンまで」（18世紀の絵）鑑賞
248		4	月	オペラ座「タンホイザー」
249		5	火	最後の給費金を貰う テアトル・デ・シャンゼリゼ「バックハウスのベートーヴェン」
250		6	水	シテ・ユニヴェルシテールの映画館でマルセル・パニョル原作「トパーズ」（フェルナンデル主演）を観る
251		7	木	鰭崎氏のため日本館に部屋をとる 矢内原総長を囲む夕食会 サラ・ベルナール座でシラー「たくみと恋」を大久保君と観る
252		8	金	大久保君宅で昼食（森有正氏も来る約束だったが忘れん坊名人とて来なかった） テアトル・デ・シャンゼリゼ「レオニード・コーガンのリサイタル」大久保君と
253		9	土	大久保君宅で佐藤朔氏と夕食　オスロ「イプセン祭」から帰った佐藤氏に話を聞く
254		10	日	午後、クリニャンクールの蚤の市へ
255		11	月	夜、テアトル・デ・シャンゼリゼ「フルニエのチェロ・リサイタル」
256		12	火	夜、鰭崎氏が部屋に来て話し込む

出発からの日数	年	月	日	曜日	おもなできごと	備考
257	1956	6	13	水	鰭崎氏離仏	
258			14	木	午後3時に解剖学教授アンドレ・デルマス氏に会う テアトル・デ・シャンゼリゼ「ブルーノ・ワルターのモーツァルト」フランスの楽団を大久保君と聴く	
259			15	金	画廊「ベルネム・ジュヌ」でのボナール展（58点）を鈴木道彦氏と観る 夕食は大久保君宅で佐藤朔氏、鈴木道彦氏と 夜、日本館で講演会「パストゥール」デュジャリック・ド・ラ・リヴィエールを聴く	
260			16	土	デルマス教授に新医学部を案内してもらう T書記官宅で夕食後、シャトレ座「ロシア・バレエ　白鳥の湖」に招かれる オードリー・ヘップバーンを見かける	
261			17	日	植村館長とヴェズレイ行き　オーセール↓ヴェズレイ↓アヴァロン	
262			18	月		
263			19	火	松木氏と北欧旅行の計画を練る	
264			20	水	旅行の時刻表を調べにツーリスト・ビュローへ。夕食後、風邪で休む	
265			21	木	午後、佐藤朔氏が爪を剝がして来診 夕方ランベール君、夜9時大久保君来室	
266			22	金	昼食は大久保君宅で鮨。日本人7人集う 夕方、佐藤朔氏の治療	
267			23	土	鈴木道彦氏と画廊（名は忘れた）。コローに魅せられる 佐藤朔氏の治療 二宮夫妻と夜の散歩	
268			24	日	午後ブーリエ一家とパルク・ド・ソー散策	
269			25	月	佐藤朔氏の治療	
270			26	火		
271			27	水	佐藤朔氏の治療終了	
272			28	木	サルペトリエール病院の食堂での最後の食事 夜、シテの劇場で映画「フレンチ・カンカン」「ブリューゲル」鑑賞	

273		29	金	シャルコー研33年勤務のマダム・ピニョール退職 ジラール君、軍医としてカサブランカへ発つ 夜、ノートルダム広場でのキリストの受難劇を観る
274		30	土	昼食時、シテの食堂で佐藤朔氏、八代修次氏に会いイタリア旅行の話 午後2時半にソルボンヌの心理学研究所でリヨンのジュヴェ君と再会 ロンドンから着いた岡田氏と夜のパリを散歩
275	7	1	日	澄田智氏一家とヴォー・ル・ヴィコントとプロヴァンへのドライブ
276		2	月	佐藤朔氏に往診、風邪（八代氏の依頼） 八代氏と画廊めぐり
277		3	火	アンドレ・トマ氏宅訪問
278		4	水	読売新聞記者上野氏宅の夕食に植村館長と招かれる
279		5	木	
280		6	金	
281		7	土	ボーデロック産院にアンドレ・トマ氏を訪ねる 午後、森有正氏に会う
282		8	日	
283		9	月	八代氏と美術学校見学
284		10	火	早稲田の建築の先生の往診を依頼される
285		11	水	千葉大小林教授とサルペトリエールのミュゼ・シャルコーおよびビブリオテック・シャルコーを初めて見る
286		12	木	
287		13	金	午後、モンパルナスで森氏のパイプオルガン演奏を聴く 森氏と古い建物の写真を撮りはじめる 夕食は二宮夫妻宅で森氏も一緒
288		14	土	パリ祭 エトワルで軍国絵巻を見る（笹原女史、河野嬢と） 松田君とコンコルドの夜景見物

出発からの日数	年	月	日	曜日	おもなできごと	備考
289	1956	7	15	日		
290			16	月		
291			17	火		
292			18	水	森氏と写真撮り歩き	
293			19	木	森氏と写真撮り歩き 夕食は大使館の加賀美氏宅へ招かれる	
294			20	金		
295			21	土	森氏と写真撮り歩き	
296			22	日		
297			23	月	ガルサン教授に休暇前の挨拶 森氏と写真撮り歩き	
298			24	火	夜、メゾンで英国嬢のお産を世話する	
299			25	水	午後、森氏と写真撮り歩き	
300			26	木	森氏と写真撮り歩き	
301			27	金	午後、森氏と写真撮り歩き 夕食はブールギニヨン君の招きで小林氏も共にレストラン「シャルパンチェ」で	
302			28	土	警視庁で滞留手帳の書換え 夕食は牡丹屋（往診した日本人に招かれる）	
303			29	日		
304			30	月	ベルトラン教授にグリオーマ観察の結果を報告、まとめるよう勧められる ノルマンディー旅行から帰って発熱した二宮氏に往診	
305			31	火	シャンゼリゼで北欧行きの切符を入手 森氏、大久保君と共に広東料理屋で夕食 夜、部屋の片付け	

森有正氏と撮ったパリ陸軍病院

306	8	1	水	方々に挨拶 夜9時ギャール・ド・ノール（北駅）を発車 松木氏と北欧・オランダ・ベルギー旅行
307		2	木	夜9時前、コペンハーゲン着
308		3	金	
309		4	土	
310		5	日	ルンド着
311		6	月	
312		7	火	ストックホルム着
313		8	水	
314		9	木	
315		10	金	ウプサラへ
316		11	土	
317		12	日	夜遅くトロンヘイム着
318		13	月	
319		14	火	オスロ着
320		15	水	
321		16	木	オスロ大学解剖学教室訪問
322		17	金	ソグネ・フィヨルドへ
323		18	土	
324		19	日	再びオスロ
325		20	月	夜9時ノルド・エキスプレス
326		21	火	オーゼンセ着
327		22	水	ハンブルクへ フレンスブルクからドイツに入る

ルンド大学比較発生学研究所（スウェーデン）

オスロ大学解剖学教室にて（ノルウェー）

北欧・オランダ・ベルギーの旅

出発からの日数	年	月	日	曜日	おもなできごと	備考
328	1956	8	23	木	ハーゲンベック動物公園	北欧・オランダ・ベルギーの旅
329			24	金	夜アムステルダム着	
330			25	土	美術館めぐり	
331			26	日	クレラー・ミュラー美術館（オッテルロー） アムステルダム泊	
332			27	月	ボック教授訪問 動物園 レンブラントの家（ミュゼ） 市立美術館（ゴッホ油絵135点・デッサンやエッチング108点）	
333			28	火	アムステルダム→ライデン→ハーグ	
334			29	水	ハーグ市内見物 マウリッツハイス美術館 ロッテルダムへ	
335			30	木	ボイマンス美術館でレンブラント展（101点） ロッテルダム→アントワープ	
336			31	金	アントワープ→ガン	
337		9	1	土	ガン→ブリュージュ	
338			2	日	ブリュージュ→ブリュッセル 夜汽車でパリへ	
339			3	月	朝パリ着 8時前メゾンに帰着 大久保君、二宮夫妻を訪問	
340			4	火	部屋の片づけ　熊谷さん（在ローマ）に会う 津山君、ロンドンより来る（ミュンヘンへ移る途中）	
341			5	水	津山君の案内 夜、二宮夫妻来訪　北欧の話をする 津山君と2時まで歓談	

342	6	木	ルーヴルを手始めに津山君の案内 津山君をカジノ・ド・パリに送りこんで別れる モンパルナスで佐藤朔氏、大久保君、田村泰次郎夫妻に会う
343	7	金	午後、津山君とロダン美術館、アンヴァリッド、バスティーユなど
344	8	土	野見山暁治画伯夫人が病気と聞く 午後1時半～2時半、竹山道雄氏診察 午後4時、津山君の土産物買いにサン・ミシェルに案内
345	9	日	午前中、野見山画伯と友人達来訪、野見山夫人の病気の件の相談 シテ・ユニヴェルシテールの病院に移るよう勧める 昼食後、津山君とヴェルサイユ、モンマルトルへ
346	10	月	津山君ミュンヘンへ発つ
347	11	火	シテの病院に移った野見山夫人を見舞う 野見山画伯から夫人の両親に送る病状説明の手紙を依頼され、何度も下書きして清書する
348	12	水	シテの病院で野見山画伯に手紙を渡す 近岡善次郎画伯に往診 昼食は松原書記官宅で 午後、梅原龍三郎画伯に往診 帰路、大久保君宅で佐藤朔氏、鈴木道彦氏と会い、北欧の話
349	13	木	竹山氏、やや良くなる 近岡画伯再診 梅原画伯再診
350	14	金	スエズ問題揉めている 午後「ピサロ展」112点 近岡画伯に往診 府高の先輩、本田東大理学部助教授に会う
351	15	土	午前11時、竹山氏来訪、元気になる 午後、小澤君のスクーターに乗せてもらいサン・マルタン運河などをまわる 夕食は小澤君と作って食べる
352	16	日	マルセル・マルソーのパントマイムのマチネに行く
353	17	月	本田氏をルーヴルへ案内

出発からの日数	年	月	日	曜日	おもなできごと	備考
354	1956	9	18	火	スイスへ戻る本田氏を送る 午後、小澤君のスクーターに乗せてもらいM・Mで1月2日の船の予約	
355			19	水	近岡画伯、お礼に来訪 梅原画伯に往診、画集をもらう	
356			20	木		
357			21	金	小澤君のスクーターでパリをかけめぐる 近代美術館「マチス展」、「フランスの教会展」	
358			22	土	近岡画伯をクリニャンクールの蚤の市に案内 夜、コメディ・フランセーズ「町人貴族」小澤君と観劇	
359			23	日	午前中、論文の図作成 午後、小澤君と写真を撮りにスクーターでまわる	
360			24	月	近岡画伯にオランダの旅の指南	
361			25	火	隣の画家の部屋ですき焼き会、野見山画伯を招き5人で夕食	
362			26	水	近岡画伯、腹痛で来訪、治療 東北大名誉教授に往診 二宮夫妻を訪問	
363			27	木	野見山画伯宅を訪ね夫人の病状を説明	
364			28	金		
365			29	土	野見山夫人を見舞う 夜、二宮夫妻宅で僕の旅のための壮行会	
366			30	日	早朝、ケルンに向け出発 午後4時過ぎケルン着	
367		10	1	月	ケルンのカメラ・メッセ見学 ケルン→ボン（午後6時着） ユースホステルに泊る	
368			2	火	神経病理研究所にペーテルス教授を訪ねる ボン→コブレンツ	

ボンの神経病理研究所(ドイツ).
左から2人目がペーテルス教授

369			3	水	コブレンツ↓マインツ
370			4	木	マインツ↓フランクフルト↓ギーセン マックス・プランク研究所訪問 スパッツ教授、ハラーフォルデン教授に会う スパッツ教授の厚意で研究所の客間に泊る
371			5	金	ワーゲンザイル教授、ネーゲリ教授に会う ギーセン↓フランクフルト
372			6	土	エディンガー研究所訪問 クリュッケ教授に会う マインツのグーテンベルク・ミュゼ見学 フランクフルトに戻る
373			7	日	動物園、ゲーテハウス見学 フランクフルト↓ハイデルベルク
374			8	月	ハイデルベルク↓ヴュルツブルク（夜10時40分着）
375			9	火	ヴュルツブルク↓ローテンブルク（午後2時着）
376			10	水	ローテンブルク↓ディンケルスビュール（午後2時）↓ネルトリンゲン
377			11	木	昼過ぎネルトリンゲン発↓シュツットガルト経由↓チュービンゲン（夜8時過ぎ着）
378			12	金	チュービンゲン↓ノイシュタット（午後6時着）
379			13	土	フォークト教授夫妻を訪問
380			14	日	難波氏とフェルドベルク行き ノイシュタット泊
381			15	月	フォークト教授夫妻を訪問 ノイシュタット（午後2時53分発）↓フライブルク
382			16	火	フライブルク↓バーゼル（午後5時着） 映画「沈黙の世界」を観る
383			17	水	大学の解剖学教室にルードヴィッヒ教授を訪ねる バーゼル↓ベルン（夜7時23分着） 本田氏に再会

フォークト教授夫妻

出発からの日数	年	月	日	曜日	おもなできごと	備考
384	1956	10	18	木	グリュンタール氏を訪問	ドイツ・スイス・オーストリア・イタリアの旅
385			19	金	ベルン見物 本田氏宅の夕食に招かれる	
386			20	土	ベルン（午前6時49分発）→アイガー、ユングフラウ→ルツェルン（夜8時着）	
387			21	日	ルツェルン→チューリヒ	
388			22	月	カントン・ホスピタル訪問	
389			23	火	チューリヒ（午前10時24分発）→ミュンヘン 津山君と長谷川君に迎えられる	
390			24	水	「セザンヌ展」「ゴッホ展」を観る 夜、ミュンヘン・フィルを聴く	
391			25	木	津山君とシュタルンベルク行き	
392			26	金	ドイツ博物館見学	
393			27	土	ショルツ教授を訪問 小川教授に頼まれていたモニカ嬢の写真を撮る 夜、津山君とホフブロイハウスへ	
394			28	日	津山君とアルテ・ピナコテークへ ミュンヘン→ザルツブルク（午後1時23分着）	
395			29	月	ザルツブルク（午後0時20分発）→ウィーン（午後4時50分着）	
396			30	火	神経学研究所のザイテルベルガー氏に会う 夜、シュターツオーパーの「タンホイザー」 阿川弘之夫妻に会う	
397			31	水	夜、フォルクスオーパーの「微笑みの国」	
398		11	1	木	ウィーンの森散策 夜、コンツェルトハウスでウィーン・フィル「宗教音楽の夕べ」 阿川夫妻、遠山信二氏、東京新聞青木記者に会い、カフェで話す ハンガリー動乱、スエズ動乱	

小川教授に頼まれて撮影したモニカ嬢（右）と妹

399		2	金	夜、シュターツオーパーの「フィデリオ」 遠山氏と音楽カフェに行く
400		3	土	夜、シュターツオーパーの「魔笛」 ウィーン（深夜0時20分発）↓ザルツブルク経由でインスブルックへ
401		4	日	朝9時40分インスブルック着 10時50分アルペン・エキスプレス発車 ブレンネル峠よりイタリアに入る 午後4時7分ヴェローナ着
402		5	月	ヴェローナ（午後5時31分発）↓ヴェネツィア（午後7時40分着）
403		6	火	サン・マルコ寺院ほか
404		7	水	ヴェネツィア（午後0時2分発）↓パドヴァ↓ラヴェンナ（午後5時58分着）
405		8	木	ラヴェンナ↓ボローニャ（午後6時過ぎ） 田中氏に迎えられる
406		9	金	ボローニャ（午後0時50分発）↓フィレンツェ（午後2時過ぎ着）
407		10	土	終日フィレンツェ
408		11	日	終日フィレンツェ 近岡、中谷両画伯と偶然会う 野見山画伯夫人が10月6日に死去と聞く
409		12	月	終日フィレンツェ
410		13	火	フィレンツェ↓シエナ↓フィレンツェ
411		14	水	フィレンツェ↓ピサ↓フィレンツェ
412		15	木	フィレンツェ（午前11時55分発）↓ローマ（午後2時半着）
413		16	金	ヴァチカンへ
414		17	土	国立衛生研究所の熊谷氏を訪ねる 遊覧バスでローマ郊外見物
415		18	日	熊谷氏とローマを歩く

出発からの日数	年	月	日	曜日	おもなできごと	備考
416	1956	11	19	月	小川教授の知り合いの女医さんを訪ねる ローマ（午前10時35分発）↓ナポリ	
417			20	火	ナポリ↓パエストゥム↓ナポリ	
418			21	水	遊覧バスでポンペイへ ナポリ（午後4時8分発）↓ローマ（午後7時過ぎ着） 午後8時半発のジュネーヴ行国際急行列車に乗る	
419			22	木	朝4時ミラノ通過、午後0時45分ジュネーヴ着 ジュネーヴ（午後2時45分発）↓リヨン・ペラッシュ駅（午後5時33分着） ジュヴェ君に迎えられる	
420			23	金	滝沢敬一氏に会う	
421			24	土	リヨン（午後4時8分発）↓パリ（午後8時55分着）	
422			25	日	部屋の片付け 大久保君宅で昼食 二宮夫妻、鈴木道彦氏も同席、旅の話	
423			26	月	午後M・M本社へ、出帆は1月5日となる 夜、荻須高徳氏が日本館に来訪 夕食を共に話をし、12時近くになる	
424			27	火	八代氏よりドイツ、オーストリアの旅の話を聞く 夜、佐藤朔氏を訪問	
425			28	水	久しぶりにサルペトリエールへ ガルサン教授に会う	
426			29	木	昼、ガルサン教授に会う 森有正氏と「天下楽園」で夕食	
427			30	金	八代氏とクリュニー美術館へ	
428		12	1	土		
429			2	日	オランジュリーで「ルドン展」を観る 夜、カフェで八代氏と芸術談、12時に及ぶ	

430	3	月	
431	4	火	夜、テアトル・デ・シャンゼリゼ「フランチェスカッティ・ヴァイオリンリサイタル」 大久保君、鈴木道彦氏と共に聴く
432	5	水	ガルサン教授、胆石で入院、来週手術と聞く もう会えぬかもしれぬ
433	6	木	
434	7	金	ベルトラン教授に久々に会う 夜、モンパルナスの寄席「ボビノ」に行く
435	8	土	シャルコー研に行く 昼食後ブーリエ君来訪 夜、ポルト・サン・マルタン劇場で「フレール・ジャック」を観る
436	9	日	八代氏、佐藤朔氏とルーヴルに行くが従業員のストで閉館 昼食後、アトリエ座で「月の鳥」観劇 夜、八代氏とコメディ・コーマルタン寄席へ
437	10	月	シャルコー研で標本見直し
438	11	火	シャルコー研
439	12	水	シャルコー研
440	13	木	シャルコー研 M・Mに船賃払いこむ
441	14	金	シャルコー研 夜、荻須高徳氏宅に大使館文化アタッシェ夫妻と招かれる
442	15	土	シャルコー研 サルペトリエールの門までベルトラン教授と一緒に歩く
443	16	日	ブーリエ君とルーヴルへ、今日もスト 夜、TNP「マリー・チュードル」観劇 マリア・カザレスが素晴らしい
444	17	月	シャルコー研 夜、牡丹屋に往診、近岡氏に会う

ガルサン教授夫妻とともに教室の記念撮影

シャルコー研究室の技術員たち

出発からの日数	年	月	日	曜日	おもなできごと	備考
445	1956	12	18	火	シャルコー研 熊取氏パリ着 夜、熊取氏と河野氏宅に招かれる	
446			19	水	シャルコー研 夜、熊取氏と食事	
447			20	木	シャルコー研	
448			21	金	ベルトラン教授に結論を述べる 承認される 夜、TNP「オンブールの王子」観劇 ジェラール・フィリップが素晴らしい	
449			22	土	午前、研究室でデッサン 午後、野見山、近岡両画伯と「蚤の市」へ 夕食を奢られる オランピアでジルベール・ベコー、ジャズなど聴く	
450			23	日	ルーヴルへ 夕食は熊取氏と 夜、ボビノ。シャルル・トレネの「ラ・メール」が圧巻	
451			24	月	午前、シャルコー研 昼食はブーリエ夫妻の招待 夜、NHK支局長岡部氏宅に大久保君と夕食に招かれる	
452			25	火	熊取氏と散策	
453			26	水	シャルコー研で画の作成 ベルトラン教授と記念写真 小川教授からの手紙で講師昇進を知る 夜、フランソワ・ジャカン氏宅に招かれる	
454			27	木	昼、森氏の奢りで八代氏、佐藤朔氏と中華料理 午後、シャルコー研で作図 夜、河野氏宅の招待。多くの日本人と	

ベルトラン教授

	年	月	日	曜	事項
455			28	金	シャルコー研 夕食は佐藤朔氏、大久保君、八代氏と中華料理 ピガールでぶっつけ合い自動車で遊ぶ
456			29	土	シャルコー研、図を大方書き終える ピガールでディズニー「アフリカのライオン」を観る
457			30	日	佐藤朔氏、八代氏と「アクロポリス」で昼食 最後のルーヴル、閉館までいる
458			31	月	シャルコー研、最後のデッサン、14枚すべて終了 買物 夜、大久保君宅で二宮夫妻、鈴木道彦氏による送別会
459	1957	1	1	火	大使館新年会 佐藤朔氏、八代氏とモンパルナス「ル・ドーム」で夕方まで話し込む 夕食後、八代氏、三輪氏とサン・ミシェルで映画（ジルベール・ベコーとフランソワーズ・アルヌール）
460			2	水	荷の整理と発送 八代氏と散歩 ダヴォスにスキーに行く大久保君達をギャール・ド・レストに送る
461			3	木	サルペトリエールへ ベルトラン教授との別れ サルペトリエールとの別れ 読売の上野氏宅の夕食に招かれる
462			4	金	パリとの別れ 夜行列車（夜9時25分発） 友人たちの見送り
463			5	土	朝7時半マルセイユ着 田中君の出迎えを受ける ラオス号12時出帆
464			6	日	ジブラルタル通過（夜10時）
465			7	月	
466			8	火	ラス・パルマス入港（朝9時前） 上陸、エクスカーション 夕、出港

ラス・パルマスの風景

ラオス号の航海

出発からの日数	年	月	日	曜日	おもなできごと	備考
467	1957	1	9	水		ラオス号の航海
468			10	木		
469			11	金		
470			12	土	図書室でデュアメル「日本」を借りる	
471			13	日		
472			14	月		
473			15	火	デュアメル読了	
474			16	水	ルネ・ルリッシュ「回想記」読み始める	
475			17	木		
476			18	金	ケープタウン入港 エクスカーション 夜7時出港 インド洋に向け左に回転	
477			19	土	マルタン神父の九州今昔談	
478			20	日		
479			21	月		
480			22	火	船酔い	
481			23	水	レユニオン島に接近	
482			24	木		
483			25	金		
484			26	土		
485			27	日	ルリッシュ読了	
486			28	月	赤道通過、赤道祭	
487			29	火	ギラン「シャルコー伝」読み始める	

赤道祭

488			30	水	船の機関部見学
489			31	木	目覚めたらシンガポール港外 上陸してエクスカーション 田中氏、輿氏、近藤氏と4人で 夜9時過ぎ出港
490		2	1	金	
491			2	土	サイゴン入港 5日まで停泊
492			3	日	
493			4	月	大使官邸に招かれる 小長谷大使は東京出張中、夫人にもてなされる 小長谷嬢は在パリ
494			5	火	朝、サイゴン出港
495			6	水	
496			7	木	マニラ入港 夜8時出港
497			8	金	
498			9	土	朝、香港入港
499			10	日	
500			11	月	
501			12	火	
502			13	水	
503			14	木	横浜入港

香港の夜景とラオス号

往復の航路図

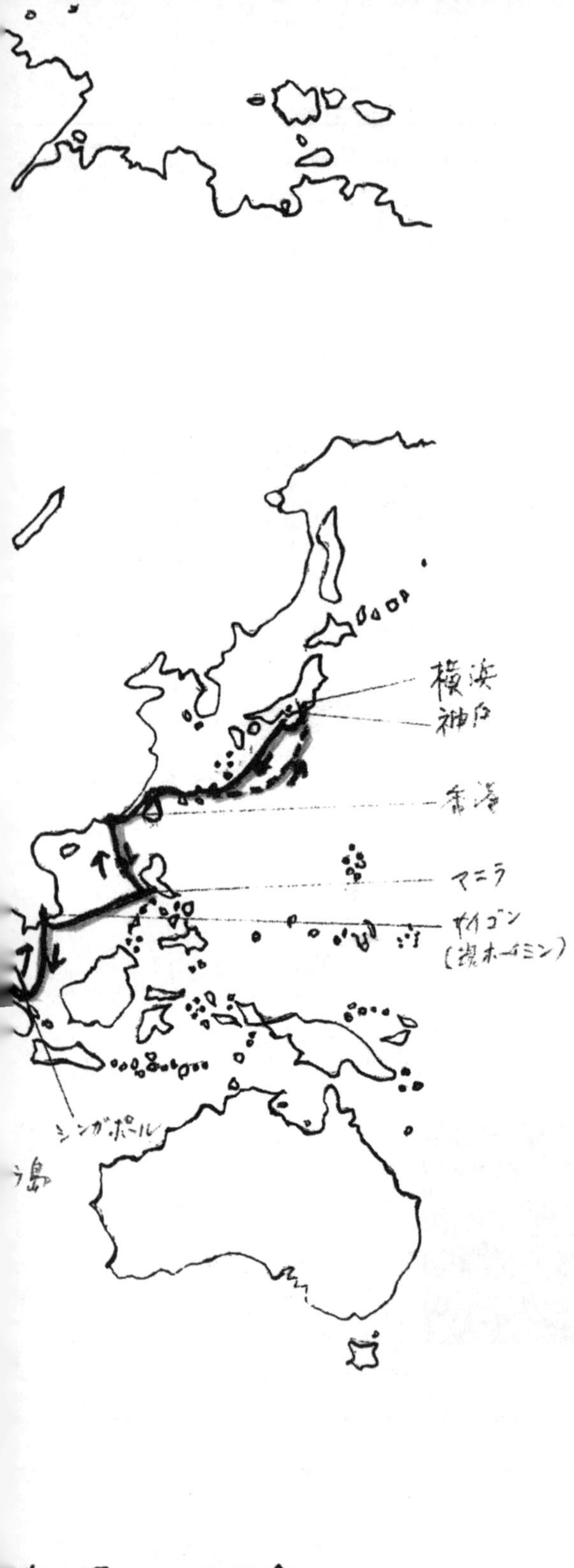

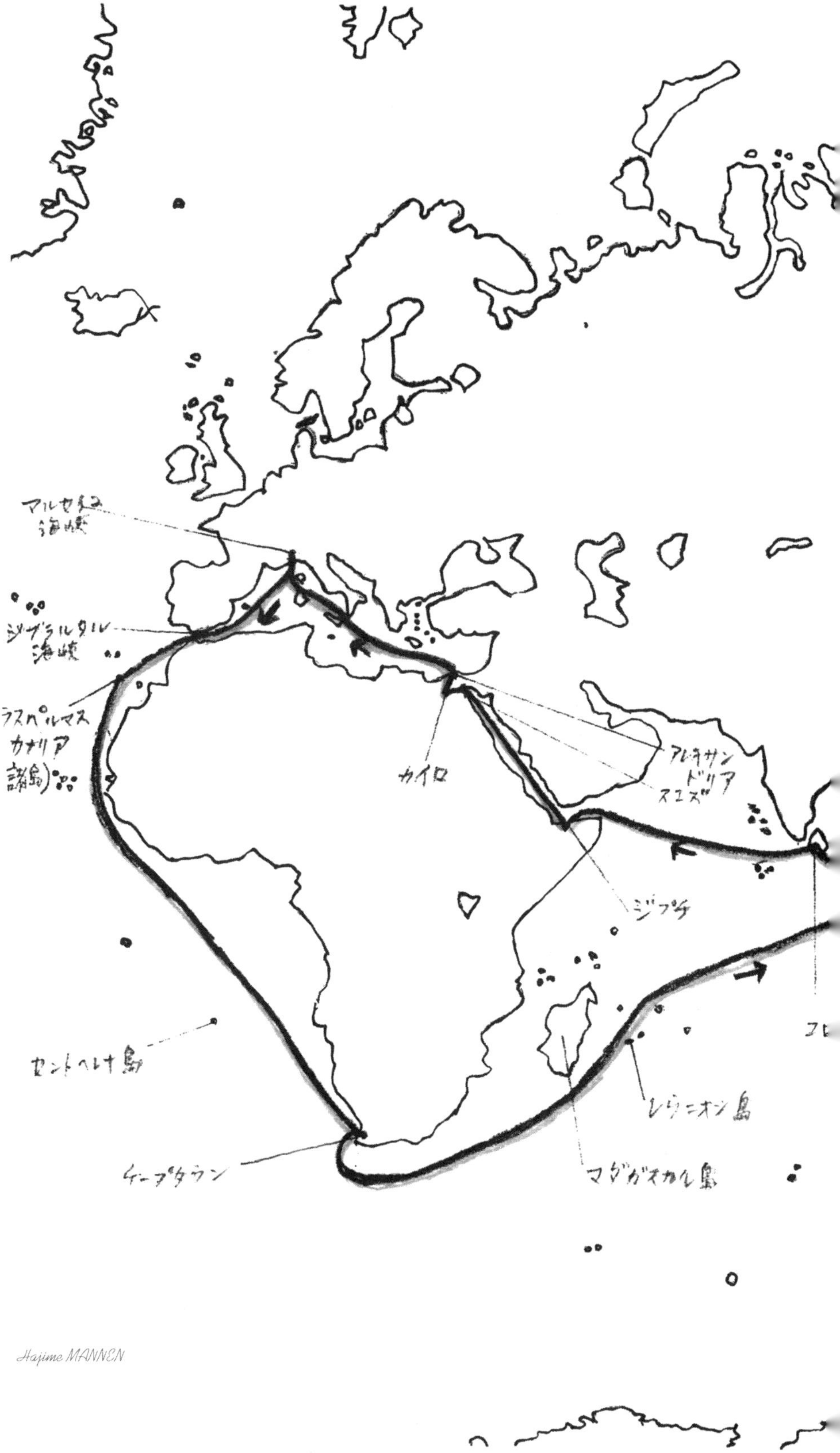

Hajime MANNEN

パリ

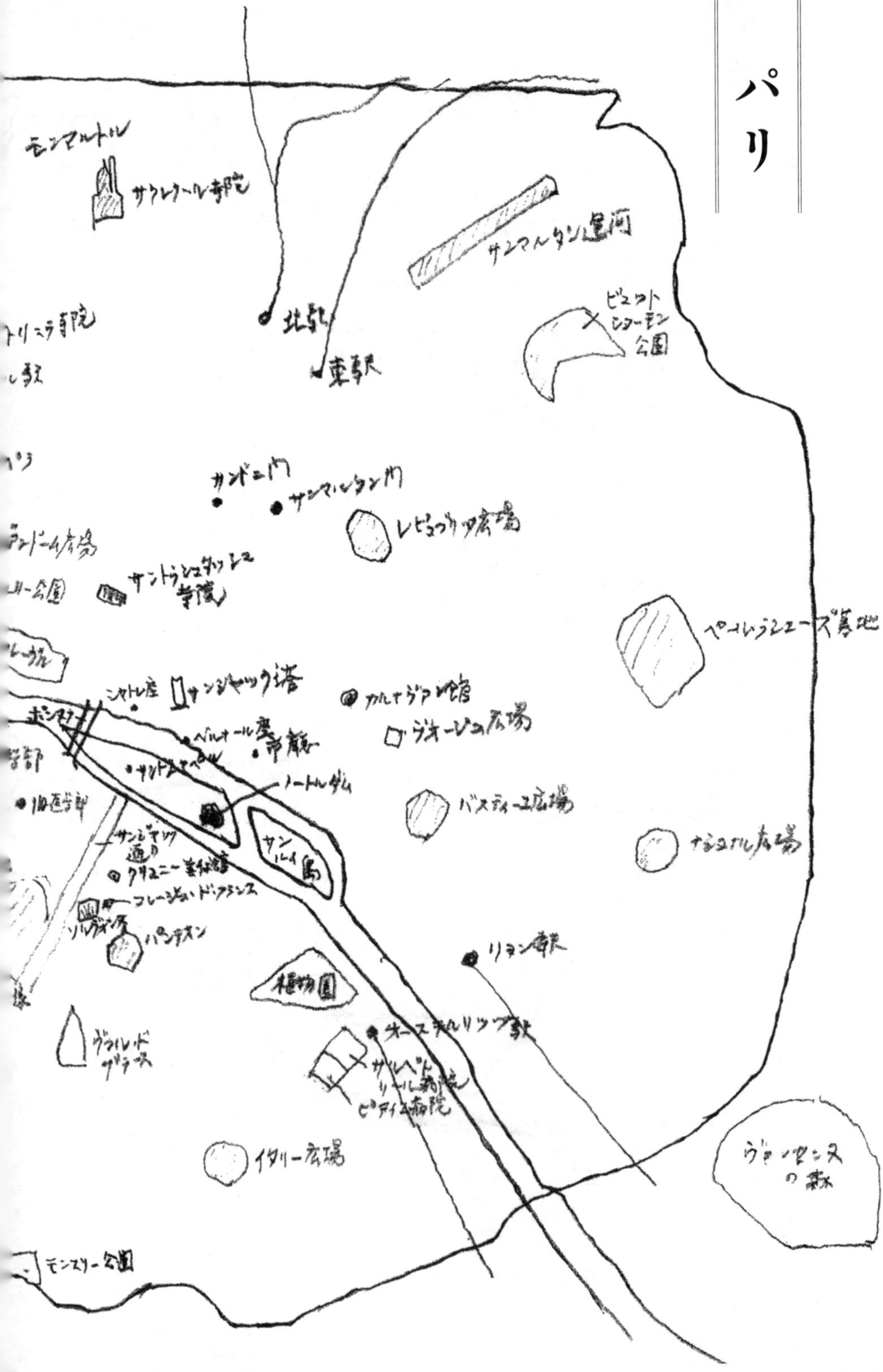
モンマルトル
サクレクール寺院
サンマルタン運河
ビュット
ショーモン
公園
トリニテ寺院
北駅
東駅
サンドニ門
サンマルタン門
レピュブリック広場
サントゥシュタッシュ
寺院
ペールラシェーズ墓地
シャトレ座
サンジャック塔
カルナヴァレ館
ヴォージュの広場
ポンヌフ
市庁舎
サントシャペル
ノートルダム
バスティーユ広場
ナシオン広場
サン
ルイ
島
サンジャック
通り
クリュニー美術館
コレージュ・ド・フランス
ソルボンヌ
パンテオン
リヨン駅
植物園
オーステルリッツ駅
サルペトリエール病院
ピティエ病院
ヴァルド
グラース
イタリー広場
ヴァンセンヌ
の森
モンスリー公園

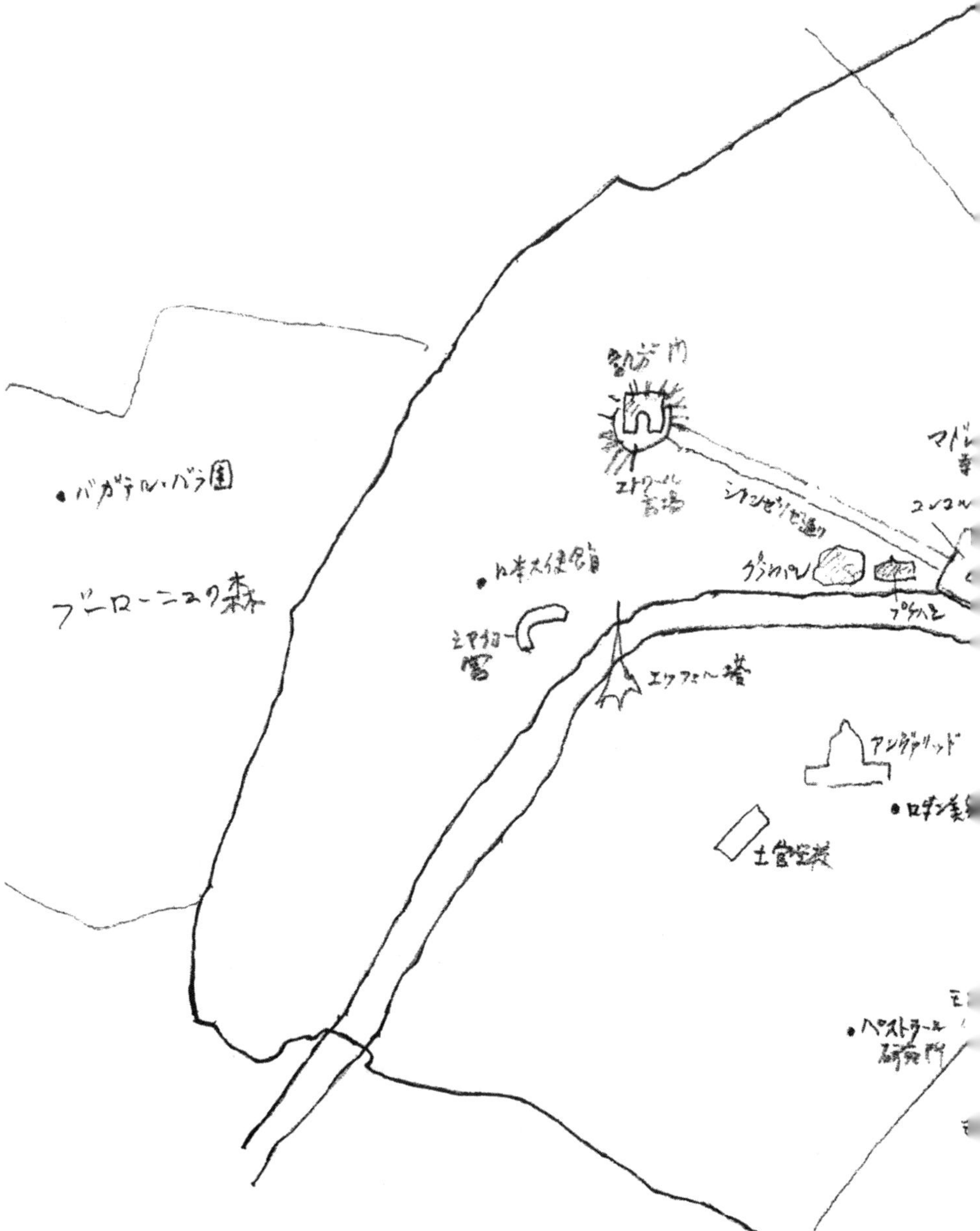

Hajime MANNEN

フランス国外の旅

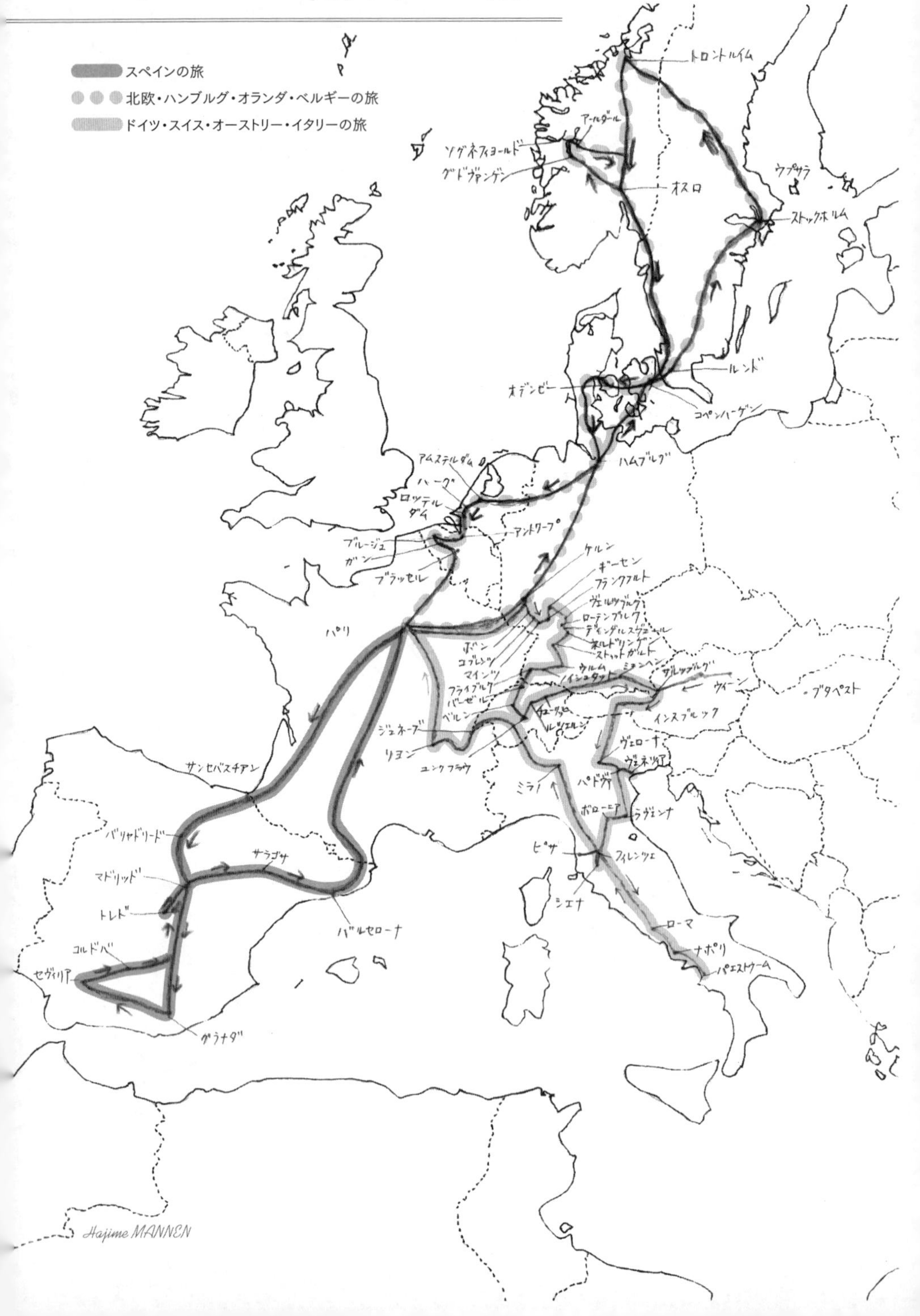

スペインの旅
北欧・ハンブルグ・オランダ・ベルギーの旅
ドイツ・スイス・オーストリー・イタリーの旅
トロントルイム
アールダール
ソグネフィヨールド
グドブァンゲン
オスロ
ウプサラ
ストックホルム
ルンド
オデンセー
コペンハーゲン
ハムブルグ
アムステルダム
ハーグ
ロッテルダム
アントワープ
ブルージュ
ガン
ブラッセル
パリ
ケルン
ギーセン
フランクフルト
ヴェルツブルグ
ローテンブルク
ディンゲルスヴューール
ネルドリンゲン
ストットガルト
ボン
コブレンツ
マインツ
フライブルク
バーゼル
ベルン
ウルム
ノイシュタット
ミュンヘン
ザルツブルグ
ウィーン
ブタペスト
インスブルック
チューリッヒ
ルツエルン
ジュネーブ
リヨン
ユンクフラウ
ヴェローナ
ヴェネツィア
パドヴァ
ミラノ
ボローニア
ラヴェンナ
ピサ
フィレンツェ
シエナ
ローマ
ナポリ
パエストゥーム
サンセバスチアン
バリャドリード
サラゴサ
マドリッド
トレド
バルセローナ
コルドバ
セヴィリア
グラナダ
Hajime MANNEN

萬年 甫
小伝

東京女子医科大学名誉教授
岩田　誠

初出 BRAIN MEDICAL 26:400-408, 2014

略歴

1923年 5月23日 千葉県市川市真間で出生

1936年 3月 芝区（現・港区）白金小学校卒業

1940年 3月 府立高等学校尋常科修了

1942年 9月 府立高等学校理科乙類卒業

1947年 9月 東京帝国大学医学部医学科卒業
東京大学病院にて臨床実地修練（インターン）

1948年 12月 第5回医師国家試験合格

1949年 4月 東京大学大学院前期入学

1954年 3月 東京大学大学院後期修了
東京大学医学部助手

1955年 10月 フランス政府給費留学生として
パリ大学サルペトリエール病院留学

1956年 8月 学位論文「脂質含有色素粒子の分布より見たる人脳の
細胞構築に就いて」にて東京大学医学博士号取得

1957年 2月 帰国

1957年 2月 東京大学医学部講師

1959年 7月 東京大学医学部助教授

1960年 7月 東京医科歯科大学医学部附属難治疾患研究施設助教授併任

1963年 4月 東京医科歯科大学医学部附属難治疾患研究施設教授就任

1966年 7月 東京医科歯科大学医学部第三解剖学教授就任

1978年 7月 仏国教育功労章シュヴァリエ
（L'Ordre des Palmes Académiques, Chevalier）受章

1979年 8月 東京医科歯科大学附属図書館長

1983年 6月 藤原賞受賞

1987年 4月 紫綬褒章受章

1989年 3月 東京医科歯科大学定年退職
同大学名誉教授

1989年 4月 昭和大学歯学部客員教授

1991年 4月 東邦大学医学部客員教授

1993年 4月 東邦大学非常勤講師

1993年 11月 勲三等旭日中綬章受章

2011年 12月27日 逝去（享年88）

東大時代の萬年甫（1943年頃）

両親・弟（徹）と. 左奥が甫（1952年頃）

生い立ち

萬年甫は、陸軍軍医・萬年虎雄の長男として、一九二三年五月二十三日市川市真間で生まれた。真間は手児奈伝説で有名であり、萬年が生まれたのは、手児奈が身を投げた井戸に近いところだった。萬年甫の父・虎雄は山形県鶴岡の出身で、地元の高等中学を出ると、東北医専（現・東北大学医学部）に入り、陸軍軍医委託生となり、卒後軍医として津田沼の連隊に赴任していた。幼い頃の甫は、毎朝、迎えに来た従卒を従えて、馬に乗って連隊に出勤する父の姿を見ながら、自らもいつかは医師になりたいと志したようである。母は父と同じ鶴岡の出身で、鶴岡高女卒だった。やがて、父は除隊後、中目黒（当時は荏原区目黒村といった）に済生堂医院を開業した。ここで、七歳年下の弟の徹が生まれた。

萬年は、府立高等学校尋常科を経て、一九四〇年に同校理科乙類に進み、その後、すでに太平洋戦争が激化していく最中の一九四二年十月に、東京帝国大学医学部医学科に入学した。しかし、医学の勉強を始めたばかりの青年に、結核性胸膜炎が襲ってきた。父から一年間の休学を命ぜられた彼は、休学中に俳句を学び、自らも句作を始める。このことが、後年、彼をして、大学の先輩であり、脳科学者であり、そして俳人であった、新潟大学脳神経外科の開設者、中田瑞穂に結び付ける大きな要因となった。

一年後に復学した彼を待っていたのは、戦況が悪化していくばかりの中で始まった米軍機による東京の空襲であった。ある日、皮膚科の外来実習中に空襲警報が鳴ったため、萬年たち学生が防空壕に逃げ込むと、そこには皮膚科の太田正雄教授、すなわち文人・木下杢太郎も避難していた。敵機が去って警報が解除された後、学生たちは、太田教授に従って皮膚科の医局に行って雑談をしていた。すると、太田教授がポツリと、「君たちは論語を読まなくちゃいかん」と言われ、「現在のわれわれはまさに〝朝（あした）に道を聞かば夕べに死すとも可なり〟という状況であるからこそ、知識を得るばかりではなく、論語を

写生ノートから

読んで智慧を学ばなくてはいけない、知識の化物になってはいけない」と諭された。空襲という極限状態の直後に聴いたこの静かな言葉は、若き青年の心に、一生記憶に残る強烈な啓示を与えるものであった(1)。

神経解剖学事始め

一九四七年九月に大学を卒業した後、戦後始まったばかりのインターンを東大病院で終え、医師国家試験に合格した萬年は、父を継いで臨床医になろうと東京大学病院第三内科への入局を希望したが、学生の時の胸膜炎のため希望が叶えられなかった。そこで、学生時代から興味のあった東京大学医学部附属脳研究施設の解剖学部門にて、同部門の主宰者であり、当時脳研究施設長を務めていた小川鼎三教授の門を叩き、神経解剖学の勉強を始めるようになった。彼はまず、人脳連続切片の徹底的な観察を行った。観察したのは、主としてパール・カルミン（Pal-Carmin）法で染色された、厚さが数十ミクロンという厚いセロイジン包埋顕微鏡切片である。彼は、小川教授の教えに従い、人脳の三次元形態を理解するために、脳の最下端である延髄から大脳に至るまで連続的に水平断で作成された標本をただひたすら観察し、スケッチしていった。ワイゲルト（Weigert）の髄鞘染色法の変法であるワイゲルト・パール・カルミン法で濃紺色に染まった髄鞘と、神経細胞体を含め、その他の部分がカルミンによって鮮やかな赤色に染まった、色彩的にも大変美しい顕微鏡切片を、彼は黙々とスケッチしていった。観察が段々上方に移り、橋のレベルに達する頃、彼は、橋核と、その背側に接して存在する被蓋網様核とでは、細胞体内のリポフスチンの含有量が違うということに気付く。当時、脳幹の細胞構築学のバイブルであったJacobsohn(2)のアトラスでは、被蓋網様核は橋核の背側への延長であるとされていたが、彼はこれが誤っていることを、自らの観察から見出したのである。

後年、萬年は、筆者らが人脳の連続標本のスケッチを始めるに際して、「ともかく見えるがままにスケッチしなさい。脳解剖の教科書は、私が読んで良いというまで読んではいけません」と厳しく注意することが常であったが、これは、彼自身が小川教授から言われていたことであったという。確かに、もし彼が既にJacobsohnの教科書を読んでいた状態で被蓋網様核と橋核を観察していたなら、これらの二つの核が異なった性質のものであるということには気付かなかったであろうと思われる。

この小さな発見が契機となって、萬年は人脳における神経細胞体におけるリポフスチンの分布様態というテーマで研究してみてはどうかと、小川教授から勧められた。完全主義の彼は、小児から老人までの八個の人脳の百箇所近くの領域の凍結切片を作成し、脂肪染色を行って各領域の神経細胞におけるリポフスチンの細胞体内分布を詳細に検討した。彼によれば、こうした研究を続けながら、五年間に約二万五千個の細胞のスケッチをしたという。この研究成果は、「脂質含有色素粒子の分布より見たる人脳の細胞構築に就いて」という論文として『解剖学雑誌』に掲載され、彼はこの論文により、一九五六年に医学博士の学位を取得した(3)。

滞欧時代

学位論文の仕事を終えた萬年は、神経解剖学の研究を続けるか、臨床医学の道に進むか、まだ決心がつきかねていたようである。その頃、府立高校時代から独学でフランス語を勉強していた彼の前に、戦争で中止になっていたフランス政府給費留学生制度が再開されたというニュースが伝わってきた。彼は早速この試験を受けるが、一度では合格できなかった。数度目の受験で見事合格した彼は、一九五五年十月一日、フランス船ヴェトナム号でフランス留学に旅立った。マルセイユ到着が十一月三日という、一か月を越える船旅で

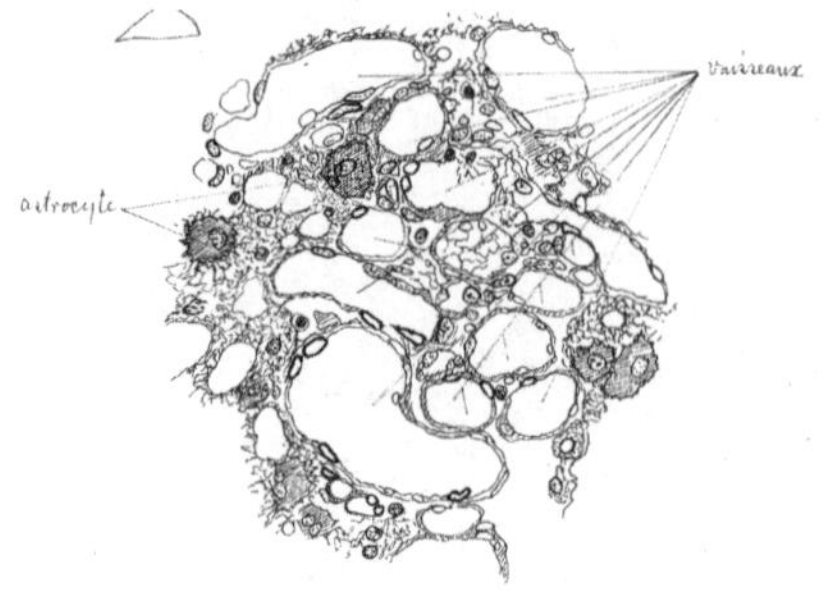

ベルトラン研究室でのグリオーマ血管のスケッチ

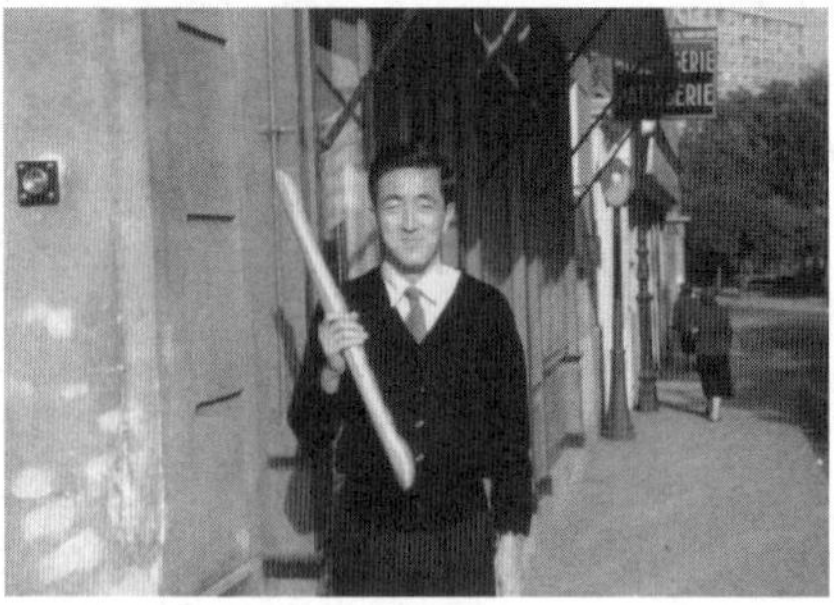

パリ留学中の甫

あったが、好奇心旺盛な彼にとっては退屈とは全く無縁な毎日であり、途中で上陸した街々は、若い彼に世界の広さと人の心の多様性を、強く印象づけたようである。こうして一九五五年十一月四日、三十二歳の萬年甫は、パリの街に降り立った。

パリでは大学都市の日本館に居を定め、そこから、小川教授から紹介されていたサルペトリエール（Salpêtrière）病院神経病理のベルトラン（Ivan Bertrand）教授のもとへと赴いた萬年は、ベルトラン教授から、午前中はガルサン（Raymond Garcin）教授のもとで神経内科の臨床の勉強をし、自分の研究室には午後に来るようにと勧められた。帰国後は臨床に戻ることも考えていた彼は、ベルトラン教授の勧めに従って、ガルサン教授のもとで勉強を始めることになったが、これが彼にとって神経内科学という新しい世界への眼を開かせてくれることになったと同時に、その後、彼の大学の後輩であり、後に日本の神経内科学の発展のために大きく貢献することとなった、塚越廣、平山惠造、萬年徹（弟）、高橋和郎らを、ガルサン教授のもとに留学させたきっかけともなったのである。これらの人々を介してRaymond Garcinという人物が日本の神経内科学に与えた影響には実に大きいものがあるが、萬年はその道を開いた一人であったと言えよう。その後も彼は、サルペトリエールへの留学を希望する人々（筆者、内原俊記）のために、大いに力を尽くした。

午後になると通ったベルトラン教授の研究室で、萬年は保存されている病理標本の観察を行った。その頃のスケッチノートを見ると、彼はすでに論文として発表されていた小脳変性症の標本を自分の目で確かめながら、神経病理学の勉強を始めていったようであるが、そのうち脳腫瘍、特に悪性グリオーマにおける血管の形態に興味を持つに至る。当時はまだ、悪性グリオーマの組織学的研究は始まったばかりであり、その血管構築の異常に注目した研究者は、世界中を見回してもほとんどいなかった。その時点で、彼は血管内皮の増殖を伴う腫瘍内血管新生のような特異な所見に気付き、これを見事なスケッチに残している。ベルトラン教授は、この美しいスケッチと、それが示す新しい学問的な知見とを高く

1973年パリ再訪時. かつてのベルトラン研究室の前でピエール・ロンド氏と共に

評価し、これを論文にまとめるように勧めた。論文の完成は彼の帰国後になったが、悪性グリオーマにおける血管構築異常を記載した初期の論文のひとつとして、歴史的にも大きな意義を有する研究である(4)。

フランス政府給費留学生としての一年を終えた萬年は、その後、私費留学のかたちで、一九五七年一月初めまで欧州に留まった。その目的は、欧州各国の脳研究所を訪ね、研究の現状を視察することであった。その足跡は広範であり、北は北欧から、オランダ、ドイツ、スイス、オーストリア、そしてスペインと、名だたる脳研究所を訪問し、脳解剖学史に名を残す多くの研究者と会って、その研究室を見、直接その現状について詳細に観察した。その訪問記は、帰国後まとめられて『神経研究の進歩』に発表され(5)、その後、彼の死後出版された『頭のなかをのぞく』(6)に再録された。この脳研究所歴訪で彼が学んだことは、ヨーロッパの研究所がどこも、戦争の影響か若い研究者が少なくなっていること、そして、世界の人々を相手にして研究をするのであれば、日本語ではなく欧米の言語で論文を書かなくては勝負にならない、ということであった。事実、帰国後の彼の原著論文はすべてフランス語か英語で発表され、日本語で書かれたものはない。

研究者 萬年甫

一年二か月余の滞欧期間中、彼にとって最も印象に残ったのは、マドリッドのカハール研究所を訪れて、カハール（Santiago Ramón y Cajal）の作成したゴルジ染色標本を直に見たことであった。まだ日本にいた頃からゴルジ染色を試みていた彼は、細胞体から樹状突起、軸索までが観察できるこの染色方法に惹かれ、この染色法を用いて研究を進めることを考えていたが、何十年も前にカハールの作成した標本のあまりの美しさに圧倒され、今さらこの染色法で研究することには意味がないとまで思った。しかし彼は、カハールの研究に

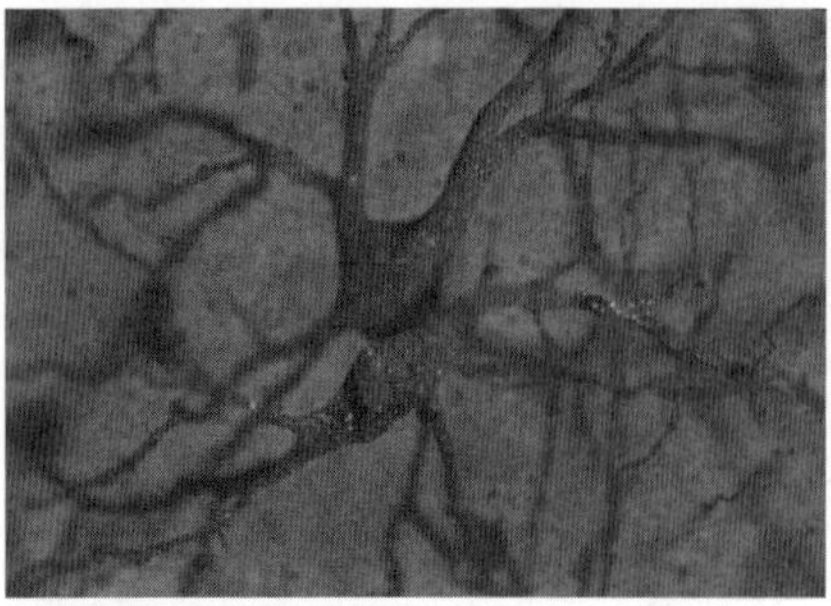
落射照明で見たゴルジ法切片

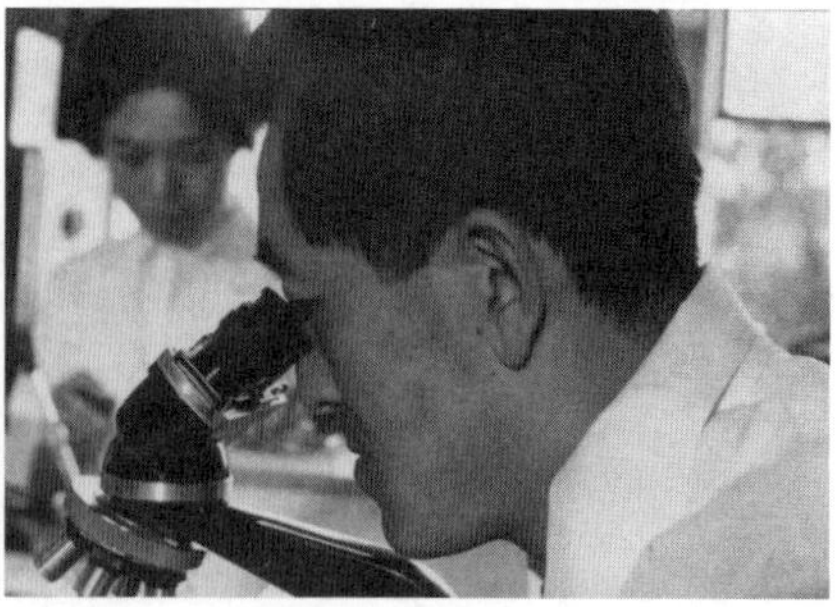
顕微鏡をのぞく(1960年頃)

欠けていたものを発見する。そのひとつは、カハールの論文にはスケールは入っていないということであった。カハールは、標本の観察においてきわめて緻密な図を残しているが、その中には長さの目安となるスケールが全く欠如しているのである。もうひとつは、カハールの観察は、あくまでも一枚の顕微鏡切片標本の中だけのものであるが、樹状突起にせよ軸索にせよ三次元の拡がりを持つものであるから、数百ミクロンという厚い顕微鏡標本であったとしても、それ以上の範囲に及ぶ突起は途中で切れてしまい、その全貌を捉えることができない。このことに気付いた彼は、帰国後、この問題に取り組んでゴルジ法による本格的な研究を開始した。彼の目指したのは、個々の神経細胞の全貌を明らかにすること、彼によれば〝ニューロンの真景〟を明示することであった。

彼はまず、顕微鏡標本の観察から、神経細胞体の立体像を明らかにするにはどうしたら良いかを模索する。通常の顕微鏡観察では、観察対象の背後から照明を当てて透過光で対象を観察するが、ゴルジ法では神経細胞体が真っ黒に染まってしまうため、対象のシルエットしか見えず、その立体像を知ることは不可能である。そこでたどり着いたのが、落射照明という方法であった。彼は顕微鏡切片の裏側からではなく上方からビーム光を当てて、これを観察した。これにより、黒々と染まった神経細胞や突起の立体像が観察できるようになった。萬年は、さらにこの方法で撮影した立体写真をもとに、神経細胞体の立体像を等高線によって表現することに成功した。こうして彼は、ネコ脳ゴルジ染色標本を用いて、延髄網様体の同じ核に属する5個の大型神経細胞について、その細胞体の三次元形態を再構築した。すると、これらの同じ核に属する細胞体では、形は異なっていても、細胞体の体積も、またその表面積も、ほとんど同じであることが判明した(6)。

次いで彼が取り組んだのは、神経細胞突起の切片越え追跡である。神経細胞突起は、樹状突起でさえ、長さが数ミリメートルに及ぶものは珍しくないし、軸索突起に至っては、ネコにおいてでさえ、十センチ以上に及ぶ長いものがある。彼はまず、樹状突起の切片越

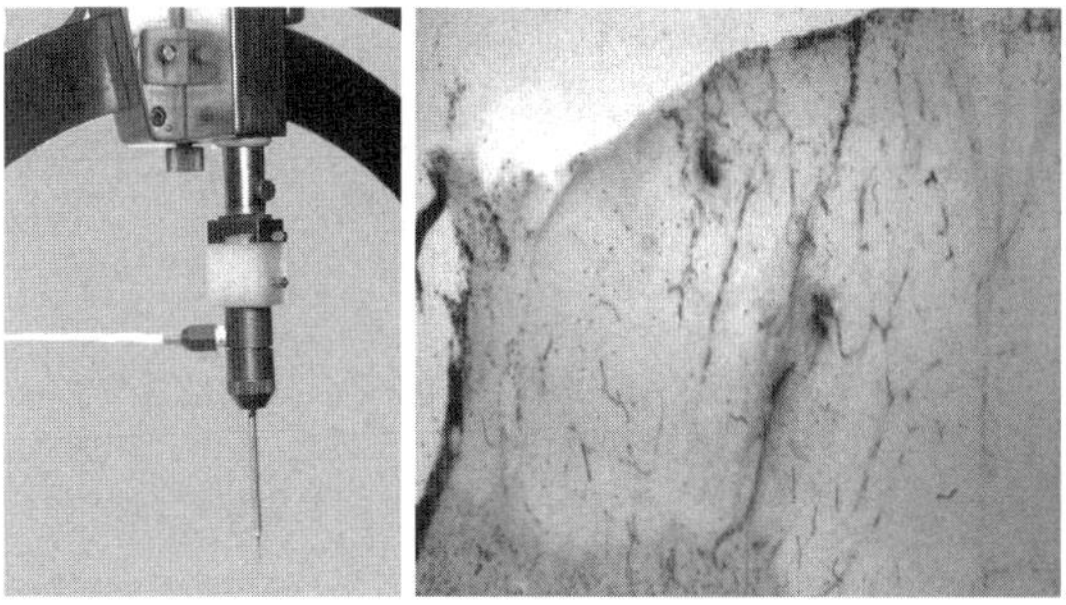

脊髄後索内へのHRP注入

え追跡を行い、落射照明法でその三次元形態が判明した細胞体に、そこから出るすべての樹状突起の拡がりを付け加え、ここに単一神経細胞の〝真景〟を、人類史上初めて、立体模型として世に示したのである(6)。

萬年が次に取り組んだのは、軸索の切片越え追跡であった。軸索は樹状突起とは比較にならないほどの長さを持つ突起であり、しかも彼が用いていたゴルジ法のコックス変法では、樹状突起に比べて軸索の染まり方が悪いため、軸索の全長を可視化することは困難であった。そこで彼が注目したのは、HRP（horseradish peroxidase）法というトレーサーであった。ガラス管微小電極を用いて、この物質を神経細胞体、あるいは軸索近位部に注入すると、HRPは軸索流に乗って軸索の隅々にまで広がっていく。これをジアミノベンチジンで処理すると、HRPの存在する部位は黒く染まるので、軸索を染め出すことができる。この方法の利点は、HRPの注入に先立って、刺入したガラス管微小電極を用いて刺入した神経線維がどのような機能を持つものかを同定できるという点である。彼は、筑波大学生理学教室の本郷利憲教授や、東京大学脳研究施設生理学部門の島津浩教授らの神経生理学者の協力を得て、脊髄前角の介在ニューロンや、脊髄後索の入力線維であるIa線維、Ib線維などの軸索の走行を、個々の神経細胞別にきわめて詳細に解析した。個々の神経細胞の軸索の全長を、三次元的に追跡したこの前人未到の研究は、ニューロンの〝真景〟を探し求めた彼の、執念の結晶化と言うべき歴史的な業績である(6)。

ゴルジアトラスの完成

個々の〝ニューロンの真景〟を探求した萬年の思いは、一九八八年に岩波書店から出版された〝A dendro-cyto-myeloarchitectonic atlas of the cat's brain（猫脳ゴルジ染色図譜）〟(7)に結実した。切片越え追跡法によって樹状突起の全貌を明らかにした神経細胞を、全脳におい

自宅で神経細胞の色分けをする直子夫人

石塚典生氏（左）とベニア板の上で作業

て描出したこのアトラスは、神経解剖学領域における二十世紀最大の巨大な出版物であり、その制作には多大の年月を要した。筆者はかつて東京医科歯科大学医学部第三解剖学教室の助手として、萬年のもとで神経解剖学を学んだが、その時期はこのアトラスの作成が始まった頃であり、ベニア板の上に張られた、巨大な、そして伸縮しない特殊なトレーシングペーパーの上に、観察した神経細胞の細胞体と樹状突起を克明に記録していた彼の姿は、日常の記憶として筆者の脳裏に焼き付いている。このアトラスの完成をもって、彼は、初めてカハールの研究を越えることができた。しかし、この図譜の制作は、彼個人の超人的な努力だけでは成し得なかったものであり、その努力を支えた人々の献身的な協力があったことも忘れてはならない。ゴルジ染色標本に対比すべき髄鞘染色の図譜を作成するにあたっては、彼の実弟である萬年徹と、直弟子にあたる石塚典生の協力が不可欠であった。そればかりでなく、萬年がトレースしたアトラス原稿の出版用原図を作成したのは、妻・直子であった。個々の神経細胞の細胞体と樹状突起の隅々までを、ほかの細胞の樹状突起とはっきりと識別できるように色分けする作業は、並大抵の努力でできるものではない。直子は、何万個という神経細胞の一つひとつを丁寧に色分けして、美しい原図を作成した。また、この精密な原図に忠実な写真製版を仕上げるため、印刷を担当した岩波書店でも、特別な大型写真撮影装置を用意し、版の作成に工夫を凝らしたという。こうして出来上がった、尾側は延髄から、頭側は大脳半球に至るまでのすべての領域において、それぞれの領域における神経細胞の〝真景〟を表したこのアトラスは、真の意味での歴史的出版物であり、それによって萬年は、藤原賞を授与されるに至った。このアトラスの制作中、その原図を見た彼の親友である、リヨンの神経生理学者ミシェル・ジュヴェ（Michel Jouvet）は、〝これは中世のベネディクト会修道院の仕事のようだ〟と評したという。ベネディクト会修道院では、修道士たちにより、神への捧げものとして色彩豊かな細密画で彩られた写本が沢山作成されたが、それになぞらえた最大級の賛辞である。

『脳を固める・切る・染める
―先人の智恵』（2011年刊）

萬年の業績

萬年の学問的な論文は、パリ留学前のものを除き、すべてフランス語または英語で書かれている。先述のごとく、これは留学中に、これからは国際的に通じる言葉で論文を書かねばならないと決心したことを文字どおり実践したことを意味している。畢生の著書である、"A dendro-cyto-myeloarchitectonic atlas of the cat's brain（猫脳ゴルジ染色図譜）"も、英語で書かれた書物である。しかし彼は、医学生や医学研究者向け、あるいは一般向けの啓蒙的な著書を多数残している。『神経学の源流』という三冊からなるシリーズ[8]〜[10]は、バビンスキー、カハール、そしてブロカという、三人の著名な医学者たちの、医学史に残る重要な論文を日本語に訳出し、解説を付けたものであり、学生や若い研究者たちに対して、「古典を読め」と常に言い続けていた彼の面目躍如たるシリーズである。また、原一之との共著『脳解剖学』[11]は、のちに述べる彼の講義の真髄を表した学生用教科書である。これに対し、中公新書から出版された『脳の探求者ラモニ・カハール』[12]と『動物の脳採集記』[13]は、一般向けの肩の凝らない読み物である。二〇一一年にメディカルレビュー社から出版された『脳を固める・切る・染める―先人の智恵』[14]は、十年間にわたって、『BRAIN MEDICAL』誌に連載された内容をまとめたものであり、神経解剖学の歴史を、その研究方法の発展という観点から論じた学術的な書物である。萬年はさまざまな語学に通じており、英独仏はもちろんのこと、イタリア語、スペイン語、ラテン語も独学で学んだ。この堪能な語学力のもとに、すべての原典を原語で読みこなした。このような書物は、古今東西を通じていまだ書かれたことがないものであり、確実な文献考察能力を有し、神経解剖学の第一線の研究を自ら行ってきた彼でなければなし得なかった、きわめて大きな業績であると言える。

彼は生前、脳解剖を学び始める人々への入門書を執筆していた。その死の直前までに

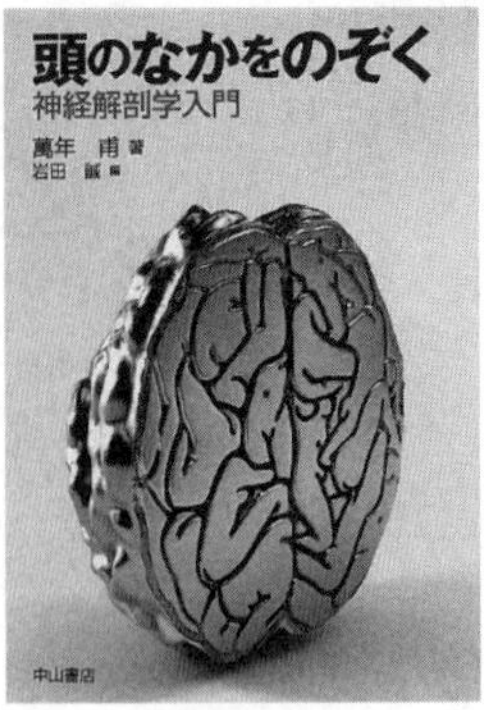

『頭のなかをのぞく
―神経解剖学入門』(2013年刊)

は、原稿はほぼ完成していたが、残念ながら彼は、その刊行を待つことなく、亡くなってしまった。後に遺された原稿を整理して出版されたのが、『頭のなかをのぞく』(6)である。この書物には、脳解剖学に対する彼の想いが込められており、単に脳の解剖学的な解説だけでなく、脳解剖学の研究史が語られ、加えて、かつて『神経研究の進歩』に掲載された、ヨーロッパの脳研究施設歴訪記が再録されている。

教育者 萬年甫

彼は、神経解剖学の研究者であると同時に、偉大な教育者であり、医学部の解剖学教授として、学生教育に力を注いだ。解剖学の教育は、ともすれば解剖学用語の暗記に陥りがちなのに対し、彼は、形の成り立ちを明らかにする教育を目指した。筆者は、萬年教室の助手を務めた間に、医学部学生に対する神経解剖学の講義を聴講する機会を得たが、複雑きわまりない脳の構造の原理を、黒板の上に見事な図を描きつつ、形態の成り立ちから明快に解き明かしていくその講義は、きわめて印象に残るものであった。

萬年は、単にカリキュラムとしての神経解剖学を教えるだけでなく、脳解剖学をさらに学びたいという学部学生や大学院学生たちに教室を開放して、人脳連続標本のスケッチをさせた。筆者のように、他大学に在籍する学生であっても、分け隔てなくスケッチをさせ、脳解剖の面白さを広く知らしめることに努めた。彼のもとに、人脳連続標本のスケッチをしたいと弟子入りしてくる者一人ひとりに、彼は、「ただひたすらにスケッチして、描いた構造物にアトラスを見て名前を入れなさい。構造物の名前が入った図がある程度溜まったら、見せてください。その名前が正しいかどうかをチェックします。私が良いと言うまでは、脳解剖の教科書は読んではいけません」と告げた。その教えに従い、虚心坦懐にスケッチを続けることにより、私たちは自然に観察するということの真の意味を知るように

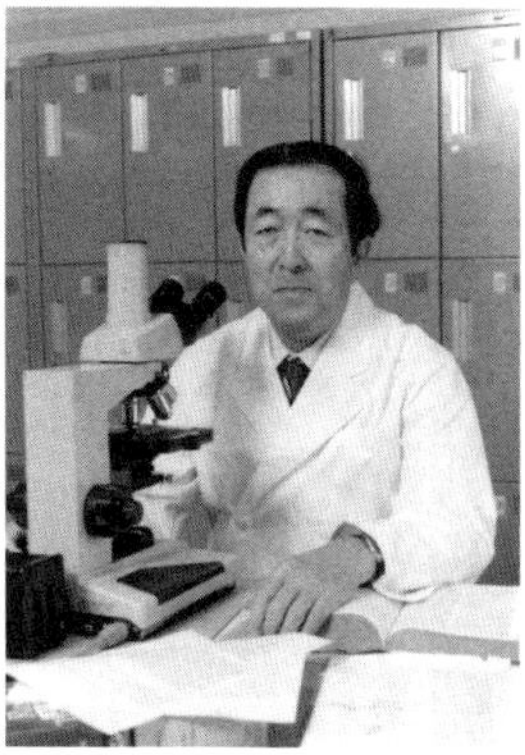

研究室にて(1986年頃)

なる。筆者自身、学生時代にスケッチを始めたばかりの頃、そのような彼の教えが身にしみた思い出がある。

筆者が延髄外側下部の線維束のスケッチをしていると、彼は肩越しに筆者のスケッチを眺め、「ほう、君にはそう見えますか」と一言つぶやいた。その一言で、これは何か見落としているに違いないと思ってよく見直してみると、筆者はヘルヴェーク(Helweg)の三角路の存在を全く見落としていることに気付いた。この線維束は、周囲の線維束に比して髄鞘が薄く周囲の白質より淡明なため、はっきりとした領域として浮き出して見えるのだが、筆者はそれを無視して周囲の線維束と同じように描いてしまっていたのである。彼は、こういった中途半端な観察を絶対に許さなかった反面、先入観を持たずに見出した弟子たちの観察を見つけると、発見の面白さを大いに評価することも忘れなかった。これも筆者自身の思い出であるが、延髄頭側の第四脳室底の介在核(nucleus intercalatus)と前庭三角核(nucleus triangularis nervi vestibuli)との間にみられた小さな線維束をスケッチしていた時、それを筆者の肩越しに見た彼は、「ほう、君も見つけましたな」と言いながら、それが三角介在線維束(fasciculus triangulo-intercalatus)というものであって、萬年の師・小川鼎三のそのまた師匠であった布施現之助が発見した線維束であるため、布施束(Fusescher Bündel)と呼ばれていることを教えてくれた。それだけでなく、布施源之助(15)はチューリッヒ脳研究所におけるフォン・モナコフ(Constantin von Monakow)の弟子であり、モナコフと共著で人脳の図譜を作成したが、第一次大戦が始まってしまったため、惜しくも延髄の部分までしか出版されなかったことを語ってくれた。このことにより、筆者は、自分の学問の源流がモナコフにまで遡れることを知ると同時に、科学の教育というものがこうした何気ない日常会話の中で生まれていくことを学んだ。

このように、彼の教育は、明治の末、科学の成果を取り入れることに性急なあまり、科学における思考の意義を忘れかけていた日本の医学者たちに対して、〝科学者の精神の仕事場をのぞきこむ〃ことが大切だと述べたベルツ（Erwin von Bälz）の言葉(16)をそのまま弟子たちに投げかけ、自らの精神の仕事場を示すことに意を尽くした教育であった。そのような彼の教育に惹かれた学生、大学院生は、人脳連続標本のスケッチという作業を通して、神経解剖学の知識を得るだけでなく、科学の精神とは何か、ということを学び取っていったのである。

黒田頼綱画伯に指導をうける

アーティスト　萬年甫

神経解剖学においては厳格な形態学者であった萬年は、一方ではあらゆる範疇の芸術をも自らのものとして取り込んでいく人柄でもあった。彼は中学時代から映画ファンであり、特にフランス映画に憧れて多くの映画を観たようである。その熱中ぶりは、後年、私たち弟子に対し『格子なき牢獄』『舞踏会の手帖』『旅路の果て』『北ホテル』など、かつてのフランス名画について機会あるごとに語ってくれたことからもわかる。この憧れが、彼をしてフランス語を学ばせることとなり、フランス留学に結び付いたと言えよう。また、大学時代に罹患した結核性胸膜炎による一年間の休学中、彼は俳句に目覚め、多くの秀句を学ぶとともに、自ら句作に励むようになった。大学時代にもうひとつ打ち込んだのは、絵画である。東京大学医学部には、踏朱会という絵画クラブがあるが、彼はその一員として絵画制作に励み、卒業後も黒田清輝の甥である黒田頼綱画伯に師事して、油彩絵画を描き続けた。彼の自慢は、その制作の速さであり、よく「僕は、早描きのお萬って言われていてね、ほかの人たちは黒田先生のところでは仕上げられなくて、家に帰ってから仕上げるのですが、僕は黒田先生のところで仕上げてしまうんで、家に帰ってから仕上げるなんてことはなかったのです」と、語っていた。

萬年はまた、音楽に対しても飽くなき興味を抱き続けた。彼の音楽に対する情熱が迸《ほとばし》り出たのは、欧州留学の時である。彼の滞欧日記を読むと、当時の欧州で活躍していた演奏家の演奏会に足繁く通っていたことがわかり、そのリストを垣間見ると、筆者には羨ましい限りの往年の名演奏家の名前が並んでいる。

彼はまた、多くの文学作品を学生や弟子たちに紹介してくれた。筆者が印象に残っているのは、シュテファン・ツヴァイク（Stefan Zweig）の『人類の星の瞬間』(17)の中に描かれている、バルボアの太平洋の発見について彼が語ってくれたことである。その語り口に惹かれ、この本を求めて神保町の古本屋街を歩き回り、やっとその本を手に入れた時の嬉しさは、今でも忘れられない思い出である。彼はまた、落語を好み、江戸文化の結晶を大切にし、学生や弟子、同僚たちに、その素晴らしさ、面白さを伝えた。

萬年甫を語る上において忘れてならないのは、彼の味道楽である。彼は、美味しいものに目がなかった。筆者が彼のもとで解剖学教室の助手をしていた頃、しばしば、萬年のお伴で、さまざまなところで食事をした。目黒の一茶庵、神田のやぶそば、いせ源、鳥芳などは、彼のお気に入りの店であったし、当時小川町近くに店を開いていた洋菓子屋エス・ワイルのガトー・ヴィオレットは、彼の大好物であったため、弟子たちは、よく萬年の誕生日にこの菓子を準備しておき、教室でビックリ・パーティーとしてガトー・ヴィオレットをプレゼントしたものである。

師と友

萬年は、よく自らの師について語った。その中でも最も印象的なのは、先述の太田正雄教授、すなわち木下杢太郎についての話であった(1)。萬年の師・小川鼎三(18)は、東京大学を定年退職後、東京医科歯科大学の隣りの順天堂大学医学部にて、医学史講座の主任教授をしておられたが、昼休みなどに、弟子である萬年のもとをよく訪ねて来た。そういう

パリにて森有正氏と(1956年)

野見山暁治氏とは帰国後も交流(2005年)

時、小川は大概、入手したばかりの古書、古文書を風呂敷に包んで持参した。筆者が印象に残っているのは、ある日小川が持参した、麻田剛立の解剖図であった。「これはな、……」という独特の話しぶりで、その図の説明をする小川の語り口に、彼をはじめ一同は、皆引き込まれて聞き入った。

萬年は、新潟大学脳研究所の創始者であり、同大学脳神経外科の初代教授であった中田瑞穂(19)に私淑していたが、それは、神経科学者として偉大であっただけでなく、俳句を詠み、洒脱な絵を描く中田の中に、己と等しい心を感じ取ったからであろうと思われる。国立がんセンター総長を務めた久留勝(20)もまた、彼が尊敬する師の一人であった。外科医であった久留は、末期がん患者の頑痛に対して、痛覚伝導路の遮断手術を行って除痛を試みていたが、それらの患者の死後の剖検を通じて、ヒトにおける痛覚伝導路の走行を細かく解析したことで知られている。その業績を高く評価していた彼は、久留から標本を譲り受けて自らも観察したという。

萬年がパリ時代の二人の師、ベルトラン教授とガルサン教授のことを話す時は、常に懐かしさで一杯になるような語り口であった。特に、ガルサン教授の回診中に見出した所見とその解釈についてアンテルヌ(研修医)が質問すると、ガルサン教授は、それは誰々の何年の論文に書いてあるよ、と答えながら、“C'est classique.(それは教科書的なことだよ)”と言われたことを弟子たちに語った。そして、“classique”という言葉は、教室で学ばれるべきもの、すなわち教科書的なこと、という意味であって、決して古臭いと言うことではないと教えた。

パリ時代の萬年は、単に医学関係者と交流しただけでなく、さまざまな分野の人々との交流があった。中でも特筆すべきは、洋画家・野見山暁治と、哲学者・森有正である。野見山画伯の妻・陽子がパリで病気になった時、彼は親身になって世話をした。その時のことは、野見山の『パリ・キュリイ病院』(21)に詳しい。森と萬年は、パリの中でも特に古い

20代のジュヴェ氏と

日仏医学会における講演（2011年）

建築がたくさん残っているマレ地区を周り、取り壊し前の歴史的建造物を多数写真に収めた。一九七三年に彼がパリを再訪した時、たまたまパリ留学中であった筆者は、彼と共に日本館を訪れた。中に入ったとたん、萬年は「オオー」と声を上げて立ち止まった。するとその目の前に、同じように「オオー」と声を上げて立ち止まった人物がいた。偶然にも、それは日本館の館長として赴任していた森有正だったのである。この思いがけない十八年ぶりの再会を喜んだ森と萬年の間で、日本館々長室において昔話に花が咲いたことは言うまでもない。

萬年の友人の中で最も親しかった一人が、リヨン大学の生理学教授で、世界的な睡眠研究家のジュヴェである。ジュヴェは、東京大学医学部脳研究施設における彼の先輩であり、日本の脳研究の草分けであった時実利彦と、米国カリフォルニアのマグーン（H.W. Magoun）教授の教室で共に研究をしていた。米国留学を終えたジュヴェがフランスに帰国する前に来日した際に、萬年が案内役をつとめたことがきっかけとなり、それ以後、数十年の長きにわたる二人の親交が続いたのである[22]。

最後の講義

東京医科歯科大学を定年退職後、萬年は昭和大学歯学部、次いで東邦大学医学部の客員教授としての仕事を続けるとともに、著作に力を注いだ。先述の『脳を固める・切る・染める』[14]と『頭のなかをのぞく』[6]は、この間に書かれたものである。

萬年の教えを受けた者は、機会あるごとに彼に講演を依頼したが、二〇〇五年頃からパーキンソン病を発症し、動作は思う様ではなかった。しかし、彼は快くそれらの依頼を引き受け、各地で〃ニューロンの真景〃を求め続けてきた自身の研究について語った。

二〇一一年六月十八日、当時筆者が会長を務めていた日仏医学会では、年次総会の特別講演として彼に「神経細胞の形を求めて」という講演を依頼した。当日は、日仏医学会の正規の会員以外の出席者も多く、特に若い研究者たちの聴講が目に付いた。予定時間をかなりオーバーした彼の熱演は、多くの聴講者に感動を与えた。この素晴らしい講演記録を印刷媒体に残すため、その録音記録から、日仏医学会会員の一人が原稿に起こしたものを、筆者は二〇一一年の暮に彼の自宅を訪れ、原稿を渡してその校閲を依頼したところ、その晩、彼から、少し書き足したいことがあるが、年明けの一月上旬には返送するからという電話があった。しかし、それから一週間も経たぬ十二月二十七日、筆者は萬年の急逝を知らされることになってしまった。萬年が行った真の意味での最終講義は、二〇一二年三月に刊行された日仏医学会の機関誌『日仏医学』に掲載されている(23)。

文献

1) 萬年甫：太田正雄先生に学びて．図書 No. 375: 2-7, 1980

2) Jacobsohn L: Über die Kerne des menschlichen Hirnstammes: Medulla Oblongata, Pons und Pedunculus Cerebri. Verl der Königl Akad der Wiss, Berlin, 1909, pp 1-70

3) 萬年甫：脂質含有色素粒子の分布より見たる人脳の細胞構築に就いて．解剖学雑誌 30: 151-174, 1955

4) Bertrand I, Mannen H: Etude des réactions vasculaires dans les astrocytomes. Rev Neurol 102: 3-19, 1960

5) 萬年甫：ヨーロッパの脳研究施設を訪ねて．神経研究の進歩 2: 613-623, 3: 219-236, 1958

6) 萬年甫（著），岩田誠（編）：頭のなかをのぞく―神経解剖学入門．中山書店，東京，2013

7) Mannen H: A Dendro-cyto-myeloarchitectonic Atlas of the Cat's Brain（猫脳ゴルジ染色図譜）．岩波書店，東京，1988

8) 萬年甫（訳編）：神経学の源流 I（増補版）ババンスキー．東京大学出版会，東京，1992

9) 萬年甫（訳編）：神経学の源流 II（増補版）ラモニ・カハール．東京大学出版会，東京，1992

10) 萬年甫，岩田誠（訳編）：神経学の源流 III ブロカ．東京大学出版会，東京，1992

11) 萬年甫，原一之：脳解剖学．南江堂，東京，1994

12) 萬年甫：脳の探求者ラモニ・カハール―スペインの輝ける星（中公新書）．中央公論社，東京，1991

13) 萬年甫：動物の脳採集記―キリンの首をかつぐ話（中公新書）．中央公論社，東京，1997

14) 萬年甫：脳を固める・切る・染める―先人の智恵．メディカルレビュー社，東京，2011

15) 岩間吉也：日本の脳研究者たち―布施現之助．BRAIN MEDICAL 9: 298-304, 1997

16) トク・ベルツ（編），菅沼竜太郎（訳）：ベルツの日記（上）（岩波文庫）．岩波書店，東京，1979, pp 237-241

17) ツヴァイク（著），吾妻雄次郎（訳）：人生の名著 17 人類の星の瞬間．大和書房，東京，1968, pp 18-223

18) 萬年甫：日本の脳研究者たち―小川鼎三．BRAIN MEDICAL 2: 152-156, 1990

19) 生田房弘：日本の脳研究者たち―中田瑞穂．BRAIN MEDICAL 4: 240-246, 1992

20) 萬年甫：日本の脳研究者たち―久留勝．BRAIN MEDICAL 5: 196-200, 1993

21) 野見山暁治：パリ・キュリイ病院．筑摩書房，東京，1979

22) 北浜邦夫：藝術家・萬年甫先生．BRAIN MEDICAL 26: 80-82, 2014

23) 萬年甫：神経細胞の形を求めて．日仏医学 34: 1-16, 2012

追想

船旅の友　萬年先生

二宮フサ

萬年先生に初めてお会いしたのは、雑誌『ふらんす』企画の「一九五五年度フランス政府給費留学生座談会」の席だった。近づきにくい感じで、ちょっと怖かった。が、横浜からマルセーユまで、メサジュリ・マリティム社の客船ヴェトナム号二等船客として長い船旅の間、毎日食堂で同席して、あの独特のゆったりした口振りで珍しいお話を聞かせていただくうちに、気楽にお喋りできるようになった。一度だけ、同じテーブルの留学生五人全員が悲鳴をあげて萬年先生に非難の視線を集中したことがある。

船はそれまで、ホンコン、マニラ、サイゴン、シンガポールと、大東亜戦争の爪痕――とりわけマニラは萬年さんも記しておられるように辛い衝撃だった――を辿って、インド洋に出ていた、と思う。その日の昼食時、食堂は、卓上にストッパーを使うほどではないが、ゆっくりと揺れていた。席についてメニューを眺める。ひとつ、見慣れない単語。ガルソンのフィリップじいさんに訊くと、「小羊の脳」と。一同ギョッとする。萬年さんだけは、間もなく運ばれてきたそれを見るなり、ニコニコ顔で、「ホホウ、人間の脳と同じですな」。折しも船はゆっくりと傾く――同席の一同の「ヤメテーッ!!」の大合唱。

一九五五、六年といえば、日本人の海外渡航は制限されていたし、フランスはインドシナ戦争（一九四六－五四）に敗けて――われわれ二等船客の食堂は、はじめガラ空きだったのが、サイゴンで、敗残のフランス下士官で満員になった。その一人に「おくにに帰れてよかった」と言ったら、「とんでもない、マルセーユに着いたらアルジェに直行だ」と。アルジェリア戦争（一九五四－六二）の最中だったのだ。

萬年先生は日本館で暮らす勤勉な留学生で、サルペトリエールでの充実した研究生活と同時に、せっせと音楽会や美術館に足を運ばれたので、彼の『日記』は、非常時にも楽しみ豊かだった当時のパリを思い出させてくれる。

留学以来、二宮敬と私は、ずいぶん萬年先生に援けていただいた。自分たちのことはもちろん、フランスから来た友だちが病気になると萬年先生にお願いした。翻訳で医学用語にぶつかると、自分で調べる前にお教えを乞う……いつだったか、その目的で大学の研究室にお邪魔した時は、天井から吊るされた脳神経細胞のプラモデル群（？）に仰天した。

萬年先生があの充実し過ぎるほど充実した留学の日々、御家族に思いを馳せて書かれた日記が活字になることは、〝本〟がおびやかされている昨今、まことに嬉しいことで、中山人間科学振興財団に感謝を捧げます。

（にのみや・ふさ）

東京女子大学名誉教授．旧姓・横田
夫君の故二宮敬氏（仏文学者）は共にヴェトナム号で渡仏したフランス政府給費留学生同期
敬氏と甫は往路の船で同室．マルセイユ上陸後すぐに結婚した二宮夫妻とは帰国後も長年の友人関係にあった

パリでの出会い

鈴木道彦

初めてお会いしたのは一九五六年、場所はパリ、紹介してくれたのは友人の二宮敬と、その夫人の二宮フサだった。

フランス政府の給費留学生として、一九五四年からパリに滞在していた私は、当時、学生街のオテル・ギザルドという安宿に住んでいた。一年後にパリに着いた二宮夫妻も、また共通の友人である大久保輝臣も、皆このホテルが気に入って、空き部屋が生じると次々とここに住みついた。われわれは誰もが貧乏学生だったから、まずこの長期滞在者用のホテルの値段に惹かれたのである。

その安宿に二宮たちを訪ねて来られたのが、萬年甫さんだった。たぶん一九五五年度の給費留学生として、皆が同じ船でフランスに来たのではなかったろうか（当時はまだ航空券が余りに高価だったので、たいていの留学生は船ではるばる一カ月をかけてヨーロッパに着いたのである）。

われわれよりも五歳か六歳年長だったので、いろいろな経験も積んでおられたし、落ち着いていて、しかもどこか飄々とした雰囲気を漂わせた、そしてユーモアに富んだかたというのが私の第一印象だった。もちろん誰にとっても初めての異国生活だから、フランス語のコミュニケーションには皆が苦労したはずだが、萬年さんはご自分のさまざまな失敗談を、面白おかしく、ときにはたぶん創作も交えて話された。たとえば劇場に翌日の前売り券を買いに行って、うっかり「昨日の切符を下さい」と言ったので、係の人がキョトンとしていたというのも、そのとき萬年さんから聞いた笑い話の一つである。

ご専門のことは私にはさっぱり判らないが、音楽や美術もたいそうお好きだったから、そのような方面でもパリでの生活を充分に満喫しておられる様子だった。あれは何の催しだったか、私と二人である展覧会に行ったことがある。そのとき、展示されていた一枚のコローを前にして、しきりに感心しておられたのをよく憶えている。穏やかな印象を与える比較的小さな作品で、心の和む風景画だったが、静かに広がる緑の野原にポツンと一個所、白い点の描かれているところがあって、萬年さんはその白い点の上げる効果を、とくに強調しておられた。

留学を終えて帰国してからは、お会いすることも稀だったが、今から六、七年前に久し振りにお目にかかる機会があった。私自身の健康の問題で、三井記念病院の院長をされていた弟さんの萬年徹氏に紹介していただいたうえに、私の訳したプルーストを読んで下さったということもあって、共通の知人の編集者とともに目黒のお宅をお訪ねしたのである。既にパーキンソンを病んでおられたが、パリ時代と変わらない、穏やかでどこか飄々としたところのある萬年さんだった。ろくに記録など残さない私と違って、パリからご家族宛てに、その日その日の出来事を克明に書き送られた手紙があり、それがそのまま滞欧日記になることを、懐かしそうに話しておられたのが印象的だった。

（すずき・みちひこ）

獨協大学名誉教授．フランス文学者．甫渡仏の一年前にフランスに留学

一九五六年七月二十四日の夜に起こったこと

大塚正徳

このたび萬年甫先生の『滞欧日記1955-1957』が出版されるに当たり、関連する思い出を寄稿するよう、記念事業特別委員会から依頼を受けました。

萬年先生のご経歴については日記に付随して記載があることと思いますが、先生は一九五五年十一月頃、フランス政府給費留学生としてフランスのパリに留学されました。私は萬年先生より六年後輩ですが、同じ時期に同じ資格でパリ大学、いわゆるソルボンヌに留学し、萬年先生と同じくパリ市の大学都市シテ・ユニヴェルシテールの中の日本館メゾン・デュ・ジャポンに住んでいました。そこで一九五六年七月二十四日の夜に起こった出来事について書いてみようと思います。これについては萬年先生も日記の中で詳しく述べておられますが、私の記憶はまた、人が変われば違った内容もあるだろうとのことで、寄稿を求められたのだと思います。

日記のとおり、七月二十四日の深夜、私も部屋のノックで起こされ、「日本館内で急にお産が始まったので、貴方は医者なのだからすぐ来るように」とのことでした。早速、駆けつける途中で、私の頭をよぎったのは「これは大変なことになった」という思いでした。私は医学部を卒業してはいるのですが、すぐに基礎医学の教室に入ってしまいましたので、臨床経験は全くありませんでした。しかし学生の時、講義で習ったことは、「お産は大抵の場合は無事に済むが、時たま、重篤な事態が発生することがある」というものでした。日本の医師免許証がフランスで通用するものとも思えませんでした。何か重大なことが起こったらどうしよう、責任を問われるかも知れないと、恐れを抱きました。

患者さんの部屋に着くと、萬年さんが居られ、赤ちゃんはすでに生まれたとのこと、安堵の胸を撫で下ろしました。もう一人の先輩の松平寛通さんも来られ、母体と赤ちゃんを繋いでいる臍帯を切断するということになりました。萬年さんがはさみを構え切断しようとしたとき「萬年さん、そこを切ると出血するのでは?」と私が言いました。萬年さんは「おお、そうか。では縛ろう。ひもを持ってこい」と言われ、臍帯を二か所で結紮し、その間で切断しました。その後、母子を病院に運んだことは萬年さんの日記にある通りですが、私は後になって、消毒も全く行わなかったことに気付き、母子いずれかに感染が起こって敗血症で死亡でもしたらどうしよう。ひもで縛ったのだから、全身に感染は起こらないはず、と自分に言い聞かせました。数日が経ったとき、萬年さんが「あのときのお母さんに地下鉄で出会って、有難うと言われた」と言われました。これで責任を問われる心配も無くなったと胸を撫で下ろしました。戦後の日本が国際交流を再開して間もない頃のことです。

その後、私は東京医科歯科大学の医学部に赴任し、教授会で萬年さんと二十年以上同僚として過ごし、色々ご指導頂きました。

（おおつか・まさのり）

東京医科歯科大学名誉教授（薬理学）
甫と同時期にパリに留学

甦る日々

野見山暁治

おそらくは、ぎっしり書き込まれているだろう滞欧日記の、ごく一部、ぼくのことが書かれている数枚の写しが、送られてきました。

丹念に綴った萬年先生も、その中で時おり、顔を出すぼくの妻も、そうして、その周辺の誰一人、今は生きていない。

なにか歴史小説の頁をめくるように、そこに登場するぼく自身をもひっくるめて、懐かしく眺め、暖かく涙したものです。

一九五六年の巴里。長い戦争がおわって、それよりも、もっと長く寂しい戦後がつづき、日本が国として認められて五年目のこと。まだ一般の渡航は許されず、留学生という小さい窓口を通って、ようやくにも辿りついた異国の都。

なにもそんな事情を、くどくど説明することもないのですが、当時、ぼくたちにとって巴里はあまりにも遠かった。当然のことですが、街で日本人に出会うということは殆どなく、エトランゼの物珍しさも悲しさも、今になってみれば、そう確かに歴史小説の世界です。

萬年先生は当時の日本人としては大柄で、穏やかな学徒。ぼくのような自由業とは違い、医者になるには持ってこいの風貌。その上に当人は、落語家のあの軽妙な表情を心得ていて、自分の術中にうまいこと、みんなを引きずり込むのです。

絵描きでよかった。ぼくは体が小さくても、頼り甲斐のない顔であっても構いません。萬年先生の百面相に、ただ喜んでいればよいのです。

いつだったか、先生と親しい友人を交えて、銀座のレストランで半世紀ぶりに飲みかわしました。かつての萬年青年、うっすらと頼りない頭だったのは無理からぬこと。しかし、逆にあの軽妙さには磨きがかかって、ぼくらを喜ばしてくれたものです。

なんでも萬年先生、親の病院の跡も継がず、学校に残って、おかしな研究に没頭、その学者ヅラも今は顔から消えて、萬年先生はマンネンさんになっていました。年をとるのは素晴らしい。その時くれたエッセイ集、キリンの長い首をもてあました話なぞ、最高に面白く、興味はつきません。もっと聞きたい、また逢いましょうと手を振って別れたものです。

先生の姿がこの世から消えると、滞欧日記が、霞んだ過去の中から美事に浮びあがる。かつての日々は、その折々が哀しく、ときに不様に、綾をなして現れる。患者側の我が儘を呑み込んでの対応が、医者の側から綴られていて、取り乱したぼくが、まざまざとそこに浮んでいるのです。あの折のかなり長い時間を、遣り切れない顔で待っておられたのを、思い出します。日記の中に入り込んで行って、謝りたい。いや、洒脱な先生のこと、笑いとばして、おしまいにして呉るでしょう。

（のみやま・ぎょうじ）

洋画家。二〇一四年文化勲章受章
留学中にパリで知り合う。甫の生前に本書のカバー装画を寄贈

様々な出会いに想う

田中元治

数年前、萬年先生ご夫妻が名古屋に来られ食事を共にした折、パリに留学した時の滞在記を出版されることを伺い、歓談したことを懐かしく思い出します。その後、先生の訃報に接し、さびしく思っておりました。

萬年先生との出会いはフランス政府給費留学生として一九五五年～一九五七年の同時期にパリ南部の大学都市にある日本館二階の両端の部屋に滞在していたときでした。終戦後十年、欧米に留学するのもまだまだ容易でない時代に、一か月かけて船で往復するという、今の時代に思えばたいへん贅沢な経験も致しました（往路は文部省が、復路はフランス政府が旅費を負担してくれることになっていました。当時は渡航に一か月もかかる船の方が飛行機よりも年収半年分ほども安価だったため、旅費は両国政府とも船賃となりました）。しかも復路はスエズ動乱で南アフリカのケープタウンを経由して四〇日ほどの船旅となりました。

滞在中のある時、臨月の女性が日本館に飛び込んできました。その時萬年先生が学生時代の実習で学んだことを如何なく発揮され、無事出産するという感動的なエピソードもございました。

日本はまだ復興の途中であり、一ドル三六〇円。日本館での生活は質素なものでしたが、普通では知り合えない畑違いの人との出会いもありました。萬年先生もそのおひとりです。日本館には美術関係の留学生も滞在していました。高階秀爾先生（東京大学名誉教授、元国立西洋美術館長、文化勲章受章）がスクーターで忙しく毎日走り回っていましたが、パリの美術品に関して知識と考えを身につけるには、時間がいくらあってもたりなかったのだと思います。木村重信先生（大阪大学および京都市立芸術大学名誉教授、元国立国際美術館長）には洞窟に描かれている壁画の話を聞いたり、シャルトル（Chartres）の壮大なカテドラルの彫刻ひとつひとつについて、その意味をいろいろと説明してもらったりしました。渡仏前にフランス人の定性分析の本を訳し、それを通じてフランス的考え方を学んでおりましたが、それを現地で体験することができ、日本に居ては感じることのない新しい視点からサイエンスを眺めることができたことはその後の研究にも大変有意義でありました。

まだお互い三十代前半のあの時代、あの時期に歴史ある大学の研究室で雰囲気を肌で感じながら研究でき、様々な人と出会えたことは大変貴重で幸せな体験だったと思います。

（たなか・もとはる）

名古屋大学名誉教授（化学）
往路・復路ともに甫と同じ船で渡仏留学．留学中は日本館に在住

追憶

渡辺悌吉

交遊　寸描

一九四三年九月東大医学部に入学したクラスメイトで、私のグループは約半数が病気休学後復学者であり、その中に萬年甫氏がいた。同じグループの連中は実習、ポリクリ、口答試験など常に行動を共にしているので自然親しくなる。甫氏は生き方、考え方で共鳴する点が多く、いわゆる馬が合って、早くから親しくなり、卒後の進路は違ったが、二〇一一年末に亡くなるまで凡そ七十年間知遇にあずかった。小児科医になった私は、甫氏の子どもさんのホームドクター的相談役を務め、冠婚葬祭での相互交流など家族ぐるみの付き合いにまで発展した。

鶴岡訛りの朴訥な御両親との会話に、九州育ちの子ども時代の記憶が甦り、こたつの温もりとともに懐しんだ日のこと。「鶴は千年、亀は万年の、萬年でございます」、長男の結婚式で立上がった主賓の第一声の言葉が今も鮮やかに甦ってくる。パリ留学から帰国後、留学中、味をしめた〃蝸牛〃食材を持参し、調理法まで手伝ってくれたこと、などなど思い出は尽きない。

絵画という共通の趣味が、親交の絆を一層太くする要因となった。同じグループの甫氏、桃井宏直氏、私の三名が中核となって立ち上げたスバル会は、既に桃井宏直氏と交誼のあった黒田頼綱（黒田清輝甥）画伯のアトリエで、毎月一回休日を利用した人体（ヌード）画勉強会であった。一九五九〜一九八九年まで、およそ三十年間途切れなく続き、一九八三、一九八五年には銀座の画廊で記念展覧会を開催した。スバル会には絵の好きなクラスメイトや知人が随時参加して一〇名近くまで膨れ上ったこともある。黒田先生は作画中乞われれば手を入れてくれるが、甫氏には「解剖学の専門家に手を入れるのは難かしい。釈迦に説法ですからね」の前置きを入れ、一同にやり。会終了後は黒田夫人（画家）も加わって画論や画家の話が弾む茶話の一刻があった。

年に一、二回、伊豆や信州への一泊スケッチ旅行はこの会の思い出を一層豊かにしている。

脳解剖学者としての道程と先導師

医学部卒業後一年間のインターン生活を終えると、社会人として将来、臨床医か基礎医学者か、どちらの道を選ぶかの選択を迫られる。甫氏が第三内科入局を選んだのは、若く精力的な神経内科学教授、冲中先生の下での内科医師を目指したことは明らかで、当時入局希望者が多く、結核性胸膜炎による休学歴で入局できなかった。基礎医学部門である脳研究所入所は、これまた気鋭の小川鼎三教授から学生時代に受けた教授の人間的魅力が一要因であろうことは疑いない。小川教授門下としての脳研時代は一九四八年から東京医科歯科大学教授就任（一九六三年）までの約十五年間である。この間、一九五五年十月から一年間のパリ留学が挟まる。

甫氏の脳解剖学、そして脳・神経内科学への卓越した実験的並びに教育的業績は教授在任中の後期から定年退職後一挙に開花する。

彼の初志でもあった「臨床医」としての視野を内包する大器晩成型の脳・神経領域学者の面目躍如である。

脳解剖学者としての甫氏の道程と業績は岩田誠氏の「萬年甫 小伝」の偉れた紹介がある。これを縦糸に、手許の資料を加味して、彼の道程と業績に関わりの深い先導師として私の頭に浮んでくるのが、太田―小川―カハールである。

太田正雄皮膚科教授は医学部学生時代の実習授業中の空襲警報による退避後、講義の締めくくりとして「人間として一番大切なことは知識でなく智慧を身につけること―そのためには古典に親しむこと」。甫氏が緊迫状況下で聞いたこの「言葉」は生涯の歩みの中で得た最高の〝啓示〟と述懐している。

脳解剖学者としての甫氏の生涯の最初の先導師となるのは前述した小川鼎三教授である。小川先生は〝赤核〟の研究（学士院賞受賞）で世界的に知られた脳解剖学者であり、また医学の歴史に関する著述でも令名が高い。「実物（対象）を自分の眼でよく見て、あるがままを記載すること、教科書は後で読むこと（先入観をもって対象を見てはいけない）」を始め、研究態度の要諦を指導、啓示されたことは想像に難くない。

カハールは甫氏がパリ留学時、強く願っていたスペインのカハール脳研究所見聞録に登場する。既に故人となったカハールの手になる研究記録の素晴らしさに直に接した彼の感動とカハールへの畏敬、そして彼が以後の三十年間、カハールの業績の落穂拾いを志す決意が、その著書に見事に表現されている。パリ留学までは、将来、脳解剖学者の道を歩み続けるか、帰国後は臨床医学への初志に回帰するか、まだ思い悩んでいたようだが、帰国後、前者の道を邁進する決心を固めさせる出会いの場となった可能性が伺える。

一期一会という言葉がある。しかしその貴重な機会があっても、本人にそのセンサーがないと摑めない。甫氏の業績の台座となる三人の師、そしてカハール脳研探訪行というチャンスをつくったパリ留学、それぞれが一期一会の出会いといえよう。

もう一言付け加えたい。「小鼎追悼録」の本の中で、甫氏は〝不肖の弟子より〟と題して「脳研入所後の一時期、小川教授からの研究テーマには全く手をつけず（先生の歩いた後には獲物はないから」、先生との日常の対応に苦慮した」旨の記述がある。前述のカハールの「落穂拾い」の前段にも同様の感想が記されている。研究者としての彼が、先導師に対する畏敬の念と同時に師にひけをとらない独自の道を模索し続けた姿が浮かんでくる。

この師にしてこの弟子あり。甫氏の業績は、これらの先導師の意図を真摯に継承し、開花させている。

滞欧日記について

記憶を頼りに探した古い日記ノートの中から、一九五七年三月二十一日付で「萬年氏から借りた滞欧通信を読んでいる。パリ留学中の日常生活、学問、印象、感想などを日記代りに細大漏らさず家に書き送ったもので、記録は生き生きとしていて、実に興味深く貴重な代物だ。物を自分の眼でみること、実験すること、その営々たる集積から生まれる自信と余裕―ヨーロッパ大学の雰囲気―ローマは一日にして成らず―嗚呼！旅行で伝統・風俗・生活を自分の体で受け止め、自分の素直な考え方を育て上げていくこと、世界的視野をもって自己鍛錬すること、論文は欧文で発表することなどなど」と記している。

甫氏の滞欧期間は恰も青年期から壮年期への移行期に当り、多感で進路未確定の彼にとって初めて接するヨーロッパの眞景への驚きと感激は想像に難くない。学究徒として成長を遂げた背景を探る上で、パリ留学、その体験記録としての「滞欧日記」は重要な資料であることを確信している。

（わたなべ・ていきち）

東大医学部で甫と同級
国立予防衛生研究所、東大医学部小児科学教室を経て、東京逓信病院小児科部長、東大小児科非常勤講師、東京家政大学児童学科教授など歴任

萬年甫君の思い出

大島重夫

私が昭和五年四月に入学した東京市芝の白金尋常小学校では、四年生から五年生に進級するときに大幅な組の入れ替えがあり、私はそれまでの一組から三組へ移り、そこで初めて萬年甫君と一緒になった。

白金小学校は当時創立から六十年近く経っており政治家や財界人その他種々雑多な家庭の児童が通学していた。

萬年君はよく勉強のできる生徒の一人として知られていた。

萬年君と私は、その後別々の旧制中学校、高等学校に進み、大学は同じであったが学部は違っていたので接触する機会がなかった。

私と萬年君の交遊が復活したのは昭和三十五年に私が弁護士になってからである。同君は私に病気や怪我の際には自分が一番良いと思う医者を紹介してあげると言ってくれ、事実その通りに、私がめまいに悩んだり出張先の海外で大怪我をして帰国して来たときには専門の医師や病院を紹介してくれた。萬年君の勧めに従って、毎年の初めに湯島の病院に一緒に健康診断に通った時期がある。また、私がある出版社の企画した法律実務講座にある医療過誤に関する設問について小論文を寄稿することになったときには、萬年君はわざわざ本郷や神田の書店街に同行してくれ、参考書探しを手伝ってくれた。それやこれや萬年君には本当にお世話になった。

ここに改めて感謝の意を表したい。

その代わりに、と言っては語弊があるが、私は、萬年君からの法律相談に応じたり、同君の畢生の著述であった猫の脳の解剖図に関して同君が海外の大学や病院と文通するのを手伝ったりした。同君はそのほかにも著述が多く、学校で学んだ英語とドイツ語のほかに独学でフランス語、イタリア語、スペイン語等を習得したとのことで、まさに碩学と呼ぶにふさわしい学者であった。

正確な時期を覚えていないが大分以前に赤坂の山王飯店という中華料理店で萬年君と作家の阿川弘之氏と私と三人で歓談したことがある。

萬年君はフランス留学中に訪れたオーストリアのウィーンで阿川氏と知り合いになったとのことであり、私も旧友の吉行淳之介君を通じて阿川氏とは面識があったので、その晩は色々の話題で話がはずんだ。

そのとき萬年君が話してくれた事柄の一つにフランス留学中に梅原龍三郎画伯を診察し、治療したという出来事があり、阿川氏と私は興味深くその話に耳を傾けたものである。この話の詳細は萬年君の日記に記載されていると思われる。

萬年君は、かつて私に「山田風太郎の戦中日記が面白いから」と言って読むように勧めてくれたことがあるが、萬年君の日記について私が友人や知人に同じようなことを言う羽目になるのは何とも辛い限りである。

（おおしま・しげお）

弁護士
白金尋常小学校からの友人

萬年甫先生の憶い出

浅見一羊

萬年先生との最初の出会いは、私が東大解剖学教室に入った年（一九五一年）、脳解剖の実習指導に当時脳研大学院生の萬年先生が参加された時である。この学級の一員に萬年徹さんが居られた。私も脳の連続切片標本を勉強するため脳研に通い、個人的に親しく教えを受けた。小川鼎三先生門下の先輩が数ある中で、私には萬年先生が「最も親しい従兄」という感じの存在であった。小川先生は「僕の教室に来て脳の勉強をしないのは損です」と言われながら、私を心臓刺激伝導系の研究へと誘われ、私の脳研通いは中断したが。しかし親しみを更に加えたのは、「踏朱会」という絵の仲間同志であったことだ。萬年先生は黒田頼綱画伯のアトリエにも通われ、好んで風景画を描かれた。またご近所に住む彫刻家の横江嘉純氏宅に誘われたことがある。『歌麿の女房』と題した、日本髪の小型の頭部塑像を憶えている。私の結婚披露の席では、三木成夫君に司会、萬年先生にはスピーチをお願いした。鵠沼の両親の家に来訪されたこともある。この家の飼い犬が産んだ仔犬の一匹が顕著な運動失調を示すので、萬年先生に告げたところ、脳を調べてみようと云われ、脳研に持参したら、この犬をご自宅で奥様共々に飼い続けて下さった。なんとお優しい方かと母は感動していた。

横浜の野毛山動物園でキリンが死んだ時に、その頸を貰い受けに同伴したことがある。萬年先生は頸椎を丸ごと手際よく解剖され、これを私が登山用リュックに半分はみ出したまま省線電車でよくも持ち帰ったものだ。

東大解剖学教室の野球チーム（名称「イエティズ」）では、萬年先生が一塁手をつとめたが、細川宏先生の三塁から投げてくる剛球が手に痛い！と言って、顔を顰めておられた。

私がドイツ留学から戻った時（一九六〇年）、萬年先生は東京医科歯科大学の難聴研に移られていた。やがて山田平彌教授退任後の解剖学講座を担当される。此処では三木君が助教授として深い関係に与る。鬱病のハンディをもつ彼が次のステップに大きく飛躍できたのも、萬年教授の恩愛による処が多大であったと思う。猫の脳ゴルジ染色標本の図版を岩波から出版された折、私は順天堂大で偶々図書館長をつとめていたので、かなり高額の貴重本であったが購入できたことも嬉しく想い出される。

萬年先生の訃報は年が明けてから、しかも藤田恒夫君の葬儀場で聞き及び、愕然とした。即日お悔みにとも思ったが、却ってご迷惑ではと制止した。朝日新聞「惜別」の記事に、ご夫妻の写真入りで紹介されたのは、藤田君の記事と共に切り取って保存、追悼集会が予告されていたので、これには是非出席したいと待ち望んでいた。

集会の当日には懐かしい多くの方々と出会うことができた。しかし小川門下の生き残りは、もはや医史学の酒井シヅさんと私だけになってしまったか！と思いきや、神経内科学の萬年徹さんが頗る健在だと確かめて、心づよく覚えた次第である。


（あさみ・いちよう）

順天堂大学名誉教授（解剖学）
野毛山動物園からキリンの頸を運んだ話は『動物の脳採集記―キリンの首をかつぐ話』（中公新書・一九九七年）に詳しい

日本刀で立ち向かったロマンティスト

森岡恭彦

萬年甫先生と弟さんの徹先生は共に東大医学部出身の英才で、私は徹先生と同期生で、そのご縁で萬年甫先生（以下萬年先生とします）とお知り合いになりました。ご両人とも神経学の領域を専門とされ、パリのサルペトリエール病院に留学されましたが、真面目で誠実で世俗を嫌う学究肌の先生で私も気持ち良くお付き合いさせていただいて来ました。

ところで私が医学部の学生の頃、萬年先生は東大の脳研究所に勤務されていましたが、そこにヒトの脳の連続切片が保管されていて、それを顕微鏡で見ながら写生をし勉学するのが、この複雑な脳（脳幹）の構造を知る良い方法とされ、私も暇な時には研究所に行って写生をしていました。また私は学生の頃、遊び心で放課後にアテネ・フランセに通っていましたが、当時フランス留学を目指しておられた萬年先生と共にフランス語を学んだりしました。特に、私がたまたま知り合った学芸大のフランス語のO先生が自宅で毎週土曜日にフランスの文学書を輪読する会をしようというので、二、三の学生と萬年先生も参加され、マルセル・パニョールに始まりモリエール…などの書を読んだりしました。この土曜日会にはその後、当時東大の精神科におられた黒川正則先生（後の脳研教授）と小木貞孝先生（後に作家になられた加賀乙彦先生）が参加され三～四年続きました。やがて萬年先生はフランスへ、その後小木先生もフランスへ、黒川先生はイギリスへ留学され自然消滅しましたが、以後も毎年のようにこの土曜日会のメンバーが集まり、そこでは萬年先生が感動されたことや抱負を語られ主役を演じられていました。こんなことで、私は何時も萬年先生を身近に感じていました。
先生は古典を重視され、特に神経解剖学の祖とされるスペインのカハールを尊敬されていたようで、二冊の書を出版され、さらにフランスのババンスキー、ブロカ、またルネサンス時代に解剖図を描いたシャルル・エチエンヌや聴覚器の解剖で知られるイタリアのコルディなどについて、その原著の訳や解説を書にして出版されていて、私も勉強させていただきました。その他ご専門の領域についての研究については語る資格はありませんが、染色した動物の脳の連続切片の神経細胞の写生図（岩波書店）は圧巻で、一見すると唖然とします。この図の写生にはおそらくは数年は要したと思われますが、当時、たまたま大学の研究室に行きますと「毎日、絵を描きに大学に来ているようだ」と先生は自嘲されていました。われわれ凡人にはその図の価値は分かりませんし、何の役に立つの？写真をとればよいのでは？と思われますが、先生は神経細胞とその突起の分布の美しさに魅了され、絵心のあった先生はその写生図を完成されたのだと思います。浮薄な世俗を嫌い日本刀で立ち向かった古武士のような先生は、また夢多きロマンティストであったと思います。
いろいろとお教え下さり有難うございます。

（もりおか・やすひこ）

東京大学名誉教授、日本赤十字社医療センター名誉院長
一九六六－六七年にフランスに留学

萬年甫先生の語るパリ

岩田　誠

私が萬年門下に入門したのは、まだ東大医学部の学生の頃だった。脳解剖を本当に学びたいなら兄のところに行ってはどうか、と言われた東京大学神経内科の萬年徹先生のご紹介で、東京医科歯科大学難治疾患研究施設に行き、萬年甫先生に初めてお会いした時、あまりにも弟さんとよく似ておられるので、全く初対面という気がしなかった。甫先生は、人脳連続切片のスケッチをしなさい、と言われたが、そのあとで、「私は、人脳連続切片のスケッチをしたことがなくて、フランス語が出来ない人は、洟もひっかけません」とおっしゃった。このお言葉の前半部分はこれから私が行おうとしていたことだったからよかったが、後半部分は大きなショックだった。医学部学生の第二外国語はドイツ語以外にあり得ないと信じ、大学時代にドイツ語しか勉強しなかった私は、たとえスケッチをなし終えたとしても、それだけでは甫先生からは相手にされないのだとしょげてしまったのである。それでも、ともかくスケッチだけはしなければと努力はしたのだが、学生時代にはやり遂げられずに卒業し、虎の門病院でインターン、そして内科レジデントとなった。その間も、少しでも時間があれば萬年教室（その頃は第三解剖学教室になっていた）に通って、やり残したスケッチを少しづつ続けていた。そんな時、甫先生から電話があり、解剖学教室の助手のポジションが空いているのだが、来るつもりはないかと言われた。当時は大学紛争真っ只中であり、卒業ボイコットなどもあって、解剖学を志す卒業生はいなかったのだろう。でも、私にとって、これは思いがけないチャンスだった。電話の甫先生に対し、「私は解剖学者になるつもりはありませんが、スケッチの続きをさせていただけて、また医科歯科大学から近いアテネ・フランセに毎日通ってフランス語を勉強するということをお許しいただけるなら、喜んで先生の助手を務めさせていただきます」とお答えした。電話の向こうの先生は、ちょっと考えておられたようだったが、しばらくの沈黙の後に、「若い時は語学に励むのも良いでしょう」と答えてくださった。このお言葉を聞いた私は、「しめた。これで甫先生に、洟をひっかけてもらえる」とほくそ笑んだ。かくの如き次第で、私は約二年間を、東京医科歯科大学医学部第三解剖学教室助手として過ごすことになった。

解剖学教室の助手としての仕事は、学生の解剖学実習の準備と指導である。解剖実習の指導や、神経系の組織学実習などは、学生たちを指導するどころか、私にとってのまたとない学びのチャンスだった。おまけに、午前と夜、一日に二度もアテネに通った甲斐があって、フランス語の方も少しづつ進んだ。その後、東大神経内科で臨床のトレーニングを始めながらも、アテネ通いを続けた私は、二年半かけてアテネの全課程を終え、卒業試験も何とかパスして、フランス高卒のブレヴェを頂くことが出来た。

この間、甫先生から、機会あるごとに留学時代のお話を伺う機会があった。俳句を嗜まれ、寄席の落語に精通しておられた先生の語りは絶妙で、沢山のエピソードを萬年節で伺っている間に、それらの出来事が、まるで自分自身が出会ったことであるかのように、覚えてしまった。中でも圧巻は、夏期休暇中のパリ日本館で、先生が臨時宿泊者の女性のお産を取り扱われたエピソードである。インターン時代に産科実習をしておられた甫先生は、突然生じたこの想定外の出来事にも全く動じられることなく、無事に児を取り上げられ、産院に向かう見知らぬ母子に付き添って行かれたそうである。母子を無事に産院に届けられた甫先生が待合室で待っておられると、看護師長さんとおぼしき人が現れて、"Papa, venez!"と言われたので憤慨した、というこの段は、パリの日本館では、レジェンドとして語り伝えられている。後年、パリに留学した時、私は、数ヶ月間ではあったが日本館に滞在した。その時の日本館の事務長は、萬先生時代と同じMadame Jaumeだった。短期滞在者でしかなかった私は、本来なら彼女の注目を引くことなどあり得なかったはずであるが、初対面の時に、私は萬年甫先生の弟子であり、日本館の夏に起こった想定外のお産のことを先生から聞いてよく知っていると告げたところ、私の名前をたちどころに覚えてくれた。

留学先のサルペトリエール病院で、私の指導をしてくださることになったロンド(Rondot)教授も、"Je suis un des élèves de monsieur Mannen."と告げると、「アー、マンナン」と、懐かしそうにおっしゃって、私を親切に指導してくださった。人脳連続切片のスケッチをやり遂げて、フランス語を学んだことにより、甫先生の〝洟をひっかけていただいた〟ことの重さを、本当にありがたく感じた次第である。

甫先生の滞欧日記は、かつて萬年教室に居た頃、先生自らの絶妙な語りで聞かせていただいたエピソードの集大成である。ここに記されている様々な、そして細々と語られる物語のいくつかは、私にとってのパリへの誘いであり、これらのエピソードに魅せられて、私はパリへの留学を志した。脳のスケッチをなし終え、まがりなりにもフランス語を解するようになったことで、甫先生に多少なりとも相手にしていただけることになった幸運に、心から感謝している。

（いわた・まこと）

東京女子医科大学名誉教授、メディカルクリニック柿の木坂院長
一九四二年生まれ．東大医学部卒業後三～四年目に東京医科歯科大学第三解剖学教室にて助手をつとめ、「萬年式」神経解剖学を学ぶ．のちにフランスに留学

「それを見た者は、それを書く義務があります」

生田房弘

萬年先生の滞欧時代に先生と私との間に直接の接点はありませんでした。しかし、その滞欧中に先生が訪ねられたカハール研究所訪問記を通して、カハールが染めたゴルジ染色標本の見事さに出会われた時の萬年先生の強烈な感動と興奮が、ひしひしと私にも伝わってきた事が今もって忘れられません。私が医学部卒業後、師である中田瑞穂先生から繰り返し、繰り返し「萬年先生に教えを乞いなさい」と言われてきた本人そのひとでした。

その後、私は脳の発達を見て以来、ヒトの基本的性格は幼児期に造られると信じ始め、カハールなどの巨人達が生まれ育った土地を自分の目で直接見たいという、やむにやまれぬ思いに取り憑かれ、先ず一九九三年秋、ついに、私はカナダの一研究者以外まだ誰も訪れた人のいないカハールの生家と、育った集落をピレネー山中に訪ね廻り、萬年先生にそのことを語りました。そのとき先生の顔に微笑みはなく、静かにただ一言「私も見たかった。それを見た者は、それを書く義務があります。」とだけ口にされました。それは、例えばキリンの首を背負って電車で運んだ話など、先生が軽妙に話される時のあの微笑みとは全く異質なものでした。神経細胞の立体的観察模型や、ネコ脳幹のスケッチ図譜等々、前人未踏といえる数々のお仕事に一貫して流れている先生の真髄の言葉のように思われました。私はその後、幾度もカハールやゴルジの歩いた跡を訪れる度に、その記録をミクロスコピア誌に発表してきました。

何回かのカハール研究所の訪問を通して解ったことは、往年のマドリッド大学前のアトチャ通りと直交するアルフォンソ十二世通りの角に第一のカハール研究所はあり、カハールは最後までこれを愛し続けたのです。しかし、萬年先生が一九五六年に訪ねられたカハール研究所は、実はノーベル賞受賞後、スペイン政府が科学者を大切にしていることを誇示して建てられたものです。第一の研究所脇のアルフォンソ十二世通りを隔てたサンブラスの丘に、何と十二年もかけて完成した堂々たる建物でした。しかしながら、老年期のカハールが登れる丘ではなく、彼は一度も入ったことがないのがその第二の研究所でした。しかも、萬年先生訪問時にはすでに第三の研究所に移転し始めて四年目ともなった年で、その後一九八九年、現在の第四の研究所に移転したことが解りました。

これで訪問記の萬年先生が標本に対して抱かれた強烈な感動とは裏腹に、どの部屋も「空虚な部屋」であったという先生の初印象の謎が解けたように思われました。

カハールとゴルジに関する先生の資料を見せて戴く目的で、先生のお宅に寄せて戴いた二〇一〇年四月二十四日（土）が最後となってしまいました。ご夫妻は当日、図書や記録などすべての資料を二階から一階に集めておいて下さったのです。ただただ感謝の言葉しかありませんでした。ちょうどその日が、中田瑞穂先生の誕生日だったのは、実に不思議なご縁でした。

（いくた・ふさひろ）

新潟大学名誉教授（神経病理学）
新潟大学に日本初の脳神経外科を設立した中田瑞穂を通じて知遇を得る

『滞欧日記 1955-1957』が伝えるもの

和氣健二郎

『滞欧日記1955-1957』は、若き日の萬年甫先生がフランス政府給費留学生としてパリに滞在中、見聞した出来事に好奇の目を注ぎ、就寝前のひとときワイングラスを傾けながら楽しく文筆にいそしみ、一週間分を纏めて留守宅へ郵送されていたものである。日記はスエズ経由貨客船の横浜出港から始まる。当時のヨーロッパはまだ大戦の余塵が燻っていたが、人びとは復興の気運をみなぎらせていた。その風潮は漱石や鷗外が体験したものとも、また現在のものとも違っていた。

以前に、一度分厚く綴じられた元の日記をみせていただいたことがあった。どの頁も小さな文字でびっしり埋まっていたが、どこから読み始めても面白くて止められない。先生が生前、よくいたずらっぽく話してくださったパリで遭遇された市井の愉快な小話も随所に見出せる筈だ。

だが、私たち研究者のもっぱらの興味は、留学先のサルペトリエール病院での学究生活や、ヨーロッパ各地の脳研究施設を歴訪された旅行であろう。そもそもこの留学の目的の一つは、マドリッドのカハール研究所を訪ね、カハール自身の手になる脳の標本を観ることであった。大切に保存された標本に手を触れ、顕微鏡で覗いたときの感動は、先生の脳研究のあり方を決定付けるものとなった。

その後も北欧、オランダ、ドイツ、スイス、オーストリアと研究施設を巡り、先生がつぶさに肌で感じられたことは、「同時代の研究者が老若の別なく、きちんと整理された山のような材料に埋まり、あくまで対象そのものに食いついて仕事に励んでおり、満々たる自信と覇気にあふれている」ことであった。研究の独創性は対象の観察から生まれるものであり、書物を読み文献を追ってつぎはぎの総説を書くことを研究とする風潮を危惧しておられる。明治初期のヨーロッパではすでに神経学の基礎が築かれていた。わが国がそれを受け入れ始めた頃の彼我の距離は、先生の留学当時とは比較にならぬほど大きかったに違いない。その差を縮めた先輩たちの地道な努力にも思いを馳せられるのであった。

『滞欧日記1955－1957』は、萬年甫先生の生涯をかけた研究業績と、フランス仕込みの洒脱なお人柄の原点に相違ない。また、この一書はわが国の科学界の現状に一石を投じることにもなろう。最後に、ほぼ六十年を経て、殆ど原文のまま本書の出版を企画された中山人間科学振興財団に敬意と感謝の念を表したい。

（わけ・けんじろう）

東京医科歯科大学名誉教授（解剖学）
医科歯科大時代は隣の講座に在籍

萬年研究室の寸景

平山廉三

一九六〇年頃、ノーベル医学賞に一番近いと取沙汰されていたのが東京医科歯科大学の勝木保次教授。教授に生理学特別講義を依頼された東大脳研の萬年先生の登壇の開口一番。「正真正銘の萬年助教授でしてナ。さて…」と、ボール箱からいとおしそうに、ゴルジ染色の神経細胞に等高線、切り抜いて復構なさった神経細胞模型を供覧…世界初公開とのことでした。

その後、医歯大の難聴治療研に助教授で着任されました。私の外科入局の昭和四十年（一九六五）、将来の脳外科志望を浜口教授に願いでたところ、「外科の余暇に、萬年教室で脳神経解剖を勉強していい…」とのお許し。そして参じたのが「ベン研」。トイレ隣りの研究室内の通路は半身がやっとの狭さ。天板張りなしの高い天井は吊棚ダラケで満杯。早朝五時の御母堂のコーヒー。ご愛妻弁当を携えた萬年教授が研究室に現れるのが早朝六時の一寸過ぎ。ボツボツ集まってくる学生・大学院生が座席・顕微鏡・至宝のパールカルミン完全連続切片（須田嬢〈後の清野三千子さん〉の渾身作）を取り合いしながらの大盛況で略満杯の極狭研究室。先生は…といえば寸暇を惜しみ、隣の極狭タコ部屋で、ゴルジーコックス染色・完全連続NUCLEI写真群を張り付けた一、二畳大のパネルを並べて、切片越えの樹状突起トレース（俗称は「虫採り」）、畢生の大事業に献身されておられた。

昭和四十二年（一九六七）、新設の第三解剖学教室は新棟最上階（八階）。萬年教授・三木助

教授・平光講師の陣容で発足。外科から三年弱の学内留学の形で、移転・雑用・整備の係として加わった平山は「face-to-faceの多人数談話室の用意」を云いつかりました。原典にあたる・原語で読む…を信条としておられ〝学生と後生〟大好きの萬年教授は、暇さえあれば、明けても暮れても研究。その傍ら、学生の、独語輪読・英語抄読会・仏語教室・原典を読む会。挙句の果ては、自律神経大好きの平光・田隅先生（京大）と仏語全くダメの三木・中澤・原・出雲井・平山のためにビシャーの「生と死の生理学的攻究（仏）」を肴に、チョッピリ一杯やる会…」までを用意下されたので今回の御本にあるエピソードは恰好の話題。ミミタコの個所も懐かしい限りです。

和気藹藹。早暁から深夜まで灯火も消えぬのは御茶ノ水高台八階の萬年研究室…でした。

掉尾ながら、中山人間科学振興財団および中山書店には谷津直秀先生の『欧州生物紀行』に続き、我等の恩師・萬年甫先生の『滞欧日記1955-1957』の刊行を賜り、平田直社長の「学は人、文は人」の御信条に心からの敬意と感謝を申し上げます。

（ひらやま・れんぞう）

東京医科歯科大学外科時代に「萬年研究室」に出入りする

研究室での萬年先生

清野三千子

萬年先生がフランスからお帰りになって間もなくの頃でしたと思います。私は一九六〇年一月東大の脳研に就職して初めて萬年先生にお会い致しました。当時、先生は猫の脳のゴルジ染色を始められており、私はその染色の固定液を作っては、先生のお部屋にお届けしておりました。また、先生は小脳萎縮症のスピッツの〝白ちゃん〟を飼って、脳研の庭の芝生で良く遊ばせていらした事も思い出します。私は二年程で脳研を退職致しましたが、その後、東京医科歯科大学に移られた萬年先生の研究室で再び一九六四年から六年間、働かせて頂きました。

お茶の水橋を渡ると、目の前に聳え立っていた旧東京医科歯科大学の建物の八階に萬年先生の教授室がありました。

教授室には先生お手製のクラゲのような白い神経細胞の実体モデルが三個程、天井から吊り下げられていて、初めて部屋を訪問なさった方は「これは何?」と驚かれたようです。先生は、「細胞が私を待っているようで…」と毎朝、研究室の誰よりも早く出勤し、その下で、黙々と猫の脳細胞のスケッチをしておられました。この神経細胞実体モデルを作られた時の先生は、まるで少年がプラモデルでも作っているかのようで実に楽しそうでした。

私は、教授室の隣の研究室で人脳の連続標本と猫の脳のゴルジ染色標本作製の仕事をさせて頂いておりましたが、そこには、学生さん達が人脳の細胞のスケッチをするコーナーと、食堂とは名ばかりのコーナーがあり、昼食と午後のお茶の時間には、全員が集まり、食事をしたりお茶を飲みながら、賑やかにお話ししておりました。

萬年先生はそんな時にしばしば、フランス留学の頃のお話をされました。ある日の事です。「私はここで何十年も切符を売っているが、昨日の切符を買いたいという人は初めて！」と先生は、両手を広げて、太った切符売りのマダムになりきって話していました。フランスにいらして初めの頃、オペラを観たいと切符を買いに行った時、当日の切符が売り切れと聞いて、慌てて「では、昨日の切符を…」と言ってしまったという失敗談、「恥ずかしかったですなー」と先生。皆、大笑いしました。

落語がお好きな先生のお話は何時も身振り手振り入りで真に迫り、「高座でも通用するわね」と、私達は不謹慎な話をしておりました。

又、昼食後に突然、「今、〇〇さんの絵の個展を銀座でしているので行って見ましょう！」「今、古河庭園の薔薇が綺麗なので行きませんか？」等と、多趣味な先生は、度々、皆を色々な処に誘って下さいました。そして、帰途には、時折、小川町のケーキ屋さんに寄り、先生の大好きな真っ白いバタークリームの上にフランス直輸入の菫の花の砂糖漬けが載ったケーキを注文され、嬉しそうに揉み手をしてから召し上がりました。（フランス人は美味しい物を食べる時、両手を合わせて揉み手をするんですよとお話ししながら…）

研究室での旅行の時等も、先生は、旅先の土地の名所や隠れた名物など、良くご存じで、率先して案内して下さいました。

ある時、研究室に新しくいらした先生がスキーのインストラクターの資格をお持ちとのお話を伺い、萬年先生は「では、今年は皆でスキーに行きましょう！」と、早速、蔵王へのスキー行きを企画して下さり、大勢で出掛けました。ゲレンデでは皆揃ってスキーを初歩から教えて頂きました。長身の萬年先生が基本に忠実なボーゲンで悠然と滑られる姿は、まさに泰然自若とした趣があり先生のお人柄そのものだと思いました。アフタースキーでは、旅館で温泉に入り、美味しい地酒をゆっくりと召し上がりながら、「わたしは、これが何より楽しみで…」と、至極、ご機嫌でした。この蔵王行も数年続きました。

この様な萬年先生の下で、私は日々楽しく、仕事をさせて頂きました。

東大の脳研時代、先生のお宅にお邪魔させて頂いた折でしたと思いますが、先生のお母様が「これはね、甫がフランスに行ったとき、毎日、書いて送ってくれた日記ですの…」と、大切そうに厚い大きなファイルを見せて下さいました。これが、私の滞欧日記との出会いでした。

ご親族の皆様は、この本の出版をさぞ心待ちになさっていらした事でしょう。私も、とても楽しみに致しております。

（せいの・みちこ）

解剖教室技官（ラボランチン）として長年、標本作製に携わる

御退職後の萬年先生

佐藤二美

私は萬年先生の東京医科歯科大学での最後の大学院生でした。学生時代に人脳のスケッチのため第三解剖学講座に通うようになり、自然な流れで卒後すぐに大学院生となりました。当時の萬年先生は、ネコの脳図譜の完成に全力を注がれ、いつも顕微鏡をのぞいていらっしゃる毎日でしたので、直接的な研究指導を受けたわけではありませんが、様々な面に先生の影響を受けたと感じております。形態をきちんと見ることの大事さ、「とにかく見る」という姿勢を叩き込まれましたが、いつも驚かされていたのは、ありとあらゆるジャンルに精通した話題の豊富さと、それを面白く他人に伝えることのできる話術でした。

ご退職後には、先代の岸教授の頃から東邦大学に週一回いらっしゃられて、近況をお話しいただいておりました。今回の滞欧日記にきっと出てくるだろうと思われるフランス留学中の様々なお話（オードリー・ヘップバーンとオペラ座で隣合わせたこと、日本館で妖艶なマダムのお産に立ち会った話など）は、何度伺っても先生のお口を通すとどれもが輝きを増し、思わず身を乗り出して聞いてしまう魅力がございました。またたくさんの写真をお持ちになられ、洋行なされた船上での出来事、お訪ねになられた各地の様子などお話しいただいていたので、滞欧日記でそれらの場面に出会うのがとても楽しみです。

豊富な語学力をお持ちで、「原典第一主義」の流儀を貫かれ、先人の原著にはいかに古いものでも必ずあたっておられました。一九九三年から十年間 Brain Medical 誌に連載された「脳を固める・切る・染める」では見事にそれが生かされております。それだけでも十分であったと思われるにも関わらず、その連載を単行本化するにあたり、東邦大学図書館の方々の協力のもと、原著をさらに集め、様々な修正を改めてなさっていらっしゃいました。お亡くなりになる前には、スーリィ著『中枢神経系—構造と機能・諸学説の史的批判』の翻訳に力を注がれ、図をお示しになられながら、熱い口調で語っておられたことを今さらのように思い出します。いつも「いくら時間があっても足りませんよ」と口にされ、楽しそうにお仕事について語られる先生、「今の神経解剖学では何がトピックなのですか」とお尋ねになられる先生に、幾度となく自分のやる気を奮い立たせていただいておりました。

東邦大学に面した通称「医大通り」は私が東邦大学に赴任した当時は片側一車線の狭い通りでしたが、そのころから整備が進み、道路拡張、歩道整備などがなされるようになりました。その一環として歩道には、陽光という種類の桜が並べて植えられました。萬年先生のご存命のころは、まだ細い若木で花もちょぼちょぼという程度でしたが、先生は「桜が植えられましたね。あと何年かすると見事な景色になりますよ」と楽しそうに話しかけてこられました。数年がたち、その言葉通りに大きくなった樹があり、花弁の舞う美しい景色を見るたびに、その言葉を思い出します。

（さとう・ふみ）

東邦大学解剖学教授．東京医科歯科大学での最後の教え子

萬年ご夫妻との縁

塚本哲也

私が萬年先生ご夫妻にお目にかかったのは、一九七七年だったと思う。当時、私は毎日新聞の論説室にいたが、仕事のほかに岳父である国立がんセンター総長だった故塚本憲甫の伝記『ガンと戦った昭和史』を書いていた。しかし医学者でないので、分からないところも多く、どうしようかと思うことが多々あった。

そんな時、亡き妻るり子が「(友人の)直子さんのご主人の医学者萬年先生に聞くといいわ」といって連絡をとってくれたのである。

萬年夫人は妻るり子と青山師範付属小学校、東京女高師付属女学校(お茶の水)、専攻科と十三年も一緒の数少ない同級生であった。

ピアニストの妻るり子は卒業してから、私との結婚をふくめ長年ウィーン、ボンに来てしまったが、萬年夫人と東京の我が家とは交流があった。

るり子は帰国して父母の死に直面し、両親のことを書くという私を、萬年ご夫妻に紹介したのである。だから私の萬年先生ご夫妻との出会いは、小学校以来の夫人同士のたくまざる縁であった。家も近かった。以来よくお会いするようになった。

初めての印象は、脳医学のアカデミックな教授でありながら、医学以外の多方面に関心、好奇心を抱き、しかも専門家のような見識を持つ人で、単なる教養人という以上の学者であった。いろいろ話をしているうちに、静かだが、森鷗外の系譜を引く人だという印象を受けた。戦争で負ける年、医学部の先輩の文学者でもある木下杢太郎から「医学部にも国を救う人が出なければ」という言葉を聞いた。先生もその広い視野に同感だったのだ。

一九五六年のハンガリー事件のことをよく知っているのには驚いた。「そのとき阿川弘之夫妻とウィーンにいて身近に感じた」といっていた。ハンガリー事件は初めての対ソ連暴動として、東西冷戦の中、世界中の注目を集めたが、萬年先生は日記を取り出し、十一月一日のことだったことを確かめた。その時フランス留学中のことを毎日、克明に書き残していることを知って、「自分も書いて置けばよかった」と後悔した。それが貴重なこの本である。

パリ大学医学部では午前中は臨床、午後は研究という勉強ぶりだが、その時間をぬって、エネルギッシュに音楽会や美術会場を訪れ、ヨーロッパ中を回っている。三十二歳の若い吸収力、感受性の強い時だけに、医学者としてだけではなく、ヨーロッパ文化、歴史の全体像を摑み、それが幅広く深い萬年先生を創りあげたと感じた。ルビンシュタイン、ケンプのピアノ、カラヤンとクララ・ハスキルのモーツアルト演奏会、ハイフェッツのヴァイオリンなどを聴き、美術展、大事な医学会などは見逃していない。

時間を割いて北欧、ドイツ、スペイン、イタリアなどにも行っているが、先生はゲルマン系よりもラテン系の思考、感性であったようだ。旧制府立高校ではドイツ語だったが、独学でフランス語を習得し、イタリア語、スペイン語、ラテン語も勉強したという。さすがだ。

当時はまだ外貨持ち出しは禁じられていた時代で、ヨーロッパ各地を回るのは資金が必要だったから、留守の萬年夫人の苦労も大変だったろう。私も当時の文部省のウィーン留学生の苦しい経験があるから推察できるのだ。

往来しているうちに、萬年ご夫妻のご長男と、妻るり子の親戚の女性との縁談がそれとなく持ち上がった。るり子の父憲甫の姉節子のご主人津田栄は東大の化学の教授であり、地味で真面目な学者一家で、似た家風であると思った。私も受験参考書で津田の名前を知っていた。幸い縁談はまとまり、萬年家と塚本家は親戚関係になった。思えばお互いに医学者の家系である。うれしいことであった。これには小学校以来の夫人同士の縁と力が大きかったことは言うまでもない。

（つかもと・てつや）

作家，元東洋英和女学院大学学長．著書に『エリザベート』（大宅壮一ノンフィクション賞）
故るり子夫人は萬年直子の小学校よりの友人である
萬年家の遠縁にもあたり、欧州駐在が長く、甫とは長年公私に渡る親交があった

萬年流教授法

平田　宏

甫さんは私の十四違いの従兄ですが、幼稚園の頃から実の兄のように面倒を見てもらいました。戦前から甫さん、徹さん兄弟は、毎年夏休みに十数時間も蒸気機関車に揺られて、鶴岡に遊びに来ましたが、東大の角帽姿は、田舎育ちの私たちには、まぶしいものでした。到着したその夜、家族みんなでお膳を囲むと、甫さんは日本海でとれた丸ごと湯上げのキスを箸で解剖するように丁寧に開いて、骨の構造を教えてくれたこともありました。由良の海では荒波の来ない渚を探して、小さな私たちに息継ぎの楽な平泳ぎから手ほどきしてくれたものです。

中学生の夏、みんなで十和田湖に旅行の時、浅虫温泉の水族館で「あのカブトガニは、古生代からの『生きた化石』だよ」、奥入瀬渓谷では、渓流を飛び交う黒茶色の鳥を指して「あれは鳥の中で一番小さいカワガラスだ」と。くどくどと上から教え込むようなことはしませんでしたが、ある日、世界的ベストセラーになった『裸のサル』を読んでいると「そういうのは後で良いよ」と一言。若いうちは、世界の古典を読みなさいという意味だと理解しました。基本に忠実に、やさしいところから少しずつ、何よりも自分の五感と頭を信じて本物、本質を探求する、これが萬年流教授法でした。

大学受験に失敗した私は、甫さんが留学中、萬年家に居候させてもらいましたが、パリから月に何回か、分厚い航空郵便が届くと、家中に明るい光が射して来るようでした。郵便代を節約するためか、薄い紙一面に細かな字でビッシリ、伯父は天眼鏡を押したり引いたり…「若い芸術家のスクーターに乗せてもらってパリ中を走り回った」などと書いてあると「何やってんだ！　危ない！」と一人でぶつぶつ…。伯父は私の父にも見せたくて書き写して送り、父は鶴岡の新聞に載せました。ところがパリから「中止してほしい」と注文がついて、伯父も父も楽しみを失いました。甫さんは元来、社会の表舞台に出ることは、あまり好まなかったようです。

倦まず弛まずいつも静かに自分の道を歩んでいた甫さん、日記には、留学期限ギリギリまで北欧の研究所を精力的に回り、単なる表敬訪問ではなく、研究者一人一人と懇談を重ねている様子が記されています。シャクルトン率いる英南極探検隊のEndurance号が、遭難、無事生還した写真集を見ながら「一度食いついたら歯が抜けても離しては駄目だ。enduranceでなくっちゃ」と呟いていました。堅忍不抜、納得するまで頑張り徹す、これも萬年流でした。

名利や権力に距離を置き、ひたむきに研究を続け、脳神経の構造図やダビンチの解剖図など優れた業績を残しましたが、その陰には、直子夫人はじめ萬年一族の粘り強い支援部隊が控えていました。家族向けの日記が世に出たことに、甫さんは含羞の表情を浮かべるかもしれませんが、敗戦後間もない日本の留学生が、限られたお金と時間を惜しみながら、懸命に研究に励んでいた姿を今の若者に知ってもらえれば、大いに意義があることだと思います。

（ひらた・ひろし）

父方従弟．甫の留学中、鶴岡から上京し萬年家に居候して予備校に通っていた

八十八年の生涯

萬年　徹

兄がフランスに留学した頃、医学を勉強する人は九九％迄米国を目指した。元来フランスに留学する医者は少数であり、「何故フランスに」の声もあった。兄が仏語を始めたのは脳研の解剖に入る前後だった。兄は臨床を志していたが医学生の時、胸膜炎を患いそれが原因で臨床には不適と云われ、脳研に行く成行になった。脳研では小川教授が「研究をするには英独佛が必要」と常に云っておられた。

丁度その頃ガルサン教授の講義を見聞した方が脳研に出入りしていたのも仏語を学ぶ助けになったと思われる。仏語の勉強には苦労したが、周囲には自由な雰囲気があり、研究の傍らアテネ・フランセに通い、文章は都立大仏文科小場瀬先生に、会話は強引に頼み込んだ仏人尼さんについて勉強していた。脳研では小川教授の「脳の解剖学」の仕事があった。それは脳の神経細胞をその大きさに従って赤点で表現する事であった。自分の研究は脳全体の神経細胞を核毎に色素分布を調べると云う仕事があり、それが学位論文としてまとまったが、家族はただ健康の心配をするだけだった。

一九五五年（三十二歳）の時留学した。当時フランスには仏船で行くのが慣例であり、その船中で仏文の方々と親しくなった。特に東大の二宮敬・フサ御夫妻とはこの時以来生涯親しくして戴く様になった。パリでの生活は日記に詳しいが、午前中は出来る限りガルサン教授の講義に出席し、それ以外の時はベルトラン教授の所で研究していた。研究以外の時間にはパリの文化に親しんだ。特に音楽には関心が高く、クララ・ハスキルのモーツアルトには感激したらしい。私にとっては意外だったのは兄が案外「臨床医」として重宝がられた事である。父が開業医だったし、自分はインターンで経験があり、臨床を志していたのも要因であったろう。また当時パリには日本人の医学生が殆んど居なかったのも原因の一つだったと思われる。臨床の副産物として、色々な方々との面識に恵まれたが、彼の積極性も幸いしたと云えよう。

日記の後半は欧州の脳研を訪ね歩いた印象が記されている。当時の欧州が戦後十年を経ても充分な研究が出来ない事に悩まされていたのが読み取れる。同時に各地の動物園を見て廻っているが、これは小川教授の常々「人間の脳ばかりでなく動物の脳を見なければ」との言葉に影響され、先ず動物の生態を見るのに専心したらしい。

帰国後は留学中に感銘を受けたカハールの銀染色を一生の仕事としていた。研究生活は東大と東京医科歯科大で始終したが、研究室を訪れる方々にパリの神経学の優れた点を強調していたらしく、その影響を受けサルペトリエールに留学された方が数人おられる。

晩年は運動が不自由になり、翻訳に精を出していた。猫を可愛がったのは実験によく猫を使用したからであろう。突然の死であったが「自分は関東大震災の年（一九二三）に生まれたから地震の年（東日本大震災、二〇一一）に死ぬのかな」と洩らす事があったと云う。享年八十八であった。

（まんねん・とおる）

三井記念病院名誉院長．元東大教授（神経内科）
甫実弟．後にフランスに留学

あとがきにかえて

萬年直子

この度、六十年の歳月を経て、亡夫の留学時の日記が日の目を見ることになりました。

府立高校尋常科時代にフランス映画に目覚めた主人は、何が何でもあの言葉を話すフランスに行きたい一心で、独学でフランス語習得を始めたとか。戦後、給費留学生制度復活を知り、何度目かの挑戦を経て実現したわけですが、戦後十年目の日本はまだまだ全てに貧しく、一年余りの留学の支度には苦労しました。私は育児の合間に下着からオーバーコートまで手作りし、新発売のアイロン不要のナイロンワイシャツは、高価で十分に用意出来ませんでした。お餞別にいただいたお金を元に入手したニコンのカメラは大活躍で、留守宅の私共を大いに楽しませてくれました。出発の日迄、論文を半徹夜で書き上げ、過労のままの細い体を送り出すのは心配でしたが、一カ月の船旅の間に心身ともに充実出来たことは幸いだったと思います。ただしここで各種のお酒の味を覚えた様で、帰りの船でのバーのつけは莫大な額になりました。

留学中の日記をまとめた手紙は、全て自分の父親宛で、義父が開封、義母、義弟と回覧され、私に届くのは最後。返信もその順での寄せ書きを私が宛名書きをして送るということで、ごく自然の流れで週一度の往復便のサイクルが出来上がりました。

義父は手紙をまめに整理し、コピー機のない時代とて、時には筆写して親戚に送ったりしておりました。帰国時に主人は家からの手紙を全て持ち帰り、後に整理しましたので、往復書簡として照合すれば、私にとって長女節子の成長記録も含め貴重な資料でございます。

そして当時は外貨持ち出しの制限、留学生には三カ月に一度一〇〇ドルの送金が認められる等の中、見聞を広めたいが為の旅の見積もりや、給費が切れてからの生活費等の送金について手紙の度に要求が多く、その苦労は今もって身に沁みて忘れられません。

その様な中、主人の充実した日々にくらべ、私は育児と雑用で、時には置いてけぼりにされた様な虚無感にも襲われ、意地で、当時は女性としては最先端の車の運転免許取得に挑戦したりして何とか頑張ったものでした。

帰国後は多忙を極め、一九八九年の定年退職後に、この義父のまとめた厚さ数センチのB4ファイル三冊分の日記帳がボロボロに朽ちていくことを案じて私が一念発起、ワープロに起こしたのがきっかけとなり、留学以来親交のある仏文の二宮フサ先生に読んでいただいたところ、「活字にしたら……」と提案して下さいましたので主人はすっかりその気になって、日記が本になることを楽しみにしておりました。しかし読んでいただきたかった当時の友人は二宮敬先生をはじめ、多くの方々がすでに鬼籍に入られてしまいましたことが残念でなりません。

そして具体的に出版となると、あまりにも膨大。とはいえ縮小することも叶わずで、月日ばかり流れる中、二〇一一年十二月に入り主人は自分の余命を感じ取ったのか、節子を突然呼び寄せ、この日記の整理を託し、その十日余り後に亡くなりました。その十日程の父娘の濃密な時間は本当に貴重な思い出です。

私は放心状態の中、一時は出版を放棄したくなりましたが、周囲からの助言もあって立ち直ることが出来ました。亡くなる前から岩田誠先生との共著を望んで進行中であった『頭のなかをのぞく』の遺稿を先生がまとめて中山書店から出版迄お世話下さった御縁もあり、中山人間科学振興財団二十五周年記念事業としてこの日記を推薦の上、出版していただける運びとなりました。本当に岩田先生の御親切なお計らいには何と感謝申し上げたらよいか分かりません。

留学中にお知り合いになった野見山暁治画伯からは二〇〇三年十一月三日に描いて下さった（画伯の著書『アトリエ日記』による）装幀画二枚をいただいてありました。その後文化勲章に輝いた画伯の貴重な絵で装幀していただけることを、本当に光栄に存じます。

さて、後日談という形にもなろうかと思いますが、一九七六年、即ち主人留学の二十年後、リヨン大学ミシェル・ジュヴェ教授から二カ月間の交換教授のお話をいただき、ちょうど音大を卒業したばかりの節子に家事一切を任せて、私も同行することになりました。当時長男は浪人中、二女は小三、そして義母をおいての長旅は、私としては一大決心を要しました。しかし主人は留学前からの親友からのお話に、よい機会とばかりさっさと旅の計画を練りはじめました。ジュヴェ先生は主人より二歳年下で、一九五四年アメリカ留学の折、一年間共同研究された時実利彦先生からの依頼で一足先にフランスに帰国の途次日本に立ち寄られた彼を羽田に出迎えたのが初対面。鎌倉・箱根の観光案内をし、すっかり仲良くなって間もなくの留学でした。

日記の中で一九五六年十一月二十三日の話に、帰国前に主人がリヨンを訪問の折、二人の女性を紹介される興味深い件がありますが、結局ジュヴェ先生はダニエルと結婚。その後同伴で来日の際に私も一度お会いしましたが実におしとやかな方。しかし若くして亡くなり、私がリヨンに行き広大なお城の様な御自宅に招かれた時には、二十四歳も離れたまだ医学生の方と再婚間もない頃でした。フランスでは自宅に招待されることは稀とのことですが、都合三回も奥様の手料理と犬猫達の歓迎を受けました。

リヨンでは二カ月借家に落ち着き、大学の研究室に通う合間にパリには何度も出向き、日本館では例のマダム・ジョームが健在で大仰な出迎えの上、留学中の主人の部屋を案内。当時館長だった森有正先生にも一度食事にお誘いいただき、更にマダム・ジョームが自宅に森先生

マダム・ジョームと一緒に森有正先生(右)に食事に招いていただく

ブーリエ氏のご自宅にて

共々招いて下さった時には当日の料理を台所に入って手伝わせていただきました。マダムからディオールの香水を頭から体中に吹きかけられたのには閉口しました。その食事中に森先生が体調を崩されたので介抱させていただき、落ち着かれたのをお見送りしましたが、案じた通り、その後まもなく亡くなられ、遂に留学中に先生の案内で撮ったパリの貴重な多くの写真は森先生にお預けしたフィルムのまま行方不明。たった一枚が現像、焼き付けられて主人の手許に残りました。岩波書店からの写真集出版を夢見ておりましたのに、誠に残念でございます。

パリでは思いがけぬ再会もありました。日本館近くの道を歩いていると、反対側の歩道から「ムッシュ・マンネン!?」という声。何と留学中親交のあった眼科医ブーリエさん。よくぞ見付けて下さったもので、翌日には招いていただき、自宅で母上を紹介され、レストランで食事。これも主人と留学の最後に食事したのと同じレストランで同じメニューとの心遣い。日記にはしばしば登場する親日家です。

この時の旅には日本からユーレイルパスを用意していきましたのでフルに活用。リヨンからパリに四回の往復のほか、グルノーブル、ナンシー、マルセイユ、モンペリエ、ペルピニャン、ナルボンヌ、トゥールーズ、カルカッソンヌ、アルル、ミラノ、パドヴァ、ベネチア、フィレンツェ、ペルージア、アッシジ、ローマ等々。行く先々で主目的の各大学での講義、招待の合間に観光をと留学中同様フル回転で寸暇を惜しんで私を連れ回すのには全く嬉しい悲鳴で、必死について歩いたものでした。

リヨンを離れてからの二週間は飛行機利用で、ドイツ、北欧、イギリスのそれぞれの研究室をめぐり、研究者とお会いし、パリに戻ってフランスに別れを告げ、アテネ観光も欲張ったのち、南回りで文字通りクタクタの態で帰国しましたが、この二カ月半の日記と金銭の出納を任された私は寸分も休まる暇がありませんでした。とはいえ曾て想像していたヨーロッパの建物、美術館、お城等を目の当たりにし、誠に有意義な夢の様な旅でした。

主人は初対面の私を紹介する折に、いたずらっぽいジェスチャーを交えて「僕は首輪に鎖をつけられた犬で……」と言っては笑わせていましたが、私は暴走しそうな主人を引き戻す役。ただ、スペインに入ることを止めて早い帰国を促したことだけは後悔しております。

話は留学当時に戻りますが、御縁とは不思議なもので、当時の在フランス日本国大使館勤務の澄田智書記官（後に日銀総裁）御一家には大層お世話になりましたが、御長男誠さんとは節子が中学で机を並べていた時期もあり、又往復の船や日本館でも御一緒だった化学の田中元治先生の御長女洋子さんの御結婚相手の今西雄一郎さんも同じく節子の中学の同級生と分かったのです。

主人は留学中に学位論文も提出、帰国後はカハール先生のあとを追って『猫脳ゴルジ染色図譜』作成に約三十年かけて猛進の日々となりました。教室の方々を総動員して御迷惑をおかけしたことと思いますが、私に対してもまさに「家内工業」と称して、原図を九色に色分けしてトレースする作業を与えられ、一日三時間を目安にとのことで、時には雑用に中断されない深夜等に無心になって励みました。手探りで試行錯誤を繰り返し、更に目の異常な疲れや低温火傷に対応する工夫もしながらの数年は大変でしたが、私も役に立っているという生き甲斐でもありました。

岩波書店泣かせ（？）のこの大きくて重い図譜は、一九八八年に出版され、広く利用していただける様になりました。有難いことでございます。

年を経て子供達は各々家庭を持ち、節子はシンガポールに五年、長男泰はベルギー・香港に六年、更に二女雅子も十年を香港で暮らしましたが、どこの都市も主人の留学時代に縁のある土地であることを不思議に思いました。主人は「五人の孫達に会いに行くにはお金がかかる……」とブツブツぼやき乍らも、かつての思い出深い地に、いそいそと何度も足を運んでおりました。私がベルギーに同行した折には、エーゲ海一週間クルーズを計画、船旅の楽しさを私も味わうことが出来ましたが、これ等は単身留学中の私の苦労に対するせめてもの罪滅ぼしだったのではないかと察しております。

リヨンから帰って二年後の一九七八年、フランスから教育功労賞（パルム・アカデミック）シュヴァリエをいただいた蔭には、ジュヴェ先生のお口添えがあったらしく、時を経て二〇一一年の中山賞大賞にジュヴェ先生の「睡眠の生物科学」がノミネートされた折、主人が推薦状にサインをする際には「これで御恩返しが出来る」と喜んでおりました。そして、久々に手紙のやり取りが数回続き、お互いに持病をいたわりつつ、再会も叶わぬままその年末に主人は急逝しました。最後にいただいた自筆のネコのイラスト入りのお手紙には「賞金で自宅の修理をした」との一文と、家族写真（名優ルイ・ジュヴェの面影のある先生と奥様、髭を蓄えた三人の息子さん、娘さんご夫婦）が入っており、サント・クロワの広大な御邸を思い浮かべたことでした。本当に長いお付き合いで友情の深さは羨ましい程でした。

この六十年前の日記が、現代のかたの興味をひくか不安ではございますが、戦後十年当時の世界の情勢も含め、読んで下さった方の心に響くものがあれば幸いでございます。

お忙しい中、貴重な寄稿文を賜りました方々、本当に有難うございました。主人のはにかむ顔が目に浮かびます。

中山人間科学振興財団代表理事・村上陽一郎様、中山書店社長・平田直様、何度も足をお運びいただいた編集者の柄澤薫子様、協力下さった東邦大学の皆様、その他関係して下さった方々に心から感謝いたします。

（まんねん・なおこ）

自宅にて愛猫レオと（2011年5月22日。88歳の誕生日前日）

あとがき　刊行にあたり

本年十二月は、当財団が創設されて、二十五周年という一つの節目の年であります。初めに文部省（一九九一年当時）に申請した際には、「人間科学」という用語が認められず、《財団法人中山科学振興財団》としてスタートしました。しかし、その後ミレニアム前後から私立大学を中心に人間科学部が新設されるという流れが形成されてきました。それは、従来からの学問の枠組で人間を捉えるだけではなく、人文科学・社会科学・自然科学の垣根を越え、新しい総合的アプローチとしてその関係性を明らかにする学問の誕生という成果により、この言葉は市民権を得るようになりました。そして、二〇一三年十月の公益財団法人化の際には、《公益財団法人中山人間科学振興財団》という名称が承認されたのです。ちなみに、財団の英語表記は一九九一年の設立時より、「Nakayama Foundation for Human Science」としたことにより、全く変更することなく今日に至っております。

二〇一四年三月、理事・評議員・事務局スタッフのメンバー（村上陽一郎代表理事、岩田誠理事、佐伯胖理事、松下正明評議員、池田清彦評議員、平田直業務執行理事、八木由理子事務局長の七名）により『二十五周年記念事業特別委員会』を立ち上げました。記念事業としては、本書『滞欧日記1955－1957』の刊行の他に、シンポジウムの開催、記念式典、「二十五周年誌」の発行などを決定しました。

＊　　＊

萬年甫先生については、本書中（七四三頁）に「萬年甫 小伝」と題した岩田誠先生の手になる、達意の文章が掲げられておりますが、先生のご生涯の大業は、英語で書かれた『猫脳ゴルジ染色図譜』

ということになります。萬年先生は、専門書とは別に、脳解剖学の初学者に向けた入門書を執筆しておられました。しかしながら、生前に出版は叶わず、遺稿をもとに岩田誠先生が編集の労をおとりになり刊行したのが、『頭のなかをのぞく──神経解剖学入門』（中山書店、二〇一三年）でした。この本の上梓のご縁が、この『滞欧日記1955-1957』出版への架け橋となった訳であります。

＊

日記は、日本敗戦十年後の一九五五年から約一年半にわたるフランス滞在の出来事や交友録を克明に綴ったもので、フランスを中心とした当時のヨーロッパの社会情勢や、医学周辺の事情・市民生活・芸術鑑賞などの様々の事柄が、若き学徒のみずみずしい感性により情熱的に語られており、読むほどに引き込まれる魅力に富んでおります。

＊

日記に関連する写真は冒頭にカラー口絵としてまとめて掲載しました。また、今回の先生の日記の出版にあたり、先生の幅広いご交友関係者にご寄稿をお願いしましたところ、人間「萬年甫」を多様な角度から捉えた好エッセイ一八編が寄稿されました。そのいずれもが、萬年先生のありし日のご活躍ぶりとその個性を極めたお人柄を表現して余すところがありません。

「あとがきにかえて」の萬年直子夫人の解題の一文は、この本の成り立ちの背景が物語性をもって見事に描出されており、本書をより深く味読することを叶えてくれます。

野見山暁治画伯のデッサン画を装丁に戴いた本書が、わが日本の若者の精神を鼓舞する一助となり、海外へ飛翔する勇気を与える書物となることを期待する次第であります。

二〇一六年六月

公益財団法人中山人間科学振興財団
業務執行理事
中山書店 社長　平田　直

http://nakayamashoten.jp/wordpress/zaidan/

滞《たい》欧《おう》日《にっ》記《き》 1955~1957

2016年8月31日　初版第1刷発行 ©　〔検印省略〕

著　者　萬年《まんねん》　甫《はじめ》

発行者　村上陽一郎

発行所　公益財団法人 中山人間科学振興財団
〒112-0006 東京都文京区小日向 4-2-6　TS93 ビル 10F
TEL03-5804-2911　FAX03-5804-2912

発　売　株式会社中山書店
〒112-0006 東京都文京区小日向 4-2-6
TEL03-3813-1100（代表）

制　作　株式会社中山書店

編集協力・校閲
本文デザイン　株式会社鷗来堂

装　画　野見山暁治

装　丁　花本浩一（麒麟三隻館）

印刷・製本　図書印刷株式会社

Published by Nakayama Foundation for Human Science
ISBN 978-4-521-74429-2　　Printed in Japan

落丁・乱丁の場合はお取り替え致します.